[참!쉬움 합격이 참 쉽다!]

최신 한국전기설비규정(KEC)을 반영한

전기기능사

자주 출제되는 이론 + 2024년 CBT 기출복원문제 수록

전기자격시험연구회 지음

BM (주)도서출판 성안당

■ 도서 A/S 안내

성안당에서 발행하는 모든 도서는 저자와 출판사, 그리고 독자가 함께 만들어 나갑니다.

좋은 책을 펴내기 위해 많은 노력을 기울이고 있습니다. 혹시라도 내용상의 오류나 오탈자 등이 발견되면 "좋은 책은 나라의 보배"로서 우리 모두가 함께 만들어 간다는 마음으로 연락주시기 바랍니다. 수정 보완하여 더 나은 책이 되도록 최선을 다하겠습니다.

성안당은 늘 독자 여러분들의 소중한 의견을 기다리고 있습니다. 좋은 의견을 보내주시는 분께는 성안당 쇼핑몰의 포인트(3,000포인트)를 적립해 드립니다.

잘못 만들어진 책이나 부록 등이 파손된 경우에는 교환해 드립니다.

저자 문의 : 02) 907-7114

본서 기획자 e-mail : coh@cyber.co.kr(최옥현)

홈페이지 : http://www.cyber.co.kr   전화 : 031) 950-6300

머리말

전기라는 학문은 눈에 보이지 않는 전류나 전압, 전력 등을 수학적인 개념으로 전개하여 공식으로 정리한 약간의 추상적인 개념이 가미된 학문이므로 처음 공부하는 수험생에게는 만만치 않은 부담이 됩니다.

전문적인 학문이다 보니 얄팍한 지식으로 답만 외워서 공부하기에는 운이 좋지 않은 이상 합격하기는 불가능합니다.

이에 저자는 각 과목별로 정리되는 중요한 공식과 요약 등을 되도록 쉽게 이해할 수 있도록 서술하였으며, 출제 빈도가 높은 유형의 문제 등을 기출 연도를 표기함으로써 수험생이 되도록 짧은 시간 내에 공부할 수 있도록 최선을 다하였습니다.

또한, 저자는 어려운 전기를 학문적으로 정립하기 위해 많은 노력을 해왔으며, 독자들의 성원에 힘입어 새롭게 집필하였습니다.

이와 같이 새롭게 집필하는 데 역점을 둔 부분은 다음과 같습니다.

첫째, 폭넓은 내용을 보강하는 한편, 복잡한 수학공식을 되도록 쉽게 유도하여 설명하였습니다.

둘째, 다년간의 기출문제에서부터 최근 출제문제까지 철저히 분석하여 출제 빈도수가 높은 문제를 수록하였으며, 문제풀이도 상세히 실었습니다.

셋째, 산업기사 수준 및 현장실무에서 꼭 필요한 전기 배선 기호 및 심벌 등을 이해하기 쉽도록 설명하였습니다.

넷째, 한국전기설비규정(KEC)에 맞추어 전기 설비 과목의 내용을 부분 수정하였습니다.

전기는 현대 사회에서 없어서는 안 될 아주 중요한 에너지원인 만큼 폭넓은 전기 지식을 갖춘 전문 인력이 전기 분야에서 꼭 필요합니다.

수험생들이 이 책으로 충실히 공부하신다면 자격증뿐만 아니라, 각종 공채시험이나 공무원 시험 준비에도 많은 도움이 될 것입니다.

열심히 공부하여 꼭 좋은 성과가 있기를 바랍니다.

끝으로 이 책을 펴내는 데 도움을 주신 성안당 이종춘 회장님 그리고 편집부 직원분들께 감사드립니다.

NCS(국가직무능력표준) 가이드

01. 국가직무능력표준(NCS)이란?

국가직무능력표준(NCS, National Competency Standards)은 산업현장에서 직무를 수행하기 위해 요구되는 지식 · 기술 · 태도 등의 내용을 국가가 산업부문별 · 수준별로 체계화한 것이다.

(1) 국가직무능력표준(NCS) 개념도

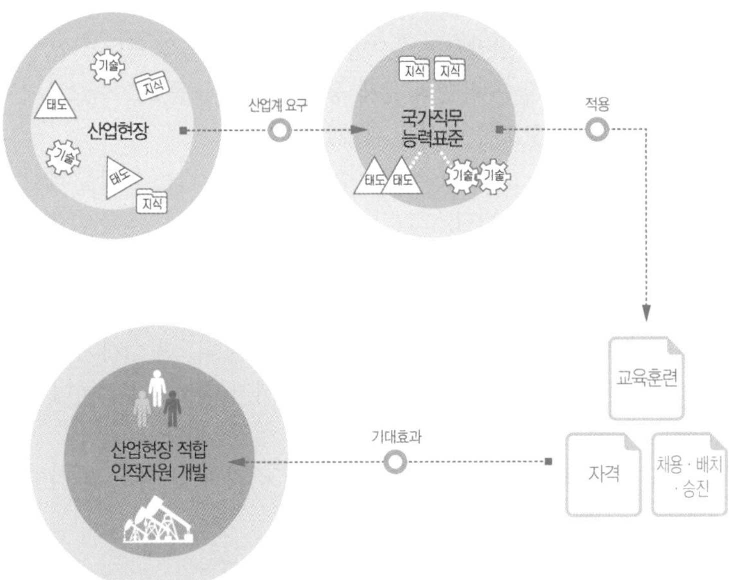

직무능력 : 일을 할 수 있는 On – spec인 능력

① 직업인으로서 기본적으로 갖추어야 할 공통 능력 → 직업기초능력

② 해당 직무를 수행하는 데 필요한 역량(지식, 기술, 태도) → 직무수행능력

보다 효율적이고 현실적인 대안 마련

① 실무 중심의 교육 · 훈련 과정 개편

② 국가자격의 종목 신설 및 재설계

③ 산업현장 직무에 맞게 자격시험 전면 개편

④ NCS 채용을 통한 기업의 능력 중심 인사관리 및 근로자의 평생경력 개발 관리 지원

(2) 국가직무능력표준(NCS) 학습모듈

국가직무능력표준(NCS)이 현장의 '직무요구서'라고 한다면, NCS 학습모듈은 NCS 능력단위를 교육훈련에서 학습할 수 있도록 구성한 '교수 · 학습자료'이다.

NCS 학습모듈은 구체적 직무를 학습할 수 있도록 이론 및 실습과 관련된 내용을 상세하게 제시하고 있다.

02. 국가직무능력표준(NCS)이 왜 필요한가?

능력 있는 인재를 개발해 핵심 인프라를 구축하고, 나아가 국가경쟁력을 향상시키기 위해 국가직무능력 표준이 필요하다.

(1) 국가직무능력표준(NCS) 적용 전/후

지금은

- 직업 교육 · 훈련 및 자격제도가 산업현장과 불일치
- 인적자원의 비효율적 관리 운용

→ 국가직무능력표준 →

이렇게 바뀝니다.

- 각각 따로 운영되었던 교육 · 훈련, 국가직무능력표준 중심 시스템으로 전환 (일–교육 · 훈련–자격 연계)
- 산업현장 직무 중심의 인적자원 개발
- 능력중심사회 구현을 위한 핵심 인프라 구축
- 고용과 평생직업능력개발 연계를 통한 국가경쟁력 향상

(2) 국가직무능력표준(NCS) 활용범위

기업체 Corporation

- 현장 수요 기반의 인력채용 및 인사관리 기준
- 근로자 경력개발
- 직무기술서

교육훈련기관 Education and training

- 직업교육훈련과정 개발
- 교수계획 및 매체, 교재 개발
- 훈련기준 개발

자격시험기관 Qualification

- 자격종목의 신설 · 통합 · 폐지
- 출제기준 개발 및 개정
- 시험문항 및 평가방법

03. NCS 분류체계

① 국가직무능력표준의 분류는 직무의 유형(Type)을 중심으로 국가직무능력표준의 단계적 구성을 나타내는 것으로, 국가직무능력표준 개발의 전체적인 로드맵을 제시한다.

② 한국고용직업분류(KECO, Korean Employment Classification of Occupations)를 중심으로, 한국표준직업분류, 한국표준산업분류 등을 참고하여 분류하였으며 '대분류(24) → 중분류(81)→ 소분류(269) → 세분류(1,064개)'의 순으로 구성한다.

04. NCS 학습모듈

(1) 개념

국가직무능력표준(NCS, National Competency Standards)이 현장의 '직무요구서'라고 한다면, NCS 학습모듈은 NCS의 능력단위를 교육훈련에서 학습할 수 있도록 구성한 '교수・학습 자료'이다. NCS 학습모듈은 구체적 직무를 학습할 수 있도록 이론 및 실습과 관련된 내용을 상세하게 제시하고 있다.

(2) 특징

① NCS 학습모듈은 산업계에서 요구하는 직무능력을 교육훈련 현장에 활용할 수 있도록 성취목표와 학습의 방향을 명확히 제시하는 가이드라인의 역할을 한다.

② NCS 학습모듈은 특성화고, 마이스터고, 전문대학, 4년제 대학교의 교육기관 및 훈련기관, 직장교육기관 등에서 표준교재로 활용할 수 있으며 교육과정 개편 시에도 유용하게 참고할 수 있다.

05. 전기 · 전자 NCS 학습모듈 분류체계

대분류	중분류	소분류	세분류
전기 · 전자	01. 전기	01. 발전설비설계	01. 수력발전설비설계 02. 화력발전설비설계 03. 원자력발전설비설계
		02. 발전설비운영	01. 수력발전설비운영 02. 화력발전설비운영 03. 원자력발전설비운영 04. 원자력발전전기설비정비 05. 원자력발전기계설비정비 06. 원자력발전계측제어설비정비
		03. 송배전설비	01. 송변전배전설비설계 02. 송변전배전설비운영 03. 송변전배전설비공사감리 04. 직류송배전전력변환설비제작 05. 직류송배전제어 · 보호시스템설비제작 06. 직류송배전시험평가 07. 직류송배전전력변환설비설계 08. 직류송배전제어 · 보호시스템설비설계
		04. 지능형전력망설비	01. 지능형전력망설비 02. 지능형전력망설비소프트웨어
		05. 전기기기제작	01. 전기기기설계 02. 전기기기제작 03. 전기기기유지보수 04. 전기전선제조
		06. 전기설비설계 · 감리	01. 전기설비설계 02. 전기설비감리 03. 전기설비운영
		07. 전기공사	01. 내선공사 02. 외선공사 03. 변전설비공사 04. 전기공사관리
		08. 전기자동제어	01. 자동제어시스템설계 02. 자동제어기기제작 03. 자동제어시스템유지정비 04. 자동제어시스템운영
		09. 전기철도	01. 전기철도설계 · 감리 02. 전기철도시공 03. 전기철도시설물유지보수
		10. 철도신호제어	01. 철도신호제어설계 · 감리 02. 철도신호제어시공 03. 철도신호제어시설물유지보수

대분류	중분류	소분류	세분류
전기 · 전자	01. 전기	11. 초임계CO_2발전	01. 초임계CO_2발전열원설계 · 제작 02. 초임계CO_2열교환기설계 · 제작 03. 초임계CO_2회전기기설계 · 제작
		12. 전기저장장치	01. 전기저장장치개발 02. 전기저장장치설치
		13. 미래형전기시스템	01. 스마트유지보수운영
		14. 전지	01. 리튬이온전지셀제조 02. 리튬이온전지셀개발
	02. 전자기기일반	01. 전자제품개발기획 · 생산	01. 전자제품기획 02. 선자제품생산
		02. 전자부품기획 · 생산	01. 전자부품기획 02. 전자부품생산
		03. 전자제품고객지원	01. 전자제품설치 · 정비 02. 전자제품영업
	03. 전자기기개발	01. 가전기기개발	01. 가전기기시스템소프트웨어개발 02. 가전기기응용소프트웨어개발 03. 가전기기하드웨어개발 04. 가전기기기구개발
		02. 산업용전자기기개발	01. 산업용전자기기하드웨어개발 02. 산업용전자기기기구개발 03. 산업용전자기기소프트웨어개발
		03. 정보통신기기개발	01. 정보통신기기하드웨어개발 02. 정보통신기기기구개발 03. 정보통신기기소프트웨어개발
		04. 전자응용기기개발	01. 전자응용기기하드웨어개발 02. 전자응용기기기구개발 03. 전자응용기기소프트웨어개발
		05. 전자부품개발	01. 전자부품하드웨어개발 02. 전자부품기구개발 03. 전자부품소프트웨어개발
		06. 반도체개발	01. 반도체개발 02. 반도체제조 03. 반도체장비 04. 반도체재료
		07. 디스플레이개발	01. 디스플레이개발 02. 디스플레이생산 03. 디스플레이장비부품개발
		08. 로봇개발	01. 로봇하드웨어설계 02. 로봇기구개발 03. 로봇소프트웨어개발 04. 로봇지능개발 05. 로봇유지보수 06. 로봇안전인증

대분류	중분류	소분류	세분류
전기 · 전자	03. 전자기기개발	09. 의료장비제조	01. 의료기기품질관리 02. 의료기기인 · 허가 03. 의료기기생산 04. 의료기기연구개발
		10. 광기술개발	01. 광부품개발 02. 레이저개발 03. LED기술개발 04. 광학시스템제조 05. 광학소프트웨어응용 06. 광센서기기개발 07. 광의료기기개발 08. 라이다(LiDAR)기기개발
		11. 3D프린터개발	01. 3D프린터개발 02. 3D프린터용 제품제작 03. 3D프린팅 소재개발
		12. 가상훈련시스템개발	01. 가상훈련시스템설계 · 검증 02. 가상훈련구동엔지니어링 03. 가상훈련콘텐츠개발 04. 실감형콘텐츠하드웨어(디바이스)개발
		13. 착용형스마트기기	01. 착용형스마트기기설계 02. 착용형스마트기기서비스 03. 착용형스마트기기개발
		14. 플렉시블디스플레이개발	01. 플렉시블디스플레이모듈개발 02. 플렉시블디스플레이검사 03. 플렉시블디스플레이재료개발
		15. 스마트팜개발	01. 스마트팜기술개발 02. 스마트팜계측
		16. OLED개발	01. OLED조명개발
		17. 커넥티드카개발	01. 커넥티드카소프트웨어기술개발 02. 커넥티드카콘텐츠서비스
		18. 자율주행개발	01. 자율주행하드웨어개발 02. 자율주행소프트웨어개발
		19. 원격시스템개발	01. 혼합현실(MR)기반협업시스템개발

★ 전기 · 전자 학습모듈에 대한 자세한 사항은 국가직무능력표준 National Competency Standards 홈페이지(www.ncs.go.kr)에서 확인해주시기 바랍니다. ★

06. 과정평가형 자격취득

(1) 개념

국가직무능력표준(NCS)에 따라 편성・운영되는 교육・훈련과정을 일정 수준 이상 이수하고 평가를 거쳐 합격기준을 통과한 사람에게 국가기술자격을 부여하는 제도이다.

(2) 시행대상

「국가기술자격법 제10조 제1항」의 과정평가형 자격 신청자격에 충족한 기관 중 공모를 통하여 지정된 교육・훈련기관의 단위과정별 교육・훈련을 이수하고 내부평가에 합격한 자

(3) 국가기술자격의 과정평가형 자격 적용 종목

기계설계산업기사 등 167개 종목(※ NCS 홈페이지/자료실/과정평가형 자격 참조)

(4) 교육・훈련생 평가

① 내부평가(지정 교육・훈련기관)

㉠ 평가대상 : 능력단위별 교육・훈련과정의 75% 이상 출석한 교육・훈련생

㉡ 평가방법 : 지정받은 교육・훈련과정의 능력단위별로 평가 → 능력단위별 내부평가 계획에 따라 자체 시설・장비를 활용하여 실시

㉢ 평가시기 : 해당 능력단위에 대한 교육・훈련이 종료된 시점에서 실시하고 공정성과 투명성이 확보되어야 함 → 내부평가 결과 평가점수가 일정 수준(40%) 미만인 경우에는 교육・훈련기관 자체적으로 재교육 후 능력단위별 1회에 한해 재평가 실시

② 외부평가(한국산업인력공단)

㉠ 평가대상 : 단위과정별 모든 능력단위의 내부평가 합격자(수험원서는 교육・훈련 시작일로부터 15일 이내에 우리 공단 소재 해당 지역 시험센터에 접수)

㉡ 평가방법 : 1차・2차 시험으로 구분 실시

- 1차 시험 : 지필평가(주관식 및 객관식 시험)
- 2차 시험 : 실무평가(작업형 및 면접 등)

(5) 합격자 결정 및 자격증 교부

① 합격자 결정 기준

내부평가 및 외부평가 결과를 각각 100점을 만점으로 하여 평균 80점 이상 득점한 자

② 자격증 교부

기업 등 산업현장에서 필요로 하는 능력보유 여부를 판단할 수 있도록 교육・훈련 기관명・기간・시간 및 NCS 능력단위 등을 기재하여 발급

★ NCS에 대한 자세한 사항은 N 국가직무능력표준 National Competency Standards 홈페이지(www.ncs.go.kr)에서 확인해주시기 바랍니다. ★

CBT(컴퓨터 시험) 가이드

한국산업인력공단에서 2016년 5회 기능사 필기 시험부터 자격검정 CBT(컴퓨터 시험)으로 시행됩니다. CBT의 진행 과정과 메뉴의 기능을 미리 알고 연습하여 새로운 시험 방법인 CBT에 대비하시기 바랍니다.

다음과 같이 순서대로 따라해 보고 CBT 메뉴의 기능을 익혀 실전처럼 연습해 봅시다.

STEP 1. 자격검정 CBT 들어가기

큐넷에서 표시된 부분을 클릭하면 '웹체험 자격검정 CBT'를 할 수 있습니다.

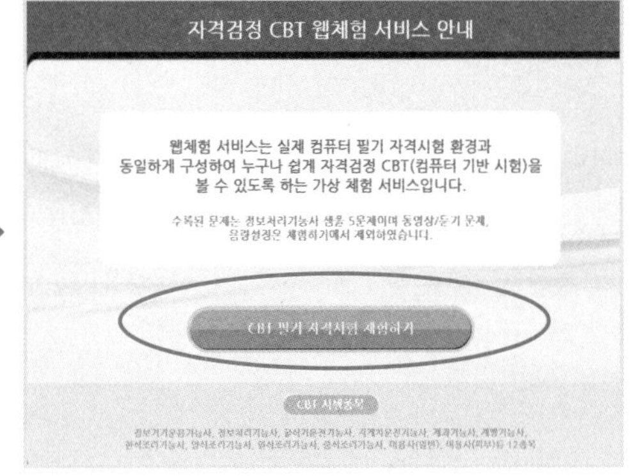

'CBT 필기 자격시험 체험하기'를 클릭하면 시작됩니다.

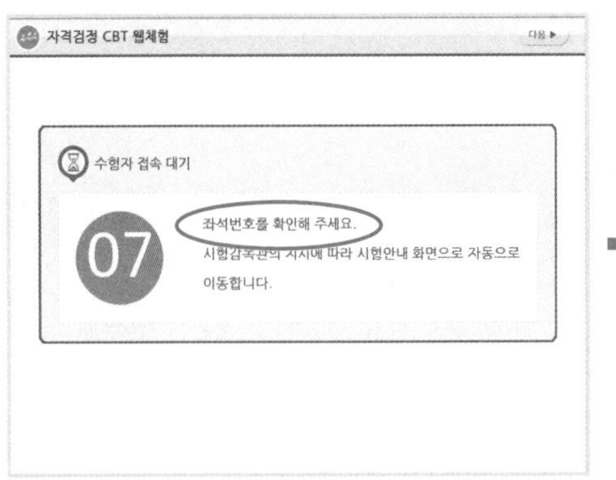

시험 시작 전 배정된 좌석에 앉으면 수험자 정보를 확인합니다.

시험장 감독위원이 컴퓨터에 표시된 수험자 정보와 신분증의 일치 여부를 확인합니다.

STEP 2. 자격검정 CBT 둘러보기

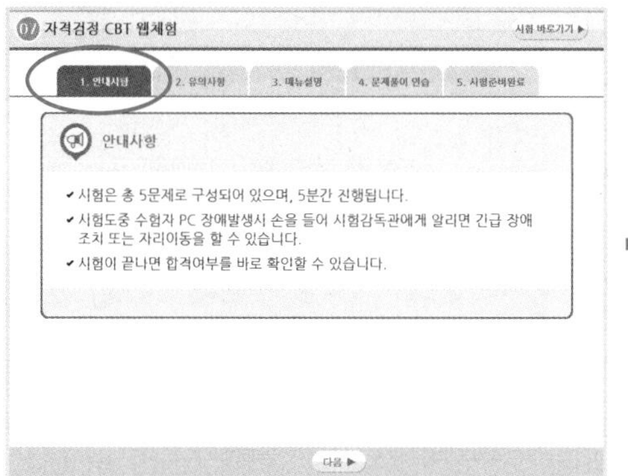

⊙ 수험자 정보 확인이 끝난 후 시험 시작 전 'CBT 안내사항'을 확인합니다.

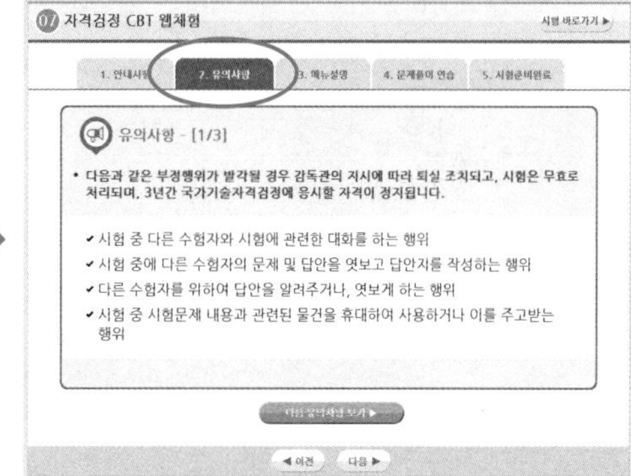

⊙ 'CBT 유의사항'을 확인합니다. '다음 유의사항 보기'를 클릭하면 전체 유의사항을 확인할 수 있으며 보지 못한 유의사항이 있으면 '이전 유의사항 보기'를 클릭하여 다시 볼 수 있습니다.

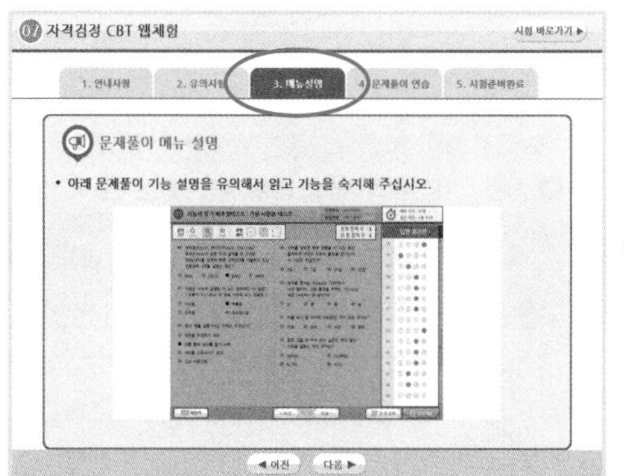

⊙ '문제풀이 메뉴 설명'을 확인합니다.
▷▷▷'자격검정 CBT MENU 미리 알아두기'에서 자세히 살펴보기

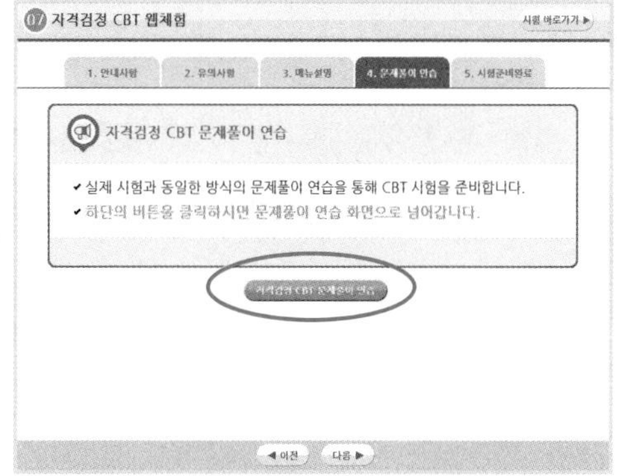

⊙ '자격검정 CBT 문제풀이 연습'을 클릭하면 실제 시험과 동일한 방식으로 진행됩니다.

STEP 3. 자격검정 CBT 연습하기

자격검정 CBT 문제풀이 연습을 시작합니다. 총 3문제로 구성되어 있습니다.

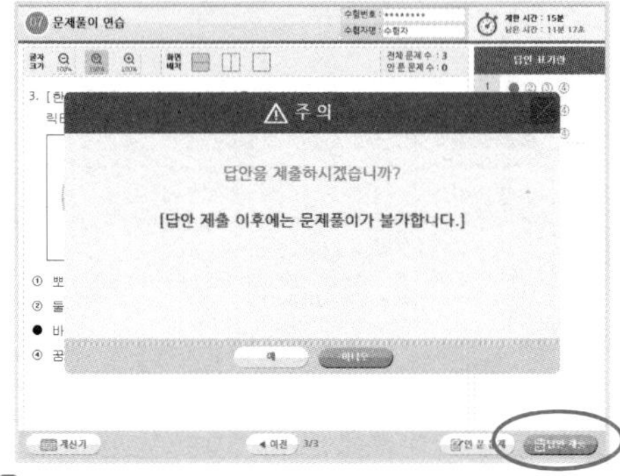

시험 문제를 다 푼 후 답안 제출을 하거나 시험 시간이 경과되었을 경우 시험이 종료됩니다.

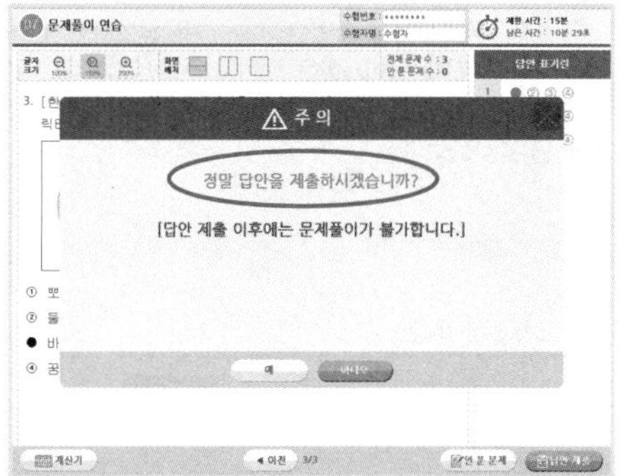

답안 제출은 실수 방지를 위해 두 번의 확인 과정을 거칩니다. 시험 종료 후 시험 결과를 바로 확인할 수 있습니다.

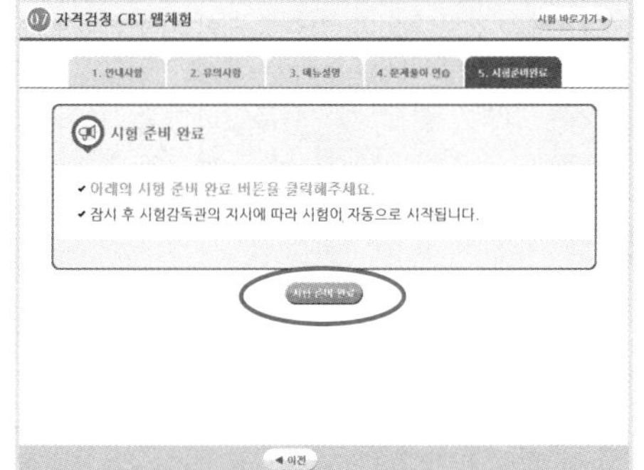

시험 안내 · 유의 사항, 메뉴 설명 및 문제풀이 연습까지 모두 마친 수험자는 '시험 준비 완료'를 클릭합니다. 클릭 후 '자격검정 CBT 웹체험 문제풀이' 단계로 넘어갑니다.

자격검정 CBT 웹체험 문제풀이를 시작합니다. 총 5문제로 구성되어 있습니다.

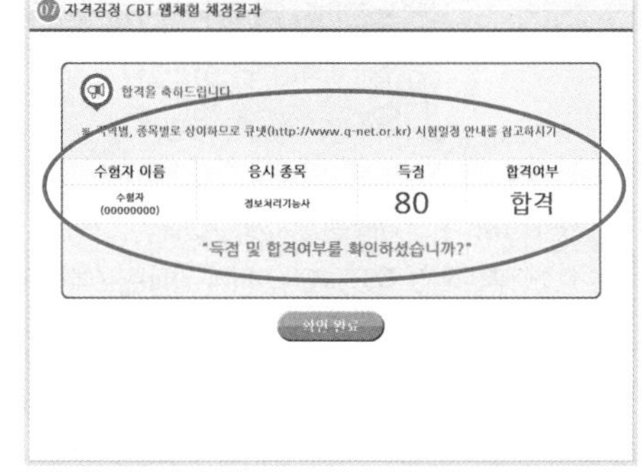

답안을 제출하면 점수와 합격 여부를 바로 알 수 있습니다.

자격검정 CBT 메뉴 미리 알아두기

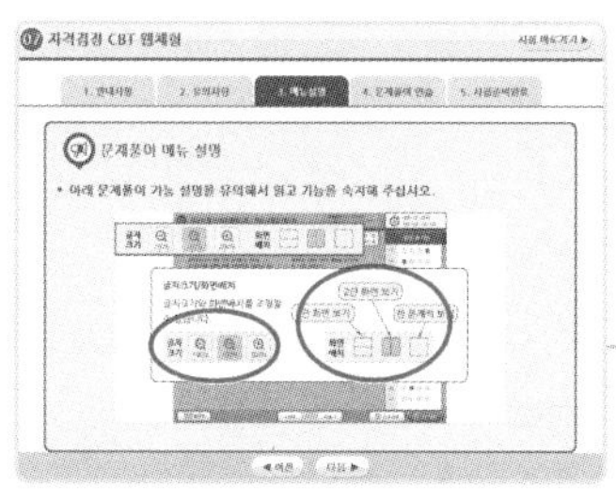

글자 크기 & 화면 배치
글자 크기(100%, 150%, 200%)와 화면 배치(1단, 2단, 한 문제씩 보기)가 선택 가능함

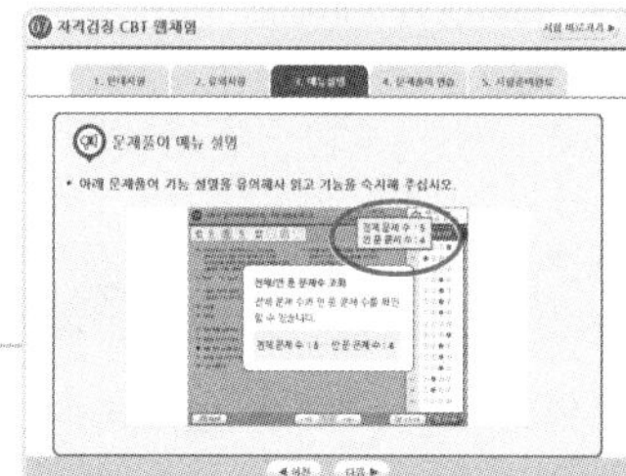

전체 · 안 푼 문제 수 조회
전체 문제 수와 안 푼 문제 수 확인 가능함

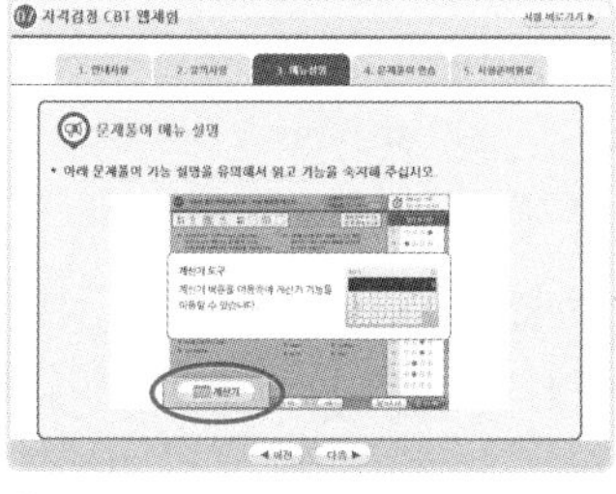

계산기 도구
응시 종목에 계산 문제가 있을 경우 좌측 하단의 계산기 기능을 이용함

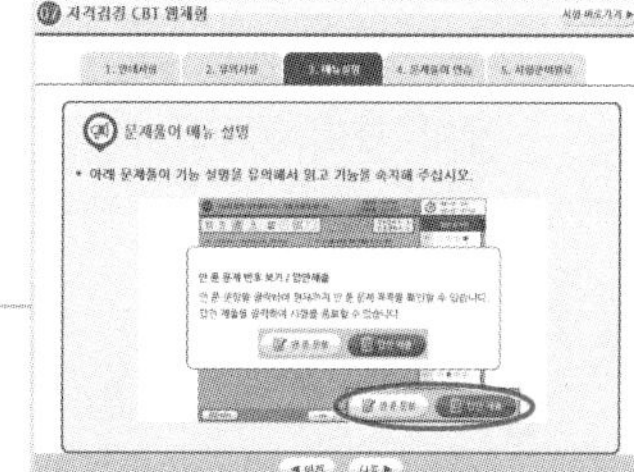

안 푼 문제 번호 보기 & 답안 제출
'안 푼 문항'을 클릭하면 현재까지 안 푼 문제 목록을 확인할 수 있으며, '답안 제출'을 클릭하면 답안 제출 승인 알림창이 나옴

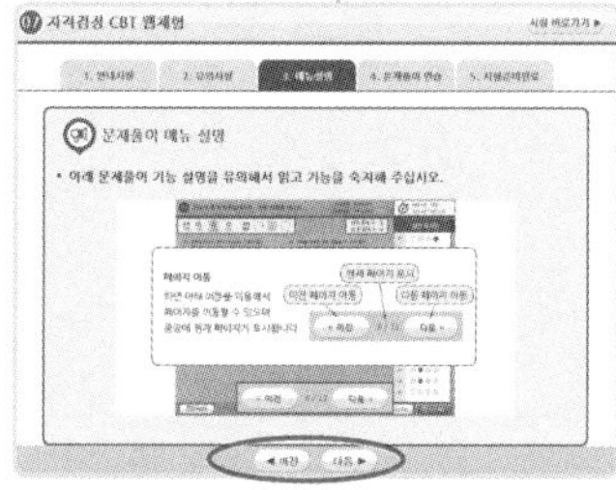

페이지 이동
화면 아래 버튼을 이용해서 페이지를 이동하고 중앙에 현재 페이지를 표시함

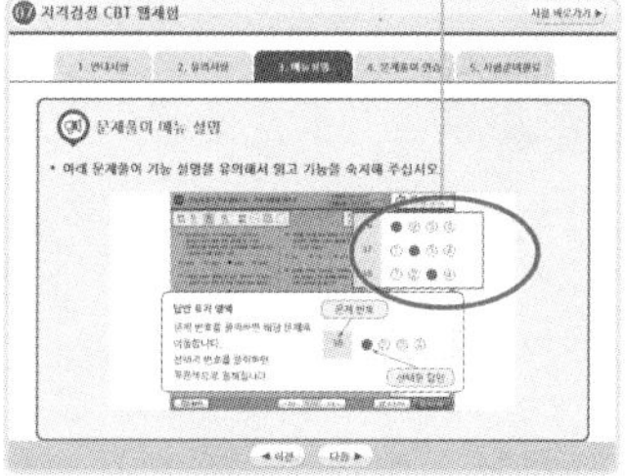

답안 표기 영역
문제 번호를 클릭하면 해당 문제로 이동하고 선택지 번호를 클릭하면 답안이 표시됨

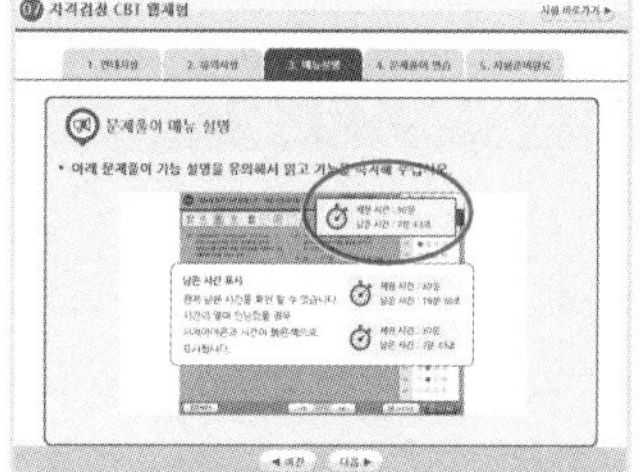

남은 시간 표시
남은 시간 표시 및 제한 시간이 없을 경우 시계 아이콘과 시간이 붉은색으로 표시됨

시험 가이드

01. 전기기능사 개요

전기로 인한 재해를 방지하기 위하여 일정한 자격을 갖춘 사람으로 하여금 전기기기를 제작, 제조, 조작, 운전, 보수 등을 하도록 하기 위해 자격제도 제정

02. 수행직무

전기에 필요한 장비 및 공구를 사용하여 회전기, 정지기, 제어장치 또는 빌딩, 공장, 주택 및 전력시설물의 전선, 케이블, 전기기계 및 기구를 설치, 보수, 검사, 시험 및 관리하는 일

03. 진로 및 전망

- 발전소, 변전소, 전기공작물 시설업체, 건설업체, 한국전력공사 및 일반사업체나 공장의 전기부서, 가정용 및 산업용 전기 생산업체, 부품제조업체 등에 취업하여 전기와 관련된 제반시설의 관리 및 검사업무 보조 및 담당할 수 있다.
- 전기공사산업기사, 전기공사기사, 전기산업기사, 전기기사 자격증 취득의 첫단계이다.
- 설치된 전기시설을 유지 · 보수하는 인력과 전기제품을 제작하는 인력수요는 계속될 전망이며, 새롭게 등장하는 신기술의 개발로 상위의 기술수준 습득이 요구되므로 꾸준한 자기계발을 하는 노력이 필요하다.

04. 관련학과

전문계 고등학교의 전기과, 전기제어과, 전기설비과, 전기기계과, 디지털전기과 등 관련학과

05. 시행처

한국산업인력공단

06. 시험과목

필기	실기
1. 전기이론 2. 전기기기 3. 전기설비	전기설비작업

07. 검정방법

- **필기** : 객관식 4지택일형(60문항) → 시험시간 : 1시간
- **실기** : 작업형 → 5시간 정도, 전기설비작업

08. 합격기준

- **필기** : 100점 만점에 60점 이상
- **실기** : 100점 만점에 60점 이상

09. 출제기준

필기과목명	문제수	주요항목	세부항목	세세항목
전기이론 전기기기 전기설비	60	1. 전기의 성질과 전하에 의한 전기장	(1) 전기의 본질	① 원자와 분자 ② 도체와 부도체 ③ 단위계 등
			(2) 정전기의 성질 및 특수현상	① 정전기현상 ② 정전기의 특성 ③ 정전기의 특수현상 등
			(3) 콘덴서(커패시터)	① 콘덴서(커패시터)의 구조와 원리 ② 콘덴서(커패시터)의 종류 ③ 콘덴서(커패시터)의 연결방법과 용량계산법 ④ 정전에너지 등

필기과목명	문제수	주요항목	세부항목	세세항목
전기이론 전기기기 전기설비	60	1. 전기의 성질과 전하에 의한 전기장	(4) 전기장과 전위	① 전기장 ② 전기장의 방향과 세기 ③ 전위와 등전위면 ④ 평행극판 사이의 전기장 등
		2. 자기의 성질과 전류에 의한 자기장	(1) 자석에 의한 자기현상	① 영구자석과 전자석 ② 자석의 성질 ③ 자석의 용도와 기능 ④ 자기에 관한 쿨롱의 법칙 ⑤ 자기장의 성질 등
			(2) 전류에 의한 자기현상	① 전류에 의한 자기장 ② 자기력선의 방향 ③ 도체가 자기장에서 받는 힘 등
			(3) 자기회로	① 자기저항 ② 자속밀도 등
		3. 전자력과 전자유도	(1) 전자력	① 전자력의 방향과 크기 등
			(2) 전자유도	① 전자유도작용 ② 자기유도 ③ 상호유도작용 ④ 코일의 접속 ⑤ 전자에너지 등
		4. 직류회로	(1) 전압과 전류	① 전기회로의 전류 ② 전기회로의 전압 등
			(2) 전기저항	① 고유저항 ② 옴의 법칙과 전압강하 ③ 저항의 접속 ④ 전위의 평형 등
		5. 교류회로	(1) 정현파 교류회로	① 교류 발생원의 특성 ② RLC 직병렬접속 ③ 교류전력 등

필기과목명	문제수	주요항목	세부항목	세세항목
전기이론 전기기기 전기설비	60	5. 교류회로	(2) 3상 교류회로	① 3상 교류의 발생과 표시법 ② 3상 교류의 결선법 ③ 평형 3상 회로 ④ 3상 전력 등
			(3) 비정현파 교류회로	① 비정현파의 의미 ② 비정현파의 구성 ③ 비선형 회로 ④ 비정현파 교류의 성분 등
		6. 전류의 열작용과 화학작용	(1) 전류의 열작용	① 전류의 발열작용 ② 전력량과 전력 등
			(2) 전류의 화학작용	① 전류의 화학작용 ② 전지 등
		7. 변압기	(1) 변압기의 구조와 원리	① 변압기의 원리 ② 변압기의 전압과 전류와의 관계 ③ 변압기의 등가회로 ④ 변압기의 종류, 극성, 구조 등
			(2) 변압기 이론 및 특성	① 변압기의 정격, 손실, 효율 등
			(3) 변압기 결선	① 3상 결선 등
			(4) 변압기 병렬운전	① 병렬운전 조건 및 특성 등
			(5) 변압기 시험 및 보수	① 변압기의 시험 ② 변압기의 점검 및 보수 등
		8. 직류기	(1) 직류기의 원리와 구조	① 직류기의 개요 ② 직류기의 동작원리 등
			(2) 직류발전기의 종류 및 특성	① 직류발전기의 종류 및 특성 등
			(3) 직류전동기의 종류 및 특성	① 직류전동기의 종류 및 특성 등

필기과목명	문제수	주요항목	세부항목	세세항목
전기이론 전기기기 전기설비	60	8. 직류기	(4) 직류전동기의 이론 및 용도	① 직류전동기의 유도기전력 ② 속도 및 토크특성 ③ 속도변동률 등
			(5) 직류기의 시험법	① 접지시험 ② 단선 여부에 대한 시험 ③ 권선저항과 절연저항값 등
		9. 유도전동기	(1) 유도전동기의 원리와 구조	① 회전원리 ② 회전자기장 ③ 단상유도전동기의 원리 및 구조 등
			(2) 유도전동기의 속도제어 및 용도	① 3상 유도전동기 속도제어 원리와 특성 ② 유도전동기의 출력과 토크 특성 등
		10. 동기기	(1) 동기기의 원리와 구조	① 동기발전기의 원리 및 구조 ② 동기전동기의 원리 등
			(2) 동기발전기의 이론 및 특성	① 동기발전기이론 및 특성에 관한 사항 등
			(3) 동기발전기의 병렬운전	① 병렬운전에 필요한 조건 ② 동기발전기의 병렬운전법 등
			(4) 동기발전기의 운전	① 동기전동기의 운전에 관한 사항 ② 특수전동기에 관한 사항 등
		11. 정류기 및 제어기기	(1) 정류용 반도체 소자	① 정류용 반도체 소자의 종류
			(2) 정류회로 및 특성	① 다이오드를 이용한 정류회로의 특성 등
			(3) 제어정류기	① 제어정류기에 대한 원리 및 특성 등
			(4) 사이리스터의 응용회로	① 사이리스터의 원리 및 특성 등
			(5) 제어기 및 제어장치	① 제어기 및 제어장치의 종류와 특성 등
		12. 보호계전기	(1) 보호계전기의 종류 및 특성	① 보호계전기의 종류 ② 보호계전기의 구조 및 원리 ③ 보호계전기 특성 등

필기과목명	문제수	주요항목	세부항목	세세항목
전기이론 전기기기 전기설비	60	13. 배선재료 및 공구	(1) 전선 및 케이블	① 나전선 ② 절연전선 ③ 기타절연전선 ④ 코드 ⑤ 케이블 등
			(2) 배선재료	① 개폐기 ② 점멸스위치 ③ 콘센트 및 플러그 ④ 소켓류 ⑤ 과전류차단기 ⑥ 누전차단기 등
			(3) 전기설비에 관련된 공구	① 게이지의 종류 ② 공구 및 기구 등
		14. 전선접속	(1) 전선의 피복 벗기기	① 전선 피복 벗기는 방법 등
			(2) 전선의 각종 접속방법	① 단선접속 ② 연선접속 ③ 와이어 커넥터를 이용한 접속 ④ 슬리브를 이용한 접속 등
			(3) 전선과 기구단자와의 접속	① 직선단자와 기구접속 ② 고리형 단자와 기구접속 등
		15. 배선설비공사 및 전선허용전류 계산	(1) 전선관시스템	① 합성수지관공사 방법 등 ② 금속관공사 방법 등 ③ 금속제 가요전선관공사 방법 등
			(2) 케이블트렁킹시스템	① 합성수지몰드공사 방법 등 ② 금속몰드공사 방법 등 ③ 금속트렁킹공사 방법 등 ④ 케이블트렌치공사 방법 등
			(3) 케이블덕팅시스템	① 금속덕트공사 방법 등 ② 플로어덕트공사 방법 등 ③ 셀룰러덕트공사 방법 등

필기과목명	문제수	주요항목	세부항목	세세항목
전기이론 전기기기 전기설비	60	15. 배선설비공사 및 전선허용전류 계산	(4) 케이블트레이시스템	① 케이블트레이공사 방법 등
			(5) 케이블공사	① 케이블공사 방법 등
			(6) 저압 옥내배선 공사	① 전등배선 및 배선기구 ② 접지 및 누전차단기 시설 등
			(7) 특고압 옥내배선 공사	① 고압 및 특고압 옥내배선 등
			(8) 전선허용전류	① 전선허용전류 및 단면적 산정 ② 복수회로 등 전선허용전류 및 단면적 산정
		16. 전선 및 기계기구의 보안공사	(1) 전선 및 전선로의 보안	① 전선 및 전선로의 보안공사 등
			(2) 과전류차단기 설치공사	① 과전류차단기 설치공사 등
			(3) 각종 전기기기 설치 및 보안공사	① 각종 전기기기 설치 및 보안공사 등
			(4) 접지공사	① 접지공사의 규정 등
			(5) 피뢰설비 설치공사	① 피뢰설비 설치공사 등
		17. 가공인입선 및 배전선 공사	(1) 가공인입선 공사	① 가공인입선의 굵기 및 높이 등
			(2) 배전선로용 재료와 기구	① 지지물, 완금, 완목, 애자 및 배선용 기구 등
			(3) 장주, 건주(전주세움) 및 가선(전선설치)	① 배전선로의 시설 ② 장주 및 건주(전주세움) ③ 가선(전선설치)공사 등
			(4) 주상기기의 설치	① 주상기기 설치공사 등
		18. 고압 및 저압 배전반 공사	(1) 배전반 공사	① 배전반의 종류 ② 배전반설치 및 접지공사 ③ 수・변전설비 등
			(2) 분전반 공사	① 분전반의 종류와 공사 등

필기과목명	문제수	주요항목	세부항목	세세항목
전기이론 전기기기 전기설비	60	19. 특수장소 공사	(1) 먼지가 많은 장소의 공사	① 폭연성 분진 또는 화약류 분말이 존재하는 곳의 공사 ② 가연성 분진이 존재하는 곳의 공사 ③ 기타공사 등
			(2) 위험물이 있는 곳의 공사	① 위험물이 있는 곳의 공사 등
			(3) 가연성 가스가 있는 곳의 공사	① 가연성 가스가 있는 곳의 공사 등
			(4) 부식성 가스가 있는 곳의 공사	① 부식성 가스가 있는 곳의 공사 등
			(5) 흥행장, 광산, 기타 위험 장소의 공사	① 흥행장, 광산, 기타 위험 장소의 공사 등
		20. 전기응용시설 공사	(1) 조명배선	① 조명공사 등
			(2) 동력배선	① 동력배선공사 등
			(3) 제어배선	① 제어배선공사 등
			(4) 신호배선	① 신호배선공사 등
			(5) 전기응용기기 설치공사	① 전기응용기기 설치공사 등

이 책의 구성

중요내용『밑줄』표시

본문 내용 중 중요한 부분은 밑줄로 처리하여 확실하게 암기할 수 있도록 표시하였습니다.

깐깐 참고

본문 내용을 상세하게 이해하는 데 도움을 주고자 참고적인 내용을 실었습니다.

자주 출제되는 KeyPoint

시험에 자주 출제되는 핵심내용을 날개부분에 정리하여 숙지하도록 하였습니다.

깐깐 정리

단락내용을 정리하여 다시 한 번 숙지할 수 있도록 하였습니다.

연속적으로 발생하는 전위차의 대소로 표시되기 때문에 전위차의 단위 볼트[V 그대로 쓴다.

(4) 전압의 크기

어떤 도체에 Q[C]의 전기량이 두 점 사이를 이동하여 W[J]의 일을 하였 그때의 전위차 V[V]는 다음과 같다.

$$V=\frac{W}{Q}[\text{J/C=V}] \quad 즉, \; W=QV=VIt[\text{J=V·A·sec}]$$

여기서, V : 전압[V], I : 전류[A], W : 일의 양[J], t : 시간[sec], Q : 전하량

1[V]
1[C]의 전하량이 두 점 사이를 이동하여 한 일의 양이 1[J]일 때의 단위 전

3 저항(electric resistance)과 컨덕턴스(conductance)

저항 R[Ω, 옴]
부하가 클수록 전류가 잘 흐르지 못하므로 통상적으로 부하를 의미한다.

(1) 저항(R)의 정의

도체에 전류가 흐를 때 전류의 흐름을 방해하는 정도를 나타내는 상수 도체의 종류나 굵기, 길이 등에 따라 달라지며, 그 단위는 옴(ohm, [Ω])을 한다.

정리 **옴의 법칙**
저항 R[Ω]에 전류 I[A]가 흐를 경우 저항 양 단자 간에 걸리는 전압 V 는 반드시 $I \times R$[V]만큼의 전압이 걸린다.

(2) 저항의 기호

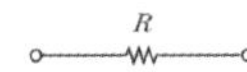

(3) 컨덕턴스의 정의

저항의 역수, 즉 전기 저항과는 반대로 전류가 흐르기 쉬운 정도를 나타 상수로서 그 기호는 전기 저항과 같지만, 단위는 모(mho, [℧])나 지멘스(siem [S])를 사용한다.

1-6

중요문제 「별표★」 표시

문제에 별표(★)를 표시하여 각 문제의 중요도를 알 수 있게 하였습니다.(여기서, 별표의 개수가 많을수록 중요한 문제이므로 반드시 숙지하여야 함)

★
22 0.2[℧]의 컨덕턴스를 가진 저항체에 3[A]의 전류를 흘리려면 몇 [V]의 전압을 가하면 되겠는가? 06년 출제

① 5 ② 10
③ 15 ④ 20

해설 컨덕턴스 옴의 법칙 $V=\frac{I}{G}=\frac{3}{0.2}=15[V]$

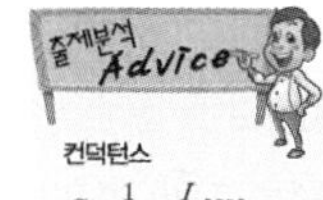

컨덕턴스
$G=\frac{1}{R}=\frac{I}{V}[℧]$

★
23 24[V]의 전원 전압에 의하여 6[A]의 전류가 흐르는 전기 회로의 컨덕턴스는 몇 [℧]인가? 10년 출제

① 0.25 ② 0.4
③ 2.5 ④ 4

해설 옴의 법칙 $V=IR[V]$에서 $R=\frac{V}{I}=\frac{24}{6}=4[\Omega]$이므로

컨덕턴스 $G=\frac{1}{R}=\frac{1}{4}=0.25[℧]$

출제빈도 표시

자주 출제되는 문제에 빈도표시를 하여 집중해서 학습할 수 있도록 하였습니다.

★★★
24 3[Ω]의 저항이 5개, 7[Ω]의 저항이 3개, 114[Ω]의 저항이 1개가 있다. 이들을 모두 직렬로 접속할 때 합성 저항[Ω]은? 06년/08년/12년 출제

① 120 ② 130
③ 150 ④ 160

해설 합성 저항 $R_0=3\times5+7\times3+114\times1=150[\Omega]$

출제분석 Advice

문제를 푸는 데 도움을 주고자 공식 등 간단한 Tip내용을 정리하였습니다.

★
25 다음 회로에서 10[Ω]에 걸리는 전압은 몇 [V]인가? 08년 출제

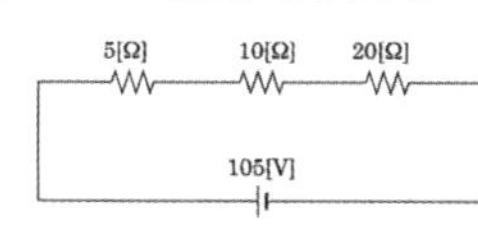

① 2 ② 10
③ 20 ④ 30

해설 합성 저항 $R_0=5+10+20=35[\Omega]$

전전류 $I=\frac{105}{35}=3[A]$

∴ 10[Ω]에 걸리는 전압 $V=IR_{10}=3\times10=30[V]$

저항 직렬 접속
㉠ 전류 일정, 전압 분배
㉡ 합성 저항=전체 합
㉢ 전압 강하 $V=IR[V]$

출제연도 표시

기출문제에 해당 연도를 표시하여 자주 출제되는 문제를 알 수 있게 하였습니다.

상세한 해설 정리

각 문제마다 상세한 해설을 덧붙여 그 문제를 완전히 이해할 수 있도록 했을 뿐만 아니라 유사문제에도 대비할 수 있도록 하였습니다.

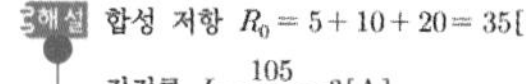
정답 22.③ 23.① 24.③ 25.④

차례

PART 01 전기 이론

CHAPTER 01 직류 회로

CHAPTER 02 정전계

CHAPTER 03 정자계

CHAPTER 04 교류 회로

PART 02 전기 기기

CHAPTER 01 직류기

CHAPTER 02 동기기

CHAPTER 03 변압기

CHAPTER 04 유도 전동기

CHAPTER 05 정류기

PART 03 전기 설비

CHAPTER 01 전선 및 전선의 접속

CHAPTER 02 배선 재료와 공구

CHAPTER 03 저압 옥내 배선 공사

CHAPTER 04 저압 전로 보호

PART 01. 전기 이론

접두어 환산과 읽기

배수 및 분수	접두어	읽기	배수 및 분수	접두어	읽기
$T=10^{12}$	Tera	테라	$m=10^{-3}$	milli	밀리
$G=10^{9}$	Giga	기가	$\mu=10^{-6}$	micro	마이크로
$M=10^{6}$	Mega	메가	$n=10^{-9}$	nano	나노
$k=10^{3}$	kilo	킬로	$p=10^{-12}$	pico	피코

그리스어 표기와 읽기

표기법	알파벳	읽기	표기법	알파벳	읽기
α	alpha	알파	ξ	xi	크사이
β	beta	베타	π	pi	파이
γ	gamma	감마	ρ	rho	로
δ	delta	델타	σ	sigma	시그마
ε	epsilon	엡실론	τ	tau	타우
ζ	zeta	지타	ϕ	phi	파이
η	eta	이타	χ	chi	카이
θ	theta	시타	ψ	psi	프사이
λ	lambda	람다	ω	omega	오메가
μ	mu	뮤	–	–	–

전기이론 기호와 단위 읽는 법

- 전류 I[A : 암페어]$=\dfrac{Q}{t}=\dfrac{V}{R}$
- 전압 V[V : 볼트]$=\dfrac{W}{Q}=IR$
- 기전력 E[V]
- 전하량(전기량) Q[C : 쿨롬]
- 일, 에너지(work) W[J : 줄]
- 전자 1개의 전기량 : $e=-1.602\times10^{-19}$[C]
- 질량 m[kg]
- 전자 1개의 질량 : $m_e=9.10955\times10^{-31}$[kg]
- 저항(resistance) R[Ω : 옴]
- 내부 저항 : 자체가 가지는 저항 r[Ω]
- 고유 저항 : 전선의 재질에 따른 저항비 ρ(로)[Ω·m]
- 컨덕턴스(conductance) G[℧ : 모, S : 지멘스]$=\dfrac{1}{R}$
- 도전율 σ(시그마)$=k=\dfrac{1}{\rho}$[℧/m]
- 온도 계수 : 1[℃], 1[Ω]마다 저항의 증가 비율 α(알파)$=\dfrac{1}{234.5+t}$
- 전력(power) : 전기가 발생시키는 힘 P[W : 와트=J/sec]$=VI=I^2R=\dfrac{V^2}{R}=\dfrac{W}{t}$
- 전력량(work) : 전기가 한 일의 양 $W=Pt$[J]
- 열량(heat) H[cal : 칼로리]
- 1[J]$=0.2389$[cal]
- 힘(force) F[N : 뉴턴]
- 전계, 전장, 전기장(전하의 힘이 미치는 공간) : E[V/m]
- 유전율 : 전하를 유도하는 비율 ε(엡실런)[F(패럿)/m]
- 공기의 유전율 $\varepsilon_0=8.855\times10^{-12}$[F/m]

• 여러 가지 유전체의 비유전율 : ε_s

유전체	ε_s	유전체	ε_s
공기, 진공	1	소다 유리	6 ~ 8
종이	1.2 ~ 3	운모	5 ~ 9
절연유	2 ~ 3	글리세린	40
고무	2.2 ~ 2.4	물	80
폴리에틸렌	2.2 ~ 3.4	산화티탄 자기	30 ~ 80
수정	5	티탄산바륨	1,500 ~ 2,000

• 전속=전하량 Q[C]

• 전속 밀도 : 단위면적당 전속의 양 $D=\frac{\text{전속}}{S}=\frac{Q}{S}=\frac{Q}{4\pi r^2}$[C/m^2]

• 구도체의 (표)면적 : $S=A=4\pi r^2$[m^2]

• 정전 용량(capacitance) : 전하를 축적하는 능력

$C=\frac{Q}{V}$[F(패럿)/m] $C=1[\mu\text{F}]=10^{-6}$[F] $C=1[\text{nF}]=10^{-9}$[F]

• 단위 μ(마이크로)$=10^{-6}$

• 단위 n(나노)$=10^{-9}$

• 단위 p(피코)$=10^{-12}$

• 투자율 : 자성체가 자성을 띠는 정도, 자속이 잘 통과하는 정도를 나타내는 매질 상수이며 투자율이 클수록 자속이 잘 통과한다. μ(뮤)$=\mu_0\mu_s$[H(헨리)/m]

• 진공 또는 공기의 투자율 : $\mu_0=4\pi\times10^{-7}$[H/m]

• 물질에 따른 비투자율의 크기 •

자성체	비투자율 μ_s	자성체	비투자율 μ_s
구리	0.9999	코발트	250
비스무트	0.99998	니켈	600
진공	1	철	6,000 ~ 200,000
알루미늄	1.0	슈퍼멀로이	1,000,000

• 자계, 자장, 자기장 : 자장의 힘이 미치는 공간 H[A/m]

• 자속 ϕ(파이)[Wb : 웨버]

• 자속 밀도 : $B=\frac{\phi}{S}$[Wb/m^2]

• 회전력(torque) T[N · m]

- 위상각(위상차) : θ(시타)[rad : 라디안]
- 기자력 F[AT : 암페어턴]$= NI = R_m\phi$
- 권수 : 코일 감은 횟수 N[T : 턴]
- 자기 저항 : 자속의 통과를 방해하는 성분 R_m[AT/Wb]
- 자기 인덕턴스(self inductance) : 자속이 자신의 코일과 쇄교하는 비율 L[H : 헨리]
- 상호 인덕턴스((mutual inductance) : 자속이 다른 코일과 쇄교하는 비율 M[H]
- 쇄교 : 수직으로 교차하여 결합하는 정도
- 주파수 f[Hz : 헤르츠]
- 주기 T[sec]
- 위상, 편각 또는 위상차 θ(시타)[rad : 라디안]
- 라디안법에 의한 위상 : π[rad]$= 180°$
- 각주파수 : ω(오메가)$= 2\pi f$[rad/sec]
- 자연대수 : 자연적으로 증가하는 비율 $e = 2.718\cdots$(exponential)
- 임피던스 : 교류에서 전류의 흐름을 방해하는 성분 Z[Ω]
- 교류의 옴의 법칙 : $V = IZ$[V]
- 직류의 옴의 법칙 : $V = IR$[V]
- 유도성 리액턴스(reactance) : L에서 전류의 흐름을 방해하는 임피던스 성분 $X_L = \omega L$[Ω]
- 용량성 리액턴스 : C의 임피던스 성분 $X_C = \dfrac{1}{\omega C}$[Ω]
- 삼각함수 읽는 법과 계산

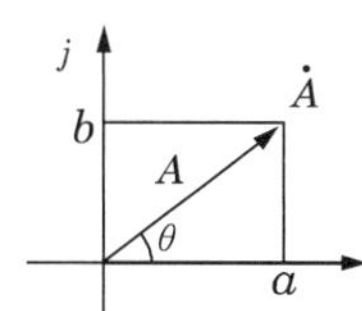

$\cos\theta$(cosine theta)$= \dfrac{a}{A}$

$\sin\theta$(sine theta)$= \dfrac{b}{A}$

$\tan\theta$(tangent theta) $= \dfrac{b}{a}$

- 교류 전력
- 피상 전력(apparent electric power) : 교류에서 임피던스에서 발생하는 전력 P_a[VA : 볼트암페어]
- 유효 전력(active power) : 실제 부하 R에서 발생하는 전력 P[W : 와트]
- 무효 전력(reactive power) : 리액턴스에 의해 발생하는 전력 P_r[Var : 바]

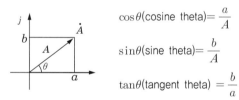

PART 02. 전기 기기

- 자속 ϕ (파이)[Wb : 웨버]
- 최대 자속 밀도 B_m [Wb/m^2]
- 히스테리시스손 P_h
- 와류손 = 맴돌이 전류손 P_e
- f [Hz : 헤르츠]
- 병렬 회로수 a
- 극수 P
- 브러시수 b
- 주변 속도 v [m/sec]
- 직경 D[m]
- 회전수 N[rpm : revolution per minute]
- 유기 기전력 E[V]
- 도체수 Z
- 토크= 회전력(torque) τ (타우)[N · m]
- 정류 주기 T_c [sec]
- 리액턴스 전압 e_L [V]
- 전기자 전류 I_a [A]
- 계자 전류 I_f [A]
- 전기자 저항 R_a [Ω]
- 계자 저항 R_f [Ω]
- 발전기의 유기 기전력 : $E= V + I_aR_a$[V]
- 발전기의 단자 전압 : $V= E- I_aR_a$[V]
- 전부하 전압, 정격 전압 V_n [V]
- 무부하 전압 V_o [V]
- 전압 변동률

  ε (엡실론)$= \dfrac{V_o - V_n}{V_n} \times 100$ [%]
- 직류 분권 전동기의 역기전력

  $E= V- I_aR_a$ [V]
- 전기적 출력 : $P_0 = EI_a = \omega\tau$
- 회전력 : τ (토크)$= \dfrac{PZ}{2\pi a}\phi I_a = K\phi I_a$[N · m]
- 직류 직권 전동기의 토크 : $\tau= K\phi I= kI^2$ [N · m]
- 토크와 전류 관계 : $\tau \propto I^2 = \dfrac{1}{N^2}$
- 무부하 속도(회전수) N_o [rpm]
- 전부하 회전수 N[rpm]
- 속도 변동률 : δ(델타)$= \dfrac{N_0 - N_n}{N_n} \times 100$[%]
- 기동 저항기 R_{as} [Ω]
- 전기자 권선 동손 : $P_a = I_a{}^2R_a$
- 표유 부하손 P_s
- 선간 전압 V_l[V]
- 상전압 V_P[V]
- 선전류 I_l[A]
- 상전류 I_P[A]
- 동기 속도(회전수) N_s [rpm]
- 단절 비율 : β(베타)$= \dfrac{\text{코일 간격}}{\text{극 간격}}$
- 단절 계수 : $K_P = \sin\dfrac{\beta\pi}{2}$
- 매극 · 매상 슬롯수 : $q = \dfrac{\text{총슬롯수}}{\text{상수} \times \text{극수}}$
- 권선 계수 : $K_w = K_p \times K_d < 1$
- 동기 발전기의 유기 기전력

  $E= 4.44 f N\phi K_w$[V]
- 전기자 누설 리액턴스 x_l[Ω]
- 전기자 반작용 리액턴스 x_a[Ω]

- 동기 리액턴스 : $x_s = x_l + x_a[\Omega]$
- 동기 임피던스 : $\dot{Z}_s = r_a + jx_s[\Omega]$
- 지속(영구) 단락 전류

$$I_s = \frac{E}{x_a + x_l} = \frac{E}{x_s}[\text{A}]$$

- %동기 임피던스 $\%Z_s$
- 단락비 : $K_s = \frac{I_s}{I_n} = \frac{100}{\%Z_s}$
  - 수차 발전기 : $K_s = 0.9 \sim 1.2$
  - 터빈 발전기 : $K_s = 0.6 \sim 1.0$
- 동기 와트 : $P_o = 1.026 N_s \tau[\text{W}]$
- 권수비 : 변압기 1·2차 권선의 권수비

$$a = \frac{N_1}{N_2} = \frac{E_1}{E_2} = \frac{I_2}{I_1} = \sqrt{\frac{Z_1}{Z_2}} = \sqrt{\frac{R_1}{R_2}} = \sqrt{\frac{L_1}{L_2}}$$

- 여자 전류 : $\dot{I}_0 = \dot{I}_i + \dot{I}_\phi$
- 철손 전류 : $I_i = g_o V_1[\text{A}]$
- 자화 전류 : $I_\phi = b_o V_1[\text{A}]$
- 철손 : $P_i = V_1 I_i = g_o V_1^2[\text{W}]$
- 여자 컨덕턴스 : $g_o = \frac{I_i}{V_1}[\mho]$
- 여자 서셉턴스 : $b_o = \frac{I_\phi}{V_1}[\mho]$
- 전압 변동률 : $\varepsilon = p\cos\theta + q\sin\theta$
- 전부하 효율

$$\eta = \frac{\text{출력}}{\text{출력} + \text{손실}(\text{철손} + \text{동손})} \times 100$$

- 철손 P_i
- 동손 P_c
- 최대 효율 조건 : 무부하손=부하손
  - 전부하인 경우 : $P_i = P_c$
  - $\frac{1}{m}$ 부하인 경우 : $P_i = \left(\frac{1}{m}\right)^2 P_c$
- 동기 속도 $N_s[\text{rpm}]$
- 회전자 속도 $N[\text{rpm}]$
- 슬립 : 동기 속도 $N_s[\text{rpm}]$와 회전자 회전 속도 $N[\text{rpm}]$ 간의 속도 차이

$$s = \frac{N_s - N}{N_s}$$

- 슬립의 범위 : $0 < s < 1$
- 상대 속도 : $sN_s = N_s - N$
- 슬립 주파수 : $f_2 = sf_1[\text{Hz}]$
- 2차 출력 : $P_0 = (1-s)P_2[\text{W}]$
- 2차 효율 : $\eta_2 = \frac{P_0}{P_2} = 1 - s = \frac{N}{N_s}$
- 3상 유도 전동기의 토크

$$\tau = 9.55\frac{P_0}{N} = 9.55\frac{P_2}{N_s}[\text{N}\cdot\text{m}] = 0.975\frac{P_0}{N} = 0.975\frac{P_2}{N_s}[\text{kg}\cdot\text{m}]$$

- 동기 와트(토크) : $P_2 = 1.026 N_s \tau[\text{W}]$
- 단상 유도 전압 조정기의 전압 조정 범위 $V_2 = V_1 \pm E_2\cos\alpha[\text{V}]$
- E_2 : 직렬 권선에 걸리는 최대 전압
- I_2 : 부하 전류
- 직류분 전압(교류의 평균값) $E_d[\text{V}]$
- 교류 전압의 실효값 $E[\text{V}]$
- 단상 반파 정류 직류분 : $E_d = 0.45E[\text{V}]$
- 단상 전파 정류 직류분 : $E_d = 0.9E[\text{V}]$
- 3상 반파 정류 직류분 : $E_d = 1.17E[\text{V}]$
- 3상 전파 정류 직류분 : $E_d = 1.35E[\text{V}]$
- 사이리스터 SCR

PART 03. 전기 설비

절연 전선 약호

㉠ NR : 450/750[V] 일반용 단심 비닐 절연 전선
㉡ DV : 인입용 비닐 절연 전선
㉢ OW : 옥외용 비닐 절연 전선
㉣ FL : 형광 방전등용 전선
㉤ N-RV : 고무 절연 비닐 외장 네온 전선
- N : 네온 전선(클로로프렌)
- V : 비닐
- E : 폴리에틸렌
- R : 고무
- C : 가교 폴리에틸렌

㉥ NFI : 300/500[V] 기기 배선용 유연성 단심 비닐 절연 전선

케이블 약호

㉠ 케이블 호칭 : ○○절연 ○○외장 케이블
- V : 비닐
- E : 폴리에틸렌
- R : 고무
- N : 클로로프렌
- C : 가교 폴리에틸렌

㉡ EV : 폴리에틸렌 절연 비닐 외장 케이블

용접용 케이블 약호

㉠ WCT : 리드용 1종
㉡ WNCT : 리드용 2종
㉢ WRCT : 홀더용 1종
㉣ WRNCT : 홀더용 2종

점멸 스위치

㉠ 로터리 스위치 : 광도 조절
㉡ 펜던트 스위치 : 코드 끝
㉢ 누름 단추 스위치 : 전동기 기동, 정지 시 이용
㉣ 캐노피 스위치 : 플랜지에 부착하여 끈을 이용
㉤ 3로 스위치 : 2개소 점멸
㉥ 4로 스위치 : 3로와 조합하여 3개소 이상 점멸

공사용 공구

㉠ 플라이어 : 로크 너트 조임, 슬리브 접속
㉡ 스패너 : 볼트 너트, 로크 너트 조임
㉢ 프레셔 툴 : 압착 단자 압착
㉣ 파이프 렌치 : 커플링 고정 및 조임
㉤ 클리퍼 : 25[mm^2] 이상 굵은 전선, 볼트 절단
㉥ 파이프 커터 : 금속관 절단
㉦ 파이프 바이스 : 금속관 절단, 나사 내기 시 고정

전압의 종류

㉠ 저압 : 교류 1,000[V], 직류 1,500[V] 이하
㉡ 고압 : 저압 넘고 직류, 교류 7,000[V] 이하
㉢ 특고압 : 직류, 교류 7,000[V] 초과

공칭 전압의 분류

㉠ 저압 : 110, 220, 380, 440[V]
㉡ 고압 : 3,300, 5,700, 6,600[V]
㉢ 특고압 : 11.4, 22.9, 154, 345, 765[kV]

합성 수지관 부속품

㉠ 커넥터 : 관과 박스 접속
㉡ 커플링 : 관 상호간 접속
㉢ 노멀 밴드 : 직각 개소에서 관 상호간 접속
㉣ 부싱 : 관 끝단에서 전선 절연 피복 보호

금속 몰드 공사 부속품

㉠ 콤비네이션 커넥터 : 금속관과 금속 몰드 접속
㉡ 플랫 엘보 : 직각 개소에서 몰드 상호간 접속
㉢ 조인트 커플링 : 몰드 뚜껑 이음새 접속 기구

㉣ 코너 박스 : 벽 구석 등에서 금속관과 몰드 접속, 분기

케이블 트레이 종류

㉠ 그물망(메시)형
㉡ 사다리형
㉢ 바닥 밀폐형
㉣ 펀치형

저압용 퓨즈의 종류

㉠ 통형 퓨즈 : 배·분전반
㉡ 관형 퓨즈 : TV, 라디오
㉢ 플러그 퓨즈 : 나사식
㉣ 텅스텐 퓨즈 : 전압계, 전류계 소손 방지용
㉤ 온도 퓨즈 : 주위 온도

고압용 퓨즈

㉠ 포장 퓨즈 : 정격의 1.3배에 견디고, 2배에 120분 내 용단될 것
㉡ 비포장 퓨즈 : 정격의 1.25배에 견디고, 2배에 2분 내 용단될 것

분기 회로의 종류

㉠ 15[A] 분기 회로
㉡ 20[A] 배선용 차단기 분기 회로

전동기 출력

㉠ 펌프용 : $P = \frac{QH}{6.12\eta}$ [kW]

㉡ 권상기 : $P = \frac{WV}{6.12\eta}$ [kW]

전로의 절연 저항

전로의 사용 전압	DC 시험 전압	절연 저항 [MΩ]
SELV, PELV	250[V]	0.5
FELV, 500[V] 이하	500[V]	1.0
500[V] 초과	1,000[V]	1.0

특고압 및 고압 전기 설비

6[mm^2] 이상 연동선
㉠ 접지 저항 : 10[Ω] 이하
㉡ 접지선 : 6[mm^2] 이상

중성점 접지

㉠ 접지 저항(35,000[V] 이하)

$$R = \frac{150\ (300,\ 600)}{I_g}[\Omega] \text{ 이하}$$

㉡ 접지선 : 16[mm^2] 이상(단, 고압, 25[kV] 이하 중성점 다중 접지식 특고압 전로를 저압으로 변성하는 경우 6[mm^2] 이상)

보호 도체의 단면적(선도체와 동일 외함에 설치하지 않는 경우)

㉠ 기계적 손상에 대해 보호 : 구리 2.5[mm^2] 이상, 알루미늄 16[mm^2] 이상
㉡ 기계적 손상에 대해 보호 되지 않는 경우 : 구리 4[mm^2] 이상, 알루미늄 16[mm^2] 이상

중성선 표시

㉠ 애자 : 파란색 표식
㉡ 전선 피복 : 파란색

애자의 종류

㉠ 핀 애자 : 직선 전선로 지지
㉡ 현수 애자 : 철탑 등에서 전선을 인류·분기 시 사용

지지선(지선)의 종류

㉠ 보통 지선 : 전선로가 끝나는 부분
㉡ 수평 지선 : 도로, 하천을 횡단하는 부분(지선주)
㉢ Y지선 : 다수의 완금 시설, H주 등에서 사용
㉣ 궁지선 : 건물 인접으로 지선 설치가 힘든 경우

소호 매질에 따른 차단기

㉠ VCB(진공 차단기) : 진공 상태 이용
㉡ GCB(가스 차단기) : SF_6
㉢ OCB(유입 차단기) : 절연유 이용
㉣ ABB(공기 차단기) : 10기압 이상 압축 공기
㉤ MBB(자기 차단기) : 전자력 이용
㉥ ACB(기중 차단기) : 일반 대기 이용

변압기의 종류

㉠ 유입형 : 절연유
㉡ 몰드형 : 에폭시 수지
㉢ 건식형 : 유리섬유

절연물의 최고 허용 온도(주위 온도 0[℃] 기준)

㉠ A종 : 105[℃] 이하
㉡ E종 : 120[℃] 이하
㉢ B종 : 130[℃] 이하
㉣ H종 : 180[℃] 이하

수전 설비의 약호

㉠ 계기용 변류기 : CT
㉡ 계기용 변압기 : PT
㉢ 전력 수급용, 계기용 변성기 : MOF(PCT)
㉣ 영상 변류기 : ZCT
㉤ 지락 계전기 : GR
㉥ 과전류 계전기 : OCR

콘센트

㉠ 방수형 : WP
㉡ 방폭형 : EX
㉢ 의료용 : H

개폐기의 기호

㉠ 개폐기 : [S]
㉡ 배선용 차단기 : [B]
㉢ 누전 차단기 : [E]

배전반, 분전반, 제어반

㉠ 배전반 : 
㉡ 분전반 : 
㉢ 제어반 :

전기 이론

CHAPTER 01 직류 회로

01 전기의 본질

1 물질과 전기

(1) 물질의 구성

물질의 최소입자인 분자는 물질의 속성을 가지지 않는 원자로 구성되어 있으며, 원자는 원자핵과 그 주위를 회전하는 전자들로 구성되어 있다.

원자 { 원자핵(atomic nucleus) { 양자(proton) : (+)전기, 중성자(neutron) : 중성 }, 전자 : (−)전기 }

(2) 물질의 양

① 전자 1개의 전하량 : 1.602×10^{-19} [C]

② 양성자(양자)의 질량 : 1.67261×10^{-27} [kg]

③ 전자의 질량 : 9.109×10^{-31} [kg]

전자의 전하량
$e = 1.602 \times 10^{-19}$ [C]

2 전기의 발생

(1) 자유 전자

원자핵에서 가장 멀리 떨어져 있는 궤도에 있는 전자는 원자핵과 서로 끌어당기는 흡인력이 약하기 때문에 외부의 작은 자극에 의해서도 쉽게 원자핵의 구속력을 벗어날 수 있는데, 이러한 전자를 자유 전자라고 하며, 전기 현상은 이러한 자유 전자(free electron)의 이동으로 발생한다.

(2) 대전 현상

전기적으로 중성 상태에 있는 원자, 즉 양(+)의 전기를 가지는 양자수와 음(−)의 전기를 가지는 전자수가 같은 원자가 외부로부터 어떠한 영향으로 자유 전자를 잃게 되면 양의 전기를 띠고, 외부로부터 자유 전자를 얻으면 음의 전기

자주 출제되는 Key Point

대전
전자의 과부족 현상

를 띠게 되는데 이러한 현상을 대전이라 한다.

예 마찰 전기에 의한 대전 현상 : 유리 막대를 명주에 마찰하면 유리 막대는 양(+)으로 대전되고, 명주는 음(−)으로 대전된다. 다음 계열에서 그중 2개를 마찰하면 앞에 있는 물체에는 (+) 전기가, 뒤에 있는 물체에는 (−) 전기가 발생하는데 이와 같은 계열을 대전 계열이라고 한다.
① (+) : 모피, 플란넬, 유리, 명주, 솜, 금속
② (−) : 고무, 에보나이트

(3) 전하(전기)와 전하(전기)량

어떤 물체가 대전 상태에 있을 때 이 물체가 가지고 있는 전기를 '전하'라 하며, 전하가 가지고 있는 전기의 양을 '전하량' 또는 '전기량'이라고 하고, 전하량의 단위는 쿨롱(coulomb, [C])을 사용한다.

02 직류 회로의 옴의 법칙

1 전류(electric current)

전류
$I=\frac{Q}{t}$[A]

(1) 전류의 정의

양(+) 또는 음(−)의 전하가 일정한 방향으로 이동하는 현상을 전류라 하며 단위는 암페어(ampere, [A])를 사용한다.

전하량
$Q=It$[C]

(2) 전류의 크기

어떤 도체의 단면을 단위 시간 동안에 통과한 전기적인 양(전하량)으로서 t[sec] 동안 Q[C]의 전하가 이동하였다면, 전류는 다음과 같은 식으로 나타낸다.

$$I[\text{A}]=\frac{Q}{t}[\text{A=C/s}] \quad \text{즉,} \quad Q=It[\text{C=A·s}]$$

여기서, I : 전류[A], Q : 전하량[C], t : 시간[s]

예 20초 동안 100[C]의 전하가 이동하였다면, $I=\frac{100}{20}=5$[A]의 전류가 흐른다.

(3) 전류의 방향

전류의 흐름 현상은 음전하를 가진 자유 전자가 정지하고 있는 도체의 매질 내에서 순차적으로 이동함으로써 생기는 것으로 전자의 이동 현상은 ⊖쪽에서

나와서 ⊕쪽으로 흐르고 있지만, 오랜 관례에 의하여 ⊕쪽에서 나와서 ⊖쪽으로 흐른다고 약속한다.

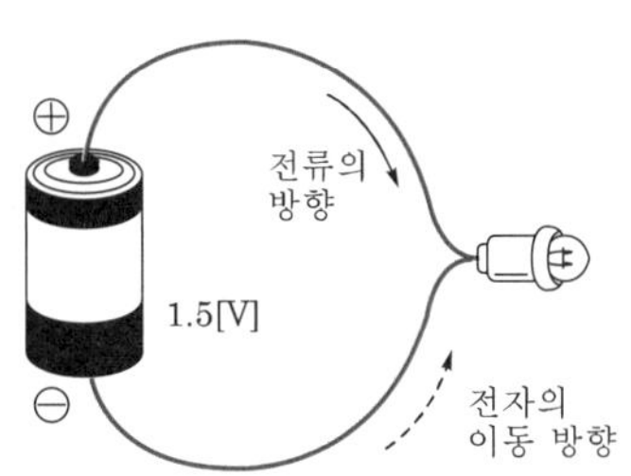

(4) 도체

전하의 이동이 쉬운 물질, 즉 전류가 흐르기 쉬운 물질을 도체라 하며 구리, 은, 알루미늄 등과 같은 금속성 물질과 산·알칼리 및 소금의 수용액 등이 여기에 포함된다.

(5) 부도체

전하의 이동이 어려운 물질, 즉 전류를 거의 통과시키지 않는 물질을 부도체라 하며, 특히 선로 이외의 곳으로 전류가 누설되는 것을 방지하기 위하여 부도체를 사용할 때 이것을 절연체라고 하며 나무, 비닐, 고무 등이 여기에 포함된다.

2 전압(voltage)

(1) 전압의 정의

전류가 흐를 수 있는 힘의 원천으로 일종의 전기적인 압력의 크기로 정의되며, 단위는 볼트(Volt, [V])를 사용한다.

전압(전위)
$V=\frac{W}{Q}$[V]

(2) 전위차

임의의 두 도체에서 전기적인 위치 에너지의 차를 전위차라 하며, 두 도체를 어떤 도선으로 이었을 때 전류의 크기는 전위차의 대소로 판단할 수 있으며, 전류는 전위가 높은 쪽에서 낮은 쪽으로 흐른다.

전하가 한 일
$W=QV$[J]

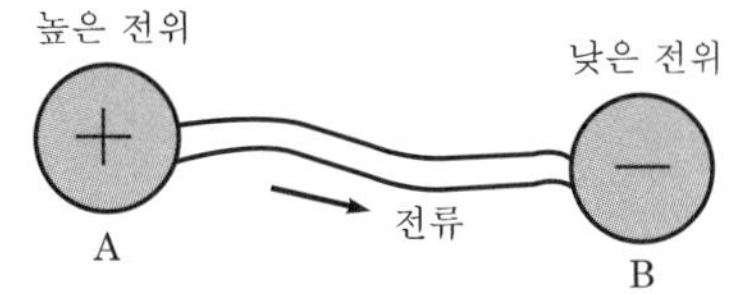

▌전위차와 전류의 흐름▐

(3) 기전력

지속적으로 전하를 이동시켜 연속적으로 전위차를 발생시켜 주는 힘의 원천으로, 계속해서 전류를 흐르게 해주는 능력을 기전력이라고 하는데 기전력의 대소는

연속적으로 발생하는 전위차의 대소로 표시되기 때문에 전위차의 단위 볼트[V]를 그대로 쓴다.

(4) 전압의 크기

어떤 도체에 Q[C]의 전기량이 두 점 사이를 이동하여 W[J]의 일을 하였다면 그때의 전위차 V[V]는 다음과 같다.

$$V = \frac{W}{Q}[\text{J/C=V}] \quad \text{즉,} \quad W = QV = VIt[\text{J=V·A·sec}]$$

여기서, V : 전압[V], I : 전류[A], W : 일의 양[J], t : 시간[sec], Q : 전하량[C]

1[V]

1[C]의 전하량이 두 점 사이를 이동하여 한 일의 양이 1[J]일 때의 단위 전압

3 저항(electric resistance)과 컨덕턴스(conductance)

저항 R[Ω, 옴]
부하가 클수록 전류가 잘 흐르지 못하므로 통상적으로 부하를 의미한다.

(1) 저항(R)의 정의

도체에 전류가 흐를 때 전류의 흐름을 방해하는 정도를 나타내는 상수로서, 도체의 종류나 굵기, 길이 등에 따라 달라지며, 그 단위는 옴(ohm, [Ω])을 사용한다.

- 부하 : 백열전구, 형광등, 선풍기, 전동기와 같이 전원에서 전기를 공급받아 전기 에너지를 소비하여 일을 할 수 있는 모든 전기적인 회로 요소이다.
- 부하 저항 : 각각의 부하가 가지고 있는 고유의 특성으로 인하여 전압을 인가하였을 때 전류가 흐를 수 없는 정도를 나타내는 상수로 기호 및 단위는 전기 저항과 같다.

(2) 저항의 기호

R

(3) 컨덕턴스의 정의

저항의 역수, 즉 전기 저항과는 반대로 전류가 흐르기 쉬운 정도를 나타내는 상수로서 그 기호는 전기 저항과 같지만, 단위는 모(mho, [℧])나 지멘스(siemens, [S])를 사용한다.

(4) 저항과 컨덕턴스 관계식

도체에 전류가 흐를 때 전류의 흐름을 방해하는 정도인 저항이 크면 전류가 흐르기 쉬운 정도인 컨덕턴스가 작다는 것을 의미하므로 서로 반비례 관계가 성립한다.

$$G = \frac{1}{R}[℧] \rightarrow R = \frac{1}{G}[\Omega]$$

4 옴의 법칙

(1) 저항

일정한 크기의 저항 $R[\Omega]$에 일정한 크기의 전압 V[V]를 인가하면 이때 흐르는 전류의 크기는 전압에 비례하고, 저항에 반비례한다.

$$V = IR[\text{V}],\ I = \frac{V}{R}[\text{A}],\ R = \frac{V}{I}[\Omega]$$

여기서, V : 전압[V], I : 전류[A], R : 저항[Ω]

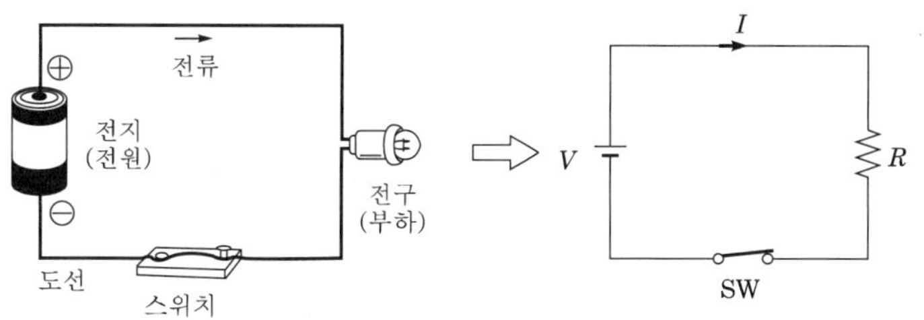

옴의 법칙
전압 $V = IR$[V]
전류 $I = \frac{V}{R}$[A]
저항 $R = \frac{V}{I}[\Omega]$

(2) 컨덕턴스

$G = \frac{1}{R}[℧]$이므로 옴의 법칙은 다음과 같이 나타낼 수 있다.

$I = \frac{V}{R} = GV[\text{A}],\ V = IR = \frac{I}{G}[\text{V}]$

컨덕턴스
$G = \frac{1}{R}[℧]$
$R = \frac{1}{G}[\Omega]$

옴의 법칙

저항 $R[\Omega]$에 전류 I[A]가 흐를 경우 저항 양 단자 간에 걸리는 전압 V[V]는 반드시 $I \times R$[V]만큼의 전압이 걸린다.

03 저항의 접속

1 직렬 접속

저항의 직렬 접속 회로란 전원에서 흘러나온 전류가 전류의 연속성에 의하여 회로 중의 모든 저항에 일정한 전류가 흐르도록 접속한 회로이다.

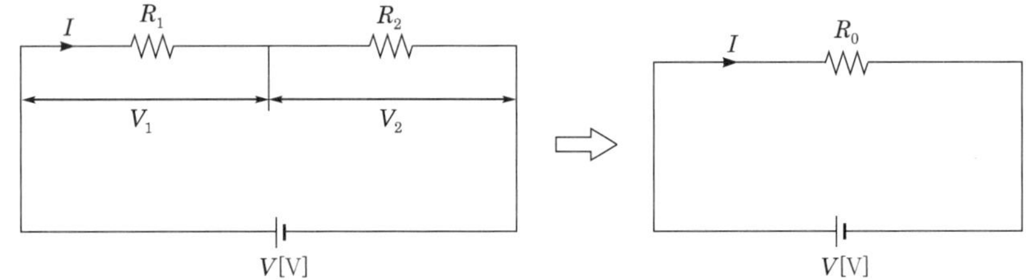

$V_1 = IR_1$, $V_2 = IR_2$(옴의 법칙)

$V = V_1 + V_2 = I(R_1 + R_2) = IR_0$[V]

(1) 직렬 합성 저항

직렬 합성 저항
$R_0 = R_1 + R_2[\Omega]$

직렬 접속에서 합성 저항값은 각각의 저항값을 더하여 구한다.

$$R_0 = R_1 + R_2[\Omega]$$

(2) 전압 강하

전압 분배
$V_1 = \frac{R_1}{R_1 + R_2} \times V[V]$
$V_2 = \frac{R_2}{R_1 + R_2} \times V[V]$

전압 강하란 전류가 흐르고 있는 동안에 각 저항의 양 끝단에서 전압이 낮아지는 현상으로 각각의 저항에 비례 분배되며, 이때 각 저항에서의 전압 강하의 합은 전원 전압과 같다.

전체 전류 $I = \frac{V}{R_0} = \frac{V}{R_1 + R_2}$[A]

각 저항에 분배되는 전압

$$V_1 = IR_1 = \frac{R_1}{R_1 + R_2}V[V]$$

$$V_2 = IR_2 = \frac{R_2}{R_1 + R_2}V[V]$$

각각의 저항에 분배되는 전압은 전류가 일정하므로 저항에 비례 분배된다.

$V_1 : V_2 = R_1 : R_2$

2 병렬 접속

저항의 병렬 접속 회로란 각각의 저항에 인가되는 전압이 일정하게 작용하는 회로로 전원에서 흘러나온 전류가 각 저항에 반비례 분배되어 흐르며 이때 각 저항에서의 전압은 항상 일정한 회로 특성을 갖는다.

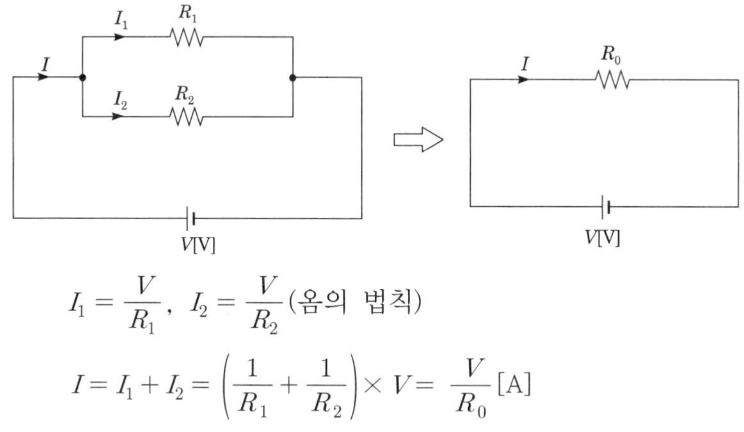

$$I_1 = \frac{V}{R_1},\ I_2 = \frac{V}{R_2} \text{(옴의 법칙)}$$

$$I = I_1 + I_2 = \left(\frac{1}{R_1} + \frac{1}{R_2}\right) \times V = \frac{V}{R_0}[\text{A}]$$

(1) 합성 저항

병렬 접속에서의 합성 저항은 '각 저항 역수의 합의 역수'로 구할 수 있으며 2개의 저항이 병렬 접속인 경우 2개 저항을 '더한 것 분에 곱한 것'으로 구할 수 있다.

$$\text{합성 저항 } R_0 = \frac{1}{\frac{1}{R_1} + \frac{1}{R_2}} = \frac{R_1 R_2}{R_1 + R_2}[\Omega]$$

병렬 합성 저항

$$R_0 = \frac{1}{\frac{1}{R_1} + \frac{1}{R_2}} = \frac{R_1 R_2}{R_1 + R_2}[\Omega]$$

병렬

전압 일정, 전류 분배

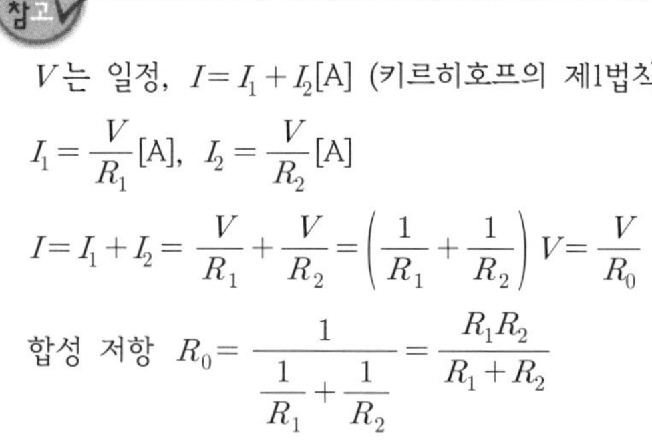

참고

V는 일정, $I = I_1 + I_2$[A] (키르히호프의 제1법칙)

$$I_1 = \frac{V}{R_1}[\text{A}],\ I_2 = \frac{V}{R_2}[\text{A}]$$

$$I = I_1 + I_2 = \frac{V}{R_1} + \frac{V}{R_2} = \left(\frac{1}{R_1} + \frac{1}{R_2}\right)V = \frac{V}{R_0}$$

$$\text{합성 저항 } R_0 = \frac{1}{\frac{1}{R_1} + \frac{1}{R_2}} = \frac{R_1 R_2}{R_1 + R_2}$$

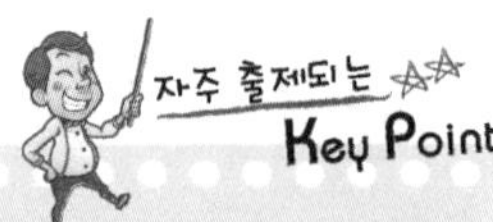

① 3개의 저항이 병렬 접속된 경우 합성 저항

$$R_0 = \frac{1}{\frac{1}{R_1} + \frac{1}{R_2} + \frac{1}{R_3}} = \frac{R_1 R_2 R_3}{R_1 R_2 + R_2 R_3 + R_3 R_1} [\Omega]$$

② 서로 다른 n개 저항이 병렬 접속 된 경우 합성 저항

저항 n개의 병렬 접속

$$R_0 = \frac{R_1}{n}$$

$$R_0 = \frac{1}{\frac{1}{R_1} + \frac{1}{R_2} + \frac{1}{R_3} + \cdots + \frac{1}{R_n}} [\Omega]$$

- 여기서, $R_1 = R_2 = R_3 = \cdots = R_n$인 경우 그 합성 저항은 다음의 형태로 구할 수 있다.

$$R_0 = \frac{R_1(\text{저항 1개 분})}{n(\text{병렬 접속 개수})} [\Omega]$$

- 이 원리에 의하면 합성 저항은 가장 작은 저항보다 더 작아지는 특성을 가지므로 부하 증가 시마다 합성 저항은 더 감소하므로 전체 전류는 증가하게 된다.

(2) 각 저항에서 분배되는 전류

분배 전류

$$I_1 = \frac{R_2}{R_1 + R_2} I[\text{A}]$$

$$I_2 = \frac{R_1}{R_1 + R_2} I[\text{A}]$$

병렬로 접속된 각 저항에서의 전류 분배는 각각의 저항에 인가되는 전압이 일정하므로 옴의 법칙에 의하여 저항의 크기에 반비례하는 전류가 각각의 저항에 분배되어 흐른다.

$$I_1 = \frac{V}{R_1} [\text{A}], \quad I_2 = \frac{V}{R_2} [\text{A}]$$

전체 전압 $V = IR_o = \frac{R_1 R_2}{R_1 + R_2} I[\text{V}]$이므로

$$I_1 = \frac{V}{R_1} = \frac{1}{R_1} \times \frac{R_1 R_2}{R_1 + R_2} I = \frac{R_2}{R_1 + R_2} I[\text{A}]$$

$$I_2 = \frac{V}{R_2} = \frac{1}{R_2} \times \frac{R_1 R_2}{R_1 + R_2} I = \frac{R_1}{R_1 + R_2} I[\text{A}]$$

컨덕턴스 접속
저항과 반대로 계산한다.
㉠ 직렬

$$G_0 = \frac{1}{\frac{1}{G_1}+\frac{1}{G_2}} = \frac{G_1 G_2}{G_1+G_2}$$

㉡ 병렬 $G_0 = G_1 + G_2$

깐깐 정리 **2개의 저항 및 컨덕턴스 합성값 구하기**

접속 종류	합성 저항	합성 컨덕턴스
직렬 접속	$R_0 = R_1 + R_2$	$G_0 = \frac{1}{\frac{1}{G_1}+\frac{1}{G_2}} = \frac{G_1 G_2}{G_1+G_2}$
병렬 접속	$R_0 = \frac{1}{\frac{1}{R_1}+\frac{1}{R_2}} = \frac{R_1 R_2}{R_1+R_2}$	$G_0 = G_1 + G_2$

3 저항의 직·병렬 접속

저항의 직·병렬 접속이란 저항의 직렬 접속과 병렬 접속이 혼합되어 나타나는 회로를 말한다. 각각의 저항 특성 및 전압, 전류 특성은 다음과 같다.

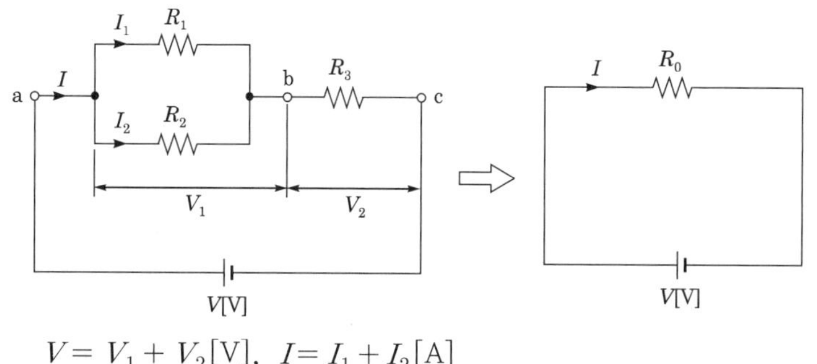

$V = V_1 + V_2$[V], $I = I_1 + I_2$[A]

(1) 합성 저항

직·병렬 접속에서의 합성 저항은 먼저 병렬로 접속된 부분의 합성 저항을 구하고 직렬로 접속된 저항에 더하여 구한다.

$$R_{ab} = \frac{R_1 R_2}{R_1 + R_2}[\Omega]\text{이므로 } R_0 = R_{ab} + R_3 = \frac{R_1 R_2}{R_1 + R_2} + R_3$$

(2) 전체 전압

직·병렬 접속에서의 전체 전압 V는 전체 전류 I에 전체 합성 저항 R_0를 곱하여 구한다.

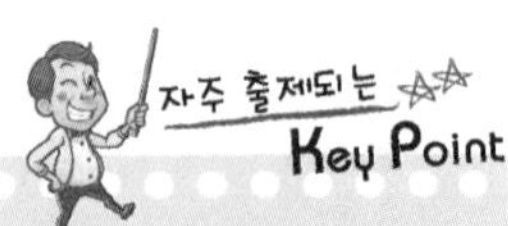

$$V = IR_0 = I\left(\frac{R_1 R_2}{R_1 + R_2} + R_3\right)[\mathrm{V}]$$

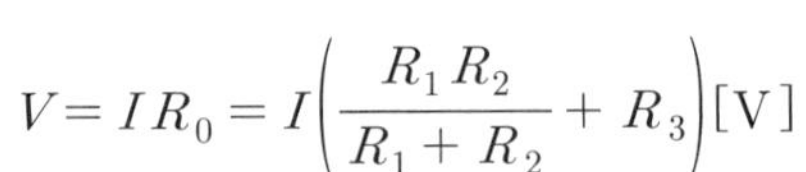

04 키르히호프의 법칙, 전압, 전류의 측정

키르히호프의 제1법칙
Σ(유입 전류)=Σ(유출 전류)

1 키르히호프의 제1법칙(전류 법칙 : KCL)

『회로망 중의 임의의 접속점에서 유입하는 전류의 합은 유출하는 전류의 합과 같다.』라는 원리이다.

$$\Sigma(\text{유입 전류}) = \Sigma(\text{유출 전류})$$
$$I_1 + I_2 + I_3 = I_4 + I_5$$
$$I_1 + I_2 + I_3 - I_4 - I_5 = 0$$
$$\therefore\ \Sigma I = 0$$

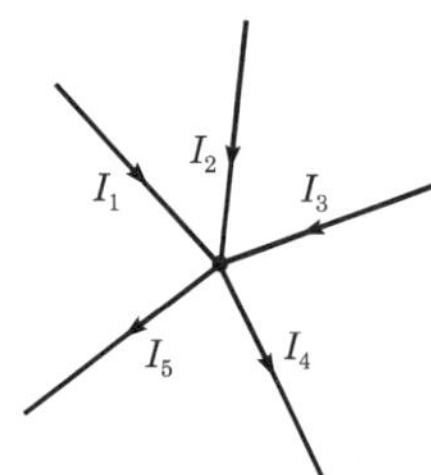

키르히호프의 제2법칙
ΣE(기전력의 대수합) $= \Sigma IR$(전압 강하의 대수합)

2 키르히호프의 제2법칙(전압 법칙 : KVL)

『루프(loop)를 형성하는 임의의 회로망에서 모든 기전력의 대수합은 전압 강하의 대수합과 같다.』라는 원리이다. 이때 폐회로에서 임의의 방향을 기준으로 하여 정한 기준 전류와 기전력에서 발생하는 전류의 방향이 동일하면 +, 반대로 되는 것은 −로 한다.

$$E_1 + E_2 - E_3 + E_4 = IR_1 + IR_2 + IR_3 + IR_4$$
$$\therefore\ \Sigma E = \Sigma IR$$

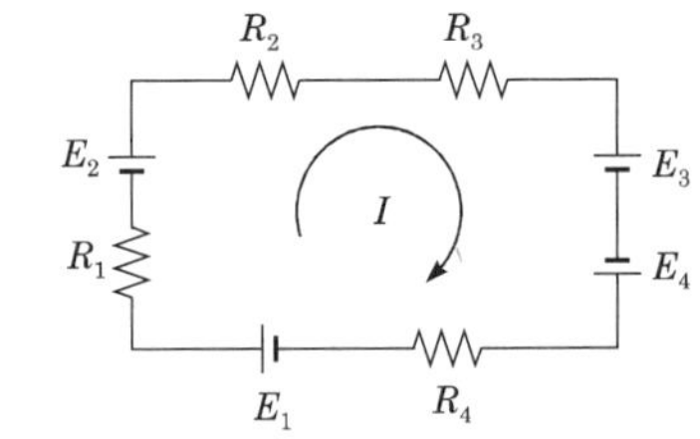

3 전압과 전류의 측정

전압계
병렬 접속

(1) 전압계, 전류계

① 전압계 : 전기 회로의 두 점 사이의 전위차를 측정하기 위한 계기로 전원에 병렬로 접속하여 측정한다.

② **전류계** : 전기 회로의 전류를 측정하기 위한 계기로 전원에 직렬로 접속하여 측정한다.

자주 출제되는 Key Point
전류계
직렬 접속

(2) 배율기

배율기
전압계에 직렬 접속

전압의 측정 범위를 확대하기 위하여 전압계에 직렬로 접속하는 전압계 내부 저항보다 큰 저항기를 배율기라 한다. 배율기 저항 R_m과 전압계 내부 저항 r_v는 직렬 접속이므로 각각의 저항에 인가되는 전압은 비례 분배된다. 따라서 배율기 저항 R_m과 전압계 내부 저항 r_v에 걸리는 각각의 전압 분배 비율을 $R_m : r_v = n-1 : 1$이 되도록, 즉 측정 배율이 10배일 경우 전압 분배 비율이 9 : 1이면, 저항 비율도 9 : 1이 되도록 설계한 것이므로 비례식에서 배율기 저항 $R_m = (n-1)r_v$가 성립한다.

전압계 지시값 $V_v = r_v\, I = \left(\dfrac{r_v}{R_m + r_v}\right)V$에서

측정 배율 $\dfrac{V}{V_v} = \left(\dfrac{r_v + R_m}{r_v}\right)$이므로

배율기의 저항 $R_m = (n-1)r_v[\Omega]$

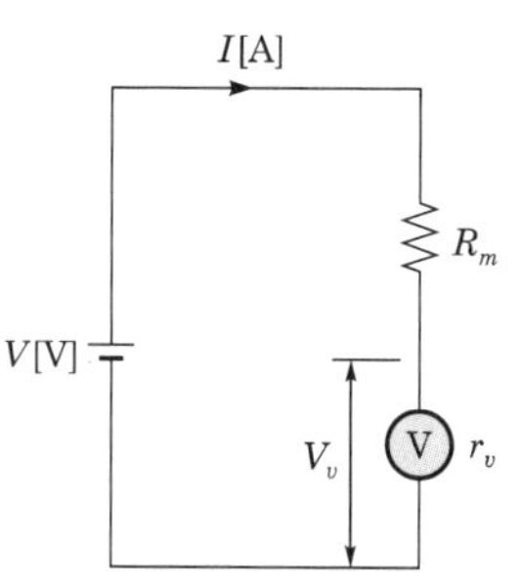

측정 배율
10배일 경우 전압비 $V_{R_m} : V_{r_v} = 9 : 1$이면
저항비는 $R_m : r_v = 9 : 1$
20배일 경우 전압비 $V_{R_m} : V_{r_v} = 19 : 1$이면
저항비는 $R_m : r_v = 19 : 1$
n배일 경우 전압비 $V_{R_m} : V_{r_v} = n-1 : 1$이면
저항비는 $R_m : r_v = n-1 : 1$
∴ 배율기 저항 $R_m = (n-1)r_v[\Omega]$

(3) 분류기

분류기
전류계에 병렬 접속

전류의 측정 범위를 확대하기 위하여 전류계와 병렬로 접속하는 전류계 내부 저항보다 작은 저항기를 분류기라 한다. 분류기 저항 R_s와 전류계 내부 저항 r_a는 병렬 접속이므로 각각의 저항에 흐르는 전류는 각각의 저항에 반비례하여 분배된다.

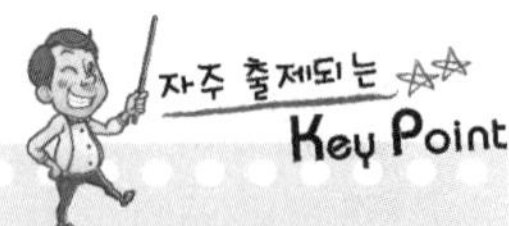

전류 $I_a = \dfrac{R_s}{R_s + r_a} I$에서 측정 배율 $\dfrac{I}{I_a} = \dfrac{R_s + r_a}{R_s} = 1 + \dfrac{r_a}{R_s}$

$\therefore$ 분류기의 저항 $R_s = \dfrac{r_a}{n-1}[\Omega]$

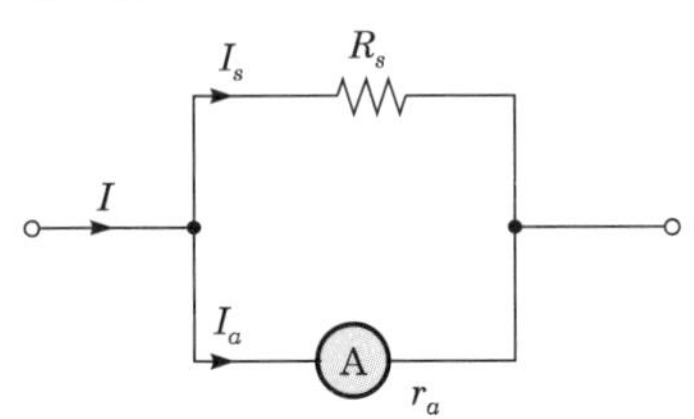

측정 배율

10배일 경우 전류비 $I_s : I_a = 9:1$이면
저항비는 $R_s : r_v = 1:9$

20배일 경우 전류비 $I_s : I_a = 19:1$이면
저항비는 $R_s : r_v = 1:19$

n배일 경우 전류비 $I_s : I_a = n-1:1$이면
저항비는 $R_s : r_v = 1:n-1$

$\therefore$ 분류기 저항 $R_s = \dfrac{r_a}{n-1}[\Omega]$

4 휘트스톤 브리지

휘트스톤 브리지 평형 조건
대각선 저항의 곱이 같아야 한다.

휘트스톤 브리지 회로란 P, Q, R, X의 저항 4개를 다음 그림과 같이 접속하고, 여기에 미소 전류를 검출하기 위한 검류계 Ⓖ를 연결한 후 4개의 저항을 적절하게 가감하여 검류계 Ⓖ에 흐르는 전류를 0으로 할 수 있는 회로로, 특히 검류계 Ⓖ에 흐르는 전류가 0이 되었을 때 휘트스톤 브리지의 <u>평형 상태</u>라고 한다.

① 휘트스톤 브리지 회로 평형 조건

$P \cdot X = Q \cdot R$

② 미지의 저항

$X = \dfrac{Q \cdot R}{P}[\Omega]$

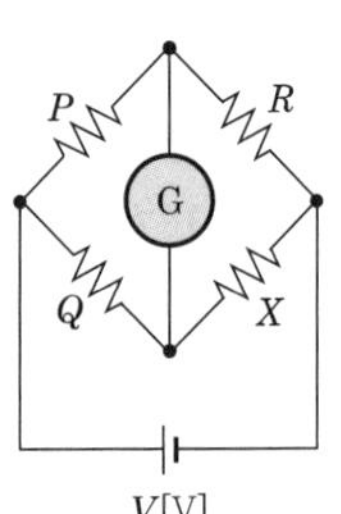

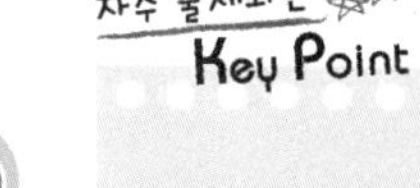

05 전지의 접속

1 기전력, 단자 전압

전지에 부하 저항(R)을 연결한 회로에서 모든 전압원은 그 제조 과정에서 아무리 잘 만들어도 불순물 등이 포함되어 무시할 수 없는 내부 저항을 가지고 있으므로, 반드시 내부 저항 r[Ω]을 고려하여 다음과 같이 나타낼 수 있다.

$$E = I(r + R)[\text{V}]$$

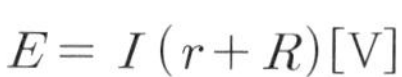

여기서, E : 기전력[V], I : 부하 전류[A]
r : 전원의 내부 저항[Ω]
R : 부하 저항[Ω]

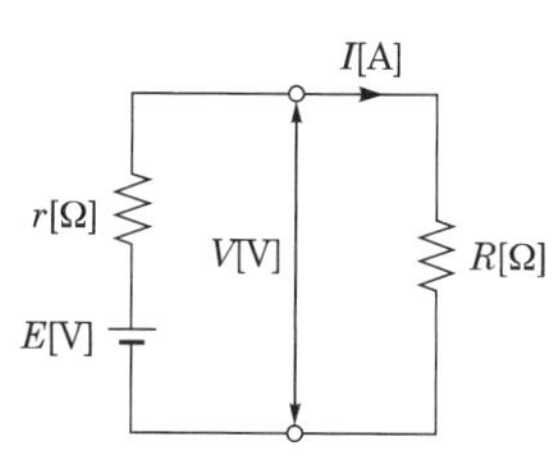

전지의 기전력
$E = I(r+R)$[V]

(1) 기전력(E)

기전력이란 임의의 전기 회로에서 전위차(전압)를 일정하게 유지하여 전류가 연속적으로 흐를 수 있도록 하는 힘을 말한다.

기전력
전지의 전압

(2) 단자 전압(V)

기전력 E에서 전원의 내부 저항 r에 의한 전압 강하 Ir을 뺀 나머지, 즉 순수하게 부하 저항 양 단자에 인가되는 전압(V)이라고 해서 단자 전압이라고 한다.

단자 전압
부하에 걸리는 전압

$$V = IR\text{이므로 } E = I(r+R) = Ir + IR = Ir + V$$

2 전지의 직렬 접속

전지 1개로는 기전력이 부족하거나 용량이 작아서 높은 전압이나 큰 전류를 얻기 어려운 경우가 많다. 따라서 높은 전압이나 큰 전류를 얻을 목적으로 여러 개의 전지를 직렬 또는 병렬로 접속 1조로 하여 전원으로 사용한다. 기전력 E[V], 내부 저항 r[Ω]인 전지 n개를 직렬로 접속하면 합성 기전력 및 내부 저항은 각각 n배 증가하여 nE[V], nr[Ω]이 되므로 부하 저항 R[Ω]에 흐르는 전류 I[A]는 다음과 같다.

직렬 접속
용량 일정, 기전력 증가

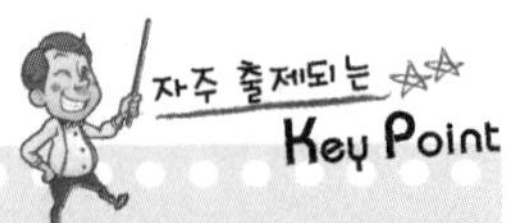

$$I = \frac{nE}{nr + R}\,[\text{A}]$$

여기서, I : 부하 전류[A]

n : 전지의 직렬 연결 개수

E : 전지 1개당 기전력[V]

r : 전지 1개당 내부 저항[Ω]

R : 부하 저항[Ω]

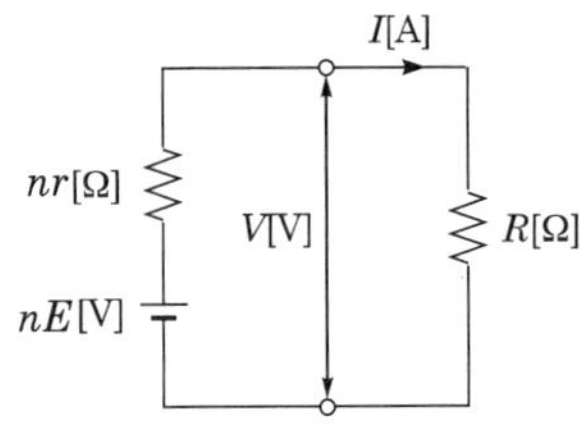

병렬 접속
기전력 일정, 용량 증가

3 전지의 병렬 접속

기전력 E[V], 내부 저항 r[Ω]인 전지 n개를 병렬로 접속하면 기전력은 불변이면서 저항값만 $\frac{r}{n}$[Ω]배로 감소하므로 부하 저항 R[Ω]에 흐르는 전류 I[A]는 다음과 같다.

$$I = \frac{E}{\frac{r}{n} + R}\,[\text{A}]$$

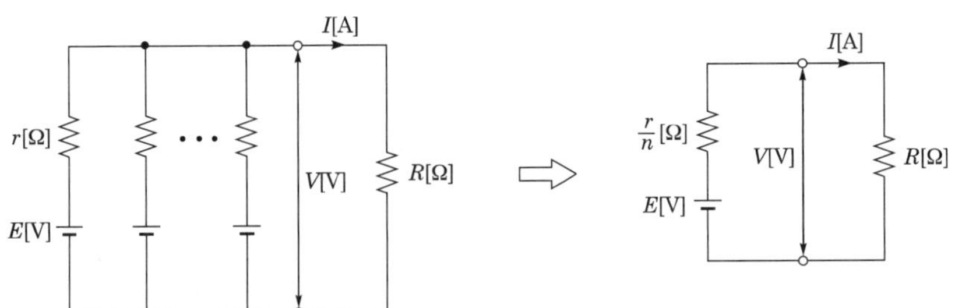

06 전기 저항

1 고유 저항

(1) 전기 저항의 성질

임의의 도체에서의 전기 저항은 도체의 길이 l[m]에 비례하고 도체의 단면적 $A[\text{m}^2]$에는 반비례하며, 각 도체의 특성에 따라 결정되는 비례 상수인 고유 저항 ρ에 비례하므로 도선의 저항 R은 다음과 같이 나타낼 수 있다.

> 전기 저항
> $R=\rho\dfrac{l}{A}[\Omega]$

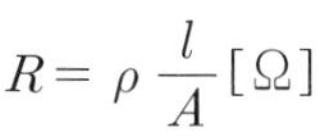

$$R=\rho\,\frac{l}{A}[\Omega]$$

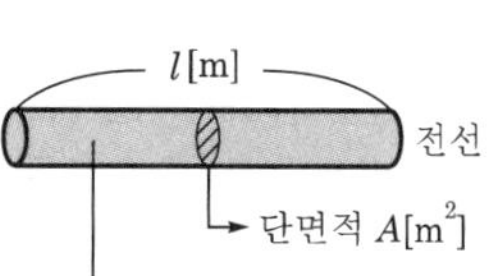

(2) 고유 저항

고유 저항(ρ : 저항률)은 단면적 $1[\text{m}^2]$, 길이 1[m]인 어떤 물질이 가지는 저항 값을 말하며 다음과 같은 단위로 나타낼 수 있다.

$$\rho=R[\Omega]\cdot\frac{A[\text{m}^2]}{l[\text{m}]}=R\frac{A}{l}[\Omega\cdot\text{m}]$$

① $1[\Omega\cdot\text{m}^2/\text{m}]=1[\Omega\cdot10^6\text{mm}^2/\text{m}]=10^6[\Omega\cdot\text{mm}^2/\text{m}]$

② 국제 표준 연동선의 고유 저항 : $\rho=\dfrac{1}{58}[\Omega\cdot\text{mm}^2/\text{m}]$

③ 국제 표준 경동선의 고유 저항 : $\rho=\dfrac{1}{55}[\Omega\cdot\text{mm}^2/\text{m}]$

> 연동선의 고유 저항
> $\rho=\dfrac{1}{58}[\Omega\cdot\text{mm}^2/\text{m}]$

2 도전율

도전율(σ : 전도율)이란 고유 저항의 역수로서 전류가 흐르기 쉬운 정도를 나타내며 다음과 같이 단위를 환산하여 나타낼 수 있다.

$$\sigma=\frac{1}{\rho}[℧/\text{m}]$$

> 도전율
> $\sigma=\dfrac{1}{\rho}[℧/\text{m}]$

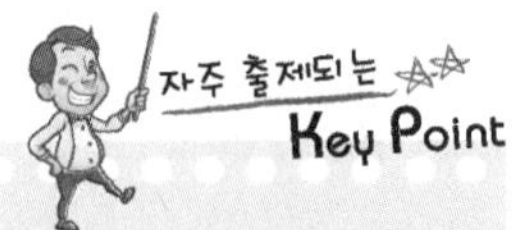

%도전율

국제 표준 연동선의 도전율에 대한 기타 도선의 도전율을 백분율비로 나타낸 것

$$\%\sigma = \frac{\sigma}{\sigma_s} \times 100[\%]$$

여기서, σ_s : 표준 연동선 도전율, σ : 기타 도선 도전율

3 저항의 온도 계수

(1) 저항-온도 특성

구리나 알루미늄 같은 도체의 저항은 온도의 상승에 따라 점차 저항이 증가하는 특성을 정(+)의 특성을 갖고, 규소나 실리콘 같은 반도체는 반대로 온도가 상승하면 저항이 감소하는 부(−)의 특성을 가진다.

(2) 표준 연동에 대한 저항의 온도 계수

① 0[℃]에서의 온도 계수 : 도체의 온도가 0[℃]에서 1[℃]로 상승할 때의 저항값의 증가 비율이다.

$$\alpha_0 = \frac{1}{234.5} \fallingdotseq 0.00427$$

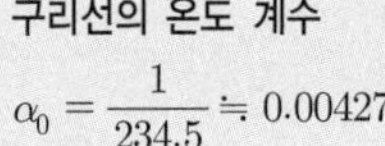

구리선의 온도 계수

$\alpha_0 = \frac{1}{234.5} \fallingdotseq 0.00427$

② t[℃]에서의 온도 계수 : 도체의 온도가 t[℃]에서 1[℃] 상승할 때의 저항값의 증가 비율이다.

$$\alpha_t = \frac{1}{234.5 + t}$$

정온도 계수
구리, 은, 금, 알루미늄 등

부온도 계수
규소, 서미스터, 저마늄 등

도체와 반도체

- 도체 : 온도가 상승하면 저항도 상승하는 정(+) 온도 계수를 갖는 것(정온도 계수)
- 반도체 : 온도가 상승하면 저항이 감소하는 부(−) 온도 계수를 갖는 것(부온도 계수), 규소, 저마늄, 서미스터, 탄소, 아산화동

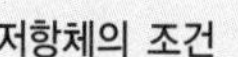

4 저항체의 구비 조건

① 고유 저항(저항률)이 클 것
② 저항에 대한 온도 계수가 작을 것
③ 내열성, 내식성이면서 고온에서도 산화되지 않을 것
④ 다른 금속에 대한 열기전력이 작을 것
⑤ 가공, 접속이 용이하고 경제적일 것

저항체의 조건
㉠ 고유 저항이 클 것
㉡ 저항 온도 계수가 작을 것
㉢ 내열성·내식성 및 고온에서 산화되지 않을 것
㉣ 열기전력이 작을 것
㉤ 가공·접속이 용이할 것
㉥ 경제적일 것

07 전류의 열작용

1 전력(P)

단위 시간 동안에 전기 에너지가 한 일의 양을 나타내는 것으로, 전력의 단위로는 와트[W]를 사용한다.

$$P = \frac{W}{t} = \frac{QV}{t} = VI = I^2 R = \frac{V^2}{R} \text{[W]}$$

여기서, P : 전력[W], I : 전류[A]
W : 전력량[J], R : 저항[Ω]
t : 시간[sec], Q : 전하량[C]
V : 전압[V]

전력
$P = \frac{W}{t} = \frac{QV}{t} = VI$
$= I^2 R = \frac{V^2}{R}$
[W=J/s]

- 단위 환산 : $P = \frac{W}{t}$[J/sec]$= \frac{W}{t}$[W]이므로 [W]=[J/sec]
- 공률 : 단위 시간당 기계적 에너지
  1마력=1[HP]=746[W]=0.746[kW]

2 최대 전력 전달 조건

부하 저항 R에서 발생하는 전력 P는 내부 저항 r, 전원 전압 E가 일정하다고 할 때, 부하 저항 R에서 발생할 수 있는 최대 전력은 항상 내부 저항 r과 부하 저항 R이 서로 같은 '$r=R$'일 때 발생하므로 그 최대 전력을 다음과 같이 나타낼 수 있다.

최대 전력 전달 조건
$r=R$

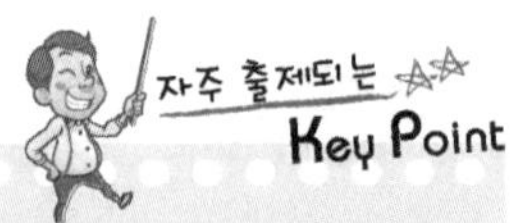

$$P = I^2 R = \left(\frac{E}{r+R}\right)^2 R = \frac{E^2 R}{(r+R)^2}[\text{W}]\text{에서}$$

최대 전력 전달 조건 '$r = R$'을 고려하면

$$P_m = \frac{E^2}{4r} = \frac{E^2}{4R}[\text{W}]$$

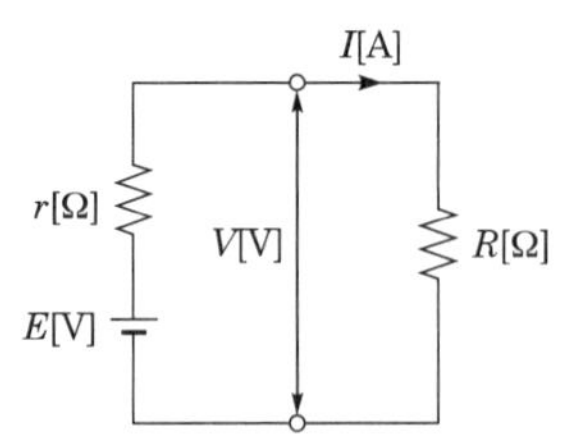

3 전력량(W)

전력량의 크기
$W = Pt = VIt = I^2Rt = \frac{V^2}{R}t[\text{J}]$

어느 일정 시간 동안의 전기 에너지 총량을 나타내는 것으로 전력과 그 전력이 계속하는 시간과의 곱으로 표시하며, 그 단위로는 [J]을 사용한다.

$$W = Pt = VIt = I^2Rt = \frac{V^2}{R}t[\text{J}]$$

여기서, W : 전력량[J], P : 전력[W]
I : 전류[A], R : 저항[Ω]
V : 전압[V], t : 시간[sec]

단위 환산
1[W · sec]=1[J]

① 1[W · sec]=1[J]
② 1[kW · h]=1,000[W · h]=10^3×3,600[J]=3.6×10^6[J]

4 줄(Joule)의 법칙

줄의 법칙
$H = 0.24 \times$ 전력량[cal]

『저항 R[Ω]의 도체에 전류 I[A]를 흘릴 때 전류에 의해서 단위 시간당 발생하는 열량은 도체의 저항과 전류의 제곱에 비례한다.』는 법칙으로 이때 발생한 열을 줄열 또는 저항열이라고 하며 발생 열량 H는 다음과 같다.

$$H = Pt = VIt = I^2Rt = \frac{V^2}{R}t[\text{J}]$$
$$= 0.24Pt = 0.24VIt = 0.24I^2Rt[\text{cal}]$$

단위 환산
1[J]=0.2389[cal]
≒0.24[cal]
1[cal]≒4.2[J]
1[kW · h]=3.6×10^6[J]
=860[kcal]

① 1[J]=0.2389[cal]≒0.24[cal]
② 1[cal]≒ 4.2[J]
③ 1[kW · h]=3.6×10^6[J]=0.2389×3,600[kcal]≒860[kcal]

열에너지에서의 열량

$$Q[\text{cal}] = C \cdot m \cdot \theta[\text{cal}] \ (\text{단, } \theta = t_2 - t_1)$$

질량 m[g], 비열 C[cal/g·℃]인 물체에 대하여 온도를 t_1[℃]에서 t_2[℃]로 상승시키는 데 필요한 열량

$$H = 0.24\, I^2 Rt[\text{cal}] = C \cdot m \cdot \theta[\text{cal}]$$

5 열전기 현상

(1) 제베크 효과(Seebeck effect)

서로 다른 두 종류의 금속을 그림과 같이 접속한 후 두 접합점 J_1, J_2의 온도를 각각 다른 온도로 유지할 경우 열기전력이 발생하여 일정한 방향으로 열전류가 흐르는 현상으로 열전 온도계나 열전쌍형 계기 등에서 이용하고 있다.

제베크 효과
온도차 → 전류

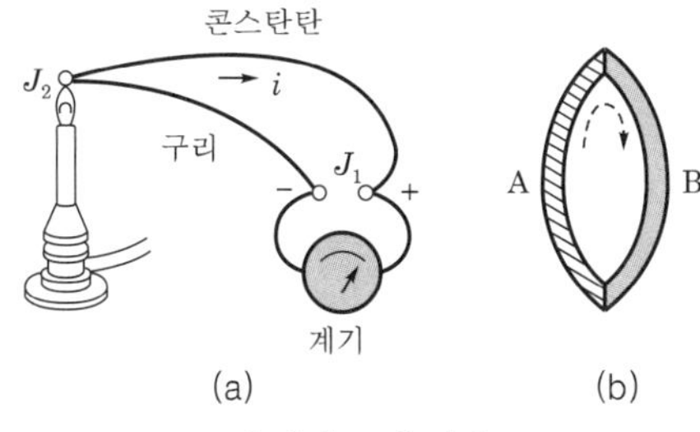

▌제베크 효과▐

(2) 펠티에 효과(Peltier effect)

서로 다른 두 종류의 금속을 그림과 같이 접속한 후 그 접합점에 기전력 E[V]를 인가하여 전류를 흘릴 때 각각의 접속점 A, B에서 열의 발생이나 흡수가 일어나는 현상으로 전자 냉동기 등에서 이용하고 있다.

펠티에 효과
전류 → 온도차

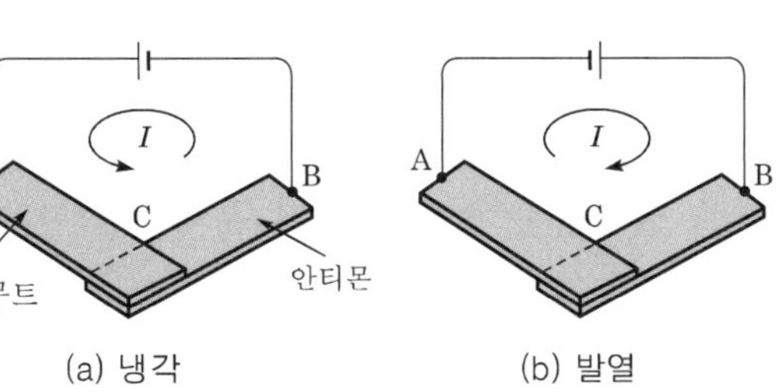

▌펠티에 효과▐

톰슨 효과
동종의 금속 → 온도차 → 열전류가 흐르는 현상

(3) 톰슨 효과(Thomson effect)

같은 종류의 금속으로 된 회로 내에서 그림과 같이 도체의 길이에 따른 온도 분포를 다르게 하면서 전류를 흘릴 경우 각각의 온도 분포가 다른 두 지점에서 열의 발생이나 흡수가 일어나는 현상을 말한다.

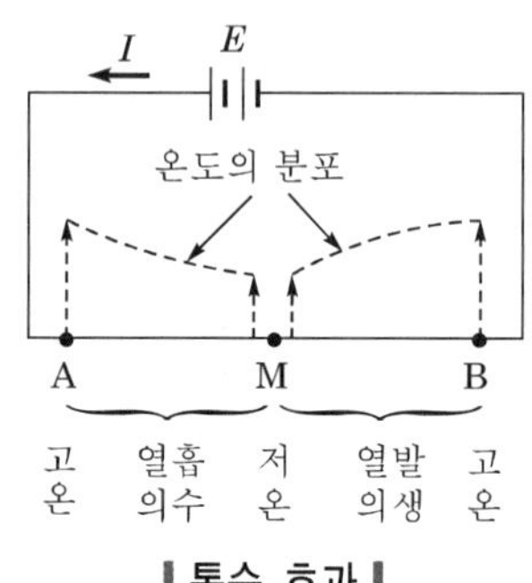

| 톰슨 효과 |

(4) 제3금속 법칙

서로 다른 A, B 2종류의 금속으로 만든 열전쌍과 접점 사이에 임의의 금속 C를 연결해도 C의 양 끝의 접점 온도를 똑같이 유지하면 회로의 열기전력은 변화하지 않는 현상이다.

홀 효과
도체 → 자계 인가 → 측면에 정·부의 전하가 나타나는 현상

(5) 홀 효과

전류가 흐르고 있는 도체에 자계를 가하면 도체 측면에 정(+), 부(−)의 전하가 나타나 두 면 간에 전위차가 나타나는 현상이다.

08 전류의 화학 작용과 전지

전기 분해
전압 : 직류

1 전기 분해

그림과 같이 구리와 철을 각각 양극과 음극으로 한 용기 내에 황산구리($CuSO_4$)와 같은 전해액을 넣고 전류를 가할 경우 이 전해액이 분해되면서 각각 양, 음 두 극위에 분해 생성물을 발생하는 현상을 <u>전기 분해</u>라 한다.

> $CuSO_4 \rightarrow Cu^{++}$(음극으로 이동)$+SO_4^{--}$(양극으로 이동)
> $CuSO_4$가 전리되어 양이온 Cu^{++}와 음이온 SO_4^{--}가 된다.

(1) **전해액**

전류를 통할 때 전기 분해를 하는 수용액

(2) **전해질**

전해액으로 될 수 있는 물질

(3) **이온**

전해질이 녹아 전해액으로 될 때 그 분자가 전리되어 양 또는 음의 전하를 띤 원자 또는 원자단

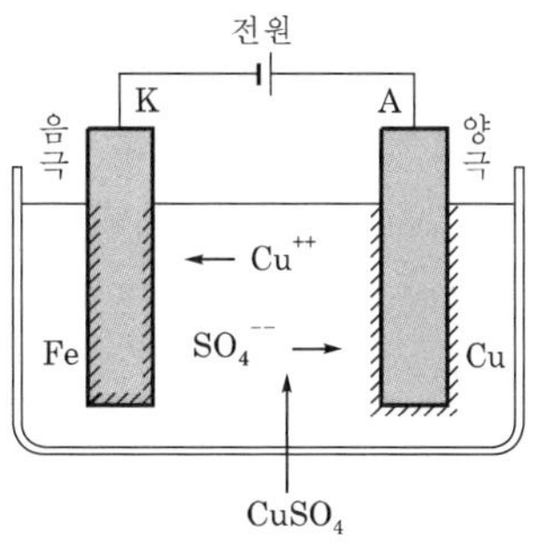

▎$CuSO_4$ 용액의 전기 분해▕

(4) **전리(이온화)**

전해질이 용액 속에서 양이온이나 음이온으로 분리되는 현상

2 패러데이 법칙

① 전기 분해 시 양극과 음극에서 석출되는 물질의 양 W[g]은 전해액 속을 통과한 전기량 Q[C]에 비례한다.

② 같은 전기량에 의해 여러 가지 화합물이 전기 분해될 때 석출되는 물질의 양 W[g]은 각 물질의 화학 당량$\left(=\frac{\text{원자량}}{\text{원자가}}\right)$에 비례한다.

$$W = kQ = kIt\,[\mathrm{g}]$$

여기서, W : 석출되는 물질의 양[g], k : 전기 화학 당량[g/C]
Q : 전하량[C], I : 전류[A], t : 시간[sec]

전기 화학 당량(k[g/C])

1[C]의 전기량에 의해서 전극에서 석출되는 물질의 양[g]을 나타낸 것으로 전기 화학 당량은 화학 당량에 비례한다.

③ 전해질이나 전극이 어떤 것이라도 같은 전기량이면 항상 같은 화학 당량의 물질을 석출한다.

$$F = \frac{1[\mathrm{g}]\ \text{당량}}{k} = \text{일정}$$

패러데이 법칙
전극에서 석출되는 물질의 양
$W = kQ = kIt$[g]

화학 당량
$\frac{\text{원자량}}{\text{원자가}}$

패러데이 상수 F[C]

1[g] 당량을 석출하는 데 필요한 전기량으로 물질에 관계없이 항상 일정한 특성을 갖는다

3 전지

1차 전지(충전 불가능)
망간, 수은, 공기 전지

2차 전지(충전 가능)
납(연)축전지, 알칼리 축전지

종류	특성
1차 전지	재생이 불가능한 것. 망간 건전지, 수은 건전지, 공기 건전지
2차 전지	재생이 가능한 것. 납(연)축전지, 알칼리 축전지
물리 전지	반도체 PN 접합면에 광선을 조사하여 기전력을 발생시키는 전지. 태양전지
연료 전지	외부에서 연료를 공급하는 동안만 기전력을 발생하는 전지. 수소 연료 전지

(1) 1차 전지(볼타 전지)의 원리

그림과 같이 아연과 구리를 설치한 용기 내에 묽은 황산(H_2SO_4)용액을 넣으면 이온화 경향이 강한 아연과 묽은 황산용액이 전리되면서 발생한 아연이온(Zn^{++})과 수소이온(H^+)의 이동으로 인하여 각각의 아연판과 구리판이 음극과 양극으로 대전되면서 기전력이 발생한다.

$$H_2SO_4 \rightarrow 2H^+ + SO_4^{--}$$

묽은 황산(H_2SO_4)은 2개의 양이온($2H^+$)과 1개의 음이온(SO_4^{--})으로 전리되고, 아연판(Zn)은 이온화 경향이 강하므로 아연이온(Zn^{++})으로 되어 황산(H_2SO_4) 속으로 용해된다.

따라서, 아연판은 음으로 대전한다. 용해된 아연이온(Zn^{++})은 곧 SO_4^{--}이온과 결합하여 황산아연($ZnSO_4$)의 형태로 황산 속에 존재한다. 한편 수소 이온 $2H^+$의 일부는 구리판에 부착하여 이것을 양으로 대전한다. 이와 같은 현상으로 구리판의 전위는 황산보다 높아지며(+0.34[V]), 아연판은 반대로 낮아져서 음전위(−0.76[V])로 되기 때문에 극판 사이에는 아연에서 구리 방향으로 $V = 0.34 - (-0.76) = 1.1$[V]의 기전력이 발생한다.

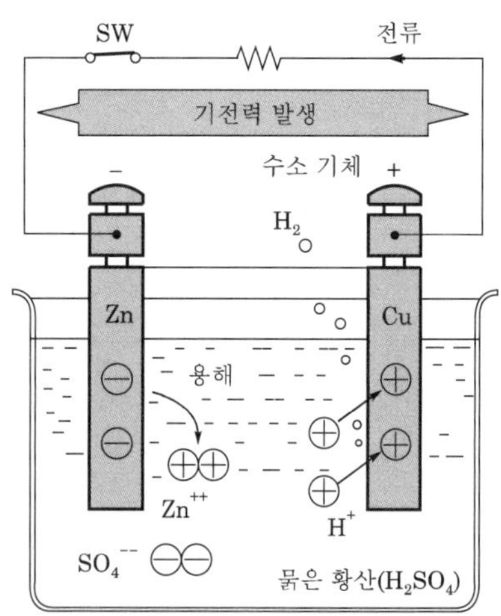

| 전지 |

자주 출제되는 Key Point

(2) 전지에서 발생하는 현상

① 분극(성극) 작용

㉠ 일정한 전압을 가진 전지에 부하를 걸어 전류를 흘릴 경우 양극 표면에서 발생한 수소 기포로 인하여 기전력이 감소하는 현상이다.

㉡ 분극 작용 방지 대책 : 전류가 흐를 때 양극 표면에서 발생한 수소 기포의 발생을 억제시켜 전극의 작용을 활발하게 유지시키기 위한 감극제를 사용하는데 이 감극제로 무엇을 사용하는가에 따라서 전지 명칭을 정해진다.

분극 작용
수소 → 기전력 감소

② 국부 작용

㉠ 전극이나 전해액 중에 포함된 불순물 등으로 인하여 전극이 부분적으로 용해되면서 부분적(국부적)인 자체 방전이 일어나는 현상이다.

㉡ 국부 작용 방지 대책 : 전극을 불순물 등이 포함되지 않는 순수 금속이나 수은 도금 금속을 사용한다.

국부 작용
㉠ 불순물→기전력 감소 또는 자체 방전
㉡ 국부 작용 방지 : 순수 금속, 수은 도금 금속

(3) 납축전지

① 화학 반응식 : 방전(discharge)과 충전(charge) 시의 화학 반응식은 다음과 같다.

$$\underset{(\text{이산화납})}{\overset{\text{양극}}{PbO_2}} + \underset{(\text{황산})}{\overset{\text{전해액}}{2H_2SO_4}} + \underset{(\text{납})}{\overset{\text{음극}}{Pb}} \underset{\text{충전}}{\overset{\text{방전}}{\rightleftarrows}} \underset{(\text{황산납})}{\overset{\text{양극}}{PbSO_4}} + \underset{(\text{물})}{\overset{\text{물}}{2H_2O}} + \underset{(\text{황산납})}{\overset{\text{음극}}{PbSO_4}}$$

납축전지
㉠ 양극 : PbO_2
㉡ 음극 : Pb
㉢ 전해질 : H_2SO_4 (황산)
㉣ 전해질의 비중 : 1.2~1.3

② 납축전지의 특성

구분	충전의 경우	방전의 경우
1셀당 기전력의 크기	2.05~2.08[V]	1.8[V](방전 한계 전압)
공칭 전압	2.0[V]	-
전해액의 비중	1.2~1.3	1.1 이하

③ 정격 방전율 : 10시간

④ 축전지 용량(A・h)=방전 전류[A]×시간[h]

축전지의 용량
방전 전류[A]×시간[h]

자주 출제되는 기출 문제

자유 전자
자유로이 이동하는 전하로서, 전기를 발생시키는 입자이다.

01 원자핵의 구속력을 벗어나서 물질 내에서 자유로이 이동할 수 있는 것은? 07년/15년 출제

① 자유 전자 ② 양자
③ 중성자 ④ 분자

해설 자유 전자 : 원자핵에서 가장 멀리 떨어져 있는 궤도에 있는 전자는 원자핵과 서로 끌어당기는 흡인력이 약하기 때문에 외부의 작은 자극에 의해서도 쉽게 원자핵의 구속력을 벗어날 수 있는데, 이러한 전자를 자유 전자라고 하며, 전기 현상은 이러한 자유 전자의 이동으로 발생한다.

대전
물질이 전자를 잃거나 얻어서(전자의 과부족) 전기를 가지는 현상

02 어떤 물질이 정상 상태보다 전자의 수가 많거나, 적어져서 전기를 띠는 현상을 무엇이라 하는가? 07년/14년 출제

① 방전 ② 전기량
③ 대전 ④ 하전

해설 대전 : 전기적으로 중성 상태에 있는 원자, 즉 양(+)의 전기를 가지는 양자수와 음(−)의 전기를 가지는 전자수가 같은 원자가 외부로부터 어떠한 영향으로 자유 전자를 잃게 되면 양의 전기를 띠고, 외부로부터 자유 전자를 얻으면 음의 전기를 띠게 되는데 이러한 현상을 대전이라 한다.

대전
㉠ 전자의 과부족 현상
㉡ 전자의 부족 : (+)극성
㉢ 전자의 과잉 : (−)극성

03 물질 중의 자유 전자가 과잉된 상태란? 10년/12년 출제

① (−)대전 상태 ② 발열 상태
③ 중성 상태 ④ (+)대전 상태

해설 자유 전자 : (−)전기를 띠고 있으므로 물질 중의 자유 전자가 과잉 상태이면 (−)로 대전되고, 자유 전자가 부족하면 (+)로 대전된다.

04 일반적으로 절연체를 서로 마찰시키면, 이들 물체는 전기를 띠게 된다. 이와 같은 현상은? 09년/14년 출제

① 분극(polarization) ② 대전(electrification)
③ 정전(electrostatic) ④ 코로나(corona)

정답 01.① 02.③ 03.① 04.②

출제분석 Advice

해설 • 대전 : 서로 다른 두 물체를 마찰시키면 하나는 음(−)전하, 다른 하나는 양(+)전하를 띠게 되는 현상으로 예를 들어 유리 막대를 명주에 마찰하면 유리 막대는 양(+)으로 대전되고, 명주는 음(−)으로 대전된다.
• 분극 : 도체 사이에 절연체인 유전체를 넣고 도체에 전기를 가하면 전기장이 발생하여 유전체의 원자들이 (+), (−)로 나누어지는 현상이다.
• 코로나 : 전압이 가해진 도체 간에 절연이 파괴되면서 발생하는 방전 현상이다.

05 전자 1개의 전기량은 몇 [C]인가?

① 1.602×10^{-12}　② 1.602×10^{-19}
③ 9.11×10^{-31}　④ 9.11

해설 전자 1개 $= 1.6\times10^{-19}$ [C/개]

★ 06 다음 중 가장 무거운 것은? 13년 출제

① 양성자의 질량과 중성자의 질량의 합
② 양성자의 질량과 전자의 질량의 합
③ 원자핵의 질량과 전자의 질량의 합
④ 중성자의 질량과 전자의 질량의 합

해설 원자핵은 양성자와 중성자가 모두 포함되어 있으므로 원자핵과 전자의 질량이 가장 무겁다.
• 양성자의 질량 : 1.673×10^{-27}[kg]
• 중성자의 질량 : 1.675×10^{-27}[kg]
• 전자의 질량 : 9.109×10^{-31}[kg]

원자핵
양성자와 중성자 포함

★ 07 어떤 도체에 t초 동안 Q[C]의 전기량이 이동하면 이때 흐르는 전류[A]는? 08년 출제

① $I=Q\cdot t$[A]　② $I=Q^2t$[A]
③ $I=\frac{t}{Q}$[A]　④ $I=\frac{Q}{t}$[A]

해설 전류의 크기 $I=\frac{Q}{t}$[C/sec]$=\frac{Q}{t}$[A]

전류
단위 시간당 이동한 전하량
$I=\frac{Q}{t}$[A]

08 어떤 도체의 단면을 2시간에 7,200[C]의 전기량이 이동했다고 하면 전류 I[A]의 크기는 얼마인가?

① 1　② 2
③ 3　④ 4

정답 05.② 06.③ 07.④ 08.①

해설 전류의 크기 $I=\frac{Q}{t}=\frac{7,200}{2\times 60\times 60}=1[A]$

★
09 어떤 도체에 5초간 4[C]의 전하가 이동했다면 이 도체에 흐르는 전류[mA]는?

12년 출제

① 0.12×10^3
② 0.8×10^3
③ 1.25×10^3
④ 8×10^3

해설 전류의 크기 $I=\frac{Q}{t}=\frac{4}{5}=0.8[A]=800[mA]=0.8\times 10^3[mA]$

전류
단위 시간당 이동한 전하량
$I=\frac{Q}{t}$[A=C/sec]

★★★
10 어떤 전지에서 5[A]의 전류가 10분간 흘렀다면, 이 전지에서 나온 전기량[C]은 얼마인가?

출제빈도

06년/10년/12년 출제

① 500 ② 5,000
③ 300 ④ 3,000

해설 전류의 크기 $I=\frac{Q}{t}[C/sec]=\frac{Q}{t}[A]$
$Q=It=5\times 10\times 60=3,000[C]$

전류
$I=\frac{Q}{t}$[A=C/sec]
전하량
$Q=It$ [C]

★★
11 1[Ah]는 몇 [C]인가?

11년/13년 출제

① 7,200 ② 3,600
③ 1,200 ④ 60

해설 전류의 크기 $I=\frac{Q}{t}[C/sec]=\frac{Q}{t}[A]$
$Q[C]=It[A\cdot sec]$이므로
$1[Ah]=1[A]\times 1[h]=1[A]\times 3,600[sec]=3,600[C]$

전하량의 단위
$Q=It$[C=A·sec]

★
12 다음 설명 중 잘못된 것은?

06년 출제

① 양전하를 많이 가진 물질은 전위가 낮다.
② 1초 동안에 1[C]의 전기량이 이동하면 전류는 1[A]이다.
③ 전위차가 높으면 높을수록 전류는 잘 흐른다.
④ 전류의 방향은 전자의 이동 방향과는 반대 방향으로 정한다.

해설 전위는 양(+)전하나 음(−)전하가 상대적으로 많을 때 더 높다.

정답 09.② 10.④ 11.② 12.①

★★★
13 2[C]의 전기량이 두 점 사이를 이동하여 48[J]의 일을 하였다면, 이 두 점 사이의 전위차는 몇 [V]인가? 07년/08년/09년/12년/13년/14년/15년 출제

① 12 ② 24
③ 48 ④ 64

해설 전압의 크기 $V = \frac{W}{Q} = \frac{48}{2} = 24[V]$

전하가 한 일
$W = QV[J]$

★
14 1.5[V]의 전위차로 3[A]의 전류가 3분 동안 흘렀을 때 한 일[J]은? 10년 출제

① 1.5 ② 13.5
③ 810 ④ 2,430

해설 전기량 $Q = It[C]$, 전압 $V = \frac{W}{Q}[V]$에서
$W = QV = VIt = 1.5 \times 3 \times 3 \times 60 = 810[J]$

전력량
$W = Pt = VIt = I^2Rt$
$= \frac{V^2}{R}t[J = W \cdot sec]$

★★
15 1[eV]는 몇 [J]인가? 10년/15년 출제

① 1.602×10^{-19} ② 1×10^{-10}
③ 1 ④ 1.16×10^4

해설 전자 1개의 전기량 $e = 1.602 \times 10^{-19}[C]$이므로
$W = QV[J]$에서
$1[eV] = 1.602 \times 10^{-19}[C] \times 1[V] = 1.602 \times 10^{-19}[J]$

전자 볼트(1[eV])
전자 1개가 이동하여 1[V]를 발생시켰을 때 한 일

★
16 100[V]의 전위차로 가속된 전자의 운동 에너지는 몇 [J]인가? 13년 출제

① 1.6×10^{-20} ② 1.6×10^{-19}
③ 1.6×10^{-18} ④ 1.6×10^{-17}

해설 전자 1개의 전기량 $e = 1.602 \times 10^{-19}[C]$이므로
$W = QV[J]$에서
$W = eV = 1.602 \times 10^{-19} \times 100 = 1.602 \times 10^{-17} \fallingdotseq 1.6 \times 10^{-17}[J]$

전하가 한 일(운동 에너지)
$W = QV[J]$

★★
17 전류가 전압에 비례하고 저항에 반비례한다. 다음 중 어느 것과 가장 관계가 있는가? 07년/12년 출제

① 키르히호프의 제1법칙 ② 키르히호프의 제2법칙
③ 옴의 법칙 ④ 중첩의 원리

해설 옴의 법칙 $I = \frac{V}{R}[A]$

정답 13.② 14.③ 15.① 16.④ 17.③

옴의 법칙

$I = \frac{V}{R}$[A]

18 옴의 법칙을 바르게 설명한 것은?

07년/08년/12년 출제

① 전류의 크기는 도체의 저항에 비례한다.
② 전류의 크기는 도체의 저항에 반비례한다.
③ 전압은 전류에 반비례한다.
④ 전압은 전류의 제곱에 비례한다.

해설 옴의 법칙 $I = \frac{V}{R}$[A]

[별해]

전압 100[V] → 120[V]로 1.2배 증가하면 옴의 법칙에 의해 전류도 1.2배 증가한다.

$I' = 5 \times 1.2 = 6$[A]

19 100[V]에서 5[A]가 흐르는 전열기에 120[V]를 가하면 흐르는 전류[A]는?

10년 출제

① 4.1　② 6.0
③ 7.2　④ 8.4

해설 전열기는 저항만의 회로로 취급하므로 $V = IR$[V]에서

$$R = \frac{V}{I} = \frac{100}{5} = 20[\Omega] \quad \therefore I' = \frac{V'}{R} = \frac{120}{20} = 6[A]$$

전류

$I \propto \frac{1}{R}$

저항 20[%] 감소하면 0.8배

전류 $\frac{1}{0.8}$배 증가

20 어떤 저항(R)에 전압(V)을 가하니 전류(I)가 흘렀다. 이 회로의 저항(R)을 20[%] 줄이면 전류(I)는 처음의 몇 배가 되는가?

14년 출제

① 0.8　② 0.88
③ 1.25　④ 2.04

해설 옴의 법칙 $I = \frac{V}{R}$[A]에서 20[%] 감소한 저항을 $R' = 0.8R$이라 하면

$$I' = \frac{V}{R'} = \frac{V}{0.8R} = \frac{1}{0.8} \cdot \frac{V}{R} = \frac{1}{0.8} I = 1.25I$$

컨덕턴스

$G = \frac{1}{R}$[℧]

저항

$R = \frac{V}{I}$[Ω]

21 컨덕턴스 G[℧], 저항 R[Ω], 전압 V[V], 전류 I[A]라 할 때, G와의 관계가 옳은 것은?

11년 출제

① $G = \frac{R}{V}$　② $G = \frac{I}{V}$
③ $G = \frac{V}{R}$　④ $G = \frac{V}{I}$

해설 컨덕턴스 $G = \frac{1}{R} = \frac{I}{V}$

정답 18.② 19.② 20.③ 21.②

★
22
0.2[℧]의 컨덕턴스를 가진 저항체에 3[A]의 전류를 흘리려면 몇 [V]의 전압을 가하면 되겠는가? 06년 출제

① 5 ② 10
③ 15 ④ 20

해설 컨덕턴스 옴의 법칙 $V=\frac{I}{G}=\frac{3}{0.2}=15[V]$

출제분석 Advice

컨덕턴스

$G=\frac{1}{R}=\frac{I}{V}[℧]$

★
23
24[V]의 전원 전압에 의하여 6[A]의 전류가 흐르는 전기 회로의 컨덕턴스는 몇 [℧]인가? 10년 출제

① 0.25 ② 0.4
③ 2.5 ④ 4

해설 옴의 법칙 $V=IR[V]$에서 $R=\frac{V}{I}=\frac{24}{6}=4[\Omega]$이므로

컨덕턴스 $G=\frac{1}{R}=\frac{1}{4}=0.25[℧]$

★★★
24
출제빈도

3[Ω]의 저항이 5개, 7[Ω]의 저항이 3개, 114[Ω]의 저항이 1개가 있다. 이들을 모두 직렬로 접속할 때 합성 저항[Ω]은? 06년/08년/12년 출제

① 120 ② 130
③ 150 ④ 160

해설 합성 저항 $R_0=3\times5+7\times3+114\times1=150[\Omega]$

★
25
다음 회로에서 10[Ω]에 걸리는 전압은 몇 [V]인가? 08년 출제

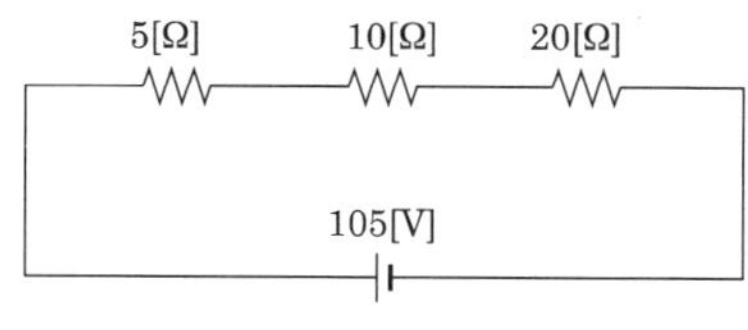

① 2 ② 10
③ 20 ④ 30

해설 합성 저항 $R_0=5+10+20=35[\Omega]$

전전류 $I=\frac{105}{35}=3[A]$

∴ 10[Ω]에 걸리는 전압 $V=IR_{10}=3\times10=30[V]$

저항 직렬 접속
㉠ 전류 일정, 전압 분배
㉡ 합성 저항=전체 합
㉢ 전압 강하 $V=IR[V]$

정답 22.③ 23.① 24.③ 25.④

26 그림과 같은 회로에서 각 저항에 생기는 전압 강하와 단자 전압은?

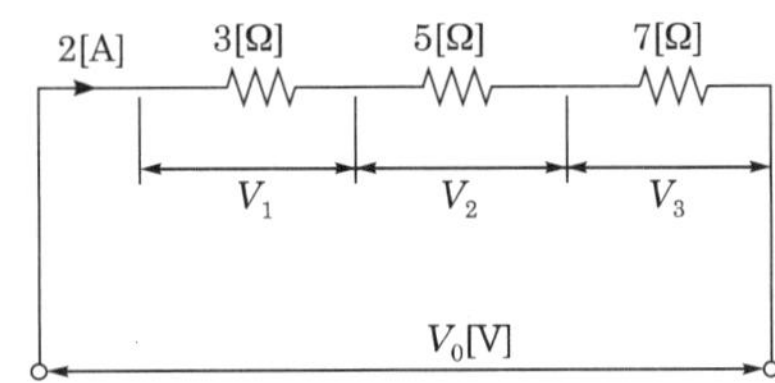

① $V_1 = 10$, $V_2 = 6$, $V_3 = 14$, $V_0 = 25$

② $V_1 = 6$, $V_2 = 10$, $V_3 = 14$, $V_0 = 30$

③ $V_1 = 10$, $V_2 = 5$, $V_3 = 10$, $V_0 = 25$

④ $V_1 = 10$, $V_2 = 5$, $V_3 = 7$, $V_0 = 22$

해설 저항의 직렬 접속 시 전류가 일정하므로

$V_1 = IR_1 = 2\times 3 = 6[\text{V}]$

$V_2 = IR_2 = 2\times 5 = 10[\text{V}]$

$V_3 = IR_3 = 2\times 7 = 14[\text{V}]$

$V_0 = V_1 + V_2 + V_3 = 6+10+14 = 30[\text{V}]$

★
27 5[Ω], 10[Ω], 15[Ω]의 저항을 직렬로 접속하고 전압을 가하였더니 10[Ω]의 저항 양단에 30[V]의 전압이 측정되었다. 이 회로에 공급되는 전 전압은 몇 [V]인가? 12년 출제

① 30 ② 60

③ 90 ④ 120

해설 직렬 접속 합성 저항 $R_0 = 5+10+15 = 30[\Omega]$

저항의 직렬 접속 회로에서는 전류가 일정하므로 각 저항에 흐르는 전류는 같다. 따라서, 10[Ω] 저항 양단에 인가되는 30[V] 전압으로부터 전류를 구하면

전류 $I = \dfrac{30}{10} = 3[\text{A}]$

∴ 전 전압 $V = I\cdot R_0 = 3\times 30 = 90[\text{V}]$

[별해]
저항의 직렬 접속 회로에서는 전류가 일정하므로 각각의 저항에 걸리는 전압은 저항에 비례 분배된다. 따라서, 10[Ω] : 30[V]=30[Ω] : V에서 V=90[V]를 구할 수 있다.

★★
28 2[Ω]과 3[Ω]을 직렬로 접속했을 때 합성 컨덕턴스[℧]는? 09년/10년 출제

① 0.2 ② 1.5

③ 5 ④ 6

컨덕턴스
$G = \dfrac{1}{R}$[℧=S]

정답 26.② 27.③ 28.①

해설 합성 저항 $R_0 = R_1 + R_2 = 2 + 3 = 5[\Omega]$

$\therefore$ 컨덕턴스 $G = \dfrac{1}{R_0} = \dfrac{1}{5} = 0.2[\mho]$

29

4[S]와 6[S]의 컨덕턴스를 직렬로 접속할 때 합성 저항[Ω]은?

① 6　　② 5
③ 1.2　　④ 0.417

해설 합성 컨덕턴스 $G_0 = \dfrac{G_1 G_2}{G_1 + G_2} = \dfrac{4 \times 6}{4 + 6} = 2.4[\mho]$

$\therefore$ 합성 저항 $R_0 = \dfrac{1}{G_0} = \dfrac{1}{2.4} = 0.417[\Omega]$

30

0.2[℧]의 컨덕턴스 2개를 직렬로 연결하여 3[A]의 전류를 흘리려면 몇 [V]의 전압을 인가하면 되겠는가? 09년 출제

① 1.2　　② 15
③ 30　　④ 29

해설 합성 컨덕턴스 $G_0 = \dfrac{G_1 G_2}{G_1 + G_2} = \dfrac{0.2 \times 0.2}{0.2 + 0.2} = 0.1[\mho]$

옴의 법칙 $I = GV$[A]에서 $V = \dfrac{I}{G} = \dfrac{3}{0.1} = 30[\text{V}]$

합성 컨덕턴스
저항 역수(합성값 저항과 반대)
㉠ 병렬 $= G_1 + G_2$
㉡ 직렬 $= \dfrac{G_1 G_2}{G_1 + G_2}$

31

저항의 병렬 접속에서 합성 저항을 구하는 설명으로 옳은 것은? 13년 출제

① 연결된 저항을 모두 합하면 된다.
② 각 저항값의 역수에 대한 합을 구하면 된다.
③ 저항값의 역수에 대한 합을 구하고 다시 그 역수를 구하면 된다.
④ 각 저항값을 모두 합하고 저항 숫자로 나누면 된다.

해설 병렬 접속 시 합성 저항

$$R_0 = \frac{1}{\dfrac{1}{R_1} + \dfrac{1}{R_2} + \dfrac{1}{R_3} + \cdots}$$

병렬 접속 시 등가 합성 저항은 저항의 역수의 합에 대한 역수이다.

32

2개의 저항 R_1, R_2가 병렬로 접속하면 합성 저항[Ω]은? 07년/14년 출제

① $R_1 + R_2$　　② $\dfrac{1}{R_1 + R_2}$
③ $\dfrac{R_1 R_2}{R_1 + R_2}$　　④ $\dfrac{R_1 + R_2}{R_1 R_2}$

정답 29.④ 30.③ 31.③ 32.③

해설 합성 저항 $R_0 = \dfrac{1}{\dfrac{1}{R_1}+\dfrac{1}{R_2}} = \dfrac{1}{\dfrac{R_1+R_2}{R_1R_2}} = \dfrac{R_1R_2}{R_1+R_2}[\Omega]$

3개 병렬 합성 저항

$R_0 = \dfrac{1}{\dfrac{1}{R_1}+\dfrac{1}{R_2}+\dfrac{1}{R_3}}$

33 4[Ω], 6[Ω], 8[Ω]의 3개 저항을 병렬 접속할 때 합성 저항은 약 몇 [Ω]인가?

07년/09년 출제

① 1.8 ② 2.5
③ 3.6 ④ 4.5

해설 합성 저항 $R_0 = \dfrac{1}{\dfrac{1}{R_1}+\dfrac{1}{R_2}+\dfrac{1}{R_3}} = \dfrac{1}{\dfrac{1}{4}+\dfrac{1}{6}+\dfrac{1}{8}} = \dfrac{24}{6+4+3} = 1.8[\Omega]$

저항값을 작게 하려면 모두 병렬로 접속하면 된다.

34 10[Ω] 저항 5개를 가지고 얻을 수 있는 가장 작은 합성 저항값[Ω]은? 11년 출제

① 1 ② 2
③ 4 ④ 5

해설 저항은 병렬 접속 시 그 합성값이 감소한다. 따라서, 10[Ω] 저항 5개를 모두 병렬로 접속할 때 가장 작은 합성 저항 $\dfrac{10}{5} = 2[\Omega]$을 얻을 수 있다.

저항 병렬 접속
전압이 일정하므로 R_2만 고려해 옴의 법칙에 적용한다.

35 $R_1 = 3[\Omega]$, $R_2 = 5[\Omega]$, $R_3 = 6[\Omega]$의 저항 3개를 그림과 같이 병렬로 접속한 회로에 30[V]의 전압을 가하였다면 이때 저항 R_2에 흐르는 전류[A]는 얼마인가?

08년 출제

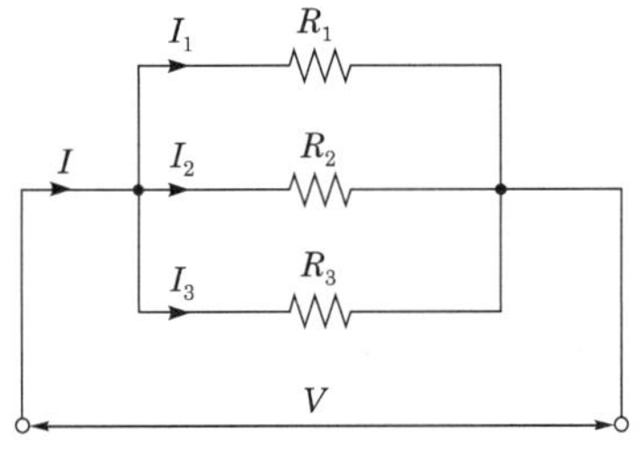

① 6 ② 10
③ 15 ④ 20

해설 저항의 병렬 접속 시 전압이 일정하므로 R_2에 흐르는 전류

$I_2 = \dfrac{V}{R_2} = \dfrac{30}{5} = 6[A]$

정답 33.① 34.② 35.①

36 20[Ω], 30[Ω], 60[Ω]의 저항 3개를 병렬로 접속하고 여기에 60[V]의 전압을 가했을 때, 이 회로에 흐르는 전체 전류는 몇 [A]인가? 13년 출제

① 3 ② 6
③ 30 ④ 60

해설 저항의 병렬 접속 시 전압이 일정하므로

$$I = I_{20[\Omega]} + I_{30[\Omega]} + I_{60[\Omega]} = \frac{V}{R_1} + \frac{V}{R_2} + \frac{V}{R_3} = \frac{60}{20} + \frac{60}{30} + \frac{60}{60} = 3 + 2 + 1 = 6[A]$$

출제분석 Advice

병렬 회로에서 전체 전류는 전압이 일정하므로 각 저항에 흐르는 전류의 총합이다.

37 10[Ω]과 15[Ω]의 병렬 회로에서 10[Ω]에 흐르는 전류가 3[A]라면 전체 전류는 몇 [A]인가? 08년 출제

① 2 ② 3
③ 4 ④ 5

해설 저항의 병렬 접속 시 전압이 일정하므로
10[Ω] 저항 양단에 걸리는 전압
$V = 3 \times 10 = 30$[V]는 15[Ω] 양단에도 걸리므로
$I_{15[\Omega]} = \frac{30}{15} = 2$[A]가 된다.
∴ 전체 전류 $I = 3 + 2 = 5$[A]

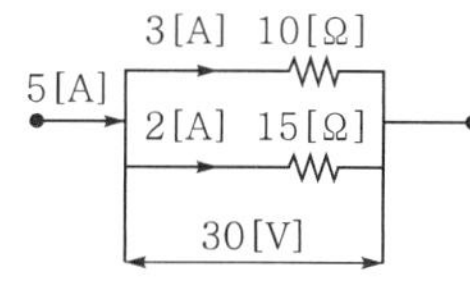

[별해]
저항비로 계산해도 된다.
$R_1 : R_2 = 10 : 15 = 2 : 3$
이므로 전류는 저항비와 반대이다.
$I_1 : I_2 = R_2 : R_1 = 3 : 2$
$I_1 = 3$[A], $I_2 = 2$[A]

38 저항 R_1, R_2의 병렬 회로에서 R_2에 흐르는 전류가 I일 때 전 전류는? 12년 출제

① $\frac{R_1 + R_2}{R_1} I$ ② $\frac{R_1 + R_2}{R_2} I$
③ $\frac{R_1}{R_1 + R_2} I$ ④ $\frac{R_2}{R_1 + R_2} I$

해설 R_1, R_2에 흐르는 전체 전류를 I_0라 하면 저항의 병렬 접속 시 각 저항에 흐르는 전류는 반비례 분배된다.
따라서, R_2에 흐르는 전류 $I = \frac{R_1}{R_1 + R_2} I_0$이므로 전 전류 $I_0 = \frac{R_1 + R_2}{R_1} I$[A]이다.

전류
㉠ 저항에 반비례
㉡ R_2에 흐르는 전류
$I = \frac{R_1}{R_1 + R_2} I_0$ 이므로
전체 전류로 정리하면 R_1이 분모에 있어야 한다.

39 그림의 회로에서 모든 저항값은 2[Ω]이고, 전체 전류 I는 6[A]이다. I_1에 흐르는 전류는? 12년 출제

① 1
② 2
③ 3
④ 4

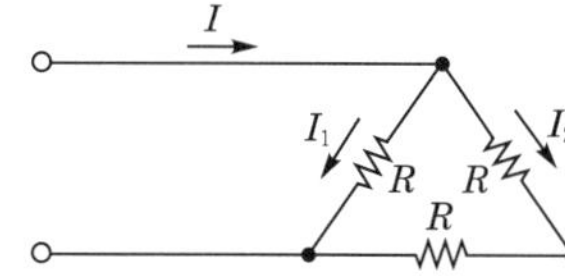

정답 36.② 37.④ 38.① 39.④

해설 I_1, I_2 전류가 흐르는 각각의 전로 저항비가 $R:2R=2:4$이므로

$$I_1 = \frac{2R}{R+2R} I = \frac{4}{2+4} \times 6 = 4[A]$$

합성 컨덕턴스
저항 역수(합성값 저항과 반대)
㉠ 병렬 $= G_1 + G_2$
㉡ 직렬 $= \frac{G_1 G_2}{G_1 + G_2}$

★
40 3[℧]와 4[℧]의 컨덕턴스를 병렬로 접속할 때의 합성값[℧]은? 06년 출제

① 2 ② 5
③ 7 ④ 9

해설 병렬 접속 합성 컨덕턴스 $G = G_1 + G_2 = 3 + 4 = 7$[℧]

2개 병렬 접속된 저항이 다시 직렬 접속된 것과 같다.

★★
41 그림과 같은 회로에서 합성 저항은 약 몇 [Ω]인가? 07년/09년 출제

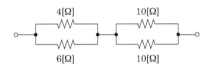

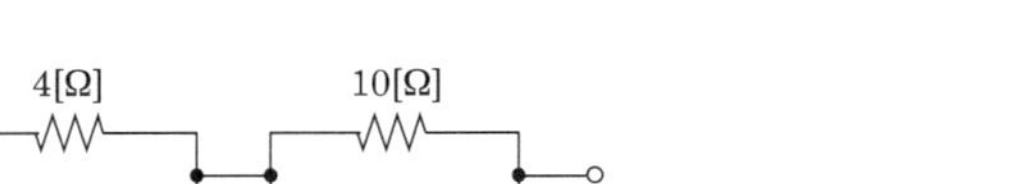

① 6.6 ② 7.4
③ 8.7 ④ 9.4

해설 $R_0 = \frac{4 \times 6}{4+6} + \frac{10 \times 10}{10+10} = 2.4 + 5 = 7.4$ [Ω]

★
42 그림과 같이 R_1, R_2, R_3의 저항 3개가 직·병렬 접속되었을 때 합성 저항은? 14년 출제

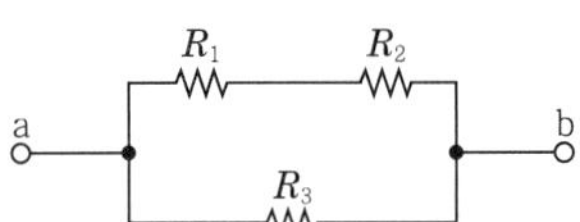

① $R = \frac{(R_1 + R_2)R_3}{R_1 + R_2 + R_3}$ ② $R = \frac{(R_2 + R_3)R_1}{R_1 + R_2 + R_3}$

③ $R = \frac{(R_1 + R_3)R_2}{R_1 + R_2 + R_3}$ ④ $R = \frac{R_1 R_2 R_3}{R_1 + R_2 + R_3}$

해설 R_1과 R_2는 직렬이므로 그 합성 저항은 $R_1 + R_2$가 되고, 다시 합성 저항과 R_3가 병렬이므로 다음과 같이 구할 수 있다.

$$R = \frac{(R_1 + R_2)R_3}{R_1 + R_2 + R_3}$$

정답 40.③ 41.② 42.①

★
43 **다음 회로에서 a, b 간의 합성 저항[Ω]은?** 11년 출제

① 1
② 2
③ 3
④ 4

해설 같은 크기의 저항 n개 병렬 접속 시 합성 저항은 1개 저항을 개수로 나누어 구할 수 있다.

$R_0 = 1 + \frac{2}{2} + \frac{3}{3} = 3\,[\Omega]$

★
44 **1, 2, 3[Ω]의 저항 3개를 이용하여 합성 저항을 2.2[Ω]으로 만들고자 할 때 접속 방법을 옳게 설명한 것은?** 11년 출제

① 저항 3개를 직렬로 접속한다.
② 저항 3개를 병렬로 접속한다.
③ 2[Ω]과 3[Ω]의 저항을 병렬로 연결한 다음 1[Ω]의 저항을 직렬로 접속한다.
④ 1[Ω]과 2[Ω]의 저항을 병렬로 연결한 다음 3[Ω]의 저항을 직렬로 접속한다.

해설 2[Ω]과 3[Ω]의 저항을 병렬로 연결하면

합성 저항 $R_0 = \frac{\text{곱한 것}}{\text{더한 것}} = \frac{2 \times 3}{2+3} = 1.2[\Omega]$이 되므로, 여기에 1[Ω]을 직렬로 접속하면 된다.

저항 2개의 병렬 접속 시 합성 저항

$R_0 = \frac{R_1 R_2}{R_1 + R_2}[\Omega]$

★★
45 **그림과 같은 회로 AB에서 본 합성 저항은 몇 [Ω]인가?** 09년/15년 출제

① $\frac{r}{2}$
② r
③ $\frac{3}{2}r$
④ $2r$

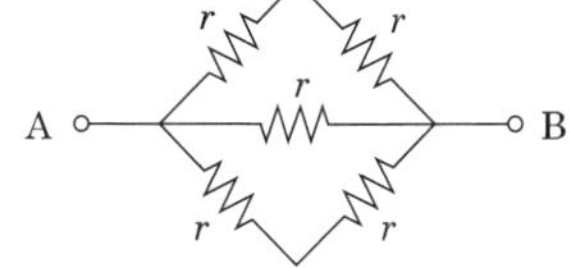

해설 $r + r = 2r$, r, $r + r = 2r$의 병렬 회로이므로, 먼저 $2r$, $2r$ 병렬 접속 합성 저항을 구하면 저항이 같은 크기이므로 합성 저항은 $\frac{2r}{2\text{개}} = r$이 된다.

그 다음 r과 r이 다시 병렬이므로 $\frac{r}{2\text{개}} = \frac{r}{2}$이 된다.

정답 43.③ 44.③ 45.①

전체 전류 2[A]는 저항에 반비례 분배되므로 4[Ω], 6[Ω]에 흐르는 전류는 6 : 4로 분배시켜도 된다.

★
46 그림과 같은 회로에서 4[Ω]에 흐르는 전류값은?

11년 출제

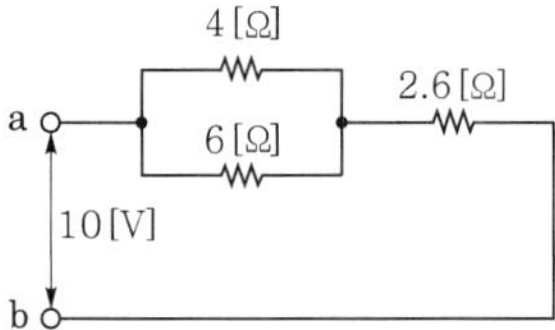

① 0.6 ② 0.8
③ 1.0 ④ 1.2

해설 합성 저항 $R_0=\dfrac{4\times6}{4+6}+2.6=5[\Omega]$이므로 전 전류 $I=\dfrac{10}{5}=2[\text{A}]$이고

4[Ω]에 흐르는 전류는 반비례 분배되므로

$$I_{4[\Omega]}=\frac{6}{4+6}\times2=1.2[\text{A}]$$

★★
47 그림과 같은 회로에서 a, b 간에 E[V]의 전압을 가하여 일정하게 하고, 스위치 S를 닫았을 때의 전 전류 I[A]가 닫기 전 전류의 3배가 되었다면 저항 R_x의 값은 약 몇 [Ω]인가?

11년/12년 출제

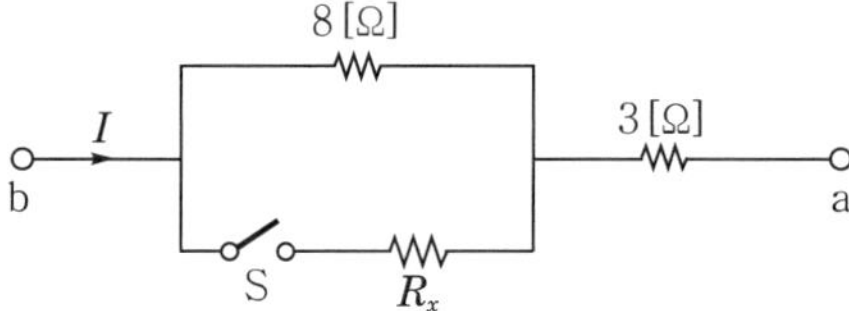

① 727 ② 27
③ 0.73 ④ 0.27

해설 스위치 S가 개방 상태일 때 전류는

$$I_1=\frac{E}{8+3}=\frac{E}{11}[\text{A}]$$

스위치 S를 닫았을 때 전류는

$$I_2=\frac{E}{\dfrac{8R_x}{8+R_x}+3}[\text{A}]$$

문제의 조건에서 $\dfrac{I_2}{I_1}=3$이므로 $\dfrac{I_2}{I_1}=\dfrac{\dfrac{E}{\dfrac{8R_x}{8+R_x}+3}}{\dfrac{E}{11}}=3$에서

$R_x\fallingdotseq 0.73[\Omega]$

정답 46.④ 47.③

48 '회로의 접속점에서 볼 때, 접속점에 흘러들어 오는 전류의 합은 흘러나가는 전류의 합과 같다.'라고 정의되는 법칙은? 09년/15년 출제

① 키르히호프의 제1법칙 ② 키르히호프의 제2법칙
③ 플레밍의 오른손 법칙 ④ 앙페르의 오른나사 법칙

해설 키르히호프의 제1법칙 : 전류 법칙으로 임의의 접속점에 유입하는 전류의 총합은 유출하는 전류의 총합과 같다.

49 '회로망에서 임의의 한 폐회로의 접속점에 흐르는 전류와 저항과의 곱의 대수합은 그 폐회로 중에 있는 모든 기전력의 대수합과 같다.'는 다음의 무슨 법칙에 해당하는가? 14년 출제

① 키르히호프의 제1법칙
② 키르히호프의 제2법칙
③ 줄의 법칙
④ 앙페르의 오른나사 법칙

해설 키르히호프의 제2법칙 : 전압 법칙으로 임의의 폐회로에서 기전력의 총합은 전압 강하의 총합과 같다.

50 키르히호프의 법칙을 맞게 설명한 것은? 08년 출제

① 제1법칙은 전압에 관한 법칙이다.
② 제1법칙은 전류에 관한 법칙이다.
③ 제1법칙은 회로망의 임의의 한 폐회로 중의 전압 강하의 대수합과 기전력의 대수합과 같다.
④ 제2법칙은 회로망에 유입하는 전류의 합은 유출하는 전류의 합과 같다.

해설 키르히호프 제1법칙은 전류에 관한 법칙, 제2법칙은 전압에 관한 법칙이다.

51 키르히호프의 법칙을 이용하여 방정식을 세우는 방법으로 잘못된 것은? 13년 출제

① 키르히호프의 제1법칙을 회로망의 임의의 한 점에 적용한다.
② 각 폐회로에서 키르히호프의 제2법칙을 적용한다.
③ 각 회로의 전류를 문자로 나타내고 방향을 가정한다.
④ 계산 결과 전류가 '+'로 표시된 것은 처음에 정한 방향과 반대 방향임을 나타낸다.

해설 계산 결과가 처음에 가정한 전류 방향과 일치하면 +, 반대 방향이면 −로 나타난다.

출제분석 Advice

플레밍의 오른손 법칙
발전기의 유도 기전력 방향

앙페르의 오른나사 법칙
전류에 의한 자기장의 방향

키르히호프의 법칙
㉠ 제1법칙 : 전류 법칙
㉡ 제2법칙 : 전압 법칙

키르히호프의 법칙
㉠ 제1법칙 : 전류 법칙
유입 전류 총합
=유출 전류 총합
㉡ 제2법칙 : 전압 법칙
기전력 총합
=전압 강하 총합

정답 48.① 49.② 50.② 51.④

출제분석 Advice

52 그림에서 AB단자 사이의 전압은 몇 [V]인가?

06년/14년 출제

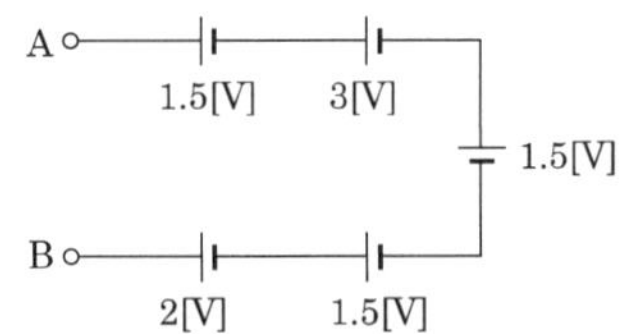

① 1.5
② 2.5
③ 6.5
④ 9.5

해설 A단자 쪽으로 향한 기전력의 합이 B단자 쪽으로 향한 기전력의 합보다 크므로 A단자 쪽으로 향한 기전력의 합에서 B단자 쪽으로 향한 기전력의 합을 빼서 구하면 된다.
합성 기전력 $V_{AB} = 1.5+3+1.5-1.5-2 = 2.5[V]$

저항은 극성이 없으므로 합이고 전압은 같은 극끼리 접속되면 차로 계산해야 한다.

53 그림에서 폐회로에 흐르는 전류는 몇 [A]인가?

14년 출제

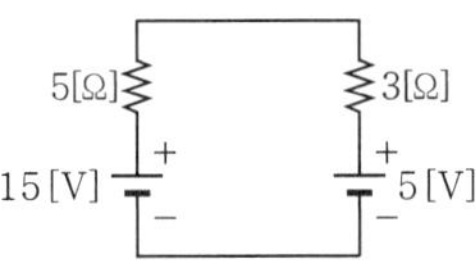

① 1 ② 1.25
③ 2 ④ 2.5

해설 전류 방향을 시계 방향으로 정하여 키르히호프 제2법칙을 적용한다.
$E_{15} - E_5 = I(R_5 + R_3)$이므로 $15-5 = I \cdot (5+3)$이 된다.

$\therefore\ I = \frac{10}{8} = 1.25[A]$

전압은 병렬일 때 일정하고 전류는 직렬일 때 일정하다.

54 부하의 전압과 전류를 측정하기 위한 전압계와 전류계의 접속 방법으로 옳은 것은?

11년 출제

① 전압계 : 직렬, 전류계 : 병렬 ② 전압계 : 직렬, 전류계 : 직렬
③ 전압계 : 병렬, 전류계 : 직렬 ④ 전압계 : 병렬, 전류계 : 병렬

해설 부하의 전압과 전류를 측정 시 전압은 부하 양 단자 간에 걸리므로 전압계는 병렬 접속하고, 전류는 선에 흐르므로 전류계는 부하에 대해 직렬로 접속한다.

배율기와 분류기
㉠ 배율기 : 전압계 측정 범위 확대하기 위한 저항
㉡ 분류기 : 전류계 측정 범위 확대하기 위한 저항

55 전압계의 측정 범위를 넓히는 데 사용되는 기기는?

12년 출제

① 배율기 ② 분류기
③ 정압기 ④ 정류기

해설 전압계의 측정 범위를 확대하기 위하여 전압계에 직렬로 접속하는 전압계의 내부 저항보다 큰 저항기를 배율기라 한다.

정답 52.② 53.② 54.③ 55.①

★★★
56 다음 ㉠과 ㉡에 들어갈 내용으로 알맞은 것은? 07년/09년/11년 출제

출제빈도

> 배율기는 (㉠)의 측정 범위를 넓히기 위한 목적으로 사용하는 것으로써 (㉡)로 접속하는 저항기를 말한다.

① ㉠ 전압계, ㉡ 병렬 ② ㉠ 전류계, ㉡ 병렬
③ ㉠ 전압계, ㉡ 직렬 ④ ㉠ 전류계, ㉡ 직렬

해설 배율기 : 전압의 측정 범위를 확대하기 위하여 전압계에 직렬로 접속하는 전압계의 내부 저항보다 큰 저항기를 말한다.

출제분석 Advice

배율기
전압계 측정 범위를 확대시키는 저항(직렬)

★
57 전류계의 측정 범위를 확대시키기 위하여 전류계와 병렬로 접속하는 것은? 13년 출제

① 분류기 ② 배율기
③ 검류계 ④ 전위차계

해설 분류기 : 전류계의 측정 범위를 확대하기 위하여 전류계와 병렬로 접속하는 전류계의 내부 저항보다 작은 저항기를 말한다.

분류기
전류계 측정 범위를 확대하는 저항(작을수록 배율이 커진다.)

★
58 어떤 전압계의 측정 범위를 10배로 하자면 배율기의 저항을 전압계 내부 저항의 몇 배로 하여야 하는가? 08년 출제

① 10 ② $\frac{1}{10}$
③ 9 ④ $\frac{1}{9}$

해설 배율기의 저항 $R_m = (m-1)r_v = (10-1)r_v = 9r_v$ ∴ 9배

★
59 50[V]의 전압계가 있다. 이 전압계를 써서 150[V]의 전압을 측정하려면 몇 [Ω]의 저항을 외부에 접속해야 하겠는가? (이때 전압계의 내부 저항은 5,000[Ω]이라고 한다.) 13년 출제

① 1,000 ② 1,500
③ 10,000 ④ 15,000

해설 배율 $m = \frac{V}{V_v} = \frac{150}{50} = 3$배이므로
배율기 저항 $R = (m-1)r_v = (3-1) \times 5{,}000 = 10{,}000[\Omega]$

정답 56.③ 57.① 58.③ 59.③

내부 저항이 클수록 전압계 지시값이 커지므로 측정 전압 150[V]를 $V_1 : V_2 = 15 : 10$으로 분배하여도 된다.

60 직류 250[V]의 전압에 2개의 150[V]용 전압계를 직렬로 접속하여 측정하면 각 계기의 지시값 V_1, V_2는 각각 몇 [V]인가? (단, 전압계의 내부 저항은 $V_1 = 15[\text{k}\Omega]$, $V_2 = 10[\text{k}\Omega]$이다.) 12년 출제

① $V_1 = 250,\ V_2 = 150$　② $V_1 = 150,\ V_2 = 100$
③ $V_1 = 100,\ V_2 = 150$　④ $V_1 = 150,\ V_2 = 250$

해설 전압계 V_1, V_2의 내부 저항을 r_1, r_2라 하면

전류 $I = \dfrac{V}{r_1 + r_2} = \dfrac{250}{(15+10)\times 10^3} = 0.01[\text{A}]$

$\therefore V_1 = 15[\text{k}\Omega] \times 0.01[\text{A}] \times 10^3 = 150[\text{V}]$

$V_2 = 10[\text{k}\Omega] \times 0.01[\text{A}] \times 10^3 = 100[\text{V}]$

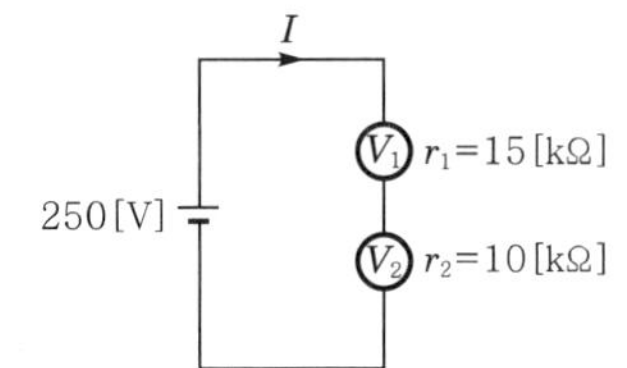

휘트스톤 브리지 평형 조건 대각선으로 곱한 임피던스 곱을 같게 놓아서 정리한다.

61 그림의 휘트스톤 브리지의 평형 조건은? 09년/12년 출제

① $X = \dfrac{Q}{P}R$

② $X = \dfrac{P}{Q}R$

③ $X = \dfrac{Q}{R}P$

④ $X = \dfrac{P^2}{R}Q$

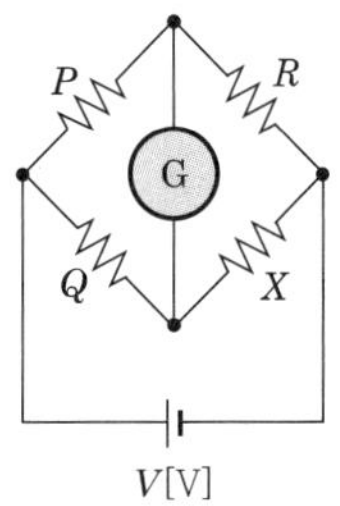

해설 휘트스톤 브리지 회로의 평형 조건 $P \cdot X = Q \cdot R$　$\therefore X = \dfrac{Q}{P}R$

62 회로에서 검류계의 지시가 0일 때 저항 X는 몇 $[\Omega]$인가? 12년 출제

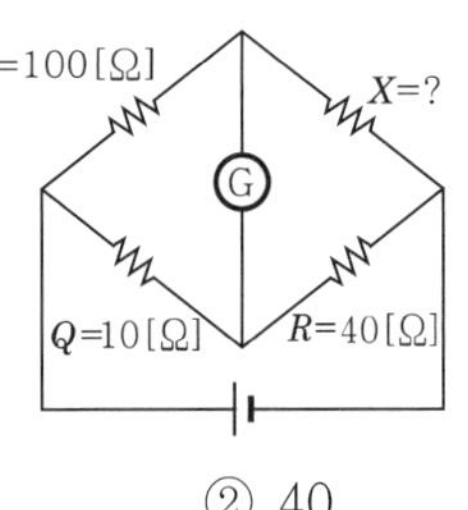

① 10　② 40
③ 100　④ 400

해설 휘트스톤 브리지의 평형 조건 $P \cdot R = Q \cdot X$에서

$X = \dfrac{P \cdot R}{Q} = \dfrac{100 \times 40}{10} = 400[\Omega]$

정답 60.② 61.① 62.④

63 전류를 계속 흐르게 하려면 전압을 연속적으로 만들어 주는 어떤 힘이 필요하게 되는데, 이 힘을 무엇이라 하는가? 09년 출제

① 자기력 ② 전자력
③ 기전력 ④ 전기장

해설 • 기전력 : 전압을 일정하게 유지시켜 전류를 계속 흐르게 하는 힘의 원천이다.
• 기자력 : 자속을 발생하는 힘의 원천이다.

64 기전력이 V_0[V], 내부 저항이 r[Ω]인 n개의 전지를 직렬 연결하였다. 전체 내부 저항은 얼마인가? 12년 출제

① $\frac{r}{n}$ ② nr
③ $\frac{r}{n^2}$ ④ nr^2

해설 전지 n개 직렬 접속 시 기전력과 내부 저항은 n배로 증가한다.

65 기전력 E, 내부 저항 r인 전지 n개를 직렬로 연결하여 이것에 외부 저항 R을 직렬 연결하였을 때, 흐르는 전류 I[A]는? 09년 출제

① $I=\frac{E}{nr+R}$ ② $I=\frac{nE}{r+R}$
③ $I=\frac{nE}{r+nR}$ ④ $I=\frac{nE}{nr+R}$

해설 $I=\frac{nE}{nr+R}$[A]

66 전압 1.5[V], 내부 저항 0.2[Ω]의 전지 5개를 직렬로 접속하면 전 전압은 몇 [V]인가? 06년/07년 출제

① 5.7 ② 0.2
③ 1.0 ④ 7.5

해설 전지 n개 직렬 접속 시 기전력과 내부 저항은 n배로 증가한다.
$\therefore 1.5\times5=7.5$[V]

67 기전력 1.5[V], 내부 저항 0.2[Ω]인 전지 5개를 직렬로 접속하여 단락시켰을 때의 전류[A]는? 12년/14년 출제

① 1.5 ② 2.5
③ 6.5 ④ 7.5

출제분석 Advice

기전력
전류를 흐르게 하는 원천

기자력
자속을 발생시키는 원천

전지 n개 접속
㉠ 직렬 : 기전력 n배, 내부 저항 n배, 용량 일정
㉡ 병렬 : 기전력 일정, 내부 저항 $\frac{1}{n}$배, 용량 증가

전지에 흐르는 전류
$I=\frac{\text{기전력}}{\text{전체 합성 저항}}=\frac{nE}{\text{내부 저항}+\text{부하 저항}}$

전지 n개 직렬 접속 시 변화
㉠ 전 전압 n배 증가
㉡ 내부 저항 n배 증가

전지 1개의 단락 전류
$I=\frac{E}{r}$[A]

정답 63.③ 64.② 65.④ 66.④ 67.④

해설 전지 n개 직렬 접속 시 기전력과 내부 저항은 n배로 증가한다. 그런데 문제에서 전지 5개를 직렬 접속한 후 단락 상태(부하 저항을 연결하기 위한 2단자를 저항이 0인 도선으로 연결한 것)로 하였으므로 전류의 크기를 제한하는 것은 내부 저항뿐이다.

$$I=\frac{5E}{5r}=\frac{5\times1.5}{5\times0.2}=7.5[\text{A}]$$

전지 접속 시 부하 전류

$$I=\frac{\text{전체 기전력}}{\text{전체 합성 저항}}$$

★★
68 기전력 1.5[V], 내부 저항 0.15[Ω]인 전지 10개를 직렬로 연결한 전원에 저항 4.5[Ω]의 전구를 접속하면 전구에 흐르는 전류는 몇 [A]가 되겠는가?

06년/07년 출제

① 0.25 ② 2.5
③ 5 ④ 7.5

해설 전지 n개 직렬 접속 시 기전력과 내부 저항은 n배로 증가한다.
전체 합성 저항 $R_0=nr+R=0.15\times10+4.5=6[\Omega]$이므로

$$I=\frac{nE}{R_0}=\frac{10\times1.5}{6}=2.5[\text{A}]$$

전지 전류

$$I=\frac{\text{전체 기전력}}{\text{전체 합성 저항}}=\frac{nE}{nr+\text{부하 저항}}$$

★
69 기전력 4[V], 내부 저항 0.2[Ω]의 전지 10개를 직렬로 접속하고 두 극 사이에 부하 저항을 접속하였더니 4[A]의 전류가 흘렀다. 이때 외부 저항 R은 몇 [Ω]이 되겠는가?

09년 출제

① 6 ② 7
③ 8 ④ 9

해설 전지 n개 직렬 접속 시 기전력과 내부 저항은 n배로 증가한다.
전체 기전력은 $4\times10=40[\text{V}]$이고, 내부 저항은 $0.2\times10=2[\Omega]$

$I=\frac{40}{2+R}=4[\text{A}]$에서 외부 저항 $R=8[\Omega]$

저항 n개 병렬 접속 합성 저항

$$r_0=\frac{r}{n}$$

★★
70 내부 저항이 0.1[Ω]인 전지 10개를 병렬 연결하면, 전체 내부 저항[Ω]은?

10년/12년 출제

① 0.01 ② 0.05
③ 0.1 ④ 1

해설 전지 n개 병렬 접속 시 기전력은 불변이지만, 내부 저항은 $\frac{r}{n}$배로 감소한다.

전체 내부 저항 $r_0=\frac{r}{n}=\frac{0.1}{10}=0.01[\Omega]$

정답 68.② 69.③ 70.①

출제분석 Advice

71 동일 전압의 전지 3개를 접속하여 각각 다른 전압을 얻고자 한다. 접속 방법에 따라 몇 가지의 전압을 얻을 수 있는가? (단, 극성은 같은 방향으로 설정한다.)

① 1가지 전압 ② 2가지 전압
③ 3가지 전압 ④ 4가지 전압

해설 전지 1개의 전압이 1.5[V]라 하면
- 3개를 직렬로 접속하는 경우 : 4.5[V]
- 2개를 병렬로 접속한 후 나머지 1개를 직렬 접속하는 경우 : 3.0[V]
- 3개를 병렬로 접속하는 경우 : 1.5[V]

72 같은 규격의 축전지 2개를 병렬로 연결하면 어떻게 되는가?

① 전압과 용량이 같이 2배가 된다. ② 전압과 용량이 같이 $\frac{1}{2}$배가 된다.
③ 전압은 2배, 용량은 불변이다. ④ 전압은 불변, 용량은 2배가 된다.

해설 전지 n개 병렬 접속 시 기전력은 불변이지만, 용량은 n배로 증가하고, 내부 저항은 $\frac{r}{n}$배로 감소한다.
∴ 기전력(전압)은 불변, 용량은 2배로 증가한다.

73 도체의 전기 저항에 대한 것으로 옳은 것은? 10년 출제

① 길이와 단면적에 비례한다.
② 길이와 단면적에 반비례한다.
③ 길이에 비례하고 단면적에 반비례한다.
④ 길이에 반비례하고 단면적에 비례한다.

해설 $R=\rho\frac{l}{A}$에서 전기 저항은 전선의 길이에 비례하고 단면적에 반비례한다.

전기 저항
도선 자체의 저항
$R=\rho\frac{l}{A}$ [Ω]

74 어떤 도체의 길이를 n배로 하고, 단면적을 $\frac{1}{n}$로 하였을 때의 저항은 원래 저항보다 어떻게 되는가? 12년 출제

① n배로 된다. ② n^2배로 된다.
③ $\sqrt{n}$배로 된다. ④ $\frac{1}{n}$배로 된다.

해설 도체의 저항 $R=\rho\frac{l}{A}$[Ω]에서 길이를 n배로 하고, 단면적을 $\frac{1}{n}$로 하면
$R'=\rho\frac{n\times l}{\frac{1}{n}\times A}=n^2\times\rho\frac{l}{A}=n^2R$[Ω]이 되므로 도체의 저항은 n^2배가 된다.

전기 저항
㉠ $R=\rho\frac{l}{A}=\rho\frac{l}{\pi r^2}$
㉡ 체적 일정, 길이 n배 증가 → 저항 n^2배 증가

정답 71.③ 72.④ 73.③ 74.②

체적을 일정하게 한 후 길이를 n배 증가시키면 저항 R은 n^2배로 증가한다.

★★
75 전체의 체적을 일정하게 하고 길이를 2배로 늘리면 저항은 몇 배가 되는가?

08년/10년 출제

① $\frac{1}{2}$　　② 2
③ 4　　④ $\frac{1}{4}$

해설 전선 체적이 일정할 경우 길이를 2배로 늘리면, 단면적은 $\frac{1}{2}$배가 되어야 하므로

$$R=\rho\frac{l}{A}[\Omega]\text{에서 } R'=\rho\frac{2l}{\frac{1}{2}A}=4\cdot\rho\frac{l}{A}=4R[\Omega]$$

★
76 길이 1[m]인 도선의 저항값이 20[Ω]이었다. 이 도선을 고르게 2[m]로 늘렸을 때 저항값[Ω]은?

10년 출제

① 10　　② 40
③ 80　　④ 140

해설 전선 체적이 일정할 경우 길이를 2배로 늘리면 단면적은 $\frac{1}{2}$배가 되어야 하므로

$$R=\rho\frac{l}{A}=20[\Omega]\text{에서 } R'=\rho\frac{2l}{\frac{1}{2}A}=4\cdot\rho\frac{l}{A}=80[\Omega]$$

전기 저항
전선의 저항
$R=\rho\frac{l}{A}=\rho\frac{l}{\pi r^2}$

★★
77 구리선의 길이를 2배, 반지름을 $\frac{1}{2}$로 할 때 저항은 몇 배가 되는가?

07년/15년 출제

① 2　　② 4
③ 6　　④ 8

해설 $R=\rho\frac{l}{A}=\rho\frac{l}{\pi r^2}[\Omega]$에서 $R'=\rho\frac{2l}{\pi\left(\frac{r}{2}\right)^2}=\rho\frac{8l}{\pi r^2}=8\cdot\rho\frac{l}{\pi r^2}=8R[\Omega]$

★
78 전선의 길이를 4배로 늘렸을 때, 처음의 저항값을 유지하기 위해서는 도선의 반지름을 어떻게 해야 하는가?

13년 출제

① 1/4로 줄인다.　　② 1/2로 줄인다.
③ 2배로 늘인다.　　④ 4배로 늘인다.

해설 전기 저항 $R=\rho\frac{l}{A}=\rho\frac{l}{\pi r^2}[\Omega]$에서 길이를 4배로 증가시켜 $4l$이 될 때 도선의 저항이 일정하기 위해서는 반지름 r^2도 4배로 증가시켜 $4r^2$으로 하여야 한다.
따라서, 새로운 반지름 $r'=2r$이 되어야 한다.

정답 75.③ 76.③ 77.④ 78.③

★★
79 고유 저항 ρ의 단위로 맞는 것은?

06년/08년 출제

① [Ω] ② [Ω · m]
③ [AT/Wb] ④ [Ω^{-1}]

해설 저항 $R=\rho\dfrac{l}{A}$에서 $\rho=R[\Omega]\cdot\dfrac{A[m^2]}{l[m]}=R\cdot\dfrac{A}{l}[\Omega\cdot m]$

★
80 전선에서 길이 1[m], 단면적 1[mm²]를 기준으로 고유 저항은 어떻게 되는가?

08년 출제

① [Ω] ② [Ω/m²]
③ [Ω/m] ④ [Ω · mm²/m]

해설 고유 저항 $\rho=R[\Omega]\cdot\dfrac{A[m^2]}{l[m]}=R\cdot\dfrac{A}{l}[\Omega\cdot mm^2/m]$

★★
81 1[Ω · m]는?

10년/11년 출제

① 10^3[Ω · cm] ② 10^6[Ω · cm]
③ 10^3[Ω · mm²/m] ④ 10^6[Ω · mm²/m]

해설 $1[\Omega\cdot m]=1[\Omega\cdot m^2/m]=1\left[\Omega\cdot\dfrac{m^2}{m}\right]=1\left[\Omega\cdot\dfrac{10^6[mm^2]}{m}\right]=10^6[\Omega\cdot mm^2/m]$

★★
82 전도도(conductivity)의 단위는?

03년/07년 출제

① [Ω · m] ② [℧ · m]
③ [Ω/m] ④ [℧/m]

해설 전도율(전도도) $\sigma=\dfrac{1}{\rho}[℧/m]$

★
83 권선 저항과 온도와의 관계는?

10년 출제

① 온도와 무관하다.
② 온도가 상승함에 따라 권선 저항은 감소한다.
③ 온도가 상승함에 따라 권선 저항은 증가한다.
④ 온도가 상승함에 따라 권선의 저항은 증가와 감소를 반복한다.

해설 구리나 알루미늄 같은 도체의 저항은 온도의 상승에 따라 점차 저항이 증가하는 정(+)의 특성을 갖는다.

출제분석 Advice

전기 저항
도선의 저항은 전선의 길이 l에 비례하고 단면적 A에 반비례한다.

고유 저항
$\rho=1[\Omega\cdot m]$
$=10^6[\Omega\cdot mm^2/m]$

1[m] = 1,000[mm]
1[m²] = 1,000²[mm²]
= 10^6[mm²]

전도도(전도율)
전류가 잘 흐르는 정도
σ(시그마)
$=\dfrac{1}{\text{고유 저항}}[℧=S]$
여기서, ℧ : 모
S : 지멘스

저항과 온도의 관계
㉠ 도체 : 온도↑ → 저항↑
㉡ 반도체 : 온도↑ → 저항↓

정답 79.② 80.④ 81.④ 82.④ 83.③

온도 계수
㉠ 정(+) : 구리, 은, 금, 백금 등
㉡ 부(−) : 서미스터, 안티몬, 비스무트 등

84 반도체의 저항값과 온도와의 관계가 바른 것은?

① 저항값은 온도에 비례한다.
② 저항값은 온도의 제곱에 반비례한다.
③ 저항값은 온도에 반비례한다.
④ 저항값은 온도의 제곱에 비례한다.

해설
- 도체 : 온도가 상승하면 저항도 상승하는 정(+)온도 계수를 갖는다.
- 반도체 : 온도가 상승하면 저항이 감소하는 부(−)온도 계수를 갖는다.

★★
85 다음 중 저항의 온도 계수가 부(−)의 특성을 가지는 것은? 11년/15년 출제

① 경동선
② 백금선
③ 텅스텐
④ 서미스터

해설 반도체 : 온도 상승 시 도체와는 반대로 오히려 저항이 감소하는 부(−)의 특성을 갖는 것으로써, 그 대표적인 것이 서미스터이다.

온도 계수
단위 온도 1[℃] 상승 시 저항의 증가 비율
$\alpha = \frac{1}{234.5} = 0.004[\Omega/℃]$

★
86 주위 온도 0[℃]에서의 저항이 20[Ω]인 연동선이 있다. 주위 온도가 50[℃]로 되는 경우 저항[Ω]은? (단, 0[℃]에서 연동선의 온도 계수는 $\alpha_0 \fallingdotseq 4.3 \times 10^{-3}$이다.) 10년 출제

① 약 22.3
② 약 23.3
③ 약 24.3
④ 약 25.3

해설 $R_T = R_t\{1+\alpha_t(T-t)\}[\Omega]$에서
$R_{50} = R_0\{1+\alpha_0(50-0)\} = 20(1+0.0043\times 50) = 24.3[\Omega]$

★
87 전선에 일정량 이상의 전류가 흘러서 온도가 높아지면 절연물을 열화하여 절연성을 극도로 악화시킨다. 그러므로 도체에는 안전하게 흘릴 수 있는 최대 전류가 있다. 이 전류를 무엇이라 하는가? 13년 출제

① 줄전류
② 불평형 전류
③ 평형 전류
④ 허용 전류

해설 허용 전류 : 전선 절연물의 열화나 절연력을 저하시키지 않으면서 절연물이 허용하는 최고 허용온도 이내에서 흐르게 할 수 있는 전류로 안전 전류라고도 한다.

마력
말 한 마리가 발생시킬 수 있는 힘
1[HP] = 745.7 ≒ 746[W]

★
88 5마력을 와트[W] 단위로 환산하면? 10년 출제

① 4,300
② 3,730
③ 1,317
④ 17

해설 1[HP] = 746[W]이므로 5[HP] = 5 × 746 = 3,730[W]

정답 84.③ 85.④ 86.③ 87.④ 88.②

★
89 3분 동안에 18,000[J]의 일을 하였다. 이때 소비한 전력[W]은 얼마인가?

11년 출제

① 100 ② 180
③ 300 ④ 900

해설 전력 $P=\frac{W}{t}=\frac{18,000}{3\times 60}=100[W]$

90 어떤 전등에 100[V]의 전압을 가하면 0.4[A]의 전류가 흐른다. 이 전등의 소비 전력[W]은 얼마인가?

① 10 ② 20
③ 30 ④ 40

해설 전력 $P=VI=100\times 0.4=40[W]$

★
91 100[V], 300[W]의 전열선의 저항값[Ω]은?

13년 출제

① 약 0.33 ② 약 3.33
③ 약 33.3 ④ 약 333

해설 전력 $P=\frac{V^2}{R}[W]$에서 $R=\frac{V^2}{P}=\frac{100^2}{300}\fallingdotseq 33.33\fallingdotseq 33.3[\Omega]$

전력

$P=VI=I^2R=\frac{V^2}{R}$

$=\frac{W}{t}$[J=W・sec]

★
92 20[A]의 전류를 흘렸을 때 전력이 60[W]인 저항에 30[A]를 흘리면 전력은 몇 [W]가 되겠는가?

11년 출제

① 80 ② 90
③ 120 ④ 135

해설 전력 $P=I^2R[W]$에서 저항 $R=\frac{P}{I^2}=\frac{60}{20^2}=0.15[\Omega]$

$P'=I_{30}^{\,2}R=30^2\times 0.15=135[W]$

전력

$P=I^2R$[W] (I^2에 비례)

$P'=\left(\frac{I'}{I}\right)^2\times P$

$=\left(\frac{30}{20}\right)^2\times 60$

$=135[W]$

★★
93 200[V]에서 1[kW]의 전력을 소비하는 전열기를 100[V]에서 사용하면 소비 전력은 몇 [W]인가?

08년/14년 출제

① 150 ② 250
③ 400 ④ 1,000

해설 백열전구나 전열기는 R만의 회로로 취급하므로 $P=\frac{V^2}{R}[W]$에서

$R=\frac{V^2}{P}=\frac{200^2}{1,000}=40[\Omega]$이므로, $P'=\frac{V^2}{R}=\frac{100^2}{40}=250[W]$

소비 전력

$P=VI=I^2R=\frac{V^2}{R}$[W]

저항, 전력, 전압에 관한 문제이므로 $P=\frac{V^2}{R}$ 식에 적용한다.

정답 89.① 90.④ 91.③ 92.④ 93.②

전압이 같고 R만 다르다면 $P=\dfrac{V^2}{R}$에 적용해야 하므로 합성 저항이 작을수록 전력은 커진다.

94 같은 저항 4개를 그림과 같이 연결하여 a－b 간에 일정 전압을 가했을 때 소비 전력이 가장 큰 것은? 13년 출제

① a R R R R b

②
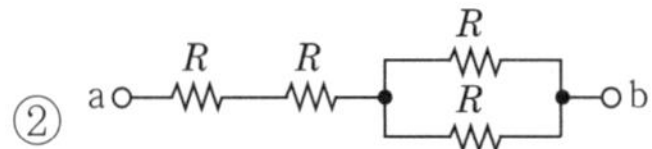

③
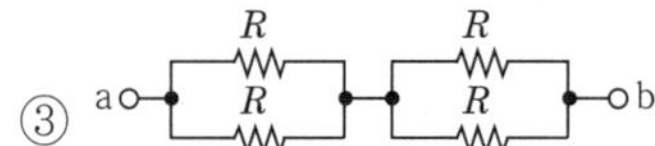

④
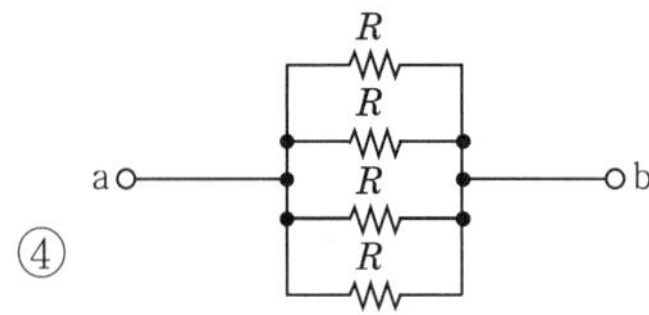

해설 각 회로에 소비되는 전력

- 합성 저항이 $4R[\Omega]$이므로 $P_1=\dfrac{V^2}{4R}$[W]
- 합성 저항 $R_0=2R+\dfrac{R}{2}=2.5R[\Omega]$이므로 $P_2=\dfrac{V^2}{2.5R}=\dfrac{0.4V^2}{R}$[W]
- 합성 저항 $R_0=\dfrac{R}{2}\times 2=R[\Omega]$이므로 $P_3=\dfrac{V^2}{R}$[W]
- 합성 저항 $R_0=\dfrac{R}{4}=0.25R[\Omega]$이므로 $P_4=\dfrac{V^2}{0.25R}=\dfrac{4V^2}{R}$[W]

95 220[V], 100[W] 백열전구 1개와 220[V], 200[W] 백열전구 1개를 직렬로 220[V] 전원에 연결할 때 어느 전구가 더 밝은가?

① 220[V], 100[W] 백열전구가 더 밝다.
② 220[V], 200[W] 백열전구가 더 밝다.
③ 똑같다.
④ 수시로 변동한다.

해설 백열전구는 R만의 회로로 취급하므로 $P=\dfrac{V^2}{R}$[W]에서 $R=\dfrac{V^2}{P}[\Omega]$이므로

- 100[W] 전구 저항 $R_1=\dfrac{220^2}{100}=484[\Omega]$
- 200[W] 전구 저항 $R_2=\dfrac{220^2}{200}=242[\Omega]$

전구 2개를 직렬로 접속하면 각각의 전구에 흐르는 전류는 일정하므로 소비 전력 $P=I^2R$[W]에서 저항이 클수록 소비 전력이 크므로 더 밝다.

정답 94.④ 95.①

출제분석 Advice

★★
96 기전력 50[V], 내부 저항 5[Ω]인 전원이 있다. 이 전원에 부하를 연결하여 얻을 수 있는 최대 전력은 몇 [W]인가? 08년/10년 출제

① 50 ② 75
③ 100 ④ 125

해설 $P_m = \dfrac{E^2}{4r} = \dfrac{50^2}{4\times 5} = 125[\text{W}]$

최대 전력 전달 조건
r (내부 저항) = R(부하 저항)

★★★
97 다음 중 전력량 1[J]과 같은 것은? 06년/09년/10년/12년 출제

출제빈도

① 1[cal] ② 1[W・sec]
③ 1[kg・m] ④ 1[N・m]

해설 전력량 $W = Pt$[J]이므로 1[J]=1[W・sec]

★★★
98 5[W・h]는 몇 [J]인가? 06년/07년/08년 출제

출제빈도

① 3,600 ② 18,000
③ 12,000 ④ 6,000

해설 5[W・h]=5[W]×1[h]=5[W]×60×60[sec]=18,000[J]

1[h(시간)]=3,600[sec]

★
99 1[kWh]는 몇 [J]인가? 12년 출제

① 3.6×10^6 ② 860
③ 10^3 ④ 10^6

해설 1[kWh]=1[kW]×1[h]=10^3[W]×60×60[sec]=3.6×10^6[J]

열량 환산
1[J]= 0.2389 ≒ 0.24[cal]
1[kWh]= 3.6×10^6[J]
= 860[kcal]

100 R[Ω]의 저항에 I[A]의 전류를 t[sec] 동안 흘릴 때 저항 중에서 소비되는 전력량[J]은?

① $\dfrac{R}{t}$ ② $\dfrac{R^2}{It}$
③ RI^2t ④ $\dfrac{Rt}{I^2}$

해설 전력량 $W = Pt = I^2Rt = \dfrac{V^2}{R}t = VIt$[J]

★★★
101 전류의 발열 작용과 관계가 있는 것은? 06년/07년/10년/11년/14년/15년 출제

① 옴의 법칙 ② 키르히호프의 법칙
③ 줄의 법칙 ④ 플레밍의 법칙

줄의 법칙
㉠ 전류의 발열 작용
㉡ 열량=0.24×전력 [cal]
㉢ 1[J]≒0.24[cal]

정답 96.④ 97.② 98.② 99.① 100.③ 101.③

해설 줄의 법칙 : 발열량 $H=0.24I^2Rt$[cal]

★★

102 줄(Joule)의 법칙에서 발열량의 계산식을 옳게 표시한 식은? (단, 단위는 [cal]이다.)

08년/12년 출제

① $H=0.24\,I^2Rt$ ② $H=0.024\,I^2Rt$
③ $H=0.24\,I^2R$ ④ $H=0.024\,I^2R$

해설 발열량 $H=0.24Pt=0.24VIt=0.24I^2Rt$[cal]

★

열량
1[J]=0.2389≒0.24[cal]

103 1[cal]는 몇 [J]인가?

07년 출제

① 0.24 ② 0.4186
③ 2.4 ④ 4.186

해설 1[cal]=4.186[J]≒4.2[J]

★

열량 환산
1[J]=0.2389≒0.24[cal]
1[kWh]≒860[kcal]

104 1[kW·h]는 몇 [kcal]인가?

09년 출제

① 860 ② 2,400
③ 4,800 ④ 8,600

해설 1[kW·h]=1[kW]×1[h]=1,000[W]×3,600[sec]=3.6×10^6[J]
=$0.2389\times3.6\times10^6$[cal]≒860[kcal]

★★

줄의 법칙
전열기 발생 열량 법칙
1[J]=0.24[cal]

105 500[Ω]의 저항에 1[A]의 전류가 1분 동안 흐를 때에 발생하는 열량은 몇 [cal]인가?

06년/12년 출제

① 3,600 ② 5,000
③ 6,200 ④ 7,200

해설 발열량 $H=0.24I^2Rt$[cal]$=0.24\times1^2\times500\times60=7{,}200$[cal]

★

106 1,500[W] 전열기를 정격 상태에서 30분 동안 사용한 경우의 발열량[kcal]은?

11년 출제

① 648 ② 432
③ 580 ④ 750

해설
- 전력량 $W=Pt$[J]$=1{,}500\times30\times60=2{,}700{,}000$[J]
- 발열량 $H=0.24W=0.24\times2{,}700{,}000=648{,}000$[cal]=648[kcal]

정답 102.① 103.④ 104.① 105.④ 106.①

출제분석 Advice

107 4[℃]의 물 1[g]을 1[℃]만큼 올리는 데 필요한 열량을 무엇이라 하는가?

① 1[cal] ② 1[J]
③ 1[J/sec] ④ 1[cal/sec]

해설 1[cal] : 4[℃]의 물 1[g]을 1[℃]만큼 올리는 데 필요한 열량

108 물체의 온도 상승 및 열 전달 방법에 대한 설명으로 옳은 것은? 09년 출제

① 비열이 작은 물체에 열을 주면 쉽게 온도를 올릴 수 있다.
② 열 전달 방법 중 유체가 열을 받아 분자와 같이 이동하는 것이 복사이다.
③ 일반적으로 물체는 열을 방출하면 온도가 증가한다.
④ 질량이 큰 물체에 열을 주면 쉽게 온도를 올릴 수 있다.

해설 열량 $H = C \cdot m \cdot \theta$[cal] 여기서, C : 비열, m : 질량, θ : 온도 상승량

$\therefore \theta = \dfrac{H}{C \cdot m}$ 이므로 비열이 작은 물체에 열을 주면 쉽게 온도가 상승한다.

물의 열용량
H=비열(1)×질량×온도차[cal]

109 100[V], 5[A]의 전열기를 사용하여 2[l]의 물을 20[℃]에서 100[℃]로 올리는 데 필요한 시간[sec]은 약 얼마인가? (단, 열량은 전부 유효하게 사용된다.) 08년 출제

① 1.33×10^3 ② 1.34×10^4
③ 1.35×10^5 ④ 1.36×10^6

해설 $H = 0.24VIt = C \cdot m \cdot \theta$[cal]에서

$$t = \frac{C \cdot m \cdot \theta}{0.24 \cdot V \cdot I} = \frac{1 \times 2 \times 10^3 \times (100-20)}{0.24 \times 100 \times 5} = 1.33 \times 10^3[\text{sec}]$$

물의 열용량
전열기 발생 열량(줄의 법칙)

110 20[℃]의 물 100[l]를 2시간 동안에 40[℃]로 올리기 위하여 사용할 전열기의 용량은 약 몇 [kW]이면 되겠는가? (단, 이때 전열기의 효율은 60[%]라 한다.) 09년 출제

① 1.929 ② 2.876
③ 3.938 ④ 4.876

해설 전열기의 열량

$H = 0.24Pt\eta = C \cdot m \cdot \theta$[cal]에서

$$P = \frac{C \cdot m \cdot \theta}{0.24 \cdot t \cdot \eta} = \frac{1 \times 100 \times (40-20)}{0.24 \times 2 \times 3{,}600 \times 0.6}$$
$$= 1.929[\text{kW}]$$

정답 107.① 108.① 109.① 110.①

물의 열용량
Q=질량×온도차[cal]

제베크 효과
온도차 → 전류

펠티에 효과
전류 → 온도차

톰슨 효과(동종의 금속)
온도차 → 열전류

열전기 현상
㉠ 제베크 효과
온도차 → 전류
㉡ 펠티에 효과
전류 → 온도차
㉢ 톰슨 효과(동종의 금속)
온도차 → 열전류

★
111 10[℃], 5,000[g]의 물을 40[℃]로 올리기 위하여 1[kW]의 전열기를 쓰면 몇 분이 걸리게 되는가? (단, 여기서 효율은 80[%]라고 한다.) 13년 출제

① 약 13분 ② 약 15분
③ 약 25분 ④ 약 50분

해설 열량 $H=0.24\,Pt\,\eta=C\cdot m\cdot\theta$[cal]에서

$$\therefore\ t=\frac{C\cdot m\cdot\theta}{0.24\cdot P\cdot\eta}=\frac{1\times5{,}000\times(40-10)}{0.24\times1{,}000\times0.8}=781.25[\text{sec}]≒13분$$

★★
112 종류가 다른 두 금속을 접합하여 폐회로를 만들고 두 접합점의 온도를 다르게 하면 이 폐회로에 기전력이 발생하여 전류가 흐르게 되는 현상을 지칭하는 것은? 10년/12년 출제

① 줄의 법칙(Joule's law) ② 톰슨 효과(Thomson effect)
③ 펠티에 효과(Peltier effect) ④ 제베크 효과(Seebeck effect)

해설 제베크 효과 : 서로 다른 두 금속을 접합한 후 두 접합점에서 온도차가 발생하면 열기전력이 발생하는 현상으로 열전 온도계 등에서 이용한다.

★
113 제베크 효과에 대한 설명으로 틀린 것은? 13년 출제

① 두 종류의 금속을 접속하여 폐회로를 만들고, 두 접속점에 온도의 차이를 주면 기전력이 발생하여 전류가 흐른다.
② 열기전력의 크기와 방향은 두 금속점의 온도차에 따라서 정해진다.
③ 열전쌍(열전대)은 두 종류의 금속을 조합한 장치이다.
④ 전자 냉동기, 전자 온풍기에 응용된다.

해설 전자 냉동기나 전자 온풍기는 서로 다른 두 금속을 접합한 후 여기에 전류를 흘리면, 그 접합점에서 열의 발생 및 흡수가 일어나는 현상인 펠티에 효과를 이용한다.

★★★
114 (출제빈도) 서로 다른 종류의 안티몬과 비스무트의 두 금속을 접속하여 여기에 전류를 통하면, 줄열 외에 그 접점에서의 열의 발생 또는 흡수가 일어난다. 이와 같은 현상은? 10년/11년/14년/15년 출제

① 제3금속의 법칙 ② 제베크 효과
③ 페르미 효과 ④ 펠티에 효과

해설 펠티에 효과 : 서로 다른 두 금속을 접합한 후 여기에 전류를 흘리면, 그 접합점에서 열의 발생 및 흡수가 일어나는 현상으로 전자 냉동기 등에서 이용한다.

정답 111.① 112.④ 113.④ 114.④

115 전자 냉동기의 원리로 이용되는 것은?

① 제베크 효과　② 펠티에 효과
③ 톰슨 효과　④ 패러데이의 법칙

해설 펠티에 효과 : 서로 다른 두 금속을 접합한 후 여기에 전류를 흘리면, 그 접합점에서 열의 발생 및 흡수가 일어나는 현상으로 전자 냉동기 등에서 이용한다.

★

116 다음이 설명하는 것은?

13년 출제

> 금속 A와 B로 만든 열전쌍과 접점 사이에 임의의 금속 C를 연결해도 C의 양 끝의 접점의 온도를 똑같이 유지하면 회로의 열기전력은 변화하지 않는다.

① 제베크 효과　② 톰슨 효과
③ 제3금속의 법칙　④ 펠티에 법칙

해설 제3금속의 법칙 특성 때문에 A, B 금속의 두 점에 납땜을 하거나 계기를 접속하여도 열기전력의 크기에는 변화가 없다.

열전기 현상
㉠ 제베크 효과
온도차 → 전류
㉡ 펠티에 효과
전류 → 온도차
㉢ 톰슨 효과(동종의 금속)
온도차 → 열전류

117 전기 분해에 가장 적합한 전기는?

① 교류 100[V]　② 직류 전압
③ 60[Hz]의 교류　④ 고압의 교류

해설 전기 분해는 일정한 전압과 일정한 방향의 전류가 필요하므로 직류를 사용한다.

★★★

118 전기 분해에 의해서 석출되는 물질의 양은 전해액을 통과한 총 전기량과 같으며, 그 물질의 화학 당량에 비례한다. 이것을 무슨 법칙이라 하는가?

출제빈도

06년/11년/15년 출제

① 줄의 법칙　② 플레밍의 법칙
③ 키르히호프의 법칙　④ 패러데이의 법칙

해설 패러데이의 법칙 $W = kQ = kIt$[g]
여기서, k : 전기 화학 당량[g/C], Q : 총 전기량[C], I : 전류[A], t : 시간[sec]

전기 분해 법칙
전극에서 석출되는 물질의 양
$W = kQ = kIt$[g]

★

119 패러데이 법칙에서 전기 분해에 의해서 석출되는 물질의 양은 전해액을 통과한 무엇과 비례하는가?

09년 출제

① 총 전해질　② 총 전압
③ 총 전류　④ 총 전기량

해설 패러데이 법칙 $W = kQ = kIt$[g]
여기서, k : 전기 화학 당량[g/C], Q : 총 전기량[C], I : 전류[A], t : 시간[sec]

패러데이의 법칙
전극에서 석출되는 물질의 양을 정의한 법칙

정답 115.② 116.③ 117.② 118.④ 119.④

화학 당량
$\frac{원자량}{원자가}$

패러데이의 법칙
전극에서 석출되는 물질의 양을 계산하는 식
$W = kQ = kIt$[g]

120 다음 중 전기 화학 당량에 대한 설명 중 옳지 않은 것은? 07년 출제

① 전기 화학 당량의 단위는 [g/C]이다.
② 화학 당량은 원자량을 원자가로 나눈 값이다.
③ 전기 화학 당량은 화학 당량에 비례한다.
④ 1[g]당량을 석출하는 데 필요한 전기량은 물질에 따라 다르다.

해설
- 패러데이 상수 F[C] : 1[g]당량을 석출하는 데 필요한 전기량으로 물질에 관계없이 항상 일정한 특성을 가진다.
- 패러데이 상수 $F = \frac{1[g] 당량}{k} =$ 일정

121 패러데이 법칙과 관계없는 것은? 11년 출제

① 전극에서 석출되는 물질의 양은 통과한 전기량에 비례한다.
② 전해질이나 전극이 어떤 것이라도 같은 전기량이면 항상 같은 화학 당량의 물질을 석출한다.
③ 화학 당량이란 원자량/원자가를 말한다.
④ 석출되는 물질의 양은 전류의 세기와 전기량의 곱으로 나타낸다.

해설 전기 분해 시 석출되는 물질의 양 : $W = kQ = kIt$[g]이므로 석출되는 물질의 양은 전기 화학 당량과 전기량의 곱 또는 전기 화학 당량과 전류와 시간의 곱으로 나타낸다.

122 니켈의 원자가는 2이고 원자량은 58.70이다. 이때 화학 당량의 값은? 08년/11년 출제

① 29.35 ② 58.70
③ 60.70 ④ 117.4

해설 화학 당량 $= \frac{원자량}{원자가} = \frac{58.70}{2} = 29.35$

123 황산구리 용액에 10[A]의 전류를 60분간 흘린 경우 이때 석출되는 구리의 양[g]은? (단, 구리의 전기 화학 당량은 0.3293×10^{-3}[g/C]이다.) 10년 출제

① 약 1.97 ② 약 5.93
③ 약 7.82 ④ 약 11.86

해설 $W[g] = kIt = 0.3293 \times 10^{-3} \times 10 \times 60 \times 60 \fallingdotseq 11.83[g]$

정답 120.④ 121.④ 122.① 123.④

★★
124 질산은을 전기 분해할 때 직류 전류를 10시간 흘렸더니 음극에 120.7[g]의 은이 부착하였다. 이때의 전류는 약 몇 [A]인가? (단, 은의 전기 화학 당량 $k=0.001118$ [g/C]이다.) 08년/11년 출제

① 1 ② 2
③ 3 ④ 4

해설 $W=kIt$[g]에서 $I=\frac{W}{k\cdot t}=\frac{120.7}{0.001118\times10\times3{,}600}\fallingdotseq 3$[A]

출제분석 Advice

전극에서 석출되는 물질의 양은 전하량에 비례하고 화학 당량에 비례한다.
$W=kQ=kIt$[g]

★
125 전기 분해에 의해서 구리를 정제하는 경우, 음극에서 구리 1[kg]을 석출하기 위해서는 200[A]의 전류를 약 몇 시간[h]을 흘려야 하는가? (단, 구리의 전기 화학 당량은 0.3293×10^{-3}[g/C]이다.) 10년 출제

① 2.11 ② 4.22
③ 8.44 ④ 12.56

해설 W[g]$=kIt$ 에서 t[sec]이므로

$$t[\text{h}]=\frac{W}{kI\times3{,}600}=\frac{1{,}000}{3{,}600\times0.3293\times10^{-3}\times200}=4.22[\text{h}]$$

전기 분해 법칙
㉠ 전극에서 석출되는 물질의 양
㉡ 계산식
$W=kQ=kIt$[g]

★
126 다음 중 1차 전지에 해당하는 것은? 12년 출제

① 망간 건전지 ② 납축전지
③ 니켈·카드뮴 전지 ④ 리튬 이온 전지

해설 1차 전지 : 재생이 불가능한 전지로 망간 건전지, 수은 건전지, 공기 건전지 등이 있다.

★
127 1차 전지로 가장 많이 사용되는 것은? 13년 출제

① 니켈-카드뮴 전지 ② 연료 전지
③ 망간 건전지 ④ 납축전지

해설 망간 건전지 : 양극에 탄소봉(C), 음극에 아연(Zn), 전해액으로 $NH_4Cl+ZnCl$을 사용하고, 분극 작용을 방지하기 위한 감극제로 MnO_2을 사용한 건전지로 볼타 전지, 르클랑셰 전지를 거쳐 휴대용 전지로 실용화된 전지이다.

128 묽은 황산(H_2SO_4) 용액에 구리(Cu)와 아연(Zn)판을 넣었을 때 아연판은?

① 수소 기체를 발생한다. ② 음극이 된다.
③ 양극이 된다. ④ 황산 아연으로 변한다.

해설 구리와 아연판을 도선으로 연결하여 묽은 황산에 담그면 전해질에 녹아있는 전자가 구리판쪽으로 몰려서 아연판쪽으로 이동하여 구리판은 (+)극이 되고 아연판은 (−)극이 된다.

정답 124.③ 125.② 126.① 127.③ 128.②

전지의 극판
㉠ 음극판 : 아연(산소 부착)
㉡ 양극판 : 구리(수소 부착)

129 **묽은 황산(H_2SO_4) 용액에 구리(Cu)와 아연(Zn)판을 넣으면 전지가 된다. 이때 양극(+)에 대한 설명으로 옳은 것은?** 13년 출제

① 구리판이며 수소 기체가 발생한다.
② 구리판이며 산소 기체가 발생한다.
③ 아연판이며 수소 기체가 발생한다.
④ 아연판이며 산소 기체가 발생한다.

해설 볼타 전지의 전해액과 극성
- 전해액 : 묽은 황산($H_2SO_4 = 2H^+ + SO_4^{--}$으로 전리)
- 음극제 : 아연이 Zn^{++}이 전해액에 용해($Zn^{++} + SO_4^{--} = ZnSO_4$)되어 음극으로 대전된다.
- 양극제 : 구리에 수소 이온 $2H^+$이 구리에 부착하여 양으로 대전되며 분극 현상이 발생한다.

130 **볼타 전지로부터 전류를 얻게 되면 양극의 표면이 수소 기체에 의해 둘러싸이게 되는데 이를 무엇이라 하는가?** 09년 출제

① 전해 작용 ② 화학 작용
③ 전기 분해 ④ 분극 작용

해설 전지에 부하를 걸어 방전할 때 양극의 표면에서 발생한 수소 기체가 양극제를 둘러쌓아서 전지 기전력을 감소시키는 것을 분극 작용이라 하고, 이 수소 기체를 제거하여 전극의 작용을 활발하게 유지시키는 것을 감극제라 한다.

분극(성극) 작용
㉠ 수소 발생
㉡ 방지 대책 : 감극제

131 **전지(battery)에 관한 사항이다. 감극제(depolarizer)는 어떤 작용을 막기 위해 사용되는가?** 09년 출제

① 분극 작용 ② 방전
③ 순환 전류 ④ 전기 분해

해설 전지에 부하를 걸어 방전할 때 양극의 표면에서 발생한 수소 기체가 양극제를 둘러쌓아서 전지 기전력을 감소시키는 것을 분극 작용이라 하고, 이 수소 기체를 제거하여 전극의 작용을 활발하게 유지시키는 것을 감극제라 하며, 이 감극제가 무엇인가에 따라 전지 명칭이 정해진다.

전지 기전력 감소 현상
㉠ 불순물 : 국부 작용
㉡ 수소 : 분극(성극) 작용

132 **전극의 불순물로 인하여 기전력이 감소하는 현상을 무엇이라 하는가?** 06년 출제

① 국부 작용 ② 성극 작용
③ 전기 분해 ④ 감극 현상

해설 전지에서 음극제에 불순물이 포함되어 부분적(국부적)인 자체 방전 현상이 일어나는 것을 국부 작용이라 하며, 그 방지 대책으로 순수 금속이나 수은 도금 금속을 사용한다.

정답 129.① 130.④ 131.① 132.①

133 다음은 연축전지에 대한 설명이다. 옳지 않은 것은?
07년 출제

① 전해액은 황산을 물에 섞어서 비중을 1.2~1.3 정도로 하여 사용한다.
② 충전 시 양극은 PbO로 되고, 음극은 $PbSO_4$로 된다.
③ 방전 전압의 한계는 1.8[V]로 하고 있다.
④ 용량은 방전 전류×방전 시간으로 표시하고 있다.

해설 연축전지는 충전 시 양극은 PbO_2, 음극은 Pb로 된다.

출제분석 Advice

납(연)축전지
㉠ 2차 전지
㉡ 양극제 : PbO_2(이산화납)
㉢ 음극제 : Pb
㉣ 전해액 : H_2SO_4(묽은 황산)

134 납축전지의 전해액으로 사용되는 것은?
13년 출제

① H_2SO_4　② $2H_2O$
③ PbO_2　④ $PbSO_4$

해설 납축전지 화학식

$$\underset{\text{(이산화납)}}{\overset{\text{양극}}{PbO_2}} + \underset{\text{(황산)}}{\overset{\text{전해액}}{2H_2SO_4}} + \underset{\text{(납)}}{\overset{\text{음극}}{Pb}} \underset{\text{충전}}{\overset{\text{방전}}{\rightleftarrows}} \underset{\text{(황산납)}}{\overset{\text{양극}}{PbSO_4}} + \underset{\text{(물)}}{\overset{\text{물}}{2H_2O}} + \underset{\text{(황산납)}}{\overset{\text{음극}}{PbSO_4}}$$

납축전지의 전해액
㉠ 묽은 황산
㉡ 비중 : 1.2~1.3

135 (㉠), (㉡)에 들어갈 내용으로 알맞은 것은?
13년 출제

> 2차 전지의 대표적인 것으로 납축전지가 있다. 전해액으로 비중 약 (㉠) 정도의 (㉡)을 사용한다.

① ㉠ 1.15~1.21, ㉡ 묽은 황산　② ㉠ 1.25~1.36, ㉡ 질산
③ ㉠ 1.01~1.15, ㉡ 질산　④ ㉠ 1.23~1.26, ㉡ 묽은 황산

해설 납축전지는 전해액으로 묽은 황산($2H_2SO_4$)을 사용하고, 그 비중은 충전 시 1.2~1.3 정도를 유지하여야 한다.

136 10[A]의 전류로 6시간 방전할 수 있는 축전지의 용량[Ah]은?
12년 출제

① 2　② 15
③ 30　④ 60

해설 축전지의 용량=방전 전류[A]×방전 시간[h]= 10×6=60[Ah]

전지의 용량은 단위로 계산하여도 된다.
용량 Q[Ah]=전류×시간

137 용량 30[Ah]의 전지는 2[A]의 전류로 몇 시간 사용할 수 있는가?
06년 출제

① 3　② 7
③ 15　④ 30

정답 133.② 134.① 135.④ 136.④ 137.③

해설 축전지 용량=방전 전류[A]×방전 시간[h]

$\therefore$ 방전 시간 $h=\dfrac{30}{2}=15$[h]

전지의 용량은 단위로 계산하여도 쉽게 풀린다.

138 용량 45[Ah]인 납축전지에서 3[A]의 전류를 연속하여 얻는다면 몇 시간 동안 이 축전지를 이용할 수 있는가? 09년 출제

① 10시간 ② 15시간
③ 30시간 ④ 45시간

해설 축전지 용량[Ah]=방전 전류[A]×방전 시간[h]

$45=3\times h$

$\therefore h=\dfrac{45}{3}=15$[h]

139 납축전지에 쓰이는 전해액은?

① 납 ② 묽은 황산
③ 물 ④ 초산은

해설 납축전지의 전해액 : H_2SO_4(묽은 황산)

정답 138.② 139.②

정전계

01 정전기의 성질

1 정전기의 발생

정전기는 가장 오래전에 관찰된 전기 현상으로 그리스인들은 모피를 문지른 호박(琥珀)이 깃털 등을 끌어당기는 현상을 발견하였고 이와 같이 두 물체를 마찰시킬 때 두 물체 상호간 또는 주위의 가벼운 물체 등을 끌어당기는 힘이 발생하는데 이 현상을 정전기 현상이라 하며, 이때 발생한 전기를 마찰 전기라 한다. 종류가 다른 두 물체에는 각각 +, −전기를 발생하며 극성이 다르므로 서로 끌어당기는 흡인력이 작용한다. 반면 같은 극성의 전하끼리는 서로 밀어내는 반발력이 작용한다.

마찰 전기 계열 순서

(+) 모피 > 유리 > 운모 > 무명 > 면사 > 목재 > 호박 > 수지 > 에보나이트 (−)

마찰 전기 계열 순서
(+) 모피>유리>운모>무명>면사>목재>호박>수지>에보나이트 (−)

2 정전 유도

다음 그림과 같이 전기적으로 중성 상태인 도체에 음(−)으로 대전된 물체 A를 가까이하면 A에 가까운 부분 B에는 양(+)의 전하가 나타나고, 그 반대쪽 C부분에는 음(−)의 전하가 나타나는 현상을 정전 유도 현상이라고 한다.

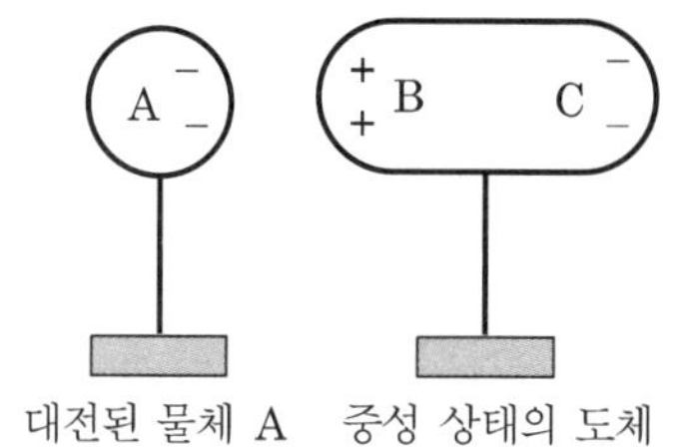

02 정전계 기본 정의식

1 쿨롱의 법칙

쿨롱의 법칙

㉠ $F=\frac{1}{4\pi\varepsilon_0}\cdot\frac{Q_1Q_2}{r^2}=9\times10^9\times\frac{Q_1Q_2}{r^2}$[N]

㉡ F는 Q_1, Q_2의 곱에 비례하고 거리 제곱에 반비례한다.

지구의 중력장에 의해 인력이 작용하여 만유인력 법칙이 작용하듯이 쿨롱은 비틀림 저울을 사용하여 대전된 도체(점전하) 간에 작용하는 힘을 실험하여 얻어낸 힘의 세기를 정의했는데 이 힘의 세기를 정의한 법칙을 쿨롱의 법칙이라 한다. 이때 작용하는 힘의 세기를 정전력, 전기력이라 한다.

(1) 반발력, 흡인력

같은 종류의 두 전하 사이에는 반발력이 작용하고, 서로 다른 종류의 전하 사이에는 흡인력이 작용한다.

(2) 힘의 세기

두 전하 사이에 작용하는 힘의 크기는 두 전하량의 곱에 비례하고, 거리의 제곱에 반비례한다.

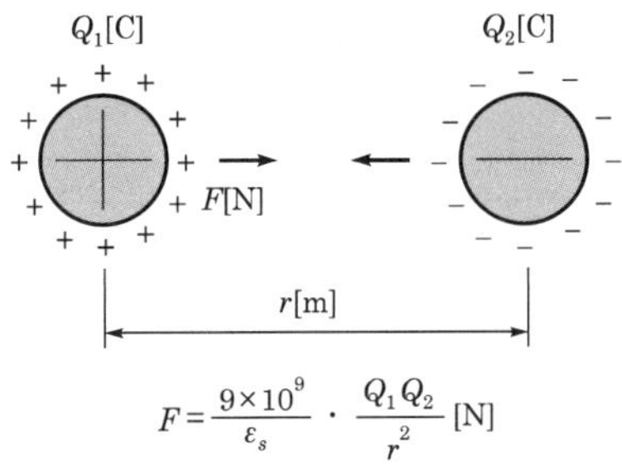

▎정전력(전기력)▎

$k=\frac{1}{4\pi\varepsilon}=9\times10^9$

$$F=k\frac{Q_1Q_2}{r^2}=\frac{Q_1Q_2}{4\pi\varepsilon_0r^2}=9\times10^9\times\frac{Q_1Q_2}{r^2}\text{[N]}$$

여기서, F : 정전력 또는 전기력[N], k : 정전계의 쿨롱 상수
Q_1, Q_2 : 전하량[C], ε_0 : 공기의 유전율[F/m]
r : 두 전하 사이의 거리[m]

유전율
전하를 유도하는 정도
$\varepsilon=\varepsilon_0\varepsilon_s$[F/m]

(3) 유전율(誘電率)

콘덴서 양극 간에 전위차를 가하면 콘덴서에 채워진 절연체의 종류에 따라 전하를 축적하는 정도(정전 용량)가 달라지는데 이와 같이 절연체에 따른 전하를 유도하는 정도(상수)를 유전율이라 한다.

임의의 매질에서의 유전율은 $\varepsilon = \varepsilon_0 \varepsilon_s$[F/m]로 표시한다.

① **진공 또는 공기의 유전율** : $\varepsilon_0 = 8.855 \times 10^{-12}$[F/m]

② **비유전율** : 공기의 유전율(ε_0)에 대한 다른 매질의 유전율의 비율 $\varepsilon_s = \dfrac{\varepsilon}{\varepsilon_0}$로서 진공 또는 공기에서는 자신에 대한 비율이므로 비유전율은 $\varepsilon_s = 1$이고 다른 매질의 비유전율은 $\varepsilon_s > 1$이다.

자주 출제되는 Key Point

공기(진공) 유전율
$\varepsilon_0 = 8.855 \times 10^{-12}$[F/m]

공기(진공) 비유전율
$\varepsilon_s = 1$

▌여러 가지 유전체의 비유전율▐

유전체	비유전율 ε_s	유전체	비유전율 ε_s
공기, 진공	1	소다 유리	6~8
종이	1.2~3	운모	5~9
절연유	2~3	글리세린	40
고무	2.2~2.4	물	80.7
폴리에틸렌	2.2~3.4	산화티탄 자기	30~80
수정	5	티탄산바륨	1,500~2,000

유전체 안에서의 힘의 세기

$$F = \frac{Q_1 Q_2}{4\pi\varepsilon_0\varepsilon_s r^2} = 9 \times 10^9 \times \frac{Q_1 Q_2}{\varepsilon_s r^2} \text{[N]}$$

(4) 쿨롱 상수

힘의 세기 등을 계산할 때 곱해주는 매질에 따른 비례 상수로서 매질이나 도체 모양, 배치 상태에 따라 결정되는 상수이다.

① 매질이 공기인 경우 : $k = \dfrac{1}{4\pi\varepsilon_0} = \dfrac{1}{4\pi \times 8.855 \times 10^{-12}} = 9 \times 10^9$

② 매질이 유전체인 경우 : $k = \dfrac{1}{4\pi\varepsilon_0\varepsilon_s}$

2 전계

임의의 대전체에 의한 전기적인 힘이 미치는 공간을 <u>전계</u>(E ; Electric field) 또는 <u>전기장</u>, <u>전장</u>이라 한다.

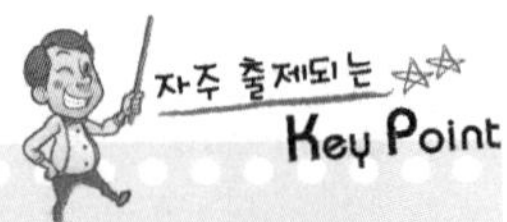

전기장(전계, 전장)의 세기

$E=\dfrac{Q}{4\pi\varepsilon_0 r^2}$

$=9\times10^9\times\dfrac{Q}{r^2}$[V/m]

(1) 전계의 세기 정의

전계 내에 +1[C]의 단위 정전하를 놓았을 때 이 단위 점전하에 작용하는 힘의 세기를 전계의 세기라 하며 쿨롱의 법칙에 따라 다음과 같이 나타낼 수 있다.

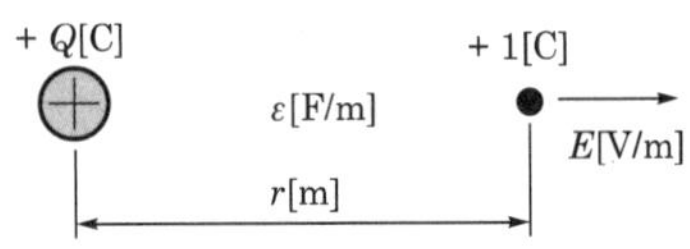

$$E=\frac{Q}{4\pi\varepsilon_0 r^2}=9\times10^9\times\frac{Q}{r^2}\text{[V/m]}$$

여기서, E : 전계의 세기[V/m]

r : 전하 Q와 단위 점전하와의 거리[m]

(2) 힘과 전계와의 관계식

전계의 세기가 E[V/m]인 공간 내에 다른 점전하 Q[C]를 놓았을 때 작용하는 힘 F[N]은 전계의 Q배가 되므로 다음과 같이 나타낼 수 있다.

$$F=QE\text{[N]},\quad E=\frac{F}{Q}\text{[N/C=V/m]},\quad Q=\frac{F}{E}\text{[C]}$$

여기서, F : 힘[N]

Q : 전하량[C]

E : 전계의 세기[V/m]

3 전위

전위의 세기

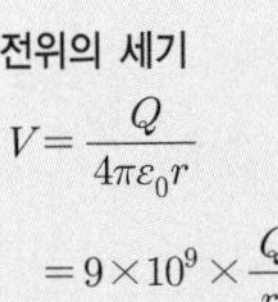

$V=\dfrac{Q}{4\pi\varepsilon_0 r}$

$=9\times10^9\times\dfrac{Q}{r}$

(1) 전위의 정의

전위란 전기적인 위치 에너지로서 전위의 세기는 전계로부터 무한히 먼 점에서 단위 점전하(+1[C])를 임의의 점까지 가져오는 데 필요한 일의 양을 말한다.

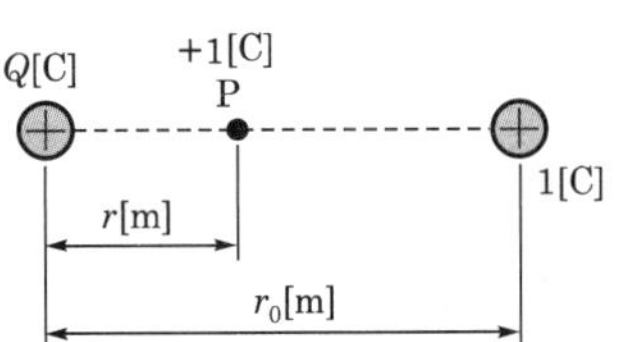

$$\text{P 점에서의 전위 } V=\frac{Q}{4\pi\varepsilon_0 r}=9\times10^9\times\frac{Q}{r}\text{[V]}$$

(2) 전계와 전위 관계식

평등 전계 E[V/m] 내에서 거리 r[m] 떨어진 두 점 사이의 전위차는 $V = Er$[V]로 나타낼 수 있다.

(3) 등전위면

전위가 같은 점을 연결하여 형성된 면으로서 점전하에 의한 등전위면은 구도체 모양을 형성한다.

4 전속 및 전속 밀도

(1) 전속

전하의 존재를 공간을 통하여 흐르는 선으로 표시한 것을 전속이라 한다. 매질의 종류에 관계없이 1[C]의 전하에서는 1[C]의 전속이 나온다. 전속의 성질은 다음과 같다.

① 전속은 양(+)전하에서 시작하여 음(−)전하로 끝난다.
② Q[C]의 전하로부터는 Q[C]의 전속이 나온다.
③ 전속이 나오는 곳이나 끝나는 곳에서는 전속과 같은 전하가 있다.
④ 전속은 금속판에 출입하는 경우 그 표면에 수직으로 출입한다.

(2) 전속 밀도

유전체 중의 한 점에서 단위 면적당 통과하는 전속을 말하며 Q[C]에 의한 전속 밀도 D는 다음과 같이 나타낼 수 있다.

$$D = \frac{Q}{S} = \frac{Q}{4\pi r^2}[\text{C/m}^2]$$

(3) 전속 밀도와 전계 관계식

① 매질이 공기인 경우 : $D = \varepsilon_0 E[\text{C/m}^2]$
② 매질이 유전체인 경우 : $D = \varepsilon E = \varepsilon_0 \varepsilon_s E[\text{C/m}^2]$

5 전기력선의 성질

(1) 전기력선은 양(+)의 전하에서 시작하여 음(−)의 전하로 끝난다.

(2) 전장 안의 임의의 점에서 전기력선의 접선 방향은 그 접점에서의 전기장의 방향을 나타낸다.

(3) 전장 안의 임의의 점에서의 전기력선 밀도는 그 점에서의 전기장의 세기를 나타낸다(가우스의 정리).

자주 출제되는 Key Point

전계와 전위 관계식
$E = \frac{V}{r}$[V/m]
$V = Er$[V]

전속
전하량과 같은 양

전속 밀도
$D = \frac{Q}{S} = \frac{Q}{4\pi r^2}$ [C/m²]

전속 밀도와 전기장의 세기 관계식
㉠ 공기(진공)
$D = \varepsilon_0 E$[C/m²]
㉡ 유전체
$D = \varepsilon E$
$= \varepsilon_0 \varepsilon_s E$[C/m²]

전기력선의 성질
㉠ (+)전하 → (−)전하
㉡ 전기력선 밀도=전계
㉢ 도체 내부에 존재할 수 없음
㉣ 등전위면과 수직

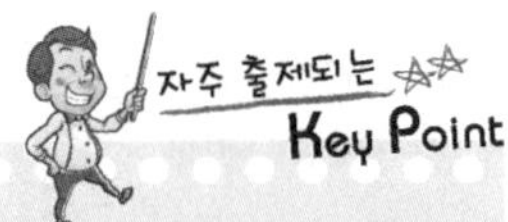

(4) 전하가 없는 곳에서는 전기력선의 발생, 소멸이 없다.

(5) 2개의 전기력선은 서로 반발하며, 교차하지 않는다.

(6) 전기력선은 전위가 높은 점에서 낮은 점으로 향한다.

(7) 전기력선은 도체 표면에 수직으로 출입한다.

(8) 전기력선은 도체 내부를 통과할 수 없다.

(9) 전기력선은 등전위면과 수직으로 교차한다.

전기력선의 총수= $\frac{Q}{\varepsilon}$ 개

(10) 전기력선의 총수

Q[C]으로부터 발생하는 전기력선의 총수는 진공이나 공기 중에서 $\frac{Q}{\varepsilon_0}$ 개와 같다.

전기량	매질의 종류	전기력선의 수
Q[C]	진공(공기)	$N=\frac{Q}{\varepsilon_0}$
	유전율 ε인 매질	$N=\frac{Q}{\varepsilon}=\frac{Q}{\varepsilon_0\varepsilon_s}$

03 콘덴서

1 콘덴서와 정전 용량

(1) 콘덴서와 정전 용량

① 콘덴서 : 유전체를 사이에 두고 양면에 금속판을 설치한 전기적 구조물로 전하를 축적하는 성질을 갖는 전기적 부품의 일반적인 명칭이다.

정전 용량
전하를 축적하는 능력
$C=\frac{Q}{V}=\varepsilon\frac{A}{d}$[F]

② 정전 용량 : 임의의 콘덴서가 전하를 축적하는 능력을 나타내는 비례 상수로 커패시턴스라고도 하고 패럿[F]이라는 단위를 사용한다.

$$Q \propto V$$

$$Q=CV[\mathrm{C}],\quad C=\frac{Q}{V}[\mathrm{F}],\quad V=\frac{Q}{C}[\mathrm{V}]$$

여기서, Q : 전하량[C], V : 인가 전압[V], C : 콘덴서의 용량[F]

전하량
$Q=CV$[C]

1[F]

1[V]의 전압을 가하여 1[C]의 전하를 축적하는 콘덴서의 정전 용량

자주 출제되는 Key Point

(2) 평행판 콘덴서의 정전 용량

평행판 콘덴서에서의 정전 용량 C의 값은 극판 사이를 채운 유전체의 유전율 ε과 극판의 면적 A에는 비례하고, 극판 간의 거리 d에는 반비례한다.

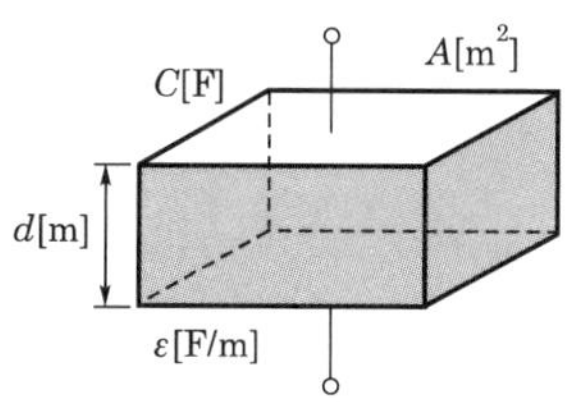

$$C = \varepsilon \frac{A}{d} \text{[F]}$$

여기서, C : 콘덴서의 용량[F], ε : 유전율[F/m]
A : 극판의 단면적[m^2], d : 극판 간의 거리[m]

정전 용량의 실용적인 단위

1[μF, 마이크로패럿]$=10^{-6}$[F]

2 콘덴서의 접속

(1) 병렬 접속(V 일정)

콘덴서의 병렬 접속에서는 각각의 콘덴서 정전 용량에 전원 전압 V[V]가 병렬로 접속된 모든 콘덴서에 일정하게 걸린다.

콘덴서 병렬 접속 시 합성 정전 용량

$C_0 = C_1 + C_2$[F]

$Q_1 = \frac{C_1}{C_1 + C_2} Q$[C]

$Q_2 = \frac{C_2}{C_1 + C_2} Q$[C]

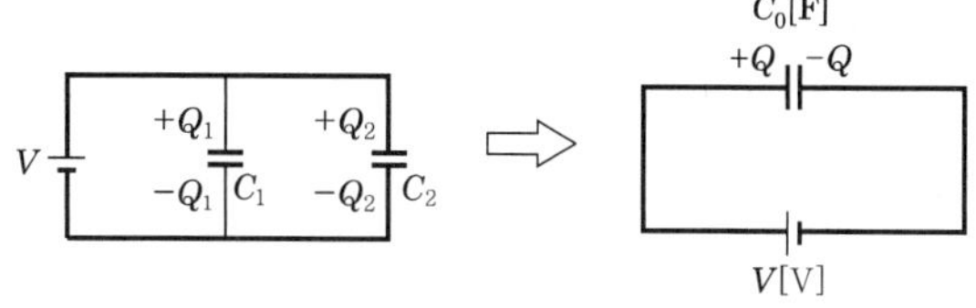

① 각 콘덴서의 전하량 $Q_1 = C_1 V$[C], $Q_2 = C_2 V$[C]

② 전체 전하량 $Q = Q_1 + Q_2 = (C_1 + C_2) V = C_0 V$[F]

③ 합성 정전 용량 $C_0 = C_1 + C_2$[F]

④ 분배되는 전하량은 정전 용량에 비례 분배된다.

$$Q_1 = C_1 \cdot \frac{Q}{C_1 + C_2} = \frac{C_1}{C_1 + C_2} Q \text{[C]}$$

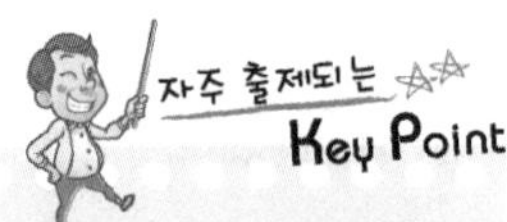

$$Q_2 = C_2 \cdot \frac{Q}{C_1 + C_2} = \frac{C_2}{C_1 + C_2} Q[\text{C}]$$

(2) 직렬 접속(Q 일정)

콘덴서의 직렬 접속에서는 각각의 콘덴서가 축적할 수 있는 전기량은 1개일 때와 같은 Q[C]이 축적된다.

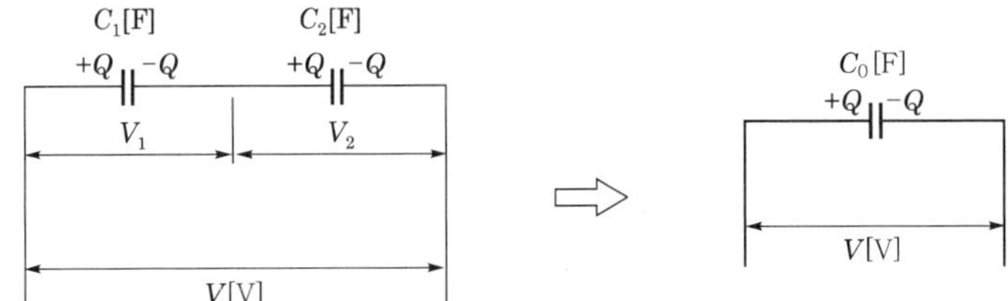

① 각 콘덴서의 전압 $V_1 = \frac{Q}{C_1}[\text{V}]$, $V_2 = \frac{Q}{C_2}[\text{V}]$

② $V = V_1 + V_2 = \left(\frac{1}{C_1} + \frac{1}{C_2}\right) Q = \frac{Q}{C_0}[\text{V}]$

③ 직렬 합성 정전 용량 $C_0 = \frac{1}{\frac{1}{C_1} + \frac{1}{C_2}} = \frac{C_1 C_2}{C_1 + C_2}[\text{F}]$

④ 분배되는 전압은 정전 용량에 반비례 분배된다.

$$V_1 = \frac{Q}{C_1} = \frac{C_2}{C_1 + C_2} V[\text{V}]$$

$$V_2 = \frac{Q}{C_2} = \frac{C_1}{C_1 + C_2} V[\text{V}]$$

(3) n개 접속 시 합성 정전 용량 비교

똑같은 크기의 정전 용량 C[F], n개를 병렬로 접속한 경우 합성 정전 용량 $C_{병렬}$[F]와 직렬로 접속한 경우 합성 정전 용량 $C_{직렬}$[F]을 계산하면 다음과 같다.

$$C_{직렬} = \frac{C}{n}[\text{F}], \quad C_{병렬} = nC[\text{F}]$$

병렬은 직렬의 $\frac{C_{병렬}}{C_{직렬}} = n^2$배이고 직렬은 병렬의 $\frac{C_{직렬}}{C_{병렬}} = \frac{1}{n^2}$배이다.

직렬 접속 시 합성 정전 용량

$C_0 = \frac{1}{\frac{1}{C_1} + \frac{1}{C_2}} = \frac{C_1 C_2}{C_1 + C_2}[\text{F}]$

전압 분배

정전 용량에 반비례 분배

$V_1 = \frac{C_2}{C_1 + C_2} V[\text{V}]$

$V_2 = \frac{C_1}{C_1 + C_2} V[\text{V}]$

C[F] 콘덴서 n개 접속 합성 정전 용량 병렬·직렬 비교

㉠ n개 병렬
$C_{병렬} = nC$[F]

㉡ n개 직렬
$C_{직렬} = \frac{1}{n} C$[F]

㉢ 병렬은 직렬보다 n^2배로 증가

㉣ 직렬은 병렬보다 $\frac{1}{n^2}$배로 감소

3 정전 에너지

(1) 콘덴서에 축적되는 에너지

① 전체 에너지

콘덴서는 전하를 축적하므로 에너지를 가지게 되는데 이로 인해 전계가 형성되므로 전계 에너지 또는 정전 에너지라고도 한다.

$$W = \frac{1}{2}QV = \frac{1}{2}CV^2 = \frac{Q^2}{2C}\,[\mathrm{J}]\ (Q = CV)$$

② 단위 체적당 축적되는 에너지

$$W = \frac{1}{2}CV^2 = \frac{1}{2}\varepsilon\frac{A}{d}(Ed)^2 = \frac{1}{2}\varepsilon E^2 Ad\,[\mathrm{J}]$$

$$W_0 = \frac{1}{2}ED = \frac{1}{2}\varepsilon E^2 = \frac{D^2}{2\varepsilon}\,[\mathrm{J/m^3}]$$

(2) 정전 흡인력

평행판 콘덴서에 두 전극에는 양(+), 음(−)의 전하가 발생되어 서로 흡인하는 흡인력이 발생하는데 이때 발생되는 흡인력 F_0는 다음과 같다.

$$F_0 = \frac{1}{2}\varepsilon E^2 = \frac{1}{2}\varepsilon\left(\frac{V}{d}\right)^2\,[\mathrm{N/m^2}]$$

전압 V^2에 비례한다.

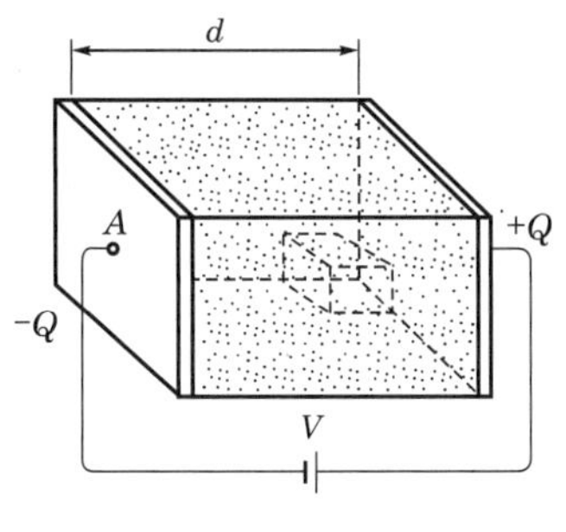

▌유전체 내의 에너지▐

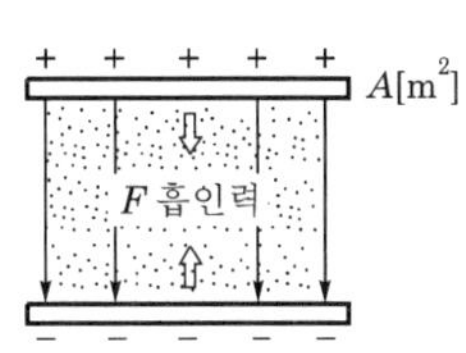

▌정전기의 흡인력▐

자주 출제되는 Key Point

축적 에너지

㉠ 전체 에너지

$W = \frac{1}{2}QV = \frac{1}{2}CV^2 = \frac{Q^2}{2C}\,[\mathrm{J}]$

㉡ 단위 체적당 에너지

$W_0 = \frac{1}{2}ED = \frac{1}{2}\varepsilon E^2 = \frac{D^2}{2\varepsilon}\,[\mathrm{J/m^3}]$

CHAPTER 02

자주 출제되는 기출 문제

전하는 가장 안정적인 상태를 유지하려는 성질이 있다(정전계).

01 전하의 성질에 대한 설명 중 옳지 않은 것은?

11년 출제

① 전하는 가장 안정한 상태를 유지하려는 성질이 있다.

② 같은 종류의 전하끼리는 흡인하고, 다른 종류의 전하끼리는 반발한다.

③ 낙뢰는 구름과 지면 사이에 모인 전기가 한 번에 방전되는 현상이다.

④ 대전체의 영향으로 비대전체에 전기가 유도된다.

해설 같은 종류의 전하끼리는 반발하고, 다른 종류의 전하끼리는 흡인한다.

02 유전율의 단위는?

08년 출제

① [F/m]　　② [V/m]

③ [C/m^2]　　④ [H/m]

해설 유전율의 단위는 [F/m]이다.

비유전율 9인 유전체의 유전율

$\varepsilon = \varepsilon_0 \cdot \varepsilon_s$
$= 8.855 \times 10^{-12} \times 9$
$= 80 \times 10^{-12}$[F/m]

03 비유전율이 9인 물질의 유전율은 약 얼마인가?

09년 출제

① 80×10^{-12} [F/m]　　② 80×10^{-6} [F/m]

③ 1×10^{-12} [F/m]　　④ 1×10^{-6} [F/m]

해설 유전율 $\varepsilon = \varepsilon_0 \varepsilon_s = 8.855 \times 10^{-12} \times 9 = 80 \times 10^{-12}$ [F/m]

물질의 유전율

$\varepsilon = \varepsilon_0 \cdot \varepsilon_s$

04 진공 중에서 비유전율 ε_r의 값은?

10년 출제

① 1　　② 6.33×10^4

③ 8.855×10^{-12}　　④ 9×10^9

해설 비유전율(ε_s) : 진공이나 공기 중에서의 유전율 ε_0에 대한 임의의 매질에서의 유전율의 비율을 나타낸다.

$\varepsilon_s = \dfrac{\varepsilon}{\varepsilon_0} = 1$(진공이나 공기에서의 비유전율 $\varepsilon_s = 1$)

정답 01.② 02.① 03.① 04.①

★
05 전하 및 전기력에 대한 설명으로 틀린 것은?
10년 출제

① 전하에는 양(+)전하와 음(−)전하가 있다.
② 비유전율이 큰 물질일수록 전기력은 커진다.
③ 대전체의 전하를 없애려면 대전체와 대지를 도선으로 연결하면 된다.
④ 두 전하 사이에 작용하는 전기력은 전하의 크기에 비례하고 두 전하 사이의 거리의 제곱에 반비례한다.

해설 $F=\dfrac{Q_1Q_2}{4\pi\varepsilon r^2}=\dfrac{Q_1Q_2}{4\pi\varepsilon_0\varepsilon_s r^2}$[N]에서 전기력은 비유전율에 반비례하므로 비유전율이 큰 물질일수록 전기력은 작아진다.

전기력은 비유전율에 반비례한다.

★★
06 진공 중의 두 점전하 Q_1[C], Q_2[C]가 거리 r[m] 사이에서 작용하는 정전력[N]의 크기를 옳게 나타낸 것은?
11년/14년 출제

① $9\times10^9\times\dfrac{Q_1Q_2}{r^2}$
② $6.33\times10^4\times\dfrac{Q_1Q_2}{r^2}$
③ $9\times10^9\times\dfrac{Q_1Q_2}{r}$
④ $6.33\times10^4\times\dfrac{Q_1Q_2}{r}$

해설 정전력 $F=9\times10^9\times\dfrac{Q_1Q_2}{r^2}$ [N]

쿨롱의 법칙

$$F=\frac{1}{4\pi\varepsilon_0}\times\frac{Q_1Q_2}{r^2}=9\times10^9\times\frac{Q_1Q_2}{r^2}\text{[N]}$$

★★
07 진공 중에서 10^{-4}[C]과 10^{-8}[C]의 두 전하가 10[m]의 거리에 놓여 있을 때, 두 전하 사이에 작용하는 힘은?
10년/14년 출제

① 9×10^2
② 1×10^4
③ 9×10^{-5}
④ 1×10^{-8}

해설 $F=9\times10^9\times\dfrac{Q_1Q_2}{r^2}$

$=9\times10^9\times\dfrac{10^{-4}\times10^{-8}}{10^2}=9\times10^{-5}$[N]

★★
08 전장 중에 단위 점전하를 놓을 때 작용하는 힘과 같은 것은?
11년/14년 출제

① 전장의 세기
② 전하
③ 전위
④ 전속

해설 전장의 세기 : 전장 중에 단위 점전하를 놓았을 때 작용하는 힘

전장(전계, 전기장)의 세기는 단위 점전하를 놓았을 때 작용하는 힘의 세기와 같다.

정답 05.② 06.① 07.③ 08.①

전기장(전계, 전장)
절연 내력, 전위 경도와 같은 [V/m]이다.

전기장의 세기는 내부에서는 0이며 도체 표면에 수직으로 진행한다.

힘과 전계의 관계식
$F = QE$[N]

★★★
09 전기장의 세기에 대한 단위로 맞는 것은?
07년/13년/15년 출제

① [m/V] ② [V/m^2]
③ [V/m] ④ [m^2/V]

해설 전기장 세기의 단위는 [V/m]이다.

★★
10 전기장에 대한 설명으로 옳지 않은 것은?
09년/12년 출제

① 대전된 무한장 원통의 내부 전기장은 0이다.
② 대전된 구의 내부 전기장은 0이다.
③ 대전된 도체 내부의 전하 및 전기장은 모두 0이다.
④ 도체 표면의 전기장은 그 표면에 평행이다.

해설 전기장은 도체 표면에 수직으로 작용한다.

11 어떤 점전하에 의하여 생긴 전기장의 세기를 1/2로 줄이려고 한다. 점전하로부터의 거리를 몇 배로 하면 되는가?

① $\sqrt{2}$ ② $\frac{1}{\sqrt{2}}$
③ $\frac{1}{2}$ ④ $\frac{\sqrt{2}}{2}$

해설 $E = \frac{Q}{4\pi\varepsilon r^2}$[V/m]이므로, 전계는 거리의 제곱에 반비례한다.

12 공기 중에 놓여 있는 2×10^{-7}[C]의 점전하로부터 50[cm]의 거리에 있는 점의 전장의 세기는 몇 [V/m]인가?

① 0.9×10^3 ② 1.8×10^3
③ 7.2×10^3 ④ 9.0×10^3

해설 전계의 세기 $E = 9\times10^9\times\frac{Q}{r^2}$

$$= 9\times10^9\times\frac{2\times10^{-7}}{0.5^2} = 7.2\times10^3\,[V/m]$$

★
13 10[V/m]의 전장에 어떤 전하를 놓으면 0.1[N]의 힘이 작용한다. 전하의 양은 몇 [C]인가?
07년 출제

① 10^2 ② 10^{-4}
③ 10^{-2} ④ 10^4

정답 09.③ 10.④ 11.① 12.③ 13.③

해설 $F = QE$에서 $Q = \frac{F}{E} = \frac{0.1}{10} = 10^{-2}$[C]

14 **공기 중에서 5×10^{-7}[C] 전하로부터 10[cm] 떨어진 점의 전위는 몇 [V]인가?**

① 4.5×10^4　② 4.5×10^3

③ 5×10^{-8}　④ 5×10^{-7}

해설 전위의 세기 $V = \frac{Q}{4\pi\varepsilon_0 r} = 9 \times 10^9 \times \frac{Q}{r}$

$= 9 \times 10^9 \times \frac{5 \times 10^{-7}}{0.1} = 45 \times 10^3$

$= 4.5 \times 10^4$[V]

★★

15 **도면과 같이 공기 중에 놓인 2×10^{-8}[C]의 전하에서 2[m] 떨어진 점 P와 1[m] 떨어진 점 Q와의 전위차는 몇 [V]인가?** 13년/14년 출제

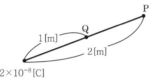

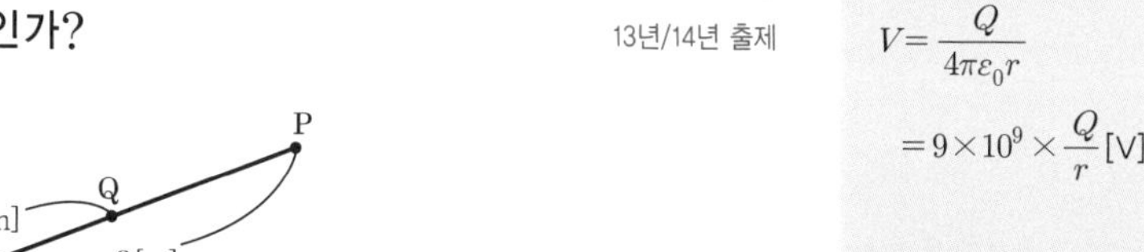

① 80[V]　② 90[V]

③ 100[V]　④ 110[V]

해설 $V_p = \frac{Q}{4\pi\varepsilon_0 r} = 9 \times 10^9 \times \frac{2 \times 10^{-8}}{2} = 90$[V]

$V_Q = \frac{1}{4\pi\varepsilon_0} \cdot \frac{Q}{r} = 9 \times 10^9 \times \frac{2 \times 10^{-8}}{1} = 180$[V]

∴ 두 점 사이의 전위차 $V = 180 - 90 = 90$ [V]

전위 정의식
$V = \frac{Q}{4\pi\varepsilon_0 r}$
$= 9 \times 10^9 \times \frac{Q}{r}$[V]

16 **다음 중 전속의 성질 중 맞지 않는 것은?**

① 전속은 양전하에서 나와서 음전하로 끝난다.

② 전속이 나오는 곳 또는 끝나는 곳에서는 전속과 같은 전하가 있다.

③ $+Q$[C]의 전하로부터 $\frac{Q}{\varepsilon}$개의 전속이 나온다.

④ 전속은 금속판에 출입하는 경우 그 표면에 수직이 된다.

해설 전속의 양은 항상 전하량과 같은 양이다.

전속=전하량
Q[C]으로부터 Q개의 전속이 나온다.

정답 14.① 15.② 16.③

도체 내부의 특징
㉠ 전하, 전계, 전속 밀도 $=0$
㉡ 내부 전위=표면 전위 (등전위)

★★
17 표면 전하 밀도 σ[C/m²]로 대전된 도체 내부의 전속 밀도는 몇 [C/m²]인가?

09년/11년 출제

① $\varepsilon_0 E$ ② 0
③ σ ④ $\dfrac{E}{\varepsilon_0}$

해설 도체 내부에서는 전기력선이 존재하지 않으므로 도체 내부의 전속 밀도는 0이다.

18 공기 중에서 40[μC]의 전하로부터 1[m] 떨어진 곳에서의 전속 밀도[C/m²]는?

① 1.6×10^{-6} ② 3.2×10^{-6}
③ 3.6×10^{-7} ④ 3.6×10^{-6}

해설 전속 밀도의 세기 $D=\dfrac{Q}{S}=\dfrac{Q}{4\pi r^2}=\dfrac{40\times10^{-6}}{4\pi\times1^2}=3.2\times10^{-6}$[C/m²]

★
19 비유전율 2.5의 유전체 내부의 전속 밀도가 2×10^{-6}[C/m²]되는 점의 전기장의 세기[V/m]는?

10년 출제

① 18×10^4 ② 9×10^4
③ 6×10^4 ④ 3.6×10^4

해설 $D=\varepsilon E=\varepsilon_0\varepsilon_s E$[C/m²]에서

$$E=\frac{D}{\varepsilon_0\varepsilon_s}=\frac{2\times10^{-6}}{8.855\times10^{-12}\times2.5}=9\times10^4\text{[V/m]}$$

★
20 다음 중 그 내용이 잘못된 것은?

11년 출제

① 전기력선은 양전하의 표면에서 나와서 음전하의 표면으로 끝난다.
② 전기력선은 도체의 표면에 수직으로 출입한다.
③ 전기력선은 서로 교차하지 않는다.
④ 같은 전기력선은 끌어당긴다.

해설 전기력선은 서로 반발하는 특성이 있다.

전기력선의 성질
㉠ (+)전하 → (−)전하
㉡ 도체에 수직이며 내부에 존재하지 않는다.

★
21 다음 중 전기력선의 성질로 틀린 것은?

08년 출제

① 전기력선은 양전하에서 나와 음전하로 끝난다.
② 전기력선의 접선 방향이 그 점의 전장의 방향이다.
③ 전기력선의 밀도는 전기장의 크기를 나타낸다.
④ 전기력선은 서로 교차한다.

정답 17.② 18.② 19.② 20.④ 21.④

출제분석 Advice

해설 전기력선은 서로 교차하지 않는다.

★
22 전기력선의 성질 중 옳지 않은 것은? 11년 출제

① 전기력선의 방향은 전기장의 방향과 같으며, 전기력선의 밀도는 전기장의 크기와 같다.
② 전기력선은 도체 내부에 존재한다.
③ 전기력선은 등전위면에 수직으로 출입한다.
④ 전기력선은 양전하에서 음전하로 이동한다.

해설 전기력선은 도체 내부를 통과할 수 없으므로 내부에 존재하지 않는다.

도체 내부에는 전하가 없으므로 전기력선도 존재하지 않는다.

23 전기력선 밀도와 같은 것은?

① 정전력 ② 유전속 밀도
③ 전장의 세기 ④ 전하 밀도

해설 전장 안의 임의의 점에서의 전기력선 밀도는 그 점에서의 전기장의 세기를 나타낸다(가우스의 정리).

★★★
24 등전위면은 전기력선과 어떤 관계에 있는가? 06년/10년/15년 출제

출제빈도

① 평행하다. ② 주기적으로 교차한다.
③ 직각으로 교차한다. ④ sin30°의 각으로 교차한다.

해설 등전위면에서 전기력선은 수직으로 교차한다.

전기력선은 도체에 수직이고 등전위면과도 수직이다.

★★
25 유전율 ε[F/m]의 유전체 내에 있는 전하 Q[C]에서 나오는 전기력선의 수는 얼마인가? 06년/08년 출제

① εQ ② $\dfrac{Q}{\varepsilon_0}$
③ $\dfrac{Q}{\varepsilon_s}$ ④ $\dfrac{Q}{\varepsilon}$

해설 유전체 내의 전하 Q[C]으로부터 나오는 전기력선의 수는 $\dfrac{Q}{\varepsilon}$개다.

전기력선은 유전율에 반비례한다.

26 가우스의 정리는 다음 무엇을 구하는 데 사용하는가?

① 자장의 세기 ② 자위
③ 전장의 세기 ④ 전위

정답 22.② 23.③ 24.③ 25.④ 26.③

해설 가우스의 정리 : 전기장 안의 임의의 점에서 전기력선의 밀도는 그 점에서의 전기장의 세기와 같다.

27 다음 설명 중 잘못된 것은?

① 정전 용량이란 콘덴서가 전하를 축적하는 능력을 말한다.
② 콘덴서에 전압을 가하는 순간 콘덴서는 단락 상태가 된다.
③ 정전 유도에 의하여 작용하는 힘은 반발력이다.
④ 같은 부호의 전하끼리는 반발력이 생긴다.

해설 정전 유도에서는 항상 한쪽은 (+), 다른 한쪽은 (−)로 대전된다. 따라서 정전 유도에 의해 발생하는 힘은 항상 흡인력이다.

전해 콘덴서
직류용

★ 28 콘덴서 중 극성을 가지고 있는 콘덴서로서 교류 회로에 사용할 수 없는 것은?

06년 출제

① 마일러 콘덴서 ② 마이카 콘덴서
③ 세라믹 콘덴서 ④ 전해 콘덴서

해설 콘덴서 종류별 특성
- 마일러 콘덴서 : 필름 콘덴서의 한 종류로 극성이 없어 직·교류 모두 사용 가능한 콘덴서이다.
- 필름 콘덴서 : 폴리에스테르수지, 폴리프로필렌 등의 필름 양쪽에 전극을 두고 원통형으로 감은 콘덴서이다.
- 마이카 콘덴서 : 전기 용량을 크게 하기 위하여 금속판 사이에 운모를 끼운 축전기이다.
- 세라믹 콘덴서 : 비유전율 $\varepsilon_s = 30 \sim 80$ 정도로 큰 산화티탄 등을 유전체로 사용한 것으로 극성이 없으며 가격에 비해 성능이 우수하여 널리 사용되고 있는 콘덴서이다.
- 전해 콘덴서 : 전기 분해하여 금속의 표면에 산화 피막을 만들어 이것을 유전체로 이용한 것으로 전자회로용 전원의 평활회로나 바이어스를 가할 때에 직류 전압에 남아 있는 맥류(脈流)를 제거하기 위해 사용되는 소형 대용량의 콘덴서로 양극과 음극의 극성을 가지고 있으므로 직류 전원만 사용 가능한 콘덴서이다.

세라믹 콘덴서
유전체로 산화티탄을 사용하고 극성이 없으므로 교류용이며 가장 널리 사용한다.

★★ 29 비유전율이 큰 산화티탄 등을 유전체로 사용한 것으로 극성이 없으며 가격에 비해 성능이 우수하여 널리 사용되고 있는 콘덴서의 종류는?

09년/15년 출제

① 마일러 콘덴서 ② 마이카 콘덴서
③ 전해 콘덴서 ④ 세라믹 콘덴서

해설 세라믹 콘덴서 : 비유전율 $\varepsilon_s = 30 \sim 80$ 정도로 큰 산화티탄 등을 유전체로 사용한 것으로 극성이 없으며 가격에 비해 성능이 우수하여 널리 사용되고 있는 콘덴서이다.

정답 27.③ 28.④ 29.④

30 정전 용량(electrostatic capacity)의 단위를 나타낸 것으로 틀린 것은? 10년 출제

① $1[pF]=10^{-12}[F]$ ② $1[nF]=10^{-7}[F]$
③ $1[\mu F]=10^{-6}[F]$ ④ $1[mF]=10^{-3}[F]$

해설 $1[mF]=10^{-3}[F]$, $1[\mu F]=10^{-6}[F]$, $1[nF]=10^{-9}[F]$, $1[pF]=10^{-12}[F]$

출제분석 Advice

정전 용량 단위 읽기
㉠ [pF] : 피코 패럿
㉡ [nF] : 나노 패럿
㉢ [μF] : 마이크로 패럿

31 어떤 콘덴서에 1,000[V]의 전압을 가하여 5×10^{-3}[C]의 전하가 축적되었다. 이 콘덴서의 정전 용량은? 11년 출제

① 2.5[μF] ② 5[μF]
③ 250[μF] ④ 5,000[μF]

해설 $Q=CV$[C]에서 정전 용량식은

$$C=\frac{Q}{V}=\frac{5\times10^{-3}}{1,000}=5\times10^{-6}[F]=5[\mu F]$$

콘덴서 축적 전하량
$Q=CV$[C]

정전 용량
$C=\frac{Q}{V}$[F]

32 1[μF]의 콘덴서에 100[V]의 전압을 가할 때 충전 전하량은 몇 [C]인가? 07년 출제

① 1×10^{-4} ② 1×10^{-5}
③ 1×10^{-8} ④ 1×10^{-10}

해설 $Q=CV[C]=1\times10^{-6}\times100=1\times10^{-4}[C]$

전하량
$Q=CV$[C]

33 0.02[μF]의 콘덴서에 12[μC]의 전하를 공급하면 몇 [V]의 전위차를 나타내는가? 08년 출제

① 600 ② 900
③ 1,200 ④ 2,400

해설 $Q=CV$[C]에서

$$V=\frac{Q}{C}=\frac{12\times10^{-6}}{0.02\times10^{-6}}=600[V]$$

전위차
$V=\frac{Q}{C}$[V]

34 평행 평판의 정전 용량은 간격을 d, 평행판 면적을 S라 하면 콘덴서의 정전 용량을 구하는 식은? (단, ε는 유전율이다.)

① $C=\varepsilon Sd$ ② $C=\frac{d}{\varepsilon S}$
③ $C=\frac{\varepsilon S}{d}$ ④ $C=\frac{S}{\varepsilon d}$

콘덴서의 정전 용량
$C=\frac{\varepsilon S}{d}$[F]

정답 30.② 31.② 32.① 33.① 34.③

해설 평행 평판 콘덴서의 정전 용량은 유전율과 극판 면적에 비례하고 극판 간격에는 반비례한다 $\left(C=\dfrac{\varepsilon S}{d}[\text{F}]\right)$.

35 평행 평판 도체의 정전 용량에 대한 설명 중 틀린 것은? 15년 출제

① 평행 평판 간격에 비례한다.
② 평행 평판 사이의 유전율에 비례한다.
③ 평행 평판 면적에 비례한다.
④ 평행 평판 사이의 비유전율에 비례한다.

해설 평행 평판 콘덴서의 정전 용량은 극판 간격에는 반비례한다 $\left(C=\dfrac{\varepsilon A}{d}[\text{F}]\right)$.

36 콘덴서의 용량을 결정하는 요소가 아닌 것은?

① 서로 대면하는 극판의 넓이
② 극판 간의 거리
③ 극판을 만드는 극의 종류
④ 극판 사이의 유전체의 종류

해설 평행 평판 콘덴서의 정전 용량은 유전율과 극판 면적에 비례하고 극판 간격에는 반비례한다 $\left(C=\dfrac{\varepsilon A}{d}[\text{F}]\right)$.

37 평행판 콘덴서에 ε_s의 유전체를 채워 놓았을 때 이때의 정전 용량은 처음의 몇 배가 되겠는가?

① ε_s
② $\dfrac{1}{\varepsilon_s}$
③ $\sqrt{\varepsilon_s}$
④ $\dfrac{1}{\sqrt{\varepsilon_s}}$

해설 $C=\dfrac{\varepsilon_0\varepsilon_s A}{d}[\text{F}]$에서 비유전율에 비례한다.

전압과 전장 관계식
$E=\dfrac{V}{d}[\text{V/m}]$

38 일정 전압을 가하고 있는 평행판 전극에 극판 간격을 $\dfrac{1}{3}$로 줄이면 전장의 세기는 몇 배로 되는가? 06년 출제

① $\dfrac{1}{3}$배
② $\dfrac{1}{\sqrt{3}}$배
③ 3배
④ 9배

해설 전장의 세기 $E=\dfrac{V}{d}[\text{V/m}]$이므로 간격이 $\dfrac{1}{3}$배가 되면 전계의 세기는 3배가 된다.

정답 35.① 36.③ 37.① 38.③

39 평행판 전극에 일정 전압을 가하면서 극판의 간격을 2배로 하면 내부 전기장의 세기는 어떻게 되는가?

09년 출제

① 4배로 커진다. ② $\frac{1}{2}$배로 작아진다.

③ 2배로 커진다. ④ $\frac{1}{4}$배로 작아진다.

해설 $E = \frac{V}{d}$[V/m]이므로 간격이 2배가 되면 전계의 세기는 $\frac{1}{2}$배가 된다.

평행판 콘덴서의 전계 세기

㉠ $E = \frac{V}{d}$[V/m]

㉡ 거리에 반비례한다.

40 두 콘덴서 C_1, C_2가 병렬로 접속되어 있을 때의 합성 정전 용량은?

출제빈도

08년/12년/13년 출제

① $C_1 + C_2$ ② $\frac{1}{C_1} + \frac{1}{C_2}$

③ $\frac{C_1 C_2}{C_1 + C_2}$ ④ $\frac{C_1 + C_2}{C_1 C_2}$

해설 병렬 접속에서의 합성 정전 용량은 $C_0 = C_1 + C_2$[F]

콘덴서의 합성 정전 용량

㉠ 직렬$= \frac{C_1 C_2}{C_1 + C_2}$

㉡ 병렬$= C_1 + C_2$

41 3[F], 6[F]의 콘덴서를 병렬로 접속했을 때의 합성 정전 용량은 몇 [F]인가?

07년/09년 출제

① 2 ② 4

③ 6 ④ 9

해설 병렬 접속에서의 합성 정전 용량은 $C_0 = C_1 + C_2 = 3 + 6 = 9$[F]

42 1[μF], 3[μF], 6[μF]의 콘덴서 3개를 병렬로 접속했을 때의 합성 정전 용량은 몇 [μF]인가?

출제빈도

06년/10년/11년/14년 출제

① 10 ② 8

③ 6 ④ 4

해설 병렬 접속에서의 합성 정전 용량은 $C_0 = C_1 + C_2 + C_3 = 1 + 3 + 6 = 10$[$\mu$F]

콘덴서 합성 정전 용량
(저항 계산과 정반대)

㉠ 병렬=합

㉡ 직렬$= \frac{곱}{합}$

43 정전 용량 C_1, C_2를 직렬로 접속할 때의 합성 정전 용량[F]은 얼마인가?

① C_1, C_2 ② $C_1 + C_2$

③ $\frac{1}{C_1} + \frac{1}{C_2}$ ④ $\frac{1}{\frac{1}{C_1} + \frac{1}{C_2}}$

정답 39.② 40.① 41.④ 42.① 43.④

해설 직렬 합성 정전 용량 $C_0 = \dfrac{1}{\dfrac{1}{C_1} + \dfrac{1}{C_2}} = \dfrac{C_1 C_2}{C_1 + C_2}$[F]

콘덴서의 합성 정전 용량
㉠ 직렬$= \dfrac{C_1 C_2}{C_1 + C_2}$
㉡ 병렬$= C_1 + C_2$

44 정전 용량 $C_1 = 120[\mu\text{F}]$, $C_2 = 30[\mu\text{F}]$이 직렬로 접속되었을 때의 합성 정전 용량은 몇 $[\mu\text{F}]$인가? 06년/07년 출제

① 14 ② 24
③ 50 ④ 150

해설 콘덴서의 직렬 접속 $C_0 = \dfrac{C_1 C_2}{C_1 + C_2} = \dfrac{120 \times 30}{120 + 30} = 24[\mu\text{F}]$

45 그림에서 $C_1 = 1[\mu\text{F}]$, $C_2 = 2[\mu\text{F}]$, $C_3 = 2[\mu\text{F}]$일 때 합성 정전 용량은 몇 $[\mu\text{F}]$인가? 14년 출제

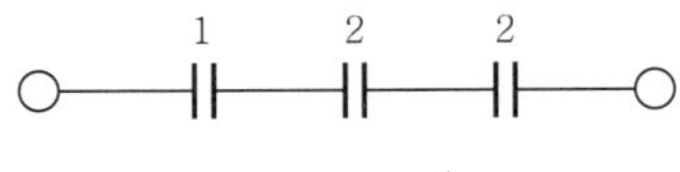

① $\dfrac{1}{2}$ ② $\dfrac{1}{5}$
③ 2 ④ 5

해설 콘덴서 3개가 직렬 접속이므로

직렬 합성 정전 용량 $C_0 = \dfrac{1}{\dfrac{1}{C_1} + \dfrac{1}{C_2} + \dfrac{1}{C_3}} = \dfrac{1}{\dfrac{1}{1} + \dfrac{1}{2} + \dfrac{1}{2}} = \dfrac{1}{1+1} = \dfrac{1}{2}[\mu\text{F}]$

콘덴서 직렬 접속
㉠ 합성 용량
$C = \dfrac{1}{\dfrac{1}{C_1} + \dfrac{1}{C_2}} = \dfrac{C_1 C_2}{C_1 + C_2}$
㉡ 전압은 정전 용량에 반비례한다.

46 두 콘덴서 C_1, C_2를 직렬 접속하고 양단에 V[V]의 전압을 가할 때 C_1에 걸리는 전압[V]은? 07년 출제

① $\dfrac{C_1}{C_1 + C_2} V$ ② $\dfrac{C_2}{C_1 + C_2} V$
③ $\dfrac{C_1 + C_2}{C_1} V$ ④ $\dfrac{C_1 + C_2}{C_2} V$

해설 전압은 정전 용량에 반비례 분배되므로 $V_1 = \dfrac{C_2}{C_1 + C_2} V$[V]

47 $3[\mu\text{F}]$과 $5[\mu\text{F}]$의 정전 용량을 가진 두 콘덴서를 직렬로 접속하여 이 회로에 200[V]의 전압을 가하였다. $5[\mu\text{F}]$ 양단의 전압은 몇 [V]인가?

① 25 ② 50
③ 75 ④ 100

정답 44.② 45.① 46.② 47.③

해설 전압은 정전 용량에 반비례 분배되므로

$$V_2 = \frac{C_1}{C_1+C_2}V = \frac{3}{3+5}\times 200 = 75[\text{V}]$$

48 그림에서 a−b 간의 합성 정전 용량은? 08년 출제

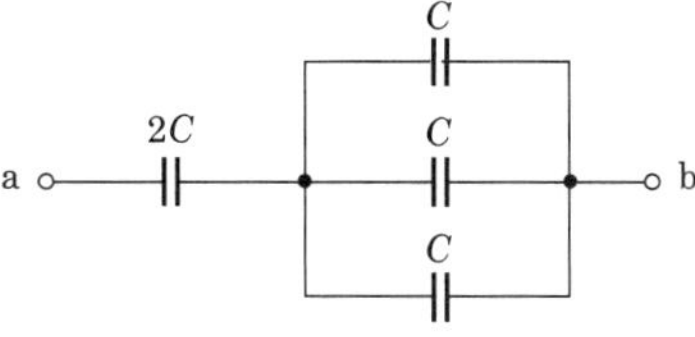

① $1C$ ② $1.2C$

③ $2C$ ④ $2.4C$

해설 $C_0 = \frac{2C\cdot(C+C+C)}{2C+(C+C+C)} = \frac{6C^2}{5C} = 1.2C$

49 그림에서 a−b 간의 합성 정전 용량은 10[μF]이다. C_x의 정전 용량[μF]은? 10년 출제

① 3
② 4
③ 5
④ 6

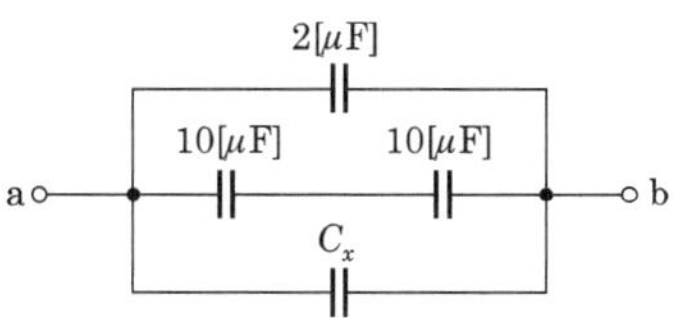

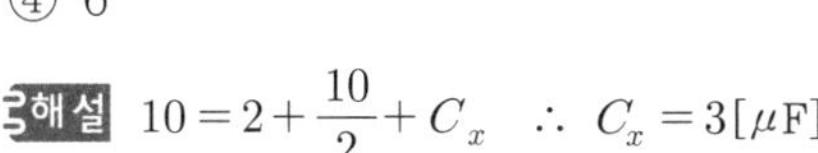

해설 $10 = 2 + \frac{10}{2} + C_x \quad \therefore\ C_x = 3[\mu\text{F}]$

콘덴서 접속 시 합성 정전 용량

㉠ 직렬 접속

$$C = \frac{1}{\frac{1}{C_1}+\frac{1}{C_2}} = \frac{C_1C_2}{C_1+C_2}[\text{F}]$$

㉡ 병렬 접속

$C = C_1 + C_2[\text{F}]$

50 2[μF]과 3[μF]의 직렬 회로에서 3[μF]의 양단에 60[V]의 전압이 가해졌다면 이 회로의 총 전기량[μC]은? 08년/14년 출제

① 60 ② 180

③ 240 ④ 360

해설 전기량 $Q = C_1V_1 = C_2V_2 = 3\times 60 = 180[\mu\text{C}]$

콘덴서 직렬 접속

㉠ Q[C] 일정

㉡ 축적 전기량

$Q = C_1V_1 = C_2V_2$[C]

51 정전 용량이 같은 콘덴서 10개가 있다. 이것을 직렬 접속할 때의 값은 병렬 접속할 때의 값보다 어떻게 되는가? 14년 출제

① $\frac{1}{10}$로 감소한다. ② $\frac{1}{100}$로 감소한다.

③ 10배로 증가한다. ④ 100배로 증가한다.

콘덴서 같은 값 n개 접속

㉠ 병렬 : 직렬의 n^2배

㉡ 직렬 : 병렬의 $\frac{1}{n^2}$배

정답 48.② 49.① 50.② 51.②

해설 콘덴서의 정전 용량이 C[F]이라면

직렬 접속 합성 정전 용량 $C_{직} = \frac{C}{10}$

병렬 접속 합성 정전 용량 $C_{병} = 10C$

$\therefore \frac{C_{직}}{C_{병}} = \frac{\frac{C}{10}}{10C} = \frac{1}{100}$

★
52 정전 용량이 같은 콘덴서 10개가 있다. 이것을 병렬 접속할 때의 값은 직렬 접속할 때의 값보다 어떻게 되는가? 13년 출제

① $\frac{1}{10}$로 감소한다.　② $\frac{1}{100}$로 감소한다.

③ 10배로 증가한다.　④ 100배로 증가한다.

해설 정전 용량이 1[F]이라고 가정을 하면

병렬 접속 합성 정전 용량 $C_{병} = 10$[F]

직렬 접속 합성 정전 용량 $C_{직} = \frac{1}{10}$[F]

병렬 접속 시 정전 용량값은 직렬 접속 시보다 $10^2 = 100$배가 된다.

콘덴서의 접속

㉠ 콘덴서 직렬 접속 : 감소

합성 용량

$C = \frac{1}{\frac{1}{C_1} + \frac{1}{C_2}} = \frac{C_1 C_2}{C_1 + C_2}$[F]

㉡ 콘덴서 병렬 접속 : 증가

$C = C_1 + C_2$[F]

★
53 다음 중 콘덴서 접속법에 대한 설명으로 알맞은 것은? 09년 출제

① 직렬로 접속하면 용량이 많아진다.

② 병렬로 접속하면 용량이 적어진다.

③ 콘덴서는 직렬로 접속만 가능하다.

④ 직렬로 접속하면 용량이 적어진다.

해설 콘덴서의 접속은 저항의 접속과 반대로 계산한다.

★★
54 어떤 콘덴서에 V[V]의 전압을 가해서 Q[C]의 전하를 충전할 때 저장되는 에너지[J]는? 11년/14년 출제

① $2QV$　② $2QV^2$

③ $\frac{1}{2}QV$　④ $\frac{1}{2}QV^2$

해설 도체에 축적되는 에너지

$W = \frac{1}{2}QV = \frac{1}{2}CV^2 = \frac{Q^2}{2C}$[J]$(Q = CV)$

정답 52.④ 53.④ 54.③

★
55 어떤 콘덴서에 전압 20[V]를 가할 때 800[μC]의 전하가 축적되었다면 축적된 에너지[J]는? 12년 출제

① 0.8 ② 0.16
③ 160 ④ 0.008

해설 $W=\frac{1}{2}QV=\frac{1}{2}\times 800\times 10^{-6}\times 20=0.008[\text{J}]$

전계(도체, 콘덴서 축적) 에너지

$W=\frac{1}{2}QV$

$=\frac{1}{2}CV^2[\text{J}]$

★
56 5[μF]의 콘덴서를 1,000[V]로 충전하면 축적되는 에너지는 몇 [J]인가? 08년 출제

① 2.5 ② 4
③ 5 ④ 10

해설 $W=\frac{1}{2}CV^2=\frac{1}{2}\times 5\times 10^{-6}\times 1{,}000^2=2.5[\text{J}]$

★★
57 10[μF]의 콘덴서에 45[J]의 에너지를 축적하기 위하여 필요한 충전 전압[V]은? 06년/08년 출제

① 3×10^2 ② 3×10^3
③ 3×10^4 ④ 3×10^5

해설 $W=\frac{1}{2}CV^2$ 에서 $V=\sqrt{\frac{2W}{C}}=\sqrt{\frac{2\times 45}{10\times 10^{-6}}}=3\times 10^3[\text{V}]$

콘덴서 축적 에너지

$W=\frac{1}{2}QV$

$=\frac{1}{2}CV^2$

$=\frac{Q^2}{2C}$

★
58 100[μF]의 콘덴서에 1,000[V]의 전압을 가하여 충전한 뒤 저항을 통하여 방전시키면 저항에 발생하는 열량은 몇 [cal]인가? 07년 출제

① 3 ② 5
③ 12 ④ 43

해설 $W=\frac{1}{2}CV^2=\frac{1}{2}\times 100\times 10^{-6}\times 1{,}000^2=50[\text{J}]$

$\therefore H=0.24\times W=0.24\times 50=12[\text{cal}]$

열량=0.24×전력량[cal]

★
59 2[kV]의 전압으로 충전하여 2[J]의 에너지를 축적하는 정전 용량[μF]은? 10년 출제

① 0.5 ② 1
③ 9 ④ 4

해설 $W=\frac{1}{2}CV^2$에서

$C=\frac{2W}{V^2}=\frac{2\times 2}{(2\times 10^3)^2}=10^{-6}[\text{F}]=1[\mu\text{F}]$

정답 55.④ 56.① 57.② 58.③ 59.②

60 유전율이 ε, 전장의 세기가 E일 때 유전체의 단위 체적에 축적되는 에너지[J]는 얼마인가?

① $\frac{E}{2\varepsilon}$ ② $\frac{\varepsilon E}{2}$

③ $\frac{\varepsilon E^2}{2}$ ④ $\frac{\varepsilon^2 E}{2}$

해설 단위 체적당 저장되는 에너지

$$w_0 = \frac{1}{2}ED = \frac{1}{2}\varepsilon E^2 = \frac{D^2}{2\varepsilon}[\text{J/m}^3]$$

단위 체적당 전계 에너지

$$w_0 = \frac{1}{2}ED = \frac{1}{2}\varepsilon E^2 = \frac{D^2}{2\varepsilon}[\text{J/m}^3]$$

★

61 전계의 세기 50[V/m], 전속 밀도 100[C/m²]인 유전체의 단위 체적에 축적되는 에너지[J/m³]는? 12년 출제

① 2 ② 250

③ 2,500 ④ 5,000

해설 $w_0 = \frac{1}{2}ED = \frac{1}{2}\times 50\times 100 = 2{,}500[\text{J/m}^3]$

정전 흡인력(정전 응력)

도체 간에 전하가 $+Q$, $-Q$로 대전되면 끌어당기는 힘으로서, 전압의 제곱에 비례한다.

★★★

62 정전 흡인력에 대한 설명 중 옳은 것은? 06년/10년/12년 출제

출제빈도

① 정전 흡인력은 전압의 제곱에 비례한다.

② 정전 흡인력은 극판 간격에 비례한다.

③ 정전 흡인력은 극판 면적의 제곱에 비례한다.

④ 정전 흡인력은 쿨롱의 법칙으로 직접 계산된다.

해설 정전 흡인력 $F = \frac{1}{2}\varepsilon_0 E^2[\text{N/m}^2] = \frac{1}{2}\varepsilon_0\left(\frac{V}{d}\right)^2[\text{N/m}^2]$

정답 60.③ 61.③ 62.①

정자계

01 자기의 성질

1 자석의 성질과 투자율

(1) 자기

① 자기(磁氣) : 자석이 쇠붙이를 끌어당기는 것과 같은 철편의 흡인 작용이나 자석의 반발력, 흡인력과 같은 작용의 원인

② 자화(磁化) : 철과 같은 자성체가 자기를 띤 상태가 되는 것

③ 자계(磁界) : 자기적인 힘이 미치는 공간

④ 자극의 세기 : 자석의 세기가 작용하는 자석의 끝부분으로 m[Wb]로서 정전계의 전하량 Q[C]과 대응되는 값

(2) 자석의 성질

자석의 자극은 반드시 N극(+극)과 S극(−극)이 항상 짝으로 이루어져 있으며, 같은 극끼리는 서로 밀어내는 반발력이 작용하고, 다른 극과는 서로 끌어당기는 흡인력이 작용한다.

(3) 투자율

자성체가 자성을 띠는 정도인데 자성체에서 자속이 잘 통과하는 정도를 나타내는 매질 상수이며 투자율이 클수록 자속이 잘 통과한다.

임의의 매질에서의 투자율(透磁率)은 $\mu = \mu_0 \mu_s$[H/m]로 표시한다.

① 진공 또는 공기의 투자율 : $\mu_0 = 4\pi \times 10^{-7}$[H/m]

② 비투자율 : 공기의 투자율(μ_0)에 대한 다른 매질의 투자율의 비율 $\mu_s = \dfrac{\mu}{\mu_0}$ 로서 진공이나 공기에서는 자신에 대한 비율이므로 1이다.

▌물질에 따른 비투자율의 크기▐

자성체	비투자율 μ_s	자성체	비투자율 μ_s
구리	0.9999	코발트	250
비스무트	0.99998	니켈	600

투자율
$\mu = \mu_0 \mu_s$[H/m]

진공 또는 공기 투자율
$\mu_0 = 4\pi \times 10^{-7}$[H/m]

진공·공기의 비투자율
$\mu_s = 1$

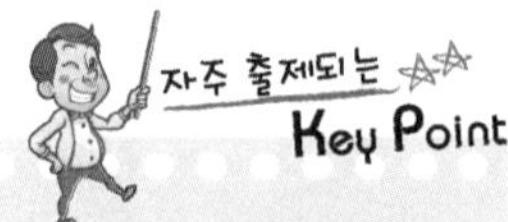

자성체	비투자율 μ_s	자성체	비투자율 μ_s
진공	1	철	6,000~200,000
알루미늄	1.00000065	슈퍼멀로이	1,000,000

(4) 비례 상수

정자계에서 힘의 세기를 계산할 때 곱해주는 매질에 대한 비례 상수를 말한다.

① 매질이 공기인 경우 : $k = \dfrac{1}{4\pi\mu_0} = \dfrac{1}{4\pi \times 4\pi \times 10^{-7}} = 6.33 \times 10^4$

② 매질이 자성체인 경우 : $k = \dfrac{1}{4\pi\mu_0\mu_s}$

2 자성체의 종류

임의의 자성체를 자기장 안에 놓으면, 자석의 N극 쪽에는 S극이, S극 쪽에는 N극이 유도되어 자성체가 자기를 띠는데 이 현상을 자기 유도(磁氣 誘導)라 하고, 자성체의 자화 상태에 따라 다음과 같이 분류할 수 있다.

(1) 강자성체($\mu_s \gg 1$)

자기장의 방향으로 강하게 자화되어 자기장을 제거해도 자기적인 성질을 계속 갖는 자성체 예 니켈(Ni), 코발트(Co), 철(Fe), 망간(Mn)

(2) 상자성체($\mu_s > 1$)

자기장의 방향으로 미약하게 자화되어 자화의 세기가 강자성체만큼 강하지 못한 자성체 예 알루미늄(Al), 백금(Pt), 주석(Sn), 공기, 산소(O_2)

(3) 반자성체($\mu_s < 1$)

가해준 자기장과 반대 방향으로 자화되는 자성체

예 아연(Zn), 납(Pb), 구리(Cu), 안티몬(An), 비스무트(Bt), 물(H_2O), 수소(H_2), 질소(N_2)

> 자성체의 종류
> ㉠ 강자성체($\mu_s \gg 1$) : 니켈(Ni), 코발트(Co), 철(Fe), 망간(Mn)
> ㉡ 상자성체($\mu_s > 1$) : 알루미늄(Al), 백금(Pt), 주석(Sn), 공기, 산소(O_2)
> ㉢ 반자성체($\mu_s < 1$) : 아연(Zn), 납(Pb), 구리(Cu), 안티몬(An), 비스무트(Bt), 물(H_2O), 수소(H_2), 질소(N_2)

02 정자계의 기본 정의식

1 쿨롱의 법칙(자기력)

공기 중에 두 자극 사이에 작용하는 힘(자기력)은 두 자극의 세기의 곱에 비례하고 두 자극 사이의 거리의 제곱에 반비례한다.

> 쿨롱의 법칙
> $F = \dfrac{1}{4\pi\mu_0} \cdot \dfrac{m_1 m_2}{r^2} = 6.33 \times 10^4 \times \dfrac{m_1 m_2}{r^2}$

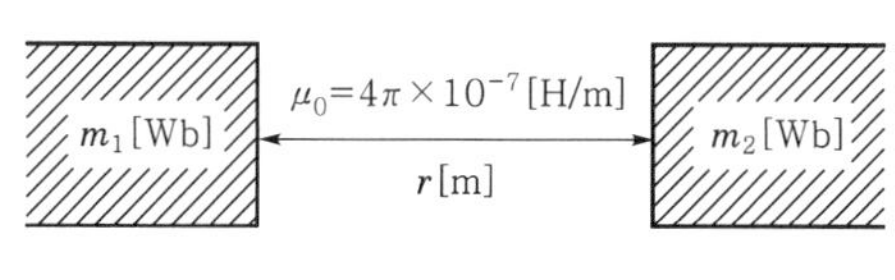

▌자기력▐

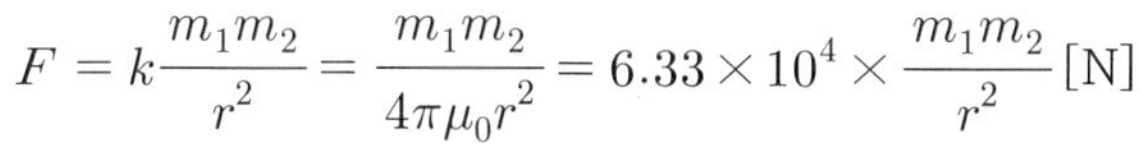

$$F=k\frac{m_1m_2}{r^2}=\frac{m_1m_2}{4\pi\mu_0r^2}=6.33\times10^4\times\frac{m_1m_2}{r^2}\,[\mathrm{N}]$$

여기서, μ_0 : 공기의 투자율[H/m], m_1, m_2 : 자극의 세기[Wb]
r : 두 자극 간의 거리[m]

$k=\frac{1}{4\pi\mu_0}=6.33\times10^4$

투자율이 $\mu_0\mu_s$[H/m]인 매질 안에서의 힘의 세기

$$F=\frac{m_1m_2}{4\pi\mu_0\mu_sr^2}=6.33\times10^4\times\frac{m_1m_2}{\mu_sr^2}\,[\mathrm{N}]$$

2 자계의 세기

임의의 자석에 의한 자기적인 힘이 미치는 공간을 자계라 하며 자기장 또는 자장이라고도 한다.

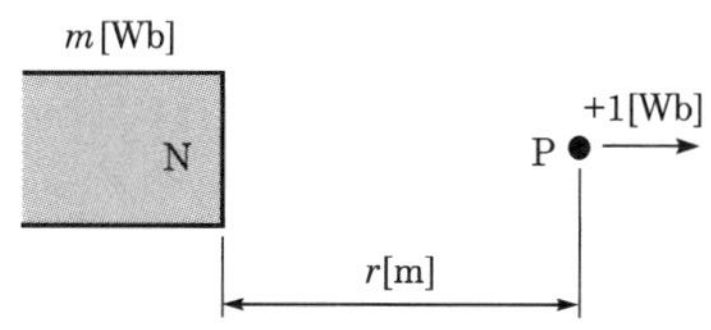

(1) 자계의 세기

임의의 자기장 내에 +1[Wb]의 단위 점자극을 놓았을 때 이 단위 점자극에 작용하는 힘의 세기를 자계의 세기라 하며 쿨롱의 법칙에 따라 다음과 같이 나타낼 수 있다.

$$H=\frac{m}{4\pi\mu_0r^2}=6.33\times10^4\times\frac{m}{r^2}\,[\mathrm{AT/m}]$$

여기서, H : 자계의 세기[AT/m], m : 자극의 세기[Wb]
r : 자극 간의 거리[m], μ_0 : 공기의 투자율[H/m]

자기장(자장, 자계)의 세기

$H=\frac{m}{4\pi\mu_0r^2}$
$=6.33\times10^4\times\frac{m}{r^2}$
[AT/m]

힘과 자계와의 관계식
$F = mH$[N]

(2) 힘과 자계와의 관계식

자기장의 세기가 H인 공간 내에 m[Wb]의 자하를 놓았을 때 작용하는 힘을 자기력이라 하며, 쿨롱의 법칙에 의하여 다음과 같이 나타낼 수 있다.

$$F = mH[\text{N}],\ \ H = \frac{F}{m}[\text{AT/m}],\ \ m = \frac{F}{H}[\text{Wb}]$$

여기서, F : 자기력[N]
m : 자극의 세기[Wb]
H : 자계의 세기[AT/m]

(3) 임의의 매질 안에서의 자계의 세기

$$H = \frac{1}{4\pi\mu_0\mu_s} \times \frac{m}{r^2} = 6.33 \times 10^4 \times \frac{m}{\mu_s r^2}[\text{AT/m}]$$

3 자속과 자속 밀도

(1) 자속(Φ)의 정의

자극의 존재를 공간을 통하여 흐르는 선으로 표시한 것으로 매질의 종류에 관계없이 1[Wb]의 자극에서는 1[Wb]의 자속이 나온다.

(2) 자속의 성질

① 자속은 N극에서 시작하여 S극으로 끝난다.
② m[Wb]의 자하로부터 m[Wb]의 자속이 나온다.

자속 밀도
$B = \frac{\Phi}{S} = \frac{m}{4\pi r^2}$[Wb/m²]

(3) 자속 밀도

투자율이 μ인 매질 중의 한 점에서 단위 면적당 통과하는 자속을 말하며 m[Wb]에 의한 자속 밀도 B는 다음과 같이 나타낼 수 있다.

$$B = \frac{\Phi}{S} = \frac{m}{4\pi r^2}[\text{Wb/m}^2]$$

자속 밀도와 자계 관계식
㉠ $B = \mu_0 H$[Wb/m²]
㉡ $B = \mu H = \mu_0\mu_s H$[Wb/m²]

(4) 자속 밀도와 자계 관계식

① 매질이 공기인 경우
$B = \mu_0 H[\text{Wb/m}^2]$
② 임의의 매질인 경우
$B = \mu H = \mu_0\mu_s H[\text{Wb/m}^2]$

자주 출제되는 Key Point

4 자기력선의 성질

① 자기력선은 N극에서 시작하여 S극으로 끝난다.

② 자장 안에서 임의의 점에서의 자기력선의 접선 방향은 그 접점에서의 자기장의 방향을 나타낸다.

③ 자장 안에서 임의의 점에서의 자기력선 밀도는 그 점에서의 자장의 세기를 나타낸다.
→ 가우스의 정리

④ 2개의 자기력선은 서로 반발하며 교차하지 않는다.

⑤ 자기력선의 수

m[Wb]에서 발생하는 자기력선의 총수는 진공이나 공기 중에서 $\frac{m}{\mu_0}$개와 같다.

자극의 세기	매질의 종류	자기력선의 수
m[Wb]	진공(공기)	$N=\frac{m}{\mu_0}$
	투자율 μ인 매질	$N=\frac{m}{\mu}=\frac{m}{\mu_0\mu_s}$

자기력선의 성질
㉠ N극 → S극
㉡ 자기력선의 접선 방향이 그 접점 자기장의 방향
㉢ 자기력선 밀도가 그 점에서의 자기장 세기

자기력선 총수$=\frac{m}{\mu}$개

03 전류에 의한 자기 현상

1 전류에 의한 자계의 발생

(1) 직선 전류에 의한 자계의 발생

다음 그림과 같이 종이와 도선을 배치한 상태에서 종이 위에 철가루를 뿌리고 도선에 전류를 흘리면서 종이를 가볍게 두드리면 종이 위의 철가루는 서서히 도선을 중심으로 하는 원형을 그린다.

이러한 실험으로부터 도선에 전류를 흘려주면 도선 주위에는 도선을 중심으로 하는 원형의 자기장이 발생한다는 것을 알 수 있다.

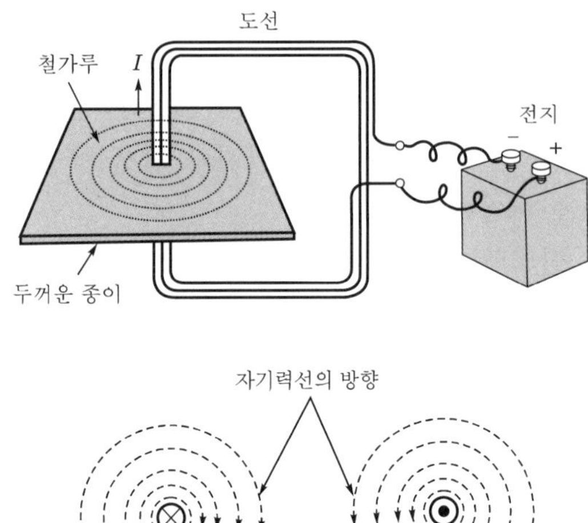

앙페르의 오른나사 법칙
㉠ 전류에 의한 자장의 방향을 정의한 법칙
㉡ 전류 : 나사 진행 방향
㉢ 자장 : 나사 회전 방향

(2) 앙페르의 오른나사 법칙

앙페르의 오른나사 법칙은 전류에 의한 자장의 방향을 정의한 법칙으로서 전류가 흐르는 직선 도선에 전류 방향으로 엄지손가락을 대고 네 손가락을 감아쥐면 감아쥔 네 손가락 방향이 회전하는 자계의 방향이 된다. 전류 방향과 회전하는 방향이 나사를 회전시켰을 때 진행하는 방향과 회전하는 방향이 정확히 일치하므로 이 법칙을 앙페르의 오른나사 법칙이라 한다.

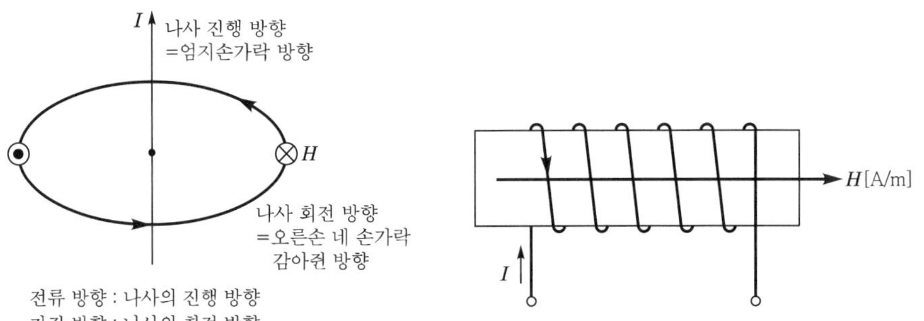

크로스와 도트

- ⊗(**크로스**) : 종이의 표면에서 뒷면으로 전류가 흐르고 있는 상태를 표시한다.
- ◉(**도트**) : 종이의 뒷면에서 표면으로 전류가 흐르고 있는 상태를 표시한다.

2 전류에 의한 자계의 세기

(1) 무한장 직선 도체에 의한 자계의 세기

앙페르의 주회 적분의 법칙에 의해 정의되며 그림과 같은 무한장 직선 도체에 전류 I[A]가 흐를 때 직선 도체를 회전하는 자계의 세기 H[AT/m]는 폐경로 $l=2\pi r$[m]를 일주했을 때 $H \cdot l = I$의 관계가 성립한다.

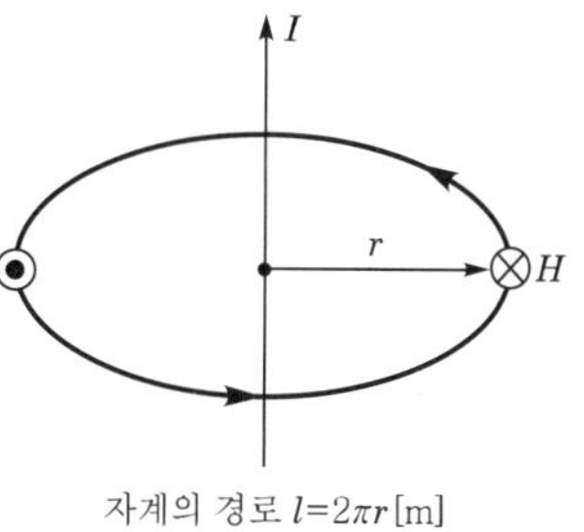

자계의 경로 $l=2\pi r$[m]

$$H = \frac{I}{l} = \frac{I}{2\pi r}\,[\mathrm{AT/m}]$$

여기서, H : 자계의 세기[AT/m]
I : 인가된 전류[A]
l : 자계의 경로[m]
r : 도체와 자계와의 거리[m]

무한장 직선 도체에 의한 자계 세기
$H = \frac{I}{2\pi r}$[AT/m]

(2) 환상 솔레노이드에 의한 자계의 세기

그림과 같이 도체를 환상으로 감은 환상 솔레노이드에 전류 I[A]를 흘릴 때 솔레노이드 내부에 발생하는 자계의 세기는 환상 솔레노이드의 평균 반지름을 r[m], 권수를 N회라 하면, 환상 솔레노이드의 평균 길이 $l=2\pi r$[m]이므로 이때 환상 솔레노이드 내부에서 발생하는 자계의 세기는 다음과 같다.

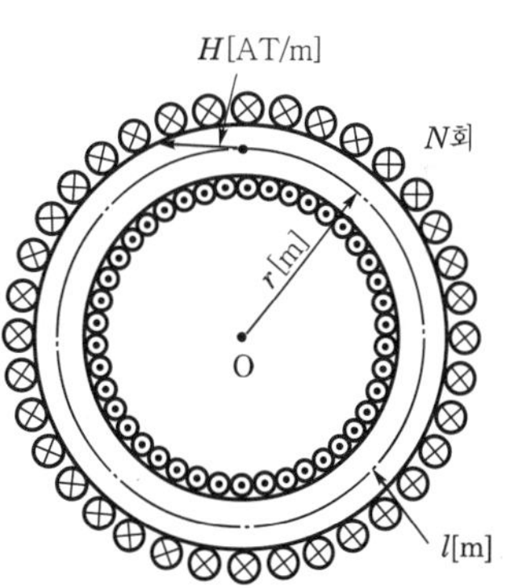

$$H = \frac{NI}{l} = \frac{NI}{2\pi r}\,[\mathrm{AT/m}]$$

여기서, H : 자기장의 세기[AT/m]
N : 코일의 감은 횟수[T]
I : 인가된 전류[A]
l : 평균 자로의 길이[m]

환상 솔레노이드 내부 자계 세기
$H = \frac{NI}{l}$
$= \frac{NI}{2\pi r}$[AT/m]
(외부 자계=0)

자주 출제되는 Key Point

무한장 솔레노이드 내부 자계
$H=\frac{NI}{l}=n_0I$[AT/m]

(3) 무한장 솔레노이드에 의한 자장의 세기

무한히 긴 임의의 솔레노이드에서 그림과 같이 전류 I[A]를 흘릴 때 솔레노이드 내부에서는 내부 어느 곳에서나 세기가 일정한 평등 자장이며 이때 발생하는 자장의 세기 H는 단위 길이 1[m]당 감은 횟수를 n_0[T/m]라 할 때 다음과 같다.

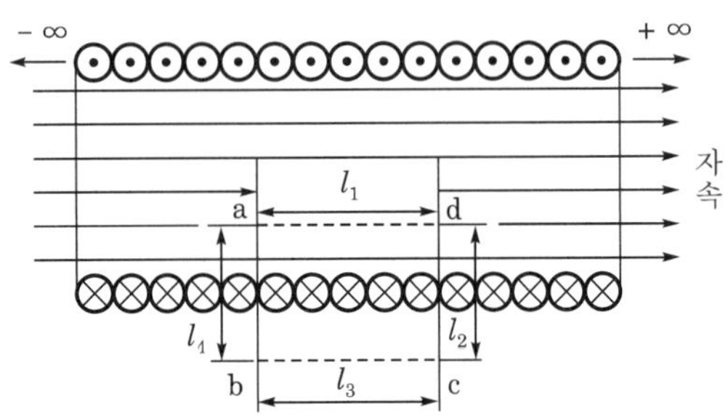

$$H=\frac{NI}{l}=n_0I\text{[AT/m]}$$

여기서, $n_0=\frac{N}{l}$: 단위 길이당 코일 감은 횟수[T/m]

3 비오-사바르의 법칙

비오-사바르의 법칙
전류에 의한 자계의 세기를 정의한 법칙
$\Delta H=\frac{I\Delta l}{4\pi r^2}\sin\theta$[AT/m]

(1) 비오-사바르의 법칙의 정의

전류에 의한 미소 자계의 세기를 정의한 법칙으로 그림과 같은 도선에 전류 I[A]를 흘릴 때 그 도선의 미소 부분 Δl[m]의 전류에 의한 r[m] 떨어진 점 P에 발생하는 자장의 세기 ΔH[AT/m]는 Δl[m]와 OP가 이루는 각을 θ라 할 때 다음과 같다.

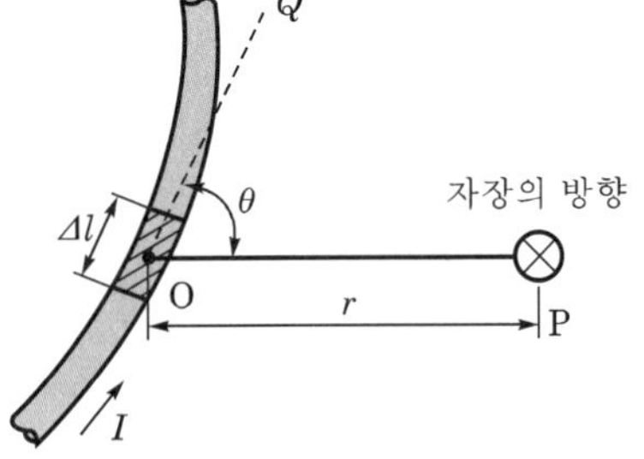

$$\Delta H = \frac{I\Delta l}{4\pi r^2}\sin\theta[\text{AT/m}]$$

(2) 원형 코일 중심 자계의 세기

원형 코일 중심 자계
$H=\frac{NI}{2r}$[AT/m]

그림과 같이 반지름 r[m]로 N회 감은 원형 코일에 전류 I[A]를 흘릴 때 원형 코일의 중심 O점에 발생하는 자계의 세기는 다음과 같이 나타낼 수 있다.

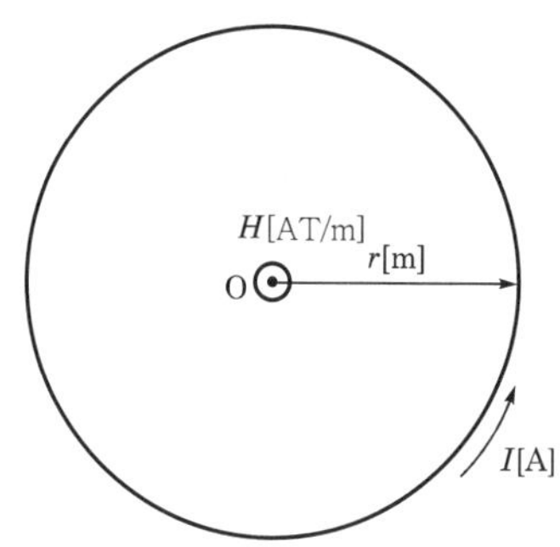

$$H = \frac{NI}{2r}[\text{AT/m}]$$

여기서, H : 자기장의 세기[AT/m], N : 코일의 감은 횟수[T]
I : 인가된 전류[A], r : 원형 코일 중심 반지름[m]

04 자기 회로와 자화 곡선

1 자기 회로의 옴의 법칙

(1) 자기 회로

그림과 같은 원형 철심이 들어 있는 코일에 전류 I[A]를 흘리면 철심 내에서는 자속 Φ[Wb]가 발생하여 원형 철심이 구성하는 폐회로를 지나 오른쪽으로 회전하는데, 이때 자속 Φ가 통하는 통로를 자기 회로(磁氣 回路, 자로)라 한다.

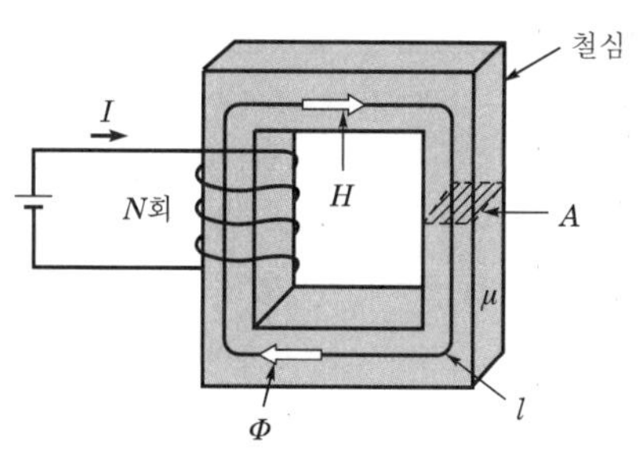

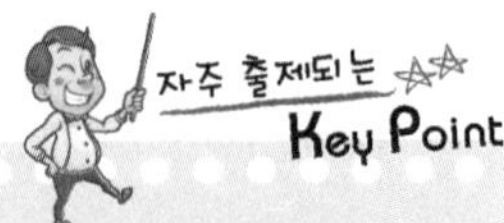

기자력
㉠ 자속을 발생시키는 원천
㉡ $F=NI=R_m\Phi$[AT]

자기 저항
㉠ 자속 통과를 방해하는 성분
㉡ $R_m=\dfrac{NI}{\Phi}$
$=\dfrac{l}{\mu A}$[AT/Wb]

(2) 기자력

기자력(起磁力, magneto motive force)이란 자속 Φ를 발생하게 하는 근원을 말하며 자기 회로에서 권수 N회인 코일에 전류 I[A]를 흘릴 때 발생하는 자속 Φ는 NI에 비례하여 발생하므로 다음과 같이 나타낼 수 있다.

$$F=NI\,[\text{AT}]$$

여기서, F : 기자력[AT]
N : 코일의 감은 횟수[T]
I : 인가된 전류[A]

(3) 자기 저항

자기 저항이란 자기 회로에서 기자력 $F=NI$[AT]에 의하여 발생된 자속 Φ가 폐회로를 따라 통하기 어려운 정도를 나타내는 비례 상수이다. 자속이 통하는 통로인 자로의 길이 l[m]에는 비례하고 자로의 단면적 A[m²]와 투자율 μ[H/m]에는 반비례하므로 다음과 같이 나타낼 수 있다.

$$R_m=\frac{l}{\mu A}\,[\text{AT/Wb=H}^{-1}]$$

여기서, R_m : 자기 저항[AT/Wb], l : 자로의 길이[m]
μ : 투자율[H/m], A : 자로의 단면적[m²]

(4) 옴의 법칙

자기 회로에서의 기자력 F와 자속 Φ, 자기 저항 R_m 사이의 관계를 나타내는 식으로 『자속 Φ는 기자력 $F=NI$[AT]에 비례하고, 자기 저항 R_m에는 반비례』하므로 다음과 같은 식으로 나타낼 수 있다.

$$\text{기자력 } F=NI=R_m\Phi\,[\text{AT}]$$

$$\text{자기 저항 } R_m=\frac{F}{\Phi}=\frac{NI}{\Phi}\,[\text{AT/Wb}]$$

여기서, F : 기자력[AT]
N : 코일의 감은 횟수[T]
I : 인가된 전류[A]
R_m : 자기 저항[AT/Wb]
Φ : 자속[Wb]

자주 출제되는 Key Point

2 히스테리시스 곡선과 손실

(1) 자화 곡선($B-H$ 곡선)

환상 철심에서 전류 I[A]를 점점 증가시켜 자화력 H[AT/m]를 변화시키면 철심 안의 B[Wb/m^2]는 H에 비례하여 서서히 증가하지만 어느 일정 값 이상이 되면 자화력 H를 계속적으로 증가시켜도 B는 더 이상 증가하지 않는 자기 포화 현상이 발생하며 이 현상을 나타내는 곡선을 자화 곡선이라 한다.

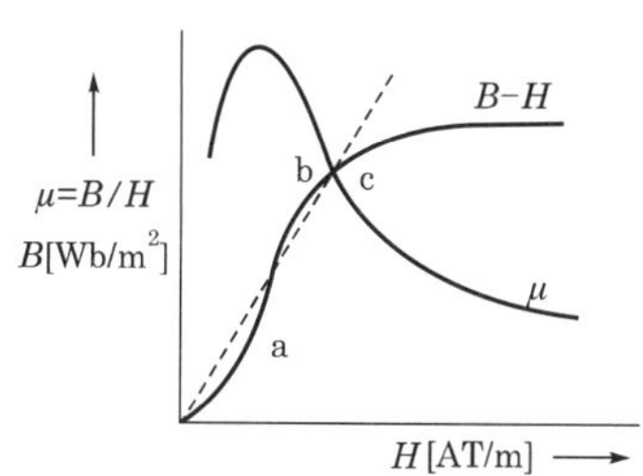

▌철심의 $B-H$곡선▐

(2) 히스테리시스 현상

전혀 자화되지 않는 상태에 있는 환상 철심을 그림과 같이 배치한 다음 철심에 자화력 H[AT/m]를 $0 \to +H_m \to 0 \to -H_m \to 0$으로 변화시키면서 가할 때 철심 내 자속 밀도 B[Wb/m^2]의 변화가 $0 \to a \to b \to c \to d \to e \to f \to g$를 따라 변화하는데 이때 자화력 H[AT/m]의 변화보다 자속 밀도 B[Wb/m^2]의 변화가 자기적으로 늦으면서 하나의 폐곡선을 이룬다. 이 현상을 히스테리시스 현상이라 하고, 이때 형성되는 폐곡선(loop)을 히스테리시스 곡선이라 한다.

히스테리시스 현상
㉠ B_r(잔류 자기) : 히스테리시스 곡선이 종축(세로축)과 만나는 점
㉡ H_c(보자력) : 히스테리시스 곡선이 횡축(가로축)과 만나는 점

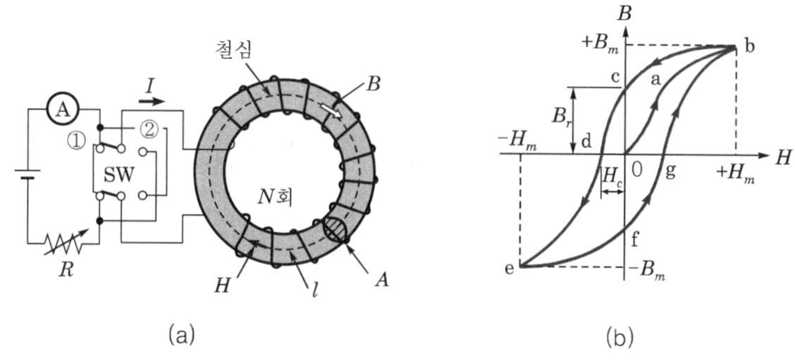

▌철심 코일의 자기 히스테리시스의 곡선▐

① B_r(잔류 자기) : H가 0이 되었을 때의 자속 밀도로서 히스테리시스 곡선이 종축(세로축)과 만나는 점

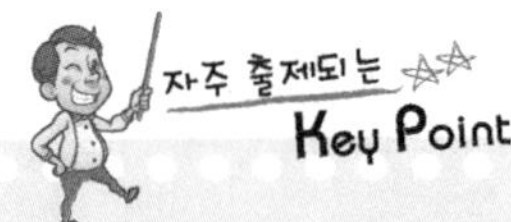

② H_c(보자력) : 잔류 자기 $B_r = 0$일 때의 외부 자계의 세기로서 히스테리시스 곡선이 횡축(가로축)과 만나는 점

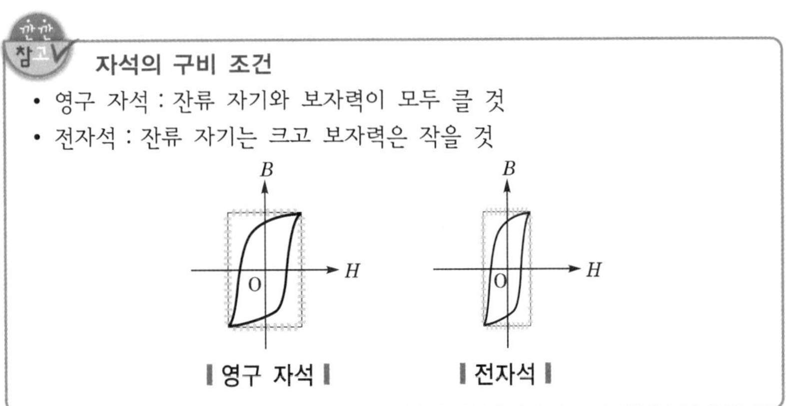

참고
자석의 구비 조건
• 영구 자석 : 잔류 자기와 보자력이 모두 클 것
• 전자석 : 잔류 자기는 크고 보자력은 작을 것
B
H
O
B
H
O

▌영구 자석▌ ▌전자석▌

히스테리시스손
$P_h = \eta f B_m^{1.6}$[W/m^3]

(3) 히스테리시스 손실

히스테리시스 곡선을 일주한 후 철심의 B와 H는 원래의 상태로 돌아가지만 철심의 자속을 발생시키기 위하여 가한 에너지는 전부 열로 소비되는데 이러한 손실을 히스테리시스 손실이라 한다.

스타인메츠는 실험을 통하여 히스테리시스 곡선을 한 번 일주할 때 둘러싸인 면적에 의한 에너지 손실은 다음과 같다.

$$P_h = \eta f B_m^{1.6} [\text{W/m}^3]$$

여기서, P_h : 히스테리시스 손실, η : 히스테리시스 상수
f : 주파수, B_m : 최대 자속 밀도

05 전자력과 회전력

1 전자력의 방향과 세기

전자력
자장 내 도체를 놓고 전류를 흘리면 도체가 받는 힘

(1) 전자력의 정의

다음 그림과 같은 자장 내에 도체를 놓고 전류 I[A]를 흘리면 플레밍의 왼손 법칙에 의한 힘 F가 위로 작용하여 도체가 움직이게 되는데 이와 같이 자장 안에 도체를 놓고 전류를 흘려주면 도체가 받는 힘을 전자력이라고 한다.

자주 출제되는 Key Point

플레밍의 왼손 법칙
전동기에서 전자력의 방향을 알 수 있는 법칙
㉠ 엄지 : F[N]
㉡ 검지 : B[Wb/m^2]
㉢ 중지 : I[A]

(2) 전자력의 방향

전자력의 방향을 알기 쉽게 정의한 법칙을 플레밍의 왼손 법칙이라 하며 자장 내의 도체에 전류를 흘려주면 도체가 받는 힘의 방향을 왼손의 엄지, 검지, 중지를 직각으로 펴서 정한 법칙으로 전동기의 회전 방향를 알 수 있는 법칙이다.

① 엄지 : 힘(F[N])의 방향
② 검지 : 자속밀도(B[Wb/m^2])의 방향
③ 중지 : 전류(I[A])의 방향

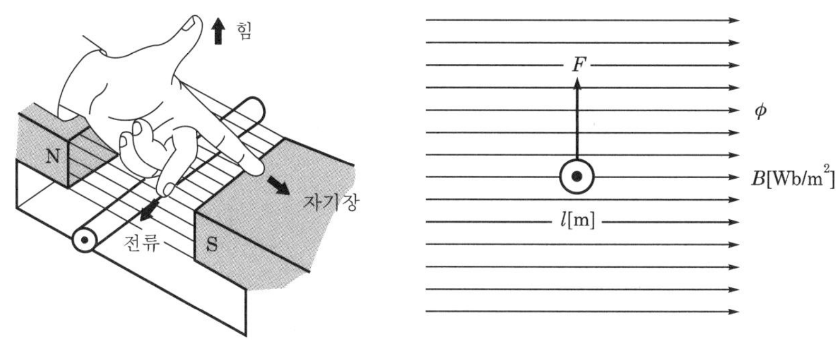

▌플레밍의 왼손 법칙▐

(3) 전자력의 세기

자속 밀도 B[Wb/m^2]인 평등 자장 내에 자장의 방향과 각도 θ[rad]만큼 경사진 길이 l[m]의 도체에 전류 I[A]를 흘릴 때 도선이 받는 전자력 F[N]는 다음과 같다.

$$F = IBl\sin\theta \text{[N]}$$

여기서, F : 전자력의 크기[N], I : 전류[A]
B : 자속 밀도[Wb/m^2], l : 도체의 길이[m]
θ : 자장과 도체가 이루는 각[rad]

전자력의 크기
$F = IBl\sin\theta$[N]

2 평행 전류 사이에 작용하는 힘

(1) 전자력의 작용

평행하게 배치한 두 도체에 각각 전류 I_1, I_2[A]를 흘려주면 각각의 도체에서는 전류에 의한 자속이 앙페르의 오른나사 법칙에 의한 방향으로 발생하면서 전류의 방향에 따른 반발력과 흡인력이 작용한다.

자주 출제되는 Key Point

평행 전류 사이에 작용하는 힘

㉠ 전류 방향 동일 : 흡인력 작용

㉡ 전류 방향 반대 : 반발력 작용

㉢ 전자력의 크기

$F=\frac{2I_1I_2}{r}\times10^{-7}$[N/m]

① 전류의 방향이 같은 방향인 경우 : 흡인력이 작용한다.

② 전류의 방향이 반대 방향인 경우 : 반발력이 작용한다.

전자력의 작용

평행한 두 도체에 전류를 흐르게 할 때 작용하는 힘은 두 도체 간의 거리에 반비례하고, 흘려준 전류의 곱에 비례한다.

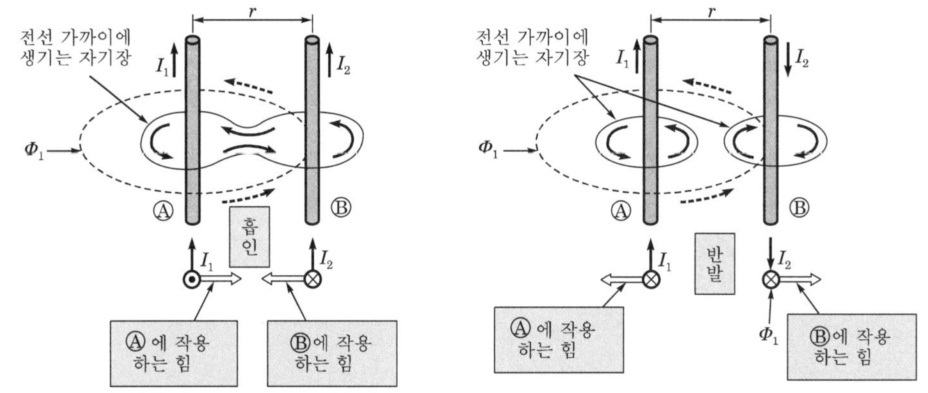

(a) 전류가 같은 방향　　(b) 전류가 반대 방향

▌평행 도체 간에 작용하는 힘▐

(2) 전자력의 크기

위 그림과 같이 평행하게 배치한 두 도체 사이에 작용하는 전자력 F는 두 도체 사이의 거리를 r[m], 각각의 도체에 흐르는 전류를 I_1, I_2[A]라 할 때 도체 1[m]당 작용하는 힘 F[N/m]는 다음과 같다.

$$F=\frac{2I_1I_2}{r}\times10^{-7}[\text{N/m}]$$

여기서, F : 단위 길이당 전자력[N/m]

I_1, I_2 : 두 도체에 인가된 전류[A]

r : 두 도체 간의 거리[m]

3 회전력

(1) 자기 모멘트

자기장 안에서 작용하는 토크(τ)는 자극의 세기 m[Wb]나 그 길이 l[m]가 달라지더라도 ml의 값이 일정하면 토크는 항상 일정하므로 토크(τ)를 취급할 때 간

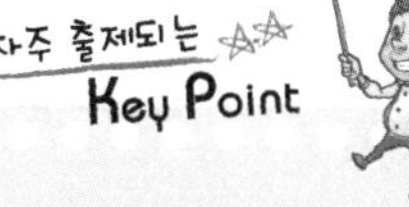

단히 ml값으로 자석에 대한 회전력을 구하는 정수로 M[Wb·m]로 표시한다.

$$M = ml[\text{Wb} \cdot \text{m}]$$

여기서, m : 자극의 세기[Wb], l : 자극의 길이[m]

자기 모멘트 크기
$M = ml$[Wb · m]

(2) 막대자석의 회전력(torque)

자기장의 세기가 H[AT/m]인 평등 자기장 안에 자극의 세기 m[Wb]의 막대자석을 자기장의 방향과 θ의 각도로 놓았을 때 두 자극 사이에 작용하는 힘 $F = mH$[N]에 의하여 평등 자기장 안에 존재하는 자침을 회전시키려는 회전력이 발생하는데 이때 발생한 회전력은 다음과 같이 나타낼 수 있다.

$$\tau = mlH\sin\theta[\text{N} \cdot \text{m}]$$

막대자석의 회전력
$\tau = mlH\sin\theta$[N·m]

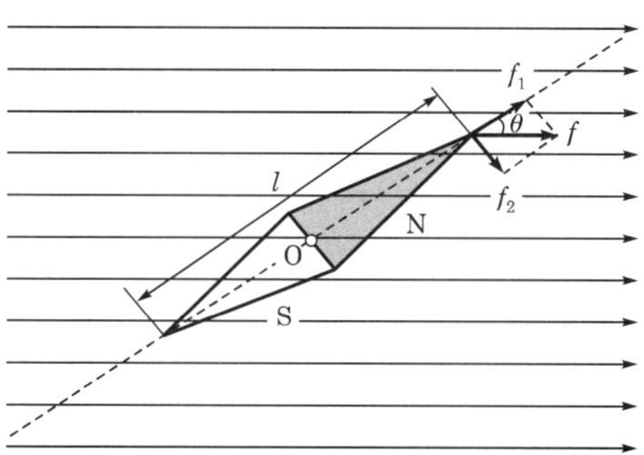

(3) 사각형 코일에 작용하는 회전력

자속 밀도 B[Wb/m^2]인 평등 자장 내에 자기장의 방향과 각도 θ를 가지는 권수 N, 면적 $a \times b = A$[m^2]인 도체 C에 전류 I[A]를 흘릴 경우 도체에서 발생하는 회전력 τ는 다음과 같다.

$$\tau = BINA\cos\theta[\text{N} \cdot \text{m}]$$

사각 코일의 회전력 크기
$\tau = BINA\cos\theta$[N·m]

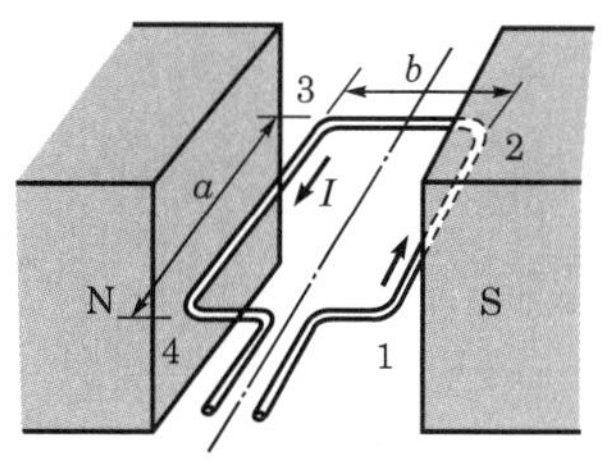

(a) 자기장 내의 사각 코일

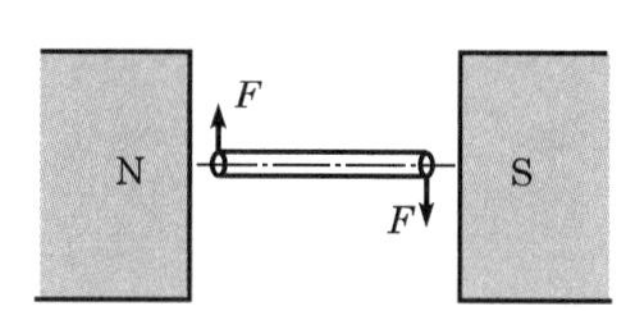

(b) 사각 코일의 면이 자기장과 평행

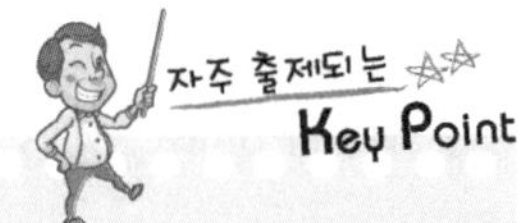

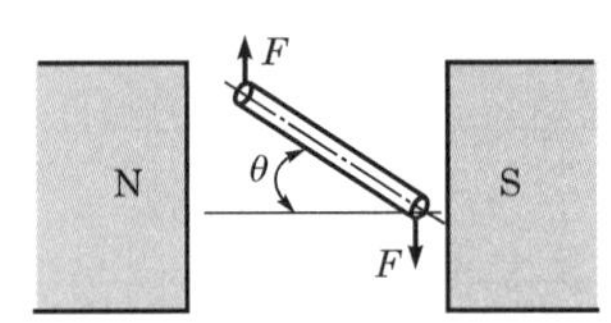

(c) 사각 코일의 면이 자기장과 θ의 각

❙ 사각형 코일에 작용하는 힘 ❙

06 전자 유도 법칙

1 패러데이-렌츠의 전자 유도 법칙

(1) 전자 유도 현상

코일과 자속이 쇄교할 경우 자속이 변하거나 자장 중에 놓인 코일이 움직이게 되면 코일에 새로운 기전력(유도 기전력)이 유도되어 전류(유도 전류)가 흐르는 현상을 전자 유도(電磁 誘導)라 한다.

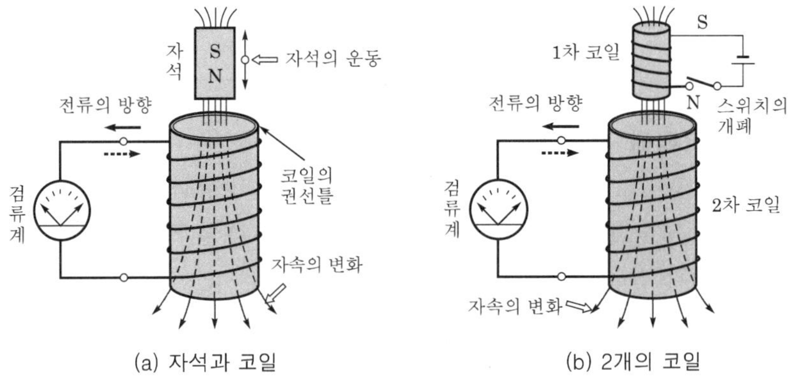

(a) 자석과 코일

(b) 2개의 코일

❙ 전자 유도 현상 ❙

(2) 유도 기전력의 크기(패러데이 법칙)

패러데이 법칙(기전력의 크기)
자속의 시간적 변화율에 비례

『전자 유도 현상에 의하여 어느 코일에 발생하는 유도 기전력의 크기는 코일과 쇄교하는 자속 Φ의 시간적인 변화율에 비례한다.』는 법칙이다. 권수 N인 코일과 쇄교하는 자속 Φ가 미소 시간 Δt초 동안 $\Delta\Phi$만큼 변화할 때의 유도 기전력의 크기 e는 다음과 같이 나타낼 수 있다.

자주 출제되는 Key Point

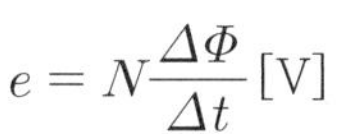

$$e = N\frac{\Delta\Phi}{\Delta t}\,[\mathrm{V}]$$

여기서, Δt : 시간의 변화량, $\Delta\Phi$: 자속의 변화량

(3) 유도 기전력의 방향(렌츠의 법칙)

『전자 유도 현상에 의하여 어느 코일에 발생하는 유도 기전력의 방향은 자속 Φ의 증가 또는 감소를 방해하는 방향으로 발생한다.』는 법칙으로 유도 기전력의 크기 e를 나타내는 식에 음(−)의 기호를 붙여 표현한다.

렌츠 법칙(기전력의 방향)
자속 Φ의 증가 또는 감소를 방해하는 방향으로 발생

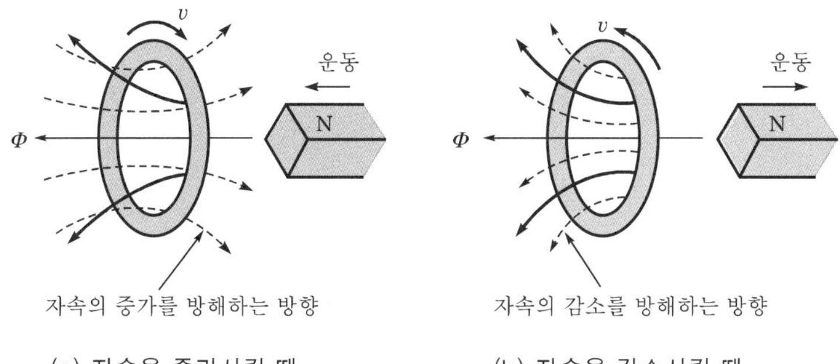

(a) 자속을 증가시킬 때　　(b) 자속을 감소시킬 때

▌유도 기전력의 방향▐

(4) 패러데이-렌츠의 전자 유도 법칙

$$e = -N\frac{\Delta\Phi}{\Delta t}\,[\mathrm{V}]$$

여기서, − : 자속 Φ의 증가 또는 감소를 방해하는 방향
Δt : 시간의 변화량
$\Delta\Phi$: 자속의 변화량

2 발전기의 유도 기전력

(1) 플레밍의 오른손 법칙

그림과 같은 자장 내에 도체를 놓고 운동시키면 코일 변이 자속과 쇄교하면서 유도 기전력 e가 A방향으로 발생하게 되는데 도체의 운동으로 인해 발생하는 유도 기전력의 방향을 알기 쉽게 정의한 법칙을 플레밍의 오른손 법칙이라 한다.

플레밍의 오른손 법칙
발전기에서 기전력의 방향을 알 수 있는 법칙
㉠ 엄지 : 도체 운동(v)의 방향
㉡ 검지 : 자속 밀도(B [Wb/m^2])의 방향
㉢ 중지 : 유도 기전력(e)의 방향

자주 출제되는 Key Point

① 엄지 : 운동(v)의 방향
② 검지 : 자속 밀도(B[Wb/m^2])의 방향
③ 중지 : 유도 기전력(e)의 방향

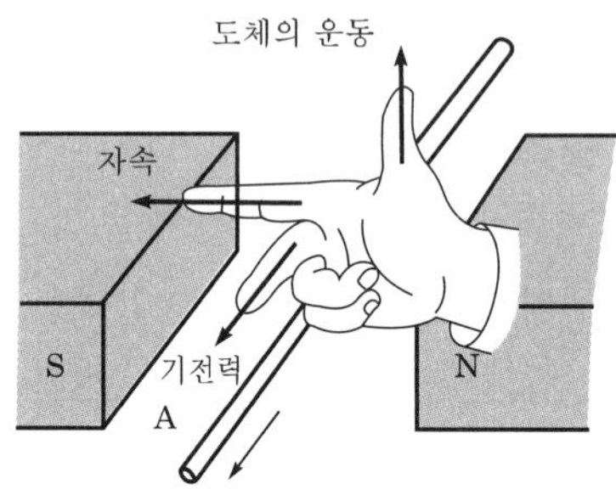

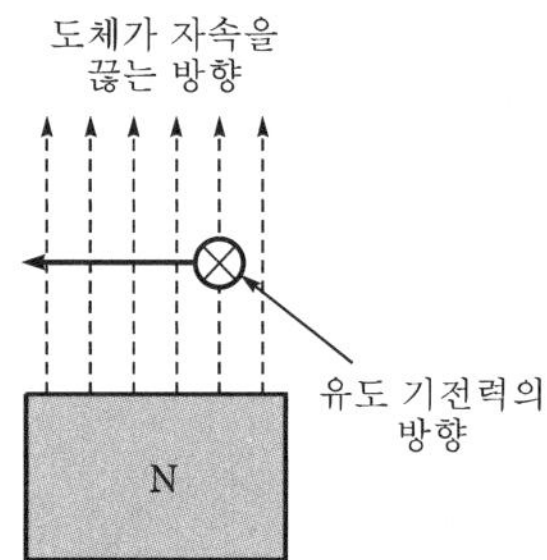

▌플레밍의 오른손 법칙▐

발전기에서 기전력의 크기
$e = vBl\sin\theta$[V]

(2) 유도 기전력의 크기

자속 밀도 B[Wb/m^2]인 자장 내에 길이 l[m]의 도체를 자속의 방향에 대한 각도 θ를 갖도록 속도 v[m/sec]로 운동시킬 때 도체에서 발생하는 유도 기전력의 크기는 다음과 같다.

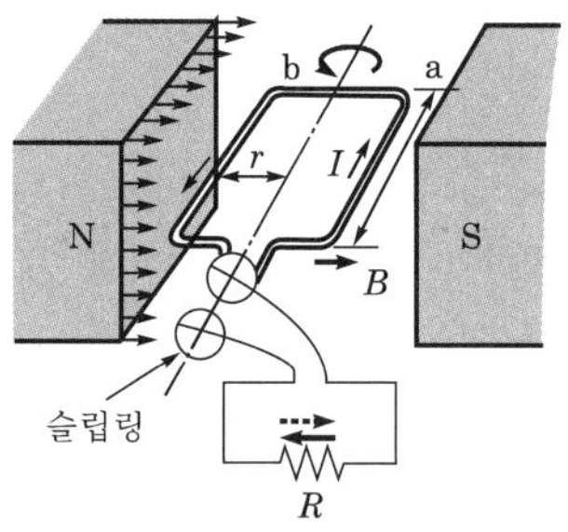

$$e = vBl\sin\theta\,[\mathrm{V}]$$

여기서, e : 유도 기전력[V], v : 도체의 회전 속도[m/sec]
B : 자속 밀도[Wb/m^2], l : 도체의 길이[m]
θ : 도체와 자기장의 방향이 이루는 각

07 유도 작용과 인덕턴스

1 자기 유도와 자기 인덕턴스

(1) 자기 유도

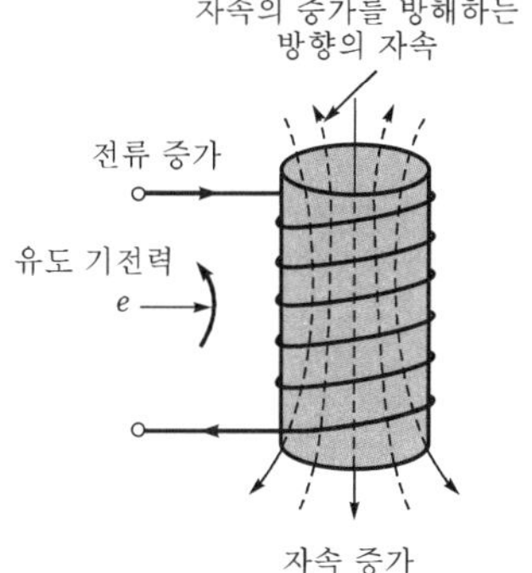

오른쪽 그림과 같이 코일에 흐르는 전류 I[A]를 변화시키면 전류의 크기에 비례하는 자속 Φ[Wb]가 발생하게 되는데, 이때 코일 자체에는 자기적 평형을 유지시켜 주기 위하여 이 자속의 반대 방향으로 크기가 같은 자속 Φ[Wb]가 발생하여 새로운 역기전력이 유도된다. 이와 같이 『코일에 흐르는 전류에 의하여 코일 자체에 새로운 역기전력이 유도되는 현상』을 자기 유도(自己 誘導, self-induction)라 한다.

(2) 유도 기전력의 크기

자기 유도 작용에 의하여 발생하는 유도 역기전력의 크기는 전류의 변화율에 비례한다.

$$e = -N\frac{\Delta\Phi}{\Delta t} = -L\frac{\Delta I}{\Delta t}\,[\mathrm{V}]$$

1[H]

1초 동안에 1[A]의 전류가 변화하여 1[V]의 역기전력이 유도될 때의 인덕턴스값

(3) 자기 인덕턴스

코일에 흐르는 전류 I[A]에 비례하여 발생하는 자속 Φ[Wb]에 의하여 유도되는 기전력의 크기를 결정하는 비례 계수를 자기(自己) 인덕턴스(L[H])라 하며, 그 크기는 코일의 권수나 형태, 주위 매질의 투자율 등에 의하여 결정된다.

① 권수 1회인 경우 : $\Phi = LI$[Wb], $L = \dfrac{\Phi}{I}$[H]

② 권수 N회인 경우 : $N\Phi = LI$[Wb], $L = \dfrac{N\Phi}{I}$[H]

자기 유도 기전력의 크기

$e = -N\dfrac{\Delta\Phi}{\Delta t}$

$= -L\dfrac{\Delta I}{\Delta t}$[V]

자주 출제되는 Key Point

자기 인덕턴스의 크기

$L = \frac{\mu A N^2}{l}$[H]

$L = \frac{N\Phi}{I} = \frac{N^2}{R}$

$= \frac{\mu A N^2}{l}$[H] $\propto N^2$

(4) 자기 회로에서의 인덕턴스

그림과 같은 환상 솔레노이드에서의 자기 인덕턴스 L은 전류 I[A]에 의한 솔레노이드 내부에 발생하는 자장의 세기 H[AT/m]와 자기 회로에서의 옴의 법칙에 의한 자속 Φ[Wb]에 의하여 다음과 같이 구할 수 있다.

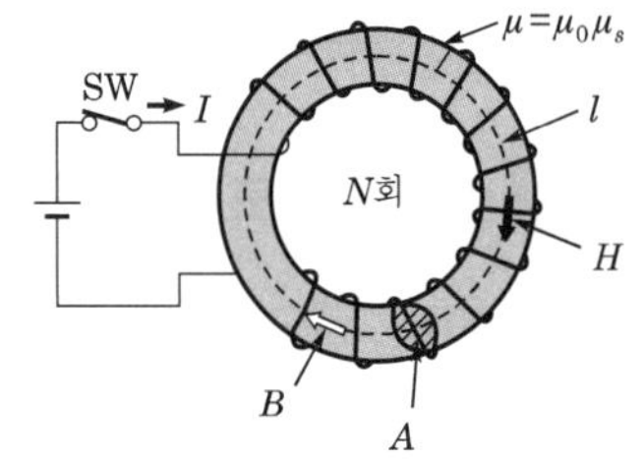

$$L = \frac{N\Phi}{I}\text{[H]}$$

기자력 $F = NI = R\Phi$[AT]에서

자속 $\Phi = \frac{NI}{R}$[Wb], 자기 저항 $R = \frac{l}{\mu A}$[AT/Wb]를 대입하면

$$L = \frac{N\Phi}{I} = \frac{N}{I} \times \frac{NI}{R} = \frac{N^2}{R} = \frac{\mu A N^2}{l}\text{[H]} \propto N^2$$

여기서, L : 자기 인덕턴스[H], N : 코일의 감은 횟수[T]
I : 인가된 전류[A], l : 자로의 길이[m]
Φ : 자속[Wb], F : 기자력[AT]
R : 자기 저항[AT/Wb], μ : 투자율[H/m]

2 상호 유도와 상호 인덕턴스

(1) 상호 인덕턴스(mutual inductance)

그림에서 1차 코일에 전류를 흘려주면 자속이 발생하고 이 자속이 2차 코일과 쇄교하면서 기전력이 발생하는 상호 유도 작용이 발생하고 이로 인해 2차 코일에 발생하는 유도기전력의 비례 계수를 말한다.

① 완전 결합 시 상호 인덕턴스 : 환상 솔레노이드의 누설자속이 없다면

$$M = \frac{N_1 N_2}{R} = \frac{\mu A N_1 N_2}{l}\text{[H]}$$

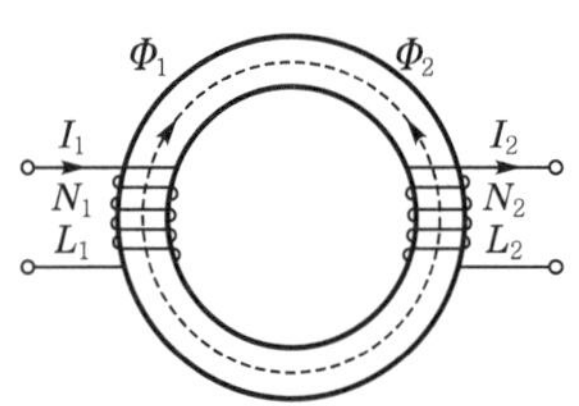

상호 인덕턴스의 크기 (완전 결합)

$M = \frac{N_1 N_2}{R}$

$= \frac{\mu A N_1 N_2}{l}$[H]

② **자기 인덕턴스와 상호 인덕턴스와의 관계식** : 만약 누설이 발생하여 일부가 결합되었다면

$M = k\sqrt{L_1 L_2}$ [H]

③ **결합 계수** : 자속이 다른 코일과 결합하는 비율

$k = \dfrac{M}{\sqrt{L_1 L_2}}\ (0 \le k \le 1)$

㉠ 누설 자속 10[%] → $k = 0.9$

㉡ 누설 자속 20[%] → $k = 0.8$

㉢ 미결합 → $k = 0$

(2) 유도 기전력의 크기

상호 유도 작용에 의하여 발생하는 유도 기전력의 크기는 자속 Φ의 발생 비율, 즉 전류 I_1[A]의 변화율에 비례한다.

$$e_2 = -N_2\frac{\Delta\Phi_{21}}{\Delta t} = -M\frac{\Delta I_1}{\Delta t}\ [\mathrm{V}]$$

(3) 코일의 접속

상호 인덕턴스를 가지는 2개의 코일을 직렬로 접속했을 때 발생하는 합성 인덕턴스는 각각의 코일 접속 방법에 따라 다음과 같다.

① **가동 접속** : 2개의 코일에 흐르는 전류에 의하여 발생한 자속이 서로 합해지는 방향이 되도록 접속한 경우

$$L_0 = L_1 + L_2 + 2M\ [\mathrm{H}]$$

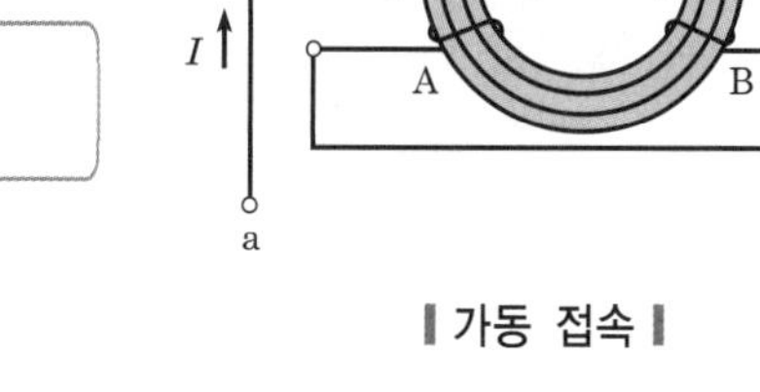

▎가동 접속▎

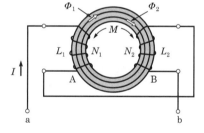

② **차동 접속** : 2개의 코일에 흐르는 전류에 의하여 발생한 자속이 서로 상쇄되는 방향이 되도록 접속한 경우

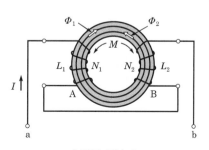

$$L_0 = L_1 + L_2 - 2M\ [\mathrm{H}]$$

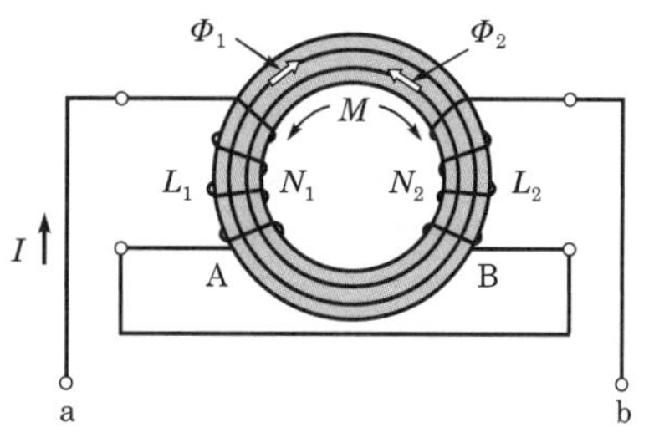

▎차동 접속▎

일부 결합한 상호 인덕턴스의 크기
$M = k\sqrt{L_1 L_2}$ [H]

결합 계수
㉠ 자속이 다른 코일과 결합하는 비율
㉡ $k = \dfrac{M}{\sqrt{L_1 L_2}}$
$(0 \le k \le 1)$

상호 유도 기전력의 크기
$e_2 = -N_2\dfrac{\Delta\Phi_{21}}{\Delta t}$
$= -M\dfrac{\Delta I_1}{\Delta t}$ [V]

코일 직렬 접속 합성 인덕턴스
㉠ 가동(가극성)
$L_{가}$[H]
$= L_1 + L_2 + 2M$
㉡ 차동(감극성)
$L_{차}$[H]
$= L_1 + L_2 - 2M$
㉢ M[H]
$= \dfrac{L_{가} - L_{차}}{4}$

③ 가동 · 차동 합성값을 이용한 상호 인덕턴스 계산

$$M=\frac{L_{가}-L_{차}}{4}\,[\mathrm{H}]$$

3 전자 에너지

코일 축적 전체 에너지
$W=\frac{1}{2}LI^2[\mathrm{J}]$

(1) 코일에 축적되는 전체 에너지

다음과 같은 회로에서 스위치 SW를 ①로 ON하면 자기 인덕턴스 L[H]인 코일에 전류 I[A]를 공급하면서 전류의 크기를 변화시키면 자기 인덕턴스 L[H]인 코일에서 기전력이 발생하는 관계로부터 코일에 축적되는 에너지를 다음과 같이 구할 수 있다.

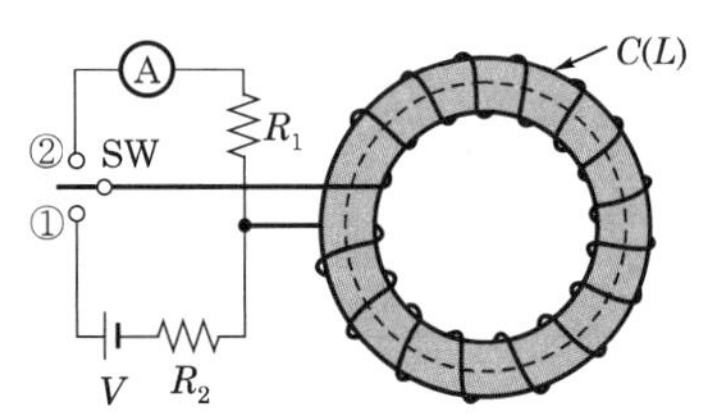

$$W=\frac{1}{2}LI^2\,[\mathrm{J}]$$

여기서, W : 코일에 축적되는 에너지[J]
L : 자체 인덕턴스[H]
I : 인가된 전류[A]

체적당 에너지
$W_0=\frac{1}{2}BH$
$=\frac{1}{2}\mu H^2$
$=\frac{B^2}{2\mu}[\mathrm{J/m^3}]$

(2) 단위 체적당 축적되는 에너지

위 그림과 같은 환상 철심에서 자기 인덕턴스 L[H]인 코일에 단위 체적당 축적되는 에너지는 자기장의 세기 H[AT/m]와 자속 밀도 B[Wb/m^2]로부터 다음과 같이 구할 수 있다.

$$W_0=\frac{1}{2}BH=\frac{1}{2}\mu H^2=\frac{B^2}{2\mu}\,[\mathrm{J/m^3}]$$

여기서, W_0 : 단위 체적당 축적되는 에너지[J/m^3]
B : 자속 밀도[Wb/m^2]
H : 자기장의 세기[AT/m]
μ : 투자율[H/m]

▌정전계와 정자계의 대응 관계식▐

정전계	정자계
전하량, Q[C]	자하량, 자극의 세기 m[Wb]
전속, Q[C]	자속, Φ[Wb]
진공 또는 공기의 유전율 $\varepsilon_0 = 8.855 \times 10^{-12}$[F/m]	진공 또는 공기의 투자율 $\mu_0 = 4\pi \times 10^{-7}$[H/m]
전계 비례 상수, 쿨롱 상수 $k = \dfrac{1}{4\pi\varepsilon_0} = 9 \times 10^9$	자계 비례 상수, 쿨롱 상수 $k = \dfrac{1}{4\pi\mu_0} = 6.33 \times 10^4$
쿨롱의 법칙 : 정전력 $F = k\dfrac{Q_1 Q_2}{r^2} = \dfrac{Q_1 Q_2}{4\pi\varepsilon_0 r^2} = 9 \times 10^9 \times \dfrac{Q_1 Q_2}{r^2}$[N]	쿨롱의 법칙 : 자기력 $F = k\dfrac{m_1 m_2}{r^2} = \dfrac{m_1 m_2}{4\pi\mu_0 r^2} = 6.33 \times 10^4 \times \dfrac{m_1 m_2}{r^2}$[N]
전계(전장, 전기장)의 세기 $E = \dfrac{Q}{4\pi\varepsilon_0 r^2} = 9 \times 10^9 \times \dfrac{Q}{r^2}$[V/m]	자계(자장, 자기장)의 세기 $H = \dfrac{m}{4\pi\mu_0 r^2} = 6.33 \times 10^4 \times \dfrac{m}{r^2}$[AT/m]
힘과 전계와의 관계식 $F = QE$[N]	힘과 자계와의 관계식 $F = mH$[N]
전위의 세기 $V = \dfrac{Q}{4\pi\varepsilon_o r} = 9 \times 10^9 \times \dfrac{Q}{r}$	–
전속 밀도 $D = \dfrac{Q}{S} = \dfrac{Q}{4\pi r^2}$[C/m^2] • 공기 : $D = \varepsilon_0 E$[C/m^2] • 유전체 : $D = \varepsilon E = \varepsilon_0 \varepsilon_s E$[C/m^2]	자속 밀도 $B = \dfrac{\Phi}{S} = \dfrac{m}{4\pi r^2}$ ① 공기 : $B = \mu_0 H$[Wb/m^2] ② 자성체 : $B = \mu H = \mu_0 \mu_s H$[Wb/m^2]
전기력선의 총수 $\dfrac{Q}{\varepsilon_0}$개	자기력선의 총수 $\dfrac{m}{\mu_0}$개
전하가 한 일 $W = QV$[J]	자속이 한 일 $W = \Phi I$[J]
전계 에너지 $W = \dfrac{1}{2}QV = \dfrac{1}{2}CV^2 = \dfrac{Q^2}{2C}$[J]	자계 에너지 $W = \dfrac{1}{2}LI^2$[J]
단위 체적당 전계 에너지 $W = \dfrac{1}{2}ED = \dfrac{1}{2}\varepsilon E^2 = \dfrac{D^2}{2\varepsilon}$[J/m^3]	단위 체적당 자계 에너지 $W = \dfrac{1}{2}BH = \dfrac{1}{2}\mu H^2 = \dfrac{B^2}{2\mu}$[J/m^3]

자주 출제되는 기출 문제

자성체
㉠ 강자성체 : $\mu_s \gg 1$
㉡ 상자성체 : $\mu_s > 1$
㉢ 반자성체 : $\mu_s < 1$

상자성체와 반자성체
㉠ 상자성체 : 외부 자계와 자성체 자계 방향이 동일한 방향
㉡ 반자성체 : 외부 자계와 자성체 자계 방향이 반대 방향

자성체
㉠ 알루미늄 : 상자성체
㉡ 코발트, 니켈 : 강자성체

투자율
$\mu = \mu_0 \mu_s$[H/m]

★
01 다음 중 강자성체가 아닌 것은? 06년 출제

① 니켈 ② 철
③ 백금 ④ 망간

해설 강자성체($\mu_s \gg 1$) : 철, 니켈, 코발트, 망간

★★
02 물질에 따라 자석에 반발하는 물체를 무엇이라 하는가? 09년/15년 출제

① 비자성체 ② 상자성체
③ 반자성체 ④ 가역성체

해설 반자성체 : 물질에 따라 자석에 반발하는 물체

★
03 다음 중 반자성체는? 10년 출제

① 안티몬 ② 알루미늄
③ 코발트 ④ 니켈

해설 반자성체($\mu_s < 1$) : 아연, 납, 구리, 안티몬, 비스무트

★
04 투자율 μ의 단위는? 07년 출제

① [AT/m] ② [Wb/m^2]
③ [AT/Wb] ④ [H/m]

해설 투자율 μ[H/m]

★
05 진공의 투자율 μ_0[H/m]는? 08년 출제

① 6.33×10^4 ② 8.55×10^{-12}
③ $4\pi \times 10^{-7}$ ④ 9×10^9

해설 진공(공기)의 투자율 $\mu_0 = 4\pi \times 10^{-7}$[H/m]

정답 01.③ 02.③ 03.① 04.④ 05.③

06 다음 중 투자율이 가장 작은 것은?

① 공기 ② 강철
③ 주철 ④ 페라이트

해설
- 강자성체($\mu_s \gg 1$) : 철, 니켈, 코발트, 망간 등
- 상자성체($\mu_s > 1$) : 주석, 백금, 공기 등
- 반자성체($\mu_s < 1$) : 물, 수소, 질소 등

07 두 자극 사이에 작용하는 힘의 세기는 무엇에 비례하는가?

① 유전율 ② 투자율
③ 자극 간의 거리 ④ 자극의 세기

해설 쿨롱의 법칙에 의한 힘의 세기는 두 자극의 세기의 곱에 비례하고 거리에 제곱에 반비례한다.

08 두 자극 사이에 작용하는 힘을 나타내는 데 맞는 식은? 12년 출제

① $F=\frac{1}{4\pi\mu_0}\times\frac{m_1m_2}{r}$[N] ② $F=\frac{1}{4\pi\mu_0}\times\frac{m_1m_2}{r^2}$[N]

③ $F=4\pi\mu_0\times\frac{m_1m_2}{r}$[N] ④ $F=4\pi\mu_0\times\frac{m_1m_2}{r^2}$[N]

해설 두 자극 사이에 작용하는 힘 $F=\frac{1}{4\pi\mu_0}\times\frac{m_1m_2}{r^2}=6.33\times10^4\times\frac{m_1m_2}{r^2}$[N]

09 진공 속에서 1[m]의 거리를 두고 10^{-3}[Wb]와 10^{-5}[Wb]의 자극이 놓여 있다면 그 사이에 작용하는 힘[N]은? 09년/15년 출제

① $4\pi\times10^{-5}$ ② $4\pi\times10^{-4}$
③ 6.33×10^{-5} ④ 6.33×10^{-4}

해설 $F=6.33\times10^4\times\frac{m_1m_2}{r^2}=6.33\times10^4\times\frac{10^{-3}\times10^{-5}}{1^2}=6.33\times10^{-4}$[N]

10 자장 중의 한 점에 1[Wb]의 자극을 놓았을 때 이에 작용하는 힘의 크기와 방향을 그 점에 대한 무엇이라 하는가?

① 자장의 세기 ② 자위
③ 자속 밀도 ④ 자위차

정답 06.① 07.④ 08.② 09.④ 10.①

출제분석 Advice

자성체
㉠ 강자성체 : $\mu_s \gg 1$
㉡ 상자성체 : $\mu_s > 1$
㉢ 반자성체 : $\mu_s < 1$

쿨롱의 법칙에 의한 자기력
두 자극 사이 작용하는 힘의 세기는 r^2에 반비례, 자극의 세기 곱 m_1m_2에 비례한다.

$F=\frac{1}{4\pi\mu_0}\times\frac{m_1m_2}{r^2}$[N]

해설 자장의 세기 : 자장 안에 단위 점자극(+1[Wb])을 놓았을 때 작용하는 힘의 세기와 같다$\left(H=\frac{m}{4\pi\mu r^2}[\text{AT/m}]\right)$.

11 m[Wb]의 점자극에서 r[m] 떨어진 점의 자장의 세기는 공기 중에서 몇 [AT/m]인가?

① $\frac{m}{4\pi r}$ ② $\frac{m}{4\pi\mu r}$

③ $\frac{m}{4\pi r^2}$ ④ $\frac{1}{4\pi\mu_0}\times\frac{m}{r^2}$

해설 $H=\frac{m}{4\pi\mu_0 r^2}[\text{AT/m}]$

자기장은 비투자율에 반비례하므로 반자성체가 가장 크다.

12 다음 중 자기장 내에서 같은 크기 m[Wb]의 자극이 존재할 때 자기장의 세기가 가장 큰 물질은? 09년 출제

① 초합금 ② 페라이트

③ 구리 ④ 니켈

해설 자기장의 세기 $H=\frac{m}{4\pi\mu r^2}[\text{AT/m}]$에서 자기장은 투자율에 반비례하므로 비투자율이 작을수록 자기장의 세기가 크다.

- 강자성체 : 철, 니켈, 코발트
- 상자성체 : 백금, 알루미늄, 주석
- 반자성체 : 납, 구리, 아연

자기장(자장, 자계)의 세기
$H=\frac{1}{4\pi\mu}\cdot\frac{m}{r^2}[\text{AT/m}]$

13 어느 자기장에 의하여 생기는 자기장의 세기를 $\frac{1}{2}$로 하려면 자극으로부터의 거리를 몇 배로 하여야 하는가? 10년 출제

① $\sqrt{2}$ 배 ② $\sqrt{3}$ 배

③ 2배 ④ 3배

해설 자기장의 세기는 거리에 제곱에 반비례하므로 자기장이 $\frac{1}{2}$배$=\frac{1}{r^2}$배이므로 r이 $\sqrt{2}$배가 되어야 한다.

14 공기 중에서 2[Wb]의 점자극으로부터 4[m] 떨어진 점의 자장의 세기[AT/m]는 얼마인가?

① 7.9×10^3 ② 8.4×10^3

③ 9.4×10^3 ④ 10.9×10^3

정답 11.④ 12.③ 13.① 14.①

해설 자장의 세기 $H = 6.33 \times 10^4 \times \frac{m}{r^2}$

$$= 6.33 \times 10^4 \times \frac{2}{4^2} = 7.9 \times 10^3 [\mathrm{AT/m}]$$

15 공기 중 자기장의 세기 20[AT/m]인 곳에 8×10^{-3}[Wb]의 자극을 놓으면 작용하는 힘[N]은? 06년/08년 출제

① 0.16 ② 0.32
③ 0.43 ④ 0.56

해설 $F = mH = 8 \times 10^{-3} \times 20 = 0.16[\mathrm{N}]$

힘(F)과 자계(H) 관계식
$F = mH$[N]

16 공기 중에서 자기장의 세기가 100[AT/m]인 점에 8×10^{-2}[Wb]의 자극을 놓을 때 이 자극에 작용하는 힘[N]은? 10년/15년 출제

① 8×10^{-4} ② 8
③ 125 ④ 1,250

해설 $F = mH = 8 \times 10^{-2} \times 100 = 8[\mathrm{N}]$

17 자장의 세기 10[AT/m]인 점에 자극을 놓았을 때 50[N]의 힘이 작용하였다. 이 자극의 세기는 몇 [Wb]인가? 06년 출제

① 5 ② 10
③ 15 ④ 25

해설 $F = mH$[N]으로부터 $m = \frac{F}{H} = \frac{50}{10} = 5[\mathrm{Wb}]$

18 자속 밀도 단위는?

① [Wb] ② [Wb/m^2]
③ [AT/Wb] ④ [Wb · m^2]

해설 $B = \frac{\Phi}{S} [\mathrm{Wb/m^2}]$

19 강자성체의 투자율에 대한 설명이다. 옳은 것은? 07년 출제

① 투자율은 매질의 두께에 비례한다.
② 투자율은 자화력에 따라서 크기가 달라진다.
③ 투자율이 큰 것은 자속이 통하기 어렵다.
④ 투자율은 자속 밀도에 반비례한다.

정답 15.① 16.② 17.① 18.② 19.②

해설 투자율 $\mu=\frac{B}{H}$ 이므로 자속 밀도에 비례하고 자화력에 반비례한다.

자속 밀도 B와 자장 H의 관계식
㉠ $B=\mu H$
$=\mu_0\mu_s H$ [Wb/m²]
㉡ $H=\frac{B}{\mu}$

20 자기장의 세기에 대한 설명이 잘못된 것은? 08년/13년 출제

① 단위 자극에 작용하는 힘과 같다.
② 자속 밀도에 투자율을 곱한 것과 같다.
③ 수직 단면의 자력선 밀도와 같다.
④ 단위 길이당 기자력과 같다.

해설 $B=\mu H$ 에서 $H=\frac{B}{\mu}$ 이므로 자속 밀도를 투자율로 나눈 것과 같다.

21 비투자율이 1인 환상 철심 중의 자장의 세기가 H[AT/m]이었다. 이때 비투자율이 10인 물질로 바꾸면 철심의 자속 밀도[Wb/m²]는? 10년 출제

① $\frac{1}{10}$로 줄어든다.
② 10배 커진다.
③ 50배 커진다.
④ 100배 커진다.

해설 $B=\mu H=\mu_0\mu_s H$에서 자속 밀도는 투자율에 비례하므로 10배 커진다.

전계와 자계 대응 관계
전하량 – 자기(하)량

22 전기와 자기의 요소를 서로 대칭되게 나타내지 않은 것은? 07년 출제

① 전계-자계
② 전속-자속
③ 유전율-투자율
④ 전속 밀도-자기량

해설 전속 밀도-자속 밀도

자석은 열이나 냉각을 가하면 소자되므로 자력이 감소한다.

23 다음 중 자석의 일반적인 성질에 대한 설명으로 틀린 것은? 08년/12년/13년 출제

① N극과 S극이 있다.
② 자력선은 N극에서 나와 S극으로 향한다.
③ 자력이 강할수록 자기력선의 수가 많다.
④ 자석은 고온이 되면 자력이 증가한다.

해설 자석은 고온이 되면 자력이 감소한다.

정답 20.② 21.② 22.④ 23.④

출제분석 Advice

★
24 다음 중 자기력선(line of magnetic force)에 대한 설명으로 옳지 않은 것은?

09년 출제

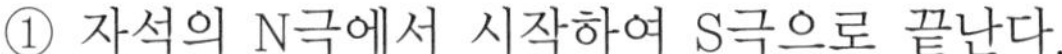

① 자석의 N극에서 시작하여 S극으로 끝난다.
② 자기장의 방향은 그 점을 통과하는 자기력선의 방향으로 표시한다.
③ 자기력선은 상호간에 교차한다.
④ 자기장의 크기는 그 점에 있어서 자기력선의 밀도를 나타낸다.

해설 자기력선은 서로 반발하며 교차하지 않는다.

★★
25 자기력선의 설명 중 맞는 것은?

06년/08년 출제

① 자기력선은 자석의 N극에서 시작하여 S극으로 끝난다.
② 자기력선은 상호간에 교차한다.
③ 자기력선은 자석의 S극에서 시작하여 N극으로 끝난다.
④ 자기력선은 가시적으로 보인다.

해설 자기력선
- 자기력선은 상호간에 교차하지 않는다.
- 자기력선은 N극에서 시작하여 S극으로 끝난다.
- 자기력선은 가시적으로 보이지 않는다.

자기력선
자기적인 힘의 선을 가상적으로 그린 선

★
26 자기력선에 대한 설명으로 옳지 않은 것은?

14년 출제

① 자기장의 모양을 나타낸 선이다.
② 자기력선이 조밀할수록 자기력이 세다.
③ 자석의 N극에서 나와 S극으로 들어간다.
④ 자기력선이 교차되는 곳에서 자기력이 세다.

해설 자기력선은 서로 반발하며 교차하지 않는다.

자기력선은 서로 반발하므로 교차할 수 없다.

★★
27 공기 중에서 m[Wb]로부터 나오는 자기력선의 총수는?

06년/14년 출제

① $\dfrac{\mu_0}{m}$　② $\dfrac{m}{\mu}$

③ $\dfrac{m}{\mu_0}$　④ $\mu \cdot m$

해설 자기력선의 총수는 가우스의 정리에 의하여 $N = \dfrac{m}{\mu_0}$[개]이다.

자기력선의 총수
$\dfrac{m}{\mu_0}$[개]

정답 24.③ 25.① 26.④ 27.③

자기력선의 총수

㉠ $N=\frac{m}{\mu}$[개](자성체)

㉡ $N=\frac{m}{\mu_0}$[개](공기)

플레밍의 오른손 법칙
발전기의 유도 기전력 방향

플레밍의 왼손 법칙
전동기의 전자력 방향

렌츠의 법칙
전자 유도 현상에 의한 기전력의 방향

자화력
자성체를 자화시키는 데 필요한 자기장(자계)의 세기
$H=\frac{NI}{l}=\frac{NI}{2\pi r}$[AT/m]
(단위로 해석하면 이해가 쉬움)

28 공기 중에서 +1[Wb]의 자극에서 나오는 자력선(磁力線)의 수는 몇 개인가?

11년 출제

① 6.33×10^4 ② 7.958×10^5
③ 8.855×10^3 ④ 1.256×10^6

해설 $N=\frac{m}{\mu_0}=\frac{1}{4\pi\times10^{-7}}\fallingdotseq7.958\times10^5$

29 전류에 의한 자기장의 방향을 결정하는 법칙은?

07년/08년/09년/12년/13년/15년 출제

① 앙페르의 오른나사 법칙 ② 플레밍의 오른손 법칙
③ 플레밍의 왼손 법칙 ④ 렌츠의 법칙

해설
- 앙페르의 오른나사 법칙 : 전류에 의한 자계의 방향 결정
- 플레밍의 오른손 법칙(발전기) : 도체 운동에 의한 기전력 방향 결정
- 플레밍의 왼손 법칙(전동기) : 전류에 의한 힘의 방향 결정
- 렌츠의 법칙 : 전자 유도에 의한 기전력 방향 결정

30 직선 도선상에 그림과 같은 방향으로 전류 I[A]가 흐를 때 거리 r[m] 떨어진 점 P의 자장 H[AT/m]의 방향이 옳은 것은?

① 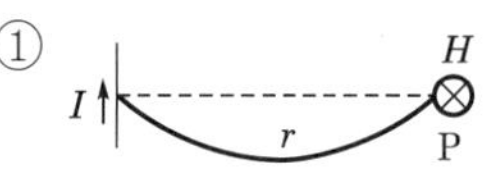

② 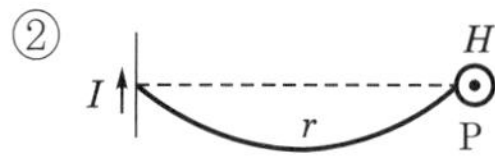

③ 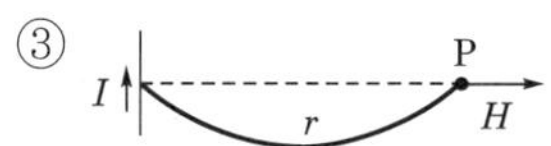

④ 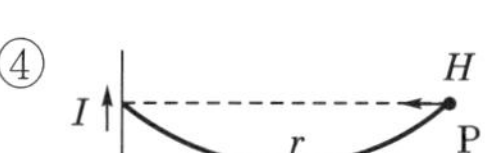

해설 앙페르의 오른나사 법칙에 의하면 오른손을 직선 도선에 엄지손가락을 대고 감아쥐면 P점에서는 지면을 뚫고 들어가는 방향이 된다.

31 자화력(자기장의 세기)을 표시하는 식과 관계가 되는 것은?

12년 출제

① NI ② μIl
③ $\frac{NI}{\mu}$ ④ $\frac{NI}{l}$

해설 앙페르의 주회 적분의 법칙에 의한 자계의 세기

$H=\frac{NI}{l}$[AT/m]

여기서, H : 자계의 세기[AT/m]
I : 인가된 전류[A]
l : 자계의 경로[m]

정답 28.② 29.① 30.① 31.④

★★★

32 길이 2[m]의 균일한 자로에 8,000회의 도선을 감고 10[mA]의 전류를 흘릴 때 자로의 자장의 세기[AT/m]는? 06년/08년/09년/10년 출제

① 4 ② 16

③ 40 ④ 160

해설 $H=\frac{NI}{l}=\frac{8,000\times10\times10^{-3}}{2}=40$[AT/m]

환상 솔레노이드 내부 자장
(외부 자장 $H=0$)
$H=\frac{NI}{l}$[AT/m]

★

33 긴 직선 도선에 I의 전류가 흐를 때 이 도선으로부터 r만큼 떨어진 곳의 자장의 세기는? 06년 출제

① 전류 I에 반비례하고 r에 비례한다.
② 전류 I에 비례하고 r에 반비례한다.
③ 전류 I의 제곱에 반비례하고 r에 반비례한다.
④ 전류 I에 반비례하고 r의 제곱에 반비례한다.

해설 직선 도체 주위의 자계 $H=\frac{I}{2\pi r}$[AT/m]

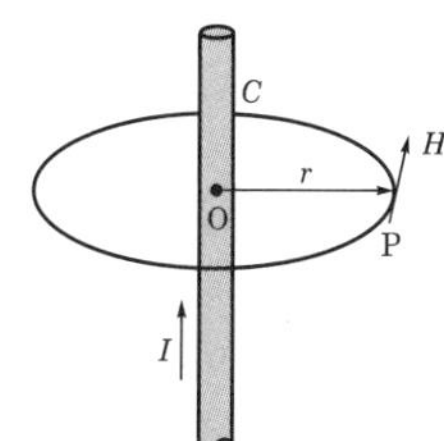

무한장 직선 전류에 의한 자장
$H=\frac{I}{2\pi r}$[AT/m]

★

34 무한장 직선 도체에 전류를 통했을 때 10[cm] 떨어진 점의 자계의 세기가 2[AT/m]라면 전류의 크기는 약 몇 [A]인가? 07년 출제

① 1.26 ② 2.16

③ 2.84 ④ 3.14

해설 $H=\frac{I}{2\pi r}$[AT/m]에서
$I=2\pi rH=2\times3.14\times0.1\times2=1.26$[A]

$H=\frac{I}{2\pi r}$[AT/m]
$I=2\pi rH$[A]

★

35 환상 솔레노이드 내부의 자기장의 세기에 관한 설명으로 옳은 것은? 09년 출제

① 자장의 세기는 권수에 반비례한다.
② 자장의 세기는 권수, 전류, 평균 반지름과는 관계가 없다.
③ 자장의 세기는 평균 반지름에 비례한다.
④ 자장의 세기는 전류에 비례한다.

정답 32.③ 33.② 34.① 35.④

해설 환상 솔레노이드 내부의 자기장의 세기 $H=\frac{NI}{2\pi r}$[AT/m]

∴ 자기장의 세기는 권수·전류에 비례하고 자로의 길이에 반비례한다.

무한장 솔레노이드 내부 자장

$H=\frac{NI}{l}=n_0 I$[AT/m]

36 무한장 솔레노이드에 의한 자장의 세기를 맞게 설명한 것은?

① 솔레노이드 내부 자장은 모든 점에서 같다.
② 솔레노이드 외부에서 가장 크다.
③ 솔레노이드 표면에서 가장 크다.
④ 솔레노이드 내부 중심부에서 가장 크다.

해설 무한장 솔레노이드에 의한 자장은 모든 점에서 균일한 평등 자장이며 외부 자장은 0이다.

★
37 단위 길이당 권수 100회인 무한장 솔레노이드에 10[A]의 전류가 흐를 때 솔레노이드 내부의 자장[AT/m]은? 13년 출제

① 10　② 100
③ 1,000　④ 10,000

해설 무한장 솔레노이드의 내부 자장의 세기

$H=\frac{NI}{l}=n_0 I=100\times 10=1{,}000$[AT/m]

38 길이 1[cm]당 5회 감은 무한장 솔레노이드가 있다. 이것에 전류를 흘렸을 때 솔레노이드 내부 자장의 세기가 100[AT/m]이었다. 이때 솔레노이드에 흐르는 전류[A]는?

① 0.25　② 0.5
③ 0.2　④ 0.3

해설 1[cm]당 5회이면 1[m]당 권수 $n_0=500$회이므로

$I=\frac{H}{n_0}=\frac{100}{500}=0.2$[A]

비오-사바르 법칙

$\Delta H=\frac{I\Delta l}{4\pi r^2}\sin\theta$[AT/m]

★★★
39 다음 중 전류와 자장의 세기 관계는 어떤 법칙과 관계가 있는가?

출제빈도

06년/07년/08년/09년/11년/13년 출제

① 패러데이 법칙　② 플레밍의 왼손 법칙
③ 비오-사바르의 법칙　④ 앙페르의 오른나사 법칙

해설 비오-사바르의 법칙 : 전류에 의한 자기장의 세기

정답 36.① 37.③ 38.③ 39.③

40 그림과 같이 I[A]의 전류가 흐르고 있는 도체의 미소 부분 Δl의 전류에 의해 이 부분이 r[m] 떨어진 점 P의 자기장 ΔH[AT/m]는? 12년/14년 출제

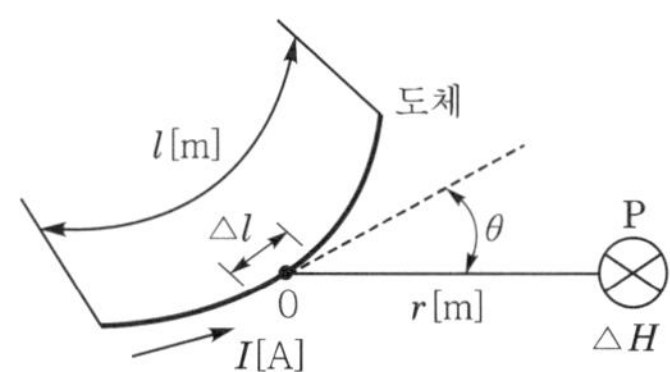

① $\Delta H = \dfrac{I^2 \Delta l \sin\theta}{4\pi r^2}$ ② $\Delta H = \dfrac{I \Delta l^2 \sin\theta}{4\pi r}$

③ $\Delta H = \dfrac{I^2 \Delta l \sin\theta}{4\pi r}$ ④ $\Delta H = \dfrac{I \Delta l \sin\theta}{4\pi r^2}$

해설 비오-사바르의 법칙에 의한 미소 자기장의 세기

$\Delta H = \dfrac{I \Delta l \sin\theta}{4\pi r^2}$[AT/m]

비오-사바르의 법칙
전류에 의한 자장의 세기를 정의한 법칙

41 반지름 r, 권수 N인 원형 코일에 전류 I[A]가 흐를 때 그 중심의 자장 세기의 식은? 06년 출제

① $\dfrac{NI}{2r}$ ② NI

③ $\dfrac{NI}{4\pi r}$ ④ $\dfrac{NI}{2\pi r}$

해설 원형 코일 중심점 자계 $H = \dfrac{NI}{2r}$[AT/m]

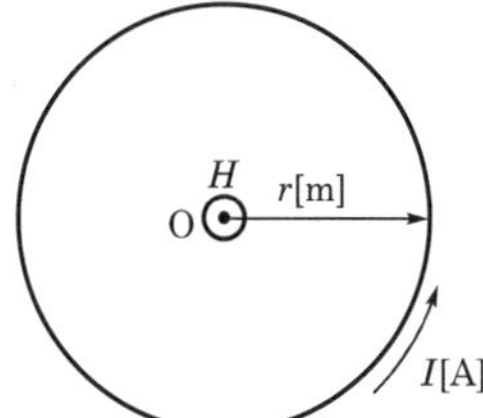

42 반지름 5[cm], 권수 100회인 원형 코일에 15[A]의 전류가 흐르면 코일 중심의 자장의 세기는 몇 [AT/m]인가? 07년/09년/11년/13년 출제

① 750 ② 3,000

③ 15,000 ④ 22,500

해설 $H = \dfrac{NI}{2r} = \dfrac{100 \times 15}{2 \times 0.05} = 15,000$[AT/m]

자계 세기
㉠ 원형 코일 중심 자계
$H = \dfrac{NI}{2r}$[AT/m]
㉡ 무한장 직선 전류에 의한 자계
$H = \dfrac{I}{2\pi r}$[AT/m]

정답 40.④ 41.① 42.③

43 M.K.S 단위 중 기자력의 단위는?

① [AT] ② [V/m]
③ [Wb] ④ [W]

해설 기자력 : 자속을 발생시키는 원천 $F = NI = R_m \Phi$[AT]

★
44 단면적 5[cm^2], 길이 1[m], 비투자율 10^3인 환상 철심에 600회의 권선을 감고 이것에 0.5[A]의 전류를 흐르게 한 경우의 기자력[AT]은?

14년 출제

① 100 ② 200
③ 300 ④ 400

해설 $F - NI - 600 \times 0.5 - 300$[AT]

★
45 자로의 단면적 S, 길이 l, 비투자율 μ_s, 진공의 투자율 μ_0일 때 자기 저항은?

12년 출제

① $\mu_0 \mu_s \frac{l}{S}$ ② $\frac{l}{\mu_0 \mu_s S}$
③ $\frac{S}{\mu_0 \mu_s l}$ ④ $\frac{\mu_0 \mu_s S}{l}$

해설 자기 저항 $R_m = \frac{F}{\Phi} = \frac{l}{\mu_0 \mu_s S}$[AT/Wb]

자기 저항
$R_m = \frac{l}{\mu A}$[AT/Wb]
여기서, l : 자기 회로의 길이
A : 단면적

★
46 자기 저항은 자기 회로의 길이에 (㉠)하고 자로의 단면적과 투자율의 곱에 (㉡)한다. ( ) 안에 들어갈 말은?

06년 출제

① ㉠ 비례, ㉡ 반비례 ② ㉠ 반비례, ㉡ 비례
③ ㉠ 비례, ㉡ 비례 ④ ㉡ 반비례, ㉡ 반비례

해설 자기 저항 $R_m = \frac{l}{\mu A}$[AT/Wb]이므로 자로의 길이에 비례하고, 자로의 투자율과 단면적에 반비례한다.

자기 저항
자속 통과를 방해하는 성분이므로, 단위에서 자속[Wb]이 분모에 있어야 한다.

★★★
47 자기 저항의 단위는?

06년/07년/08년/10년/11년 출제

① [H/m] ② [AT/Wb]
③ [AT/m] ④ [Wb/m^2]

해설 자기 회로의 옴의 법칙 $R_m = \frac{F}{\Phi} = \frac{NI}{\Phi}$[AT/Wb]

정답 43.① 44.③ 45.② 46.① 47.②

출제분석 Advice

48 다음 중 1,000[AT]의 기자력에서 5[Wb]의 자속이 생기는 자기 회로의 저항[AT/Wb]은 얼마인가?

① 50　② 100
③ 150　④ 200

해설 기자력 $F=NI=R_m\Phi$[AT]의 식으로부터

$$R_m=\frac{F}{\Phi}=\frac{1,000}{5}=200[\text{AT/Wb}]$$

49 자기 히스테리시스 곡선의 횡축과 종축은 어느 것을 나타내는가?

08년/09년/10년/11년 출제

① 자기장의 세기와 자속 밀도　② 투자율과 자속 밀도
③ 투자율과 잔류 자기　④ 자기장의 크기와 보자력

해설 히스테리시스 곡선에서 횡축은 자기장의 세기(H), 종축은 자속 밀도(B)를 나타낸다.

히스테리시스 곡선

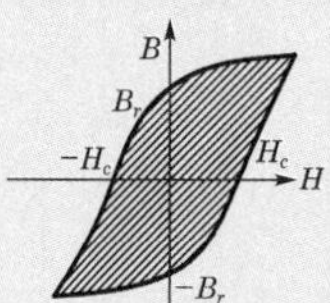

㉠ 횡축(가로축) : H_c
㉡ 종축(세로축) : B_r

50 히스테리시스 곡선이 가로축과 만나는 점의 값은 무엇을 나타내는가?

06년/07년/13년 출제

① 보자력　② 잔류 자기
③ 자속 밀도　④ 자장의 세기

해설 보자력 : 히스테리시스 곡선에서 가로축(횡축)과 만나는 점

51 히스테리시스손은 최대 자속 밀도의 몇 승에 비례하는가?

07년/15년 출제

① 1.1　② 1.6
③ 2.6　④ 3.2

해설 히스테리시스손 $P_h=\eta f B_m^{1.6}[\text{J/m}^3]$

히스테리시스손(철손)
$P_h \propto fB_m^{1.6}$

52 전자력의 방향과 관계가 있는 법칙은?

06년/07년 출제

① 렌츠의 법칙　② 패러데이의 법칙
③ 플레밍의 오른손 법칙　④ 플레밍의 왼손 법칙

해설
- 렌츠의 법칙 : 전자 유도에 의한 유도 기전력의 방향
- 패러데이의 법칙 : 전자 유도에 의한 유도 기전력의 크기
- 플레밍의 오른손 법칙 : 도체 운동에 의한 기전력의 방향 결정
- 플레밍의 왼손 법칙 : 전류에 의한 전자력의 방향 결정

정답 48.④ 49.① 50.① 51.② 52.④

★★★
53 다음 중 전자력 작용을 응용한 대표적인 것은? 07년/12년/15년 출제

① 전동기 ② 전열기
③ 축전기 ④ 전등

해설
- 발전기 : 기전력(e[V])
- 전동기 : 전자력(F[N])

★★
54 플레밍의 왼손 법칙에서 엄지손가락이 가리키는 것은? 09년/10년 출제

① 자기력선 속의 방향 ② 힘의 방향
③ 기전력의 방향 ④ 전류의 방향

해설 플레밍의 왼손 법칙
- 엄지 : 힘의 방향(F)
- 검지 : 자속 밀도의 방향(B)
- 중지 : 전류의 방향(I)

왼손을 엄지, 검지, 중지가 직각이 되도록 편 후 전류가 지면을 뚫고 나오는 방향(⊙)으로 나오도록 손가락을 갖다 댄다.

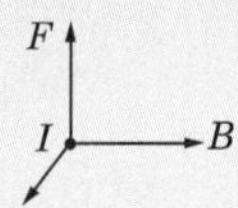

★
55 그림과 같이 자극 사이에 있는 도체에 전류(I)가 흐를 때 힘은 어느 방향으로 작용하는가? 14년 출제

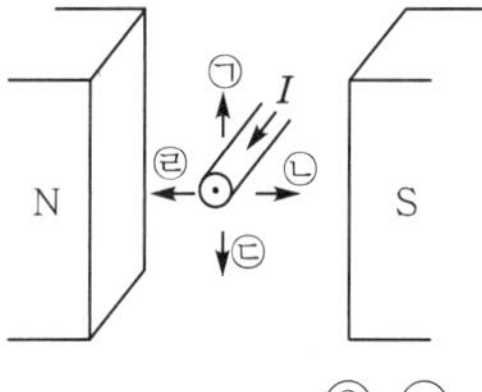

① ㉠ ② ㉡
③ ㉢ ④ ㉣

해설 플레밍의 왼손 법칙에서 왼손의 엄지(힘), 검지(자속 밀도), 중지(전류)를 직각으로 펴서 중지를 전류가 나오는 방향으로 지시하면 ㉠의 방향을 가리킨다.

플레밍의 왼손 법칙
㉠ 전동기의 전자력 방향
㉡ 엄지, 검지, 중지 : F, B, I

★★
56 플레밍의 왼손 법칙에서 전류의 방향을 나타내는 손가락은? 10년/12년 출제

① 약지 ② 중지
③ 검지 ④ 엄지

해설 플레밍의 왼손 법칙
- 엄지 : 힘의 방향(F)
- 검지 : 자속 밀도의 방향(B)
- 중지 : 전류의 방향(I)

정답 53.① 54.② 55.① 56.②

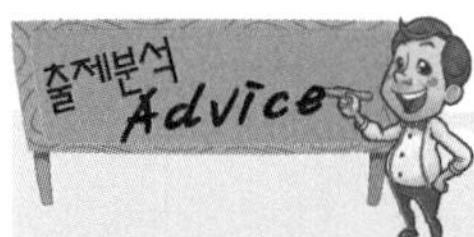

도체가 자기장에서 받는 힘을 전자력이라 하며 모두 비례 관계가 성립한다.

57 도체가 자기장 내에서 받는 힘의 관계 중 틀린 것은? 13년 출제

① 자기력선속 밀도에 비례
② 도체의 길이에 반비례
③ 흐르는 전류에 비례
④ 도체가 자기장과 이루는 각도에 비례(0~90°)

해설 전자력 $F = IBl\sin\theta$[N]

58 평등 자장 내에 있는 도선에 전류가 흐를 때 자장의 방향과 어떤 각도로 되어 있으면 작용하는 힘이 최대가 되는가? 13년 출제

① 30° ② 45°
③ 60° ④ 90°

해설 전자력의 크기 $F = IBl\sin\theta$[N]에서 힘이 최대가 되려면 sin 함수가 최대값일 때이므로 $\theta = 90°$이다.

59 공기 중에서 자속 밀도 2[Wb/m²]의 평등 자계 내에 5[A]의 전류가 흐르고 있는 길이 60[cm]의 직선 도체를 자계의 방향에 대하여 60°의 각을 이루도록 놓았을 때 이 도체에 작용하는 힘[N]은? 06년/09년/10년/15년 출제

① 약 1.7
② 약 3.2
③ 약 5.2
④ 약 8.6

해설 $F = IBl\sin\theta = 5\times2\times0.6\times\sin60° = 5.196 = 5.2$[N]

전자력
자장 안에 도체를 놓고 전류를 흘렸을 때 도체가 받는 힘
$F = IBl\sin\theta$

60 자속 밀도 0.5[Wb/m²]의 자장 안에 자장과 직각으로 20[cm]의 도체를 놓고 이것에 10[A]의 전류를 흘릴 때 도체가 50[cm] 운동한 경우 한 일은 몇 [J]인가? 07년/14년 출제

① 0.5 ② 1
③ 1.5 ④ 5

해설 전자력의 크기 $F = IBl\sin\theta = 10\times0.5\times0.2\times\sin90° = 1$[N]
이때, 도체가 힘을 받아 거리 r[m]로 운동했다면 한 일은
$W[J] = F\cdot r[N\cdot m] = 1\times0.5 = 0.5[J]$

한 일
W[J]
$= F$(힘)$\times r$(이동 거리)

정답 57.② 58.④ 59.③ 60.①

평행 도체 간의 작용 힘

$F = \frac{2I_1I_2}{r} \times 10^{-7}$[N/m]

거리 r에 반비례한다.

★★★

61 무한히 긴 평행 2직선이 있다. 이들 도선에 같은 방향으로 일정한 전류가 흐를 때 상호간에 작용하는 힘은? (단, r은 두 도선 간의 거리이다.) 07년/08년/14년 출제

출제빈도

① 흡인력이며 r이 클수록 작아진다.

② 반발력이며 r이 클수록 작아진다.

③ 흡인력이며 r이 클수록 커진다.

④ 반발력이며 r이 클수록 커진다.

해설 같은 방향의 전류가 흐르는 경우 흡인력이 작용하며, 전자력 $F = \frac{2I_1I_2}{r} \times 10^{-7}$[N/m]에서 r에 반비례한다.

★★

62 서로 가까이 나란히 있는 두 도체에 전류가 반대 방향으로 흐를 때 각 도체 간에 작용하는 힘은? 11년/15년 출제

① 흡인한다.

② 반발한다.

③ 흡인과 반발을 반복한다.

④ 처음에는 흡인하다가 나중에는 반발한다.

해설 전류 방향이 서로 반대이므로 반발력이 작용한다.

평행 전류 사이에 작용하는 힘의 세기

$F = \frac{2I_1I_2}{r} \times 10^{-7}$[N/m]

★

63 공기 중에 5[cm] 간격을 두고 2개의 평행 도선에 각각 10[A]의 전류가 동일한 방향으로 흐를 때 도선 1[m]당 발생하는 힘의 크기(N)는? 14년 출제

① 2×10^{-4} ② 3×10^{-4}

③ 4×10^{-4} ④ 5×10^{-4}

해설 평행 도선 사이에 작용하는 힘의 세기

$$F = \frac{2I_1I_2}{r} \times 10^{-7}$$

$$= \frac{2 \times 10 \times 10}{0.05} \times 10^{-7} = 4 \times 10^{-4}[\text{N/m}]$$

★

64 자극의 세기가 20[Wb]인 길이 15[cm]의 막대자석의 자기 모멘트는 몇 [Wb·m]인가? 08년 출제

① 0.45 ② 1.5

③ 3.0 ④ 6.0

해설 자기 모멘트의 세기 $M = ml = 20 \times 0.15 = 3.0$[Wb·m]

정답 61.① 62.② 63.③ 64.③

막대자석의 회전력
$\tau = mlH\sin\theta$

65 자극의 세기 4[Wb], 자축의 길이 10[cm]의 막대자석이 100[AT/m]의 평등 자장 내에서 20[N·m]의 회전력을 받았다면, 이때 막대자석과 자장과의 이루는 각도는? 11년 출제

① 0°
② 30°
③ 60°
④ 90°

해설 막대자석의 회전력 $\tau = mlH\sin\theta$[N·m]

$$\sin\theta = \frac{\tau}{mlH} = \frac{20}{4\times0.1\times100} = \frac{1}{2}$$

$\sin\theta = \frac{1}{2}$ 이므로 $\theta = \sin^{-1}\left(\frac{1}{2}\right) = 30°$

자장 안에 작용하는 사각형 코일의 회전력
$\tau = BINA\cos\theta$[N·m]

66 자속 밀도 $B = 0.2$[Wb/m^2]의 자장 내 길이 2[m], 폭 1[m], 권수 5회의 구형 코일이 자장과 30°의 각도로 놓여 있을 때 코일이 받는 회전력은? (단, 이 코일에 흐르는 전류는 2[A]이다.) 12년 출제

① $\sqrt{\frac{3}{2}}$[N·m]
② $\frac{\sqrt{3}}{2}$[N·m]
③ $2\sqrt{3}$[N·m]
④ $\sqrt{3}$[N·m]

해설 사각형 코일에 작용하는 회전력

$$\tau = BINA\cos\theta\,[\text{N·m}] = 0.2\times2\times5\times2\times1\times\cos30° = 2\sqrt{3}\,[\text{N·m}]$$

67 "전자 유도에 의하여 어떤 회로에 생긴 기전력은 이 회로와 쇄교하는 자속의 증가 또는 감소하는 정도에 비례한다."라는 것은 무슨 법칙인가? 11년 출제

① 옴의 법칙
② 줄의 법칙
③ 렌츠의 법칙
④ 전자 유도에 관한 패러데이의 법칙

해설 패러데이의 법칙 : 전자 유도 현상에 의한 유도 기전력의 크기를 정의한 법칙으로 유도 기전력의 크기는 자속의 시간적인 감쇠율(증가 또는 감소)에 비례한다.

$$e = N\frac{\Delta\Phi}{\Delta t}\,[\text{V}]$$

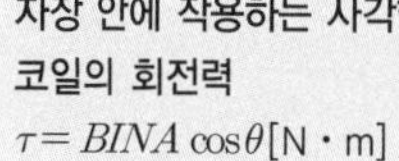

전자 유도 법칙
$e = -N\frac{\Delta\Phi}{\Delta t}$[V]
㉠ 크기 : 패러데이 법칙
㉡ 방향 : 렌츠 법칙

68 "유도 기전력은 자신의 발생 원인이 되는 자속의 변화를 방해하려는 방향으로 발생한다." 이것을 유도 기전력에 관한 무슨 법칙이라 하는가? 06년/08년 출제

① 옴(Ohm)의 법칙
② 렌츠(Lenz)의 법칙
③ 쿨롱(Coulomb)의 법칙
④ 앙페르(Ampere)의 법칙

정답 65.② 66.③ 67.④ 68.②

해설 렌츠의 법칙 : 유도 기전력의 방향은 자속 Φ의 증가 또는 감소를 방해하는 방향으로 발생한다.

전자 유도 작용
전류의 방향대로 오른손을 감아쥐면 엄지손가락 방향과 반대로 자석의 이동 방향을 정하면 된다.

★
69 코일에 그림과 같은 방향으로 유도 전류가 흘렀을 때 자석의 이동 방향은?
06년 출제

① ①의 방향
② ②의 방향
③ ③의 방향
④ ④의 방향

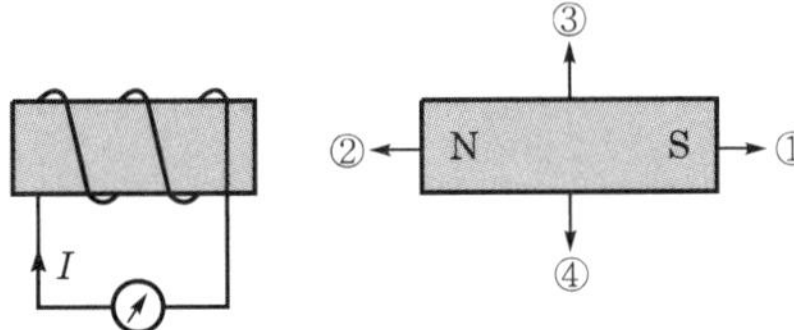

해설 앙페르의 오른나사 법칙에 의해 왼쪽 그림의 코일은 왼쪽에서 오른쪽으로 진행하는 자속(렌츠의 자속)에 의해서 전류가 흐르고 있다. 그러므로 자석의 이동 방향은 ②의 방향이 된다.

전자 유도 법칙
유도 기전력의 크기는 자속의 시간적인 변화율$\left(\frac{\Delta\Phi}{\Delta t}\right)$에 비례한다.

★★
70 1회 감은 코일에 지나가는 자속이 1/100[sec] 동안에 0.3[Wb]에서 0.5[Wb]로 증가하였다면 유도 기전력[V]은?
08년/13년 출제

① 5 ② 10
③ 20 ④ 40

해설 유도 기전력 $e=-N\frac{\Delta\Phi}{\Delta t}=1\times\frac{0.5-0.3}{0.01}=20[\mathrm{V}]$

플레밍의 오른손 법칙
발전기의 기전력 방향

플레밍의 왼손 법칙
전동기의 전자력 방향

★★★
71 발전기 유도 전압의 방향을 나타내는 법칙은?
09년/10년/14년 출제

① 플레밍의 오른손 법칙
② 플레밍의 왼손 법칙
③ 렌츠의 법칙
④ 앙페르의 오른나사 법칙

해설 플레밍의 오른손 법칙 : 발전기에서 유도되는 기전력의 방향을 알기 쉽게 정의한 법칙

★★
72 플레밍의 오른손 법칙에서 셋째 손가락의 방향은?
06년/12년/16년 출제

① 운동 방향 ② 자속 밀도의 방향
③ 유도 기전력의 방향 ④ 자력선의 방향

해설 플레밍의 오른손 법칙
- 엄지 : 도체의 운동 방향
- 검지 : 자속 밀도 방향
- 중지 : 유도 기전력의 방향

정답 69.② 70.③ 71.① 72.③

73 길이 10[cm]의 도선이 자속 밀도 1[Wb/m^2]의 평등 자장 안에서 자속과 수직 방향으로 3[sec] 동안에 12[m]를 이동하였다. 이때 유도되는 기전력은 몇 [V]인가?

08년 출제

① 0.1 ② 0.2
③ 0.3 ④ 0.4

해설 $e = vBl\sin\theta = \frac{12[\text{m}]}{3[\text{sec}]} \times 1 \times 0.1 \times \sin 90°$
$= 0.4[\text{V}]$

발전기(도체 운동)에 의한 유도 기전력
$e = vBl\sin\theta[\text{V}]$

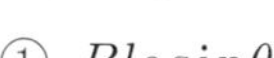

74 자속 밀도 B[Wb/m^2]가 되는 균등한 자계 내에 길이 l[m]의 도선을 자계에 수직인 방향으로 운동시킬 때 도선에 e[V]의 기전력이 발생한다면 이 도선의 속도[m/s]는?

13년 출제

① $Ble\sin\theta$ ② $Ble\cos\theta$
③ $\frac{Bl\sin\theta}{e}$ ④ $\frac{e}{Bl\sin\theta}$

해설 유도 기전력 $e = Blv\sin\theta[\text{V}]$이므로
속도 $v = \frac{e}{Bl\sin\theta}[\text{m/sec}]$

75 권수 N[T]인 코일에 I[A]의 전류가 흘러 자속 Φ[Wb]가 발생할 때의 인덕턴스는 몇 [H]인가?

06년 출제

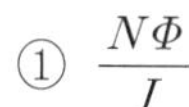

① $\frac{N\Phi}{I}$ ② $\frac{I\Phi}{N}$
③ $\frac{NI}{\Phi}$ ④ $\frac{\Phi}{NI}$

해설 $N\Phi = LI$에서 $L = \frac{N\Phi}{I}[\text{H}]$

유도 기전력의 크기
$e = -N\frac{\Delta\Phi}{\Delta t} = -L\frac{\Delta I}{\Delta t}$
$N\Phi = LI$ 식 성립
$L = \frac{N\Phi}{I}[\text{H}]$

76 (출제빈도) 권수 50인 코일에 5[A]의 전류가 흘렀을 때 10^{-3}[Wb]의 자속이 코일 전체를 쇄교하였다면 이 코일의 자체 인덕턴스[mH]는?

06년/07년/08년/14년 출제

① 10 ② 20
③ 30 ④ 40

해설 $L = \frac{N\Phi}{I} = \frac{50 \times 10^{-3}}{5} = 10[\text{mH}]$

정답 73.④ 74.④ 75.① 76.①

★★★
77 자기 인덕턴스 $L=0.05$[H]의 코일에서 0.05[s] 동안에 2[A]의 전류가 변화하였다. 코일에 유도되는 기전력[V]은? 06년/07년/12년/15년 출제

출제빈도

① 0.5 ② 2
③ 10 ④ 15

해설 유도 기전력 $e=L\dfrac{\Delta I}{\Delta t}=0.05\times\dfrac{2}{0.05}=2$[V]

자기 유도 법칙에 의한 유도 기전력

$e=-L\dfrac{\Delta I}{\Delta t}$[V]

★
78 매초 1[A]의 비율로 전류가 변하여 10[V]를 유도하는 코일의 인덕턴스는 몇 [H]인가? 06년 출제

① 0.01 ② 0.1
③ 1.0 ④ 10

해설 $e=-L\dfrac{\Delta I}{\Delta t}$에서 $L=\dfrac{e\times\Delta t}{\Delta I}=\dfrac{10\times1}{1}=10$[H]

★
79 자체 인덕턴스의 단위[H]와 같은 단위를 나타낸 것은? 06년 출제

① [H]=[Ω/S] ② [H]=[Wb/V]
③ [H]=[A/Wb] ④ [H]=$\dfrac{[V][s]}{[A]}$

해설 $e=-L\dfrac{\Delta I}{\Delta t}$ 에서 $L=\dfrac{e\times\Delta t}{\Delta I}$[H]이므로 단위를 보면 $\dfrac{[V][s]}{[A]}$이다.

★
80 단면적 A[m^2], 자로의 길이 l[m], 투자율 μ, 권수 N회인 환상 철심의 자체 인덕턴스의 식은 다음 중 어느 것인가? 15년 출제

① $\dfrac{\mu AN^2}{l}$ ② $\dfrac{AlN^2}{4\pi\mu}$
③ $\dfrac{4\pi\mu_s AN^2}{l}$ ④ $\dfrac{\mu lN^2}{A}$

해설 $L=\dfrac{\mu AN^2}{l}$[H]

★
81 환상 솔레노이드에서 코일의 권수를 N이라 하면 자체 인덕턴스 L은? 14년 출제

① N에 비례한다. ② $\dfrac{1}{N}$에 비례한다.
③ N^2에 비례한다. ④ $\dfrac{1}{N^2}$에 비례한다.

정답 77.② 78.④ 79.④ 80.① 81.③

해설 $L=\dfrac{\mu AN^2}{l}$[H]이므로 권수 N^2에 비례한다.

82 코일의 자체 인덕턴스는 어느 것에 따라 변화하는가? 08년 출제

① 투자율 ② 유전율
③ 도전율 ④ 저항률

해설 자체 인덕턴스 $L=\dfrac{\mu AN^2}{l}$[H]이므로 투자율에 비례한다.

83 단면적 4[cm²], 자기 통로의 평균 길이 50[cm], 코일 감은 횟수 1,000회, 비투자율 2,000인 환상 솔레노이드가 있다. 이 솔레노이드의 자체 인덕턴스[H]는? (단, 진공 중의 투자율은 $\mu_0=4\pi\times10^{-7}$[H/m]이다.) 10년 출제

① 약 2 ② 약 20
③ 약 200 ④ 약 2,000

해설 $L=\dfrac{\mu_0\mu_s AN^2}{l}=\dfrac{4\pi\times10^{-7}\times2{,}000\times4\times10^{-4}\times1{,}000^2}{0.5}\fallingdotseq2$[H]

84 2개의 코일을 서로 근접시켰을 때 한쪽 코일의 전류가 변화하면 다른 쪽 코일에 유도 기전력이 발생하는 현상을 무엇이라고 하는가? 12년 출제

① 상호 결합
② 자체 유도
③ 상호 유도
④ 자체 결합

해설 상호 유도 작용이라 한다.

85 환상 철심의 평균 자로 길이 l[m], 단면적 A[m²], 비투자율 μ_s, 권수 N_1, N_2인 두 코일의 상호 인덕턴스는? 13년 출제

① $\dfrac{2\pi\mu_s lN_1N_2}{A}\times10^{-7}$[H] ② $\dfrac{AN_1N_2}{2\pi\mu_s l}\times10^{-7}$[H]

③ $\dfrac{4\pi\mu_s AN_1N_2}{l}\times10^{-7}$[H] ④ $\dfrac{4\pi^2\mu_s N_1N_2}{Al}\times10^{-7}$[H]

해설 $M=\dfrac{\mu AN_1N_2}{l}=\dfrac{\mu_0\mu_s AN_1N_2}{l}$[H]

정답 82.① 83.① 84.③ 85.③

출제분석 Advice

자기 인덕턴스
$L=\dfrac{N\Phi}{I}=\dfrac{\mu AN^2}{l}$[H]

단면적 환산
1[cm]$=10^{-2}$[m]
1[cm²]$=(10^{-2})^2$[m²]
$=10^{-4}$[m²]
4[cm²]$=4\times10^{-4}$[m²]

자기(자체) 유도
한 코일에서 발생한 자속이 자신의 코일과 쇄교

상호 유도
한 코일에서 발생한 자속이 다른 코일과 쇄교

상호 인덕턴스
$M=\dfrac{\mu AN_1N_2}{l}$[H]
자로의 길이 l만 반비례하므로 분모에 있는 것을 찾으면 된다.

상호 인덕턴스
한 코일에서 발생한 자속이 다른 코일과 쇄교하는 비율

★★
86 감은 횟수 200회의 코일 P와 300회의 코일 S를 가까이 놓고 P에 1[A]의 전류를 흘릴 때 S와 쇄교하는 자속이 4×10^{-4}[Wb]이었다면 이들 코일 사이의 상호 인덕턴스는? 07년/12년 출제

① 0.12[H] ② 0.12[mH]
③ 1.2×10^{-4}[H] ④ 1.2×10^{-4}[mH]

해설 $M=\dfrac{N_2\Phi_{21}}{I_1}=\dfrac{300\times4\times10^{-4}}{1}=0.12$[H]

상호 유도 기전력은 자기 유도 기전력과 비슷하다.
㉠ $e_L=-L\dfrac{\Delta I}{\Delta t}$[V]
㉡ $e_M=-M\dfrac{\Delta I}{\Delta t}$[V]

★
87 두 코일이 있다. 한 코일에 매초 전류가 150[A]의 비율로 변할 때 다른 코일에 60[V]의 기전력이 발생하였다면, 두 코일의 상호 인덕턴스는 몇 [H]인가? 09년 출제

① 0.4 ② 2.5
③ 4.0 ④ 25

해설 상호 유도 전압 $e=M\dfrac{\Delta I}{\Delta t}$

$\therefore\ M=e\times\dfrac{\Delta t}{\Delta I}=60\times\dfrac{1}{150}=0.4$[H]

코일끼리 서로 직교하면 자속이 다른 코일과 쇄교하지 못한다.

★★
88 자기 인덕턴스가 각각 L_1, L_2[H]의 두 원통 코일이 서로 직교하고 있다. 두 코일 간의 상호 인덕턴스는? 06년/12년 출제

① L_1+L_2 ② L_1L_2
③ 0 ④ $\sqrt{L_1L_2}$

해설 두 코일이 서로 직교하면 자속의 결합 계수가 0이다. 그러므로 상호 인덕턴스도 0이 된다.

$M=k\sqrt{L_1L_2}$[H]
완전 결합 $k=1$

★★
89 자체 인덕턴스가 40[mH]와 90[mH]인 2개의 코일이 있다. 두 코일 사이에 누설 자속이 없다고 하면 상호 인덕턴스[mH]는? 08년/10년 출제

① 50 ② 60
③ 65 ④ 130

해설 $M=k\sqrt{L_1L_2}$에서 누설 자속이 없으면 $k=1$이므로
$M=\sqrt{L_1L_2}=\sqrt{40\times90}=60$[mH]

정답 86.① 87.① 88.③ 89.②

★★★
90 자체 인덕턴스 L_1, L_2, 상호 인덕턴스 M인 두 코일의 결합 계수가 1이면 어떤 관계가 되는가? 06년/13년/15년 출제

① $M = L_1 \times L_2$ ② $M = \sqrt{L_1 \times L_2}$
③ $M = L_1\sqrt{L_2}$ ④ $M > \sqrt{L_1 \times L_2}$

해설 $M = k\sqrt{L_1 L_2}$에서 $k = 1$이므로 $M = \sqrt{L_1 L_2}$ [H]

★
91 상호 유도 회로에서 결합 계수 k는? (단, M은 상호 인덕턴스, L_1, L_2는 자기 인덕턴스이다.) 11년 출제

① $k = M\sqrt{L_1 L_2}$ ② $k = \sqrt{ML_1 L_2}$
③ $k = \dfrac{M}{\sqrt{L_1 L_2}}$ ④ $k = \sqrt{\dfrac{L_1 L_2}{M}}$

해설 상호 인덕턴스 계산식 $M = k\sqrt{L_1 L_2}$ [H]에서
결합 계수 $k = \dfrac{M}{\sqrt{L_1 L_2}}$

자기 인덕턴스와 상호 인덕턴스 관계
$M = k\sqrt{L_1 L_2}$ [H]

★★
92 자체 인덕턴스가 각각 200[mH], 450[mH]의 두 코일이 있다. 두 코일 사이의 상호 인덕턴스가 60[mH]이면 결합 계수는 얼마인가? 12년/15년 출제

① 0.1 ② 0.2
③ 0.3 ④ 0.4

해설 $M = k\sqrt{L_1 L_2}$ [H]로부터 결합 계수
$$k = \frac{M}{\sqrt{L_1 L_2}} = \frac{60}{\sqrt{200 \times 450}} = \frac{60}{300} = 0.2$$

★★
93 자체 인덕턴스가 L_1, L_2인 두 코일을 직렬로 접속하였을 때 합성 인덕턴스를 나타내는 식은? (단, 두 코일 간의 상호 인덕턴스는 M이라고 한다.) 06년/14년 출제

① $L_1 + L_2 + M$
② $L_1 - L_2 + M$
③ $L_1 + L_2 \pm 2M$
④ $L_1 - L_2 \pm 2M$

해설 두 코일 간의 합성 인덕턴스는 $L_0 = L_1 + L_2 \pm 2M$이다.

정답 90.② 91.③ 92.② 93.③

가동 접속
코일을 같은 방향으로 감아 자속이 합해지는 방향

차동 접속
코일을 반대 방향으로 감아 자속이 서로 빼지는 방향

★★
94

자체 인덕턴스 L_1, L_2, 상호 인덕턴스 M의 코일을 같은 방향으로 직렬 연결한 경우 합성 인덕턴스는? 09년/15년 출제

① $L_1 + L_2 + M$
② $L_1 + L_2 - M$
③ $L_1 + L_2 - 2M$
④ $L_1 + L_2 + 2M$

해설 같은 방향의 직렬 연결(가동 접속) $L_0 = L_1 + L_2 + 2M$

★
95

두 코일의 자체 인덕턴스를 L_1[H], L_2[H]라 하고 상호 인덕턴스를 M이라 할 때, 두 코일을 자속이 동일한 방향과 역방향이 되도록 하여 직렬로 각각 연결하였을 경우, 합성 인덕턴스의 큰 쪽과 작은 쪽의 차는? 14년 출제

① M ② $2M$
③ $4M$ ④ $8M$

해설 $L_{가동} = L_1 + L_2 + 2M$[H]
$L_{차동} = L_1 + L_2 - 2M$[H]
두 식을 빼면 $L_{가동} - L_{차동} = 4M$[H]

상호 인덕턴스
$M = \frac{합성값의 차}{4}$

★★★
96

출제빈도

2개의 자체 인덕턴스를 직렬로 접속하여 합성 인덕턴스를 측정하였더니 95[mH]이었다. 한쪽 인덕턴스를 반대로 접속하여 측정하였더니 합성 인덕턴스가 15[mH]로 되었다. 두 코일의 상호 인덕턴스는? 06년/09년/10년 출제

① 20 ② 40
③ 80 ④ 160

해설 합성값을 이용한 상호 인덕턴스 $M = \frac{L_{가동} - L_{차동}}{4} = \frac{80}{4} = 20$[mH]

코일 축적 에너지
$W = \frac{1}{2}LI^2 \propto I^2$
(포물선)

★
97

L[H]의 코일에 I[A]의 전류가 흐를 때 축적되는 에너지는 몇 [J]인가? 06년 출제

① LI ② $\frac{1}{2}LI$
③ LI^2 ④ $\frac{1}{2}LI^2$

해설 코일에 축적되는 자기 에너지 $W = \frac{1}{2}LI^2$[J]

정답 94.④ 95.③ 96.① 97.④

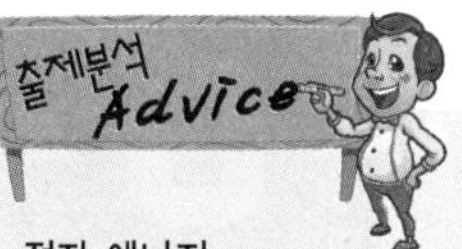

★

98 자기 인덕턴스에 축적되는 에너지에 대한 설명으로 가장 옳은 것은? 11년 출제

① 자기 인덕턴스 및 전류에 비례한다.
② 자기 인덕턴스 및 전류에 반비례한다.
③ 자기 인덕턴스에 비례하고 전류의 제곱에 비례한다.
④ 자기 인덕턴스에 반비례하고 전류의 제곱에 반비례한다.

해설 코일에 축적되는 자기 에너지는 $W=\frac{1}{2}LI^2$[J]이므로 자기 인덕턴스와 전류의 제곱에 비례한다.

전자 에너지
$W=\frac{1}{2}LI^2$[J]

★★

99 자체 인덕턴스 20[mH]의 코일에 30[A]의 전류를 흘릴 때 축적되는 에너지[J]는? 07년/10년 출제

① 1.5 ② 3
③ 9 ④ 18

해설 $W=\frac{1}{2}LI^2=\frac{1}{2}\times 20\times 10^{-3}\times 30^2=9$[J]

코일 축적 에너지
$W=\frac{1}{2}LI^2$

★★

100 자체 인덕턴스 2[H]의 코일에 25[J]의 에너지가 저장되어 있다. 이때 코일에 흐르는 전류는 몇 [A]인가? 09년/12년 출제

① 2 ② 3
③ 4 ④ 5

해설 $W=\frac{1}{2}LI^2$[J]에서 전류 $I=\sqrt{\frac{2W}{L}}=\sqrt{\frac{2\times 25}{2}}=5$[A]

전자 에너지(코일 축적 에너지)
$W=\frac{1}{2}LI^2$[J]

101 0.5[A]의 전류가 흐르는 코일에 축적된 전자 에너지를 0.2[J] 이하로 하기 위한 인덕턴스[H]는 얼마인가?

① 0.8 ② 1.2
③ 1.6 ④ 2.2

해설 $L=\frac{2W}{I^2}=\frac{0.2\times 2}{0.5^2}=1.6$[H]

정답 98.③ 99.③ 100.④ 101.③

CHAPTER 04 교류 회로

01 정현파 교류와 그 표시 방법

1 사인파(정현파) 교류

(1) 교류의 정의

교류란 그 크기와 방향이 사인파의 형태를 가지면서 주기적으로 변화하는 전압 또는 전류(A.C.)를 말한다.

(2) 교류의 발생 원리

평등 자기장 중에 전기자 도체(코일)를 놓고 시계 방향으로 회전시키면 전기자 도체가 자속을 끊으면서 그 크기와 방향이 변화하는 유도 기전력이 발생한다.

유도 기전력
$e = vBl\sin\theta$[V]

$$e = vBl\sin\theta \text{[V]}$$

여기서, v : 주변 속도(전기자 도체의 회전 속도)[m/sec]
B : 자속 밀도[Wb/m^2]
l : 전기자 도체의 코일 변 길이[m]
θ : 자장의 방향과 전기자 도체가 이루는 각

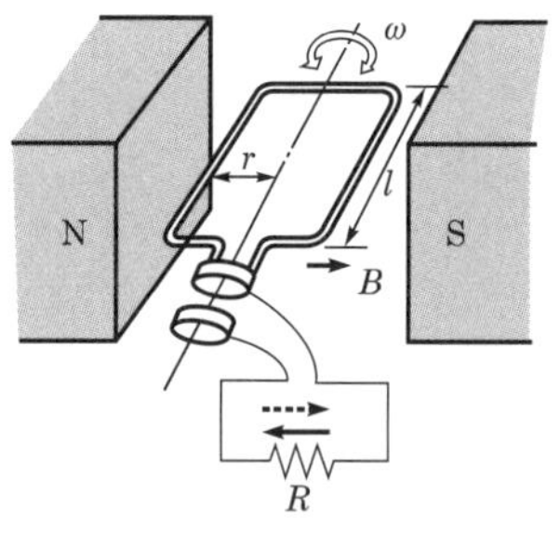

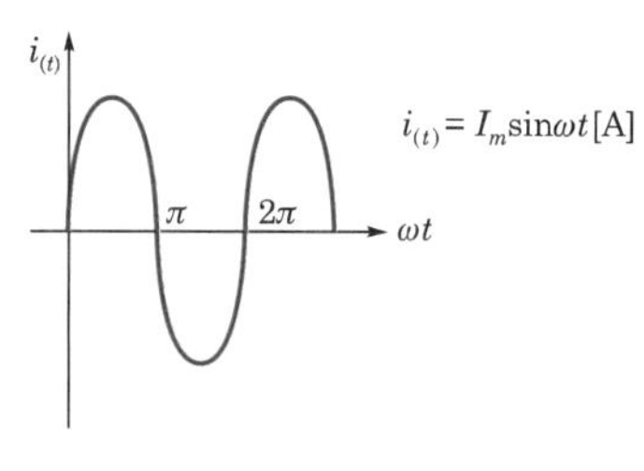

(3) 교류의 기초

① 주기(T) : 1사이클(cycle)을 이루는 데 필요한 시간, 단위[sec]
② 주파수(f) : 1[sec] 동안에 발생하는 사이클의 수, 단위[Hz]

㉠ 주기와 주파수의 관계 : $f = \frac{1}{T}$[Hz], $T = \frac{1}{f}$[sec]

㉡ 상용 주파수 $f = 60$[Hz]는 1초 동안 이루는 사이클의 수가 60회이므로 주기는 $\frac{1}{60}$[sec]임을 알 수 있다.

③ **각주파수** : 발전기에서 전기자가 회전하여 얻은 "기전력의 파형"을 기준으로 한 것으로 "단위 시간당 주파수를 표현한 것"으로, 1주파당 위상각의 변화가 2π[rad]이므로 다음과 같이 나타낼 수 있다.

$$\omega = 2\pi f = \frac{2\pi}{T}\text{[rad/sec]}$$

④ **교류 일반식** : 발전기에서 높은 기전력을 얻기 위해 전기자 도체 수를 n개로 하고, 발전기 운전 시 일정한 주변 속도 및 자속 밀도, 전기자 도체의 코일 변 길이가 일정하다면 발전기에서 얻을 수 있는 기전력의 최대값은 $nvBl$이 되고, $\sin\theta$는 (4) 호도법에서 정리한 것처럼 $\theta = \omega t$로 변형할 수 있으므로 다음과 같은 교류 전압식을 얻을 수 있다.

$v(t) = V_m \sin\omega t$ [V]

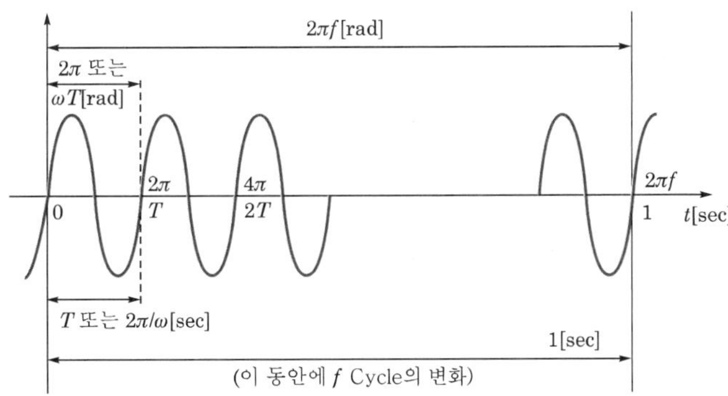

(4) 호도법(radian법)

원의 중심각의 크기를 원의 반지름(r)에 대한 호(l)의 비율로 표현하는 방법으로서 θ[rad]으로 표현한다.

① 1[rad] : 원에서 반지름 r과 호 $\overline{ab}$의 길이가 같은 사잇각 θ

㉠ 1[rad]=57.17°

㉡ π[rad]=180°

- $\theta = \frac{l}{r} \rightarrow l = r\theta$
- 각속도 : $\omega = \frac{\theta}{t} = 2\pi f$[rad/sec]

자주 출제되는 Key Point

주기와 주파수의 관계

$f = \frac{1}{T}$[Hz]

$T = \frac{1}{f}$[sec]

각주파수

단위 시간당 주파수를 표현한 것

$\omega = 2\pi f$

$= \frac{2\pi}{T}$[rad/sec]

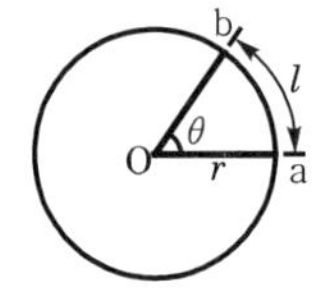

라디안각
π[rad]=180°

② 호도법에 의한 각도 표시

$\frac{\pi}{6}$	$\frac{\pi}{4}$	$\frac{\pi}{3}$	$\frac{\pi}{2}$	π	$\frac{3}{2}\pi$	2π
30°	45°	60°	90°	180°	270°	360°

③ **주변 속도** : 회전 운동계에서 단위 시간당 이동한 거리를 나타내는 것

$v=\frac{l}{t}=\frac{r\theta}{t}=r\times\frac{\theta}{t}=r\omega=r2\pi n=\frac{\pi DN}{60}$[m/sec]

여기서, n : 초당 회전 수[rps]

N : 분당 회전 수[rpm]

D : 회전자 직경[m]

④ **각속도** : 발전기의 경우 발전기 회전자인 "전기자"를 기준으로 한 것으로 "단위 시간당 이동한 각속도"로 1회전의 경우 이동각이 2π[rad]이므로 초당 회전 수 n[rps]를, 분당 회전 수 N[rpm]으로 환산하면 다음과 같다.

$\omega=2\pi n=\frac{2\pi N}{60}$[rad/sec]

⑤ **전기각** : 발전기에서 전기자가 회전하여 얻은 기전력의 파형을 기준으로 한 것으로 발전기 극 수 P와 전기자 회전 수 n[rps] 간에는 $f=\frac{P}{2}n$ 관계가 성립하므로 이웃하고 있는 극 간의 전기각은 극 수에 관계없이 항상 π가 성립한다.

2 위상과 위상차

(1) 위상 및 위상차

위상이란 발전기 등에서 자속을 끊어 기전력을 발생시키는 전기자 도체의 위치를 나타내는 것으로, 여러 개의 사인파 교류에서 "각 파의 정방향으로의 상승이 시작하는 0의 값에 대한 시간의 차"를 위상차라고 한다. 또한 다음 v와 같이 시간 $t=0$에서 정방향으로 상승이 시작되는 교류 파형을 위상각 0°인 전압이라고 하며 항상 이 파형을 기준으로 하여 v_1 형태의 파형은 위상이 앞선다. v_2 형태의 파형은 위상이 뒤진다고 표현한다.

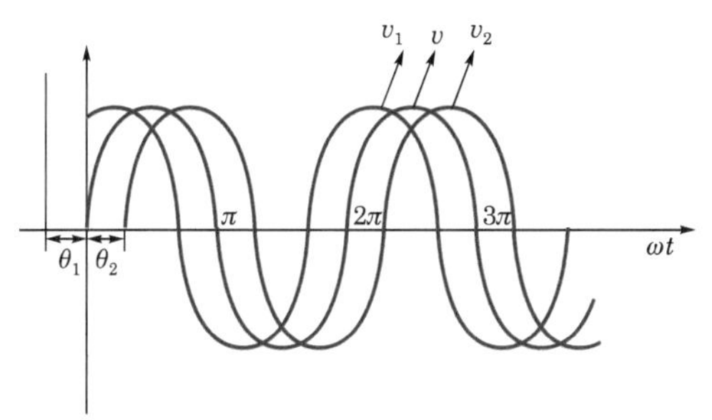

여기서, $v = V_m \sin\omega t$[V]

$v_1 = V_m \sin(\omega t + \theta_1)$[V]

$v_2 = V_m \sin(\omega t - \theta_2)$[V]

① v_1은 v보다 위상이 θ_1만큼 앞서있다.

② v_2는 v보다 위상이 θ_2만큼 뒤져있다.

③ v_1은 v_2보다 위상이 $\theta_1 + \theta_2$만큼 앞서있다.

(2) 동위상

2개 이상의 교류 파형에서 그 크기가 0이 될 때의 시점이 같은 교류를 『위상이 같다.』 또는 『동위상이다.』라고 한다.

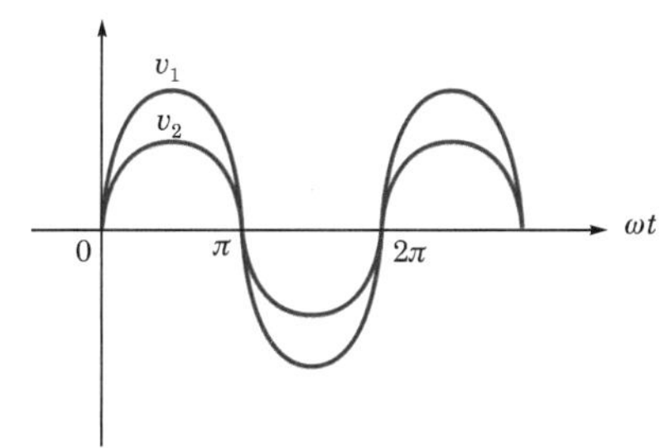

여기서, $v_1 = V_{m1}\sin\omega t$[V], $v_2 = V_{m2}\sin\omega t$[V]

3 정현파 교류의 크기

(1) 순시값($v(t)$, $i(t)$)

전류 및 전압 파형에서 어떤 임의의 순간 t에서의 전류, 전압 크기

$$v(t) = V_m \sin(\omega t + \theta)\text{[V]}$$

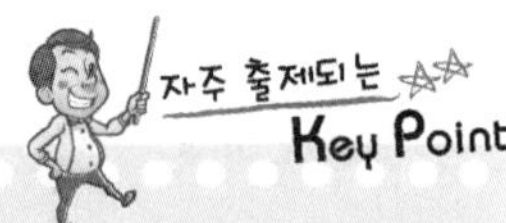

(2) 최대값(V_m, I_m)

전류 및 전압 교류 파형의 순시값 중 가장 큰 값

$$V_m = \sqrt{2}\,V = \frac{\pi}{2}V_{av}$$

평균값

$V_{av} = \frac{2}{\pi}V_m$
$= 0.637\,V_m$ [V]

(3) 평균값(V_{av}, I_{av})

한 주기 동안의 면적(크기)을 주기로 나누어 구한 산술적인 평균값

$$V_{av} = \frac{2}{\pi}V_m = 0.637\,V_m$$

실효값

$V = \frac{1}{\sqrt{2}}V_m$
$= 0.707\,V_m$ [V]
(모든 계산은 실효값으로 하여야 한다.)

(4) 실효값(V, I)

같은 저항에서 일정한 시간 동안 직류와 교류를 흘렸을 때 각 저항에서 발생하는 열량이 같아지는 순간 교류를 직류로 환산한 값(교류의 대표값)

$$\text{실효값} = \sqrt{\text{1주기 동안의 (순시값)}^2\text{의 평균값}}$$

$$V = \frac{1}{\sqrt{2}}V_m = 0.707\,V_m$$

파고율

$\frac{\text{최대값}}{\text{실효값}}$

파형률

$\frac{\text{실효값}}{\text{평균값}}$

(5) 파고율, 파형률

$$\text{파고율} = \frac{\text{최대값}}{\text{실효값}},\quad \text{파형률} = \frac{\text{실효값}}{\text{평균값}}$$

4 정현파 교류의 벡터 표시법

(1) 벡터(정지 벡터)의 표시법

정현파 교류 크기와 위상각을 벡터로 나타내는 방법 ($\dot{Z} = \vec{Z}$)

① 크기(실효값) : 화살표 크기
② 편각(위상 θ) : 기준선과 이루는 각
  ㉠ + : 위상이 θ만큼 앞선 경우
  ㉡ − : 위상이 θ만큼 뒤진 경우

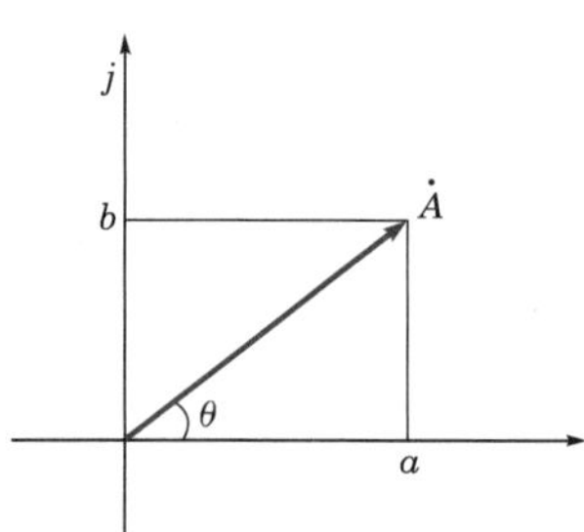

벡터

크기와 방향을 가진 양(힘, 속도 등)

(2) 극형식법(극좌표법)

정현파 교류의 크기와 위상각을 극형식으로 나타내는 방법

① 크기 : 실효값

② 편각 : 위상 θ

$$\dot{A} = \text{크기(실효값)} \angle \text{편각} = A\angle\theta$$

- 극형식법에 의한 곱셈과 나눗셈의 계산법
  - $A\angle\theta_1 \cdot B\angle\theta_2 = A \cdot B\angle\theta_1 + \theta_2$
  - $\dfrac{A\angle\theta_1}{B\angle\theta_2} = \dfrac{A}{B}\angle\theta_1 - \theta_2$
- 허수 j의 의미

  위상 관계를 표현하기 위한 하나의 벡터로 위상이 90° 빠름을 의미한다.

  $j = \sqrt{-1}$, $j^2 = -1$

(3) 지수함수법

정현파 교류의 크기와 위상을 지수함수 $e^{j\theta}$를 이용하여 표시하는 방법

① 크기 : 실효값

② 편각 : 위상 θ

$$\dot{A} = \text{크기(실효값)} \cdot e^{j\theta} = A\,e^{j\theta}$$

㉠ $+j$: 위상이 θ만큼 빠른 경우

㉡ $-j$: 위상이 θ만큼 느린 경우

(4) 삼각함수법

정현파 교류의 크기와 위상을 cos, sin으로 표시하는 방법

① 크기(실효값) : $|\dot{A}| = \sqrt{a^2 + b^2}$

② 편각(위상 θ) : 실수부는 cos, 허수부는 sin으로 표시

$$\dot{A} = \text{크기}(\cos\theta + j\sin\theta) = A(\cos\theta + j\sin\theta)$$

(5) 복소수법

정현파 교류의 크기와 위상을 복소수로 표시하는 방법

$$\dot{A} = a + jb$$

① 크기(실효값) : $|\dot{A}| = \sqrt{a^2 + b^2}$

② 편각(위상 θ) : $\theta = \tan^{-1}\dfrac{b}{a}$

③ 크기 및 위상 : $\dot{A} = \sqrt{a^2 + b^2}\,\angle\tan^{-1}\dfrac{b}{a}$

복소수
허수
㉠ j의 의미 : 위상 +90°
㉡ $-j$의 의미 : 위상 –90°

복소수법
벡터를 실수와 허수의 조합으로 표시
$\dot{A} = a(\text{실수}) + jb(\text{허수})$

- 복소수법에 의한 덧셈과 뺄셈의 계산법
  - $\dot{A} = \dot{A}_1 + \dot{A}_2 = (a_1 + jb_1) + (a_2 + jb_2) = (a_1 + a_2) + j(b_1 + b_2)$
  - $\dot{A} = \dot{A}_1 - \dot{A}_2 = (a_1 + jb_1) - (a_2 + jb_2) = (a_1 - a_2) + j(b_1 - b_2)$
- 복소수의 크기 표시법
  $Z = |\dot{Z}|$

간간 정리 **순시 전류의 벡터표기법**

$i(t) = 10\sqrt{2}\sin\left(\omega t + \dfrac{\pi}{3}\right)$의 벡터 표시법은 다음과 같다.

- 극형식법 : $\dot{I} = I\angle\theta = 10\angle\dfrac{\pi}{3}$
- 지수함수법 : $\dot{I} = I \cdot e^{j\theta} = 10e^{j\frac{\pi}{3}}$
- 삼각함수법 : $\dot{I} = I(\cos\theta + j\sin\theta) = 10\left(\cos\dfrac{\pi}{3} + j\sin\dfrac{\pi}{3}\right)$
- 복소수법 : $\dot{I} = a + jb = \left(10 \cdot \cos\dfrac{\pi}{3}\right) + j\left(10 \cdot \sin\dfrac{\pi}{3}\right) = 5 + j5\sqrt{3}$

순시값
$i(t) = 10\sqrt{2}\sin\left(\omega t + \dfrac{\pi}{3}\right)$

[A]의 벡터 표기법
실효값 $= 10$[A]
위상 $\dfrac{\pi}{3}$[rad]$= 60°$
$\dot{I} = 10\angle\dfrac{\pi}{3} = 10e^{j\frac{\pi}{3}}$
$= 10\left(\cos\dfrac{\pi}{3} + j\sin\dfrac{\pi}{3}\right)$
$= 5 + j5\sqrt{3}$[A]

02 기본 교류 회로

1 단일 소자 회로의 전압과 전류

(1) 저항(R)만의 회로

R만의 회로에 교류 전압 $v = \sqrt{2}\,V\sin\omega t$[V]를 인가했을 때 흐르는 전류 i는 서로 위상이 같다.

R만의 회로
I와 V의 위상이 같다(동상=동위상).

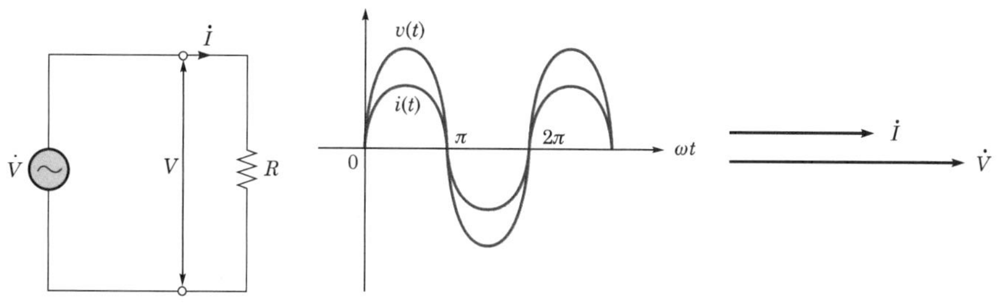

① 순시 전류 : $i = \dfrac{v}{R} = \sqrt{2}\,\dfrac{V}{R}\sin\omega t = \sqrt{2}\,I\sin\omega t$[A]

② 벡터법에 의한 전압과 전류의 표시 : $\dot{V} = \dot{I}R$[V], $\dot{I} = \dfrac{\dot{V}}{R}$[A]

③ 전압과 전류의 크기 : $V = IR$[V], $I = \dfrac{V}{R}$[A] (여기서, V, I : 실효값)

④ 저항만의 회로에서의 전압과 전류의 위상은 동위상이다.

(2) 인덕턴스(L)만의 회로

L만의 회로에 교류 전류 $i = \sqrt{2}\,I\sin\omega t$[A]를 인가했을 때 흐르는 전류 i는 인가 전압 v보다 $\dfrac{\pi}{2}$[rad]만큼 위상이 뒤진 유도성 지상 전류가 흐른다.

L만의 회로
I가 V보다 위상 $\dfrac{\pi}{2}$[rad] 뒤진다(지상, 유도성).

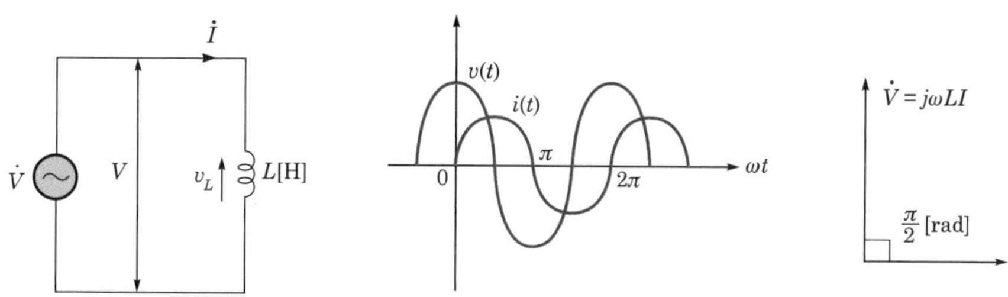

① 유도 기전력(v_L) : 인덕턴스 L[H]인 코일 양단에 흐르는 전류 i의 변화를 방해하는 방향으로 발생하는 기전력이다.

$$v_L = -L\frac{\Delta i}{\Delta t} = -\sqrt{2}\,\omega LI\sin\left(\omega t + \frac{\pi}{2}\right)[\text{V}]$$

② 전원 전압(v) : 유도 기전력 v_L을 제거하기 위한 전압으로 v_L과 크기가 같고 방향이 반대인 전압이다.

$$v = -v_L = L\frac{\Delta i}{\Delta t} = \sqrt{2}\,\omega LI\sin\left(\omega t + \frac{\pi}{2}\right)[\text{V}]$$

③ 전압과 전류의 벡터 표시

$$\dot{V} = j\omega L\dot{I}\,[\text{V}],\ \ \dot{I} = \frac{\dot{V}}{j\omega L} = -j\frac{\dot{V}}{\omega L}[\text{A}]$$

④ 전압과 전류의 크기

전압식
$V = X_L I = \omega LI[\text{V}]$

$$V = \omega LI[\text{V}],\ \ I = \frac{V}{\omega L}[\text{A}]\ (V,\ I : \text{실효값})$$

⑤ 유도성 리액턴스(X_L) : L만의 회로에서 교류 전류의 크기를 결정하는 요소로 전류가 쉽게 흐를 수 없는 정도를 나타내는 임피던스 성분으로 주파수에 비례하는 특성을 가진다.

유도성 리액턴스
$X_L = \omega L = 2\pi fL[\Omega]$

$$X_L = \omega L = 2\pi fL[\Omega]$$

⑥ 코일에 축적되는 에너지

$$W = \frac{1}{2}LI^2[\text{J}]$$

⑦ 전압과 전류의 위상 : 전류가 전압보다 $\frac{\pi}{2}$[rad]만큼 뒤진 유도성 지상 전류가 흐른다.

(3) 정전 용량(C)만의 회로

C만의 회로
I가 V보다 위상 $\frac{\pi}{2}$[rad] 앞선다(진상, 용량성).

C만의 회로에 교류 전압 $v = \sqrt{2}\,V\sin\omega t$[V]를 인가했을 때 흐르는 전류 i는 인가 전압 v보다 $\frac{\pi}{2}$[rad]만큼 위상이 앞선 용량성 진상 전류가 흐른다.

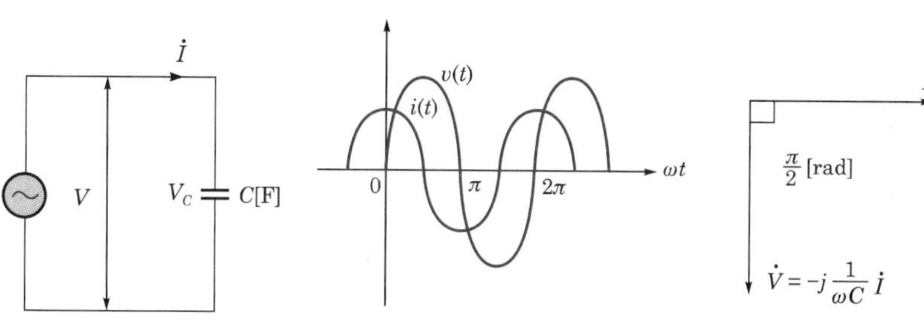

① 콘덴서에 축적되는 전기량

$$q = Cv = \sqrt{2}\,CV\sin\omega t\,[\mathrm{C}]$$

② 전류(i) : 시간의 변화율에 대한 전기량의 이동 비율을 나타내는 값

$$i = \frac{\Delta q}{\Delta t} = \sqrt{2}\,\omega\,CV\sin\left(\omega t + \frac{\pi}{2}\right) = \sqrt{2}\,I\sin\left(\omega t + \frac{\pi}{2}\right)[\mathrm{A}]$$

③ 전압과 전류의 벡터 표시

$$\dot{I} = j\omega C\dot{V}[\mathrm{A}],\ \ \dot{V} = \frac{1}{j\omega C}\dot{I} = -j\frac{1}{\omega C}\dot{I}\,[\mathrm{V}]$$

④ 전압과 전류의 크기

$$V = \frac{1}{\omega C}I[\mathrm{V}],\ \ I = \omega CV\ [\mathrm{A}](V,\ I : \text{실효값})$$

⑤ 용량성 리액턴스(X_C) : C만의 회로에서 교류 전류의 크기를 결정하는 요소로 전류가 쉽게 흐를 수 없는 정도를 나타내는 임피던스 성분으로 주파수에 반비례하는 특성을 가진다.

$$X_C = \frac{1}{\omega C} = \frac{1}{2\pi f C}[\Omega]$$

⑥ 콘덴서에 축적되는 에너지

$$W_C = \frac{1}{2}CV^2[\mathrm{J}]$$

자주 출제되는 Key Point

전압식

$V = X_C I = \frac{1}{\omega C}I[\mathrm{V}]$

용량성 리액턴스(X_C)

C의 임피던스

$X_C = \frac{1}{\omega C} = \frac{1}{2\pi f C}[\Omega]$

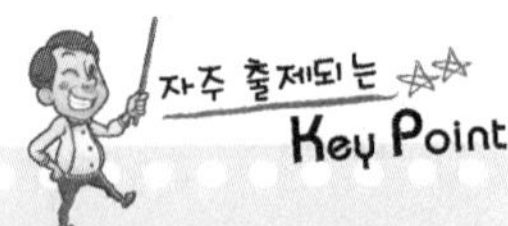

⑦ 전압과 전류의 위상 : 전류가 전압보다 위상이 $\frac{\pi}{2}$[rad]만큼 앞선 용량성 진상 전류가 흐른다.

2 $R-L-C$ 직렬 회로

$R-L$ 직렬 회로
- ㉠ 임피던스
  $\dot{Z}=R+jX_L[\Omega]$
- ㉡ 절대값
  $Z=\sqrt{R^2+X_L^{\,2}}[\Omega]$
- ㉢ I, V의 위상차
  $\theta=\tan^{-1}\frac{X_L}{R}$[rad]
- ㉣ 전류 $I=\frac{V}{Z}$[A]
- ㉤ $\dot{I}$가 $\dot{V}$보다 θ만큼 뒤진다.
- ㉥ 역률 $\cos\theta$
  $=\frac{R}{Z}$
  $=\frac{R}{\sqrt{R^2+X_L^{\,2}}}$

(1) $R-L$ 직렬 회로

저항 $R[\Omega]$과 인덕턴스 L[H]인 코일을 직렬 접속한 회로로 저항 $R[\Omega]$과 유도성 리액턴스 $\omega L[\Omega]$이 회로에 흐르는 전류의 크기를 제한하는 작용을 하며, 이때 $R-L$에 흐르는 일정한 전류를 기준으로 전압 관계를 해석하면 위상차 90°가 발생한다.

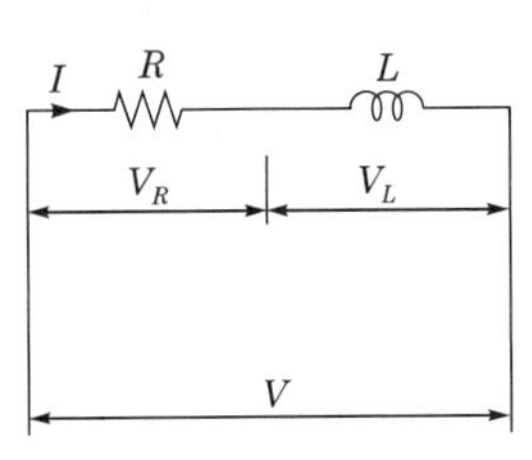

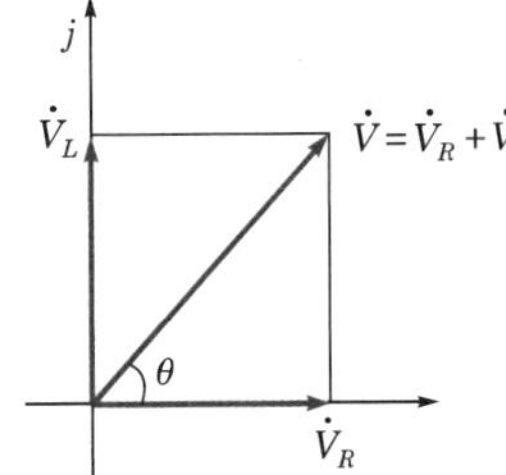

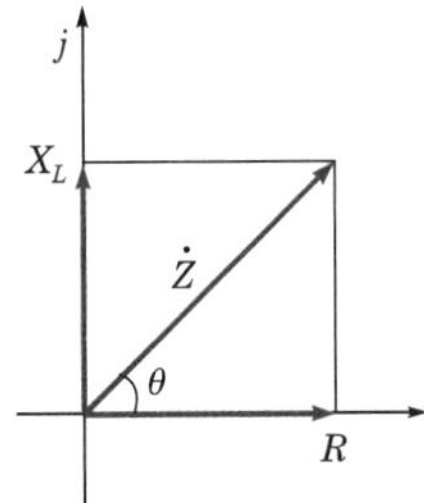

$$\dot{V}=\dot{V}_R+\dot{V}_L=R\dot{I}+jX_L\dot{I}=(R+j\omega L)\dot{I}=\dot{Z}\dot{I}\,[\text{V}]$$

① 임피던스 : 교류 회로에서 전류가 얼마나 쉽게 흐를 수 없는가를 결정, 제한하는 요소

$$\dot{Z}=R+jX_L=R+j\omega L[\Omega]$$

㉠ 크기 : $Z=\sqrt{R^2+X_L^{\,2}}=\sqrt{R^2+(\omega L)^2}\,[\Omega]$

㉡ 위상 : $\theta=\tan^{-1}\frac{X_L}{R}=\tan^{-1}\frac{\omega L}{R}$[rad]

② 전압 및 전류의 크기

㉠ 전압 : $V=IZ$[V]

㉡ 전류 : $I=\frac{V}{\sqrt{R^2+X_L^{\,2}}}$[A]

③ 전압과 전류의 위상 : 전류 $\dot{I}$가 전압 $\dot{V}$보다 위상 θ만큼 뒤진다(유도성 지상 전류).

④ 역률 : $\cos\theta = \frac{R}{Z} = \frac{R}{\sqrt{R^2 + X_L^{\ 2}}}$

(2) $R-C$ 직렬 회로

저항 $R[\Omega]$과 정전 용량 $C[\text{F}]$인 콘덴서를 직렬로 접속한 회로로 저항 $R[\Omega]$과 용량성 리액턴스 $\frac{1}{\omega C}[\Omega]$이 회로에 흐르는 전류의 크기를 제한하며, 이때 $R-C$에 흐르는 일정한 전류를 기준으로 전압 관계를 해석하면 위상차 90°가 발생한다.

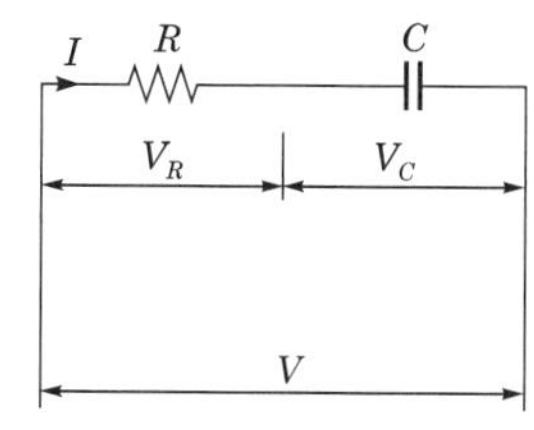

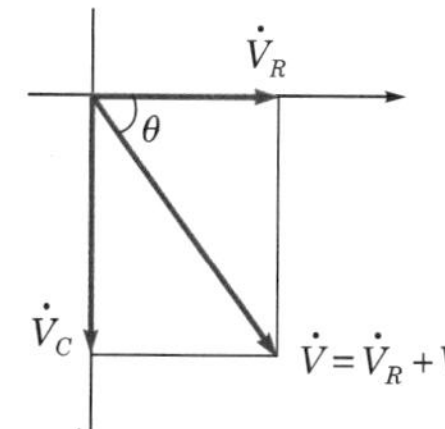

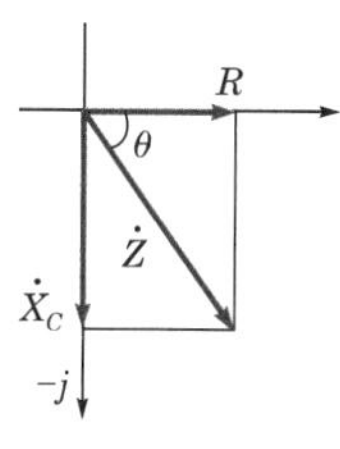

$$\dot{V} = \dot{V}_R + \dot{V}_C = R\dot{I} - jX_C\dot{I} = \left(R - j\frac{1}{\omega C}\right)\dot{I} = \dot{Z}\dot{I}[\text{V}]$$

① 임피던스

$$\dot{Z} = R + \frac{1}{j\omega C} = R - j\frac{1}{\omega C} = R - jX_C[\Omega]$$

㉠ 크기 : $Z = \sqrt{R^2 + X_C^{\ 2}} = \sqrt{R^2 + \left(\frac{1}{\omega C}\right)^2}[\Omega]$

㉡ 위상 : $\theta = \tan^{-1}\frac{X_C}{R} = \tan^{-1}\frac{1}{\omega CR}[\text{rad}]$

② 전압 및 전류의 크기

㉠ 전압 : $V = IZ[\text{V}]$

㉡ 전류 : $I = \frac{V}{\sqrt{R^2 + X_C^{\ 2}}}[\text{A}]$

③ 전압과 전류의 위상 : 전류 $\dot{I}$가 전압 $\dot{V}$보다 위상 θ만큼 앞선다(용량성 진상 전류).

④ 역률 : $\cos\theta = \frac{R}{Z} = \frac{R}{\sqrt{R^2 + X_C^{\ 2}}}$

자주 출제되는 Key Point

$R-C$ 직렬 회로

㉠ 임피던스

$\dot{Z} = R - J\frac{1}{\omega C}$

$= R - jX_C[\Omega]$

㉡ 절대값

$Z = \sqrt{R^2 + X_C^{\ 2}}$

$= \sqrt{R^2 + \left(\frac{1}{\omega C}\right)^2}[\Omega]$

㉢ I, V의 위상차

$\theta = \tan^{-1}\frac{X_C}{R}$

$= \tan^{-1}\frac{1}{\omega CR}[\text{rad}]$

㉣ $\dot{I}$가 $\dot{V}$보다 위상 θ만큼 앞선다(진상, 용량성 전류).

㉤ 역률

$\cos\theta = \frac{R}{Z}$

$= \frac{R}{\sqrt{R^2 + X_C^{\ 2}}}$

자주 출제되는 Key Point

$R-L-C$ 직렬 회로
$\dot{Z}=R+j(X_L-X_C)[\Omega]$
㉠ $X_L > X_C$: 유도성
㉡ $X_L < X_C$: 용량성

(3) $R-L-C$ 직렬 회로

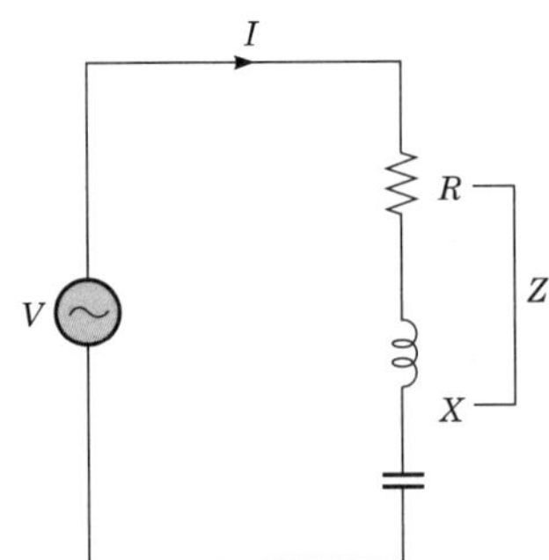

① $X_L > X_C$ $(V_L > V_C)$인 경우 : 유도성

$$\dot{V}=\dot{V}_R+\dot{V}_L+\dot{V}_C=R\dot{I}+jX_L\dot{I}-jX_C\dot{I}$$
$$=\left[R+j\left(\omega L-\frac{1}{\omega C}\right)\right]\dot{I}\ [\mathrm{V}]$$

㉠ 임피던스 : $\dot{Z}=R+j\left(\omega L-\dfrac{1}{\omega C}\right)=R+j(X_L-X_C)[\Omega]$

- 크기 : $Z=\sqrt{R^2+(X_L-X_C)^2}\ [\Omega]$
- 위상 : $\theta=\tan^{-1}\dfrac{X_L-X_C}{R}=\tan^{-1}\dfrac{\omega L-\dfrac{1}{\omega C}}{R}\ [\mathrm{rad}]$

㉡ 전압과 전류의 위상 : 전류 $\dot{I}$가 전압 $\dot{V}$보다 위상 θ만큼 뒤진다.

㉢ 역률 : $\cos\theta=\dfrac{R}{Z}$

② $X_L < X_C$ $(V_L < V_C)$인 경우 : 용량성

$$\dot{V}=R\dot{I}+jX_L\dot{I}-jX_C\dot{I}=R\dot{I}-j(X_C-X_L)\dot{I}$$

㉠ 임피던스 : $\dot{Z}=R-j(X_C-X_L)=R-j\left(\dfrac{1}{\omega C}-\omega L\right)[\Omega]$

- 크기 : $Z=\sqrt{R^2+(X_C-X_L)^2}\ [\Omega]$
- 위상 : $\theta=\tan^{-1}\dfrac{X_C-X_L}{R}=\tan^{-1}\dfrac{\dfrac{1}{\omega C}-\omega L}{R}\ [\mathrm{rad}]$

㉡ 전압과 전류의 위상 : 전류 $\dot{I}$가 전압 $\dot{V}$보다 위상 θ만큼 앞선다.

㉢ 역률 : $\cos\theta=\dfrac{R}{Z}=\dfrac{R}{\sqrt{R^2+(X_C-X_L)^2}}$

③ $X_L = X_C(V_L = V_C)$인 경우 : 직렬 공진

직렬 공진이란 임피던스의 허수부인 리액턴스 성분이 0이 되는 것으로, 전체 임피던스가 최소인 $R[\Omega]$이 되므로 전류는 최대인 동상 전류가 흐른다.

㉠ 임피던스 : $Z = R\,[\Omega]$ (임피던스 최소)

㉡ 전류 : $I = \dfrac{V}{R}[\text{A}]$ (전류 최대)

㉢ 전압과 전류의 위상 : R만의 회로이므로 동위상의 전류가 흐른다.

㉣ 역률 : $\cos\theta = \dfrac{R}{Z} = \dfrac{R}{R} = 1$

㉤ 공진 주파수

$$\omega L = \frac{1}{\omega C} \rightarrow \omega^2 LC = 1 \rightarrow \omega = \frac{1}{\sqrt{LC}} \rightarrow 2\pi f = \frac{1}{\sqrt{LC}}$$

$$\therefore\ f_r = \frac{1}{2\pi\sqrt{LC}}[\text{Hz}]$$

자주 출제되는 Key Point

$X_L = X_C$ (직렬 공진)
㉠ I, V 위상 : 동상
㉡ I 최대, Z 최소
㉢ $\cos\theta = 1$
㉣ 공진 각주파수 $\omega = \dfrac{1}{\sqrt{LC}}$
㉤ 공진 주파수 $f_r = \dfrac{1}{2\pi\sqrt{LC}}[\text{Hz}]$

3 $R-L-C$ 병렬 회로

(1) 어드미턴스

임피던스 $\dot{Z}$의 역수 $\dot{Y} = \dfrac{1}{\dot{Z}}$을 어드미턴스라고 하며 [℧](모)라는 단위를 이용한다.

$$\dot{Z} = R + j\left(\omega L - \frac{1}{\omega C}\right) = R + jX[\Omega]$$

$$\dot{Y} = \frac{1}{\dot{Z}} = \frac{1}{R+jX} = \frac{R}{R^2+X^2} + j\frac{-X}{R^2+X^2}\ [℧]$$

$$= G + jB\left(G = \frac{R}{R^2+X^2},\ B = \frac{-X}{R^2+X^2}\right)$$

여기서, G(실수부) : 컨덕턴스
B(허수부) : 서셉턴스

어드미턴스
$\dot{Z}$의 역수
$Y = \dfrac{1}{Z}[℧]$

자주 출제되는 Key Point

회로	임피던스	어드미턴스
저항 회로	$R[\Omega]$ (저항)	$\frac{1}{R}[℧]$ (컨덕턴스)
유도성 회로	$j\omega L[\Omega]$ (양의 리액턴스)	$-j\frac{1}{\omega L}[℧]$ (음의 서셉턴스)
용량성 회로	$-j\frac{1}{\omega C}[\Omega]$ (음의 리액턴스)	$j\omega C[℧]$ (양의 서셉턴스)

(2) 어드미턴스의 접속

어드미턴스 접속 시 합성값
㉠ 직렬
$Y_0 = \frac{Y_1 Y_2}{Y_1 + Y_2}[℧]$
㉡ 병렬
$Y_0 = Y_1 + Y_2[℧]$

① 직렬 접속

합성 어드미턴스 $Y_0 = \frac{Y_1 Y_2}{Y_1 + Y_2}[℧]$

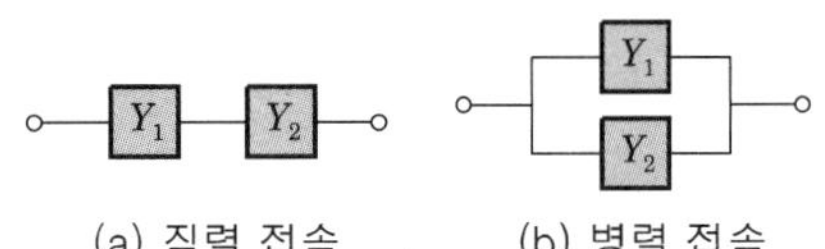

(a) 직렬 접속 (b) 병렬 접속

▌어드미턴스의 접속▐

② 병렬 접속

합성 어드미턴스 $Y_0 = Y_1 + Y_2[℧]$

(3) $R-L$ 병렬 회로

$R-L$ 병렬 회로
㉠ 어드미턴스
$\dot{Y} = \frac{1}{R} - j\frac{1}{X_L}[℧]$
㉡ I, V의 위상차
$\theta = \tan^{-1}\frac{R}{\omega L}$[rad]
㉢ $\dot{I}$가 $\dot{V}$보다 θ만큼 뒤진다(유도성 지상 전류).
㉣ 역률
$\cos\theta = \frac{X_L}{\sqrt{R^2 + X_L^{\ 2}}}$

저항 $R[\Omega]$과 인덕턴스 L[H]인 코일을 병렬 접속한 회로로 저항 $R[\Omega]$과 유도성 리액턴스 $\omega L[\Omega]$이 각각의 회로에 흐르는 전류의 크기를 제한하는 작용을 하며, 이때 R, L에 흐르는 일정한 전압를 기준으로 전류 관계를 해석하면 위상차 90°가 발생한다.

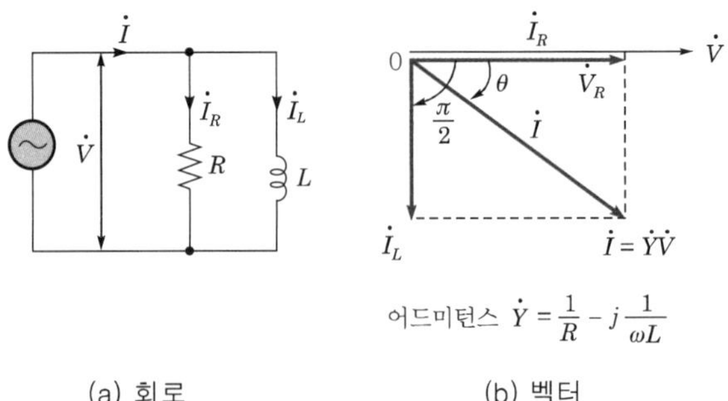

(a) 회로 (b) 벡터

자주 출제되는 Key Point

$$\dot{I} = \dot{I}_R + \dot{I}_L = \frac{\dot{V}}{R} - j\frac{\dot{V}}{X_L} = \left(\frac{1}{R} - j\frac{1}{\omega L}\right)\dot{V} = \dot{Y}\dot{V}\,[\mathrm{A}]$$

① 어드미턴스 : $\dot{Y} = \frac{1}{R} + \frac{1}{j\omega L} = \frac{1}{R} - j\frac{1}{\omega L} = \frac{1}{R} - j\frac{1}{X_L}\,[℧]$

㉠ 크기 : $Y = \sqrt{\left(\frac{1}{R}\right)^2 + \left(\frac{1}{X_L}\right)^2} = \sqrt{\left(\frac{1}{R}\right)^2 + \left(\frac{1}{\omega L}\right)^2}\,[℧]$

㉡ 위상 : $\theta = \tan^{-1}\frac{\frac{1}{\omega L}}{\frac{1}{R}} = \tan^{-1}\frac{R}{\omega L}\,[\mathrm{rad}]$

② 전류 : $I = \sqrt{{I_R}^2 + {I_L}^2} = \sqrt{\left(\frac{V}{R}\right)^2 + \left(\frac{V}{X_L}\right)^2} = \sqrt{\left(\frac{1}{R}\right)^2 + \left(\frac{1}{\omega L}\right)^2} \cdot V[\mathrm{A}]$

③ 전압과 전류의 위상 : 전류 $\dot{I}$ 가 전압 $\dot{V}$ 보다 위상 θ만큼 뒤진다(유도성 지상 전류).

④ 역률 : $\cos\theta = \frac{\frac{1}{R}}{Y} = \frac{\frac{1}{R}}{\sqrt{\left(\frac{1}{R}\right)^2 + \left(\frac{1}{X_L}\right)^2}} = \frac{\omega L}{\sqrt{R^2 + (\omega L)^2}}$

(4) $R-C$ 병렬 회로

저항 $R[\Omega]$과 정전 용량 $C[\mathrm{F}]$인 콘덴서를 병렬로 접속한 회로로 저항 $R[\Omega]$과 용량성 리액턴스 $\frac{1}{\omega C}[\Omega]$이 회로에 흐르는 전류의 크기를 제한하며, 이때 R, C에 흐르는 일정한 전압을 기준으로 전압 관계를 해석하면 위상차 90°가 발생한다.

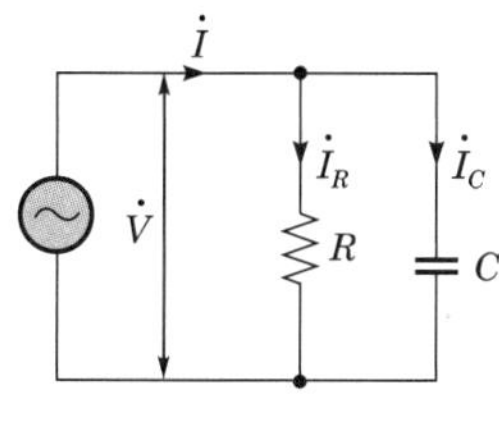

(a) 회로

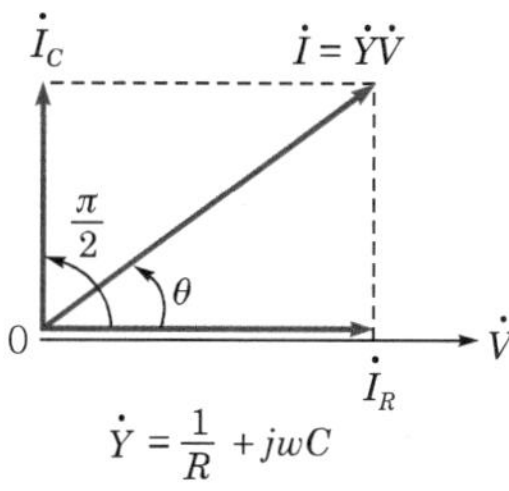

(b) 벡터

$R-C$ 병렬 회로

㉠ 어드미턴스

$\dot{Y} = \frac{1}{R} + j\omega C = \frac{1}{R} + j\frac{1}{X_C}\,[℧]$

㉡ I, V의 위상차

$\theta = \tan^{-1}\omega CR[\mathrm{rad}]$

㉢ I, V의 위상 관계 : $\dot{I}$가 $\dot{V}$보다 위상 θ만큼 앞선다(용량성 진상 전류).

㉣ 역률

$\cos\theta = \frac{1}{\sqrt{1 + (\omega CR)^2}}$

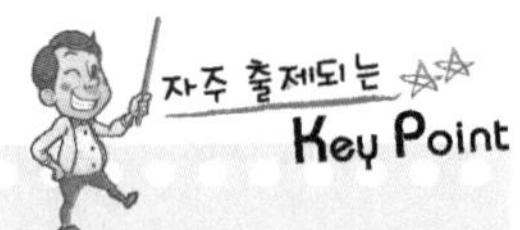

$$\dot{I} = \dot{I}_R + \dot{I}_C = \frac{\dot{V}}{R} + j\frac{\dot{V}}{X_C} = \left(\frac{1}{R} + j\omega C\right)\dot{V} = \dot{Y}\,\dot{V}\,[\mathrm{A}]$$

① 어드미턴스 : $\dot{Y} = \frac{1}{R} + j\omega C = \frac{1}{R} + j\frac{1}{X_C}\,[℧]$

㉠ 크기 : $Y = \sqrt{\left(\frac{1}{R}\right)^2 + \left(\frac{1}{X_C}\right)^2} = \sqrt{\left(\frac{1}{R}\right)^2 + (\omega C)^2}\,[℧]$

㉡ 위상 : $\theta = \tan^{-1}\frac{\frac{1}{X_C}}{\frac{1}{R}} = \tan^{-1}\omega CR[\mathrm{rad}]$

② 전류 : $I = \sqrt{{I_R}^2 + {I_C}^2} = \sqrt{\left(\frac{V}{R}\right)^2 + \left(\frac{V}{X_C}\right)^2} = \sqrt{\left(\frac{1}{R}\right)^2 + (\omega C)^2} \cdot V[\mathrm{A}]$

③ 전압과 전류의 위상 : 전류 $\dot{I}$ 가 전압 $\dot{V}$ 보다 위상 θ만큼 앞선다(<u>용량성 진상 전류</u>).

④ 역률 : $\cos\theta = \frac{\frac{1}{R}}{Y} = \frac{\frac{1}{R}}{\sqrt{\left(\frac{1}{R}\right)^2 + (\omega C)^2}} = \frac{1}{\sqrt{1 + (\omega CR)^2}}$

(5) $R-L-C$ 병렬 회로

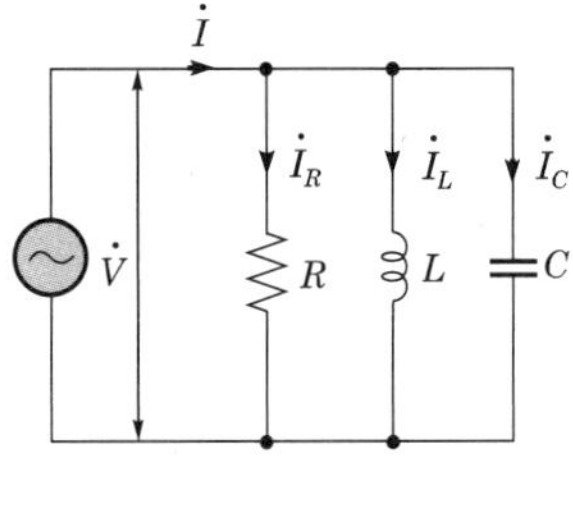

(a) R-L-C 병렬 회로

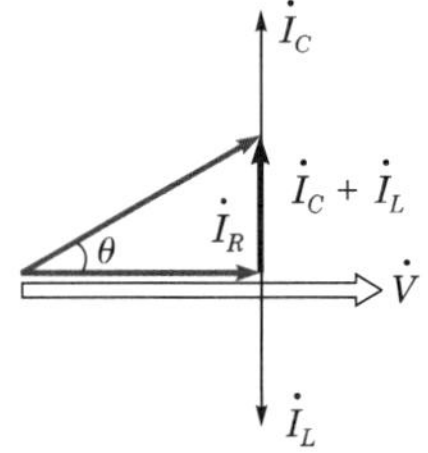

(b) $\omega L > \frac{1}{\omega C}$(용량성)

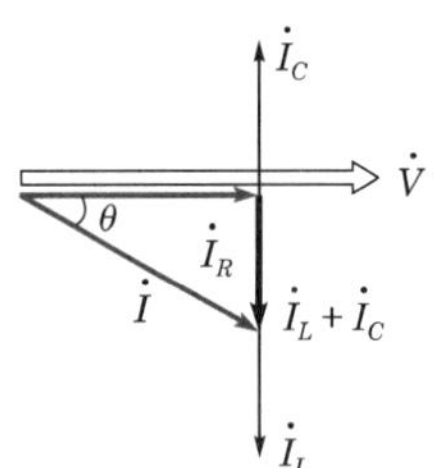

(c) $\omega L < \frac{1}{\omega C}$(유도성)

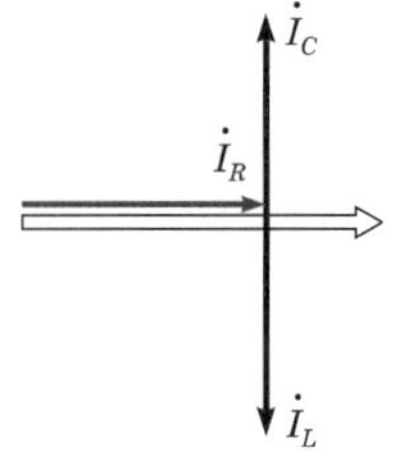

(d) $\omega L = \frac{1}{\omega C}$

① $X_L > X_C\left(\frac{1}{X_L} < \frac{1}{X_C} = I_L < I_C\right)$인 경우 : 용량성

$$\dot{I} = \dot{I}_R + \dot{I}_L + \dot{I}_C = \frac{\dot{V}}{R} - j\frac{\dot{V}}{X_L} + j\frac{\dot{V}}{X_C}$$

$$= \frac{\dot{V}}{R} + j\left(\frac{1}{X_C} - \frac{1}{X_L}\right)\dot{V} = \frac{\dot{V}}{R} + j\left(\omega C - \frac{1}{\omega L}\right)\dot{V} = \dot{Y}\dot{V}\,[\text{A}]$$

㉠ 어드미턴스 : $\dot{Y} = \frac{1}{R} + j\left(\frac{1}{X_C} - \frac{1}{X_L}\right) = \frac{1}{R} + j\left(\omega C - \frac{1}{\omega L}\right)[℧]$

- 크기 : $Y = \sqrt{\left(\frac{1}{R}\right)^2 + \left(\frac{1}{X_C} - \frac{1}{X_L}\right)^2} = \sqrt{\left(\frac{1}{R}\right)^2 + \left(\omega C - \frac{1}{\omega L}\right)^2}\,[℧]$
- 위상 : $\theta = \tan^{-1}\frac{\frac{1}{X_C} - \frac{1}{X_L}}{\frac{1}{R}} = \tan^{-1}R\left(\omega C - \frac{1}{\omega L}\right)[\text{rad}]$

㉡ 전압과 전류의 위상 : 전류 $\dot{I}$가 전압 $\dot{V}$보다 위상 θ만큼 앞선다(용량성 진상 전류).

㉢ 역률 : $\cos\theta = \frac{\frac{1}{R}}{Y}$

② $X_L < X_C\left(\frac{1}{X_L} > \frac{1}{X_C} = I_L > I_C\right)$인 경우 : 유도성

$$\dot{I} = \dot{I}_R + \dot{I}_L + \dot{I}_C = \frac{\dot{V}}{R} - j\left(\frac{1}{X_L} - \frac{1}{X_C}\right)\dot{V}$$

$$= \left[\frac{1}{R} - j\left(\frac{1}{\omega L} - \omega C\right)\right]\dot{V} = \dot{Y}\dot{V}\,[\text{V}]$$

㉠ 어드미턴스 : $\dot{Y} = \frac{1}{R} - j\left(\frac{1}{X_L} - \frac{1}{X_C}\right) = \frac{1}{R} - j\left(\frac{1}{\omega L} - \omega C\right)[℧]$

- 크기 : $Y = \sqrt{\left(\frac{1}{R}\right)^2 + \left(\frac{1}{X_L} - \frac{1}{X_C}\right)^2}\,[℧]$
- 위상 : $\theta = \tan^{-1}\frac{\frac{1}{X_L} - \frac{1}{X_C}}{\frac{1}{R}}[\text{rad}]$

㉡ 전압과 전류의 위상 : 전류 $\dot{I}$가 전압 $\dot{V}$보다 위상 θ만큼 뒤진다(유도성 지상 전류).

㉢ 역률 : $\cos\theta = \frac{\frac{1}{R}}{Y}$

$R-L-C$ 병렬 회로의 어드미턴스

$\dot{Y} = \frac{1}{R} + j\left(\frac{1}{X_C} - \frac{1}{X_L}\right)[℧]$

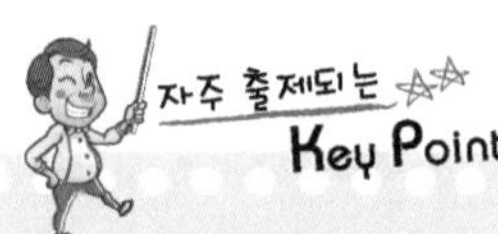

$X_L = X_C$(병렬 공진)
㉠ 어드미턴스 최소
㉡ 임피던스 최대
㉢ 전류 최소
㉣ 공진 각주파수
$\omega = \dfrac{1}{\sqrt{LC}}$
㉤ 공진 주파수
$f_r = \dfrac{1}{2\pi\sqrt{LC}}$

③ $X_L = X_C$(병렬 공진) : 병렬 공진이란 어드미턴스의 허수부인 서셉턴스 성분이 0이 되는 것으로, 전체 어드미턴스가 최소인 $\dfrac{1}{R}$[Ω]이 되므로 전류는 최소인 동상 전류가 흐른다.

㉠ 어드미턴스 : $Y = \dfrac{1}{R}$ [℧] (최소 어드미턴스)

㉡ 전류 : $I = \dfrac{V}{R}$[A] (전류 최소)

㉢ 전압과 전류의 위상 : R만의 회로이므로 전압과 전류의 위상은 같다.

㉣ 역률 : $\cos\theta = \dfrac{\frac{1}{R}}{Y} = \dfrac{\frac{1}{R}}{\frac{1}{R}} = 1$

㉤ 공진 주파수 : $\dfrac{1}{\omega L} = \omega C \rightarrow \omega^2 LC = 1 \rightarrow \omega = \dfrac{1}{\sqrt{LC}}$

$\therefore f_r = \dfrac{1}{2\pi\sqrt{LC}}$[Hz]

03 교류 전력(단상 전력)

저항과 유도성 리액턴스가 직렬로 접속된 유도성 부하에 순시 전압 v를 인가했을 때 흐르는 전류 i는 유도성 리액턴스로 인하여 위상차 θ만큼 뒤진 지상 전류가 흐른다. 이때 유도성 부하 각각의 회로 소자에서 소비되는 교류 전력은 다음과 같다.

$$v = \sqrt{2}\,V\sin\omega t\,[\text{V}],\ \ i = \sqrt{2}\,I\sin(\omega t - \theta)\,[\text{A}]$$

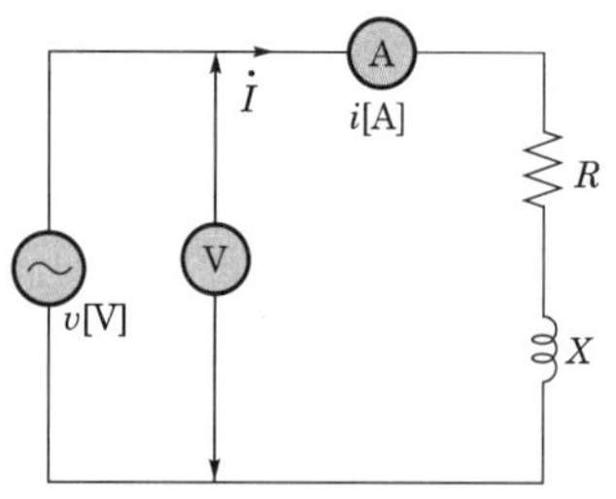

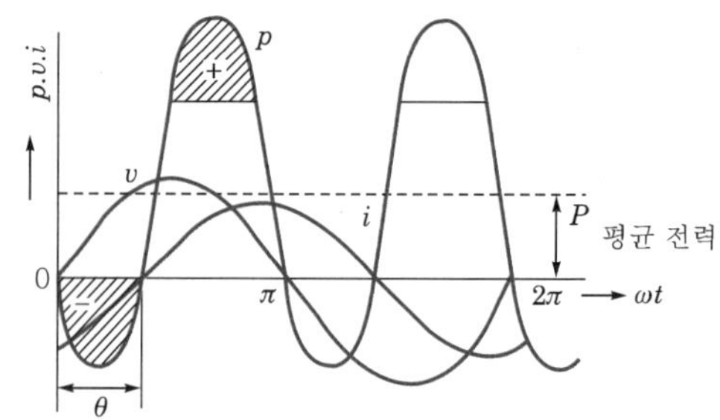

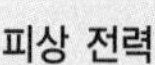

(1) 피상 전력

전체 임피던스 $\dot{Z}=R+jX$에서 발생하는 전력으로 전압과 전류의 각각의 실효값을 곱한 것으로 변압기 용량 등과 같은 교류 전원의 용량을 표시하는 데 사용한다.

$$P_a = I^2 Z = VI = \frac{V^2}{Z} = \frac{P}{\cos\theta} = \frac{P_r}{\sin\theta} = \sqrt{P^2 + P_r^{\,2}}\,[\mathrm{VA}]$$

(2) 유효 전력

전체 임피던스 $\dot{Z}=R+jX$에서 저항 성분 R로 인해 발생하는 전력으로 전원에서 공급된 피상 전력 중에서 실제로 부하에서 유효하게 이용하는 전력으로 소비 전력, 평균 전력 또는 단순히 전력이라고도 한다.

$$P = I^2 R = VI\cos\theta = P_a \cos\theta\,[\mathrm{W}]$$

(3) 무효 전력

전체 임피던스 $\dot{Z}=R+jX$에서 리액턴스 성분 ωL로 인해 발생하는 전력으로 전원과 부하 사이를 순환하기만 하고 실제로 부하에서는 유효한 전력으로 이용할 수 없기 때문에 무효 전력이라고 한다.

$$P_r = I^2 X = VI\sin\theta = P_a \sin\theta\,[\mathrm{Var}]$$

(4) 역률

피상 전력에 대한 유효 전력의 비로 전원에서 공급된 전력이 부하에서 실제로 유효하게 이용되는 비율이라는 의미에서 역률(power factor)이라고 하면서 전압과 전류의 위상차를 나타내는 각 θ를 역률각이라고 한다.

$$\text{역률}(\cos\theta) = \frac{\text{유효 전력}(P)}{\text{피상 전력}(P_a)} = \frac{R}{Z}$$

자주 출제되는 Key Point

피상 전력

$$P_a = VI = \frac{P}{\cos\theta} = \sqrt{P^2 + P_r^{\,2}}\,[\mathrm{VA}]$$

유효 전력

$$P = I^2 R = VI\cos\theta = P_a\cos\theta\,[\mathrm{W}]$$

무효 전력

$$P_r = I^2 X = VI\sin\theta = P_a\sin\theta\,[\mathrm{Var}]$$

역률

$$\cos\theta = \frac{\text{유효 전력}(P)}{\text{피상 전력}(P_a)}$$

무효율

$$\sin\theta = \frac{\text{무효 전력}(P_r)}{\text{피상 전력}(P_a)}$$

04 대칭 3상 교류

1 대칭 3상 교류의 발생

(1) 대칭 3상 교류의 발생 원리

기하학적으로 $\frac{2}{3}\pi$[rad]만큼의 간격을 두고 배치한 코일 A, B, C를 평등 자기장 내에서 일정한 속도로 반시계 방향으로 회전시킬 때 서로 $\frac{2}{3}\pi$[rad]만큼의 위상차를 가지면서 크기가 같은 3개의 사인파 전압이 발생한다. 이때 발생한 3개의 파형을 대칭 3상 교류라 한다.

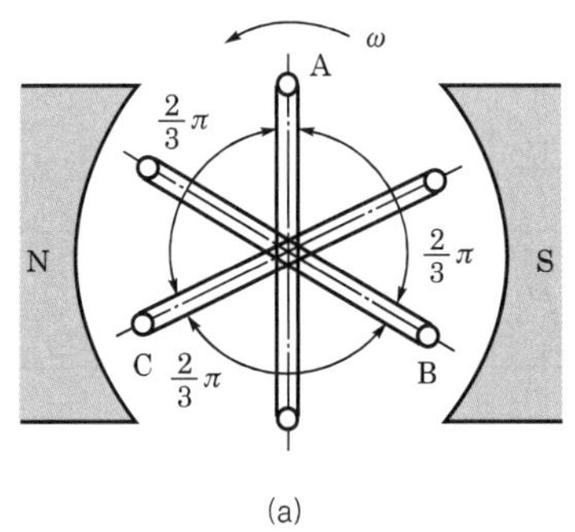

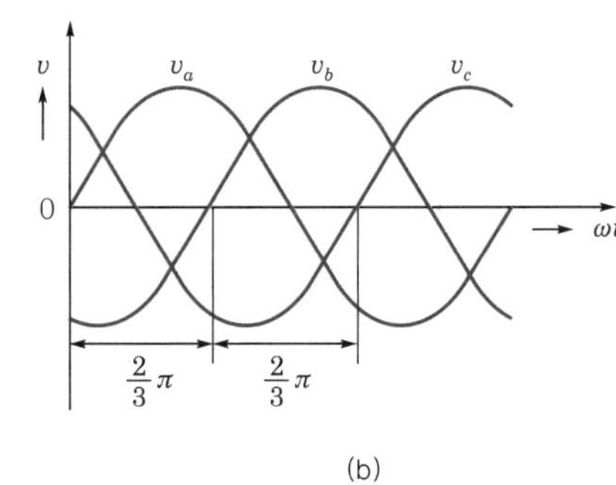

❙ 3상 교류의 발생 ❙

(2) 대칭 3상 교류의 순시값 및 벡터 표시

① 순시값 표시

$$v_a = \sqrt{2}\ V\sin\omega t[\text{V}]$$

$$v_b = \sqrt{2}\ V\sin\left(\omega t - \frac{2}{3}\pi\right)[\text{V}]$$

$$v_c = \sqrt{2}\ V\sin\left(\omega t - \frac{4}{3}\pi\right)[\text{V}]$$

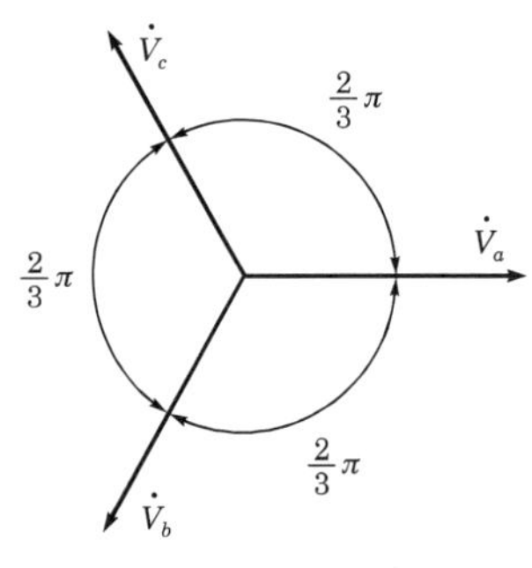

❙ 3상 교류 전압의 벡터 표시 ❙

② 벡터 합

$$\dot{V}_a + \dot{V}_b + \dot{V}_c = 0$$

(3) 대칭 3상 교류의 조건

① 각 상의 기전력의 크기가 같을 것

② 각 상의 주파수의 크기가 같을 것

③ 각 상의 위상차가 각각 $\frac{2}{3}\pi$[rad]일 것

자주 출제되는 Key Point

대칭 3상 교류 회로 조건
㉠ 각 상 기전력의 크기가 같을 것
㉡ 각 상 주파수의 크기가 같을 것
㉢ 각 상 위상차가 각각 $\frac{2}{3}\pi$[rad]일 것

2 대칭 3상 교류의 결선

(1) Y(성형)결선 방식

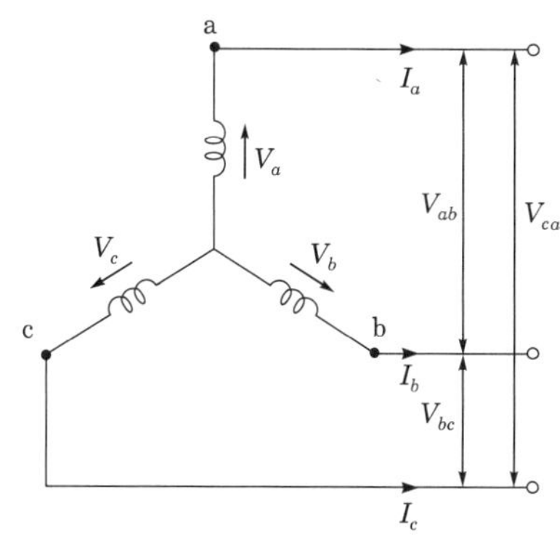

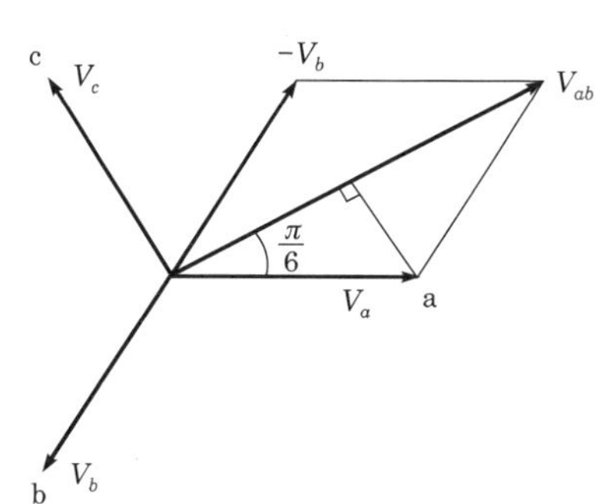

- 상전압(V_P)$= V_a = V_b = V_c$[V]
- 선간 전압(V_l)$= V_{ab} = V_{bc} = V_{ca}$[V]
- 상전류(I_P)$= I_a = I_b = I_c$[A]
- 선전류(I_l)$= I_a = I_b = I_c$[A]
- 선간 전압(V_l)$= \sqrt{3} \times$상전압(V_P)[V]
- 선전류(I_l)=상전류(I_P)[A]

① **전압의 크기 및 위상 관계 :** 선간 전압의 크기는 상전압의 $\sqrt{3}$ 배이고, 위상은 선간 전압이 상전압보다 $\frac{\pi}{6}$[rad]만큼 앞선다.

$$\dot{V}_l = \sqrt{3}\ V_P \angle \frac{\pi}{6}$$

② **전류의 크기 및 위상 관계 :** 선전류는 상전류와 크기 및 위상이 같다.

$$\dot{I}_l = I_P \angle 0$$

Y(성형) 결선
㉠ 선간 전압(상전압)
$\dot{V}_l = \sqrt{3}\ V_P \angle \frac{\pi}{6}$[V]
㉡ 선전류=상전류
$\dot{I}_l = I_P \angle 0$

(2) △(환형)결선 방식

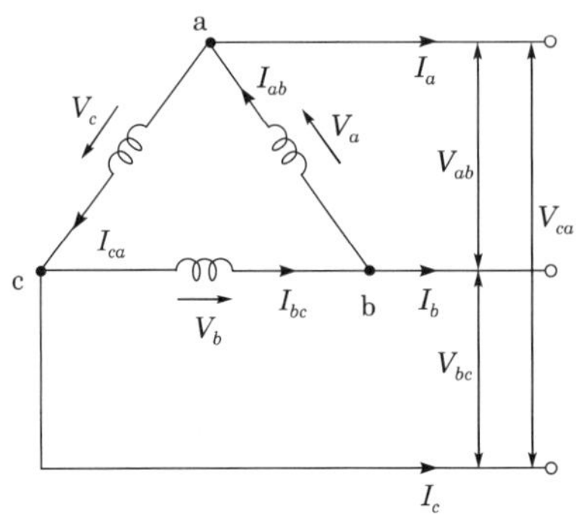

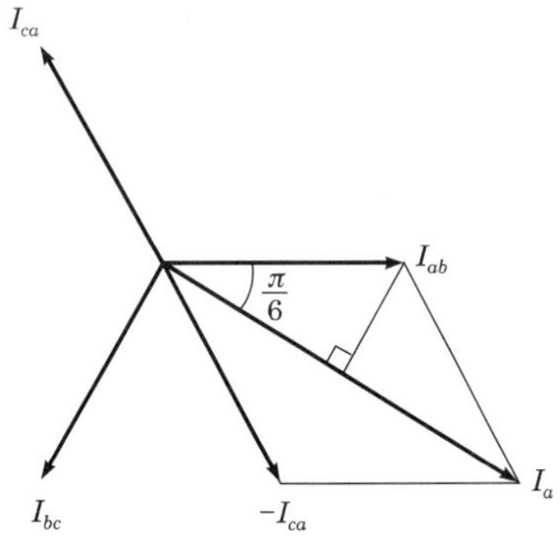

- 상전압$(V_P) = V_a = V_b = V_c$[V]
- 선간 전압$(V_l) = V_{ab} = V_{bc} = V_{ca}$[V]
- 상전류$(I_P) = I_{ab} = I_{bc} = I_{ca}$[A]
- 선전류$(I_l) = I_a = I_b = I_c$[A]
- 선간 전압(V_l) = 상전압(V_P)[V]
- 선전류$(I_l) = \sqrt{3} \times$상전류(I_P)[A]

△(환형) 결선

$\dot{V}_l = V_P \angle 0$[V]

$\dot{I}_l = \sqrt{3}\, I_P \angle -\frac{\pi}{6}$[A]

① **전압의 크기 및 위상 관계** : 선간 전압과 상전압은 크기 및 위상이 같다.

$$\dot{V}_l = V_P \angle 0$$

② **전류의 크기 및 위상 관계** : 선전류의 크기는 상전류의 $\sqrt{3}$ 배이고, 위상은 선전류가 상전류보다 $\frac{\pi}{6}$[rad](30°)만큼 뒤진다.

$$\dot{I}_l = \sqrt{3}\, I_P \angle -\frac{\pi}{6}$$

(3) 3상 전력

평형 3상 회로의 전력 P는 부하의 결선 상태에 관계없이 3상에서의 공칭 전압, 공칭 전류인 선간 전압 V_l을 V, 선전류 I_l을 I라 할 때 항상 다음과 같이 나타낼 수 있다.

① 피상 전력(P_a) : 전체 임피던스 Z에서 소비하는 전력

$$\text{피상 전력} \quad P_a = 3V_pI_p = \sqrt{3}\,V_lI_l$$
$$P_a = \sqrt{3}\,VI = 3I_P^{\,2}Z[\text{VA}]$$

② 유효 전력(P) : 저항 부하 R에서 소비하는 전력

$$\text{유효 전력} \quad P = 3V_pI_p\cos\theta = \sqrt{3}\,V_lI_l\cos\theta$$
$$P = \sqrt{3}\,VI\cos\theta = 3I_P^{\,2}R[\text{W}]$$

③ 무효 전력(P_r) : 리액턴스 부하 X에서 소비하는 전력

$$\text{무효 전력} \quad P_r = 3V_pI_p\sin\theta = \sqrt{3}\,V_lI_l\sin\theta$$
$$P = \sqrt{3}\,VI\sin\theta = 3I_P^{\,2}X[\text{Var}]$$

④ 역률($\cos\theta$) : 피상 전력 P_a에 대한 유효 전력 P의 비

$$\cos\theta = \frac{P}{P_a} = \frac{R}{Z}$$

3상 교류 전력

㉠ 피상 전력

$P_a = \sqrt{3}\,VI[\text{VA}]$

㉡ 유효 전력

$P = \sqrt{3}\,VI\cos\theta[\text{W}]$

㉢ 무효 전력

$P_r = \sqrt{3}\,VI\sin\theta[\text{Var}]$

편의상 다음과 같이 표기

㉠ 선간 전압 $V_l = V[\text{V}]$

㉡ 선전류 $I_l = I[\text{A}]$

3 저항의 Y, △ 접속 및 변환

(1) Y → △변환

$$R_{ab} = \frac{R_aR_b + R_bR_c + R_cR_a}{R_c}[\Omega]$$
$$R_{bc} = \frac{R_aR_b + R_bR_c + R_cR_a}{R_a}[\Omega]$$
$$R_{ca} = \frac{R_aR_b + R_bR_c + R_cR_a}{R_b}[\Omega]$$

(2) △ → Y변환

$$R_a = \frac{R_{ab}R_{ca}}{R_{ab} + R_{bc} + R_{ca}}[\Omega]$$
$$R_b = \frac{R_{ab}R_{bc}}{R_{ab} + R_{bc} + R_{ca}}[\Omega]$$
$$R_c = \frac{R_{bc}R_{ca}}{R_{ab} + R_{bc} + R_{ca}}[\Omega]$$

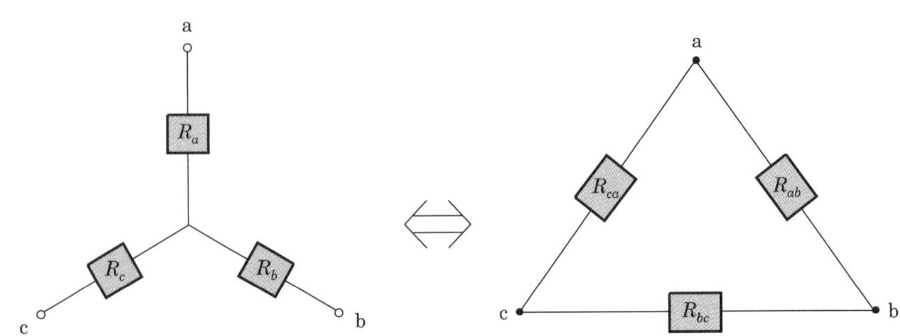

(3) 평형 회로에서의 결선 변환

평형 회로란 입력으로 가하는 3상 선간 전압도 평형 3상이고, 각 상에 접속된 부하의 크기 및 역률도 정확히 일치하여 각 선에 흐르는 전류도 평형 3상 전류가 흐르는 경우를 의미한다.

① Y→△변환 : Y결선에 비하여 저항값이 3배로 증가한다.

$$R_\triangle = 3R_Y$$

② △→Y변환 : △결선에 비하여 저항값이 $\frac{1}{3}$배로 감소한다.

$$R_Y = \frac{1}{3}R_\triangle$$

임피던스의 변환

㉠ Y→△변환

$R_\triangle = 3R_Y\,[\Omega]$

㉡ △→Y변환

$R_Y = \frac{1}{3}R_\triangle\,[\Omega]$

(4) V결선

△결선 된 3상 전원 중에서 1상을 제거한 상태, 즉 2개의 전원으로 3상 전원을 공급하여 운전하는 결선법으로 변압기 3대를 이용하여 △결선 운전 중 변압기 1대 고장 시 나머지 2대를 이용하여 계속적으로 3상 전력을 공급할 수 있는 결선법이다.

V결선

변압기 그대로 3상 부하에 전력을 공급해 주는 방식

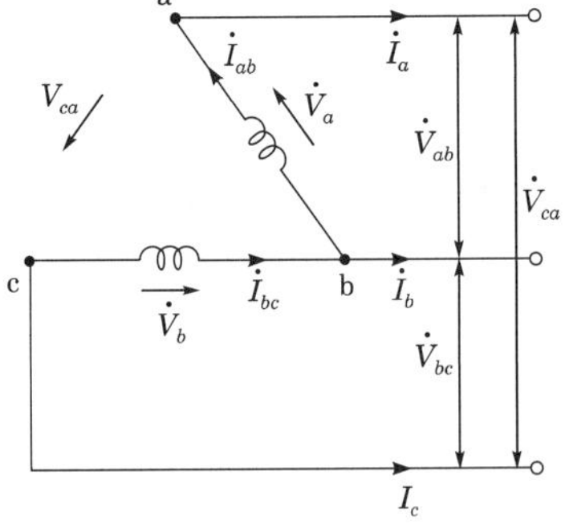

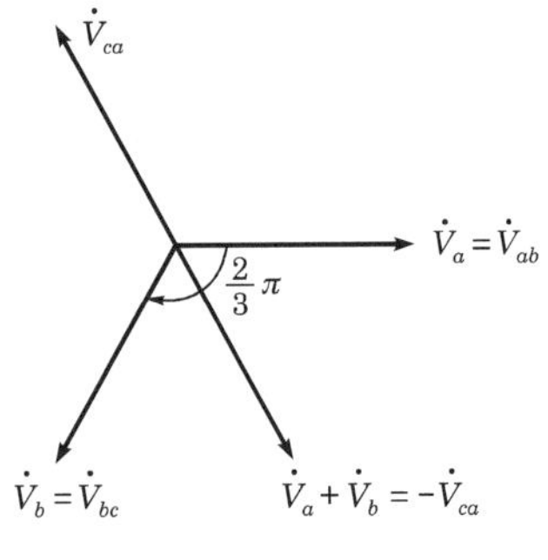

- 상전압(V_P)$= V_a = V_b$[V]
- 선간 전압(V_l)$= V_{ab} = V_{bc} = V_{ca}$[V]
- 상전류(I_P)$= I_{ab} = I_{bc}$[A]
- 선전류(I_l)$= I_a = I_b = I_c$[A]
- 선간 전압(V_l)=상전압(V_P)[V]
- 선전류(I_l)=상전류(I_P)[A]

① 출력 : 변압기 2대에 의한 V결선 시 변압기 1대 용량을 P_1이라 하면, 이때 변압기 2대 용량은 $2P_1$이지만 실제 변압기에 부하를 접속하고 운전할 때 2대를 통해 부하에 공급할 수 있는 전력은 1대 용량의 $\sqrt{3}$ 배만큼만 공급할 수 있다.

$$P_V = \sqrt{3}\, V_P I_P \cos\theta = \sqrt{3}\, P_1 [\mathrm{W}]$$

② 이용률 : $\dfrac{\text{V결선 용량}}{\text{변압기 2대 용량}} = \dfrac{\sqrt{3}\,P_1}{2P_1} = 0.866 = 86.6[\%]$

③ 출력비 : $\dfrac{\text{V결선 출력}}{\text{△결선 출력}} = \dfrac{\sqrt{3}\,P_1}{3P_1} = 0.577 = 57.7[\%]$

2대 변압기 용량
$P_V = \sqrt{3}\,P_1$[W]
(P_1 : 변압기 1대 용량)

이용률
$\dfrac{\sqrt{3}}{2} = 0.866$

출력비
$\dfrac{\sqrt{3}}{3} = 0.577$

4 3상 교류 전력 측정

3상 회로의 전력 측정 시 평형 3상 부하의 경우 단상 전력계 1대를 이용하여 상전압 기준 전력을 측정한 후 3배를 해주는 1전력계법을 이용할 수 있지만, 불평형 3상 부하의 경우 단상전력계 3대를 이용하는 3전력계법이나 3상 평형, 3상 불평형의 경우 모두 적용 가능한 단상 전력계 2대를 이용한 2전력계법 등이 있다.

(1) 1전력계법

단상 전력계 1대를 이용하여 3상 평형 부하의 전력을 측정하는 법은 전력계의 전압 코일을 전압선과 중성점에 연결한 후 전력계 지시값을 읽어 1상분 전력을 측정한 후 3상이므로 3배를 하여 3상 전체 전력을 구할 수 있다.

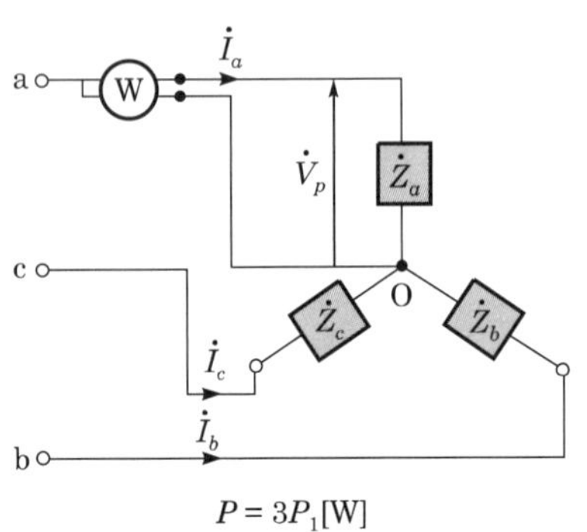

$P = 3P_1$[W]

(2) 2전력계법

단상 전력계 2대를 다음 그림과 같이 접속하여 측정하는 방법으로 전력계 W_1, W_2의 지시를 각각 P_1, P_2[W]라 할 때, 각각의 3상 부하에 걸린 선간 전압을 V, 선전류를 I라 하면 각각의 전력은 다음과 같이 나타낼 수 있다.

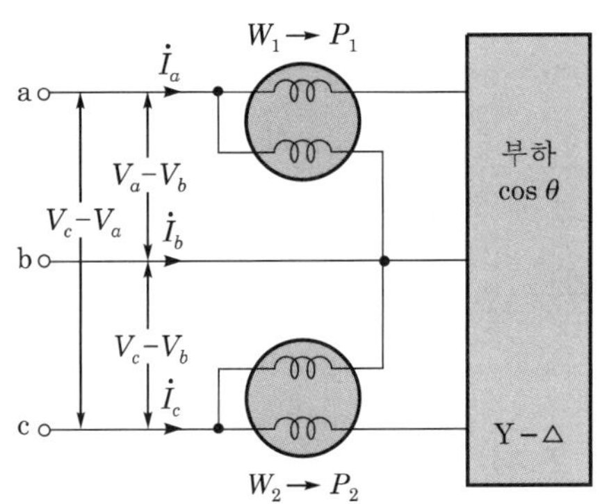

① 유효 전력

$$P = P_1 + P_2 = \sqrt{3}\, VI\cos\theta\,[\text{W}]$$

② 무효 전력

$$P_r = \sqrt{3}(P_2 - P_1) = \sqrt{3}\, VI\sin\theta\,[\text{Var}]$$

여기서, $P_1 - P_2$: 각각의 전력계 지시값 중 큰 값과 작은 값과의 차를 의미

2전력계법

㉠ 유효 전력
$P = P_1 + P_2$[W]

㉡ 무효 전력
$P_r = \sqrt{3}(P_2 - P_1)$[Var]

㉢ 피상 전력
$P_a = 2\sqrt{P_1^2 + P_2^2 - P_1 P_2}$ [VA]

③ 피상 전력

$$P_a = \sqrt{P^2 + P_r^{\ 2}} = \sqrt{(P_1+P_2)^2 + [\sqrt{3}(P_1-P_2)]^2}$$
$$= 2\sqrt{P_1^{\ 2} + P_2^{\ 2} - P_1 P_2} = \sqrt{3}\, VI\,[\text{VA}]$$

④ 역률

$$\cos\theta = \frac{P}{P_a} = \frac{P_1 + P_2}{2\sqrt{P_1^{\ 2} + P_2^{\ 2} - P_1 P_2}}$$

05 회로망의 제정리

1 중첩의 원리

『다수의 전압원 및 전류원을 포함한 임의의 회로망에서, 어떤 임의의 지로에 흐르는 전류는 각각의 전압원 및 전류원이 단독으로 존재할 때 그 지로에 흐르는 전류의 대수합과 같다.』는 원리로 임의의 지로에 흐르는 전류의 대수합은 각각 전압원은 단락하고 전류원은 개방시켜 구한다.

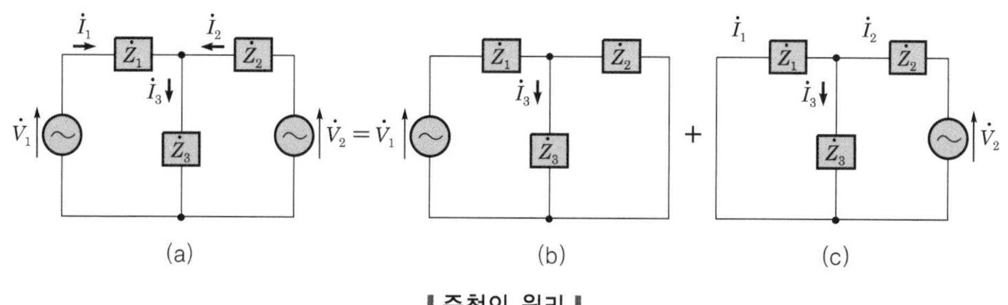

▌중첩의 원리▐

2 테브난의 정리

『전원을 포함하고 있는 임의의 회로망에서 부하측 개방 단자 전압이 V_0, 부하측 개방 단자 a, b에서 회로망 쪽을 바라본 내부 합성 저항이 R_0인 경우의 회로망은 개방 단자 전압 V_0에 내부 합성 저항 R_0가 부하 저항 R_L에 직렬로 연결된 회로와 같다.』는 원리로 개방 단자 전압 V_0는 회로망에서의 개방 단자 a, b 사이

자주 출제되는 Key Point

중첩의 이상 전압원과 전류원
㉠ 전압원 : 내부 임피던스 $=0$
㉡ 전류원 : 내부 임피던스 $=\infty$

이상적 전압원
내부 임피던스가 0

이상적 전류원
전류원은 내부 임피던스가 ∞

의 전압과 같고, 내부 합성 저항 R_0는 개방 단자 a, b에서 주어진 회로망 내의 전압원은 단락, 전류원은 개방시킨 상태에서 구한 내부 합성 저항이다.

$$V_0 = \frac{R_2}{R_1 + R_2} \times V[\text{V}],\ \ R_0 = \frac{R_1 R_2}{R_1 + R_2} + R_3[\Omega]$$

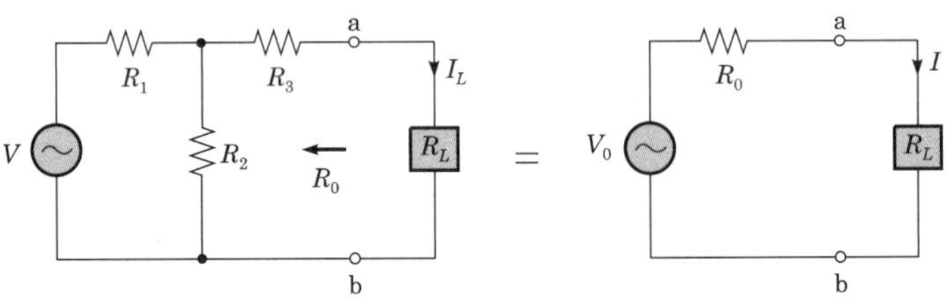

06 비사인파 교류 및 과도 현상

1 비사인파 교류

(1) 비사인파 교류의 발생 및 분석

변압기 등에서 철심의 자기 포화나 히스테리시스 현상 등으로 인하여 입력 측에 사인파 교류를 가하더라도 출력 측에서는 비사인파가 발생하는데, 이때 발생한 비사인파 교류를 무수히 많은 주파수 성분을 갖는 삼각함수의 집합으로 표현할 수 있는데 이것을 푸리에 급수라 한다.

푸리에 급수 성분
직류분+기본파+고조파

비사인파 교류=직류분($f=0$)+기본파+고조파

(2) 비사인파의 계산

직류분과 기본파, 고조파가 포함된 임의의 교류 전압과 전류에서의 계산은 다음과 같다.

$$v(t) = V_0 + \sqrt{2}\,V_1 \sin\omega t + \sqrt{2}\,V_2 \sin 2\omega t + \sqrt{2}\,V_3 \sin 3\omega t + \cdots + \sqrt{2}\,V_n \sin n\omega t[\text{V}]$$

$$i(t) = I_0 + \sqrt{2}\,I_1 \sin(\omega t - \theta_1) + \sqrt{2}\,I_2 \sin(2\omega t - \theta_2) + \sqrt{2}\,I_3 \sin(3\omega t - \theta_3) + \cdots + \sqrt{2}\,I_n \sin(n\omega t - \theta_n)[\text{A}]$$

① **비정현파의 실효값** : 비정현파 교류의 실효값도 정현파 교류와 마찬가지로 "순시값의 제곱의 평균값의 제곱근"으로 구할 수 있다.

$$V = \sqrt{V_0^{\,2} + V_1^{\,2} + V_2^{\,2} + V_3^{\,2} + \cdots + V_n^{\,2}}\,[\text{V}]$$

$$I = \sqrt{I_0^{\,2} + I_1^{\,2} + I_2^{\,2} + I_3^{\,2} + \cdots + I_n^{\,2}}\,[\text{A}]$$

비사인파 계산
실효값
I[A]=
$\sqrt{I_0^{\,2}+I_1^{\,2}+I_2^{\,2}+I_3^{\,2}+\cdots+I_n^{\,2}}$

② **비정현파의 왜형률(일그러짐률)** : 비정현파의 원인은 고조파이므로 왜형률은 "기본파 실효값에 대한 나머지 전체 고조파 실효값의 비율"로 구할 수 있다.

$$\text{왜형률}(\varepsilon) = \frac{\text{전 고조파의 실효값}}{\text{기본파의 실효값}}$$

$$V = \frac{\sqrt{V_2^{\,2} + V_3^{\,2} + \cdots + V_n^{\,2}}}{V_1}$$

왜형률(ε)
$\dfrac{\text{전 고조파의 실효값}}{\text{기본파의 실효값}}$

③ **소비 전력** : 비정현파의 소비 전력은 순시 전력의 1주기에 대한 평균으로 구할 수 있는데 주파수가 다른 전압, 전류의 곱 등의 평균은 0이 되므로 비정현파에서의 소비 전력은 반드시 "주파수가 같은 전압과 전류의 실효값을 곱"하여 구할 수 있다.

$$P = V_0 I_0 + V_1 I_1 \cos\theta_1 + V_2 I_2 \cos\theta_2 + V_3 I_3 \cos\theta_3 + \cdots + V_n I_n \cos\theta_n\,[\text{W}]$$

소비 전력
$P = V_0 I_0 + V_1 I_1 \cos\theta_1 + V_2 I_2 \cos\theta_2$

(3) 비사인파 교류의 임피던스와 전류

저항 $R[\Omega]$, 인덕턴스 L[H]의 직렬 회로에 다음과 같은 비사인파 교류 전압을 가한 경우 저항 R은 주파수에 관계없으므로 각 고조파에 대하여 균일하게 작용하지만, 유도성 리액턴스는 각각 주파수에 비례하여 그 값이 변화하므로 각 고조파마다의 임피던스를 구하여 각각의 고조파 성분에 대한 전류를 구할 수 있으며, 합성 전류 I는 각각 별도로 구한 실효값 전류를 합성하여 나타낸다. 즉, 비정현파에서의 전압과 전류, 임피던스 관계를 나타내는 옴의 법칙은 소비 전력 구하는 것과 마찬가지로 반드시 같은 성분끼리만 성립한다.

자주 출제되는 Key Point

$v(t) = V_0 + \sqrt{2}\, V_1 \sin\omega t + \sqrt{2}\, V_3 \sin 3\omega t$[V]

- 기본파의 임피던스 $Z_1 = \sqrt{R^2 + (\omega L)^2}$ [Ω]
- 제3고조파의 임피던스 $Z_3 = \sqrt{R^2 + (3\omega L)^2}$ [Ω]
- 기본파의 전류 $I_1 = \dfrac{V_1}{Z_1} = \dfrac{V_1}{\sqrt{R^2 + (\omega L)^2}}$[A]
- 제3고조파의 전류 $I_3 = \dfrac{V_3}{Z_3} = \dfrac{V_3}{\sqrt{R^2 + (3\omega L)^2}}$[A]
- 전체 전류 $I = \sqrt{{I_1}^2 + {I_3}^2}$[A]

$R-L-C$ 직렬 회로에서 n고조파 임피던스

$$Z = R + jn\omega L - j\frac{1}{n\omega C} = R + j\left(n\omega L - \frac{1}{n\omega C}\right)[\Omega]$$

$R-L$ 직렬 회로의 2고조파 임피던스
$\dot{Z_2} = R + j2\omega L[\Omega]$

$R-C$ 직렬 회로의 2고조파 임피던스
$\dot{Z_2} = R - j\dfrac{1}{2\omega C} = R - j\dfrac{1}{2} \times \dfrac{1}{\omega C}[\Omega]$

$R-L-C$ 직렬 회로의 n고조파 임피던스
$Z = R + j\left(n\omega L - \dfrac{1}{n} \times \dfrac{1}{\omega C}\right)[\Omega]$

2 과도 현상

(1) 과도 현상의 개념

① **정상 상태** : 저항 R과 리액턴스 X로 구성된 회로 등에서 $t=0$인 순간을 기준으로 하여 스위치를 개폐할 경우, 스위치 개폐 직후 회로에 흐르기 시작한 전류가 어느 일정 시간 동안 크기가 변화한 후 더 이상 그 크기가 변화하지 않는 상태

② **과도 상태** : 스위치 개폐 후 일정 시간 동안 더 이상 전류의 크기가 변화하지 않는 정상 상태에 이르기까지 그 전류의 크기가 시간에 따라 변화하는 과정인 상태

③ **과도 현상** : 스위치 개폐 직후 정상 상태에 이르기 전인 과도 상태에서 일어나는 전류 등의 여러 가지 변화 현상

(2) $R-L$ 직렬 회로

저항 R과 인덕턴스 L[H]인 코일을 직렬로 연결한 회로에 직류 전압 E[V]를 인가할 때의 전류 특성은 다음과 같다.

자주 출제되는 Key Point

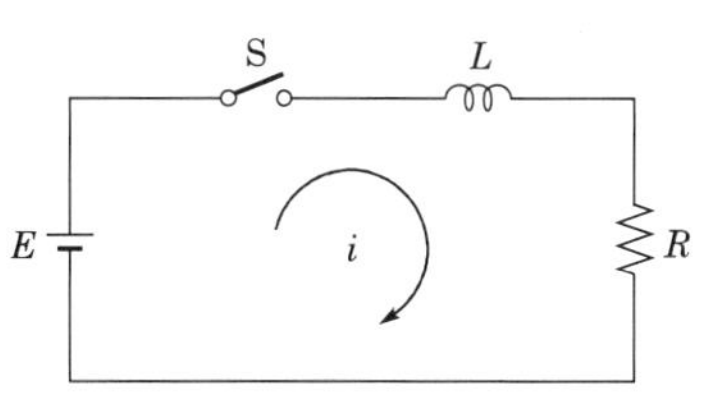

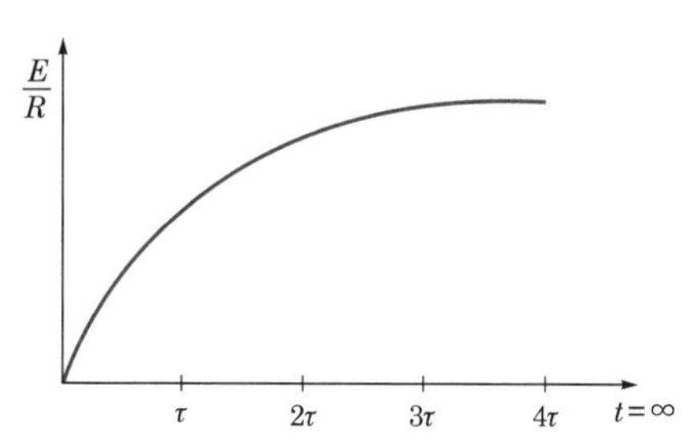

① **전체 전류** : 스위치를 ON하여 전압을 인가한 후부터 정상 상태에 이를 때까지 회로에 흐르는 전류로 과도 전류와 정상 전류의 합으로 다음과 같이 나타낼 수 있다.

$$\text{전체 전류}(i) = \text{정상 전류}(i_s) + \text{과도 전류}(i_t)$$

$$i = \frac{E}{R}\left(1 - e^{-\frac{R}{L}t}\right)[\text{A}]$$

② **정상 전류** : 정상 상태에 도달하여 더 이상 크기가 변화하지 않는 전류로, 직류 전압 인가 시 인덕턴스 L[H]인 코일이 일정한 시간이 지나 완전한 단락 상태로 변화한 후 회로에 흐르기 시작하는 전류이므로 인덕턴스 L[H]의 크기와는 무관하다.

$$i_s = \frac{E}{R}[\text{A}]$$

③ **시정수(τ)** : 스위치를 ON한 후 정상 전류의 63.2[%]까지 상승하는 데 걸리는 시간으로 시정수가 커지면 정상 상태에 이르는 시간이 길어지므로 과도 기간이 길어진다.

$$\tau = \frac{L}{R}[\text{sec}]$$

$R-L$ 직렬 회로 시정수
$\tau = \frac{L}{R}$[sec]

시정수의 수학적 의미

전체 전류식에서 시간 t에 $\frac{L}{R}$을 대입하여 e함수를 -1승으로 만드는 시간으로 실제 물리적인 의미는 전류가 서서히 상승하여 정상 전류의 63.2[%]까지 상승하는 데 걸리는 시간을 의미한다.

자주 출제되는 Key Point

(3) $R-C$ 직렬 회로

저항 R과 정전 용량 C[F]인 콘덴서를 직렬로 연결한 회로에 스위치 S를 ON하여 기전력 E[V]를 인가할 때의 전류 특성은 다음과 같다.

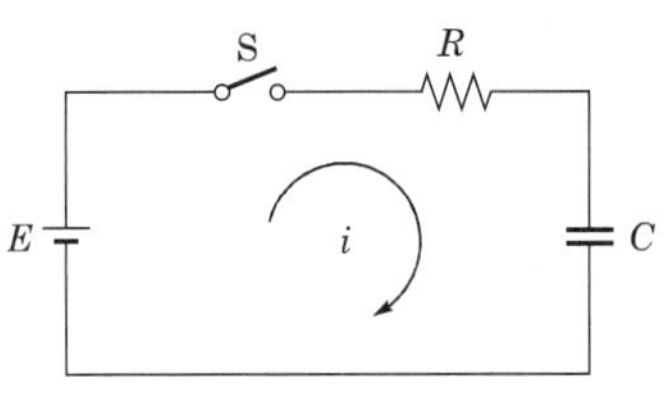

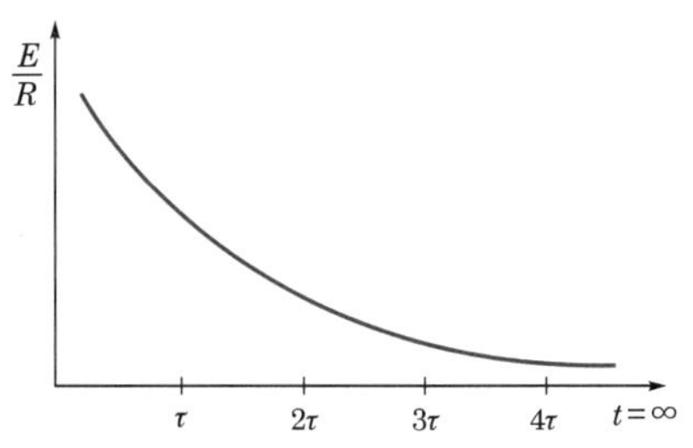

① **충전 전류** : 스위치를 ON한 직후부터 콘덴서 C의 충전 특성으로 인하여 초기 전류가 0[A]가 되기까지에 나타나는 과도 전류

$$i = \frac{E}{R} e^{-\frac{1}{RC}t} \text{[A]}$$

② **초기 전류** : 스위치 S를 ON하여 전압을 인가하는 순간 흐르는 전류로 콘덴서 C는 전압 인가 순간 단락 특성을 가지므로 저항 R에 의해서만 그 크기가 제한되는 전류

$$i = \frac{E}{R} \text{[A]}$$

③ **시정수(τ)** : 스위치를 ON한 후 초기 전류의 36.8[%]로 감소하는 데 걸리는 시간

$$\tau = RC\text{[sec]}$$

$R-C$ 직렬 회로 시정수
$\tau = RC$[sec]

CHAPTER 04 자주 출제되는 기출 문제

출제분석 Advice

01 $\frac{\pi}{6}$[rad]는 몇 도인가? 14년 출제

① 30° ② 45°
③ 60° ④ 90°

해설 π[rad] = 180° 이므로

$$\frac{\pi}{6}[\text{rad}] = \frac{180°}{6} = 30°$$

호도법(라디안각)
㉠ 위상을 원주율 π로 나타내는 방법
㉡ 2π[rad(라디안)] = 360°

02 주파수 100[Hz]의 주기는 몇 초인가? 08년/10년 출제

① 0.05 ② 0.02
③ 0.01 ④ 0.1

해설 주기 $T[\text{sec}] = \frac{1}{f[\text{Hz}]} = \frac{1}{100} = 0.01[\text{sec}]$

주기 T와 주파수 f는 서로 역수 관계식이 성립한다.

$T = \frac{1}{f}$[sec]

$f = \frac{1}{T}$[Hz=sec^{-1}]

03 각주파수 $\omega = 100\pi$[rad/sec]일 때 주파수 f[Hz]는? 10년 출제

① 50 ② 60
③ 300 ④ 360

해설 각주파수 $\omega = 2\pi f = 100\pi$ 에서

$$f = \frac{100\pi}{2\pi} = 50[\text{Hz}]$$

각주파수
$\omega = 2\pi f$ [rad/sec]

04 $e = 100\sin\left(314t - \frac{\pi}{6}\right)$[V]인 파형의 주파수는 약 몇 [Hz]인가? 06년 출제

① 40 ② 50
③ 60 ④ 80

해설 각주파수 $\omega = 2\pi f = 314$이므로

$$f = \frac{314}{2\pi} = 50[\text{Hz}]$$

정답 01.① 02.③ 03.① 04.②

각주파수
$\omega = 2\pi f$ [rad/sec]
$\omega = 100\pi = 314$
$\rightarrow f = 50$[Hz]
$\omega = 120\pi = 377$
$\rightarrow f = 60$[Hz]

05 $e = 100\sqrt{2}\sin\left(100\pi t - \frac{\pi}{3}\right)$[V]인 정현파의 주파수[Hz]는 얼마인가? 12년 출제

① 50 ② 60
③ 100 ④ 314

해설 각주파수 $\omega = 2\pi f = 100\pi$이므로

$$f = \frac{100\pi}{2\pi} = 50[\text{Hz}]$$

06 각주파수 $\omega = 377$[rad/sec]인 사인파 교류의 주파수는 약 몇 [Hz]인가? 08년 출제

① 30 ② 60
③ 90 ④ 120

해설 $\omega = 2\pi f = 377$에서

$$f = \frac{377}{2\pi} = 60[\text{Hz}]$$

07 각속도 $\omega = 300$[rad/sec]인 사인파 교류의 주파수[Hz]는 얼마인가? 12년 출제

① $\frac{70}{\pi}$ ② $\frac{150}{\pi}$
③ $\frac{180}{\pi}$ ④ $\frac{360}{\pi}$

해설 $\omega = 2\pi f = 300$[rad/sec]에서 $f = \frac{300}{2\pi} = \frac{150}{\pi}$[Hz]

08 $e = 141\sin\left(120\pi t - \frac{\pi}{3}\right)$인 파형의 주파수는 몇 [Hz]인가? 08년 출제

① 120 ② 60
③ 30 ④ 15

해설 각주파수 $\omega = 2\pi f = 120\pi$에서

$$f = \frac{120\pi}{2\pi} = 60[\text{Hz}]$$

각주파수
$\omega = 2\pi f$
주파수는 단위 시간당 사이클의 수이므로 1초당 회전수와 같은 30이다.

09 회전자가 1초에 30회전을 하면 각속도[rad/sec]는? 11년 출제

① 30π ② 60π
③ 90π ④ 120π

해설 각속도 $\omega = 2\pi n = 2\pi \times 30 = 60\pi$[rad/sec]

정답 05.① 06.② 07.② 08.② 09.②

10 $v = V_m \sin(\omega t + 30°)$[V], $i = I_m \sin(\omega t - 30°)$[A]**일 때 전압을 기준으로 하면 전류의 위상차는?** 06년 출제

① 60° 뒤진다. ② 60° 앞선다.
③ 30° 뒤진다. ④ 40° 앞선다.

해설 위상 0°를 기준으로 할 때 전압은 30° 앞서있고, 전류는 30° 뒤지므로 전압과 전류 간 위상차는 전류가 전압보다 60° 뒤진다.

출제분석 Advice

위상차
$\theta = \theta_1 - \theta_2$
$= 30° - (-30°)$
$= 60°$

11 $v = 100\sqrt{2}\sin\left(120\pi t + \frac{\pi}{4}\right)$[V], $i = 100\sin\left(120\pi t + \frac{\pi}{2}\right)$[A]**인 경우 전류는 전압보다 위상이 어떻게 되는가?** 06년 출제

① $\frac{\pi}{2}$[rad]만큼 앞선다. ② $\frac{\pi}{2}$[rad]만큼 뒤진다.
③ $\frac{\pi}{4}$[rad]만큼 앞선다. ④ $\frac{\pi}{4}$[rad]만큼 뒤진다.

해설 위상 0°를 기준으로 할 때 전압은 $\frac{\pi}{4} = 45°$ 앞서있고, 전류는 $\frac{\pi}{2} = 90°$ 앞서있으므로 전류가 전압보다 위상차 45°만큼 앞서있다.

위상차
$\theta = 90° - 45° = 45°$

12 **다음 전압과 전류의 위상차는 어떻게 되는가?** 12년 출제

$$v = \sqrt{2}\,V\sin\left(\omega t - \frac{\pi}{3}\right)[V],\ i = \sqrt{2}\,I\sin\left(\omega t - \frac{\pi}{6}\right)[A]$$

① 전류가 $\frac{\pi}{3}$만큼 앞선다. ② 전압이 $\frac{\pi}{3}$만큼 앞선다.
③ 전압이 $\frac{\pi}{6}$만큼 앞선다. ④ 전류가 $\frac{\pi}{6}$만큼 앞선다.

해설 위상 0°를 기준으로 할 때 전압은 $\frac{\pi}{3} = 60°$만큼 뒤져있고, 전류는 $\frac{\pi}{6} = 30°$만큼 뒤져있으므로 전류가 전압보다 위상차 30°만큼 앞서있다.

전압의 위상
$\theta_1 = -60°$

전류의 위상
$\theta_2 = -30°$

13 $i_1 = 8\sqrt{2}\sin\omega t$[A], $i_2 = 4\sqrt{2}\sin(\omega t + 180°)$[A]**와의 차에 상당한 전류의 실효값[A]은?** 13년 출제

① 4 ② 6
③ 8 ④ 12

정답 10.① 11.③ 12.④ 13.④

해설 위상 0°를 기준으로 할 때 전류 i_1과 i_2 간에 위상차가 180°이므로 서로 반대 방향임을 알 수 있다. 따라서 두 전류 간에 발생하는 전류 크기의 차는 8[A]와 4[A]의 방향을 고려한 12[A]가 된다.

∴ 전류의 차 $I = 8 - (-4) = 12$[A]

14 $e = 200\sin(100\pi t)$[V]의 교류 전압에서 $t = \frac{1}{600}$초일 때, 순시값은?

14년 출제

① 100[V] ② 173[V]
③ 200[V] ④ 346[V]

해설 $e(t) = 200\sin(100\pi t)$[V]에서 $t = \frac{1}{600}$을 대입하여 정리하면 된다.

$$e\left(\frac{1}{600}\right) = 200\sin\left(100\pi \times \frac{1}{600}\right) = 200\sin\frac{\pi}{6}$$
$$= 200 \times \frac{1}{2} = 100\,[\mathrm{V}]$$

실효값
전압계, 전류계, 전력량계, 열선형 계기의 지시값

15 일반적으로 교류 전압계의 지시값은?

11년 출제

① 최대값 ② 순시값
③ 평균값 ④ 실효값

해설 교류의 크기에서 실효값은 회로 중에서 실제로 발열하는 에너지를 기초로 하여 정한 값이므로 실용상 가장 적합하다. 따라서 일반적으로 교류의 크기는 실효값을 통하여 나타낸다.

실효값
$V = \frac{V_m}{\sqrt{2}}$
$V_m = \sqrt{2}\,V$

16 교류 100[V]의 최대값은 약 몇 [V]인가?

07년 출제

① 90 ② 100
③ 111 ④ 141

해설 100[V]가 실효값이므로 $V_m = \sqrt{2}\,V = \sqrt{2} \times 100 = 141\,[\mathrm{V}]$

실효값
$I = \frac{I_m}{\sqrt{2}} = 0.707 I_m$ [A]

17 $i = I_m \sin\omega t$[A]인 교류의 실효값은?

07년 출제

① $\frac{I_m}{\sqrt{2}}$ ② $\frac{2}{\pi} I_m$
③ I_m ④ $\sqrt{2}\,I_m$

해설 $I_m = \sqrt{2}\,I$에서 $I = \frac{I_m}{\sqrt{2}}$

정답 14.① 15.④ 16.④ 17.①

★★★
18 어느 교류 전압의 순시값이 $v = 311\sin(120\pi t)$[V]라고 하면 이 전압의 실효값은 약 몇 [V]인가? 06년/08년/09년 출제

① 180 ② 220
③ 440 ④ 622

해설 실효값 $V = \frac{V_m}{\sqrt{2}} = \frac{311}{\sqrt{2}} = 220$[V]

실효값
$V = \frac{V_m}{\sqrt{2}} = 0.707\, V_m$[V]

★
19 $i = I_m \sin\omega t$[A]인 정현파 교류에서 ωt가 몇 °일 때 순시값과 실효값이 같게 되는가? 13년 출제

① 90° ② 60°
③ 45° ④ 0°

해설 순시값과 실효값 I[A]를 같게 놓아서 계산하면 다음과 같다.
$i = I_m \sin\omega t = \sqrt{2}\, I \sin\omega t = I$이므로
$\sin\omega t = \frac{1}{\sqrt{2}}$, $\omega t = \sin^{-1}\frac{1}{\sqrt{2}} = 45°$

최대값
$I_m = \sqrt{2}\, I$[A]
여기서, I : 실효값

★
20 최대값이 V_m[V]인 사인파 교류에서 평균값 V_{av}[V]값은? 09년 출제

① $0.557\, V_m$ ② $0.637\, V_m$
③ $0.707\, V_m$ ④ $0.866\, V_m$

해설 평균값 $V_{av} = \frac{2}{\pi} V_m = 0.637\, V_m$[V]

평균값
사인파의 직류분 평균값
$V_{av} = \frac{2}{\pi} V_m = 0.637\, V_m$

★★★
21 최대값이 200[V]인 사인파 교류의 평균값[V]은? 10년/12년/13년 출제

① 약 70.7 ② 약 100
③ 약 127.3 ④ 약 141.4

해설 평균값 $V_{av} = \frac{2}{\pi} V_m = 0.637\, V_m = 0.637 \times 200 ≒ 127.3$[V]

평균값(직류분)
$V_{av} = \frac{2}{\pi} V_m$[V]

★★
22 최대값 10[A]인 교류 전류의 평균값은 약 몇 [A]인가? 07년/08년 출제

① 0.2 ② 0.5
③ 3.14 ④ 6.37

해설 평균값 $I_{av} = \frac{2}{\pi} I_m = 0.637\, I_m = 0.637 \times 10 = 6.37$[A]

평균값(직류분)
$I_{av} = \frac{2}{\pi} I_m$[A]

정답 18.② 19.③ 20.② 21.③ 22.④

★★
23 평균값이 220[V]인 교류 전압의 최대값은 약 몇 [V]인가?
09년/13년 출제

① 110 ② 346

③ 381 ④ 691

해설 • 평균값 $V_{av} = \frac{2}{\pi}V_m = 0.637V_m$[V]

• 최대값 $V_m = \frac{V_{av}}{0.637} = \frac{220}{0.637} = 346$[V]

파고율= $\frac{\text{최대값}}{\text{실효값}}$

파형률= $\frac{\text{실효값}}{\text{평균값}}$

★★★
24 교류의 파형률이란?
06년/09년/12년/13년 출제

출제빈도

① $\frac{\text{최대값}}{\text{실효값}}$ ② $\frac{\text{평균값}}{\text{실효값}}$

③ $\frac{\text{실효값}}{\text{평균값}}$ ④ $\frac{\text{실효값}}{\text{최대값}}$

해설 파고율= $\frac{\text{최대값}}{\text{실효값}}$, 파형률= $\frac{\text{실효값}}{\text{평균값}}$

★
25 파형률과 파고율이 모두 1인 파형은?
06년 출제

① 삼각파 ② 정현파

③ 구형파 ④ 반원파

해설 파고율과 파형률이 모두 1인 파형은 최대값, 실효값, 평균값의 크기가 모두 같다는 것을 의미하므로 반주기마다 방향은 변화하지만 크기만큼은 불변인 구형파가 모두 1인 파형이다.

기본파의 파고율

$= \frac{\sqrt{2}\,V}{V} = \sqrt{2}$

★
26 삼각파의 파형률은 약 얼마인가?
08년 출제

① 1 ② 1.155

③ 1.414 ④ 1.732

해설 삼각파의 최대값에 대한 실효값, 평균값의 비율

실효값 $V = \frac{1}{\sqrt{3}}V_m$[V], 평균값 $V_{av} = \frac{1}{2}V_m$[V]이므로

• 파고율 $= \frac{\text{최대값}}{\text{실효값}} = \frac{V_m}{\frac{1}{\sqrt{3}}V_m} = \sqrt{3}$

• 파형률 $= \frac{\text{실효값}}{\text{평균값}} = \frac{\frac{1}{\sqrt{3}}V_m}{\frac{1}{2}V_m} = 1.15$

정답 23.② 24.③ 25.③ 26.②

파고율, 파형률

구분	정현파	구형파	삼각파
파고율	$\sqrt{2}$	1	$\sqrt{3}$
파형률	1.11	1	1.15

27 $\dot{A}_1 = A_1 \angle \theta_1$, $\dot{A}_2 = A_2 \angle \theta_2$일 때 두 벡터의 곱 $\dot{A}$를 구하는 식은? 06년 출제

① $A_1 A_2 \angle \theta_1 \theta_2$
② $A_1 A_2 \angle \theta_1 + \theta_2$
③ $A_1 + A_2 \angle \theta_1 \theta_2$
④ $A_1 + A_2 \angle \theta_1 + \theta_2$

해설 극형식법의 곱셈은 크기는 크기끼리 곱하고, 위상각은 더하면 된다.

28 다음 중 복소수의 값이 다른 것은? 12년 출제

① $-1+j$
② $-j(1+j)$
③ $(-1-j)/j$
④ $j(1+j)$

해설 $j=\sqrt{-1}$, $j^2=-1$에서 $-j^2=1$이므로

$-j(1+j)=-j+1=1-j$

$\dfrac{-1-j}{j}=\dfrac{(-1-j)\times j}{j\times j}=\dfrac{-j+1}{-1}=j-1$

$j(1+j)=j-1$

허수

㉠ $i=j=\sqrt{-1}$
㉡ 실제 존재하지 않는 수로서, 실수와 위상 90°를 표현하기 위한 값

29 $\dot{A}_1 = a_1 + jb_1$, $\dot{A}_2 = a_2 + jb_2$인 두 벡터의 차 $\dot{A}$를 구하는 식은? 09년 출제

① $(a_1-a_2)+j(b_1-b_2)$
② $(a_1+a_2)-j(b_1+b_2)$
③ $(a_1-b_1)+j(a_2-b_2)$
④ $(a_1-b_1)-j(a_2-b_2)$

해설 $\dot{A}=\dot{A}_1-\dot{A}_2=(a_1+jb_1)-(a_2+jb_2)=(a_1-a_2)+j(b_1-b_2)$

30 복소수 $3+j4$의 절댓값은 얼마인가? 07년 출제

① 2
② 4
③ 5
④ 7

해설 복소수 $\dot{A}=a+jb$의 크기 $A=\sqrt{a^2+b^2}$이므로

복소수 $3+j4$의 크기는 $\sqrt{3^2+4^2}=5$

정답 27.② 28.② 29.① 30.③

복소수 계산법

실수	허수	절대값
3(4)	4(3)	5
8(6)	6(8)	10

$\sqrt{3^2+4^2}=\sqrt{25}=5$

$\sqrt{8^2+6^2}=\sqrt{100}=10$

31 $\dot{I}=8+j6$[A]로 표시되는 전류의 크기 I는 몇 [A]인가? 06년 출제

① 6 ② 8
③ 10 ④ 14

해설 복소수 $\dot{A}=a+jb$의 크기 $A=\sqrt{a^2+b^2}$이므로
$I=\sqrt{8^2+6^2}=10$[A]

32 $\dot{Z}_1=2+j11[\Omega]$, $\dot{Z}_2=4-j3[\Omega]$의 직렬 회로에 교류 전압 100[V]를 인가할 때 합성 임피던스[Ω]는? 10년 출제

① 6 ② 8
③ 10 ④ 14

해설 $\dot{Z}_0=\dot{Z}_1+\dot{Z}_2=(2+j11)+(4-j3)=6+j8[\Omega]$
$Z_0=\sqrt{6^2+8^2}=10[\Omega]$

교류의 옴의 법칙
㉠ 전압 $V=IZ$[V]
㉡ 전류 $I=\dfrac{V}{Z}$[A]

33 임피던스 $Z_1=12+j16[\Omega]$, $Z_2=8+j24[\Omega]$이 직렬로 접속된 회로에 전압 $V=200$[V]를 가할 때 이 회로에 흐르는 전류[A]는? 12년/13년 출제

① 2.35 ② 4.47
③ 6.02 ④ 10.25

해설 • 합성 임피던스 $\dot{Z}=\dot{Z}_1+\dot{Z}_2=12+j16+8+j24=20+j40[\Omega]$
• 전류 $I=\dfrac{V}{Z}=\dfrac{200}{\sqrt{20^2+40^2}}\fallingdotseq 4.47$[A]

34 순저항만으로 구성된 회로에 흐르는 전류와 공급 전압과의 위상 관계는?

① 180° 앞선다. ② 90° 앞선다.
③ 동위상이다. ④ 90° 뒤진다.

해설 저항만의 회로는 전압과 전류가 동위상이다.

35 $Z_1=5+j3[\Omega]$과 $Z_2=7-j3[\Omega]$이 직렬로 연결된 회로에 $V=36$[V]를 가한 경우의 전류[A]는? 12년 출제

① 1 ② 3
③ 6 ④ 10

정답 31.③ 32.③ 33.② 34.③ 35.②

해설 합성 임피던스

$Z_0 = Z_1 + Z_2 = 5 + j3 + 7 - j3 = 12[\Omega]$

$V = Z \cdot I$[V]에서 $I = \dfrac{V}{Z} = \dfrac{36}{12} = 3$[A]

★

36 일반적인 경우 교류를 사용하는 전기난로의 전압과 전류의 위상에 대한 설명으로 옳은 것은?

06년 출제

① 전압과 전류는 동위상이다. ② 전압이 전류보다 90° 앞선다.
③ 전류가 전압보다 90° 앞선다. ④ 전류가 전압보다 60° 앞선다.

해설 백열전구나 전기난로는 저항만의 회로이므로 전압과 전류는 동위상이다.

전기 난로
부하는 R만의 회로이므로
I, V 위상차 0°

★

37 전기 저항 25[Ω]에 50[V]의 사인파 전압을 가할 때 전류의 순시값[A]은? (단, 각속도 $\omega = 377$[rad/sec]이다.)

10년 출제

① $2\sin 377t$ ② $2\sqrt{2}\sin 377t$
③ $4\sin 377t$ ④ $4\sqrt{2}\sin 377t$

해설 $V = IR$에서 실효값 전류 $I = \dfrac{V}{R} = \dfrac{50}{25} = 2$[A]

$\therefore\ i = I_m \sin\omega t = \sqrt{2} I \sin\omega t = 2\sqrt{2}\sin 377t$[A]

저항만의 회로는 V, I의 위상차가 0°이며 순시값의 크기는 최대값 $I_m = \sqrt{2} I$로 나타낸다.

★★

38 10[Ω]의 저항 회로에 $e = 100\sin\left(377t + \dfrac{\pi}{3}\right)$[V]의 전압을 인가했을 때 $t = 0$에서의 순시 전류는 몇 [A]인가?

08년/10년 출제

① $5\sqrt{3}$ ② 5
③ $5\sqrt{2}$ ④ 10

해설 순시값식 e에서 $t = 0$에서의 크기이므로

$e = 100\sin\dfrac{\pi}{3} = 100\sin 60° = 100 \times \dfrac{\sqrt{3}}{2} = 50\sqrt{3}$[V]

$i = \dfrac{e}{R} = \dfrac{50\sqrt{3}}{10} = 5\sqrt{3}$[A]

39 L만의 회로에서 전압, 전류의 위상 관계는?

① 동상이다. ② 전압이 전류보다 90° 앞선다.
③ 전압이 전류보다 90° 뒤진다. ④ 전압이 전류보다 30° 앞선다.

해설 L만의 회로에서는 전류가 전압보다 90° 뒤진 지상 전류가 흐른다.

정답 36.① 37.② 38.① 39.②

유도성 리액턴스
L[H]를 임피던스로 환산한 값
$X_L = \omega L = 2\pi f L[\Omega]$

옴의 법칙
$V = IZ = X_L I = \omega L[\mathrm{V}]$

★
40 자체 인덕턴스가 0.01[H]인 코일에 100[V], 60[Hz]의 사인파 전압을 가할 때 유도 리액턴스는 약 몇 [Ω]인가?
11년 출제

① 3.77 ② 6.28
③ 12.28 ④ 37.68

해설 유도 리액턴스 $X_L = \omega L = 2\pi f L = 2\times\pi\times 60\times 0.01 \fallingdotseq 3.77[\Omega]$

★★★
41 자기 인덕턴스 10[mH]의 코일에 50[Hz], 314[V]의 교류 전압을 인가했을 때 몇 [A]의 전류가 흐르는가?
출제빈도
07년/09년/12년 출제

① 10 ② 31.4
③ 62.8 ④ 100

해설 $I = \dfrac{V}{\omega L} = \dfrac{V}{2\pi f L} = \dfrac{314}{2\pi\times 50\times 10\times 10^{-3}} = 100[\mathrm{A}]$

42 C만의 회로에 정현파형의 교류 전압을 인가하면 전류는 전압보다 위상이 어떠한가?

① 90° 앞선다. ② 90° 늦다.
③ 180° 앞선다. ④ 180° 늦다

해설 C만의 회로에서는 전류가 전압보다 90° 앞서는 진상 전류가 흐른다.

용량성 리액턴스
$X_C = \dfrac{1}{2\pi f C}[\Omega]$

★
43 다음 중 용량 리액턴스 X_C와 반비례하는 것은?
06년 출제

① 전류 ② 전압
③ 저항 ④ 주파수

해설 용량성 리액턴스 $X_C = \dfrac{1}{\omega C} = \dfrac{1}{2\pi f C}[\Omega]$이므로 주파수에 반비례한다.

용량성 리액턴스
C[F]의 임피던스
$X_C = \dfrac{1}{\omega C} = \dfrac{1}{2\pi f C}[\Omega]$

★
44 콘덴서의 정전 용량이 커질수록 용량 리액턴스의 값은 어떻게 되는가?
07년 출제

① 무한대로 접근한다. ② 커진다.
③ 작아진다. ④ 변화하지 않는다.

해설 용량성 리액턴스 $X_C = \dfrac{1}{\omega C} = \dfrac{1}{2\pi f C}[\Omega]$이므로 콘덴서 용량에 반비례한다.
따라서, 정전 용량이 커질수록 용량성 리액턴스값은 작아진다.

정답 40.① 41.④ 42.① 43.④ 44.③

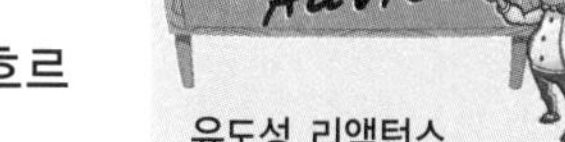

★
45 어떤 회로의 소자에 일정한 크기의 전압으로 주파수를 2배로 증가시켰더니 흐르는 전류의 크기가 $\frac{1}{2}$로 되었다. 이 소자의 종류는? 14년 출제

① 저항 ② 코일
③ 콘덴서 ④ 다이오드

해설 R, L, C의 주파수 특성
- 저항 : R [Ω]이므로 주파수와 무관하다.
- 유도성 리액턴스 $X_L = \omega L = 2\pi f L$ [Ω]이므로 주파수에 비례한다.
- 용량성 리액턴스 $X_C = \frac{1}{\omega C} = \frac{1}{2\pi f C}$ [Ω]이므로 주파수에 반비례한다.

∴ 주파수를 2배로 할 때 임피던스가 2배로 증가하여 전압 일정 시 전류가 $\frac{1}{2}$이 되는 소자는 코일이다.

유도성 리액턴스
L[H]를 임피던스로 환산한 값
$X_L = \omega L = 2\pi f L$[Ω]

★★
46 $R-L$ 직렬 회로에서 임피던스 Z의 크기를 나타내는 식은? 06년/14년 출제

① $R^2 + {X_L}^2$ ② $R^2 - {X_L}^2$
③ $\sqrt{R^2 + {X_L}^2}$ ④ $\sqrt{R^2 - {X_L}^2}$

해설 $R-L$ 직렬 회로의 임피던스 $\dot{Z} = R + jX_L = R + j\omega L$[Ω]
∴ $Z = \sqrt{R^2 + {X_L}^2}$ [Ω]

복소수 $\dot{A} = a + jb$일 때
절대값 $A = \sqrt{a^2 + b^2}$

★
47 $R-L$ 직렬 회로에서 전압과 전류의 위상차 θ에서 $\tan\theta$는? 09년 출제

① $\frac{L}{R}$ ② ωRL
③ $\frac{\omega L}{R}$ ④ $\frac{R}{\omega L}$

해설 임피던스 $\dot{Z} = R + j\omega L$[Ω]이므로 다음과 같은 임피던스 삼각형에서

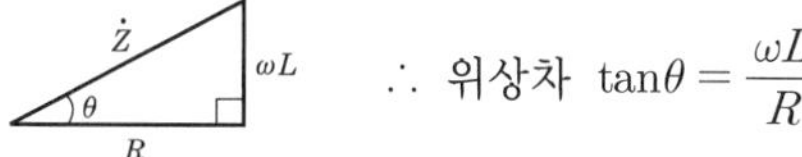

∴ 위상차 $\tan\theta = \frac{\omega L}{R}$

$R-L$ 직렬 회로
$\tan\theta = \frac{\omega L}{R}$
위상차 $\theta = \tan^{-1}\frac{\omega L}{R}$

★
48 $R = 4$[Ω], $X = 3$[Ω]인 $R-L$ 직렬 회로에 5[A]의 전류가 흘렀다면 이때의 전압[V]은? 10년 출제

① 15 ② 20
③ 25 ④ 125

해설 $V = ZI = \sqrt{R^2 + X^2} \cdot I = \sqrt{4^2 + 3^2} \times 5 = 25$[V]

정답 45.② 46.③ 47.③ 48.③

$R-L$ 직렬 회로

$\dot{Z}=R+j\omega L$

크기 $Z=\sqrt{R^2+(\omega L)^2}$

위상 $\theta=\tan^{-1}\frac{\omega L}{R}$

49 저항 3[Ω], 유도 리액턴스 4[Ω]의 직렬 회로에 교류 100[V]를 가할 때 흐르는 전류와 위상각은?

08년 출제

① 14.3[A], 37°　② 14.3[A], 53°

③ 20[A], 37°　④ 20[A], 53°

해설 $R-L$ 직렬 회로의 임피던스 $\dot{Z}=R+j\omega L[\Omega]$이므로

- 임피던스 크기 $Z=\sqrt{R^2+(\omega L)^2}=\sqrt{3^2+4^2}=5[\Omega]$
- 전류의 크기 $I=\frac{V}{Z}=\frac{100}{5}=20[A]$
- 위상각 $\theta=\tan^{-1}\frac{\omega L}{R}=\tan^{-1}\frac{4}{3}=53°$

[별해]

$\cos\theta=\frac{R}{\sqrt{R^2+X_L{}^2}}=\frac{8}{\sqrt{8^2+6^2}}=0.8$

$\sin\theta=\sqrt{1-0.8^2}=0.6$

50 그림과 같은 회로에 흐르는 유효분 전류[A]는?

09년 출제

① 4

② 6

③ 8

④ 10

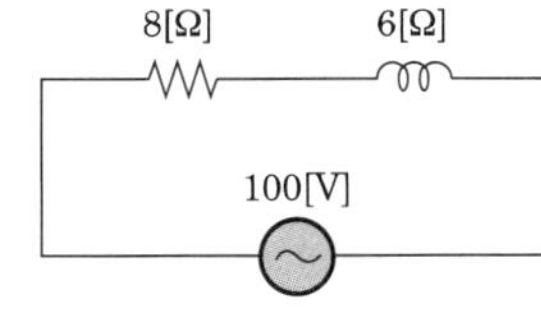

해설 유효분 전류, 무효분 전류

- 유효분 전류 : R성분으로 인해 흐르는 전압과 동위상인 전류
- 무효분 전류 : L성분으로 인해 흐르는 전압보다 90° 뒤진 전류

$\dot{I}=\frac{\dot{V}}{\dot{Z}}=\frac{100}{8+j6}=\frac{100(8-j6)}{(8+j6)(8-j6)}=8-j6[A]$

∴ 유효분 전류 8[A], 무효분 전류 6[A]

유도성 리액턴스

L[H]를 임피던스로 환산한 값

$X_L=\omega L=2\pi fL[\Omega]$

옴의 법칙

$V=IZ=X_LI=\omega LI[V]$

51 저항과 코일이 직렬 연결된 회로에서 직류 220[V]를 인가하면 20[A]의 전류가 흐르고, 교류 220[V]를 인가하면 10[A]의 전류가 흐른다. 이 코일의 리액턴스[Ω]는 얼마인가?

13년 출제

① 약 19.05　② 약 16.06

③ 약 13.06　④ 약 11.04

해설 유도성 리액턴스의 직류 특성

$X_L=\omega L=2\pi fL[\Omega]$에서 직류는 $f=0$이므로 $X_L=0[\Omega]$인 단락 상태가 된다. 따라서, 직류 전압 인가 시 코일은 없는 것이나 마찬가지이므로 R만의 회로가 된다.

- 직류 전압 인가 시 저항 $R=\frac{V}{I}=\frac{220}{20}=11[\Omega]$
- 교류 전압 인가 시 임피던스 $Z=\frac{V}{I}=\frac{220}{10}=22[\Omega]$
- $R-L$ 직렬 회로 임피던스 $\dot{Z}=R+jX_L[\Omega]$에서 $Z=\sqrt{R^2+X_L{}^2}$

∴ $X_L=\sqrt{Z^2-R^2}=\sqrt{22^2-11^2}\fallingdotseq 19.05$

정답 49.④ 50.③ 51.①

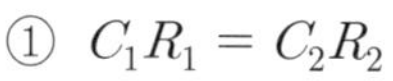

52 그림에서 평형 조건이 맞는 식은? 14년 출제

① $C_1R_1 = C_2R_2$

② $C_1R_2 = C_2R_1$

③ $C_1C_2 = R_1R_2$

④ $\dfrac{1}{C_1C_2} = R_1R_2$

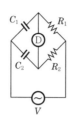

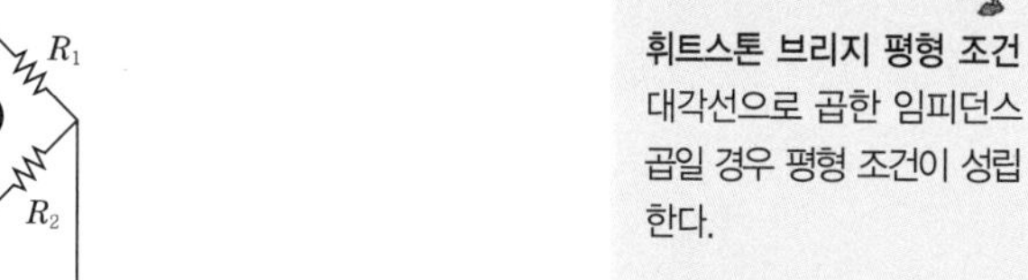

해설 휘트스톤 브리지의 평형 조건

$$\frac{1}{j\omega C_1} \cdot R_2 = \frac{1}{j\omega C_2} \cdot R_1$$

$$\therefore\ C_1R_1 = C_2R_2$$

출제분석 Advice

휘트스톤 브리지 평형 조건
대각선으로 곱한 임피던스 곱일 경우 평형 조건이 성립한다.

53 그림의 휘트스톤 브리지 회로에서 평형이 되었을 때의 $C_x[\mu F]$는? 12년/14년 출제

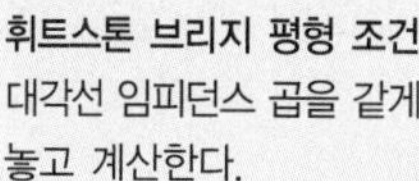

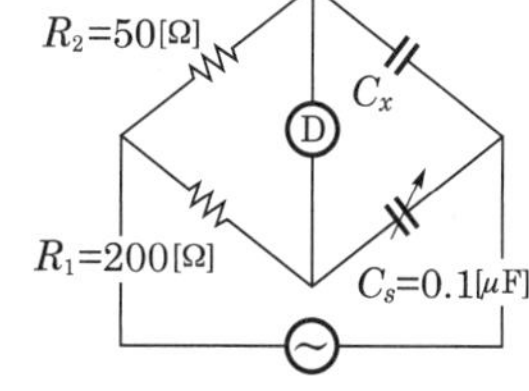

① 0.1　　② 0.2

③ 0.3　　④ 0.4

해설 휘트스톤 브리지의 평형 조건

$R_2 \cdot \dfrac{1}{\omega C_s} = R_1 \cdot \dfrac{1}{\omega C_x}$ 에서

$50 \times \dfrac{1}{\omega \times 0.1 \times 10^{-6}} = 200 \times \dfrac{1}{\omega C_x \times 10^{-6}}$　　$\therefore\ C_x = 0.4[\mu F]$

휘트스톤 브리지 평형 조건
대각선 임피던스 곱을 같게 놓고 계산한다.

54 브리지 회로에서 미지의 인덕턴스 L_x를 구하면? 12년 출제

① $L_x = \dfrac{R_2}{R_1}L_s$

② $L_x = \dfrac{R_1}{R_2}L_s$

③ $L_x = \dfrac{R_s}{R_1}L_s$

④ $L_x = \dfrac{R_1}{R_s}L_s$

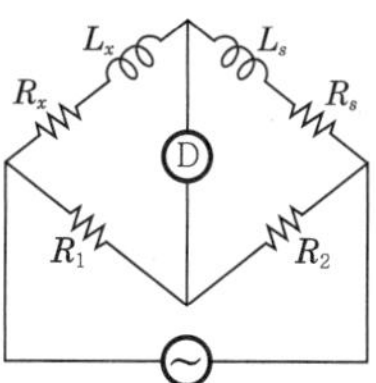

브리지 평형 조건
대각선으로 곱한 임피던스 곱을 같게 놓고 계산한다.

정답 52.① 53.④ 54.②

해설 브리지 회로의 평형 조건

$R_1(R_s + j\omega L_s) = R_2(R_x + j\omega L_x)$이므로

$R_1 R_s + j\omega L_s R_1 = R_2 R_x + j\omega L_x R_2$

$R_1 R_s = R_2 R_x,\ j\omega L_s R_1 = j\omega L_x R_2$

$\therefore\ j\omega L_s R_1 = j\omega L_x R_2$에서 $L_x = \dfrac{R_1}{R_2} L_s$이다.

55
★

임피던스 $Z = 6 - j8[\Omega]$으로 표시되는 것은 일반적으로 어떤 회로인가? 07년 출제

① $R-L$ 직렬 회로　② $R-L$ 병렬 회로
③ $R-C$ 병렬 회로　④ $R-C$ 직렬 회로

해설
- $R-L$ 직렬 회로 $\dot{Z} = R + j\omega L[\Omega]$
- $R-C$ 직렬 회로 $\dot{Z} = R - j\dfrac{1}{\omega C}[\Omega]$
- 임피던스식에서 리액턴스 성분이 유도성이면 $+j$, 용량성이면 $-j$이다.

56
★★

저항 $9[\Omega]$, 용량 리액턴스 $12[\Omega]$ 직렬 회로의 임피던스는 몇 $[\Omega]$인가? 09년/13년 출제

① 3　② 15
③ 21　④ 32

해설 임피던스 $Z = \sqrt{R^2 + X_C^2} = \sqrt{9^2 + 12^2} = 15[\Omega]$

용량성 리액턴스
C[F]의 임피던스
$X_C = \dfrac{1}{\omega C} = \dfrac{1}{2\pi f C}[\Omega]$

57
★

어떤 회로에 $50[V]$의 전압을 가하니 $8 + j6[A]$의 전류가 흘렀다면 이 회로의 임피던스$[\Omega]$는? 11년 출제

① $3 - j4$　② $3 + j4$
③ $4 - j3$　④ $4 + j3$

해설 $R-C$ 직렬 회로

$$\dot{Z} = \frac{\dot{V}}{\dot{I}} = \frac{50}{8+j6} = \frac{50(8-j6)}{(8+j6)(8-j6)} = \frac{50(8-j6)}{64+36} = 4 - j3[\Omega]$$

복소수의 분수
분모에 복소수가 있으면 분모의 공액 복소수를 분자, 분모에 곱하여 분모에 있는 허수를 제거하여 계산한다.

공액 복소수
허수 부호가 반대인 복소수

58
★

$R = 6[\Omega]$, $X_C = 8[\Omega]$이 직렬로 접속된 회로에 $I = 10[A]$의 전류가 흐른다면 전압[V]은? 12년 출제

① $60 + j80$　② $60 - j80$
③ $100 + j150$　④ $100 - j150$

$R-C$ 직렬 회로
㉠ 합성 임피던스
$\dot{Z} = R - jX_C[\Omega]$
㉡ 절대값
$Z = \sqrt{R^2 + X_C^2}[\Omega]$

정답 55.④ 56.② 57.③ 58.②

출제분석 Advice

해설 $R-C$ 직렬 회로

$\dot{Z}=R-jX_C=6-j8\,[\Omega]$

$\dot{V}=\dot{Z}\cdot\dot{I}=(6-j8)\times 10=60-j80\,[\mathrm{V}]$

59 $R=15[\Omega]$인 $R-C$ **직렬 회로에 60[Hz], 100[V]의 전압을 가하니 4[A]의 전류가 흘렀다면 용량 리액턴스[Ω]은?** 13년 출제

① 10 ② 15

③ 20 ④ 25

해설 $R-C$ 직렬 회로 임피던스

임피던스 크기 $Z=\dfrac{V}{I}=\dfrac{100}{4}=25[\Omega]$이고

$R-C$ 직렬 임피던스 $\dot{Z}=R-jX_C[\Omega]$에서

임피던스 크기 $Z=\sqrt{R^2+X_C^{\;2}}\,[\Omega]$이므로

용량성 리액턴스 $X_C=\sqrt{Z^2-R^2}=\sqrt{25^2-15^2}=20[\Omega]$

60 **8[Ω]의 용량 리액턴스에 어떤 교류 전압을 가하면 10[A]의 전류가 흐른다. 여기에 어떤 저항을 직렬로 접속하여 같은 전압을 가하면 8[A]로 감소되었다. 저항은 몇 [Ω]인가?** 08년 출제

① 6 ② 8

③ 10 ④ 12

해설 C만의 회로이므로 $V=X_C\cdot I=8\times 10=80[\mathrm{V}]$

저항을 직렬로 접속하면 $R-C$ 직렬 회로가 된다.

따라서, $R-C$ 직렬 회로 임피던스의 크기 $Z=\dfrac{V}{I}=\dfrac{80}{8}=10[\Omega]$에서

$R-C$ 직렬 임피던스 $Z=\sqrt{R^2+X_C^{\;2}}\,[\Omega]$이므로

$10=\sqrt{R^2+8^2}\,[\Omega]$에서 $R=6[\Omega]$

$R-C$ 직렬 회로

$\dot{Z}=R-j\dfrac{1}{\omega C}$

$Z=\sqrt{R^2+\left(\dfrac{1}{\omega C}\right)^2}$

61 $\omega L=5,\ \dfrac{1}{\omega C}=25[\Omega]$**의** $L-C$ **직렬 회로에 100[V]의 교류를 가할 때 전류[A]는 얼마인가?** 14년 출제

① 3.3[A], 유도성 ② 5[A], 유도성

③ 3.3[A], 용량성 ④ 5[A], 용량성

해설 합성 임피던스 $\dot{Z}=j(X_L-X_C)=j(5-25)=-j20$(용량성)

$\therefore\ I=\dfrac{V}{Z}=\dfrac{100}{20}=5[\mathrm{A}]$

임피던스의 허수부

㉠ $+j$: 유도성(지상)

㉡ $-j$: 용량성(진상)

정답 59.③ 60.① 61.④

복소수 합성 시 리액턴스

$j\omega L = j8[\Omega]$

$-j\dfrac{1}{\omega C} = -j4[\Omega]$

62

$R=3[\Omega]$, $\omega L=8[\Omega]$, $\dfrac{1}{\omega C}=4[\Omega]$인 $R-L-C$ 직렬 회로의 임피던스는 몇 $[\Omega]$인가? 07년 출제

① 5 ② 8.5
③ 12.4 ④ 15

해설 $Z=\sqrt{R^2+\left(\omega L-\dfrac{1}{\omega C}\right)^2}=\sqrt{3^2+(8-4)^2}=5[\Omega]$

63

$R=4[\Omega]$, $X_L=8[\Omega]$, $X_C=5[\Omega]$이 직렬로 연결된 회로에 100[V]의 교류를 가했을 때 흐르는 ㉠ 전류와 ㉡ 임피던스는? 08년/10년 출제

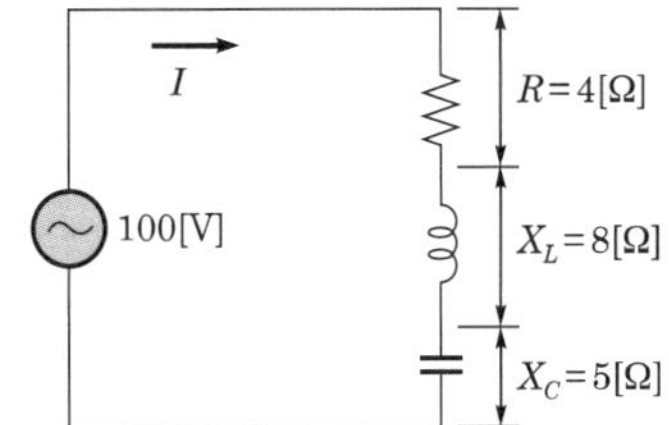

① ㉠ 5.9[A], ㉡ 용량성 ② ㉠ 5.9[A], ㉡ 유도성
③ ㉠ 20[A], ㉡ 용량성 ④ ㉠ 20[A], ㉡ 유도성

해설
- 전류의 크기 $I=\dfrac{V}{Z}=\dfrac{V}{\sqrt{R^2+(X_L-X_C)^2}}=\dfrac{100}{\sqrt{4^2+(8-5)^2}}=20[A]$
- $X_L > X_C$이므로 전류가 전압보다 뒤진 유도성이 된다.

64

저항 $4[\Omega]$, 유도 리액턴스 $8[\Omega]$, 용량 리액턴스 $5[\Omega]$이 직렬로 된 회로에서의 역률은 얼마인가? 07년 출제

① 0.8 ② 0.7
③ 0.6 ④ 0.5

해설 $\cos\theta=\dfrac{R}{Z}=\dfrac{R}{\sqrt{R^2+(X_L-X_C)^2}}=\dfrac{4}{\sqrt{4^2+(8-5)^2}}=\dfrac{4}{5}=0.8$

$R-L-C$ 직렬 회로

㉠ 임피던스 $\dot{Z}=R+j(X_L-X_C)$

㉡ 전류 $I=\dfrac{V}{Z}$

㉢ 역률 $\cos\theta=\dfrac{R}{Z}$

65

$R=4[\Omega]$, $X_L=15[\Omega]$, $X_C=12[\Omega]$의 $R-L-C$ 직렬 회로에 100[V]의 교류 전압을 가할 때 전류와 전압의 위상차는 약 얼마인가? 13년 출제

① 0° ② 37°
③ 53° ④ 90°

정답 62.① 63.④ 64.① 65.②

해설 • 합성 임피던스 $\dot{Z}=R+j(X_L-X_C)=4+j(15-12)=4+j3[\Omega]$

• 위상차 $\theta=\tan^{-1}\frac{X}{R}=\tan^{-1}\frac{3}{4}=37°$

66 $R-L-C$ **직렬 공진 회로에서 최소가 되는 것은?** 11년 출제

① 저항값 ② 임피던스값

③ 전류값 ④ 전압값

해설 $R-L-C$ 직렬 공진 시 리액턴스 성분은 0이고, 임피던스 성분은 저항만 존재하는 R만의 회로가 되기 때문에 임피던스 $Z=R[\Omega]$으로 최소가 되어 회로에 흐르는 전류 $I=\frac{V}{R}$[A]는 최대가 된다.

직렬 공진
$\dot{Z}=R+j(X_L-X_C)[\Omega]$
에서 $X_L=X_C$이므로
$Z=R$(최소)
$I=\frac{V}{Z}$(최대)

67 $R-L-C$ **직렬 회로에서 임피던스가 최소가 되기 위한 조건은?**

① $\omega L+\frac{1}{\omega C}=1$ ② $\omega L+\frac{1}{\omega C}=0$

③ $\omega L-\frac{1}{\omega C}=0$ ④ $\omega L-\frac{1}{\omega C}=1$

해설 $R-L-C$ 직렬 공진 조건 $\omega L-\frac{1}{\omega C}=0$ $\therefore \omega L=\frac{1}{\omega C}$

68 **직렬 공진 회로에서 최대가 되는 것은?** 06년 출제

① 전류 ② 임피던스

③ 리액턴스 ④ 저항

해설 직렬 공진 회로는 임피던스 $Z=R[\Omega]$으로 최소가 되기 때문에 회로에 흐르는 전류 $I=\frac{V}{R}$[A]는 최대가 되는 회로이다.

69 $R-L-C$ **직렬 회로에서 전압과 전류가 동상이 되기 위한 조건은?** 13년 출제

① $L=C$ ② $\omega LC=1$

③ $\omega^2LC=1$ ④ $(\omega LC)^2=1$

해설 동상 전류가 흐른다는 것은 R만의 회로이므로 직렬 공진이 되어야 한다.

$\therefore$ 직렬 공진 조건 $\omega L=\frac{1}{\omega C}$에서 $\omega^2LC=1$

직렬 공진
$\dot{Z}=R+j(X_L-X_C)[\Omega]$
에서 $X_L=X_C$이므로
$\omega L=\frac{1}{\omega C}$, $\omega^2LC=1$

정답 66.② 67.③ 68.① 69.③

70 $R-L-C$ 직렬 회로에서 직렬 공진인 경우 전압과 전류의 위상 관계가 어떻게 되는가?

① 전류가 전압보다 $\frac{\pi}{2}$[rad] 앞선다.

② 전류가 전압보다 $\frac{\pi}{2}$[rad] 뒤진다.

③ 전류가 전압보다 π[rad] 앞선다.

④ 전류와 전압은 동상이다.

해설 $R-L-C$ 직렬 공진 시 리액턴스 성분은 0이고, 임피던스 성분은 저항만 존재하는 R만의 회로가 되므로 전류와 전압은 동상이다.

71 $R=10[\Omega]$, $X_L=15[\Omega]$, $X_C=15[\Omega]$의 직렬 회로에 100[V]의 교류 전압을 인가할 때 흐르는 전류[A]는?

11년 출제

$X_L=X_C$이므로 R만의 회로로 풀어도 된다.

$I=\frac{V}{R}$[A]

① 6 ② 8

③ 10 ④ 12

해설 직렬 공진 회로이므로

$\dot{Z}=R=10[\Omega]$

최대로 흐를 수 있는 전류 $I=\frac{V}{Z}=\frac{100}{10}=10[A]$

72 $R-L-C$ 직렬 회로에서 직렬 공진인 경우 공진 주파수 f_r[Hz]는 얼마인가?

① $f_r=\frac{1}{2\pi\sqrt{LC}}$ ② $f_r=\frac{1}{2\pi\sqrt{RC}}$

③ $f_r=\frac{1}{\pi\sqrt{LC}}$ ④ $f_r=\frac{1}{\pi\sqrt{RL}}$

해설 $R-L-C$ 직렬 공진 조건

$\omega L=\frac{1}{\omega C}$ 에서 $f_r=\frac{1}{2\pi\sqrt{LC}}$

73 저항 $R=15[\Omega]$, 자체 인덕턴스 $L=35$[mH], 정전 용량 $C=300[\mu F]$의 직렬 회로에서 공진 주파수 f_r는 약 몇 [Hz]인가?

11년 출제

임피던스

$\dot{Z}=R+j(X_L-X_C)[\Omega]$

에서 공진 조건 $X_L=X_C$

$Z=R$ 최소, I 최대

$\omega L=\frac{1}{\omega C}$

$\omega^2 LC=1$

$\omega=\frac{1}{\sqrt{LC}}$[rad/sec]

① 40 ② 50

③ 60 ④ 70

해설 $R-L-C$ 직렬 회로에서 공진 주파수

$f_r=\frac{1}{2\pi\sqrt{LC}}=\frac{1}{2\pi\sqrt{35\times10^{-3}\times300\times10^{-6}}}≒50[Hz]$

정답 70.④ 71.③ 72.① 73.②

74 어드미턴스의 실수부는 무엇을 나타내는가?

① 임피던스 ② 리액턴스
③ 컨덕턴스 ④ 서셉턴스

해설 어드미턴스 $\dot{Y} = \frac{1}{\dot{Z}} = G + jB$[℧]

실수부(G)를 컨덕턴스, 허수부(B)를 서셉턴스라 한다.

★ 75 임피던스 $\dot{Z} = 6 + j8$[Ω]에서 컨덕턴스[℧]는?

10년 출제

① 0.06 ② 0.08
③ 0.1 ④ 1.0

해설 $\dot{Y} = \frac{1}{\dot{Z}} = \frac{1}{6+j8} = \frac{(6-j8)}{(6+j8)(6-j8)}$

$= \frac{6-j8}{6^2+8^2} = \frac{6-j8}{100}$

$= 0.06 - j0.08$[℧]

∴ 컨덕턴스 0.06[℧], 서셉턴스 0.08[℧]

어드미턴스

$Y = \frac{1}{Z}$

$= G$(실수)$+ jB$(허수)

여기서, G : 컨덕턴스

B : 서셉턴스

76 어드미턴스 $\dot{Y} = 4 + j3$[℧]를 임피던스[Ω]으로 고치면?

① 0.16 ② 0.2
③ 0.31 ④ 0.5

해설 $Y = \sqrt{4^2+3^2} = 5$[℧]이므로 $Z = \frac{1}{Y} = \frac{1}{5} = 0.2$[Ω]이다.

77 어드미턴스 Y_1, Y_2가 병렬일 때 합성 어드미턴스[℧]는?

① $\frac{Y_1 Y_2}{Y_1 + Y_2}$ ② $Y_1 + Y_2$

③ $\frac{1}{Y_1 + Y_2}$ ④ $\frac{1}{Y_1} + \frac{1}{Y_2}$

해설 • 병렬 접속 시 합성 어드미턴스 $Y_0 = Y_1 + Y_2$

• 직렬 접속 시 합성 어드미턴스 $Y_0 = \frac{Y_1 Y_2}{Y_1 + Y_2}$

정답 74.③ 75.① 76.② 77.②

코일에 흐르는 전류

$I_L = \frac{V}{X_L} = \frac{V}{2\pi f L}$[A]

콘덴서에 흐르는 전류

$I_C = \frac{V}{X_C} = \frac{V}{\frac{1}{2\pi f C}}$

$= 2\pi f CV$[A]

$R-L$ 병렬 회로에서 합성 임피던스(병렬 저항 합성값과 유사)

$Z = \frac{곱}{합} = \frac{R \cdot X_L}{\sqrt{R^2 + X_L^2}}$

78 교류 회로에서 코일과 콘덴서를 병렬로 연결한 상태에서 주파수가 증가하면 어느 쪽이 전류가 잘 흐르는가? 11년 출제

① 코일 ② 콘덴서
③ 코일과 콘덴서에 같이 흐른다. ④ 모두 흐르지 않는다.

해설
- 유도성 리액턴스 $X_L = \omega L = 2\pi f L[\Omega]$이므로 임피던스는 주파수에 비례한다.
- 용량성 리액턴스 $X_C = \frac{1}{\omega C} = \frac{1}{2\pi f C}[\Omega]$이므로 임피던스는 주파수에 반비례한다.

∴ 임피던스가 작아지는 콘덴서 쪽에 전류가 더 커진다.

79 $R-L$ 병렬 회로에서 합성 임피던스는 어떻게 표현되는가? 06년 출제

① $\frac{R}{R^2 + X_L^2}$ ② $\frac{X}{\sqrt{R^2 + X_L^2}}$
③ $\frac{R + X_L}{R^2 + X_L^2}$ ④ $\frac{R \cdot X_L}{\sqrt{R^2 + X_L^2}}$

해설 합성 어드미턴스 $\dot{Y} = \frac{1}{R} + \frac{1}{jX_L}$ [℧]이므로

합성 임피던스 $\dot{Z} = \frac{1}{\dot{Y}} = \frac{1}{\frac{1}{R} + \frac{1}{jX_L}} = \frac{R \cdot jX_L}{R + jX_L}$이므로

합성 임피던스의 크기 $Z = \frac{R \cdot X_L}{\sqrt{R^2 + X_L^2}}[\Omega]$

80 저항 30[Ω], 유도 리액턴스 40[Ω]을 병렬로 접속하고 그 양단에 120[V]의 교류 전압을 가할 때 전전류[A]는?

① 2.4 ② 3.6
③ 5 ④ 10

해설 $I_R = \frac{V}{R} = \frac{120}{30} = 4[A]$, $I_L = \frac{V}{\omega L} = \frac{120}{40} = 3[A]$에서
저항 전류 I_R과 유도 리액턴스 전류 I_L은 위상차 90°이므로
$I = \sqrt{I_R^2 + I_L^2} = \sqrt{4^2 + 3^2} = 5[A]$

81 저항 3[Ω], 유도 리액턴스 4[Ω]의 병렬 회로에서 역률은?

① 0.4 ② 0.6
③ 0.8 ④ 1

정답 78.② 79.④ 80.③ 81.③

해설 역률 $\cos\theta = \frac{G}{Y} = \frac{\omega L}{\sqrt{R^2+(\omega L)^2}} = \frac{4}{\sqrt{3^2+4^2}} = \frac{4}{5} = 0.8$

82 $R=10[\Omega]$, $C=220[\mu F]$**의 병렬 회로에** $f=60[Hz]$, $V=100[V]$**의 사인파 전압을 가할 때 저항** R**에 흐르는 전류[A]는?** 10년 출제

① 0.45 ② 6
③ 10 ④ 22

병렬 회로에서 R소자에 흐르는 전류이므로 R만 고려하여 계산한다.

해설 저항에 흐르는 전류 $I_R = \frac{V}{R} = \frac{100}{10} = 10[A]$

83 $R=10[\Omega]$, $C=318[\mu F]$**의 병렬 회로에 주파수** $f=60[Hz]$, $V=200[V]$**의 사인파 전압을 가할 때 콘덴서에 흐르는 전류** I_C**값은 약 얼마인가?** 07년 출제

① 24 ② 31
③ 41 ④ 55

$X_C = \frac{1}{\omega C} = \frac{1}{2\pi f C}[\Omega]$

$I = \frac{V}{Z} = \frac{V}{X_C}$

해설 콘덴서에 흐르는 전류 $I_C = \frac{V}{\frac{1}{\omega C}} = \omega CV$ [A]이므로

$I_C = \omega CV = 2\pi \times 60 \times 318 \times 10^{-6} \times 200 = 23.97[A]$

84 그림과 같은 회로에서 $R-C$**임피던스는?** 07년 출제

임피던스

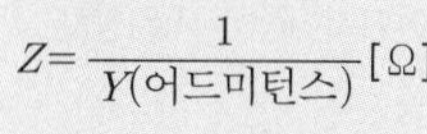

$Z = \frac{1}{Y(\text{어드미턴스})}[\Omega]$

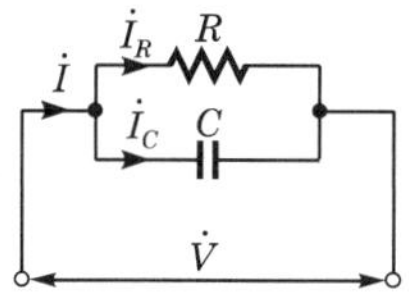

① $\dfrac{1}{\sqrt{\dfrac{1}{R^2}+\left(\dfrac{1}{\omega C}\right)^2}}$ ② $\dfrac{1}{\sqrt{\dfrac{1}{R^2}+(\omega C)^2}}$

③ $\sqrt{\dfrac{1}{R^2}+(\omega C)^2}$ ④ $\sqrt{R^2+\left(\dfrac{1}{\omega C}\right)^2}$

해설 합성 어드미턴스 $\dot{Y} = \frac{1}{R} + j\omega C[\mho]$이므로

합성 임피던스 $\dot{Z} = \frac{1}{\dot{Y}} = \frac{1}{\frac{1}{R}+j\omega C}$ 이므로

합성 임피던스의 크기 $Z = \frac{1}{\sqrt{\frac{1}{R^2}+(\omega C)^2}}[\Omega]$

정답 82.③ 83.① 84.②

$\dot{Y}=j\left(\frac{1}{X_C}-\frac{1}{X_L}\right)$

85 인덕턴스와 콘덴서가 병렬 공진되었을 때 임피던스값은?

① 무한값이다. ② 0이다.
③ 유한값이다. ④ 공진 주파수에 따라 변한다.

해설 $L-C$ 병렬 공진 회로는 어드미턴스 Y[℧]가 0이 되기 때문에 임피던스 $Z=\frac{1}{0}=\infty$가 된다.

병렬 공진 조건
$\dot{Y}=j\left(\frac{1}{X_C}-\frac{1}{X_L}\right)$[℧]
에서 허수=0
$\frac{1}{X_L}-\frac{1}{X_C}$
$\omega L=\frac{1}{\omega C}$
$\omega^2 LC=1$

86 L[H], C[F]을 병렬로 결선하고 전압 V[V]를 가할 때 전류가 0이 되려면 주파수 f_r는 몇 [Hz]이어야 하는가?

07년 출제

① $f_r=2\pi\sqrt{LC}$ ② $f_r=\frac{2\pi}{\sqrt{LC}}$
③ $f_r=\frac{\sqrt{LC}}{2\pi}$ ④ $f_r=\frac{1}{2\pi\sqrt{LC}}$

해설 L, C 병렬 회로에서 전류가 0이 되는 조건은 병렬 공진이 되어야 하므로 $\omega L=\frac{1}{\omega C}$로부터 병렬 공진 주파수 $f_r=\frac{1}{2\pi\sqrt{LC}}$[Hz]이다.

단상 교류 전력
유효 전력
$P=EI\cos\theta$[W]
여기서, θ : I, V 위상차

87 유효 전력의 식으로 맞는 것은? (단, 전압 E, 전류 I, 역률은 $\cos\theta$이다.)

06년/15년 출제

① $EI\cos\theta$ ② $EI\sin\theta$
③ $EI\tan\theta$ ④ EI

해설 교류 전력의 종류
- 피상 전력 $P_a=EI$[VA]
- 유효 전력 $P=EI\cos\theta$[W]
- 무효 전력 $P_r=EI\sin\theta$[Var]

유효 전력
$P=I^2R$
$=VI\cos\theta$[W]

88 어느 회로에 200[V]의 교류 전압을 가할 때 $\frac{\pi}{6}$[rad] 위상이 늦은 10[A]의 전류가 흐른다. 이 회로의 전력[W]은?

06년 출제

① 3,452 ② 2,361
③ 1,732 ④ 1,215

해설 유효 전력 $P=VI\cos\theta=200\times10\times\cos30°=1,732$[W]

정답 85.① 86.④ 87.① 88.③

89 그림의 병렬 공진 회로에서 공진 임피던스 $Z_0[\Omega]$은?

12년/15년 출제

① $\dfrac{L}{CR}$

② $\dfrac{CL}{R}$

③ $\dfrac{R}{CL}$

④ $\dfrac{CR}{L}$

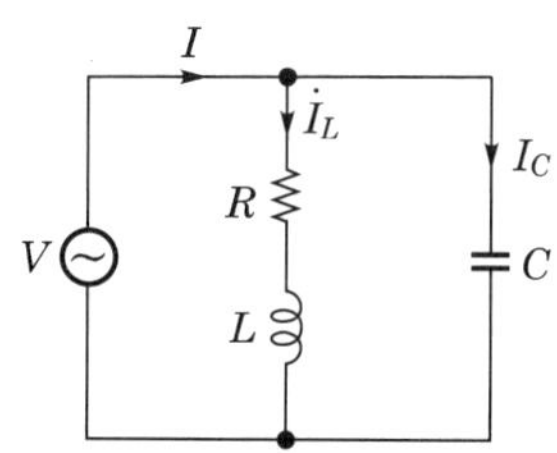

해설 $\dot{Y}=\dfrac{1}{R+j\omega L}+j\omega C=\dfrac{(R-j\omega L)}{(R+j\omega L)(R-j\omega L)}+j\omega C=\dfrac{R-j\omega L}{R^2+\omega^2L^2}+j\omega C$

$=\dfrac{R}{R^2+\omega^2L^2}+j\left(\omega C-\dfrac{\omega L}{R^2+\omega^2L^2}\right)$

여기서, 병렬 공진 조건은 서셉턴스 부분인 "허수부=0"이므로

$\omega C-\dfrac{\omega L}{R^2+\omega^2L^2}=0$에서 $\omega C=\dfrac{\omega L}{R^2+\omega^2L^2}$이 된다.

따라서, $R^2+\omega^2L^2=\dfrac{L}{C}$과 $\dot{Y}=\dfrac{R}{R^2+\omega^2L^2}$로부터

$\dot{Y}=\dfrac{R}{R^2+\omega^2L^2}=\dfrac{R}{\dfrac{L}{C}}=\dfrac{RC}{L}$

∴ 임피던스 $\dot{Z}_0=\dfrac{L}{CR}[\Omega]$

90 단상 전압 220[V]에 소형 전동기를 접속하였더니 2.5[A]가 흘렀다. 이때의 역률이 75[%]이었다. 이 전동기의 소비 전력[W]은?

11년 출제

① 187.5　② 412.5

③ 545.5　④ 714.5

해설 소비 전력 $P=VI\cos\theta=220\times2.5\times0.75=412.5[\text{W}]$

단상 소비 전력
$P=VI\cos\theta[\text{W}]$

3상 소비 전력
$P=\sqrt{3}\,VI\cos\theta[\text{W}]$

91 저항 300[Ω]의 부하에서 90[kW]의 전력이 소비되었다면 이때 흐른 전류[A]는?

07년/10년 출제

① 약 3.3　② 약 17.3

③ 약 30　④ 약 300

해설 유효 전력 $P=I^2R[\text{W}]$에서 $I=\sqrt{\dfrac{P}{R}}=\sqrt{\dfrac{90\times10^3}{300}}=17.3[\text{A}]$

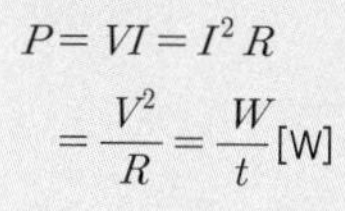

정답 89.① 90.② 91.②

★
92 100[V], 100[W] 전구의 필라멘트 저항은 몇 [Ω]인가?
07년 출제

① 1　② 10
③ 100　④ 1,000

해설 유효 전력 $P=\frac{V^2}{R}$[W]에서 $R=\frac{V^2}{P}=\frac{100^2}{100}=100[\Omega]$

★
93 200[V], 500[W]의 전열기를 220[V] 전원에 사용하였다면 이때의 전력은?
14년 출제

① 400[W]　② 500[W]
③ 550[W]　④ 605[W]

해설 $P=\frac{V^2}{R}$[W]에서 $R=\frac{V^2}{P}=\frac{200^2}{500}=80[\Omega]$

$\therefore\ P'=\frac{V^2}{R}=\frac{220^2}{80}=605[\text{W}]$

저항은 같고 전압만 변화하므로 $P=\frac{V^2}{R}$[W]식에 적용한다.

★
94 정격 전압에서 1[kW]의 전력을 소비하는 저항에 정격의 90[%] 전압을 가했을 때, 전력은 몇 [W]가 되는가?
14년 출제

① 630[W]　② 780[W]
③ 810[W]　④ 900[W]

해설 $P=\frac{V^2}{R}=1{,}000[\text{W}]$라 하면

$P'=\frac{(0.9V)^2}{R}=0.81\frac{V^2}{R}=0.81P=0.81\times1{,}000[\text{W}]=810[\text{W}]$

유도성 리액턴스
㉠ L[H]를 임피던스로 환산한 값 $X_L=\omega L=2\pi fL[\Omega]$
㉡ 직류 전압 인가 시 $f=0$이므로 $X_L=0$

★
95 리액턴스가 10[Ω]인 코일에 직류 전압 100[V]를 가하였더니 전력 500[W]를 소비하였다. 이 코일의 저항[Ω]은 얼마인가?
13년 출제

① 5　② 10
③ 20　④ 25

해설 유도성 리액턴스의 직류 특성

$X_L=\omega L=2\pi fL[\Omega]$에서 직류는 $f=0$이므로 $X_L=0[\Omega]$인 단락 상태가 된다. 따라서, 직류 전압 인가 시 코일은 없는 것이나 마찬가지이므로 R만의 회로가 된다.

전력 $P=\frac{V^2}{R}$[W]에서 $R=\frac{V^2}{P}=\frac{100^2}{500}=20[\Omega]$

정답 92.③ 93.④ 94.③ 95.③

출제분석 Advice

96 그림의 회로에서 전압 100[V]의 교류 전압을 가했을 때 전력[W]은?

① 10
② 60
③ 100
④ 600

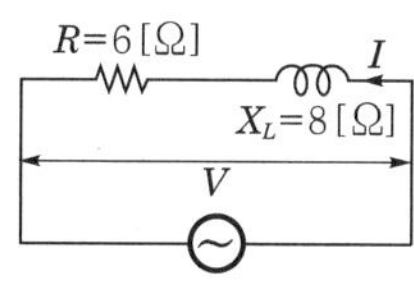

해설 $I = \frac{V}{Z} = \frac{V}{\sqrt{R^2+(\omega L)^2}} = \frac{100}{\sqrt{6^2+8^2}} = 10[A]$

$\therefore P = I^2R = 10^2 \times 6 = 600[W]$

★
97 교류에서 무효 전력 P_r[Var]은?

06년 출제

① VI　② $VI\cos\theta$
③ $VI\sin\theta$　④ $VI\tan\theta$

해설 교류 전력의 종류
- 피상 전력 $P_a = EI$[VA]
- 유효 전력 $P = EI\cos\theta$[W]
- 무효 전력 $P_r = EI\sin\theta$[Var]

★★★
98 다음 중 무효 전력의 단위는 어느 것인가?

06년/07년/11년/14년 출제

① [W]　② [Var]
③ [kW]　④ [VA]

해설 [VA] : 피상 전력, [kW] : 유효 전력, [Var] : 무효 전력

무효 전력의 단위
Volt-Ampere-Reactive= Var

★
99 [VA]는 무엇의 단위인가?

13년 출제

① 피상 전력　② 무효 전력
③ 유효 전력　④ 역률

해설 [VA] : 피상 전력, [W] : 유효 전력, [Var] : 무효 전력, $\cos\theta$: 역률

피상 전력
교류의 전체 전력(겉보기 전력)

유효 전력
실제 부하 R에서 발생하는 전력

무효 전력
리액턴스에서 발생하는 전력

★
100 교류 회로에서 유효 전력을 P, 무효 전력을 P_r, 피상 전력을 P_a라 하면 역률($\cos\theta$)을 구하는 식은?

09년 출제

① $\frac{P}{P_a}$　② $\frac{P_a}{P}$
③ $\frac{P}{P_r}$　④ $\frac{P_r}{P}$

역률
피상 전력(전체 전력)에 대한 유효 전력의 비율
$\cos\theta = \frac{P}{P_a} = \frac{R}{Z}$
θ : I, V의 위상차

정답 96.④ 97.③ 98.② 99.① 100.①

해설 역률 $\cos\theta = \frac{\text{유효 전력}(P)}{\text{피상 전력}(P_a)}$

★★
101 교류 회로에서 전압과 전류의 위상차를 θ[rad]이라 할 때 $\cos\theta$는 회로의 무엇인가? 08년/10년 출제

① 역률 ② 파형률
③ 효율 ④ 전압 변동률

해설 $\cos\theta$에서의 θ는 부하 저항 R에 포함된 L성분 등으로 인해 전압과 전류 간에 발생하는 위상차로, 이때 $\cos\theta$는 전체 부하 임피던스 Z에서 발생하는 피상 전력에 대해 저항 R성분으로 인해 발생하는 유효 전력의 비를 의미한다.

역률
㉠ 피상 전력에 대한 유효 전력의 비율
㉡ $\cos\theta = \frac{\text{유효 전력}}{\text{피상 전력}}$
여기서, θ : I와 V의 위상차

102 피상 전력이 400[kVA], 유효 전력이 300[kW]일 때, 역률은 얼마인가?

① 0.5 ② 0.75
③ 0.85 ④ 1.43

해설 역률 $\cos\theta = \frac{P}{P_a} = \frac{300}{400} = 0.75$

단상 교류 전력
㉠ 유효 전력
$P = VI\cos\theta$[W]
㉡ 무효 전력
$P_r = VI\sin\theta$[Var]
㉢ 피상 전력
$P_a = VI$[VA]

★
103 200[V], 40[W]의 형광등에 정격 전압이 가해졌을 때 형광등 회로에 흐르는 전류는 0.42[A]이다. 이 형광등의 역률[%]은? 12년 출제

① 37.5 ② 47.6
③ 57.5 ④ 67.5

해설 유효 전력 $P = VI\cos\theta = P_a\cos\theta$[W]에서

역률 $\cos\theta = \frac{P}{VI} = \frac{40}{200\times0.42} = 0.476 = 47.6[\%]$

★★
104 100[V]의 교류 전원에 선풍기를 접속하고 입력과 전류를 측정하였더니 500[W], 7[A]였다. 이 선풍기의 역률은? 13년/14년 출제

① 0.61 ② 0.71
③ 0.81 ④ 0.91

해설 유효 전력 $P = VI\cos\theta = P_a\cos\theta$[W]에서

역률 $\cos\theta = \frac{P}{VI} = \frac{500}{100\times7} = 0.714 \fallingdotseq 0.71$

정답 101.① 102.② 103.② 104.②

출제분석 Advice

105 **역률 80[%], 유효 전력 80[kW]일 때 무효 전력[kVar]은 얼마인가?**

① 20　② 40
③ 60　④ 80

해설 역률 $\cos\theta = \dfrac{P}{P_a}$에서 피상 전력 $P_a = \dfrac{P}{\cos\theta} = \dfrac{80}{0.8} = 100[\text{kVA}]$

$\cos\theta = 0.8$이면 $\sin\theta = 0.6$이므로

무효 전력 $P_r = P_a \sin\theta = 100 \times 0.6 = 60[\text{kVar}]$

★★

106 **단상 100[V], 800[W], 역률 80[%]인 회로의 리액턴스는 몇 [Ω]인가?**

06년/14년 출제

① 10　② 8
③ 6　④ 2

해설 유효 전력 $P = VI\cos\theta[\text{W}]$에서 $I = \dfrac{P}{V\cos\theta} = \dfrac{800}{100 \times 0.8} = 10[\text{A}]$

$\cos\theta = 0.8$이면 $\sin\theta = 0.6$이므로

무효 전력 $P_r = I^2 X = VI\sin\theta[\text{Var}]$에서

리액턴스 $X = \dfrac{V\sin\theta}{I} = \dfrac{100 \times 0.6}{10} = 6[\Omega]$

$\cos\theta = 0.8$이면
$\sin\theta = \sqrt{1-\cos^2\theta}$
$= \sqrt{1-0.8^2}$
$= 0.6$

★★

107 **대칭 3상 교류를 올바르게 설명한 것은?**

06년/10년 출제

① 3상의 크기 및 주파수가 같고 위상차가 60°의 간격을 가진 교류
② 3상의 크기 및 주파수가 각각 다르고 위상차가 60°의 간격을 가진 교류
③ 3상의 크기 및 주파수가 같고 위상차가 120°의 간격을 가진 교류
④ 동시에 존재하는 3상의 크기 및 주파수가 같고 위상차가 90°의 간격을 가진 교류

해설 대칭 3상 교류

- 3상의 크기가 같을 것
- 3상의 위상차가 각각 $\dfrac{2\pi}{3}[\text{rad}] = 120°$일 것
- 3상의 주파수가 같을 것
- 3상의 벡터합이 0이 될 것

대칭 3상 교류의 위상차
$\theta = \dfrac{2\pi}{상수} = \dfrac{2\pi}{3}[\text{rad}]$
$= 120°$

108 **대칭 3상 교류의 순시값의 합[V]은?**

① 0　② 50
③ 115　④ 220

해설 평형(대칭) 3상 $\dot{V}_a + \dot{V}_b + \dot{V}_c = 0$

정답 105.③ 106.③ 107.③ 108.①

성형(Y) 결선의 특징
㉠ 선간 전압(V_l) =상전압(V_P)
㉡ 선전류(I_l) $=\sqrt{3}\times$상전류(I_P)

★★★
109 평형 3상 성형 결선에 있어서 선간 전압(V_l)과 상전압(V_P)의 관계는?

09년/12년/14년 출제

① $V_l = V_P$ ② $V_l = \frac{1}{\sqrt{3}} V_P$
③ $V_l = \sqrt{2}\, V_P$ ④ $V_l = \sqrt{3}\, V_P$

해설 Y결선 시 전압 특성
- $\dot{V}_l = \sqrt{3}\, V_P \angle \frac{\pi}{6}$
- 선간 전압이 상전압의 $\sqrt{3}$ 배이고, 위상은 30° 앞선다.

★
110 평형 3상 Y결선에서 상전류 I_P와 선전류 I_l과의 관계는?

12년 출제

① $I_l = 3I_P$ ② $I_l = \sqrt{3}\, I_P$
③ $I_l = I_P$ ④ $I_l = \frac{1}{3} I_P$

해설 Y결선 시 전류 특성
- $\dot{I}_l = I_P \angle 0$
- 선전류와 상전류의 크기가 같고, 동위상의 특성을 갖는다.
- 평형 3상 Y결선에서 상전류 I_P와 선전류 I_l 사이에는 $I_l = I_P$이다.

Y결선
선간 전압(V_l)$=\sqrt{3}$ 상전압
선전류(I_l)=상전류(I_P)

★★★
111 Y결선에서 상전압이 220[V]이면 선간 전압은 약 몇 [V]인가?

06년/09년/10년/15년 출제

① 110 ② 220
③ 380 ④ 440

해설 Y결선 시 선간 전압 $V_l = \sqrt{3}\, V_P = \sqrt{3} \times 220 = 380$[V]

★★★
112 대칭 3상 교류의 성형 결선에서 선간 전압이 220[V]일 때 상전압은 약 몇 [V]인가?

출제빈도

06년/08년/13년 출제

① 73 ② 127
③ 172 ④ 380

해설 Y결선 시 선간 전압 $V_l = \sqrt{3}\, V_P$[V]이므로

상전압 $V_P = \frac{V_l}{\sqrt{3}} = \frac{220}{\sqrt{3}} = 127$[V]

정답 109.④ 110.③ 111.③ 112.②

출제분석 Advice

★★
113 선간 전압 210[V], 선전류 10[A]의 Y-Y회로가 있다. 상전압과 상전류는 각각 얼마인가? 07년/14년 출제

① 121[V], 5.77[A] ② 121[V], 10[A]
③ 210[V], 5.77[A] ④ 210[V], 10[A]

해설 Y결선 시 선간 전압 $V_l = \sqrt{3}\,V_P$[V]이므로

상전압 $V_P = \frac{V_l}{\sqrt{3}} = \frac{210}{\sqrt{3}} = 121\,[\text{V}]$

Y결선 시 선전류 $I_l = I_P$[A]이므로 상전류 $I_P = 10\,[\text{A}]$

★★
114 선간 전압이 380[V]인 전원에 $\dot{Z} = 8 + j\,6\,[\Omega]$의 부하를 Y결선으로 접속했을 때 선전류는 약 몇 [A]인가? 07년/13년 출제

① 12 ② 22
③ 28 ④ 38

해설 Y결선 시 선전류 $I_l = I_P$ [A]이므로

상전류 $I_P = \frac{V_P}{Z} = \frac{\frac{380}{\sqrt{3}}}{\sqrt{8^2+6^2}} = 22.3\,[\text{A}]$

$\therefore$ 선전류 $I_l = I_P = 22.3\,[\text{A}]$

Y결선의 특징
㉠ 선간 전압(V_l) $= \sqrt{3} \times$상전압(V_P)
㉡ 선전류(I_l) =상전류(I_P)

★
115 200[V]의 3상 3선식 회로에 $R = 4[\Omega]$, $X_L = 3[\Omega]$의 부하 3조를 Y결선했을 때 부하 전류[A]는? 10년 출제

① 약 11.5 ② 약 23.1
③ 약 28.6 ④ 약 40

해설 Y결선 시 선전류 $I_l = I_P$ [A]이므로

상전류 $I_P = \frac{V_P}{Z} = \frac{\frac{200}{\sqrt{3}}}{\sqrt{4^2+3^2}} = 23.1\,[\text{A}]$

$\therefore\ I_l = I_P = 23.1\,[\text{A}]$

Y결선의 특징
㉠ 선간 전압(V_l) $= \sqrt{3} \times$상전압(V_P)
㉡ 선전류(I_l)=상전류(I_P)
㉢ 부하 전류는 선전류와 같다.

★
116 평형 3상 교류 회로에서 △결선을 할 때 선전류 I_l과 상전류 I_P와의 관계 중 옳은 것은? 07년 출제

① $I_l = 3I_P$ ② $I_l = 2I_P$
③ $I_l = \sqrt{3}\,I_P$ ④ $I_l = I_P$

정답 113.② 114.② 115.② 116.③

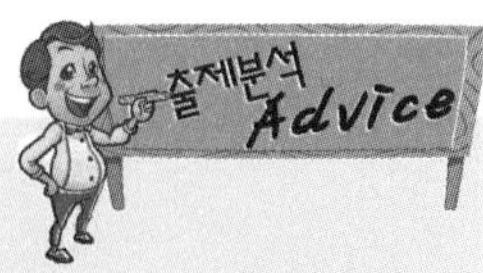

해설 △결선 시 전류 특성

- $I_l = \sqrt{3}\, I_P \angle -\frac{\pi}{6}$
- 선전류가 상전류의 $\sqrt{3}$ 배이고, 위상은 30° 뒤진 전류가 흐른다.

△결선의 특징
㉠ 선간 전압(V_l) $=$ 상전압(V_P)
㉡ 선전류(I_l) $= \sqrt{3} \times$ 상전류(I_P) $\left(-\frac{\pi}{6}\right)$

★★
117 대칭 3상 △결선에서 선전류와 상전류의 위상 관계는? 11년/15년 출제

① 상전류가 $\frac{\pi}{6}$[rad] 앞선다.
② 상전류가 $\frac{\pi}{6}$[rad] 뒤진다.
③ 상전류가 $\frac{\pi}{3}$[rad] 앞선다.
④ 상전류가 $\frac{\pi}{3}$[rad] 뒤진다.

해설 △결선 시 전류 특성

- $I_l = \sqrt{3}\, I_P \angle -\frac{\pi}{6}$
- 선전류가 상전류의 $\sqrt{3}$ 배이고, 위상은 30° 뒤진 전류가 흐른다.

★★
118 평형 3상 △결선에서 선간 전압 V_l과 V_P와의 관계가 옳은 것은? 12년/13년 출제

① $V_l = \frac{1}{\sqrt{3}} V_P,\ I_l = 3I_P$
② $V_l = \frac{1}{3} V_P,\ I_l = 2I_P$
③ $V_l = V_P,\ I_l = \sqrt{3}\, I_P$
④ $V_l = \sqrt{3}\, V_P,\ I_l = I_P$

해설 △결선 시 전압, 전류 특성

- $V_l = V_P \angle 0,\quad I_l = \sqrt{3}\, I_P \angle -\frac{\pi}{6}$
- 선간 전압과 상전압의 크기가 같고, 동위상의 특성을 갖는다.
- 선전류가 상전류의 $\sqrt{3}$ 배이고, 위상은 30° 뒤진 전류가 흐른다.

★
119 △-△평형 회로에서 $E = 200$[V], 임피던스 $\dot{Z} = 3 + j\,4$[Ω]일 때, 상전류 I_P[A]는 얼마인가? 09년 출제

① 30
② 40
③ 50
④ 66.7

해설 상전류 $I_P = \frac{V_P}{Z} = \frac{200}{\sqrt{3^2 + 4^2}} = 40$[A]

정답 117.① 118.③ 119.②

출제분석 Advice

★★
120 전압 220[V] 1상 부하 $\dot{Z}=8+j6[\Omega]$인 △회로의 선전류는 몇 [A]인가?

08년/15년 출제

① 22 ② $22\sqrt{3}$

③ 11 ④ $\dfrac{22}{\sqrt{3}}$

해설 상전류 $I_P=\dfrac{V_P}{Z}=\dfrac{220}{\sqrt{8^2+6^2}}=22[\mathrm{A}]$

$\therefore\ I_l=\sqrt{3}\,I_P=22\sqrt{3}\,[\mathrm{A}]$

★
121 △결선의 전원에서 선전류가 40[A]이고 선간 전압이 220[V]일 때의 상전류 [A]는?

10년 출제

△결선의 선전류(I_l)
$\sqrt{3}\times$상전류(I_P)

① 13 ② 23

③ 69 ④ 120

해설 △결선 시 선전류 $I_l=\sqrt{3}\,I_P$

$\therefore$ 상전류 $I_P=\dfrac{1}{\sqrt{3}}I_l=\dfrac{40}{\sqrt{3}}=23[\mathrm{A}]$

★
122 △결선인 3상 유도 전동기의 상전압(V_P)과 상전류(I_P)를 측정하였더니 각각 200[V], 30[A]이었다. 이 3상 유도 전동기의 선간 전압(V_l)과 선전류(I_l)의 크기는 각각 얼마인가?

12년 출제

△결선의 특징
㉠ 선간 전압(V_l) =상전압(V_P)
㉡ 선전류(I_l) $=\sqrt{3}\times$상전류(I_P)

① $V_l=200[\mathrm{V}],\ I_l=30[\mathrm{A}]$ ② $V_l=200\sqrt{3}\,[\mathrm{V}],\ I_l=30[\mathrm{A}]$

③ $V_l=200\sqrt{3}\,[\mathrm{V}],\ I_l=30\sqrt{3}\,[\mathrm{A}]$ ④ $V_l=200[\mathrm{V}],\ I_l=30\sqrt{3}\,[\mathrm{A}]$

해설 △결선 특성

$V_l=V_P,\ I_l=\sqrt{3}\,I_P$이므로

$V_l=V_P=200[\mathrm{V}],\ I_l=\sqrt{3}\,I_P=30\sqrt{3}\,[\mathrm{A}]$

★
123 선간 전압이 13,200[V], 선전류가 800[A], 역률 80[%] 부하의 소비 전력[kW]은?

10년 출제

3상 유효 전력
$P=\sqrt{3}\,V_lI_l\cos\theta\,[\mathrm{W}]$

① 약 4,878[kW] ② 약 8,448[kW]

③ 약 14,632[kW] ④ 약 25,344[kW]

해설 소비 전력 $P=\sqrt{3}\,VI\cos\theta=\sqrt{3}\times13.2\times800\times0.8\fallingdotseq14{,}632[\mathrm{kW}]$

정답 120.② 121.② 122.④ 123.③

124 전압 220[V], 전류 10[A], 역률 0.8인 3상 전동기 사용 시 소비 전력[kW]은?

11년 출제

① 약 1.5 ② 약 3.0
③ 약 5.2 ④ 약 7.1

해설 소비 전력 $P=\sqrt{3}\,VI\cos\theta=\sqrt{3}\times220\times10\times0.8 \fallingdotseq 3{,}000[\mathrm{W}]=3.0[\mathrm{kW}]$

125 6,600[V], 1,000[kVA]의 3상 발전기의 역률 70[%]일 때 출력은 몇 [kW]인가?

① 1,212 ② 1,000
③ 700 ④ 450

해설 발전기 출력 $P=P_a\cos\theta=1{,}000\times0.7=700[\mathrm{kW}]$

126 △결선으로 된 부하에 각 상의 전류가 10[A]이고 각 상의 저항이 4[Ω], 리액턴스가 3[Ω]이라 하면 전체 소비 전력은 몇 [W]인가?

14년 출제

문제 등가 회로

$I_P=10$[A], 4[Ω], 3[Ω]

① 2,000 ② 1,800
③ 1,500 ④ 1,200

해설 소비 전력 $P=3I_P^{\,2}R=3\times10^2\times4=1{,}200[\mathrm{W}]$

127 어떤 3상 회로에서 선간 전압이 200[V], 선전류 25[A], 3상 전력 7[kW]였다. 이때의 역률은 얼마인가?

11년 출제

① 0.8 ② 0.7
③ 0.9 ④ 0.6

해설 피상 전력 $P_a=\sqrt{3}\,VI=\sqrt{3}\times200\times25\times10^{-3}=8.66[\mathrm{kVA}]$이므로

역률 $\cos\theta=\dfrac{P}{P_a}=\dfrac{7}{8.66}=0.808$

128 1상의 $R=12[\Omega]$, $X_L=16[\Omega]$을 직렬로 접속하여 선간 전압 200[V]의 대칭 3상 교류 전압을 가할 때의 역률[%]은?

12년 출제

$R-L$ 직렬 회로
㉠ 임피던스 $\dot{Z}=R+jX_L$
㉡ 절대값 $Z=\sqrt{R^2+X_L^{\,2}}$
㉢ 전류 $I=\dfrac{V}{Z}$
㉣ 역률 $\cos\theta=\dfrac{R}{Z}$

① 약 60 ② 약 70
③ 약 80 ④ 약 90

해설 $\dot{Z}=R+jX_L=12+j16[\Omega]$

$$\cos\theta=\frac{R}{Z}=\frac{R}{\sqrt{R^2+X_L^{\,2}}}=\frac{12}{\sqrt{12^2+16^2}}=0.6=60[\%]$$

정답 124.② 125.③ 126.④ 127.① 128.①

★
129 대칭 3상 전압에 △결선으로 부하가 구성되어 있다. 3상 중 한 선이 단선되는 경우, 소비되는 전력은 끊어지기 전과 비교하여 어떻게 되는가? 13년 출제

① $\frac{3}{2}$으로 증가한다. ② $\frac{2}{3}$로 줄어든다.

③ $\frac{1}{3}$로 줄어든다. ④ $\frac{1}{2}$로 줄어든다.

해설 △결선 운전 중 1상이 단선되면 저항 R과 $2R$이 선간 전압 V에 대해 병렬이 된다.

- 단선 전 전력 $P_1 = 3 \times \frac{V^2}{R}$[W]
- 단선 후 전력 $P_2 = \frac{V^2}{R} + \frac{V^2}{2R} = \frac{3V^2}{2R}$[W]

∴ $\frac{1}{2}$로 줄어든다.

단선 후 등가 회로

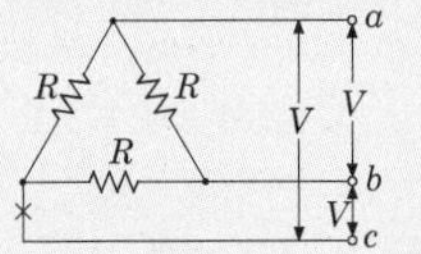

R과 R이 서로 직렬이 된다.

★
130 그림과 같은 평형 3상 △회로를 등가 Y결선으로 환산하면 각 상의 임피던스는 몇 [Ω]이 되는가? (단, Z=12[Ω]이다.) 12년 출제

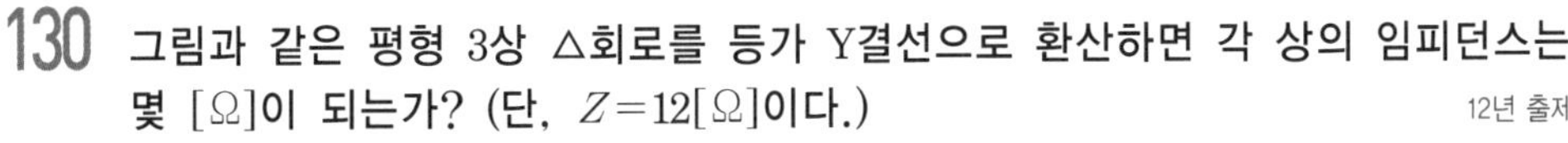

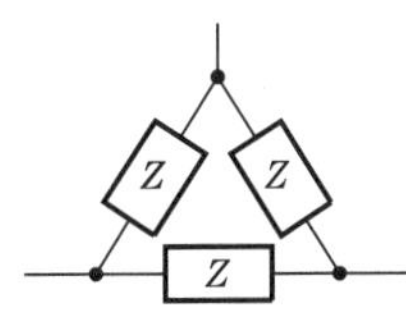

① 48 ② 36

③ 4 ④ 3

해설 △결선 된 같은 크기의 임피던스 3개를 Y결선으로 환산하면 $\frac{1}{3}$배가 되므로

$$Z_Y = \frac{1}{3}Z_\triangle = \frac{12}{3} = 4[\Omega]$$

△결선과 Y결선 시 등가 저항

㉠ Y → △ 변환

$Z_\triangle = 3Z_Y$

㉡ △→ Y 변환

$Z_Y = \frac{1}{3}Z_\triangle$

★★★
131 R[Ω]인 저항 3개가 △결선으로 되어 있는 것을 Y결선으로 환산하면 1상의 저항 [Ω]은? 13년/14년/15년 출제

출제빈도

① $\frac{1}{3}R$ ② $\frac{1}{3R}$

③ $3R$ ④ R

해설 △결선 된 같은 크기의 임피던스 3개를 Y결선으로 환산하면 $\frac{1}{3}$배가 되므로

$$R_Y = \frac{1}{3}R[\Omega]$$

△결선 ↔ Y결선 변환 시 등가 저항

㉠ △ → Y 변환

$R_Y = \frac{1}{3}R_\triangle$

㉡ Y → △ 변환

$R_\triangle = 3R_Y$

정답 129.④ 130.③ 131.①

Y → △변환
㉠ Y → △ 변환
△가 Y의 3배
$R_{\triangle} = 3R_Y$
㉡ △ → Y 변환
Y가 △의 $\frac{1}{3}$배
$R_Y = \frac{1}{3}R_{\triangle}$

★★★
132 평형 3상 교류 회로의 Y회로로부터 △회로로 등가 변환하기 위해서는 어떻게 하여야 하는가?

출제빈도 08년/09년/11년 출제

① 각 상의 임피던스를 3배로 한다.
② 각 상의 임피던스를 $\sqrt{3}$ 배로 한다.
③ 각 상의 임피던스를 $\frac{1}{\sqrt{3}}$ 배로 한다.
④ 각 상의 임피던스를 $\frac{1}{3}$ 배로 한다.

해설 임피던스의 변환 $R_{\triangle} = 3R_s$

Y → △변환
㉠ △가 Y의 3배
㉡ $R_{\triangle} = 3R_Y$

△ → Y변환
㉠ Y가 △의 $\frac{1}{3}$배
㉡ $R_Y = \frac{1}{3}R_{\triangle}$

★★
133 세 변의 저항 $R_a = R_b = R_c = 15[\Omega]$인 Y결선 회로가 있다. 이것과 등가인 △결선 회로의 각 변의 저항은 몇 $[\Omega]$인가?

07년/10년 출제

① 5 ② 10
③ 25 ④ 45

해설 Y결선 된 같은 크기의 저항 3개를 △결선으로 환산하면 3배가 되므로
$R_{\triangle} = 3R_Y = 3 \times 15 = 45[\Omega]$

134 평형 3상 회로에서 임피던스를 △결선에서 Y결선으로 변환하면 소비 전력은?

① $\frac{1}{3}$배 ② $\frac{1}{\sqrt{3}}$배
③ 3배 ④ $\sqrt{3}$배

해설 선간 전압 일정의 경우 △결선된 동일한 크기의 저항을 Y결선으로 하면 각 저항에 걸리는 전압은 상전압이 되므로 $\frac{1}{\sqrt{3}}$배만큼 감소한다.

- △결선 시 발생 전력 $P_{\triangle} = 3 \cdot \frac{V^2}{R}$[W]
- Y결선 시 발생 전력 $P_Y = 3 \cdot \frac{\left(\frac{V}{\sqrt{3}}\right)^2}{R} = \frac{V^2}{R}$[W]이므로 소비 전력도 $\frac{1}{3}$배로 감소한다.

또한 선전류도 $\frac{1}{3}$배로 감소한다.

정답 132.① 133.④ 134.①

출제분석 Advice

135 회로에서 a-b 단자 간의 합성 저항값[Ω]은? 14년 출제

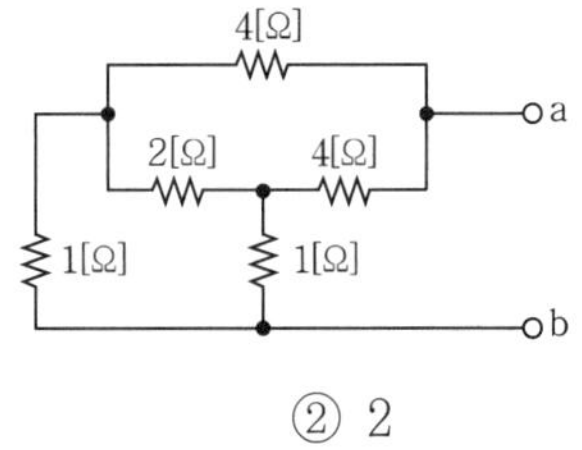

① 1.5　　② 2

③ 2.5　　④ 4

해설 그림에서 a-b 간 저항 2[Ω], b-c 간 저항 4[Ω], c-a 간 저항 4[Ω]이 일종의 △결선 형태이므로 Y결선으로 변환하여 그 등가 회로를 그리면 다음과 같다.

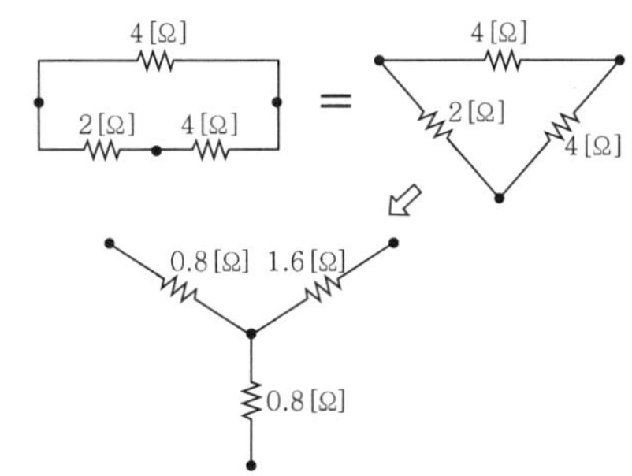

$$R_a = \frac{R_{ca} \times R_{ab}}{R_{ab} + R_{bc} + R_{ca}} = \frac{2 \times 4}{2+4+4} = 0.8[\Omega]$$

$$R_b = \frac{R_{ab} \times R_{bc}}{R_{ab} + R_{bc} + R_{ca}} = \frac{2 \times 4}{2+4+4} = 0.8[\Omega]$$

$$R_a = \frac{R_{bc} \times R_{ca}}{R_{ab} + R_{bc} + R_{ca}} = \frac{4 \times 4}{2+4+4} = 1.6[\Omega]$$

$$\therefore\ R_{ab} = \frac{0.8+1}{2} + 1.6 = 2.5[\Omega]$$

136 3상 전원에서 한 상에 고장이 발생하였다. 이때 3상 부하에 3상 전력을 공급할 수 있는 결선 방법은? 09년 출제

① Y결선

② △결선

③ 단상 결선

④ V결선

해설 V결선 : △결선 된 3상 전원 중에서 1상 고장 발생 시 나머지 2개의 전원으로 3상 전력을 공급할 수 있는 결선법이다.

V결선

㉠ 출력비

$$\frac{P_V}{P_3} = \frac{\sqrt{3}}{3} = 0.577$$

㉡ 이용률

$$\frac{P_V}{P_2} = \frac{\sqrt{3}}{2} = 0.866$$

정답 135.③ 136.④

137 출력 P[kVA]의 단상 변압기 전원 2대를 V결선할 때의 3상 출력[kVA]은?
09년/14년 출제

① P ② $\sqrt{3}P$
③ $2P$ ④ $2P$

해설 $P_V = \sqrt{3}\,V_P I_P \cos\theta = \sqrt{3}\,P$[kW]

V결선
변압기 2대로 3상 부하에 전력을 공급해주는 방식

출력비
$\frac{P_V}{P_3} = \frac{\sqrt{3}}{3} = 0.577$

138 1대의 출력이 100[kVA]인 단상 변압기 2대로 V결선하여 3상 전력을 공급할 수 있는 최대 전력은 몇 [kVA]인가?
11년/12년 출제

① 100 ② $100\sqrt{2}$
③ $100\sqrt{3}$ ④ 200

해설 V결선 시 출력 $P_V = \sqrt{3}\,P_1 = \sqrt{3} \times 100 = 100\sqrt{3}$[kVA]

V결선 시 출력은 고장 전 △결선 1대 용량의 $\sqrt{3}$ 배이다.

139 용량이 250[kVA]인 단상 변압기 3대를 △결선으로 운전 중 1대가 고장 나서 V결선으로 운전하는 경우 출력은 약 몇 [kVA]인가?
10년 출제

① 144 ② 353
③ 433 ④ 525

해설 V결선 시 출력 $P_V = \sqrt{3}\,P_1 = \sqrt{3} \times 250 = 433$[kVA]

V결선
변압기 2대로 3상 부하에 전력을 공급해주는 방식으로, 출력은 고장 전 △결선 1대 용량의 $\sqrt{3}$ 배이다.

140 V결선 시 변압기의 이용률은 몇 [%]인가?
13년 출제

① 57.7 ② 70.7
③ 86.6 ④ 100

해설 V결선 시 이용률 $= \frac{\text{V결선 출력}}{\text{변압기 2대 용량}} = \frac{\sqrt{3}\,P_1}{2P_1} = 0.866 = 86.6$[%]

이용률
$\frac{P_V}{P_2} = \frac{\sqrt{3}}{2} = 0.866$

141 △결선된 3대의 변압기로 공급되는 전력에서 1대를 없애고 V결선으로 바꾸어 전력을 공급하면 출력은 몇 [%]로 감소되는가?

① 40.7 ② 57.7
③ 66.7 ④ 86.7

해설 V결선 출력비 $= \frac{\text{V결선 출력}}{\text{△결선 출력}} = \frac{\sqrt{3}\,P_1}{3P_1} = 0.577 = 57.7$[%]

정답 137.② 138.③ 139.③ 140.③ 141.②

3상(3Φ) 소비 전력은 한 상의 3배이다.

★
142 평형 3Φ 회로에서 1Φ의 소비 전력이 P 라면 3Φ 회로의 전체 소비 전력은?

11년 출제

① P
② $2P$
③ $3P$
④ $\sqrt{3}P$

해설 평형 3Φ 회로에서 1상 기준 소비 전력이 P이므로 3상 전체 전력은 3배가 된다.
$P_3 = \sqrt{3}\,V_l I_l \cos\theta[W] = 3V_P I_P \cos\theta = 3P[W]$

2전력계법 유효 전력
$P = P_1 + P_2[W]$

★★★
143 단상 전력계 2대를 사용하여 3상 전력을 측정하고자 한다. 두 전력계의 지시값이 각각 P_1, P_2[W]이었다. 3상 전력 P[W]를 구하는 옳은 식은? 08년/09년/11년/14년 출제

출제빈도

① $P = 3 \times P_1 \times P_2$
② $P = P_1 - P_2$
③ $P = P_1 \times P_2$
④ $P = P_1 + P_2$

해설 2전력계법에 의한 3상 전력 $P = P_1 + P_2[W]$

★★
144 2전력계법으로 3상 전력을 측정하였더니 지시값 $P_1 = 450[W]$, $P_2 = 450[W]$일 때 부하 전력[W]은?

11년/15년 출제

① 400
② $400\sqrt{3}$
③ 900
④ $900\sqrt{3}$

해설 2전력계법에 의한 3상 전력 $P = P_1 + P_2 = 450 + 450 = 900[W]$

★
145 2전력계법에 의해 평형 3상 전력을 측정하였더니 전력계가 각각 800[W], 400[W]를 지시하였다면, 이 부하의 전력은 몇 [W]인가?

13년 출제

① 600
② 800
③ 1,200
④ 1,600

해설 2전력계법에 의한 3상 전력 $P = P_1 + P_2 = 400 + 800 = 1{,}200[W]$

146 이상적인 전압원, 전류원에 관하여 옳은 것은?

① 전압원의 내부 저항은 ∞이고, 전류원의 내부 저항은 0이다.
② 전압원의 내부 저항은 0이고, 전류원의 내부 저항은 ∞이다.
③ 전압원의 내부 저항과 전류원의 내부 저항은 일정하다.
④ 전압원, 전류원의 내부 저항은 흐르는 전류에 따라 변한다.

정답 142.③ 143.④ 144.③ 145.③ 146.②

해설 이상적인 전압원, 전류원

- 전압원 : 내부 저항이 0이 되어서 전 전압이 부하에 인가되는 전압원
- 전류원 : 내부 저항이 ∞가 되어 전 전류가 부하에 흐를 수 있는 전류원

★
147 그림을 테브난의 등가 회로로 고칠 때 개방 전압 V'와 저항 R'는? 08년 출제

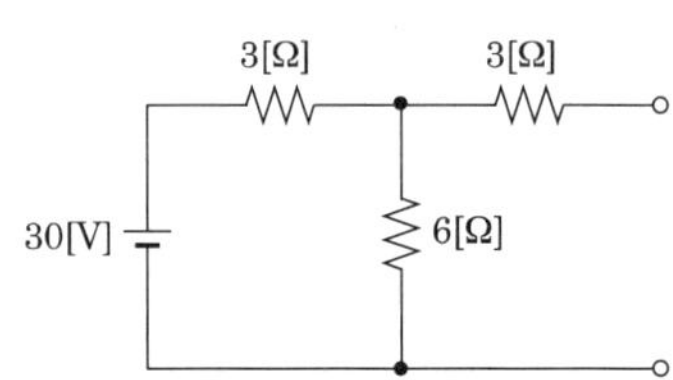

① 20[V], 5[Ω]
② 30[V], 8[Ω]
③ 15[V], 12[Ω]
④ 10[V], 1.2[Ω]

해설 테브난의 정리

- 개방 전압 : 부하가 접속되는 단자 a, b를 개방시킨 상태에서 단사 a, b에 걸리는 전압
- 내부 합성 저항 : 개방 단자 a, b에서 전압원이나 전류원이 존재하는 회로망을 바라 보면서 회로망 내의 전압원은 단락, 전류원은 개방시킨 상태에서 구한 내부 합성 저항

$$V' = \frac{6}{3+6} \times 30 = 20[\text{V}]$$

$$R' = 3 + \frac{3 \times 6}{3+6} = 5[\Omega]$$

★
148 비정현파가 발생하는 원인과 거리가 먼 것은? 11년 출제

비사인파(왜형파, 비정현파) 입력측에서 전송해 준 파형이 출력측에서 일그러져서 나타나는 파형을 말한다.

① 자기 포화 ② 옴의 법칙
③ 히스테리시스 ④ 전기자 반작용

해설 비정현파(왜형파)의 발생 원인 : 발전기나 변압기에서의 철심의 자기 포화나 히스테리시스 현상 또는 발전기에서의 전기자 반작용 등에 의하여 발생한다.

★★★
149 비사인파의 일반적인 구성이 아닌 것은? 07년/09년/10년/11년/14년 출제

비사인파(왜형파, 비정현파) 직류분 + 기본파 + 고조파

① 삼각파 ② 고조파
③ 기본파 ④ 직류분

해설 비사인파 교류=직류분+기본파+고조파

★★
150 비정현파를 여러 개의 정현파의 합으로 표시하는 방법은? 08년/09년 출제

① 키르히호프의 법칙 ② 노튼의 정리
③ 푸리에 분석 ④ 테일러의 분석

정답 147.① 148.② 149.① 150.③

출제분석 Advice

해설 푸리에 분석

- 비사인파 교류=직류분+기본파+고조파
- $f(t) = a_0 + \sum_{n=1}^{\infty} a_n \cos n\omega t + \sum_{n=1}^{\infty} b_n \sin n\omega t$

151 주기적인 구형파 신호의 성분은 어떻게 되는가? 08년 출제

주기적인 구형파는 비정현파로서 직류분, 기본파, 고조파의 합성이다.

① 성분 분석이 불가능하다.
② 직류분만으로 합성된다.
③ 무수히 많은 주파수의 합성이다.
④ 교류 합성을 갖지 않는다.

해설 비정현파 파형은 무수히 많은 주파수의 합성으로 해석할 수 있다.

152 그림과 같은 비사인파의 제3고조파 주파수[Hz]는? (단, $V = 20$[V], $T = 10$[ms]이다.) 13년 출제

$f = \frac{1}{T(주기)}$[Hz]

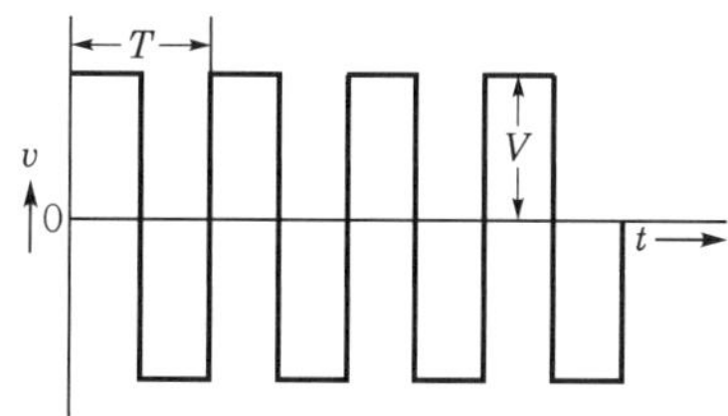

① 100[Hz] ② 200[Hz]
③ 300[Hz] ④ 400[Hz]

해설 • 기본파의 주파수 $f = \frac{1}{T} = \frac{1}{10 \times 10^{-3}} = 100$[Hz]

• 제3고조파이므로 기본파의 3배가 되어 300[Hz]이다.

153 비정현파의 종류에 속하는 직사각형파의 전개식에서 기본파의 진폭[V]은? (단, $V_m = 20$[V], $T = 10$[ms]) 12년 출제

① 23.47 ② 24.47
③ 25.47 ④ 26.47

해설 기본파의 진폭

- 직사각형파 $V_1 = \frac{4}{\pi} V_m = \frac{4}{\pi} \times 20 = 25.47$[V]
- 삼각파 $V_1 = \frac{8}{\pi^2} V_m$
- 톱니파 $V_1 = \frac{2}{\pi} V_m$

정답 151.③ 152.③ 153.③

비정현파 실효값
각 고조파 실효값 제곱의 합에 대한 제곱근

★★
154 비정현파의 실효값을 나타낸 것은?

12년/15년 출제

① 최대파의 실효값
② 각 고조파의 실효값의 합
③ 각 고조파의 실효값의 합의 제곱근
④ 각 고조파의 실효값의 제곱의 합의 제곱근

해설 비정현파의 실효값은 "순시값의 제곱의 평균값의 제곱근"으로 구할 수 있는데 그 결과는 항상 "각 고조파 실효값 제곱의 합에 대한 제곱근"으로 나타난다.
$I=\sqrt{{I_0}^2+{I_1}^2+{I_2}^2+{I_3}^2+\cdots+{I_n}^2}$ [A]

비정현파(비사인파, 왜형파)의 실효값은 수파수 성분이 모두 다르므로 반드시 제곱의 합의 제곱근으로 계산하여야 한다.

★
155 어느 회로의 전류가 다음과 같을 때 이 회로에 대한 전류의 실효값은?

13년 출제

$$i=3+10\sqrt{2}\sin\left(\omega t-\frac{\pi}{6}\right)+5\sqrt{2}\sin\left(3\omega t-\frac{\pi}{3}\right)[\text{A}]$$

① 11.6[A] ② 23.2[A]
③ 32.2[A] ④ 48.3[A]

해설 비정현파의 실효값 $I=\sqrt{{I_0}^2+{I_1}^2+{I_3}^2}=\sqrt{3^2+10^2+5^2}\fallingdotseq 11.6$[A]

156 $i=60\sin\omega t+80\sin(3\omega t+60°)$[A]의 실효값[A]은?

① 25 ② $25\sqrt{2}$
③ 50 ④ $50\sqrt{2}$

해설 기본파와 3고조파 각각의 실효값을 구하면
기본파 $I_1=\dfrac{60}{\sqrt{2}}$[A], 제3고조파 $I_3=\dfrac{80}{\sqrt{2}}$[A]
$\therefore\ I=\sqrt{{I_1}^2+{I_3}^2}=\sqrt{\left(\dfrac{60}{\sqrt{2}}\right)^2+\left(\dfrac{80}{\sqrt{2}}\right)^2}=50\sqrt{2}$[A]

★
157 $i=3\sin\omega t+4\sin(3\omega t-\theta)$[A]로 표시되는 전류의 등가 사인파 최대값은?

14년 출제

① 2[A] ② 3[A]
③ 4[A] ④ 5[A]

해설 비정현파 최대값 $I_m=\sqrt{{I_{1m}}^2+{I_{3m}}^2}=\sqrt{3^2+4^2}=5$[A]

정답 154.④ 155.① 156.④ 157.④

158 정현파 교류의 왜형률(distortion factor)은?

① 0 ② 0.1212
③ 0.2273 ④ 0.4834

해설 교류 파형이 일그러지는 이유는 고조파가 포함되기 때문이다. 따라서 기본파 교류인 정현파 교류만 존재하는 경우는 고조파가 전혀 포함되지 않으므로 왜형률은 0이 된다.

159 기본파의 3[%]인 제3고조파와 4[%]인 제5고조파, 1[%]인 제7고조파를 포함하는 전압파의 왜형률[%]은? 11년 출제

① 약 2.7 ② 약 5.1
③ 약 7.7 ④ 약 14.1

해설 $\varepsilon = \dfrac{\text{전 고조파의 실효값}}{\text{기본파의 실효값}} \times 100[\%] = \dfrac{\sqrt{{V_3}^2 + {V_5}^2 + {V_7}^2}}{V_1} \times 100[\%]$에서

기본파의 실효값을 1이라 하면

$$\varepsilon = \frac{\sqrt{0.03^2 + 0.04^2 + 0.01^2}}{1} \times 100 \fallingdotseq 5.1[\%]$$

160 $R = 4[\Omega]$, $\dfrac{1}{\omega C} = 36[\Omega]$을 직렬로 접속한 회로에 $v = 120\sqrt{2}\sin\omega t + 60\sqrt{2}\sin(3\omega t + \theta_3) + 30\sqrt{2}\sin(5\omega t + \theta_5)$[V]를 인가했을 때 흐르는 전류의 실효값은 약 몇 [A]인가? 10년 출제

① 3.3 ② 4.8
③ 3.6 ④ 6.8

해설 각각의 기본파, 제3고조파, 제5고조파에 대한 임피던스를 먼저 구하여 각각의 실효값 전류를 구하여 합성하면 된다.

$$I_1 = \frac{V_1}{Z_1} = \frac{V_1}{\sqrt{R^2 + \left(\frac{1}{\omega C}\right)^2}} = \frac{120}{\sqrt{4^2 + 36^2}} = 3.3[\text{A}]$$

$$I_3 = \frac{V_3}{Z_3} = \frac{V_3}{\sqrt{R^2 + \left(\frac{1}{3\omega C}\right)^2}} = \frac{60}{\sqrt{4^2 + 12^2}} = 4.743[\text{A}]$$

$$I_5 = \frac{V_5}{Z_5} = \frac{V_5}{\sqrt{R^2 + \left(\frac{1}{5\omega C}\right)^2}} = \frac{30}{\sqrt{4^2 + \left(\frac{36}{5}\right)^2}} = 3.64[\text{A}]$$

$$\therefore\ I = \sqrt{3.3^2 + 4.74^2 + 3.64^2} = 6.8[\text{A}]$$

왜형률
파형의 일그러진 정도로서, 기본파에 대한 고조파의 비율

n차 고조파에 의한 리액턴스 계산
㉠ 유도성 리액턴스
$X_L = n \times \omega L[\Omega]$
㉡ 용량성 리액턴스
$X_C = \dfrac{1}{n \times \omega C} = \dfrac{1}{n} \times \dfrac{1}{\omega C}[\Omega]$

정답 158.① 159.② 160.④

전력은 성분이 다르면 발생하지 않으므로 '직류 성분×사인파'는 0이다.

★
161 비사인파 교류 회로의 전력 성분과 거리가 먼 것은?
14년 출제

① 맥류 성분과 사인파와의 곱 ② 기본 사인파 성분의 곱
③ 직류 성분의 곱 ④ 주파수가 같은 두 사인파의 곱

해설 비사인파 회로의 전력
- 주파수가 같은 전압과 전류의 실효값을 곱
- $P = V_0 I_0 + V_1 I_1 \cos\theta_1 + V_2 I_2 \cos\theta_2 + \cdots + V_n I_n \cos\theta_n$[W]

여기서, $V_0 I_0$: 직류 성분
$V_1 I_1 \cos\theta_1$: 기본파 성분
$V_n I_n \cos\theta_n$: n고조파 성분

기본파에 의한 임피던스
$\dot{Z}_1 = R + j\omega L$
$= 4 + j3[\Omega]$

3고조파에 의한 임피던스
$\dot{Z}_3 = R + j3\omega L$
$= 4 + j3 \times 3$
$= 4 + j9[\Omega]$

★
162 $R-4[\Omega]$, $\omega L = 3[\Omega]$의 직렬 회로에 $v = 100\sqrt{2}\sin\omega t + 30\sqrt{2}\sin 3\omega t$[V]의 전압을 가할 때 전력은 약 몇 [W]인가?
12년 출제

① 1,170 ② 1,563
③ 1,637 ④ 2,116

해설 $I_1 = \dfrac{V_1}{Z_1} = \dfrac{V_1}{\sqrt{R^2 + (\omega L)^2}} = \dfrac{100}{\sqrt{4^2 + 3^2}} = 20$[A]

$I_3 = \dfrac{V_3}{Z_3} = \dfrac{V_3}{\sqrt{R^2 + (3\omega L)^2}} = \dfrac{30}{\sqrt{4^2 + 9^2}} = 3.05$[A]

$I = \sqrt{I_1^2 + I_3^2} = \sqrt{20^2 + 3.05^2} = 20.23$[A]

- 전력 $P = I^2 R = 20.23^2 \times 4 = 1{,}637$[W]
- 전력 $P = I_1^2 R + I_3^2 R = 20^2 \times 4 + 3.05^2 \times 4 = 1{,}637$[W]

시정수
㉠ $R-L$ 직렬 회로 시정수
$\tau = \dfrac{L}{R}$[sec]
㉡ $R-C$ 직렬 회로 시정수
$\tau = RC$[sec]

★★
163 $R-L$ 직렬 회로의 시정수 τ[sec]는 어떻게 되는가?
07년/10년 출제

① $\dfrac{R}{L}$ ② $\dfrac{L}{R}$
③ RL ④ $\dfrac{1}{RL}$

해설 $R-L$ 직렬 회로 시정수 $\tau = \dfrac{L}{R}$[sec]

★★
164 $R-L$ 직렬 회로에서 $R = 20[\Omega]$, $L = 10$[H]인 경우 시정수 τ[sec]는?
07년/10년 출제

① 0.005 ② 0.5
③ 2 ④ 200

정답 161.① 162.③ 163.② 164.②

해설 $R-L$ 직렬 회로 시정수 $\tau=\frac{L}{R}=\frac{10}{20}=0.5[\text{sec}]$

165 $R=10[\text{k}\Omega]$, $C=5[\mu\text{F}]$의 직렬 회로에 110[V]의 직류 전압을 인가했을 때 시정수(τ)는?

07년 출제

① 5[ms] ② 50[ms]

③ 1[sec] ④ 2[sec]

해설 $R-C$ 직렬 회로 시정수 $\tau=RC[\text{sec}]$

$\tau=RC=10\times10^{3}\times5\times10^{-6}=0.05[\text{sec}]=50[\text{ms}]$

출제분석 Advice

$R-C$ 직렬 회로 시정수

$\tau=RC[\text{sec}]$

정답 165.②

전기 기기

직류기

01 전기 기기 기초

1 앙페르의 오른나사 법칙

전류와 자장의 방향 관계를 나타내는 것으로 도선에 전류가 각각 ⊗, ⊙ 방향으로 흐를 때 도선 주위에는 자속이 발생하여 회전하는 자장이 형성되는데 그 자속의 발생 방향이 오른나사가 회전하는 방향으로 발생한다.

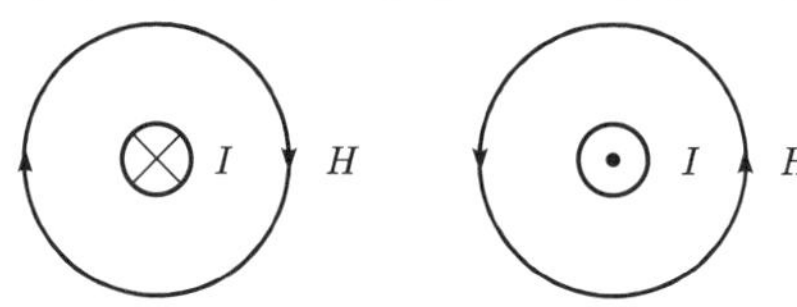

여기서, I : 전류
H : 자장
⊗ : 지면 속으로 전류가 뚫고 나가는 방향
⊙ : 지면 속으로부터 전류가 뚫고 나오는 방향

기자력, 자속 밀도

- 기자력 : 자속을 발생시키는 힘의 원천(에너지)
  $F = NI = R\Phi$[AT], 자기 회로의 옴의 법칙
- 자속 밀도 : 단위 면적당 자속의 양
  $B = \frac{\Phi}{S}$[Wb/m²], $\Phi = BS$[Wb]

기자력
$F = NI = R\Phi$[AT]

자속 밀도
$B = \frac{\Phi}{S}$[Wb/m²]
$\Phi = BS$[Wb]

2 패러데이-렌츠의 전자 유도 법칙

코일에서 발생하는 기전력의 크기는 자속의 시간적인 변화율(감쇄율)에 비례하고 이때 기전력의 방향은 자속 Φ의 증감을 방해하는 방향으로 발생한다.

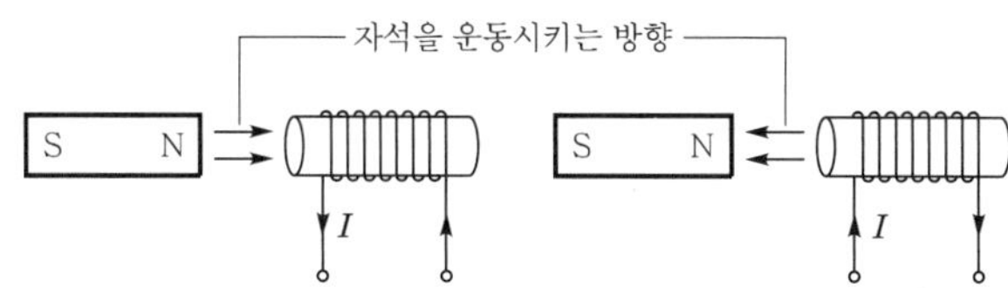

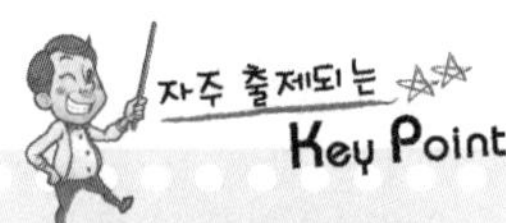

패러데이 법칙

$e = N\frac{d\Phi}{dt}$[V]

렌츠의 법칙

$e = -N\frac{d\Phi}{dt}$[V]

(1) 유도 기전력의 크기(패러데이 법칙)

코일에서 발생하는 유도 기전력의 크기는 자속의 시간적인 변화율에 비례한다.

$$e = N\frac{d\Phi}{dt}\,[\mathrm{V}]$$

(2) 유도 기전력의 방향(렌츠의 법칙)

코일에서 발생하는 기전력의 방향은 자속의 증감을 방해하는 방향으로 발생한다.

$$e = -N\frac{d\Phi}{dt}\,[\mathrm{V}]$$

여기서, (−) : 자속 Φ의 증감을 방해하는 방향

3 플레밍의 오른손 법칙(발전기)

발전기에서 기전력의 방향을 알 수 있는 법칙으로 평등 자계 중에 전기자 도체를 놓고 시계 방향으로 회전시키면 회전하는 도체가 자속을 끊으면서 플레밍의 오른손 법칙에 의한 다음과 같은 방향으로 기전력이 유도된다.

① 엄지 : 도체의 운동 속도 방향(v [m/sec])

② 검지 : 자속 밀도의 방향(B [Wb/m^2])

③ 중지 : 기전력의 방향(e [V])

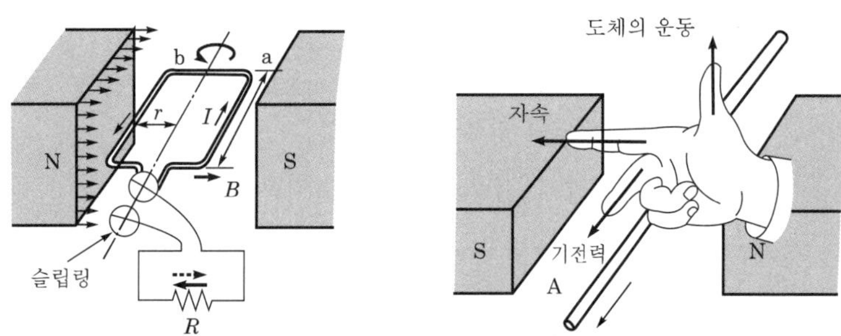

▌플레밍의 오른손 법칙▐

4 플레밍의 왼손 법칙(전동기)

전동기에서 전자력 발생의 원리를 알 수 있는 법칙으로 평등 자계 중에 전기자 도체를 놓고 전류를 흘려주면 도체에는 플레밍의 왼손 법칙에 의한 짝힘(전자력)이 발생되어 시계 반대 방향으로 회전할 수 있다.

① 엄지 : 힘(전자력)의 방향(F)

자주 출제되는 Key Point

② 검지 : 자속 밀도의 방향(B)

③ 중지 : 전류의 방향(I)

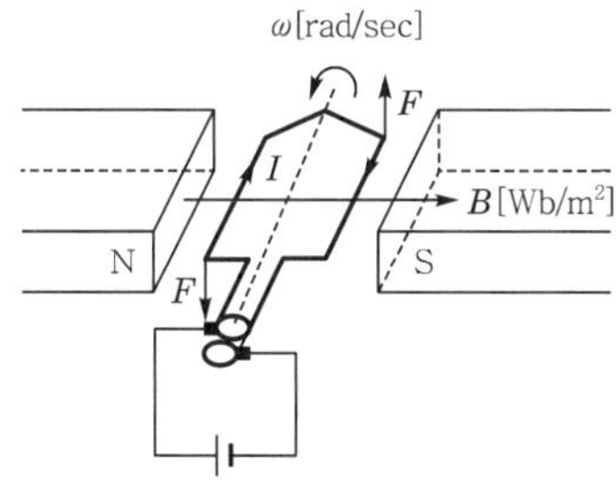

$$EI(\text{전기적 에너지}) = \omega\tau(\text{기계적 에너지})$$

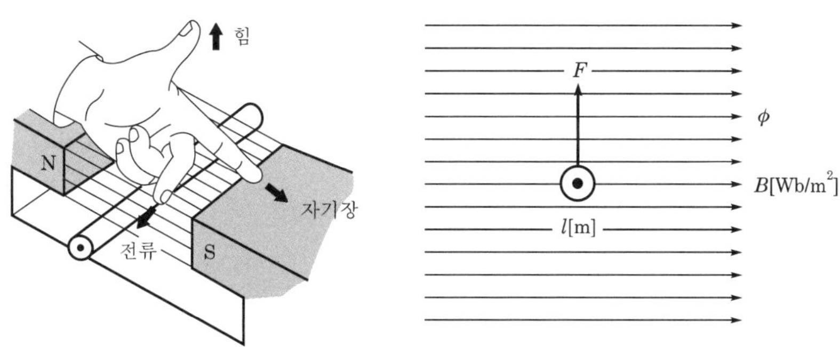

❙ 플레밍의 왼손 법칙 ❙

5 교류 발전기의 구조 및 원리

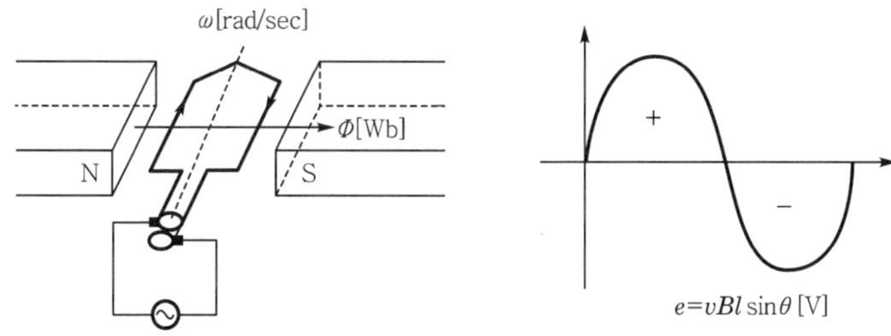

(1) 주기(T)

1사이클(cycle)을 이루는 데 요하는 시간, 단위 [sec]

(2) 주파수(f)

1[sec] 동안에 발생하는 사이클의 수, 단위 [Hz]

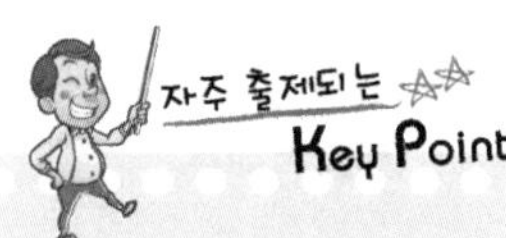

주기와 주파수의 관계

$f = \frac{1}{T}$[Hz], $T = \frac{1}{f}$[sec]

각 주파수(ω)

$\omega = 2\pi f = \frac{2\pi}{T}$[rad/sec]

① 주기와 주파수의 관계 : $f = \frac{1}{T}$[Hz], $T = \frac{1}{f}$[sec]

② 상용 주파수 $f = 60$[Hz]는 1초 동안 이루는 사이클의 수가 60회이므로 주기는 $\frac{1}{60}$[sec]임을 알 수 있다.

(3) 각 주파수(ω)

단위 시간당 위상각의 변화율

$$\omega = 2\pi f = \frac{2\pi}{T}\ [\text{rad/sec}]$$

(4) 호도법

원의 반지름에 대한 호의 길이의 비율

① 1[rad]=57.17° : 원에서 반지름 r과 호 ab의 길이가 같은 사잇각 θ

② π[rad]= 180°

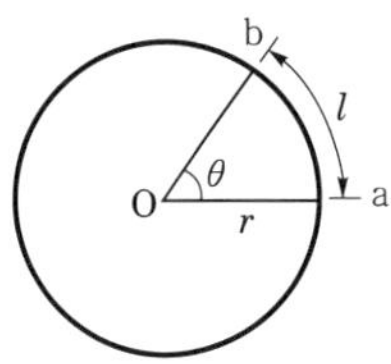

$$\theta = \frac{l}{r},\quad l = r\theta$$

$$v = \frac{l}{t} = \frac{r\theta}{t} = r \times \frac{\theta}{t} = r\omega$$

$$\omega = \frac{\theta}{t} = 2\pi f\ [\text{rad/sec}]$$

6 주변 속도 및 교류 일반식

(1) 주변 속도

회전 운동계에서 단위 시간당 이동한 거리를 나타내는 것

$$v = \frac{l}{t} = \frac{r\theta}{t} = r \times \frac{\theta}{t} = r\omega = r2\pi n = \frac{\pi DN}{60}\ [\text{m/sec}]$$

여기서, n : 초당 회전수[rps], N : 분당 회전수[rpm]
D : 회전자 직경[m]

(2) 교류 일반식

$$e_n = nvBl\sin\theta\,[\text{V}]\text{에서 } v(t) = V_m \sin\omega t\ [\text{V}]$$

7 각속도와 각주파수의 구별

(1) 각속도

발전기의 경우 발전기 회전자인 전기자를 기준으로 한 것으로 "단위 시간당 이동한 각속도"로써, 1회전의 경우 이동각이 2π[rad]이므로 초당 회전수 n[rps]를, 분당 회전수 N[rpm]으로 환산하면 다음과 같다.

$$\omega = 2\pi n = \frac{2\pi N}{60}\ [\text{rad/sec}]$$

(2) 각주파수

발전기에서 전기자가 회전하여 얻은 기전력의 파형을 기준으로 한 것으로 "단위 시간당 주파수를 표현한 것"으로써, 1주파당 위상각의 변화가 2π[rad]이므로 다음과 같이 나타낼 수 있다.

$$\omega = 2\pi nf\ [\text{rad/sec}]$$

(3) 전기각

발전기에서 전기자가 회전하여 얻은 기전력의 파형을 기준으로 한 것으로 발전기 극수 P와 전기자 회전수 n[rps] 간에는 $f = \frac{P}{2}n$ 관계가 성립하므로 이웃하고 있는 극 간의 전기각은 극수에 관계없이 항상 π가 성립한다.

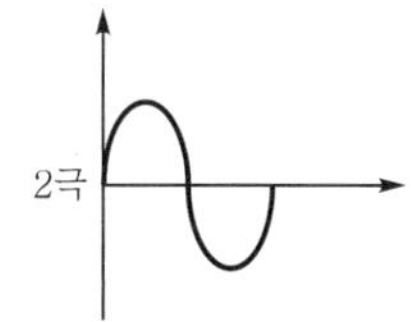

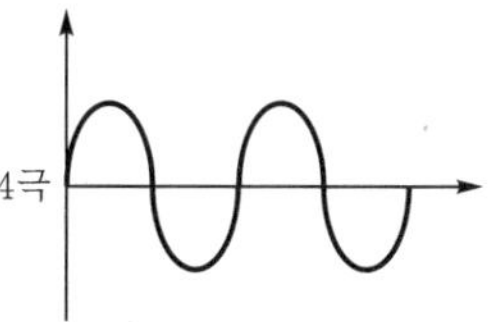

▌1회전시 주파수▐

8 정현파 교류의 크기

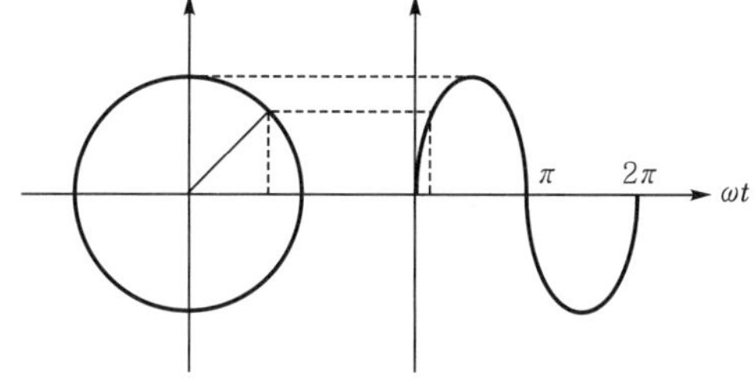

초당 회전수

$n = \frac{N}{60}$[rps]

여기서, [rps] : return per second

분당 회전수

N[rpm]

여기서 : [rpm] : return per minute

자주 출제되는 Key Point

(1) 순시값

전류 및 전압 파형에서 어떤 임의의 순간 t에서의 전류, 전압 크기

$$v(t) = V_m \sin \omega t \,[\mathrm{V}]$$

(2) 평균값

한 주기 동안의 면적(크기)을 주기로 나누어 구한 산술적인 평균값

$$V_{av} = \frac{2}{\pi} V_m = 0.637 V_m \,[\mathrm{V}]$$

(3) 실효값

같은 저항에서 일정한 시간 동안 직류와 교류를 흘렸을 때 각 저항에서 발생하는 열량이 같아지는 순간 교류를 직류로 환산한 값(교류의 대표값)

$$V = \frac{V_m}{\sqrt{2}} = 0.707 V_m \,[\mathrm{V}]$$

02 직류 발전기의 구조 및 원리

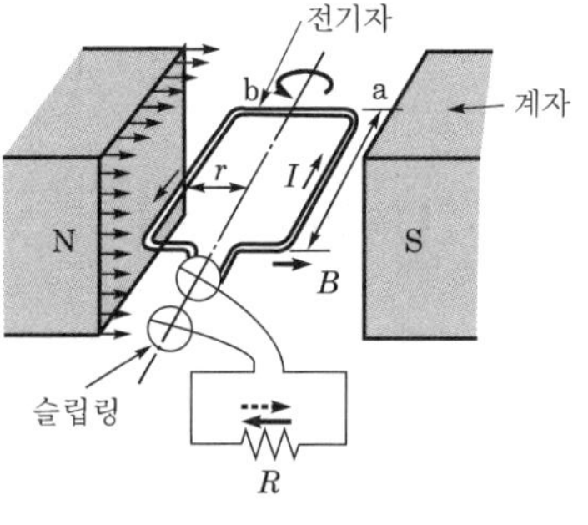

(1) 계자(계자 철심+계자 권선)

자속 Φ를 발생시키는 부분으로 계자 권선에는 전기 저항이 작아 대전류를 흘려 강자속을 발생할 수 있는 도체인 초전도 도체를 이용한다.

직류 발전기 구조
㉠ 계자 : 자속 발생
㉡ 전기자 : 기전력 발생
㉢ 정류자 : 교류를 직류로 변환
㉣ 브러시 : 기전력 외부 인출

(2) 전기자(전기자 철심+전기자 권선)

자속 Φ를 끊어 기전력을 발생시키는 부분으로 전기자 철심은 철손 감소를 위해 0.35~0.5[mm] 규소 강판(히스테리시스손 감소)을 성층(와류손 감소)하여 사용한다.

자주 출제되는 Key Point

전기자 철심의 특성

㉠ 규소 강판 성층 사용 : 철손 감소

㉡ 규소 사용 : 히스테리시스손 감소

㉢ 성층 사용 : 와류손 감소

규소 강판을 성층하여 사용하는 이유

전기자 철심에 규소를 함유시키면 투자율이 감소하여 자기 저항이 증가하고 자속 밀도가 감소하므로 히스테리시스손을 감소시킬 수 있으며, 철심을 얇게 성층하여 사용하면 성층한 두께에 비례하여 발생하는 와류손을 감소시킬 수 있다. 또한 위와 같은 2가지 손실은 발전기 전기자 철심에서 발생하는 손실이기 때문에 철손이라는 표현을 쓰는데 특히 부하에 관계없이 발생하는 손실이기 때문에 무부하손, 고정손이라는 표현을 쓰기도 한다.

- 규소 함유 이유 : 히스테리시스손 감소($P_h \propto f B_m^{\ 2}$)
- 성층 이유 : 와류손 감소($P_e \propto t^2 f^2 B_m^{\ 2}$)

히스테리시스 현상 및 와전류 발생

- 히스테리시스 현상 : 자기장의 세기를 증가·감소시킬 때 자속 밀도의 변화가 항상 자기장의 세기 변화보다 늦음이 발생하는 현상
  - 히스테리시스손 : 어떠한 자성체를 자화시킬 때 자기적인 늦음 현상이 발생하면서 열로써 소비되는 에너지 손실로 다음 루프 면적에 비례하여 열 발생이 커진다.

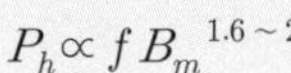

$$P_h \propto f B_m^{\ 1.6\sim 2}$$

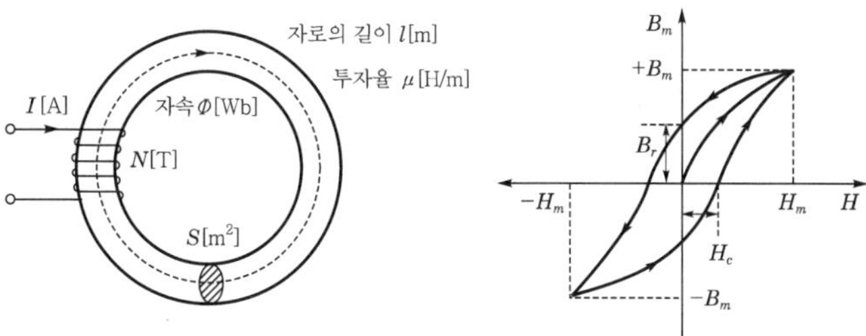

  - 잔류 자기(B_r) : 외부 자계가 0일 때 남아 있는 잔류 자속으로서 히스테리시스 루프가 종축과 만나는 점
  - 보자력(H_c) : 잔류 자기가 0일 때 외부 자계의 세기로서 처음 상태를 보존하려는 자계로서 히스테리시스 루프가 횡축과 만나는 점
- 와류손(맴돌이 전류손)

  시간적으로 변화하는 자속 Φ가 도체의 단면을 통과할 때 도체 내부에 렌츠의 법칙에 의한 방향으로 유도 전류가 흐르면서 발생하는 손실

$$P_e \propto t^2 f^2 B_m^{\ 2}$$

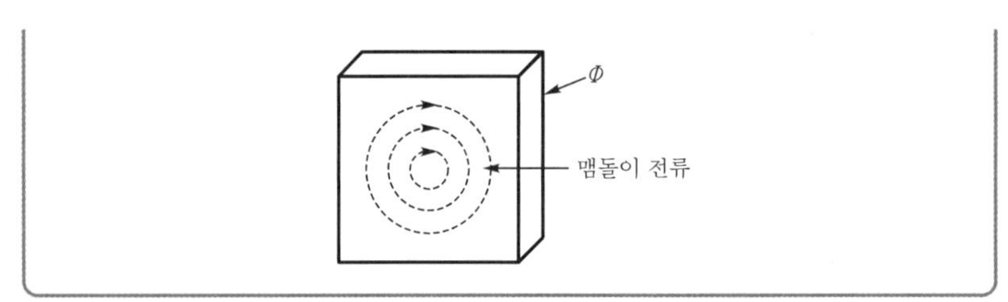

(3) 정류자

① 전기자에서 교류 기전력을 직류로 변환시키는 부분

② 정류자 편수 : $K_s = \frac{u}{2} N_s$

여기서, u : 슬롯당 도체수

N_s : 전 슬롯수

(4) 브러시

정류자에서 변환된 직류 기전력을 외부로 인출하기 위한 부분

① 브러시 압력 : 0.1~0.25[kg/cm^2]

② 탄소질 브러시 : 저전류, 저속기(접촉 저항↑)

③ 흑연질 브러시 : 대전류, 고속기(접촉 저항↓)

03 직류 발전기의 이론

전기자 권선법

㉠ 고상권, 폐로권, 이층권, 중권, 파권

㉡ 중권 : $a = P = b$

㉢ 파권 : $a = 2 = b$

1 전기자 권선법

(1) 고상권

전기자 도체를 전기자 표면에만 감은 구조의 것을 말한다.

(2) 폐로권

전기자에 권선을 감을 때 권선이 어느 한 점에서 출발하여 슬롯을 따라서 계속 감아갈 때 처음 출발한 점에 되돌아와서 권선이 끝나면서 닫혀지는 권선법이다.

(3) 이층권

높은 기전력을 얻기 위해 하나의 슬롯에 2개 이상의 전기자 도체를 상하로

겹쳐 감은 구조의 권선법이다.

(4) 중권

N극 밑을 통과한 전기자 권선이 이웃하고 있는 S극 밑을 통과하여 빠져나온 후 처음 출발한 N극 밑의 바로 이웃한 슬롯에 권선을 감아가고 S극 밑을 통과하는 권선도 바로 이웃한 슬롯으로 계속 밀려가면서 감는 방식의 권선법으로 항상 극수와 같은 병렬 회로수를 구성하는 방식이다.

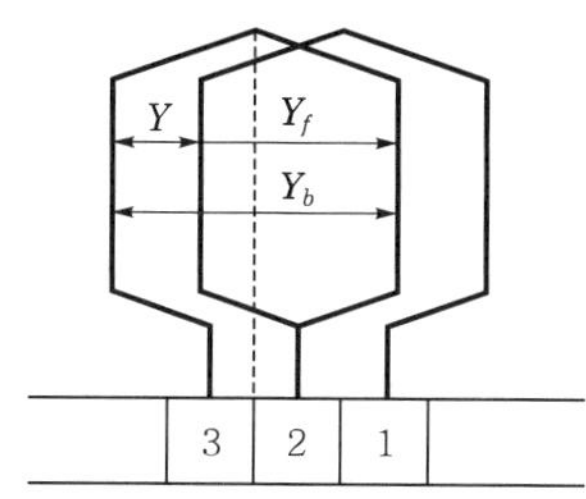

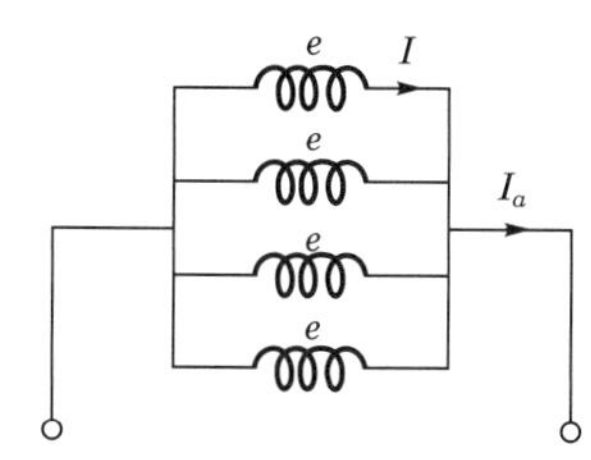

(5) 파권

4극 발전기에서 N극 밑을 통과한 전기자 권선이 이웃하고 있는 S극 밑을 통과하여 빠져나온 후 다시 이웃하고 있는 또 다른 N극 밑을 통과한 권선이 또 다른 S극 밑을 통과하는 방식으로 권선을 감은 모양이 물결 모양을 하고 있는 방식의 권선법으로 항상 극수에 관계없이 2개의 병렬 회로수를 구성하는 방식이다.

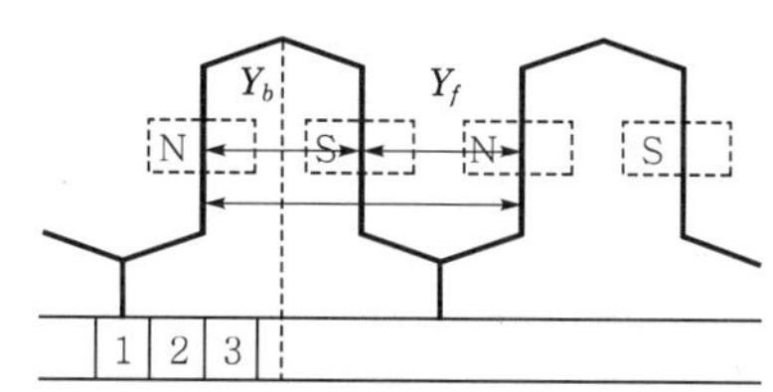

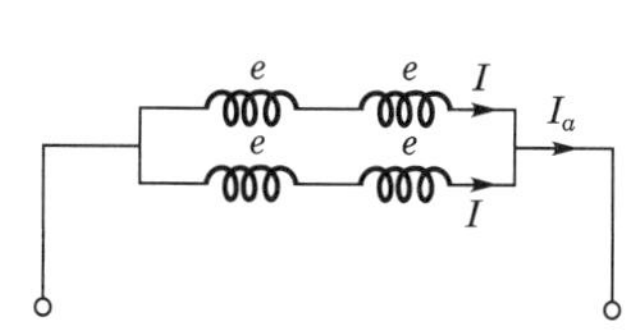

중권(병렬권)	파권(직렬권)
합성피치 : $Y=Y_b-Y_f$	합성피치 : $Y=Y_b+Y_f$
병렬 회로수 : $a=P=b$	병렬 회로수 : $a=2=b$
저전압, 대전류용$\left(I=\dfrac{I_a}{a}\right)$	고전압, 소전류용$\left(I=\dfrac{I_a}{2}\right)$
균압환 설치(4극 이상 중권)	–

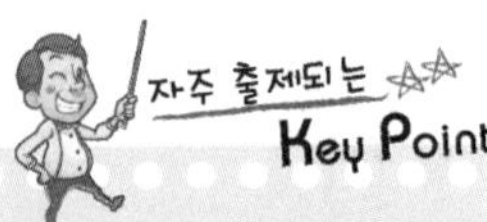

균압환
전기자 권선 내 순환 전류 방지를 위한 원형 도체

균압환
공극의 불균일에 의한 전압 불평형 시 발전기 전기자 권선 내에 흐르는 순환 전류 방지를 위해 등전위가 되는 점을 연결하기 위한 저저항의 원형 접속 도체

2 직류 발전기의 유기 기전력

(1) 개요

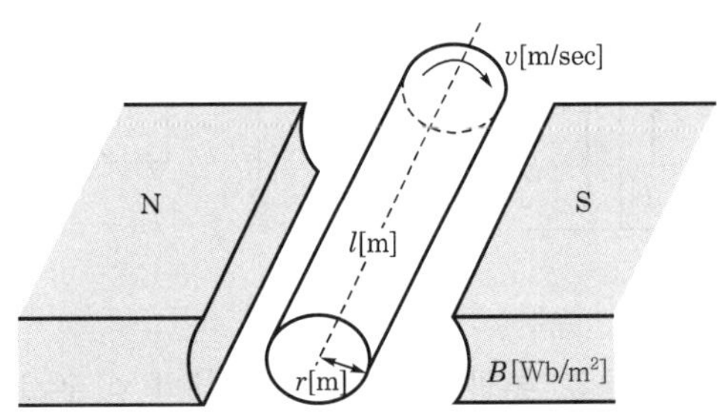

여기서, P : 극수, l : 코일변 길이, ω : 전기자 각속도, N : 전기자 회전수

① 도체 1개의 유기 기전력 : $e = vBl\sin\theta$[V]
② 도체 1개에 유기되는 최대 기전력 : $e = vBl$[V]
③ 회전자 주변 속도 : $v = r\omega = r2\pi n = \pi Dn = \dfrac{2\pi rN}{60}$[m/sec]
④ 평균 자속 밀도 : $B = \dfrac{\text{전체 자속}}{\text{원통 표면적}} = \dfrac{P\Phi}{2\pi rl}$[Wb/m^2]

주변 속도
$v = \dfrac{\pi DN}{60}$[m/sec]

(2) 도체 1개의 유기 기전력

$$e = vBl = \frac{2\pi rN}{60} \times \frac{P\Phi}{2\pi rl} \times l = \frac{P\Phi N}{60}$$

(3) 전체 유기 기전력

전기자 총 도체수(Z), 병렬 회로수(a)라 하면

직렬 접속 도체수$= \dfrac{Z}{a}$

$$E = e \times \frac{Z}{a} = \frac{P\Phi N}{60} \times \frac{Z}{a} = \frac{PZ}{60a}\Phi N = K\Phi N[\text{V}]$$

$\therefore$ $E \propto \Phi$(N 일정), $E \propto N$(Φ 일정)

유기 기전력
㉠ $E = \dfrac{PZ}{60a}\Phi N$[V]
- 중권 $a = P$
- 파권 $a = 2$

㉡ $E = K\Phi N$[N]

자주 출제되는 Key Point

3 전기자 반작용

발전기 전기자에 부하를 걸고 운전할 경우 전기자 도체에 흐르는 전류에 의해 발생된 자속이 계자 자속에 영향을 미치는 현상으로 계자에서 발생된 주자속이 N극에서 S극으로 들어갈 때 전기자에 흐르는 전류에 의해 발생된 전기자 자속이 주자속과 더해지면 그 합성 자속의 분포가 N극 쪽에서는 약간 상방향으로, S극 밑에서는 약간 하방향으로 이동하여 자속 밀도가 높아지는 현상이 발생하여 평상시 nn'에 존재하던 중성축이 발전기 전기자 회전 방향으로 α만큼 이동을 한다. 이때 전기자에서 발생한 자속을 분석하면 주자속을 감소시키는 감자 자속과 주자속에 대해 직각으로 교차하는 자속으로 분해할 수 있으므로 다음과 같은 발생 결과를 얻을 수 있다.

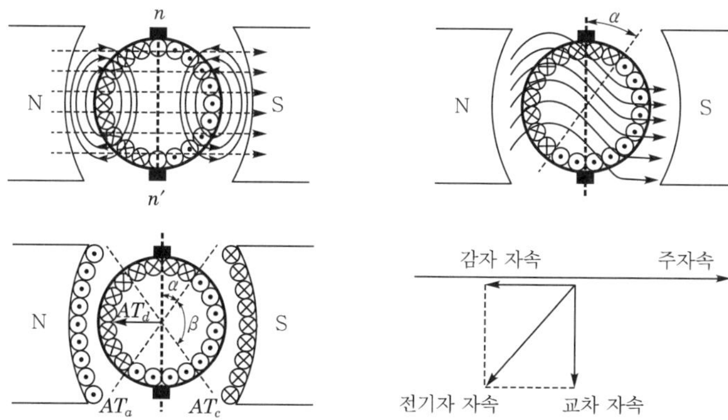

(1) 전기자 기자력(AT_a)의 2분력

① 감자 기자력(AT_d) : 주자속 감소

② 교차 기자력(AT_c) : 중성축 이동

㉠ 매극당 감자 기자력 : $AT_d = \frac{2\alpha}{\pi}\frac{Z}{P}\frac{1}{2}\frac{I_a}{a}$ [AT/Pole]

㉡ 매극당 교차 기자력 : $AT_c = \frac{\beta}{\pi}\frac{Z}{P}\frac{1}{2}\frac{I_a}{a}$ [AT/Pole]

(2) 전기자 반작용 발생 결과

① 주자속 감소(감자 작용)

㉠ 발전기(G) : 기전력 감소 $E\downarrow(E = K\Phi N)$

㉡ 전동기(M) : 회전력 감소 $\tau\downarrow(\tau = K\Phi I_a)$

② 편자 작용에 의한 중성축 이동

㉠ 발전기(G) : 회전 방향으로 이동

전기자 반작용 결과
㉠ 주자속 감소
㉡ 중성축 이동
㉢ 브러시 부근 불꽃 발생 (정류 불량 원인)

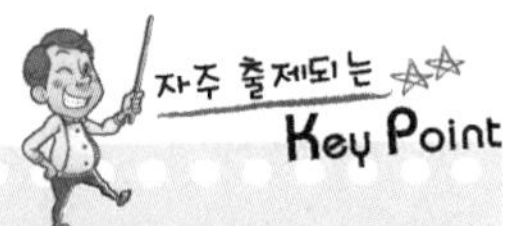

㉡ 전동기(M) : 회전 반대 방향으로 이동

③ **브러시 부근에서 불꽃 발생(정류 불량의 원인)** : 자기적 중성축 이동으로 인한 브러시에서의 기전력 발생으로 정류자편간 전압이 불균일하게 되어 브러시에서 불꽃이 발생한다.

전기자 반작용 방지
㉠ 보상 권선 : 전기자 전류와 반대 극성 인가
㉡ 보극 : 자속 밀도 균일

(3) 전기자 반작용 방지 대책

① **보상 권선** : 전기자 반작용의 발생 원인인 전기자 자속 감소를 위해 전기자 전류 방향과 반대 극성의 전류를 인가한다.

② **보극** : 공극에서의 자속 밀도를 균일화한다.

4 정류 작용

전기자 도체의 전류가 브러시를 통과할 때마다 전류의 방향을 반전시켜 교류 기전력을 직류로 변환시키는 작용을 말한다.

(1) 정류 주기

브러시가 이웃하고 있는 정류자편을 단락시키는 순간부터 단락이 끝나는 때까지 정류가 이루어진다.

정류 주기 $T_c = \dfrac{b-\delta}{v_c}$[sec] (정류자 주변 속도 $v_c = \dfrac{\pi DN}{60}$[sec])

① **정류 전** : 브러시가 ③번 정류자편을 접촉하기 직전 순간

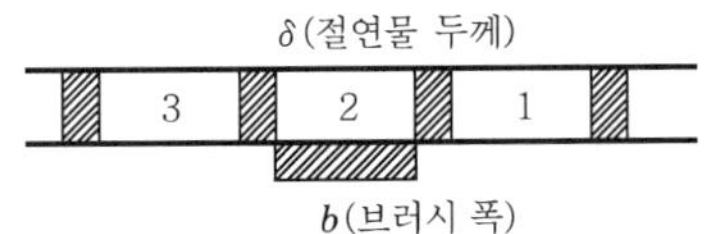

② **정류 초기** : 브러시가 ③번 정류자편을 접촉하는 순간

③ **정류 중** : 브러시가 ②, ③번 정류자편을 단락하고 있는 순간

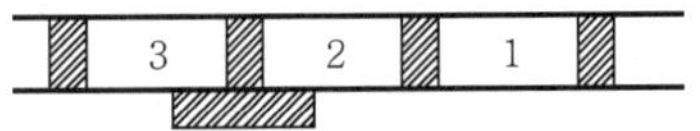

④ **정류 말기** : 브러시가 ②번 정류자편을 떠나는 순간

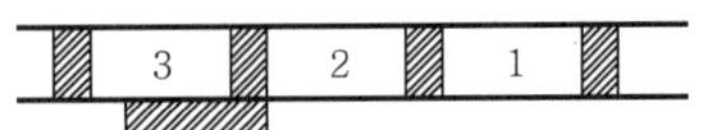

(2) 정류에 따른 전류 변화

전기자가 시계 방향으로 회전하면서 계자 자극 N극과 S극면 아래쪽을 통과할 때 전기자에 발생한 기전력의 극성 변화에 따른 정류 원리를 나타낸 것이다.

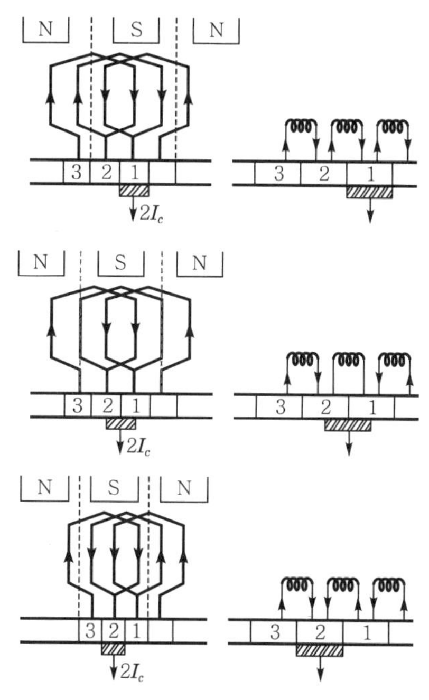

(3) 정류 곡선

정류 곡선
㉠ 부족 정류 : L의 영향, 평균 리액턴스 전압 발생
㉡ 정현 정류 : 보극 적당 (보극 : 전압 정류)

① **직선 정류** : 이상적인 정류 곡선

② **정현 정류** : 양호한 정류 곡선(보극이 적당한 경우)

③ **과정류** : 정류 초기에 브러시 전단부에서 불꽃 발생

④ **부족 정류(L의 영향)** : 정류 말기에 브러시 후단부에서 불꽃 발생

㉠ 리액턴스 전압 : 전기자 권선에 전류가 흘러 자속이 발생할 때 전기자 권선 자체 인덕턴스에 의해 발생되는 역기전력

$$e_L = -L\frac{di}{dt}\,[\mathrm{V}]$$

㉡ 평균 리액턴스 전압 : 전기자 권선에 전류가 흘러 자속이 발생할 때 전기자 권선 자체 인덕턴스에 의해 발생되는 역기전력의 크기만을 표현한 전압으로 정류 불량의 원인이 되는 전압

$$e_L = L\frac{2I_c}{T_c}$$

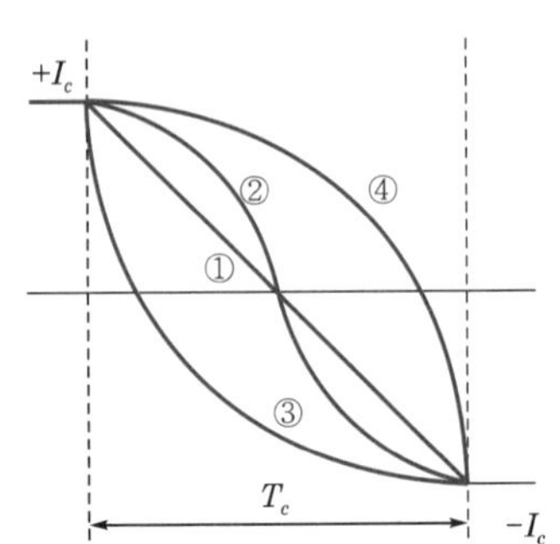

정류 대책
㉠ 평균 리액턴스 전압 감소(보극 설치)
㉡ 인덕턴스 감소
㉢ 정류 주기 증가
㉣ 브러시 접촉 저항 증가(탄소질 브러시 : 저항 정류)

(4) 양호한 정류 대책

① 평균 리액턴스 전압을 작게 할 것 : 보극(전압 정류) 설치

② 인덕턴스 L을 작게 할 것 : 단절권, 분포권 채용

③ 정류 주기를 크게 할 것

④ 브러시에 접촉 저항을 크게 할 것 : 탄소질 브러시(저항 정류) 설치

04 직류 발전기의 종류

여자 방식에 의한 분류
㉠ 타여자 발전기
㉡ 자여자 발전기
- 분권 발전기
- 복권 발전기
- 직권 발전기(내분권, 외분권)

타여자 발전기
㉠ $I_a = I$[A]
㉡ $E = V + I_a R_a$[V]

1 타여자 발전기

발전기 외부에서 별도의 다른 직류 전압원에서 여자 전류를 공급하여 계자를 여자시키는 방식의 발전기이다.

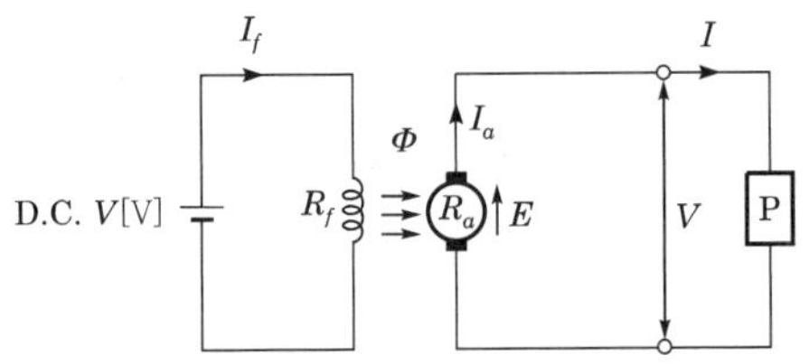

여기서, R_f : 계자 저항, R_a : 전기자 저항, I_f : 계자 전류, I_a : 전기자 전류
I : 부하 전류, E : 기전력, V : 단자 전압

(1) 정상 상태(부하 존재)

① 전기자 전류 : $I_a = I$

② 기전력 : $E = V + I_a R_a$

③ 단자 전압 : $V = E - I_a R_a$

자주 출제되는 Key Point

(2) 무부하 상태

① 전기자 전류 : $I_a = I = 0$

② 기전력 : $E = V_0$(무부하 단자 전압)

(3) 무부하 포화 곡선

① 전기자 회전 속도 N은 일정이고, 부하 전류 $I=0$인 상태에서 발전기 계자 전류와 전기자 유기 기전력의 관계를 나타낸 특성 곡선이다.

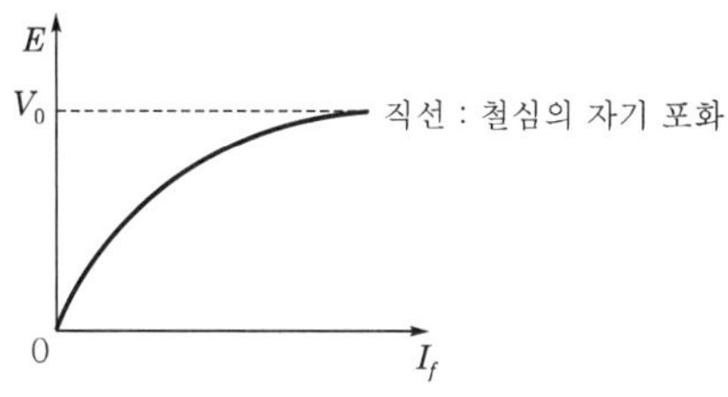

② 기전력 상승이 일정 이상이 되면 더 이상 증가하지 않는 이유는 계자 철심에서 자기 포화 현상이 발생하기 때문이다.

(4) 외부 특성 곡선

전기자 회전 속도 N과 계자 전류 I_f가 일정인 상태에서 발전기에 접속된 부하를 증가시켜 부하 전류가 증가하는 경우 부하 전류 I와 부하 양 단자에 걸리는 단자 전압 간의 관계를 나타낸 특성 곡선이다.

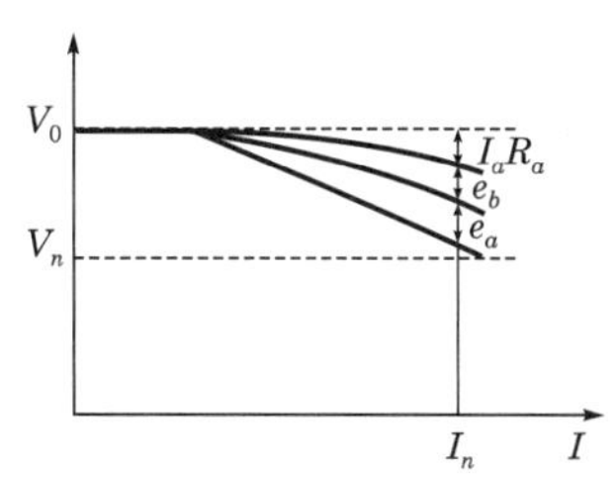

$$E = V + I_aR_a + e_a + e_b$$
$$V = E - I_aR_a - e_a - e_b$$

여기서, I_aR_a : 전기자 권선 저항에 의한 전압 강하
e_a : 전기자 반작용에 의한 전압 강하
e_b : 브러시 접촉 저항에 의한 전압 강하

(5) 용도

전동기 속도 제어 경우 워드 레오나드 방식에 채용된다.

발전기 특성 곡선

㉠ 무부하 포화 곡선 : 계자 전류, 기전력 관계

㉡ 외부 특성 곡선 : 부하 전류, 단자 전압 관계

2 자여자 발전기

발전기 자체에 잔류하는 잔류 기전력에 의해 계자 권선에 전류를 흘려 여자시키는 방식의 발전기로 분권 발전기, 직권 발전기, 복권 발전기(내분권, 외분권)이 있다.

(1) 분권 발전기

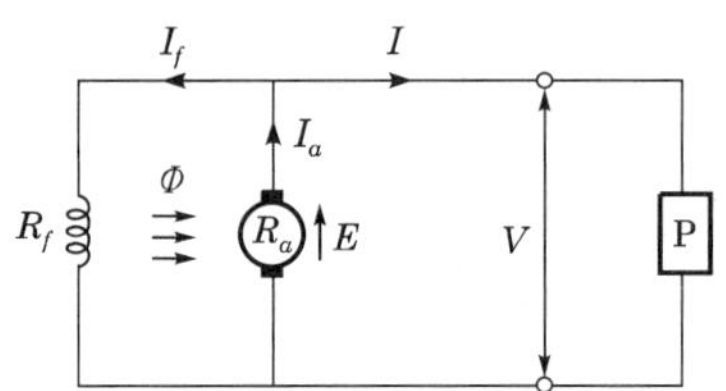

여기서, R_f : 계자 저항, R_a : 전기자 저항, I_f : 계자 전류, I_a : 전기자 전류
I : 부하 전류, E : 기전력, V : 단자 전압

① 정상 상태(부하 존재)

㉠ 전기자 전류 : $I_a = I + I_f$

㉡ 단자 전압 : $V = I_f R_f$

㉢ 기전력 : $E = I_f R_f + I_a R_a$

② 무부하 상태

부하 전류 $I = 0 \rightarrow I_a = I_f$

∴ 무부하 운전 금지(계자 권선의 소손 발생 우려 때문)

③ 무부하 특성 곡선

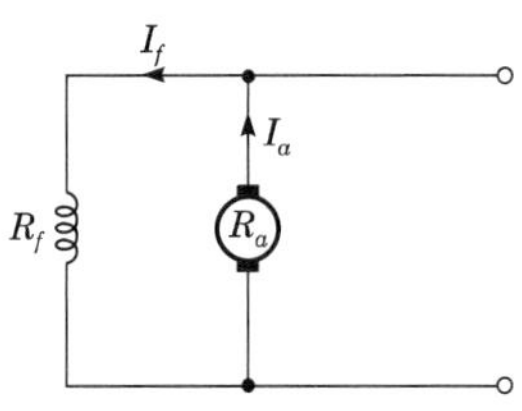

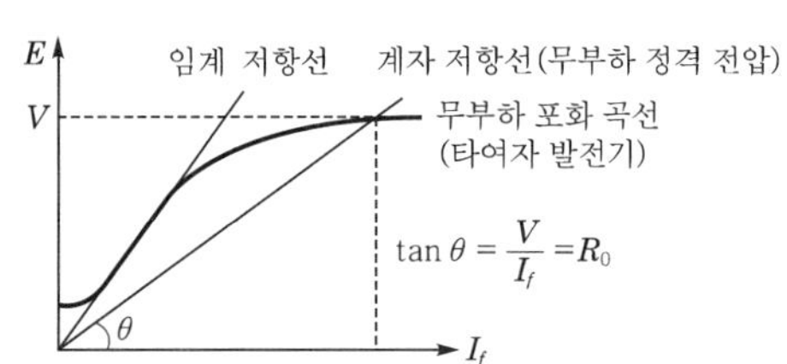

분권 발전기
㉠ $I_a = I + I_f$[A]
㉡ $V = I_f R_f$[V]
㉢ $E = V + I_a R_a$[V]

④ **전압 확립 조건** : 잔류 자기에 의한 기전력 발생으로 계자 전류가 증가하여 단자 전압이 상승, 정격 전압이 확립되기 위한 조건

㉠ 반드시 잔류 자기가 존재할 것

㉡ 계자 저항이 임계 저항보다 적을 것

㉢ 잔류 자속과 계자 전류에 의한 발생 자속 방향은 반드시 같을 것(잔류 자기 소멸 방지를 위해 전기자의 역회전을 금지한다)

전압 확립 조건
㉠ 잔류 자기 존재
㉡ 계자 저항이 임계 저항보다 작을 것
㉢ 역회전 금지(잔류 자기가 소멸되기 때문)

⑤ **외부 특성 곡선** : 분권 발전기는 서서히 부하가 증가하여 지나친 과부하가

발생하거나 서서히 부하 저항이 감소하여 단락 상태로 변할 경우 오히려 계자 전류가 감소하여 기전력이 감소하므로 결국 소전류가 발생하는 특성을 가진다.

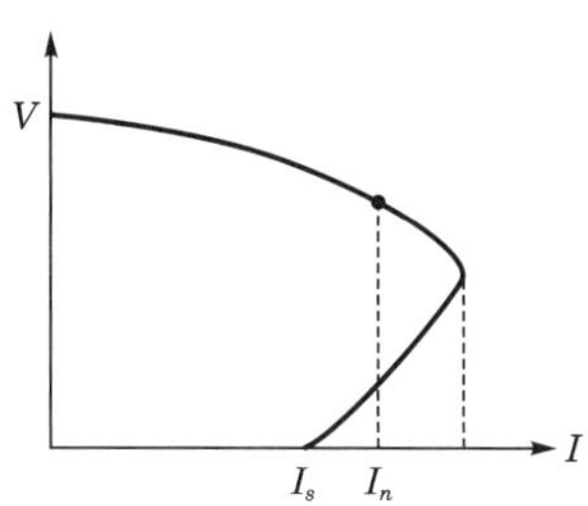

㉠ 부하↑(과부하)→I↑→I_f↓→Φ↓→E↓→V↓→I_s↓(소전류)
㉡ 서서히 단락 상태 : I_f↓→E↓→V↓→I_s (소전류)

(2) 직권 발전기

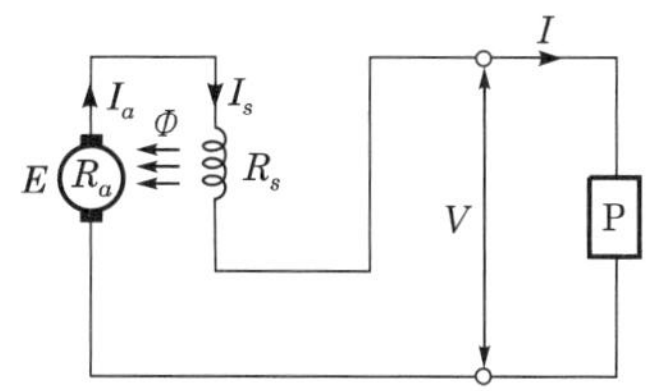

여기서, R_s : 계자 저항, R_a : 전기자 저항, I_s : 계자 전류, I_a : 전기자 전류
I : 부하 전류, E : 기전력, V : 단자 전압

① 정상 상태(부하 존재의 경우)
㉠ 전기자 전류 : $I_a = I_s = I$
㉡ 기전력 : $E = V + I_a R_a + I_a R_s = V + I_a(R_a + R_s)$
㉢ 단자 전압 : $V = E - I_a(R_a + R_s)$

② 무부하 상태(발전 불능)
부하 전류 $I=0 \to I_s = 0 \to E = 0$
∴ 무부하 포화 곡선은 존재하지 않는다.

(3) 복권 발전기

분권 발전기와 직권 발전기가 혼합된 형태의 발전기로 그 구조 특성에 따라 내분권과 외분권으로 분류할 수 있으며, 분권 계자 권선에서 발생한 자속에 대해 직권 계자 권선에서 발생한 자속이 같은 방향인가, 반대 방향인가에 따라 가동 복권과 차동 복권으로 분류할 수 있다.

직권 발전기
㉠ $I_a = I_s = I$[A]
㉡ $E = V + I(R_a + R_s)$[V]

전압 확립 조건
㉠ 잔류 자기 존재
㉡ 부하 운전(무부하 운전 시 발전 불능)

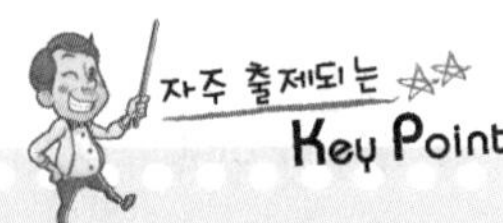

① **내분권** : 직권 계자 권선이 인출되기 전에 그 안쪽에서 분권 계자 권선이 접속되는 구조의 것

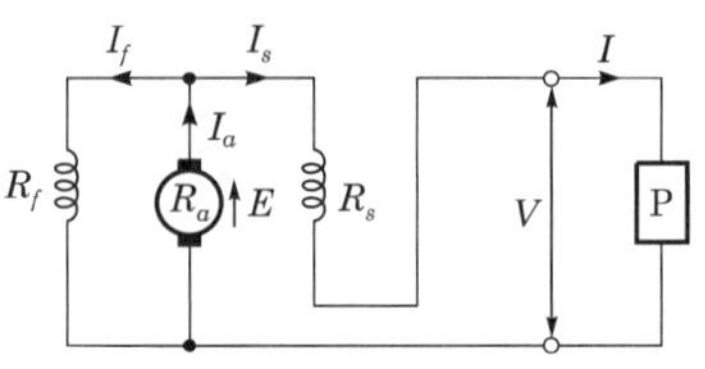

㉠ 전기자 전류 : $I_a = I_f + I_s (= I)$

㉡ 기전력 : $E = V + I_a R_a + I_s R_s$

② **외분권** : 직권 계자 권선을 먼저 구성한 후 그 바깥쪽에서 분권 계자 권선이 접속되는 구조의 것

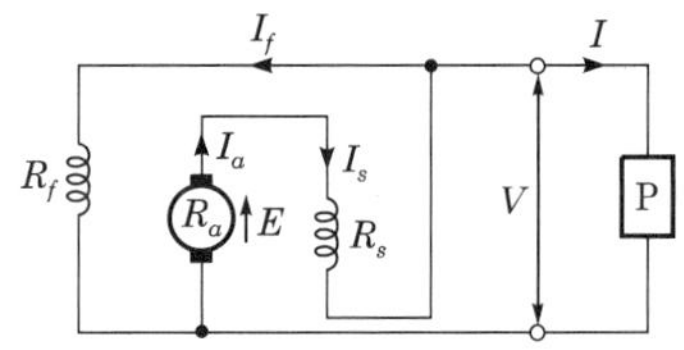

㉠ 전기자 전류 : $I_a (= I_s) = I_f + I$

㉡ 기전력 : $E = V + I_a (R_a + R_s)$

③ **복권 발전기의 외부 특성**

㉠ 가동 복권 발전기 : 직권 계자 권선에 의한 자속과 분권 계자 권선에 의한 자속이 서로 합해져서 전체 유도 기전력을 증가시키는 발전기

- 과복권 : 전부하 전압(V_n)>무부하 전압(V_0)
- 평복권 : 전부하 전압(V_n)=무부하 전압(V_0)
- 부족 복권 : 전부하 전압(V_n)<무부하 전압(V_0)

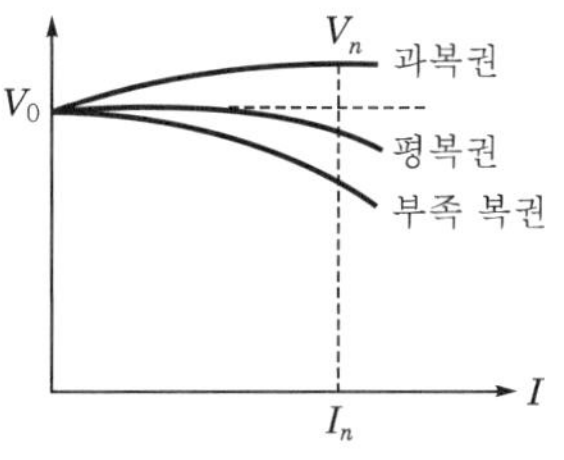

㉡ 차동 복권 발전기 : 분권 계자의 기자력을 직권 계자의 기자력으로 감소시켜 전체 유도 기전력을 감소시키는 발전기

- 수하 특성 : 부하 증가 시 단자 전압이 현저하게 강하되면서 부하 전류가 급격히 감소되어 전류가 일정해지는 정전류 특성
- 용접용 발전기 : 차동 복권 발전기
- 용접용 변압기 : 누설 변압기

복권 발전기의 유기 기전력
$E = V + I_a (R_a + R_s)$
$I_a = I_f + I$

가동 복권 발전기의 특성
㉠ 과복권 : $V_n > V_0$
㉡ 평복권 : $V_n = V_0$
㉢ 부족 복권 : $V_n < V_0$

차동 복권 발전기의 특성
㉠ 수하 특성(정전류 특성)
㉡ 용접용 발전기

자주 출제되는 Key Point

05 직류 발전기의 특성

1 전압 변동률

$$\varepsilon = \frac{\text{무부하 전압} - \text{정격 전압}}{\text{정격 전압}} \times 100[\%] = \frac{V_0 - V_n}{V_n} \times 100[\%]$$

① $\varepsilon(+)$: 타여자 발전기, 분권 발전기, 부족 복권 발전기

② $\varepsilon(0)$: 평복권 발전기

③ $\varepsilon(-)$: 과복권 발전기, 직권 발전기

복권 발전기의 특성 및 전동기 이용 특성

- 복권 발전기를 분권 발전기로 사용 : 직권 계자 권선을 단락시킨다.
- 복권 발전기를 직권 발전기로 사용 : 분권 계자 권선을 개방시킨다.
- 가동 복권 발전기를 전동기로 사용 : 차동 복권 전동기로 된다.
- 차동 복권 발전기를 전동기로 사용 : 가동 복권 전동기로 된다.

2 직류 발전기의 병렬 운전 조건

발전기 1대를 운전하여 부하에 대응할 수 없을 경우 또 다른 발전기를 병렬로 운전하여 부하에 대응할 목적으로 실시하면서 그 병렬 운전 시 조건은 다음과 같다.

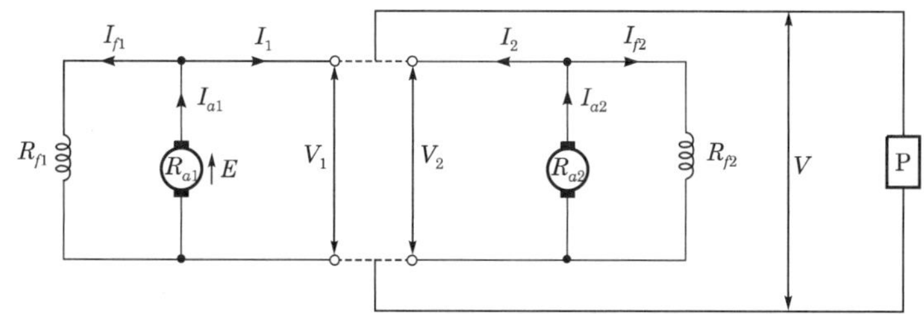

① 극성이 같을 것

② 단자 전압이 같을 것

③ 용량은 임의의 값이고 %부하 전류$\left(\%I = \frac{I}{P} \times 100[\%]\right)$가 일치할 것

④ 부하 분담 : 계자 저항(R_f)을 이용하여 조정한다.

㉠ $R_f \uparrow \rightarrow I_f \downarrow \rightarrow \Phi \downarrow \rightarrow E \downarrow \rightarrow I \downarrow$ (부하 분담 감소)

㉡ $R_f \downarrow \rightarrow I_f \uparrow \rightarrow \Phi \uparrow \rightarrow E \uparrow \rightarrow I \uparrow$ (부하 분담 증가)

전압 변동률

㉠ $\varepsilon = \frac{V_0 - V_n}{V_n} \times 100[\%]$

㉡ $\varepsilon(0)$: 평복권 발전기

㉢ $\varepsilon(-)$: 과복권 발전기, 직권 발전기

복권 발전기의 변환 특성

㉠ 분권 발전기 : 직권 계자 권선을 단락시킨다.

㉡ 직권 발전기 : 분권 계자 권선을 개방시킨다.

병렬 운전 조건

㉠ 극성

㉡ 단자 전압

㉢ 부하 전류 분담은 용량에 비례할 것

㉣ 외부 특성 곡선이 약간 수하 특성일 것

직권·과복권 발전기의 병렬 운전 조건
균압 모선(안정 운전)

⑤ 외부 특성이 약간의 수하 특성(부하 증가 시 단자 전압이 감소하는 특성)일 것
㉠ 분권 발전기, 복권 발전기 : 스스로 가진다.
㉡ 직권 발전기, 과복권 발전기 : 균압 모선 연결(발전기의 안정 운전 목적)

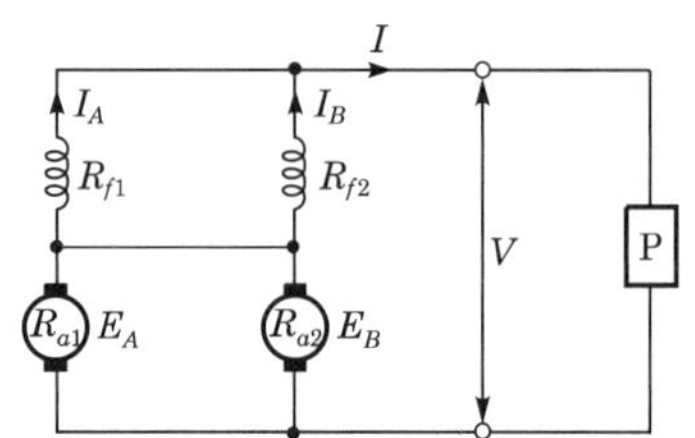

06 직류 전동기 원리 및 이론

전동기는 전기적인 에너지를 입력으로 가하여 기계적인 에너지인 회전력(토크)을 발생하는 회전기이다.

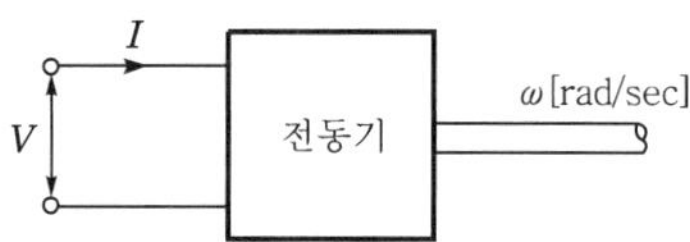

전동기의 에너지 변환 관계 VI(전기적 입력)$=\omega\tau$(기계적 출력)이다.

1 직류 전동기의 원리(분권 전동기)

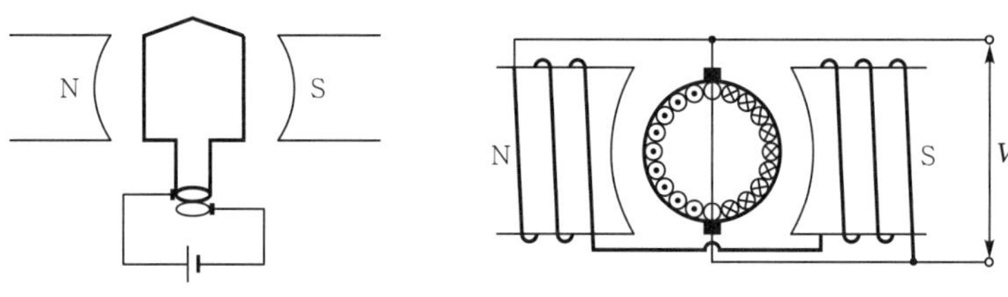

토크 $\tau = F \cdot r$[N·m]

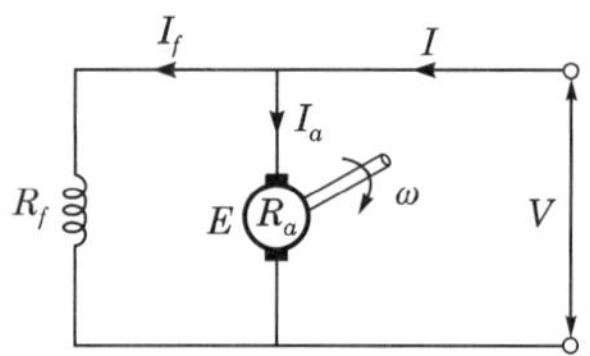

여기서, R_f : 계자 저항, R_a : 전기자 저항, I_f : 계자 전류, I_a : 전기자 전류
I : 부하 전류, E : 역기전력, V : 단자 전압, ω : 각주파수

전기자 전류 $I_a = \frac{V-E}{R_a}$[A]에서 $V = E + I_a R_a$이므로

① **역기전력** : $E = V - I_a R_a$[V]

역기전력식 양변에 전기자 전류 I_a를 곱한 $EI_a = VI - I_a^2 R_a$에서 실제 토크를 발생하는 전기적 출력은 다음과 같다.

VI(전기적 입력) $- I_a^2 R_a$(전기자 동손) $= EI_a$

② **전기적 출력** : $P_0 = EI_a = \omega\tau$

전기적 출력 $EI_a = \omega\tau$에서 토크를 구한다.

③ **토크(τ)**

㉠ $\tau = \frac{EI_a}{\omega} = \frac{\frac{PZ}{60a}\Phi N I_a}{\frac{2\pi N}{60}} = \frac{PZ}{2\pi a}\Phi I_a = K\Phi I_a$ [N·m]

㉡ $\tau = \frac{EI_a}{\omega} = \frac{EI_a}{\frac{2\pi N}{60}} = 9.55\frac{P_0}{N}$ [N·m]

㉢ $\tau = 9.55\frac{P_0}{N} \times \frac{1}{9.8} = 0.975\frac{P_0}{N}$ [kg·m]

1[kg·m] = 9.8[N·m]

④ **출력** : $P = 1.026 N\tau$[W]

직류 전동기의 토크

- 역기전력 : $E = V - I_a R_a$[V]
- 토크 : $\tau = \frac{PZ}{2\pi a}\Phi I_a = K\Phi I_a$[N·m]
- 토크 : $\tau = 9.55\frac{P}{N}$[N·m] $= 0.975\frac{P}{N}$[kg·m]
- 출력 : $P = 1.026 N\tau$[W]

2 직류 전동기의 속도 특성

단자 전압(V)을 일정하게 유지한 상태에서 부하 전류(I)와 회전수(N)와의 관계를 나타낸 것

자주 출제되는 Key Point

직류 전동기 토크

㉠ 역기전력 크기

$E = V - I_a R_a$[V]

㉡ 전기적 출력

$P_0 = EI_a = \omega\tau$

㉢ 토크 크기

$\tau = \frac{PZ}{2\pi a}\Phi I_a$[N·m]

$\tau = 9.55\frac{P_0}{N}$[N·m]

$\tau = 0.975\frac{P_0}{N}$[kg·m]

분권 전동기의 특성

㉠ 속도, 토크 특성

$\tau \propto I \propto \frac{1}{N}$

㉡ 정격 전압 무여자(부족 여자) 특성

$I_f = 0 \rightarrow \Phi = 0 \rightarrow N = \infty$(속도 상승 시 위험 상태)

(1) 분권 전동기

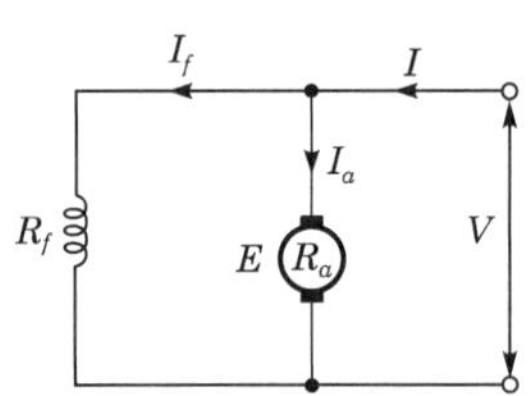

단자 전압 $V = E + I_a R_a$에서 역기전력 $E = V - I_a R_a$이고, $E = K\Phi N$이므로 속도 $N = \frac{E}{K\Phi} = \frac{V - I_a R_a}{K\Phi} = k\frac{V - I_a R_a}{\Phi}$라 할 수 있다.

$$\therefore N = k\frac{V - I_a R_a}{\Phi}\ [\text{rpm}]$$

① 정상 상태(부하 존재) : 전동기 속도는 부하 전류에 반비례한다.

부하↑ → I↑ → I_a↑ → N↓

∴ 전동기 속도는 전류에 반비례한다$\left(N \propto \frac{1}{I}\right)$.

② <u>부족 여자 특성</u>

㉠ 정격 전압 인가 상태에서 계자 회로의 단선 등에 의한 속도 특성

㉡ 계자 회로 단선($I_f = 0$) → $\Phi = 0$ → $N = \infty$(위험 상태)

(2) 직권 전동기

기중기, 전기자동차, 전기철도 등의 높은 속도의 토크 특성을 필요로 하는 곳에 사용된다.

단자 전압 $V = E + I(R_a + R_s)$에서 역기전력 $E = V - I(R_a + R_s)$이고, 역기전력 $E = K\Phi N$에서 속도 $N = \frac{E}{K\Phi} = \frac{V - I(R_a + R_s)}{K\Phi} = k\frac{V - I(R_a + R_s)}{\Phi}$라 할 수 있다. 또한 자속 $\Phi \propto I$, $V \gg I(R_a + R_s)$인 관계가 성립하므로 직권 전동기 속도 식을 다음과 같이 변형할 수 있다.

$$N = k\frac{V - I(R_a + R_s)}{\Phi}\bigg|_{\Phi \propto I} = k'\frac{V - I(R_a + R_s)}{I}\ [\text{rpm}]$$

$$= k''\frac{V}{I}\ \bigg|\ V \gg I(R_a + R_s)$$

여기서, R_f : 계자 저항, R_a : 전기자 저항, I_s : 계자 전류, I_a : 전기자 전류
I : 부하 전류, E : 역기전력, V : 단자 전압

① 정상 상태(부하 존재) : 전동기 속도는 부하 전류에 반비례한다.

부하↑ → I↑ → N↓ ∴ $N \propto \dfrac{1}{I}$

② 정격 전압, 무부하 상태에서의 속도 특성

$I = I_s = I_a = 0 \rightarrow \Phi = 0 \rightarrow N = \infty$ (위험 상태)

∴ 벨트 운전 금지(톱니바퀴나 체인 운전)

자주 출제되는 Key Point

직권 전동기

㉠ 속도, 토크 특성

$\tau \propto I^2 \propto \dfrac{1}{N^2}$

㉡ 정격 전압 무부하 특성

$I = 0 \rightarrow \Phi = 0 \rightarrow N = \infty$(위험 상태)

㉢ 벨트 운전 금지

깐깐 정리 **직류 전동기의 속도 특성 비교**

직류 전동기의 부하 전류에 대한 속도 특성을 비교한 것으로 일반적인 전동기는 부하 전류와 속도가 반비례하는 특성을 갖는데 그 특성 비교는 다음과 같다.

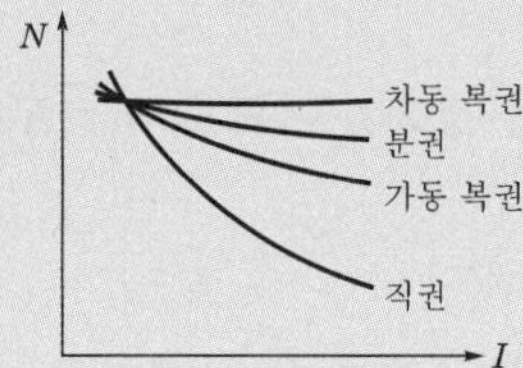

- 속도 변동이 가장 작은 전동기 : 타여자 전동기(정속도 전동기)
- 속도 변동이 가장 큰 전동기 : 직권 전동기

직류 전동기 속도의 특성

㉠ 변동이 가장 큰 것 : 직권 전동기

㉡ 변동이 가장 작은 것 : 타여자 전동기, 분권 전동기

3 직류 전동기의 토크 특성

단자 전압(V)을 일정하게 유지한 상태에서 부하 전류(I)와 전동기 발생 토크(τ)와의 관계를 나타낸 것이다.

(1) 분권 전동기

전동기 계자 저항은 일정하므로 단자 전압이 일정하면 $V = I_f R_f$에서 계자 전류도 일정하므로 자속 Φ도 일정하다.

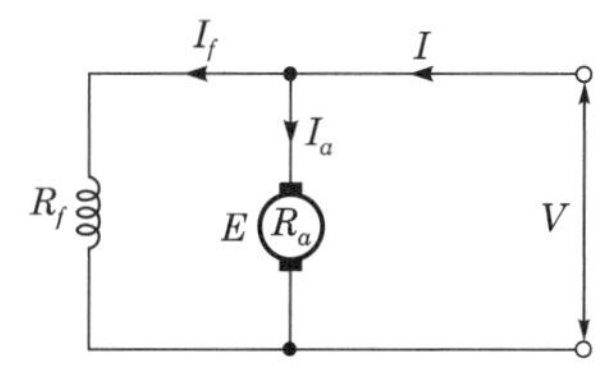

$\tau = K\Phi I_a$ [N·m]에서 자속 Φ가 일정하면 $\tau \propto I_a \ (I_a \fallingdotseq I)$ 관계가 성립한다.

① $\tau \propto I$, $\tau \propto \dfrac{1}{N}\left(\because I \propto \dfrac{1}{N}\right)$

② 토크는 부하 전류에 비례하고, 속도에는 반비례한다.

(2) 직권 전동기

전동기 전류 특성이 $I_a = I_s = I$이고, 직권 계자 권선에서 발생하는 자속 $\Phi \propto I_a$하게 된다.

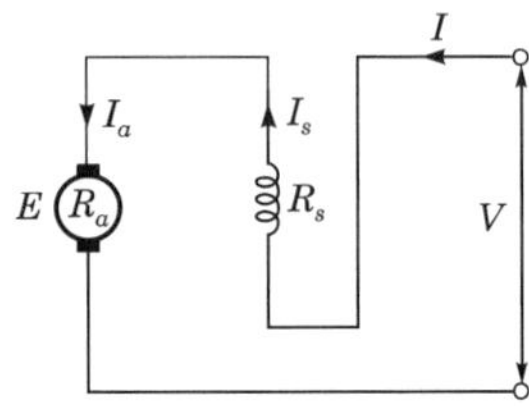

$\tau = K\Phi I_a$[N·m]에서 $\Phi \propto I_a$이므로 $\tau = KI_a^{\,2} = KI^2$ 관계가 성립한다.

① $\tau \propto I^2$, $\tau \propto \dfrac{1}{N^2}\left(\because\ I^2 \propto \dfrac{1}{N^2}\right)$

② 토크는 부하 전류 제곱에 비례하고, 속도 제곱에 반비례한다.

분권 전동기
$\tau \propto I \propto \dfrac{1}{N}$

직권 전동기
$\tau \propto I^2 \propto \dfrac{1}{N^2}$

직류 전동기 속도, 토크 특성

- 분권 전동기 : $\tau \propto I \propto \dfrac{1}{N}$
  토크는 부하 전류에 비례하고, 속도에는 반비례한다.
- 직권 전동기 : $\tau \propto I^2 \propto \dfrac{1}{N^2}$
  토크는 부하 전류 제곱에 비례하고, 속도 제곱에 반비례한다.

(3) 직류 전동기의 토크 특성 비교

직류 전동기의 부하 전류에 대한 토크 특성을 비교한 것으로 일반적인 전동기는 부하 전류가 증가하면 토크도 증가하는 특성을 갖는데 그 특성 비교는 다음과 같다.

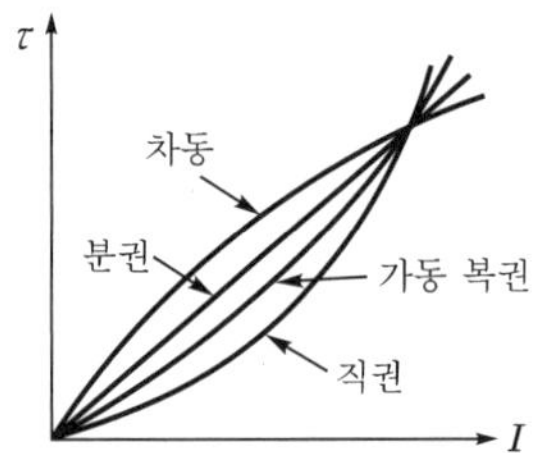

자주 출제되는 Key Point

07 직류 전동기의 운전

1 직류 전동기의 기동

전동기를 제작하면 계자 저항이나 전기자 저항은 불변이므로 실제 전동기에서 기동 시 기동 토크를 크게 하고, 기동 전류를 제한하기 위해서는 가변 저항인 계자 저항기나 기동 저항기를 계자 회로나 전기자 회로에 직렬로 삽입하여 사용한다.

직류 전동기 기동 원칙
㉠ 기동 토크 증가 : 계자 저항기 저항 0
㉡ 기동 전류 감소 : 기동 저항기 조정

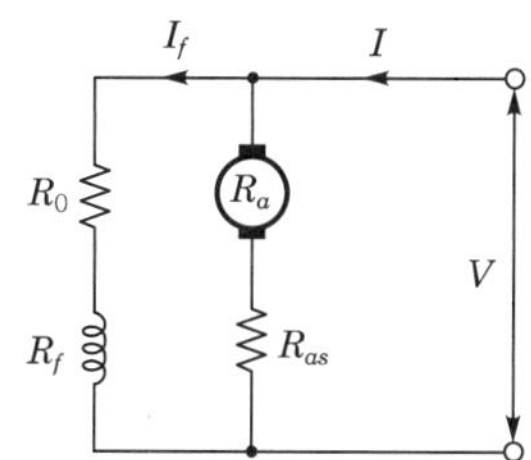

① 기동 시 기동 토크를 충분히 크게 할 것
  ㉠ 계자 저항기(R_0)를 최소 위치인 0에 놓고 전동기를 기동시킨다.
  ㉡ R_0 최소 → I_f 최대 → Φ 최대 → τ 최대

② 기동 전류의 크기를 정격 전류의 1.5~2배 이내로 제한할 것
  전기자 전류를 제한하기 위한 기동 저항기(SR : 가변 저항기)를 최대의 위치에 둔다. → 서서히 감소한다. → 기동 전류의 크기를 정격 전류의 1.5~2배 이내로 제한한다.
  ㉠ 전기자 저항 R_a에 직렬로 가변 저항인 기동 저항기 R_{as}을 삽입하여 조정한다.
  ㉡ $I_s = \dfrac{V}{R_a + R_{as}}$, $I_s = (1.5 \sim 2)I_n$

2 직류 전동기의 속도 제어

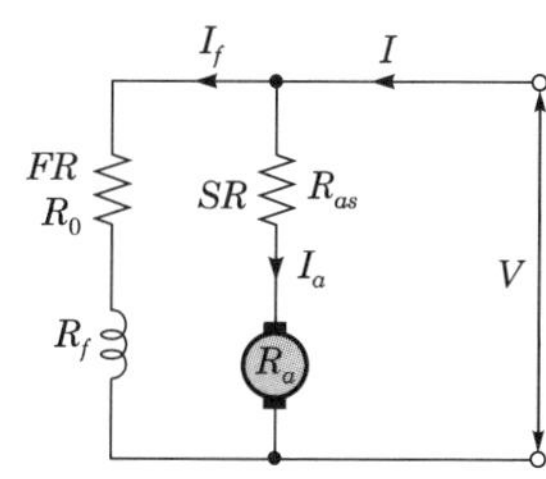

$$\text{전동기 속도 } N = k\frac{V - I_a R_a}{\Phi} \text{ [rpm]}$$

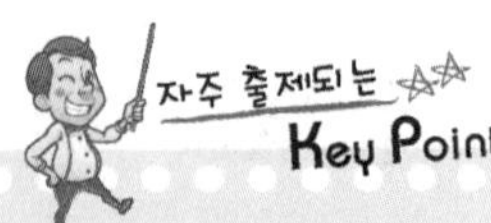

직류 전동기 속도 제어

㉠ $N=k\frac{V-I_aR_a}{\Phi}$[rpm]

㉡ 계자 저항∝속도

㉢ 전압 제어
- 정토크 제어
- 워드 레오나드 방식, 일그너 방식

㉣ 계자 제어 : 정출력 제어

㉤ 저항 제어

(1) 전압 제어

단자 전압 V를 조정(정토크 제어)하는 속도를 제어하는 것

$$\tau=9.55\frac{EI_a}{N}[\text{N}\cdot\text{m}]=0.975\frac{EI_a}{N}[\text{kg}\cdot\text{m}]\ (E\propto N)$$

① **워드 레오나드 방식** : 타여자 발전기(3상 유도 전동기) 출력 전압을 이용하는 방식이다.
  ㉠ 광범위한 속도 조정(1 : 20)이 가능하다.
  ㉡ 효율이 좋다.

② **일그너 방식** : 플라이 휠(fly-wheel) 효과 이용, 부하 변동이 심한 경우(제철용 압연기) 채용한다.

③ **직·병렬 제어 방식** : 직권 전동기에서 전동기 2대가 동일한 정격일 경우 이것을 직렬, 병렬로 설치하면 전동기 1대에 가해지는 전압이 1 : 2로 변화하기 때문에 속도를 2단으로 제어할 수 있는 방식이다.

④ **초퍼 제어 방식** : 직류 초퍼를 이용하는 방식이다.

(2) 계자 제어

① 자속 Φ를 조정하여 속도를 제어하는 것

② 제어 범위(1 : 3)가 좁은 <u>정출력 제어</u> 방식

(3) 저항 제어

① 가변 저항 R_{as}를 조정하여 속도를 제어하는 것

② 효율이 불량

3 직류 전동기의 역회전

직류 전동기 역회전
계자 회로, 전기자 회로 중에서 어느 한 회로의 극성을 반대로 한다.

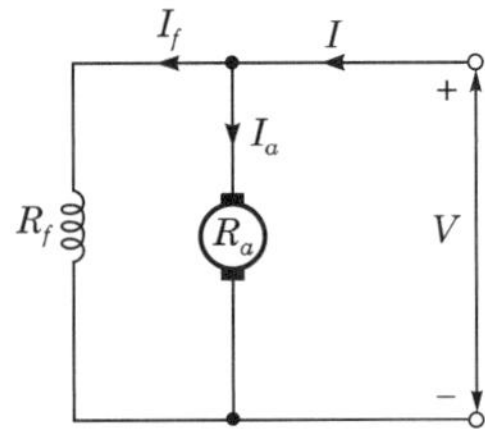

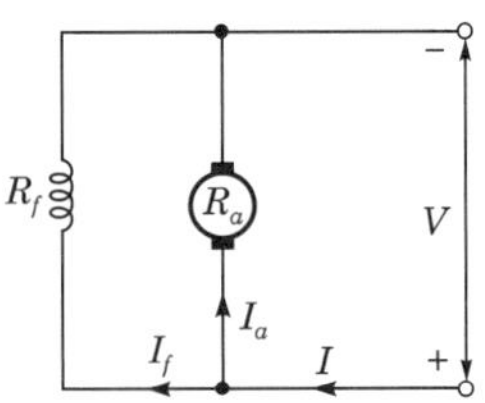

$$\tau=K(-\Phi)(-I_a)=K\Phi I_a[\text{N}\cdot\text{m}]$$

직류 전동기를 역회전시키기 위해 계자 권선과 전기자 권선의 극성(전류 방향)을 동시에 접속 변경하면 전동기의 회전 방향은 변하지 않는다. 따라서 직류 전동기의 역회전은 계자 권선이나 전기자 권선 중 어느 한 권선에 대한 극성(전류 방향)만 반대 방향으로 접속 변경한다. 주로 전기자 권선의 극성을 반대로 하여 회전 방향을 바꾼다.

4 직류 전동기의 제동

(1) 역전 제동

전기자 회로의 극성을 반대로 접속하여 그때 발생하는 역토크를 이용하여 전동기를 급제동시키는 방식(전동기 급제동 목적)

(2) 발전 제동

전동기 전기자 회로를 전원에서 차단하는 동시에 계속적으로 회전하고 있는 전동기를 발전기로 동작시켜 이때 발생되는 전기자의 역기전력을 전기자에 병렬 접속된 외부 저항에서 열로 소비하여 제동하는 방식

(3) 회생 제동

전동기의 전원을 접속한 상태에서 전동기에 유기되는 역기전력을 전원 전압보다 크게 하여 이때 발생하는 전력을 전원측에 반환하여 제동하는 방식(전기기관차)

자주 출제되는 Key Point

직류 전동기 제동
㉠ 역전 제동 : 전동기 급제동에 사용
㉡ 회생 제동 : 전기철도 전기기관차 제동에 사용

08 직류기의 손실과 효율

1 직류기의 손실

(1) 고정손(무부하손) : 부하에 관계없이 항상 일정한 손실

① 철손(P_i) : 전기자 철심 안에서 자속이 변화할 때 철심부에서 발생하는 손실

㉠ 히스테리시스손 : $P_h \propto f B_m^{\ 2}$

㉡ 와류손 : $P_e \propto t^2 f^2 B_m^{\ 2}$

② 기계손(P_m) : 기계의 속도가 일정하면 부하 전류에 관계없이 일정한 손실

㉠ 마찰손 : 베어링 및 브러시의 접촉부에서 발생하는 손실

㉡ 풍손 : 전기자의 회전에 따라 주변 공기와의 마찰로 인해 발생하는 손실

직류기 손실
㉠ 무부하손 : 철손, 기계손
㉡ 부하손 : 동손, 표유 부하손

(2) **가변손(부하손)** : 부하의 크기에 따라 변화하는 손실

① 동손(P_c) : 전류 제곱에 비례하는 특성

㉠ 전기자 권선 동손 : $P_a = I_a^{\,2} R_a$

㉡ 계자 권선 동손 : $P_f = I_f^{\,2} R_f$

② 표유 부하손(P_s) : 누설 전류에 의해 발생하는 손실로 측정은 가능하나 계산에 의하여 구할 수 없는 손실

2 직류기의 효율

(1) 실측 효율

$$\eta = \frac{출력}{입력} \times 100[\%]$$

직류기 효율

㉠ $\eta_G = \frac{출력}{출력+손실} \times 100[\%]$

㉡ $\eta_m = \frac{입력-손실}{입력} \times 100[\%]$

(2) 규약 효율

전기적 에너지 기준으로 한 손실로 발전기는 전기적 에너지가 출력이므로 출력을 통해 효율을 표현하지만, 전동기는 전기적 에너지가 입력이므로 입력을 통해 효율을 표현한다.

① 발전기 : $\eta_G = \frac{출력}{출력+손실} \times 100\,[\%]$

② 전동기 : $\eta_m = \frac{입력-손실}{입력} \times 100\,[\%]$

(3) 최대 효율 조건

고정손＝가변손

3 전압 변동률과 속도 변동률

(1) 전압 변동률

변동률

$= \frac{무부하-정격}{정격} \times 100[\%]$

발전기 등에서 정격 속도, 정격 전류 및 정격 출력으로 운전하고, 속도를 일정하게 유지하면서 정격 부하에서 무부하로 하였을 때 전압이 변동하는 비율

$$\varepsilon = \frac{V_0 - V_n}{V_n} \times 100[\%]$$

여기서, V_0 : 무부하 전압, V_n : 정격 전압

(2) 속도 변동률

전동기 등에서 부하를 증가시키면 일반적으로 회전수가 떨어지는데 그 떨어지는 속도 변동의 정도를 나타내는 백분율비

$$\delta = \frac{N_0 - N_n}{N_n} \times 100[\%]$$

여기서, N_0 : 무부하 회전수, N_n : 전부하 회전수

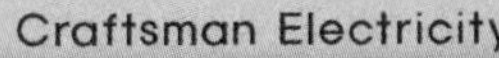

자주 출제되는 기출 문제

플레밍의 오른손 법칙
발전기의 유도 기전력 방향

플레밍의 왼손 법칙
전동기의 전지력 방향

렌츠의 법칙
전자 유도 현상에 의한 기전력의 방향

전자 유도 법칙

$e=-N\frac{d\Phi}{dt}$[V]

㉠ 크기 : 패러데이의 법칙
㉡ 방향 : 렌츠의 법칙

★

01 전류에 의한 자기장의 방향을 결정하는 법칙은? 07년 출제

① 앙페르의 오른나사 법칙 ② 플레밍의 오른손 법칙
③ 플레밍의 왼손 법칙 ④ 렌츠의 법칙

해설
- 앙페르의 오른나사 법칙 : 전류에 의한 자기장의 방향
- 플레밍의 오른손 법칙 : 발선기에서 기선력(전류)의 방향
- 플레밍의 왼손 법칙 : 전동기에서 전자력의 방향
- 렌츠의 법칙 : 전자 유도에 의한 기전력 방향

02 "전자 유도에 의하여 어떤 회로에 생긴 기전력은 이 회로와 쇄교하는 자속의 증가 또는 감소하는 정도에 비례한다."라는 것은 무슨 법칙인가?

① 옴의 법칙 ② 줄의 법칙
③ 패러데이의 법칙 ④ 렌츠의 법칙

해설 패러데이의 법칙 : 전자 유도 현상에 의한 유도 기전력의 크기를 정의한 법칙으로 유도 기전력의 크기는 코일과 쇄교하는 자속 Φ의 변화율에 비례한다.

$e=N\frac{d\Phi}{dt}$[V]

★★

03 "유도 기전력은 자신의 발생 원인이 되는 자속의 변화를 방해하려는 방향으로 발생한다." 이것을 유도 기전력에 관한 무슨 법칙이라 하는가? 06년/08년 출제

① 옴(Ohm)의 법칙 ② 렌츠(Lenz)의 법칙
③ 쿨롱(Coulomb)의 법칙 ④ 앙페르(Ampere)의 법칙

해설 렌츠의 법칙 : 유도 기전력의 방향은 자속 Φ의 증가 또는 감소를 방해하는 방향으로 발생한다.

플레밍의 오른손 법칙
㉠ 교류 발전기 +, − 의미
㉡ 엄지 : 도체 운동 방향
㉢ 검지 : 자장의 방향
㉣ 중지 : 기전력의 방향

★★

04 플레밍(Fleming)의 오른손 법칙에 따르는 기전력이 발생하는 기기는? 07년/08년 출제

① 교류 발전기 ② 교류 전동기
③ 교류 정류기 ④ 교류 용접기

해설 플레밍의 오른손 법칙 : 교류 발전기에서 전기자 도체가 회전할 때 발생하는 기전력의 방향(+, −)을 알 수 있다.

정답 01.① 02.③ 03.② 04.①

출제분석 Advice

05 전동기의 회전 방향을 알기 위한 법칙은?

① 플레밍의 오른손 법칙　② 플레밍의 왼손 법칙
③ 렌츠의 법칙　④ 앙페르의 오른나사 법칙

해설 플레밍의 왼손 법칙 : 전동기에서 자장 안에 있는 도체에 전류가 흐를 때 전자력의 발생 방향을 알 수 있다.

★★
06 직류기의 주요 구성 3요소가 아닌 것은?

06년/14년 출제

① 전기자　② 정류자
③ 계자　④ 보극

해설 직류기의 3대 요소는 전기자, 계자, 정류자이다.

직류기의 3대 요소
㉠ 계자 : 자속 발생
㉡ 전기자 : 기전력 발생
㉢ 정류자 : 전기자 발생, 교류를 직류로 변환

★★
07 철심에 권선을 감고 전류를 흘려서 공극(air gap)에 필요한 자속을 만드는 것은?

08년/14년 출제

① 정류자　② 계자
③ 회전자　④ 전기자

해설
- 계자 : 철심에 권선을 감고 전류를 흘려 자속을 만드는 것
- 전기자 : 계자에서 발생된 자속을 끊어 기전력을 유기시키는 것
- 정류자 : 교류를 직류로 바꾸어 주는 것

★
08 직류 발전기에서 계자의 주된 역할은?

14년 출제

① 기전력을 유도한다.　② 자속을 만든다.
③ 정류 작용을 한다.　④ 정류자면에 접촉한다.

해설
- 계자 : 철심에 권선을 감고 전류를 흘려 자속을 만드는 것
- 전기자 : 계자에서 발생된 자속을 끊어 기전력을 유기시키는 것
- 정류자 : 교류를 직류로 바꾸어 주는 것

★
09 직류 발전기 전기자의 주된 역할은?

13년 출제

① 기전력을 유도한다.　② 자속을 만든다.
③ 정류 작용을 한다.　④ 회전자와 외부 회로를 접속한다.

해설
- 계자 : 철심에 권선을 감고 전류를 흘려 자속을 만드는 것
- 전기자 : 계자에서 발생된 자속을 끊어 기전력을 유기시키는 것
- 정류자 : 교류를 직류로 바꾸어 주는 것
- 브러시 : 정류자에 접촉하여 직류 기전력을 외부로 인출하는 것

직류 발전기의 전기자
㉠ 전기자 철심, 전기자 권선
㉡ 자속을 끊어 기전력 발생

05.② 06.④ 07.② 08.② 09.①

직류 발전기의 전기자
㉠ 전기자 철심, 전기자 권선
㉡ 기전력 발생

10 직류 발전기 전기자의 구성으로 옳은 것은? 12년 출제

① 전기자 철심, 정류자　② 전기자 권선, 전기자 철심
③ 전기자 권선, 계자　④ 전기자 철심, 브러시

해설 직류 발전기 전기자 구성
- 전기자 철심 : 슬롯을 구성하는 철심
- 전기자 권선 : 자속을 끊어 기전력 발생

전기자 철심의 특성
㉠ 규소 강판 성층 사용 : 철손 감소
㉡ 규소 사용 : 히스테리시스손 감소
㉢ 성층 사용 : 와류손 감소

11 전기 기기의 철심 재료로 규소 강판을 많이 사용하는 이유로 가장 적당한 것은? 13년 출제

① 와류손을 줄이기 위해　② 맴돌이 전류를 없애기 위해
③ 히스테리시스손을 줄이기 위해　④ 구리손을 줄이기 위해

해설
- 규소 강판 성층 사용 : 철손 감소
- 규소 함유 이유 : 히스테리시스손 감소
- 성층 사용 이유 : 와류손 감소

12 전기 기계의 철심을 성층하는 가장 적절한 이유는? 10년/12년 출제

① 기계손을 적게 하기 위하여
② 표유 부하손을 적게 하기 위하여
③ 히스테리시스손을 적게 하기 위하여
④ 와류손을 적게 하기 위하여

해설
- 규소 강판 성층 사용 : 철손 감소
- 규소 함유 이유 : 히스테리시스손 감소
- 성층 사용 이유 : 와류손 감소

13 전기 기계에 있어 와전류손(eddy current loss)을 감소시키기 위한 적합한 방법은? 14년 출제

① 규소 강판에 성층 철심을 사용한다.
② 보상 권선을 설치한다.
③ 교류 전원을 사용한다.
④ 냉각 압연한다.

해설
- 규소 강판 성층 사용 : 철손 감소
- 규소 함유 이유 : 히스테리시스손 감소
- 성층 사용 이유 : 와류손 감소

정답 10.② 11.③ 12.④ 13.①

★★
14 직류 발전기의 철심을 규소 강판으로 성층하여 사용하는 주된 이유는? 11년/14년 출제

① 브러시에서의 불꽃 방지 및 정류 개선
② 맴돌이 전류손과 히스테리시스손의 감소
③ 전기자 반작용의 감소
④ 기계적 강도 개선

해설 • 규소 강판 함유 이유 : 히스테리시스손 감소
• 성층 사용 이유 : 맴돌이 전류손 및 와류손 감소

출제분석 Advice
전기자 철심의 특성
㉠ 규소 강판 성층 사용 : 철손 감소
㉡ 규소 사용 : 히스테리시스손 감소
㉢ 성층 사용 : 와류손 감소

★
15 직류 발전기에서 브러시와 접촉하여 전기자 권선에 유도되는 교류 기전력을 정류해서 직류로 만드는 부분은? 12년 출제

① 계자 ② 정류자
③ 슬립링 ④ 전기자

해설 직류 발전기의 구조
• 계자 : 자속을 발생시키는 부분
• 전기자 : 자속을 끊어 기전력을 발생시키는 부분
• 정류자 : 전기자에서 발생한 교류 기전력을 직류로 바꾸어 주는 부분

직류 발전기의 구조
㉠ 계자 : 자속 발생
㉡ 전기자 : 기전력 발생
㉢ 정류자 : 교류를 직류로 변환
㉣ 브러시 : 기전력 외부 인출

★★
16 직류기에서 브러시의 역할은? 08년/09년 출제

① 기전력 유도 ② 자속 생성
③ 정류 작용 ④ 전기자 권선과 외부 회로 접속

해설 브러시 : 전기자에서 발생한 교류 기전력을 직류로 변환시키는 정류자에 접촉하여 직류 기전력을 외부로 인출하는 것

브러시
㉠ 기전력 외부 인출
㉡ 압력 : 0.1~0.25[kg/cm^2]

★
17 정류자와 접촉하여 전기자 권선과 외부 회로를 연결시켜 주는 것은? 09년 출제

① 전기자 ② 계자
③ 브러시 ④ 공극

해설 브러시 : 전기자에서 발생한 교류 기전력을 직류로 변환시키는 정류자에 접촉하여 직류 기전력을 외부로 인출하는 것

★
18 2극의 직류 발전기에서 코일 변의 유효 길이 l[m], 공극의 평균 자속 밀도 B[Wb/m^2], 주변 속도 v[m/s]일 때 전기자 도체 1개에 유도되는 기전력의 평균값 e[V]은? 14년 출제

① $e = vBl$[V] ② $e = \sin\omega t$[V]
③ $e = 2B\sin\omega t$[V] ④ $e = v^2Bl$[V]

정답 14.② 15.② 16.④ 17.③ 18.①

해설 직류 발전기 유기 기전력

- 도체 1개의 유기 기전력 $e = vBl = \frac{2\pi rN}{60} \times \frac{P\Phi}{2\pi rl} \times l = \frac{P\Phi N}{60}$[V]
- 발전기 전체 유기 기전력 $E = e \times \frac{Z}{a} = \frac{P\Phi N}{60} \times \frac{Z}{a} = \frac{PZ}{60a}\Phi N = K\Phi N$[V]

주변 속도
$v = \frac{\pi DN}{60}$[m/sec]

★
19 전기자 지름 0.2[m]의 직류 발전기가 1.5[kW]의 출력에서 1,800[rpm]으로 회전하고 있을 때 전기자 주변 속도는 약 몇 [m/sec]인가? 11년 출제

① 9.42 ② 18.84
③ 21.43 ④ 42.86

해설 주변 속도 $v = \frac{\pi DN}{60} = \frac{\pi \times 0.2 \times 1{,}800}{60} = 18.84$[m/sec]

★
20 직류 발전기에서 유기 기전력 E를 바르게 나타낸 것은? (단, 자속은 Φ, 회전 속도는 N이다.) 11년 출제

① $E \propto \Phi N$ ② $E \propto \Phi N^2$
③ $E \propto \frac{\Phi}{N}$ ④ $E \propto \frac{N}{\Phi}$

해설 유기 기전력 $E = \frac{PZ}{60a}\Phi N = K\Phi N$[V]이므로
E는 Φ과 N에 비례한다.

유기 기전력
㉠ $E = \frac{PZ}{60a}\Phi N$[V]
- 중권 $a = P$
- 파권 $a = 2$

㉡ $E = K\Phi N$[V]

★
21 10극의 직류 중권 발전기의 전기자 도체수 400, 매극의 자속수 0.02[Wb], 회전수 600[rpm]일 때 기전력은 몇 [V]인가? 07년 출제

① 200 ② 160
③ 100 ④ 80

해설 $E = \frac{PZ}{60a}\Phi N$[V]에서 중권은 $a = P$이므로
$E = \frac{Z}{60}\Phi N = \frac{400}{60} \times 0.02 \times 600 = 80$[V]

★★
22 직류 분권 발전기가 있다. 극수 6, 전기자 도체수 400, 매극 자속수 0.01[Wb], 회전수 600[rpm]일 때 유기 기전력은 몇 [V]인가? (단, 전기자 권선은 파권이다.) 07년/09년 출제

① 120 ② 140
③ 160 ④ 180

정답 19.② 20.① 21.④ 22.①

해설 $E=\dfrac{PZ}{60a}\Phi N=\dfrac{6\times 400}{60\times 2}\times 0.01\times 600=120[V]$ (단, 파권이므로 $a=2$)

23 **단중 중권의 극수가 P인 직류기에서 전기자 병렬 회로수 a는 어떻게 되는가?** 07년 출제

① 극수 P와 무관하게 항상 2가 된다.
② 극수 P와 같게 된다.
③ 극수 P의 2배가 된다.
④ 극수 P의 3배가 된다.

해설 전기자 권선법의 특성
- 중권은 병렬 회로수와 극수, 브러시수가 항상 일치하는 권선법이다.
- 파권은 병렬 회로수와 극수, 브러시수가 항상 2개로 같은 권선법이다.

전기자 권선법
㉠ 고상권, 폐로권, 이층권, 중권, 파권
㉡ 중권 : $a=P=b$
㉢ 파권 : $a=2=b$

24 **8극 파권 직류 발전기의 전기자 권선의 병렬 회로수 a는 얼마로 하고 있는가?** 07년 출제

① 1　② 2
③ 6　④ 8

해설 전기자 권선법의 특성
- 중권은 병렬 회로수와 극수, 브러시수가 항상 일치하는 권선법이다.
- 파권은 병렬 회로수와 극수, 브러시수가 항상 2개로 같은 권선법이다.

25 **다극 중권 직류 발전기의 전기자 권선에 균압 고리를 설치하는 이유는?** 06년 출제

① 브러시에서 불꽃을 방지하기 위하여
② 전기자 반작용을 방지하기 위하여
③ 정류 기전력을 높이기 위하여
④ 전압 강하를 방지하기 위하여

해설 발전기 공극의 불균일에 의한 전압 불평형 발생 시 브러시 부근에서 순환 전류가 흘러 불꽃이 발생하고 정류 불량의 원인이 되는 것을 방지하기 위하여 극수와 같은 각각의 병렬 회로에서 발생한 기전력이 등전위가 되는 점을 저항이 매우 적은 고리형의 도선을 연결하여 순환 전류를 흘리기 위한 균압 고리(균압환)를 설치한다.

26 **직류 발전기에 있어서 전기자 반작용이 생기는 요인이 되는 전류는?** 10년 출제

① 동손에 의한 전류　② 전기자 권선에 의한 전류
③ 계자 권선의 전류　④ 규소 강판에 의한 전류

직류기 전기자의 반작용
㉠ 전기자 전류에 의한 발생 자속이 주자속에 영향을 미치는 현상
㉡ 발생 결과
- 주자속 감소
- 중성축 이동
- 브러시 부근 불꽃 발생 (정류 불량 원인)

정답 23.② 24.② 25.① 26.②

해설 전기자 반작용은 발전기에 부하를 걸고 운전할 때 전기자 권선에 흐르는 전류에 의해서 발생된 자속이 계자에서 발생한 주자속에 대해 좋지 않은 영향을 미치는 것이다.

전기자 반작용 결과
㉠ 주자속 감소
㉡ 중성축 이동
㉢ 브러시 부근 불꽃 발생 (정류 불량 원인)
㉣ 유도 기전력 감소

★
27 직류 발전기의 전기자 반작용의 영향이 아닌 것은? 10년 출제

① 절연 내력의 저하 ② 유도 기전력의 저하
③ 중성축의 이동 ④ 자속의 감소

해설 전기자 반작용의 영향
- 주자속이 감소하여 기전력 감소
- 편자 작용에 의한 중성축의 회전 방향으로의 이동
- 브러시 부근에서의 불꽃 발생으로 인한 정류 불량의 원인 발생

★
28 전기자 반작용이란 전기자 전류에 의해 발생한 기자력이 주자속에 영향을 주는 현상으로 다음 중 전기자 반작용의 영향이 아닌 것은? 12년 출제

① 전기적 중성축 이동에 의한 정류의 악화
② 기전력의 불균일에 의한 정류자편 간 전압의 상승
③ 주자속 감소에 의한 기전력 감소
④ 자기 포화 현상에 의한 자속의 평균치 증가

해설 전기자 반작용의 영향
- 주자속이 감소하여 기전력 감소
- 편자 작용에 의한 중성축의 회전 방향으로 이동
- 브러시 부근에서의 불꽃 발생으로 인한 정류 불량의 원인 발생

★
29 직류 발전기의 전기자 반작용에 의하여 나타나는 현상은? 13년 출제

① 코일이 자극의 중성축에 있을 때도 브러시 사이에 전압을 유기시켜 불꽃을 발생한다.
② 주자속 분포를 찌그러뜨려 중성축을 고정시킨다.
③ 주자속을 감소시켜 유도 전압을 증가시킨다.
④ 직류 전압이 증가한다.

해설 전기자 반작용의 발생 결과
전기자 반작용의 영향은 다음과 같다.
- 주자속이 감소하여 기전력 감소
- 편자 작용에 의한 중성축의 회전 방향으로 이동
- 브러시 부근에서의 불꽃 발생으로 인한 정류 불량의 원인 발생

정답 27.① 28.④ 29.①

전기자 반작용 방지
㉠ 보상 권선 : 전기자 전류와 반대 극성 인가
㉡ 보극 : 자속 밀도 균일

★
30 직류기에서 전기자 반작용을 방지하기 위한 보상 권선의 전류 방향은 어떻게 되는가?

07년 출제

① 전기자 권선의 전류 방향과 같다.
② 전기자 권선의 전류 방향과 반대이다.
③ 계자 권선의 전류 방향과 같다.
④ 계자 권선의 전류 방향과 반대이다.

해설 보상 권선은 전기자 권선에 흐르는 전류에 의해 발생된 자속을 상쇄시키기 위한 권선이므로 전기자 전류와 크기는 같으면서, 반대 방향으로 전류를 흘려주어야 한다.

★★
31 다음 중 직류 발전기의 전기자 반작용을 없애는 방법으로 옳지 않은 것은?

11년/14년 출제

① 보상 권선 설치
② 보극 설치
③ 브러시 위치를 전기적 중성점으로 이동
④ 균압환 설치

해설 전기자 반작용 감소 대책
보상 권선·보극 설치, 브러시 전기적 중성축 이동
※ 균압환 : 전압 불균형 방지

★★★
32 보극이 없는 직류기의 운전 중 중성점의 위치가 변하지 않는 경우는?

출제빈도

07년/08년/11년 출제

① 무부하일 때　② 전부하일 때
③ 중부하일 때　④ 과부하일 때

해설 직류기 운전 중 중성점의 위치가 변하지 않았다는 것은 전기자 반작용이 발생하지 않은 것을 의미하므로 직류기가 무부하 상태로 전기자에 전류가 흐르지 않는 것을 의미한다.

전기자 반작용
㉠ 전기자에 전류가 흘러 발생된 자속이 주자속에 영향을 미치는 현상
㉡ 전기자 반작용 발생 결과
- 주자속 감소
- 중성축 이동
- 브러시 부근 불꽃 발생 (정류 불량 원인)

33 다음은 직류 발전기의 정류 곡선이다. 이 중에서 정류 말기에 정류의 상태가 좋지 않은 것은?

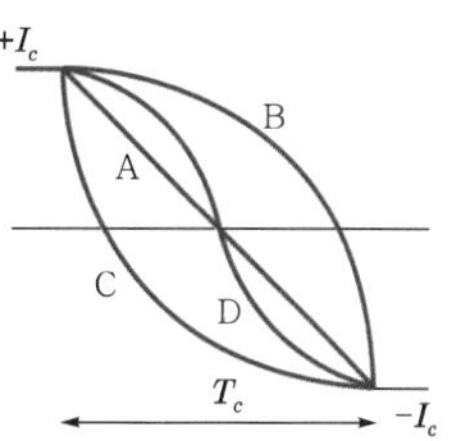

① A
② B
③ C
④ D

정답 30.② 31.④ 32.① 33.②

해설 ②의 부족 정류는 브러시 후단부에서 전류가 급격하게 변화하여 평균 리액턴스 전압의 발생이 커지므로 정류 말기에 정류의 상태가 좋지 않다.

34 직류기에서 양호한 정류를 얻는 조건이 아닌 것은?

① 정류 주기를 크게 할 것
② 정류 코일에 인덕턴스를 작게 할 것
③ 리액턴스 전압을 크게 할 것
④ 브러시 접촉 저항을 크게 할 것

해설 양호한 정류 대책
- 평균 리액턴스 전압은 작게 할 것 : 보극 설치(전압 정류)
- 인덕턴스(L)를 작게 할 것 : 단절권, 분포권 채용
- 정류 주기(T_c)를 크게 할 것
- 브러시의 접촉 저항을 크게 할 것 : 탄소질 브러시 설치(저항 정류)

양호한 정류 대책
㉠ 평균 리액턴스 전압 감소 (보극 : 전압 정류)
㉡ 인덕턴스 감소
㉢ 정류 주기 증가
㉣ 브러시 접촉 저항 증가 (탄소 브러시 : 저항 정류)

35 직류 발전기의 정류를 개선하는 방법 중 틀린 것은? 13년 출제

① 코일의 자기 인덕턴스가 원인이므로 접촉 저항이 작은 브러시를 사용한다.
② 보극을 설치하여 리액턴스 전압을 감소시킨다.
③ 보극 권선은 전기자 권선과 직렬로 접속한다.
④ 브러시를 전기적 중성축을 지나서 회전 방향으로 약간 이동시킨다.

해설 양호한 정류 대책
- 평균 리액턴스 전압은 작게 할 것 : 보극 설치(전압 정류)
- 인덕턴스(L)를 작게 할 것 : 단절권, 분포권 채용
- 정류 주기(T_c)를 크게 할 것
- 브러시의 접촉 저항을 크게 할 것 : 탄소질 브러시 설치(저항 정류)

36 직류기에 있어서 불꽃 없는 정류를 얻는 데 가장 유효한 방법은? 10년 출제

① 보극과 탄소 브러시
② 탄소 브러시와 보상 권선
③ 보극과 보상 권선
④ 자기 포화와 브러시 이동

해설 양호한 정류 대책
- 보극 : 전압 정류
- 탄소 브러시 : 저항 정류
- 전압 정류 : 보극을 이용하여 전기자 코일에서 발생하는 평균 리액턴스 전압과 반대 극성의 전압을 유도시켜 평균 리액턴스 전압을 제거, 감소시켜 정류를 개선하는 것
- 저항 정류 : 접촉 저항이 큰 탄소 브러시를 이용한 전압 강하를 평균 리액턴스 전압보다 크게 하여 정류를 개선하는 것

정답 34.③ 35.① 36.①

★
37 **직류 발전기에서 전압 정류의 역할을 하는 것은?** 13년 출제

① 보극 ② 탄소 브러시
③ 전기자 ④ 리액턴스 코일

해설 양호한 정류 대책
- 보극 : 전압 정류
- 탄소 브러시 : 저항 정류

출제분석 Advice

정류 대책
㉠ 보극 : 전압 정류
㉡ 탄소 브러시 : 저항 정류

★★
38 **직류기에서 보극을 두는 가장 주된 목적은?** 07년/09년 출제

① 기동 특성을 좋게 한다.
② 전기자 반작용을 크게 한다.
③ 정류 작용을 돕고 전기자 반작용을 약화시킨다.
④ 전기자 자속을 증가시킨다.

해설 보극은 주자극 사이에 설치하는 소자석으로 전기자 코일에서 발생하는 평균 리액턴스 전압과 반대 극성의 전압을 유도시켜 평균 리액턴스 전압을 제거, 감소시켜 정류를 개선하기 때문에 전압 정류라 하며 전기자 반작용을 감소시켜 준다.

★
39 **계자 권선이 전기자와 접속되어 있지 않은 직류기는?** 12년 출제

① 직권기 ② 분권기
③ 복권기 ④ 타여자기

해설 타여자 발전기는 계자 회로와 전기자 회로가 분리되어 있는 구조이므로 발전기 운전 시 반드시 계자 회로에 독립된 외부 직류 전압원을 이용하여 계자를 여자시켜야만 한다. 즉, 계자 철심에 잔류 자기가 없어도 발전할 수 있다.

타여자 발전기
㉠ 외부 직류 전압원을 이용하여 계자 회로를 여자시키는 방식이다.
㉡ 잔류 자기가 필요 없다.

★★★
40 **직류 발전기에서 계자 철심에 잔류 자기가 없어도 발전을 할 수 있는 발전기는?** 06년/07년/09년/11년 출제

출제빈도

① 분권 발전기 ② 직권 발전기
③ 복권 발전기 ④ 타여자 발전기

해설 타여자 발전기는 계자 회로에 독립된 직류 전압원을 이용하여 계자를 여자시키므로 계자 철심에 잔류 자기가 없어도 발전할 수 있다.

★
41 **직류 발전기의 부하 포화 곡선은 다음 어느 것의 관계인가?** 08년 출제

① 부하 전류와 여자 전류 ② 단자 전압과 부하 전류
③ 단자 전압과 계자 전류 ④ 부하 전류와 유기 기전력

발전기 특성 곡선
㉠ 무부하 포화 곡선 : 계자 전류, 기전력의 관계
㉡ 외부 특성 곡선 : 부하 전류, 단자 전압의 관계
㉢ 부하 포화 곡선 : 계자 전류, 단자 전압의 관계

정답 37.① 38.③ 39.④ 40.④ 41.③

해설 직류 발전기의 전압, 전류 관계 곡선

- 무부하 포화 곡선 : 계자 전류와 유기 기전력의 관계
- 외부 특성 곡선 : 부하 전류와 단자 전압의 관계
- 부하 포화 곡선 : 계자 전류와 단자 전압의 관계

발전기의 특성 곡선
㉠ 무부하 포화 곡선 : 계자 전류, 기전력의 관계
㉡ 외부 특성 곡선 : 부하 전류, 단자 전압의 관계
㉢ 부하 포화 곡선 : 계자 전류, 단자 전압의 관계

★
42 직류 발전기의 무부하 특성 곡선은?

12년 출제

① 부하 전류와 무부하 단자 전압과의 관계이다.
② 계자 전류와 부하 전류와의 관계이다.
③ 계자 전류와 무부하 단자 전압과의 관계이다.
④ 계자 전류와 회전력과의 관계이다.

해설 직류 발전기의 전압, 전류 관계 곡선

- 무부하 특성 곡선 : 계자 전류와 무부하 단자 전압의 관계
- 무부하 포화 곡선 : 계자 전류와 유기 기전력의 관계
- 외부 특성 곡선 : 부하 전류와 단자 전압의 관계
- 부하 포화 곡선 : 계자 전류와 단자 전압의 관계

43 계자 권선이 전기자에 병렬로만 접속된 직류기는?

① 타여자기 ② 직권기
③ 분권기 ④ 복권기

해설 자여자 발전기 및 전동기 권선 특성

- 분권기 : 계자 회로와 전기자 회로가 병렬인 구조의 것
- 직권기 : 계자 회로와 전기자 회로가 직렬인 구조의 것
- 복권기 : 일종의 분권기와 직권기를 더한 구조의 것

분권 발전기 전압 확립의 조건
㉠ 잔류 자기 존재
㉡ 계자 저항이 임계 저항보다 작을 것
㉢ 역회전 금지(잔류 자기가 소멸되기 때문)

★★
44 타여자 발전기와 같이 전압 변동률이 적고 자여자이므로 다른 여자 전원이 필요 없으며, 계자 저항기를 사용하여 전압 조정이 가능하므로 전기 화학용 전원, 전지의 충전용, 동기기의 여자용으로 쓰이는 발전기는?

09년/14년 출제

① 분권 발전기
② 직권 발전기
③ 과복권 발전기
④ 차동 복권 발전기

해설 분권 발전기는 반드시 계자 회로에 잔류 자기가 존재하여야만 전압을 확립할 수 있는 자여자 발전기로 전압 변동이 적으므로 전기 화학용 전원이나 전지의 충전용, 동기기의 여자용으로 이용한다.

정답 42.③ 43.③ 44.①

★
45 분권 발전기는 잔류 자속에 의해서 잔류 전압을 만들고 이때 여자 전류가 잔류 자속을 증가시키는 방향으로 흐르면, 여자 전류가 점차 증가하면서 단자 전압이 상승하게 된다. 이러한 현상을 무엇이라 하는가? 09년 출제

① 자기 포화 ② 여자 조절
③ 보상 전압 ④ 전압 확립

해설 잔류 자기에 의해 전기자 권선에 약간의 전압이 발생하고 이 전압에 의하여 흐르는 계자 전류가 잔류 자기를 증가시키는 방향으로 흐르면 유도 기전력이 점점 증가하여 다시 계자 전류가 증가하면서 단자 전압이 상승하는 현상을 전압 확립이라고 한다.

출제분석 Advice

전압 확립 조건
㉠ 잔류 자기 존재
㉡ 계자 저항이 임계 저항보다 작을 것
㉢ 역회전 금지(잔류 자기가 소멸되기 때문)

★★
46 분권 발전기의 회전 방향을 반대로 하면? 06년/10년 출제

① 전압이 유기된다. ② 발전기가 소손된다.
③ 고전압이 발생한다. ④ 잔류 자기가 소멸된다.

해설 직류 분권 발전기의 전기자 회전 방향이 반대로 되면 전기자의 유도 기전력 극성도 반대로 되어 계자 회로에 흐르는 전류도 반대로 흐르게 된다. 그 결과 계자 회로에 남아있던 잔류 자기가 소멸되기 때문에 발전기는 전압을 유도시킬 수 없는 발전 불능 상태가 된다.

★★★
47 전기자 저항 0.1[Ω], 전기자 전류 104[A], 유도 기전력 110.4[V]인 직류 분권 발전기의 단자 전압은 몇 [V]인가? 07년/08년/09년/12년 출제

출제빈도

① 98 ② 100
③ 102 ④ 105

해설 $V = E - I_a R_a = 110.4 - 104 \times 0.1 = 100[\text{V}]$

분권 발전기
㉠ $I_a = I + I_f[\text{A}]$
㉡ $V = I_f R_f[\text{V}]$
㉢ $E = V + I_a R_a[\text{V}]$

★
48 유도 기전력 110[V], 전기자 저항 및 계자 저항이 각각 0.05[Ω]인 직권 발전기가 있다. 부하 전류가 100[A]이면, 단자 전압[V]은? 08년 출제

① 95 ② 100
③ 105 ④ 110

해설
$$V = E - I_a(R_a + R_s)$$
$$= 110 - 100(0.05 + 0.05) = 100$$

직권 발전기
㉠ $I_a = I_s = I[\text{A}]$
㉡ $E = V + I(R_a + R_s)[\text{V}]$
㉢ $E \propto I$

★
49 직류 복권 발전기의 직권 계자 권선은 어디에 설치되어 있는가? 13년 출제

① 주자극 사이에 설치 ② 분권 계자 권선과 같은 철심에 설치
③ 주자극 표면에 홈을 파고 설치 ④ 보극 표면에 홈을 파고 설치

해설 복권 발전기에서 직권 계자 권선과 분권 계자 권선은 같은 철심에 설치한다.

정답 45.④ 46.④ 47.② 48.② 49.②

★
50 직권 발전기의 설명 중 틀린 것은?
14년 출제

① 계자 권선과 전기자 권선이 직렬로 접속되어 있다.
② 승압기로 사용되며 수전 전압을 일정하게 유지하고자 할 때 사용된다.
③ 단자 전압을 V, 유기 기전력을 E, 부하 전류를 I, 전기자 저항 및 직권 계자 저항을 각각 r_a, r_s라 할 때, $V = E + I(r_a + r_s)$[V]이다.
④ 부하 전류에 의해 여자되므로 무부하 시 자기 여자에 의한 전압 확립은 일어나지 않는다.

해설 직권 발전기 특성
- 전기자 전류 $I_a = I_s = I$
- 기전력 $E = V + I_a r_a + I_a r_s = V + I_a(r_a + r_s)$
- 단자 전압 $V = E - I_a(r_a + r_s)$

★★
51 정격 전압 250[V], 정격 출력 50[kW]의 외분권 복권 발전기가 있다. 분권 계자 저항이 25[Ω]일 때 전기자 전류[A]는?
10년/12년 출제

① 10 ② 210
③ 2,000 ④ 2,010

해설 $I_a(= I_s) = I_f + I$에서 $I_f = \dfrac{V}{R_f} = \dfrac{250}{25} = 10[\text{A}]$

$I = \dfrac{P}{V} = \dfrac{50 \times 10^3}{250} = 200[\text{A}] \quad \therefore I_a = I_f + I = 10 + 200 = 210[\text{A}]$

가동 복권 발전기의 특성
㉠ 과복권 : $V_n > V_0$
㉡ 평복권 : $V_n = V_0$
㉢ 부족 복권 : $V_n < V_0$

★★
52 무부하 전압과 전부하 전압이 같은 값을 가지는 특성의 발전기는?
12년/13년 출제

① 직권 발전기 ② 차동 복권 발전기
③ 평복권 발전기 ④ 과복권 발전기

해설 가동 복권 발전기의 종류
- 과복권 발전기 : 전부하 전압 > 무부하 전압
- 평복권 발전기 : 전부하 전압 = 무부하 전압
- 부족 복권 발전기 : 전부하 전압 < 무부하 전압

전압 변동률
㉠ $\varepsilon = \dfrac{V_0 - V_n}{V_n} \times 100[\%]$
㉡ $\varepsilon(0)$: 평복권 발전기
㉢ $\varepsilon(-)$: 과복권 발전기, 직권 발전기

★
53 부하의 변화가 있어도 그 단자 전압의 변화가 작은 직류 발전기는?
06년 출제

① 평복권 발전기 ② 차동 복권 발전기
③ 직권 발전기 ④ 분권 발전기

해설 평복권 발전기는 부하의 증감에 관계없이 거의 일정한 전압을 유지할 수 있는 발전기로 무부하 전압과 전부하 전압이 같아 전압 변동률이 0인 특성을 갖는다.

정답 50.③ 51.② 52.③ 53.①

★★
54 급전선의 전압 강하 보상용으로 사용되는 것은?

08년/14년 출제

① 분권기 ② 직권기
③ 과복권기 ④ 차동 복권기

해설 과복권 발전기는 직권 계자 권선의 기자력을 평복권보다 더 크게 하여 부하 전류가 증가하는데 따라 부하 시 단자 전압이 무부하 전압보다 더 커지는 특성을 가지므로 급전선 등에서 전압 강하 보상용으로 사용한다.

출제분석 Advice

과복권 발전기

㉠ $V_n > V_0$
㉡ 급전선 전압 강하 보상용
㉢ 병렬 운전 시 균압 모선이 필요하다.

55 용접용으로 사용되는 직류 발전기의 특성 중에서 가장 중요한 것은?

① 과부하에 견딜 것
② 경부하일 때 효력이 좋을 것
③ 전압 변동률이 작을 것
④ 전류에 대한 전압 특성이 수하 특성일 것

해설 전기 용접용 발전기는 수하 특성이 있어야 한다.

★★
56 다음 중 전기 용접기용 발전기로 가장 적당한 것은?

08년/10년 출제

① 직류 분권형 발전기 ② 차동 복권형 발전기
③ 가동 복권형 발전기 ④ 직류 타여자식 발전기

해설 차동 복권 발전기는 분권 계자 기자력을 직권 계자 기자력으로 감소되게 한 것으로 부하 증가 시 단자 전압이 서서히 감소하다가 일정 이상의 부하 전류가 흐르면 단자 전압이 부하의 증가에 따라 현저하게 강하하고 부하 저항을 어느 정도 감소시켜도 전류는 일정한 정전류 특성을 갖는 수하 특성을 가지므로 전기 용접용으로 이용된다.

★
57 직류 발전기를 정격 속도, 정격 부하 전류에서 정격 전압 V_n[V]를 발생하도록 한 다음, 계자 저항 및 회전 속도를 바꾸지 않고 무부하로 하였을 때의 단자 전압을 V_0라 하면, 이 발전기의 전압 변동률 ε[%]는?

09년 출제

① $\dfrac{V_0 - V_n}{V_0} \times 100$ ② $\dfrac{V_0 + V_n}{V_0} \times 100$

③ $\dfrac{V_0 - V_n}{V_n} \times 100$ ④ $\dfrac{V_0 + V_n}{V_n} \times 100$

해설 전압 변동률 : 발전기를 정격 속도, 정격 전류, 정격 출력으로 운전하고, 속도를 일정하게 유지한 상태에서 정격 부하에서 무부하로 전환하였을 때 전압이 변동하는 비율

$\varepsilon = \dfrac{V_0 - V_n}{V_n} \times 100$[%] (여기서, V_0 : 무부하 전압, V_n : 정격 전압)

정답 54.③ 55.④ 56.② 57.③

58 발전기의 전압 변동률을 표시하는 식은? (단, V_0 : 무부하 전압, V_n : 정격 전압)

08년 출제

① $\varepsilon=\left(\frac{V_0}{V_n}-1\right)\times 100[\%]$ ② $\varepsilon=\left(1-\frac{V_0}{V_n}\right)\times 100[\%]$

③ $\varepsilon=\left(\frac{V_n}{V_0}-1\right)\times 100[\%]$ ④ $\varepsilon=\left(1-\frac{V_n}{V_0}\right)\times 100[\%]$

해설 $\varepsilon=\frac{V_0-V_n}{V_n}\times 100[\%]=\left(\frac{V_0}{V_n}-1\right)\times 100[\%]$

전압 변동률

㉠ $\varepsilon=\frac{V_0-V_n}{V_n}\times 100[\%]$

㉡ $\varepsilon(0)$: 평복권 발전기

㉢ $\varepsilon(-)$: 과복권 발전기, 직권 발전기

59 직류기에서 전압 변동률이 (−)값으로 표시되는 발전기는?

13년 출제

① 분권 발전기 ② 과복권 발전기

③ 타여자 발전기 ④ 평복권 발전기

해설 전압 변동률 $\varepsilon=\frac{V_0-V_n}{V_n}\times 100[\%]$ [여기서, V_0 : 무부하 전압, V_n : 전부하(정격) 전압]

- $\varepsilon(+)$: 타여자 발전기, 분권 발전기, 부족 복권 발전기
- $\varepsilon(0)$: 평복권 발전기
- $\varepsilon(-)$: 과복권 발전기, 직권 발전기
- 과복권 발전기, 직권 발전기 외부 특성 : 무부하 단자 전압(V_0)<전부하 단자 전압(V_n)

60 발전기를 정격 전압 220[V]로 운전하다가 무부하로 운전하였더니, 단자 전압이 253[V]가 되었다. 이 발전기의 전압 변동률은 몇 [%]인가?

09년/10년 출제

① 15 ② 25

③ 35 ④ 45

해설 전압 변동률 $\varepsilon=\frac{V_0-V_n}{V_n}\times 100=\frac{253-220}{220}\times 100=15[\%]$

61 무부하에서 119[V]되는 분권 발전기의 전압 변동률이 6[%]이다. 정격 부하의 전압은 약 몇 [V]인가?

12년 출제

① 110.2 ② 112.3

③ 122.5 ④ 125.3

해설 전압 변동률 $\varepsilon=\frac{V_0-V_n}{V_n}\times 100[\%]$

정격 전압 $V_n=\frac{100\,V_0}{\varepsilon+100}=\frac{100\times 119}{6+100}=112.3[V]$

정답 58.① 59.② 60.① 61.②

병렬 운전 조건
㉠ 극성
㉡ 단자 전압
㉢ 부하 전류 분담은 용량에 비례할 것
㉣ 외부 특성 곡선이 약간의 수하 특성일 것

62 직류 분권 발전기의 병렬 운전의 조건에 해당되지 않는 것은? 13년 출제

① 극성이 같을 것 ② 단자 전압이 같을 것
③ 외부 특성 곡선이 수하 특성일 것 ④ 균압 모선을 접속할 것

해설 직류 발전기 병렬 운전 조건
- 극성이 같을 것
- 단자 전압이 같을 것
- 용량은 임의의 값이고 %부하 전류($\%I = \frac{I}{P} \times 100[\%]$)가 일치할 것
- 외부 특성이 약간의 수하 특성(부하 증가 시 단자 전압이 감소하는 특성)일 것

균압선은 발전기에서 부하 증가 시 오히려 단자 전압이 상승하는 특성을 갖는 직권 발전기나 과복권 발전기에서 필요하다.

직권 발전기, 과복권 발전기 병렬 운전 시 안정 운전 조건은 균압 모선이다.

63 복권 발전기의 병렬 운전을 안전하게 하기 위해서 두 발전기의 전기자와 직권 권선의 접촉점에 연결해야 하는 것은? 07년/09년/12년/13년 출제

① 균압선 ② 집전환
③ 안정 저항 ④ 브러시

해설 직권 발전기나 과복권 발전기는 부하 증가 시 전압이 상승하는 특성을 가지므로 어떤 원인으로 한쪽 발전기의 부하가 약간 증가하면, 단자 전압이 증가하여 분담하는 부하 전류가 다시 증가하게 되므로 부하 전류는 점점 한쪽 발전기로 기울어져 안정된 병렬 운전을 할 수 없게 된다. 따라서 병렬 운전하는 발전기 2대의 직권 계자 권선을 전기 저항이 작은 도선으로 연결하면 발전기 한 대의 부하 전류가 증가하더라도 그 전류가 2대 발전기 직권 권선으로 동일하게 분배되어 흐르기 때문에 안정된 병렬 운전을 할 수 있는데 이때 병렬로 접속하는 도선을 균압 모선(균압선)이라고 한다.

64 직류 발전기를 병렬 운전할 때 균압선이 필요한 직류기는?

① 분권 발전기, 직권 발전기 ② 분권 발전기, 복권 발전기
③ 직권 발전기, 과복권 발전기 ④ 분권 발전기, 단권 발전기

해설 균압선은 발전기에서 부하 증가 시 오히려 단자 전압이 상승하는 특성을 갖는 직권 발전기나 과복권 발전기에서 필요하다.

직류 전동기의 구조 특성
㉠ 분권 전동기 : 계자 회로와 전기자 회로가 병렬인 구조
㉡ 직권 전동기 : 계자 회로와 전기자 회로가 직렬인 구조

65 다음 그림의 전동기는 어떤 전동기인가? 08년 출제

① 직권 전동기
② 타여자 전동기
③ 분권 전동기
④ 복권 전동기

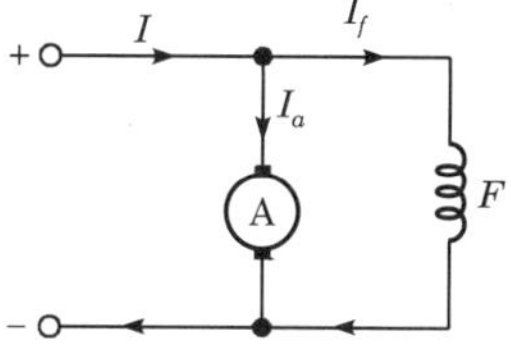

해설 분권 전동기는 전기자 회로와 계자 회로가 병렬 접속된 구조이다.

정답 62.④ 63.① 64.③ 65.③

66 직류 분권 발전기를 동일 극성의 전압을 단자에 인가하여 전동기로 사용하면?

① 동일 방향으로 회전한다. ② 반대 방향으로 회전한다.
③ 회전하지 않는다. ④ 소손된다.

해설 직류 분권 발전기를 동일 극성의 전압을 단자에 인가하여 전동기로 사용하면 계자 권선에 흐르는 전류 방향은 동일하지만, 전기자 권선에 흐르는 전류 방향이 반대로 되어 전자력 발생의 방향이 발전기 회전 방향과 동일 방향으로 발생하므로 전동기 회전 방향은 발전기와 동일 방향이 된다.

67 단자 전압 220[V], 부하 전류 50[A]인 분권 전동기의 역기전력[V]은? (단, 여기서 전기자 저항은 0.2[Ω]이며 계자 전류 및 전기자 반작용은 무시한다.)

① 210 ② 215
③ 225 ④ 230

해설 $V = E + I_a R_a \rightarrow E = V - I_a R_a = 220 - 50 \times 0.2 = 210[V]$

분권 전동기
㉠ 역기전력 크기
$E = V - I_a R_a [V]$
㉡ 전기적 출력
$P_0 = EI_a = \omega\tau$

★ 68 전기자 저항이 0.2[Ω], 전류 100[A], 전압 120[V]일 때 분권 전동기의 발생 동력[kW]은?

13년 출제

① 5 ② 10
③ 14 ④ 20

해설
- 역기전력 $E = V - I_a R_a = 120 - 100 \times 0.2 = 100[V]$
- 출력 $P_0 = EI_a = 100 \times 100 \times 10^{-3} = 10[kW]$

★★★ 69 다음 중 토크(회전력)의 단위는?

06년/08년/10년 출제

① [rpm] ② [W]
③ [N · m] ④ [N]

해설 토크의 단위는 [N · m] 또는 [kg · m]를 쓴다.

직류 전동기의 토크
$\tau = \frac{PZ}{2\pi a}\Phi I_a [N \cdot m]$
$= 9.55\frac{P_0}{N} [N \cdot m]$
$= 0.975\frac{P_0}{N} [kg \cdot m]$

★★ 70 직류 전동기 출력이 50[kW], 회전수가 1,800[rpm]일 때 토크는 약 몇 [kg · m]인가?

08년/14년 출제

① 12 ② 23
③ 27 ④ 31

해설 $\tau = 0.975 \times \frac{P[W]}{N[rpm]} = 0.975 \times \frac{50{,}000}{1{,}800} = 27[kg \cdot m]$

정답 66.① 67.① 68.② 69.③ 70.③

★★★
71 직류 분권 전동기에서 운전 중 계자 권선의 저항을 증가하면 회전 속도는 어떻게 되는가? 06년/10년/11년 출제

출제빈도

① 감소한다. ② 증가한다.
③ 일정하다. ④ 정지한다.

해설 분권 전동기 속도 $N = k\dfrac{V - I_a R_a}{\Phi}$ [rpm]에서 운전 중 계자 저항을 증가하면 자속이 감소하므로 회전 속도는 증가한다.

분권 전동기의 속도 제어
㉠ $N = k\dfrac{V - I_a R_a}{\Phi}$ [rpm]
㉡ 속도 ∝ 계자 저항

★
72 직류 분권 전동기의 계자 전류를 약하게 하면 회전수는? 11년 출제

① 감소한다. ② 정지한다.
③ 증가한다. ④ 변화 없다.

해설 분권 전동기 속도 $N = k\dfrac{V - I_a R_a}{\Phi}$ [rpm]에서 운전 중 계자 저항을 증가하면 계자 전류가 감소하고 자속도 감소하므로 속도는 증가한다.

★
73 직류 전동기의 속도 제어에서 자속을 2배로 하면 회전수는? 13년 출제

① 1/2로 줄어든다.
② 변함이 없다.
③ 2배로 증가한다.
④ 4배로 증가한다.

해설 분권 전동기 속도 $N = k\dfrac{V - I_a R_a}{\Phi}$ [rpm]에서

자속과 회전수는 $N \propto \dfrac{1}{\Phi}$이므로 자속을 2배로 하면 회전수는 $\dfrac{1}{2}$이 된다.

직류 전동기 속도 제어
㉠ $N = k\dfrac{V - I_a R_a}{\Phi}$ [rpm]
㉡ 속도 $\propto \dfrac{1}{\text{자속}}$

74 무부하로 운전 중 분권 전동기의 계자 회로가 갑자기 끊어졌을 때 전동기의 속도는?

① 전동기가 갑자기 정지한다.
② 속도가 약간 낮아진다.
③ 속도가 약간 빨라진다.
④ 전동기가 갑자기 가속되어 고속이 된다.

해설 분권 전동기 속도 $N = k\dfrac{V - I_a R_a}{\Phi}$ [rpm]에서 운전 중 계자 회로가 단선되면

- 계자 회로 단선 : $I_f = 0 \rightarrow \Phi = 0 \rightarrow N = \infty$ (위험 상태)
- 단자 전압이 일정한 상태에서 계자 회로가 단선되어 계자 전류가 0이 되면 자속이 발생할 수 없으므로 전동기는 갑자기 속도가 상승하여 위험 상태가 발생한다.

정답 71.② 72.③ 73.① 74.④

분권 전동기의 속도 특성
㉠ 전압 일정 : 정속도 특성
㉡ 전압 변화 : 가변 속도 특성

75 다음 그림에서 직류 분권 전동기의 속도 특성 곡선은?

10년 출제

① A
② B
③ C
④ D

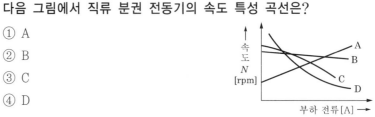

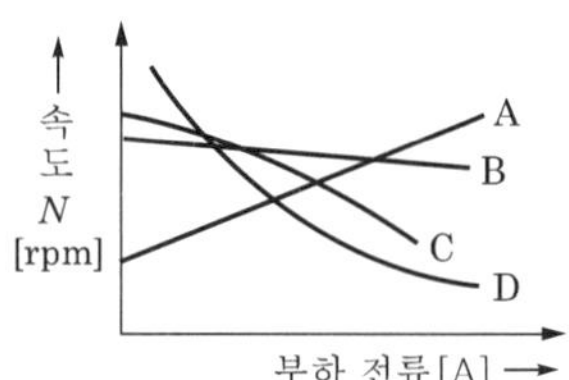

해설 분권 전동기는 단자 전압이 일정한 상태에서는 계자 저항이 일정하므로 자속 Φ도 일정하다. 그런데 일반적으로 전기자 저항에 의한 전압 강하 I_aR_a는 단자 전압 V에 비해 극히 작으므로 부하 전류 I의 변화에 따른 속도 변동이 거의 없는 정속도 특성을 갖는다.

분권 전동기
㉠ 정속도 전동기(전압 일정)
㉡ 공작 기계

76 다음 중 정속도 전동기에 속하는 것은?

09년/11년/14년 출제

① 유도 전동기
② 직권 전동기
③ 교류 정류자 전동기
④ 분권 전동기

해설 분권 전동기는 단자 전압이 일정한 상태에서는 계자 저항이 일정이므로 자속 Φ도 일정하다. 그런데 일반적으로 전기자 저항에 의한 전압 강하 I_aR_a는 단자 전압 V에 비해 극히 작으므로 부하 전류 I의 변화에 따른 속도 변동이 거의 없는 정속도 특성을 갖는다.

직권 전동기
㉠ 벨트 운전 금지 : 벨트 이탈 시 무부하로 변하여 위험 속도로 상승
㉡ 체인(톱니바퀴) 운전

77 직류 직권 전동기에서 벨트를 걸고 운전하면 안 되는 이유는?

06년/09년/11년/13년 출제

① 벨트가 벗어지면 위험 속도에 도달하므로
② 손실이 많아지므로
③ 직결하지 않으면 속도 제어가 곤란하므로
④ 벨트의 마멸 보수가 곤란하므로

해설 직권 전동기 속도 $N=k''\frac{V}{I}$[rpm]에서 운전 중 벨트가 이탈되면 전동기는 무부하 상태로 변화하고, 또한 자속 Φ는 부하 전류 I에 비례하는 특성을 가지므로
- 벨트 이탈에 의한 무부하 상태 $I=I_s=I_a=0 \rightarrow \Phi=0 \rightarrow N=\infty$ (위험 상태)
- 무부하가 되어 부하 전류가 0이 되면 자속이 발생할 수 없으므로 전동기는 갑자기 속도가 상승하여 위험 상태가 발생하므로 체인 운전 등을 실시한다.

78 직권 전동기에서 위험 속도가 되는 경우는?

① 저전압, 과여자
② 정격 전압, 무부하
③ 정격 전압, 과부하
④ 전기자에 저저항 접속

정답 75.② 76.④ 77.① 78.②

해설 직권 전동기 속도 $N = k'' \dfrac{V}{I}$[rpm]에서 정격 전압으로 운전 중 무부하 상태로 변화하여 부하 전류가 0이 되면 자속이 발생할 수 없으므로 전동기는 갑자기 속도가 상승하여 위험 상태가 발생하므로 체인 운전 등을 실시한다.

$\therefore$ 무부하 상태 $I = I_s = I_a = 0 \rightarrow \Phi = 0 \rightarrow N = \infty$ (위험 상태)

79 직류 전동기의 속도 특성 곡선을 나타낸 것이다. 직권 전동기의 속도 특성을 나타낸 것은?

11년 출제

① A

② B

③ C

④ D

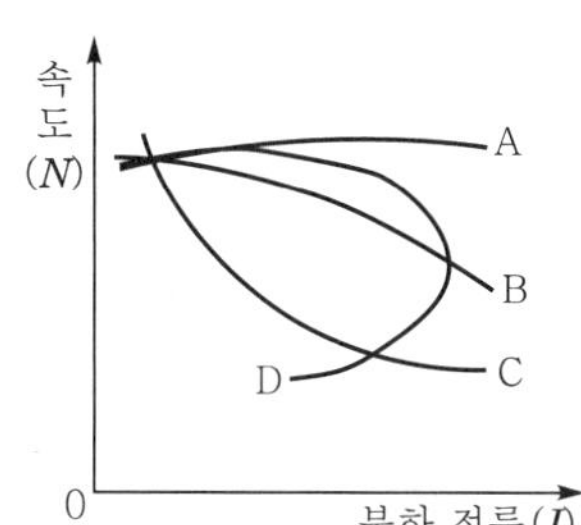

해설 직류 전동기의 속도 특성

- A : 분권 전동기
- B : 가동 복권 전동기
- C : 직권 전동기

80 부하가 변하면 심하게 속도가 변하는 직류 전동기는?

① 직권 전동기

② 분권 전동기

③ 차동 복권 전동기

④ 가동 복권 전동기

해설 직권 전동기 속도 $N = k'' \dfrac{V}{I}$[rpm]에서 부하 전류 I의 증감에 따라 그에 비례한 자속 Φ도 증감하게 되므로 직권 전동기는 부하의 증감에 따라 속도가 현저하게 변화하는 특성을 갖는다.

81 분권 전동기에 대한 설명으로 옳지 않은 것은?

06년/10년 출제

① 토크는 전기자 전류의 자승에 비례한다.

② 부하 전류에 따른 속도 변화가 거의 없다.

③ 계자 회로에 퓨즈를 넣어서는 안 된다.

④ 계자 권선과 전기자 권선이 전원에 병렬로 접속되어 있다.

해설 분권 전동기는 단자 전압 일정 시 계자 전류 일정에 의한 자속 Φ도 일정하므로 토크 $\tau = K\Phi I_a$에서 $\tau \propto I_a$하는 특성을 갖는다. 그런데 부하 증가 시 부하 전류 I 증가분이 모두 전기자 전류 I_a 증가분이므로 $I_a \fallingdotseq I$로부터 $\tau \propto I$하는 특성을 갖는다.

분권 전동기의 특성

㉠ 속도, 토크 특성

$\tau \propto I \propto \dfrac{1}{N}$

㉡ 정격 전압, 무여자(계자 회로 단선) 특성

$I_f = 0 \rightarrow \Phi = 0 \rightarrow N = \infty$

(속도 상승 위험 상태)

정답 79.③ 80.① 81.①

직권 전동기
㉠ 속도, 토크 특성
$\tau \propto I^2 \propto \dfrac{1}{N^2}$
㉡ 정격 전압, 무부하(벨트 이탈) 특성
$I=0 \rightarrow \Phi=0 \rightarrow N=\infty$

직권 전동기
㉠ $\tau \propto I^2 \propto \dfrac{1}{N^2}$
㉡ 전차용 전동기
㉢ 기동 토크가 크다.

82 직류 직권 전동기의 회전수(N)와 토크(τ)의 관계는? 13년 출제

① $\tau \propto \dfrac{1}{N}$ ② $\tau \propto \dfrac{1}{N^2}$

③ $\tau \propto N$ ④ $\tau \propto N^{\frac{3}{2}}$

해설 직권 전동기는 $\tau \propto I^2 \propto \dfrac{1}{N^2}$ 하는 특성을 가지므로 기동 토크가 부하 전류의 제곱에 비례하고 속도의 제곱에 반비례한다.

83 다음은 직권 전동기의 특징이다. 틀린 것은? 06년 출제

① 부하 전류가 증가할 때 속도가 크게 감소된다.
② 전동기 기동 시 기동 토크가 작다.
③ 무부하 운전이나 벨트를 연결한 운전은 위험하다.
④ 계자 권선과 전기자 권선이 직렬로 접속되어 있다.

해설 직권 전동기는 $\tau \propto I^2 \propto \dfrac{1}{N^2}$ 하는 특성을 가지므로 기동 토크가 부하 전류의 제곱에 비례하고 속도의 제곱에 반비례한다. 따라서 전동기 기동 시 속도를 현저히 떨어뜨리면 대단히 큰 토크를 얻을 수 있기 때문에 전차용 전동기와 같이 큰 기동 토크가 요구되는 곳에 사용되는 전동기이다.

84 직류 직권 전동기가 전차용에 사용되는 이유는?

① 속도가 클 때 토크가 크다.
② 토크가 클 때 속도가 작다.
③ 기동 토크가 크고 속도는 불변이다.
④ 토크는 일정하고 속도는 전류에 비례한다.

해설 직권 전동기는 $\tau \propto I^2 \propto \dfrac{1}{N^2}$ 하는 특성을 가지므로 기동 토크가 부하 전류의 제곱에 비례하고 속도의 제곱에 반비례한다. 따라서 전동기 기동 시 속도를 현저히 떨어뜨리면 대단히 큰 토크를 얻을 수 있기 때문에 전차용 전동기와 같이 큰 기동 토크가 요구되는 곳에 사용되는 전동기이다.

85 전기철도에 사용하는 직류 전동기로 가장 적합한 전동기는? 14년 출제

① 분권 전동기
② 직권 전동기
③ 가동 복권 전동기
④ 차동 복권 전동기

정답 82.② 83.② 84.② 85.②

해설 직권 전동기는 $\tau \propto I^2 \propto \frac{1}{N^2}$ 하는 특성을 가지므로 기동 토크가 부하 전류의 제곱에 비례하고 속도의 제곱에 반비례한다. 따라서 전동기 기동 시 속도를 현저히 떨어뜨리면 대단히 큰 토크를 얻을 수 있기 때문에 전기철도에서 전차용 전동기와 같이 큰 기동 토크가 요구되는 곳에 사용되는 전동기이다.

86 다음 직류 전동기에 대한 설명 중 옳은 것은? 11년 출제

① 전기철도용 전동기는 차동 복권 전동기이다.
② 분권 전동기는 계자 저항기로 쉽게 회전 속도를 조정할 수 있다.
③ 직권 전동기에서는 부하가 줄면 속도가 감소한다.
④ 분권 전동기는 부하에 따라 속도가 현저하게 변한다.

해설 직류 전동기의 특성
- 전기철도용 전동기는 직류 직권 전동기를 사용한다.
- 분권 전동기는 $R_f \propto \frac{1}{N}$(계자 저항과 속도는 반비례)하는 특성을 이용하여 속도를 제어한다.
- 직권 전동기는 $N \propto \frac{1}{I}$(속도는 부하 전류에 반비례)하므로 부하가 줄면 속도가 상승한다.
- 분권 전동기는 부하에 관계없이 속도 변동이 거의 없는 정속도 운전을 하는 전동기이다.

분권 전동기
㉠ 정속도 특성 : 전압 일정
㉡ 가변 속도 특성 : 전압 변화 계자 저항(계자 저항기) 변화

87 속도를 광범위하게 조정할 수 있으므로 압연기나 엘리베이터 등에 사용되는 직류 전동기는? 12년 출제

① 직권 전동기 ② 분권 전동기
③ 타여자 전동기 ④ 가동 복권 전동기

해설 가동 복권 전동기는 분권 계자 권선이 있어 무부하 시 무구속 속도가 될 우려가 없으며 또한 직권 계자 권선이 있으므로 기동 토크도 매우 크고 속도를 광범위하게 조절할 수 있으므로 압연기나 엘리베이터용 권상기 등의 전동기로 이용한다.

전동기 용도
㉠ 분권 : 공작 기계, 압연기
㉡ 직권 : 전기철도
㉢ 가동 복권 : 크레인, 엘리베이터, 압연기, 공기 압축기

88 직류 복권 전동기를 분권 전동기로 사용하려면 어떻게 하여야 하는가? 08년 출제

① 분권 계자를 단락시킨다. ② 부하 단자를 단락시킨다.
③ 직권 계자를 단락시킨다. ④ 전기자를 단락시킨다.

해설 복권 전동기의 구조는 일종의 분권과 직권의 합이므로 분권과 직권으로 이용하기 위해서는 다음과 같이 하면 된다.
- 복권 전동기의 분권 전동기 이용 : 직권 계자 권선을 단락시킨다.
- 복권 전동기의 직권 전동기 변화 : 분권 계자 권선을 개방시킨다.

정답 86.② 87.④ 88.③

출제분석 Advice

★
89 **직류 전동기의 특성에 대한 설명으로 틀린 것은?** 14년 출제

① 직권 전동기는 가변 속도 전동기이다.
② 분권 전동기에서는 계자 회로에 퓨즈를 사용하지 않는다.
③ 분권 전동기는 정속도 전동기이다.
④ 가동 복권 전동기는 기동 시 역회전할 염려가 있다.

해설 가동 복권 전동기는 구조상 전동기 전원측 2단자의 극성을 반대로 하면 분권 계자 권선과 직권 계자 권선의 극성이 동시에 같은 방향으로 변화하므로 기동 시 역회전 우려가 없다.

직류 전동기의 기동 원칙
㉠ 기동 토크 증가 : 계자 저항기 저항 0
㉡ 기동 전류 감소 : 기동 저항기 조정

★
90 **직류 전동기를 기동할 때 전기자 전류를 제한하는 가감 저항기를 무엇이라 하는가?** 08년 출제

① 단속기 ② 제어기
③ 가속기 ④ 기동기

해설 직류 전동기 기동 시에는 역기전력 발생이 없으므로 전동기 전기자에는 대단히 큰 기동 전류가 흐른다. 따라서 기동 전류를 제한하기 위해 전기자에 직렬로 기동 전류를 제한할 수 있는 기동 저항기라고 하는 가변 저항기를 접속하여 보통 전부하 시 흐르는 전류의 1.5~2배 정도로 기동 전류를 제한한다.

★
91 **직류 분권 전동기의 기동 방법 중 가장 적당한 것은?** 08년 출제

① 기동 저항기를 전기자와 병렬 접속한다.
② 기동 토크를 작게 한다.
③ 계자 저항기의 저항값을 크게 한다.
④ 계자 저항기의 저항값을 0으로 한다.

해설 직류 분권 전동기 기동 시 기동 토크를 크게 하기 위한 방법은 자속 Φ를 늘리는 방법과 전기자 전류 I_a를 증가시키는 방법이 있다. 그런데 전기자 전류는 일종의 기동 전류이므로 전동기 기동 시 기동 토크를 늘리기 위해서는 자속 Φ를 늘려야 한다. 따라서 전동기 계자 회로에는 계자 저항기라고 하는 가변 저항을 직렬로 접속하여 기동 시 최대한 자속 Φ를 증가시키기 위해 계자 저항기의 저항은 최소인 0으로 한다.

전동기, 발전기 직결 운전
㉠ 발전기 계자 저항 : 최대
㉡ 전동기 계자 저항 : 최소

★★
92 **각각 계자 저항기가 있는 직류 분권 전동기와 직류 분권 발전기가 있다. 이것을 직렬 접속하여 전동 발전기로 사용하고자 한다. 이것을 기동할 때 계자 저항기의 저항은 각각 어떻게 조정하는 것이 가장 적합한가?** 06년/07년 출제

① 전동기 : 최대, 발전기 : 최소 ② 전동기 : 중간, 발전기 : 최소
③ 전동기 : 최소, 발전기 : 최대 ④ 전동기 : 최소, 발전기 : 중간

정답 89.④ 90.④ 91.④ 92.③

해설 전동 발전기에서 발전기를 기동시켜 전동기를 기동하는 경우 전동기의 원활한 기동을 위해 발전기에서 발생한 기전력에 의한 전기자 전류가 전동기 쪽으로 흘러야만 하므로 발전기 계자 저항기의 저항은 최대로 하여야 한다. 그러나 전동기는 기동 시 기동 토크를 크게 하기 위해서 최대한 발생 자속 Φ를 증가시키기 위해 계자 저항기의 저항은 최소인 0으로 한다.

★
93 **직류 전동기 운전 중에 있는 기동 저항기에서 정전이 되거나 전원 전압이 저하되었을 때 핸들을 기동 위치에 두어 전압이 회복될 때 재기동할 수 있도록 역할을 하는 것은?** 13년 출제

① 무전압 계전기　② 계자 제어기
③ 기동 저항기　④ 과부하 개방기

해설 무전압 계전기 : 전동기 기동 전류를 제한하기 위한 기동 저항기를 항상 기동 위치에 두어 정전 회복 시 전동기 소손을 방지하기 위한 것

★
94 **직류 전동기의 속도 제어 방법이 아닌 것은?** 12년 출제

① 전압 제어　② 계자 제어
③ 저항 제어　④ 플러깅 제어

해설
- 직류 전동기의 속도 제어 : 전압 제어, 계자 제어, 저항 제어
- 플러깅(역전 제동) : 전동기 전기자 회로의 극성을 반대로 접속하여 그때 발생하는 역토크를 이용하여 전동기를 급제동시키는 방식

직류 전동기의 속도 제어
㉠ $N=k\dfrac{V-I_aR_a}{\Phi}$ [rpm]
㉡ 속도 ∝ 계자 저항
㉢ 전압 제어(정토크 제어)
㉣ 계자 제어(정출력 제어)
㉤ 저항 제어

★★
95 **직류 전동기의 전기자에 가해지는 단자 전압을 변화하여 속도를 조정하는 제어법이 아닌 것은?** 07년/13년 출제

① 워드 레오나드 방식
② 일그너 방식
③ 직·병렬 제어
④ 계자 제어

해설 직류 전동기의 속도 제어
- $N=k\dfrac{V-I_aR_a}{\Phi}$ [rpm]
- 전압 제어 : 정토크 제어, 워드 레오나드 방식, 일그너 방식, 초퍼 제어 방식, 직·병렬 제어 방식
- 계자 제어 : 정출력 제어
- 저항 제어

정답 93.① 94.④ 95.④

전압 제어
㉠ 정토크 제어
㉡ 종류 : 워드 레오나드 방식, 정지 레오나드 방식, 일그너 방식, 초퍼 제어 방식, 직·병렬 제어 방식

96 직류 전동기의 속도 제어 방법 중 속도 제어가 원활하고 정토크 제어가 되며 운전 효율이 좋은 것은? 09년/12년 출제

① 계자 제어 ② 병렬 저항 제어
③ 직렬 저항 제어 ④ 전압 제어

해설 전압 제어 $\tau = 9.55\frac{EI_a}{N}$[N·m]에서 $E \propto N$이므로 I_a 일정 시 토크가 일정하기 때문에 정토크 제어라고 하며, 광범위한 속도 제어가 가능하고 운전 효율이 좋다.

97 워드 레오나드 속도 제어는? 08년 출제

① 저항 제어 ② 계자 제어
③ 전압 제어 ④ 직·병렬 제어

해설
- 전압 제어의 종류 : 워드 레오나드 방식, 일그너 방식, 초퍼 방식, 직·병렬 제어 방식
- 직·병렬 제어 방식 : 직권 전동기에서 전동기 2대가 동일한 정격일 경우 이것을 직렬, 병렬로 설치하면 전동기 1대에 가해지는 전압이 1 : 2로 변화하기 때문에 속도를 2단으로 제어할 수 있는 방식

정지 레오나드 방식
㉠ 제철 공장의 압연기용 전동기 속도 제어
㉡ 엘리베이터 전동기 속도 제어

98 직류 전동기의 속도 제어법 중 전압 제어법으로서 제철소의 압연기, 고속 엘리베이터의 제어에 사용되는 방법은? 11년 출제

① 워드 레오나드 방식 ② 정지 레오나드 방식
③ 일그너 방식 ④ 크래머 방식

해설 정지 레오나드 방식은 워드 레오나드 방식에서 유도 전동기와 발전기 대신 3상 전파 정류기의 사이리스터 소자를 제어함으로써 직류 전동기의 전압을 조절하여 속도를 제어하는 방식으로 워드 레오나드 방식에 비하여 소형이고 효율이 높으며 가격이 싼 특징이 있다. 주로 제철 공장의 압연기용 전동기 제어, 엘리베이터 전동기 제어 등에서 이용한다.

초퍼 평균 전압

$$E_d = \frac{t_{on}}{t_{on} + t_{off}} E[\text{V}]$$

99 그림은 직류 전동기 속도 제어 회로 및 트랜지스터의 스위칭 동작에 의하여 전동기에 가해진 전압의 그래프이다. 트랜지스터 도통 시간 A가 0.03초, 1주기 시간 B가 0.05초일 때, 전동기에 가해지는 전압의 평균[V]은? (단, 전동기의 역률은 1이고 트랜지스터의 전압 강하는 무시한다.) 10년 출제

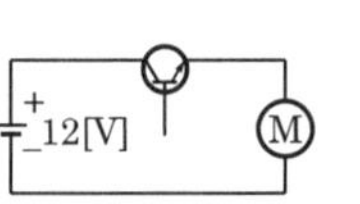

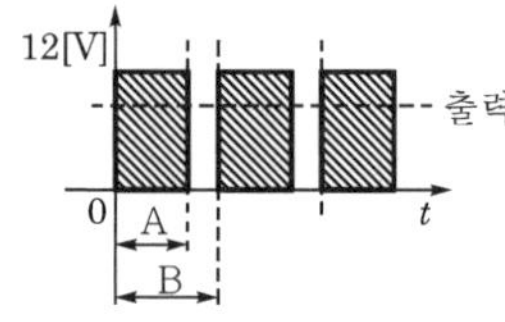

① 4.8 ② 6.0
③ 7.2 ④ 8.0

정답 96.④ 97.③ 98.② 99.③

출제분석 Advice

해설 초퍼 : 일정 입력 전압으로부터 초퍼(짧게 자른) 부하 전압을 만들어, 전원으로부터 부하로 연결 또는 단절하는 온, 오프 스위치로 초퍼된 평균 부하 전압은 다음과 같이 구할 수 있다.

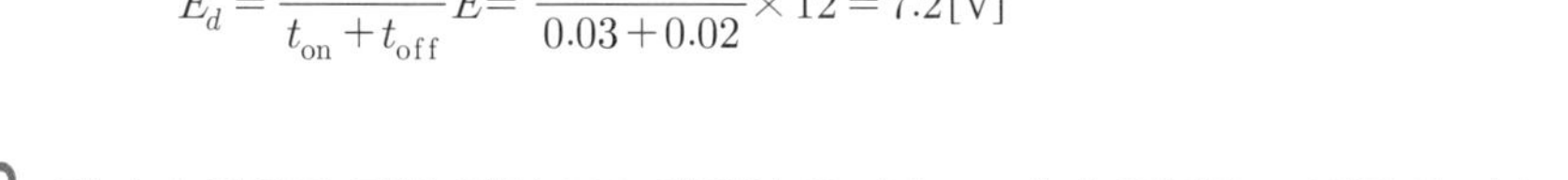

$$E_d = \frac{t_{on}}{t_{on}+t_{off}}E = \frac{0.03}{0.03+0.02}\times 12 = 7.2[\mathrm{V}]$$

★

100 **전기자 전압을 전원 전압으로 일정히 유지하고, 계자 전류를 조정하여 자속 Φ[Wb]를 변화시킴으로써 속도를 제어하는 제어법은?** 07년 출제

① 계자 제어법 ② 전기자 전압 제어법

③ 저항 제어법 ④ 전압 제어법

해설 계자 제어 방식 : 계자 권선에 직렬로 계자 조정 저항기를 접속하여 계자 전류 조정에 의한 자속 Φ를 변화시킴으로써 속도를 제어하는 제어법으로 제어하는 전류가 작기 때문에 손실도 적고, 속도 제어가 전기자 전류에 거의 관계없이 이루어지므로 정출력 가변 속도의 용도에 적합하다.

★

101 **직류 전동기의 속도 제어법에서 정출력 제어에 속하는 것은?** 08년 출제

① 계자 제어법 ② 전기자 저항 제어법

③ 전압 제어법 ④ 워드 레오나드 제어법

해설 계자 제어 : 계자 권선에 직렬로 계자 조정 저항기를 접속하여 계자 전류 조정에 의한 자속 Φ를 변화시킴으로써 속도를 제어하는 제어법으로 제어하는 전류가 작기 때문에 손실도 적고, 속도 제어가 전기자 전류에 거의 관계없이 이루어지므로 정출력 가변 속도의 용도에 적합하다.

계자 제어
㉠ 자속 Φ 조절
㉡ 정출력 제어

★

102 **직류 분권 전동기의 공급 전압의 극성을 반대로 하면 회전 방향은?** 12년 출제

① 변하지 않는다. ② 반대로 된다.

③ 회전하지 않는다. ④ 발전기로 된다.

해설 직류 전동기를 역회전시키기 위해 전기자 회로와 계자 회로의 극성을 동시에 바꾸면 $\tau = K\Phi I_a = K(-\Phi)(-I_a) = K\Phi I_a$가 되므로 전동기 회전 방향은 변하지 않는다.

직류 전동기의 역회전
계자 회로, 전기자 회로 중에서 어느 한 회로의 극성을 반대로 한다.

★★★

103 **직류 전동기의 회전 방향을 바꾸려면?** 07년/10년/12년 출제

① 전기자 전류의 방향과 계자 전류의 방향을 동시에 바꾼다.

② 발전기로 운전시킨다.

③ 계자 권선 또는 전기자 권선의 접속을 바꾼다.

④ 차동 복권을 가동 복권으로 바꾼다.

유도 전동기를 역회전하는 방법은 3상 중 2상의 접속을 반대로 한다.

정답 100.① 101.① 102.① 103.③

해설 직류 전동기를 역회전시키기 위해 전기자 회로와 계자 회로의 극성을 동시에 바꾸면 $\tau = K\Phi I_a = K(-\Phi)(-I_a) = K\Phi I_a$가 되므로 전동기 회전 방향은 변하지 않는다. 따라서 전동기 회전 방향을 바꾸기 위해서는 계자 권선이나 전기자 권선 중 어느 한 권선에 대한 극성(전류 방향)만 반대 방향으로 접속 변경한다.

직류 전동기의 제동
㉠ 역전 제동 : 급제동 목적
㉡ 회생 제동 : 전기철도 사용
㉢ 발전 제동 : 직·교류 전동기

★
104 직류 전동기의 전기적 제동법이 아닌 것은? 13년 출제

① 발전 제동 ② 회생 제동
③ 역전 제동 ④ 저항 제동

해설 직류 전동기의 제동법 : 역전 제동, 발전 제동, 회생 제동 등

★★
105 다음 제동 방법 중 급정지하는 데 가장 좋은 제동 방법은? 07년/08년 출제

① 발전 제동 ② 회생 제동
③ 단상 제동 ④ 역전 제동

해설 역전 제동(plugging) : 전동기 전기자 회로의 극성을 반대로 접속하여 그때 발생하는 역토크를 이용하여 전동기를 급제동시키는 방식

전동기 제동
㉠ 발전 제동 : 전동기를 발전기로 동작시켜 제동
㉡ 회생 제동 : 기전력을 전원 전압보다 크게 하여 제동

★
106 발전 제동의 설명으로 잘못된 것은? 06년 출제

① 직류 전동기는 전기자 회로를 전원에서 끊고 저항을 접속한다.
② 유도 전동기는 1차 권선에 직류를 통하고 2차 쪽(회전자)은 단락한다.
③ 전동기를 발전기로 운전하여 회전 부분의 운동 에너지를 전기 회로 중의 저항에서 열로 소비시키면서 제동하는 방법이다.
④ 전동기의 유도 기전력을 전원 전압보다 높게 한다.

해설
- 발전 제동 : 전동기 전기자 회로를 전원에서 차단하는 동시에 계속적으로 회전하고 있는 전동기를 발전기로 동작시켜 이때 발생되는 전기자의 역기전력을 전기자에 병렬 접속된 외부 저항에서 열로 소비하여 제동하는 방식
- 회생 제동 : 기전력을 전원 전압보다 크게 하여 제동

회생 제동
㉠ 전동기 운동 에너지를 발전기로 작용하여 역기전력이 전원 전압보다 크게 하여 이것을 전원으로 돌려보내 제동하는 방식
㉡ 전기철도에서 이용

★★
107 전동기의 제동에서 전동기가 가지는 운동 에너지를 전기 에너지로 변환시키고 이것을 전원에 변환하여 전력을 회생시킴과 동시에 제동하는 방법은? 10년/14년 출제

① 발전 제동(dynamic braking)
② 역전 제동(plugging braking)
③ 맴돌이 전류 제동(eddy current braking)
④ 회생 제동(regenerative braking)

정답 104.④ 105.④ 106.④ 107.④

해설 회생 제동 : 전동기의 전원을 접속한 상태에서 전동기가 가지는 운동 에너지를 발전기로 동작시켜 전동기에서 유기되는 역기전력이 전원 전압보다 더 크게 발생한 후 이것을 유효하게 이용하기 위해 전원으로 돌려보내어 전동기를 제동하는 것으로 운동 에너지의 흡수가 상당한 시간 동안 계속되어야 할 필요가 있다.

108 직류기의 손실 중 기계손에 속하는 것은? 12년 출제

① 풍손 ② 와전류손
③ 히스테리시스손 ④ 표유 부하손

해설 직류기의 손실
- 고정손(무부하손) : 철손, 히스테리시스손
  - 철손(P_i) : 히스테리시스손, 와류손
  - 기계손(P_m) : 마찰손, 풍손
- 가변손(부하손) : 동손(P_c), 표유 부하손(P_s)

직류기 손실
㉠ 무부하손 : 철손, 기계손
㉡ 부하손 : 동손, 표유 부하손
㉢ 기계손 : 마찰손, 풍손

109 측정이나 계산으로 구할 수 없는 손실로 부하 전류가 흐를 때 도체 또는 철심 내부에서 생기는 손실을 무엇이라 하는가? 11년 출제

① 구리손 ② 히스테리시스손
③ 표유 부하손 ④ 맴돌이 전류손

해설 표유 부하손 : 철심에 부하 전류를 흘려주면 누설 자속이 증가하여 자속의 일그러짐이 발생하는 손실이다.

110 전기 기계의 효율 중 발전기의 규약 효율 η_G는? (단, 입력 P, 출력 Q, 손실 L로 표현한다.) 10년 출제

① $\eta_G = \dfrac{P-L}{P} \times 100[\%]$ ② $\eta_G = \dfrac{P-L}{P+L} \times 100[\%]$

③ $\eta_G = \dfrac{Q}{P} \times 100[\%]$ ④ $\eta_G = \dfrac{Q}{Q+L} \times 100[\%]$

해설 규약 효율 : 전기 에너지를 기준으로 하여 정한 것으로 발전기는 전기 에너지가 출력이므로 출력을 통해서 표현하고, 전동기는 전기 에너지가 입력이므로 입력을 통해서 효율을 표현한다.

- 발전기 $\eta_G = \dfrac{\text{출력}}{\text{출력}+\text{손실}} \times 100[\%]$
- 전동기 $\eta_M = \dfrac{\text{입력}-\text{손실}}{\text{입력}} \times 100[\%]$

규약 효율
㉠ 전기 에너지를 기준으로 정한 효율
㉡ 발전기 : 전기 에너지(출력)
$\eta_G = \dfrac{\text{출력}}{\text{출력}+\text{손실}} \times 100[\%]$

정답 108.① 109.③ 110.④

전동기 규약 효율은 전기 에너지가 입력이므로 입력 기준이다.

효율 $= \dfrac{출력}{입력}$

$= \dfrac{입력-손실}{입력} \times 100[\%]$

111 직류 전동기의 규약 효율을 표시하는 식은? 07년 출제

① $\dfrac{출력}{출력+손실} \times 100[\%]$

② $\dfrac{출력}{입력} \times 100[\%]$

③ $\dfrac{입력-손실}{입력} \times 100[\%]$

④ $\dfrac{입력}{출력+손실} \times 100[\%]$

해설 규약 효율 : 전기 에너지를 기준으로 하여 정한 것으로 발전기는 전기 에너지가 출력이므로 출력을 통해서 표현하고, 전동기는 전기 에너지가 입력이므로 입력을 통해서 효율을 표현한다.

- 발전기 $\eta_G = \dfrac{출력}{출력+손실} \times 100[\%]$
- 전동기 $\eta_M = \dfrac{입력-손실}{입력} \times 100[\%]$

입력 = 출력 + 손실

112 입력이 12.5[kW], 출력 10[kW]일 때 기기의 손실은 몇 [kW]인가? 09년 출제

① 2.5 ② 3
③ 4 ④ 5.5

해설 손실 = 입력 − 출력 = 12.5 − 10 = 2.5[kW]

효율

$\eta = \dfrac{출력}{입력} \times 100[\%]$

113 효율 80[%], 출력 10[kW]일 때 입력은 몇 [kW]인가? 07년 출제

① 7.5 ② 10
③ 12.5 ④ 20

해설 효율 $\eta = \dfrac{출력}{입력} \times 100[\%]$에서 입력 $= \dfrac{출력}{효율} \times 100[\%]$이므로

$\therefore$ 입력 $= \dfrac{10}{80} \times 100 = 12.5[kW]$

114 출력 10[kW], 효율 80[%]인 기기의 손실은 약 몇 [kW]인가? 09년/10년 출제

① 0.6 ② 1.1
③ 2.0 ④ 2.5

해설 효율 $\eta = \dfrac{출력}{입력} \times 100[\%]$에서 입력 $= \dfrac{출력}{효율} \times 100 = \dfrac{10}{80} \times 100 = 12.5[kW]$

$\therefore$ 손실 = 입력 − 출력 = 12.5 − 10 = 2.5[kW]

정답 111.③ 112.① 113.③ 114.④

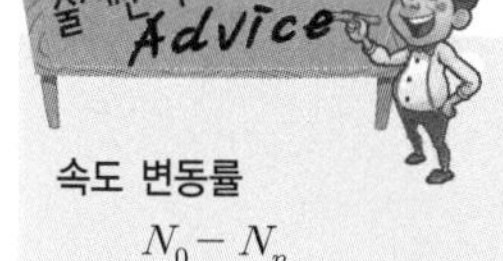

속도 변동률

$\varepsilon = \dfrac{N_0 - N_n}{N_n} \times 100[\%]$

115 직류 전동기에 있어 무부하일 때의 회전수 N_0는 1,200[rpm], 정격 부하일 때의 회전수 N_n은 1,150[rpm]이라 한다. 속도 변동률[%]은? 10년 출제

① 약 3.45 ② 약 4.16
③ 약 4.35 ④ 약 5.0

해설 $\varepsilon = \dfrac{N_0 - N_n}{N_n} \times 100[\%] = \dfrac{1{,}200 - 1{,}150}{1{,}150} \times 100[\%] \fallingdotseq 4.35[\%]$

116 직류 전동기에서 전부하 속도가 1,500[rpm], 속도 변동률이 3[%]일 때, 무부하 회전 속도는 몇 [rpm]인가? 12년 출제

① 1,455 ② 1,410
③ 1,545 ④ 1,590

해설 속도 변동률 $\varepsilon = \dfrac{N_0 - N_n}{N_n} \times 100[\%]$에서

무부하 속도 $N_0 = (1+\varepsilon)N_n = (1+0.03) \times 1{,}500 = 1{,}545[\text{rpm}]$

117 직류 전동기의 최저 절연 저항 값은? 12년 출제

① $\dfrac{\text{정격 전압[V]}}{1{,}000+\text{정격 출력[kW]}}$ ② $\dfrac{\text{정격 전압[kW]}}{1{,}000+\text{정격 입력[kW]}}$

③ $\dfrac{\text{정격 입력[kW]}}{1{,}000+\text{정격 전압[V]}}$ ④ $\dfrac{\text{정격 전압[V]}}{1{,}000+\text{정격 입력[kW]}}$

해설 • 직류기 절연 저항의 최저값 $R = \dfrac{\text{정격 전압[V]}}{\text{정격 출력[kW]}+1{,}000}[\text{M}\Omega]$

• 회전 속도를 고려한 경우 $R = \dfrac{\text{정격 전압[V]} + \dfrac{\text{매분 회전수}}{3}}{\text{정격 출력[kW]}+2{,}000} + 0.5[\text{M}\Omega]$

∴ 직류 전동기의 최저 절연 저항값은 $\dfrac{\text{정격 전압[V]}}{1{,}000+\text{정격 출력[kW]}}$이다.

118 교류 동기 서보 모터에 비하여 효율이 훨씬 좋고 큰 토크를 발생하여 입력되는 각 전기 신호에 따라 규정된 각도만큼씩 회전하며 회전자는 축 방향으로 자화된 영구 자석으로서 보통 50개 정도의 톱니로 만들어져 있는 것은? 07년 출제

① 전기 동력계 ② 유도 전동기
③ 직류 스테핑 모터 ④ 동기 전동기

직류 스테핑 모터
㉠ 입력 신호에 따라 규정각 만큼 회전
㉡ 전동기 출력을 이용하여 속도, 거리, 방향 등의 제어

정답 115.③ 116.③ 117.① 118.③

해설 직류 스테핑 모터는 전기 신호를 받아 회전 운동으로 바꾸고 기계적 이동을 하게 한 전동기로 자동 제어 장치를 제어할 때 주로 사용한다.

- 교류 동기 서보 모터에 비하여 효율이 훨씬 좋고, 큰 토크를 발생한다.
- 입력되는 각 전기 신호에 따라 규정된 각만큼 회전한다.
- 전동기 출력을 이용 속도, 거리, 방향 등을 정확하게 제어할 수 있다.

특수 직류기
㉠ 단극 발전기
㉡ 승압기
㉢ 전기 동력계

119 다음 중 특수 직류기가 아닌 것은? 12년 출제

① 고주파 발전기 ② 단극 발전기
③ 승압기 ④ 전기 동력계

해설 특수 직류기

- 단극 발전기 : 일정 방향의 기전력을 얻어 정류자가 필요 없는 발전기
- 승압기 : 직류 회로의 전압을 제어하기 위해서 회로에 직렬로 접속된 직류 발전기
- 전기 동력계 : 전동기와 같은 원동기 출력 측정 시 사용하는 것

∴ 고주파 발전기는 상용 주파수보다 높은 주파수의 회전 발전기를 말하며, 항공기나 선박 등의 무선기 전원으로서 사용되는 400[Hz] 발전기, 고주파 전기로용의 1~10[KHz] 발전기 등이 있다.

직류 스테핑 모터
㉠ 입력 신호에 따라 규정각 만큼 회전
㉡ 전동기 출력 이용 속도, 거리, 방향 등의 제어

120 자동 제어 장치의 특수 전기 기기로 사용되는 전동기는? 08년 출제

① 전기 동력계 ② 3상 유도 전동기
③ 직류 스테핑 모터 ④ 초동기 전동기

해설 직류 스테핑 모터는 전기 신호를 받아 회전 운동으로 바꾸고 기계적 이동을 하게 한 전동기로 전동기 출력을 이용하여 속도, 거리, 방향 등을 정확하게 제어할 수 있기 때문에 자동 제어 장치를 제어하는 데 사용한다.

121 직류 스테핑 모터(DC stepping motor)의 특징 설명 중 가장 옳은 것은? 06년 출제

① 교류 동기 서보 모터에 비하여 효율이 나쁘고 토크 발생도 작다.
② 이 전동기는 입력되는 각 전기 신호에 따라 계속하여 회전한다.
③ 이 전동기는 일반적인 공작 기계에 많이 사용된다.
④ 이 전동기의 출력을 이용하여 특수 기계의 속도, 거리, 방향 등을 정확하게 제어가 가능하다.

해설 직류 스테핑 모터는 전기 신호를 받아 회전 운동으로 바꾸고 기계적 이동을 하게 한 전동기로 자동 제어 장치를 제어할 때 주로 사용한다.

- 교류 동기 서보 모터에 비하여 효율이 훨씬 좋고, 큰 토크를 발생한다.
- 입력되는 각 전기 신호에 따라 규정된 각만큼 회전한다.
- 전동기 출력을 이용 속도, 거리, 방향 등을 정확하게 제어할 수 있다.

정답 119.① 120.③ 121.④

동기기

01 동기 발전기의 원리 및 구조

자주 출제되는 Key Point

동기 발전기
㉠ 동기 속도 회전
$N_s = \frac{120f}{P}$ [rpm]
㉡ 회전 계자형 발전기

1 동기기의 개념

속도(N_s)와 주파수(f)가 일정한 회전기이다.

(1) 동기 발전기 : 90[%]
회전 계자형을 채용(회전 전기자형은 극히 작은 특수한 것 외에는 사용되지 않음)

(2) 동기 전동기 : 10[%]

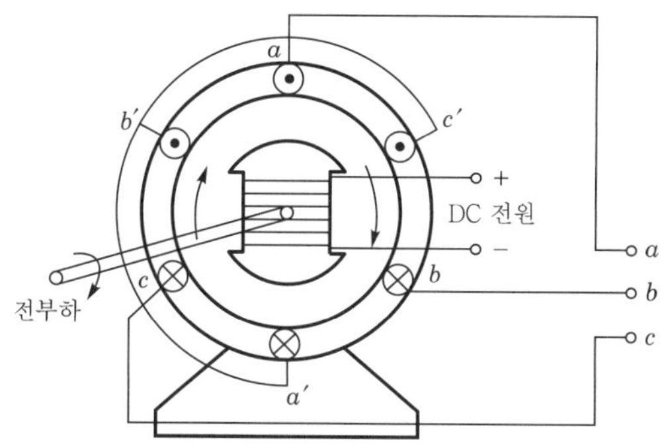

2 동기기의 원리

회전자 도체에 직류 전류를 흘려 자속을 발생시킨 후 회전자를 일정 속도로 회전시키면 고정자 권선에는 각각 위상차가 120°만큼의 3상 교류 기전력이 발생한다.

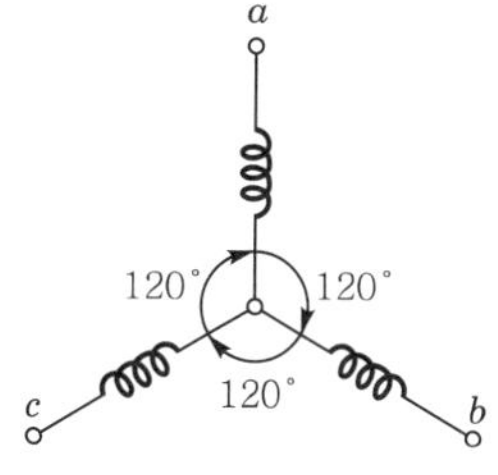

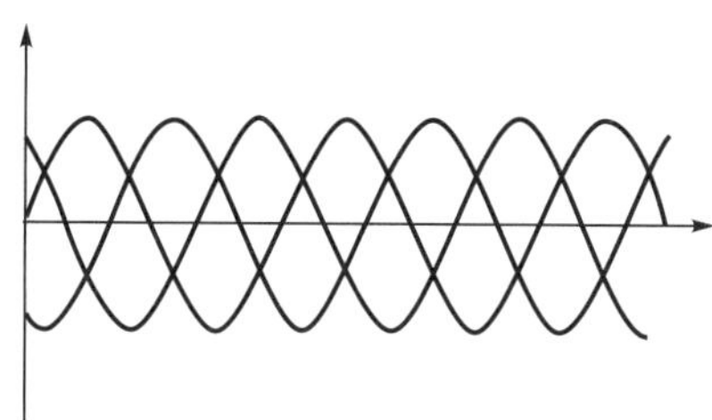

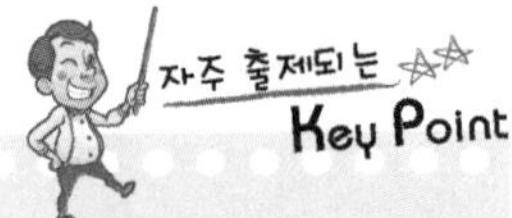

Y결선 채용 이유
㉠ 권선 열화 감소
㉡ 고조파 순환 전류 방지
㉢ 고장 검출 용이

동기 속도
$N_s = \frac{120f}{P}$ [rpm]

(1) 전기자를 Y결선으로 하는 이유

① 선간 전압에 비해 상전압이 낮으므로 코로나에 의한 권선의 열화를 감소시킬 수 있고, 절연상 △결선에 비해 유리하다.
② 제3고조파 등에 의한 순환 전류가 흐르지 않는다.
③ 중성점을 접지할 수 있으므로 이상전압에 대한 방지 대책이 용이하다.

(2) 동기 속도

발전기 극수 P와 전기자 회전수 n[rps], 주파수 f[Hz] 간에는 $f = \frac{P}{2}n$ 관계가 성립하므로 다음과 같은 동기 속도식을 구할 수 있다.

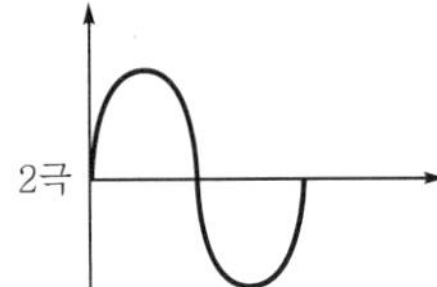

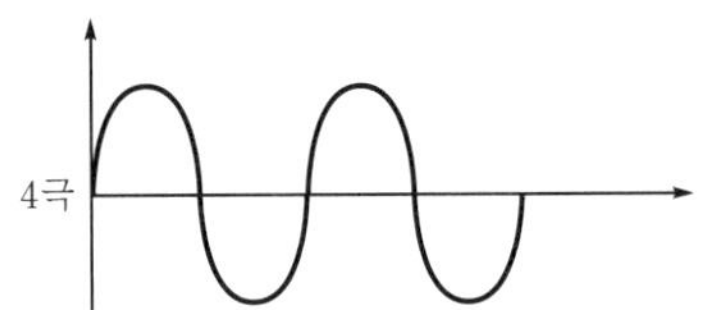

$f = \frac{P}{2}n$에서 초당 회전수 $n = \frac{2f}{P}$ [rps]이므로 분당 회전수[rpm]으로 환산하면 다음과 같다.

$$N_s = \frac{120f}{P} \text{ [rpm]}$$

3 동기기의 구조

(1) 고정자(전기자)

자속 Φ를 끊어 기전력을 유기시키는 부분으로 3상 전기자 권선은 Y결선으로 한다.

Y, △결선의 비교

Y결선	△결선
• 선간 전압 : $V_l = \sqrt{3}\, V_P$ • 선전류 : $I_l = I_P$ • 선간 전압이 존재하는 이유는 각 상전압 간에 위상차가 존재하기 때문이다. • 동위상전압은 선간에 나타날 수 없다.	• 선간 전압 : $V_l = V_P$ • 선전류 : $I_l = \sqrt{3}\, I_P$ • 선전류가 존재하는 이유는 각 상전류 간에 위상차가 존재하기 때문이다. • 동위상전류는 선으로 흘러나올 수 없다.

여기서, V_l : 선간 전압, V_p : 상전압, I_l : 선전류, I_p : 상전류

자주 출제되는 Key Point

(2) 회전자(계자)

자속 Φ를 발생하여 전기자에 공급하는 부분으로 그 형태에 따라 돌극형과 비돌극형으로 분류할 수 있다.

① 회전자 형태에 의한 분류

돌극형(철극형)	비돌극형(원통형)
• 공극이 불균일하다. • 극수가 많다. • 저속기(수차 발전기)	• 공극이 균일하다. • 극수가 적다. • 고속기(터빈 발전기)

② 회전 계자형을 사용하는 이유

㉠ 기계적인 측면

- 계자의 철의 분포가 전기자에 비해 크므로 더 튼튼한 계자를 회전시키는 것이 유리하다.
- 원동기측에서 구조가 간단한 계자를 회전시키는 것이 더 유리하다.

㉡ 전기적인 측면

- 교류 고압인 전기자보다 직류 저압인 계자를 회전시키는 것이 위험성이 작다.
- 교류 고압인 전기자가 고정되어 있으므로 절연이 용이하다.

계자 형태에 따른 분류
㉠ 돌극형(철극형)
다극기, 저속기(수차 발전기)
㉡ 비돌극형(원통형)
소극기, 고속기(터빈 발전기)

(3) 여자기

계자 권선에 전류를 계자 철심을 여자시키기 위한 부분으로 DC 100~250[V]의 직류 전압을 인가한다.

(4) 냉각 장치

수소 냉각 방식을 채용한다.

① **장점** : 수소의 비중이 공기에 비해 작고, 비열이 공기에 비해 크다.

㉠ 비중이 공기의 약 7[%] 정도이므로 풍손이 약 $\frac{1}{10}$ 정도로 감소한다.

㉡ 비열이 공기의 약 14배이므로 열전도율이 약 7배가 되어 냉각 효과가 커진다.

㉢ 냉각 효과 증대에 의한 발전기 출력이 약 25[%] 정도 증가한다.

㉣ 폐쇄형이므로 수명이 길고 소음이 작다.

② **단점** : 수소의 순도가 떨어질 경우 폭발할 우려가 있다.

㉠ 폭발방지(방폭) 설비를 갖추어야 한다.

㉡ 설비비가 고가이다.

수소 냉각 방식의 특성
㉠ 풍손 감소
㉡ 냉각 효과 증가
㉢ 발전기 출력 증가
㉣ 수명 증가, 소음 감소
㉤ 폭발방지(방폭) 설비 필요
㉥ 설비비 고가

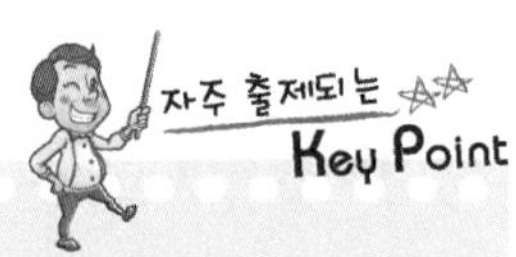

02 동기 발전기 이론

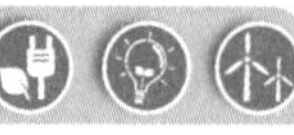

1 전기자 권선법

전기자 권선법
고상권, 이층권, 중권, 단절권, 분포권, 폐로권

직류 발전기와 마찬가지로 고상권, 폐로권, 이층권, 중권(병렬권)을 사용하면서 동기 발전기에서는 단절권, 분포권 등을 채용한다.

(1) 단절권

① **전절권** : 코일 간격과 극 간격을 같게 하는 권선법

② **단절권** : 코일 간격을 극 간격보다 작게 하는 권선법

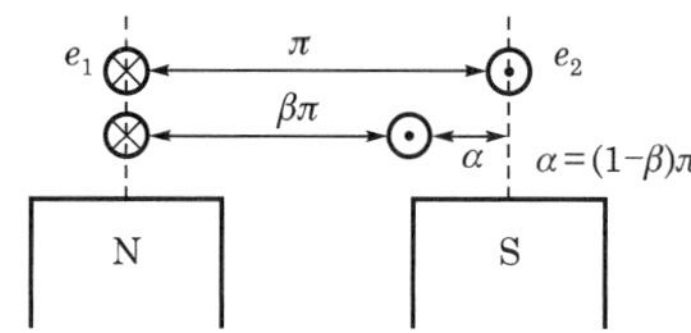

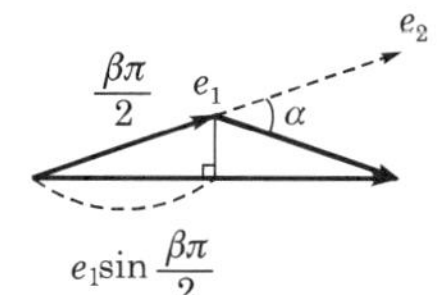

단절 비율
$\beta=\frac{\text{코일 간격 슬롯수}}{\text{전 슬롯수/극수}}$

㉠ 단절 비율 : $\beta=\frac{\text{코일 간격}}{\text{극 간격}}=\frac{\text{코일 간격 슬롯수}}{\text{전 슬롯수/극수}}$

㉡ 전절권의 합성 기전력 : $|e_1|=|e_2|=e$이므로 $2e$

㉢ 단절권의 합성 기전력 : $2e_1\sin\frac{\beta\pi}{2}$

단절 계수
$\sin\frac{\beta\pi}{2}$

㉣ 단절 계수 : $K_P=\frac{\text{단절권의 합성 기전력}}{\text{전절권의 합성 기전력}}=\frac{2e_1\sin\frac{\beta\pi}{2}}{2e}=\sin\frac{\beta\pi}{2}$

- 기본파 단절 계수 : $K_P=\sin\frac{\beta\pi}{2}$
- 제n고조파 단절 계수 : $K_{Pn}=\sin\frac{n\beta\pi}{2}$
- 단절권의 특징
  - 고조파를 제거하여 좋은 파형을 얻을 수 있다.
  - 동량의 감소에 의한 기계적인 크기가 감소한다.
  - 동량이 감소하므로 가격이 싸다.
  - 전절권에 비해 유기 기전력이 K_P배로 감소한다.

단절권 특성
㉠ 고조파 제거에 따른 파형 개선
㉡ 동량(권선량) 감소
㉢ 기전력의 크기 감소

(2) 분포권

① **집중권** : 매극 매상의 도체를 한 슬롯에 집중시켜 감아주는 권선법

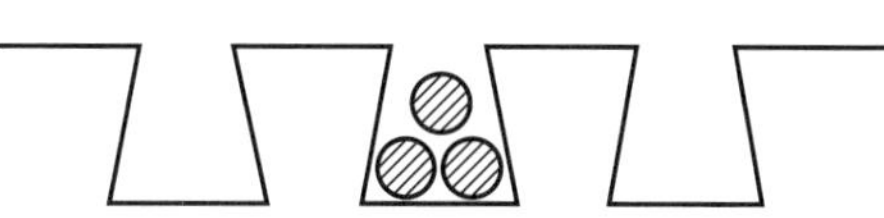

② 분포권 : 매극 매상의 도체를 각각의 슬롯에 분포시켜 감아주는 권선법

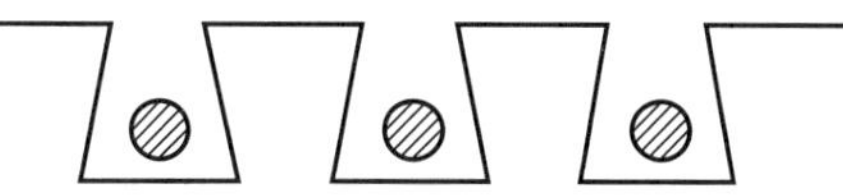

③ 매극 매상당 슬롯수 : $q = \dfrac{\text{총 슬롯수}}{\text{상수} \times \text{극수}}$

④ 매극 매상당 슬롯수에서 한 슬롯 간 간격 : $\alpha = \dfrac{\pi}{\text{상수}(m) \times q}$

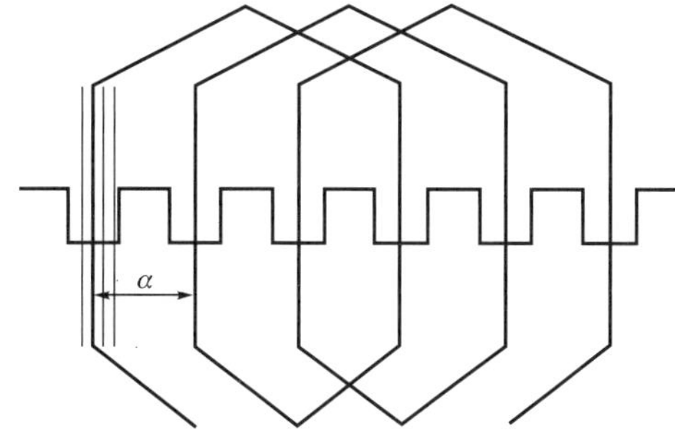

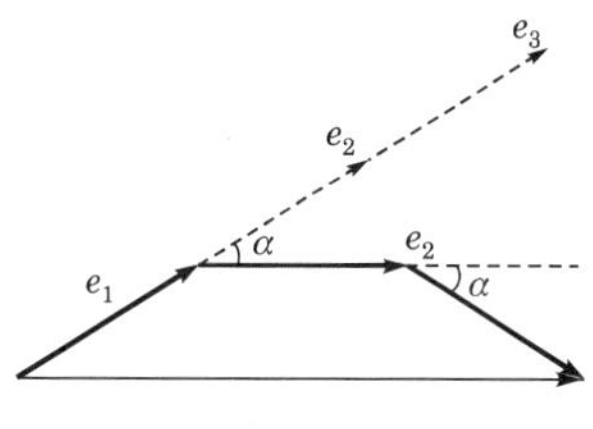

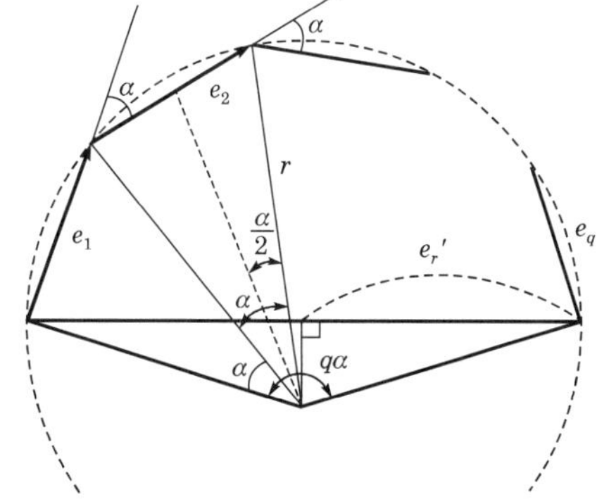

$$e = 2r\sin\frac{\alpha}{2}$$

$$e = 2e_r{}' = 2r\sin\frac{q\alpha}{2}$$

$$\alpha = \frac{\pi}{mq}$$

⑤ 집중권의 합성 기전력 : $q_e = q2r\sin\dfrac{\alpha}{2}$

⑥ 분포권의 합성 기전력 : $e_r = 2r\sin\dfrac{q\alpha}{2}$

⑦ 분포 계수 : $K_d = \dfrac{\text{분포권의 합성 기전력}}{\text{집중권의 합성 기전력}} = \dfrac{2r\sin\dfrac{\pi}{2m}}{q2r\sin\dfrac{\pi}{2mq}} = \dfrac{\sin\dfrac{\pi}{2m}}{q\sin\dfrac{\pi}{2mq}}$

㉠ 기본파 분포 계수 : $K_d = \dfrac{\sin\dfrac{\pi}{2m}}{q\sin\dfrac{\pi}{2mq}}$

㉡ 제n고조파 분포 계수 : $K_{dn} = \dfrac{\sin\dfrac{n\pi}{2m}}{q\sin\dfrac{n\pi}{2mq}}$

㉢ 분포권의 특징

- 고조파를 제거하여 좋은 파형을 얻을 수 있다.
- 누설 리액턴스가 작다($L \propto N^2$).
- 코일에서의 열 발산이 고르게 분포되므로 권선의 과열을 방지할 수 있다.
- 집중권에 비해 유기 기전력이 K_d배로 감소한다.

분포권의 특성
㉠ 고조파 제거에 따른 파형의 개선
㉡ 누설 리액턴스 감소
㉢ 냉각 효과 증가
㉣ 기전력의 크기 감소

(3) 권선 계수

동기 발전기에서 단절 계수와 분포 계수를 곱한 값으로 단절 계수와 분포 계수가 일반적으로 1보다 작으므로 권선 계수 K_ω도 1보다 작은 값이 된다.

$$K_\omega = K_P \times K_d$$

2 동기 발전기의 유기 기전력

동기 발전기의 유기 기전력은 한 상에 대한 값이므로 공칭 전압인 선간 전압은 $\sqrt{3}$배 한 값으로 하여야 한다.

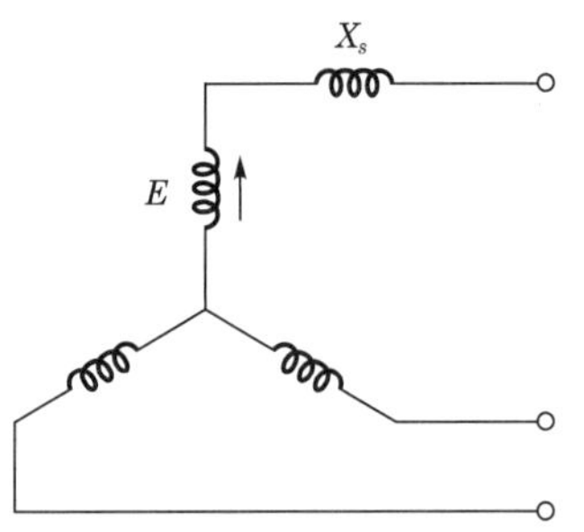

한 상의 유기 기전력 : $E = 4.44 f N \Phi K_\omega$ [V]

여기서, f : 주파수[Hz], N : 한 상의 직렬 전체 권수[T]
Φ : 매극당 평균 자속[Wb], K_ω : 권선 계수

유기 기전력의 크기
$E = 4.44 f N\Phi K_w$[V]

전기자 도체 유기 기전력
$e = uBl$[V]

- 전기자 도체 1개 유기 기전력 : $e = vBl(B = B_m \sin\omega t)$
- 주변 속도 : $v = \dfrac{\pi D N_s}{60} = \pi D n_s = \dfrac{\pi D 2f}{P}$ [m/sec]
- 평균 자속 밀도 : $B_{av} = \dfrac{P\Phi}{\pi D l}$ [Wb/m²]
- 한 상의 유기 기전력 : $E = 4.44 f N \Phi K_\omega$ [V]

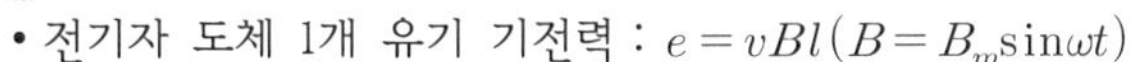

(1) 주파수(f)

주파수 f[Hz]가 문제에서 주어지지 않는 경우 동기 속도 N_s에서 구한다.

$$N_s = \frac{120f}{P} \text{ [rpm]}$$

동기 속도
$N_s = \dfrac{120f}{P}$ [rpm]

(2) 한 상의 직렬 전체 권수(N)

한 상의 직렬 전체 권수 N[T]이 문제에서 주어지지 않는 경우 다음 식을 통해서 구할 수 있다.

$$N = \frac{\text{총 슬롯수} \times \text{한 슬롯당 도체수}}{\text{상수} \times 2} = \frac{\text{총 슬롯수} \times \text{코일 권수}}{3\text{상}}$$

정격 전압, 단자 전압 : 선간 전압

- Y결선 : $V = \sqrt{3} \times 4.44 f N \Phi K_\omega$ [V]
- △결선 : $V = 4.44 f N \Phi K_\omega$ [V]

3 동기기의 전기자 반작용

(1) 동기 발전기의 전기자 반작용

3상 부하 전류(전기자 전류)에 의한 자속이 주자속인 계자 자속에 영향을 미치는 현상으로 직류 발전기와 달리 부하 역률에 따라 변화한다.

① **교차 자화 작용(횡축 반작용)** : R부하인 경우 발생하는 현상으로 기전력 E에 대해 동위상 특성을 갖는 전기자 전류 I_a가 흐를 경우 주자속에 대해 전기자 자속이 직각으로 교차하기 때문에 교차 자화 작용, 또는 전기자 자속에 대해 주자속이 횡으로 교차하기 때문에 횡축 반작용이라고도 하는데

동기 발전기의 전기자 반작용
㉠ R부하 : 교차 자화 작용
㉡ L부하 : 감자 작용
㉢ C부하 : 증자 작용

자주 출제되는 Key Point

자극 끝에서는 일부 증자 작용과 일부 감자 작용이 발생한다.

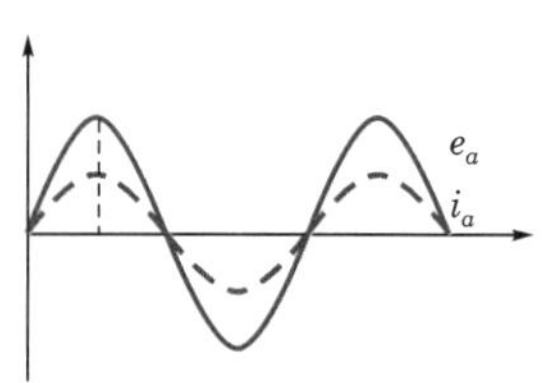

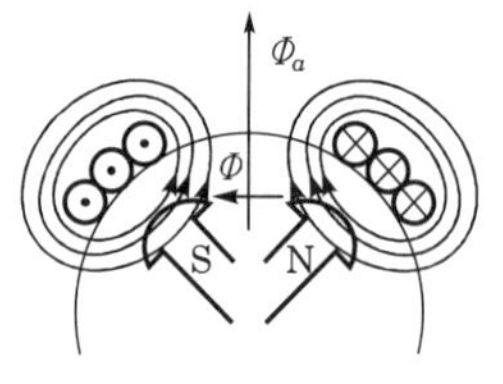

② 감자 작용(직축 반작용) : L 부하인 경우 발생하는 현상으로 기전력 E에 대해 위상이 90° 늦은 전기자 전류 I_a가 흐를 경우 주자속에 대해 전기자 자속이 반대 방향이 되어 주자속을 감소시키기 때문에 감자 작용이라 하는데 특히 전기자 자속이 계자 자극축과 일치하기 때문에 직축 반작용이라고도 한다.

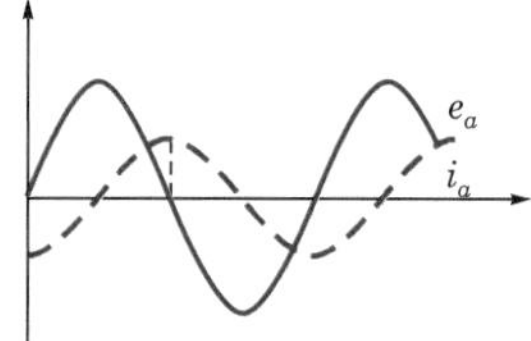

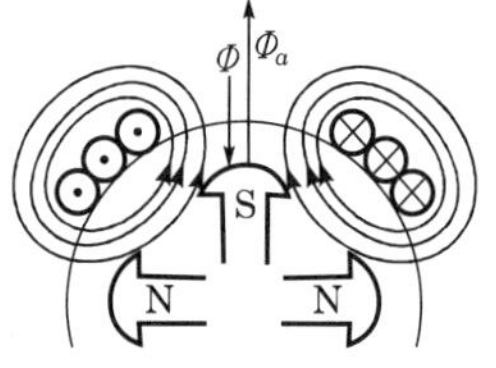

③ 증자 작용(직축 반작용) : C 부하인 경우 발생하는 현상으로 기전력 E에 대해 위상이 90° 앞선 전기자 전류 I_a가 흐를 경우 주자속에 대해 전기자 자속이 같은 방향이 되어 주자속을 증가시키기 때문에 증자 작용이라 하는데 특히 전기자 자속이 계자 자극 축과 일치하기 때문에 직축 반작용이라고도 한다.

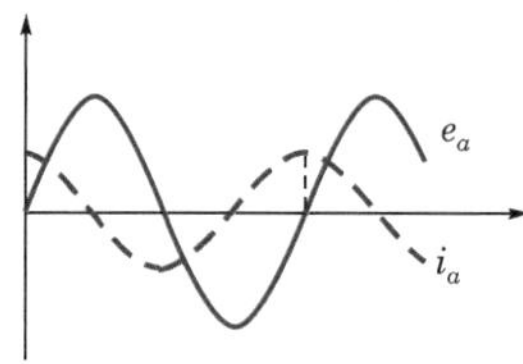

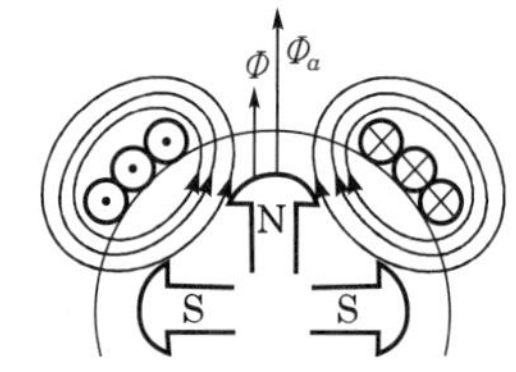

(2) 동기 전동기의 전기자 반작용

전동기는 발전기와 달리 정격 전압 V[V]를 인가하여 전기자에 전류가 흐르는 경우이므로 발전기와 반대 특성을 갖는다. 이 경우 전류의 위상과 전기자 반작용 관계는 역기전력인 $-E$를 유도하고 있는 발전기로 생각할 때 지상 전류는 증자 작용, 진상 전류는 감자 작용을 한다.

① 감자 작용 : C부하 등으로 인해 단자 전압 V에 대해 위상이 90° 앞선 전기자 전류 I_a가 흐를 경우 발생한다.

② 증자 작용 : L부하 등으로 인해 단자 전압 V에 대해 위상이 90° 늦은 전기자 전류 I_a가 흐를 경우 발생한다.

자주 출제되는 Key Point

동기 전동기 전기자 반작용

㉠ R부하 : 동상 전류

㉡ L부하 : 증자 작용

㉢ C부하 : 감자 작용

깐깐 정리 **동기 발전기, 전동기 전기자 반작용**

부하 종류	동기 발전기	동기 전동기
R부하(동상 전류 $I\cos\theta$)	교차 자화 작용(횡축 반작용)	–
L부하(지상 전류 $-jI\sin\theta$)	감자 작용(직축 반작용)	증자 작용
C부하(진상 전류 $jI\sin\theta$)	증자 작용(직축 반작용)	감자 작용

(3) 외부 특성 곡선과 전압 변동률

① 외부 특성 곡선 : 단자 전압 V가 부하 전류 I와 역률 $\cos\theta$에 따라 변화한다.

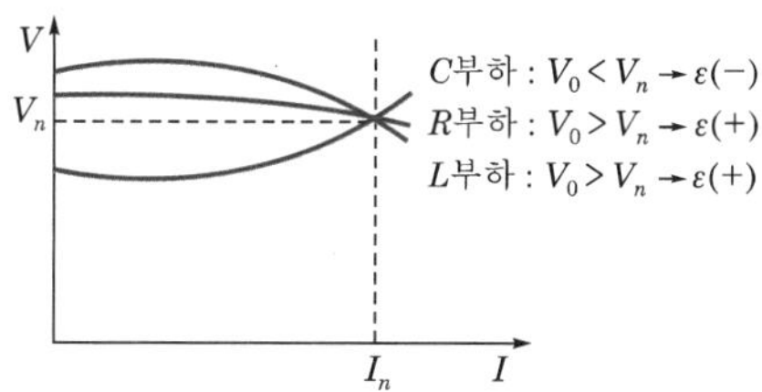

② 전압 변동률 : 발전기 등에서 정격 속도, 정격 전류 및 정격 출력으로 운전하고, 속도를 일정하게 유지하면서 정격 부하에서 무부하로 하였을 때 전압이 변동하는 비율이다.

$$\varepsilon = \frac{V_0 - V_n}{V_n} \times 100\,[\%]$$

여기서, V_0 : 무부하 전압, V_n : 정격 전압

4 동기 발전기의 출력

(1) 동기 발전기의 등가 회로

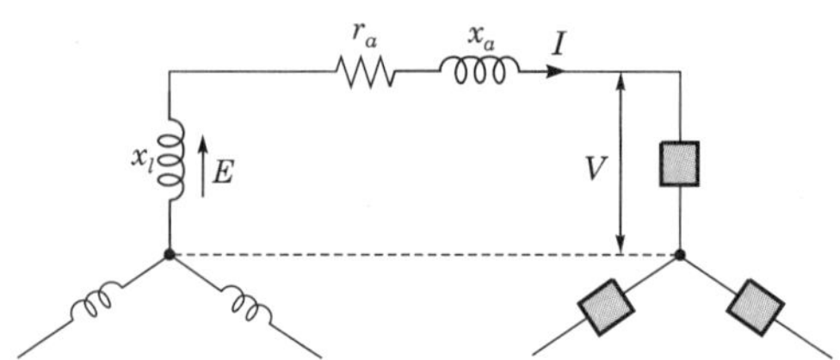

여기서, r_a : 전기자 저항, x_l : 전기자 누설 리액턴스, x_a : 전기자반작용 리액턴스
E : 유기 기전력, V : 단자 전압

① **전기자 누설 리액턴스(x_l)** : 전기자 전류에 의한 자속 중 전기자 권선 코일단 부분에서 발생하는 누설 자속으로 인해 발생하는 리액턴스

② **전기자 반작용 리액턴스(x_a)** : 부하 존재 시 전기자 전류에 의한 자속 중 전기자 권선 코일변 부분에서 발생하는 전기자 반작용 자속으로 인해 발생하는 리액턴스

③ **동기 리액턴스** : $x_s = x_l + x_a$

④ **동기 임피던스** : 동기 발전기에서 전기자 권선 자체 저항이나 누설 리액턴스, 전기자 반작용 리액턴스로 인해 발생하는 임피던스로 전기자 권선의 저항은 무시하므로 실용상 동기 리액턴스라 할 수 있다.

$\dot{Z}_s = r_a + jx_s \fallingdotseq jx_s$(운전 중 : $x_a \uparrow \rightarrow x_s \uparrow$)

⑤ **전압 강하** : $\dot{V}_{Z_s} = jx_s\dot{I}$

⑥ **유기 기전력** : $\dot{E} = \dot{V} + \dot{I}\dot{Z}_s = \dot{V} + jx_s\dot{I}$

동기 리액턴스
$x_s = x_l + x_a[\Omega]$

동기 임피던스
$\dot{Z}_s \fallingdotseq jx_s[\Omega]$

(2) 동기 발전기의 출력

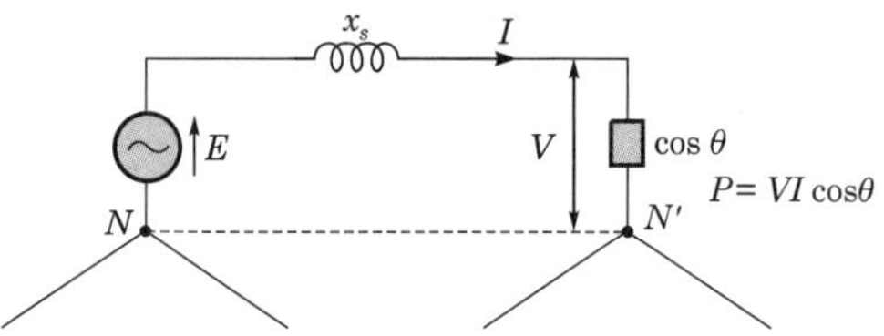

① **비돌극형 발전기** : $P = \dfrac{EV}{x_s}\sin\delta\,[\mathrm{W}]$

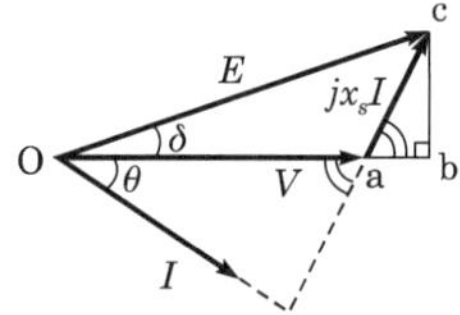

㉠ 벡터도에서 $\overline{bc}$ 높이를 x_sI와 E 의 크기를 이용하여 $\overline{bc} = x_sI\cos\theta = E\sin\delta$로 표현할 수 있으므로 $I\cos\theta = \dfrac{E\sin\delta}{x_s}$라 할 수 있다.

동기 발전기 출력
$P = \dfrac{EV}{x_s}\sin\delta[\mathrm{W}]$
δ : E와 V의 부하각

따라서, $P = VI\cos\theta$에서 $I\cos\theta$ 대신 $\dfrac{E\sin\delta}{x_s}$를 대입하여 다음과 같은 발전기 출력식을 산출할 수 있다.

㉡ $P = VI\cos\theta = \dfrac{EV}{x_s}\sin\delta\,[\mathrm{W}]$

㉢ 비돌극형 발전기는 부하각 $\delta = 90°$에서 최대 출력을 발생한다.

② 돌극형 : $P = \dfrac{EV}{x_d}\sin\delta + \dfrac{V^2(x_d - x_q)}{2x_d x_q}\sin 2\delta\,[\mathrm{W}]$

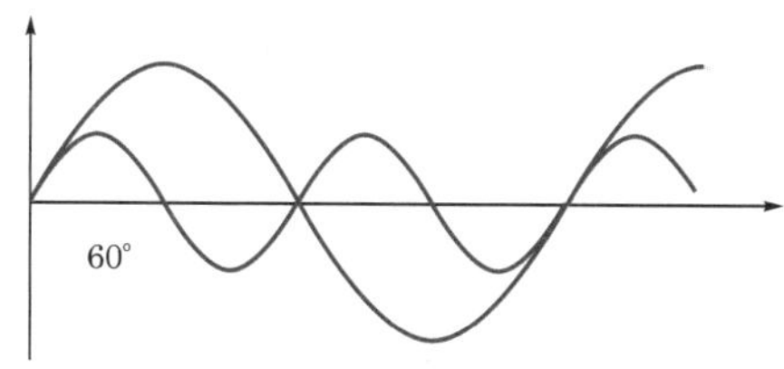

돌극형 발전기는 부하각 $\delta = 60°$에서 최대 출력을 발생한다.

비돌극형 발전기
$\delta = 90°$ 에서 최대 출력 발생

03 동기 발전기의 특성

1 무부하 포화 곡선과 단락 곡선

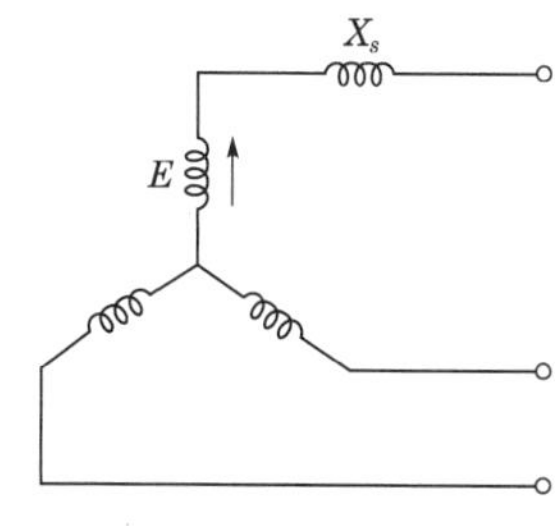

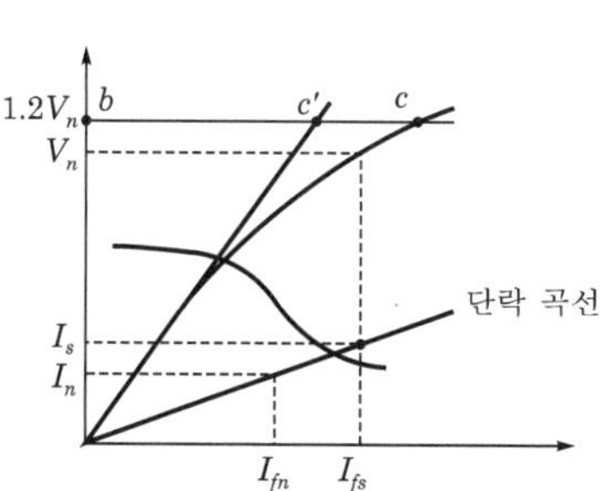

동기 발전기 특성 곡선
㉠ 무부하 포화 곡선 : 계자 전류와 기전력 관계
㉡ 단락 곡선 : 계자 전류, 단락 전류 관계
- 단락 전류
  $I_s = \dfrac{E}{x_s}\,[\mathrm{A}]$
- 단락 곡선 직선인 이유
  철심의 자기 포화

(1) 무부하 포화 곡선

발전기 무부하 상태에서 계자를 정격 속도로 회전시키면서 계자 전류를 서서히 증가시킬 때 자속 Φ가 증가하여 무부하 유도 기전력이 상승하는데 이때 계자 전류와 유기 기전력과의 관계를 나타낸 전압 특성 곡선이다.

① 무부하 포화 곡선 특성

㉠ 계자 전류 $I_f \uparrow \rightarrow$ 자속 $\Phi \uparrow \rightarrow$ 유기 기전력 $E \uparrow$

㉡ 기전력 상승이 일정 이상이 되면 더 이상 증가하지 않는 이유는 계자 철심에서 자기 포화 현상이 발생하기 때문이다.

㉢ 계자 전류 I_{fs} : 무부하 시 정격 전압을 유기시키는 데 필요한 계자 전류[A]

② **포화율** : 자기 포화의 정도를 나타내는 것으로 정격 전압의 약 1.2배 정도에서 무부하 포화 곡선에 횡으로 평행선을 그은 후 무부하 포화 곡선에서 계자 전류가 0인 상태에서 접선을 그어 만나는 점을 c'라 할 때 다음과 같이 정의한다.

$$\text{포화율 } \sigma = \frac{c'c}{bc'}$$

(2) 단락 곡선

발전기 정지 상태에서 먼저 전기자 3상 권선을 단락시키고 계자를 정격 속도로 회전시키면서 서서히 계자 전류를 증가시키면 전기자에서 발생한 기전력이 커져서 3상 단락 전기자 권선에 흐르는 단락 전류도 증가하는데 이때 계자 전류와 단락 전류와의 관계를 나타낸 직선 형태의 단락 전류 변화 곡선이다

① **단락 전류** : $I_s = \dfrac{E}{x_s}$

② **단락 곡선이 직선인 이유** : 철심의 자기 포화가 발생하면 기전력은 더 이상 증가하지 않지만 동기 임피던스인 동기 리액턴스가 오히려 감소하기 때문에 단락 전류가 계속 직선적으로 증가하는 특성을 갖는다.

2 단락 전류의 특성

단락 전류의 특성
단락 순간은 큰 전류가 흐르지만 2~3Cycle 후 그 크기가 감소한 일정한 단락 전류가 흐른다.

발전기 정상 운전 중 갑자기 단락이 발생하면 처음 2~3Cycle 동안은 누설 리액턴스만이 단락 전류의 크기를 제한하므로 대단히 큰 단락 전류가 흐르지만 그 이후 전기자 반작용이 나타나 단락 전류의 크기를 제한하므로 그 크기가 감소하여 일정한 단락 전류가 흐른다.

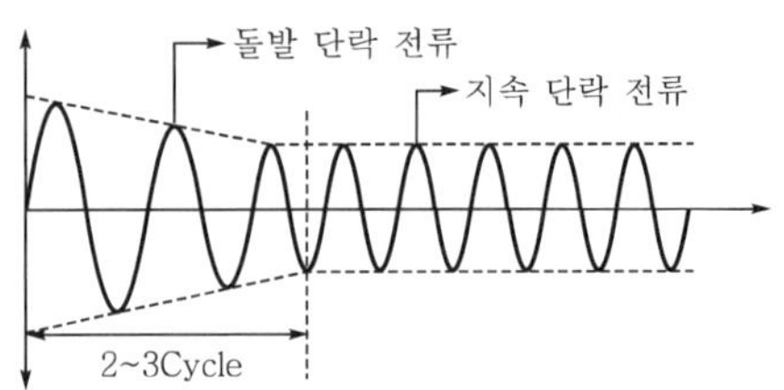

자주 출제되는 Key Point

돌발 단락 전류 제한
전기자 누설 리액턴스

영구 단락 전류 제한
전기자 반작용 리액턴스

단락비

㉠ $K_s = \frac{I_s}{I_n} = \frac{100}{\%Z_s}$

㉡ $\%Z_s = \frac{Z_s P_n}{10 V_n^2}$ [%]

(1) 돌발 단락 전류

① 돌발 단락 전류 : $I_s = \frac{E}{x_l}$ [A]

② 돌발 단락 전류의 크기 제한 : 전기자 누설 리액턴스

(2) 지속(영구) 단락 전류

① 지속 단락 전류 : $I_s = \frac{E}{x_a + x_l} = \frac{E}{x_s} \fallingdotseq \frac{E}{Z_s}$

② 지속 단락 전류의 크기 제한 : 전기자 반작용 리액턴스

③ 지속 단락 전류의 크기가 변하지 않으면서 그 크기가 변하지 않는 것은 전기자 반작용 때문이다.

3 단락비(K_s)

정격 속도에서 무부하 정격 전압 V_n을 발생시키는 데 필요한 계자 전류와 정격 전류 I_n과 같은 영구 단락 전류를 유기시키는 데 필요한 계자 전류와의 비를 단락비라 하며 다음과 같이 정의할 수 있다.

① $K_s = \frac{\text{무부하 시 정격 전압 } V_n \text{을 유기시키는 데 필요한 계자 전류}(I_{fs})}{\text{3상 단락 시 정격 전류와 같은 단락 전류를 흘리는 데 필요한 계자 전류}(I_{fn})}$

② $K_s = \frac{I_s}{I_n} = \frac{100}{\%Z_s}$

여기서, I_s : 단락 전류, I_n : 정격 전류, $\%Z_s$: %임피던스 강하

4 동기 임피던스와 단락비

(1) $\%Z_s$

동기 발전기에서 전부하 상태로 운전 시 전기자 권선 자체 임피던스인 동기 임피던스로 인해 발생하는 전압 강하의 백분율비

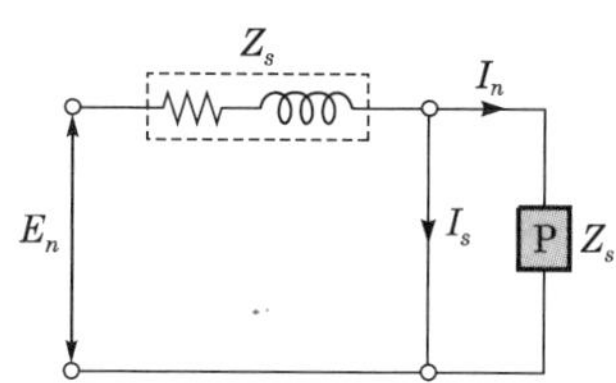

여기서, E_n : 정격 기전력(상전압), Z_s : 동기 임피던스
I_s : 단락 전류, I_n : 정격 전류

① 상전압 기준 $\%Z_s$: $\dfrac{Z_s I_n}{E_n} \times 100[\%]$

② 선간 전압 기준 $\%Z_s$: 동기 발전기 전기자 권선은 Y결선이므로 공칭 전압인 선간 전압은 상전압의 $\sqrt{3}$ 배가 되며, 선간 전압의 단위는 [kV], 발전기 3상 전체 정격 용량은 $P_n = \sqrt{3}\, V_n I_n$[kVA]이므로 다음과 같이 변화시킬 수 있다.

선간 전압과 정격 용량을 이용 환산한 $\%Z_s$는 다음과 같다.

$$\%Z_s = \frac{Z_s I_n}{\dfrac{V_n}{\sqrt{3}}} \times 100[\%] = \frac{Z_s I_n}{\dfrac{V_n}{\sqrt{3}} \times 10^3} \times 100[\%]$$

$$= \frac{\sqrt{3}\, Z_s I_n}{10\, V_n}\,(V_n[\text{kV}]) = \frac{Z_s P_n}{10\, {V_n}^2}\,(P_n = \sqrt{3}\, V_n I_n\,[\text{kVA}])$$

③ $\%Z_s$와 단락비와의 관계

동기 임피던스 $Z_s = \dfrac{E_n}{I_s}$에서 $\dfrac{1}{I_s} = \dfrac{Z_s}{E_n}$이므로

$$\%Z_s = \frac{Z_s I_n}{E_n} \times 100 = \frac{I_n}{I_s} \times 100[\%]$$

$$\therefore\ \text{단락비 } K_s = \frac{I_s}{I_n} = \frac{100}{\%Z_s}$$

단락비

$$K_s = \frac{I_n}{I_n} = \frac{100}{\%Z_s}$$

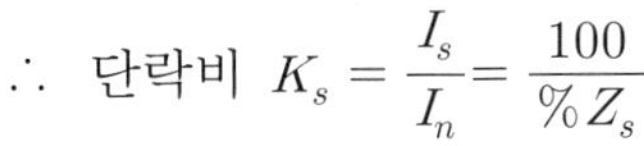

깐깐 정리 $\%Z_s$와 단락비

- 상전압 기준 : $\%Z_s = \dfrac{Z_s I_n}{E_n} \times 100[\%]$
- 선간 전압 기준 : $\%Z_s = \dfrac{Z_s P_n}{10\, {V_n}^2}\,(P_n = \sqrt{3}\, V_n I_n\,[\text{kVA}])$
- 단락비 : $K_s = \dfrac{I_s}{I_n} = \dfrac{100}{\%Z_s}$

단락비가 크다의 의미
㉠ 동기 임피던스가 작다.
㉡ 전기자 반작용이 작다.
㉢ 전압 변동률이 작다.
㉣ 안정도가 좋다.
㉤ 공극이 크다.
㉥ 중량이 무겁다.
㉦ 가격이 비싸다.
㉧ 계자 기자력이 크다.
㉨ 철손이 크다.
㉩ 충전 용량이 크다.

(2) 단락비가 큰 기계 특징(철기계)

① 동기 임피던스가 작다.
② 전기자 반작용이 작다.
③ 전압 변동률이 작다.
④ 안정도가 좋다.
⑤ 공극이 크다.

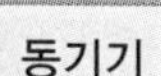

⑥ 중량이 무겁고 가격이 비싸다.
⑦ 계자 기자력이 크다.
⑧ 선로의 충전 용량이 크다.

(3) 단락비가 작은 기계 특징(동기계)

철기계의 반대 특성을 가진다.

발전기의 단락비

- 수차 발전기 : $K_s = 0.9 \sim 1.2$
- 터빈 발전기 : $K_s = 0.6 \sim 1.0$

단락비가 큰 기계
㉠ 철기계
㉡ 수차 발전기

단락비가 작은 기계
㉠ 동기계
㉡ 터빈 발전기

(4) 단위법(p · u법)

어떠한 양이나 크기를 나타내는 데 있어 그 절대량이 아니고 임의의 기준량에 대한 비로 나타내는 방법이므로 단위가 없는 특성을 가진다.

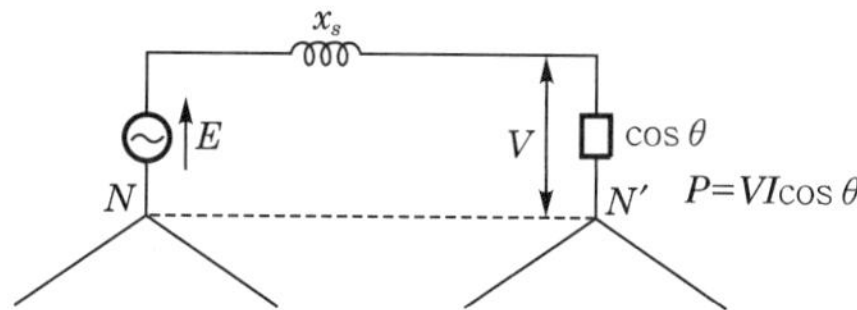

여기서, E : 기전력, x_s : 동기 리액턴스, V : 정격 전압(상전압)

위 회로에서 발전기에 접속된 부하가 일반적인 $R-L$ 지상 부하일 경우 정격 전류 I_n을 기준으로 각각의 전압 관계를 다음과 같은 벡터도로 표현할 수 있으며, 이때 정격 전압 V를 1로 취하여 다음과 같은 전압 변동률과 최대 전력을 구할 수 있다.

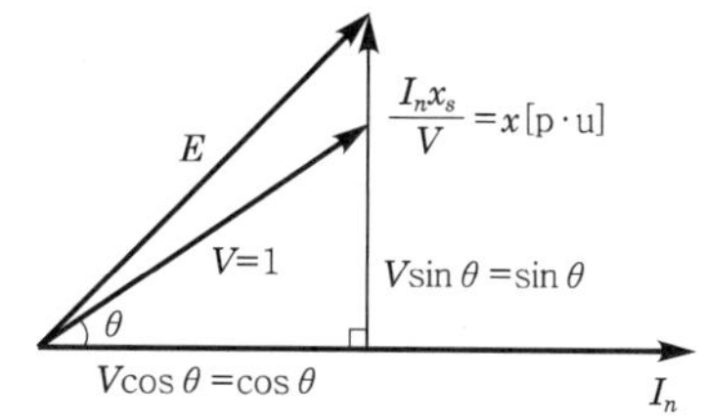

여기서, x_s[p · u] : 정격 전압 V를 기준으로 하여 동기 리액턴스로 인해 발생하는 전압 강하 $x_s I_n$을 나타낸 값

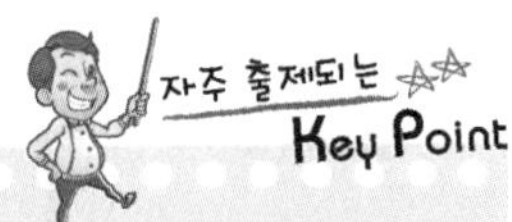

$$x\,[\mathrm{p \cdot u}] = \frac{x_s I_n}{V}$$

① 전압 변동률 : $V = 1$로 하면

$E = \sqrt{\cos^2\theta + (\sin\theta + x[\mathrm{p \cdot u}])^2}$ 에서

$\varepsilon = \frac{E - V}{V} \times 100 \Big|_{V=1} = (E-1) \times 100$

∴ 전압 변동률 $\varepsilon = \left\{ \sqrt{\cos^2\theta + (\sin\theta + x[\mathrm{p \cdot u}])^2} - 1 \right\} \times 100[\%]$

② 최대 전력

발전기 한 상의 최대 출력은 정격 출력 $P_n = \frac{EV}{x}\sin\delta$에서 $\sin\delta$는 90°일 경우 최대이므로 $P_n = \frac{EV}{x}$가 된다. 따라서 $V = 1$로 보면 동기 리액턴스 $x = x[\mathrm{p \cdot u}]$가 되므로 최대 전력 $P_m = \frac{E}{x[\mathrm{p \cdot u}]} \times P_n[\mathrm{kVA}]$이다.

5 동기 발전기의 병렬 운전 조건

(1) 기전력의 크기가 같을 것

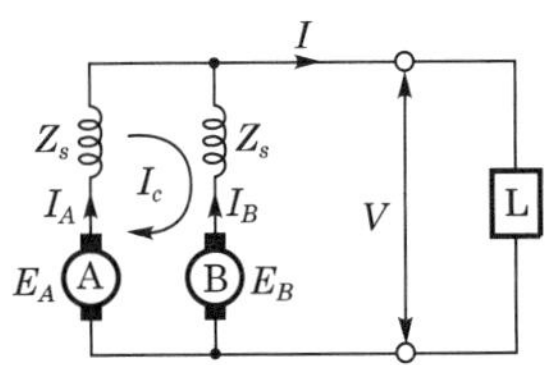

① 불일치($E_A \neq E_B$) : 무효 순환 전류(I_c : 무효 횡류) 발생

② 무효 순환 전류의 크기 : $I_c = \frac{\dot{E}_A - \dot{E}_B}{2Z_s}$[A]

㉠ $E_A > E_B$: A발전기는 90° 뒤진 전류가 흐르지만, B발전기 입장에서는 90° 앞선 전류가 흐르므로 A발전기 역률은 떨어지고, B발전기 역률은 좋아진다.

㉡ 병렬 운전 시 어느 한 발전기의 여자를 약하게 하면 기전력의 크기가 감소하므로 앞선 무효 전류가 흐르고, 여자를 강하게 하면 뒤진 무효 전류가 흐른다.

③ 발생 원인 : 계자 저항의 변화로 인한 계자 전류(여자 전류) 변화

④ 방지 대책 : 계자 저항 조정에 의한 계자 전류(여자 전류) 조정

병렬 운전 조건

㉠ 기전력 크기 : $E_A \neq E_B$이면 무효 순환 전류 발생
$I_c = \frac{\dot{E}_A - \dot{E}_B}{2Z_s}$[A]

㉡ 기전력 위상 : $\theta_A \neq \theta_B$이면 동기화 전류(유효 횡류) 발생
$I_s = \frac{2E_A}{2Z_s}\sin\frac{\delta}{2}$[A]

㉢ 기전력 주파수 : $f_A \neq f_B$이면 단자 전압 진동 발생

㉣ 기전력 파형 : 불일치하면 고조파 무효 순환 전류 발생

㉠ $E = 4.44fN\Phi K_\omega$ [V]에서 $E_A > E_B$일 경우 : E_A를 작게 해서 같게 할 경우

$R_{fA} \uparrow \rightarrow I_{fA} \downarrow \rightarrow \Phi_A \downarrow \rightarrow E_A \downarrow$

여기서, R_{fA} : A발전기 계자 저항, I_{fA} : A발전기 계자 전류

Φ_A : A발전기 공급 자속

㉡ $E = 4.44fN\Phi K_\omega$ [V]에서 $E_A > E_B$일 경우 : E_B를 크게 해서 같게 할 경우

$R_{fB} \downarrow \rightarrow I_{fB} \uparrow \rightarrow \Phi_B \uparrow \rightarrow E_B \uparrow$

여기서, R_{fB} : B발전기 계자 저항, I_{fB} : B발전기 계자 전류

Φ_B : B발전기 공급 자속

(2) 기전력의 위상이 같을 것

① 불일치($\theta_A \neq \theta_B$) : 동기화 전류(유효 횡류) 발생

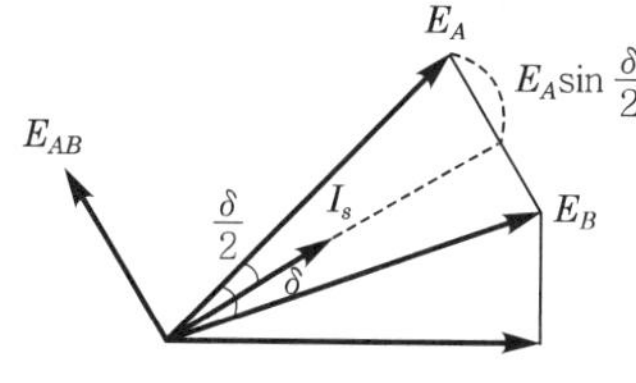

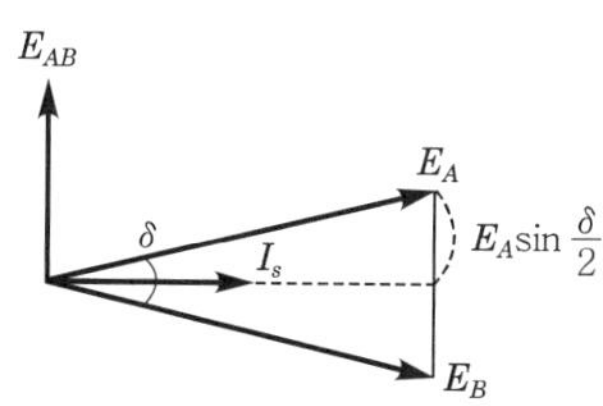

② 유효 순환 전류의 크기 : $I_s = \dfrac{\dot{E}_{AB}}{2Z_s} = \dfrac{2E_A}{2Z_s}\sin\dfrac{\delta}{2}$

③ 수수 전력 : 동기화 전류에 의해 서로 주고받는 전력

㉠ A기의 부하 분담 증가 : $P_A = E_A I_s \cos\dfrac{\delta}{2}$(+부하로 작용하며 위상이 늦어진다)

㉡ B기의 부하 분담 감소 : $P_B = E_B I_s \cos\dfrac{\delta}{2}$(−부하로 작용하며 위상이 앞서진다)

㉢ $P_s = E_A I_s \cos\dfrac{\delta}{2} = E_A \dfrac{2E_A}{2Z_s}\sin\dfrac{\delta}{2}\cos\dfrac{\delta}{2}$

$= \dfrac{{E_A}^2}{Z_s}\sin\dfrac{\delta}{2}\cos\dfrac{\delta}{2} = \dfrac{{E_A}^2}{2Z_s}\sin\delta$

㉣ 수수 전력 : $P_s = \dfrac{{E_A}^2}{2Z_s}\sin\delta$ [W]

④ 동기화력 : 동기화 전류에 의해 상차각 δ를 원상으로 복귀시키려는 힘

$\dot{P}_s = \dfrac{dP_s}{d\delta} = \dfrac{{E_A}^2}{2Z_s}\cos\theta$ [W]

⑤ 발생 원인 : 원동기 출력의 변화로 인한 발전기 회전자 속도의 변화

(3) 기전력의 주파수가 일치할 것

불일치($f_A \neq f_B$), 단자 전압의 진동이 발생

(4) 기전력의 파형이 일치할 것

불일치, 고조파 무효 순환 전류가 발생

(5) 기전력의 상회전 방향이 같을 것(3상)

원동기의 병렬 운전 조건

- 균일한 각속도를 가질 것
- 적당한 속도 변동률을 가질 것

동기 발전기 병렬 운전 조건

병렬 운전 조건	조건이 맞지 않을 경우
기전력의 크기	무효 순환 전류 발생
기전력의 위상	동기화 전류(유효 횡류) 발생, 수수 전력 및 동기화력 발생
기전력의 주파수	단자 전압의 진동 발생
기전력의 파형	고조파 무효 순환 전류 발생

6 동기 발전기의 자기 여자 및 안정도

자기 여자 현상
㉠ 발생 원인 : 진상 전류
㉡ 방지 대책 : 지상 전류 분로 리액터, 동기 조상기 병렬 운전, 단락비 증가

(1) 자기 여자 현상

무부하로 운전하는 동기 발전기를 장거리 송전 선로 등에 접속한 경우 선로의 충전 용량(진상 전류)에 의한 전기자 반작용(증자 작용)이나 무부하 동기 발전기의 잔류 자기로 인한 미소 전압 발생 시 송전 선로의 정전 용량 때문에 흐르는 진상 전류에 의해 발전기가 스스로 여자되어 전압이 상승하는 현상이다.

① 발생 원인 : 정전 용량으로 인한 90° 앞선 진상 전류

② 방지 대책 : 90° 앞선 진상 전류를 제거, 감소하기 위한 90° 뒤진 지상 전류

㉠ 동기 조상기를 부족 여자로 하여 90° 뒤진 지상 전류 발생

㉡ 분로 리액터를 병렬로 접속하여 90° 뒤진 지상 전류 발생

㉢ 발전기 및 변압기를 병렬 운전하여 유도성 리액턴스를 감소

㉣ 단락비를 크게 할 것(동기 리액턴스를 작게 할 것)

(2) 난조 현상

발전기의 부하가 급변하는 경우 회전 속도가 동기 속도를 중심으로 진동하는 현상이다.

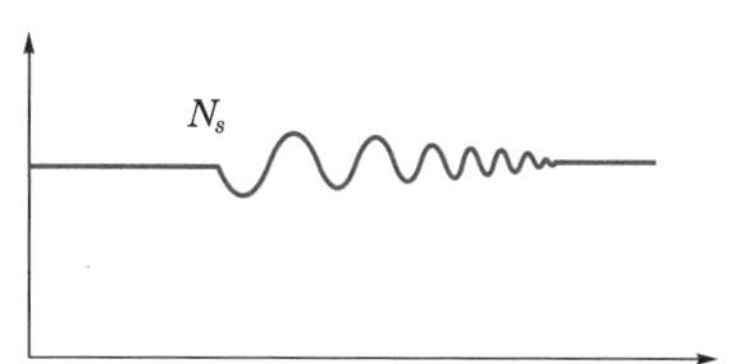

① 발생 원인
- ㉠ 부하 변동이 심한 경우
- ㉡ 관성 모멘트가 작은 경우
- ㉢ 속도조절기(조속기)가 너무 예민한 경우
- ㉣ 계자에 고조파가 유기된 경우

② 방지 대책
- ㉠ 계자 자극면에 제동 권선 설치
- ㉡ 관성 모멘트를 크게 할 것 : 플라이 휠(fly wheel) 채용
- ㉢ 속도조절기(조속기)의 성능을 너무 예민하지 않도록 할 것
- ㉣ 고조파의 제거 : 단절권, 분포권

동기 발전기 난조 현상
㉠ 발생 원인 : 부하 변동이 큰 경우 관성 모멘트 감소, 속도조절기(조속기) 성능 예민, 계자에 고조파 발생
㉡ 방지 대책 : 제동 권선, 플라이 휠 채용, 속도조절기(조속기) 성능 개선, 고조파 제거

(3) 안정도 향상 대책

① 단락비를 크게 할 것
② 동기 임피던스(리액턴스)를 작게 할 것
③ 관성 모멘트를 크게 할 것 : 플라이 휠(fly wheel) 채용
④ 속도조절기(조속기)의 동작을 신속하게 할 것
⑤ 속응 여자 방식을 채용할 것

안정도 향상 대책
㉠ 출력 증가(x_s 감소하므로) $P=\dfrac{EV}{x_s}\sin\delta$[W] 증가
㉡ 단락비 증가
㉢ 동기 임피던스 감소
㉣ 플라이 휠 채용
㉤ 속응 여자 방식 채용
㉥ 속도조절기(조속기) 성능 개선

04 동기 전동기의 원리 및 이론

1 동기 전동기의 원리

고정자 3상 권선에 3상 교류 전류를 흘려주면, 고정자에는 시계 방향으로 회전하는 회전 자기장을 발생한다. 회전 자기장 속도가 동기 속도에 도달할 때 회전자에 시계방향으로 회전하는 기동 토크를 가하면 회전자는 동기 속도로 운전

하는 전동기로 운전한다. → 유도 전동기의 회전 자계가 발생하는 원리와 같다.

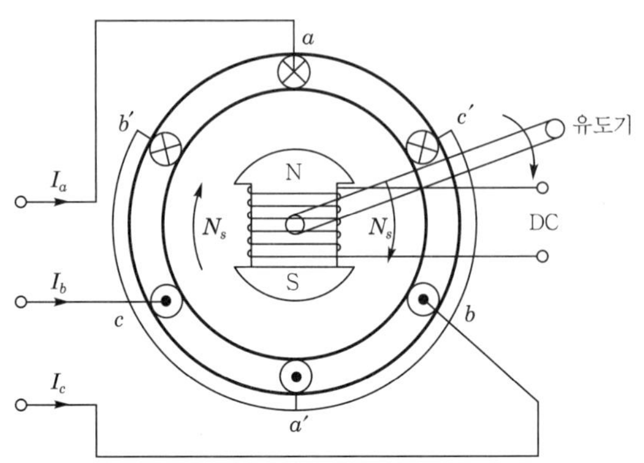

동기 전동기 기동 토크가 0인 이유

회전 자계가 시계 방향으로 동기 속도와 같이 회전해도 회전자에 주는 토크는 반회전할 때마다 같은 크기로 반대 방향이 되기 때문에 평균 토크는 0이 되므로 회전자는 회전할 수 없다.

동기 전동기 기동법
㉠ 자기 기동법 : 제동 권선
㉡ 유도 전동기법 : 2극 적은 전동기 이용

2 동기 전동기의 기동법

(1) 자기 기동법

유도 전동기의 2차 권선 역할을 하는 제동 권선에 이용하여 기동 토크를 발생시켜 기동하는 방식으로 제동 권선 역할은 다음과 같다.

① **기동 토크 발생 :** 계자 자극면에 설치한 기동 권선은 유도 전동기의 회전자 권선과 같이 작용하여 기동 토크를 발생하여 동기 전동기를 기동시키는 것

② **난조 방지 :** 전동기 속도 변화 시 회전 자계를 자르게 되어 기전력이 유기되고 권선에 전류가 흐를 때 발생하는 토크가 제동 토크로 작용하여 회전 속도가 변하지 않도록 하는 방향으로 작용하는 것

(2) 유도 전동기법

기동 전동기로서 유도 전동기를 사용하여 기동시키는 방식으로서 극수가 2극 적은 전동기를 채용한다.

3 동기 전동기의 특성

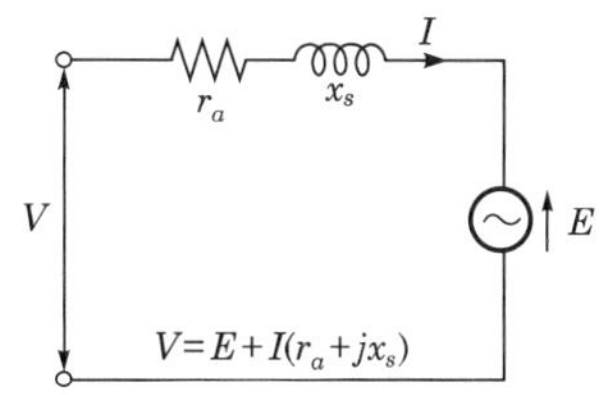

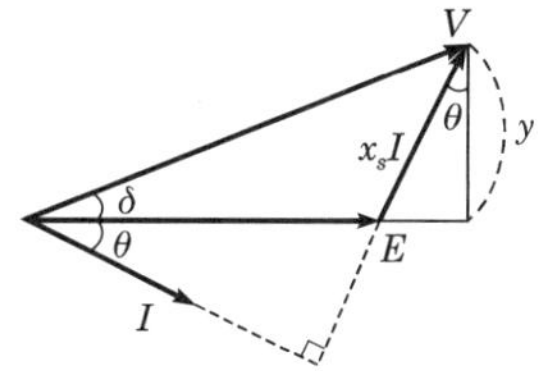

(1) 출력

$P_0 = EI\cos\theta$일 때

$\cos\theta = \dfrac{y}{x_s I}$에서 $y = x_s I\cos\theta$이고, $\sin\delta = \dfrac{y}{V}$에서 $y = V\sin\delta$이므로

$x_s I\cos\theta = V\sin\delta$에서 $I\cos\theta = \dfrac{V}{x_s}\sin\delta$라 할 수 있다.

① 1상의 출력 : $P_0 = \dfrac{EV}{x_s}\sin\delta\,[\text{W}]$

② 전동기 출력은 부하각 δ의 sin에 비례한다.

동기 전동기 출력

㉠ $P_0 = \dfrac{EV}{x_s}\sin\delta[\text{W}]$

㉡ $P_0 = \dfrac{EV}{x_s}\sin\delta = \omega\tau[\text{W}]$

(2) 토크 특성

① 동기 이탈 : $P_0 = \dfrac{EV}{x_s}\sin\delta = \omega\tau$에서 $\omega = \dfrac{2\pi N_s}{60}$로 일정하므로 동기 전동기 토크 특성은 $P_0 \propto \tau$이므로 $P_0 = \dfrac{EV}{x_s}\sin\delta$에서 전동기 토크 특성은 다음과 같은 sin함수 형태로 변화함을 알 수 있다. 따라서 동기 전동기는 부하 각 $\delta = 90°$까지는 토크가 계속 증가하지만 $\delta = 90°$를 넘어가면 오히려 토크는 서서히 감소하다가 180°가 되면 토크는 0이 되면서 전동기가 정지하는 동기 이탈 현상이 발생한다.

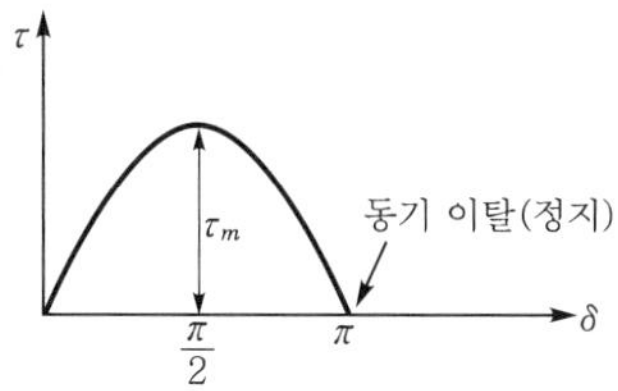

② 동기 전동기 토크

$P_0 = \omega\tau = \dfrac{2\pi N_s}{60}\tau\,[\text{W}]$에서 $\tau = \dfrac{60}{2\pi N_s} \times \dfrac{EV}{x_s}\sin\delta\,[\text{N}\cdot\text{m}]$이므로

동기 전동기 토크

$\tau = 9.55\dfrac{P_0}{N_s}[\text{N}\cdot\text{m}] = 0.975\dfrac{P_0}{N_s}[\text{kg}\cdot\text{m}]$

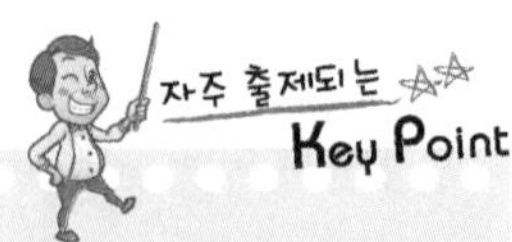

토크 $\tau = 9.55\dfrac{P_0}{N_s}$[N·m]$= 0.975\dfrac{P_0}{N_s}$[kg·m]

③ 동기 와트 : $P_0 = 1.026 N_s \tau$[W]

동기 와트
㉠ $P_0 = 1.026 N_s \tau$[W]
㉡ 동기 와트=토크

(3) V곡선

동기 전동기의 공급 전압 V 및 부하를 일정하게 유지하면서 계자 전류 I_f를 변화시키면 전기자 전류 I_a의 크기가 변화할 뿐만 아니라, V와 I_a와의 위상 관계, 즉 역률 $\cos\theta$도 동시에 변화하는데 그 변화 곡선이 V자 형태로 변화하기 때문에 V곡선이라 한다. 그 특성을 보면 $\cos\theta = 1$인 상태에서 계자 전류 I_f를 증가하거나 감소시킬 경우 모두 전기자 전류는 증가하지만 I_f를 증가시켜 과여자로 하면 증가하는 전기자 전류 I_a는 앞선전류가 되고, I_f를 감소시켜 부족 여자로 하면 증가하는 전기자 전류 I_a는 뒤진 전류가 되는 특성을 가진다.

동기 전동기 V곡선
㉠ 과여자 : 앞선 전류 발생 (콘덴서로 작용)
㉡ 부족 여자 : 뒤진 전류 발생(리액터로 작용)

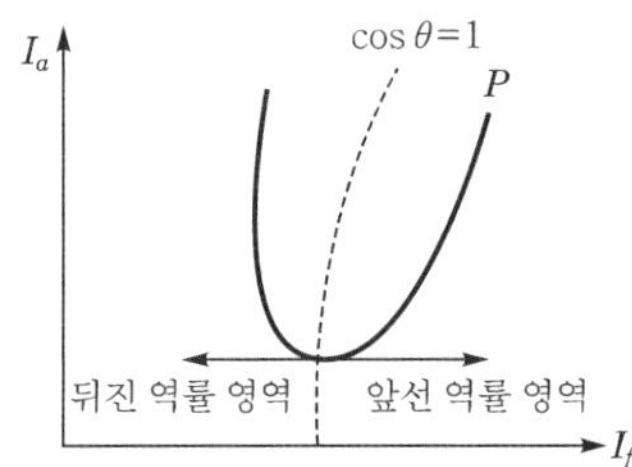

① 과여자 : 전기자 전류가 앞선 전류로 작용(콘덴서로 작용)
② 부족 여자 : 전기자 전류가 뒤진 전류로 작용(리액터로 작용)

(4) 동기 전동기의 특성

동기 전동기 특성
㉠ 속도가 N_s로 일정
㉡ 기동 토크 0
㉢ 역률 조정 가능
㉣ 난조 발생

장점	단점
• 속도(N_s)가 일정하다. • 역률을 조정할 수 있다. • 효율이 좋다. • 공극이 크고 기계적으로 튼튼하다.	• 기동 토크가 작다($\tau_s = 0$). • 속도 제어가 어렵다. • 직류 여자기가 필요하다. • 난조가 일어나기 쉽다.

(5) 동기 전동기의 용도

시멘트 공장의 분쇄기, 압축기, 송풍기, 동기 조상기(역률 개선용)

4 동기 전동기의 난조 현상

난조
부하가 급변하면 부하각 δ가 진동하는 현상

부하의 급변에 따른 부하각 δ의 진동 현상으로 부하 토크가 감소하면 δ는 작아지고, 부하 토크가 커지면 δ는 커지는데 이때 부하가 갑자기 변화하면 새로운

부하각 δ_1로 즉시 옮겨지는 게 아니라 δ_1을 중심으로 그 전후에서 주기적인 변동을 일으키고 마지막에 δ_1로 옮겨지는 특성을 갖는다. 이와 같이 동기 전동기의 부하각 δ_1을 중심으로 하여 그 전후에서 주기적으로 변동을 하고, 이에 따라 전류의 세기 및 위상이 주기적으로 변화한다. 이 변동의 정도가 심하면 δ의 범위가 커지고, 또 변동을 조정하는 원인이 가해지면 이것과 동조 작용을 하여 변동이 더 커지는 현상을 동기 전동기의 난조라고 한다.

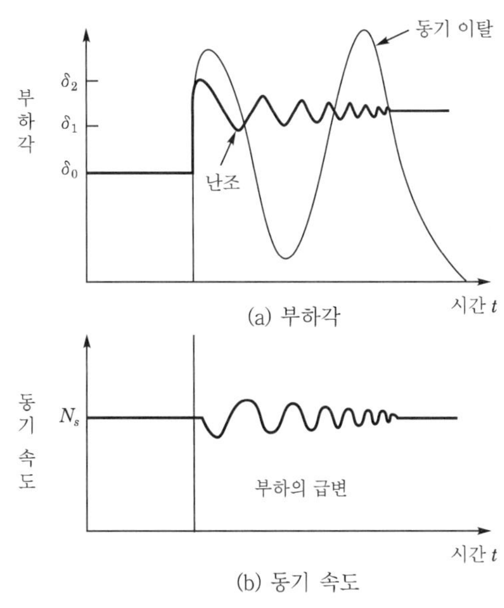

(a) 부하각

(b) 동기 속도

(1) 난조 발생 원인

① 부하 변동이 심한 경우
② 전원 전압 및 주파수의 주기적 변동
③ 부하 토크의 주기적 변동
④ 관성 모멘트가 작은 경우
⑤ 전기자 회로 저항의 과대

(2) 방지 대책

① 계자 자극면에 제동 권선 설치
② 관성 모멘트를 크게 할 것 : 플라이 휠(fly wheel) 채용

자주 출제되는 Key Point

동기 전동기 난조 현상

㉠ 발생 원인 : 부하 변동이 큰 경우, 관성 모멘트 감소, 주파수·토크 주기적 변동, 전기자 회로 저항 과대
㉡ 방지 대책 : 제동 권선, 플라이 휠 채용

자주 출제되는 기출 문제

동기 발전기
㉠ 동기 속도

$N_s = \frac{120f}{P}$ [rpm]

㉡ 회전 계자형 발전기

01 전기자를 고정시키고 자극 N, S를 회전시키는 동기 발전기는?

06년 출제

① 회전 계자법　　② 직렬 저항형
③ 회전 전기자법　　④ 회전 정류자형

해설 회전 계자형 : 전기자를 고정시키고, 계자를 회전시키는 방법으로 동기 발전기에서 채용되며 전기자 도체보다 구조가 간단한 계자를 회전시켜 기전력을 얻어내는 방식이다.

02 동기 발전기에 회전 계자형을 사용하는 경우가 많다. 그 이유로 적합하지 않은 것은?

① 전기자보다 계자극을 회전자로 하는 것이 기계적으로 튼튼하다.
② 기전력의 파형을 개선한다.
③ 전기자 권선은 고전압으로 결선이 복잡하다.
④ 계자 회로는 직류 저전압으로 소요 전력이 적다.

해설 동기 발전기에 회전 계자형을 채용하는 이유

- 기계적인 측면
  - 계자의 철의 분포가 커서 튼튼하므로 전기자에 비하여 회전 시 더 안정적이다.
  - 원동기 측면에서 구조가 간단한 계자를 회전시키는 것이 더 유리하다.
  - 전기자 단자에 발생한 고전압을 슬립링 없이 간단하게 외부 회로로 인출할 수 있다.
- 전기적인 측면
  - 교류 고압인 전기자보다 직류 저압인 계자를 회전시키는 것이 위험성이 작다.
  - 교류 고압인 전기자가 고정되어 있으므로 절연이 용이하다.

즉, 기전력의 파형 개선은 단절권·분포권을 채용한다.

우산형 발전기
㉠ 회전자가 우산 모양
㉡ 저속도 대용량기

03 우산형 발전기의 용도는?

① 저속 대용량기
② 저속 소용량기
③ 고속 대용량기
④ 고속 소용량기

정답 01.① 02.② 03.①

해설 발전기 구조는 회전축 방향에 따라 횡축형과 입축형으로 구별할 수 있으며, 입축형은 다시 보통형과 우산형으로 구분할 수 있다.

- 횡축형 : 소형, 고속기, 고낙차에서 채용
- 입축형 : 대형, 저속기, 저낙차에서 채용
- 우산형 : 회전자를 우산 모양으로 하여 그 아래에 스러스트 베어링과 안내 베어링을 설치하므로 축 길이가 짧아지는 특성이 있고, 저속도 대용량기에 쓰인다.

04 동기 발전기를 회전 계자형으로 하는 이유가 아닌 것은?

① 고전압에 견딜 수 있게 전기자 권선을 절연하기가 쉽다.

② 전기자 단자에 발생한 고전압을 슬립링 없이 간단하게 외부 회로에 인출할 수 있다.

③ 기계적으로 튼튼하게 만드는 데 용이하다.

④ 전기자가 고정되어 있지 않아 제작 비용이 저렴하다.

해설 동기 발전기에 회전 계자형을 채용하는 이유

- 기계적인 측면
  - 계자의 철의 분포가 커서 튼튼하므로 전기자에 비하여 회전 시 더 안정적이다.
  - 원동기 측면에서 구조가 간단한 계자를 회전시키는 것이 더 유리하다.
  - 전기자 단자에 발생한 고전압을 슬립링 없이 간단하게 외부 회로로 인출할 수 있다.
- 전기적인 측면
  - 교류 고압인 전기자보다 직류 저압인 계자를 회전시키는 것이 위험성이 작다.
  - 교류 고압인 전기자가 고정되어 있으므로 절연이 용이하다

05 전기 기기의 냉각 매체로 활용하지 않는 것은? 13년 출제

냉각 매체의 종류
물, 공기, 수소

① 물 ② 수소

③ 공기 ④ 탄소

해설 냉각 매체의 종류 : 물, 공기, 수소

06 주파수 60[Hz]를 내는 발전용 원동기인 터빈 발전기의 최고 속도[rpm]는 얼마인가? 12년 출제

동기 속도
$N_s = \frac{120f}{P}$[rpm]

① 1,800 ② 2,400

③ 3,600 ④ 4,800

해설 최고 속도는 최소 극수인 2극에서 발생하므로

$$N_s = \frac{120f}{P} = \frac{120 \times 60}{2} = 3,600\,[\text{rpm}]$$

정답 04.④ 05.④ 06.③

★★★
07 극수가 10, 주파수가 50[Hz]인 동기기의 매분 회전수는 몇 [rpm]인가?

06년/10년/11년 출제

출제빈도

① 300 ② 400
③ 500 ④ 600

해설 $N_s = \frac{120f}{P} = \frac{120 \times 50}{10} = 600[\text{rpm}]$

★★
08 동기 속도 1,800[rpm], 주파수 60[Hz]인 동기 발전기의 극수는 몇 극인가?

07년/13년 출제

① 2 ② 4
③ 8 ④ 10

해설 $N_s = \frac{120f}{P}$ [rpm]에서 $P = \frac{120f}{N_s} = \frac{120 \times 60}{1{,}800} = 4$[극]

★
09 동기 속도 30[rps]인 교류 발전기 기전력의 주파수가 60[Hz]가 되려면 극수는? 13년 출제

① 2 ② 4
③ 6 ④ 8

해설 동기 속도 $n_s = \frac{2}{P}f$[rps]에서 $P = \frac{2}{n_s}f = \frac{2}{30} \times 60 = 4$[극]

동기 속도

㉠ $n_s = \frac{2f}{P}$[rps]

㉡ $N_s = \frac{120f}{P}$[rpm]

[별해]

$N_s = 30 \times 60$

$= 1{,}800$[rpm]이므로

$N_s = \frac{120f}{P}$[rpm]에서

$P = \frac{120f}{N_s} = \frac{120 \times 60}{1{,}800}$

$= 4$[극]

★★
10 4극인 동기 전동기가 1,800[rpm]으로 회전할 때 전원 주파수는 몇 [Hz]인가?

09년/12년 출제

① 50 ② 60
③ 70 ④ 80

해설 $N_s = \frac{120f}{P}$[rpm]에서 $f = \frac{N_s P}{120} = \frac{1{,}800 \times 4}{120} = 60$[Hz]

11 터빈 발전기는 주로 2극의 원통형 회전자를 가지는 고속 발전기로 발전기를 전폐형으로 하며, 냉각 매체로서 수소 가스를 기내에서 순환시키고 있다. 공기 냉각인 경우와 비교해서 다음과 같은 이점이 있는데 옳지 않은 것은?

① 풍손이 공기 냉각 시의 10[%] 정도로 격감한다.
② 열전도율이 좋아 냉각 효과가 증가하므로 냉각기의 크기가 작아진다.
③ 절연물의 산화 작용이 없으므로 절연 열화가 작아서 수명이 길다.
④ 운전 중 소음이 매우 크다.

해설 수소 냉각 방식은 폐쇄형이므로 운전 중 소음이 작고 수명이 길어진다.

정답 07.④ 08.② 09.② 10.② 11.④

출제분석 Advice

12 동기기의 전기자 권선법이 아닌 것은? 08년 출제

① 2층 분포권 ② 단절권
③ 중권 ④ 전절권

해설 동기기의 전기자 권선법 : 고상권, 폐로권, 이층권, 중권, 단절권, 분포권 채용

13 동기 발전기의 전기자 권선을 단절권으로 하면? 06년 출제

① 역률이 좋아진다. ② 절연이 잘 된다.
③ 고조파를 제거한다. ④ 기전력을 높인다.

해설 단절권 : 극 간격보다 코일 간격을 짧게 감아 주는 권선법
- 고조파 제거에 의한 기전력 파형의 개선
- 코일단에서의 동량 감소로 인한 발전기 중량 및 크기 감소
- 기전력의 크기 감소

단절권의 특성
㉠ 고조파를 제거하여 파형의 개선
㉡ 동량(권선량) 감소
㉢ 기전력의 크기 감소

14 교류 발전기에서 권선을 절약할 뿐 아니라 특정 고조파분이 없는 권선은?

① 전절권 ② 집중권
③ 단절권 ④ 분포권

해설 단절권 : 극 간격보다 코일 간격을 짧게 감아 주는 권선법
- 고조파 제거에 의한 기전력 파형의 개선
- 코일단에서의 동량 감소로 인한 발전기 중량 및 크기 감소
- 기전력의 크기 감소

15 동기 발전기의 권선을 분포권으로 사용하는 이유로 옳은 것은? 07년 출제

① 파형이 좋아진다.
② 권선의 누설 리액턴스가 커진다.
③ 집중권에 비하여 합성 유기 기전력이 높아진다.
④ 전기자 권선이 과열되어 소손되기 쉽다.

해설 분포권 : 매극 매상의 도체를 각각의 슬롯에 분포시켜 권선을 감는 것
- 고조파 제거에 의한 기전력 파형의 개선
- 누설 리액턴스($L \propto N^2$) 감소 및 냉각 효과 증가
- 기전력의 크기 감소

분포권의 특성
㉠ 고조파 제거에 따른 파형의 개선
㉡ 누설 리액턴스 감소
㉢ 냉각 효과 증가
㉣ 기전력의 크기 감소

16 6극 36슬롯 3상 동기 발전기의 매극 매상당 슬롯수는? 13년 출제

① 2 ② 3
③ 4 ④ 5

해설 매극 매상당 슬롯수 $q = \frac{\text{전슬롯수}}{\text{극수} \times \text{상수}} = \frac{36}{6 \times 3} = 2[\text{slot}]$

정답 12.④ 13.③ 14.③ 15.① 16.①

분포권의 특성
㉠ 고조파 제거에 따른 파형의 개선
㉡ 누설 리액턴스 감소
㉢ 냉각 효과 증가
㉣ 기전력의 크기 감소

17 동기 발전기의 권선을 분포권으로 하면 어떻게 되는가? 07년 출제

① 권선의 리액턴스가 커진다.
② 파형이 좋아진다.
③ 난조를 방지한다.
④ 집중권에 비하여 합성 유도 기전력이 높아진다.

해설 분포권 : 매극 매상의 도체를 각각의 슬롯에 분포시켜 권선을 감는 것
- 고조파 제거에 의한 기전력 파형의 개선
- 누설 리액턴스($L \propto N^2$) 감소 및 냉각 효과 증가
- 기전력의 크기 감소

동기 발전기의 전기자 반작용
㉠ R부하 : 교차 자화 작용
㉡ L부하 : 감자 작용
㉢ C부하 : 증자 작용

18 동기 발전기의 전기자 반작용 현상이 아닌 것은? 12년 출제

① 포화 작용 ② 증자 작용
③ 감자 작용 ④ 교차 자화 작용

해설 동기 발전기, 동기 전동기의 전기자 반작용

부하 종류	동기 발전기	동기 전동기
R부하(동상 전류 $I\cos\theta$)	교차 자화 작용(횡축 반작용)	-
L부하(지상 전류 $-jI\sin\theta$)	감자 작용(직축 반작용)	증자 작용
C부하(진상 전류 $jI\sin\theta$)	증자 작용(직축 반작용)	감자 작용

19 동기 발전기의 전기자 반작용 중에서 전기자 전류에 의한 자기장의 축이 항상 주자속의 축과 수직이 되면서 자극편 왼쪽에 있는 주자속은 증가시키고, 오른쪽에 있는 주자속은 감소시켜 편자 작용을 하는 전기자 반작용은? 08년 출제

① 증자 작용 ② 감자 작용
③ 교차 자화 작용 ④ 직축 반작용

해설 교차 자화 작용(횡축 반작용) : R부하인 경우 발생하는 현상으로 기전력 E에 대해 동위상 특성을 갖는 전기자 전류 I_a가 흐를 경우 주자속에 대해 전기자 자속이 직각으로 교차하기 때문에 교차 자화 작용, 또한 전기자 자속에 대해 주자속이 횡으로 교차하기 때문에 횡축 반작용이라고도 하는 데, 자극 끝에서는 일부 증자 작용과 일부 감자 작용이 발생한다.

20 3상 동기 발전기에 무부하 전압보다 90° 뒤진 전기자 전류가 흐를 때 전기자 반작용은? 07년 출제

① 감자 작용을 한다. ② 증자 작용을 한다.
③ 교차 자화 작용을 한다. ④ 자기 여자 작용을 한다.

정답 17.② 18.① 19.③ 20.①

해설 동기 발전기, 동기 전동기 전기자 반작용

부하 종류	동기 발전기	동기 전동기
R부하(동상 전류 $I\cos\theta$)	교차 자화 작용(횡축 반작용)	–
L부하(지상 전류 $-jI\sin\theta$)	감자 작용(직축 반작용)	증자 작용
C부하(진상 전류 $jI\sin\theta$)	증자 작용(직축 반작용)	감자 작용

★★★

21

동기기에서 전기자 전류가 기전력보다 90°만큼 위상이 앞설 때의 전기자 반작용은? 11년/13년/14년 출제

① 교차 자화 작용 ② 감자 작용
③ 편자 작용 ④ 증자 작용

해설 동기 발전기, 동기 전동기 전기자 반작용

부하 종류	동기 발전기	동기 전동기
R부하(동상 전류 $I\cos\theta$)	교차 자화 작용(횡축 반작용)	–
L부하(지상 전류 $-jI\sin\theta$)	감자 작용(직축 반작용)	증자 작용
C부하(진상 전류 $jI\sin\theta$)	증자 작용(직축 반작용)	감자 작용

★

22

동기 발전기의 전기자 반작용에 대한 설명으로 틀린 사항은? 11년 출제

① 전기자 반작용은 부하 역률에 따라 크게 변화된다.
② 전기자 전류에 의한 자속의 영향으로 감자 및 자화 현상과 편자 현상이 발생된다.
③ 전기자 반작용의 결과 감자 현상이 발생될 때 반작용 리액턴스의 값은 감소된다.
④ 계자 자극의 중심축과 전기자 전류에 의한 자속이 전기적으로 90°를 이룰 때 편자 현상이 발생된다.

해설 전기자 반작용이 발생하면 전기자 반작용 리액턴스가 증가하므로 전기자 반작용 리액턴스와 누설 리액턴스의 합인 동기 리액턴스도 증가한다.

동기 발전기 전기자 반작용 발생 결과
㉠ 동기 리액턴스 증가(전기자 반작용 리액턴스 증가)
㉡ 기전력의 크기 감소

★

23

동기 전동기 전기자 반작용에 대한 설명이다. 공급 전압에 대한 앞선 전류의 전기자 반작용은? 10년 출제

① 감자 작용 ② 증자 작용
③ 교차 자화 작용 ④ 편자 작용

해설 동기 전동기의 전기자 반작용
- L부하(지상 전류) : 증자 작용
- C부하(진상 전류) : 감자 작용

정답 21.④ 22.③ 23.①

★

24 동기 전동기 전기자 반작용 중에서 공급 전압에 대한 뒤진 전류의 전기자 반작용은?

10년 출제

① 감자 작용 ② 증자 작용

③ 교차 자화 작용 ④ 편자 작용

해설 동기 전동기의 전기자 반작용

- L부하(지상 전류) : 증자 작용
- C부하(진상 전류) : 감자 작용

동기 발전기의 출력

$P=\frac{EV}{x_s}\sin\delta$[W]

★★

25 비돌극형 동기 발전기의 단자 전압을 V, 유기 기전력을 E, 동기 리액턴스를 x_s, 부하각을 δ라 하면 1상의 출력은?

09년/11년 출제

① $\frac{E^2V}{x_s}\sin\delta$ ② $\frac{E^2V}{x_s}\cos\delta$

③ $\frac{EV}{x_s}\sin\delta$ ④ $\frac{EV}{x_s}\cos\delta$

해설
- 비돌극형 발전기(터빈 발전기)의 출력 $P=\frac{EV}{x_s}\sin\delta$[W]
- 출력식에서 이론상 최대 출력은 부하각 $\delta=90°$이지만 전기자 권선의 저항 등을 고려하면 $\delta=80°\sim85°$ 정도에서 형성된다.

★

26 동기 발전기에서 비돌극기의 출력이 최대가 되는 부하각(power angle)은?

14년 출제

① 0° ② 45°

③ 90° ④ 180°

해설
- 비돌극형 발전기(터빈 발전기)의 출력 $P=\frac{EV}{x_s}\sin\delta$[W]
- 출력식에서 이론상 최대 출력은 부하각 $\delta=90°$이지만 전기자 권선의 저항 등을 고려하면 $\delta=80°\sim85°$ 정도에서 형성된다.

발전기 특성 곡선

㉠ 무부하 포화 곡선 : 계자 전류와 기전력 관계

㉡ 단락 곡선 : 계자 전류와 단락 전류 관계

㉢ 외부 특성 곡선 : 부하 전류와 단자 전압 관계

★★

27 동기 발전기의 무부하 포화 곡선에 대한 설명으로 옳은 것은?

07년/09년 출제

① 정격 전류와 단자 전압의 관계이다.

② 정격 전류와 정격 전압의 관계이다.

③ 계자 전류와 정격 전압의 관계이다.

④ 계자 전류와 단자 전압의 관계이다.

해설 동기 발전기의 특성 곡선

- 무부하 포화 곡선 : 계자 전류와 단자 전압의 관계
- 단락 곡선 : 계자 전류와 단락 전류의 관계
- 외부 특성 곡선 : 부하 전류와 단자 전압의 관계

정답 24.② 25.③ 26.③ 27.④

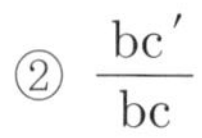

28 동기 발전기의 무부하 포화 곡선을 나타낸것이다. 포화 계수에 해당되는 것은?

11년 출제

① $\frac{0b}{0c}$

② $\frac{bc'}{bc}$

③ $\frac{cc'}{bc'}$

④ $\frac{cc'}{bc}$

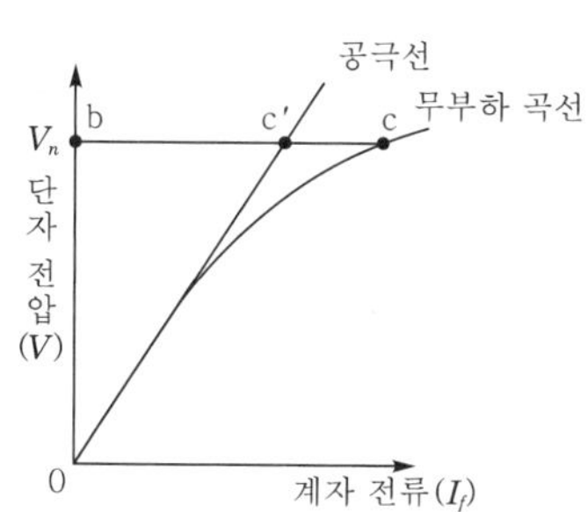

해설 포화율 : 자기 포화의 정도를 나타내는 것

포화 계수(율)$=\frac{cc'}{bc'}$

29 교류 발전기의 동기 임피던스는 철심이 포화하면?

09년/10년 출제

① 증가한다. ② 진동한다.

③ 포화된다. ④ 감소한다.

해설 동기 발전기에서 실용상 동기 임피던스인 동기 리액턴스 $x_l=2\pi fL$에서 철심이 포화하면 계자 전류가 증가하더라도 전기자 반작용의 영향이 감소하므로 인덕턴스 L이 감소하여 동기 임피던스는 감소한다.

동기 발전기의 단락 곡선

㉠ 단락 곡선 : 계자 전류 단락 전류 관계

㉡ 단락 전류 : $I_s=\frac{E}{x_s}$[A]

㉢ 단락 곡선이 직선인 이유 : 철심의 자기 포화로 인한 동기 임피던스의 감소

30 동기 발전기의 3상 단락 곡선은 무엇과 무엇의 관계 곡선인가?

06년 출제

① 계자 전류와 단락 전류 ② 정격 전류와 계자 전류

③ 여자 전류와 계자 전류 ④ 정격 전류와 단락 전류

해설 동기 발전기의 3상 단락 곡선은 계자 전류 I_f와 단락 전류 $I_s=\frac{E}{x_s}$의 관계이다.

31 동기기의 3상 단락 곡선이 직선이 되는 이유는?

06년 출제

① 무부하 상태이므로 ② 자기 포화가 있으므로

③ 전기자 반작용으로 ④ 누설 리액턴스가 크므로

해설 동기 발전기에서 실용상 동기 임피던스인 동기 리액턴스 $x_l=2\pi fL$에서 철심이 포화하면 계자 전류가 증가하더라도 전기자 반작용의 영향이 감소하므로 인덕턴스 L이 감소하여 동기 임피던스가 감소하기 때문에 3상 단락 곡선은 계속 직선적으로 증가한다.

정답 28.③ 29.④ 30.① 31.②

발전기의 특성 곡선
㉠ 무부하 포화 곡선 : 계자 전류와 기전력 관계
㉡ 부하 포화 곡선 : 계자 전류와 단자 전압 관계
㉢ 외부 특성 곡선 : 부하 전류와 단자 전압 관계

★
32 동기 발전기의 역률 및 계자 전류가 일정할 때 단자 전압과 부하 전류와의 관계를 나타내는 곡선은?

10년 출제

① 단락 특성 곡선 ② 외부 특성 곡선
③ 토크 특성 곡선 ④ 전압 특성 곡선

해설 동기 발전기의 특성 곡선
- 무부하 포화 곡선 : 계자 전류와 유기 기전력의 관계
- 단락 곡선 : 계자 전류와 단락 전류의 관계
- 외부 특성 곡선 : 부하 전류와 단자 전압의 관계

단락 전류의 특성
㉠ 단락 순간은 큰 전류가 흐르지만 2~3Cycle 후 그 크기가 감소한 일정한 단락 전류가 흐른다.
㉡ 돌발 단락 전류의 제한 : 전기자 누설 리액턴스
㉢ 영구 단락 전류의 제한 : 전기자 반작용 리액턴스

★★★
33 동기 발전기의 돌발 단락 전류를 주로 제한하는 것은?

출제빈도

06년/07년/08년/09년/11년 출제

① 누설 리액턴스 ② 역상 리액턴스
③ 동기 리액턴스 ④ 권선 저항

해설 동기 발전기에서 단락 전류의 크기를 제한하는 동기 리액턴스 $x_l = x_a + x_l$에서 갑작스런 단락이 발생하면 전기자 반작용은 2~3Cycle 후 나타나므로 이때 대단히 큰 단락 전류인 돌발 단락 전류를 제한하는 것은 누설 리액턴스이다.
- 돌발 단락 전류의 제한 : 누설 리액턴스
- 영구(지속) 단락 전류의 제한 : 전기자 반작용

3상 발전기 정격 용량
$P_n = \sqrt{3}\,V_n I_n$ [VA]

★
34 3상 66,000[kVA], 22,900[V] 터빈 발전기의 정격 전류는 약 몇 [A]인가?

13년 출제

① 8,764 ② 3,367
③ 2,882 ④ 1,664

해설 3상 발전기 정격 용량 $P_a = \sqrt{3}\,VI$[VA]이므로

$$I = \frac{P_a}{\sqrt{3}\,V} = \frac{66{,}000 \times 10^3}{\sqrt{3} \times 22{,}900} = 1{,}664[\text{A}]$$

★★★
35 단락비가 1.2인 동기 발전기의 %동기 임피던스는 약 몇 [%]인가?

07년/09년/13년 출제

① 68 ② 83
③ 100 ④ 120

해설 단락비 $K_s = \frac{I_s}{I_n} = \frac{100}{\%Z_s}$

$$\therefore\ \%Z_s = \frac{100}{K_s} = \frac{100}{1.2} = 83[\%]$$

정답 32.② 33.① 34.④ 35.②

★★
36 단락비가 큰 동기 발전기를 설명하는 말 중 틀린 것은?

06년/07년 출제

① 동기 임피던스가 작다. ② 단락 전류가 크다.
③ 전기자 반작용이 크다. ④ 공극이 크고 전압 변동률이 작다.

해설 단락비가 큰 동기 발전기 : 수차 발전기(K_s =0.9~1.2)
- 동기 임피던스가 작다.
- 전기자 반작용이 작다.
- 전압 변동률이 작다.
- 안정도가 좋다.
- 공극이 크다.
- 중량이 무겁고 가격이 비싸다.
- 계자 기자력이 크다.
- 선로의 충전 용량이 크다.

출제분석 Advice

단락비가 크다의 의미
㉠ 동기 임피던스가 작다.
㉡ 전기자 반작용이 작다.
㉢ 전압 변동률이 작다.
㉣ 안정도가 향상된다.
㉤ 공극이 크다.
㉥ 철손이 크다.

★★★
37 단락비가 큰 동기기는?

출제빈도

06년/08년/09년/12년 출제

① 안정도가 높다. ② 기기가 소형이다.
③ 전압 변동률이 크다. ④ 전기자 반작용이 크다.

해설 단락비가 큰 동기 발전기 : 수차 발전기(K_s =0.9~1.2)
- 동기 임피던스가 작다.
- 전기자 반작용이 작다.
- 전압 변동률이 작다.
- 안정도가 좋다.
- 공극이 크다.
- 중량이 무겁고 가격이 비싸다.
- 계자 기자력이 크다.
- 선로의 충전 용량이 크다.

★★
38 동기 발전기의 공극이 넓을 때의 설명으로 잘못된 것은?

06년/13년 출제

① 여자 전류가 크다.
② 전체적인 효율이 좋다.
③ 전압 변동률이 크다.
④ 전기자 반작용이 작다.

해설 단락비가 큰 동기 발전기 : 수차 발전기(K_s =0.9~1.2)
- 동기 임피던스가 작다.
- 전기자 반작용이 작다.
- 전압 변동률이 작다.
- 안정도가 좋다.
- 공극이 크다.
- 중량이 무겁고 가격이 비싸다.
- 계자 기자력이 크다.
- 선로의 충전 용량이 크다.
- 철손이 크다
- 여자 전류가 크다.

정답 36.③ 37.① 38.③

동기 발전기의 병렬 운전 조건
㉠ 기전력 크기
㉡ 기전력 위상
㉢ 기전력 주파수
㉣ 기전력 파형
㉤ 상회전 방향(3상)

동기 발전기 병렬 운전 조건
㉠ 기전력 크기 : 불일치 시 무효 순환 선류 발생
㉡ 기전력 위상 : 불일치 시 동기화 전류(유효 횡류) 발생
㉢ 기전력 주파수 : 불일치 시 단자 전압 진동 발생
㉣ 기전력 파형 : 불일치 시 고조파 무효 순환 전류 발생

★★★
39 동기 발전기의 병렬 운전에 필요한 조건이 아닌 것은? 07년/08년/12년 출제

① 기전력의 주파수가 같을 것 ② 기전력의 크기가 같을 것
③ 기전력의 용량이 같을 것 ④ 기전력의 위상이 같을 것

해설 동기 발전기의 병렬 운전 조건
- 기전력의 크기가 같을 것
- 기전력의 위상이 같을 것
- 기전력의 주파수가 같을 것
- 기전력의 파형이 같을 것

★★★
40 동기 발전기의 병렬 운전에서 같지 않아도 되는 것은? 06년/08년/11년 출제

① 위상 ② 주파수
③ 용량 ④ 전압

해설 동기 발전기의 병렬 운전 조건
- 기전력의 크기가 같을 것
- 기전력의 위상이 같을 것
- 기전력의 주파수가 같을 것
- 기전력의 파형이 같을 것

★★★
41 3상 동기 발전기를 병렬 운전시키는 경우 고려하지 않아도 되는 조건은? 08년/10년/12년/14년 출제

① 주파수가 같을 것 ② 회전수가 같을 것
③ 위상이 같을 것 ④ 전압 파형이 같을 것

해설 동기 발전기의 병렬 운전 조건
- 기전력의 크기가 같을 것
- 기전력의 위상이 같을 것
- 기전력의 주파수가 같을 것
- 기전력의 파형이 같을 것
- 상회전 방향이 같을 것(3상인 경우)

★
42 동기 발전기의 병렬 운전에서 한쪽의 계자 전류를 증대시켜 유기 기전력을 크게 하면 어떤 현상이 발생하는가? 08년 출제

① 주파수가 변화되어 위상각이 달라진다.
② 두 발전기의 역률이 모두 낮아진다.
③ 속도 조정률이 변한다.
④ 무효 순환 전류가 흐른다.

정답 39.③ 40.③ 41.② 42.④

해설 동기 발전기의 병렬 운전 조건
- 기전력의 크기가 다를 경우($E_A \neq E_B$) : 무효 순환 전류(무효 횡류) 발생
- 기전력의 위상이 다를 경우($\theta_A \neq \theta_B$) : 동기화 전류(유효 횡류) 발생
- 기전력의 주파수가 다를 경우 : 단자 전압의 진동 발생
- 기전력의 파형이 다를 경우 : 고조파 순환 전류 발생

★
43 다음 중 2대의 동기 발전기가 병렬 운전하고 있을 때 무효 횡류(무효 순환 전류)가 흐르는 경우는?

09년 출제

① 부하 분담에 차가 있을 때
② 기전력의 주파수에 차가 있을 때
③ 기전력의 위상에 차가 있을 때
④ 기전력의 크기에 차가 있을 때

해설 동기 발전기의 병렬 운전 조건
- 기전력의 크기가 다를 경우($E_A \neq E_B$) : 무효 순환 전류(무효 횡류) 발생
- 기전력의 위상이 다를 경우($\theta_A \neq \theta_B$) : 동기화 전류(유효 횡류) 발생
- 기전력의 주파수가 다를 경우 : 단자 전압의 진동 발생
- 기전력의 파형이 다를 경우 : 고조파 순환 전류 발생

병렬 운전의 조건
㉠ 기전력 크기 : 불일치 시 무효 순환 전류 발생
㉡ 기전력 위상 : 불일치 시 동기화 전류(유효 횡류) 발생
㉢ 기전력 주파수 : 불일치 시 단자 전압 진동 발생
㉣ 기전력 파형 : 불일치 시 고조파 무효 순환 전류 발생

★★
44 동기 발전기의 병렬 운전 중 위상차가 생기면?

11년/13년 출제

① 무효 횡류가 흐른다.
② 무효 전력이 생긴다.
③ 유효 횡류가 흐른다.
④ 출력이 요동하고 권선이 가열된다.

해설 동기 발전기의 병렬 운전 조건
- 기전력의 크기가 다를 경우($E_A \neq E_B$) : 무효 순환 전류(무효 횡류) 발생
- 기전력의 위상이 다를 경우($\theta_A \neq \theta_B$) : 동기화 전류(유효 횡류) 발생
- 기전력의 주파수가 다를 경우 : 단자 전압의 진동 발생
- 기전력의 파형이 다를 경우 : 고조파 순환 전류 발생

★★
45 동기 발전기의 병렬 운전 중에 기전력의 위상차가 생기면?

11년/13년 출제

① 위상이 일치하는 경우보다 출력이 감소한다.
② 부하 분담이 변한다.
③ 무효 순환 전류가 흘러 전기자 권선이 과열된다.
④ 동기 화력이 생겨 두 기전력의 위상이 동상이 되도록 작용한다.

해설 동기 발전기 병렬 운전 시 기전력의 위상차가 발생하면 위상차에 의한 전압이 발생하여 발전기 내에는 순환 전류가 흐른다. 그런데 이 전류가 위상을 일치시키는 작용을 하므로 동기화 전류 또는 유효 횡류라고 하며 이때 위상을 일치하려는 힘인 동기 화력이 발생한다.

정답 43.④ 44.③ 45.④

동기 발전기의 병렬 운전 조건

㉠ 기전력 크기 불일치 : 무효 순환 전류 발생
㉡ 기전력 위상 불일치 : 유효 순환 전류 발생
㉢ 기전력 주파수 불일치 : 단자 전압 진동 발생
㉣ 기전력 파형 불일치 : 고조파 무효 순환 전류 발생

무효 순환 전류

$I_c = \frac{\dot{E}_A - \dot{E}_B}{2Z_s}$[A]

★

46 동기기를 병렬 운전할 때 순환 전류가 흐르는 원인은?

12년 출제

① 기전력의 저항이 다른 경우 ② 기전력의 위상이 다른 경우
③ 기전력의 전류가 다른 경우 ④ 기전력의 역률이 다른 경우

해설 동기 발전기의 병렬 운전 조건

- 기전력의 크기가 다를 경우($E_A \neq E_B$) : 무효 순환 전류 발생
- 기전력의 위상이 다를 경우($\theta_A \neq \theta_B$) : 유효 순환 전류(동기화 전류) 발생
- 기전력의 주파수가 다를 경우 : 단자 전압의 진동 발생
- 기전력의 파형이 다를 경우 : 고조파 순환 전류 발생

★

47 2대의 동기 발전기가 병렬 운전하고 있을 때 동기화 전류가 흐르는 경우는?

12년 출제

① 기전력의 크기에 차가 있을 때 ② 기전력의 위상에 차가 있을 때
③ 부하 분담에 차가 있을 때 ④ 기전력의 파형에 차가 있을 때

해설 동기 발전기의 병렬 운전 조건

- 기전력의 크기가 다를 경우($E_A \neq E_B$) : 무효 순환 전류 발생
- 기전력의 위상이 다를 경우($\theta_A \neq \theta_B$) : 유효 순환 전류(동기화 전류) 발생
- 기전력의 주파수가 다를 경우 : 단자 전압의 진동 발생
- 기전력의 파형이 다를 경우 : 고조파 순환 전류 발생

★★

48 동기 임피던스 5[Ω]인 2대의 3상 동기 발전기의 유도 기전력에 100[V]의 전압 차이가 있다면 무효 순환 전류[A]는?

10년/13년 출제

① 10 ② 15
③ 20 ④ 25

해설 무효 순환 전류 $I_c = \frac{\dot{E}_A - \dot{E}_B}{2Z_s} = \frac{100}{2 \times 5} = 10$[A]

여기서, $\dot{E}_A - \dot{E}_B$: 병렬 운전 중인 두 발전기의 기전력의 차
Z_s : 발전기 동기 임피던스

★

49 병렬 운전 중인 동기 임피던스 5[Ω]인 2대의 3상 동기 발전기의 유도 기전력에 200[V]의 전압 차이가 있다면 무효 순환 전류[A]는?

14년 출제

① 5 ② 10
③ 20 ④ 40

해설 무효 순환 전류 $I_c = \frac{\dot{E}_A - \dot{E}_B}{2Z_s} = \frac{200}{2 \times 5} = 20$[A]

여기서, $\dot{E}_A - \dot{E}_B$: 병렬 운전 중인 두 발전기의 기전력의 차
Z_s : 발전기 동기 임피던스

정답 46.② 47.② 48.① 49.③

★★
50 2극 3,600[rpm]인 동기 발전기와 병렬 운전하려는 12극 발전기의 회전수는 몇 [rpm]인가? 07년/10년 출제

① 600 ② 1,200
③ 1,800 ④ 3,600

해설 $N_s = \dfrac{120f}{P}$[rpm]에서 $f = \dfrac{N_s P}{120} = \dfrac{3,600 \times 2}{120} = 60$[Hz]
병렬 운전 시 주파수가 같아야 하므로
$N_s' = \dfrac{120f}{P} = \dfrac{120 \times 60}{12} = 600$[rpm]

동기 발전기의 병렬 운전 조건
㉠ 기전력 크기
㉡ 기전력 위상
㉢ 기전력 주파수
㉣ 기전력 파형
㉤ 동기 속도
$N_s = \dfrac{120f}{P}$[rpm]

★
51 6극 1,200[rpm]의 교류 발전기와 병렬로 운전하는 극수 8의 동기 발전기의 회전수는? 11년 출제

① 1,200 ② 1,000
③ 900 ④ 750

해설 $N_s = \dfrac{120f}{P}$[rpm]에서 $f = \dfrac{N_s P}{120} = \dfrac{1,200 \times 6}{120} = 60$[Hz]
병렬 운전 시 주파수가 같아야 하므로
$N_s' = \dfrac{120f}{P} = \dfrac{120 \times 60}{8} = 900$[rpm]

★
52 동기 검정기로 알 수 있는 것은? 14년 출제

① 전압의 크기 ② 전압의 위상
③ 전류의 크기 ④ 주파수

해설 동기 검정기는 교류 발전기의 병렬 운전 등에 사용되며 2계통의 전압의 위상차를 표시하는 일종의 위상계이다.

동기 검정기
교류 전원의 주파수 및 위상 일치 여부 측정

★
53 동기 발전기의 병렬 운전 시 원동기에 필요한 조건으로 구성된 것은? 13년 출제

① 균일한 각속도와 기전력의 파형이 같을 것
② 균일한 각속도와 적당한 속도 조정률을 가질 것
③ 균일한 주파수와 적당한 속도 조정률을 가질 것
④ 균일한 주파수와 적당한 파형이 같을 것

해설 원동기 필요 조건
- 균일한 각속도를 가질 것(플라이 휠 채용)
- 적당한 속도 변동률을 가질 것

정답 50.① 51.③ 52.② 53.②

자기 여자 현상
㉠ 발생 원인 : 진상 전류
㉡ 방지 대책 : 지상 전류, 분로 리액터, 동기 조상기, 병렬 운전, 단락비 증가

54 동기기의 자기 여자 현상의 방지법이 아닌 것은?
07년 출제

① 단락비 증대 ② 리액턴스 접속
③ 발전기 직렬 연결 ④ 변압기 접속

해설 자기 여자 현상
- 발생 원인 : 정전 용량으로 인한 90° 앞선 진상 전류
- 방지 대책 : 90° 앞선 진상 전류를 제거, 감소하기 위한 90° 뒤진 지상 전류
  - 동기 조상기를 부족 여자로 하여 90° 뒤진 지상 전류 발생
  - 분로 리액터를 병렬로 접속하여 90° 뒤진 지상 전류 발생
  - 발전기 및 변압기를 병렬 운전하여 유도성 리액턴스를 감소
  - 단락비를 크게 할 것(동기 리액턴스를 작게 할 것)

난조 방지 대책
㉠ 제동 권선
㉡ 플라이 휠 채용
㉢ 속도조절기(조속기) 성능 개선
㉣ 고조파 제거

55 동기 발전기에서 난조 현상에 대한 설명으로 옳지 않은 것은?
08년 출제

① 부하가 급격히 변화하는 경우 발생할 수 있다.
② 제동 권선을 설치하여 난조 현상을 방지한다.
③ 난조 정도가 커지면 동기 이탈 또는 탈조라고 한다.
④ 난조가 생기면 바로 멈춰야 한다.

해설 발전기 부하 급변 시 회전 속도가 동기 속도를 중심으로 진동하는 현상
- 발생 원인
  - 부하 변동이 심한 경우
  - 관성 모멘트가 작은 경우
  - 속도조절기(조속기)가 너무 예민한 경우
  - 계자에 고조파가 유기된 경우
- 방지 대책
  - 계자 자극면에 제동 권선 설치
  - 관성 모멘트를 크게 할 것(fly wheel 채용)
  - 속도조절기(조속기)의 성능을 너무 예민하지 않도록 할 것
  - 고조파의 제거(단절권, 분포권)
- 난조가 발생하더라도 동기 이탈하지 않고 정상 운전을 지속하여야 한다.

동기 발전기의 난조 현상
㉠ 발생 원인
- 부하 변동이 큰 경우
- 관성 모멘트 감소
- 속도조절기(조속기) 성능 예민
- 계자에 고조파 발생

㉡ 방지 대책
- 제동 권선
- 플라이 휠 채용
- 속도조절기(조속기) 성능 개선
- 고조파 제거

56 동기 발전기의 난조를 방지하는 가장 유효한 방법은?
14년 출제

① 회전자의 관성을 크게 한다.
② 제동 권선을 자극면에 설치한다.
③ X_s를 작게 하고, 동기 화력을 크게 한다.
④ 자극수를 적게 한다.

해설 동기 발전기나 동기 전동기에서 난조를 방지하기 위하여 자극면에 유도 전동기 농형 권선과 같은 역할을 하는 단락 도체를 설치하여, 난조 발생에 의한 동기 이탈로 인해 자극에 슬립이 발생하였을 때 전기자의 회전 자계에 의한 슬립 주파수 전류가 이 단락 도체에 흘러 이때 발생하는 토크를 이용하여 난조를 제동하는 작용을 하는 권선을 제동 권선이라 한다.

정답 54.③ 55.④ 56.②

동기 전동기의 자기 기동법
㉠ 제동 권선 : 기동 토크 발생
㉡ 계자 권선 단락 : 고전압 유기에 의한 권선 소손 방지

★
57 다음 중 제동 권선에 의한 기동 토크를 이용하여 동기 전동기를 기동시키는 방법은?

13년 출제

① 저주파 기동법　② 고주파 기동법
③ 기동 전동기법　④ 자기 기동법

해설
• 자기 기동법 : 유도 전동기의 2차 권선 역할을 하는 제동 권선에 이용하여 기동 토크를 발생시켜 기동하는 방식
• 기동 토크 발생 : 계자 자극면에 설치한 기동 권선은 유도 전동기의 회전자 권선과 같이 작용하여 기동 토크를 발생하여 동기 전동기를 기동시키는 것
• 난조 방지 : 전동기 속도 변화 시 회전 자계를 자르게 되어 기전력이 유기되고 권선에 전류가 흐를 때 발생하는 토크가 제동 토크로 작용하여 회전 속도가 변하지 않도록 하는 방향으로 작용하는 것

★★★
58 동기 전동기를 자기 기동법으로 기동시킬 때 계자 회로는 어떻게 하여야 하는가?

출제빈도

06년/10년/12년 출제

① 단락시킨다.　② 개방시킨다.
③ 직류를 공급한다.　④ 단상 교류를 공급한다.

해설 동기 전동기 기동 시 계자 회로를 개방한 상태에서 고정자에 전압을 가하면 권수가 높은 계자 권선이 고정자에서 발생한 회전 자계를 끊으므로 계자 회로에 고전압이 유기될 우려가 있기 때문에 계자 권선을 여러 개로 분할하여 개방해 놓거나 또는 저항을 통하여 단락하여야 한다.

★★
59 동기 전동기의 자기 기동에서 계자 권선을 단락하는 이유는?

11년/14년 출제

① 기동이 쉽다.
② 기동 권선으로 이용한다.
③ 고전압 유도에 의한 절연 파괴의 위험을 방지한다.
④ 전기자 반작용을 방지한다.

해설 동기 전동기 기동 시 계자 회로를 개방한 상태에서 고정자에 전압을 가하면 권수가 높은 계자 권선이 고정자에서 발생한 회전 자계를 끊으므로 계자 회로에 고전압이 유기되어 권선이 소손될 우려가 있기 때문에 계자 권선을 여러 개로 분할하여 개방해 놓거나 또는 저항을 통하여 단락하여야 한다.

동기 전동기의 기동법
㉠ 자기 기동법 : 제동 권선 (기동 토크 발생)
㉡ 유도 전동기법 : 2극 적은 전동기 이용

★
60 기동 전동기로서 유도 전동기를 사용하려고 한다. 동기 전동기의 극수가 10극인 경우 유도 전동기의 극수는?

10년 출제

① 8　② 10
③ 12　④ 14

정답 57.④ 58.① 59.③ 60.①

해설 동기 전동기 기동 시 기동 전동기로서 유도 전동기를 사용하여 기동시키는 경우에 극수가 2극 적은 전동기를 채용한다.

∴ 기동용 전동기 극수=10−2=8[극]

동기 전동기의 자기 기동법
㉠ 제동 권선 : 기동 토크 발생
㉡ 계자 권선 단락 : 고전압 유기에 의한 권선 소손 방지
㉢ 기동 토크의 적당한 유지 : 변압기 탭 조정에 의한 정격 전압의 30~50[%] 정도 인가

61 3상 동기 전동기의 자기 기동법에 관한 사항 중 틀린 것은? 11년 출제

① 기동 토크를 적당한 값으로 유지하기 위하여 변압기 탭에 의해 정격 전압의 80[%] 정도로 저압을 가해 기동을 한다.
② 기동 토크는 일반적으로 적고 전부하 토크의 40~60[%] 정도이다.
③ 제동 권선에 의한 기동 토크를 이용하는 것으로 제동 권선은 2차 권선으로서 기동 토크를 발생한다.
④ 기동할 때에는 회전 자속에 의하여 계자 권선 안에는 고압이 유도되어 절연을 파괴할 우려가 있다.

해설 3상 동기 전동기의 자기 기동법으로 기동 시 기동 토크를 적당한 값으로 유지하기 위하여 변압기 탭조정에 의한 전압 인가 시 정격 전압의 30~50[%] 정도로 저전압을 가해 기동을 한다.

동기 전동기의 기동법
㉠ 자기 기동법 : 제동 권선 (기동 토크 발생)
㉡ 유도 전동기법 : 2극 적은 전동기 이용

62 50[Hz], 500[rpm]의 전동기에 직결하여 이것을 기동하기 위한 유도 전동기의 적당한 극수는? 10년 출제

① 4 ② 8
③ 10 ④ 12

해설 동기 전동기 기동 시 기동 전동기로서 유도 전동기를 사용하여 기동시키는 경우에 극수가 2극 적은 전동기를 채용한다.

$N_s = \dfrac{120f}{P}$[rpm]에서 $P = \dfrac{120f}{N_s} = \dfrac{120 \times 50}{500} = 12$[극]

∴ 기동 전동기의 극수=12−2=10[극]

동기 전동기 1상 출력
$P_0 = \dfrac{EV}{x_s}\sin\delta$[W]

63 3상 동기 전동기의 출력(P)을 부하각으로 나타낸 것은? (단, V는 1상의 단자 전압, E는 역기전력, x_s는 동기 리액턴스, δ는 부하각이다.) 14년 출제

① $P = 3VE\sin\delta$[W] ② $P = \dfrac{3VE\sin\delta}{x_s}$[W]
③ $P = \dfrac{3VE\cos\delta}{x_s}$[W] ④ $P = 3VE\cos\delta$[W]

해설 동기 전동기 3상 출력 $P_0 = \dfrac{3EV}{x_s}\sin\delta$[W]

여기서, δ : 공급 전압 V와 역기전력 E의 위상각
발전기 출력식에서는 기전력과 단자 전압의 위상각으로 부하각이라고도 한다.

정답 61.① 62.③ 63.②

64 동기 전동기의 부하각(load angle)은?

13년 출제

① 공급 전압 V와 역기전압 E와의 위상각
② 역기전압 E와 부하 전류 I와의 위상각
③ 공급 전압 V와 부하 전류 I와의 위상각
④ 3상 전압의 상전압과 선간 전압과의 위상각

해설 전동기 출력 $P=\frac{3EV}{x_s}\sin\delta[\text{W}]$

여기서, δ : 공급 전압 V와 역기전력 E의 위상각
발전기 출력식에서는 기전력과 단자 전압의 위상각으로 부하각이라고도 한다.

출제분석 Advice

동기 전동기 1상 출력

$P_o=\frac{EV}{x_s}\sin\delta[\text{W}]$

여기서, δ : V와 E의 위상각

65 3상 동기 전동기의 토크에 대한 설명으로 옳은 것은?

① 공급 전압 크기에 비례한다.
② 공급 전압 크기의 제곱에 비례한다.
③ 부하각 크기에 반비례한다.
④ 부하각 크기의 제곱에 비례한다.

해설 3상 동기 전동기의 토크는 $P_0=\frac{EV}{x_s}\sin\delta=\omega\tau$ 공급 전압 크기에 비례한다.

66 동기 전동기를 송전선의 전압 조정 및 역률 개선에 사용한 것을 무엇이라 하는가?

07년/13년 출제

① 동기 이탈 ② 동기 조상기
③ 댐퍼 ④ 제동 권선

해설 동기 조상기 : 무부하로 운전하는 동기 전동기의 계자 전류를 가감할 경우 전기자에서 흐르는 90° 앞선 전류나 뒤진 전류를 이용하여 전력 계통의 전압 조정 및 역률 개선을 할 목적으로 사용하는 동기 전동기

동기 조상기 V곡선
㉠ 과여자 : 앞선 전류 발생(콘덴서로 작용)
㉡ 부족 여자 : 뒤진 전류 발생(리액터로 작용)

67 전력 계통에 접속되어 있는 변압기나 장거리 송전 시 정전 용량으로 인한 충전 특성 등을 보상하기 위한 기기는?

12년 출제

① 유도 전동기 ② 동기 발전기
③ 유도 발전기 ④ 동기 조상기

해설 동기 조상기 : 무부하로 운전하는 동기 전동기의 계자 전류를 가감할 경우 전기자에서 흐르는 90° 앞선 전류나 뒤진 전류를 이용하여 전력 계통의 전압 조정 및 역률 개선을 할 목적으로 사용하는 동기 전동기

동기 조상기
동기 전동기 V곡선 특성을 이용하여 전력 계통의 전압 조정 및 역률 개선을 목적으로 사용하는 동기 전동기

정답 64.① 65.① 66.② 67.④

동기 조상기 V곡선

㉠ 과여자 : 앞선 전류 발생 (콘덴서로 작용)

㉡ 부족 여자 : 뒤진 전류 발생(리액터로 작용)

㉢ 전기자 전류 최소 : 역률 1

★★★

68 동기 조상기를 부족 여자로 운전하면 어떻게 되는가? 07년/09년/10년 출제

① 콘덴서로 작용한다.

② 리액터로 작용한다.

③ 여자 전압의 이상 상승이 발생한다.

④ 일부 부하에 대하여 뒤진 역률을 보상한다.

해설 동기 조상기 V곡선 $\cos\theta = 1$인 상태에서 계자 전류를 감소시키는 경우 부족 여자(계자 전류 감소)는 증가하는 전기자 전류가 뒤진 전류가 되어 리액터로 작용한다.

★

69 3상 동기 전동기의 단자 전압과 부하를 일정하게 유지하고, 회전자 여자 전류의 크기를 변화시킬 때 옳은 것은? 11년 출제

① 전기자 전류의 크기와 위상이 바뀐다.

② 전기자 권선의 역기전력은 변하지 않는다.

③ 동기 전동기의 기계적 출력은 일정하다.

④ 회전 속도가 바뀐다.

해설 동기 조상기 V곡선 $\cos\theta = 1$인 상태에서 계자 전류를 증감할 경우

- 계자 전류 증가(회전 여자 전류) : 전기자 전류가 증가하면 위상이 앞선 전류가 되어 콘덴서로 작용한다.
- 계자 전류 감소 : 전기자 전류가 감소하면 위상이 뒤진 전류가 되어 리액터로 작용한다.

★★

70 그림은 동기기의 위상 특성 곡선을 나타낸 것이다. 전기자 전류가 가장 적게 흐를 때의 역률은? 10년/12년 출제

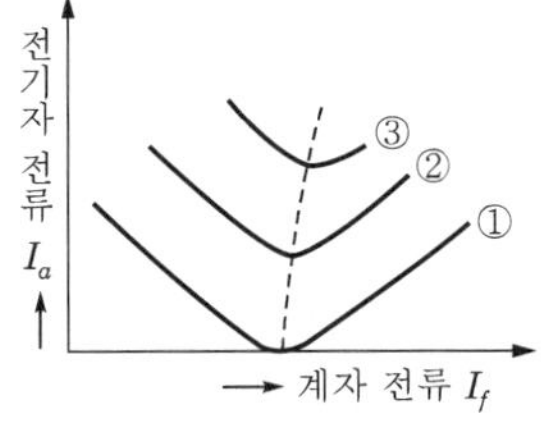

① 1 ② 0.9(진상)

③ 0.9(지상) ④ 0

해설 동기 조상기 V곡선에서 ③은 무부하의 경우이고, 곡선 ② 및 ①은 부하를 점차 증가시켰을 경우의 곡선으로 부하가 커질수록 V곡선은 위쪽으로 향하고, 점선으로 나타낸 이들 곡선의 최저점은 역률 1인 경우이며, 점선 왼쪽은 뒤진 역률을 점선 오른쪽은 앞선 역률을 나타낸다.

정답 68.② 69.① 70.①

★
71 동기 전동기의 계자 전류를 가로축, 전기자 전류를 세로축으로 하여 나타낸 V곡선에 관한 설명으로 옳지 않은 것은? 13년 출제

① 위상 특성 곡선이라 한다.
② 부하가 클수록 V곡선은 아래쪽으로 이동한다.
③ 곡선의 최저점은 역률 1에 해당한다.
④ 계자 전류를 조정하여 역률을 조정할 수 있다.

해설 동기 조상기 V곡선에서 부하가 커질수록 V곡선은 상방향으로 상승하고, 부하가 작아질수록 하방향으로 이동한다.

동기 조상기 V곡선
㉠ 과여자 : 앞선 전류 발생(콘덴서로 작용)
㉡ 부족 여자 : 뒤진 전류 발생(리액터로 작용)
㉢ 출력이 커질수록 V곡선이 상방향으로 이동

★
72 동기 조상기가 전력용 콘덴서보다 우수한 점은? 10년 출제

① 손실이 적다. ② 보수가 쉽다.
③ 가격이 싸다. ④ 지상 역률을 얻는다.

해설 전력용 콘덴서와 동기 조상기의 비교

전력용 콘덴서	동기 조상기
• 진상 전류만 공급이 가능하다. • 전류 조정이 계단적이다. • 소형, 경량이므로 값이 싸고 손실이 작다. • 용량 변경이 쉽다.	• 진상 · 지상 전류 모두 공급이 가능하다. • 전류 조정이 연속적이다. • 대형, 중량이므로 값이 비싸고 손실이 크다. • 선로의 시충전 운전이 가능하다.

전력용 콘덴서, 동기 조상기
㉠ 전력용 콘덴서 : 진상 전류
㉡ 동기 조상기 : 진상 전류, 지상 전류 모두 가능(V곡선)

★
73 동기 전동기의 여자 전류를 변화시켜도 변하지 않는 것은? (단, 공급 전압과 부하는 일정하다.) 14년 출제

① 동기 속도 ② 역기전력
③ 역률 ④ 전기자 전류

해설 동기 전동기는 동기 속도 $N_s = \dfrac{120f}{P}$ [rpm]에서 극수와 주파수가 일정하면 속도가 N_s로 변화하지 않는 전동기이다.

동기 전동기의 특성
㉠ 속도가 N_s로 일정
㉡ 기동 토크 0
㉢ 역률 조정 가능
㉣ 난조 발생
㉤ 분쇄기, 압축기, 송풍기

★★★
74 동기 전동기의 용도로 적합하지 않은 것은? 08년/09년/10년 출제

① 송풍기 ② 압축기
③ 크레인 ④ 분쇄기

해설 동기 전동기는 시멘트 공장의 분쇄기, 각종 압축기 및 송풍기, 제지용 쇄목기에서 이용하며, 크레인은 주로 가동 복권 전동기를 이용한다.

정답 71.② 72.④ 73.① 74.③

제동 권선
㉠ 난조 방지
㉡ 기동 토크 발생

★★★
75 (출제빈도) 동기 전동기에서 난조를 방지하기 위하여 자극면에 유도 전동기 농형 권선과 같은 권선을 설치하는데 이 권선을 무엇이라 하는가? 06년/07년/11년/13년 출제

① 제동 권선 ② 계자 권선
③ 전기자 권선 ④ 보상 권선

해설 동기 전동기에서 난조를 방지하기 위하여 자극면에 유도 전동기 농형 권선과 같은 역할을 하는 단락 도체을 설치하여, 난조 발생에 의한 동기 이탈로 인해 자극에 슬립이 발생하였을 때 전기자의 회전 자계에 의한 슬립 주파수 전류가 이 단락 도체에 흘러 이때 발생하는 토크를 이용하여 난조를 제동하는 작용을 하는 권선을 제동 권선이라 한다.

★
76 3상 동기기의 제동 권선의 역할은? 11년 출제

① 난조 방지 ② 효율 증가
③ 출력 증가 ④ 역률 개선

해설 3상 동기 전동기에서 제동 권선은 기동 토크의 발생 및 난조 방지 역할을 한다.

동기 전동기의 난조 방지
㉠ 제동 권선
㉡ 플라이 휠 채용
㉢ 속도조절기(조속기) 성능 개선
㉣ 전기자 권선 저항 감소

★★
77 난조 방지와 관계가 없는 것은? 08년/09년 출제

① 제동 권선을 설치한다. ② 전기자 권선의 저항을 작게 한다.
③ 축세륜을 붙인다. ④ 속도조절기(조속기)의 감도를 예민하게 한다.

해설 난조 방지 대책
- 계자의 자극면에 제동 권선 설치
- 관성 모멘트를 크게 할 것(fly wheel 부착)
- 속도조절기(조속기)의 성능을 너무 예민하지 않도록 할 것
- 전기자 권선의 저항을 작게 할 것

동기 전동기의 특성
㉠ 속도가 N_s로 일정
㉡ 기동 토크 0
㉢ 역률 조정 가능
㉣ 난조 발생
㉤ 분쇄기, 압축기, 송풍기

★
78 동기 전동기의 특징으로 잘못된 것은? 12년 출제

① 일정한 속도로 운전이 가능하다.
② 난조가 발생하기 쉽다.
③ 역률을 조정하기 힘들다.
④ 공극이 넓어 기계적으로 견고하다.

해설 동기 조상기 V곡선 $\cos\theta = 1$인 상태에서 계자 전류를 증감할 경우
- 과여자(계자 전류 증가) : 증가하는 전기자 전류가 앞선 전류가 되어 콘덴서로 작용한다.
- 부족 여자(계자 전류 감소) : 증가하는 전기자 전류가 뒤진 전류가 되어 리액터로 작용한다.
- 동기 전동기는 V곡선 특성을 이용하여 역률 조정이 가능하다.

정답 75.① 76.① 77.④ 78.③

동기 전동기의 특성
㉠ 속도가 N_s로 일정
㉡ 기동 토크 0
㉢ 역률 조정 가능
㉣ 난조 발생
㉤ 분쇄기, 압축기, 송풍기

79 동기 전동기의 특징과 용도에 대한 설명으로 잘못된 것은? 11년/12년 출제

① 진상, 지상의 역률 조정이 된다.
② 직류 여자기가 필요하지 않다.
③ 시멘트 공장의 분쇄기 등에 사용된다.
④ 난조가 발생하기 쉽다.

해설 동기 전동기의 특징
- 장점
  - 속도가 일정하다.
  - 역률 조정이 가능하다.
  - 전부하 효율이 좋다.
  - 공극이 크고 기계적으로 튼튼하다.
- 단점
  - 기동 토크가 작다.
  - 속도 제어가 어렵다.
  - 직류 여자기가 필요하다.
  - 난조가 일어나기 쉽다.
- 용도
  - 시멘트 공장의 분쇄기
  - 공기 압축기
  - 송풍기

80 동기 전동기에 대한 설명으로 옳지 않은 것은? 13년 출제

① 정속도 전동기로 비교적 회전수가 낮고 큰 출력이 요구되는 부하에 이용된다.
② 난조가 발생하기 쉽고 속도 제어가 간단하다.
③ 전력 계통의 전류 세기, 역률 등을 조정할 수 있는 동기 조상기로 사용된다.
④ 가변 주파수에 의해 정밀 속도 제어 전동기로 사용된다.

해설 동기 전동기는 속도가 일정하므로 주파수도 일정하며 정밀 속도 제어가 어렵다.

81 3상 동기 전동기의 특징이 아닌 것은? 12년 출제

① 부하의 변화로 속도가 변하지 않는다.
② 부하의 역률을 개선할 수 있다.
③ 전부하 효율이 양호하다.
④ 공극이 좁으므로 기계적으로 견고하다.

해설 동기 전동기는 공극이 크고 기계적으로 튼튼하다.

정답 79.② 80.② 81.④

초동기 전동기
㉠ 고정자(전기자) 회전형 2중 베어링 구조형 동기 전동기
㉡ 대형으로 큰 토크 발생

82 회전 계자형인 동기 전동기에 고정자인 전기자 부분도 회전자의 주위를 회전할 수 있도록 2중 베어링 구조로 되어 있는 전동기로 부하를 건 상태에서 운전하는 전동기는? 12년 출제

① 초동기 전동기
② 반작용 전동기
③ 동기형 교류 서보 전동기
④ 교류 동기 전동기

해설 초동기 전동기는 회전 계자형인 동기 전동기에 고정자인 전기자 부분도 회전자의 주위를 회전할 수 있도록 2중 베어링 구조로 되어 있는 "고정자 회전 기동형 동기 전동기"로 회전자에 부하가 걸려 있기 때문에 기동 시 먼저 전기자가 회전 자계의 방향과 반대로 기동한 후 동기 속도에 가까워졌을 때 계자에 여자를 주면 회전자도 동기 속도로 회전하는 전동기로 대단히 큰 토크를 얻을 수 있지만 외형이 크고, 고압 권선인 전기자를 회전시킬 필요가 있다.

절연물의 최고 허용 온도
㉠ A종 : 105[℃]
㉡ E종 : 120[℃]
㉢ B종 : 130[℃]
㉣ H종 : 180[℃]

83 동기기에서 사용되는 절연 재료로 B종 절연물의 온도 상승 한도는 약 몇 [℃]인가? (단, 기준 온도는 공기 중에서 40[℃]이다.) 14년 출제

① 65　② 75
③ 90　④ 120

해설 절연물의 최고 허용 온도

절연물의 종류	Y	A	E	B	F	H	C
최고 허용 온도	90	105	120	130	155	180	180 초과

∴ 절연물의 온도 상승 한도＝절연물의 최고 허용 온도－기준 온도＝130－40＝90[℃]

정답 82.① 83.③

변압기

01 변압기의 원리 및 이론

자주 출제되는 Key Point

변압기 원리
패러데이-렌츠 전자 유도 현상

1 변압기의 원리(패러데이-렌츠 전자 유도 법칙)

변압기는 1개의 철심에 2개의 권선을 감고 한쪽 권선에 사인파 교류 전압을 가하면 철심 중에는 사인파 교번 자속 Φ가 발생하고, 이 자속과 쇄교하는 다른 쪽의 권선에는 권선의 감은 횟수에 따라 서로 다른 크기의 교류 전압이 유도된다.

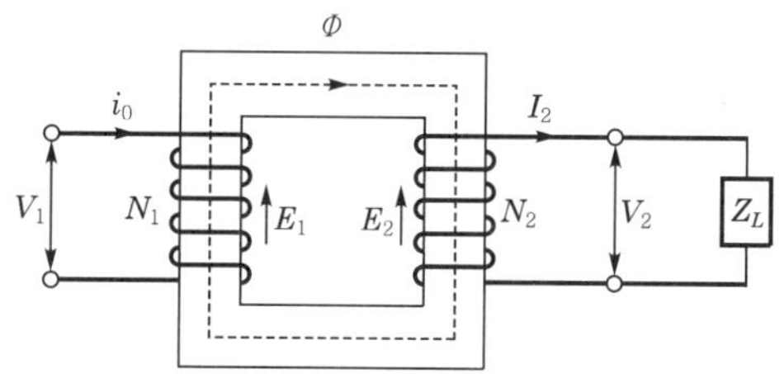

$i_0 = I_m \sin\omega t$ [A] 교류 전류를 1차 권선에 흘리면 철심 내에는 그에 비례한 $\Phi = \Phi_m \sin\omega t$ [Wb]만큼의 자속이 발생하여 1, 2차 권선을 쇄교하므로 1, 2차 권선에는 각각 패러데이 법칙에 의한 만큼 기전력이 발생한다.

(1) 유도 기전력의 크기

$e = -N\dfrac{d\Phi}{dt}$ [V]에서 1차 권선의 유도 기전력 크기는

$$e_1 = -N_1\frac{d\Phi}{dt} = -N_1\frac{d}{dt}\Phi_m \sin\omega t$$

$$= -N_1\Phi_m\omega\cos\omega t$$

최대값 $E_m = N_1\Phi_m\omega$

실효값 $E_1 = \dfrac{E_m}{\sqrt{2}} = \dfrac{\omega N_1\Phi_m}{\sqrt{2}} = \dfrac{2\pi}{\sqrt{2}} f_1 N_1 \Phi_m$

$\therefore$ 1차 유도 기전력 $E_1 = 4.44 f_1 N_1 \Phi_m$ [V]

$e = -N\dfrac{d\Phi}{dt}$ [V]에서 2차 권선의 유도 기전력 크기는

$$e_2 = -N_2\frac{d\Phi}{dt} = -N_2\frac{d}{dt}\Phi_m \sin\omega t = -N_2\Phi_m\omega\cos\omega t$$

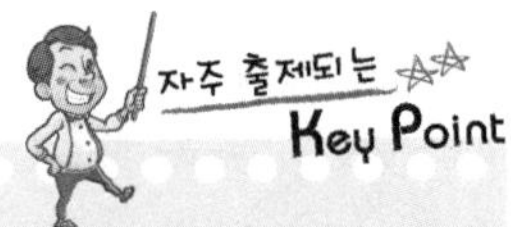

최대값 $E_m = N_2\Phi_m\omega$

실효값 $E_1 = \frac{E_m}{\sqrt{2}} = \frac{\omega N_2\Phi_m}{\sqrt{2}} = \frac{2\pi}{\sqrt{2}} f_2 N_2 \Phi_m$

∴ 2차 유도 기전력 $E_2 = 4.44 f N_2 \Phi_m$ [V]

또한, $E_1 = 4.44 f N_1 \Phi_m$ [V], $E_2 = 4.44 f N_2 \Phi_m$ [V]에서 변압기 철심의 단면적을 A[m²], 철심 통과 최대 자속을 Φ_m, 최대 자속 밀도를 B_m이라 하면 최대 자속 밀도 $B_m = \frac{\Phi_m}{A}$에서 $\Phi_m = B_m A$라 할 수 있으므로 변압기 1, 2차 유도 기전력을 다음과 같이 표현할 수 있다.

① 1차 유도 기전력 : $E_1 = 4.44 f N_1 \Phi_m = 4.44 f N_1 B_m A$ [V]

② 2차 유도 기전력 : $E_2 = 4.44 f N_2 \Phi_m = 4.44 f N_2 B_m A$ [V]

변압기 기전력의 크기
㉠ $E_1 = 4.44 f N_1 B_m A$[V]
㉡ $E_2 = 4.44 f N_2 B_m A$[V]

(2) 권수비

① 이상 변압기

㉠ 손실 및 누설 자속, 자기 포화가 없는 변압기

㉡ 부하가 존재하는 경우 : $F_1 (= N_1 I'_1) = F_2 (= N_2 I_2)$

기자력 $F_1 = F_2$에서 $\frac{N_1}{N_2} = \frac{I_2}{I'_1}$가 성립한다. 그런데, 변압기 전부하 운전의 경우 $I_1 \fallingdotseq I'_1$가 된다.

∴ 권수비 $a = \frac{N_1}{N_2} = \frac{E_1}{E_2} = \frac{I_2}{I_1}$

② 권수비 : 변압기 2차측에 부하를 걸고 운전할 경우

㉠ 1차 전압 $V_1 = E_1 + I_1 r_1 + jI_1 x_1$에서 $E_1 = V_1 - I_1 r_1 - jI_1 x_1$

㉡ 2차 전압 $V_2 = E_2 - I_2 r_2 - jI_2 x_2$

위의 관계가 성립하는데 무부하인 경우는 변압기 1차측에는 전부하 전류 I_1 대비 약 2~3[%] 정도의 미소한 여자 전류 I_0만 흐르게 되므로 $E_1 \fallingdotseq V_1$이 성립하고, 2차 권선에서는 $V_2 = E_2$가 성립한다.

또한, 부하 운전 시 부하의 크기가 적은 경부하일 경우에도 1, 2차 권선에서는 $E_1 \fallingdotseq V_1$, $V_2 \fallingdotseq E_2$가 성립한다. 따라서, 다음과 같은 권수비식을 구할 수 있다.

$$\text{권수비 } a = \frac{N_1}{N_2} = \frac{E_1}{E_2} = \frac{V_1}{V_2} = \frac{I_2}{I_1} = \sqrt{\frac{Z_1}{Z_2}} = \sqrt{\frac{R_1}{R_2}} = \sqrt{\frac{L_1}{L_2}}$$

변압기 권수비

$$a = \frac{N_1}{N_2} = \frac{E_1}{E_2} = \frac{V_1}{V_2} = \frac{I_2}{I_1} = \sqrt{\frac{Z_1}{Z_2}} = \sqrt{\frac{R_1}{R_2}} = \sqrt{\frac{L_1}{L_2}}$$

유도 기전력 및 권수비

- 유도 기전력
  - 1차 : $E_1 = 4.44 f N_1 \Phi_m = 4.44 f N_1 B_m A[\text{V}]$
  - 2차 : $E_2 = 4.44 f N_2 \Phi_m = 4.44 f N_2 B_m A[\text{V}]$
- 권수비 : $a = \dfrac{N_1}{N_2} = \dfrac{E_1}{E_2} = \dfrac{V_1}{V_2} = \dfrac{I_2}{I_1} = \sqrt{\dfrac{Z_1}{Z_2}} = \sqrt{\dfrac{R_1}{R_2}} = \sqrt{\dfrac{L_1}{L_2}}$

2 변압기의 등가 회로

변압기 등가 회로 작성
㉠ 무부하 시험
㉡ 단락 시험
㉢ 저항 측정 시험

(1) 무부하 시험(2차측 개방) : 무부하 전류(여자 전류)

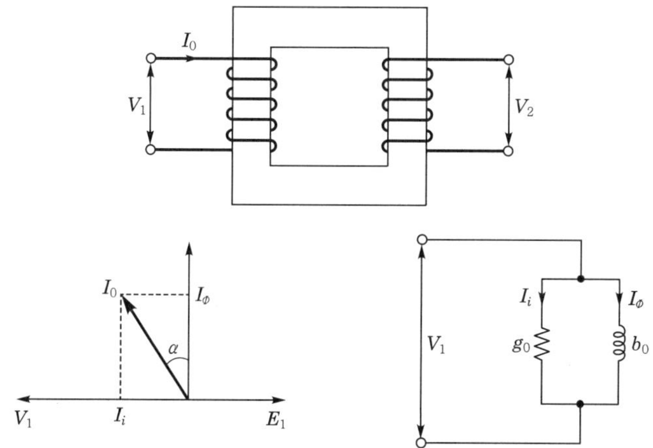

① 여자 전류 : $\dot{I}_0 = \dot{I}_i + \dot{I}_\Phi$에서 위상차가 90°가 발생하므로 $I_0 = \sqrt{{I_i}^2 + {I_\Phi}^2}$ 관계가 성립한다.

② 철손 전류 : I_i(철손 P_i 발생)

③ 자화 전류 : I_Φ(자속 Φ 발생)

(2) 부하 시험

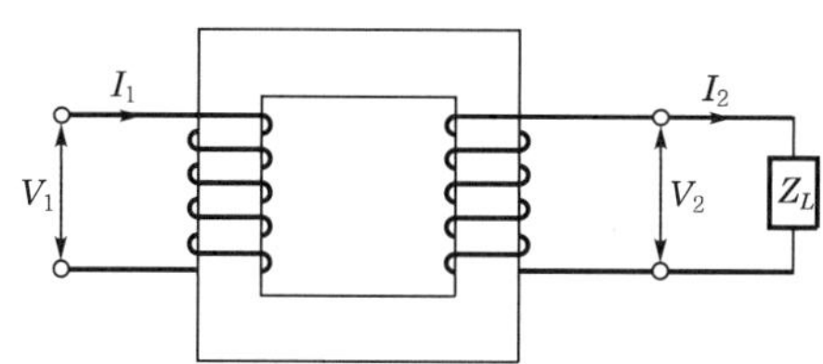

여기서, $I_2 = \dfrac{V_2}{Z_L}$

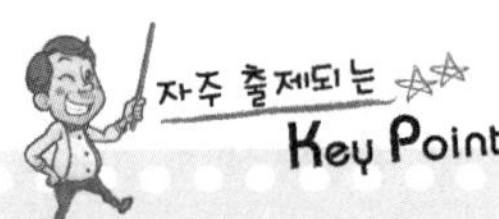

(3) 등가 회로의 전전류와 여자 어드미턴스

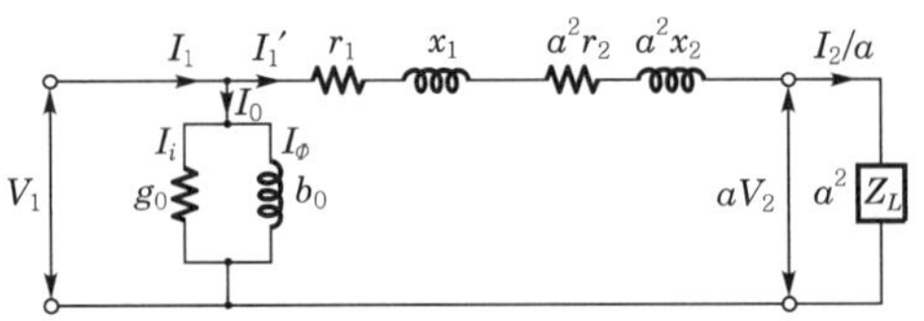

무부하 시험

㉠ 여자 어드미턴스 $\dot{Y}_0 = g_0 - jb_0$[℧]

㉡ 철손 전류 : 철손 발생 $I_i = g_0 V_1$[A]

㉢ 자화 전류 : 자속 발생 $I_\Phi = b_0 V_1$[A]

㉣ 철손 $P_i = V_1 I_i = g_0 V_1^2$[W]

① 전전류

㉠ 전전류 : $\dot{I}_1 = \dot{I}_0 + \dot{I}_1{}'$(여기서, $\dot{I}_1{}'$: 부하 전류)

㉡ 철손전류 : $I_i = g_0 V_1$[A]에서 $P_i = V_1 I_i = g_0 V_1{}^2$[W]

㉢ 자화전류 : $I_\Phi = b_0 V_1$[A]에서 $P_\Phi = V_1 I_\Phi = b_0 V_1{}^2$[Var]

② 여자 어드미턴스 : 변압기 2차측 개방 시험을 통해 구할 수 있다.

㉠ 여자 어드미턴스 : $\dot{Y}_0 = g_0 - jb_0$[℧]

㉡ 여자 컨덕턴스 : $g_0 = \dfrac{I_i}{V_1} = \dfrac{V_1 I_i}{V_1{}^2} = \dfrac{P_i}{V_1{}^2}$[℧]

㉢ 여자 서셉턴스 : $b_0 = \dfrac{I_\Phi}{V_1} = \dfrac{V_1 I_\Phi}{V_1{}^2} = \dfrac{P_\Phi}{V_1{}^2}$[℧]

(4) 변압기의 임피던스 환산

변압기에서 사용되고 있는 실제 회로는 1, 2차 회로가 분리되어 있지만 전자 유도 작용에 의하여 1차 쪽 전력이 2차 쪽으로 전달되기 때문에 2개의 서로 독립된 회로로 생각하는 것보다는 하나의 등가 회로로 변형하여 생각하는 것이 변압기 특성 파악에 편리하다. 따라서 권수비 관계를 이용하여 다음과 같이 2차를 1차로 환산할 수 있다.

권수비 $a = \dfrac{V_1}{V_2}$에서 $V_1 = aV_2,\ V_2 = \dfrac{1}{a}V_1$

권수비 $a = \dfrac{I_2}{I_1}$에서 $I_1 = \dfrac{1}{a}I_2$, $I_2 = aI_1$

2차 전류 $I_2 = \dfrac{V_2}{Z_2}$에서 $aI_1 = \dfrac{V_1/a}{Z_2}$이므로 $I_1 = \dfrac{V_1}{a^2 Z_2}$

∴ 변압기 1, 2차 임피던스 간에는 $Z_1 = a^2 Z_2$가 성립한다.

① 2차를 1차로 환산 : 1차측의 전압 및 전류 임피던스, 어드미턴스는 그대로 두고, 2차측의 전압을 a배, 전류를 $\dfrac{1}{a}$배, 임피던스를 a^2배로 한다.

임피던스 환산(2차 → 1차 환산)

㉠ 2차 전압 : a배

㉡ 2차 전류 : $\dfrac{1}{a}$배

㉢ 2차 임피던스 : a^2배

자주 출제되는 Key Point

② 권수비 : $a = \frac{N_1}{N_2} = \frac{E_1}{E_2} = \frac{V_1}{V_2} = \frac{I_2}{I_1} = \sqrt{\frac{Z_1}{Z_2}} = \sqrt{\frac{r_1}{r_2}} = \sqrt{\frac{x_1}{x_2}}$

(5) 주파수와 철손과의 관계

변압기 전압이 일정한 상태에서 주파수 변화에 따른 자속 밀도의 변화 및 철손과의 관계로서 다음과 같이 정리할 수 있다.

$E = 4.44fN\Phi_m = 4.44fNB_mA$ 에서 변압기 제작과 동시에 변하지 않는 4.44 및 권수비 N, 철심 단면적 A 등을 제외하면 변압기에서 $E \propto fB_m$ 관계가 성립하므로 전압 일정 시 fB_m도 일정인 관계가 성립하여야 한다. 따라서 주파수와 최대 자속 밀도 간에는 반비례하는 특성을 갖는다.

① 주파수와 최대 자속 밀도 관계 : $f \propto \frac{1}{B_m}$

철손 $P_i = P_h + P_e$ 에서

㉠ 히스테리시스손 : $P_h \propto fB_m{}^2 = \frac{f^2B_m{}^2}{f} = \frac{(fB_m)^2}{f} = \frac{E^2}{f}$

㉡ 와류손 : $P_e \propto t^2f^2B_m{}^2 = t^2(fB_m)^2 = t^2E^2$ 관계가 성립한다.

$\therefore\ P_h \propto \frac{E^2}{f}$, $P_e \propto E^2$(와류손은 주파수와 무관하다)

② 주파수와 철손과의 관계

㉠ $P_h \propto \frac{E^2}{f}$: 히스테리시스손은 전압의 제곱에 비례하고 주파수에 반비례한다.

㉡ $P_e \propto E^2$: 와류손은 전압의 제곱에 비례하지만, 주파수와 무관하다.

③ 주파수 변동 시 철손 등의 변화

㉠ 주파수 증가 → 히스테리시스손 감소 → <u>철손 감소</u> → 여자 전류 감소

㉡ 주파수 감소 → 히스테리시스손 증가 → <u>철손 증가</u> → 여자 전류 증가

> **전압 일정 시 주파수와 철손과의 관계**
>
> ㉠ $f \propto \frac{1}{B_m}$
>
> ㉡ $P_h \propto \frac{E^2}{f}$
>
> ㉢ $P_e \propto E^2$
>
> ㉣ $f \propto \frac{1}{P_i}$

02 변압기의 전압 변동률

1 전압 변동률

(1) 개요

① 변압기 전부하 시 2차 단자 전압과 무부하 시 2차 단자 전압이 서로 다른

> **전압 변동률**
>
> ㉠ $\varepsilon = \frac{V_{20} - V_{2n}}{V_{2n}} \times 100[\%]$
> $= p\cos\theta + q\sin\theta[\%]$
>
> ㉡ $z = \sqrt{p^2 + q^2}$ [%]

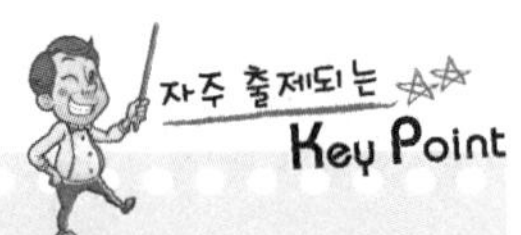

정도를 나타내는 것으로 무부하 시에 비해 부하를 걸고 운전하면 변압기 권선의 저항 및 누설 리액턴스로 인해 일반적으로 전압이 떨어지는 특성을 갖는다.

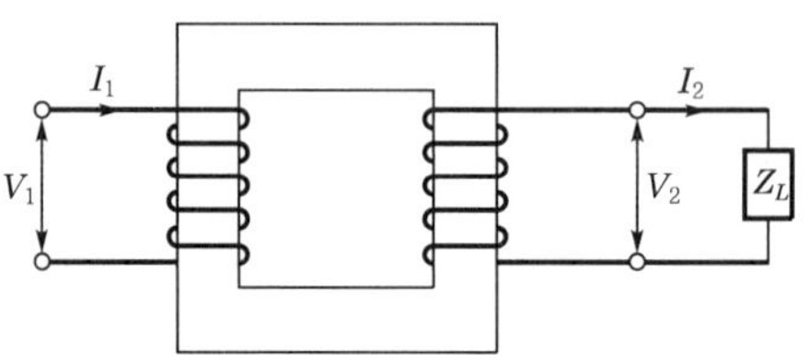

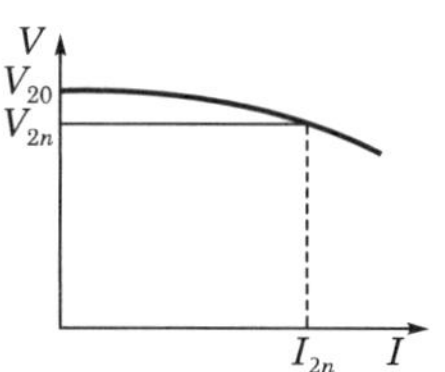

㉠ 전압 변동률 : $\varepsilon = \dfrac{V_{20} - V_{2n}}{V_{2n}} \times 100\,[\%]$

여기서, V_{20} : 무부하 시 2차 전압, V_{2n} : 전부하 시 2차 정격 전압

㉡ 무부하 2차 전압 : $V_{20} = E_2 = V_{2n} + I_{2n}r_2 + jI_{2n}x_2$

여기서, I_{2n} : 전부하 시 2차 정격 전류, r_2 : 2차 권선의 저항
x_2 : 2차 권선의 누설 리액턴스

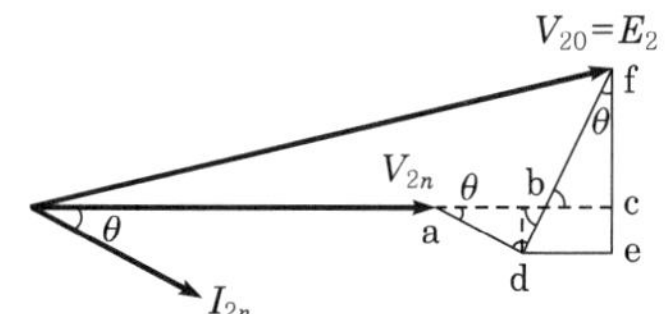

- $\mathrm{ad} = r_2 I_{2n}$
- $\mathrm{df} = x_2 I_{2n}$
- $\mathrm{ab} = r_2 I_{2n} \cos\theta$
- $\mathrm{bc} = x_2 I_{2n} \sin\theta$

② 위 전압 관계 벡터도에서 일반적인 변압기의 전압 변동률을 고려하면 높이 $\overline{\mathrm{fc}}$는 무시할 수 있으므로, 즉 밑변의 길이만 고려하여 무부하 2차 전압을 구할 수 있다.

$$V_{20} \fallingdotseq V_{2n} + I_{2n}r_2\cos\theta + I_{2n}x_2\sin\theta$$
$$V_{20} - V_{2n} = I_{2n}r_2\cos\theta + I_{2n}x_2\sin\theta$$
$$\varepsilon = \frac{V_{20} - V_{2n}}{V_{2n}} \times 100 = \frac{I_{2n}r_2\cos\theta + I_{2n}x_2\sin\theta}{V_{2n}} \times 100$$
$$= \left(\frac{I_{2n}r_2}{V_{2n}}\cos\theta + \frac{I_{2n}x_2}{V_{2n}}\sin\theta\right) \times 100 = p\cos\theta + q\sin\theta$$

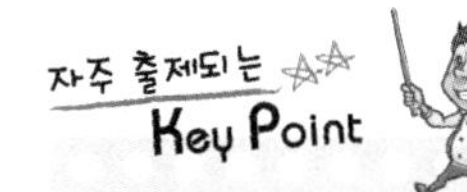

㉠ 전압 변동률 : $\varepsilon = p\cos\theta + q\sin\theta$

㉡ %저항 강하

$$p = \frac{I_{2n}r_2}{V_{2n}} \times 100 = \frac{I_{1n}r_{12}}{V_{1n}} \times 100 = \frac{I_{1n}r_{12} \times I_{1n}}{V_{1n} \times I_{1n}} \times 100 = \frac{P_s}{P_n} \times 100[\%]$$

여기서, V_{1n} : 전부하 시 1차 정격 전압, I_{1n} : 전부하 시 1차 정격 전류

r_{12} : 전부하 시 1, 2차 권선의 전체 저항, P_n : 변압기 정격 용량

P_s : 임피던스 와트(전부하 시 권선 저항으로 인해 발생하는 동손)

㉢ %리액턴스

$$q = \frac{I_{2n}x_2}{V_{2n}} \times 100 = \frac{I_{1n}x_{12}}{V_{1n}} \times 100[\%]$$

여기서, V_{1n} : 전부하 시 1차 정격 전압, I_{1n} : 전부하 시 1차 정격 전류

x_{12} : 전부하 시 1, 2차 권선의 전체 리액턴스

② %임피던스 강하

$$z = \frac{I_{2n}z_2}{V_{2n}} \times 100 = \frac{I_{1n}z_{12}}{V_{1n}} \times 100 = \frac{V_s}{V_{1n}} \times 100 = \sqrt{p^2 + q^2}\ [\%]$$

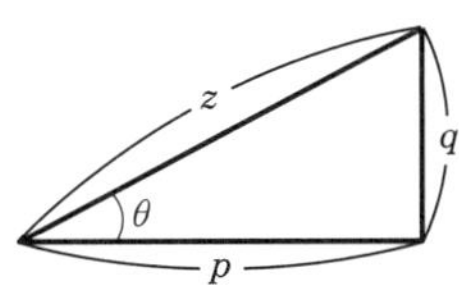

여기서, z_{12} : 변압기 전부하 시 1, 2차 권선의 전체 임피던스

V_s : 임피던스 전압(전부하 시 권선 전체 임피던스로 인한 전압 강하)

권수비 이용 전압 변동률

$$\varepsilon = \frac{V_{20} - V_{2n}}{V_{2n}} \times 100 = \frac{a_n - a_0}{a_0} \times 100[\%]$$

여기서, a_n : 정격 부하 시 권수비, a_0 : 무부하 시 권수비

(2) 최대 전압 변동률

전압 변동률 $\varepsilon = p\cos\theta + q\sin\theta$는 다음과 같은 경우로 나타낼 수 있다.

① $\cos\theta = 1$인 경우 : $\varepsilon_{max} = p$

최대 전압 변동률

㉠ $\cos\theta = 1$

$\varepsilon_{max} = p[\%]$

㉡ $\cos\theta \neq 1$

$\varepsilon_{max} = \sqrt{p^2 + q^2}\ [\%]$

② $\cos\theta \neq 1$인 경우

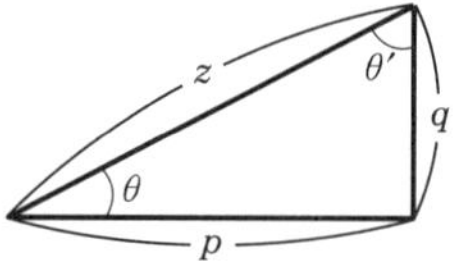

$$\cos\theta = \frac{p}{\sqrt{p^2+q^2}}, \ \cos\theta' = \frac{q}{\sqrt{p^2+q^2}}$$

$$\sin\theta = \frac{q}{\sqrt{p^2+q^2}}, \ \sin\theta' = \frac{p}{\sqrt{p^2+q^2}}$$

$$\varepsilon = p\cos\theta + q\sin\theta$$

최대 전압 변동률 $\varepsilon_{\max} = \sqrt{p^2+q^2}$, $\cos\theta = \dfrac{p}{\sqrt{p^2+q^2}}$

최대 전압 변동률

- $\cos\theta = 1$인 경우 : $\varepsilon_{\max} = p$
- $\cos\theta \neq 1$인 경우 : $\varepsilon_{\max} = \sqrt{p^2+q^2}$, 역률 $\cos\theta = \dfrac{p}{\sqrt{p^2+q^2}}$

2 임피던스 전압, 임피던스 와트

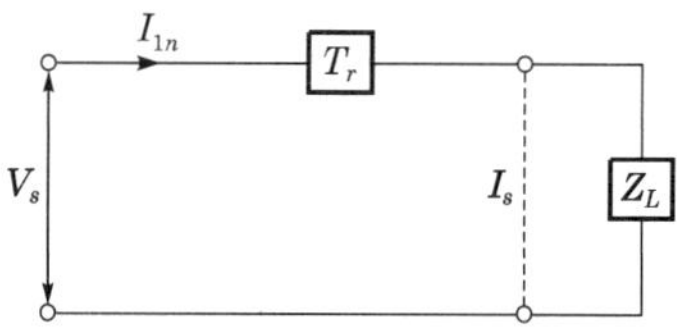

변압기 단락 시험

㉠ 임피던스 전압 : 전부하 시 변압기 임피던스 강하 $V_s = I_{1n} z_{12}$[V]

㉡ 임피던스 와트 : 전부하 시 변압기 동손 $P_s = I_{1n}{}^2 r_{12}$[W]

(1) 임피던스 전압($V_s = I_{1n} z_{12}$)

변압기 2차측을 단락한 상태에서 1차측에 전부하 정격 전류(I_{1n})가 흐르도록 1차측에 인가해주는 전압으로 변압기 내의 전체 권선의 임피던스로 인해 발생하는 전압 강하를 구할 수 있다.

(2) 임피던스 와트($P_s = I_{1n}{}^2 r_{12}$)

임피던스 전압을 인가한 상태에서 변압기 전체 1, 2차 권선의 저항으로 인해 발생하는 와트(동손)로 변압기 전부하 시 발생하는 부하손인 동손을 구할 수 있다.

03 변압기 손실 및 효율

1 변압기 손실

(1) 무부하손(무부하 시험)

변압기 2차 권선을 개방하고 1차 단자에 정격 전압을 걸었을 때 변압기에서 발생하는 손실로 그 대부분은 철손이라 할 수 있다.

① 철손(P_i)=히스테리시스손(P_h)+와류손(P_e)

② 표유 부하손 : 여자 전류에 의한 누설 자속이 권선의 금속부속품(금구), 외함 등에 쇄교하여 발생하는 맴돌이 전류에 의하여 발생하는 손실

③ 유전체손 : 절연물의 유전체로 인하여 발생하는 손실

(2) 부하손(단락 시험)

부하 전류가 변압기 2차 권선에 흐를 때 변압기에서 발생하는 손실로 그 대부분은 동손이라 할 수 있다.

① 동손(P_c) : 전부하 시 변압기 2차 권선의 저항으로 인해 발생하는 손실로 특히 전부하 시 발생하는 동손을 임피던스 와트(P_s)라고 한다.

② 표유 부하손 : 부하 전류에 의한 누설 자속이 죔 볼트 같은 권선의 금속부속품(금구), 외함 등에 쇄교하여 발생하는 맴돌이 전류에 의하여 발생하는 손실

(3) 전체 손실

변압기 손실은 위와 같은 종류의 무부하손과 부하손이 존재하지만 실제 효율 계산 시 적용하는 손실은 무부하손은 철손, 부하손은 동손만 고려하여 구한다.

> 변압기 손실
> ㉠ 무부하손(무부하 시험) : 철손, 유전체손, 표유 부하손
> ㉡ 부하손(단락 시험) : 동손, 표유 부하손

2 변압기 효율

(1) 실측 효율

실제로 변압기에 부하를 접속한 상태에서 전력계를 사용하여 측정한 결과를 가지고 계산한 효율

$$\eta = \frac{\text{출력}}{\text{입력}} \times 100[\%] = \frac{\text{2차측 전력계 지시값 } P_2}{\text{1차측 전력계 지시값 } P} \times 100[\%]$$

변압기 효율

㉠ $\eta = \dfrac{\text{출력}}{\text{출력}+\text{손실}} \times 100[\%]$

㉡ 손실=철손+동손

(2) 규약 효율

변압기 2차 정격 전압 및 정격 주파수에 대한 정격 출력 및 무부하손, 부하손 같은 전체 손실을 이용하여 계산한 효율

① 전부하의 경우

$$\eta = \frac{\text{출력}}{\text{출력}+\text{전체 손실(철손}+\text{동손)}} \times 100$$

$$= \frac{V_{2n}I_{2n}\cos\theta}{V_{2n}I_{2n}\cos\theta + P_i + P_c} \times 100[\%]$$

② $\dfrac{1}{m}$ 부분 부하인 경우 : $\dfrac{1}{m}$ 부분 부하의 경우 부하에 관계없이 발생하는 무부하손은 변화하지 않지만, 부하손은 전류가 $\dfrac{1}{m}$ 배로 감소하므로 출력은 $\dfrac{1}{m}$ 배로 감소하고, 부하 전류의 제곱에 비례하여 발생하는 동손은 $\left(\dfrac{1}{m}\right)^2$ 으로 감소한다.

$$\eta_{\frac{1}{m}} = \frac{\frac{1}{m}V_{2n}I_{2n}\cos\theta}{\frac{1}{m}V_{2n}I_{2n}\cos\theta + P_i + \left(\frac{1}{m}\right)^2 P_c} \times 100[\%]$$

변압기 최대 효율 조건
무부하손=부하손

(3) 최대 효율 조건(무부하손 = 부하손)

① 전부하인 경우 : $P_i = P_c$

② $\dfrac{1}{m}$ 부하인 경우 : $P_i = \left(\dfrac{1}{m}\right)^2 P_c$ 에서 $\dfrac{1}{m} = \sqrt{\dfrac{P_i}{P_c}}$

③ $\eta_{\max} = \dfrac{\text{최대 효율 시의 출력[kW]}}{\text{최대 효율 시의 출력[kW]}+2P_i} \times 100[\%]$

(4) 전일 효율

전부하 운전 시간이 짧은 경우 최대 효율을 얻기 위해서는 무부하손인 철손을 작게 하거나, 부하손인 동손을 크게 한 과부하 운전을 하면 된다.

① 24시간 운전의 경우 : $\eta_d = \dfrac{\text{24시간의 출력 전력량[kWh]}}{\text{24시간의 입력 전력량[kWh]}} \times 100[\%]$

② 일정 시간(n) 운전 시의 효율 : $\eta_n = \dfrac{nP}{nP + 24P_i + nP_c} \times 100[\%]$

③ 일정 시간 운전 시의 최대 효율 조건 : 철손$(24P_i)$ = 동손(nP_c)

04 변압기의 결선 및 병렬 운전 조건

1 변압기의 결선

변압기 결선
㉠ Y결선 : $V_l = \sqrt{3}\,V_P$
㉡ △결선 : $I_l = \sqrt{3}\,I_P$

(1) Y결선

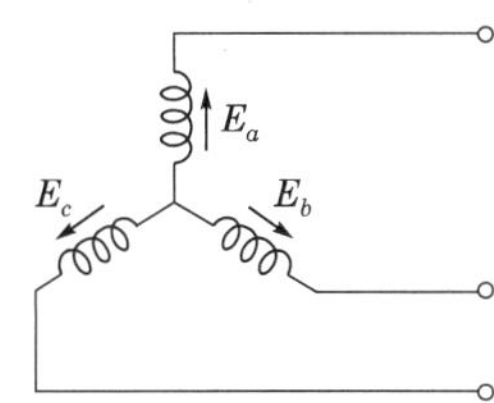

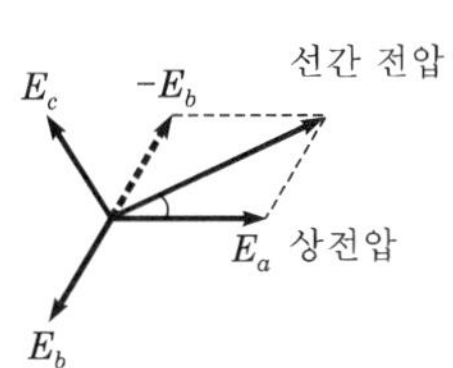

(2) △결선

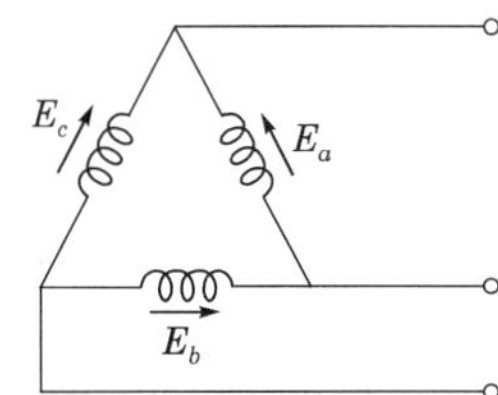

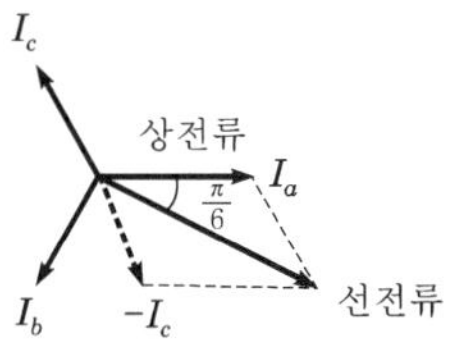

Y, △결선의 비교

Y결선	△결선
• 선간 전압 : $V_l = \sqrt{3}\,V_p$ • 선전류 : $I_l = I_p$ • 선간 전압이 존재하는 이유는 각 상전압 간에 위상차가 존재하기 때문이다. • 동위상 전압은 선간에 나타날 수 없다.	• 선간 전압 : $V_l = V_p$ • 선전류 : $I_l = \sqrt{3}\,I_p$ • 선전류가 존재하는 이유는 각 상전류 간에 위상차가 존재하기 때문이다. • 동위상 전류는 선에 나타날 수 없다.

여기서, V_l : 선간 전압, V_P : 상전압, I_l : 선전류, I_P : 상전류

(3) Y-Y결선의 특성

Y-Y결선의 특성
㉠ 중성점 접지 가능
㉡ 절연 용이
㉢ 비접지 시 왜형파 발생
㉣ 접지 시 유도 장해 발생

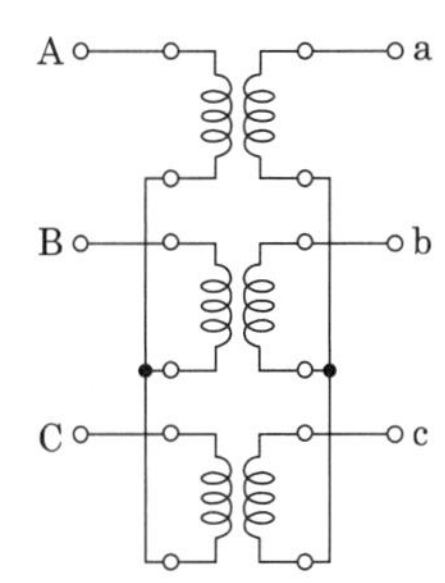

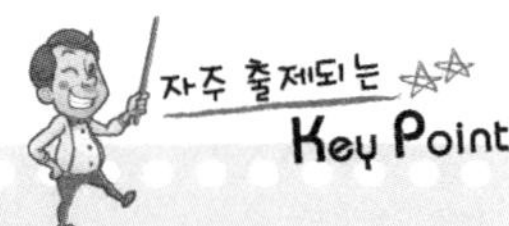

① 1, 2차 전압에 위상차가 없다.
② 중성점을 접지할 수 있으므로 이상 전압으로부터 변압기를 보호할 수 있다.
③ 상전압이 선간 전압의 $\frac{1}{\sqrt{3}}$배이므로 절연이 용이하여 고전압에 유리하다.
④ 중성점 접지되어 있지 않으면 제3고조파 통로가 없으므로 기전력은 제3고조파를 포함한 왜형파가 된다.
⑤ 중성점 접지 시 접지선을 통해 제3고조파 전류가 흐를 수 있으므로 인접 통신선에 유도 장해가 발생한다.
⑥ 역 V결선 운전이 가능하다.

Δ-Δ결선의 특성
㉠ 선로 3고조파 발생(×)
㉡ 선로에 정현파 발생
㉢ 유도 장해 발생(×)
㉣ V결선 운전 가능

(4) Δ-Δ결선의 특성

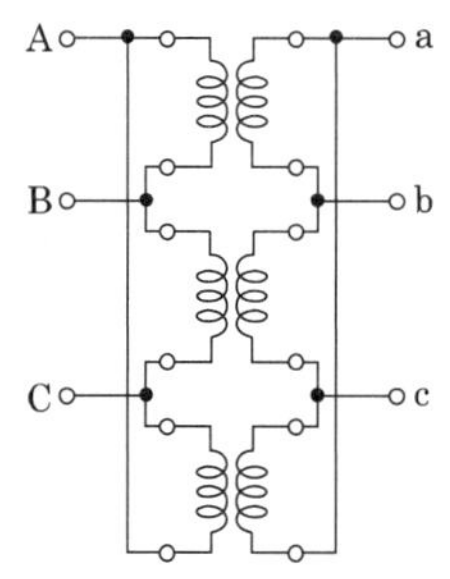

① 1, 2차 전압에 위상차가 없고, 상전류는 선전류의 $\frac{1}{\sqrt{3}}$배이다.
② 제3고조파 여자 전류가 통로를 가지므로 기전력은 사인파 전압을 유기한다.
③ 변압기 외부에 제3고조파가 발생하지 않으므로 통신 장애가 발생하지 않는다.
④ 변압기 1대 고장 시 V결선에 의한 3상 전력 공급이 가능하다.
⑤ 비접지 방식이므로 이상 전압 및 지락 사고에 대한 보호가 어렵다.
⑥ 선간 전압과 상전압이 같으므로 고압인 경우 절연이 어렵다.

Y-Δ결선 특성
㉠ 강압용
㉡ $\frac{\pi}{6}$[rad] 위상차 발생

Δ-Y결선의 특성
㉠ 승압용
㉡ $\frac{\pi}{6}$[rad] 위상차 발생

(5) Y-Δ, Δ-Y결선의 특성

Y결선의 장점과 Δ결선의 장점을 모두 가지고 있는 결선으로 주로 Y-Δ는 강압용, Δ-Y는 승압용으로 사용하면서 다음과 같은 특성을 갖는다.

① Y결선 중성점을 접지할 수 있다.
② Δ결선에 의한 여자 전류의 제3고조파 통로가 형성되므로 제3고조파 장해가 적고, 기전력 파형이 사인파가 된다.
③ 1, 2차 전압 및 전류 간에는 $\frac{\pi}{6}$[rad]만큼의 위상차가 발생한다.

(6) V-V결선의 특성

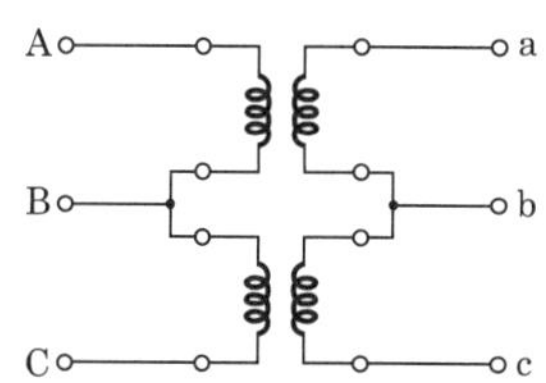

변압기 △-△결선 운전 중 1대 고장 시 나머지 2대를 이용하여 계속적인 3상 전력 공급이 가능한 결선법으로 다음과 같은 특성을 갖는다.

① 설치 방법이 간단하고, 소용량의 경우 값이 싸므로 경제적이다.

② 변압기는 2대이지만 1대 용량의 $\sqrt{3}$ 배만큼만 부하를 걸 수 있으므로 변압기 이용률이 $\dfrac{\sqrt{3}\,VI}{2\,VI}=0.866$배 밖에 안 된다.

③ 3상 출력인 △결선 출력에 비해 1대 용량의 $\sqrt{3}$ 배만큼만 출력을 발생하므로 출력비가 $\dfrac{\sqrt{3}\,VI}{3\,VI}=0.577$배 밖에 안 된다.

자주 출제되는 Key Point

V-V결선의 특성

㉠ $P_V = P_1$[kVA]

㉡ 이용률 $\dfrac{\sqrt{3}\,VI}{2\,VI}=0.866$

㉢ 출력비 $\dfrac{\sqrt{3}\,VI}{3\,VI}=0.577$

2 변압기의 병렬 운전

(1) 변압기의 병렬 운전 조건

① 극성이 일치할 것 : 불일치의 경우 대단히 큰 순환 전류가 발생하여 2차 권선 내를 순환하므로 권선의 가열 및 소손 우려가 발생할 수 있다.

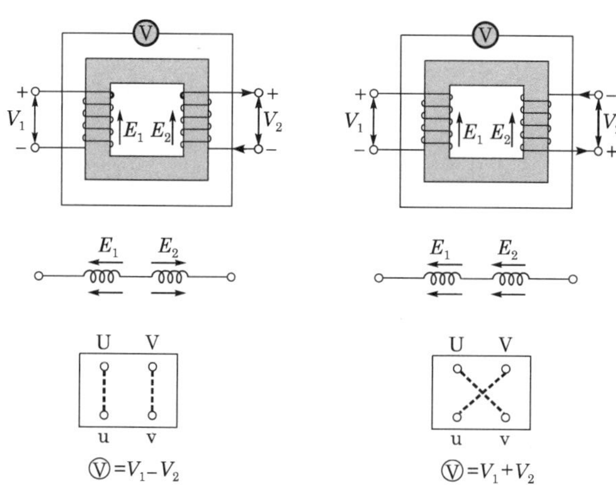

㉠ 감극성 : 변압기 1차 전압과 2차 전압이 동상인 경우로서 전압계 지시값이 Ⓥ $= V_1 - V_2$를 지시한다.

㉡ 가극성 : 변압기 1차 전압과 2차 전압이 반대인 경우로서 전압계 지시값

변압기 병렬 운전 조건

㉠ 극(감극성)성

㉡ 권수비, 1·2차 정격 전압

㉢ 저항과 리액턴스비

㉣ %임피던스 강하

㉤ 각 변위, 상회전 방향 (3상)

이 Ⓥ $= V_1 + V_2$를 지시한다.

② 권수비 및 1, 2차 정격 전압이 같을 것

㉠ 불일치의 경우 기전력 차로 인한 큰 순환 전류가 발생하여 2차 권선 내를 순환하므로 권선의 가열 및 소손 우려가 발생한다.

㉡ 순환 전류의 크기 : $I_c = \dfrac{\dot{E}_{a2} - \dot{E}_{b2}}{\dot{Z}_a + \dot{Z}_b}$[A]

③ 각 변압기의 저항과 리액턴스비가 같을 것 : 불일치의 경우 위상차로 인한 순환 전류가 발생하여 2차 권선 내를 순환하므로 권선의 가열이 발생할 수 있다.

④ 각 변압기의 %임피던스 강하가 같을 것 : 불일치의 경우 부하 분담 불균형에 의한 과부하 발생 및 변압기 용량의 합만큼 부하 전력을 공급할 수 없다.

⑤ 부하 분담 시 용량에 비례하고 퍼센트 임피던스 강하에는 반비례한다.

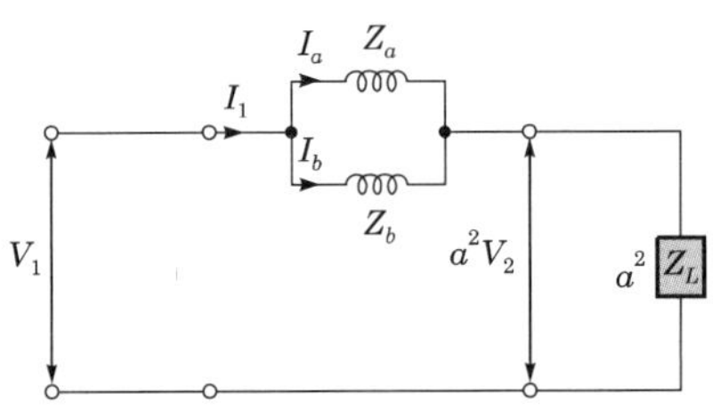

여기서, Z_a : a변압기 임피던스, Z_b : b변압기 임피던스
I_a : a변압기 부하 전류, I_b : b변압기 부하 전류

㉠ 변압기 병렬 운전 시 병렬 접속된 임피던스 전압은 같으므로 크기만을 고려하면 임피던스 전압 $V_z = I_aZ_a = I_bZ_b$(I_a, I_b가 동위상)에서 $\dfrac{I_a}{I_b} = \dfrac{Z_b}{Z_a}$

㉡ 부하 전류는 임피던스에 반비례 분배되므로 a변압기 전류 $I_a = \dfrac{Z_b}{Z_a + Z_b} I_1$,

b변압기 전류 $I_b = \dfrac{Z_a}{Z_a + Z_b} I_1$

㉢ 각 변압기의 정격 전류를 I_{an}, I_{bn}, 정격 전압을 V_{2n}이라 하면

a변압기 %임피던스 강하 $\%Z_a = \dfrac{Z_aI_{an}}{V_{2n}} \times 100$에서 $Z_a = \dfrac{\%Z_aV_{2n}}{100I_{an}}$

b변압기 %임피던스 강하 $\%Z_b = \dfrac{Z_bI_{bn}}{V_{2n}} \times 100$에서 $Z_b = \dfrac{\%Z_bV_{2n}}{100I_{bn}}$

∴ 부하 분담 전류 $\dfrac{I_a}{I_b} = \dfrac{Z_b}{Z_a} = \dfrac{\%Z_bV_{2n}}{100I_{bn}} \times \dfrac{100I_{an}}{\%Z_aV_{2n}} = \dfrac{P_a}{P_b} \times \dfrac{\%Z_b}{\%Z_a}$

- 부하 분담은 용량에 비례하고 내부 임피던스에 반비례하여 분배된다.
- 불일치의 경우 부하 분담 불균형에 의한 과부하 발생 및 변압기 용량의 합만큼 부하 전력을 공급할 수 있다.

⑥ 3상 변압기 경우 각 변위가 같을 것

⑦ 3상 변압기 경우 상회전 방향이 같을 것

(2) 3상 변압기군의 병렬 운전 조합

병렬 운전 가능	병렬 운전 불가능
• △-△와 △-△	• △-△와 △-Y
• Y-Y와 Y-Y	• Y-Y와 △-Y
• Y-△와 Y-△	
• △-Y와 △-Y	
• △-△와 Y-Y	
• V-V와 V-V	

자주 출제되는 Key Point

병렬 운전 가능 조합(짝수)
㉠ △-△와 △-△
㉡ Y-Y와 Y-Y
㉢ △-△와 Y-Y
㉣ Y-△와 Y-△

병렬 운전 불가능 조합(홀수)
㉠ △-△와 △-Y
㉡ Y-Y와 △-Y

3 상수 변환

(1) 3상을 2상으로 변환하는 결선법

① 스코트 결선(T결선) : 3상을 2상으로 변성하는 변압기 결선법으로 용량이 동일한 2대의 변압기에서 T좌 변압기 1차 권선의 $\frac{\sqrt{3}}{2}$이 되는 점에서 탭을 내고, 다른 쪽 단자는 M좌 변압기의 1차 권선의 중점인 $\frac{1}{2}$이 되는 점에 접속한 후 1차측 3단자 U, V, W에 평형 3상 전압을 공급하면 2차측 단자 사이에 위상차 90°인 평형 2상 전압을 얻을 수 있는 결선법으로 전기철도나 전기로에서 이용하고 있다.

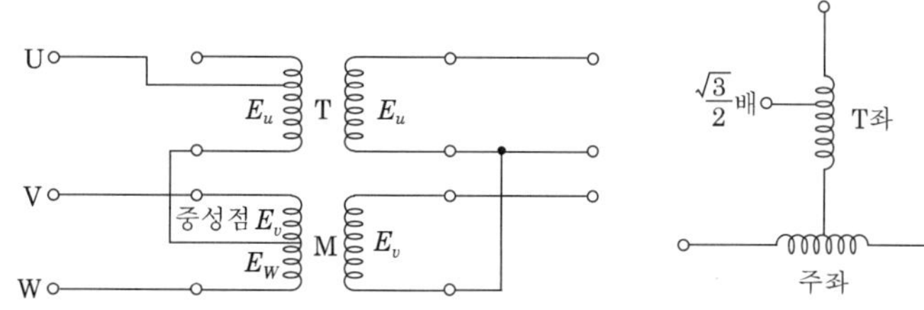

② 메이어 결선

③ 우드브리지 결선

변압기 상수 변환
㉠ 3상을 2상으로 변환 : 스코트 결선(전기철도)
㉡ 3상을 6상으로 변환 : 포크 결선(수은 정류기)

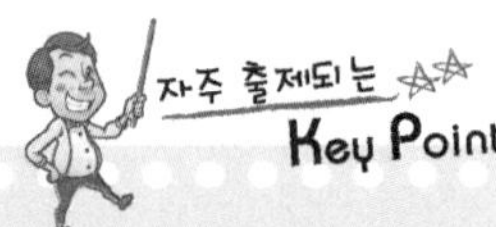

(2) 3상을 6상으로 변환하는 결선법

① 2차 2종 Y결선

② 2차 2종 △결선

③ 대각 결선

④ 포크(fork 결선) : 6상 측 부하가 수은 정류기 부하일 경우 이용

05 특수 변압기

1 단권 변압기

단권 변압기

㉠ $\dfrac{\text{자기 용량}}{\text{부하 용량}} = \dfrac{V_h - V_l}{V_h}$

㉡ 동량(권선량) 감소

㉢ 중량·기계적 크기 감소

㉣ 동손 감소로 효율 증대

㉤ 누설 자속 감소(누설 리액턴스 감소)

㉥ 전압 변동률 감소

(1) 단권 변압기의 구조

1차 권선과 2차 권선의 일부가 공통으로 되어 있는 구조의 변압기로 1, 2차 공통인 부분의 권선을 분로 권선, 공통이 아닌 2차 부분의 권선을 직렬 권선이라고 한다.

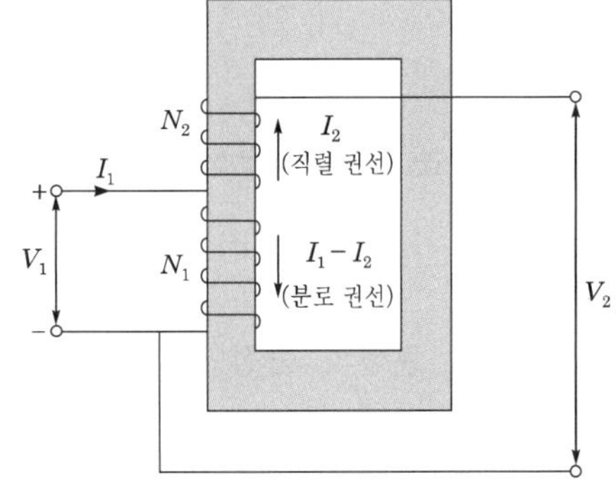

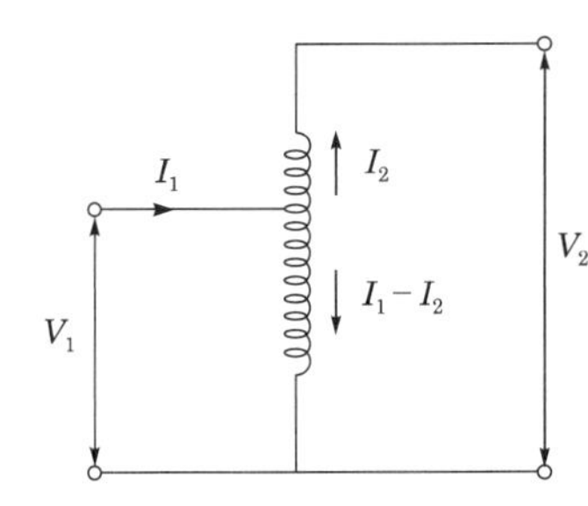

- 권수비 $a = \dfrac{V_1}{V_2} = \dfrac{N_1}{N_1 + N_2}$
- 단권 변압기 용량(자기 용량) $= (V_2 - V_1)I_2$
- 부하 용량(2차 출력) $= V_2 I_2$

① 부하 용량에 대한 자기 용량비

$$\frac{\text{자기 용량}}{\text{부하 용량}} = \frac{(V_2 - V_1)I_2}{V_2 I_2} = \frac{V_h - V_l}{V_h}$$

② 단권 변압기의 특성

㉠ 동량이 적어지므로 중량이 감소하고, 값이 싸지므로 경제적이다.

㉡ 동손이 적으므로 효율이 높다.
㉢ 누설 자속이 적으므로 전압 변동이 적고, 계통의 안정도가 증가한다.
㉣ 변압기 자기 용량보다 부하 용량이 크므로 소용량으로 큰 부하를 걸 수 있다.
㉤ 누설 임피던스가 적으므로 단락 사고 시 단락 전류가 크다.
㉥ 1, 2차 권선이 전기적으로 공통이므로 절연이 어렵다.

(2) 단권 변압기의 결선 특성

① 단권 변압기(1대) : $\dfrac{\text{자기 용량}}{\text{부하 용량}} = \dfrac{V_h - V_l}{V_h}$

② 단권 변압기(V결선) : $\dfrac{\text{자기 용량}}{\text{부하 용량}} = \dfrac{2}{\sqrt{3}}\left(\dfrac{V_h - V_l}{V_h}\right)$

③ 단권 변압기(Y결선) : $\dfrac{\text{자기 용량}}{\text{부하 용량}} = \dfrac{V_h - V_l}{V_h}$

여기서, V_h : 고압측 전압, V_l : 저압측 전압, $V_h - V_l$: 승압 전압

2 누설 변압기

누설 변압기는 자기 회로 일부에 공극이 있는 누설 자속 통로를 만들어 1차 권선과 2차 권선 부하 전류에 의한 누설 자속을 인위적으로 증가시킨 구조의 변압기이다.

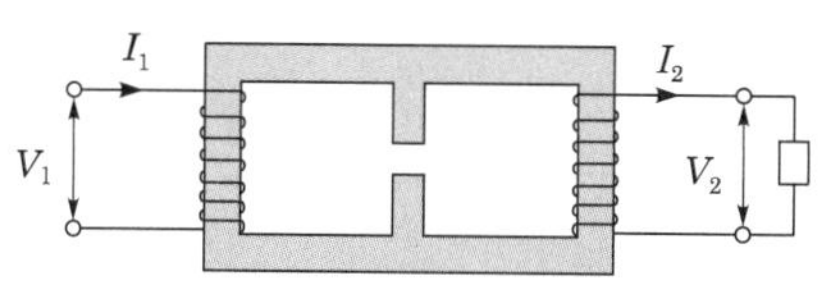

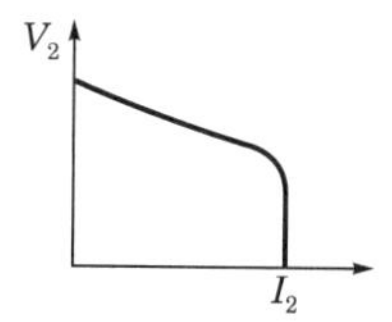

① 수하 특성(정전류 특성) : 부하 전류 I_2가 증가하면 공극으로 인한 누설 자속 Φ_2가 증가하여 누설 리액턴스 x_l이 증가되므로 단자 전압 V_2가 감소하는데 어느 일정 이상의 부하 전류 I_2가 되면 전압이 급격히 수직으로 떨어지면서 전류가 일정해지는 정전류 특성
② 용도 : 용접용 변압기

누설 변압기
㉠ 수하 특성(정전류 특성)
㉡ 용접용 변압기

3 3상 변압기

3상 변압기는 단상 변압기 3대를 합친 기능의 변압기로 구조상 내철형과 외철형이 있는데 다음과 같은 내철형 변압기에서는 1차 권선을 3상으로 결선하고

대칭 3상 전압을 가한다. 이때 철심의 중앙 부분에서 합성 자속은 위상차 120° 차가 발생하므로 $\Phi_1+\Phi_2+\Phi_3=0$이 되어 중앙 부분의 철심을 제거할 수 있는 변압기로 다음과 같은 특성을 갖는다.

① 사용 철심 양이 감소하여 철손이 감소하므로 효율이 좋다.

② 값이 싸고 설치 면적이 감소된다.

③ Y, △결선을 변압기 외함 내에서 하므로 부싱이 절약된다.

④ 권선마다 독립된 자기 회로가 없으므로 단상 변압기로의 사용이 불가능하다.

⑤ 1상만 고장이 발생하여도 사용할 수 없고 보수가 어렵다.

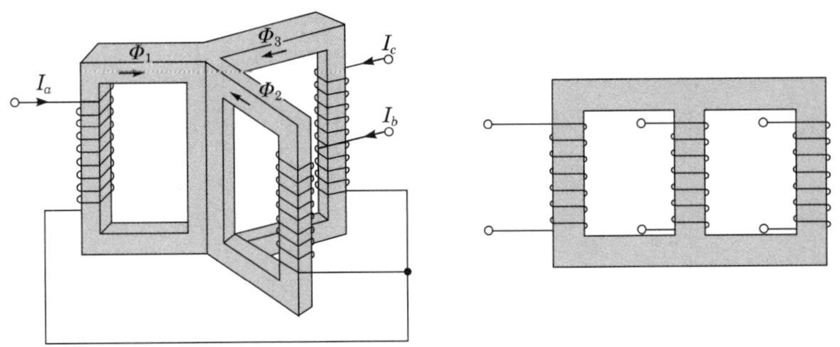

4 3권선 변압기

1개의 변압기에 3개의 권선이 있는 변압기로 주로 3상에서 3대의 변압기를 뱅크 결선하여 사용한다.

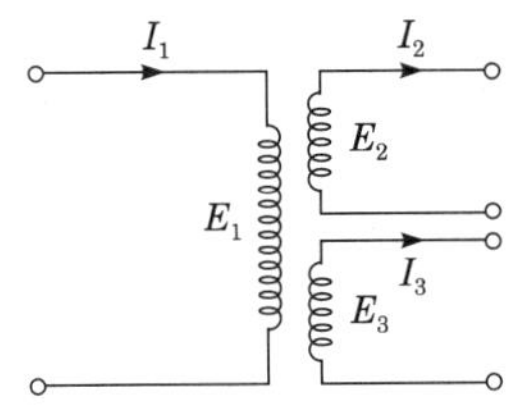

(1) 권수비 및 전류 관계

① 권수비 : $E_2=\dfrac{N_2}{N_1}E_1$, $E_3=\dfrac{N_3}{N_1}E_1$

② 전류 특성 : $I_1=\dfrac{N_2}{N_1}I_2+\dfrac{N_3}{N_1}I_3+I_0$(여자 전류)

자주 출제되는 Key Point

(2) 3차 권선의 용도

① Y-Y-△결선을 하여 제3고조파를 제거할 수 있다.

② 조상기를 접속하여 송전선의 전압과 역률을 조정할 수 있다.

③ 발전소에서 소내용 전력 공급이 가능하다.

5 계기용 변압기(PT)

고전압을 저전압으로 변성하여 과전압 계전기(OVR)나 부족 전압 계전기(UVR) 또는 측정용 계기(전압계)에 공급하기 위한 전압 변성기이다.

① PT의 권수비 : $a = \dfrac{N_1}{N_2} = \dfrac{E_1}{E_2}$

② 2차측 정격 전압 : 110[V]

③ PT의 접속

㉠ 3상 3선식 : V결선(2대)하여 사용한다.

㉡ 3상 4선식 : Y결선(3대)하여 사용한다.

계기용 변압기(PT)
㉠ 2차 정격 전압 : 110[V]
㉡ 보호 계전기, 전압계 접속

6 계기용 변류기(CT)

(1) CT의 정의

① 대전류를 소전류로 변성하여 과전류 계전기(OCR)나 부족 전류 계전기(UCR) 또는 측정 계기(전류계)에 공급하기 위한 전류 변성기이다.

② CT의 2차 정격 전류 : 5[A]

계기용 변류기(CT)
㉠ 2차 정격 전류 : 5[A]
㉡ 보호 계전기, 전류계 접속

(2) CT의 선정

CT 1차측에 흐르는 최대 부하 전류를 구한 후 특별한 조건이 없는 경우 약 1.25~1.5배 정도의 여유를 주어 계산한 결과값을 가지고 그에 합당한 크기의 변류기를 선정한다. 따라서, CT 2차측 전류계에 흐르는 전류는 CT 1차측에 흐르는 최대 부하 전류가 CT비만큼 변성된 전류가 흐르므로 다음과 같이 구할 수 있다.

CT 2차 전류 $I_{Ⓐ}$ = CT 1차 전류 ÷ 변류비

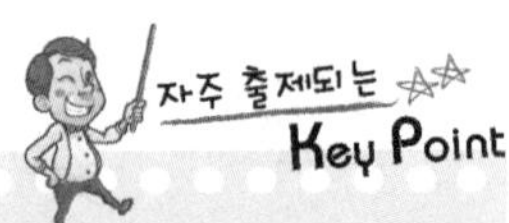

CT 점검(전류계 교환) 시 주의 사항
㉠ 반드시 먼저 2차측을 단락시킨다.
㉡ 이유 : 1차 부하 전류가 모두 여자 전류로 변화하여 고전압 발생에 따른 권선 소손 및 절연 파괴 우려가 있기 때문이다.

(3) CT 점검 시 주의 사항

반드시 먼저 2차측을 단락시킨 후 분리한다. CT 2차측을 개방하면 CT 1차측에 흐르는 부하 전류가 모두 여자 전류가 되어 CT 2차측에 고전압이 유기되어 CT 권선의 소손 및 절연 파괴의 우려가 발생하기 때문이다.

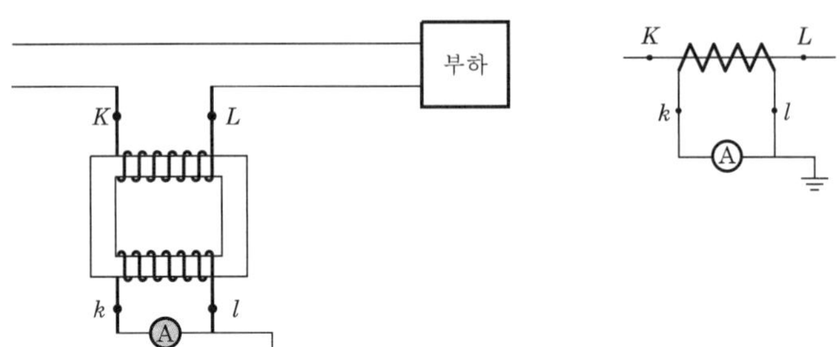

(4) CT의 접속 및 결선

① **CT 접속법** : CT 1차측에는 K, L, 2차측에는 k, l의 단자 번호가 기록되어 있으며, 그 접속은 반드시 K단자를 전원측에, L단자를 부하측에 접속한다.

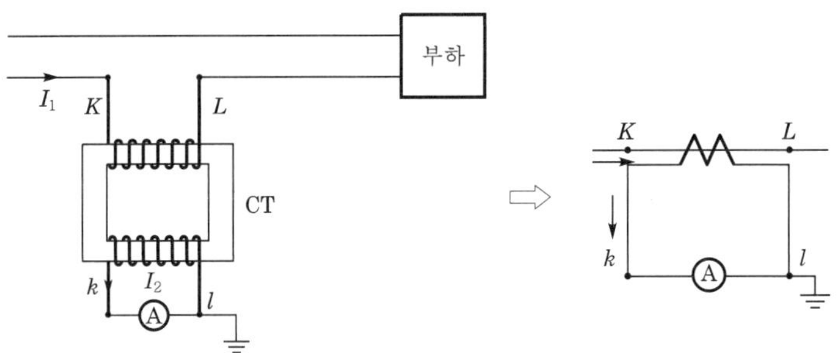

② **CT 2개 V결선 접속법** : 3상 3선식 계통에서 CT를 이용하여 3상 전류를 모두 측정할 수 있는 결선법으로 전류계 Ⓐ의 지시값은 B상 전류를 지시한다.

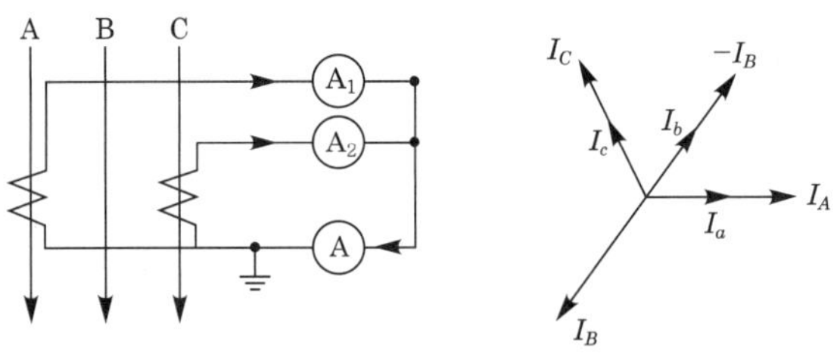

3상 3선식 평형인 상태에서 1차 전류 I_A, I_B, I_C라 하면 $I_A+I_B+I_C=0$이므로 $I_A+I_C=-I_B$가 된다.

각각의 CT 2차측에 흐르는 전류를 I_a, I_c라면

$I_a = \frac{1}{a} I_A$, $I_c = \frac{1}{a} I_C$ (단, a는 변류비)

$I_{Ⓐ} = I_a + I_c = \frac{1}{a}(I_A + I_C) = \frac{1}{a}(-I_B)$

㉠ 전류계 Ⓐ에 흐르는 전류 크기(b상 전류) : $I_{Ⓐ} = \frac{1}{a} I_A$[A]

㉡ CT 1차측에 흐르는 전류 크기 : $I_1 = a I_{Ⓐ}$[A]

③ **CT 2개 교차 결선 접속법** : 3상 3선식 계통에서 CT를 2대를 교차 결선하는 경우로 이때 전류계 지시값은 A상 전류와 C상 전류의 차를 지시한다.

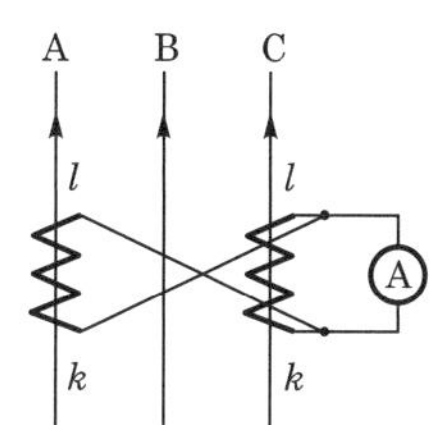

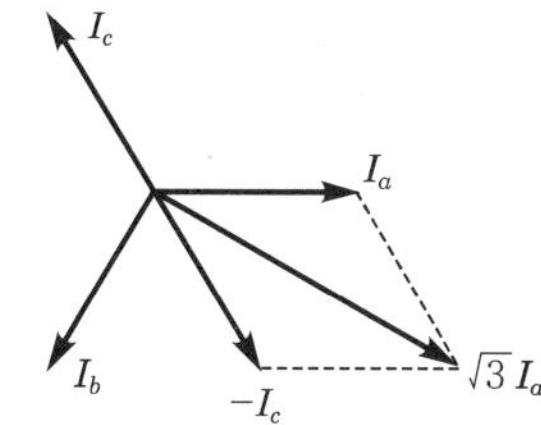

3상 3선식 평형인 상태에서 CT의 1차 전류를 I_A, I_B, I_C라 하면 $I_A + I_B + I_C = 0$이 되며 각각의 CT 2차측에 흐르는 전류를 I_a, I_c라면

$I_a = \frac{1}{a} I_A$, $I_c = \frac{1}{a} I_C$ (단, a는 변류비)

$I_{Ⓐ} = I_a - I_c = \sqrt{3} I_a$

㉠ 전류계 Ⓐ에 흐르는 전류 크기 : $I_{Ⓐ} = \sqrt{3} I_a = \sqrt{3} \times \frac{I_A}{a}$[A]

㉡ CT 1차측에 흐르는 전류 크기 : $I_1 = a I_a = a \times \frac{I_{Ⓐ}}{\sqrt{3}}$[A]

7 변압기의 종류 및 특성

(1) 유입 변압기

변압기 철심에 감은 코일을 절연유를 이용하여 절연한 A종 절연 변압기(절연물의 최고 허용 온도 105[℃]로 일반적으로 자가용 수전 설비에서는 유입 자냉식(OA)이 많이 사용되고 있으며 비교적 보수, 점검이 쉽고 부속 장치가 간단하며 내습성, 절연 강도, 가격 면에서 유리한 변압기이다. 절연유의 구비 조건을 사펴보면 다음과 같다.

① 절연 내력이 클 것

② 인화점이 높을 것

절연유의 구비 조건
㉠ 절연 내력이 클 것
㉡ 인화점이 높을 것
㉢ 응고점, 점도가 낮을 것
㉣ 냉각 효과가 클 것
㉤ 화학적으로 안정할 것
㉥ 산화 작용이 없을 것
㉦ 석출물(슬러지)이 발생하지 않을 것

③ 응고점이 낮을 것
④ 점도가 낮을 것
⑤ 냉각 효과가 클 것
⑥ 화학적으로 안정할 것
⑦ 고온에서 산화되거나 석출물이 발생하지 않을 것

(2) 몰드 변압기

변압기 권선을 에폭시 수지에 의하여 고진공 침투시키고, 다시 그 주위를 기계적 강도가 큰 에폭시 수지로 몰딩한 변압기로 유입형이나 건식형에 비하여 2배 정도 값이 비싸지만 난연성(화재 예방), 에너지 절약(저손실), 내습성, 보수 점검 면에서 유리한 변압기로 다음과 같은 특성이 있다.

① 난연성이므로 절연의 신뢰성이 높다.
② 내약품성, 내습성, 내진성이 좋다.
③ 소형·경량이다.
④ 손실이 적어 에너지 절약 효과가 있다.
⑤ 단시간 과부하 내량이 크다.
⑥ 유지, 보수 및 점검이 용이하다.
⑦ 반입, 반출이 용이하다.
⑧ 소음이 적고, 무공해 운전이 가능하다.
⑨ 가격이 비싸다.
⑩ 서지에 대한 대책이 필요하다.
⑪ 옥외 설치 및 대용량 제작이 어렵다.

(3) 건식 변압기

변압기 코일을 유리 섬유 등의 내열성이 높은 절연물을 내열 니스 처리한 H종 절연 변압기(허용 최고 온도 180[℃])로 특히 절연유가 없으므로 폭발, 화재의 위험이 없는 변압기이다. 건식 변압기의 특징을 살펴보면 다음과 같다.

① 절연유를 사용하지 않으므로 폭발, 화재의 위험성이 없다.
② 기름을 사용하지 않기 때문에 보수, 점검이 용이하다.
③ 유입식에 비하여 소형·경량이다.
④ 큐비클 내에 설치하기가 용이하므로 미관상 좋다.
⑤ 내습성, 내약품성이 우수하다.

8 보호 계전기

(1) 차동 계전기

변압기 고압측과 저압측에 설치한 CT 2차 전류의 차를 검출하여 변압기 내부 고장을 검출하는 방식의 계전기이다.

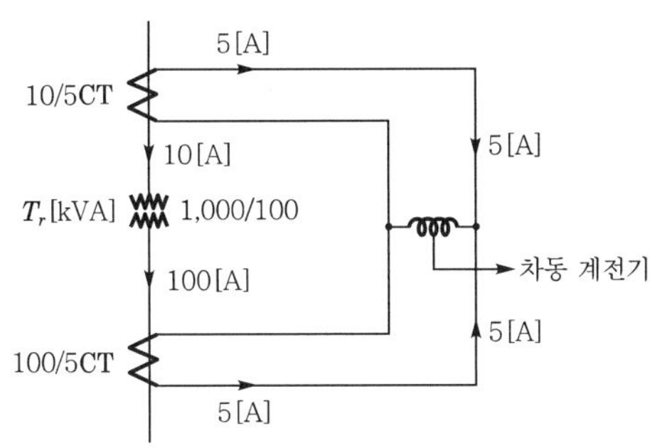

(2) 비율 차동 계전기

발전기나 변압기 등의 내부 고장 발생 시 CT 2차측의 억제 코일에 흐르는 부하 전류와 동작 코일에 흐르는 차전류의 오차가 일정 비율 이상일 경우에 동작하는 계전기로 주변압기의 결선이 Y-Y, △-△결선인 경우에는 위상의 편차가 존재하지 않지만 △-Y인 경우는 변압기 1, 2차 전류 간에 30°의 위상차가 발생하기 때문에 △결선측의 CT는 Y로 결선하고, Y결선측의 CT는 △결선으로 하여 위상각을 맞출 수 있다.

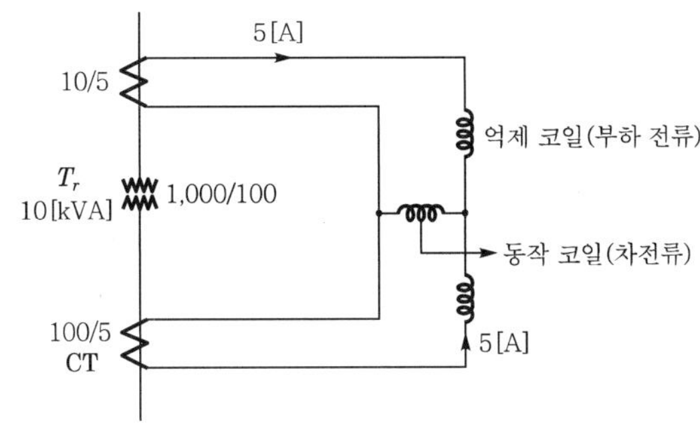

(3) 부흐홀츠 계전기

변압기 내부 고장으로 인한 절연유의 온도 상승 시 발생하는 유증기를 검출하여 경보 및 차단을 하기 위한 계전기이다.

자주 출제되는 Key Point

변압기 내부 고장 검출
㉠ 전류 차동 계전기
㉡ 비율 차동 계전기
㉢ 부흐홀츠 계전기 : 주탱크와 콘서베이터 간에 설치하여 유증기 검출

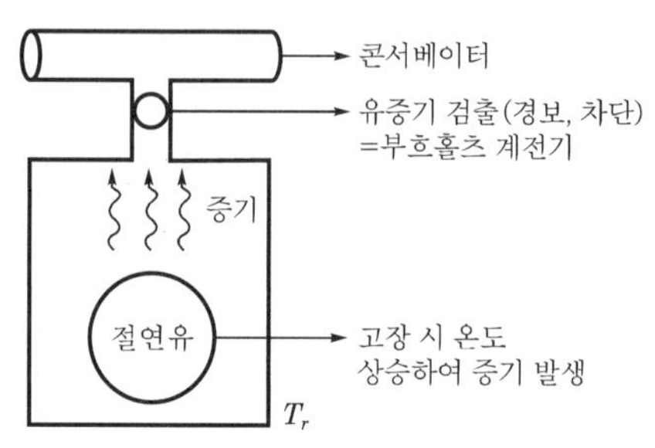

06 변압기 기타 사항

변압기 호흡 작용
㉠ 절연유 열화 발생 결과 : 절연 내력 저하, 산화 작용으로 슬러지 발생, 냉각 효과 감소
㉡ 방지 대책 : 콘서베이터 설치, 흡습 호흡기(브리더) 설치, 질소 봉입 방식

1 변압기 호흡 작용

유입형 변압기에서 절연유가 부하 변동에 따른 온도 변화로 실제 유온이 상승하여 절연유가 팽창하면 변압기 내부의 공기가 외부로 배출되고, 유온이 하강하면 절연유가 수축하여 외부의 습한 공기를 내부로 흡입하는 현상으로 절연유 온도 상승에 따른 열화 작용이 발생하면 다음과 같은 현상이 발생한다.

(1) 발생 결과

① 절연 내력이 저하한다.
② 산화 작용에 의한 슬러지가 발생한다.
③ 냉각 효과가 감소함다.

(2) 방지 대책

① 콘서베이터 설치 : 변압기 본체 외부 상부에 설치하여 절연유 온도 상승에 따른 주탱크 압력 상승을 방지한다.
② 흡습 호흡기(브리더) 설치 : 실리카겔이나 활성 알루미나 같은 흡습제를 삽입한다.
③ 질소 봉입 : 콘서베이터 유면 위에 질소 가스를 봉입 공기와의 접촉을 차단한다.

변압기 냉각 방식
㉠ 건식 자냉식 : 공기
㉡ 건식 풍냉식 : 송풍기
㉢ 유입 자냉식 : 절연유
㉣ 유입 풍냉식 : 송풍기
㉤ 유입 송유식 : 펌프 순환

2 변압기 냉각 방식 및 건조, 온도 상승 시험

(1) 변압기 냉각 방식

① 건식 자냉식(air-coold type) : 변압기 본체가 공기에 의하여 자연적으로 냉각되도록 한 것으로, 22[kV] 이하 소용량 배전용 변압기에서 사용된다.

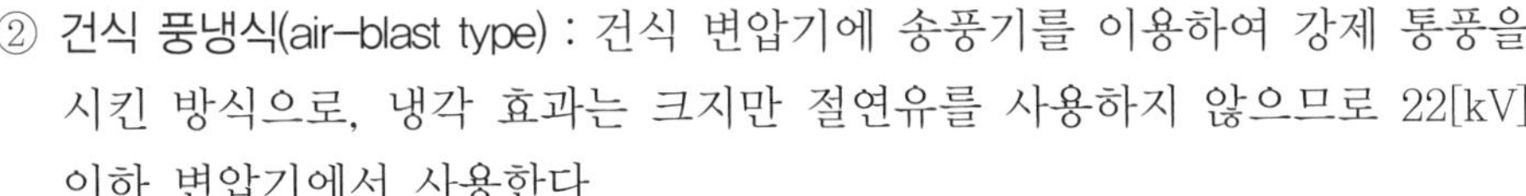

② 건식 풍냉식(air-blast type) : 건식 변압기에 송풍기를 이용하여 강제 통풍을 시킨 방식으로, 냉각 효과는 크지만 절연유를 사용하지 않으므로 22[kV] 이하 변압기에서 사용한다.

③ 유입 자냉식(air-immersed self-coold type) : 절연유를 충분히 채운 외함 내에 변압기 본체를 넣고 권선과 철심에서 발생한 열을 기름의 대류 작용에 의해 외함에 전달되도록 하고, 외함에서 열을 대기로 발산시키는 방식으로, 설비가 간단하고 취급이나 보수가 쉬워 소형 배전용 변압기에서 대형 변압기까지 널리 사용되고 있다.

④ 유입 풍냉식(oil-immersed air-blast type) : 방열기를 부착한 유압 변압기에 송풍기를 이용하여 강제 통풍시킴으로써 냉각 효과를 높인 방식으로, 유입 자냉식보다 용량을 20~30[%] 정도 증가시킬 수 있어 대용량 변압기에 널리 사용되고 있다.

⑤ 유입 송유식(oil-immersed forced oil circulating type) : 변압기 외함 내에 들어 있는 절연유를 펌프(pump)를 이용하여 외부에 있는 냉각 장치로 보내서 냉각시킨 다음, 냉각된 기름을 다시 외함의 내부로 공급하는 방식으로 냉각 효과가 크기 때문에 30,000[kVA] 이상의 대용량 변압기에서 사용한다.

(2) 변압기 권선과 철심 건조법

① 열풍법 : 송풍기와 전열기를 이용하여 뜨거운 바람을 공급하여 건조시키는 방식이다.

② 단락법 : 변압기 2차 권선을 단락하고 1차측에 임피던스 전압의 약 20[%] 정도를 가하여 이때 흐르는 단락 전류를 이용하여 가열, 건조시키는 방식이다.

③ 진공법 : 주로 공장에서 행하는 방법으로 변압기를 탱크 속에 넣어 밀폐하고 탱크 속에 있는 파이프를 통하여 고온의 증기를 보내어 가열, 건조시키는 방식이다.

변압기 권선, 철심 건조법
㉠ 열풍법 : 고온의 공기
㉡ 단락법 : 단락 전류
㉢ 진공법 : 고온의 증기

(3) 변압기의 온도 상승 시험법

변압기 온도 상승 시험은 변압기를 전부하에서 연속으로 운전했을 때 유온 및 권선의 온도 상승을 시험하는 것이다.

① 실부하법 : 정격에 해당하는 실제 부하를 접속하고 온도 상승을 시험하는 방법이다.

② 반환 부하법 : 변압기에 철손과 동손을 공급하면서 온도 상승을 시험하는 방법이다.

변압기 온도 상승 시험법
㉠ 실부하법
㉡ 반환 부하법 : 철손, 동손
㉢ 단락 시험법 : 단락 후 전손실 전류, 정격 전류

③ **단락 시험법** : 고·저압측 권선 가운데 한쪽 권선을 일괄 단락하여 전손실(무부하손+기준 권선 온도 75[℃]로 환산된 부하 손실)에 해당하는 전류를 공급해 변압기의 유온을 상승시킨 후 정격 전류를 통해 온도 상승을 구하는 방법이다.

자주 출제되는 기출 문제

출제분석 Advice

변압기 원리
패러데이 – 렌츠 전자 유도 법칙

철손 감소 규소 함유량
㉠ 발전기, 전동기 : 2~3[%]
㉡ 변압기 : 3~4[%]

01 다음 중 변압기의 원리와 가장 관계가 있는 것은? 07년 출제

① 전자 유도 작용 ② 표피 작용
③ 전기자 반작용 ④ 편자 작용

해설 변압기는 1개의 철심에 2개의 권선을 감고 한쪽 권선에 사인파 교류 전압을 가하면 철심 중에는 사인파 교번 자속 Φ가 발생하고, 이 자속과 쇄교하는 다른 쪽의 권선에는권선의 감은 횟수에 따라 서로 다른 크기의 교류 전압이 유도되는 전자 유도 작용을 이용하여 교류 전압과 전류의 크기를 변성하는 장치이다.

02 변압기의 철심에는 철손을 적게 하기 위하여 철이 몇 [%]인 강판을 사용하는가? 12년 출제

① 약 50~55 ② 약 60~70
③ 약 76~86 ④ 약 96~97

해설 변압기의 철심에는 철손인 히스테리시스손을 감소시키기 위해서 약 3~4[%] 정도의 규소를 함유하므로 철은 약 96~97[%]인 강판을 사용한다.

03 변압기의 권선 배치에서 저압 권선을 철심에 가까운 쪽에 배치하는 이유는? 13년 출제

① 전류 용량 ② 절연 문제
③ 냉각 문제 ④ 구조상 편의

해설 권선을 감는 법은 철심쪽에 저압 권선을 감고 이 권선 표면을 사용 전압에 견디도록 절연한 다음 그 위에 고압 권선을 감는다.

04 변압기의 자속에 관한 설명으로 옳은 것은?

① 전압과 주파수에 반비례한다.
② 전압과 주파수에 비례한다.
③ 전압에 반비례하고 주파수에 비례한다.
④ 전압에 비례하고 주파수에 반비례한다.

해설 기전력 $E = 4.44fN\Phi_m = 4.44fNB_mA$[V]

- 변압기 자속은 전압에는 비례하고 주파수에는 반비례한다.
- 전압 일정 시 주파수와 자속 밀도는 반비례한다.

정답 01.① 02.④ 03.② 04.④

변압기 기전력
㉠ $E_1 = 4.44fN_1\Phi_m[V]$
㉡ $E_2 = 4.44fN_2\Phi_m[V]$

변압기의 권수비
$a = \frac{N_1}{N_2} = \frac{E_1}{E_2} = \frac{V_1}{V_2} = \frac{I_2}{I_1}$

05 다음 중 변압기에서 자속과 비례하는 것은? 11년 출제

① 권수 ② 주파수
③ 전압 ④ 전류

해설 기전력 $E = 4.44fN\Phi_m = 4.44fNB_mA[V]$
- 변압기 자속은 전압에는 비례하고 주파수에는 반비례한다.
- 전압 일정 시 주파수와 자속 밀도는 반비례한다.

06 1차 전압 3,300[V], 2차 전압 220[V]인 변압기의 권수비(turn ratio)는 얼마인가? 09년 출제

① 15 ② 220
③ 3,300 ④ 7,260

해설 권수비 $a = \frac{N_1}{N_2} = \frac{E_1}{E_2} = \frac{V_1}{V_2} = \frac{I_2}{I_1} = \sqrt{\frac{Z_1}{Z_2}}$ 에서

$$a = \frac{V_1}{V_2} = \frac{3,300}{220} = 15$$

07 1차 권수 3,000, 2차 권수 100인 변압기에서 이 변압기의 전압비는 얼마인가? 07년 출제

① 20 ② 30
③ 40 ④ 50

해설 권수비(전압비) $a = \frac{N_1}{N_2} = \frac{E_1}{E_2} = \frac{V_1}{V_2} = \frac{I_2}{I_1} = \sqrt{\frac{Z_1}{Z_2}}$ 에서

$$a = \frac{N_1}{N_2} = \frac{3,000}{100} = 30$$

08 변압기의 2차 저항이 0.1[Ω]일 때 1차로 환산하면 360[Ω]이 된다. 이 변압기의 권수비는? 12년 출제

① 30 ② 40
③ 50 ④ 60

해설 권수비 $a = \frac{N_1}{N_2} = \frac{E_1}{E_2} = \frac{V_1}{V_2} = \frac{I_2}{I_1} = \sqrt{\frac{Z_1}{Z_2}}$ 에서

$$a = \sqrt{\frac{Z_1}{Z_2}} = \sqrt{\frac{R_1}{R_2}} = \sqrt{\frac{360}{0.1}} = 60$$

정답 05.③ 06.① 07.② 08.④

출제분석 Advice

변압기 권수비

$$a = \frac{N_1}{N_2} = \frac{E_1}{E_2} = \frac{V_1}{V_2} = \frac{I_2}{I_1} = \sqrt{\frac{Z_1}{Z_2}} = \sqrt{\frac{R_1}{R_2}} = \sqrt{\frac{L_1}{L_2}}$$

★
09 권수비 2, 2차 전압 100[V], 2차 전류 5[A], 2차 임피던스 20[Ω]인 변압기의 ㉠ 1차 환산 전압 및 ㉡ 1차 환산 임피던스는? 11년 출제

① ㉠ 200[V], ㉡ 80[Ω] ② ㉠ 200[V], ㉡ 40[Ω]
③ ㉠ 50[V], ㉡ 10[Ω] ④ ㉠ 50[V], ㉡ 5[Ω]

해설 권수비 $a = \frac{N_1}{N_2} = \frac{V_1}{V_2} = \frac{I_2}{I_1} = \sqrt{\frac{Z_1}{Z_2}}$ 에서

1차 환산 전압 $V_1 = aV_2 = 2 \times 100 = 200[V]$

1차 환산 임피던스 $Z_1 = a^2 Z_2 = 4 \times 20 = 80[\Omega]$

★★
10 권수비 30의 변압기의 1차에 6,600[V]를 가할 때 2차 전압은 몇 [V]인가? 07년/09년 출제

① 220 ② 380
③ 420 ④ 660

해설 권수비 $a = \frac{N_1}{N_2} = \frac{E_1}{E_2} = \frac{V_1}{V_2} = \frac{I_2}{I_1} = \sqrt{\frac{Z_1}{Z_2}}$ 에서

$V_2 = \frac{V_1}{a} = \frac{6,600}{30} = 220[V]$

★★
11 1차 전압이 13,200[V], 2차 전압 220[V]인 단상 변압기의 1차에 6,000[V]의 전압을 가하면 2차 전압은 몇 [V]인가? 06년/13년 출제

① 100 ② 200
③ 1,000 ④ 2,000

해설 권수비 $a = \frac{N_1}{N_2} = \frac{E_1}{E_2} = \frac{V_1}{V_2} = \frac{I_2}{I_1} = \sqrt{\frac{Z_1}{Z_2}}$ 에서

$a = \frac{V_1}{V_2} = \frac{13,200}{220} = 60$이므로 $V_2 = \frac{V_1}{a} = \frac{6,000}{60} = 100[V]$

★
12 3,300/220[V] 변압기의 1차에 20[A]의 전류가 흐르면 2차 전류는 몇 [A]인가? 06년 출제

① $\frac{1}{30}$ ② $\frac{1}{3}$
③ 30 ④ 300

해설 권수비 $a = \frac{N_1}{N_2} = \frac{E_1}{E_2} = \frac{V_1}{V_2} = \frac{I_2}{I_1} = \sqrt{\frac{Z_1}{Z_2}}$ 에서

$a = \frac{V_1}{V_2} = \frac{3,300}{220} = 15$이므로 $I_2 = aI_1 = 15 \times 20 = 300[A]$

정답 09.① 10.① 11.① 12.④

변압기 권수비

$a = \frac{N_1}{N_2} = \frac{E_1}{E_2}$

$= \frac{V_1}{V_2} = \frac{I_2}{I_1}$

★

13 변압기의 1차 권선수 80회, 2차 권선수 320회 일 때, 2차측의 전압이 100[V]이면 1차 전압[V]은?

14년 출제

① 15 ② 25

③ 50 ④ 100

해설 권수비 $a = \frac{N_1}{N_2} = \frac{E_1}{E_2} = \frac{V_1}{V_2} = \frac{I_2}{I_1} = \sqrt{\frac{Z_1}{Z_2}}$ 에서

$a = \frac{N_1}{N_2} = \frac{80}{320} = \frac{1}{4}$ 이므로 $V_1 = aV_2 = \frac{1}{4} \times 100 = 25[\text{V}]$

★★

14 권수비가 100의 변압기에 있어 2차 쪽의 전류가 10^3[A]일 때, 이것을 1차측으로 환산하면 얼마[A]인가?

06년/10년 출제

① 16 ② 10

③ 9 ④ 6

해설 권수비 $a = \frac{N_1}{N_2} = \frac{E_1}{E_2} = \frac{V_1}{V_2} = \frac{I_2}{I_1} = \sqrt{\frac{Z_1}{Z_2}}$ 에서

2차를 1차로 환산한 전류 $I_1 = \frac{I_2}{a} = \frac{10^3}{100} = 10[\text{A}]$

★

15 복잡한 전기 회로를 등가 임피던스를 사용하여 간단히 변화시킨 회로는?

14년 출제

① 유도 회로 ② 전개 회로

③ 등가 회로 ④ 단순 회로

해설 등가 회로 : 복잡한 회로를 등가로 환산하여 간단한 회로로 변환시킨 회로

★

16 변압기의 무부하인 경우에 1차 권선에 흐르는 전류는?

10년 출제

① 정격 전류 ② 단락 전류

③ 부하 전류 ④ 여자 전류

해설 무부하 시험(2차측 개방) : 무부하 전류(여자 전류)

- 여자 전류 : 철손 전류 + 자화 전류
- 철손 전류 : I_i(철손 P_i발생)
- 자화 전류 : I_ϕ(자속 Φ발생)

변압기 여자 전류 비사인파 발생 원인

㉠ 철심의 자기 포화

㉡ 히스테리시스 현상

★★

17 변압기의 여자 전류가 일그러지는 이유는 무엇 때문인가?

07년/09년 출제

① 와류(맴돌이 전류) 때문에

② 자기 포화와 히스테리시스 현상 때문에

③ 누설 리액턴스 때문에

④ 선간의 정전 용량 때문에

정답 13.② 14.② 15.③ 16.④ 17.②

해설 변압기의 1차 권선에 사인파 교류 전압을 가해주면 여자 전류가 흐르고, 철심 내에는 사인파 교번 자속이 발생한다. 그러나 실제 변압기에서는 철심의 자기 포화와 히스테리시스 현상이 있기 때문에 1차 권선에 공급 전원이 사인파이더라도 권선에 흐르는 전류는 비사인파 전류가 흐른다.

★
18 1차 전압 13,200[V], 무부하 전류 0.2[A], 철손 100[W]일 때 여자 어드미턴스는 약 몇 [℧]인가?

10년 출제

① 1.5×10^{-5}　② 3×10^{-5}
③ 1.5×10^{-3}　④ 3×10^{-3}

해설 여자 어드미턴스 : 변압기 1차 권선에 여자 전류만 흐를 경우 철심의 저항과 권선의 리액턴스를 병렬 전기 회로로 바꿔 놓았을 때의 회로 소자

- 여자 어드미턴스 $\dot{Y_0}=g_0-jb_0$[℧]
  여기서, g_0(여자 컨덕턴스) : 철심 저항의 역수
  b_0(여자 서셉턴스) : 코일 리액턴스의 역수
- 여자 전류 $I=YV$에서 $Y=\dfrac{I}{V}=\dfrac{0.2}{13{,}200}=1.5\times10^{-5}$[℧]

변압기 무부하 시험
㉠ 여자 컨덕턴스
$\dot{Y_0}=g_0-jb_0$[℧]
㉡ 여자 전류
$I_0=Y_0V$[A]

★
19 50[Hz]의 변압기에 60[Hz]의 같은 전압을 가했을 때 자속 밀도는 50[Hz]일 때의 몇 배인가?

07년 출제

① $\dfrac{6}{5}$　② $\dfrac{5}{6}$
③ $\left(\dfrac{6}{5}\right)^2$　④ $\left(\dfrac{5}{6}\right)^{1.6}$

해설 전압 일정 시 주파수와 철손과의 관계

- 주파수와 최대 자속 밀도 관계 $f\propto\dfrac{1}{B_m}$(주파수와 자속 밀도는 반비례한다)
- 주파수가 $\dfrac{6}{5}$배 증가하면 자속 밀도는 $\dfrac{5}{6}$배로 감소한다.

전압 일정 시 주파수와 철손과의 관계
㉠ $f\propto\dfrac{1}{B_m}$
㉡ $P_h\propto\dfrac{E^2}{f}$
㉢ $P_e\propto E^2$
㉣ $f\propto\dfrac{1}{P_i}$

★★★
20 일정 전압 및 일정 파형에서 주파수가 상승하면 변압기 철손은 어떻게 변하는가?

출제빈도

07년/09년/11년 출제

① 증가한다.　② 감소한다.
③ 불변이다.　④ 어떤 기간 동안 증가한다.

해설 • 전압 일정 시 주파수와 철손과의 관계
  – 주파수와 최대 자속 밀도 관계 $f\propto\dfrac{1}{B_m}$(주파수와 자속 밀도는 반비례한다)

정답 18.① 19.② 20.②

– 히스테리시스손 $P_h \propto fB_m^{\ 2} = \dfrac{f^2 B_m^{\ 2}}{f} = \dfrac{(fB_m)^2}{f} = \dfrac{E^2}{f}$

– 와류손 $P_e \propto t^2 f^2 B_m^{\ 2} = t^2 (fB_m)^2 = t^2 E^2$ (와류손은 주파수와 무관)

- 주파수 변동 시 철손 등의 변화
  - 주파수 증가 → 히스테리시스손 감소 → 철손 감소 → 여자 전류 감소
  - 주파수 감소 → 히스테리시스손 증가 → 철손 감소 → 여자 전류 증가

전압 일정 시 주파수와 철손과의 관계

㉠ $f \propto \dfrac{1}{B_m}$

㉡ $P_h \propto \dfrac{E^2}{f}$

㉢ $P_e \propto E^2$

㉣ $P_i \propto \dfrac{1}{f}$

21 변압기의 부하 전류 및 전압이 일정하고 주파수만 낮아지면?

10년 출제

① 철손이 증가한다. ② 동손이 증가한다.
③ 철손이 감소한다. ④ 동손이 감소한다.

해설
- 전압 일정 시 주파수와 철손과의 관계
  - 주파수와 최대 자속 밀도 관계 $f \propto \dfrac{1}{B_m}$ (주파수와 자속 밀도는 반비례한다)
  - 히스테리시스손 $P_h \propto fB_m^{\ 2} = \dfrac{f^2 B_m^{\ 2}}{f} = \dfrac{(fB_m)^2}{f} = \dfrac{E^2}{f}$
  - 와류손 $P_e \propto t^2 f^2 B_m^{\ 2} = t^2 (fB_m)^2 = t^2 E^2$ (와류손은 주파수와 무관)
- 주파수 변동 시 철손 등의 변화
  - 주파수 증가 → 히스테리시스손 감소 → 철손 감소 → 여자 전류 감소
  - 주파수 감소 → 히스테리시스손 증가 → 철손 증가 → 여자 전류 증가

변압기 와류손

㉠ $P_e \propto t^2 \cdot f^2 \cdot B_m^{\ 2}$

㉡ 성층 철심 두께에 비례

22 변압기에 철심의 두께를 2배로 하면 와류손은 약 몇 배가 되는가?

06년 출제

① 2배로 증가한다. ② $\dfrac{1}{2}$배로 증가한다.
③ $\dfrac{1}{4}$배로 증가한다. ④ 4배로 증가한다.

해설
- 전압 일정 시 와류손 $P_e \propto t^2 f^2 B_m^{\ 2} = t^2 (fB_m)^2 = t^2 E^2$
- 와류손은 주파수와 무관하다.
- 와전류손은 두께(t)의 제곱에 비례하므로, 4배로 증가한다.

변압기 용량
피상 전력[kVA]

23 변압기 명판에 나타내는 정격에 대한 설명이다. 틀린 것은?

06년/14년 출제

① 변압기의 정격 출력 단위는 [kW]이다.
② 변압기 정격은 2차측을 기준으로 한다.
③ 변압기의 정격은 용량, 전류, 전압, 주파수 등으로 결정된다.
④ 정격이란 정해진 규정에 적합한 범위 내에서 사용할 수 있는 한도이다.

해설 변압기의 정격 출력은 피상 전력 기준이므로 그 단위는 [kVA]이다.

정답 21.① 22.④ 23.①

24 변압기를 운전하는 경우 특성의 약화, 온도 상승에 수반되는 수명의 저하, 기기의 소손 등의 이유 때문에 지켜야 할 정격이 아닌 것은?

① 정격 전류 ② 정격 전압
③ 정격 저항 ④ 정격 용량

해설 변압기의 정격
- 정격 용량(정격 출력) : 정격 주파수의 정격 2차 전압과 정격 2차 전류를 곱한 값
  - 정격 용량=정격 2차 전압×정격 2차 전류
- 정격 전압 : 정격 출력을 내고 있을 때의 2차 권선의 단자 전압
  - 정격 1차 전압=권수비×정격 2차 전압
- 정격 전류 : 정격 용량을 정격 2차 전압으로 나눈 값
  - 정격 1차 전류=정격 2차 전류$\times \frac{1}{권수비}$

★
25 변압기의 정격 1차 전압이란?

10년 출제

① 정격 출력일 때의 1차 전압 ② 무부하에 있어서의 1차 전압
③ 정격 2차 전압×권수비 ④ 임피던스 전압×권수비

해설 변압기의 정격
- 정격 용량(정격 출력) : 정격 주파수의 정격 2차 전압과 정격 2차 전류를 곱한 값
  - 정격 용량=정격 2차 전압×정격 2차 전류
- 정격 전압 : 정격 출력을 내고 있을 때의 2차 권선의 단자 전압
  - 정격 1차 전압=권수비×정격 2차 전압
- 정격 전류 : 정격 용량을 정격 2차 전압으로 나눈 값
  - 정격 1차 전류=정격 2차 전류$\times \frac{1}{권수비}$

출제분석 Advice

변압기 정격
㉠ 정격 용량 =정격 2차 전압×정격 2차 전류
㉡ 정격 1차 전압 =권수비×정격 2차 전압
㉢ 정격 1차 전류 $=\frac{1}{권수비}\times$정격 2차 전류

★★★
26 변압기에서 퍼센트 저항 강하 3[%], 리액턴스 강하 4[%]일 때 역률 0.8(지상)에서의 전압 변동률[%]은?

출제빈도

06년/10년/13년/14년 출제

① 2.4 ② 3.6
③ 4.8 ④ 6

해설 전압 변동률 $\varepsilon = p\cos\theta + q\sin\theta = 3\times 0.8 + 4\times 0.6 = 4.8[\%]$

전압 변동률

$\varepsilon = \frac{V_{20} - V_{2n}}{V_{2n}} \times 100[\%] = p\cos\theta + q\sin\theta[\%]$

★
27 퍼센트 저항 강하 1.8[%] 및 퍼센트 리액턴스 강하 2[%]인 변압기가 있다. 부하의 역률이 1일 때의 전압 변동률[%]은?

10년 출제

① 1.8 ② 2.0
③ 2.7 ④ 3.8

해설 전압 변동률 $\varepsilon = p\cos\theta + q\sin\theta = 1.8\times 1 + 2\times 0 = 1.8[\%]$

정답 24.③ 25.③ 26.③ 27.①

최대 전압 변동률

$\cos\theta \neq 1$

㉠ $\varepsilon_{max} = \sqrt{p^2+q^2}$ [%]

㉡ $\cos\theta = \dfrac{p}{\sqrt{p^2+q^2}}$

★

28 변압기에서 전압 변동률이 최대가 되는 부하의 역률은? (단, p : 퍼센트 저항 강하, q : 퍼센트 리액턴스 강하, $\cos\theta$: 역률)

07년 출제

① $\cos\theta = \dfrac{p}{\sqrt{p+q}}$　② $\cos\theta = \dfrac{p}{\sqrt{p^2+q^2}}$

③ $\cos\theta = \dfrac{p}{p^2+q^2}$　④ $\cos\theta = \dfrac{p}{p+q}$

해설 최대 전압 변동률

- $\cos\theta = 1$인 경우 : $\varepsilon_{max} = p$
- $\cos\theta \neq 1$인 경우

$\varepsilon = p\cos\theta + q\sin\theta = \dfrac{P}{\sqrt{p^2+q^2}}$

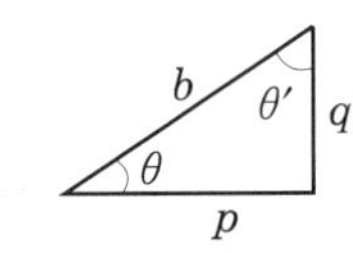

변압기 단락 시험

㉠ 임피던스 전압 : 전부하 시 변압기 임피던스 강하 $V_s = I_{1n}z_{12}$[V]

㉡ 임피던스 와트 : 전부하 시 변압기 동손 $P_s = I_{1n}{}^2 r_{12}$[W]

★★

29 변압기의 임피던스 전압에 대한 설명으로 옳은 것은?

06년/11년 출제

① 여자 전류가 흐를 때의 2차측 단자 전압이다.

② 정격 전류가 흐를 때의 2차측 단자 전압이다.

③ 정격 전류에 의한 변압기 내부 전압 강하이다.

④ 2차 단락 전류가 흐를 때의 변압기 내의 전압 강하이다.

해설 임피던스 전압과 임피던스 와트

- 임피던스 전압($V_s = I_{1n}z_{12}$) : 변압기 2차측을 단락한 상태에서 1차측에 전부하 정격 전류(I_{1n})가 흐르도록 1차측에 인가해주는 전압으로 변압기 내의 전체 권선의 임피던스로 인해 발생하는 전압 강하를 구할 수 있다.
- 임피던스 와트($P_s = I_{1n}{}^2 r_{12}$) : 임피던스 전압을 인가한 상태에서 변압기 전체 1, 2차 권선의 저항으로 인해 발생하는 와트(동손)로 변압기 전부하 시 발생하는 부하손인 동손을 구할 수 있다.

최대 전압 변동률

㉠ $\cos\theta = 1$

$\varepsilon_{max} = p$[%]

㉡ $\cos\theta \neq 1$

$\varepsilon_{max} = \sqrt{p^2+q^2}$ [%]

★★

30 퍼센트 저항 강하 3[%], 리액턴스 강하 4[%]인 변압기의 최대 전압 변동률은 몇 [%]인가?

06년/09년 출제

① 1　② 3

③ 4　④ 5

해설 최대 전압 변동률 $\varepsilon_{max} = \sqrt{p^2+q^2} = \sqrt{3^2+4^2} = 5$[%]

변압기 시험

㉠ 무부하 시험 : 여자 전류 철손, 여자 컨덕턴스

㉡ 단락 시험 : 임피던스 전압, 임피던스 와트

★

31 변압기의 무부하 시험, 단락 시험에서 구할 수 없는 것은?

08년 출제

① 동손　② 철손

③ 전압 변동률　④ 절연 내력

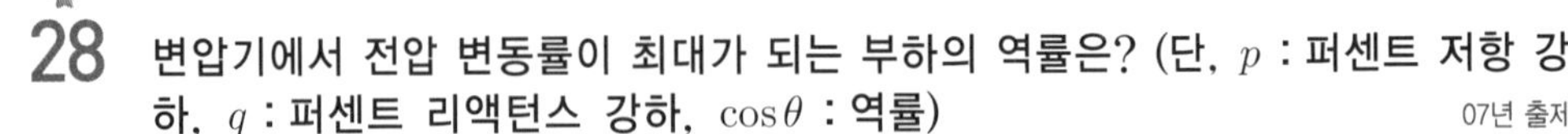

정답 28.② 29.③ 30.④ 31.④

해설 • 무부하 시험(무부하손) : 철손, 여자 전류
• 단락 시험(부하손) : 동손, 전압 변동률, 임피던스 전압

32 어떤 변압기에서 임피던스 강하가 5[%]인 변압기가 운전 중 단락되었을 때 그 단락 전류는 정격 전류의 몇 배인가? 14년 출제

① 5 ② 20
③ 50 ④ 200

해설 단락 전류 $I_s = \frac{100}{\%Z} I_n$[A]에서 $\frac{I_s}{I_n} = \frac{100}{\%Z} = \frac{100}{5} = 20$배

33 변압기의 손실에 해당되지 않는 것은? 11년 출제

① 동손 ② 와전류손
③ 히스테리시스손 ④ 기계손

해설 변압기(정지기)의 손실
• 무부하손 : 철손(히스테리시스손+와전류손), 표유 부하손(여자 전류), 유전체손
• 부하손 : 동손, 표유 부하손(부하 전류)
• 기계손은 회전기에서 발생하는 손실로 마찰손과 풍손이 있다.

변압기 손실
㉠ 무부하손(무부하 시험) : 철손, 유전체손
㉡ 부하손(단락 시험) : 동손, 표유 부하손

34 다음 중 변압기 무부하손의 대부분을 차지하는 것은? 09년 출제

① 유전체손 ② 동손
③ 철손 ④ 저항손

해설 무부하손(무부하 시험) : 변압기 2차 권선을 개방하고 1차 단자에 정격 전압을 걸었을 때 변압기에서 발생하는 손실로 그 대부분은 철손이라 할 수 있다.
• 철손(P_i)=히스테리시스손(P_h)+와류손(P_e)
• 표유 부하손 : 여자 전류에 의한 누설 자속이 권선의 금속부속품(금구), 외함 등에 쇄교하여 발생하는 맴돌이 전류에 의하여 발생하는 손실
• 유전체손 : 절연물의 유전체로 인하여 발생하는 손실

변압기 무부하손
㉠ 철손(P_i)$= P_h + P_e$
㉡ 유전체손
㉢ 표유 부하손

35 변압기에서 철손은 부하 전류와 어떤 관계인가? 13년 출제

① 부하 전류에 비례한다. ② 부하 전류의 자승에 비례한다.
③ 부하 전류에 반비례한다. ④ 부하 전류와 관계없다.

해설 철손은 무부하손으로서 부하에 관계없이 발생하는 일정한 손실이므로 부하 전류와 무관하며 고정손이라고도 한다.

정답 32.② 33.④ 34.③ 35.④

변압기 효율

㉠ $\eta = \dfrac{출력}{출력+손실} \times 100[\%]$

㉡ 손실= 철손+ 동손

★★★

36 정격 2차 전압 및 정격 주파수에 대한 출력[kW]과 전체 손실[kW]이 주어졌을 때 변압기의 규약 효율을 나타내는 식은?

출제빈도

07년/12년/14년 출제

① $\dfrac{입력[kW]}{입력[kW]-전체\ 손실[kW]} \times 100[\%]$

② $\dfrac{출력[kW]}{출력[kW]+전체\ 손실[kW]} \times 100[\%]$

③ $\dfrac{출력[kW]}{입력[kW]-철손[kW]-동손[kW]} \times 100[\%]$

④ $\dfrac{출력[kW]-철손[kW]-동손[kW]}{입력[kW]} \times 100[\%]$

해설 전부하 시 규약 효율 : 변압기 2차 정격 전압 및 정격 주파수에 대한 정격 출력 및 무부하손, 부하손 같은 전체 손실을 이용하여 계산한 효율

$$\eta = \frac{출력}{출력+전체\ 손실(철손+동손)} \times 100[\%]$$

$$= \frac{V_{2n}I_{2n}\cos\theta}{V_{2n}I_{2n}\cos\theta + P_i + P_c} \times 100[\%]$$

★

37 출력에 대한 전부하 동손이 2[%], 철손이 1[%]인 변압기의 전부하 효율[%]은?

11년 출제

① 95 ② 96

③ 97 ④ 98

해설 출력을 1이라 하면, 철손은 0.01, 동손은 0.02이므로

$$\eta = \frac{출력}{출력+전체\ 손실(철손+동손)} \times 100[\%]$$

$$= \frac{1}{1+0.02+0.01} \times 100$$

$$\fallingdotseq 97[\%]$$

Y-Y결선의 특성

㉠ 중성점 접지가 가능하다.

㉡ 절연이 용이하다.

㉢ 부하 불평형 시 중성점 전위가 변동하여 3상 불평형이 발생할 수 있다.

★

38 송·배전 계통에 거의 사용되지 않는 변압기 3상 결선 방식은?

14년 출제

① Y—△ ② Y—Y

③ △—Y ④ △—△

해설 변압기 결선 중 Y—Y결선은 부하 불평형 시 중성점 전위가 변동하여 3상 전압이 불평형을 일으키므로 송·배전 계통에서 거의 사용되지 않는 결선 방식이지만, 3차 권선을 감고 Y—Y—△ 형태의 3권선 변압기를 만들어 조상 설비용, 소내 전력 공급용으로 사용하고 있다.

정답 36.② 37.③ 38.②

39 접지 사고 발생 시 다른 선로의 전압은 상전압 이상으로 되지 않으며, 이상 전압의 위험도 없고 선로나 변압기의 절연 레벨을 저감시킬 수 있는 접지 방식은? 11년 출제

① 저항 접지 ② 비접지
③ 직접 접지 ④ 소호 리액터 접지

해설 중성점 접지 방식
- 비접지 : 변압기 결선을 △결선으로 하여 중성점을 접지할 수 없는 방식
  - 1선 지락 사고 시 건전 상전압 상승이 크다(1선 완전 지락 시 $\sqrt{3}$ 배)
  - 변압기 1대 고장 시 나머지 2대 V결선에 의한 계속적인 3상 전력 공급이 가능하다.
- 직접 접지 : 변압기 Y결선 시 존재하는 중성점을 저항이 거의 없는 연동선으로 직접 접지하는 방식
  - 1선 지락 사고 시 건전 상전압 상승이 거의 없으므로 선로 기기류의 절연 레벨을 낮출 수 있다.
  - 1선 지락 사고 시 고장 전류가 대단히 크므로 인접 통신선에 대한 유도 장해가 크다.
- 저항 접지 : 변압기 Y결선 시 중성점을 적당량의 저항을 통해 접지하는 방식
  - 직접 접지 방식에서의 단점인 고장 전류의 크기를 제한하기 위해 중성점에 저항을 접속한다.
- 소호 리액터 접지 : 변압기 Y결선 시 중성점을 인덕턴스 L[H]인 코일을 통해 접지하는 방식
  - 지락 사고 시 고장 전류의 크기가 작으므로 인접 통신선에 대한 유도 장해가 작다.
  - 단선 사고 등에 의한 중성점 잔류 전압 존재 시 직렬 공진에 의한 이상 전류가 흐를 수 있다.

출제분석 Advice

직접 접지 방식
㉠ 저감 절연이 가능하다.
㉡ 보호 계전기 동작이 확실하다.
㉢ 유도 장해가 크다.

40 변압기 결선 방식에서 △-△결선 방식에 대한 설명으로 틀린 것은? 06년 출제

① 단상 변압기 3대 중 1대의 고장이 생겼을 때 2대로 결선하여 사용할 수 있다.
② 외부에 고조파 전압이 나오지 않으므로 통신 장해의 염려가 없다.
③ 중성점을 접지할 수 없다.
④ 100[kV] 이상 되는 계통에서 사용되고 있다.

해설 △-△결선의 특징
- 1, 2차 전압에 위상차가 없고, 상전류는 선전류의 $\frac{1}{\sqrt{3}}$ 배이다.
- 제3고조파 여자 전류가 통로를 가지므로 기전력은 사인파 전압을 유기한다.
- 변압기 외부에 제3고조파가 발생하지 않으므로 통신 장애가 발생하지 않는다.
- 변압기 1대 고장 시 V결선에 의한 3상 전력 공급이 가능하다.
- 비접지 방식이므로 이상 전압 및 지락 사고에 대한 보호가 어렵다.
- 선간 전압과 상전압이 같으므로 고압인 경우 절연이 어렵다.
- 60[kV] 이하 배전용 변압기에 사용한다.

△-△결선의 특성
㉠ 선로 3고조파 발생(×)
㉡ 선로에 정현파 발생
㉢ 유도 장해 발생(×)
㉣ V결선 운전 가능
㉤ 60[kV] 이하 계통 사용

41 변압기를 △-Y로 결선할 때 1, 2차 사이의 위상차는? 10년 출제

① 0° ② 30°
③ 60° ④ 90°

△-Y결선의 특성
㉠ 승압용
㉡ $\frac{\pi}{6}$[rad] 위상차 발생

정답 39.③ 40.④ 41.②

해설 Y-△, △-Y결선의 특성

Y결선의 장점과 △결선의 장점을 모두 가지고 있는 결선으로 주로 Y-△는 강압용, △-Y는 승압용으로 사용하면서 다음과 같은 특성을 갖는다.

- Y결선 중성점을 접지할 수 있다.
- △결선에 의한 여자 전류의 제3고조파 통로가 형성되므로 제3고조파 장해가 적고, 기전력 파형이 사인파가 된다.
- 1, 2차 전압 및 전류 간에는 $\frac{\pi}{6}$[rad]만큼의 위상차가 발생하다.

Y결선의 특성
㉠ 중성점 접지 가능하다.
㉡ 절연이 용이하다.

△결선의 특성
㉠ 제3고조파 발생이 없다.
㉡ 유도 장해 발생이 없다.

42
수전단 발전소용 변압기 결선에 주로 사용하고 있으며 한쪽은 중성점을 접지할 수 있고 다른 한쪽은 제3고조파에 의한 영향을 없애주는 장점을 가지고 있는 3상 결선 방식은? 13년 출제

① Y－Y ② △－△
③ Y－△ ④ V

해설 Y-△, △-Y결선의 특성

Y결선의 장점과 △결선의 장점을 모두 가지고 있는 결선으로 주로 Y-△는 강압용, △-Y는 승압용으로 사용하면서 다음과 같은 특성을 갖는다.

- Y결선 중성점을 접지할 수 있다.
- △결선에 의한 여자 전류의 제3고조파 통로가 형성되므로 제3고조파 장해가 적고, 전력 파형이 사인파가 된다.
- 1, 2차 전압 및 전류 간에는 $\frac{\pi}{6}$[rad]만큼의 위상차가 발생하다.

43
변압기를 △-Y결선(delta-star connection)한 경우에 대한 설명으로 옳지 않은 것은? 09년 출제

① 1차 선간 전압 및 2차 선간 전압의 위상차는 60°이다.
② 제3고조파에 의한 장해가 적다.
③ 1차 변전소의 승압용으로 사용된다.
④ Y결선의 중성점을 접지할 수 있다.

해설 Y-△, △-Y결선의 특성

Y결선의 장점과 △결선의 장점을 모두 가지고 있는 결선으로 주로 Y-△는 강압용, △-Y는 승압용으로 사용하면서 다음과 같은 특성을 갖는다.

- Y결선 중성점을 접지할 수 있다.
- △결선에 의한 여자 전류의 제3고조파 통로가 형성되므로 제3고조파 장해가 적고, 기전력 파형이 사인파가 된다.
- 1, 2차 전압 및 전류 간에는 $\frac{\pi}{6}$[rad]만큼의 위상차가 발생하다.

정답 42.③ 43.①

★
44 권수비 30인 변압기의 저압측 전압이 8[V]인 경우 극성 시험에서 가극성과 감극성의 전압 차이는 몇 [V]인가?

14년 출제

① 24　　② 16

③ 8　　④ 4

해설 극성 : 어떤 순간에 1차 단자와 2차 단자에 나타나는 유기 기전력의 방향(극성)을 나타낸 것

- 감극성 : 1, 2차 권선의 권선 방향이 같고, 1, 2차 전압이 동상인 경우
- 가극성 : 1, 2차 권선의 권선 방향이 반대이고, 1, 2차 전압이 위상 차 180° 인 경우
- 감극성 시 2차측 전압 : +8[V]
- 가극성 시 2차측 전압 : −8[V]

∴ 전압차 $= 8-(-8) = 16$[V]

출제분석 Advice

변압기 극성
㉠ 감극성 : 1·2차 전압이 동위상인 경우
㉡ 가극성 : 1·2차 전압이 180° 위상차인 경우

★★★
45 3상 변압기의 병렬 운전 시 병렬 운전이 불가능한 결선 조합은?

출제빈도

07년/08년/13년 출제

① △−△와 Y−Y　　② △−△와 △−Y

③ △−Y와 △−Y　　④ △−△와 △−△

해설 변압기를 △−△결선으로 하면 동위상이지만, △−Y로 결선하면 1, 2차 사이에 30° 만큼의 위상차가 발생한다. 따라서 병렬 운전하는 각 변압기 간에 위상차가 발생하여 병렬 운전이 불가능하다.

병렬 운전 가능	병렬 운전 불가능
△−△와 △−△	△−△와 △−Y
Y−Y와 Y−Y	Y−Y와 △−Y
Y−△와 Y−△	−
△−Y와 △−Y	−
△−△와 Y−Y	−
V−V와 V−V	−

병렬 운전 가능 조합(짝수)
㉠ △−△와 △−△
㉡ Y−Y와 Y−Y
㉢ △−△와 Y−Y
㉣ Y−△와 Y−△

병렬 운전 불가능 조합(홀수)
㉠ △−△와 △−Y
㉡ Y−Y와 △−Y

★
46 3상 100[kVA], 13,200/200[V] 변압기의 저압측 선전류의 유효분은 약 몇 [A]인가? (단, 역률은 80[%]이다.)

14년 출제

① 100　　② 173

③ 230　　④ 260

해설 전류의 분석 : 지상 부하에 흐르는 θ만큼 뒤진 전체 전류를 I라 한다.

- 유효분 전류 : 전압과 동위상의 특성을 갖는 전류, $I\cos\theta$
- 무효분 전류 : 전압에 대해 90° 뒤지거나 앞서는 전류, $I\sin\theta$

전류의 분석
㉠ 유효분 전류 : 동상 전류
㉡ 무효분 전류 : 90° 앞선 진상 전류, 90° 뒤진 지상 전류

정답 44.② 45.② 46.③

3상 전체 변압기 용량 $P_a = \sqrt{3}\,VI$[kVA]에서 선전류는 다음과 같다.

$$I_2 = \frac{P_a}{\sqrt{3}\,V_2} = \frac{100\times10^3}{200\sqrt{3}} = 288.68[\mathrm{A}]$$

I_2의 유효분 전류 $I_{2e} = I_2 \cos\theta = 288.68 \times 0.8 = 230[\mathrm{A}]$

47 출력 P[kVA]의 단상 변압기 전원 2대를 V결선한 때의 3상 출력[kVA]은?

09년 출제

① P　　② $\sqrt{3}\,P$

③ $2P$　　④ $3P$

해설 변압기 V결선 특성

- $P_V = \sqrt{3}\,P_1$[kVA] (변압기 1대 용량의 $\sqrt{3}$배 만큼 부하를 걸 수 있다)
- 변압기 이용률 $\dfrac{\sqrt{3}\,VI}{2VI} = 0.866$배
- 변압기 출력비 $\dfrac{\sqrt{3}\,VI}{3VI} = 0.577$배

V결선
㉠ $P_V = \sqrt{3}\,P_1$[kVA]
㉡ 이용률 : 0.866
㉢ 출력비 : 0.577

48 변압기에서 V결선의 이용률은?

06년 출제

① 0.577　　② 0.707

③ 0.866　　④ 0.977

해설 변압기 V결선 특성

- $P_V = \sqrt{3}\,P_1$[kVA] (변압기 1대 용량의 $\sqrt{3}$배 만큼 부하를 걸 수 있다)
- 변압기 이용률 $\dfrac{\sqrt{3}\,VI}{2VI} = 0.866$배
- 변압기 출력비 $\dfrac{\sqrt{3}\,VI}{3VI} = 0.577$배

49 △결선 변압기의 한 대가 고장으로 제거되어 V결선으로 공급할 때 공급할 수 있는 전력은 고장 전 전력에 대하여 약 몇 [%]인가?

09년 출제

① 57.7　　② 66.7

③ 70.5　　④ 86.6

해설 변압기 V결선 특성

- $P_V = \sqrt{3}\,P_1$[kVA] (변압기 1대 용량의 $\sqrt{3}$배 만큼 부하를 걸 수 있다)
- 변압기 이용률 $\dfrac{\sqrt{3}\,VI}{2VI} = 0.866$배
- 변압기 출력비 $\dfrac{\sqrt{3}\,VI}{3VI} = 0.577$배

정답 47.② 48.③ 49.①

★
50 **용량이 250[kVA]인 단상 변압기 3대를 △결선으로 운전 중 1대가 고장 나서 V결선으로 운전하는 경우 출력은 약 몇 [kVA]인가?** 10년 출제

① 144　　② 353
③ 433　　④ 525

해설 V결선의 출력 $P_V = \sqrt{3} P_1 = \sqrt{3} \times 250 = 433$[kVA]

★
51 **변압기 V결선의 특징으로 틀린 것은?** 12년 출제

① 고장 시 응급 처치 방법으로 쓰인다.
② 단상 변압기 2대로 3상 전력을 공급한다.
③ 부하 증가가 예상되는 지역에 시설한다.
④ V결선 시 출력은 △결선 시 출력과 그 크기가 같다.

해설 변압기 V결선 특성
- $P_V = \sqrt{3} P_1$[kVA]
- 변압기 이용률 $\frac{\sqrt{3}\,VI}{2\,VI} = 0.866$배
- 변압기 출력비 $\frac{\sqrt{3}\,VI}{3\,VI} = 0.577$배(△결선에 비해 출력이 줄어든다)

★
52 **3,000/3,300[V]인 단권 변압기의 자기 용량은 약 몇 [kVA]인가? (단, 부하는 1,000[kVA]이다.)** 06년 출제

① 90　　② 70
③ 50　　④ 30

해설 단권 변압기 부하 용량에 대한 자기 용량비
- $\frac{\text{자기 용량}}{\text{부하 용량}} = \frac{V_h - V_l}{V_h}$

  여기서, V_h : 고압측 전압, V_l : 저압측 전압, $V_h - V_l$: 승압 전압
- 자기 용량=부하 용량$\times \frac{V_h - V_l}{V_h} = 1,000 \times \frac{3,300 - 3,000}{3,300} = 90.90 \fallingdotseq 90$[kVA]

★★
53 **3상 전원에서 2상 전력을 얻기 위한 변압기의 결선 방법은?** 06년/11년 출제

① V　　② △
③ Y　　④ T

해설 3상 전원에서 2상 전력을 얻는 결선법
- 스코트 결선(T결선) : 전기철도에서 사용
- 메이어 결선
- 우드 브리지 결선

출제분석 Advice

V결선 시 출력은 고장 전 △결선 1대 용량의 $\sqrt{3}$ 배이다.

V결선의 특성
㉠ $P_V = \sqrt{3} P_1$[kVA]
㉡ 이용률 $\frac{\sqrt{3}\,VI}{2\,VI} = 0.866$
㉢ 출력비 $\frac{\sqrt{3}\,VI}{3\,VI} = 0.577$

3상에서 2상으로의 변환
㉠ 스코트 결선(T결선) : 전기철도에서 사용
㉡ 메이어 결선
㉢ 우드 브리지 결선

정답 50.③ 51.④ 52.① 53.④

누설 변압기
㉠ 누설 리액턴스 증가
㉡ 수하 특성(정전류 특성)
㉢ 용접용 변압기

54 아크 용접용 변압기가 일반 전력용 변압기와 다른 점? 13년 출제

① 권선의 저항이 크다. ② 누설 리액턴스가 크다.
③ 효율이 높다. ④ 역률이 좋다.

해설 누설 변압기는 자기 회로 일부에 공극이 있는 누설 자속 통로를 만들어 1차 권선과 2차 권선 부하 전류에 의한 누설 자속을 인위적으로 증가시킨 구조의 변압기로 부하 전류 I_2가 증가하면 공극으로 인한 누설 자속 Φ_2가 증가하여 누설 리액턴스 x_l이 증가되므로 단자 전압 V_2가 감소하는데 어느 일정 이상의 부하 전류 I_2가 되면 전압이 급격히 수직으로 떨어지는 수하 특성을 가지면서 전류가 일정해지는 정전류 특성을 가지므로 주로 용접용 변압기로 사용한다.

3권선 변압기
㉠ Y-Y-△ 사용
㉡ △결선 : 조상 설비 접속

55 3권선 변압기에 대한 설명으로 옳은 것은? 14년 출제

① 한 개의 전기 회로에 3개의 자기 회로로 구성되어 있다.
② 3차 권선에 조상기를 접속하여 송전선의 전압 조정과 역률 개선에 사용된다.
③ 3차 권선에 단권 변압기를 접속하여 송전선의 전압 조정에 사용된다.
④ 고압 배전선의 전압을 10[%] 정도 올리는 승압용이다.

해설 3권선 변압기는 일반적으로 각 권선을 Y-Y-△결선하여 사용하는데 △결선한 3차 권선은 주로 조상 설비를 접속하여 송전선의 전압 조정과 역률 개선을 한다.

계기용 변압기(PT)
㉠ 2차 정격 전압 : 110[V]
㉡ 보호 계전기, 전압계 접속

56 계기용 변압기의 2차측 단자에 접속하여야 할 것은? 06년/08년 출제

① OCR ② 전압계
③ 전류계 ④ 전열 부하

해설 계기용 변압기(PT) : 고전압을 저전압으로 변성하여 측정 계기인 전압계나 보호 계전기인 과전압 계전기(OVR)나 부족 전압 계전기(UVR)에 공급하기 위한 전압 변성기

CT 점검(전류계 교환) 시 주의 사항
㉠ 반드시 먼저 단락시킨다.
㉡ 개방 : 1차 부하 전류가 모두 여자 전류로 변화하여 고전압 발생에 따른 권선 소손 및 절연 파괴 우려가 있기 때문이다.

57 변류기 개방 시 2차측을 단락하는 이유는? 10년 출제

① 2차측 절연 보호 ② 2차측 과전류 보호
③ 측정 오차 감소 ④ 변류비 유지

해설 CT 점검 시 주의 사항 : CT 2차측 전류계 등을 교환하기 위하여 CT 2차측을 개방하면 CT 1차측에 흐르는 부하 전류가 모두 여자 전류가 되어 CT 2차측에 고전압이 유기되어 CT 권선의 소손 및 절연 파괴의 우려가 발생하기 때문에 CT 2차측의 전류계 교환 시에는 반드시 먼저 2차측을 단락시켜야 한다.

정답 54.② 55.② 56.② 57.①

출제분석 Advice

58 주상 변압기의 고압측 탭을 여러 개 만드는 이유는? 14년 출제

① 역률 개선 ② 단자 고장 대비
③ 선로 전류 조정 ④ 선로 전압 조정

해설
- 배전 선로의 전압 조정 : 변압기 탭 변환법, 승압기, 유도 전압 조정기
- 변압기 탭 변환 법 : 1차측 권선에 약 5[%] 간격의 탭을 내어 변압기 2차측 부하 변동에 따른 전압 변동 시 1차측 탭을 조절하여 2차측 전압을 조정하는 것

배전 선로 전압 조정
㉠ 변압기 탭 조정
㉡ 승압기
㉢ 유도 전압 조정기

59 변압기유로 쓰이는 절연유에 요구되는 성질이 아닌 것은? 07년/08년/13년 출제

① 점도가 클 것
② 비열이 커 냉각 효과가 클 것
③ 절연 재료 및 금속 재료에 화학 작용을 일으키지 않을 것
④ 인화점이 높고 응고점이 낮을 것

해설 변압기 절연유의 구비 조건
- 절연 내력이 클 것
- 인화점이 높을 것
- 응고점이 낮을 것
- 점도가 낮을 것
- 비열이 커 냉각 효과가 클 것
- 화학적으로 안정할 것
- 고온에서 산화되거나 석출물이 발생하지 않을 것

절연유의 구비 조건
㉠ 절연 내력이 클 것
㉡ 인화점이 높을 것
㉢ 응고점, 점도 낮을 것
㉣ 냉각 효과가 클 것
㉤ 화학적으로 안정할 것
㉥ 산화 작용이 없을 것
㉦ 석출물(슬러지)이 발생하지 않을 것

60 변압기유가 구비해야 할 조건은? 07년/09년/13년 출제

① 절연 내력이 클 것 ② 인화점이 낮을 것
③ 응고점이 높을 것 ④ 비열이 작을 것

해설 변압기 절연유의 구비 조건
- 절연 내력이 클 것
- 인화점이 높을 것
- 응고점이 낮을 것
- 점도가 낮을 것
- 비열이 커 냉각 효과가 클 것
- 화학적으로 안정할 것
- 고온에서 산화되거나 석출물이 발생하지 않을 것

61 유입 변압기에 기름을 사용하는 목적이 아닌 것은? 08년 출제

① 열발산을 좋게 하기 위하여 ② 냉각을 좋게 하기 위하여
③ 절연을 좋게 하기 위하여 ④ 효율을 좋게 하기 위하여

해설 변압기 절연유 사용 목적
- 변압기 권선의 절연
- 열발산 증가에 따른 냉각 효과 증가

절연유의 사용 목적
㉠ 변압기 권선 절연
㉡ 변압기 냉각

정답 58.④ 59.① 60.① 61.④

과전류 계전 방식
㉠ 과전류(과부하 전류+단락 전류)를 검출·보호하는 방식
㉡ 소용량 변압기, 전동기 보호

★
62 용량이 작은 변압기의 단락 보호용으로 주보호 방식으로 사용되는 계전기는?

12년 출제

① 차동 전류 계전 방식
② 과전류 계전 방식
③ 비율 차동 계전 방식
④ 기계적 계전 방식

해설 과전류 계전 방식은 과전류 계전기를 이용하여 전기 회로의 전류가 일정치 이상이 될 경우 이를 검출, 보호하는 계전 방식으로 소용량 변압기나 전동기 보호 등에 사용된다.

변압기 내부 고장 검출
㉠ 전류 차동 계전기
㉡ 비율 차동 계전기
㉢ 부흐홀츠 계전기

★
63 변압기 내부 고장에 대한 보호용으로 가장 많이 사용되는 것은?

13년 출제

① 과전류 세전기　② 차동 임피던스
③ 비율 차동 계전기　④ 임피던스 계전기

해설 비율 차동 계전기 : 발전기나 변압기 등의 내부 고장 발생 시 CT 2차측의 억제 코일에 흐르는 부하 전류와 동작 코일에 흐르는 차전류의 오차가 일정 비율 이상일 경우에 동작하는 계전기로 실제 변압기에서는 여자 전류만큼의 차이가 있으므로 전류 차동 계전기보다는 비율 차동 계전기를 사용한다.

변압기 내부 고장 검출
㉠ 부흐홀츠 계전기 : 유증기 검출
㉡ 변압기 주탱크와 콘서베이터 사이에 설치한다.

★★★
64 변압기 내부 고장 보호에 쓰이는 계전기는?

06년/07년/10년 출제

① 접지 계전기　② 차동 계전기
③ 과전압 계전기　④ 역상 계전기

해설 변압기 내부 고장 검출용 계전기
- 전류 차동 계전기
- 비율 차동 계전기
- 부흐홀츠 계전기

★★★
65 같은 회로의 두 점에서 유입되는 전류와 유출되는 전류가 같을 때에는 동작하지 않으나 고장 시에 전류의 차가 생기면 동작하는 계전기는?

출제빈도

09년/10년/11년/13년 출제

① 과전류 계전기　② 거리 계전기
③ 접지 계전기　④ 차동 계전기

해설 전류 차동 계전기 : 변압기 고압측과 저압측에 설치한 CT 2차 전류의 차를 검출하여 변압기 내부 고장을 검출하는 방식으로 고장 시 변압기에 유입하는 전류와 유출되는 전류차가 발생하면 동작하는 계전기

정답 62.② 63.③ 64.② 65.④

★

66 변압기, 동기기 등 층간 단락 등의 내부 고장 보호에 사용되는 계전기는?

10년 출제

① 차동 계전기　② 접지 계전기
③ 과전압 계전기　④ 역상 계전기

해설 전류 차동 계전기 : 변압기나 동기 발전기에서 고압측과 저압측에 설치한 CT 2차 전류의 차를 검출하여 층간 단락 같은 내부 고장을 검출하는 방식으로 고장 시 유입하는 전류와 유출되는 전류차가 발생하면 동작하는 계전기

전류 차동 계전기
㉠ 피보호 설비에 유입·유출하는 전류차를 검출하여 동작하는 특성
㉡ 변압기, 발전기 내부 고장 검출

★

67 고장에 의하여 생긴 불평형의 전류차가 평형 전류의 어떤 비율 이상으로 되었을 때 동작하는 것으로, 변압기 내부 고장의 보호용으로 사용되는 계전기는?

10년 출제

① 과전류 계전기　② 방향 계전기
③ 비율 차동 계전기　④ 역상 계전기

해설 비율 차동 계전기 : 발전기나 변압기 등의 내부 고장 발생 시 CT 2차측의 억제 코일에 흐르는 부하 전류와 동작 코일에 흐르는 차전류의 오차가 일정 비율 이상일 경우에 동작하는 계전기

비율 차동 계전기
㉠ 변압기 내부 고장 검출
㉡ 고장 전류가 일정 비율 이상일 경우 동작하는 특성

★★★

68 부호홀츠 계전기로 보호되는 기기는?

06년/09년/13년 출제

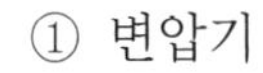

① 변압기　② 발전기
③ 전동기　④ 회전 변류기

해설 부호홀츠 계전기 : 변압기 내부 고장으로 인한 절연유의 온도 상승 시 발생하는 유증기를 검출하여 경보 및 차단을 하기 위한 계전기

부호홀츠 계전기
㉠ 변압기 내부 고장 검출(유증기 검출)
㉡ 주탱크와 콘서베이터 간에 설치

★★★

69 부호홀츠 계전기의 설치 위치로 가장 적당한 곳은?

07년/11년/12년/14년 출제

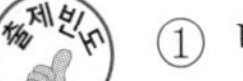

① 변압기 주탱크 내부　② 콘서베이터 내부
③ 변압기 고압측 부싱　④ 변압기 주탱크와 콘서베이터 사이

해설 부호홀츠 계전기는 변압기 주탱크와 콘서베이터 사이에 설치하여 고장 발생 시 절연유의 온도가 상승하여 유증기가 콘서베이터로 올라갈 때 유증기를 검출하여 경보 및 차단을 하기 위한 기계적 보호 장치이다.

★

70 보호 계전기를 동작 원리에 따라 구분할 때 해당되지 않는 것은?

11년 출제

① 유도형　② 정지형
③ 디지털형　④ 저항형

정답 66.① 67.③ 68.① 69.④ 70.④

해설 보호 계전기를의동작 원리에 따른 분류 : 유도형, 정지형, 디지털형
- 유도형 : 아라고 원판의 회전 원리를 이용한 것
- 정지형 : 트랜지스터나 다이오드 같은 반도체를 이용한 것
- 디지털형 : 입력 전기량을 디지털량으로 변환하여 이용하는 것

동작 원리에 따른 분류
㉠ 유도형
㉡ 정지형
㉢ 디지털형

★★
71 보호 계전기를 동작 원리에 따라 구분할 때 입력된 전기량에 의한 전자력으로 회전 원판을 이동시켜 출력값을 얻는 계기는?

06년/10년 출제

① 유도형　② 정지형
③ 디지털형　④ 저항형

해설 유도형 : 아라고 원판의 회전 원리를 이용한 것

★★
72 보호 계전기의 기능상 분류로 틀린 것은?

09년/12년 출제

① 차동 계전기　② 거리 계전기
③ 저항 계전기　④ 주파수 계전기

해설 보호 계전기의 용도(기능)상 분류
- 단락 보호용 : 과전류 계전기, 과전압 계전기, 부족 전압 계전기, 단락 방향 계전기, 선택 단락 계전기, 거리 계전기(임피던스 계전기), 방향 거리 계전기
- 지락 보호 : 과전류 지락 계전기, 방향 지락 계전기, 선택 지락 계전기
- 기타 보호 : 탈조 보호 계전기, 주파수 계전기, 한시 계전기, 전류 차동 계전기, 비율 차동 계전기

거리 계전기(임피던스 계전기)
㉠ 선로 길이에 임피던스가 비례하는 특성 이용
㉡ 전류에 대한 전압비가 일정값 이하인 경우 동작

★
73 계전기가 설치된 위치에서 고장점까지의 임피던스에 비례하여 동작하는 보호 계전기는?

14년 출제

① 방향 단락 계전기
② 거리 계전기
③ 단락 회로 선택 계전기
④ 과전압 계전기

해설 계전기의 특성
- 방향 단락 계전기 : 어느 일정 방향으로 일정값 이상의 단락 전류가 흘렀을 때 동작하는 것
- 거리 계전기 : 계전기가 설치된 위치에서 고장점까지의 전로 임피던스에 비례하여 동작하는 것
- 선택 단락 계전기 : 병행 2회선 선로에서 고장 회선에 대해서만 선택적으로 차단할 수 있는 것
- 과전압 계전기 : 전압이 일정치 이상일 때 동작하는 것

정답 71.① 72.③ 73.②

출제분석 Advice

★
74 보호 계전기 시험을 하기 위한 유의 사항이 아닌 것은?
14년 출제

① 시험 회로 결선 시 교류와 직류 확인
② 시험 회로 결선 시 교류의 극성 확인
③ 계전기 시험 장비의 오차 확인
④ 영점의 정확성 확인

해설 교류에서는 반주기마다 방향이 변화하므로 극성(+, −)이 없다.

★★★
75 변압기유의 열화 방지를 위해 사용하는 장치는?
06년/08년/10년 출제

① 부싱 ② 방열기
③ 주름 철판 ④ 콘서베이터

해설 콘서베이터 : 변압기 외부 상부에 설치하여 절연유 온도 상승에 따른 주탱크 압력 상승을 방지하기 위한 것으로 변압기 내부에 비하여 유온이 낮고 또한 기름과 공기의 접촉을 적게 하는 구조로 하여 절연유의 열화를 지연시키는 작용을 한다. 이때 공기와의 접촉을 막기 위해 질소 봉입 방식이나 격막식 또는 부동 탱크식이 있는데 주로 대형 변압기에서는 격막식 콘서베이터를 이용한다.

변압기 호흡 작용
㉠ 절연유 열화 발생 결과
- 절연 내력 저하
- 산화 작용(슬러지 발생)
- 냉각 효과 감소

㉡ 방지 대책
- 콘서베이터 설치
- 흡습 호흡기(브리더) 설치
- 질소 봉입 방식

★★
76 변압기유의 열화 방지를 위해 쓰이는 방법이 아닌 것은?
07년/09년 출제

① 방열기 ② 브리더
③ 콘서베이터 ④ 질소 봉입

해설 변압기유 열화 방지 대책
- 콘서베이터 설치 : 변압기 본체 외부 상부에 설치하여 절연유 온도 상승에 따른 주탱크 압력 상승을 방지하기 위한 것
- 흡습 호흡기(브리더) 설치 : 실리카겔이나 활성알루미나 같은 흡습제 삽입
- 질소 봉입 : 콘서베이터 유면 위에 질소 가스를 봉입 공기와 접촉 차단

★
77 다음 중 변압기의 냉각 방식 종류가 아닌 것은?
08년 출제

① 건식 자냉식 ② 유입 자냉식
③ 유입 예열식 ④ 유입 송유식

해설 변압기의 냉각 방식
- 건식 자냉식
- 건식 풍냉식
- 유입 자냉식
- 유입 풍냉식
- 유입 송유식

정답 74.② 75.④ 76.① 77.③

변압기 냉각 방식
㉠ 건식 자냉식 : 공기
㉡ 건식 풍냉식 : 송풍기
㉢ 유입 자냉식 : 절연유
㉣ 유입 풍냉식 : 송풍기
㉤ 유입 송유식 : 펌프 순환

78 변압기 외함 내에 들어 있는 기름을 펌프를 이용하여 외부에 있는 냉각 장치로 보내서 냉각시킨 다음, 냉각된 기름을 다시 외함의 내부로 공급하는 방식으로, 냉각 효과가 크기 때문에 30,000[kVA] 이상의 대용량 변압기에서 사용하는 냉각 방식은? 09년 출제

① 건식 풍냉식 ② 유입 자냉식
③ 유입 풍냉식 ④ 유입 송유식

해설 변압기 냉각 방식
- 건식 풍냉식 : 건식 변압기에 송풍기를 이용하여 강제 통풍을 시키는 방식
- 유입 자냉식 : 절연유를 충분히 채운 외함 내에 변압기 본체를 넣고 권선과 찰심에서 변압기에 발생한 열을 기름의 대류 작용에 의해 외함에 전달되도록 하고, 외함에서 열을 대기로 발산시키는 방식
- 유입 풍냉식 : 방열기를 부착한 유압 변압기에 송풍기를 이용하여 강제 통풍시킴으로써 냉각 효과를 높인 방식
- 유입 송유식 : 변압기의 기름(oil)을 펌프를 이용하여 강제로 순환하여 냉각하는 방식

변압기 권선, 철심의 건조법
㉠ 열풍법 : 고온의 공기
㉡ 단락법 : 단락 전류
㉢ 진공법 : 고온의 증기

79 변압기의 권선과 철심 사이의 습기를 제거하기 위하여 건조하는 방법이 아닌 것은? 09년 출제

① 열풍법 ② 단락법
③ 진공법 ④ 가압법

해설 변압기의 권선과 철심 건조법 : 열풍법, 단락법, 진공법

변압기 온도 상승 시험
㉠ 실부하법
㉡ 반환 부하법 : 철손, 동손
㉢ 단락 시험법 : 단락 후 전손실 전류, 정격 전류

80 다음 중 변압기의 온도 상승 시험법으로 가장 널리 사용되는 것은? 08년 출제

① 단락 시험법 ② 유도 시험법
③ 절연 전압 시험법 ④ 고조파 억제법

해설 단락 시험법 : 고·저압측 권선 가운데 한쪽 권선을 일괄 단락하여 전손실(무부하손+기준 권선 온도 75[℃]로 환산된 부하 손실)에 해당하는 전류를 공급, 변압기의 유온을 상승시킨 후 정격 전류를 통해 온도 상승을 구하는 법으로 등가 부하법이라고도 한다.

변압기 절연 내력 시험
㉠ 가압 시험
㉡ 유도 시험
㉢ 충격 시험

81 변압기 절연 내력 시험과 관계없는 것은? 11년 출제

① 가압 시험 ② 유도 시험
③ 충격 시험 ④ 극성 시험

해설 변압기의 절연 내력 시험 : 가압 시험, 유도 시험, 충격 전압 시험

정답 78.④ 79.④ 80.① 81.④

출제분석 Advice

변압기 권선의 층간 절연 내력 시험
유도 시험 : 2배 전압

82 변압기 절연 내력 시험 중 권선의 층간 절연 시험은? 13년 출제

① 충격 전압 시험　② 무부하 시험
③ 가압 시험　④ 유도 시험

해설 변압기나 그 밖의 기기에서 층간 절연을 시험하는 경우 권선의 단자 사이에 상규 유도 전압의 2배 전압을 유도시켜서 유도 절연 시험을 한다.

변압기 절연 내력 시험
유도 시험 시간 2배 초과 시
$T=60\times\dfrac{2\times\text{정격 주파수}}{\text{시험 주파수}}$[sec]

83 변압기의 절연 내력 시험 중 유도 시험에서의 시험 시간은? (단, 유도 시험의 계속시간은 시험 전압 주파수가 정격 주파수의 2배를 넘는 경우이다.) 12년 출제

① $60\times\dfrac{2\times\text{정격 주파수}}{\text{시험 주파수}}$　② $120-\dfrac{\text{정격 주파수}}{\text{시험 주파수}}$
③ $60\times\dfrac{2\times\text{시험 주파수}}{\text{정격 주파수}}$　④ $120+\dfrac{\text{정격 주파수}}{\text{시험 주파수}}$

해설 변압기나 그 밖의 기기는 층간 절연을 시험하기 위해 권선의 단자 사이에 2배 전압을 유도시켜 유도 절연 시험을 하는데 유도 시험의 시험 시간은 정격 주파수에 대한 시험 전압의 주파수 크기에 따라 다음과 같이 구분한다.
- 시험 주파수가 2배 이하 : 1[분]
- 시험 주파수가 2배 초과 : 시험 시간 $=60\times\dfrac{2\times\text{정격 주파수}}{\text{시험 주파수}}$[sec]

변압기 절연물의 열화 측정법
㉠ 유전 정접
㉡ 유중 가스 분석
㉢ 흡수 전류, 잔류 전류 측정법

84 변압기 절연물의 열화 정도를 파악하는 방법으로서 적절하지 않은 것은? 14년 출제

① 유전 정접　② 유중 가스 분석
③ 접지 저항 측정　④ 흡수 전류나 잔류 전류 측정

해설 변압기 절연물의 열화 측정법 : 유전 정접, 유중 가스 분석, 흡수 전류나 잔류 전류 측정법

정답 82.④ 83.① 84.③

유도 전동기

유도 전동기의 원리 및 구조

1 회전 원리(아라고 원판)

아라고 원판
자석을 시계 방향으로 회전시키면 원판의 일부분이 자속을 쇄교하므로 원판에는 기전력이 발생하여 플레밍의 오른손 법칙에 의한 방향으로 맴돌이 전류가 흐르게 되고, 전자력이 발생하여 원판이 같은 방향으로 회전하게 된다.

회전할 수 있도록 만든 구리 원판에 화살표 방향으로 말굽자석을 회전시키면 원판은 말굽자석의 회전보다 느리지만 자석과 같은 방향으로 회전을 한다. 말굽자석을 시계 방향으로 회전시키면 원판의 일부분이 자속을 쇄교하므로 원판에는 기전력이 발생하여 플레밍의 오른손 법칙에 의한 방향으로 맴돌이 전류가 흐르게 되고, 이 맴돌이 전류의 방향과 자속 간에 플레밍의 왼손 법칙에 의한 방향으로 전자력이 발생하여 원판이 같은 방향으로 회전하게 된다.

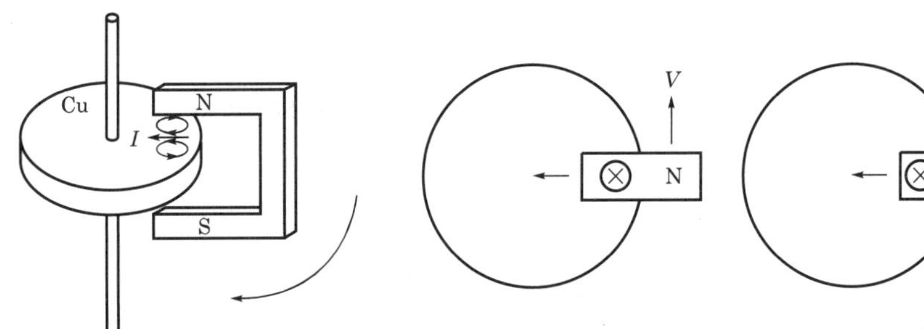

2 회전 자기장의 발생

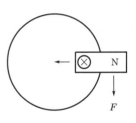

고정자 3상 권선에 평형 3상 교류 전류를 흘려주면 고정자에서는 시계 방향으로 회전하는 회전 자기장을 발생하여 동기 속도 N_s로 회전한다. 이것은 아라고 원판을 회전시키기 위해 영구 자석을 수동으로 돌려주는 것과 같은 효과를 나타낸다.

① $t=t_1$에서는 a상 전류만 ⊗이고 나머지 b, c상 전류는 ⊙이므로 각각의 3상 권선 전류에 의해 발생하는 합성 자속은 9시 방향으로 발생한다.

② $t=t_3$에서는 b상 전류만 ⊗이고 나머지 a, c상 전류는 ⊙이므로 각각의 3상 권선 전류에 의해 발생하는 합성 자속은 1시 방향으로 발생한다.

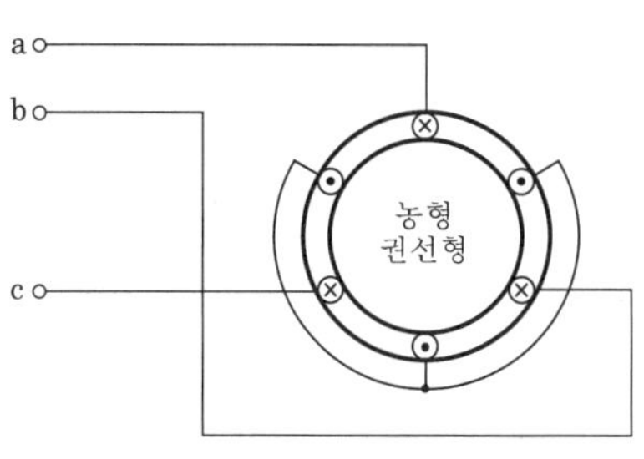

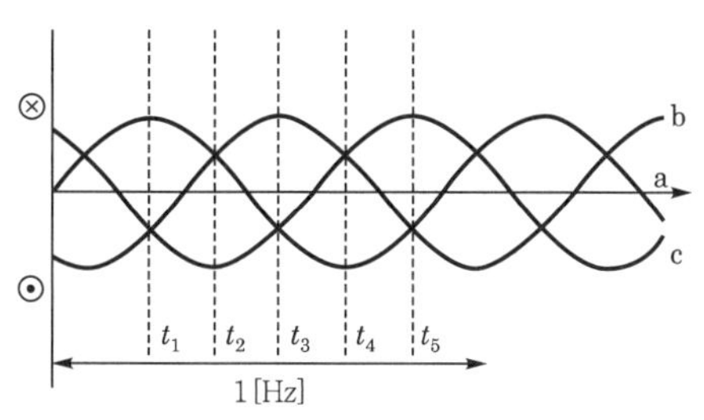

③ $t=t_5$에서는 c상 전류만 ⊗이고 나머지 a, b상 전류는 ⊙이므로 각각의 3상 권선 전류에 의해 발생하는 합성 자속은 5시 방향으로 발생한다.

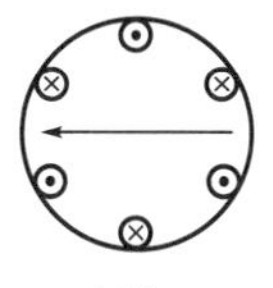

$t=t_1$

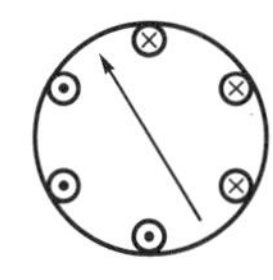

$t=t_2$

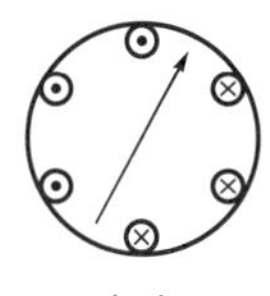

$t=t_3$

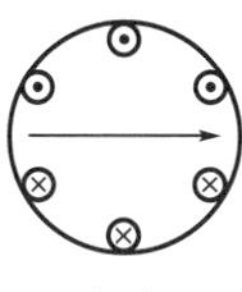

$t=t_4$

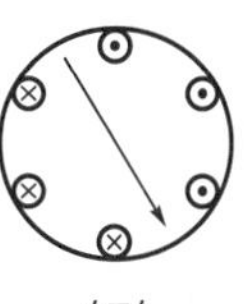

$t=t_5$

02 3상 유도 전동기의 이론

1 회전수와 슬립

(1) 유도 전동기의 회전 원리

고정자 3상 권선에 흐르는 평형 3상 전류에 의해 발생한 회전 자기장이 동기 속도 N_s로 회전할 때 아라고 원판 역할을 하는 회전자 도체가 자속을 끊어 기전력을 발생하여 전류가 흐르면 동기 속도로 회전하는 회전 자속 Φ와 회전자 도체에 흐르는 전류 I_2 간에 $K\Phi I_2$만큼의 회전력(토크)이 발생하여 전동기는 시계 방향으로 회전하는 회전 자계와 같은 방향으로 회전을 한다. 이때 회전 자기장의 방향을 반대로 하려면 전원의 3선 가운데 2선을 바꾸어 전원에 다시 연결하면 회전 방향은 반대로 된다.

(2) 슬립

① 슬립(s) : 전동기의 회전 속도를 나타내는 상수로 회전 자기장의 동기 속도 N_s[rpm]와 회전자 회전 속도 N[rpm] 간의 속도 차이인 상대 속도를 동기 속도 N_s로 표현하기 위한 상수로 전동기 회전 속도와 반비례 특성을 갖는다.

㉠ 동기 속도(N_s)－회전 속도(N)＝$s\times$동기 속도(N_s)

㉡ $s=\dfrac{\text{동기 속도}-\text{회전자 속도}}{\text{동기 속도}}=\dfrac{N_s-N}{N_s}$

자주 출제되는 Key Point

유도 전동기 원리
㉠ 회전 자기장 발생(3상)
㉡ 역회전 : 3상 중 2상의 접속을 반대로 한다.
㉢ 동기 속도>회전 속도

슬립
㉠ 슬립 $s=\dfrac{N_s-N}{N_s}$
㉡ 상대 속도 $sN_s=N_s-N$
㉢ 전동기 회전 속도 $N=(1-s)N_s$[rpm]
㉣ 정지 상태 $s=1$
㉤ 동기 속도 회전 $s=0$
㉥ 슬립 범위 : $0<s<1$

② 상대 속도 : 회전 자기장의 동기 속도 N_s[rpm]와 회전자 회전 속도 N[rpm] 간의 속도 차이를 나타내는 것으로 유도 전동기 회전자에서 발생하는 기전력의 발생 원인 및 크기, 회전자 전류 주파수를 결정한다.

㉠ 상대 속도=동기 속도(N_s)−회전 속도(N)

㉡ 상대 속도 : $sN_s = N_s - N$

③ 전동기 회전 속도 : $N = (1-s)N_s = (1-s)\dfrac{120f}{p}$ [rpm]

㉠ 정지 상태 : $s = 1(N=0)$

㉡ 동기 속도 회전 : $s = 0(N = N_s)$

㉢ 슬립의 범위 : $0 < s < 1$

㉣ 전부하 운전 : $s = 2.5 \sim 5$[%] 정도

④ 역회전 시 슬립

㉠ $s' = \dfrac{N_s - (-N)}{N_s}$

㉡ 제동기의 슬립 범위 : $1 < s < 2$

슬립과 속도 특성
㉠ 동기 속도 N_s(입력) : 1
㉡ 상대 속도 sN_s(손실) : s
㉢ 회전 속도 $(1-s)N_s$ (출력) : $1-s$

간간 정리 슬립(s)과 속도 특성

동기 속도 N_s(입력)	상대 속도 sN_s(손실)	회전 속도 $(1-s)N_s$(출력)
1	s	$1-s$

2 유도 기전력

3상 유도 전동기의 고정자 권선을 1차 권선, 회전자 권선을 2차 권선이라 하면 1차 권선과 2차 권선에 기전력이 유도되는 원리는 변압기 원리와 같으므로 변압기 등가 회로와 같이 표현할 수 있으며 이때 유도 전동기 2차 권선에 유도되는 기전력은 정지 시에는 동기 속도 N_s로 회전하는 자속에 의하여 결정되지만, 운전 시에는 상대 속도 sN_s에 의해 결정된다. 따라서 운전 시 기전력의 크기 및 주파수는 s만큼 변화하게 된다.

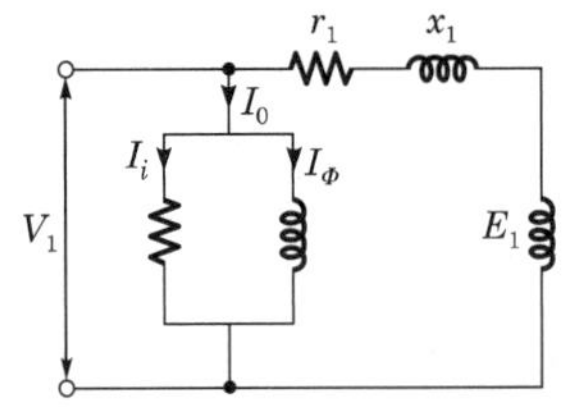

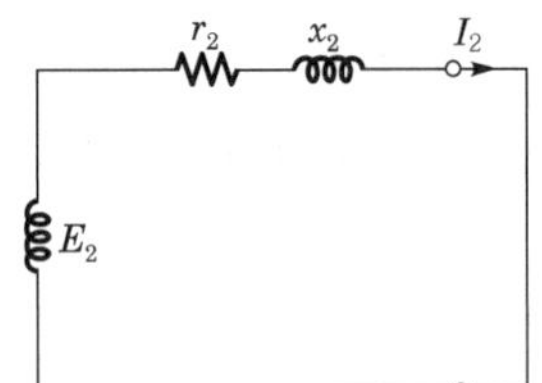

(1) 정지 시 유도 기전력($s=1$)

$$E_1 = 4.44 f_1 N_1 \Phi K_{\omega 1}\,[\text{V}]$$
$$E_2 = 4.44 f_2 N_2 \Phi K_{\omega 2}\,[\text{V}]$$

여기서, N_1, N_2 : 전동기 1, 2차 1상분 권선수
Φ : 고정자 권선으로 만들어진 1극당 평균 자속
$K_{\omega 1}$, $K_{\omega 2}$: 전동기 1, 2차 권선 계수

① 주파수 관계 : $f_1 = f_2$

② 권선비 : $\alpha = \dfrac{E_1}{E_2} = \dfrac{K_{\omega 1} N_1}{K_{\omega 2} N_2}$

(2) 운전 시 유도 기전력

$$E_1 = 4.44 f_1 N_1 \Phi K_{\omega 1}\,[\text{V}]$$
$$E_{2s} = 4.44 f_2 N_2 \Phi K_{\omega 2} = 4.44 s f_1 N_2 \Phi K_{\omega 2}\,[\text{V}]$$

여기서, s : 슬립

① 주파수 관계 : $f_2 = s f_1$(슬립 주파수)

② 기전력 관계 : $E_{2s} = sE_2$

③ 권수비 : $\alpha' = \dfrac{E_1}{E_{2s}} = \dfrac{E_1}{sE_2} = \dfrac{\alpha}{s} = \dfrac{K_{\omega 1} N_1}{s K_{\omega 2} N_2}$

$f_2 = sf_1$
$E_{2s} = sE_2$
권수비 $\alpha' = \dfrac{\alpha}{s}$

3 유도 전동기의 전력 변환

유도 전동기는 정지 또는 운전의 경우 고정자 부분인 1차 회로는 변화가 없지만 운전의 경우 회전자 회로가 변화하므로 회전자 회로인 2차 회로의 특성을 통해 유도 전동기의 특성을 파악할 수 있다.

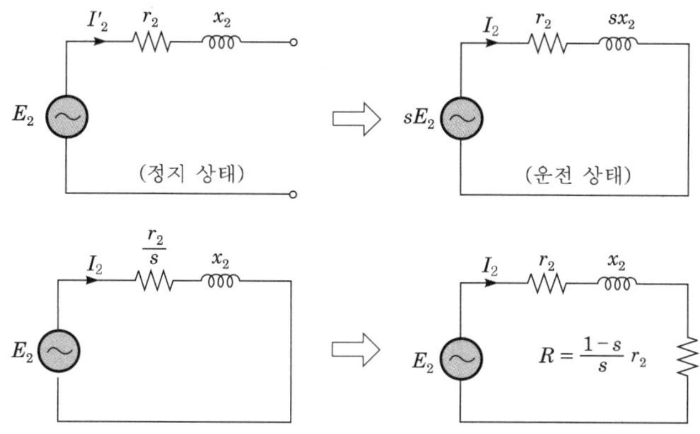

전동기 운전 특성

㉠ 기전력 : $E_{2s}=sE_2$[V]

㉡ 주파수 : $f_2=sf_1$[Hz]

㉢ 2차 전류

$$I_2=\frac{E_2}{\sqrt{\left(\frac{r_2}{s}\right)^2+x_2^{\,2}}}\text{[A]}$$

㉣ 등가 저항 : 토크 발생

$R=\frac{1-s}{s}r_2[\Omega]$

㉤ 2차 입력

$P_2=P_0+P_{c2}+P_l$[W]

㉥ 2차 동손

$P_{c2}=sP_2$[W]

㉦ 2차 출력

$P_0=(1-s)P_2$[W]

㉧ 2차 효율

$$\eta_2=\frac{P_0}{P_2}=1-s=\frac{N}{N_s}$$

(1) 운전 시 2차 전류

회전자 전체 저항 성분 $\frac{r_2}{s}$를 속도에 따라 변화되지 않는 회전자 권선 자체 저항(r_2)과 운전 시 기계적인 출력인 토크를 발생시키는 변화되는 저항(R)으로 분리하여 다음과 같이 표현할 수 있다.

① 2차 전류 : $I_2=\frac{sE_2}{\sqrt{r_2^{\,2}+(sx_2)^2}}=\frac{E_2}{\sqrt{\left(\frac{r_2}{s}\right)^2+x_2^{\,2}}}=\frac{E_2}{\sqrt{(r_2+R)^2+x_2^{\,2}}}$[A]

② $R=\frac{1-s}{s}r_2$: 기계적인 2차 출력을 발생시키는 상수

(2) 2차 입력

회전자 전체 저항 성분 $\frac{r_2}{s}=r_2+R$에서 발생하는 전기적 출력으로 다음 ①의 식과 같이 표현할 수 있으며, 기타 손실까지 고려하여 다음 ②의 식과 같이 표현할 수도 있다.

① 2차 입력 : $P_2=I_2^{\,2}\frac{r_2}{s}$[W]

② 기타 손실 고려 2차 입력 : $P_2=P_0+P_{c2}+P_l$[W]

(3) 2차 동손

회전자 전체 저항 성분 $\frac{r_2}{s}=r_2+R$ 중에서 속도에 따라 변화되지 않는 회전자 권선 자체 저항(r_2)으로 인해 발생되는 손실이다.

① $P_{c2}=I_2^{\,2}r_2=I_2^{\,2}\times\frac{r_2}{s}\times s=sP_2$

② 2차 동손 : $P_{c2}=sP_2$[W]

(4) 2차 출력

회전자 전체 저항 성분 $\frac{r_2}{s}=r_2+R$ 중에서 속도에 따라 변화되면서 운전 시 기계적인 출력인 토크를 발생시키는 저항(R)에서 발생하는 전기적 출력으로 기타 손실을 무시하면 "2차 입력-2차 동손" 개념으로 구할 수 있다.

① $P_0=P_2-P_{c2}=I_2^{\,2}\frac{r_2}{s}-I_2^{\,2}r_2=I_2^{\,2}\left(\frac{r_2}{s}-r_2\right)$

$=I_2^{\,2}\left(\frac{1-s}{s}\right)r_2=I_2^{\,2}R$[W]

② 2차 출력 : $P_0=(1-s)P_2=I_2^{\,2}R$[W]

(5) 2차 효율

① $\eta_2 = \dfrac{P_0}{P_2} = \dfrac{(1-s)P_2}{P_2} = 1-s$

② 2차 효율 : $\eta_2 = 1-s = \dfrac{N}{N_s}$

> **깐깐 정리 — 유도 전동기의 특성**
>
> - 슬립 : $s = \dfrac{N_s - N}{N_s}$ → 속도 : $N = (1-s)N_s$ [rpm]
> - 운전 시 기전력 : $E_{2s} = sE_2$
> - 운전 시 주파수 : $f_2 = sf_1$
> - 2차 전류 : $I_2 = \dfrac{E_2}{\sqrt{\left(\dfrac{r_2}{s}\right)^2 + {x_2}^2}}$
> - 2차 입력 : $P_2 = P_0 + P_{c2} + P_l$
> - 2차 동손 : $P_{c2} = sP_2$
> - 2차 출력 : $P_0 = (1-s)P_2$
> - 2차 효율 : $\eta_2 = 1-s = \dfrac{N}{N_s}$

03 유도 전동기 토크 특성

1 3상 유도 전동기의 토크 특성

유도 전동기는 저항(R)에서 발생하는 전기적 출력이 기계적인 출력 토크를 발생시키므로 다음과 같은 토크식을 구할 수 있다.

$P_0(= {I_2}^2 R) = \omega\tau$ 에서 $P_0 = \omega\tau = \dfrac{2\pi N}{60}\tau$ 이므로

$$\tau = \frac{60}{2\pi N}P_0 = 9.55\frac{P_0}{N} = 9.55\frac{P_2}{N_s}\ [\mathrm{N \cdot m}]$$

$$\tau = \frac{60}{2\pi N}P_0 = 0.975\frac{P_0}{N} = 0.975\frac{P_2}{N_s}\ [\mathrm{kg \cdot m}]$$

① **토크** : $\tau = 9.55\dfrac{P_0}{N} = 9.55\dfrac{P_2}{N_s}$ [N · m]

$\tau = 0.975\dfrac{P_2}{N_s}$ [kg · m]에서 2차 입력 $P_2 = 1.026N_s\,\tau$[W]이라 할 수 있는데

자주 출제되는 Key Point

유도 전동기의 토크 특성

㉠ 토크

$\tau = 9.55\dfrac{P_0}{N} = 9.55\dfrac{P_2}{N_s}$ [N·m]

$\tau = 0.975\dfrac{P_0}{N} = 0.975\dfrac{P_2}{N_s}$ [kg·m]

㉡ 동기 와트(=토크)

$P_2 = 1.026N_s\,\tau$[W]

㉢ 토크 특성 : $\tau \propto {E_2}^2$

$P_2 = 1.026 N_s \tau$에서 동기 속도 N_s는 일정하므로 2차 입력과 토크는 정비례한다. 따라서 2차 입력식을 통해 전동기 토크 특성을 해석할 수 있으며, 이때 2차 입력이 동기 속도하에서 발생하는 와트[W]이므로 동기 와트라 표현하는데 2차 입력과 토크가 정비례하므로 동기 와트는 곧 토크라 해석할 수 있다.

② 동기 와트 : $P_2 = 1.026 N_s \tau$ [W]

2 토크와 공급 전압의 관계

2차 입력과 토크는 정비례하므로 2차 입력식을 통해서 토크 특성을 구할 수 있다.

$P_2 = I_2^{\,2} \dfrac{r_2}{s}$ [W]에서 2차 전류 $I_2 = \dfrac{E_2}{\sqrt{\left(\dfrac{r_2}{s}\right)^2 + {x_2}^2}}$를 대입하여 정리하면

$$P_2 = I_2^{\,2} \frac{r_2}{s} = \left(\frac{E_2}{\sqrt{\left(\dfrac{r_2}{s}\right)^2 + {x_2}^2}}\right)^2 \times \frac{r_2}{s} = \frac{E_2^{\,2}}{\left(\dfrac{r_2}{s}\right)^2 + {x_2}^2} \times \frac{r_2}{s}$$ 이므로

2차 입력 $P_2 \propto E_2^{\,2}$하는 특성을 갖는다. 그런데 2차 입력 P_2는 토크에 정비례하므로 결국 토크도 공급 전압의 제곱에 비례하는 특성을 갖는다.

① 토크와 공급 전압과의 관계 : $\tau \propto E_2^{\,2}$

② 토크는 공급 전압의 제곱에 비례한다.

> **깐깐 정리** 유도 전동기 토크 특성
>
> - 토크 : $\tau = 9.55 \dfrac{P_0}{N} = 9.55 \dfrac{P_2}{N_s}$ [N · m]
>
> $\tau = 0.975 \dfrac{P_0}{N} = 0.975 \dfrac{P_2}{N_s}$ [kg · m]
> - 토크 특성 : $\tau \propto E_2^{\,2}$

3 토크와 슬립의 관계

2차 입력과 토크는 정비례하므로 2차 입력식을 통해서 토크와 슬립의 관계를 파악할 수 있다. 따라서 2차 입력식에서 전동기 정지 상태, 즉 $s = 1$에서 전동기가 기동하여 속도가 상승할 때 슬립 변화에 따른 다음과 같은 토크 곡선을

자주 출제되는 Key Point

얻을 수 있다.

(1) 토크 곡선

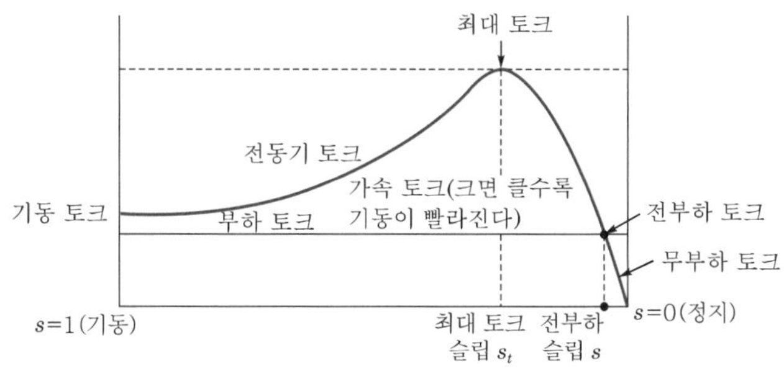

① **기동 토크** : 전동기는 정지 상태에서 기동하므로 $s=1$일 때 발생하는 토크로 전동기 기동을 위해 반드시 기동 토크는 부하 토크보다 크게 하여야 한다.

② **전부하 토크** : 전동기 토크와 부하 토크가 만나는 점에서의 토크로 이때 가속 토크는 0이 되고 전동기는 일정한 속도로 운전하는 평형 속도 상태가 된다.

③ **최대 토크** : 전동기 회전자에서 발생하는 토크 중에서 가장 큰 토크로 이때 슬립은 2차 입력을 변수 s에 대하여 미분한 $\frac{d}{ds}P_2=0$으로부터 구할 수 있다.

④ **가속 토크** : 전동기 토크와 부하 토크의 차 부분만큼의 여유분 토크로 가속 토크가 크면 클수록 전동기 기동이 빨라진다.

⑤ **무부하 토크** : 전동기 무부하 상태에서 발생하는 토크로 회전자축에서의 마찰 손실로 인하여 $s=0$이 안 되는 점에서 형성된다.

⑥ **정동 토크** : 부하 토크가 전동기 최대 토크 이상이 될 때 토크로 이때 전동기는 정지한다.

(2) 최대 토크 슬립과 최대 토크

① **최대 토크 슬립** : $s_t = \frac{r_2}{x_2}$

여기서, r_2 : 회전자 권선의 저항, x_2 : 회전자 권선의 리액턴스

② **최대 토크** : $\tau_t = K\frac{{E_2}^2}{2x_2}$ [N·m]

③ 최대 토크의 크기는 전동기 2차 저항 r_2 및 슬립 s에 관계없이 항상 일정하다.

비례 추이

㉠ 원리 : 회전자 저항을 2배, 3배로 증가시키면 슬립도 2배, 3배로 비례하여 증가

㉡ 기동 전류 감소, 기동 토크 증가, 최대 토크 불변

㉢ 비례 추이할 수 있는 것 : 1차 전류, 1차 입력, 역률

㉣ 비례 추이 할 수 없는 것 : 출력, 효율, 동손

4 비례 추이(권선형 전동기)

(1) 비례 추이 원리

2차 입력과 토크는 정비례하므로 2차 입력식을 통해서 전동기 토크 특성을 이해한다. 권선형 전동기에서 전동기 2차 입력 $P_2 = I_2^{\,2}\dfrac{r_2}{s}$에서 $\dfrac{r_2}{s}$가 일정하면 r_2를 m배함과 동시에 s도 m배를 하면 토크는 변하지 않는 원리를 이용한 것이다. 전동기 기동 시 회전자 권선 저항 r_2에 외부 저항 R을 직렬로 접속하여 회전자 전체 저항을 2배, 3배로 증가시키면 슬립도 2배, 3배로 비례하여 증가한 점에서 전동기는 낮은 속도로 운전하지만 같은 크기의 토크를 발생하는 원리로 기동 토크는 증가하고, 기동 전류는 감소하지만 최대 토크의 크기는 2차 저항이나 슬립과 관계없으므로 최대 토크 τ_{max}는 항상 일정하다.

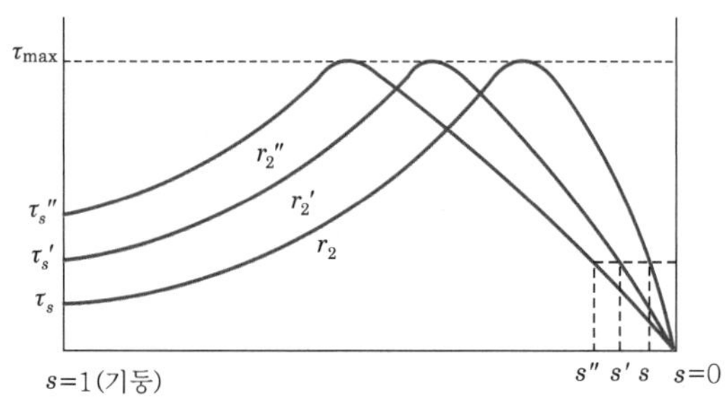

① 전부하 슬립의 비례 추이 : $r_2 : r_2 + R = s : s'$

② 최대 토크 슬립의 비례 추이 : $r_2 : r_2 + R = s_t : s_t'$

(2) 비례 추이 특성

① 기동 시 전부하 토크와 같은 토크로 기동하기 위한 외부 저항

$$R = \frac{1-s}{s} r_2$$

② 기동 시 최대 토크와 같은 토크로 기동하기 위한 외부 저항)

$$R = \frac{1-s_t}{s_t} r_2 = \sqrt{r_1^{\,2} + (x_1 + x_2')^2} - r_2' \fallingdotseq (x_1 + x_2') - r_2'$$

③ 비례 추이 할 수 있는 것 : 1차 전류, 1차 입력, 역률

비례 추이 할 수 없는 것

출력, 효율, 동손

전부하 토크 크기로 기동하기 위한 외부 저항

$R = \dfrac{1-s}{s} r_2 [\Omega]$

최대 토크 크기로 기동하기 위한 외부 저항

$R = \dfrac{1-s_t}{s_t} r_2 [\Omega]$

자주 출제되는 Key Point

5 유도 전동기의 원선도(Heyland 원선도)

유도 전동기 2차 회로를 1차로 환산한 다음과 같은 등가 회로에서 1차 부하 전류 I_1'의 부하 증감에 따른 전류 궤적을 그린 것으로 유도 전동기의 효율 및 역률 등을 구할 수 있다.

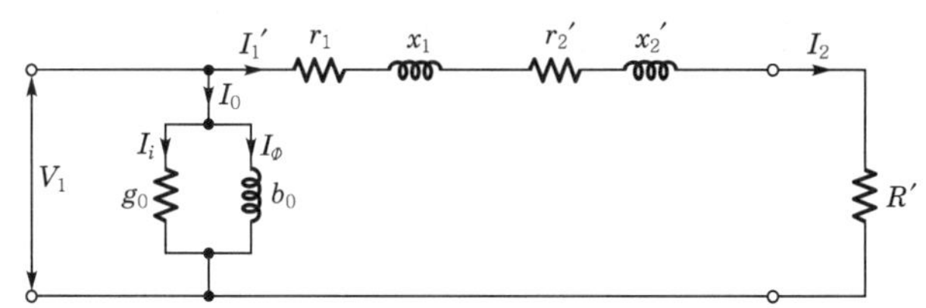

$r_2' = \alpha^2 r_2$, $x_2' = \alpha^2 x_2$, $R' = \alpha^2 R$, $R = \dfrac{1-s}{s} r_2$

$$I_1' = \frac{V_1}{\sqrt{(r_1 + r_2' + R')^2 + (x_1 + x_2')^2}}\ [\text{A}]$$

(1) 원선도 작성 시험

① 저항 측정 시험 : 1차 동손

② 무부하 시험 : 여자 전류, 철손

③ 구속 시험(단락 시험) : 2차 동손

Heyland 원선도 작성 시험

㉠ 저항 측정 시험 : 1차 동손

㉡ 무부하 시험 : 여자 전류, 철손

㉢ 구속 시험(단락 시험) : 2차 동손

(2) 원선도 특성

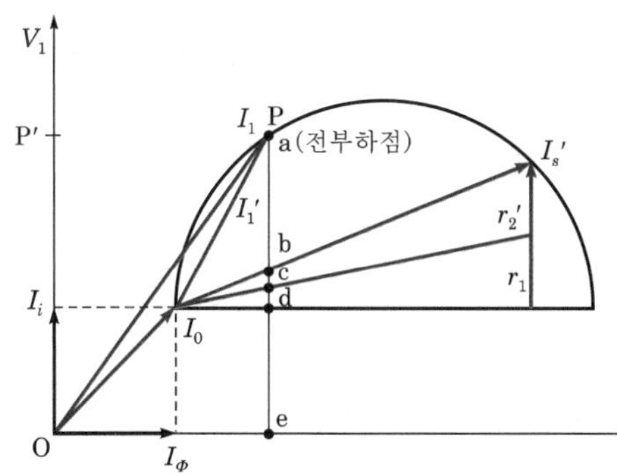

여기서, P_{ae} : 전입력, P_{be} : 2차 동손

P_{cd} : 1차 동손, P_{de} : 철손

P_{ac} : 2차 입력, P_{ab} : 2차 출력

① 전부하 효율 : $\eta = \dfrac{\text{2차 출력}}{\text{전입력}} = \dfrac{P_{ab}}{P_{ae}}$

② 2차 효율 : $\eta_2 = \dfrac{\text{2차 출력}}{\text{2차 입력}} = \dfrac{P_{ab}}{P_{ac}}$

③ 슬립 : $s = \dfrac{\text{2차 동손}}{\text{2차 입력}} = \dfrac{P_{bc}}{P_{ac}}$

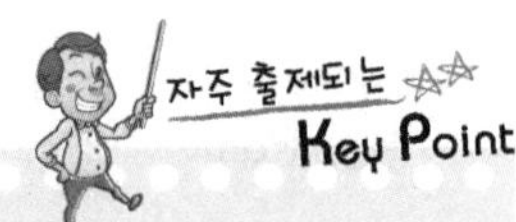

④ 역률 : $\cos\theta = \dfrac{\text{동상 전류}}{\text{전체 전류}} = \dfrac{\overline{OP'}}{\overline{OP}}$

04 3상 유도 전동기의 기동 및 속도 제어

1 전동기 기동법

전동기 기동법
㉠ 농형 전동기 : 전전압(직입) 기동법, Y−△ 기동법, 리액터 기동법, 1차 저항 기동법, 기동 보상기법
㉡ 권선형 전동기 : 2차 저항 기동법(비례 추이 원리 이용)

농형 전동기	전전압 기동법(직입 기동법)	
	감전압 기동법	• Y−△ 기동법 • 리액터 기동법 • 1차 저항 기동법 • 기동 보상기법
권선형 전동기	2차 저항 기동법	

전전압(직입) 기동법
㉠ 5[kW] 이하 적용
㉡ 기동 전류 : 4~6배 발생

(1) 전전압 기동법(직입 기동법)

전동기 기동 시 정격 전압을 직접 인가하여 기동하는 방식이다.

① 5[kW] 이하 소형 전동기에서 적용한다.
② 기동 전류 : 정격 전류의 4~6배 정도에 발생한다.

Y−△기동법
㉠ 기동 전류 : $\frac{1}{3}$배 감소
㉡ 기동 토크 : $\frac{1}{3}$배 감소
㉢ 소비 전력 : $\frac{1}{3}$배 감소

(2) Y−△기동법

전동기 기동 시 △결선에 비하여 기동 전류 선전류를 $\frac{1}{3}$배 이하로 제한할 수 있는 Y결선으로 일정 시간 기동한 후 다시 △결선으로 전환하여 운전하는 방식이다.

① 기동 전류 : $\frac{1}{3}$배로 감소한다.
② 기동 토크 : $\frac{1}{3}$배로 감소한다.
③ 5~15[kW] 이하 전동기에서 적용한다.

(3) 리액터 기동법

전동기 전원측에 전동기 기동 시 직렬로 삽입한 리액터에서 발생하는 전압 강하를 이용하여 기동하는 방식이다.

(4) 1차 저항 기동법

전동기 전원측에 전동기 기동 시 직렬로 삽입한 저항 성분에서 발생하는 전압 강하를 이용하여 기동하는 방식이다.

자주 출제되는 Key Point

(5) 기동 보상기법

① 전동기 기동 시 단권 변압기 중간 탭에 전동기를 접속하여 감압된 전압을 공급하여 기동하는 방식이다.

② 15[kW] 이상의 대용량 전동기에서 적용한다.

> 기동 보상기법
> ㉠ 단권 변압기 탭 조정
> ㉡ 15[kW] 이상 대용량

(6) 2차 저항 기동법(기동 저항기법)

권선형 전동기에서 기동 시 전동기 2차측에 외부 저항을 삽입하여 저항이 증가하는 만큼 슬립이 비례 증가하면서 기동 토크는 증가하고 기동 전류가 감소하는 비례 추이 원리를 이용한 기동방식이다.

> 2차 저항 기동법(권선형)
> ㉠ 비례 추이 원리 이용
> ㉡ 기동 전류 감소
> ㉢ 기동 토크 증가
> ㉣ 최대 토크의 크기 불변

2 유도 전동기의 속도 제어

유도 전동기 속도	$N=(1-s)N_s=(1-s)\frac{120f}{p}$ [rpm]
농형 전동기	극수 변환법, 주파수 변환법, 전원 전압 제어법
권선형 전동기	종속법, 2차 저항 제어법(슬립 제어), 2차 여자 제어법(슬립 제어)

> 유도 전동기 속도 제어
> ㉠ $N=(1-s)\frac{120f}{p}$ [rpm]
> ㉡ 농형 전동기 : 극수 변환법, 주파수 변환법, 전원 전압 제어법
> ㉢ 권선형 전동기 : 종속법, 2차 저항 제어법(슬립 제어), 2차 여자 제어법(슬립 제어)

(1) 극수 변환법

고정자인 1차 권선의 접속 상태를 변경하여 극수를 조절하는 방식이다.

(2) 전원 주파수 제어법

SCR 등을 이용하여 전동기 전원의 주파수를 변환하여 속도를 조정하는 방식

① 정토크 부하 시 공급 전압과 주파수는 비례하는 특성이다.

② 선박 추진용 전동기, 인견 · 방직 공장의 포트 모터에서 적용한다.

> 전원 주파수 제어법
> ㉠ 선박의 전기 추진 장치
> ㉡ 방직 공장 포트 모터

(3) 1차 전압 제어법

유도 전동기의 토크가 전압의 2승에 비례하는 특성을 이용하여 부하 운전 시 슬립을 변화시켜 속도를 제어하는 슬립 제어 방식이다.

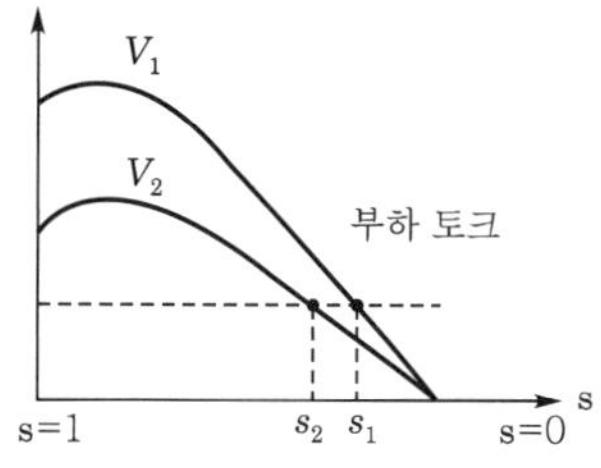

① 공급 전압을 V_1에서 V_2로 낮추면 토크는 전압의 제곱에 비례하여 감소하지만 슬립은 s_1에서 s_2로 커지므로 전부하 시 슬립은 공급 전압의 제곱에 반비례한다.

1차 전압 제어법

$s \propto \frac{1}{V^2}$

종속법

㉠ 직렬 접속

$N = \frac{120f}{P_1 + P_2}$ [rpm]

㉡ 차동 접속

$N = \frac{120f}{P_1 - P_2}$ [rpm]

㉢ 병렬 접속

$N = \frac{120f}{\frac{P_1 + P_2}{2}}$ [rpm]

2차 저항 제어법(슬립 제어)

㉠ 비례 추이 원리 이용

㉡ 2차 합성 저항↑→슬립↑→속도↓→토크↑

㉢ 최대 토크 크기 불변

② 슬립과 전압과의 관계 : $s \propto \frac{1}{V^2}$ 에서 $\frac{s_2}{s_1} = \frac{{V_1}^2}{{V_2}^2}$

(4) 종속법

극수가 서로 다른 전동기 2대를 이용하여 한쪽 고정자를 다른 쪽 회전자 회로에 연결하고 기계적으로 축을 직결해서 전체 극수를 변화시킴으로써 속도를 제어하는 방식이다.

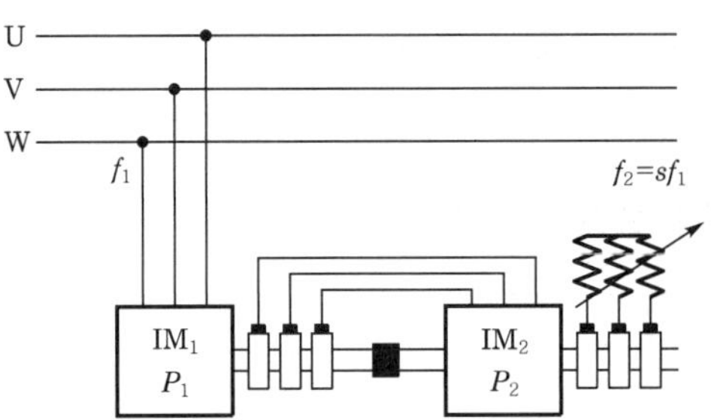

① **직렬 접속** : IM_1 전동기의 고정자가 만드는 회전 자계의 방향과 IM_1 전동기 회전자가 만드는 회전 자계의 방향이 서로 같아서 극수가 더해지는 특성이다.

$$N = \frac{120f}{P_1 + P_2} \text{ [rpm]}$$

② **차동 접속** : IM_1 전동기의 고정자가 만드는 회전 자계의 방향과 IM_1 전동기 회전자가 만드는 회전 자계의 방향이 서로 반대가 되어 극수가 빼지는 특성이다.

$$N = \frac{120f}{P_1 - P_2} \text{ [rpm]}$$

③ **병렬 접속** : 2대의 전동기 회전자를 기계적으로 직결하고 고정자 회로를 각각 같은 전원에 병렬로 접속한 후 각각의 전동기 고정자 권선에서 발생한 회전 자계의 방향은 같게 하지만, 회전자 권선의 상회전 방향을 반대로 한 구조의 접속법이다.

$$N = \frac{120f}{\frac{P_1 + P_2}{2}} \text{ [rpm]}$$

(5) 2차 저항 제어법(슬립 제어)

비례 추이의 원리를 이용한 것으로 2차 회로에 외부 저항을 넣어 같은 토크에 대한 슬립 s를 변화시켜 속도를 제어하는 방식이다.

① 장점

㉠ 구조가 간단하고 제어 조작이 용이하다.

㉡ 속도 제어용 저항기를 기동용으로 사용할 수 있다.

② 단점

㉠ 저항을 이용하므로 속도 변화량에 비례하여 효율이 저하된다.

㉡ 부하 변동에 대한 속도 변동이 크다.

(6) 2차 여자 제어법(슬립 제어)

유도 전동기 회전자의 외부에서 슬립링을 통하여 슬립 주파수 전압을 인가하여 회전자 슬립에 의한 속도를 제어하는 방식이다.

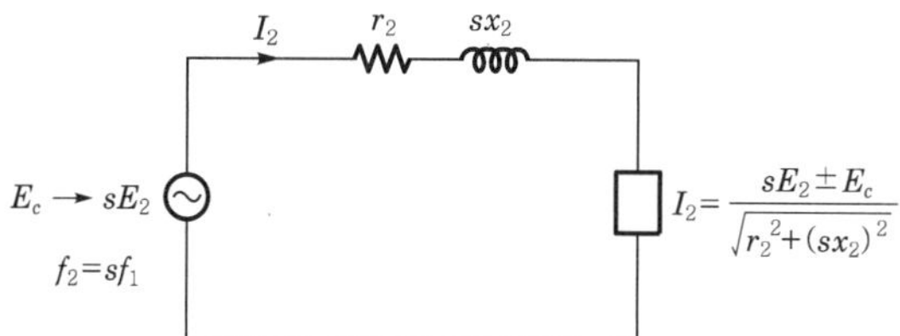

$I_2 = \dfrac{sE_2 \pm E_c}{\sqrt{{r_2}^2 + (sx_2)^2}}$ 에서 s이 적을 때 ${r_2}^2 \gg (sx_2)^2$이므로 sx_2를 무시하면

$I_2 = \dfrac{sE_2 \pm E_c}{\sqrt{{r_2}^2}} = \dfrac{sE_2 \pm E_c}{r_2}$ 가 된다.

이때 r_2는 일정하므로 I_2도 일정하고, 토크도 일정하려면

① $sE_2 - E_c$인 경우 $sE_2 - E_c$도 일정하여야 한다. 따라서 이때 E_c를 크게 하면 sE_2는 커져야 하므로 전동기 s이 증가하고 속도가 감소한다.

② $sE_2 + E_c$인 경우 $sE_2 + E_c$도 일정하여야 한다. 따라서 이때 E_c를 크게 하면 sE_2는 작아져야 하므로 전동기 s이 감소하고 속도가 증가한다.

㉠ E_c(슬립 주파수 전압)를 sE_2와 같은 방향으로 인가 : 속도 증가

㉡ E_c(슬립 주파수 전압)를 sE_2와 반대 방향으로 인가 : 속도 감소

㉢ E_c(슬립 주파수 전압)의 공급 방식에 의한 분류

③ **크레머 방식** : 직류 전동기 계자를 제어하여 회전수를 변환하는 방식(정출력 제어)이다.

④ **세르비어스 방식** : 직류 전동기 대신 역변환부(인버터)의 제어각을 변화시켜 회전수를 변환하는 방식이다.

자주 출제되는 Key Point

2차 여자 제어법(슬립 제어)

㉠ 슬립 주파수 전압 E_c 인가

㉡ sE_2+E_c : 속도 상승

㉢ sE_2-E_c : 속도 감소

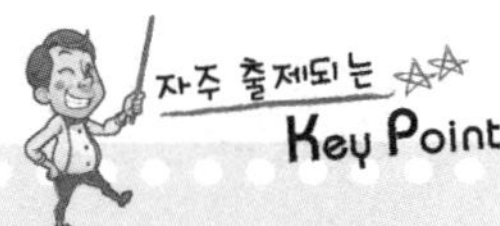

3 유도 전동기의 이상 현상

(1) 크로우링 현상

농형 전동기에서 고정자와 회전자의 슬롯수가 적당하지 않을 경우 발생하는 현상으로서 유도 전동기의 공극이 일정하지 않거나 계자에 고조파가 유기될 때 "전동기가 정격속도에 이르지 못하고 정격 속도 이전의 낮은 속도에서 소음을 발생하면서 안정되어 버리는 현상"으로 그 방지를 위해 경사 슬롯인 사구(skewed slot)를 채용한다.

크로우링 현상
㉠ 원인 : 공극의 불균일, 슬롯의 부적당, 고조파
㉡ 방지 대책 : 사구 채용

(2) 괴르게스 현상

권선형 유도 전동기에서 전동기가 무부하 또는 경부하로 운전 중 고조파 발생 등으로 인하여 한 상이 단선되어 결상되더라도 2차 회로에는 단상전류가 지속적으로 흐르면서 전동기가 $s=0.5$ 부근에서 정격 속도의 약 $\frac{1}{2}$배 정도의 속도를 내면서 지속적으로 회전하는 현상이다.

(3) 고조파 특성 비교

각각의 고조파를 분석하면 그 차수에 따라 다음과 같은 공통적인 특성을 갖는 고조파로 분류할 수 있다. 이때 h는 고조파 차수, m은 상수, n은 정수이다.

① $h=2nm+1(1,\ 7,\ 13,\ 19,\ \cdots)$: 상회전 방향이 기본파와 같은 방향으로 작용하는 회전 자계를 발생하므로 3상 전동기 운전 시 정토크가 발생한다.

② $h=2nm(3,\ 9,\ 15,\ 21,\ \cdots)$: 동위상의 특성을 가지므로 3상 전동기 운전 시 회전 자계를 발생하지 못한다.

③ $h=2nm-1(5,\ 11,\ 17, 23,\ \cdots)$: 상회전 방향이 기본파와 반대 방향으로 작용하는 회전 자계를 발생하므로 3상 전동기 운전 시 역토크가 발생한다.

고조파 특성
㉠ 3고조파 : 유도 장해 회전 자계(토크) 발생(×)
㉡ 5고조파 : 3상 전동기 역토크 발생
㉢ 7고조파 : 3상 전동기 정토크 발생

05 단상 유도 전동기

1 단상 유도 전동기 원리(2전동기설)

단상 유도 전동기는 고정자 권선에 흐르는 전류가 단상이므로 +, −방향이 변화하는 반주기마다 방향이 변화하는 교번 자계를 발생할 뿐 회전 자계를 발생하지 못하므로 기동 토크도 존재하지 않는다. 그러므로 단상 유도 전동기를 기동하기 위해서는 반드시 교번 자계를 회전 자계로 바꾸어 줄 수 있는 기동

단상 유도 전동기
㉠ 회전 자계 발생(×) : 기동 토크 0
㉡ 기동 토크 발생 : 보조 권선(기동 권선) 필요
㉢ 역회전 슬립 : $2-s$
㉣ 비례 추이 할 수 없다.

권선인 보조 권선이 필요하다. 이때 단상 유도 전동기가 기동할 수 없는 이유를 설명함에 있어 2전동기설을 이용하는데 이 이론은 다음 그림과 같이 고정자 권선에 전류가 흐를 경우 발생하는 합성 자속은 12시 방향으로 발생한다. 이 자속을 분석하면 교번 자계 최대값의 $\frac{1}{2}$과 같은 크기를 가진 서로 반대 방향의 동기 속도로 회전하는 2대의 3상 유도 전동기가 같은 축상에 연결되어 있는 것으로 생각할 수 있다. 시계 방향으로 회전하는 자속 Φ_a에 의한 전동기 슬립을 s라 하면 자속 Φ_b는 역방향이므로 슬립은 $2-s$가 된다. 따라서 이 전동기에서 발생하는 토크 특성 곡선을 그리면 다음과 같으므로 $s=1$인 경우 기동 토크가 0이므로 반드시 기동 권선이 필요하며 이때 기동 권선인 보조 권선을 어떻게 이용하는가에 따라 그 기동법이 결정된다.

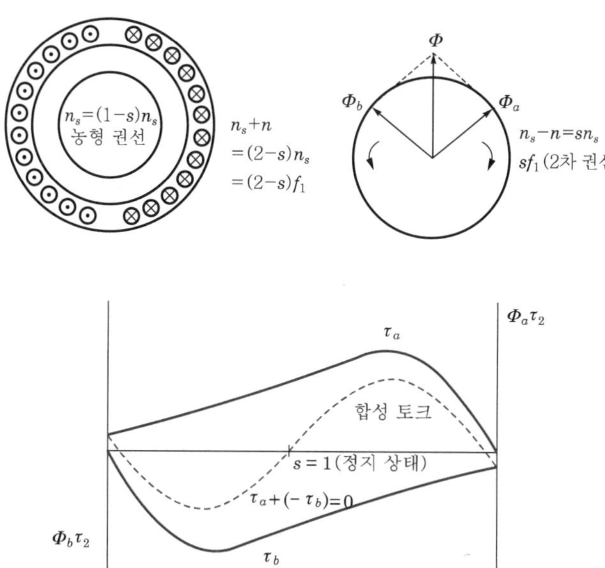

2 단상 유도 전동기의 특성

① 기동 시 기동 토크가 존재하지 않으므로 기동 장치가 필요하다.
② 슬립이 0이 되기 전에 토크는 미리 0이 된다.
③ 2차 저항이 증가되면 최대 토크는 감소한다(비례 추이 할 수 없다).
④ 2차 저항값이 어느 일정값 이상이 되면 토크는 부(−)가 된다.

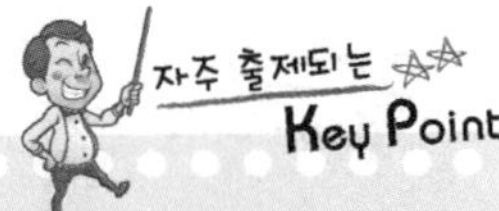

3 단상 유도 전동기의 기동법

(1) 분상 기동형

위상이 서로 다른 두 전류에 의해 회전 자계를 발생시켜 기동하는 방식이다.

① 주권선 : $X \gg R$, 기동 권선 : $R \gg X$

② 역회전법 : 주권선과 기동 권선 중 어느 한쪽 권선의 접속을 전원에 대해 반대로 한다.

분상 기동형
㉠ 보조 권선 : 90° 위상차를 가진 전류를 보조 권선에 흘려 회전 자계가 발생한다.
㉡ 역회전법 : 2권선의 접속을 반대로 한다.

(2) 콘덴서 기동형

전동기 기동 시 보조 권선 회로에 콘덴서를 삽입하여 90° 앞선 진상 전류를 흘려 주권선과 보조 권선에 흐르는 두 전류에 의해 회전 자계를 발생시켜 기동하는 방식이다.

① 기동 토크가 크다.

② 효율이 높고 소음이 적다.

콘덴서 기동형
㉠ 보조 권선 : 기동 시만 콘덴서를 삽입하여 회전 자계가 발생한다.
㉡ 기동 토크가 크다.

(3) 영구 콘덴서 기동형

전동기 기동 시나 운전 시 항상 콘덴서를 기동 권선에 직렬로 접속시켜 주권선과 보조 권선에 흐르는 두 전류에 의해 회전 자계를 발생시켜 기동하는 방식이다.

① 구조가 간단하고, 역률이 좋다.

② 선풍기, 세탁기 등에서 이용한다.

영구 콘덴서형
㉠ 보조 권선 : 기동, 운전 시 항상 콘덴서를 삽입하여 회전 자계가 발생한다.
㉡ 선풍기, 세탁기에 이용한다.

(4) 반발 기동형

회전자가 직류 전동기 전기자와 거의 같은 구조의 권선과 정류자로 되어 있는 전동기로 기동 시 회전자 권선의 전부 혹은 일부를 브러시를 통해 단락시켜 기동하는 방식이다.

① 기동 토크가 가장 크다.

② 역회전법 : 브러시의 위치를 변경하여 역회전시킬 수 있다.

반발 기동형
㉠ 기동 전류 : 브러시 단락
㉡ 기동 토크가 가장 크다.
㉢ 브러시 이용 속도 제어

(5) 반발 유도형

회전자 권선이 2개인 구조의 전동기로 반발 기동 시 이용하는 회전자 권선과 운전 시 사용되는 농형 권선을 병행 사용하여 기동하는 방식이다.

① 기동 토크가 크다.

② 속도 변화가 크다.

반발 유도형
㉠ 반발 기동형+농형 전동기
㉡ 기동 토크가 크다.

(6) 셰이딩 코일형

회전자는 농형이고 고정자는 몇 개의 자극으로 이루어진 구조로 자극 일부에

셰이딩 코일형
㉠ 회전 방향 변경이 불가하다.
㉡ 소형 전축 등에서 이용한다.

슬롯을 만들어 단락된 셰이딩 코일을 끼워 넣어 기동하는 방식이다.

① 회전 방향을 바꿀 수 없다.

② 기동 토크가 매우 작다.

(7) 모노 사이클형

단상 전원을 공급하지만 각 권선에 흐르는 전류의 위상차를 발생시켜 불평형 3상 전류에 의한 회전 자계를 발생하여 기동하는 방식이다.

기동 토크의 크기

반발 기동형>반발 유도형>콘덴서 기동형>분상 기동형>셰이딩 코일형

06 유도 전압 조정기

1 단상 유도 전압 조정기

단상 유도 전압 조정기는 직렬 권선에 대한 분로 권선의 위치를 연속적으로 바꾸는 단상 단권 변압기의 일종이지만 그 구조는 유도 전동기와 비슷하며 고정자와 회전자로 구성되어 있다. 이때 분로 권선과 직렬 권선의 축이 이루는 각도 $\alpha = 0°$일 때 분로 권선이 만드는 교번 자속 Φ는 누설 자속을 무시하면 모두 직렬 권선과 쇄교하므로 직렬 권선의 유도 기전력은 가장 크다. 그런데 분로 권선을 각도 α만큼 회전시키면 α가 커지는 것에 비례하여 유도 기전력은 점차 감소하며 $\alpha = 90°$일 경우 쇄교 자속이 전혀 존재하지 않으므로 유도 기전력은 0이 된다. 따라서 α의 변화에 따른 2차 전압 V_2는 다음과 같이 나타낼 수 있다.

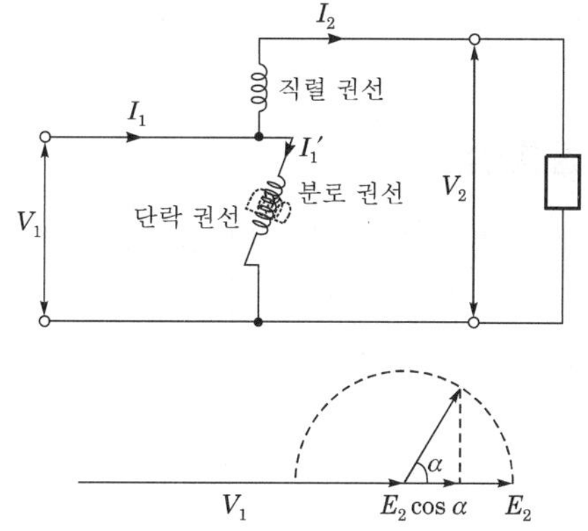

단상 유도 전압 조정기
㉠ 교번 자계 이용
㉡ 입·출력 전압이 동위상
㉢ 단락 권선 : 전압 강하 방지용 3차 권선

$$\alpha = 0 : V_2 = V_1 + E_2 (\text{최대})$$
$$\alpha = 90 : V_2 = V_1$$
$$\alpha = 180 : V_2 = V_1 - E_2 (\text{최소})$$
$$\text{2차 전압} : V_2 = V_1 \pm E_2 \cos\alpha \, [\mathrm{V}]$$

① 전압 조정 범위 : $V_2 = V_1 \pm E_2 \cos\alpha \, [\mathrm{V}]$
② 조정 정격 용량 : $P_2 = E_2 I_2 \times 10^{-3} \, [\mathrm{kVA}]$
③ 정격 출력(부하 용량) : $P = V_2 I_2 \times 10^{-3} \, [\mathrm{kVA}]$
④ 교번 자계를 이용한다.
⑤ 입력 전압과 출력 전압과 위상이 같다.
⑥ 단락 권선이 필요하다.

단락 권선
직렬 권선에 부하 전류가 흐를 때 누설 리액턴스 때문에 발생하는 전압 강하 방지를 위해 분로 권선에 직각으로 감아주는 3차 권선

2 3상 유도 전압 조정기

① 전압 조정 범위 : $V_2 = \sqrt{3}(V_1 \pm E_2) [\mathrm{V}]$
② 조정 정격 용량 : $P_2 = \sqrt{3} E_2 I_2 \times 10^{-3} \, [\mathrm{kVA}]$
③ 정격 출력(부하 용량) : $P = \sqrt{3} V_2 I_2 \times 10^{-3} \, [\mathrm{kVA}]$
④ 회전 자계를 이용한다.
⑤ 입력 전압과 출력 전압 간에 위상차가 존재한다.
⑥ 단락 권선이 필요 없다.

3 단상과 3상의 공통점

① 1차 권선(분로 권선)과 2차 권선(직렬 권선)이 분리되어 있다.
② 회전자의 위상각으로 전압 조정이 가능하다.
③ 전압 조정이 쉽다.

CHAPTER 04

자주 출제되는 기출 문제

01 **유도 전동기 권선법 중 맞지 않는 것은?** 11년 출제

① 고정자 권선은 단층 파권이다.
② 고정자 권선은 3상 권선이 쓰인다.
③ 소형 전동기는 보통 4극이다.
④ 홈수는 24개 또는 36개이다.

해설 3상 유도 동기의 고정자 권선은 2층권, 중권, 단절권, 분포권을 채용한다.

유도 전동기의 권선법
㉠ 2층권
㉡ 중권
㉢ 단절권
㉣ 분포권

02 **4극 고정자 홈수 36의 3상 유도 전동기의 홈 간격은 전기각으로 몇 도인가?** 11년 출제

① 5°
② 10°
③ 15°
④ 20°

해설 발전기나 전동기에서 이웃하고 있는 극 간의 전기각은 극수에 관계없이 항상π가 성립한다.

- 매극 매상의 홈수 $q = \dfrac{\text{총 홈수}}{\text{상수} \times \text{극수}} = \dfrac{36}{3 \times 4} = 3$
- 매극 매상당 홈수 q에서 홈 간 전기각 $\alpha = \dfrac{\pi}{\text{상수} \times q} = \dfrac{\pi}{3 \times 3} = 20°$

[별해]
극 간 전기각이 π이므로 4극 전체 전기각은 $4\pi = 720°$가 된다.
따라서, 전체 슬롯 개수가 36개이므로 $\dfrac{720}{36} = 20°$로 구할 수도 있다.

03 **다음은 3상 유도 전동기 고정자 권선의 결선도를 나타낸 것이다. 맞는 사항을 고르시오.** 14년 출제

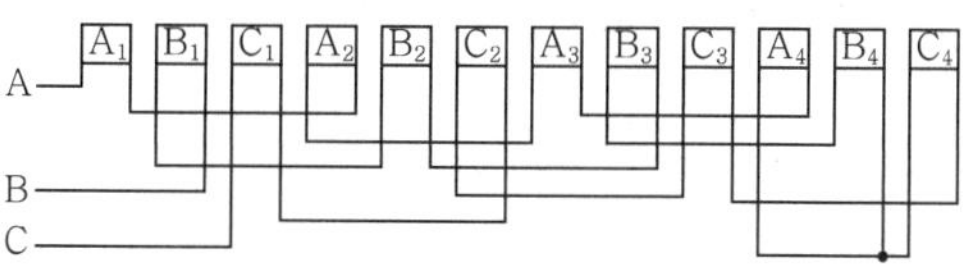

① 3상, 2극, Y결선
② 3상, 4극, Y결선
③ 3상, 2극, △결선
④ 3상, 4극, △결선

해설 U, V, W를 통해 3상을 공급하면서 고정자 권선 A, B, C를 이용하여 각각 4극을 구성한 후, 각 상의 성형점을 묶어 Y결선을 한 결선도이다.

정답 01.① 02.④ 03.②

유도 전동기의 특성

㉠ 슬립 : $s=\dfrac{N_s-N}{N_s}$

㉡ 전동기 회전 속도 $N=(1-s)N_s$[rpm]

㉢ 정지(기동) 상태 $s=1$

㉣ 동기 속도 회전 $s=0$

04 유도 전동기의 동가속도 N_s, 회전 속도 N일 때 슬립은?

08년/13년 출제

① $s=\dfrac{N_s-N}{N}$ ② $s=\dfrac{N-N_s}{N}$

③ $s=\dfrac{N_s-N}{N_s}$ ④ $s=\dfrac{N_s+N}{N_s}$

해설 유도 전동기 슬립 $s=\dfrac{N_s-N}{N_s}$

05 정지 상태에 있는 3상 유도 전동기의 슬립값은?

06년/10년 출제

① ∞ ② 0

③ 1 ④ −1

해설 전동기 회전 속도 $N=(1-s)N_s=(1-s)\dfrac{120f}{P}$[rpm]

- 정지 상태 : $s=1(N=0)$
- 동기 속도 회전 : $s=0(N=N_s)$
- 슬립의 범위 : $0<s<1$

06 유도 전동기에서 슬립이 가장 큰 상태는?

06년/14년 출제

① 무부하 운전 시 ② 경부하 운전 시

③ 정격 부하 운전 시 ④ 기동 시

해설 전동기 회전 속도 $N=(1-s)N_s=(1-s)\dfrac{120f}{P}$[rpm]

- 정지 상태 : $s=1(N=0)$
- 동기 속도 회전 : $s=0(N=N_s)$
- 슬립의 범위 : $0<s<1$
- 전동기 기동은 정지 상태에서 시작하므로 슬립이 가장 큰 경우는 정회전 중에서 전동기가 기동을 할 때이다.

07 유도 전동기의 무부하시 슬립은 얼마인가?

08년 출제

① 4 ② 3

③ 1 ④ 0

해설 전동기 회전 속도 $N=(1-s)N_s=(1-s)\dfrac{120f}{P}$[rpm]

- 정지 상태 : $s=1(N=0)$
- 동기 속도 회전 : $s=0(N=N_s)$
- 슬립의 범위 : $0<s<1$
- 전동기 무부하 상태에서는 이론상 $N_s=N$이므로 $s=0$이 된다.

정답 04.③ 05.③ 06.④ 07.④

08 3상 유도 전동기의 슬립 범위는?

12년 출제

① $0<s<1$　② $-1<s<0$
③ $1<s<2$　④ $0<s<2$

해설 전동기 회전 속도 $N=(1-s)N_s=(1-s)\dfrac{120f}{P}$[rpm]

- 정지 상태 : $s=1(N=0)$
- 동기 속도 회전 : $s=0(N=N_s)$
- 슬립의 범위 : $0<s<1$

09 3상 유도 전동기의 최고 속도는 우리나라에서 몇 [rpm]인가?

11년 출제

① 3,600　② 3,000
③ 1,800　④ 1,500

해설 3상 유도 전동기의 최소 극수는 2극이므로 표준 주파수는 60[Hz]에서

$$N_s=\frac{120f}{P}=\frac{120\times 60}{2}=3{,}600[\text{rpm}]$$

10 6극 60[Hz] 3상 유도 전동기의 동기 속도는 몇 [rpm]인가?

08년 출제

① 200　② 750
③ 1,200　④ 1,880

해설 동기 속도 $N_s=\dfrac{120f}{P}$[rpm]에서 $N_s[\text{rpm}]=\dfrac{120f}{P}=\dfrac{120\times 60}{6}=1,200[\text{rpm}]$

11 유도 전동기의 동기 속도가 1,200[rpm]이고, 회전수가 1,176[rpm]일 때 슬립은?

09년/14년 출제

① 0.06　② 0.04
③ 0.02　④ 0.01

해설 슬립 $s=\dfrac{N_s-N}{N_s}=\dfrac{1{,}200-1{,}176}{1{,}200}=0.02$

12 50[Hz], 6극인 3상 유도 전동기의 전부하에서 회전수가 955[rpm]일 때 슬립[%]은?

14년 출제

① 4　② 4.5
③ 5　④ 5.5

출제분석 Advice

유도 전동기의 특성

㉠ 슬립 : $s=\dfrac{N_s-N}{N_s}$

㉡ 전동기 회전 속도 $N=(1-s)N_s$[rpm]

- 정지(기동) 상태 $s=1$
- 동기 속도 회전 $s=0$
- 슬립 범위 $0<s<1$

동기 속도

$N_s=\dfrac{120f}{P}$[rpm]

정답 08.① 09.① 10.③ 11.③ 12.②

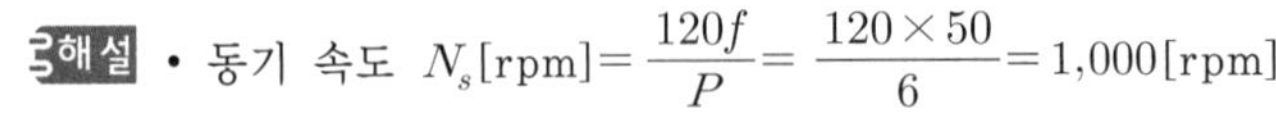

해설 • 동기 속도 $N_s[\text{rpm}] = \dfrac{120f}{P} = \dfrac{120 \times 50}{6} = 1{,}000[\text{rpm}]$

• 슬립 $s = \dfrac{N_s - N}{N_s} = \dfrac{1{,}000 - 955}{1{,}000} \times 100 = 4.5[\%]$

> 유도 전동기의 특성
> ㉠ 슬립 : $s = \dfrac{N_s - N}{N_s}$
> ㉡ 동기 속도 : $N_s = \dfrac{120f}{P}$[rpm]

★
13 **주파수 60[Hz]의 회로에 접속되어 슬립 3[%], 회전수 1,164[rpm]으로 회전하고 있는 유도 전동기의 극수는?** 11년 출제

① 5 ② 6
③ 7 ④ 10

해설 • 슬립 $s = \dfrac{N_s - N}{N_s}$ 에서 $N_s = \dfrac{N}{1-s} = \dfrac{1{,}164}{1-0.03} = 1{,}200[\text{rpm}]$

• 동기 속도 $N_s = \dfrac{120f}{P}[\text{rpm}]$에서 $P = \dfrac{120f}{N_s} = \dfrac{120 \times 60}{1{,}200} = 6$[극]

> 유도 전동기의 특성
> ㉠ 슬립 : $s = \dfrac{N_s - N}{N_s}$
> ㉡ 전동기 회전 속도 : $N = (1-s)N_s$[rpm]

★
14 **4극 60[Hz], 200[kW] 유도 전동기의 전부하 슬립이 2.5[%]일 때 회전수는 몇 [rpm]인가?** 08년 출제

① 1,600 ② 1,755
③ 1,800 ④ 1,965

해설 회전 속도 $N = (1-s)N_s = (1-s)\dfrac{120f}{P} = (1-0.025) \times \dfrac{120 \times 60}{4} = 1{,}755[\text{rpm}]$

★★★
15 **4극 60[Hz], 슬립 5[%]인 유도 전동기의 회전수는 몇 [rpm]인가?** 07년/10년/14년 출제

출제빈도

① 1,836 ② 1,710
③ 1,540 ④ 1,200

해설 회전 속도 $N = (1-s)N_s = (1-s)\dfrac{120f}{P} = (1-0.05) \times \dfrac{120 \times 60}{4} = 1{,}710[\text{rpm}]$

★
16 **3상 유도 전동기의 회전 원리를 설명한 것 중 틀린 것은?** 14년 출제

① 회전자의 회전 속도가 증가하면 도체를 관통하는 자속수는 감소한다.
② 회전자의 회전 속도가 증가하면 슬립도 증가한다.
③ 부하를 회전시키기 위해서는 회전자의 속도는 동기 속도 이하로 운전되어야 한다.
④ 3상 교류 전압을 고정자에 공급하면 고정자 내부에서 회전 자기장이 발생한다.

해설 슬립 $s = \dfrac{N_s - N}{N_s}$에서 회전자의 회전 속도(N)가 증가하면 슬립 s는 감소한다.

정답 13.② 14.② 15.② 16.②

★★★
17 3상 유도 전동기의 회전 방향을 바꾸기 위한 방법으로 가장 옳은 것은?

07년/11년/13년 출제

① △-Y결선한다.
② 전원 주파수를 바꾼다.
③ 전동기에 가해지는 3개의 단자 중 어느 2개의 단자를 서로 바꾸어 준다.
④ 기동 보상기를 사용한다.

해설 3상 유도 전동기의 3선 중 2선의 결선을 바꾸면 회전 자계의 회전 방향이 반대로 되어 전동기는 역회전을 한다.

출제분석 Advice

유도 전동기의 원리
㉠ 회전 자기장 발생(3상)
㉡ 역회전 : 3상 중 2상의 접속을 반대로 한다.
㉢ 동기 속도>회전 속도

★
18 정지된 유도 전동기가 있다. 1차 권선에서 1상의 직렬 권선 횟수가 100회이고, 1극당의 평균 자속이 0.02[Wb], 주파수가 60[Hz]라고 하면, 1차 권선의 1상에 유도되는 기전력의 실효값은 약 몇 [V]인가? (단, 1차 권선 계수는 1로 한다.)

09년 출제

① 377 ② 533
③ 635 ④ 730

해설 유도 기전력 $E=4.44fN_1\Phi_m K_w=4.44\times60\times100\times0.02\times1=533$[V]

★
19 슬립이 0.05이고 전원 주파수가 60[Hz]인 유도 전동기의 회전자 회로의 주파수 [Hz]는?

14년 출제

① 1 ② 2
③ 3 ④ 4

해설 전동기 운전 중 회전자 주파수 $f_2=sf_1=0.05\times60=3$[Hz]

★★
20 유도 전동기 2차 전압 200[V], 2차 권선 저항 0.03[Ω], 2차 리액턴스 0.04[Ω]인 유도 전동기가 3[%]의 슬립으로 운전 중이라면 2차 전류 I_2[A]는?

11년/13년 출제

① 20 ② 100
③ 200 ④ 254

해설 2차 전류 $I_2=\dfrac{E_2}{\sqrt{\left(\dfrac{r_2}{s}\right)^2+x_2^2}}=\dfrac{200}{\sqrt{\left(\dfrac{0.03}{0.03}\right)^2+(0.04)^2}}$
$=200$[A]

유도기 2차 전류

$$I_2=\frac{sE_2}{\sqrt{{r_2}^2+(sx_2)^2}}=\frac{E_2}{\sqrt{\left(\frac{r_2}{s}\right)^2+{x_2}^2}}\text{[A]}$$

정답 17.③ 18.② 19.③ 20.③

21 회전자 입력을 P_2, 슬립을 s라 할 때, 3상 유도 전동기의 기계적 출력의 관계식은?

① sP_2 ② $(1-s)P_2$

③ s^2P_2 ④ P_2/s

해설 2차 동손 $P_{c2}=sP_2$[W]이므로
2차(기계적) 출력 $P_0=(1-s)P_2$[W]

유도 전동기의 특성
㉠ 2차 입력
$P_2=P_0+P_{c2}$[W]
㉡ 2차 동손
$P_{c2}=sP_2$[W]
㉢ 2차 출력
$P_0=(1-s)P_2$[W]

★
22 슬립 4[%]인 3상 유도 전동기의 2차 동손이 0.4[kW]일 때 회전자의 입력[kW]은?
13년 출제

① 6 ② 8

③ 10 ④ 12

해설 2차 동손 $P_{c2}=sP_2$이므로
2차 입력 $P_2=\frac{P_{c2}}{s}=\frac{0.4}{0.04}=10$[kW]

★★
23 전부하 슬립 5[%], 2차 저항손 5.26[kW]인 3상 유도 전동기의 2차 입력은 몇 [kW]인가?
07년/09년 출제

① 2.63 ② 5.26

③ 105.2 ④ 226.5

해설 2차 동손 $P_{c2}=sP_2$ 에서 $P_2=\frac{P_{c2}}{s}=\frac{5.26}{0.05}=105.2$[kW]

★★★
24 회전자 입력 10[kW], 슬립 4[%]인 3상 유도 전동기의 2차 동손은 몇 [kW]인가?
06년/08년/09년 출제

① 9.6 ② 4

③ 0.4 ④ 0.2

해설 2차 동손 $P_{c2}=sP_2=0.04\times 10=0.4$[kW]

★
25 출력 10[kW], 슬립 4[%]로 운전되고 있는 3상 유도 전동기의 2차 동손은 약 몇 [W]인가?
09년 출제

① 250 ② 315

③ 417 ④ 620

해설
$$P_{c2}=sP_2=s\times\frac{P_0}{1-s}=0.04\times\frac{10{,}000}{1-0.04}=416.67\text{[W]}$$

정답 21.② 22.③ 23.③ 24.③ 25.③

26 3상 유도 전동기의 1차 입력 60[kW], 1차 손실 1[kW], 슬립 3[%]일 때 기계적 출력[kW]은? 13년/14년 출제

① 62 ② 60
③ 59 ④ 57

해설 1차 출력=1차 입력−1차 손실=60−1=59[kW]에서 전동기 1차 출력이 곧 2차 입력이므로 2차 출력 $P_0=(1-s)P_2=(1-0.03)\times 59=57[\text{kW}]$

27 15[kW], 60[Hz], 4극의 3상 유도 전동기가 있다. 전부하가 걸렸을 때의 슬립이 4[%]라면 이때의 2차(회전자)측 동손은 약 몇 [kW]인가? 12년/13년 출제

① 1.2 ② 1.0
③ 0.8 ④ 0.6

해설 2차 출력 $P_0=(1-s)P_2$에서 $P_2=\dfrac{P_0}{1-s}$이므로

2차 동손 $P_{c2}=sP_2=s\times\dfrac{P_0}{1-s}=0.04\times\dfrac{15\times 10^3}{1-0.04}=600[\text{W}]=0.6[\text{kW}]$

28 200[V], 50[Hz], 8극, 15[kW]의 3상 유도 전동기에서 전부하 회전수가 720[rpm]이면 이 전동기의 2차 효율은 몇 [%]인가? 07년/09년 출제

① 86 ② 96
③ 98 ④ 100

해설 2차 효율 $\eta_2=1-s=\dfrac{N}{N_s}=\dfrac{N}{\dfrac{120f}{P}}=\dfrac{720}{\dfrac{120\times 50}{8}}=0.96=96[\%]$

29 유도 전동기에 대한 설명 중 옳은 것은?

① 유도 발전기일 때의 슬립은 1보다 크다.
② 유도 전동기의 회전자 회로의 주파수는 슬립에 반비례한다.
③ 전동기 슬립은 2차 동손을 2차 입력으로 나눈 것과 같다.
④ 슬립이 크면 클수록 2차 효율은 커진다.

해설
- 유도 발전기 슬립 : $-1<s<0$
- 유도 전동기 운전 시 회전자 주파수 $f_2=sf_1$이므로 비례한다.
- 2차 동손 $P_{c2}=sP_2[\text{W}]$ $\therefore\ s=\dfrac{P_{c2}}{P_2}$
- 2차 효율 $\eta_2=1-s=\dfrac{N}{N_s}$이므로 슬립이 커지면 효율이 떨어진다.

출제분석 Advice

유도 전동기의 입·출력 특성
㉠ 1차 출력=2차 입력
㉡ 2차 출력
$P_0=(1-s)P_2[\text{W}]$

유도 전동기의 특성
㉠ 2차 입력
$P_2=P_0+P_{c2}[\text{W}]$
㉡ 2차 동손
$P_{c2}=sP_2[\text{W}]$
㉢ 2차 출력
$P_0=(1-s)P_2[\text{W}]$
㉣ 2차 효율
$\eta_2=\dfrac{P_0}{P_2}=1-s$
$=\dfrac{N}{N_s}$

정답 26.④ 27.④ 28.② 29.③

유도 전동기의 토크 크기

㉠ $\tau = 9.55\frac{P_0}{N}$
$= 9.55\frac{P_2}{N_s}$ [N·m]

㉡ $\tau = 0.975\frac{P_0}{N}$
$= 0.975\frac{P_2}{N_s}$ [kg·m]

30 3[kW], 1,500[rpm] 유도 전동기의 토크[N · m]는 약 얼마인가? 09년 출제

① 1.91 ② 19.1
③ 29.1 ④ 114.6

해설 토크 $\tau = 9.55 \times \frac{P}{N} = 9.55 \times \frac{3 \times 10^3}{1,500} = 19.1$[N · m]

31 220[V]/60[Hz], 4극의 3상 유도 전동기가 있다. 슬립 5[%]로 회전할 때 출력 17[kW]를 낸다면, 이때의 토크는 약 [N · m]인가? 10년 출제

① 56.2 ② 95.5
③ 191 ④ 935.8

해설 토크 $\tau = 9.55\frac{P}{N} = 9.55 \times \frac{P}{(1-s)N_s} = 9.55 \times \frac{P}{(1-s)\frac{120f}{P}}$

$$= 9.55 \times \frac{17 \times 10^3}{(1-0.05) \times \frac{120 \times 60}{4}} = 95.5[\text{N} \cdot \text{m}]$$

동기 와트(2차 입력)

㉠ $P_2 = 1.026 N_s \tau$[W]

㉡ $P_2 = \frac{P_0}{1-s}$[W]

32 출력 12[kW], 회전수 1,140[rpm]인 유도 전동기의 동기 와트는 약 몇 [kW]인가? (단, 동기 속도 N_s는 1,200[rpm]이다.) 12년 출제

① 10.4 ② 11.5
③ 12.6 ④ 13.2

해설 토크 $\tau = 0.975\frac{P_0}{N} = 0.975 \times \frac{12 \times 10^3}{1140} = 10.26$[kg · m]

동기 와트 $P_2 = 1.026 N_s \tau = 1.026 \times 1,200 \times 10.26 \times 10^{-3} = 12.63$[kW]

유도 전동기에서 동기 와트란 2차 입력(P_2)을 말한다.

2차 출력 $P_0 = (1-s) \times P_2$

슬립 $s = \frac{N_s - N}{N_s} = \frac{1,200 - 1,140}{1,200} = 0.05$

따라서, $P_2 = \frac{P_0}{1-s} = \frac{12}{1-0.05} = 12.6$[kW]

유도 전동기 토크 특성

$\tau \propto E_2^{\,2}$

33 3상 유도 전동기의 토크는? 11년 출제

① 2차 유도 기전력의 2승에 비례한다.
② 2차 유도 기전력에 비례한다.
③ 2차 유도 기전력과 무관하다.
④ 2차 유도 기전력의 1.5승에 비례한다.

해설 3상 유도 전동기의 토크 : $\tau \propto E_2^{\,2}$ 즉, 유도 기전력의 제곱에 비례한다.

정답 30.② 31.② 32.③ 33.①

출제분석 Advice

34 일정한 주파수의 전원에서 운전하는 3상 유도 전동기의 전원 전압이 80[%]가 되었다면 토크는 약 몇 [%]가 되는가? (단, 회전수는 변하지 않는 상태로 한다.)

11년 출제

① 55 ② 64

③ 76 ④ 82

해설 3상 유도 전동기의 토크 $\tau \propto E_2{}^2$(E_2 공급 전압)이므로 $\tau \propto (0.8E_2)^2 = 0.64E_2{}^2$에서 토크는 약 64[%]가 된다.

35 일반적으로 10[kW] 이하 소용량인 전동기는 동기 속도의 몇 [%]에서 최대 토크를 발생시키는가? 08년/11년 출제

① 2 ② 5

③ 80 ④ 98

해설 일반적으로 10[kW] 이하 소용량 전동기는 동기 속도의 80[%] 정도에서 최대 토크를 발생하고 1,000[kW] 이상의 대용량 전동기는 98[%] 정도에서 최대 토크를 발생한다.

전동기 최대 토크 발생
㉠ 10[kW] 이하 : 동기 속도 80[%]
㉡ 1,000[kW] 이상 : 동기 속도 98[%]

36 슬립링이 있는 유도 전동기는? 06년 출제

① 농형 ② 권선형

③ 심홈형 ④ 2중 농형

해설 권선형 유도 전동기는 회전자 내부 권선을 Y결선으로 하고, 3상 권선의 3단자를 전동기 회전 시 꼬이는 것을 방지하기 위해 각각 3개의 슬립링을 통해 접속하고 슬립링에 접촉되어 있는 브러시를 통해 외부로 인출한 후 전동기 외부에서 저항을 연결하여 전동기 기동 시 기동 전류 제한 및 속도를 조정할 수 있는 전동기이다.

권선형 전동기의 특성
㉠ 슬립링을 이용하여 외부 저항을 회전자에 접속 비례 추이
㉡ 기동 전류 제한 및 속도 제어

37 유도 전동기에 기계적 부하를 걸었을 때 출력에 따라 속도, 토크, 효율, 슬립 등이 변화를 나타낸 출력 특성 곡선에서 슬립을 나타내는 곡선은? 13년 출제

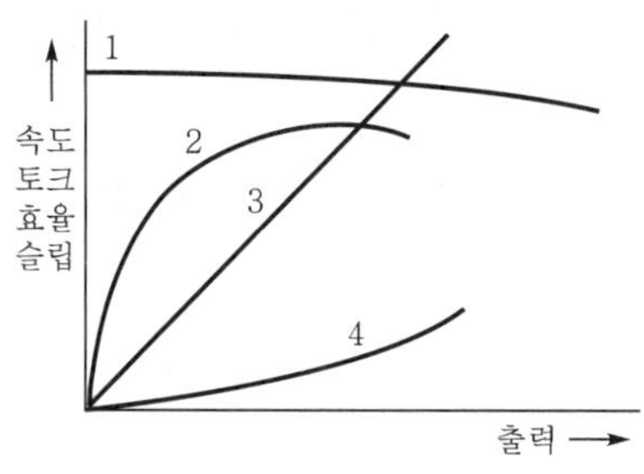

① 1 ② 2

③ 3 ④ 4

해설 1 : 속도, 2 : 효율, 3 : 토크, 4 : 슬립

정답 34.② 35.③ 36.② 37.④

2차 저항 기동법(권선형)
㉠ 비례 추이 원리 이용
㉡ 기동 전류 감소
㉢ 기동 토크 증가
㉣ 최대 토크의 크기 불변

비례 추이(권선형 전동기)
㉠ 원리 : 회전자 저항을 2배, 3배로 증가시키면 슬립도 2배, 3배로 비례하여 증가
㉡ 기동 전류 및 속도 감소, 기동 토크 및 역률 증가, 최대 토크 불변
㉢ 비례 추이하는 것 : 1차 전류, 1차 입력, 역률

등가 저항
㉠ 기계적 출력(토크) 발생
㉡ $R = \frac{1-s}{s} r_2 [\Omega]$

★
38 3상 유도 전동기에서 2차측 저항을 2배로 하면 그 최대 토크는 어떻게 되는가? 06년 출제

① 변하지 않는다. ② 2배로 된다.
③ $\sqrt{2}$ 배로 된다. ④ $\frac{1}{2}$ 배로 된다.

해설 권선형 전동기의 최대 토크 $\tau_t = K\frac{{E_2}^2}{2x_2}$에서 최대 토크의 크기는 전동기 2차 저항 r_2 및 슬립 s에 관계없이 항상 일정하다.

★★
39 3상 권선형 유도 전동기의 기동 시 2차측에 저항을 접속하는 이유는? 11년/13년 출제

① 기동 토크를 크게 하기 위해
② 회전수를 감소시키기 위해
③ 기동 전류를 크게 하기 위해
④ 역률을 개선하기 위해

해설 권선형 유도 전동기의 단자 전압이 일정한 상태에서 회전자에 슬립링을 통하여 외부 저항에 접속하면 기동 전류를 급격히 감소시킬 수 있으면서, 전동기의 최대 토크가 낮은 속도쪽으로 비례 추이하여 이동하기 때문에 높은 기동 토크를 얻을 수 있다.

★
40 권선형 유도 전동기의 회전자에 저항을 삽입하였을 경우 틀린 사항은? 12년 출제

① 기동 전류가 감소된다.
② 기동 전압은 증가한다.
③ 역률이 개선된다.
④ 기동 토크는 증가한다.

해설 권선형 유도 전동기의 단자 전압이 일정한 상태에서 회전자에 슬립링을 통하여 외부 저항에 접속하면 기동 전류를 급격히 감소시킬 수 있으면서, 전동기의 최대 토크가 낮은 속도쪽으로 비례 추이하여 이동하기 때문에 높은 기동 토크를 얻을 수 있다.

★
41 슬립 4[%]인 유도 전동기의 등가 부하 저항은 2차 저항의 몇 배인가? 07년 출제

① 5 ② 16
③ 19 ④ 24

해설 등가 부하 저항 $R = \frac{1-s}{s} r_2 = \frac{1-0.04}{0.04} \times r_2 = 24\, r_2$

$\therefore$ 24배

정답 38.① 39.① 40.② 41.④

42 다음 중 유도 전동기에서 비례 추이를 할 수 있는 것은? 06년/14년 출제

① 출력 ② 2차 동손
③ 효율 ④ 역률

해설
- 비례 추이할 수 있는 것 : 1차 입력, 1차 전류, 2차 전류, 역률, 동기 와트(토크)
- 비례 추이할 수 없는 것 : 출력, 효율, 2차 동손, 부하

43 유도 전동기에서 비례 추이를 적용할 수 없는 것은? 07년 출제

① 토크 ② 1차 전류
③ 부하 ④ 역률

해설
- 비례 추이할 수 있는 것 : 1차 입력, 1차 전류, 2차 전류, 역률, 동기 와트, 토크
- 비례 추이할 수 없는 것 : 출력, 효율, 2차 동손, 부하

44 3상 유도 전동기의 원선도를 그리려면 등가 회로의 정수를 구할 때 몇 가지 시험이 필요하다. 이에 해당되지 않는 것은? 07년/10년/11년 출제

출제빈도

① 무부하 시험 ② 고정자 권선의 저항 측정
③ 회전수 측정 ④ 구속시험

해설 원선도 작성 시험
- 저항 측정 시험 : 1차 동손
- 무부하 시험 : 여자 전류, 철손
- 구속 시험(단락 시험) : 2차 동손

45 3상 유도 전동기에서 원선도 작성에 필요한 시험은? 09년 출제

① 전력 시험 ② 부하 시험
③ 전압 측정 시험 ④ 무부하 시험

해설 원선도 작성 시험
- 저항 측정 시험 : 1차 동손
- 무부하 시험 : 여자 전류, 철손
- 구속 시험(단락 시험) : 2차 동손

46 농형 유도 전동기의 기동법이 아닌 것은? 07년/08년/09년/10년/12년 출제

① 기동 보상기에 의한 기동법 ② 2차 저항 기동법
③ 리액터 기동법 ④ Y-△ 기동법

해설
- 농형 유도 전동기의 기동법
  - 전전압 기동법
  - Y-△ 기동법
  - 리액터 기동법
  - 1차 저항 기동법
  - 기동 보상기법
- 권선형 유도 전동기의 기동법 : 2차 저항 기동법(기동 저항기법)

정답 42.④ 43.③ 44.③ 45.④ 46.②

출제분석 Advice

유도 전동기의 비례 추이
㉠ 비례 추이하는 것 : 1차 전류, 1차 입력, 역률
㉡ 비례 추이할 수 없는 것 : 출력, 효율, 동손

Heyland 원선도 작성 시험
㉠ 저항 측정 시험
㉡ 무부하 시험
㉢ 구속 시험(단락 시험)

농형 전동기의 기동법
㉠ 전전압(직입) 기동법
㉡ Y-△기동법
㉢ 리액터 기동법
㉣ 1차 저항 기동법
㉤ 기동 보상기법

Y결선 기동

㉠ $I_Y = \frac{1}{3} I_\triangle$

㉡ $\tau_Y = \frac{1}{3} \tau_\triangle$

47 유도 전동기의 Y−△기동 시 기동 토크와 기동 전류는 전전압 기동 시의 몇 배가 되는가?

06년 출제

① $\frac{1}{\sqrt{3}}$　② $\sqrt{3}$

③ $\frac{1}{3}$　④ 3

해설 Y−△기동법 : 전동기 기동 시 △결선에 비하여 기동 전류를 $\frac{1}{3}$배 이하로 제한할 수 있고, Y결선으로 일정 시간 기동한 후 다시 △결선으로 전환하여 운전하는 방식

- 기동 전류 $\frac{1}{3}$배로 감소
- 기동 토크 $\frac{1}{3}$배로 감소

기동 시 기동 전류 및 기동 토크를 $\frac{1}{3}$로 감소시키는 기동법이다.

Y−△기동법

㉠ 기동 전류 : $\frac{1}{3}$배 감소

㉡ 기동 토크 : $\frac{1}{3}$배 감소

㉢ 소비 전력 : $\frac{1}{3}$배 감소

48 5.5[kW], 200[V] 유도 전동기의 전전압 기동 시의 기동 전류가 150[A]이었다. 여기에 Y−△기동 시 기동 전류는 몇 [A]가 되는가?

12년 출제

① 50　② 70

③ 87　④ 95

해설 전동기 Y결선 기동 시 기동 전류는 $\frac{1}{3}$배로 감소하므로

$$I_Y = \frac{1}{3} \times 150 = 50[\mathrm{A}]$$

49 50[kW]의 농형 유도 전동기를 기동하려고 할 때, 다음 중 가장 적당한 기동 방법은?

07년 출제

① 분상 기동법　② 기동 보상기법

③ 권선형 기동법　④ 슬립 부하 기동법

해설 기동 보상기법 : 15[kW] 이상의 농형 유도 전동기 기동 시 단권 변압기 중간 탭에 전동기를 접속하여 감압된 전압을 공급하여 기동하는 방식

2차 저항 기동법(권선형)

㉠ 비례 추이 원리 이용

㉡ 기동 전류 감소

㉢ 기동 토크 증가

㉣ 최대 토크의 크기 불변

50 권선형에서 비례 추이를 이용한 기동법은?

08년 출제

① 리액터 기동법　② 기동 보상기법

③ 2차 저항법　④ Y−△ 기동법

해설 2차 저항 기동법(기동 저항기법) : 권선형 전동기에서 기동 시 전동기 2차측에 외부 저항을 삽입하여 저항이 증가하는 만큼 슬립이 비례 증가하면서 기동 토크는 증가하고 기동 전류가 감소하는 비례 추이 원리를 이용한 기동 방식

정답 47.③ 48.① 49.② 50.③

51 3상 농형 유도 전동기의 속도 제어는 주로 어떤 제어를 사용하는가?

06년/09년 출제

① 사이리스터 제어 ② 2차 저항 제어
③ 주파수 제어 ④ 계자 제어

해설 전동기 종류별 속도 제어
- 직류 전동기 : 전압 제어(워드 레오나드 방식, 일그너 방식), 계자 제어, 저항 제어
- 농형 유도 전동기 : 극수 변환법, 주파수 제어법, 전원 전압 제어법
- 권선형 유도 전동기 : 종속법, 2차 저항 제어법, 2차 여자 제어법

52 반도체 사이리스터에 의한 전동기의 속도 제어 중 주파수 제어는?

07년 출제

① 초퍼 제어 ② 인버터 제어
③ 컨버터 제어 ④ 브리지 정류 제어

해설 정지형 주파수 변환 장치에는 상용 주파수의 교류 전원을 컨버터(정류기)를 통해 직류로 변환하고, 이 직류를 사이리스터의 스위칭 작용으로 가변 전압 가변 주파수의 교류로 만드는 인버터 방식과 교류 파형을 직접 자르고 합성하여 가변 주파수를 얻는 사이클로 컨버터 방식이 있다.

53 인견 공업에 쓰여지는 포트 전동기의 속도 제어는?

09년/12년 출제

① 극수 변환에 의한 제어 ② 1차 회전에 의한 제어
③ 주파수 변환에 의한 제어 ④ 저항에 의한 제어

해설 전원 주파수 제어법 : SCR 등을 이용하여 전동기 전원의 주파수를 변환하여 속도를 조정하는 방식
- 정토크 부하 시 공급 전압과 주파수는 비례하는 특성
- 선박 추진용 전동기, 인견 · 방직 공장의 포트 모터에서 적용

54 다음 중 유도 전동기의 속도 제어에 사용되는 인버터 장치의 약호는?

08년/09년 출제

① CVCF ② VVVF
③ CVVF ④ VVCF

해설
- 유도 전동기 속도 제어에서 인버터 방식은 정지형 주파수 변환 장치에서 상용 주파수의 교류 전원을 컨버터(정류기)를 통해 직류로 변환하고, 이 직류를 사이리스터의 스위칭 작용으로 가변 전압 가변 주파수의 교류로 만드는 방식이므로 인버터 장치의 약호는 VVVF(가변 전압 가변 주파수 변환 장치)이다.
- 약호의 의미
  - CVCF : 정전압 정주파수 전원 장치
  - CVVF : 정전압 가변 주파수 전원 장치
  - VVVF : 가변 전압 가변 주파수 전원 장치
  - VVCF : 가변 전압 정주파수 전원 장치

출제분석 Advice

유도 전동기의 속도 제어
㉠ $N=(1-s)\frac{120f}{P}$ [rpm]
㉡ 농형 전동기 : 극수 변환법, 주파수 변환법, 전원 전압 제어법

정지형 주파수 변환 장치
㉠ 인버터 방식
㉡ 사이클로 컨버터 방식

주파수 변환 속도 제어
㉠ 인버터 : 가변 전압 가변 주파수 전원 장치(VVVF)
㉡ 인견, 방직 공장의 포트 모터, 선박의 전기 추진

정답 51.③ 52.② 53.③ 54.②

종속법
㉠ 직렬 접속
$N=\frac{120f}{P_1+P_2}$[rpm]
㉡ 차동 접속
$N=\frac{120f}{P_1-P_2}$[rpm]
㉢ 병렬 접속
$N=\frac{120f}{\frac{P_1+P_2}{2}}$[rpm]

2차 저항 제어법(권선형)
㉠ 비례 추이 원리 이용
㉡ 2차 합성 저항↑ → 슬립↑ →속도↓ →토크↑
㉢ 최대 토크 크기 불변

2차 여자법(슬립 제어)
㉠ 슬립 주파수 전압 E_c 인가
㉡ sE_2+E_c : 속도 상승
㉢ sE_2-E_c : 속도 감소

유도 전동기의 제동
㉠ 역상 제동 : 전동기 급제동 목적으로 사용한다.
㉡ 3상 전동기 역회전 : 3상 중 2상의 접속을 반대로 한다.

직류 전동기의 역전 제동
㉠ 역회전 원리를 이용
㉡ 전동기 급제동 목적

★
55 12극과 8극인 2개의 유도 전동기를 종속법에 의한 직렬 종속법으로 속도 제어할 때 전원 주파수가 50[Hz]인 경우 무부하 속도 n은 몇 [rps]인가? 11년 출제

① 5 ② 50
③ 300 ④ 3,000

해설 직렬 종속법

무부하 속도 $N=\frac{120f}{P}=\frac{120f}{P_1+P_2}=\frac{120\times 50}{12+8}=300$[rpm]

$\therefore\ n=\frac{300}{60}=5$[rps]

★
56 비례 추이를 이용하여 속도 제어가 되는 전동기는? 10년 출제

① 권선형 유도 전동기 ② 농형 유도 전동기
③ 직류 분권 전동기 ④ 동기 전동기

해설 2차 저항 제어법 : 권선형 유도 전동기에서 비례 추이 원리를 이용한 것으로 2차 회로에 외부 저항을 넣어 같은 토크에 대한 슬립 s를 변화시켜 속도를 제어하는 방식

★
57 유도 전동기의 회전자에 슬립 주파수의 전압을 공급하여 속도 제어를 하는 것은? 12년 출제

① 2차 저항법 ② 2차 여자법
③ 자극수 변환법 ④ 인버터 주파수 변환법

해설 2차 여자법(슬립 제어) : 유도 전동기 회전자의 외부에서 슬립링을 통하여 슬립 주파수 전압을 인가하여 회전자 슬립에 의한 속도를 제어하는 방식

★
58 3상 유도 전동기의 운전 중 급속 정지가 필요할 때 사용하는 제동 방식은? 06년 출제

① 단상 제동 ② 회생 제동
③ 발전 제동 ④ 역상 제동

해설
- 역상 제동(플러깅) : 3상 유도 전동기 정전 운전 시 전동기를 급제동하기 위하여 정전 운전용 전원을 차단함과 동시에 전동기에 역전 운전을 투입하여 이때 발생하는 역토크를 이용하여 전동기를 급제동시키는 것을 역상 제동이라고 한다.
- 3상 전동기 역회전 : 3상 중 2상의 접속을 바꾸어 상회전 방향을 반대로 하면 전동기는 역회전을 한다.

★
59 전동기의 회전 방향을 바꾸는 역회전의 원리를 이용한 제동 방법은? 11년 출제

① 역상 제동 ② 유도 제동
③ 발전 제동 ④ 회생 제동

정답 55.① 56.① 57.② 58.④ 59.①

해설 역상 제동(플러깅) : 3상 유도 전동기 정전 운전 시 전동기를 급제동하기 위하여 정전 운전용 전원을 차단함과 동시에 전동기에 역전 운전을 투입하여 이때 발생하는 역토크를 이용하여 전동기를 급제동시키는 것을 역상 제동이라고 한다.

60 권상기, 기중기 등으로 물건을 내릴 때와 같이 전동기가 가지는 운동 에너지를 발전기로 동작시켜 발생한 전력을 반환시켜서 제동하는 방식은?

12년 출제

① 역전 제동　② 발전 제동
③ 회생 제동　④ 와류 제동

해설 회생 제동 : 전동기의 전원을 접속한 상태에서 전동기가 가지는 운동 에너지를 발전기로 동작시켜 전동기에서 유기되는 역기전력이 전원 전압보다 더 크게 발생한 후 이것을 유효하게 이용하기 위해 전원으로 돌려보내어 전동기를 제동하는 것으로 운동 에너지의 흡수가 상당한 시간 동안 계속되어야 할 필요가 있다.

회생 제동
㉠ 전동기 운동 에너지를 발전기로 동작시켜 전력을 반환시켜 제동하는 방식
㉡ 전기철도, 권상기, 기중기

61 농형 회전자에 비뚤어진 홈을 쓰는 이유는?

12년 출제

① 출력을 높인다.　② 회전수를 증가시킨다.
③ 소음을 줄인다.　④ 미관상 좋다.

해설 크롤링 현상 : 농형 전동기에서 고정자와 회전자의 슬롯수가 적당하지 않을 경우 발생하는 현상으로서 유도 전동기의 공극이 일정하지 않거나 계자에 고조파가 유기될 때 "전동기가 정격 속도에 이르지 못하고 정격 속도 이전의 낮은 속도에서 소음을 발생하면서 안정되어 버리는 현상"으로 그 방지를 위해 경사 슬롯인 사구(Skewed Slot)를 채용한다.

크롤링 현상
㉠ 원인 : 공극의 불균일 슬롯의 부적당, 고조파
㉡ 발생 결과 : 출력 감소 및 소음 발생
㉢ 방지 대책 : 사구 채용

62 단상 유도 전동기의 정회전 슬립이 s이면 역회전 슬립은 어떻게 되는가?

11년 출제

① $1-s$　② $2-s$
③ $1+s$　④ $2+s$

해설
• 정회전 시 슬립

$$s=\frac{N_s-N}{N_s}$$

• 역회전 시 슬립

$$s'=\frac{N_s-(-N)}{N_s}=\frac{N_s+N}{N_s}=\frac{N_s+(1-s)N_s}{N_s}$$
$$=\frac{(2-s)N_s}{N_s}=2-s$$

정답 60.③ 61.③ 62.②

유도 전동기의 슬립 측정법
㉠ 회전계법
㉡ 직류 밀리볼트계법
㉢ 수화기법
㉣ 스트로보법

2차 저항 기동법
㉠ 3상 권선형 전동기
㉡ 비례 추이 원리 이용
㉢ 기동 전류 감소
㉣ 기동 토크 증가
㉤ 최대 토크의 크기 불변

단상 유도 전동기의 용도
㉠ 분상 기동형 : 냉장고, 세탁기, 펌프
㉡ 콘덴서 기동형 : 가정용 펌프, 송풍기
㉢ 영구 콘덴서형 : 선풍기, 세탁기
㉣ 셰이딩 코일형 : 수십 와트[W] 이하 전축, 소형 선풍기

단상 유도 전동기
㉠ 기동 토크(회전 자계) 발생 : 보조 권선(기동 권선) 필요
㉡ 역회전 슬립 : $2-s$

분상 기동형
㉠ 역회전법 : 주권선과 보조(기동) 권선의 접속을 반대로 한다.
㉡ 원심 개폐기 동작 시간 : 동기 속도의 약 70~80[%]

★
63 **유도 전동기의 슬립을 측정하는 방법으로 옳은 것은?** 12년 출제

① 전압계법 ② 전류계법
③ 평형 브리지법 ④ 스트로보법

해설 유도 전동기의 슬립 측정법 : 회전계법, 직류 밀리볼트계법, 수화기법, 스트로보법

★★
64 **다음 중 단상 유도 전동기의 기동 방법에 따른 분류에 속하지 않는 것은?** 08년/13년 출제

① 분상 기동형 ② 저항 기동형
③ 콘덴서 기동형 ④ 셰이딩 코일형

해설 단상 유도 전동기 기동법에는 반발 기동형, 반발 유도형, 콘덴서 기동형, 영구 콘덴서 기동형, 분상 기동형, 셰이딩 코일형, 모노 사이클형 등이 있다.

★
65 **선풍기, 드릴, 믹서, 재봉틀 등에 주로 사용되는 전동기는?** 06년 출제

① 단상 유도 전동기 ② 권선형 유도 전동기
③ 동기 전동기 ④ 직류 직권 전동기

해설 단상 유도 전동기의 용도
- 분상 기동형 : 전기 냉장고, 세탁기, 소형 공작 기계, 펌프 등
- 콘덴서 기동형 : 200[W] 이상의 가정용 펌프, 송풍기, 소형 공작 기계
- 영구 콘덴서형 : 큰 기동 토크를 요하지 않는 선풍기, 세탁기
- 셰이딩 코일형 : 전축용 전동기, 드릴, 믹서, 소형 선풍기 등 수십 와트[W] 이하의 소형 전동기

★
66 **단상 유도 전동기에 보조 권선을 사용하는 주된 이유는?** 13년 출제

① 역률 개선을 한다. ② 회전 자장을 얻는다.
③ 속도 제어를 한다. ④ 기동 전류를 줄인다.

해설 단상 유도 전동기는 고정자 권선에 흐르는 전류가 단상이므로 +, − 방향이 변화하는 반주기마다 방향이 변화하는 교번 자계를 발생할 뿐 회전 자계를 발생하지 못하므로 기동 토크가 존재하지 않는다. 따라서 단상 전동기를 기동하기 위해서는 반드시 교번 자계를 회전 자계로 바꾸어 줄 수 있는 기동 권선인 보조 권선이 필요하다.

★
67 **분상 기동형 단상 유도 전동기 원심 개폐기의 작동 시기는 회전자 속도가 동기 속도의 몇 [%] 정도일 때인가?** 12년 출제

① 10~30 ② 40~50
③ 60~80 ④ 90~100

정답 63.④ 64.② 65.① 66.② 67.③

해설 분상 기동형 단상 유도 전동기 원심 개폐기의 작동 시기는 회전자 속도가 점차 증가하여 동기 속도의 60~80[%] 정도가 되면 원심력 개폐기가 개방되어 기동 권선 회로를 자동으로 개방, 분리한다.

68 그림과 같은 분상 기동형 단상 유도 전동기를 역회전시키기 위한 방법이 아닌 것은? 12년 출제

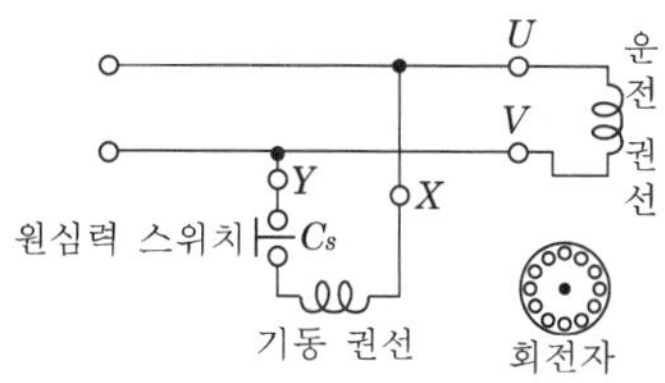

① 원심력 스위치를 열거나 또는 닫는다.

② 기동 권선이나 운전 권선의 어느 한 권선의 단자 접속을 반대로 한다.

③ 기동 권선의 단자 접속을 반대로 한다.

④ 운전 권선의 단자 접속을 반대로 한다.

해설 분상 기동형 : 위상이 서로 다른 두 전류에 의해 회전 자계를 발생시켜 기동하는 방식
- 주권선 : $X \gg R$
- 기동권선 : $R \gg X$
- 역회전 시키는 방법 : 주권선과 기동 권선 중 어느 한쪽 권선의 접속을 전원에 대해 반대로 한다.

분상 기동형
㉠ 기동 권선 : 90° 위상차를 가진 전류를 기동 권선에 흘려 회전 자계가 발생한다.
㉡ 역회전법 : 주(운전)권선이나 기동 권선 중 어느 한 권선의 접속을 반대로 한다.

69 다음 단상 유도 전동기에서 역률이 가장 좋은 것은? 06년/07년 출제

① 콘덴서 기동형 ② 분상 기동형

③ 반발 기동형 ④ 셰이딩 코일형

해설 콘덴서 기동형은 전동기 기동 시 기동 권선에 콘덴서를 연결하여 주권선과 약 90° 만큼의 위상차가 발생하는 전류에 의해 회전 자기장이 형성되어 기동 토크를 발생하는 기동법으로 콘덴서를 이용한 앞선 전류가 흐르므로 역률이 좋고, 기동 토크가 크다.

콘덴서 기동형
㉠ 보조 권선 : 기동 시만 콘덴서를 삽입하여 회전 자계가 발생한다.
㉡ 기동 토크가 크다.

70 역률과 효율이 좋아서 가정용 선풍기, 전기 세탁기, 냉장고 등에 주로 사용되는 것은? 06년/13년 출제

① 분상 기동형 전동기 ② 영구 콘덴서 기동형 전동기

③ 반발 기동형 전동기 ④ 셰이딩 코일형 전동기

해설 영구 콘덴서 기동형은 전동기 기동 시나 운전 시 항상 콘덴서를 기동 권선과 직렬로 접속시켜 기동하는 방식으로 콘덴서 기동형에 비해 콘덴서 정전 용량이 적기 때문에 큰 기동 토크를 발생하지는 않지만 기동 완료 후 콘덴서를 분리하기 위한 원심력 개폐기가 없으므로 구조가 간단하고 역률이 좋기 때문에 큰 기동 토크를 요하지 않고 속도를 조정할 필요가 있는 선풍기나 세탁기 등에서 이용한다.

영구 콘덴서형
㉠ 보조 권선 : 기동, 운전 시 항상 콘덴서를 삽입하여 회전 자계 발생
㉡ 선풍기, 세탁기 이용

정답 68.① 69.① 70.②

기동 토크 크기 순서
반발 기동형 > 반발 유도형 > 콘덴서 기동형 > 분상 기동형 > 셰이딩 코일형

셰이딩 코일형 전동기
㉠ 회전 방향 변경 불가
㉡ 수십[W] 이하 소형 전축, 선풍기에서 이용

★★
71 **다음 중 단상 유도 전동기의 기동 방법 중 기동 토크가 가장 큰 것은?** 08년/10년 출제

① 분상 기동형 ② 반발 유도형
③ 콘덴서 기동형 ④ 반발 기동형

해설 반발 기동형은 전동기 기동 시 회전자 권선의 전부 혹은 일부를 브러시를 통해 단락시켜 기동하는 방식으로 기동 시 매우 큰 기동 전류가 흐르므로 기동 시 발생하는 기동 토크가 가장 크며, 또한 브러시 위치를 변경하여 역회전 및 속도 제어가 가능하다.

★
72 **유도 전동기에서 회전 방향을 바꿀 수 없고, 구조가 극히 단순하며, 기동 토크가 대단히 작아서 운전 중에도 코일에 전류가 계속 흐르므로 소형 선풍기 등 출력이 매우 작은 0.05마력 이하의 소형 전동기에 사용되고 있는 것은?** 06년 출제

① 셰이딩 코일형 유도 전동기 ② 영구 콘덴서형 단상 유도 전동기
③ 콘덴서 기동형 단상 유도 전동기 ④ 분상 기동형 단상 유도 전동기

해설 셰이딩 코일형은 주자극에 슬롯을 만들어 단락된 셰이딩 코일(굵은 구리선으로 두 번 정도 감아서 단락시킨 코일)을 끼워 넣어 기동하는 방식으로 구조가 극히 단순하고, 기동 토크도 대단히 작으며 운전 중에도 셰이딩 코일에 전류가 계속 흐르므로 역률이 떨어지고 속도 변동률이 크다. 주로 전축용 전동기나 소형 선풍기 등 출력이 매우 작은 수십 와트[W] 이하의 소형 전동기에 사용되고 있다.

★
73 **기동 토크가 대단히 작고 역률과 효율이 낮으며 전축, 선풍기 등 수십 와트[W] 이하의 소형 전동기에 널리 사용되는 단상 유도 전동기는?** 12년 출제

① 반발 기동형 ② 셰이딩 코일형
③ 모노 사이클형 ④ 콘덴서형

해설 셰이딩 코일형은 주자극에 슬롯을 만들어 단락된 셰이딩 코일(굵은 구리선으로 두 번 정도 감아서 단락시킨 코일)을 끼워 넣어 기동하는 방식으로 구조가 극히 단순하고, 기동 토크도 대단히 작으며 운전 중에도 셰이딩 코일에 전류가 계속 흐르므로 역률이 떨어지고 속도 변동률이 크다. 주로 전축용 전동기나 소형 선풍기 등 출력이 매우 작은 수십 와트[W] 이하의 소형 전동기에 사용되고 있다.

★
74 **셰이딩 코일형 유도 전동기의 특징을 나타낸 것으로 틀린 것은?** 13년 출제

① 역률과 효율이 좋고 구조가 간단하여 세탁기 등 가정용 기기에 많이 쓰인다.
② 회전자는 농형이고 고정자의 성층 철심은 몇 개의 돌극으로 되어 있다.
③ 기동 토크가 작고 출력이 수십 와트[W] 이하의 소형 전동기에 주로 사용된다.
④ 운전 중에도 셰이딩 코일에 전류가 흐르고 속도 변동률이 크다.

정답 71.④ 72.① 73.② 74.①

해설 셰이딩 코일형 전동기 특성
- 구조가 간단하고, 기동 토크도 매우 작다.
- 역률 및 효율이 떨어진다.
- 속도 변동률이 크고, 출력이 작다.
- 회전 방향을 변경할 수 없다

★★
75 단상 유도 전동기 중 ㉠ 반발 기동형, ㉡ 콘덴서 기동형, ㉢ 분상 기동형, ㉣ 셰이딩 코일형이라 할 때, 기동 토크가 큰 것부터 옳게 나열한 것은? 10년/11년 출제

① ㉠>㉡>㉢>㉣　② ㉠>㉣>㉡>㉢
③ ㉠>㉢>㉣>㉡　④ ㉠>㉡>㉣>㉢

해설 단상 유도 전동기 기동 토크 크기 순서
반발 기동형>반발 유도형>콘덴서 기동형>분상 기동형>셰이딩 코일형

단상 전동기 토크 크기 순서
반발 기동형 > 반발 유도형 > 콘덴서 기동형 > 분상 기동형 > 셰이딩 코일형

★
76 단상 유도 전동기를 기동하려고 할 때 다음 중 기동 토크가 가장 작은 것은? 07년 출제

① 셰이딩 코일형　② 반발 기동형
③ 콘덴서 기동형　④ 분상 기동형

해설 단상 유도 전동기 기동 토크의 크기
반발 기동형>반발 유도형>콘덴서 기동형>분상 기동형>셰이딩 코일형

★★
77 단상 유도 전동기의 기동법 중에서 기동 토크가 가장 큰 것은? 10년/13년 출제

① 반발 유도형　② 반발 기동형
③ 콘덴서 기동형　④ 분상 기동형

해설 단상 유도 전동기 기동 토크의 크기
반발 기동형>반발 유도형>콘덴서 기동형>분상 기동형>셰이딩 코일형

★
78 그림은 교류 전동기 속도 제어 회로이다. 전동기 M의 종류로 알맞은 것은? 13년 출제

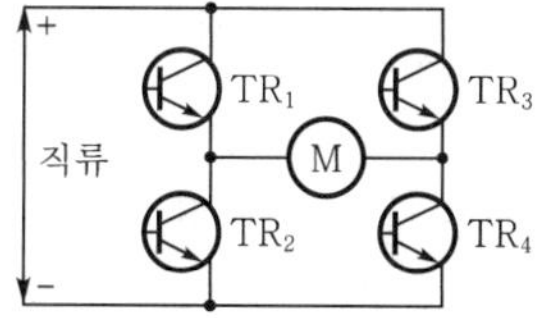

① 단상 유도 전동기　② 3상 유도 전동기
③ 3상 동기 전동기　④ 4상 스텝 전동기

정답 75.① 76.① 77.② 78.①

해설 단상 인버터 회로로 트랜지스터 TR_1, TR_4 조합을 통해서는 전동기 왼편 단자에서 오른편 단자쪽으로 전류가 흐르고, 트랜지스터 TR_3, TR_2 조합을 통해서는 전동기 오른편 단자에서 왼편 단자쪽으로 전류가 흐르면서 직류가 교류로 변환하여 전동기에 인가되는 전압 제어에 의한 속도 제어를 할 수 있다.

★
79 **그림은 유도 전동기 속도 제어 회로 및 트랜지스터의 컬렉터 전류 그래프이다. a와 b에 해당하는 트랜지스터는?** 11년 출제

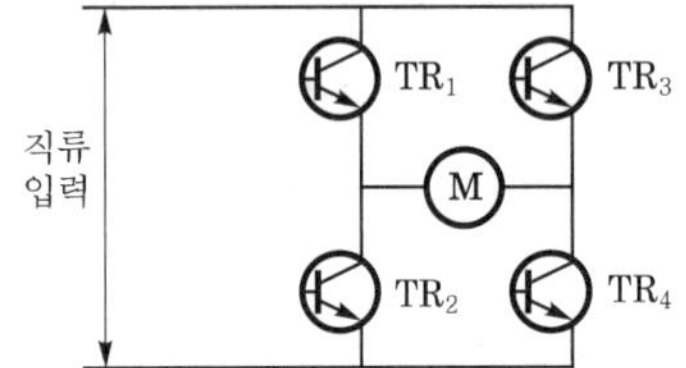

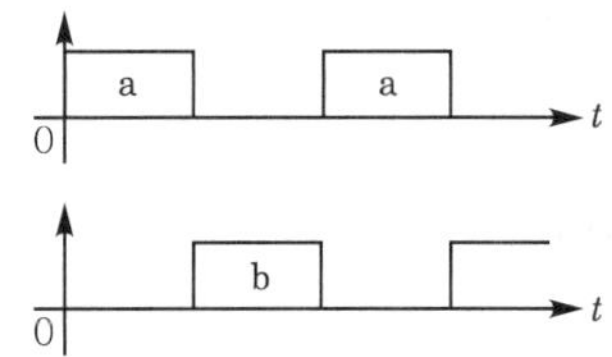

① a는 TR_1과 TR_2, b는 TR_3와 TR_4 ② a는 TR_1과 TR_3, b는 TR_2와 TR_4
③ a는 TR_2와 TR_4, b는 TR_1과 TR_3 ④ a는 TR_1과 TR_4, b는 TR_2와 TR_3

해설 단상 인버터 회로로 a의 경우는 트랜지스터 $TR_1 \rightarrow M \rightarrow TR_4$ 순으로 전류가 흘러서 얻은 파형이고 b의 경우는 트랜지스터 $TR_3 \rightarrow M \rightarrow TR_2$ 순으로 전류가 흘러 얻은 파형으로서, 직류를 교류로 변환하여 전동기에 인가되는 전압 제어에 의한 속도 제어를 할 수 있다.

★
80 **그림과 같은 전동기 제어 회로에서 전동기 M의 전류 방향으로 올바른 것은? (단, 전동기의 역률은 100[%]이고, 사이리스터의 점호각은 0°라고 본다.)** 13년 출제

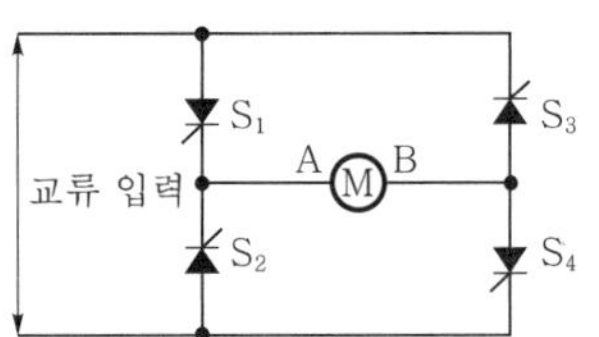

① 항상 "A"에서 "B"의 방향
② 항상 "B"에서 "A"의 방향
③ 입력의 반주기마다 "A"에서 "B"의 방향, "B"에서 "A"의 방향
④ S_1과 S_4, S_2와 S_3의 동작 상태에 따라 "A"에서 "B"의 방향, "B"에서 "A"의 방향

해설 교류 인가 시 +인 경우 사이리스터 $S_1 \rightarrow A \rightarrow M \rightarrow B \rightarrow S_4$를 통해 전류가 흐르고, −인 경우는 사이리스터 $S_2 \rightarrow A \rightarrow M \rightarrow B \rightarrow S_3$를 통해 전류를 흘리면서 전동기에 인가되는 전압 제어에 의한 속도 제어를 할 수 있다.

정답 79.④ 80.①

전동기 속도 제어
㉠ SCR 이용 위상 제어에 의한 전압 제어
㉡ SCR : 3단자 단방향성 사이리스터

★
81 그림의 전동기 제어 회로에 대한 설명으로 잘못된 것은?
14년 출제

① 교류를 직류로 변환한다.
② 사이리스터 위상 제어 회로이다.
③ 전파 정류 회로이다.
④ 주파수를 변환하는 회로이다.

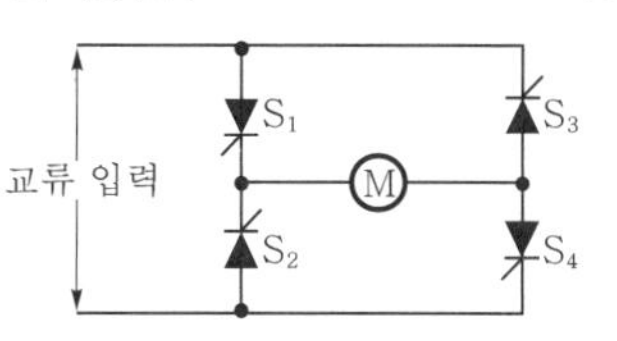

해설 교류 인가 시 +인 경우 사이리스터 $S_1 \to A \to M \to B \to S_4$를 통해 전류가 흐르고, −인 경우는 사이리스터 $S_2 \to A \to M \to B \to S_3$를 통해 전류를 흘리면서 전동기에 인가되는 전압 제어에 의한 사이리스터 위상 제어 회로이다.

★★
82 그림은 전동기 속도 제어 회로이다. [보기]에서 ㉠과 ㉡을 순서대로 나열한 것은?
11년/12년 출제

> [보기]
> 전동기를 기동할 때는 저항 R을 (㉠), 전동기를 운전할 때는 저항 R을 (㉡)로 한다.

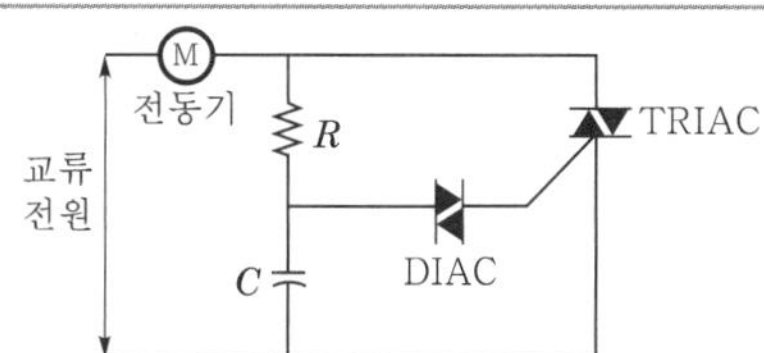

① ㉠ 최대, ㉡ 최대　② ㉠ 최소, ㉡ 최소
③ ㉠ 최대, ㉡ 최소　④ ㉠ 최소, ㉡ 최대

해설 직류와 교류에서 모두 사용 가능한 만능 전동기 속도 제어 회로로 단상 유도 전동기 운전 시 가변 저항인 기동 저항기 R을 가변함으로써 속도 제어를 할 수 있는데 기동 시에는 R을 최대로 하여 기동 전류를 제한하고, 운전 시에는 최소로 한다.

★
83 다음 회로에서 전동기 운전 시 부하에 최대 전력을 공급하기 위해서 저항 R 및 콘덴서 C의 크기는?
12년 출제

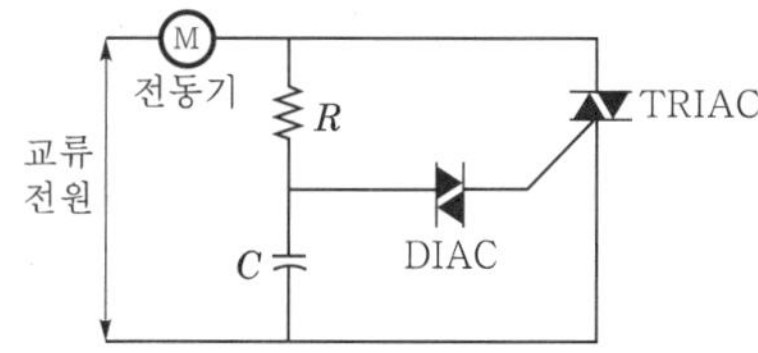

① R은 최대, C는 최대로 한다.　② R은 최소, C는 최소로 한다.
③ R은 최대, C는 최소로 한다.　④ R은 최소, C는 최대로 한다.

정답 81.④ 82.③ 83.③

해설 직류와 교류에서 모두 사용 가능한 만능 전동기 속도 제어 회로로 단상 유도 전동기 운전 시 가변 저항 R을 가변함으로써 속도 제어를 할 수 있는데 전동기 운전 시 부하에 최대 전력을 공급하기 위해서는 가변 저항 R은 최대로 하고 정전 용량 C는 최소로 하여 TRIAC과 DIAC을 통해 전류가 흐르면서 최대 전력을 발생한다.

단락 권선
전압 강하 방지

★★★
84 단상 유도 전압 조정기의 단락 권선의 역할은? 06년/09년/10년 출제

출제빈도

① 철손 경감 ② 절연 보호
③ 전압 조정 용이 ④ 전압 강하 경감

해설 단락 권선은 직렬 권선에 부하 전류가 흐를 때 누설 리액턴스 때문에 발생하는 전압 강하 방지를 위해 분로 권선에 직각으로 감아주는 3차 권선을 말한다.

계기용 변압기(PT)
㉠ 2차 정격 전압 : 110[V]
㉡ 보호 계전기, 전압계 접속

★★
85 다음 설명 중 틀린 것은? 11년/14년 출제

① 3상 유도 전압 조정기의 회전자 권선은 분로 권선이고, Y결선으로 되어 있다.
② 디프 슬롯형 전동기는 냉각 효과가 좋아 기동 정지가 빈번한 중·대형 저속기에 적당하다.
③ 누설 변압기가 네온 사인이나 용접기의 전원으로 알맞은 이유는 수하 특성 때문이다.
④ 계기용 변압기의 2차 표준은 110/220[V]로 되어 있다.

해설 계기용 변압기(PT)의 2차 표준 전압은 110[V]이다.

단상 직권 정류자 전동기
㉠ 직·교류 모두 사용 가능
㉡ 직·교류 양용(만능) 전동기

★
86 용량이 작은 전동기로 직류와 교류를 겸용할 수 있는 전동기는? 13년 출제

① 셰이딩 전동기 ② 단상 반발 전동기
③ 단상 직권 정류자 전동기 ④ 리니어 전동기

해설 직권 정류자 전동기는 계자 권선과 전기자 권선이 직렬인 구조로 전동기 양단자 간에 가하는 전압의 극성을 반대로 하더라도 회전 방향이 변하지 않아 직류, 교류에서 모두 사용할 수 있기 때문에 직·교류 양용 전동기 또는 만능 전동기라고 한다.

정답 84.④ 85.④ 86.③

정류기

01 회전 변류기

전력 변환 장치의 종류
㉠ 정류기(컨버터) : AC → DC 변환
㉡ 인버터(역변환기) : DC → AC 변환
㉢ 사이클로 컨버터 : AC → AC 변환(주파수)
㉣ 초퍼 : 고정 DC → 가변 DC 변환

▎전력 변환 장치의 종류▎

구분	기능
컨버터(정류기)	AC를 DC로 변환하는 것
인버터(역변환 장치)	DC를 AC로 변환하는 것
사이클로 컨버터	AC를 또 다른 AC로 변환하는 주파수 변환 장치
초퍼	고정 DC를 가변 DC로 변환하는 것

1 회전 변류기의 구조 및 원리

슬립링을 통해서 교류를 가하면 회전자는 동기 전동기의 전기자로서 회전함과 동시에 직류 발전기의 전기자로 작용하여 직류를 발생한다.

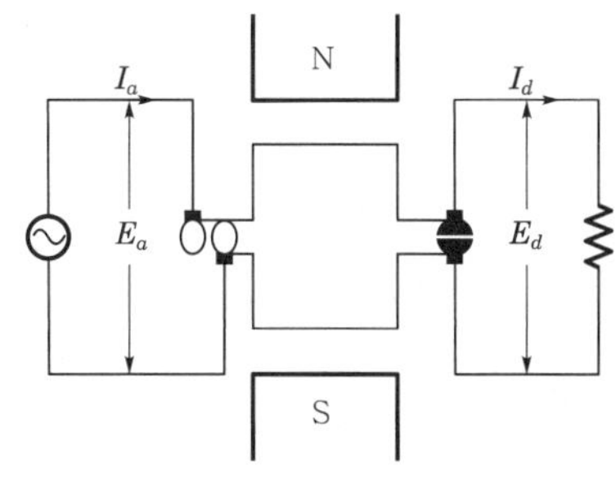

① 전압비 : $\frac{E_a}{E_d} = \frac{1}{\sqrt{2}} \sin\frac{\pi}{m}$ (여기서, m : 상수)

② 전류비 : $\frac{I_a}{I_d} = \frac{2\sqrt{2}}{m\cos\theta}$

2 난조(동기 전동기)

운전 중 부하 급변 시 새로운 부하각을 중심으로 진동하는 현상이다.

(1) 발생 원인

① 브러시의 위치가 중성점보다 늦은 위치에 있는 경우
② 직류측 부하가 급변하는 경우
③ 교류측 주파수가 주기적으로 변하는 경우
④ 역률이 감소한 경우
⑤ 전기자 회로의 저항이 리액턴스에 비해 큰 경우

(2) 방지 대책

제동 권선을 설치한다.

3 직류 전압 조정법

① 직렬 리액터에 의한 방법
② 유도 전압 조정기에 의한 방법
③ 동기 승압기에 의한 방법
④ 부하 시 전압 조정기를 사용하는 방법

02 수은 정류기

1 수은 정류기의 구조 및 원리

유리관을 오른편으로 기울여서 양극점과 음극점을 수은으로 접속하면 두 단자 사이에는 전압이 가해지므로 전류가 흐른다. 이때 유리관을 원래 위치로 세워서 수은의 접속을 끊으면 이 순간 불꽃을 발생하여 아크 방전을 이루면서 양극점과 음극점 간에는 연속적으로 일정한 방향으로 전류가 흐른다.

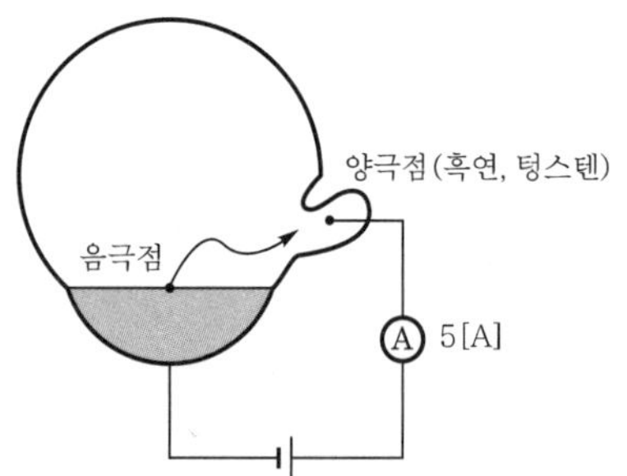

① 전압비 : $\dfrac{E_a}{E_d}=\dfrac{\dfrac{\pi}{m}}{\sqrt{2}\sin\dfrac{\pi}{m}}$ (여기서, m : 상수)

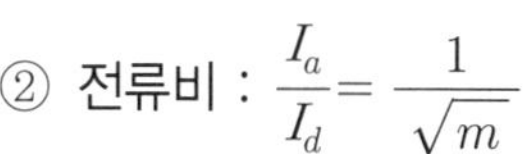

② 전류비 : $\frac{I_a}{I_d} = \frac{1}{\sqrt{m}}$

2 수은 정류기의 이상 현상

(1) 역호

음극에 대해 부전위로 있는 양극에 어떠한 원인에 의해 음극점이 형성되어 정류기의 밸브 작용이 상실되는 현상

① 발생 원인

㉠ 과부하 전류

㉡ 전압의 과대한 상승

㉢ 양극의 수은 방울 부착

㉣ 내부 잔존 가스의 압력 상승

㉤ 화성 불충분(화성 : 완전 진공을 위해 불순물을 제거하는 것)

② 방지 대책

㉠ 냉각 장치에 주의하여 과열, 과냉각을 피할 것

㉡ 과부하가 되지 않도록 할 것

㉢ 진공도를 충분히 높게 할 것

㉣ 양극에 직접 수은 증기가 부착되지 않도록 할 것

(2) 통호

방전을 제어하는 제어 격자의 고장으로 인하여 점호를 저지하여야 할 때 저지하지 못하고 전류를 통하는 현상

(3) 실호

방전을 제어하는 제어 격자의 고장으로 인하여 역전류(양극 전류)가 발생했을 때 신속하게 통전시키지 못하는 현상

03 다이오드 정류 회로

1 다이오드(diode)의 특성 및 종류

(1) 접합 다이오드

P형 반도체와 N형 반도체를 결합시키면 그 접합부에서는 전류가 한쪽 방향으로는 잘 흐르지만, 반대 방향으로는 잘 흐르지 않는 정류 작용을 일으키는 반도체 소자

다이오드 특성
㉠ P형, N형 반도체 결합
㉡ 정류 작용
㉢ 반도체 정류 소자 : Ge, Si, Se, CuO

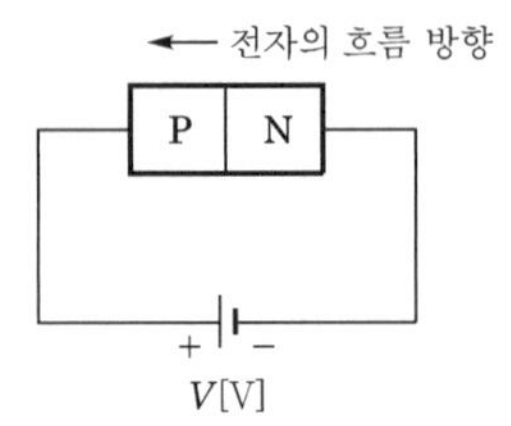

P형 반도체
㉠ 3가의 불순물(억셉터)
㉡ 전기 전도 반송자 : 정공

① P형 반도체
  ㉠ 3가의 갈륨(Ga), 인듐(In)과 억셉터 불순물을 넣어 만든 반도체
  ㉡ 전기 전도 반송자(캐리어) : 정공(결합 전자의 이탈로 생성)

N형 반도체
㉠ 5가의 불순물(도너)
㉡ 전기 전도 반송자 : 전자

② N형 반도체
  ㉠ 5가의 안티몬(Sb), 비소(As)와 같은 도너 불순물을 넣은 반도체
  ㉡ 진기 진도 반송자(캐리이) : 전자

다이오드 접속
㉠ 직렬 접속 : 과전압 보호
㉡ 병렬 접속 : 과전류 보호

③ 반도체 정류 소자 : 저마늄(Ge), 실리콘(Si), 셀레늄(Se), 산화구리(CuO)
④ 다이오드의 직렬 접속 : 과전압으로부터 보호
⑤ 다이오드의 병렬 접속 : 과전류로부터 보호

(2) 다이오드 종류

① 정류용 다이오드 : 각종 정류 회로에 이용
② 버랙터 다이오드(가변 용량 다이오드) : P-N 접합에서 역바이어스 시 전압에 따라 광범위하게 변화하는 다이오드의 공간 전하 용량 이용

제너 다이오드
정전압 다이오드

③ 제너 다이오드(정전압 다이오드) : 제너 항복에 의한 전압 포화 특성 이용
④ 발광 다이오드(LED) : 빛 발산 스위치, 파일럿 램프(Pilot Lamp) 등에서 이용
⑤ 터널 다이오드(에사키 다이오드) : 불순물의 함량을 증가시켜 공간 전하 영역의 폭을 좁혀 터널 효과가 나타나도록 한 것
  ㉠ 발진 작용
  ㉡ 스위치 작용
  ㉢ 증폭 작용

2 다이오드 정류 회로

(1) 단상 반파 정류 회로(반파 정현파)

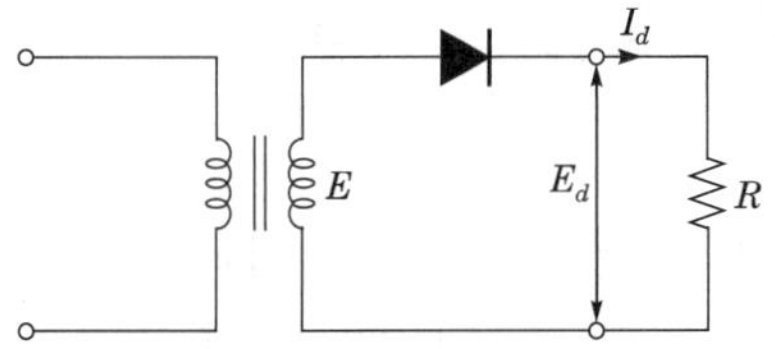

① 직류분 전압 : 다이오드 전압 강하를 고려하지 않은 경우

㉠ $E_d = \frac{1}{2\pi}\int_0^{\pi}\sqrt{2}E\sin\theta d\theta = \frac{\sqrt{2}}{\pi}E$

㉡ $E_d = \frac{E_m}{\pi} = \frac{\sqrt{2}}{\pi}E = 0.45E[\mathrm{V}]$

② 직류분 전압 : 다이오드 전압 강하를 고려한 경우

$E_d = \frac{\sqrt{2}}{\pi}E - e[\mathrm{V}]$

③ PIV(첨두 역전압) : 다이오드에 역으로 인가되는 최대 전압

㉠ 직류분 전압 $E_d = \frac{\sqrt{2}}{\pi}E - e[\mathrm{V}]$

㉡ 첨두 역전압 $\mathrm{PIV} = \sqrt{2}E = \pi(E_d + e)[\mathrm{V}]$

④ 정류 효율 : $\eta = \frac{P_{DC}}{P_{AC}} \times 100 = \frac{{I_d}^2 R}{I^2 R} \times 100 = \frac{\left(\frac{I_m}{\pi}\right)^2 R}{\left(\frac{I_m}{2}\right)^2 R} \times 100 = 40.6[\%]$

⑤ 맥동률과 맥동 주파수

㉠ 맥동률 : $\nu = \frac{\text{출력 전압(전류)에 포함된 교류분 크기}}{\text{출력 전압(전류)의 직류분 크기}}$

- 맥동률 $\propto \frac{1}{\text{상수} \times k(\text{정류 상수})}$

  여기서, 상수 : 단상 1, 3상 3, 정류 상수 : 반파 1, 전파 2

- 맥동률은 단상보다 3상, 반파보다 전파일수록 작아진다.

㉡ 정류 방식별 맥동률

단상 반파 정류	단상 전파 정류	3상 반파 정류	3상 전파 정류
121[%]	48[%]	17[%]	4[%]

㉢ 맥동 주파수 : f_0=기본파 주파수×상수×k(정류 상수)

여기서, 상수 : 단상 1, 3상 3, 정류 상수 : 반파 1, 전파 2

(2) 단상 전파 정류 회로(전파 정현파)

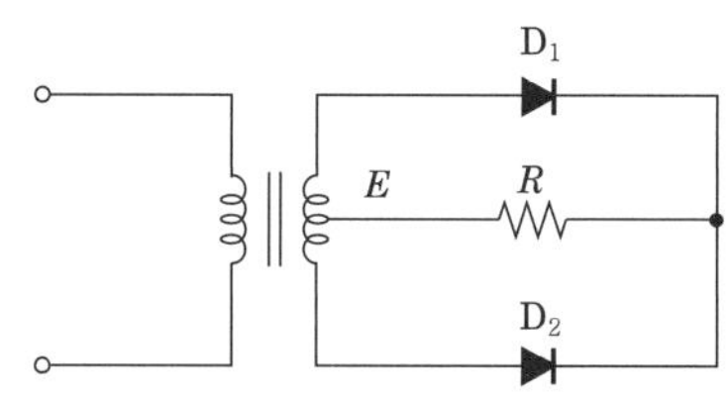

자주 출제되는 Key Point

단상 반파 정류 회로

㉠ 직류분 전압

$E_d = \frac{\sqrt{2}}{\pi}E = 0.45E[\mathrm{V}]$

㉡ 전압 강하 고려

$E_d = \frac{\sqrt{2}}{\pi}E - e[\mathrm{V}]$

㉢ 맥동률 : 상수가 커질수록, 전파일수록 작아진다.

㉣ 정류 방식별 맥동률

- 단상 반파 : 121[%]
- 단상 전파 : 48[%]
- 3상 반파 : 17[%]
- 3상 전파 : 4[%]

단상 전파 정류 회로

㉠ 직류분 전압

$E_d = \frac{2\sqrt{2}}{\pi}E = 0.9E[\mathrm{V}]$

㉡ 전압 강하 고려

$E_d = \frac{2\sqrt{2}}{\pi}E - e[\mathrm{V}]$

① 직류분 전압 : 다이오드 전압 강하를 고려하지 않은 경우

㉠ $E_d = \frac{1}{\pi}\int_0^{\pi}\sqrt{2}E\sin\theta d\theta = \frac{2\sqrt{2}}{\pi}E$

㉡ $E_d = \frac{2}{\pi}E_m = \frac{2\sqrt{2}}{\pi}E = 0.9E[\mathrm{V}]$

② 직류분 전압 : 다이오드 전압 강하를 고려한 경우

$E_d = \frac{2\sqrt{2}}{\pi}E - e[\mathrm{V}]$

③ PIV(첨두 역전압) : 다이오드에 역으로 인가되는 최대 전압

㉠ 직류분 전압 $E_d = \frac{2\sqrt{2}}{\pi}E - e[\mathrm{V}]$

㉡ 전압 강하를 부시한 경우 : $\mathrm{PIV} = 2\sqrt{2}E = \pi E_d[\mathrm{V}]$

㉢ 전압 강하를 고려한 경우 : $\mathrm{PIV} = 2\sqrt{2}E - e[\mathrm{V}]$

④ 정류 효율

$$\eta = \frac{P_{DC}}{P_{AC}}\times 100 = \frac{I_d{}^2 R}{I^2 R}\times 100 = \frac{\left(\frac{2}{\pi}I_m\right)^2 R}{\left(\frac{I_m}{\sqrt{2}}\right)^2 R}\times 100 = 81.2[\%]$$

브리지 단상 전파 정류 회로
㉠ 정류 시 전류 흐름
㉡ 직류분 전압
$E_d = \frac{2\sqrt{2}}{\pi}E = 0.9E[\mathrm{V}]$

(3) 브리지 회로 이용 단상 전파 정류 회로

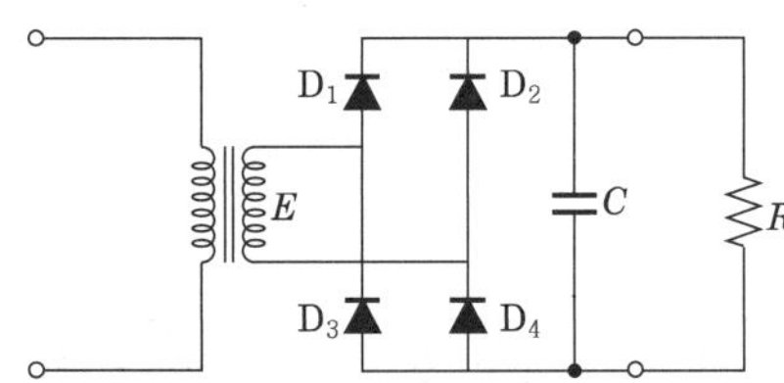

+인 경우는 다이오드 D_1, D_4로 통해 전류가 흐르고, −인 경우는 다이오드 D_2, D_3를 통해서 전류가 흐른다.

① 직류분 전압 : $E_d = \frac{2}{\pi}E_m = \frac{2\sqrt{2}}{\pi}E = 0.9E[\mathrm{V}]$

② 첨두 역전압 : $\mathrm{PIV} = \sqrt{2}E[\mathrm{V}]$

자주 출제되는 Key Point

3상 정류 회로

㉠ 3상 반파 직류분 전압
$E_d = 1.17E$[V]

㉡ 3상 전파 직류분 전압
$E_d = 1.35E$[V]

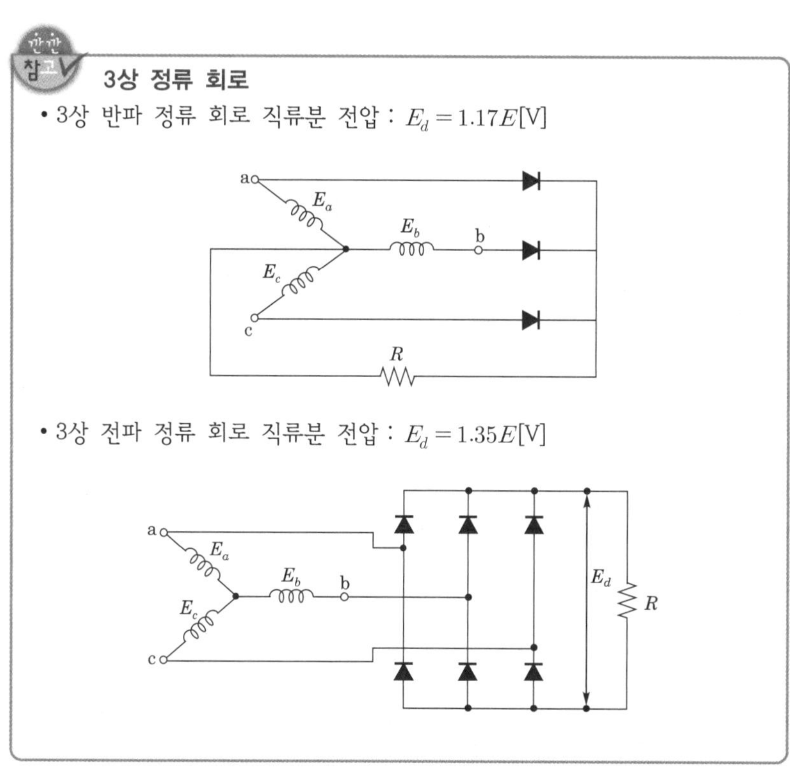

깐깐 참고

3상 정류 회로

• 3상 반파 정류 회로 직류분 전압 : $E_d = 1.17E$[V]

• 3상 전파 정류 회로 직류분 전압 : $E_d = 1.35E$[V]

04 사이리스터 정류 회로

1 사이리스터의 종류 및 특성

(1) SCR의 구조

사이리스터의 구조적인 특성은 다이오드와 달리 양극(애노드)과 음극(캐소드)의 두 단자 외에 하나의 보조 단자인 게이트가 있으며, 이 단자를 통해 SCR(Silicon Controlled Rectifier)을 도통시키거나 제어할 수 있다.

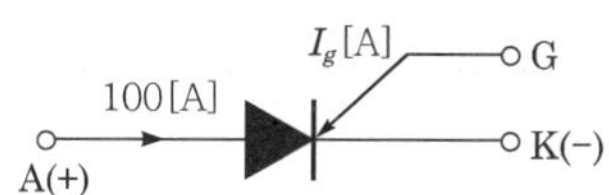

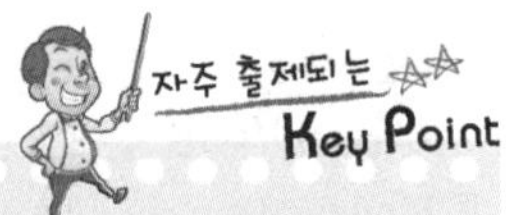

(2) SCR의 특성

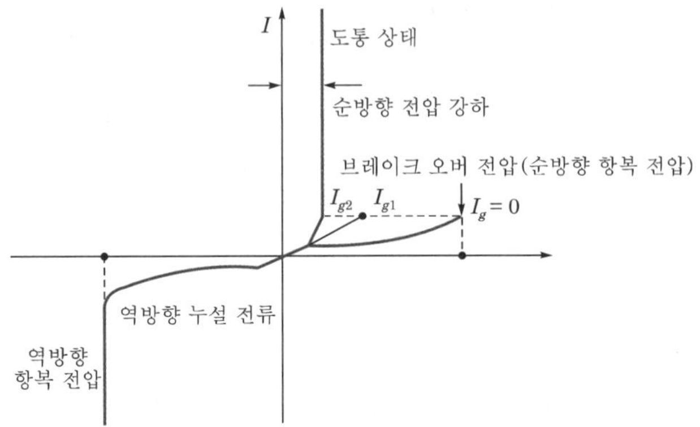

SCR 특성
㉠ 3단자 단일 방향성 소자, 애노드, 캐소드, 게이트
㉡ 정류 작용

① SCR turn on 조건
- ㉠ 양극과 음극 간에 브레이크 오버 전압 이상의 전압을 인가한다($I_g = 0$).
- ㉡ 게이트에 트리거 펄스 전류를 인가한다.

SCR turn on 조건
㉠ 게이트에 펄스 전류 인가
㉡ 브레이크 오버 전압 인가

② SCR turn off 조건
- ㉠ 애노드의 극성을 부(−)로 한다.
- ㉡ SCR에 흐르는 전류를 유지 전류 이하로 한다.

SCR turn off 조건
㉠ 애노드 극성 : 부(−)
㉡ 유지 전류 이하 감소

- 브레이크 오버 전압 : 게이트를 개방한 상태에서 양극과 음극 간에 전압을 계속 상승시킬 때 어느 일정 전압에서 순방향 저지 상태가 중단되면서 사이리스터 양극 간에 대전류가 흐르는 현상을 브레이크 오버라 하고 이때 전압을 브레이크 오버 전압이라 한다.
- turn on 시간 : 게이트 전류를 가하여 도통 완료까지의 시간이다.
- 래칭 전류 : 게이트에 트리거 신호가 제거된 직후에 SCR을 ON 상태로 유지하는 데 필요로 하는 최소한의 순방향 전류이다.
- 유지 전류 : 게이트 개방 상태에서 SCR이 도통되고 있을 때, 그 상태를 유지하기 위한 최소의 순방향 전류이다.

(3) 사이리스터의 종류

단방향성 사이리스터	SCR, GTO, SCS, LASCR
쌍방향성 사이리스터	SSS, TRIAC, DIAC

사이리스터의 종류
㉠ 단방향성 사이리스터 : SCR, GTO, LASCR, SCS
㉡ 쌍방향성 사이리스터 : SSS, TRIAC, DIAC

① SCR(Silicon Controlled Rectifier) : 다이오드에 트리거 기능이 있는 스위치(게이트)를 내장한 3단자 단일 방향성 소자

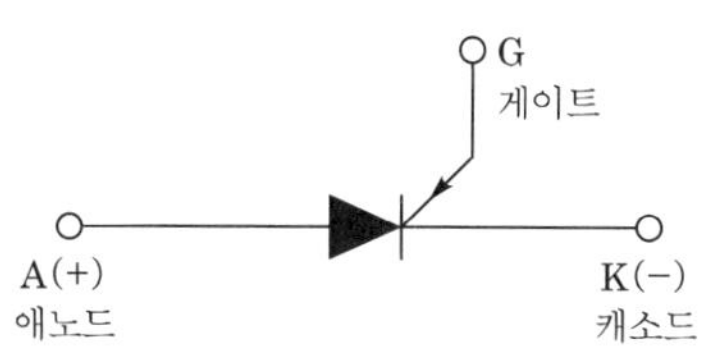

② GTO(Gate Turn Off thyristor) : 게이트 신호로 turn-off 할 수 있는 3단자 단일 방향성 사이리스터

GTO 특성
㉠ 3단자 단일 방향성 소자
㉡ 게이트 신호를 이용한 턴-오프 가능

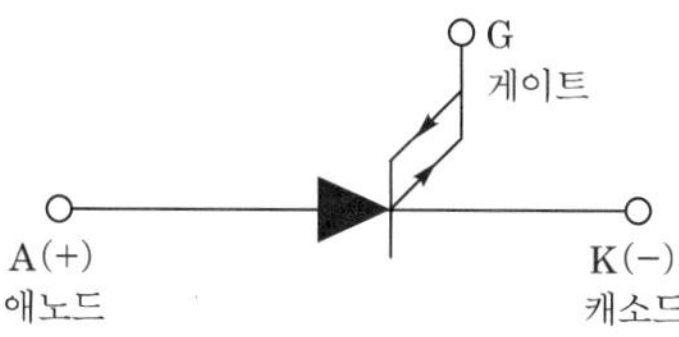

③ SCS(Silicon Controlled Switch) : 2개의 게이트를 갖고 있는 4단자 단일 방향성 사이리스터

SCS 특성
4단자 단일 방향성 소자

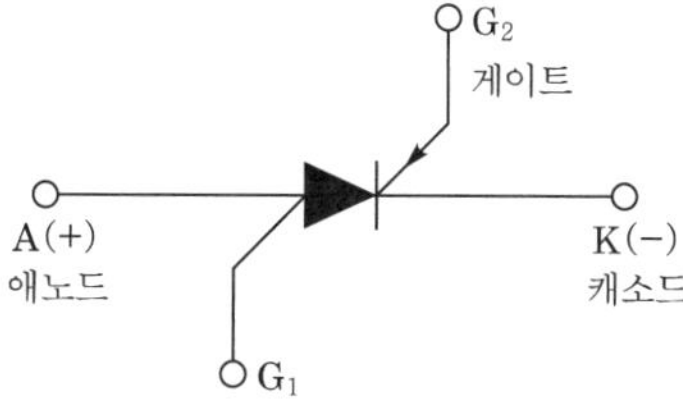

④ LASCR(Light Activated SCR) : 광신호를 이용하여 트리거 시킬 수 있는 사이리스터

LASCR 특성
㉠ 3단자 단일 방향성 소자
㉡ 빛을 이용한 트리거

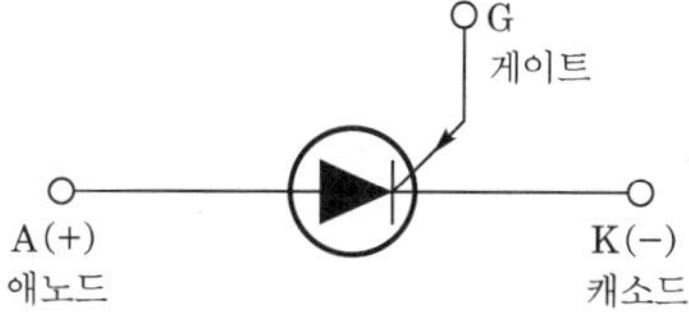

⑤ SSS(Silicon Symmetrical Switch) : 게이트가 없는 2단자 쌍방향성 사이리스터

SSS 특성
㉠ 2단자 쌍방향성 소자
㉡ 게이트 없음

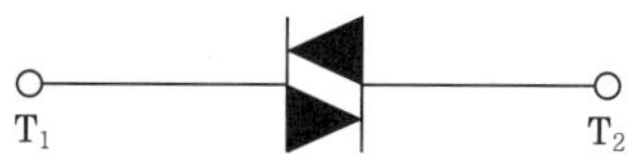

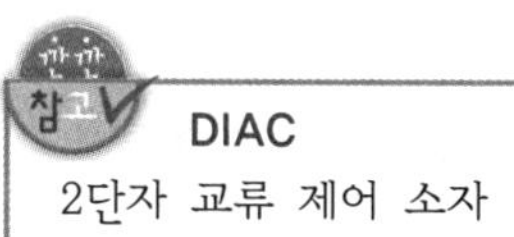

DIAC

2단자 교류 제어 소자

TRIAC 특성
㉠ 3단자 쌍방향성 소자
㉡ 교류에서도 사용 가능

⑥ TRIAC(TRIode AC switch) : 교류에서도 사용할 수 있는 3단자 쌍방향성 사이리스터

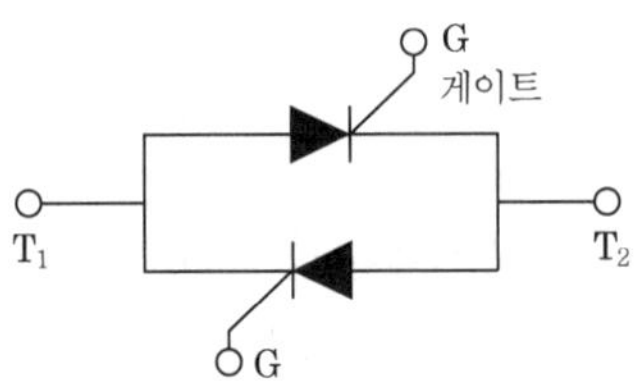

2 SCR의 위상 제어 및 정류

SCR의 위상 제어 및 정류
㉠ 게이트 신호 : 위상 제어
㉡ 제어각>역률각
㉢ 단상 반파 직류분 전압
$E_d = \frac{\sqrt{2}E}{\pi}\left(\frac{1+\cos\alpha}{2}\right)$
㉣ 단상 전파 직류분 전압
$E_d = \frac{2\sqrt{2}E}{\pi}\left(\frac{1+\cos\alpha}{2}\right)$

(1) 단상 반파 정류 회로

사이리스터를 이용한 정류 회로이므로 점호 제어각 α인 시점에서 게이트에 트리거 펄스파 입력을 가하면 그 순간부터 순방향 전압에 대해서만 부하에 전압이 인가된다.

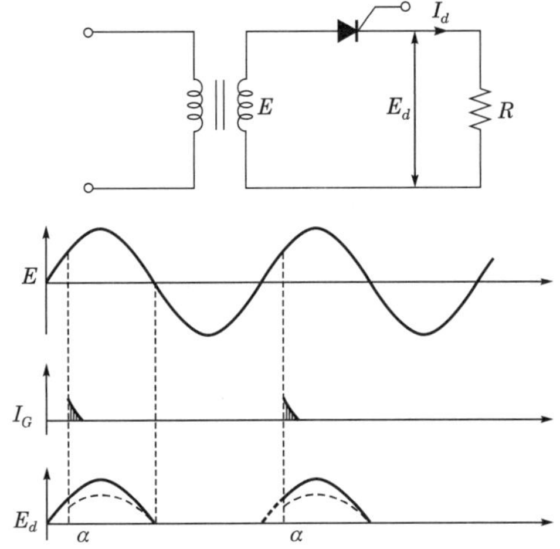

여기서, E : 실효값, E_d : 직류분 전압, α : 제어각

① 직류분 전압

$$E_d = \frac{1}{2\pi}\int_{\alpha}^{\pi}\sqrt{2}E\sin\theta d\theta = \frac{\sqrt{2}}{\pi}E\left(\frac{1+\cos\alpha}{2}\right)$$

$$E_d = \frac{\sqrt{2}}{\pi}E\left(\frac{1+\cos\alpha}{2}\right)[\text{V}]$$

② 유도성 부하인 경우 전류가 역률각 θ만큼 뒤진 전류가 흐르므로 반드시 제어각은 역률각보다 커야 전류 제어가 가능하다(제어각>역률각).

③ 부하가 인덕턴스를 포함한 경우 인덕턴스 L이 크면 클수록 완전한 직류가 된다.

(2) 단상 전파 정류 회로

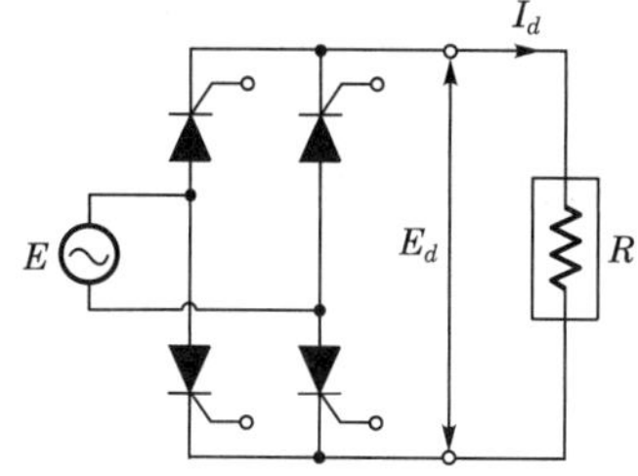

① 저항만의 부하

$$E_d = \frac{2}{2\pi}\int_{\alpha}^{\pi}\sqrt{2}\,E\sin\theta d\theta = \frac{2\sqrt{2}}{\pi}E\left(\frac{1+\cos\alpha}{2}\right)$$

직류분 전압 $E_d = \frac{2\sqrt{2}}{\pi}E\left(\frac{1+\cos\alpha}{2}\right)$[V]

② 유도성 부하

$$E_d = \frac{2\sqrt{2}}{\pi}E\cos\alpha = 0.9E\cos\alpha\,[\text{V}]$$

자주 출제되는 기출 문제

전력 변환 장치의 종류
㉠ 정류기(컨버터) : AC → DC 변환
㉡ 인버터(역변환기) : DC → AC 변환
㉢ 사이클로 컨버터 : AC → AC 변환(주파수)
㉣ 초퍼 : 고정 DC → 가변 DC 변환

★★
01 **컨버터의 용도로 가장 적합한 것은?** 07년/08년 출제

① 교류–직류 변환 ② 직류–교류 변환
③ 교류–증폭 교류 변환 ④ 직류–증폭 직류 변환

해설 컨버터(정류기) : 교류를 직류로 바꿔 주는 전력 변환 장치

★★★
02 **인버터(inverter)에 대한 설명으로 알맞은 것은?** 08년/09년/10년/13년/14년 출제

출제빈도

① 교류를 직류로 변환 ② 교류를 교류로 변환
③ 직류를 교류로 변환 ④ 직류를 직류로 변환

해설 인버터 : 직류를 교류로 바꿔 주는 전력 변환 장치

★★★
03 **직류를 교류로 변환하는 장치로서 초고속 전동기의 속도 제어용 전원이나 형광등의 고주파 점등에 이용되는 것은?** 06년/08년/10년/11년 출제

출제빈도

① 역변환 장치 ② 컨버터
③ 변성기 ④ 변류기

해설 인버터(역변환 장치) : 직류를 교류로 바꿔 주는 전력 변환 장치

★
04 **교류 전동기를 직류 전동기처럼 속도 제어하려면 가변 주파수의 전원이 필요하다. 주파수 f_1에서 직류로 변환하지 않고 바로 주파수 f_2로 변환하는 변환기는?** 10년 출제

① 사이클로 컨버터 ② 주파수원 인버터
③ 전압 · 전류원 인버터 ④ 사이리스터 컨버터

해설 사이클로 컨버터 : 주파수가 서로 다른 교류로 변환하는 주파수 변환 장치

★
05 **직류 전압을 직접 제어하는 것은?** 06년 출제

① 단상 인버터 ② 3상 인버터
③ 초퍼형 인버터 ④ 브리지형 인버터

해설 초퍼 회로 : 고정된 크기의 직류를 가변 직류로 변환하는 장치

정답 01.① 02.③ 03.① 04.① 05.③

06 직류 전동기의 제어에 널리 응용되는 직류－직류 전압 제어 장치는? 13년 출제

① 인버터 ② 컨버터
③ 초퍼 ④ 전파 정류

해설 전력 변환 장치
- 컨버터 : 교류를 직류로 변환하는 장치
- 인버터 : 직류를 교류로 변환하는 장치
- 초퍼 : 고정 직류를 가변 직류로 변환하는 장치

07 ON, OFF를 고속도로 변환할 수 있는 스위치이고 직류 변압기 등에 사용되는 회로는 무엇인가? 13년 출제

① 초퍼 회로 ② 인버터 회로
③ 컨버터 회로 ④ 정류기 회로

해설 초퍼 회로 : 고정된 크기의 직류를 가변 직류로 변환하는 장치

전력 변환 장치의 종류
㉠ 초퍼 : 고정 DC → 가변 DC 변환
㉡ 사이클로 컨버터(주파수) : AC → AC 변환

08 스위치 주기 10[μs], 온(ON)시간 5[μs]일 때 강압형 초퍼의 출력 전압 E_2와 입력 전압 E_1의 관계는? 11년 출제

① $E_2 = 3E_1$ ② $E_2 = 2E_1$
③ $E_2 = E_1$ ④ $E_2 = 0.5E_1$

해설 초퍼 : 일정 입력 전압으로부터 초퍼(짧게 자른) 부하 전압을 만들어, 전원으로부터 부하로 연결 또는 단절하는 온, 오프 스위치로 초퍼된 평균 부하 전압은 다음과 같이 구할 수 있다.

$$E_2 = \frac{t_{on}}{t_{on}+t_{off}}E_1 = \frac{t_{on}}{T}E_1$$

$$= \frac{5}{10}E_1 \text{에서 } E_2 = 0.5E_1[\text{V}]$$

여기서, E_1 : 입력 전압, E_2 : 출력 전압(평균 부하 전압), t_{on} : 온 시간
t_{off} : 오프 시간, T : 스위칭 주기

초퍼 평균 전압

$$E_2 = \frac{t_{on}}{t_{on}+t_{off}}E_1[\text{V}]$$

09 다음 ( )에 들어갈 말로 옳은 것은? 12년 출제

> PN 접합의 순방향 저항은 (㉠), 역방향 저항은 매우 (㉡). 따라서 (㉢) 작용을 한다.

① ㉠ 크고, ㉡ 크다, ㉢ 정류 ② ㉠ 작고, ㉡ 크다, ㉢ 정류
③ ㉠ 작고, ㉡ 작다, ㉢ 검파 ④ ㉠ 작고, ㉡ 크다, ㉢ 검파

정답 06.③ 07.① 08.④ 09.②

해설 PN 접합 다이오드 : P형 반도체와 N형 반도체를 결합시키면 그 접합부에서는 전류가 순방향에 대해서는 저항이 매우 작아 전류가 잘 흐르지만, 역방향에 대해서는 저항이 매우 커 전류가 흐를 수 없는 특성을 갖기 때문에 전류가 일정항 방향으로만 흐르게 하는 정류 작용을 한다.

다이오드의 특성
㉠ P형, N형 반도체 결합
㉡ 정류 작용
㉢ 순방향 도통 시 1~2[V] 전압 강하 발생

★
10 다음 회로도에 대한 설명으로 옳지 않은 것은? 11년 출제

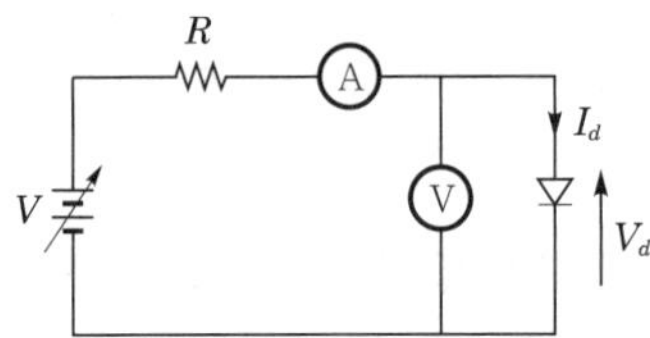

① 다이오드의 양극의 전압이 음극에 비하여 높을 때를 순방향 도통 상태라 한다.
② 다이오드의 양극의 전압이 음극에 비하여 낮을 때를 역방향 정지 상태라 한다.
③ 실제의 다이오드는 순방향 도통 시 양단자 간의 전압 강하가 발생하지 않는다.
④ 역방향 저지 상태에서는 역방향으로(음극에서 양극으로) 약간의 전류가 흐르는 데 이를 누설 전류라고 한다.

해설 실제 다이오드는 순방향 도통 시 양 단자 간에 1~2[V] 정도의 전압 강하가 발생한다.

PN 접합 다이오드
정류(교류→직류) 작용

★
11 PN 접합 다이오드의 대표적 응용 작용은? 10년 출제

① 증폭 작용 ② 발진 작용
③ 정류 작용 ④ 변조 작용

해설 PN 접합 다이오드 : P형 반도체와 N형 반도체를 결합시키면 그 접합부에서는 전류가 한쪽 방향으로는 잘 흐르지만, 반대 방향으로는 잘 흐르지 않는 정류 작용을 한다.

P형 반도체
㉠ 3가의 불순물(억셉터)
㉡ 전기 전도 반송자 : 정공
㉢ 정공 : 결합 전자의 이탈

★★
12 P형 반도체의 전기 전도의 주된 역할을 하는 반송자는? 09년/13년 출제

① 전자 ② 가전자
③ 불순물 ④ 정공

해설 전기 전도 반송자(캐리어)
- P형 반도체 : 정공
- N형 반도체 : 전자

정답 10.③ 11.③ 12.④

출제분석 Advice

★
13 반도체 내에서 정공은 어떻게 생성되는가?

09년 출제

① 결합 전자의 이탈 ② 자유 전자의 이동
③ 접합 불량 ④ 확산 용량

해설 정공(홀) : 반도체 내에서 결합 전자의 이탈로 인해 만들어진 빈자리

★★
14 다음 중 반도체 정류 소자로 사용할 수 없는 것은?

09년/12년 출제

① 저마늄 ② 비스무트
③ 실리콘 ④ 산화구리

해설 반도체 정류 소자 : 저마늄(Ge), 실리콘(Si), 셀레늄(Se), 산화구리(CuO)

★
15 다이오드를 사용한 정류 회로에서 다이오드를 여러 개 직렬로 연결하여 사용하는 경우의 설명으로 가장 옳은 것은?

10년 출제

① 다이오드를 과전류로부터 보호할 수 있다.
② 다이오드를 과전압으로부터 보호할 수 있다.
③ 부하 출력의 맥동률을 감소시킬 수 있다.
④ 낮은 전압 전류에 적합하다.

해설 다이오드의 직·병렬 접속
- 다이오드의 직렬 접속 : 과전압으로부터 보호
- 다이오드의 병렬 접속 : 과전류로부터 보호

다이오드의 접속
㉠ 직렬 접속 : 과전압 보호
㉡ 병렬 접속 : 과전류 보호

★★
16 전압을 일정하게 유지하기 위해서 이용되는 다이오드는?

10년/13년 출제

① 발광 다이오드 ② 포토 다이오드
③ 제너 다이오드 ④ 배리스터 다이오드

해설 제너 다이오드는 제너 항복에 의한 전압 포화 특성을 이용한 것으로 전압을 일정하게 유지하기 위한 전압 제어 소자로 정전압 회로에 이용된다.

제너 다이오드
정전압 다이오드

17 애벌런시 항복 전압은 온도 증가에 따라 어떻게 변화하는가?

① 감소한다. ② 증가한다.
③ 증가했다 감소한다. ④ 무관하다.

해설 제너 다이오드에서 역방향 전압 인가 시 전류 특성
- 애벌런시 항복 : 제너 다이오드에 역바이어스를 걸어주고 강한 전계를 인가해주면 다이오드 내부의 캐리어인 전자가 PN 반도체 내부의 이온들과 충돌을 일으키면서 새로운 전자와 정공들을 연쇄적으로 재생성하여 전류가 급격히 증가하는 결과를 낳는 것

애벌런시 항복, 터널 효과의 특성
㉠ 애벌런시 항복 : 온도↑ → 전압↑(정의 특성)
㉡ 터널 효과 : 온도↑ → 전압↓(부의 특성)

정답 13.① 14.② 15.② 16.③ 17.②

- 터널 효과 : PN 접합 다이오드의 두 장벽이 서로 마주보는 상태에서 역전압을 걸면 전위 장벽은 높아지지만 장벽의 두께는 얇아져 순간적으로 전자, 정공이 이 전위 장벽을 통과하여 전류가 흐르는 현상
- 터널 효과는 온도 상승 시 전압이 감소하는 부의 특성을 갖지만, 애벌런시 항복의 경우는 온도 상승 시 항복 전압이 증가하는 정의 특성을 갖는다.

다이오드 정류 직류분 전압

㉠ 단상 반파
$E_d = 0.45E[V]$

㉡ 단상 전파
$E_d = 0.9E[V]$

㉢ 3상 반파
$E_d = 1.17E[V]$

㉣ 3상 전파
$E_d = 1.35E[V]$

단상 반파 정류 회로

㉠ 직류분 전압
$E_d = \frac{\sqrt{2}}{\pi}E = 0.45E[V]$

㉡ 전압 강하 고려
$E_d = \frac{\sqrt{2}}{\pi}E - e[V]$

18 $e = \sqrt{2}E\sin\omega t[V]$의 정현파 전압을 가했을 때 직류 평균값 $E_d = 0.45E[V]$인 회로는? 13년 출제

① 단상 반파 정류 회로 ② 단상 전파 정류 회로
③ 3상 반파 정류 회로 ④ 3상 전파 정류 회로

해설
- 단상 반파 정류 회로의 직류분 $E_d = 0.45E[V]$
- 단상 전파 정류 회로의 직류분 $E_d = 0.9E[V]$

19 반파 정류 회로에서 변압기 2차 전압의 실효치를 $E[V]$라 하면, 직류 전류 평균치는? (단, 정류기의 전압 강하는 무시한다.) 12년 출제

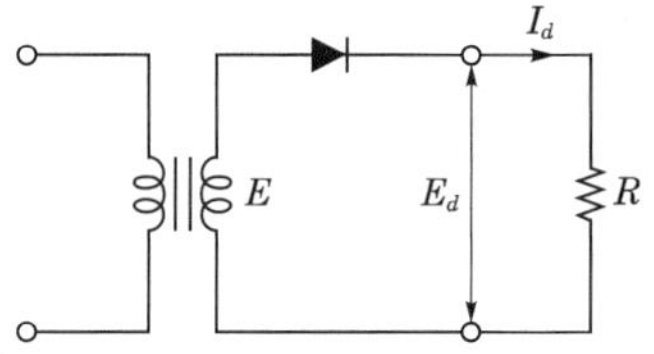

① $\frac{E}{R}$ ② $\frac{1}{2} \cdot \frac{E}{R}$
③ $\frac{2\sqrt{2}}{\pi} \cdot \frac{E}{R}$ ④ $\frac{\sqrt{2}}{\pi} \cdot \frac{E}{R}$

해설 반파 정류 회로의 직류분 전압
- 직류분 전압 $E_d = \frac{\sqrt{2}}{\pi}E[V]$
- 직류분 전류 $I_d = \frac{\sqrt{2}}{\pi} \cdot \frac{E}{R}[A]$

20 교류 전압의 실효값이 200[V]일 때 단상 반파 정류에 의하여 발생하는 직류 전압의 평균값은 약 몇 [V]인가? 07년 출제

① 45 ② 90
③ 105 ④ 110

해설 직류분 전압 $E_d = \frac{\sqrt{2}}{\pi}E = 0.45 \times 200 = 90[V]$

정답 18.① 19.④ 20.②

★★
21 단상 반파 정류 회로의 전원 전압 200[V], 부하 저항이 10[Ω]이면 부하 전류는 약 몇 [A]인가?

07년/11년/12년 출제

① 4 ② 9
③ 13 ④ 18

해설
- 직류분 전압 $E_d = \frac{\sqrt{2}}{\pi}E = 0.45 \times 200 = 90[V]$
- 직류분 전류 $I_d = \frac{E_d}{R} = \frac{90}{10} = 9[A]$

출제분석 Advice

단상 반파 정류 회로의 직류분 전압

$E_d = \frac{\sqrt{2}}{\pi}E$
$= 0.45E[V]$

★
22 반파 정류 회로에서 직류 전압 100[V]를 얻는 데 필요한 변압기 2차 상전압[V]은? (단, 부하는 순저항이며, 변압기 내 전압 강하는 무시하고 정류기 내 전압 강하는 5[V]로 한다.)

09년 출제

① 약 100 ② 약 105
③ 약 222 ④ 약 233

해설 다이오드 전압 강하를 고려한 직류분 전압 $E_d = \frac{\sqrt{2}}{\pi}E - e[V]$에서

2차 상전압 $E = \frac{\pi}{\sqrt{2}}(E_d + e) = \frac{\pi}{\sqrt{2}}(100+5) = 233.168[V]$

단상 반파 정류 회로
㉠ 직류분 전압
$E_d = \frac{\sqrt{2}}{\pi}E$
$= 0.45E[V]$
㉡ 전압 강하 고려
$E_d = \frac{\sqrt{2}}{\pi}E - e[V]$

★
23 단상 전파 정류 회로에서 직류 전압의 평균값[V]으로 가장 적당한 것은? (단, E는 교류 전압의 실효값이다.)

12년 출제

① $1.35E$ ② $1.17E$
③ $0.9E$ ④ $0.45E$

해설 직류분 전압
- 단상 반파 $E_d = \frac{E_m}{\pi} = \frac{\sqrt{2}}{\pi}E = 0.45E[V]$
- 단상 전파 $E_d = \frac{2}{\pi}E_m = \frac{2\sqrt{2}}{\pi}E = 0.9E[V]$

정류 회로 직류분 전압
㉠ 단상 반파
$E_d = 0.45E[V]$
㉡ 단상 전파
$E_d = 0.9E[V]$
㉢ 3상 반파
$E_d = 1.17E[V]$
㉣ 3상 전파
$E_d = 1.35E[V]$

★★
24 다음 그림에 대한 설명으로 틀린 것은?

10년/14년 출제

① 브리지(bridge) 회로라고도 한다.
② 실제의 정류기로 널리 사용된다.
③ 전체 한 주기 파형 중 절반만 사용한다.
④ 전파 정류 회로라고도 한다.

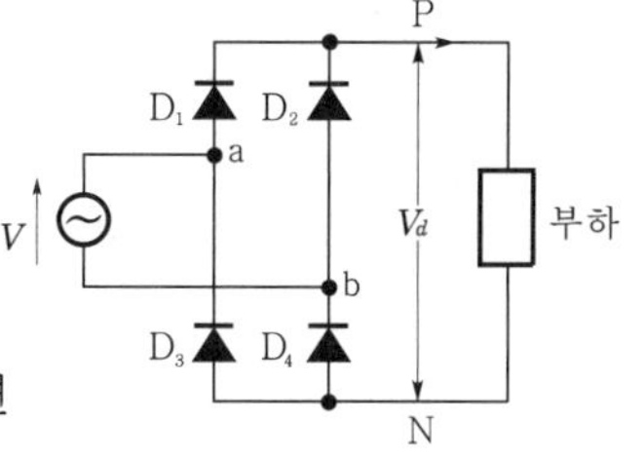

해설 전파 정류 브리지 회로 : 한 주기 파형이 인가되면 전체 파형이 사용되므로 전파 정류라 한다.

다이오드의 특성
㉠ 정류 작용 : 순방향 전류에 대해서만 통전
㉡ 직류분 전압
$E_d = \frac{2\sqrt{2}}{\pi}E$
$= 0.9E[V]$

정답 21.② 22.④ 23.③ 24.③

다이오드의 특성
㉠ P형, N형 반도체 결합
㉡ 정류 작용
㉢ 반도체 정류 소자 : Ge, Si, Se, CuO

25 전파 정류 회로의 브리지 다이오드 회로를 나타낸 것은? (단, 보기의 브리지 회로에서 왼쪽은 입력, 오른쪽은 출력이다.) 06년/09년 출제

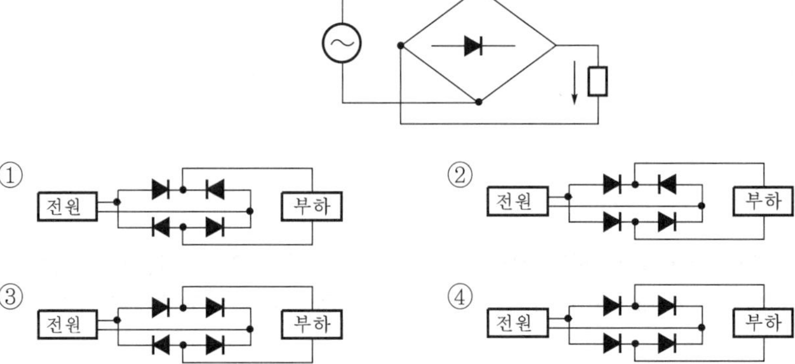

해설 전파 정류 브리지 회로 : 전류가 +인 경우는 “왼쪽 상단 다이오드 → 부하 → 오른쪽 하단 다이오드”를 통해 전류가 흐르고, 전류가 −인 경우는 “오른쪽 상단 다이오드 → 부하 → 왼쪽 하단 다이오드”를 통과하여 전류가 흐른다.

단상 반파 정류 회로의 직류분 전압

$E_d = \frac{\sqrt{2}}{\pi} E = 0.45E$[V]

26 단상 전파 정류 회로에서 교류 입력이 100[V]이면 직류 출력은 약 몇 [V]인가? 12년 출제

① 45 ② 67.5
③ 90 ④ 135

해설 직류분 전압 $E_d = \frac{2\sqrt{2}}{\pi} E = 0.9E = 0.9 \times 100 = 90$[V]

단상 전파 정류 회로
㉠ + : D_1 → 부하(R) → D_4
㉡ − : D_2 → 부하(R) → D_2
㉢ 직류분 전압

$E_d = \frac{2\sqrt{2}}{\pi} E = 0.9E$[V]

27 그림과 같은 회로에서 사인파 교류 입력 12[V](실효값)를 가했을 때, 저항 R 양단에 나타나는 전압[V]은? 11년 출제

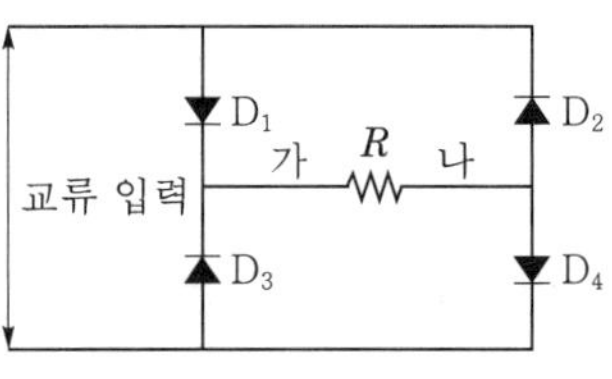

① 5.4 ② 6
③ 10.8 ④ 12

해설 단상 전파 정류 브리지 회로

직류분 전압 $E_d = \frac{2\sqrt{2}}{\pi} E = 0.9E = 0.9 \times 12 = 10.8$[V]

정답 25.① 26.③ 27.③

★★
28 상전압 300[V]의 3상 반파 정류 회로의 직류 전압은 약 몇 [V]인가?

10년/13년 출제

① 520 ② 350
③ 260 ④ 50

해설 직류분 전압 $E_d = 1.17E = 1.17 \times 300 = 350$[V]

★
29 3상 전파 정류 회로에서 출력 전압의 평균 전압값[V]은? (단, E는 선간 전압의 실효값)

11년 출제

① $0.45E$ ② $0.9E$
③ $1.17E$ ④ $1.35E$

해설 다이오드 정류 회로 전압
- 단상 반파 $E_d = 0.45E$[V]
- 단상 전파 $E_d = 0.9E$[V]
- 3상 반파 $E_d = 1.17E$[V]
- 3상 전파 $E_d = 1.35E$[V]

★★★
30 60[Hz] 3상 반파 정류 회로의 맥동 주파수[Hz]는?

08년/10년/12년 출제

출제빈도

① 360 ② 180
③ 120 ④ 60

해설 맥동 주파수 f_0 = 기본파 주파수×상수×k(정류 상수)
$= 60 \times 3 \times 1(\text{반파}) = 180$[Hz]

★
31 다음 정류 방식 중에서 맥동 주파수가 가장 많고 맥동률이 가장 작은 정류 방식은 어느 것인가?

07년 출제

① 단상 반파식 ② 단상 전파식
③ 3상 반파식 ④ 3상 전파식

해설
- 맥동 주파수는 f_0=기본파 주파수×상수×k(정류 상수)이므로 맥동 주파수는 단상보다 3상, 반파보다 전파일수록 크다.
- 맥동 주파수는 3상 전파의 경우 가장 크고, 맥동률은 3상 전파의 경우 가장 작다.

★
32 그림과 같은 기호가 나타내는 소자는?

10년 출제

① SCR
② TRIAC
③ IGBT
④ Diode

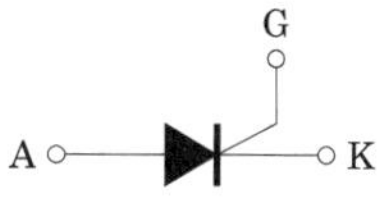

G
A K

출제분석 Advice

3상 정류 회로
㉠ 3상 반파 직류분 전압
$E_d = 1.17E$[V]
㉡ 3상 전파 직류분 전압
$E_d = 1.35E$[V]

맥동 주파수
㉠ f_0 = 기본파 주파수×상수×k(정류 상수)
㉡ 맥동 주파수는 상수가 클수록, 전파일수록 크다.

정답 28.② 29.④ 30.② 31.④ 32.①

해설 SCR(Silicon Controlled Rectifier)의 구조 : 사이리스터의 구조적인 특성은 다이오드와 달리 양극(애노드)과 음극(캐소드)의 두 단자 외에 하나의 보조 단자인 게이트가 있으며, 이 단자를 통해 SCR을 도통시키거나 제어할 수 있다.

SCR 특성
㉠ 3단자 단일 방향성 소자
㉡ 정류 작용
㉢ 게이트 신호 이용
㉣ 위상 제어

★★
33 게이트(gate)에 신호를 가해야만 동작되는 소자는?
08년/09년 출제

① SCR ② MPS
③ UJT ④ DIAC

해설 SCR은 게이트 단자에 트리거 펄스 전류를 인가하여 SCR을 도통시키거나 제어할 수 있는 단일 방향성 3단자 소자이다.

★★★
34 SCR의 특성 중 적합하지 않은 것은?
06년/09년/12년 출제

① PNPN 구조로 되어 있다.
② 정류 작용을 할 수 있다.
③ 정방향 및 역방향의 제어 특성이 있다.
④ 고속도의 스위칭 작용을 할 수 있다.

해설 SCR(Silicon Controlled Rectifier) : 다이오드에 제어 단자인 게이트를 내장한 단일 방향성 3단자 소자로서 PNPN 구조이고, 게이트 단자를 통해 고속도 스위칭 작용을 할 수 있으며 또한 정류 기능이 있어 순방향의 전류는 제어할 수 있지만 역방향 전류는 제어할 수 없다.

사이리스터 종류
㉠ 단방향성 사이리스터 : SCR, GTO, SCS, LASCR
㉡ 쌍방향성 사이리스터 : SSS, TRIAC, DIAC

★★
35 역저지 3단자에 속하는 것은?
06년/08년 출제

① SCR ② SSS
③ SCS ④ TRIAC

해설 사이리스터의 특성
- SCR : 다이오드에 트리거 기능이 있는 게이트를 내장한 3단자 단방향성 소자
- SCS : 2개의 게이트를 갖고 있는 4단자 단방향성 사이리스터(쌍방향성 2단자)
- SSS : 게이트가 없는 2단자 쌍방향성 사이리스터
- TRIAC : 교류에서도 사용할 수 있는 3단(쌍방향성 3단자)

SCR Turn on 조건
㉠ 게이트에 펄스 전류 인가
㉡ Turn on 시 도통 전류는 게이트 전류와 무관

★
36 SCR의 애노드 전류가 20[A]로 흐르고 있었을 때 게이트 전류를 반으로 줄이면 애노드 전류[A]는?
10년 출제

① 5 ② 10
③ 20 ④ 40

해설 SCR의 게이트 단자에 트리거 전류를 인가하여 SCR이 도통 상태로 되면 전류가 유지 전류 이상으로 유지되는 한 게이트 전류의 유무에 관계없이 항상 일정하게 흐른다.

정답 33.① 34.③ 35.① 36.③

★★★
37 자기 소호(턴오프) 제어용 소자는?
06년/07년/08년/14년 출제

① SCR ② TRIAC
③ DIAC ④ GTO

해설 GTO는 게이트 신호로 턴오프할 수 있는 3단자 단일 방향성 사이리스터로 도통 중에 반대 방향의 펄스 전류를 게이트에 흘려 도통을 멈출 수 있는 자기 소호 제어용 소자이다.

★
38 통전 중인 사이리스터를 턴오프(turn off)하려면?
14년 출제

① 순방향 Anode 전류를 유지 전류 이하로 한다.
② 순방향 Anode 전류를 증가시킨다.
③ 게이트 전압을 0 또는 −로 한다.
④ 역방향 Anode 전류를 통전한다.

해설 SCR Turn off 조건
- 애노드의 극성을 부(−)로 한다.
- SCR에 흐르는 전류를 유지 전류 이하로 한다.

★
39 다음 사이리스터 중 3단자 형식이 아닌 것은?
14년 출제

① SCR ② GTO
③ DIAC ④ TRIAC

해설 사이리스터의 특성
- SCR : 3단자 단방향성 사이리스터
- GTO : 3단자 단방향성 사이리스터(게이트 신호로 턴오프 가능 소자)
- DIAC : 2단자 쌍방향성 사이리스터
- TRIAC : 3단자 쌍방향성 사이리스터

★
40 다음 중 2단자 사이리스터가 아닌 것은?
13년 출제

① SCR ② DIAC
③ SSS ④ Diode

해설 사이리스터의 특성
- SCR : 3단자 단방향성 사이리스터
- DIAC : 2단자 쌍방향성 사이리스터
- SSS : 2단자 쌍방향성 사이리스터

출제분석 Advice

SCR Turn off 조건
㉠ 애노드 극성 : 부(−)
㉡ 유지 전류 이하 감소

DIAC
㉠ 2단자 쌍방향성(교류 제어) 사이리스터
㉡ 베이스가 없는 트랜지스터

SSS
㉡ 2단자 쌍방향성(교류 제어) 사이리스터
㉡ 게이트가 없는 트라이액

SCR의 특성
㉠ 3단자 단일 방향성 소자
㉡ 정류 작용
㉢ 게이트 신호를 이용한 턴온 및 위상 제어

정답 37.④ 38.① 39.③ 40.①

교류 제어 소자
㉠ DIAC : 2단자 쌍방향성 교류 제어 소자
㉡ TRIAC : 3단자 쌍방향성 교류 제어 소자

TRIAC 특성
㉠ 3단자 쌍방향성 소자
㉡ 교류에서도 사용 가능

GTO의 특성
㉠ 3단자 단일 방향성 소자
㉡ 게이트 신호를 이용한 턴오프(자기 소호) 가능

★
41 다음 기호 중 DIAC의 기호는?

06년 출제

① 
② 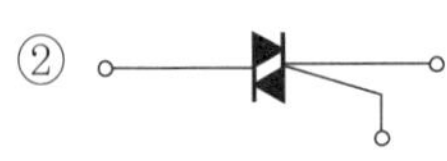
③ 
④ 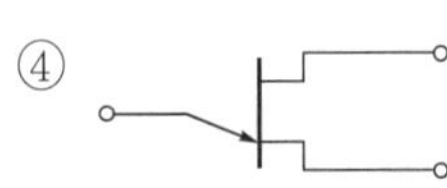

해설 사이리스터의 기호
① DIAC, ② TRIAC, ③ SCR, ④ EUJT(등가 단접합 트랜지스터)

★★
42 SCR 2개를 역병렬로 접속한 그림과 같은 기호의 명칭은?

07년/09년 출제

① SCR
② TRIAC
③ GTO
④ UJT

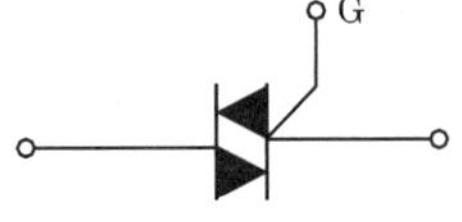

해설 TRIAC : 교류에서도 사용할 수 있는 3단자 쌍방향성 사이리스터로 게이트 전류를 공급하면 어느 방향이건 전압이 높은 쪽에서 낮은 쪽으로 도통한다.

★★
43 트라이액(TRIAC)의 기호는?

06년/11년 출제

① 
② 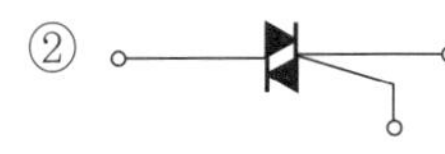
③ 
④ 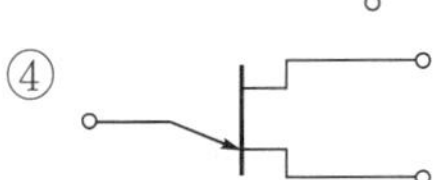

해설 ① DIAC, ② TRIAC, ③ SCR, ④ EUJT(등가 단접합 트랜지스터)

★
44 양방향성 3단자 사이리스터의 대표적인 것은?

09년 출제

① SCR ② SSS
③ DIAC ④ TRIAC

해설 양방향성 3단자 사이리스터는 SCR 2개를 역병렬로 접속한 TRIAC이다.

★★
45 교류 회로에서 양방향 점호(ON) 및 소호(OFF)를 이용하며, 위상 제어를 할 수 있는 소자는?

10년/11년 출제

① TRIAC ② SCR
③ GTO ④ IGBT

해설 교류 회로에서 양방향 점호(ON) 및 소호(OFF)를 이용하며, 위상 제어를 할 수 있는 소자는 TRIAC이다.

정답 41.① 42.② 43.② 44.④ 45.①

46 그림의 기호는?

07년/10년 출제

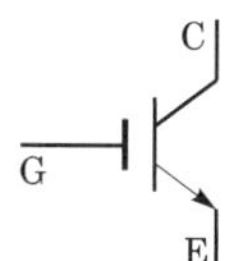

① SCR ② TRIAC
③ IGBT ④ GTO

해설 IGBT(절연 게이트 쌍극성 트랜지스터) : 절연 게이트형(MOS형) 전기장 효과 트랜지스터(FET)와 바이폴라 트랜지스터의 구조를 가지는 스위칭 소자로 구동 전력이 작고, 고속 스위칭, 고전류 밀도화가 가능한 소자이다.

47 다음 중 전력 제어용 반도체 소자가 아닌 것은?

13년 출제

① LED ② TRIAC
③ GTO ④ IGBT

해설 전력 제어용 반도체 소자 특성
- GTO : 게이트 신호로 Turn-off할 수 있는 3단자 단일 방향성 사이리스터
- TRIAC : 교류에서도 사용할 수 있는 3단자 쌍방향성 사이리스터
- IGBT : 절연 게이트형(MOS형) 전기장 효과 트랜지스터(FET)와 바이폴라 트랜지스터의 구조를 가지는 스위칭 소자

∴ LED는 전류가 흐를 때 빛을 발산하는 발광 다이오드이다.

48 다음 중에서 초퍼나 인버터용 소자가 아닌 것은?

11년 출제

① TRIAC ② GTO
③ SCR ④ BJT

해설 전력 제어용 반도체 소자 특성
- TRIAC : 교류에서도 사용할 수 있는 3단자 쌍방향성 사이리스터
- GTO : 게이트 신호로 Turn-off할 수 있는 3단자 단일 방향성 사이리스터
- SCR : 다이오드에 트리거 기능이 있는 게이트를 내장한 3단자 단일 방향성 사이리스터
- BJT : 바이폴라 접합형 트랜지스터

∴ TRIAC은 양방향성 3단자 소자로서 초퍼나 인버터용 소자로 사용할 수 없다.

49 단상 전파 정류 회로에서 $\alpha = 60°$일 때 정류 전압은 약 몇 [V]인가? (단, 전원측 실효값 전압은 100[V]이다.)

08년 출제

① 15 ② 22
③ 35 ④ 68

정답 46.③ 47.① 48.① 49.④

출제분석 Advice

IGBT
절연 게이트 쌍극성 트랜지스터

LED(발광 다이오드)
전류에 의한 빛 발산

SCR 정류 회로 단상 전파 직류분 전압
㉠ 저항 부하
$$E_d = \frac{2\sqrt{2}E}{\pi} \times \left(\frac{1+\cos\alpha}{2}\right)[V]$$
㉡ 유도성 부하
$$E_d = \frac{2\sqrt{2}}{\pi}E\cos\alpha[V]$$

해설 직류분 전압 $E_d = \frac{2\sqrt{2}}{\pi}E\left(\frac{1+\cos\alpha}{2}\right) = \frac{2\sqrt{2}}{\pi} \times 100 \times \left(\frac{1+\cos 60°}{2}\right)$

$$= 0.9 \times 100 \times \frac{1+\frac{1}{2}}{2} = 67.5 \fallingdotseq 68[\mathrm{V}]$$

50 **단상 전파 사이리스터 정류 회로에서 $\alpha = 60°$일 때 정류 전압은? (단, 전원측 실효값 전압은 100[V]이며, 유도성 부하를 가지는 제어 정류기이다.)** 12년 출제

① 약 15[V] ② 약 22[V]

③ 약 35[V] ④ 약 45[V]

해설 단상 전파 사이리스터 정류 회로

- 저항 부하 $E_d = \frac{2\sqrt{2}}{\pi}E\left(\frac{1+\cos\alpha}{2}\right)[\mathrm{V}]$
- 유도성 부하 $E_d = \frac{2\sqrt{2}}{\pi}E\cos\alpha = 0.9E\cos\alpha\,[\mathrm{V}]$

$\therefore\ E_d = 0.9E\cos\alpha = 0.9 \times 100 \times \cos 60° = 45[\mathrm{V}]$

3상 정류 회로 점호각
㉠ R부하 : 0 ~ 150°
㉡ L부하 : 90 ~ 150°

51 **3상 제어 정류 회로에서 점호각의 최대값은?** 11년 출제

① 30° ② 150°

③ 180° ④ 210°

해설 3상 정류회로 점호각 범위

- R부하인 경우 : 0~150°
- L부하인 경우 : 90~150°

정답 50.④ 51.②

03 전기 설비

전선 및 전선의 접속

전선 및 케이블

자주 출제되는 Key Point

전선의 구비 조건
㉠ 도전율↑
㉡ 기계적 강도↑
㉢ 내식성↑
㉣ 가요성↑
㉤ 중량(비중, 밀도)↓

1 전선

(1) 전선의 구비 조건

① 도전율이 클 것
② 기계적 강도가 클 것
③ 내식성이 클 것
④ 가요성이 클 것
⑤ 접속이 쉬울 것
⑥ 중량(비중)이 작을 것
⑦ 선, 판 등으로 가공하기 쉬울 것
⑧ 값이 싸고 대량 생산이 가능할 것

(2) 전선 일반 요구 사항 및 선정

① 전선은 통상 사용 상태에서의 온도에 견디는 것이어야 한다.
② 전선은 설치 장소의 환경 조건에 적절하고 발생할 수 있는 전기·기계적 응력에 견디는 능력 있는 것을 선정하여야 한다.
③ 전선은 「전기용품 및 생활용품 안전관리법」의 적용을 받는 것, 한국산업표준(이하 "KS"라 함)에 적합한 것을 사용하여야 한다.

(3) 전선의 색상에 따른 상 구분

상(문자)	색상
L_1	갈색
L_2	검은색
L_3	회색
N	파란색
보호 도체	녹색-노란색

전압의 구분
㉠ 저압
• DC 1,500[V] 이하
• AC 1,000[V] 이하
㉡ 고압
• DC 1,500[V] 초과 7,000[V] 이하
• AC 1,000[V] 초과 7,000[V] 이하
㉢ 특고압 : DC, AC 7,000[V] 초과

(4) 일반적인 전선의 식별

색상 식별이 종단 및 연결 지점에서만 이루어지는 나도체 등에서는 전선 종단부에 색상이 반영구적으로 유지될 수 있는 도색, 밴드, 색테이프 등의 방법으로 표시해야 한다.

(5) 전압의 구분

구분	교류	직류
저압	1,000[V] 이하	1,500[V] 이하
고압	1,000[V] 초과 7,000[V] 이하	1,500[V] 초과 7,000[V] 이하
특고압	7,000[V] 초과	7,000[V] 초과

특별 저압(ELV : Extra Low Voltage)
인체에 위험을 초래하지 않을 정도의 저압
• SELV(Safety Extra Low Voltage) : 비접지 회로에 해당한다.
• PELV(Protective Extra Low Voltage) : 접지 회로에 해당한다.

2 전선의 종류

(1) 저압 절연 전선

「전기용품 및 생활용품 안전관리법」의 적용을 받는 것 이외에는 KS에 적합한 것

① 경동선(약호 : H)
② 옥외용 비닐 절연 전선(OW)
③ 옥외용 폴리에틸렌 절연 전선(OE)
④ 옥외용 가교 폴리에틸렌 절연 전선(OC)
⑤ 형광 방전등용 비닐 전선(FL)
⑥ 비닐 절연 네온 전선(NV)
⑦ 인입용 비닐 절연 전선(DV)
⑧ 450/750[V] 비닐 절연 전선
⑨ 450/750[V] 저독 난연 폴리올레핀 절연 전선
⑩ 450/750[V] 고무 절연 전선
⑪ 450/750[V] 일반용 유연성 단심 비닐 절연 전선(NF)
⑫ 450/750[V] 일반용 단심 비닐 절연 전선(NR)

⑬ 300/500[V] 기기 배선용 단심 비닐 절연 전선(NRI)

⑭ 300/500[V] 기기 배선용 유연성 단심 비닐 절연 전선(NFI)

⑮ 500[V] 내열성 고무 절연 전선(HR)

(2) 코드

「전기용품 및 생활용품 안전관리법」에 의한 안전 인증을 취득한 것을 사용하여야 하며 이 규정에서 허용된 경우에 한하여 사용할 수 있다.

(3) 캡타이어 케이블

「전기용품 및 생활용품 안전관리법」의 적용을 받는 것 이외에는 KSC IEC 60502-1(정격 전압 1~30[kV] 압출 성형 절연 전력 케이블 및 그 부속품)에 적합한 것을 사용하여야 하며 주로 이동용 전선에 활용된다.

(4) 전선의 구성에 따른 분류

① **단선** : 전선 구성이 도체 1개로만 이루어진 전선

㉠ 전선의 크기 : 직경[mm] 및 단면적[mm^2]으로 표시한다.

㉡ 전선의 종류 : 1.5, 2.5, 4, 6, 10, 16 ……

② **연선** : 중심 소선 1가닥의 주위를 여러 가닥의 단선을 층수 증가마다 6의 배수로 증가시키면서 합쳐 꼬아 만든 전선

㉠ 전선의 굵기 : 공칭 단면적[mm^2]으로 표시한다.

㉡ 전선의 규격 : 1.5, 2.5, 4, 6, 10, 16, 25, 35, 50, 70, 95, 120 ……(KEC · IEC 규격)

㉢ 소선의 총수 : $N=1+3n(n+1)$[가닥]

여기서, n : 층수

N=7, 19, 37, 61, 91 ……

㉣ 연선의 지름 : $D=(1+2n)d$[mm]

여기서, n : 층수, d : 소선의 지름

㉤ 연선의 단면적 : $A=\frac{\pi}{4}d^2\times N$[$mm^2$]

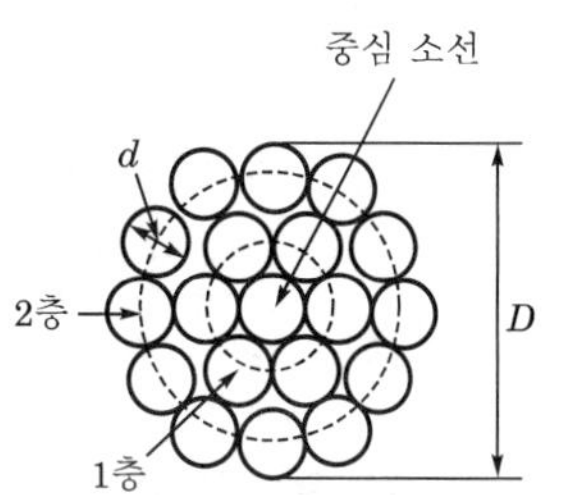

연선

㉠ 소선 총수
$N=1+3n(n+1)$ [가닥]

㉡ 바깥지름
$D=(1+2n)d$[mm]

㉢ 단면적
$A=\frac{\pi}{4}d^2\times N$[$mm^2$]

3 저압용 케이블

(1) 저압인 전로의 전선으로 사용하는 케이블

「전기용품 및 생활용품 안전관리법」의 적용을 받는 것 이외에는 KS 표준에 적합하여야 한다.

① 0.6/1[kV] 연피 케이블, 클로로프렌 외장 케이블

② 비닐 외장 케이블

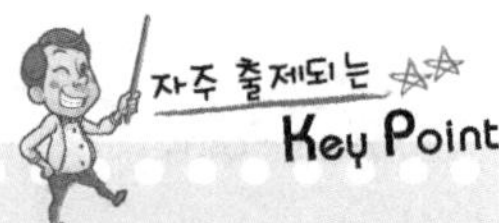

자주 출제되는 Key Point

케이블 약호
㉠ V : 비닐
㉡ R : 고무
㉢ C : 가교 폴리에틸렌
㉣ E : 폴리에틸렌
㉤ N : 클로로프렌

③ 폴리에틸렌 외장 케이블
④ 무기물 절연 케이블(MI)
⑤ 금속 외장 케이블
⑥ 0.6/1[kV] 가교 폴리에틸렌 절연 비닐 시스 케이블(CV)
⑦ 0.6/1[kV] 제어용 가교 폴리에틸렌 절연 비닐 시스 케이블(CCV)
⑧ 0.6/1[kV] 비닐 절연 비닐 시스 제어 케이블(CVV)
⑨ 유선 텔레비전용 급전 겸용 동축 케이블

(2) 예외

다음 장소에 사용하는 케이블은 저압용 케이블을 사용할 수 없다.
① 선박용 케이블
② 엘리베이터용 케이블
③ 출퇴표시등, 소세력 회로에 따른 통신용 케이블
④ 아크 용접기의 용접용 케이블
⑤ 발열선 접속용 통신 케이블
⑥ 물밑 케이블

(3) 저압 옥내 배선 이동용 케이블 및 코드

① 0.6/1[kV] EP 고무 절연 클로로프렌 캡타이어 케이블
② 정격 전압 450/750[V] 이하 고무 절연 케이블
③ 300/300[V] 편조 고무 코드
④ 비닐 코드
⑤ 금실(금사) 코드
㉠ 고도의 가요성을 가진 코드로 튼튼하고 부드러운 끈을 심으로 하여 그 주위에 띠상의 얇은 금실을 감아 붙인 구조의 것
㉡ 용도 : 전기이발기, 헤어드라이기, 전기면도기 등에서 사용
⑥ 캡타이어 케이블

4 고압 및 특고압용 케이블

(1) 고압 전로

클로로프렌 외장 케이블 · 비닐 외장 케이블 · 폴리에틸렌 외장 케이블 · 콤바인 덕트 케이블 또는 이들에 보호 피복을 한 것을 사용하여야 한다.
① 클로로프렌 외장 케이블
② 비닐 외장 케이블
③ 폴리에틸렌 외장 케이블
④ 콤바인 덕트 케이블(CD)

자주 출제되는 Key Point

(2) 특고압 전로

사용 전압이 특고압인 전로는 절연체가 에틸렌 프로필렌 고무 혼합물 또는 가교 폴리에틸렌 혼합물인 케이블로서, 선심 위에 금속제의 전기적 차폐층(특고압 물밑 전선로의 전선에 사용하는 케이블 차폐층 생략 가능)을 설치한 것이거나 파이프형 압력 케이블, 금속 피복을 한 케이블

① 가교 폴리에틸렌 절연 비닐 시스 케이블
② 가교 폴리에틸렌 절연 폴리에틸렌 시스 케이블
③ 비행장 등화용 케이블
④ 물밑(수저) 케이블

(3) 지중 배전 계통 케이블

① 전압에 따른 지중 케이블의 종류

전압	사용 가능 케이블
저압	알루미늄피, 클로로프렌 외장, 비닐 외장, 폴리에틸렌 외장, 미네럴 인슐레이션(MI) 케이블
고압	알루미늄피, 클로로프렌 외장, 비닐 외장, 폴리에틸렌 외장, 콤바인 덕트(CD) 케이블

지중 케이블의 종류
㉠ 고압용 케이블 : CD 케이블
㉡ 저압용 케이블 : MI 케이블
㉢ CN-CV-W : 동심 중성선 수분침투방지형(수밀형) 전력 케이블

② 특고압 다중 접지 동심 중성선 전력 케이블
㉠ 사용 전압 25.8[kV] 이하
㉡ 도체 내부의 홈에는 물이 쉽게 침투하지 않도록 수밀 혼합물(콤파운드, 파우더 또는 수밀 테이프)을 충전하고 절연체는 동심원상으로 동시 압출(3중 동시 압출)한 내부 반도전층, 절연층 및 외부 반도전층으로 구성하여야 하며, 건식 방식으로 가교할 것
㉢ 절연층 : 가교 폴리에틸렌(XLPE) 또는 수트리 억제 가교 폴리에틸렌(TR-XLPE)을 사용하며, 도체 위에 동심원상으로 압출 형성할 것
㉣ 중성선 수밀층은 물이 침투하면 자기 부풀음성을 갖는 부풀음 테이프 사용

③ 특고압용 지중 케이블의 종류
㉠ 동심 중성선 차수형 전력 케이블(CN-CV) : 절연층은 가교 폴리에틸렌(XLPE), 외장층은 PVC를 사용한 수분침투방지(수밀) 처리하지 않은 케이블
㉡ 동심 중성선 수분침투방지형(수밀형) 전력 케이블(CN-CV-W) : CNCV 케이블의 중성선 층 및 도체 부분까지 수분침투방지(수밀) 처리한 케이블
㉢ TR CNCV-W 케이블[트리 억제형 동심 중성선 수분침투방지형(수밀형) 전력 케이블] : CNCV-W 케이블에서 사용한 절연체를 수분침투균열(수트리) 억제형 가교 폴리에틸렌으로 대체한 것

자주 출제되는 Key Point

나전선
㉠ 12[mm] 이하 : 경동선(약호 H)
㉡ $35[mm^2]$ 이하 : 경알루미늄선, 알루미늄 합금선

5 나전선

나전선(버스 덕트의 도체, 기타 구부리기 어려운 전선, 라이팅 덕트의 도체 및 절연 트롤리선의 도체 제외) 및 지지선(지선), 가공 지지선(지선), 보호 도체, 보호망, 전력 보안 통신용 약전류 전선, 기타의 금속선은 KS에 적합한 것을 사용하여야 한다.

① 경동선(지름 12[mm] 이하의 것)
② 연동선
③ 동합금선(단면적 $25[mm^2]$ 이하의 것)
④ 경알루미늄선(단면적 $35[mm^2]$ 이하의 것)
⑤ 알루미늄 합금선(단면적 $35[mm^2]$ 이하의 것)
⑥ 아연도 강선
⑦ 아연도 철선, 기타 방청 도금을 한 철선

02 전선의 접속

전선 접속
㉠ 전기 저항이 증가되면 안 된다.
㉡ 인장 세기 80[%] 이상 유지(20[%] 이상 감소되면 안 됨)
㉢ 코드 상호, 케이블 상호, 코드와 케이블 상호 : 코드 접속기·접속함에서 접속

1 전선 접속 시 주의 사항

① 전선을 접속하는 경우에는 전기 저항을 증가시키지 않도록 접속할 것
② 나전선 상호 또는 나전선과 절연 전선 또는 캡타이어 케이블과 접속하는 경우
  ㉠ 전선의 세기(인장 하중)를 20[%] 이상 감소시키지 아니할 것
  ㉡ 접속 부분은 접속관, 기타의 기구를 사용할 것
③ 절연 전선 상호, 절연 전선과 코드, 캡타이어 케이블과 접속하는 경우에는 접속 부분의 절연 전선에 절연물과 동등 이상의 절연 효력이 있는 접속기를 사용하는 경우 이외에는 접속 부분을 그 부분의 절연 전선의 절연물과 동등 이상의 절연 효력이 있는 것으로 충분히 피복할 것
④ 코드 상호, 캡타이어 케이블 상호 또는 이들 상호를 접속하는 경우에는 코드 접속기·접속함, 기타의 기구를 사용할 것
⑤ 도체에 알루미늄을 사용하는 전선과 동을 사용하는 전선을 접속하는 등 전기 화학적 성질이 다른 도체를 접속하는 경우에는 접속 부분에 전기적 부식이 생기지 않도록 할 것

⑥ 2개 이상의 전선을 병렬로 사용하는 경우에는 다음에 의하여 시설할 것

㉠ 병렬로 사용하는 각 전선의 굵기는 동선 50[mm²] 이상 또는 알루미늄 70[mm²] 이상으로 하고, 전선은 같은 도체, 같은 재료, 같은 길이 및 같은 굵기의 것을 사용할 것

㉡ 같은 극의 각 전선은 동일한 터미널 러그에 동일한 도체에 2개 이상의 리벳 또는 2개 이상의 나사로 완전하게 접속할 것

㉢ 병렬로 사용하는 전선에는 각각에 퓨즈를 설치하지 말 것

㉣ 교류 회로에서 병렬로 사용하는 전선은 금속관 안에 전자적 불평형이 생기지 않도록 시설할 것

자주 출제되는 Key Point

병렬로 사용
㉠ 동선 50[mm²] 이상
㉡ 알루미늄 70[mm²] 이상
㉢ 각각에 퓨즈 설치 금함

2 전선 접속의 종류

(1) 직선 접속

① 단선의 직선 접속

㉠ 트위스트 접속 : 단면적 6[mm²] 이하의 가는 단선에서의 접속법으로, 먼저 두 심선을 그림과 같이 겹쳐서 2～3회 꼰 다음 전선의 끝을 각각 상대편 전선에 5～6회 정도 감아서 접속하는 방법

단선의 직선 접속
㉠ 트위스트 접속 : 6[mm²] 이하 접속
㉡ 브리타니아 접속 : 10[mm²] 이상 접속

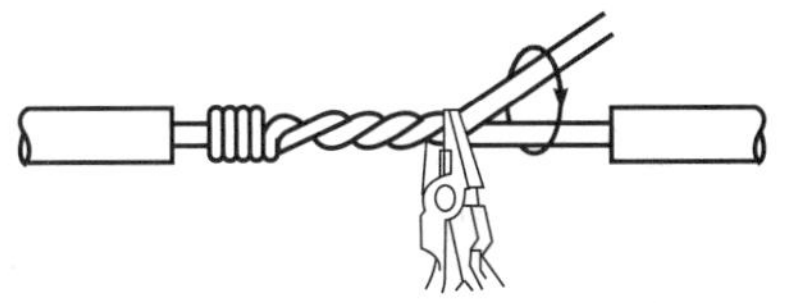

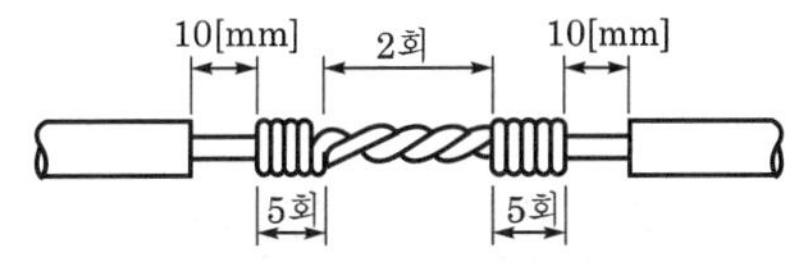

▌트위스트 접속▐

㉡ 브리타니아 접속 : 단면적 10[mm²] 이상 굵은 단선 전선에서의 접속법으로, 먼저 두 심선을 그림과 같이 나란히 한 다음 지름 1.0～1.2[mm] 정도의 첨선과 접속선을 이용하여 본선 지름의 15배 정도의 길이로 감아서 접속하는 방법

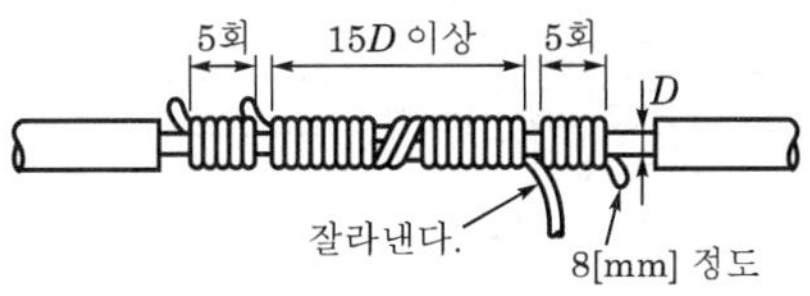

▌브리타니아 접속▐

연선의 직선 접속
㉠ 브리타니아 접속
㉡ 단권(우산형) 접속
㉢ 복권 접속

② 연선의 직선 접속

㉠ 브리타니아 접속 : 연선의 중심 소선을 제거한 다음, 첨선과 접속선을 이용하여 단선의 브리타니아 직선 접속과 같은 방법으로 접속하는 방법

㉡ 단권 접속(우산형 접속) : 연선의 중심 소선을 제거한 다음 연선의 소선 자체를 하나씩 하나씩 나누어 감아서 접속하는 방법

㉢ 복권 접속 : 연선의 중심 소선을 제거한 후 연선의 소선 자체를 한꺼번에 감아서 접속하는 방법

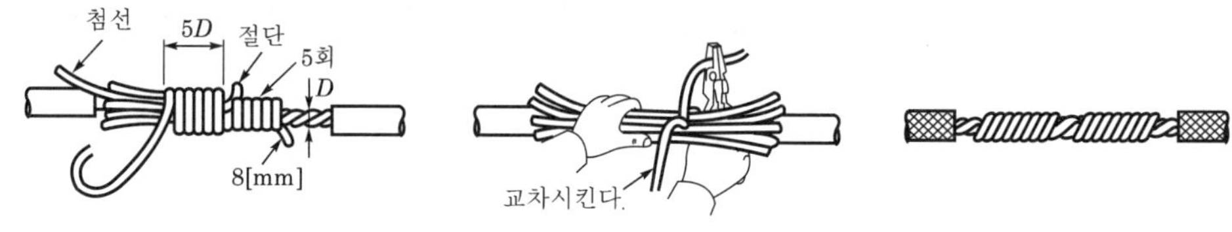

▌연선의 브리타니아 접속 ▌ ▌연선의 단권 접속 ▌ ▌연선의 복권 접속 ▌

(2) 분기 접속

단선의 분기 접속
㉠ 트위스트 접속 : 6[mm^2] 이하
㉡ 브리타니아 접속 : 10[mm^2] 이상

① 단선의 분기 접속

㉠ 트위스트 접속 : 6[mm^2] 이하의 가는 전선의 분기 접속법으로, 본선과 분기선의 피복을 벗긴 후 분기선을 본선에 성기게 5회 이상 조밀하게 감은 후 남은 부분을 잘라 내어 마무리하는 분기 접속법

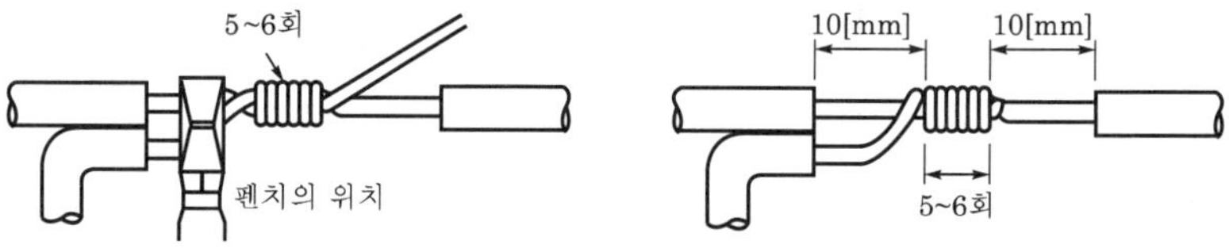

▌단선의 트위스트 분기 접속 ▌

㉡ 브리타니아 접속 : 10[mm^2] 이상의 굵은 단선의 분기 접속법으로, 본선과 분기선 사이에 첨선을 삽입한 후 조인트선을 이용하여 접속하는 분기 접속법

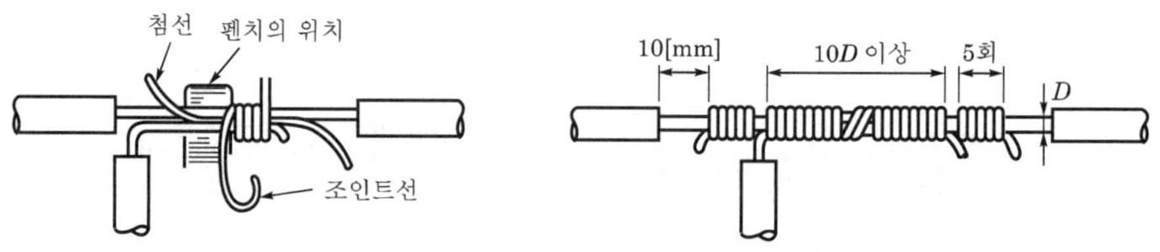

▌단선의 브리타니아 분기 접속 ▌

② 연선의 분기 접속

㉠ 권선 분기 접속 : 분기선의 소선을 풀어서 곧게 편 다음 본선에 대고 첨

선을 삽입한 후 조인트선을 이용하여 접속하는 분기 접속법

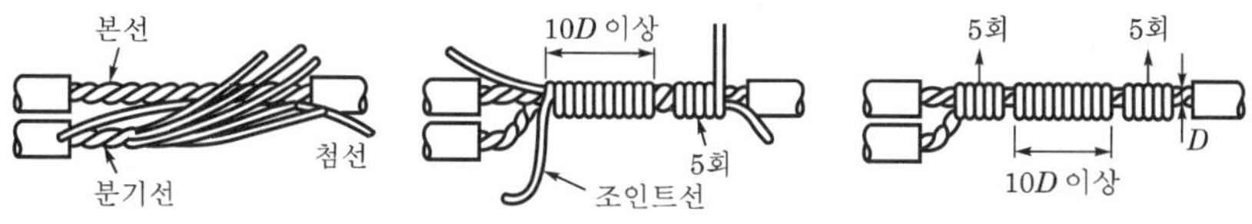

▎연선의 권선 분기 접속▎

㉡ 단권 분기 접속 : 분기선의 소선을 풀어서 곧게 편 다음 분기선의 소선 자체를 하나씩 하나씩 나누어 감는데 감은 길이가 전선 직경의 10배 이상이 되도록 감아 접속하는 분기 접속법

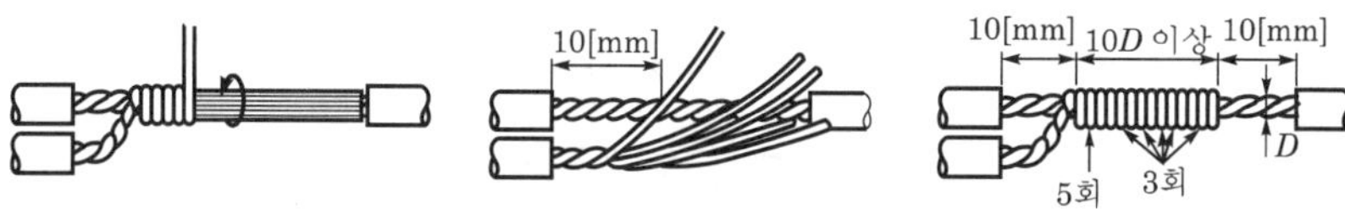

▎연선의 단권 분기 접속▎

㉢ 분할 분기 접속 : 분기선의 소선을 2개로 나누어 벌린 다음, 첨선과 접속선을 이용하여 접속하는 분기 접속법

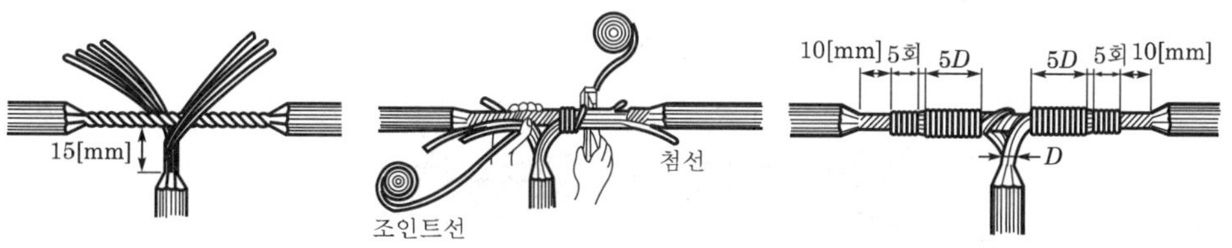

▎연선의 분할 분기 접속▎

(3) 쥐꼬리 접속(종단 접속)

① 단선의 쥐꼬리 접속 : 박스 안에서 굵기가 같은 가는 단선을 2 ~ 3가닥 모아 서로 접속할 때 이용하는 접속법으로, 접속 방법은 접속한 부분에 테이프를 감는 방법과 박스용 커넥터를 끼워 주는 방법이 있는데 박스용 커넥터를 사용할 때는 납땜이나 테이프 감기를 하지 않으므로 심선이 밖으로 나오지 않도록 주의한다.

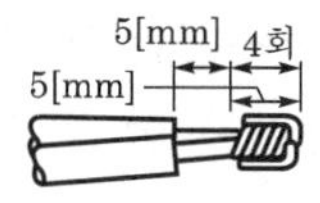

(a) 테이프를 감을 때

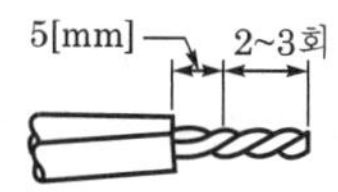

(b) 접속기(커넥터)를 끼울 때

▎단선의 쥐꼬리 접속▎

연선의 분기 접속
㉠ 권선 분기
㉡ 단권 분기
㉢ 분할 분기

쥐꼬리 접속
㉠ 박스 안에서 이용
㉡ 접속 부분 절연 : 박스용 커넥터 사용 시 테이프 감기 생략

박스용 커넥터
절연 전선 접속 시 전선 심선을 꼬아 접속한 곳에 자기제의 절연 캡을 틀어 넣어서 전선 상호 간을 접속하기 위한 접속기

② **연선의 쥐꼬리 접속** : 박스 안에서 연선을 접속할 때 접속하려는 심선을 나란히 한 후 접속선(조인트선)을 이용하여 접속하는 방법으로, 접속을 한 부분에는 테이프를 감는 방법과 박스용 커넥터를 끼워 주는 방법이 있다.

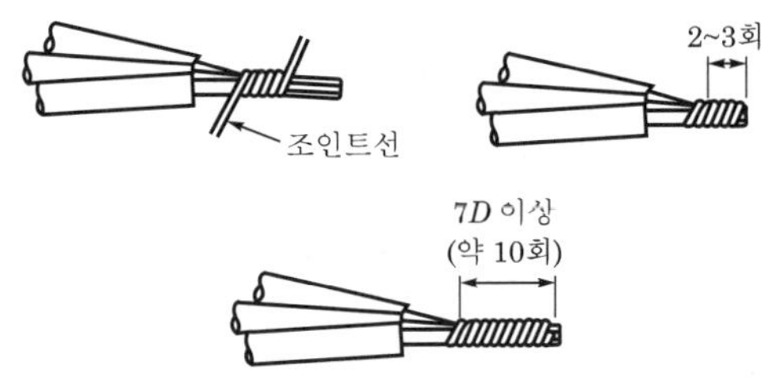

▌연선의 쥐꼬리 접속▐

링슬리브 쥐꼬리 접속
㉠ 압착 펜치 이용
㉡ 절연용 비닐제 캡 필요

③ **링슬리브(압축형 슬리브)를 이용한 쥐꼬리 접속** : 접속하려는 심선을 2 ~ 3가닥 모아 2 ~ 3회 꼰 다음 Al, Cu용 링슬리브를 씌우고 압착 펜치로 눌러붙여(압착하여) 접속하는 방법으로, 전선 접속 시 납땜을 할 필요는 없지만 링슬리브를 절연하기 위한 비닐제 캡이 필요하다.

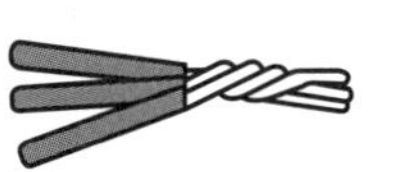

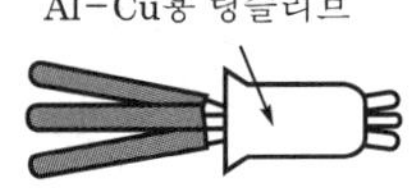

심선을 모아 2~3회 꼰다.

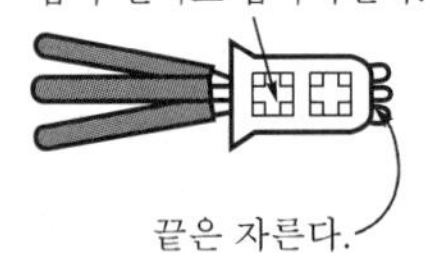

▌링슬리브 사용 쥐꼬리 접속▐

와이어 커넥터 쥐꼬리 접속
㉠ 도체 압축하는 접속기
㉡ 테이프 감기 생략

④ **와이어 커넥터를 이용한 쥐꼬리 접속** : 금속관 공사나 합성수지관 공사 시 박스 내에서 전선을 접속하는 경우 접속하려는 심선을 나란히 합친 다음 와이어 커넥터를 돌려 끼워 넣어 전선을 접속하는 방법으로, 와이어 커넥터 자체가 절연물이므로 접속 후 테이프 감기를 할 필요가 없다.

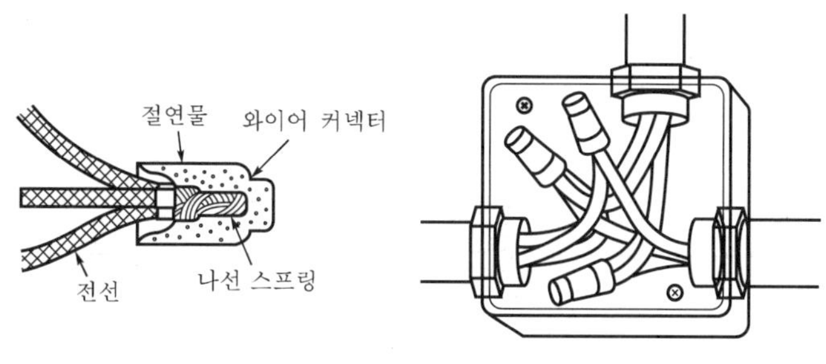

▌와이어 커넥터 사용 쥐꼬리 접속▐

와이어 커넥터

박스 내에서 전선을 접속할 때 접속한 부분에 씌워 돌려주면 내부에 특수 합금이 나선상으로 삽입되어 있어 나선 스프링이 도체를 압축하면서 전선을 접속하는 접속기

⑤ 터미널 러그를 이용한 쥐꼬리 접속 : 접속하려는 심선 끝을 납땜 등으로 고정시킨 다음 볼트 등을 이용하여 접속하는 방법으로, 주로 굵은 전선을 박스 안 등에서 접속할 때 이용한다.

터미널 러그 쥐꼬리 접속
㉠ 납땜 후 볼트로 고정
㉡ 굵은 단선 접속 시 이용

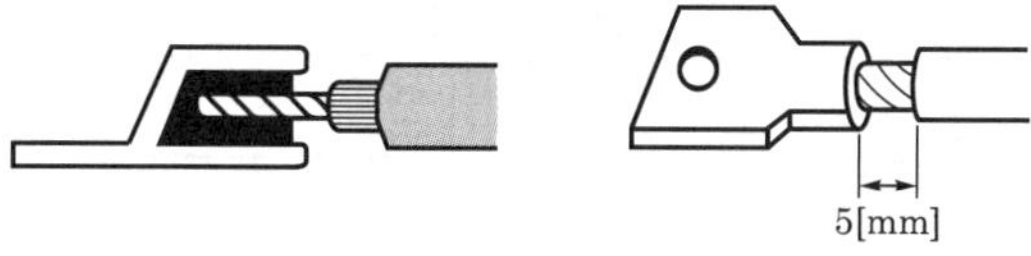

▌터미널 러그 사용 쥐꼬리 접속▐

(4) 슬리브 접속

주석 도금을 한 연동판제의 전선 접속 기구로, 직선 및 분기 접속에 이용하는 S형과 직선 접속형인 B형, P형, 종단 접속형인 E형이 있다. 슬리브 접속은 납땜할 필요는 없지만 슬리브를 절연할 테이프 감기가 필요한 접속법으로 특히 굵기가 다른 전선을 접속할 경우에 가는 첨선을 첨가한 후 펜치 등을 이용하여 견고하게 접속한다.

슬리브 접속
㉠ 슬리브 : S, B, P, E형
㉡ 직선·분기·종단 접속

(5) 동전선의 접속 방법

① 직선 접속

㉠ 가는 단선(6[mm^2] 이하)의 직선 접속(트위스트 접속)

동전선 직선 접속
㉠ 트위스트 접속
㉡ 직선 맞대기용 B형 슬리브 눌러 붙임(압착) 접속

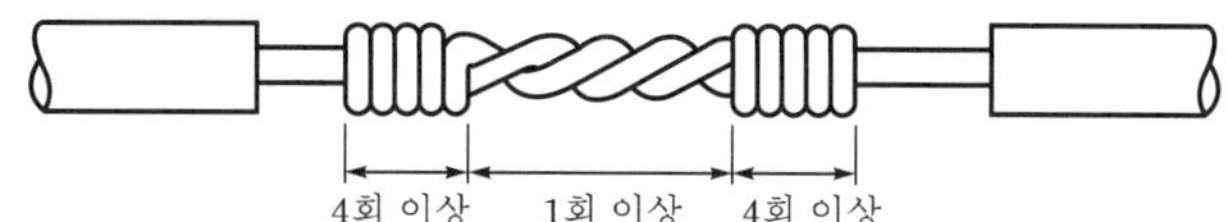

ⓛ 직선 맞대기용 슬리브(B형)에 의한 눌러 붙임(압착) 접속

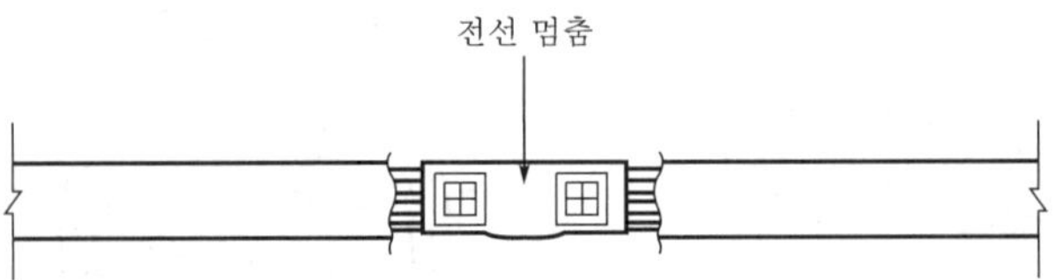

동전선 분기 접속
㉠ 트위스트 접속
ⓛ T형 커넥터

② 분기 접속

㉠ 가는 단선(6[mm^2] 이하)의 분기 접속(트위스트 접속)

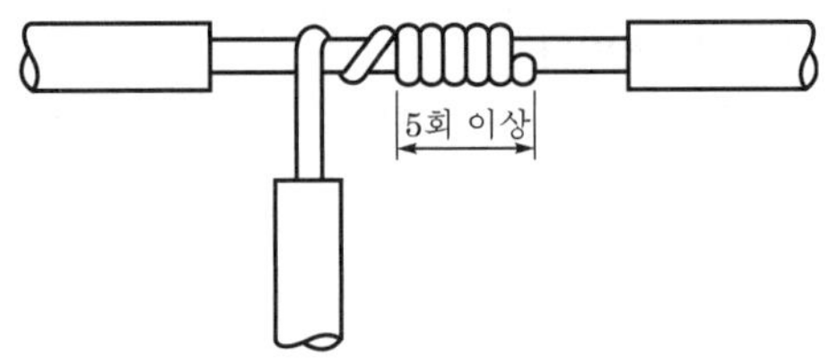

ⓛ T형 커넥터에 의한 분기 접속

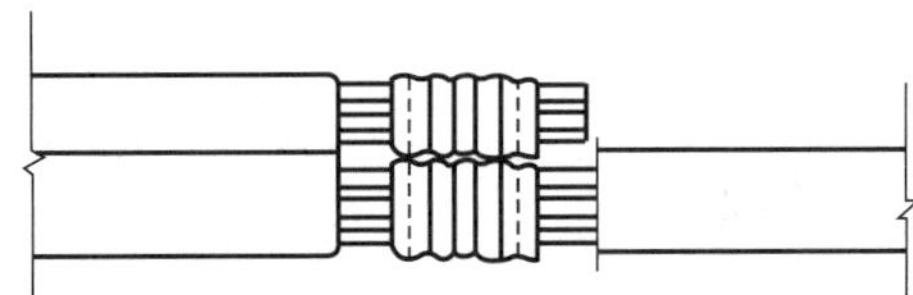

동전선의 종단 접속
㉠ 쥐꼬리 접속 : 4[mm^2] 이하
ⓛ 압착 단자 및 구리(동)관 단자
ⓒ E형 슬리브
ⓔ P형 슬리브
ⓜ 꽂음형 커넥터

③ 종단 접속

㉠ 가는 단선(4[mm^2] 이하)의 종단 접속 : 배관 공사 시 박스 안에서 적용

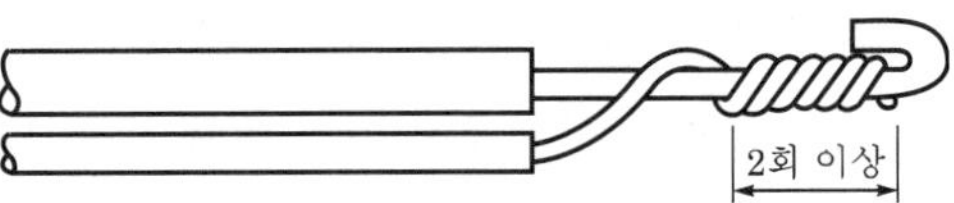

ⓛ 구리선(동선) 압착 단자에 의한 접속 : 압착 단자와 구리(동)관 단자에 대하여도 같이 적용

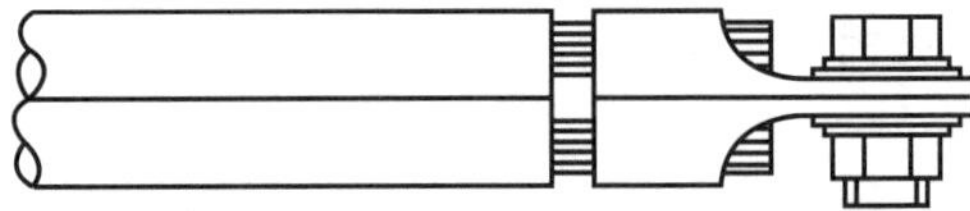

㉢ 비틀어 꽂는 형의 전선 접속기에 의한 접속

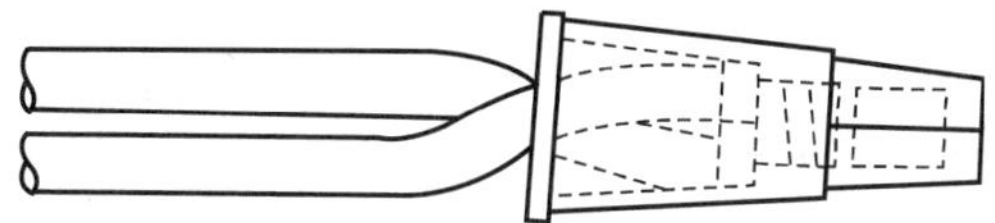

㉣ 종단 겹침용 슬리브(E형)에 의한 접속

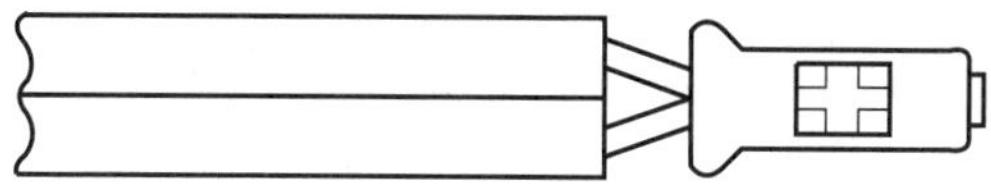

㉤ 직선 겹침용 슬리브(P형)에 의한 접속

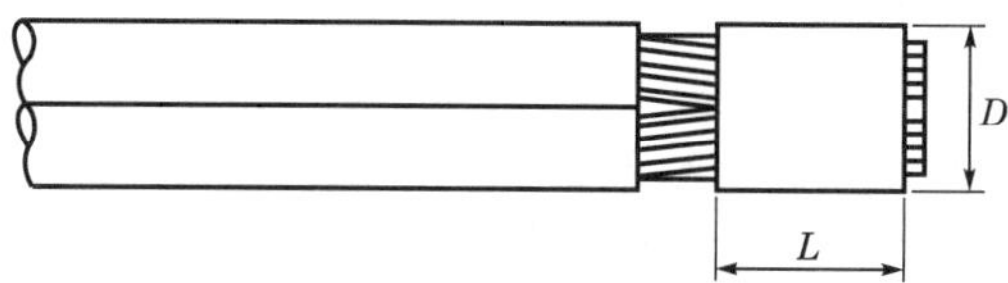

㉥ 꽂음형 커넥터에 의한 접속

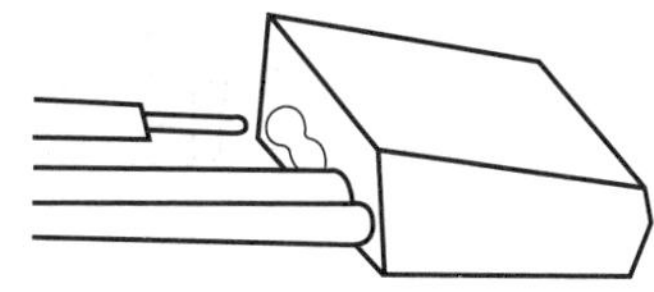

④ 슬리브에 의한 접속

㉠ S형 슬리브에 의한 직선 접속

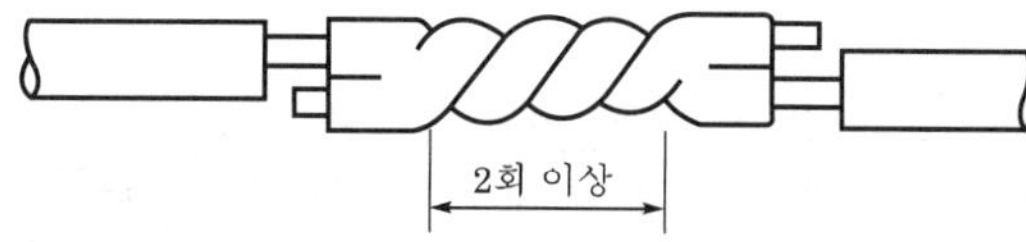

㉡ S형 슬리브에 의한 분기 접속

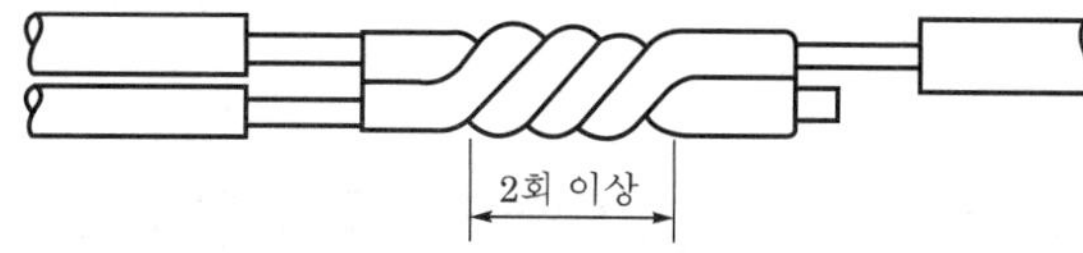

자주 출제되는 Key Point

종단접속

㉠ 가는 단선 종단 접속
㉡ 구리선(동선) 압착 단자에 의한 접속
㉢ 비틀어 꽂는 형
㉣ 종단 겹침용 슬리브(E형)
㉤ 직선 겹침용 슬리브(P형)
㉥ 꽂음형 커넥터

㉢ 매킹타이어 슬리브에 의한 직선 접속

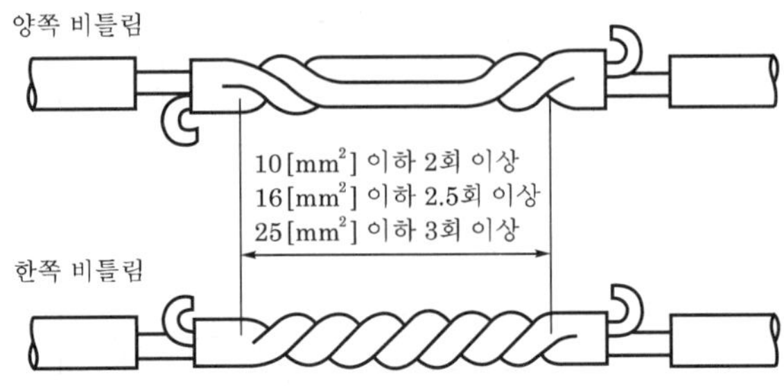

(6) 알루미늄 전선의 접속 방법

① 직선 접속 : 인입선과 인입구 배선과의 접속 등과 같이 비교적 장력이 걸리지 않는 장소에 사용

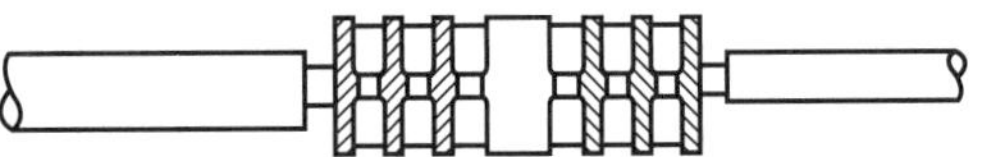

② 분기 접속 : 간선에서 분기선을 분기하는 경우 등에 사용

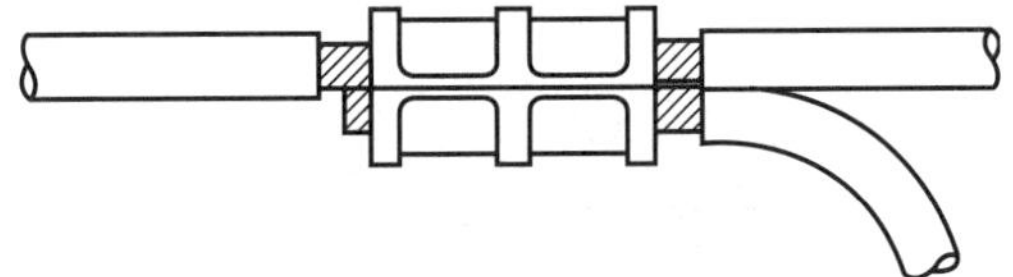

③ 종단 접속

㉠ 종단 겹침용 슬리브에 의한 접속 : 가는 전선을 박스 안 등에서 접속할 때 사용

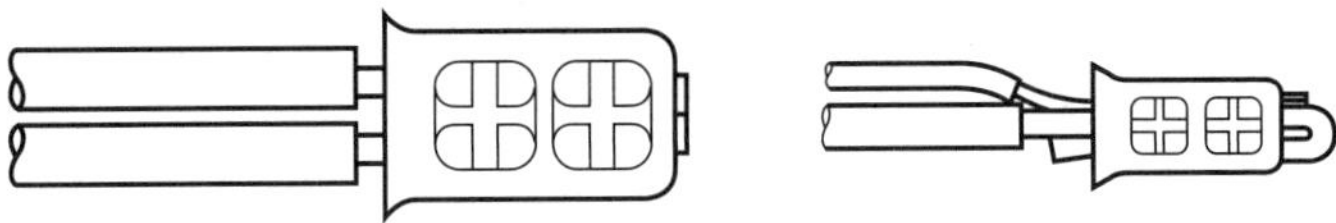

㉡ 비틀어 꽂는 형의 접속기에 의한 접속 : 가는 전선을 박스 안에서 접속할 때 사용

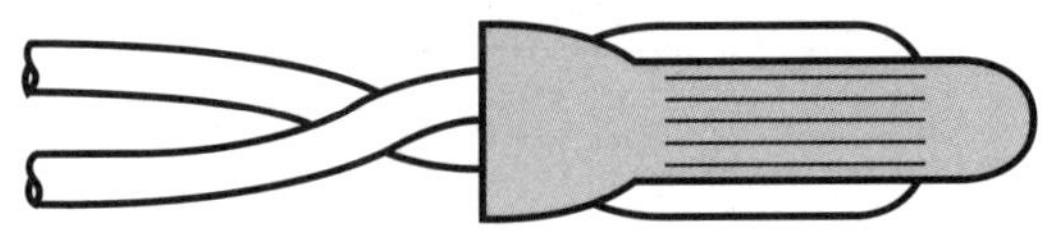

알루미늄 전선의 박스 안 종단 접속
㉠ 종단 겹침용 슬리브 : 가는 전선
㉡ 비틀어 꽂는 형 접속기 : 가는 전선
㉢ C형 접속기 : 굵은 전선
㉣ 터미널 러그 : 굵은 전선

㉢ C형 전선 접속기 등에 의한 접속 : 굵은 전선을 박스 안 등에서 접속할 때 사용

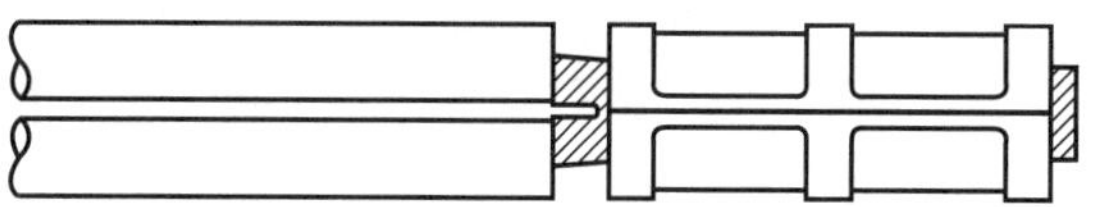

㉣ 터미널 러그에 의한 접속 : 굵은 전선을 박스 안 등에서 접속할 때 사용

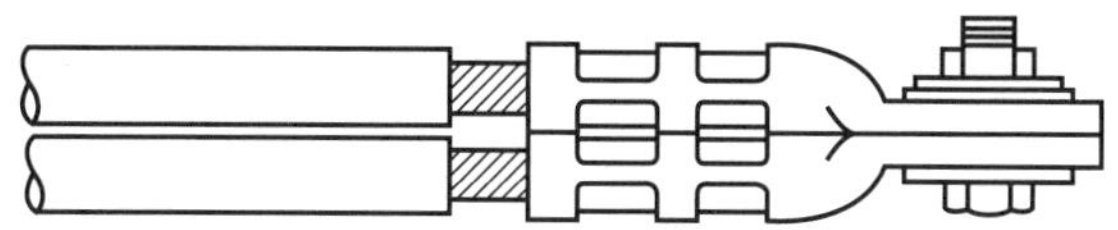

(7) 전선과 기계 기구의 단자 접속

① **구리(동)관 단자** : 굵은 전선과 기계 기구의 단자를 접속할 경우 접속하려는 전선의 심선 끝을 납땜 등으로 고정시킨 다음 볼트너트 등을 이용하여 접속하는 접속 기구로 온도나 진동 등의 원인으로 접속 단자가 풀릴 우려가 있는 경우에는 이중 너트나 스프링 와셔(얇은 금속성 원형 고리)를 사용하여 완전하게 접속한다.

② **압착 단자** : 코드나 케이블 등을 기계 기구의 단자 등에 접속할 때 이용하는 단자대로 접속 시에는 먼저 그 굵기에 적합한 단자를 선정한 다음 전용의 눌러 붙임(압착) 공구를 사용하여 완전하게 접속한 다음 볼트너트 등을 이용하여 접속하는 접속 기구로 납땜할 필요가 없다.

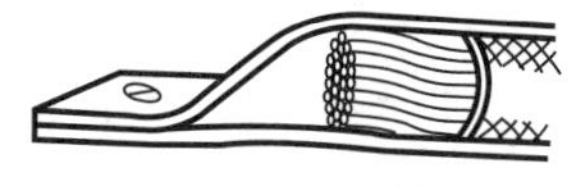

▌구리(동)관 단자▐

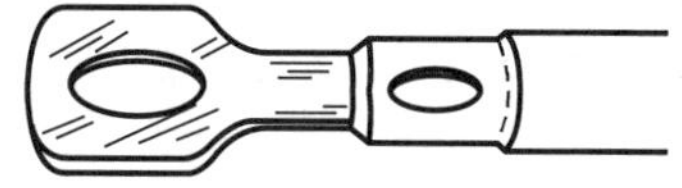

▌압착 단자▐

③ **고리형 단자의 기구 접속** : 전선의 굵기가 비교적 굵지 않은 10[mm^2] 이하 등에서 기계 기구의 단자에 전선을 직접 접속하는 단자로, 접속 시 너트가 돌아가는 방향 쪽으로 전선을 구부려 사용한다.

구리(동)관 단자
㉠ 기계 기구의 단자 접속
㉡ 스프링 와셔 : 진동 발생

압착 단자
㉠ 기계 기구의 단자 접속
㉡ 프레셔 툴 이용 눌러 붙임 (압착)

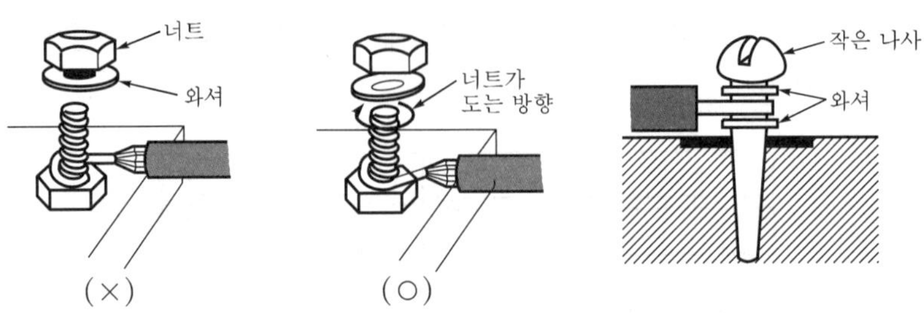

3 납땜과 테이프

(1) 납땜

전선 접속 시 접속기(커넥터)나 슬리브를 이용하여 전선을 접속하는 경우를 제외하고는 접속 부분의 전기 저항을 증가시키지 않도록 반드시 납땜을 실시하는데 납땜 실시는 납물의 고른 투입과 산화 방지를 위하여 페이스트(paste)라는 화학 약품을 바른 후 납물을 투입한다.

(2) 테이핑 시 주의 사항

① 테이프를 감기 전 납땜 후 남은 페이스트를 닦아낼 것

② 반폭씩 겹쳐 감은 테이프 두께가 피복 두께보다 얇지 않도록 할 것

(3) 테이프의 종류

① 비닐 테이프 : 염화비닐수지를 이용하여 만든 테이프로, 그 한쪽 면에 접착제를 바른 것

㉠ 용도 : 일반 전선의 접속 부분 절연 시 사용

㉡ 표준 색상 : 검은색, 흰색, 빨간색, 파란색, 녹색, 노란색, 갈색, 주황색, 회색

㉢ 규격 : 두께 0.15, 0.20, 0.25[mm], 폭 19[mm], 표준 길이 10, 20[m]

② 리노 테이프 : 건조한 목면 위에 절연성 니스를 몇 차례 칠한 다음 건조시킨 것으로, 점착성은 없으나 내온성, 내유성 및 절연 내력이 뛰어난 테이프

㉠ 용도 : 연피 케이블의 접속에서 사용

㉡ 표준 색상 : 노란색, 검은색

㉢ 규격 : 두께 0.18, 0.25[mm], 폭 13, 19, 25[mm], 표준 길이 6[m]

리노 테이프
㉠ 절연 내력이 우수
㉡ 연피 케이블 접속 시 사용

연피 케이블

도금하지 않은 연동선을 절연물로 절연한 후 연피로 외장한 케이블

③ **자기 융착 테이프(셀로폰 테이프)** : 합성수지와 합성고무를 주성분으로 하여 만든 판상의 것을 압연 처리한 다음 다시 적당한 격리물과 함께 감아서 만든 테이프

㉠ 용도 : 비닐 외장 케이블 및 클로로프렌 외장 케이블의 접속 등에 사용

㉡ 주의 사항 : 테이프를 감을 때 약 2배 정도 늘려서 감도록 할 것

㉢ 규격 : 0.5 ~ 1.0[mm], 폭 19[mm], 표준 길이 5 ~ 10[m]

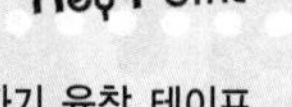

자기 융착 테이프

㉠ 클로로프렌 외장 케이블

㉡ 테이핑 시 2배 정도 늘려서 감을 것

자주 출제되는 기출 문제

전선의 구비 조건
㉠ 도전율이 클 것(고유 저항이 작을 것)
㉡ 내식성이 클 것
㉢ 가요성이 클 것
㉣ 비중이 작을 것

★★★
01 전선이 구비해야 될 조건으로 틀린 것은?

① 도전율이 클 것 ② 기계적인 강도가 클 것
③ 비중이 클 것 ④ 내구성이 있을 것

해설 전선의 구비 조건
- 도전율이 클 것
- 기계적 강도가 클 것
- 내식성이 클 것
- 가요성이 클 것
- 접속이 쉬울 것
- 중량이 작을 것(비중이 작을 것)
- 선, 판 등으로 가공하기 쉬울 것
- 값이 싸고 대량 생산이 가능할 것

전선의 색상
㉠ L_1 : 갈색
㉡ L_2 : 검은색
㉢ L_3 : 회색
㉣ 중성선(접지측 전선) : 파란색
㉤ 접지, 보호 도체 : 녹색-노란색

신규문제
02 전선의 식별에서 상(문자)과 전선의 색상이 맞는 것은?

① L_1 - 검은색 ② L_2 - 갈색
③ L_3 - 회색 ④ N - 흰색

해설
- L_1 : 갈색
- L_2 : 검은색
- L_3 : 회색
- N : 파란색
- 접지, 보호 도체 : 녹색-노란색

★★
03 450/750[V] 일반용 단심 비닐 절연 전선의 약호는?

① NRI ② NF
③ NFI ④ NR

해설 전선의 약호
- NRI : 기기 배선용 단심 비닐 절연 전선
- NF : 일반용 유연성 단심 비닐 절연 전선
- NFI : 기기 배선용 유연성 단심 비닐 절연 전선
- NR : 450/750[V] 일반용 단심 비닐 절연 전선

정답 01.③ 02.③ 03.④

★★
04 전선 약호가 VV인 케이블의 종류로 옳은 것은?

① 0.6/1[kV] 비닐 절연 비닐 시스 케이블
② 0.6/1[kV] EP 고무 절연 클로로프렌 시스 케이블
③ 0.6/1[kV] EP 고무 절연 비닐 시스 케이블
④ 0.6/1[kV] 비닐 절연 비닐 캡타이어 케이블

해설 케이블의 명칭 : 비닐(V) 절연 비닐(V) 시스 케이블

신규문제
05 다음 중 저압용 케이블이 아닌 것은?

① 0.6/1[kV] 클로로프렌 외장 케이블
② 0.6/1[kV] 비닐 절연 비닐 시스 제어 케이블
③ 폴리에틸렌 외장 케이블
④ 콤바인 덕트 케이블(CD)

해설 콤바인 덕트 케이블(CD)은 고압용 케이블이다.

★★
06 다음 중 고압 지중 케이블이 아닌 것은?

① 알루미늄피 케이블
② 비닐 절연 비닐 외장 케이블
③ 미네럴 인슐레이션 케이블
④ 클로로프렌 외장 케이블

해설 전압에 따른 지중 케이블의 종류

전압	사용 가능 케이블
저압	알루미늄피, 클로로프렌 외장, 비닐 외장, 폴리에틸렌 외장, 미네럴 인슐레이션(MI) 케이블
고압	알루미늄피, 클로로프렌 외장, 비닐 외장, 폴리에틸렌 외장, 콤바인 덕트(CD) 케이블

지중 케이블의 종류
㉠ 고압용 케이블 : CD 케이블
㉡ 저압용 케이블 : MI 케이블

★
07 전선 약호가 CN-CV-W인 케이블의 품명은?

① 동심 중성선 수분침투방지형(수밀형) 전력 케이블
② 동심 중성선 차수형 전력 케이블
③ 동심 중성선 수분침투방지형(수밀형) 저독성 난연 전력 케이블
④ 동심 중성선 차수형 저독성 난연 전력 케이블

해설 동심 중성선 수분침투방지형(수밀형) 전력 케이블(CN-CV-W) : CNCV 케이블의 중성선 층 및 도체 부분까지 수분침투방지(수밀) 처리한 케이블

정답 04.① 05.④ 06.③ 07.①

나전선 종류 중 동합금선의 단면적은 25[mm²] 이하의 것일 것

08 나전선 등의 금속선에 속하지 않는 것은?

① 경동선(지름 12[mm] 이하의 것)
② 연동선
③ 동합금선(단면적 35[mm²] 이하의 것)
④ 경알루미늄선(단면적 35[mm²] 이하의 것)

해설 나전선 종류
- 경동선(지름 12[mm] 이하의 것)
- 연동선
- 동합금선(단면적 25[mm²] 이하의 것)
- 경알루미늄선(단면적 35[mm²] 이하의 것)
- 알루미늄합금선(단면적 35[mm²] 이하의 것)
- 아연도 강선, 아연도 철선(방청 도금 철선 포함)

전선은 실제 단면적을 계산하면 유사한 크기의 공칭 단면적을 사용한다.

공칭 단면적
1.5, 2.5, 4[mm²] 등

09 전선의 공칭 단면적에 대한 설명으로 옳지 않은 것은? 13년 출제

① 소선수와 소선의 지름으로 나타낸다.
② 단위는 [mm²]로 표시한다.
③ 전선의 실제 단면적과 같다.
④ 연선의 굵기를 나타내는 것이다.

해설 전선의 피복까지를 고려한 공칭 단면적은 도체 단면적만을 고려한 실제 단면적과 약간 차이가 있다.

10 배전선에 주로 사용되는 전선은 어느 것인가?

① 경동선 ② 연동선
③ 알루미늄선 ④ 철선

해설 경동선은 인장 강도가 뛰어나므로 주로 옥외 전선로에서 사용하고, 연동선은 부드럽고 가요성이 뛰어나므로 주로 옥내 배선에서 사용한다.

11 전기 저항이 작고, 부드러운 성질이 있어 구부리기가 용이하므로 주로 옥내 배선에 사용하는 구리선의 명칭은?

① 경동선 ② 연동선
③ 합성 연선 ④ 중공 전선

해설 경동선은 인장 강도가 뛰어나므로 주로 옥외 전선로에서 사용하고, 연동선은 부드럽고 가요성이 뛰어나므로 주로 옥내 배선에서 사용한다.

정답 08.③ 09.③ 10.① 11.②

★★★
12 옥외용 비닐 절연 전선의 약호는?

06년/12년/14년/15년 출제

① IV ② DV
③ OW ④ HIV

해설 전선의 약호
- IV : 비닐 절연 전선
- DV : 인입용 비닐 절연 전선
- OW : 옥외용 비닐 절연 전선
- HIV : 내열용 비닐 절연 전선

출제분석 Advice

옥외용 비닐 절연 전선
㉠ 절대 옥내 사용 금지
㉡ 모든 관, 몰드, 덕트 내 사용 금지
㉢ 접지선 사용 불가

13 단면적이 0.75[mm^2]인 연동 연선에 염화비닐수지로 피복한 위에 "1,000VFL"의 기호가 표시된 것은?

① 네온 전선
② 비닐 코드
③ 형광 방전등 전선
④ 비닐 절연 전선

해설 1,000VFL에서 FL은 형광 방전등 전선을 의미한다.

★
14 절연 전선의 피복에 "15[kV]N-RV"라고 표기되어 있다. 여기서 "N-RV"는 무엇을 나타내는 약호인가?

07년 출제

① 형광등 전선
② 고무 절연 폴리에틸렌 시스 네온 전선
③ 고무 절연 비닐 시스 네온 전선
④ 폴리에틸렌 절연 비닐 시스 네온 전선

해설 "N-RV"에서 N은 네온 전선, R은 고무 절연, V는 비닐 외장을 의미한다.

★
15 다음 중 300/500[V] 기기 배선용 유연성 단심 비닐 절연 전선을 나타내는 약호는?

14년 출제

① NF ② NFI
③ NR ④ NRC

해설 전선의 약호
- NF : 450/750[V] 일반용 유연성 단심 비닐 절연 전선
- NFI : 300/500[V] 기기 배선용 유연성 단심 비닐 절연 전선
- NR : 450/750[V] 일반용 단심 비닐 절연 전선
- NRC : 고무 절연 클로로프렌 외장 네온 전선

전선 약호
㉠ NF : 450/750[V] 일반용 유연성 단심 비닐 절연 전선
㉡ NR : 450/750[V] 일반용 단심 비닐 절연 전선
㉢ NRC : 고무 절연 클로로프렌 외장 네온 전선

정답 12.③ 13.③ 14.③ 15.②

16 소기구용으로 전기이발기, 전기면도기, 헤어드라이기 등에 주로 사용되는 코드는?

① 고무 코드 ② 금실 코드
③ 방습 코드 ④ 기구용 코드

해설 전기이발기, 전기면도기, 헤어드라이기 등에 사용되는 코드는 가요성이 대단히 뛰어난 금실 코드를 사용한다.

케이블 약호
㉠ 케이블 호칭 : ○○ 절연 ○○ 외장 케이블
㉡ V : 비닐
㉢ E : 폴리에틸렌
㉣ R : 고무
㉤ N : 클로로프렌
㉥ C : 가교 폴리에틸렌

17 가교 폴리에틸렌 절연 비닐 외장 케이블의 약호는?

① CV ② EV
③ DV ④ OW

해설
- 케이블은 먼저 절연물을 호칭하고 이어서 외장을 호칭한다.
  - V : 비닐, E : 폴리에틸렌, R : 고무, C : 가교 폴리에틸렌, B : 부틸 고무
  - EV : 폴리에틸렌 절연 비닐 외장 케이블
  - CV : 가교 폴리에틸렌 절연 비닐 외장 케이블
- 일반 절연 전선의 약호
  - DV : 인입용 비닐 절연 전선
  - OW : 옥외용 비닐 절연 전선

18 폴리에틸렌 절연 비닐 시스 케이블의 약호는? 12년 출제

① DV ② EE
③ EV ④ OW

해설
- 케이블은 먼저 절연물을 호칭하고 이어서 외장을 호칭한다.
  - V : 비닐, E : 폴리에틸렌, R : 고무, C : 가교 폴리에틸렌, B : 부틸 고무
  - VV : 비닐 절연 비닐 외장 케이블
  - EV : 폴리에틸렌 절연 비닐 외장 케이블
  - EE : 폴리에틸렌 절연 폴리에틸렌 외장 케이블
  - CV : 가교 폴리에틸렌 절연 비닐 외장 케이블
- 일반 절연 전선의 약호는 다음과 같다.
  - DV : 인입용 비닐 절연 전선
  - OW : 옥외용 비닐 절연 전선

19 자동차 타이어와 같은 질긴 고무 혼합물로 전기적 성질보다 기계적 성질에 중점을 두고 만든 전선의 피복 재료는?

① 면 ② 캡타이어
③ 석면 ④ 주트

해설 캡타이어는 주로 케이블이나 코드의 외장에 사용하는 재료로서, 이동용 전선에 적합하다.

정답 16.② 17.① 18.③ 19.②

★★
20 다음 중 나전선 상호 간 또는 나전선과 절연 전선 접속 시 접속 부분의 전선의 세기는 일반적으로 어느 정도 유지해야 하는가?

① 80[%] 이상
② 70[%] 이상
③ 60[%] 이상
④ 50[%] 이상

해설 전선 접속 시 접속 부분의 전선의 세기는 80[%] 이상 유지해야 한다(20[%] 이상 감소되지 않도록 할 것).

★★★
21 전선을 접속할 때 전선의 강도를 몇 [%] 이상 감소시키지 않아야 하는가?

출제빈도

07년/08년/09년/11년/14년/15년 출제

① 10 ② 20
③ 30 ④ 40

해설 전선 접속 시 전선의 세기를 20[%] 이상 감소시키지 않도록 하여야 한다.

> **전선 접속 시 주의 사항**
> ㉠ 전기 저항 증가 방지
> ㉡ 세기를 20[%] 이상 감소시키지 않도록 할 것
> ㉢ 서로 다른 도체 접속은 전용 접속기를 이용할 것
> ㉣ 알루미늄 전선은 옥외 사용 시 슬리브 접속할 것

★★★
22 전선 접속에 관한 설명으로 틀린 것은?

출제빈도

08년/15년 출제

① 접속 부분의 전기 저항을 증가시켜서는 안 된다.
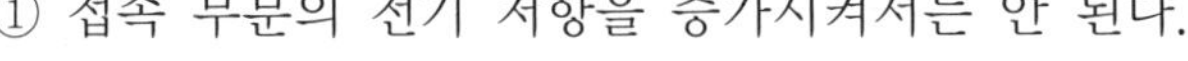
② 전선의 세기를 20[%] 이상 유지해야 한다.
③ 접속 부분은 납땜을 한다.
④ 절연을 원래의 절연 효력이 있는 테이프로 충분히 한다.

해설 전선 접속 시 전선의 세기는 80[%] 이상 유지하도록 하여야 한다.

★★
23 전선 및 케이블 접속 방법이 잘못된 것은?

08년/12년 출제

① 전선의 세기를 30[%] 이상 감소시키지 않을 것
② 접속 부분은 와이어 커넥터 같은 접속 기구를 사용하거나 납땜을 할 것
③ 코드 상호, 캡타이어 케이블 상호, 케이블 상호 또는 이들 상호를 접속하는 경우에는 코드 접속기·접속함, 기타의 기구를 사용할 것
④ 도체에 알루미늄을 사용하는 전선과 동을 사용하는 전선을 접속하는 경우에는 접속 부분에 전기적 부식이 생기지 않도록 할 것

해설 전선 접속 시 전선의 세기를 20[%] 이상 감소시키지 않도록 하여야 한다.

> **전선 접속 시 주의 사항**
> ㉠ 전기 저항 증가 방지
> ㉡ 세기를 20[%] 이상 감소시키지 않도록 할 것
> ㉢ 테이핑은 반폭씩 겹쳐 2회 이상 감을 것
> ㉣ 서로 다른 도체 접속은 전용 접속기를 이용할 것

정답 20.① 21.② 22.② 23.①

절연 전선은 어느 것이나 상호 접속이 가능하다.

24 접속기 또는 접속함을 사용하지 않고 접속해도 좋은 것은 다음 중 어느 것인가?

① 코드 상호
② 비닐 외장 케이블과 코드
③ 캡타이어 케이블과 비닐 외장 케이블
④ 절연 전선과 코드

해설 절연 전선 상호 간이나 절연 전선과 코드, 절연 전선과 케이블의 접속은 접속 기구를 이용하지 않고 직접 접속이 가능하다.

★★
25 코드 상호 간, 캡타이어 케이블 상호 간을 접속 시 가장 많이 사용하는 기구는?

10년/13년 출제

① 와이어 커넥터 ② 코드 접속기
③ 케이블 타이 ④ 테이블탭

해설 코드 상호 간이나 캡타이어 케이블 상호 간 접속 시에는 직접 접속이 불가능하므로 코드 접속기를 사용하여 접속한다.

동전선의 직선, 분기 접속
㉠ 트위스트 접속 : 6[mm²] 이하
㉡ 브리타니아 접속 : 10[mm²] 이상

★★★
26 전선의 접속 방법 중 트위스트 접속의 용도는?

07년/08년/11년/13년/14년 출제

① 6[mm²] 이하 단선의 직선 접속
② 10[mm²] 이상 단선의 직선 접속
③ 12[mm²] 이상 연선의 직선 접속
④ 20[mm²] 이상 연선의 분기 접속

해설 전선의 접속법
- 트위스트 접속 : 6[mm²] 이하 가는 단선의 접속
- 브리타니아 접속 : 10[mm²] 이상 굵은 단선의 접속

단선의 직선 접속
㉠ 트위스트 접속 : 6[mm²] 이하
㉡ 브리타니아 접속 : 10[mm²] 이상

★★
27 단선의 접속에서 전선의 굵기가 10[mm²] 이상 되는 굵은 전선을 직선 접속할 때 어떤 방법으로 하는가?

06년 출제

① 슬리브 접속
② 우산형 접속
③ 트위스트 접속
④ 브리타니아 접속

해설 전선의 접속법
- 트위스트 접속 : 6[mm²] 이하 가는 단선의 접속
- 브리타니아 접속 : 10[mm²] 이상 굵은 단선의 접속

정답 24.④ 25.② 26.① 27.④

★★★
28 다음 중 단선의 브리타니아 직선 접속에 사용되는 것은?
06년/07년/09년 출제

① 조인트선 ② 파라핀선
③ 바인드선 ④ 에나멜선

해설 브리타니아 접속 시 감는 선을 접속선(조인트선)이라고 한다.

★
29 옥내 배선에서 주로 사용하는 직선 접속 및 분기 접속 방법은 어떤 것을 사용하여 접속하는가?
13년 출제

① 구리선(동선) 압착 단자 ② 슬리브
③ 와이어 커넥터 ④ 꽂음형 커넥터

해설 전선의 접속
- 슬리브 : 주석 도금을 한 연동판제의 전선 접속 기구로 직선 및 분기 접속에 이용하는 S형과 직선 접속형인 B형, P형, 종단 접속형인 E형이 있다.
- 구리선(동선) 압착 단자, 와이어 커넥터, 꽂음형 커넥터 : 종단 접속 시 사용한다.

★
30 전선 접속 시 사용되는 슬리브(sleeve)의 종류가 아닌 것은?
14년 출제

① D형 ② S형
③ E형 ④ P형

해설 주석 도금을 한 연동판제의 전선 접속 기구로 직선 및 분기 접속에 이용하는 S형과 직선 접속형인 B형, P형, 종단 접속형인 E형이 있다.

★★★
31 박스 안에서 가는 전선을 접속할 때에 어떤 접속으로 하는가?
06년/08년/09년/13년/14년/15년 출제

① 슬리브 접속 ② 브리타니아 접속
③ 쥐꼬리 접속 ④ 트위스트 접속

해설 박스 안에서 가는 전선을 접속할 때는 쥐꼬리 접속을 한다. 이때, 접속 부분의 절연을 위해 박스용 커넥터나 와이어 커넥터를 사용하면 접속기(커넥터) 자체가 절연물이므로 테이프 감기가 필요 없다.

★
32 절연 전선 서로를 접속할 때 어느 접속기를 사용하면 접속 부분에 절연할 필요가 없는가?
07년 출제

① 전선 피박기 ② 박스용 커넥터
③ 전선 덮개(커버) ④ 목대

출제분석 Advice

슬리브 접속
㉠ 슬리브 : S, B, P, E형
㉡ 직선, 분기, 종단 접속

쥐꼬리 접속
㉠ 박스 안에서 이용
㉡ 접속 부분 절연 : 박스용 커넥터, 와이어 커넥터 사용 시 테이프 감기 생략

정답 28.① 29.② 30.① 31.③ 32.②

해설 절연 전선의 쥐꼬리 접속 시 접속 부분에 박스용 커넥터나 와이어 커넥터를 사용하면 접속기 자체가 절연물이므로 테이프 감기가 필요 없다.

와이어 커넥터 쥐꼬리 접속
㉠ 도체를 압축하는 접속기
㉡ 테이프 감기 생략

33 옥내 배선 공사 작업 중 접속함에서 쥐꼬리 접속을 할 때 필요한 것은? 14년 출제

① 커플링 ② 와이어 커넥터
③ 로크너트 ④ 부싱

해설 절연 전선의 쥐꼬리 접속 시 접속 부분에 그 절연을 위해 절연 테이프를 감아야 하는데 박스용 커넥터나 와이어 커넥터를 사용하면 접속기(커넥터) 자체가 절연물이므로 테이프 감기가 필요 없다.

34 정크션 박스 내에서 전선을 접속할 수 있는 것은? 11년/12년 출제

① S형 슬리브 ② 꽂음형 커넥터
③ 와이어 커넥터 ④ 매킹타이어

해설 와이어 커넥터 : 박스 내에서 전선을 접속할 때 접속한 부분에 씌워 돌려주면 내부에 특수 합금이 나선상으로 삽입되어 있어 나선 스프링이 도체를 압축하면서 전선을 접속하는 접속 기구이다.

커플링
금속관이나 합성수지관 상호 간을 접속할 때 사용

35 절연 전선을 서로 접속할 때 사용하는 방법이 아닌 것은? 13년 출제

① 커플링에 의한 접속
② 와이어 커넥터에 의한 접속
③ 슬리브에 의한 접속
④ 압축 슬리브에 의한 접속

해설 커플링은 금속관이나 합성수지관 상호 간을 접속할 때 사용한다.

단선의 직선 접속
㉠ 트위스트 접속 : 6[mm^2] 이하
㉡ 브리타니아 접속 : 10[mm^2] 이상

36 전선 접속 방법이 잘못된 것은? 09년 출제

① 트위스트 접속은 6[mm^2] 이하의 가는 단선을 직접 접속할 때 적합하다.
② 브리타니아 접속은 6[mm^2] 이상의 굵은 단선의 접속에 적합하다.
③ 쥐꼬리 접속은 박스 내에서 가는 전선을 접속할 때 적합하다.
④ 와이어 커넥터 접속은 납땜과 테이프가 필요 없이 접속할 수 있고 누전의 염려가 없다.

해설 전선의 접속법
- 트위스트 접속 : 6[mm^2] 이하 가는 단선의 접속
- 브리타니아 접속 : 10[mm^2] 이상 굵은 단선의 접속

정답 33.② 34.③ 35.① 36.②

★★
37 절연 전선 상호 간의 접속에서 옳지 않은 것은?
06년/09년 출제

① 납땜 접속을 한다.
② 슬리브를 사용하며 접속한다.
③ 와이어 커넥터를 사용하며 접속한다.
④ 굵기가 6[mm^2] 이하인 것은 브리타니아 접속을 한다.

해설 전선의 접속법
- 트위스트 접속 : 6[mm^2] 이하 가는 단선의 접속
- 브리타니아 접속 : 10[mm^2] 이상 굵은 단선의 접속

출제분석 Advice
단선의 직선 접속
㉠ 트위스트 접속 : 6[mm^2] 이하
㉡ 브리타니아 접속 : 10[mm^2] 이상

★
38 동전선의 접속에서 직선 접속에 해당하는 것은?
08년 출제

① 직선 맞대기용 슬리브(B형)에 의한 눌러 붙임(압착) 접속
② 비틀어 꽂는 형의 전선 접속기에 의한 접속
③ 종단 겹침용 슬리브(E형)에 의한 접속
④ 구리선(동선) 압착 단자에 의한 접속

해설 구리(동)전선의 접속에서 직선 접속에 해당하는 것은 직선 맞대기용 슬리브(B형)에 의한 압착 접속법으로 단선이나 연선에서 모두 적용 가능하다.

동전선 직선 접속
㉠ 트위스트 접속
㉡ 직선 맞대기용 B형 슬리브 눌러 붙임(압착) 접속

★
39 동전선의 접속 방법에서 종단 접속의 방법이 아닌 것은?
11년 출제

① 비틀어 꽂는 형의 전선 접속기에 의한 접속
② 종단 겹침용 슬리브(E형)에 의한 접속
③ 직선 맞대기용 슬리브(B형)에 의한 눌러 붙임(압착) 접속
④ 직선 겹침용 슬리브(P형)에 의한 접속

해설 직선 맞대기용 슬리브(B형)에 의한 눌러 붙임(압착) 접속법은 동전선의 직선 접속법으로 단선 및 연선에서 모두 적용 가능하다.

동전선의 종단 접속
㉠ 쥐꼬리 접속 : 4[mm^2] 이하
㉡ 압착 단자 및 구리(동)관 단자
㉢ E형 슬리브
㉣ P형 슬리브
㉤ 꽂음형 접속기

★★
40 다음 중 알루미늄 전선의 접속 방법으로 적합하지 않은 것은?
06년/14년 출제

① 직선 접속
② 분기 접속
③ 종단 접속
④ 트위스트 접속

해설 알루미늄 전선의 접속 방법
- 직선 접속 : 비교적 장력이 걸리지 않는 경우 사용
- 분기 접속 : 간선에서 분기선을 분기하는 경우 사용
- 종단 접속 : 전선을 박스 안에서 접속할 때 사용
- 터미널 러그에 의한 접속 : 굵은 전선을 박스 안에서 접속할 때 사용

알루미늄 전선 접속 방법
㉠ 직선 접속
㉡ 분기 접속
㉢ 종단 접속
㉣ 터미널 러그 접속

정답 37.④ 38.① 39.③ 40.④

41 다음 중 접속 방법이 잘못된 것은?

① 알루미늄과 동을 사용하는 전선을 접속하는 경우에는 접속 부분에 전기적 부식이 생기지 않아야 한다.

② 공칭 단면적 10[mm^2] 미만인 캡타이어 케이블 상호 간을 접속하는 경우에는 접속함을 사용할 수 없다.

③ 절연 전선 상호 간을 접속하는 경우에는 접속 부분을 절연 효력이 있는 것으로 충분히 피복하여야 한다.

④ 나전선 상호 간의 접속인 경우에는 전선의 세기를 20[%] 이상 감소시키지 않아야 한다.

해설 코드 상호, 캡타이어 케이블 상호 또는 이들 상호를 접속하는 경우에는 코드 접속기 · 접속함, 기타의 기구를 사용할 것

코드 상호, 케이블 상호, 코드와 케이블 상호는 직접 접속이 불가능하다.

42 코드 상호, 캡타이어 케이블 상호 접속 시 사용하여야 하는 것은?

① 와이어 커넥터

② 케이블 타이

③ 코드 접속기

④ 테이블 탭

해설 코드 및 캡타이어 케이블 상호 접속 시에는 직접 접속이 불가능하고 전용의 접속 기구를 사용해야 한다.

슬리브 접속 시 최소 2회 이상 꼬아야 한다.

★★★
43 매킹 타이어로 슬리브 접속 시 슬리브를 최소 몇 회 이상 꼬아야 하는가?

① 3.5회　　② 2회

③ 2.5회　　④ 3회

해설 연회 슬리브 접속은 매킹 타이어 슬리브를 써서 도선을 접속하는 방법으로, 나선 접속 시 사용하며 슬리브는 2～3회 정도 비틀어 꼬아서 접속한다.

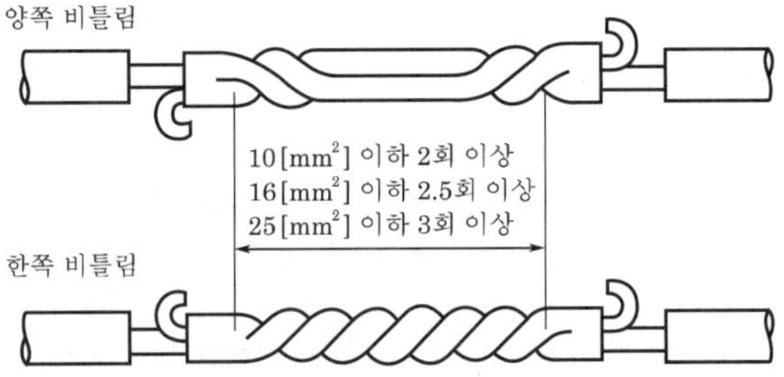

정답 41.② 42.③ 43.②

★★★
44 다음 그림과 같은 전선의 접속법은?

(가)

(나)

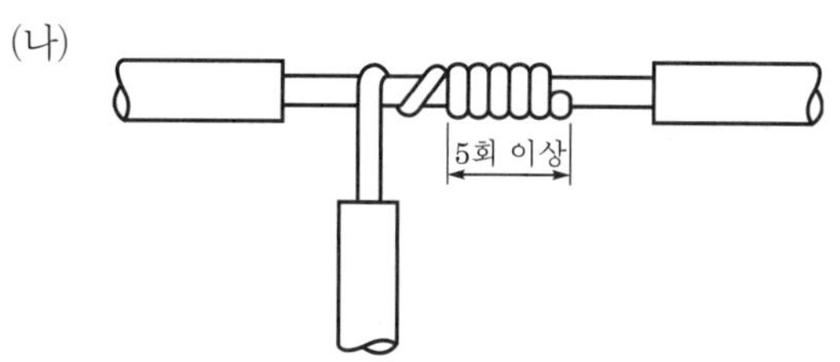

① 직선 접속, 분기 접속
② 직선 접속, 종단 접속
③ 분기 접속, 슬리브에 의한 접속
④ 종단 접속, 직선 접속

해설 • (가) 단선의 트위스트 직선 접속
• (나) 단선의 트위스트 분기 접속

45 전선의 접속법에서 2개 이상의 전선을 병렬로 사용하는 경우의 시설 기준으로 틀린 것은?

① 각 전선의 굵기는 구리인 경우 50[mm^2] 이상이어야 한다.
② 각 전선의 굵기는 알루미늄인 경우 70[mm^2] 이상이어야 한다.
③ 병렬로 사용하는 전선은 각각에 퓨즈를 설치해야 한다.
④ 동극의 각 전선은 동일한 터미널 러그에 완전히 접속해야 한다.

해설 병렬로 접속해서 각각 전선에 퓨즈를 설치한 경우 만약 한 선의 퓨즈가 용단된 경우 다른 한 선으로 전류가 모두 흐르므로 위험해진다.

★★
46 옥내에서 2개 이상의 전선을 병렬로 사용하는 경우 구리선(동선)은 각 전선의 굵기가 몇 [mm^2] 이상이어야 하는가?

① 50[mm^2]
② 70[mm^2]
③ 95[mm^2]
④ 150[mm^2]

해설 2개 이상의 전선을 병렬로 사용하는 경우 전선의 굵기
• 구리선(동선) : 50[mm^2] 이상
• 알루미늄선 : 70[mm^2] 이상

출제분석 Advice

병렬 접속
㉠ 구리선(동선) : 50[mm^2] 이상
㉡ 알루미늄선 : 70[mm^2] 이상

정답 44.① 45.③ 46.①

출제분석 Advice

구리(동)관 단자
㉠ 기계 기구의 단자 접속
㉡ 스프링 와셔, 이중 너트 : 진동 발생

진동 발생 기계 기구 단자 접속
㉠ 스프링 와셔
㉡ 이중 너트

불완전 고정 시 위험 요소
㉠ 누전
㉡ 화재 위험
㉢ 저항 증가
㉣ 과열 발생

리노 테이프
㉠ 절연 내력이 우수
㉡ 연피 케이블 접속 시 사용

★

47 전선과 기계 기구의 단자를 접속할 때 사용되는 것은? 06년 출제

① 절연 테이프 ② 구리(동)관 단자
③ 관형 슬리브 ④ 압축형 슬리브

해설 전선과 기계 기구의 단자 접속은 구리(동)관 단자, 압착 단자 등을 사용한다.

★★★ 출제빈도

48 진동이 있는 기계 기구의 단자에 전선을 접속할 때 사용하는 것은? 06년/07년/09년/10년/12년 출제

① 압착 단자 ② 스프링 와셔
③ 코드 스패너 ④ 십자머리 볼트

해설 진동이 있는 기계 기구의 단자 접속 시에는 스프링 와셔나 이중 너트를 사용한다.

★★

49 전선과 기구 단자 접속 시 나사를 덜 죄었을 경우 발생할 수 있는 위험과 거리가 먼 것은? 10년/14년 출제

① 누전 ② 화재 위험
③ 과열 발생 ④ 저항 감소

해설 전선과 기구 단자 접속 시 나사를 덜 죄면 전기 저항이 증가하여 과열이 발생하므로 화재의 우려가 있고, 누설 전류가 발생한다.

★★★ 출제빈도

50 점착성은 없으나 절연성, 내온성 및 내유성이 있어 연피 케이블 접속에 사용되는 테이프는? 06년/09년/10년/13년 출제

① 고무 테이프 ② 리노 테이프
③ 비닐 테이프 ④ 자기 융착 테이프

해설 리노 테이프
- 건조한 목면 위에 절연성 니스를 몇 차례 칠한 다음 건조시킨 것으로, 점착성은 없으나 내온성, 내유성 및 절연 내력이 뛰어난 테이프
- 용도 : 연피 케이블의 접속에서 사용

51 전선 접속에 있어서 클로로프렌 외장 케이블의 접속에 쓰이는 테이프는?

① 블랙 테이프 ② 자기 융착 테이프
③ 리노 테이프 ④ 비닐 테이프

해설 자기 융착 테이프(셀로폰 테이프) : 합성수지와 합성고무를 주성분으로 하여 만든 판상의 것을 압연 처리한 다음 다시 적당한 격리물과 함께 감아서 만든 테이프로, 비닐 외장 케이블 및 클로로프렌 외장 케이블의 접속 등에 사용한다.

정답 47.② 48.② 49.④ 50.② 51.②

배선 재료와 공구

개폐기(switch)

1 나이프 스위치(knife switch)

직·교류 회로의 개폐에 사용하는 개방형 수동식 개폐기로 사용 시 감전 우려가 있으므로 전기실과 같이 취급자만이 출입하는 장소의 배전반이나 분전반 등에 설치하여 사용한다.

(1) 전선의 접속수

① 단극(single pole)
② 2극(double pole)
③ 3극(triple pole)

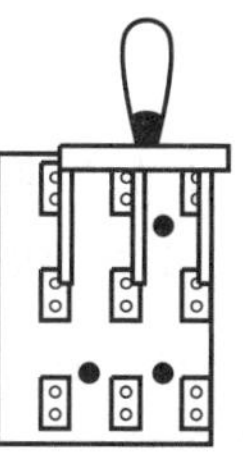

(a) 2극　　(b) 3극

(2) 나이프를 투입하는 방향

① 단투(single throw)
② 쌍투(double throw)
③ 전선 접속수와 투입 방향에 따른 개폐기 약호

명칭	약호	명칭	약호
단극 단투형	SPST	단극 쌍투형	SPDT
2극 단투형	DPST	2극 쌍투형	DPDT
3극 단투형	TPST	3극 쌍투형	TPDT

2 커버 나이프 스위치

나이프 스위치 전면의 충전부를 덮개(커버)를 씌워 덮은 것으로, 덮개(커버)를 열지 않고 수동으로 개폐하며 전열 및 동력용 부하의 인입 개폐기나 분기 개폐기 등에 설치한다.

(1) 전선의 접속수

① 2극(double pole)
② 3극(triple pole)

(2) 투입하는 방향

① 단투(single throw)
② 쌍투(double throw)

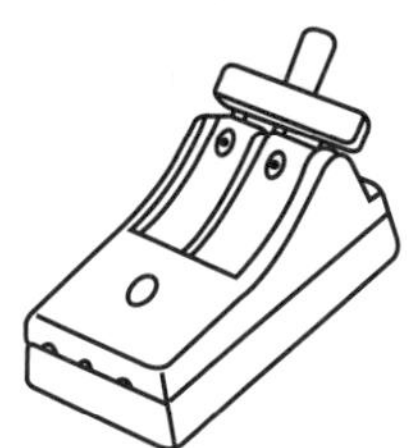

자주 출제되는 Key Point

전선의 접속수
㉠ 단극 : SP
㉡ 2극 : DP
㉢ 3극 : TP

나이프를 투입하는 방향
㉠ 단투 : ST
㉡ 쌍투 : DT

전선 접속수와 투입 방향에 따른 개폐기 약호
㉠ SPST : 단극 단투형
㉡ SPDT : 단극 쌍투형
㉢ DPST : 2극 단투형
㉣ DPDT : 2극 쌍투형
㉤ TPST : 3극 단투형
㉥ TPDT : 3극 쌍투형

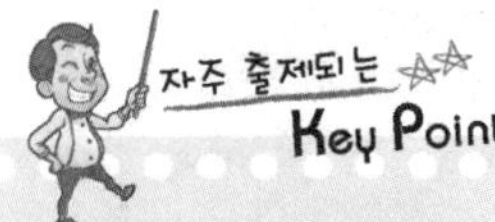

점멸기, 타임 스위치 시설
㉠ 점멸기 : 전압측 전선
㉡ 1개 점멸기 : 등기구수 6개 이내로 할 것
㉢ 타임 스위치 시설 : 여관, 호텔 객실은 1분, 주택, 아파트 현관은 3분

점멸 스위치
㉠ 로터리 스위치 : 광도 조절
㉡ 펜던트 스위치 : 코드 끝
㉢ 누름단추 스위치 : 전동기 기동, 정지 시 이용
㉣ 캐노피 스위치 : 플랜지에 부착하여 끈을 이용
㉤ 3로 스위치 : 2개소 점멸
㉥ 4로 스위치 : 3로와 조합하여 3개소 이상 점멸

3 점멸 스위치(옥내용 소형 스위치)

(1) 점멸 장치와 타임 스위치 등의 시설

① 가정용 전등에는 등기구마다 점멸 기구를 전압측 전선에 설치할 것

② 사무실, 공장, 상점, 병원, 기타 이와 유사한 장소에는 부분 조명이 가능하도록 여러 개의 전등 군으로 나누어 1개의 점멸기에 속하는 등기구수는 6개 이내로 할 것

③ 여관이나 호텔 객실의 입구는 1분, 일반 주택 및 아파트 현관에는 3분 이내에 소등되는 타임 스위치를 시설하여 전등을 자동으로 점멸할 것

(2) 점멸 스위치의 종류

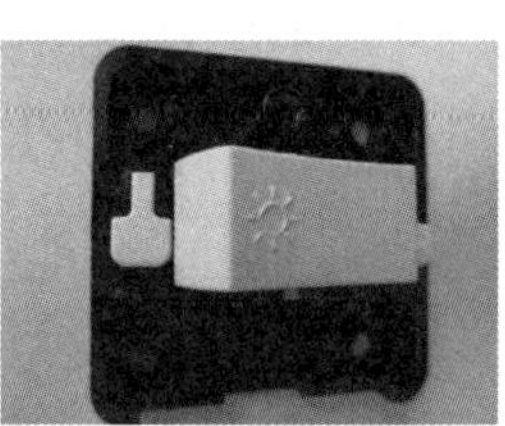

① 텀블러 스위치(tumbler switch) : 노브(knob)를 위아래로 움직여 점멸하는 것으로, 벽이나 기둥 등에 시설한 박스 안에 설치하는 매입형과 벽이나 기둥 등의 바깥 면에 직접 붙이는 노출형이 있다.

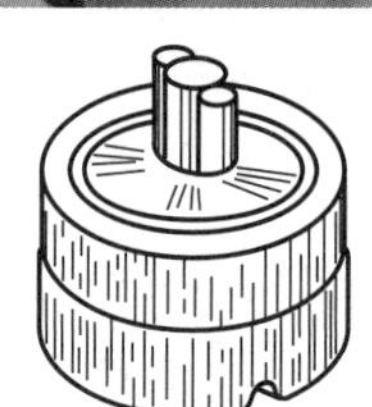

② 로터리 스위치(rotary switch) : 노브를 좌우로 돌려가며 회로를 열거나(개로) 닫는(폐로) 또는 강약을 조절하여 점멸하는 것으로, 저항선이나 전구를 직·병렬로 접속 변경하여 발열량 또는 광도를 조절할 수 있는 형태의 스위치이다.

③ 누름단추 스위치(push button switch) : 매입형만이 사용되는 스위치로, 위아래 단추가 동시에 동작하는 전등용 푸시 버튼 스위치와 전동기의 기동, 정지 시 동작하는 전동기용 푸시 버튼 스위치가 있다.

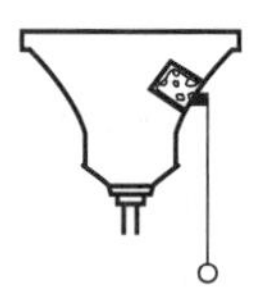

④ 캐노피 스위치(canopy switch) : 조명 기구의 플랜지 안에 부착하는 소형의 단극 스냅 스위치의 일종으로, 끈을 잡아당김으로써 점멸하는 구조의 스위치이다.

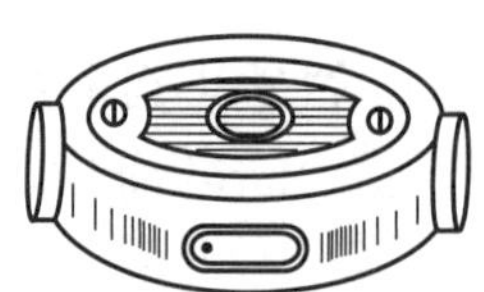

⑤ 코드 스위치(cord switch) : 전기담요나 전기방석 같은 소형 전기 기구의 코드 중간에 부착하여 회로를 개폐하는 스위치로, 중간 스위치라고도 한다.

⑥ 펜던트 스위치(pendant switch) : 코드 끝단이나 전등을 하나씩 하나씩 따로 점멸하는 곳에서 사용하는 스위치로, 빨간 단추를 누르면 개방(개로)이 되고, 하얀 단추가 반대쪽에 튀어나와 점멸 표시가 되도록 만들어져 있다.

⑦ 도어 스위치(door switch) : 문이나 문기둥에 부착하여 문을 열고 닫을 때 자동적으로 회로를 개폐하는 형태의 스위치이다.

⑧ 타임 스위치(time switch) : 시계 기구를 내장한 스위치로, 지정 시간에 점멸할 수 있는 것과 일정 시간 동작할 수 있는 것이 있다.

⑨ 3로 스위치 : 전환용 스위치로, 1개의 전등을 2개소에서 점멸이 가능한 스위치이다.

3로 스위치
전등 1개, 스위치 2개가 필요

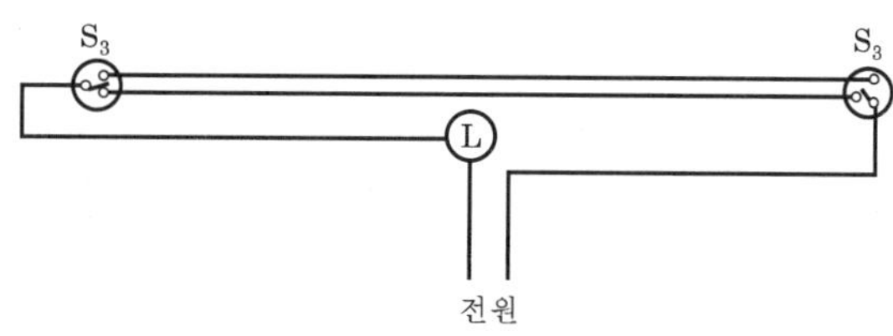

⑩ 4로 스위치 : 스위치 접점이 교대로 바뀌는 구조로 된 스위치로, 보통 3로 스위치와 조합하여 3개소 이상의 점멸 시 사용하는 스위치이다.

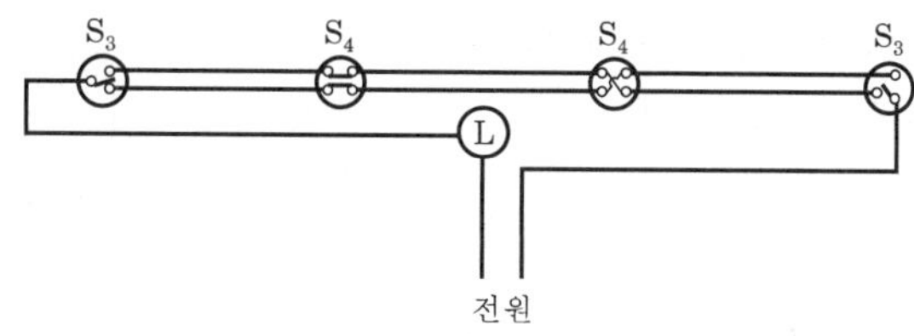

02 콘센트와 플러그 및 소켓

1 콘센트(consent)

콘센트란 전기 기구와 배선과의 접속에 사용하는 접속기로, 벽이나 기둥의 표면에 부착하는 노출형 콘센트와 벽이나 기둥에 매입하여 시설하는 매입형 콘센트가 있으며 그 시설 원칙은 다음과 같다.

- 콘센트의 심벌 :
- 방수형 콘센트 : WP

콘센트 시설 원칙
㉠ 옥내 : 높이 30[cm]
㉡ 옥외 : 높이 1.5[m]
㉢ 욕실 : 높이 80[cm]
㉣ 세탁기용 : 접지극 붙이

① 콘센트는 꽂음형 또는 걸림형의 것을 사용할 것
② 일반적인 옥내 장소에 시설 시 바닥면상 간격(이격거리)은 30[cm] 정도 높이를 유지할 것
③ 옥측의 우선 외 또는 옥외에 시설하는 경우 지상 1.5[m] 이상의 높이에 시설하고 방수함 속에 넣거나 방수형 콘센트를 사용할 것
④ 욕실 내에 콘센트를 설치하는 경우 방수형의 것을 사용하면서 사람이 쉽게 접촉되지 아니하는 위치에 바닥면상 80[cm] 이상으로 할 것
⑤ 전기세탁기용과 전기조리대용의 콘센트는 접지극이 부착되어 있는 것을 사용하거나 콘센트 박스에 접지용 단자가 있는 것을 사용할 것

2 플러그(plug)

2극용과 3극용 플러그가 있으며, 2극용에는 평행형과 T형이 있다.

(1) 코드 접속기(cord connection)

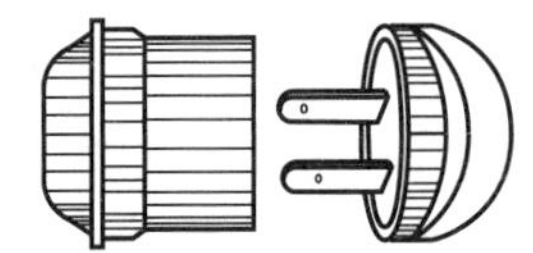

코드와 코드를 서로 접속할 때 사용하는 접속기로, 플러그와 접속기(커넥터) 바디로 구성되어 있다.

멀티탭과 테이블탭 비교
㉠ 멀티탭 : 콘센트 1개에 여러 개 기구 사용, 연장선이 없다.
㉡ 테이블탭 : 코드 길이가 짧을 경우 연장 사용, 연장선이 있다.

(2) 멀티탭(multi-tap)

하나의 콘센트에 여러 개의 전기 기구를 꽂아 사용할 수 있는 구조의 접속기를 말한다.

(3) 테이블탭(table tap)

코드 길이가 짧을 때 연장하여 사용하는 것으로, 익스텐션 코드라고도 한다.

(4) 아이언 플러그(iron plug)

전기다리미나 전기온탕기 등과 같은 전열기 등에서 이용하는 플러그로, 내열성이 대단히 뛰어나다.

3 소켓(socket)

소켓이란 코드의 끝단 등에 부착하여 전구를 끼우기 위한 것으로, 점멸 장치의 유무에 따라 키 소켓과 키리스 소켓으로 분류할 수 있다.

(1) 분기용 소켓

전구 2～3개를 동시에 끼울 수 있는 구조로 된 소켓이다.

(2) 리셉터클(receptacle)

코드 없이 천장이나 벽에 직접 붙이는 일종의 소켓으로, 주로 천장 조명이나 글로브 조명 시 안에 부착하여 사용한다.

(3) 로제트(rosette)

코드 펜던트를 시설할 때 천장에 코드를 매기 위해 사용하는 배선 기구로, 섬유 등 먼지가 많은 장소에 사용할 경우 화재 발생 방지를 위해 로제트 안에는 절대로 퓨즈를 설치하지 않는다.

코드 펜던트(pendant)

목조 주택 등에서 천장에 조명 기구를 부착할 때 천장 또는 건물의 조영재에서 코드를 드리우고 여기에 소켓을 부착하기 위한 배선 기구로서, 달아맬 수 있는 중량은 코드에 걸리는 중량의 총합계가 3[kg] 이하일 것

03 전기 공사용 공구

1 측정용 계기

(1) 마이크로미터

미소한 길이까지 측정할 수 있는 계기로 전선의 굵기, 얇은 철판 또는 구리판 등의 두께를 정밀하게 측정하는 데 사용하는 계기로, 원형 눈금과 축 눈금을 합하여 읽는다.

자주 출제되는 Key Point

소켓

㉠ 리셉터클 : 코드 없이 천장, 벽에 직접 부착
㉡ 로제트 : 코드 펜던트 시설 시 천장에 코드 고정
㉢ 코드 펜던트 제한 중량 : 3[kg] 이하

측정용 계기

㉠ 마이크로미터 : 전선 굵기, 구리판 두께
㉡ 와이어 게이지 : 전선 굵기, 원형 도체
㉢ 버니어 캘리퍼스 : 어미자와 아들자의 눈금 이용
㉣ 절연 저항계(메거) : 절연 저항 측정
㉤ 접지 저항계(어스테스터) : 접지 저항
㉥ 훅온 메타(클램프 메타) : 선로 전류 측정
㉦ 검류계 : 미소 전류 측정
㉧ 회로 시험기(테스터기) : 전압, 전류, 저항 측정
㉨ 네온 검전기 : 대전 상태, 충전 유무 검출
㉩ 마그넷 벨 : 도통 시험

공사용 공구
㉠ 플라이어 : 로크너트 조임, 슬리브 접속
㉡ 스패너 : 볼트너트, 로크너트 조임

(2) 와이어 게이지

전선의 굵기 및 원형 도체의 굵기를 측정하는 데 사용하는 계기로, 측정하고자 하는 전선을 홈에 끼워 굵기 등을 측정할 수 있다.

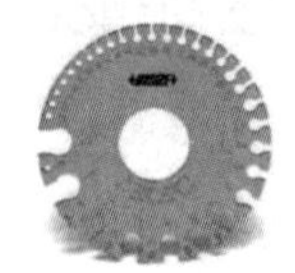

(3) 버니어 캘리퍼스

어미자와 아들자의 눈금을 이용하여 전선의 굵기 및 원형 도체의 두께, 깊이, 안지름, 바깥지름까지 측정할 수 있는 계기이다.

(4) 절연 저항계(메거)

전기 기기, 전선로 및 각종 전기 자재 등의 절연 저항 측정용 계기

(5) 접지 저항계(어스테스터)

접지 저항, 액체 저항 등의 측정용 계기

(6) 훅온 메타(클램프 메타)

선로를 절단하지 않고 선로 전류를 측정할 수 있는 계기

(7) 검류계

미소 전류를 측정하기 위한 계기

(8) 회로 시험기(테스터기)

전압, 전류, 저항 등을 쉽게 측정할 수 있는 계기

(9) 네온 검전기

대전 상태 및 충전 유무 검출용 계기

(10) 마그넷 벨

도통 시험

2 공사용 기구

(1) 펜치

전선의 절단이나 접속 시 사용하는 공구로, 그 크기 및 용도는 다음과 같다.

① 150[mm] : 소기구의 전선 접속용

② 175[mm] : 일반 옥내 배선 공사용

③ 200[mm] : 일반 옥외 배선 공사용

(2) 드라이버

배선 기구나 조명 기구 등의 시설 시 나사못을 조여줄 때 사용하는 공구이다.

(3) 와이어 스트리퍼

절연 전선의 피복 절연물을 직각으로 벗기기 위한 자동 공구로, 도체의 손상을 방지하기 위하여 정확한 크기의 구멍을 선택하여 피복 절연물을 벗겨야 한다.

(4) 플라이어

금속관 공사 등에서 나사나 로크너트, 볼트너트 등을 조여줄 때 사용하는 공구로, 슬리브 접속 등과 같은 전선 접속 시 펜치의 대용으로 사용할 수 있다.

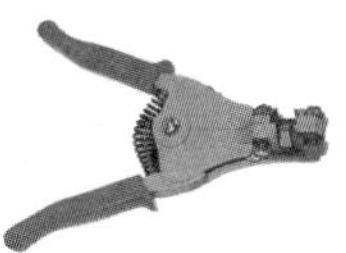

(5) 스패너

볼트너트나 로크너트 등을 조여주기 위한 공구로, 너트 크기에 따라 조절 가능한 잉글리시 스패너(english spaner)와 멍키 스패너(monkey spaner)가 있다.

(6) 프레셔 툴

전선 접속 시 사용하는 압착 단자 등을 눌러 붙이기 (압착시키기) 위한 공구이다.

(7) 쇠톱

금속관이나 합성수지관과 같은 전선관이나 굵은 전선의 절단에 사용하는 공구로, 쇠톱 날의 길이에 따라 20[cm], 25[cm], 30[cm]의 3종류가 있다.

(8) 클리퍼

펜치로 절단하기 힘든 25[mm^2] 이상의 케이블 등과 같은 굵은 전선이나 철선, 볼트 등을 절단하기 위한 공구이다.

(9) 파이프 렌치

금속관 공사 시 금속관을 커플링을 이용하여 접속할 때 금속관과 커플링을 단단히 물고 조여줄 때 사용하는 공구로, 작업 시에는 2개의 파이프 렌치가 필요하다.

자주 출제되는 Key Point

공사용 공구
㉠ 프레셔 툴 : 압착 단자 눌러 붙임(압착)
㉡ 파이프 렌치 : 커플링 고정 및 조임
㉢ 클리퍼 : 25[mm^2] 이상 굵은 전선, 볼트 절단
㉣ 파이프 커터 : 금속관 절단
㉤ 파이프 바이스 : 금속관 절단, 나사 내기 시 고정
㉥ 파이어 포트 : 납물 제조 냄비
㉦ 토치 램프 : 합성수지관 가열

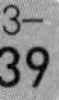

공사용 공구
㉠ 오스터 : 금속관 끝단 나사 내기
㉡ 리머 : 관 끝 다듬기
㉢ 도래 송곳 : 구멍 뚫기용 나사송곳
㉣ 클릭 볼 : 회전 조작 기구
㉤ 비트 : 구멍 뚫기용 나사형 철심
㉥ 히키 : 금속관 조금씩 위치 변경하며 구부리기
㉦ 벤더 : 금속관을 한번에 원하는 각도 구부리기

(10) 파이프 커터

금속관이나 프레임 파이프 등을 절단하는 데 사용하는 공구로, 금속관 등을 쉽게 절단할 수 있다는 장점이 있지만 관 안쪽 단면이 거칠어지는 단점이 있으므로 가급적이면 쇠톱을 이용하는 것이 좋다.

(11) 파이프 바이스

금속관의 절단이나 나사 내기를 할 때 관을 단단히 물고 고정시켜 주기 위한 공구이다.

(12) 파이어 포트

전선 접속부의 납땜 시 납땜 인두의 가열이나 납물을 제조하기 위한 납땜 냄비를 가열하기 위한 일종의 화로이다.

(13) 토치 램프

전선 접속 시 땜납의 가열이나 합성수지관 가공 시 가공부 가열에 이용하는 가열 램프이다.

(14) 오스터

금속관 공사 시 금속관의 끝단이나 나사를 내기 위한 공구로, 손잡이가 달린 래칫과 금속관에 나사를 내기 위한 오스터 본체에 부착되어 있는 나사 날인 다이스로 구성된다.

(15) 리머

금속관이나 합성수지관을 쇠톱이나 파이프 커터를 이용하여 자른 후 관 끝부분에 남아 있는 날카로운 부분을 매끈하게 다듬어 주기 위한 공구로 클릭 볼 등에 접속하여 사용한다.

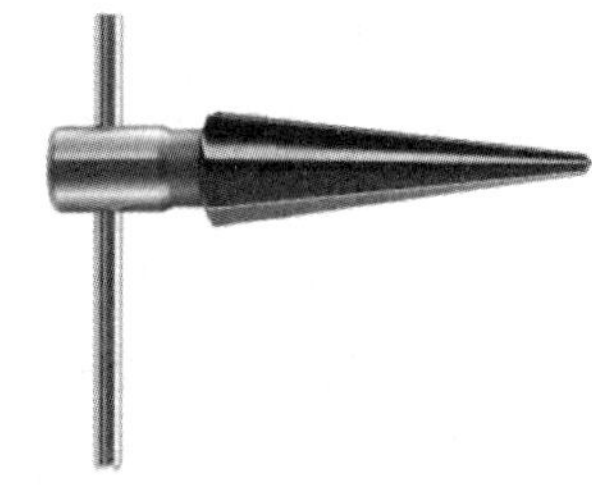

(16) 도래 송곳

벽이나 나무판, 지지물, 목판 등에 구멍을 뚫을 때 사용하는 일종의 나사 송곳이다.

(17) 클릭 볼

금속관 등의 절단면을 다듬어 주기 위한 리머나 구멍을 뚫기 위한 도래 송곳 등에 부착하여 회전 조작하기 위한 공구이다.

(18) 비트

전동 드릴 등에 끼워 콘크리트나 금속 등에 구멍을 뚫기 위한 나사형 철심이다.

(19) 히키

구부리고자 하는 금속관을 끼워서 조금씩 위치를 바꿔 가며 구부리고자 하는 공구이다.

(20) 벤더

구부리고자 하는 금속관을 구부릴 곳에 직접 대고 한번에 의도한 각도로 관을 구부리고자 하는 공구이다.

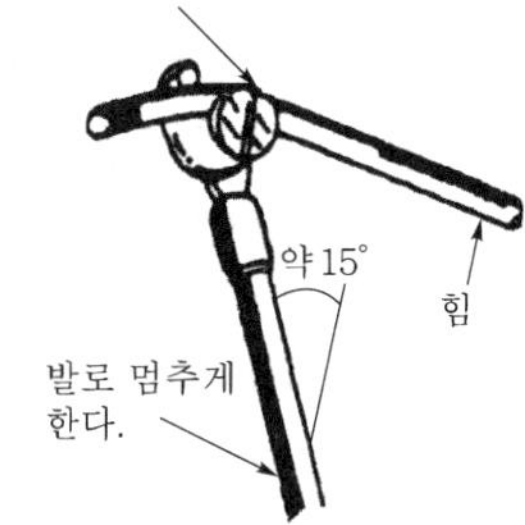

(21) 유압식 벤더

히키나 벤더 등을 이용하여 구부릴 수 없는 굵은 전선관 등을 유압을 이용하여 구부리기 위한 공구이다.

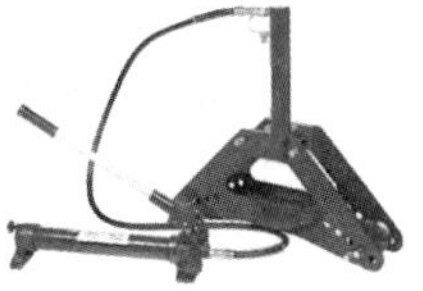

(22) 녹아웃 펀치(홀소와 같은 용도)

배전반이나 분전반 등의 금속제 캐비닛의 구멍을 확대하거나 철판의 구멍 뚫기에 사용하는 공구로, 그 크기에 따라 15, 19, 25[mm] 등이 있다.

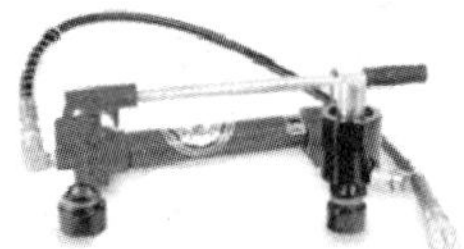

(23) 드라이브 이트

화약의 폭발력을 이용하여 콘크리트 벽 등에 구멍을 뚫어 핀을 강제적으로 박기 위한 공구로, 취급자는 안전을 위하여 보안 훈련을 받아야 한다.

(24) 피시 테이프

관 공사 시 전선 한 가닥을 그 끝에 묶어 잡아당겨서 관 안에 전선을 넣기 위한 평각 구리선이다.

(25) 철망 그래프

관 공사 시 여러 가닥의 전선을 한꺼번에 묶어 고정시킨 후 끌어당겨서 관 안에 전선을 넣기 위한 것이다.

공사용 공구

㉠ 유압식 벤더 : 유압 이용, 굵은 전선관 구부리기
㉡ 녹아웃 펀치 : 캐비닛 구멍 확대 및 구멍 뚫기
㉢ 드라이브 이트 : 화약의 폭발력 이용 구멍 뚫기
㉣ 피시 테이프 : 관 안에 전선 삽입용 평각 구리선
㉤ 철망 그래프 : 관 안에 여러 가닥 전선 삽입

3 저항의 측정용 기구

(1) 저저항(1[Ω] 이하)의 측정

① 전압 강하법(전압 전류계법)

② 전위차계법

③ 켈빈 더블 브리지법 : 단면적이 균일하며 굵고 짧은 도선의 저항

(2) 중저항(1[Ω]~1[MΩ] 이하)의 측정

① 전압 강하법(전압 전류계법) : 백열전구의 필라멘트 저항, 발전기나 변압기 권선 저항

② 휘트스톤 브리지법 : 수천 옴의 가는 전선의 저항

③ 저항계(ohm meter)

④ 회로계(tester)

(3) 고저항(1[MΩ] 이상)의 측정

① 직편법

② 전압계법(감편법)

③ 메거(절연 저항계) : 옥내 전등선이나 변압기 등의 절연 저항, 절연 재료의 고유 저항 측정

(4) 특수 저항의 측정

① 검류계의 내부 저항 측정 : 휘트스톤 브리지법

② 전지의 내부 저항 측정 : 전압계법, 전류계법, 콜라우슈 브리지법, 맨스법

③ 전해액의 저항 측정 : 콜라우슈 브리지법, 슈트라우스와 헨더슨법

④ 접지 저항의 측정 : 접지 저항계, 콜라우슈 브리지법, 비헤르트법

특수 저항 측정

㉠ 검류계 내부 저항 : 휘트스톤 브리지법
㉡ 전지 내부 저항 : 전압계법, 전류계법, 콜라우슈 브리지법, 맨스법
㉢ 전해액 저항 : 콜라우슈 브리지법, 슈트라우스와 헨더슨법

자주 출제되는 기출 문제

01 다음 개폐기 중 DPST는?

① 단극 쌍투형　　② 2극 쌍투형
③ 단극 단투형　　④ 2극 단투형

해설 DPST(Double Pole Single Throw)는 2극 단투형이다.

02 가정용 전등에 사용되는 점멸 스위치를 설치하여야 할 위치에 대한 설명으로 가장 적당한 것은? 07년/10년 출제

① 접지측 전선에 설치한다.
② 중성선에 설치한다.
③ 부하의 2차측에 설치한다.
④ 전압측 전선에 설치한다.

해설 점멸 스위치는 전압측 전선에 설치한다.

03 조명용 백열전등을 호텔 또는 여관 객실의 입구에 설치할 때나 일반 주택 및 아파트 각 실의 현관에 설치할 때 시설해야 할 스위치는? 06년/14년 출제

① 타임 스위치　　② 텀블러 스위치
③ 버튼 스위치　　④ 로터리 스위치

해설 호텔 또는 여관 객실 입구에는 1분 이내 소등, 일반 주택 및 아파트 현관 입구에는 3분 이내 소등할 수 있는 타임 스위치를 시설한다.

04 조명용 백열전등을 일반 주택 및 아파트 각 호실에 설치할 때 현관등은 최대 몇 분 이내에 소등되는 타임 스위치를 시설하여야 하는가? 07년 출제

① 1　　② 2
③ 3　　④ 4

해설 타임 스위치
- 가정 : 3분
- 호텔 : 1분

정답 01.④ 02.④ 03.① 04.③

출제분석 Advice

나이프 스위치 종류
㉠ 단극 : SP
㉡ 2극 : DP
㉢ 단투 : ST
㉣ 쌍투 : DT

가정용 전등 점멸기 설치
㉠ 전압측 전선에 설치
㉡ 등기구 1개마다 별도로 설치할 것

점멸기, 타임 스위치 시설
㉠ 점멸기 : 전압측 전선
㉡ 타임 스위치 시설
- 여관, 호텔 객실 : 1분
- 주택, 아파트 현관 : 3분

출제분석 Advice

05 손잡이를 상반되는 두 방향에 조작함으로써 접촉자를 개폐하는 스위치는?

① 로터리 스위치 ② 텀블러 스위치
③ 누름버튼 스위치 ④ 코드 스위치

누름버튼 스위치 a · b 접점
수동 동작 자동 복귀 접점

06 다음 그림 기호가 나타내는 것은?

13년 출제

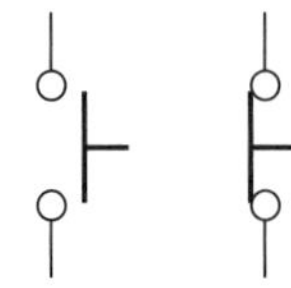

① 한시 계전기 접점 ② 전자 접촉기 접점
③ 수동 조작 접점 ④ 조작 개폐기 잔류 접점

해설 누름버튼 스위치 a접점과 b접점으로 수동으로 조작하여 누르면 각각 접점은 a접점은 단락(폐로), b접점은 개방되지만 누르고 있던 손을 떼면 자동으로 복귀하여 각각 개방, 단락(폐로) 되는 특성을 갖는 수동 조작 자동 복귀 접점이다.

07 전환 스위치의 종류로 1개의 전등으로 2곳에서 전등을 자유롭게 점멸할 수 있는 스위치는?

출제빈도

06년/13년/15년 출제

① 펜던트 스위치 ② 3로 스위치
③ 코드 스위치 ④ 단로 스위치

해설 1개의 전등을 서로 다른 2곳에서 자유롭게 점멸할 수 있는 스위치는 3로 스위치이다.

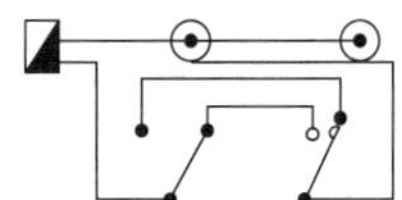

08 다음 중 3로 스위치를 나타내는 그림 기호는?

11년 출제

① $●_{EX}$ ② $●_{3}$
③ $●_{2P}$ ④ $●_{15A}$

해설 점멸기 기호

- $●_{EX}$: 방폭형 점멸기
- $●_{3}$: 3로 스위치
- $●_{2P}$: 2극 점멸기
- $●_{15A}$: 15[A] 이하용 점멸기

정답 05.② 06.③ 07.② 08.②

출제분석 Advice

3로 스위치
전등을 서로 다른 2개소에서 점멸하기 위한 스위치

★★★

09 전등 1개를 2개소에서 점멸하고자 할 때 옳은 배선은? 10년/12년/13년 출제

① 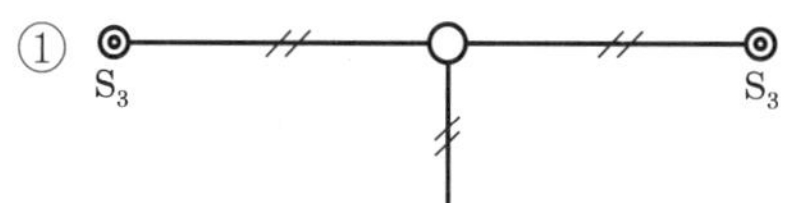

② 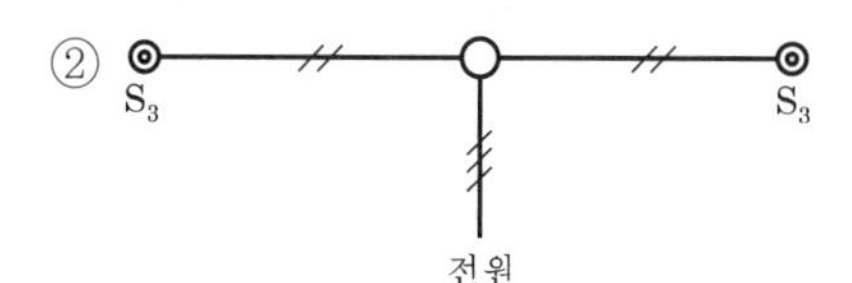

③ 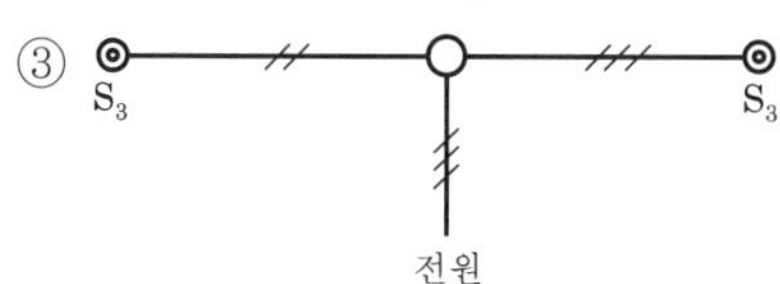

④ 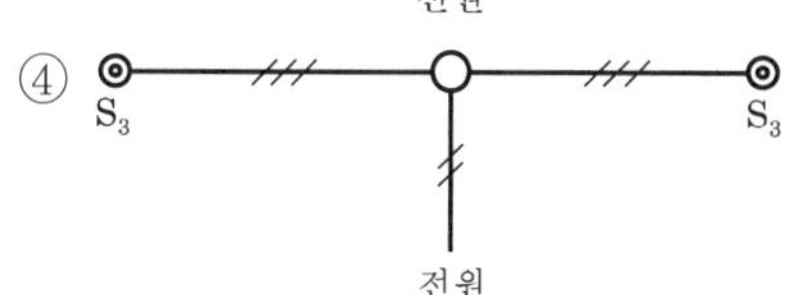

해설

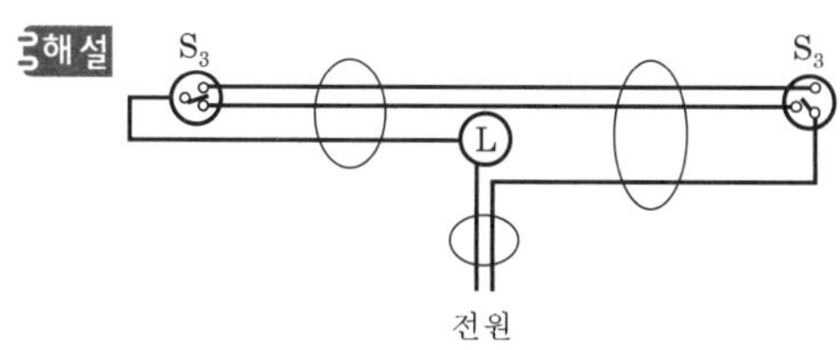

★

10 전기 배선용 도면을 작성할 때 사용하는 콘센트 도면 기호는? 14년 출제

① 

② 

③ 

④ 

해설 전기 배선용 기호
① 콘센트(벽붙이)
② 점멸기
③ 백열등
④ 점검구

★

11 다음 중 방수형 콘센트의 심벌은? 09년 출제

● : 점멸기

① 

② 

③ 

④ 

해설 콘센트의 특성 표시 시 방수형은 WP, 방폭형은 EX, 의료용은 H를 표기한다.

★★★

12 하나의 콘센트에 2 또는 3가지의 기계 기구를 끼워 사용되는 것은? 06년/07년/14년/15년 출제

① 노출형 콘센트
② 키리스 소켓
③ 멀티탭
④ 아이언 플러그

플러그 및 접속기
㉠ 멀티탭 : 콘센트 1개에 여러 개 기구 사용
㉡ 테이블탭(익스텐션 코드) : 코드 길이 짧을 경우 연장 사용

정답 09.④ 10.① 11.③ 12.③

해설 • 멀티탭 : 하나의 콘센트에 여러 개의 전기 기계 기구를 끼워 사용하는 것
• 테이블탭(table tap) : 코드 길이가 짧을 때 연장 사용하는 것

13 코드 길이가 짧을 때 연장하여 사용하는 것으로, 익스텐션 코드(extension cord)라고도 부르는 것은?

① 아이언 플러그(iron plug)
② 작업등(extension light)
③ 테이블탭(table tap)
④ 멀티탭(multi tap)

해설 • 멀티탭 : 하나의 콘센트에 여러 개의 전기 기계 기구를 끼워 사용하는 것
• 테이블탭(table tap) : 코드 길이가 짧을 때 연장 사용하는 것

14 접지극이 있는 꽂음 플러그의 접지극이 타극에 비해 긴 이유는?

① 분간하기 위해
② 접지극부터 접속시키려고
③ 꽂은 것이 빠지지 않게 고정시키기 위해
④ 꽂음 플러그 접속을 용이하게 하기 위해

해설 접지극이 있는 꽂음 플러그의 접지극이 타극에 비해 긴 이유는 안전사고 예방을 위해 접지극부터 접속시키기 위해서이다.

15 먼지가 많은 장소에 사용하는 소켓은 다음 중 어느 것인가?

① 키 소켓 ② 풀 소켓
③ 분기 소켓 ④ 키리스 소켓

해설 먼지가 많은 장소에 사용하는 소켓은 화재 방지를 위해 키리스 소켓을 사용한다.

소켓
㉠ 리셉터클 : 코드 없이 천장, 벽에 직접 부착
㉡ 로제트 : 코드 펜던트 시설 시 천장에 코드 고정
㉢ 코드 펜던트 제한 중량 : 3[kg] 이하

★ **16** 220[V] 옥내 배선에서 백열전구를 노출로 설치할 때 사용하는 기구는? 13년 출제

① 리셉터클
② 테이블탭
③ 콘센트
④ 코드 커넥터

해설 리셉터클은 코드 없이 천장이나 벽에 직접 붙이는 일종의 소켓으로, 주로 천장 조명이나 글로브 조명 시 안에 부착하여 사용한다.

정답 13.③ 14.② 15.④ 16.①

출제분석 Advice

17 코드 없이 천장이나 벽에 붙이는 일종의 배선 재료이며 주 용도는 실링 라이트 속이나 문, 화장실 등의 글러브 안에 붙이게 되는 것은? 13년 출제

① 로제트(rosette) ② 콘센트(consent)
③ 리셉터클(receptacle) ④ 소켓(socket)

해설 리셉터클 : 백열전구를 노출로 시설하여 천장에 매다는 소켓

18 다음 중 천장에 코드를 매달기 위해 사용하는 소켓은?

① 리셉터클 ② 로제트
③ 키 소켓 ④ 키리스 소켓

19 옥내 조명 기구를 시설할 때 그 중량이 3[kg] 이하인 경우 이용하는 설비는 다음 중 어느 것인가?

① 코드 펜던트 ② 다운 라이트
③ 파이프 펜던트 ④ 체인 펜던트

해설 코드 펜던트 : 목조 주택 등에서 천장에 조명 기구를 부착할 때 천장 또는 건물의 조영재에서 코드를 드리우고 여기에 소켓을 부착하기 위한 배선 기구로서, 달아맬 수 있는 중량은 코드에 걸리는 중량의 총합계가 3[kg] 이하로 한다.

20 다음 중 전선의 굵기를 측정할 때 사용되는 것은? 06년/07년/09년 출제

출제빈도

① 와이어 게이지 ② 파이어 포트
③ 스패너 ④ 프레셔 툴

해설 전선의 굵기나 원형 도체의 굵기를 측정할 때 사용하는 것은 와이어 게이지이다.

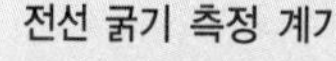
전선 굵기 측정 계기
㉠ 마이크로미터 : 전선 굵기, 구리판 두께
㉡ 와이어 게이지 : 전선 굵기, 원형 도체
㉢ 버니어 캘리퍼스 : 어미자와 아들자, 눈금 이용

21 어미자와 아들자의 눈금을 이용하여 두께, 깊이, 안지름 및 바깥지름 측정용에 사용하는 것은? 07년/08년/09년/10년/13년 출제

출제빈도

① 버니어 캘리퍼스 ② 스패너
③ 와이어 스트리퍼 ④ 잉글리시 스패너

해설 어미자와 아들자의 눈금을 이용하여 전선의 굵기 및 원형 도체의 두께, 깊이, 안지름 및 바깥지름 측정에 사용하는 것은 버니어 캘리퍼스이다.

22 절연 전선의 피복 절연물을 벗기는 자동 공구의 명칭은?

① 와이어 스트리퍼 ② 전공 칼
③ 파이어 포트 ④ 클리퍼

정답 17.③ 18.② 19.① 20.① 21.① 22.①

해설 • 와이어 스트리퍼 : 전선 피복을 벗기는 공구
• 클리퍼 : 펜치로 절단하기 힘든 25[mm^2] 이상의 케이블 등과 같은 굵은 전선이나 철선, 볼트 등을 절단하기 위한 공구이다.

전기 공사용 공구
㉠ 펌프 플라이어 : 금속관 공사 시 로크너트 조임 공구
㉡ 스패너 : 볼트너트나 로크너트 등을 조여주기 위한 공구

★
23 다음 중 전선의 슬리브 접속에 있어서 펜치와 같이 사용되고 금속관 공사에서 로크너트를 조일 때 사용하는 공구는 어느 것인가? 07년 출제

① 펌프 플라이어(pump plier) ② 히키(hickey)
③ 녹아웃 펀치(knockout punch) ④ 클리퍼(clipper)

해설 • 히키 : 금속관을 끼워서 조금씩 위치를 바꿔 가며 구부릴 때 사용하는 공구이다.
• 녹아웃 펀치 : 배전반이나 분전반 등의 금속제 캐비닛의 구멍을 확대하거나 철판의 구멍 뚫기에 사용하는 공구이다.
• 클리퍼 : 펜치로 절단하기 힘든 25[mm^2] 이상의 케이블 등과 같은 굵은 전선이나 철선, 볼트 등을 절단하기 위한 공구이다.

공사용 공구
㉠ 플라이어 : 로크너트 조임, 슬리브 접속
㉡ 스패너 : 볼트너트, 로크너트 조임
㉢ 프레셔 툴 : 압착 단자 눌러 붙임(압착)
㉣ 파이프 렌치 : 커플링 고정 및 조임

★
24 전선에 압착 단자 접속 시 사용되는 공구는? 08년 출제

① 와이어 스트리퍼 ② 프레셔 툴
③ 클리퍼 ④ 니퍼

해설 프레셔 툴 : 압착 단자 눌러 붙임(압착)

25 다음 중 금속관을 서로 접속할 때 사용하는 공구는?

① 파이프 렌치 ② 파이프 커터
③ 파이프 벤더 ④ 파이프 바이스

해설 금속관 공사 시 사용 공구
• 파이프 렌치 : 금속관 공사 시 금속관을 커플링을 이용하여 접속할 때 금속관과 커플링을 단단히 물고 조여줄 때 사용하는 공구이다.
• 파이프 커터 : 금속관이나 프레임 파이프 등을 절단하는 데 사용하는 공구이다.
• 파이프 바이스 : 금속관의 절단이나 나사 내기를 할 때 관을 단단히 물고 고정시켜 주기 위한 공구이다.
• 파이프 밴더 : 금속관을 구부리는 공구이다.

전선 절단
㉠ 펜치 : 일반 전선
㉡ 클리퍼 : 25[mm^2] 이상 굵은 전선, 볼트 절단

★★★
26 펜치로 절단하기 힘든 굵은 전선을 절단할 때 사용하는 공구는? 출제빈도 06년/07년/14년/15년 출제

① 스패너 ② 프레셔 툴
③ 파이프 바이스 ④ 클리퍼

해설 전선의 단면적이 25[mm^2] 이상인 경우 전선 절단은 클리퍼를 이용한다.

정답 23.① 24.② 25.① 26.④

★
27 손작업 쇠톱날의 크기(치수 : mm)가 아닌 것은?

12년 출제

① 200 ② 250
③ 300 ④ 550

해설 쇠톱날의 길이 : 200[mm], 250[mm], 300[mm]

★
28 쇠톱처럼 금속관의 절단이나 프레임 파이프의 절단에 사용하는 공구의 명칭은?

15년 출제

① 리머
② 파이프 커터
③ 파이프 렌치
④ 파이프 바이스

해설 금속관 공사 시 사용 공구
- 리머 : 금속관이나 합성수지관의 관 끝단을 다듬기 위한 공구이다.
- 파이프 렌치 : 금속관 공사 시 금속관을 커플링을 이용하여 접속할 때 금속관과 커플링을 단단히 물고 조여줄 때 사용하는 공구이다.
- 파이프 바이스 : 금속관의 절단이나 나사 내기를 할 때 관을 단단히 물고 고정시켜 주기 위한 공구이다.

★★★
29 금속관 공사에서 금속 전선관의 나사를 낼 때 사용하는 공구는?

출제빈도

07년/08년/09년/12년/14년 출제

① 벤더 ② 리머
③ 로크너트 ④ 오스터

해설
- 벤더 : 금속관을 한번에 의도한 각도로 관을 구부리고자 할 때 사용하는 공구이다.
- 오스터 : 금속 전선관의 나사를 낼 때 사용하는 공구이다.
- 리머 : 금속관이나 합성수지관의 관 끝단을 다듬기 위한 공구이다.

금속관 가공
㉠ 관 고정 : 파이프 바이스
㉡ 나사 내기 : 오스터
㉢ 절단 : 쇠톱, 파이프 커터
㉣ 관 끝 다듬기 : 리머
㉤ 구부리기 : 히키, 벤더, 유압식 벤더

★
30 금속관을 가공할 때 절단된 내부를 매끈하게 하기 위하여 사용하는 공구의 명칭은 무엇인가?

09년 출제

① 리머 ② 프레셔 툴
③ 오스터 ④ 녹아웃 펀치

해설
- 프레셔 툴 : 전선에 압착 단자 접속 시 사용되는 공구이다.
- 오스터 : 금속 전선관의 나사를 낼 때 사용하는 공구이다.
- 녹아웃 펀치 : 배전반이나 분전반 등의 금속제 캐비닛의 구멍을 확대하거나 철판의 구멍 뚫기에 사용하는 공구이다.

정답 27.④ 28.② 29.④ 30.①

합성수지관 구부리기
㉠ 토치 램프 이용
㉡ 곡선(곡률) 반지름 : 6배 이상

31 옥내 배선 공사 중 금속관 공사에 사용되는 공구의 설명 중 잘못된 것은?

13년 출제

① 전선관의 굽힘 작업에 사용하는 공구는 토치 램프나 스프링 벤더를 사용한다.
② 전선관의 나사를 내는 작업에 오스터를 사용한다.
③ 전선관을 절단하는 공구에는 쇠톱 또는 파이프 커터를 사용한다.
④ 아우트렛 박스의 천공 작업에 사용되는 공구는 녹아웃 펀치를 사용한다.

해설 토치 램프는 합성수지관 공사 시 구부리고자 하는 부분을 가열할 때 사용한다.

구멍 뚫기용 공구
㉠ 녹아웃 펀치
㉡ 홀소

32 녹아웃 펀치(knockout punch)와 같은 용도의 것은?

10년 출제

① 리머(remaer)
② 벤더(bender)
③ 클리퍼(cliper)
④ 홀소(hole saw)

해설 홀소 : 분전반 작업 시 구멍을 뚫거나 확대할 때 사용하는 공구

금속관 내 전선 삽입
㉠ 피시 테이프 : 1가닥 전선 삽입
㉡ 철망 그래프 : 여러 가닥의 전선 삽입

33 피시 테이프(fish tape)의 용도로 옳은 것은?

06년/10년 출제

① 전선을 테이핑하기 위하여 사용된다.
② 전선관의 끝 마무리를 위해서 사용된다.
③ 배관에 전선을 넣을 때 사용된다.
④ 합성수지관을 구부릴 때 사용된다.

해설 피시 테이프 : 관 공사 시 전선 1가닥을 넣을 때 사용하는 평각 구리선이다.

34 금속관에 여러 가닥의 전선을 넣을 때 매우 편리하게 넣을 수 있는 방법으로 쓰이는 것은?

08년 출제

① 비닐 전선
② 철망 그래프
③ 접지선
④ 호밍사

해설 금속관에 여러 가닥의 전선을 넣을 때 매우 편리하게 넣을 수 있는 방법으로 쓰이는 것은 철망 그래프이다.

피시 테이프
1가닥 전선 삽입

35 전기 공사에 사용하는 공구와 작업 내용이 잘못된 것은?

09년 출제

① 토치 램프 – 합성수지관 가공하기
② 홀소 – 분전반 구멍 뚫기
③ 와이어 스트리퍼 – 전선 피복 벗기기
④ 피시 테이프 – 전선관 보호

해설 피시 테이프 : 전선관 내에 전선을 넣을 때 사용하는 공구이다.

정답 31.① 32.④ 33.③ 34.② 35.④

★
36 금속 전선관 공사에 필요한 공구가 아닌 것은?
07년 출제

① 파이프 바이스　② 와이어 스트리퍼
③ 리머　④ 오스터

해설 와이어 스트리퍼 : 전선의 피복을 벗기는 공구이다.

★★★
37 전기 공사에서 접지 저항을 측정할 때 사용하는 측정기는 무엇인가?
출제빈도

06년/07년/11년 출제

① 검류기　② 변류기
③ 메거　④ 어스테스터

해설 전기 공사에서 접지 저항을 측정할 때 사용하는 측정기는 어스테스터, 콜라우슈 브리지 등이 있다.

★★
38 접지 저항을 측정하는 방법은?
11년/15년 출제

① 휘트스톤 브리지법　② 켈빈 더블 브리지법
③ 콜라우슈 브리지법　④ 테스터법

해설 접지 저항의 측정은 콜라우슈 브리지법, 어스테스터법 등이 있다.

★★★
39 다음 중 옥내에 시설하는 저압 전로와 대지 사이의 절연 저항 측정에 사용되는 계기는?
출제빈도

07년/11년/12년 출제

① 멀티테스터　② 메거
③ 어스테스터　④ 훅온 메타

해설 측정 계기
- 회로 시험기(테스터기) : 전압, 전류, 저항 등을 쉽게 측정할 수 있는 계기이다.
- 절연 저항계(메거) : 전기 기기, 전선로 및 각종 전기 자재 등의 절연 저항 측정용 계기이다.
- 접지 저항계(어스테스터) : 접지 저항, 액체 저항 등의 측정용 계기이다.
- 훅온 메타(클램프 메타) : 선로를 절단하지 않고 선로 전류를 측정할 수 있는 계기이다.

★
40 네온 검전기를 사용하는 목적은?
12년 출제

① 주파수 측정　② 충전 유무 조사
③ 전류 측정　④ 조도 조사

해설 네온 검전기는 대전 상태 및 충전 유무를 검출할 수 있는 계기이다.

정답 36.② 37.④ 38.③ 39.② 40.②

출제분석 Advice

금속관 공사용 공구
㉠ 관 고정 : 파이프 바이스
㉡ 나사 내기 : 오스터
㉢ 절단 : 쇠톱, 파이프 커터
㉣ 다듬기 : 리머
㉤ 구부리기 : 히키, 벤더, 유압식 벤더

측정용 계기
㉠ 절연 저항계(메거) : 절연 저항 측정
㉡ 접지 저항계(어스테스터) : 접지 저항
㉢ 검류계 : 미소 전류 측정
㉣ 콜라우슈 브리지법 : 접지 저항, 전해액 저항 측정
㉤ 마그넷 벨 : 도통 시험

측정용 계기
㉠ 네온 검전기 : 대전 상태, 충전 유무 검출
㉡ 훅온 메타(클램프 메타) : 선로 전류 측정
㉢ 검류계 : 미소 전류 측정

측정 계기

㉠ 절연 저항계(메거) : 절연 저항 측정

㉡ 접지 저항계(어스테스터) : 접지 저항 측정

㉢ 네온 검전기 : 대전 상태, 충전 유무 검출

㉣ 콜라우슈 브리지법 : 접지 저항, 전해액 저항 측정

★

41 **계측 방법에 대한 다음 설명 중 옳은 것은?** 06년 출제

① 어스테스터로 절연 저항을 접속한다.

② 검전기로 전압을 측정한다.

③ 메거로서 회로의 저항을 측정한다.

④ 콜라우슈 브리지로 접지 저항을 측정한다.

해설
- 어스테스터 : 접지 저항을 측정한다.
- 검전기 : 전로의 충전 유무를 확인한다.
- 메거 : 전로의 절연 저항을 측정한다.
- 콜라우슈 브리지 : 전해액 저항 또는 접지 저항을 측정한다.

정답 41.④

저압 옥내 배선 공사

자주 출제되는 Key Point

01 저압 옥내 배선의 전압 및 전선

1 전압의 종별

(1) 전압의 구분

① 저압 : AC 1,000[V] 이하, DC 1,500[V] 이하의 전압

② 고압 : AC 1,000[V] 초과, DC 1,500[V] 초과하고, AC · DC 모두 7[kV] 이하의 전압

③ 특고압 : AC · DC 모두 7[kV] 초과의 전압

(2) 공칭 전압에 의한 분류

① 저압 : 110[V], 220[V], 380[V], 440[V]

② 고압 : 3,300[V], 5,700[V], 6,600[V]

③ 특고압 : 11.4[kV], 22.9[kV], 154[kV], 345[kV], 765[kV]

> 전압의 종류
> ㉠ 저압 : 교류 1,000[V], 직류 1,500[V] 이하
> ㉡ 고압 : 저압 넘고, 직류, DC 모두 7[kV] 이하의 전압
> ㉢ 특고압 : 직류, 교류 7,000[V] 초과
>
> 공칭 전압의 분류
> ㉠ 저압 : 110, 220, 380, 440[V]
> ㉡ 고압 : 3,300, 5,700, 6,600[V]
> ㉢ 특고압 : 11.4, 22.9, 154, 345, 765[kV]

2 저압 옥내 전로의 대지 전압 및 배선

(1) 주택 옥내 전로의 대지 전압

주택 옥내 전로의 대지 전압은 300[V] 이하로 하면서 다음 각 사항에 따를 것(단, 대지 전압 150[V] 이하인 경우는 예외로 한다.)

① 사용 전압은 400[V] 이하일 것

② 전기 기계 기구 및 옥내의 배선은 사람이 쉽게 접촉할 우려가 없도록 시설할 것

③ 주택의 전로 인입구는 인체 보호용 누전 차단기를 시설할 것[단, 정격 용량 3[kVA] 이하 절연 변압기(1차 저압, 2차 300[V] 이하)를 사람 접촉 우려 없이 시설하고 부하측 전로를 접지하지 않는 경우는 시설하지 않아도 된다.]

④ 백열전등의 전구 소켓은 키나 그 밖의 점멸 기구가 없는 것일 것

⑤ 백열전등 또는 방전등용 안정기는 저압의 옥내 배선과 직접 접속하여 시설할 것

> 주택 옥내 전로
> ㉠ 대지 전압 : 300[V] 이하
> ㉡ 사용 전압 : 400[V] 이하
> ㉢ 인입구 : 누전 차단기 설치
> ㉣ 3[kW] 이상 기계 기구 : 전용 개폐기, 과전류 차단기

⑥ 정격 소비 전력이 3[kW] 이상인 전기 기계 기구를 옥내 배선과 직접 접속시키고 이에 전기를 공급하는 전로는 전용의 개폐기 및 과전류 차단기를 시설할 것

(2) 저압 배선의 전압 강하

인입구로부터 기기까지의 전압 강하는 조명 설비의 경우 3[%] 이하로 할 것(기타 설비의 경우 5[%] 이하로 할 것)

(3) 옥내에 시설하는 저압 전선

나전선을 사용하는 경우
㉠ 전기로용 전선, 이동 기중기 접촉 전선
㉡ 전선 피복 부식 우려 장소
㉢ 버스 덕트, 라이팅 덕트

① 옥내에 시설하는 저압 전선은 반드시 절연 전선을 사용한다.
② 다음 사항은 예외로 하여 나전선을 사용할 수 있다.
  ㉠ 애자 사용 공사에 의하여 시설하는 경우
    • 전기로용 전선
    • 전선의 피복이 쉽게 부식하는 장소에 시설하는 전선
    • 취급자 이외의 자가 출입할 수 없도록 설비한 장소에 시설하는 전선
  ㉡ 버스 덕트나 라이팅 덕트와 같이 나전선으로 배선하는 경우
  ㉢ 이동 기중기나 놀이용(유희용) 전차에 전기를 공급하는 접촉 전선을 시설하는 경우

(4) 저압 옥내 배선에 사용하는 전선

저압 옥내 시설 전선
㉠ 절연 전선(단, OW 제외)
㉡ 굵기 : 2.5[mm^2] 이상 연동선, 1[mm^2] 이상 MI 케이블
㉢ 전구선, 이동 전선 : 0.75[mm^2] 이상 코드, 캡타이어 케이블

① 저압 옥내 배선에 사용하는 전선은 2.5[mm^2] 이상의 연동 절연 전선(단, OW 제외)이나 단면적 1[mm^2] 이상의 MI(미네랄 인슐레이션) 케이블일 것
② 사용 전압이 400[V] 이하인 경우 다음 사항과 같을 때는 예외로 한다.
  ㉠ 전광 표시 장치, 출퇴근 표시등 또는 제어 회로에는 1.5[mm^2] 이상의 연동선을 사용하고 이를 합성수지관 공사, 금속관 공사 등에 의하여 시설하는 경우
  ㉡ 전구선과 이동 전선 및 진열장 내의 배선 공사에 단면적 0.75[mm^2] 이상의 코드 또는 캡타이어 케이블을 사용하는 경우

02 배선 설비 공사의 종류

1 개요

사용하는 전선 또는 케이블의 종류에 따른 배선 설비의 설치 방법 표에 따르며 외부적인 영향을 고려하여야 한다.

자주 출제되는 Key Point

(1) 전선 및 케이블의 구분에 따른 배선 설비의 설치 방법

전선 및 케이블		설치 방법							
		비고정	직접 고정	전선관	케이블 트렁킹 (몰드형, 바닥 매입형 포함)	케이블 덕트	케이블 트레이 (래더, 브래킷 등 포함)	애자 사용	지지선
나전선		−	−	−	−	−	−	+	−
절연 전선[b]		−	−	+	+[a]	+	−	+	−
케이블 (외장 및 무기질 절연물을 포함)	다심	+	+	+	+	+	+	△	+
	단심	△	+	+	+	+	+	△	+

+ : 사용할 수 있다.
− : 사용할 수 없다.
△ : 적용할 수 없거나 실용상 일반적으로 사용할 수 없다.

a. 케이블 트렁킹이 IP4X 또는 IPXXD급의 이상의 보호 조건을 제공하고, 도구 등을 사용하여 강제적으로 덮개를 제거할 수 있는 경우에 한하여 절연 전선을 사용할 수 있다.
b. 보호 도체 또는 보호 본딩 도체로 사용되는 절연 전선은 적절하다면 어떠한 절연 방법이든 사용할 수 있고 전선관 시스템, 트렁킹 시스템 또는 덕트 시스템에 배치하지 않아도 된다.

(2) 설치 방법에 해당하는 배선 방법의 종류

설치 방법	배선 방법
전선관 시스템	합성수지관 배선, 금속관 배선, 가요 전선관 배선
케이블 트렁킹 시스템	합성수지 몰드 배선, 금속 몰드 배선, 금속 덕트 배선[a]
케이블 덕트 시스템	플로어 덕트 배선, 셀룰러 덕트 배선, 금속 덕트 배선[b]
애자 사용 방법	애자 사용 배선
케이블 트레이 시스템 (래더, 브래킷 포함)	케이블 트레이 배선
고정하지 않는 방법, 직접 고정하는 방법, 지지선 방법[c]	케이블 배선

a. 금속 본체와 덮개(커버)가 별도로 구성되어 덮개(커버)를 개폐할 수 있는 금속 덕트를 사용한 배선 방법을 말한다.
b. 본체와 덮개(커버) 구분 없이 하나로 구성된 금속 덕트를 사용한 배선 방법을 말한다.
c. 비고정, 직접 고정, 지지선의 경우 케이블의 시설 방법에 따라 분류한 사항이다.

설치 방법에 따른 배선 종류
㉠ 전선관 시스템 : 합성수지관, 금속관, 가요 전선관
㉡ 케이블 트렁킹 시스템 : 몰드, 금속 덕트[덮개(커버) 개폐 가능]
㉢ 케이블 덕트 시스템 : 플로어 덕트, 셀룰러 덕트, 금속 덕트[덮개(커버) 개폐 불가능]

(3) 덕트의 종류

① **금속 덕트** : 절연 전선이나 케이블 등을 넣은 폭 5[cm]를 초과하는 금속제 홈통으로 주로 다수의 배선을 넣는 것

② **버스 덕트** : 절연물로 지지된 나동봉 등의 도체를 강철제 외함에 넣어 지지한 것

③ 라이팅 덕트 : 절연물로 지지한 도체를 덕트에 넣은 것으로, 덕트 본체에 전용의 어댑터를 이용하여 임의의 개소에서 전기를 인출하여 사용하는 덕트
④ 셀룰러 덕트 : 건조물의 바닥 콘크리트의 가설틀 또는 바닥 구조재의 일부로서 사용되는 데크플레이트(파형 강판) 등의 홈을 폐쇄하여 전기 배선용 덕트로 사용하는 것
⑤ 플로어 덕트 : 마루 밑이나 건물 바닥에 매입하는 배선용의 금속제함으로 마루 위로의 전선 인출을 목적으로 하는 것

애자 사용 배선 공사
㉠ 절연 전선(단, OW, DV 제외)
㉡ 간격(이격거리) : 6[cm] 이상
㉢ 조영재 간격(이격거리) : 400[V] 이하는 2.5[cm] 이상, 400[V] 초과는 4.5[cm] 이상(단, 건조 시 2.5[cm] 이상)
㉣ 지지점 거리 : 2[m] 이하(단, 조영재에 따르지 않을 경우 6[m] 이하)

옥외용 비닐 절연 전선
㉠ 절대 옥내 사용 금지
㉡ 모든 관, 몰드, 덕트 내 사용 금지
㉢ 접지선 사용 불가

2 애자 사용 배선 공사

절연성, 난연성, 내수성이 있는 노브 애자에 전선을 지지하여 전선이 조영재, 기타 물질에 접촉할 우려가 없도록 배선하는 것을 애자 사용 배선 공사라 한다.

(1) 사용 전선

절연 전선일 것(단, 옥외용 비닐 절연 전선(OW), 인입용 비닐 절연 전선(DV)은 제외)

(2) 전선의 간격(이격거리)

① 저압
㉠ 전선 상호 간격은 6[cm] 이상일 것
㉡ 전선과 조영재 사이의 간격(이격거리)은 사용 전압이 400[V] 이하인 경우는 2.5[cm] 이상, 400[V] 초과인 경우는 4.5[cm] 이상(단, 건조한 장소인 경우 2.5[cm] 이상)일 것
㉢ 전선 지지점 간 거리는 전선을 조영재 윗면 또는 옆면에 따라 붙일 경우 2[m] 이하일 것(단, 400[V] 초과인 경우로서 조영재에 따르지 않는 경우 6[m] 이하도 가능)
② 고압
㉠ 전선 상호 간 간격(이격거리) : 8[cm] 이상
㉡ 전선과 조영재와의 간격(이격거리) : 5[cm] 이상

(3) 약전류 전선 및 가스관 등과의 접근 교차 시 간격

① 저압 : 10[cm] 이상, 고압 : 15[cm] 이상(단, 나전선의 경우 저·고압 모두 30[cm] 이상 이격)
② 가스 계량기 및 전력량계, 개폐기(저·고압) : 60[cm] 이상

3 합성수지 몰드 배선

(1) 시설 장소 및 사용 전압

① 전개된 장소나 점검 가능한 은폐 장소로서 건조한 장소에 한하여 시설할 것
② 사용 전압은 400[V] 이하일 것

(2) 몰드의 구성 및 구비 조건

① 몰드 두께 : 2[mm] 이상의 합성수지(베이스와 뚜껑으로 구성)
② 몰드 홈의 폭 및 깊이 : 3.5[cm] 이하(단, 사람의 접촉 우려 없는 경우 5[cm] 이하)

(3) 시설 원칙

① 전선은 절연 전선을 사용할 것(단, OW는 제외)
② 몰드 안에는 전선의 접속점이 없도록 할 것

4 합성수지관 배선

(1) 시설 장소

열적 영향을 받을 우려가 있는 곳이나 기계적 충격에 의한 외상을 받기 쉬운 장소를 제외한 모든 전개된 장소나 은폐된 장소 어느 곳에나 시설이 가능하다.

(2) 합성수지관의 크기 및 호칭

① 합성수지관의 크기 : 관 안지름(내경)의 크기에 가까운 짝수
② 합성수지관의 두께 : 2[mm] 이상
③ 표준 길이 : 4[m]
④ 종류 : 14, 16, 22, 28, 36, 42, 54, 70, 82[mm]

합성수지제 가요관
PF(Plastic Flexible)관, CD(Combine Duct)관

(3) 시설 원칙

① 전선 선정 및 시공 시 주의 사항
㉠ 전선은 절연 전선일 것(단, OW는 제외)
㉡ 전선은 연선일 것(단, 단선일 경우 $10[mm^2]$ 이하도 가능)
㉢ 관 안에는 전선의 접속점이 없을 것
㉣ 습기나 물기가 많은 장소 등에서는 방습 장치를 할 것

자주 출제되는 Key Point

합성수지 몰드 배선
㉠ 두께 : 2[mm] 이상
㉡ 홈 폭, 깊이 : 3.5[cm] 이하(단, 인촉 우려 없는 경우 5[cm] 이하)
㉢ 베이스는 나사 이용 고정

합성수지관 규격
㉠ 두께 : 2[mm] 이상
㉡ 표준 길이 : 4[m]
㉢ 종류 : 관 안지름 짝수 14, 16, 22, 28, 36, 42, 54, 70, 82[mm]

합성수지제 가요 전선관
㉠ PF 전선관
㉡ CD 전선관

합성수지관 공사
㉠ 절연 전선, 연선일 것(단, $10[mm^2]$ 이하 단선 사용 가능)
㉡ 구부리기 : 토치 램프 이용
㉢ 곡선(곡률)반지름 : 6배 이상

② 합성수지관 구부리기

㉠ 토치 램프를 이용하여 구부리고자 하는 부분을 적당히 가열한 다음 천천히 원하는 각도로 구부려 줄 것

㉡ 구부리고자 하는 관 각도가 90°일 경우 곡선(곡률) 반지름은 최소 관 안지름의 6배 이상으로 할 것

합성수지관 접속 · 지지
㉠ 관 삽입 깊이 : 바깥지름(외경)의 1.2배 이상(단, 접착제 사용의 경우 0.8배)
㉡ 관 지지점 간 거리 : 1.5[m] 이하(새들 이용)

③ 합성수지관 접속

㉠ 커플링(1 · 2호)에 의한 것과 토치 램프를 이용한 가열 삽입 접속이 있다.

㉡ 관 상호 간, 관과 박스의 접속 시 관의 삽입 깊이는 관 바깥지름의 1.2배 이상(단, 접착제 사용의 경우 0.8배)으로 꽂음 접속에 의하여 견고하게 접속할 것

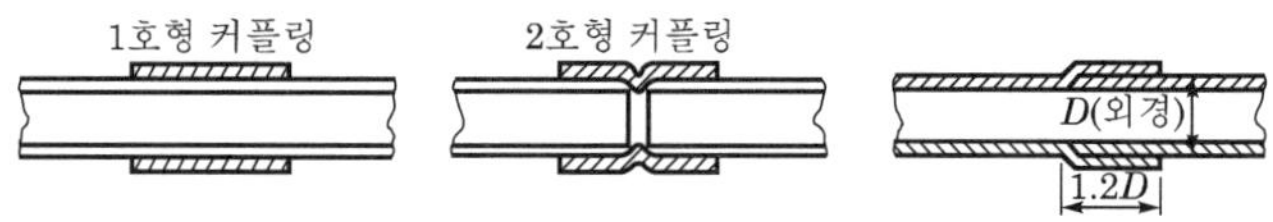

④ 합성수지관의 지지 : 새들을 이용하여 지지하는 경우 그 지지점 간 거리는 1.5[m] 이하이지만 관 끝이나 박스 부근에서는 0.3[m] 정도에서 지지할 것

(4) 합성수지관의 특징

① 장점

㉠ 무게가 가볍고 시공이 쉽다.

㉡ 관 자체가 절연물이므로 누전의 우려가 없다.

㉢ 내식성이 크므로 약품 등에 의한 부식의 우려가 작다.

합성수지관의 단점
㉠ 외상 우려가 있다.
㉡ 온도 변화에 의한 신축 작용이 크다.

② 단점

㉠ 금속관에 비하여 기계적 강도가 약하므로 외상을 받을 우려가 크다.

㉡ 온도 변화에 따른 신축 작용이 커서 고온이나 저온 등에서 파열될 우려가 크다.

자주 출제되는 Key Point

(5) 합성수지관 배선

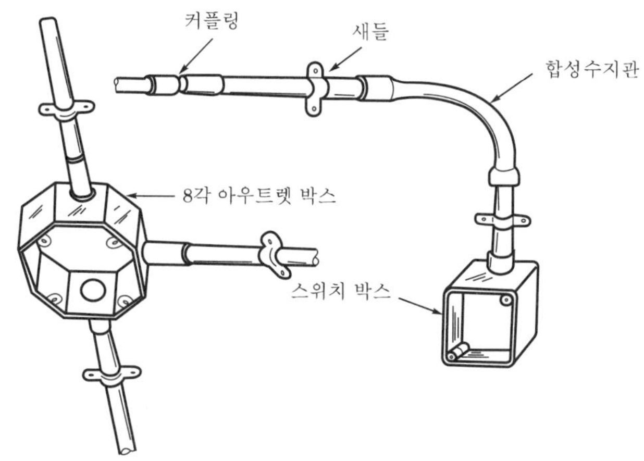

(6) 합성수지관 배선 부속품

① 아우트렛 박스 : 배관 도중에서 조명 기구나 콘센트, 점멸기 등에 공급하는 전로 배관을 인출하기 위하여 설치하는 박스

② 스위치 박스 : 점멸기나 콘센트를 부착하기 위한 박스

③ 접속기(커넥터) : 관과 박스를 접속하기 위한 것(1·2호가 있음)

④ 커플링 : 합성수지관 상호 간을 접속하기 위한 것

⑤ 노멀 밴드 : 배관 공사 시 직각으로 구부러지는 곳에서 관 상호 간을 접속하기 위한 것

⑥ 부싱 : 배관 공사 시 관 끝단에 부착하여 전선의 절연 피복을 보호하기 위한 것

⑦ 엔트런스 캡(우에사 캡) : 배관 공사 시 인입구나 인출구 관 끝단에 설치하여 빗물의 침투를 막기 위한 것

⑧ 터미널 캡 : 배관 공사 시 금속관이나 합성수지관으로부터 전선을 뽑아 전동기 단자 부근에 접속할 때 전선 보호를 위해 관 끝에 설치하는 것

합성수지관 부속품
㉠ 접속기(커넥터) : 관과 박스 접속
㉡ 커플링 : 관 상호 간 접속
㉢ 노멀 밴드 : 직각 개소에서 관 상호 간 접속
㉣ 부싱 : 관 끝단에서 전선 절연 피복 보호
㉤ 엔트러스 캡 : 관 끝에서 빗물 침입 방지
㉥ 터미널 캡 : 관으로부터 전선을 인출하여 전동기 단자 접속 시 관 끝 전선 보호

5 금속 몰드 배선

(1) 시설 장소 및 사용 전압

① 시설 장소 : 외상을 받을 우려가 없는 전개된 건조한 장소나 점검할 수 있는 은폐 장소

② 사용 전압 : 400[V] 이하일 것

(2) 몰드 구성 및 구비 조건

① 몰드의 두께 : 0.5[mm] 이상의 연강판(베이스와 뚜껑으로 구성)

② 몰드 홈의 폭 및 깊이 : 5[cm] 이하로 할 것

금속 몰드 배선
㉠ 두께 : 0.5[mm] 이상
㉡ 홈 폭, 깊이 : 5[cm] 이하
㉢ 사용 전압 : 400[V] 이하
㉣ 1종 몰드 전선수 : 10본 이하
㉤ 2종 몰드 전선수 : 단면적 20[%]
㉥ 지지점 간 거리 : 1.5[m]

(3) 시설 원칙

① 전선은 절연 전선일 것(단, OW 전선은 제외)
② 몰드 안에서 전선의 접속점이 없도록 할 것(단, 전선을 분기하는 경우 접속점을 쉽게 점검할 수 있도록 하는 경우에는 제외)
③ 몰드에는 규정에 준하여 접지 공사를 할 것
④ 1종 금속 몰드 공사 시 동일 몰드 내에 넣는 전선수는 최대 10본 이하로 할 것
⑤ 2종 금속 몰드에 넣는 전선수는 전선의 피복 절연물을 포함한 단면적의 총합계가 해당 몰드 내 단면적의 20[%] 이하로 할 것
⑥ 금속 몰드의 지지점 간의 거리는 1.5[m] 이하가 되도록 할 것

금속 몰드 배선 부속품
㉠ 콤비네이션 커넥터 : 금속관과 금속 몰드 접속
㉡ 플랫 엘보 : 직각 개소에서 몰드 상호 간 접속
㉢ 조인트 커플링 : 몰드 뚜껑 이음새 접속 기구
㉣ 코너 박스 : 벽 등 구석에서 금속관과 몰드 접속, 분기

(4) 금속 몰드 배선 부속품

① 콤비네이션 커넥터 : 금속 몰드와 금속관을 접속하기 위한 것
② 플랫 엘보(1종) : 평면에서 90°로 구부러지는 곳에서 몰드 상호 간을 접속하기 위한 것
③ 익스터널 엘보 : 볼록한 면에서 몰드 상호 간을 접속하기 위한 것
④ 인터널 엘보(1종) : 오목한 면에서 몰드 상호 간을 접속하기 위한 것
⑤ 조인트 커플링(1종) : 몰드 상호 간의 접속 시 뚜껑의 이음새를 접속하기 위한 것
⑥ L형 크로스(2종) : L형으로 구부러지는 곳에서 몰드 상호 간을 접속하기 위한 것
⑦ T형 크로스(2종) : T형으로 분기하는 곳에서 몰드 상호 간을 접속하기 위한 것
⑧ 십자형 크로스(2종) : +자형으로 분기하는 장소에서 몰드 상호 간을 접속하기 위한 것
⑨ 정크션 박스 : 몰드의 분기점에서 전선을 접속하기 위한 것
⑩ 코너 박스 : 천장이나 벽 등의 구석에 부착하여 금속관과 몰드의 접속이나 몰드의 분기에 사용하기 위한 것
⑪ 부싱 : 몰드 끝단에 부착 전선을 보호하기 위한 것
⑫ 접지 클램프 : 몰드의 접지 공사 시 사용하는 접속 기구

6 금속관 배선

(1) 시설 장소

전개된 장소나 은폐된 장소 어느 곳에서나 시설이 가능하며 물기가 있는 장소, 먼지가 있는 장소에도 시설할 수 있다.

자주 출제되는 Key Point

(2) 금속관 크기 및 호칭

① 후강 전선관 : 두께 2.3[mm] 이상의 두꺼운 전선관
 ㉠ 관의 호칭 : 관 안지름의 크기에 가까운 짝수
 ㉡ 관의 종류(10종류) : 16, 22, 28, 36, 42, 54, 70, 82, 92, 104[mm]
 ㉢ 관의 표준 길이 : 3.6[m]

② 박강 전선관 : 두께 1.2[mm] 이상의 얇은 전선관
 ㉠ 관의 호칭 : 관 바깥지름의 크기에 가까운 홀수
 ㉡ 관의 종류(7종류) : 19, 25, 31, 39, 51, 63, 75[mm]
 ㉢ 관의 표준 길이 : 3.6[m]

금속관 배선 규격
㉠ 후강 전선관
- 두께 2.3[mm] 이상
- 관 안지름 짝수(10종류) : 16, 22, 28, 36, 42, 54, 70, 82, 92, 104[mm]

㉡ 박강 전선관
- 두께 1.2[mm] 이상
- 관 바깥지름 홀수(7종류) : 19, 25, 31, 39, 51, 63, 75[mm]

㉢ 표준 길이 : 3.6[m]

(3) 시설 원칙

① 전선의 선정 및 시설 시 주의 사항
 ㉠ 전선은 절연 전선일 것(단, OW는 제외)
 ㉡ 전선은 연선일 것(단, 단선일 경우 10[mm^2] 이하도 가능)
 ㉢ 관 안에는 전선의 접속점이 없도록 할 것
 ㉣ 옥내 배선 공사 시 회로 사용 전압은 저압일 것
 ㉤ 금속관을 콘크리트 등에 매입하는 경우 그 두께는 1.2[mm] 이상일 것(단, 기타의 경우는 1[mm] 이상이지만 이음매가 없는 길이 4[m] 이하의 전선관을 건조한 노출 장소에 시설하는 경우는 0.5[mm] 이상으로 한다.)

금속관 배선 시설 원칙
㉠ 절연 전선(단, OW 제외)
㉡ 연선(단, 10[mm^2] 이하 단선은 가능)
㉢ 콘크리트 매입 시 두께는 1.2[mm] 이상

② 금속관의 나사 내기 : 나사 내려는 금속관을 파이프 바이스를 이용하여 고정시킨 다음 오스터나 다이스 등을 이용하여 나사부의 각도를 약 80° 정도로 하여 나사를 낸다.

③ 금속관의 절단 및 다듬기
 ㉠ 금속관 절단 : 금속관을 파이프 바이스 등을 이용하여 고정시킨 다음 쇠톱이나 파이프 커터 등을 이용하여 절단한다.
 ㉡ 금속관 다듬기 : 금속관 절단 시 절단 부분에 발생하는 거친 부분에 대한 전선 피복 손상 방지를 위해 리머를 이용하여 다듬어 준다.

금속관 가공
㉠ 관 고정 : 파이프 바이스
㉡ 나사 내기 : 오스터
㉢ 절단 : 쇠톱, 파이프 커터
㉣ 다듬기 : 리머

④ 금속관 구부리기
 ㉠ 금속관 구부리기 : 28[mm] 이하의 가는 전선관은 히키나 벤더를 이용하지만, 그 이상의 굵은 전선관에서는 주로 유압식 벤더를 이용한다.
 ㉡ 금속관 굽은부분 반지름(굴곡반경) : 구부러진 금속관의 굽은부분(굴곡) 반지름은 관 안지름의 6배 이상으로 한다.
 ㉢ 구부러진 금속관의 각도는 360°로 하지만 360°를 초과 시에는 중간에 풀박스나 정크션 박스 등을 접속하여 시설한다.

금속관 구부리기
㉠ 28[mm] 이하 가는 관 : 히키, 벤더
㉡ 28[mm] 이상 굵은 관 : 유압식 벤더
㉢ 곡선(곡률)반지름 : 6배 이상

자주 출제되는 Key Point

㉣ 금속관을 직각 구부리기 할 때 굽힘 반지름 $r = 6d + \frac{D}{2}$(여기서, d : 금속관의 안지름, D : 금속관의 바깥지름) 이상으로 한다.

⑤ 금속관의 접속

㉠ 금속관 상호 간의 접속은 커플링이나 나사 없는 커플링을 이용하여 접속할 것(단, 금속관이 고정되어 있어 금속관을 회전시킬 수 없는 경우에는 유니언 커플링이나 보내기 커플링 등을 이용하여 접속할 것)

㉡ 커플링에 삽입하는 관의 깊이는 관 바깥지름의 1.2배 이상으로 할 것

㉢ 금속관과 박스, 기타 이와 유사한 것 등을 접속할 때에는 로크너트 2개를 사용하여 박스나 캐비닛 양쪽 접속 부분을 단단히 고정할 것

금속관의 접속
㉠ 커플링 : 금속관 상호 간 접속 시 사용
㉡ 유니언 커플링 : 고정 금속관 접속 시 사용
㉢ 관 삽입 깊이 : 바깥지름(외경)의 1.2배 이상
㉣ 로크너트 : 관과 박스 접속 시 박스 양측에 부착
㉤ 링 리듀서 : 박스 부착 시 녹아웃 지름이 큰 경우 사용

- 로크너트 : 박스에나 캐비닛에 금속관을 고정할 때 사용하는 접속 기구
- 링 리듀서 : 박스나 캐비닛에 금속관 고정 시 녹아웃 지름이 금속관의 지름보다 클 경우 박스나 캐비닛 내외 양측에 부착 사용하는 보조 접속 기구
- 절연 부싱 : 박스나 캐비닛 안에서 전선의 절연 피복을 보호하기 위하여 금속관 끝단에 부착하여 사용하는 전선 보호 기구

| 로크너트 | | 링 리듀서 | | 절연 부싱 |

⑥ 금속관에 전선 넣기 : 박스 간의 거리가 짧고 관의 굴곡이 작은 경우에는 직접 전선을 밀어 넣어 뽑아내지만 일반적으로 피시 테이프나 철망 그래프 등을 이용하여 그 끝에 전선을 묶은 다음 잡아당겨 뽑아낸다.

㉠ 피시 테이프 : 관 공사 시 전선 1가닥을 그 끝에 묶어 잡아당겨서 관 안에 전선을 넣기 위한 폭 3.2 ~ 6.4[mm], 두께 0.8 ~ 1.5[mm] 정도의 평각 강철선

㉡ 철망 그래프 : 관 공사 시 여러 가닥의 전선을 한꺼번에 묶어 고정시킨 후 끌어당겨서 관 안에 전선을 넣기 위한 것

금속관 내 전선 삽입
㉠ 피시 테이프 : 1가닥 삽입
㉡ 철망 그래프 : 여러 가닥의 전선 삽입

⑦ 금속관에 넣는 전선수

교류 회로에서는 전선 1가닥만을 1개의 금속관에 넣어 시설하면 관 내에 흐르는 부하 전류에 의한 자력선의 변화로 기전력이 유도되어 금속관을 가열시킬 우려가 있으므로 반드시 1회로의 전선 전부를 동일관 내에 시설하여 자력선의 방향이 서로 반대가 되어 상쇄시키도록 하여 전자적 불평형을 방지한다.

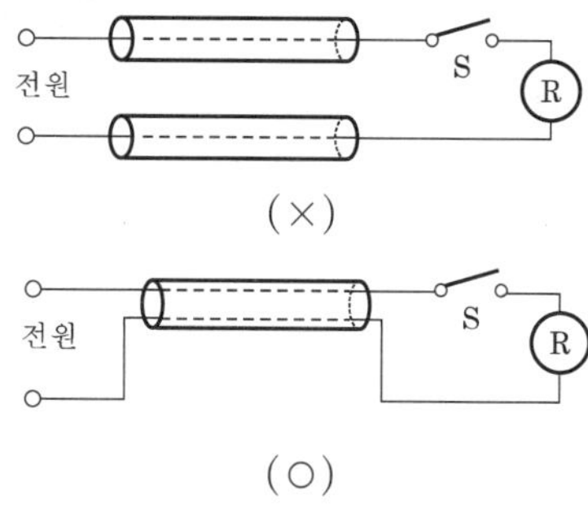

▌교류 회로의 금속관 배선▐

⑧ **관 끝의 전선 보호** : 금속관 끝부분에서 전선의 인입이나 교환 시 발생할 수 있는 전선 피복 손상 방지를 위해 사용 장소에 따라 다음과 같은 보호 기구를 시설한다.

㉠ 절연 부싱 : 박스나 캐비닛 안에서 전선의 절연 피복을 보호하기 위하여 금속관 끝단에 부착하여 사용하는 전선 보호 기구

㉡ 엔트런스 캡(우에사 캡) : 저압 가공 인입선의 인입구에서 빗물의 침입 방지용으로 사용

㉢ 터미널 캡(서비스 캡) : 배관 공사 시 금속관이나 합성수지관으로부터 전선을 뽑아 전동기 단자 부근에 접속할 때 전선 보호를 위해 관 끝에 설치하는 것

⑨ **노출 배관 공사** : 금속관 노출 배관 공사는 공장의 창고나 지하 기계실 등에서의 시설법으로, 배관 시 사용하는 금속관의 두께는 1[mm] 이상의 전선관을 사용한다.

㉠ 전선 접속이나 배관 분기는 박스나 유니버셜 엘보를 사용할 것(단, 엘보 안에서는 전선 접속을 할 수 없다.)

㉡ 금속관을 조영재에 따라서 시설하는 경우 배관의 지지는 새들이나 래크 등을 이용하여 2[m] 이하의 길이로 지지하며 오프셋(S형 구부리기), 커플링 접속, 직각 구부리기를 한 곳에서는 30[cm] 이내로 할 것

자주 출제되는 Key Point

관 내 전선 단면적
㉠ 교류 1회 동일관 내 삽입 (전자적 불평형 방지)
㉡ 전선의 병렬 사용 : 구리선(동선) 50[mm^2] 이상, 알루미늄선 70[mm^2] 이상

관 끝의 전선 보호
㉠ 절연 부싱 : 절연 피복 보호
㉡ 엔트런스 캡(우에사 캡) : 빗물 침입 방지
㉢ 터미널 캡(서비스 캡) : 관으로부터 전선을 인출, 전동기 단자 접속 시 관 끝에서 전선 보호

금속관 노출 공사
㉠ 두께 : 1[mm] 이상
㉡ 전선 접속, 배관 분기 : 박스, 유니버셜 엘보
㉢ 관 지지점 간 거리 : 2[m] 이하(새들)
㉣ 노멀 밴드 : 굽은 부분(굴곡부)에서 관 상호 간을 접속
㉤ 유니버셜 엘보 : 직각 개소에서 관 상호 간 접속

배관 부속 설비

- 노멀 밴드 : 매입이나 노출 배관에서 금속관의 굴곡부에서의 관 상호 간의 접속을 위한 접속 기구
- 유니버셜 엘보 : 노출 배관에서 배관이 직각으로 구부러지는 경우 사용하는 접속 기구

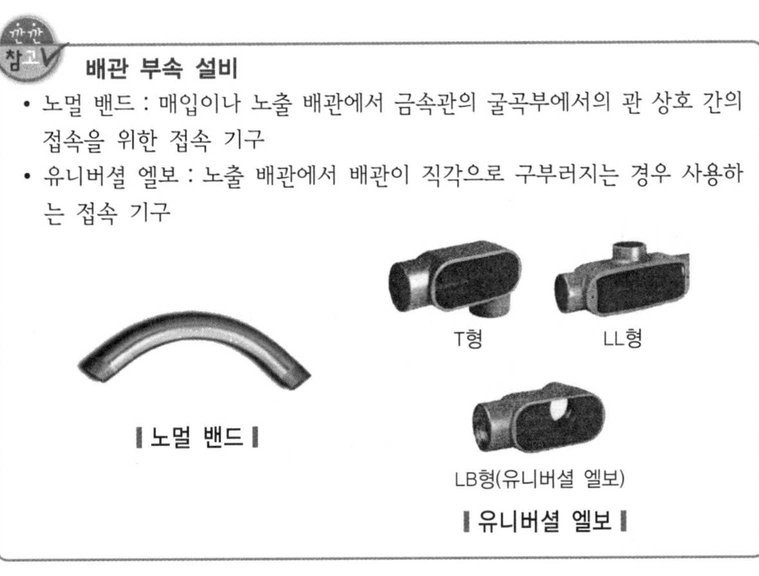

▌노멀 밴드▐

▌유니버셜 엘보▐

가요 전선관 종류
㉠ 제1종(플렉시블 콘딧) : 두께 0.8[mm] 이상
㉡ 제2종(플리커 튜브) : 파이버(절연물) 조합

7 가요 전선관 배선

두께 0.8[mm] 이상 연강대에 아연 도금을 한 다음, 이것을 약 반 폭씩 겹쳐서 나선 모양으로 감아 만들어 자유로이 구부러지게 한 제1종 가요 전선관(플렉시블 콘딧)과 테이프 모양의 납 도금을 한 금속편과 파이버를 조합하여 내수성 및 가요성을 가지도록 제작한 제2종 가요 전선관(플리커 튜브)이 있다.

가요 전선관 시설 장소
㉠ 제1종 : 노출, 점검 가능 은폐 장소로 건조한 곳
㉡ 제2종 : 저압 옥내 배선 모든 장소 시설 가능

(1) 시설 장소

① 제1종 가요 전선관 : 노출 장소나 점검 가능한 은폐 장소로서, 건조한 장소에 한하여 사용할 수 있으며 옥내 배선 사용 전압이 400[V] 초과인 경우에는 전동기의 접속과 가요성을 요하는 부분에 한한다.

② 제2종 가요 전선관 : 저압 옥내 배선 공사를 실시하는 모든 장소에 시설 가능하다.

(2) 제2종 가요 전선관의 크기 및 호칭

① 가요 전선관의 호칭 : 관 안지름에 가까운 크기

② 관의 종류(12종류) : 10, 12, 15, 17, 24, 30, 38, 50, 63, 76, 83, 101[mm]

자주 출제되는 Key Point

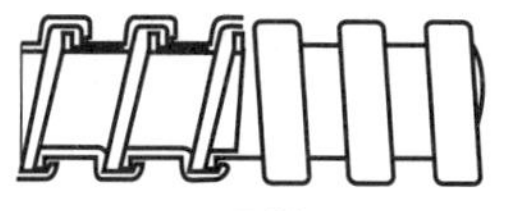

표준형

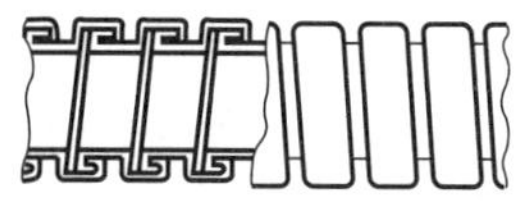

응용형

(a) 제1종 가요 전선관

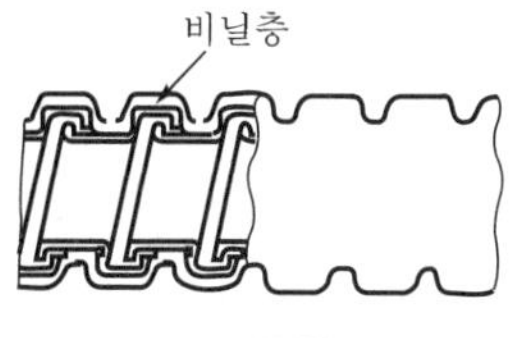

표준형

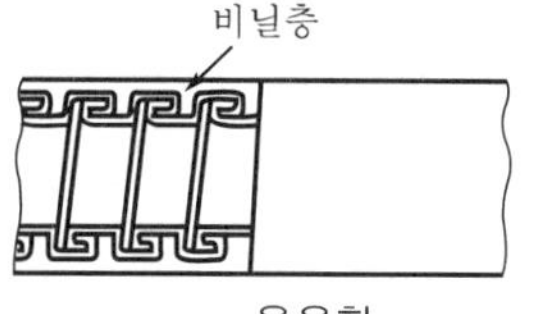

응용형

(b) 비닐 피복 제1종 가요 전선관

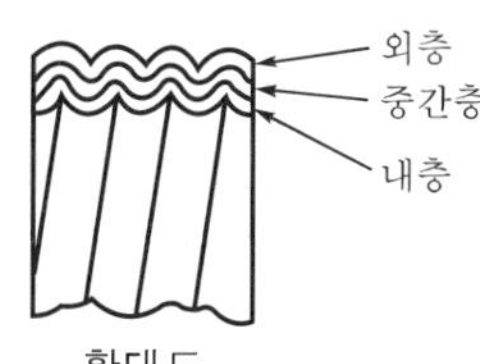

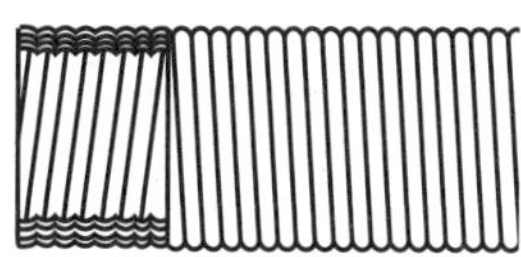

확대도

외층 : 금속 조편
중간층 : 금속 조편
내층: 비금속 조편

(c) 제2종 가요 전선관

▌가요 전선관의 종류▐

(3) 시설 원칙

① 전선의 선정 및 시공 시 주의 사항

㉠ 전선은 절연 전선일 것(단, OW는 제외)

㉡ 전선은 연선일 것(단, 단선일 경우 10[mm^2] 이하까지 가능)

㉢ 전선관은 제2종 금속제 가요 전선관으로 관 안에서는 전선의 접속점이 없도록 할 것

㉣ 외상받을 우려가 있는 장소에서는 적당한 방호 장치를 시설할 것

② 가요 전선관 구부리기

㉠ 제1종 가요 전선관의 굽은부분 반지름(굴곡반경) : 관 안지름의 6배 이상으로 할 것

㉡ 제2종 가요 전선관으로 관을 제거하는 것이 자유로운 경우 굽은부분 반지름(굴곡반경) : 관 안지름의 3배 이상으로 할 것

㉢ 제2종 가요 전선관으로 관을 시설하고 제거하는 것이 어렵거나 점검 불가능한 장소에 설치한 경우 : 관 안지름의 6배 이상으로 할 것

가요 전선관 시설 원칙

㉠ 절연 전선(단, OW 제외)

㉡ 연선(단, 10[mm^2] 이하 단선은 가능)

㉢ 콘크리트 매입 시 두께는 1.2[mm] 이상

㉣ 제2종 가요 전선관 사용

㉤ 외상 우려 있는 경우 방호장치를 할 것(수・변전실에서 배전반 부분은 금속관 공사 실시할 것)

가요 전선관 구부리기

㉠ 제1종 굽은부분 반지름(굴곡반경) : 관 안지름의 6배 이상

㉡ 제2종 관 제거가 쉬운 경우 굽은부분 반지름(굴곡반경) : 3배 이상

자주 출제되는 Key Point

가요 전선관의 접속
㉠ 스플릿 커플링 : 가요 전선관 상호 간 접속
㉡ 콤비네이션 커플링 : 가요 전선관과 금속관 접속
㉢ 스트레이트 박스 커넥터 : 가요 전선관과 박스 접속
㉣ 앵글 박스 커넥터 : 직각 개소에서 가요 전선관과 박스 접속

③ **가요 전선관의 접속** : 가요 전선관 상호 간이나 금속관 등과의 접속은 커플링을 이용하여 접속한다.

㉠ 스플릿 커플링 : 가요 전선관 상호 간의 접속 시 사용
㉡ 콤비네이션 커플링 : 가요 전선관과 금속관의 접속 시 사용
㉢ 스트레이트 박스 커넥터 : 가요 전선관과 박스 또는 가요 전선관과 캐비닛과의 접속 시 전선관이 곧바르게 나올 때 사용
㉣ 앵글 박스 커넥터 : 가요 전선관과 박스 또는 가요 전선관과 캐비닛과의 접속 시 전선관이 직각으로 꺾어져 나올 때 사용

▎스플릿 커플링▕

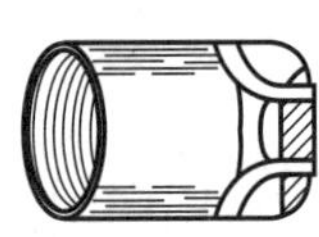
▎콤비네이션 커플링▕

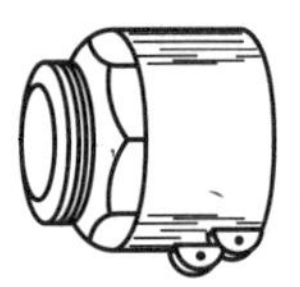
▎스트레이트 박스 커넥터▕

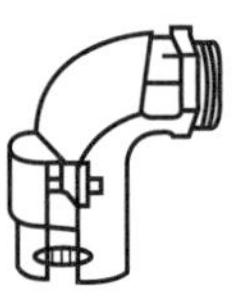
▎앵글 박스 커넥터▕

가요 전선관의 지지(새들)
㉠ 조영재 측면, 인촉 우려 있는 곳 : 1[m] 이하
㉡ 기타 : 2[m] 이하

④ **가요 전선관의 지지** : 새들을 이용하여 지지하는 경우, 그 지지점 간의 거리는 다음 사항에 의하면서 공사상 부득이한 경우에는 지지하지 않아도 된다.

㉠ 조영재의 측면 또는 하면에 수평 방향으로 시설하는 경우 : 1[m] 이하로 할 것
㉡ 사람이 접촉될 우려가 있는 경우 : 1[m] 이하로 할 것
㉢ 금속제 가요 전선관 상호 및 금속제 가요 전선관과 박스 기구와의 접속 개소 : 접속 개소로부터 0.3[m] 이하로 할 것
㉣ 기타의 경우 : 2[m] 이하로 할 것

⑤ **접지 공사** : 금속제 가요 전선관 및 그 부속품 등에는 접지 공사를 실시한다.

8 덕트 배선

(1) 금속 덕트 배선

금속 덕트 배선
㉠ 규격 : 폭 4[cm] 초과, 두께 1.2[mm] 이상
㉡ 시설 장소 : 다수의 전선 수용 장소

폭 4[cm]를 넘고 두께 1.2[mm] 이상인 강판 또는 동등 이상의 세기를 가지는 금속제로 제작하므로 산화 방지를 위해 아연 도금을 하거나 에나멜 등으로 피복하여 사용한다.

① **시설 장소** : 옥내 건조한 장소, 노출 장소 또는 점검 가능한 은폐 장소에 한하여 시설할 수 있으며 주로 공장, 빌딩의 간선 등과 같은 다수의 전선을 수용하는 장소에 시설한다.

② 시설 원칙

㉠ 전선은 절연 전선일 것(단, OW 전선은 제외)

㉡ 덕트 내에서는 전선의 접속점이 없도록 할 것(단, 전선을 분기하는 경우로서 그 접속점을 쉽게 점검할 수 있는 경우에는 접속이 가능)

㉢ 덕트에 넣는 전선은 절연물을 포함한 단면적의 총합이 덕트 내부 단면적의 20[%] 이하가 되도록 하며 동일 덕트 내에 넣는 전선은 30본 이하로 할 것(단, 제어 회로나 출퇴근 표시등 배선에 사용하는 전선만을 넣는 경우에는 50[%] 이하도 가능)

㉣ 덕트의 지지점 간 거리는 3[m] 이하로 할 것(단, 취급자 이외에는 출입할 수 없는 곳에서 수직으로 설치하는 경우 6[m] 이하까지도 가능)

㉤ 덕트의 끝부분은 수분, 먼지, 쥐 등의 침입 방지를 위하여 밀폐시킬 것

③ 접지 공사 : 금속제 덕트 및 그 부속품 등에는 접지 공사를 실시한다.

자주 출제되는 Key Point

금속 덕트 배선 시설 원칙

㉠ 절연 전선(단, OW 제외)

㉡ 전선의 접속점 구성 불가

㉢ 덕트 내 전선 단면적 : 20[%] 이하(단, 제어 회로만 배선 시 50[%] 이하)

㉣ 덕트 내 전선수 : 30본 이하

㉤ 지지점 간 거리 : 3[m] 이하(단, 수직 배선 6[m] 이하)

㉥ 덕트 끝부분 폐쇄할 것

(2) 버스 덕트 배선

철판제의 덕트 안에 단면적 20[mm^2] 이상의 평각 구리선이나 지름 5[mm] 이상의 관이나 둥근 막대 모양의 나동봉 도체 또는 30[mm^2] 이상인 평각 알루미늄선을 자기제 절연물로 간격 50[cm] 이하마다 지지하여 만든 덕트이다.

① 버스 덕트의 종류

종류	형식	비고
피더 버스 덕트	옥내용	도중에 부하를 접속하지 아니한 것
플러그인 버스 덕트		도중에 부하 접속용으로서 꽂음 플러그를 만든 것
트롤리 버스 덕트		도중에 이동 부하를 접속할 수 있도록 한 것

② 시설 장소 : 큰 빌딩이나 공장 등에서 기계 기구의 변경이나 증설 공사 등이 빈번히 발생하는 장소에 적합하다.

③ 시설 원칙

㉠ 덕트의 지지점 간 거리는 3[m] 이하로 할 것(단, 취급자 이외에는 출입할 수 없는 곳에서 수직으로 설치하는 경우 6[m] 이하까지도 가능)

㉡ 덕트나 전선 상호 간은 견고하고 전기적으로 완전하게 접속할 것

㉢ 덕트의 끝부분은 밀폐하여 먼지의 침입을 방지할 것

㉣ 버스 덕트 및 그 부속품 등에는 접지 공사를 실시할 것

버스 덕트 배선

㉠ 시설 장소 : 모양, 배치 변경이 빈번한 곳

㉡ 플러그인 버스 덕트 : 도중에 부하를 접속하는 구조의 것

버스 덕트 배선 시설 원칙

㉠ 지지점 간 거리 : 3[m] 이하(단, 수직 배선의 경우 6[m] 이하)

㉡ 덕트 끝부분 폐쇄

㉢ 접지 공사 실시

자주 출제되는 Key Point

플로어 덕트 배선
㉠ 두께 : 2[mm] 이상 아연 도금, 에나멜 피복 강판
㉡ 절연 전선(단, OW 제외)
㉢ 연선(단, 10[mm^2] 이하 단선 사용 가능)

(3) 플로어 덕트 배선

강철제 덕트를 콘크리트 바닥 지면에 부설하는 방식으로, 바닥면의 원하는 장소에서의 전화선이나 콘센트 전원을 인출하기 위하여 시설하는 덕트로 덕트 및 박스, 기타 부속품은 2.0[mm] 이상의 강판으로 견고하게 제작되고, 아연 도금이나 에나멜 등으로 피복한 것을 사용한다.

① 시설 장소 : 옥내의 건조한 콘크리트 또는 신더(cinder) 콘크리트 플로어 내에 매입할 경우에 한하여 시설할 수 있다.

② 시설 원칙

㉠ 전선은 절연 전선일 것(단, OW 전선은 제외)

㉡ 전선은 연선일 것(단, 단선일 경우 10[mm^2] 이하까지도 가능)

㉢ 전선의 접속은 반드시 전용의 접속함 내에서 할 것(단, 전선을 분기하는 경우로서 그 접속점을 쉽게 점검할 수 있는 경우에는 예외)

㉣ 덕트 내의 사용 전압은 400[V] 이하일 것

㉤ 플로어 덕트는 접지 공사를 할 것

9 케이블 배선

(1) 비닐, 클로로프렌 및 폴리에틸렌 외장 케이블의 배선

① 시설 원칙

㉠ 중량물의 압력 또는 심한 기계적 충격을 받을 우려가 있는 장소에서는 반드시 금속관이나 합성수지관 같은 적당한 방호 설비를 이용하여 시설할 것

- 케이블을 금속관 등에 넣어 시설하는 경우 관 안지름은 케이블의 바깥지름의 1.5배 이상으로 할 것
- 옥측 및 옥외에서의 방호 범위는 구내에서는 지표상 1.5[m], 구외에서는 지표상 2[m] 높이까지 시설할 것

㉡ 케이블을 금속제 박스 등에 삽입하는 경우 고무 부싱, 케이블 접속기 등을 사용하여 케이블의 손상을 방지할 것

② 케이블의 지지

㉠ 케이블을 조영재 옆면 또는 아랫면에 따라 지지할 경우 지지점 간 거리는 2[m] 이하로 하면서 클리트, 새들, 스테이플 등을 이용하여 지지할 것(단, 케이블을 수직으로 설치하면서 사람이 접촉할 우려가 없는 장소에는 6[m] 이하로 할 수 있다.)

케이블 배선
㉠ 케이블 지지 : 새들, 클리트, 스테이플
㉡ 지지점 간 거리 : 2[m] 이하(단, 수직 배선, 인촉 우려 없는 경우 6[m] 이하)

- 클리트 : 전선을 사이에 끼워 천장 등에 고정하기 위한 배선 재료인 일종의 애자
- 스테이플 : U자형으로 구부려 양단을 뾰족하게 한 전선 고정용 배선 재료

㉡ 단면적 10[mm^2] 이하 케이블을 노출 장소에서 조영재에 따라 시설할 경우 지지점 간 거리는 다음 사항에 의할 것

시설 장소의 구분	지지점 간의 거리
조영재 측면 또는 하면에 수평 방향으로 시설하는 것	1[m] 이하
사람이 접촉할 우려가 있는 곳	1[m] 이하
케이블 상호 및 박스, 기구와의 접속 개소	접속 개소에서 0.3[m] 이하
기타의 장소	2[m] 이하

③ **케이블 구부리기** : 케이블을 구부리는 경우 그 굽은부분 반지름(굴곡반경)은 케이블 완성품 바깥지름의 6배(단심인 것은 8배) 이상으로 할 것

④ **접지 공사** : 관이나 기타 케이블을 넣는 방호 장치의 금속제 부분 및 금속제 전선 접속함 등에는 접지 공사를 실시한다(단, 방호 장치 금속제 부분의 길이가 4[m] 이하인 것을 건조한 장소에 시설하는 경우에는 접지 생략 가능).

케이블 굽은부분 반지름(굴곡반경)
㉠ 다심 케이블 : 6배 이상
㉡ 단심 케이블 : 8배 이상

(2) 알루미늄피 케이블 배선

① 시설 원칙

㉠ 중량물의 압력 또는 심한 기계적 충격을 받을 우려가 있는 장소에 시설하는 경우에는 반드시 금속관이나 합성수지관 등과 같은 적당한 방호 설비를 이용하여 시설할 것. 단, 가요성 알루미늄피 케이블은 외상에 대한 방호 장치 생략 가능

- 케이블을 금속관 등에 넣어 시설하는 경우 관 안지름은 케이블의 바깥지름의 1.5배 이상으로 할 것
- 옥측 및 옥외에서의 방호 범위는 구내에서는 지표상 1.5[m], 구외에서는 지표상 2[m] 높이까지 시설할 것

㉡ 방식 피복이 없는 알루미늄피로 된 케이블을 부식 우려가 있는 부분에 시설하는 경우에는 그 부분에 대하여 적당한 방식 조치를 할 것

자주 출제되는 Key Point

② **케이블의 지지 :** 비닐, 클로로프렌 및 폴리에틸렌 외장 케이블의 배선 지지 규정에 준하여 실시할 것

③ **케이블 구부리기 :** 연피 또는 알루미늄피를 갖는 케이블을 구부리는 경우 그 피복이 손상되지 않도록 하면서 그 굽은부분(굴곡부)의 반지름(굴곡반경)은 케이블 바깥지름의 12배 이상으로 할 것(단, 가요성 알루미늄피 케이블은 케이블 바깥지름의 7배 이상으로 할 것)

④ **접지 공사 :** 비닐, 클로로프렌 및 폴리에틸렌 외장 케이블의 배선 규정에 준하여 실시할 것

> **알루미늄피 케이블 굽은 부분 반지름(굴곡반경)**
> ㉠ 가요성(×) : 12배 이상
> ㉡ 가요성(○) : 7배 이상

(3) 캡타이어 케이블 배선 공사

① 시설 원칙

㉠ 케이블은 단면적 2.5[mm^2] 이상을 사용하되 길이 2[m] 이하인 부분에 사용할 경우에는 2.5[mm^2] 이하도 가능

㉡ 중량물의 압력 또는 심한 기계적 충격을 받을 우려가 있는 장소에 시설하는 경우에는 반드시 금속관이나 합성수지관 등과 같은 적당한 방호 설비를 이용하여 시설할 것

㉢ 케이블을 금속제 박스 등에 삽입하는 경우 고무 부싱, 케이블 접속기 등을 사용하여 케이블의 손상을 방지할 것

② **케이블의 지지 :** 케이블을 조영재에 따라 시설하는 경우의 지지점 간의 거리는 1[m] 이하로 하면서 새들, 스테이플 등을 이용하여 지지할 것

③ **케이블 구부리기 :** 캡타이어 케이블을 구부리는 경우에는 피복이 손상되지 않도록 할 것

> **캡타이어 케이블 공사**
> ㉠ 굵기 : 2.5[mm^2] 이상
> ㉡ 케이블 지지 : 새들, 스테이플
> ㉢ 지지점 간 거리 : 1[m] 이하로 할 것

(4) 케이블 트레이 배선 공사

케이블 트레이 배선은 케이블을 지지하기 위하여 사용하는 금속재 또는 불연성 재료로 제작된 유닛 또는 유닛의 집합체 및 그에 부속하는 부속재 등으로 구성된 견고한 구조물을 말하며 사다리형, 펀칭형, 그물망(메시)형, 바닥 밀폐형, 기타 이와 유사한 구조물을 포함하여 적용한다.

> **케이블 트레이의 종류**
> ㉠ 사다리형
> ㉡ 펀칭형
> ㉢ 그물망(메시)형
> ㉣ 바닥 밀폐형

자주 출제되는 기출 문제

신규문제

01 다음 직류를 기준으로 저압에 속하는 범위는 최대 몇 [V] 이하인가?

① 600[V] 이하　　② 750[V] 이하
③ 1,000[V] 이하　　④ 1,500[V] 이하

해설 전압의 구분
- 저압 : AC 1,000[V] 이하, DC 1,500[V] 이하의 전압
- 고압 : AC 1,000[V] 초과, DC 1,500[V] 초과하고, AC · DC 모두 7[kV] 이하의 전압
- 특고압 : AC · DC 모두 7[kV] 초과의 전압

신규문제

02 다음 중 교류를 기준으로 저압에 속하는 범위는 최대 몇 [V] 이하인가?

① 600[V] 이하
② 750[V] 이하
③ 1,000[V] 이하
④ 1,500[V] 이하

해설 전압의 구분
- 저압 : AC 1,000[V] 이하, DC 1,500[V] 이하의 전압
- 고압 : AC 1,000[V] 초과, DC 1,500[V] 초과하고, AC · DC 모두 7[kV] 이하의 전압
- 특고압 : AC · DC 모두 7[kV] 초과의 전압

저압
㉠ DC : 1,500[V] 이하
㉡ AC : 1,000[V] 이하

신규문제

03 전압의 구분에서 고압에 대한 설명으로 가장 옳은 것은?

① 직류 1,000[V] 초과하고 7[kV] 이하의 전압
② 직류 1,500[V] 초과하고 5[kV] 이하의 전압
③ 교류 1,000[V] 초과하고 7[kV] 이하의 전압
④ 교류 1,000[V] 초과하고 5[kV] 이하의 전압

해설 고압의 구분 : AC 1,000[V] 초과, DC 1,500[V] 초과하고, AC · DC 모두 7[kV] 이하의 전압

고압
㉠ DC : 1,500[V] 초과 7[kV] 이하
㉡ AC : 1,000[V] 초과 7[kV] 이하

정답 01.④ 02.③ 03.③

특고압
DC · AC 모두 7[kV] 초과

신규문제

04 전압의 종별에서 특고압이란 몇 [kV]를 초과한 것인가?

① 5[kV] ② 7[kV]
③ 10[kV] ④ 20[kV]

해설 특고압의 구분 : AC · DC 모두 7[kV] 초과의 전압

신규문제

05 3상 전선 구분 시 전선의 색상은 L_1, L_2, L_3 순서대로 어떻게 되는가?

① 검은색, 빨간색, 파란색 ② 검은색, 빨간색, 노란색
③ 갈색, 검은색, 회색 ④ 검은색, 파란색, 녹색

해설 3상 전선 구분 시 전선의 색상은 L_1, L_2, L_3 순서대로 갈색, 검은색, 회색으로 구분한다.

신규문제

06 보호 도체의 전선 색상은 무슨 색인가?

① 검은색 ② 빨간색
③ 녹색-노란색 ④ 녹색

해설 보호 도체의 전선 색상은 녹색-노란색으로 구분한다.

07 공칭 전압의 종류가 아닌 것은? (단, 단위 [V])

① 220 ② 440
③ 6,600 ④ 23,000

해설 공칭 전압에 의한 분류
- 저압 : 110[V], 220[V], 380[V], 440[V]
- 고압 : 3,300[V], 5,700[V], 6,600[V]
- 특고압 : 11.4[kV], 22.9[kV], 154[kV], 345[kV], 765[kV]

전압표시
㉠ 전선 및 케이블에서 전압 표시 : 상전압/선간 전압
㉡ 변압기에서 전압 표시 : 1차 전압/2차 전압

08 공칭 전압 3,300(3,300/5,700)에서 괄호 안의 의미는?

① 1차 전압/2차 전압
② 2차 전압/1차 전압
③ 상전압/선간 전압
④ 선간 전압/상전압

해설 Y결선 시 선간 전압이 상전압의 $\sqrt{3}$ 배이므로
$3,300 \times \sqrt{3} = 5,700$
∴ 상전압/선간 전압을 의미한다.

정답 04.② 05.③ 06.③ 07.④ 08.③

★
09 공장 내 등에서 대지 전압이 150[V]를 초과하고 300[V] 이하인 전로에 백열전등을 시설할 경우 다음 중 잘못된 것은?
09년 출제

① 백열전등은 사람이 접촉될 우려가 없도록 시설하였다.
② 백열전등은 옥내 배선과 직접 접속을 하지 않고 시설하였다.
③ 백열전등의 소켓은 키 및 점멸 기구가 없는 것을 사용하였다.
④ 백열전등 회로에는 규정에 따라 누전 차단기를 설치하였다.

해설 백열전등 또는 방전등용 안정기는 저압의 옥내 배선과 직접 접속하여 시설한다.

★★
10 옥내 배선 공사에서 대지 전압 150[V]를 초과하고 300[V] 이하 저압 전로의 인입구에 반드시 시설해야 하는 지락 차단 장치는?
06년/15년 출제

① 퓨즈(F) ② 커버 나이프 스위치(KS)
③ 배선용 차단기 ④ 누전 차단기(ELB)

해설 옥내 배선 공사에서 대지 전압 150[V]를 초과하고 300[V] 이하인 저압 전로의 인입구에는 인체 감전 보호용 누전 차단기(ELB)를 시설한다.

옥내 배선 전로
㉠ 대지 전압 : 300[V] 이하
㉡ 사용 전압 : 400[V] 이하
㉢ 인입구 : 인체 감전 보호용 ELB를 설치할 것
㉣ 3[kW] 이상 기계 기구 : 전용 개폐기, 과전류 차단기

신규문제
11 저압 배선 중의 전압 강하는 인입구로부터 기기까지의 조명 설비인 경우 표준전압의 몇 [%] 이하로 하는 것을 원칙으로 하는가?

① 1 ② 2
③ 3 ④ 6

해설 저압 배전 선로가 조명 설비인 경우 전압 강하는 인입구로부터 기기까지 표준 전압의 3[%] 이하로 하는 것을 원칙으로 한다.

신규문제
12 다선식 옥내 배선인 경우 중성선의 색별 표시는?

① 빨간색 ② 파란색
③ 흰색 ④ 노란색

해설 한국전기설비규정에 의한 중성선의 색별 표시는 파란색을 사용한다.

중성선 색상
파란색

신규문제
13 단상 2선식 옥내 배전반 회로에서 접지측 전선의 색깔로 옳은 것은?

① 검은색 ② 갈색
③ 파란색 ④ 녹색-노란색

해설 한국전기설비규정에 의한 접지측 전선은 중성선을 뜻하므로 파란색을 사용한다.

정답 09.② 10.④ 11.③ 12.② 13.③

신규문제

14 **접지선의 절연 전선 색상은 특별한 경우를 제외하고는 어느 색으로 표시를 하여야 하는가?**

① 빨간색 ② 노란색
③ 녹색-노란색 ④ 검은색

해설 한국전기설비규정에 의한 접지 도체의 색별 표시는 녹색-노란색을 사용한다.

옥내 배선 최소 굵기
2.5[mm^2]

★
15 **일반 가정용 옥내 배선의 전로에 사용되는 전선의 최소 단면적은 몇 [mm^2] 이상인가?**

① 0.75 ② 1.5
③ 2.5 ④ 4.0

해설 일반 가정용 옥내 배선 전로에 사용되는 전선은 단면적 2.5[mm^2] 이상의 절연 전선을 사용한다.

저압 옥내 이동 전선
㉠ 굵기 : 0.75[mm^2] 이상
㉡ 0.6/1[kV] EP 고무 절연 클로로프렌 캡타이어 케이블

★★★ 출제빈도
16 **옥내에 시설하는 사용 전압이 400[V] 초과인 저압의 이동 전선은 0.6/1[kV] EP 고무 절연 클로로프렌 캡타이어 케이블로서 단면적이 몇 [mm^2] 이상이어야 하는가?**

07년/10년/12년 출제

① 0.75 ② 2
③ 5.5 ④ 8

해설 사용 전압에 따른 옥내 저압용 이동 전선의 구비 조건
- 400[V] 이하 : 비닐 코드 이외의 코드 또는 비닐 캡타이어 케이블 이외의 캡타이어 케이블로, 단면적이 0.75[mm^2] 이상일 것
- 400[V] 초과 : 1종 캡타이어 케이블 및 비닐 캡타이어 케이블 이외의 캡타이어 케이블로서, 단면적이 0.75[mm^2] 이상일 것

★★
17 **저압 440[V] 옥내 배선 공사에서 건조하고 전개된 장소에 시설할 수 없는 배선 공사는? (단, 400[V]를 넘는 것)**

① 애자 사용 공사
② 금속 덕트 공사
③ 플로어 덕트 공사
④ 버스 덕트 공사

해설 플로어 덕트 공사는 사용 전압이 400[V] 이하이면서, 점검 불가능한 은폐 장소에 한하여 시설할 수 있다.

정답 14.③ 15.③ 16.① 17.③

18 건조하고 전개된 장소에서 440[V] 옥내 배선을 할 때 채용할 수 없는 공사 종류는 어느 것인가? 14년 출제

① 합성수지관 공사
② 케이블 공사
③ 금속관 공사
④ 금속 몰드 공사

해설 합성수지 몰드나 금속 몰드는 사용 전압 400[V] 이하에서만 시설 가능하다.

출제분석 Advice

모든 몰드 공사는 400[V] 이하에서만 사용할 수 있다.

19 애자 사용 공사에 사용하는 애자가 갖추어야 할 성질과 가장 관계가 먼 것은? 10년 출제

① 절연성 ② 난연성
③ 내수성 ④ 내유성

해설 애자의 구비 조건은 절연성, 난연성, 내수성이다.

애자는 절연이 목적이므로 내유성과 무관하다.

20 옥내 배선의 은폐 장소 또는 건조하고 전개된 곳의 노출 공사에 사용하는 애자는? 11년 출제

① 현수 애자
② 놉(노브) 애자
③ 긴(장간) 애자
④ 구형 애자

해설 노브 애자는 일반적으로 옥내 배선 공사에서 사용한다.

- 현수 애자 : 철탑 등에서 전선을 분기할 경우 사용하는 애자
- 긴(장간) 애자 : 장경간이거나 해안 지역에서의 염진해 대책 및 코로나 방지 목적으로 사용하는 애자
- 구형 애자 : 지지선(지선) 중간에 설치하여 지지물과 대지 사이를 절연하는 동시에 지지선(지선)의 장력 하중을 담당하기 위한 애자

21 애자 사용 공사에 의한 저압 옥내 배선에서 일반적으로 전선 상호 간의 간격은 몇 [cm] 이상이어야 하는가? 10년 출제

① 2.5 ② 6
③ 25 ④ 60

해설 애자 사용 공사 시 전선 상호 간 간격
저압 : 6[cm] 이상

애자 사용 공사
㉠ 절연 전선(단, OW, DV 제외)
㉡ 전선 상호 간 간격(이격거리) : 6[cm] 이상
㉢ 조영재와의 간격(이격거리)
- 400[V] 이하 : 2.5[cm] 이상
- 400[V] 초과 : 4.5[cm] 이상(단, 건조 시 2.5[cm] 이상)

정답 18.④ 19.④ 20.② 21.②

애자 사용 공사
㉠ 절연 전선(단, OW, DV 제외)
㉡ 간격(이격거리) : 6[cm] 이상
㉢ 조영재 간격(이격거리)
- 400[V] 이하 : 2.5[cm] 이상
- 400[V] 초과 : 4.5[cm] 이상(단, 건조 시 2.5[cm] 이상)

★★
22 애자 사용 공사를 건조한 장소에 시설하고자 한다. 사용 전압이 400[V] 이하인 경우 전선과 조영재 사이의 간격(이격거리)은 최소 몇 [cm] 이상이어야 하는가?

08년/09년 출제

① 2.5[cm] 이상　② 4.5[cm] 이상
③ 6[cm] 이상　④ 12[cm] 이상

해설 애자 사용 공사 시 전선과 조영재 간 간격(이격거리)
- 400[V] 이하 : 2.5[cm] 이상
- 400[V] 초과 : 4.5[cm] 이상(단, 건조한 장소는 2.5[cm] 이상)

★★
23 애자 사용 공사에서 전선의 지지점 간의 거리는 전선을 조영재의 윗면 또는 옆면에 따라 붙이는 경우에는 몇 [m] 이하인가?

11년/14년 출제

① 1　② 2
③ 2.5　④ 3

해설 애자 사용 공사 시 전선 지지점 간 거리
- 조영재 면에 따르는 경우 : 2[m] 이하
- 조영재 면에 따르지 않는 경우 : 6[m] 이하

애자 사용 공사
전선 지지점 거리는 2[m] 이하(단, 조영재에 따르지 않을 경우 6[m] 이하)

★★
24 애자 사용 공사에 대한 설명 중 틀린 것은?

06년/13년 출제

① 사용 전압이 400[V] 이하이면 전선과 조영재의 간격은 2.5[cm] 이상일 것
② 사용 전압이 400[V] 이하이면 전선 상호 간의 간격은 6[cm] 이상일 것
③ 사용 전압이 400[V] 초과이면 전선과 조영재의 간격(이격거리)은 4.5[cm] 이상일 것
④ 전선을 조영재의 옆면을 따라 붙일 경우 전선 지지점 간의 거리는 3[m] 이하일 것

해설 애자 사용 공사 시 지지점 간 거리
- 조영재를 따르는 경우 : 2[m] 이하
- 사용 전압 400[V] 초과로서 조영재를 따르지 않는 경우 : 6[m] 이하

합성수지 몰드 배선
㉠ 사용 전압 : 400[V] 이하
㉡ 두께 : 1.2[mm] 이상
㉢ 홈 폭, 깊이 : 3.5[cm] 이하(단, 인촉 우려 없는 경우 5[cm] 이하)
㉣ 베이스는 나사 이용 고정

★★
25 합성수지 몰드 배선의 사용 전압은 몇 [V] 이하이어야 하는가?

07년/11년 출제

① 400　② 600
③ 750　④ 800

해설 합성수지 몰드는 사용 전압을 400[V] 이하 배선에서만 사용한다.

정답 22.①　23.②　24.④　25.①

26 다음 ( ) 안에 들어갈 내용으로 알맞은 것은?

14년 출제

> 사람의 접촉 우려가 있는 합성수지제 몰드는 홈의 폭 및 깊이가 (㉠)[cm] 이하로 두께는 (㉡)[mm] 이상의 것이어야 한다.

① ㉠ 3.5, ㉡ 1　　② ㉠ 5, ㉡ 1
③ ㉠ 3.5, ㉡ 2　　④ ㉠ 5, ㉡ 2

해설 합성수지 몰드 공사 시설 원칙
- 사용 전압은 400[V] 이하일 것
- 전개된 장소나 은폐 장소로서 점검 가능한 건조한 장소일 것
- 전선은 절연 전선일 것(단, OW는 제외)
- 몰드 안에는 전선의 접속점이 없도록 할 것
- 몰드 홈의 폭 및 깊이는 3.5[cm] 이하로 할 것(단, 사람 접촉 우려 없는 경우 5[cm] 이하일 것)
- 몰드의 두께는 2[mm] 이상일 것(단, 사람의 접촉 우려가 없는 경우 1[mm] 이상일 것)

합성수지 몰드 규격
㉠ 홈 깊이 : 3.5[cm] 이하
㉡ 두께 : 2[mm] 이상

27 합성수지 몰드 공사의 시공에서 잘못된 것은?

12년 출제

① 사용 전압이 400[V] 이하에 사용
② 점검할 수 있고 전개된 장소에 사용
③ 베이스를 조영재에 부착하는 경우 1[m] 간격마다 나사 등으로 견고하게 부착
④ 베이스와 캡이 완전하게 결합하여 충격으로 이탈되지 않을 것

해설 합성수지 몰드 공사 시설 원칙
- 사용 전압은 400[V] 이하일 것
- 전개된 장소나 은폐 장소로서 점검 가능한 건조한 장소일 것
- 전선은 절연 전선일 것(단, OW는 제외)
- 베이스와 뚜껑(캡)은 기계적으로 완전하게 접속하여 충격으로 쉽게 이탈되지 않도록 할 것
- 베이스를 조영재에 부착할 경우 40 ~ 50[cm] 간격마다 나사 등으로 견고하게 부착할 것

합성수지 몰드 공사
㉠ 사용 전압 : 400[V] 이하
㉡ 두께 : 2.0[mm] 이상
㉢ 홈 폭, 깊이 : 3.5[cm] 이하(단, 인촉 우려 없는 경우 5[cm] 이하)
㉣ 베이스는 나사를 이용해 40 ~ 50[cm] 간격마다 고정

28 경질 비닐 전선관의 호칭으로 맞는 것은?

09년 출제

① 굵기는 관 안지름의 크기에 가까운 짝수의 [mm]로 나타낸다.
② 굵기는 관 안지름의 크기에 가까운 홀수의 [mm]로 나타낸다.
③ 굵기는 관 바깥지름의 크기에 가까운 짝수의 [mm]로 나타낸다.
④ 굵기는 관 바깥지름의 크기에 가까운 홀수의 [mm]로 나타낸다.

합성수지관 규격
㉠ 두께 : 2[mm] 이상
㉡ 표준 길이 : 4[m]
㉢ 종류 : 관 안지름 짝수 14, 16, 22, 28, 36, 42, 54, 70, 82[mm]

정답 26.③ 27.③ 28.①

해설 합성수지관(PVC), 경질 비닐 전선관(VE)의 호칭은 관 안지름의 크기에 가까운 짝수로 표현한다.

합성수지제 가요 전선관
㉠ PF 전선관
㉡ CD 전선관

★
29 합성수지제 가요 전선관으로 옳게 짝지어진 것은? 12년 출제

① 후강 전선관과 박강 전선관
② PVC 전선관과 PF 전선관
③ PVC 전선관과 제2종 가요 전선관
④ PF 전선관과 CD 전선관

해설 PF(Plastic Flexible)관 및 CD(Combine Duct)관을 총칭하여 합성수지제 가요 전선관이라 한다.

합성수지제 가요 전선관
㉠ 두께 : 2[mm] 이상
㉡ 종류 : 관 안지름 짝수 14, 16, 22, 28, 36, 42, 54, 70, 82[mm]

★★
30 합성수지제 가요 전선관의 규격이 아닌 것은? 10년/13년 출제

① 14　　② 22
③ 36　　④ 52

해설 합성수지제 가요 전선관 종류 : 14, 16, 22, 28, 36, 42, 54, 70, 82[mm]

31 저압 옥내 배선을 합성수지관 공사에 의하여 시설하는 경우 연동선을 사용할 때, 그 단선의 최대 굵기는 몇 [mm^2]인가?

① 2.5　　② 6
③ 10　　④ 16

해설 저압 옥내 배선으로 합성수지관 공사 시 전선은 연선을 사용하지만 단선을 사용하는 경우 그 최대 굵기는 단면적 10[mm^2] 이하이다.

합성수지관 구부리기
㉠ 곡선(곡률)반지름 : 6배 이상
㉡ 최대 곡률 각도 : 360° (직각 곡률 개소 4개소 초과 금지)

★
32 합성수지 전선관 공사에서 하나의 관로 직각 곡률 개소는 몇 개소를 초과하여서는 안 되는가? 06년 출제

① 2개소
② 3개소
③ 4개소
④ 5개소

해설 합성수지 전선관 공사에서 관의 구부러지는 각도는 최대 360° 이하이므로 하나의 관로에서 직각 곡률 개소는 4개소를 초과하여서는 안 된다.

정답 29.④ 30.④ 31.③ 32.③

★
33
16[mm] 합성수지 전선관을 직각 구부리기를 할 경우 구부림 부분의 길이는 약 몇 [mm]인가? (단, 16[mm] 합성수지관의 안지름은 18[mm], 바깥지름은 22[mm]이다.) 13년 출제

① 119　② 132
③ 187　④ 220

해설 합성수지 전선관을 직각 구부리기 : 전선관의 안지름 d, 바깥지름이 D일 경우

- 곡선(곡률)반지름 $r=6d+\frac{D}{2}=6\times18+\frac{22}{2}=119$[mm]
- 구부림 길이 $L=2\pi r\times\frac{1}{4}$(직각 구부림은 원주의 $\frac{1}{4}$)

$=2\times3.14\times119\times\frac{1}{4}=187$[mm]

출제분석 Advice

합성수지관 구부리기
㉠ 곡선(곡률)반지름
$r=6d+\frac{D}{2}$[mm]
㉡ 구부림 길이
$L=2\pi r\times\frac{1}{4}$[mm]

★
34
합성수지관 상호 및 관과 박스는 접속 시에 삽입하는 깊이를 관 바깥지름의 몇 배 이상으로 하여야 하는가? (단, 접착제를 사용하는 경우이다.) 09년 출제

① 0.6　② 0.8
③ 1.2　④ 1.6

해설 합성수지관 상호 및 관과 박스 접속 시 관의 삽입 깊이
- 접착제를 사용하지 않는 경우 : 관 바깥지름의 1.2배 이상
- 접착제를 사용하는 경우 : 관 바깥지름의 0.8배 이상

합성수지관 접속, 지지
㉠ 관 삽입 깊이 : 외경의 1.2배 이상(단, 접착제 사용의 경우 0.8배)
㉡ 관 지지점 간 거리 : 1.5[m] 이하(새들 이용)

★★
35
합성수지관을 새들 등으로 지지하는 경우에는 그 지지점 간의 거리를 몇 [m] 이하로 하여야 하는가? 08년/10년 출제

① 1.5[m] 이하　② 2.0[m] 이하
③ 2.5[m] 이하　④ 3.0[m] 이하

해설 관 공사 시 새들로 지지하는 지지점 간 거리
- 합성수지관 공사 : 1.5[m] 이하
- 금속관 공사 : 2[m] 이하

★
36
합성수지관이 금속관과 비교하여 장점으로 볼 수 없는 것은? 10년 출제

① 관 자체가 절연물이므로 누전의 우려가 없다.
② 온도 변화에 따른 신축 작용이 크다.
③ 내식성이 있어 부식성 가스 등을 사용하는 장소에 적합하다.
④ 관 자체를 접지할 필요가 없고, 무게가 가벼우므로 시공이 쉽다.

해설 열에 약하여 온도 변화에 따른 신축 작용이 큰 것은 단점이다.

정답 33.③ 34.② 35.① 36.②

로크너트
금속관과 박스 접속

★
37 합성수지관 상호 간을 연결하는 접속재가 아닌 것은?
10년 출제

① 로크너트
② TS 커플링
③ 콤비네이션 커플링
④ 2호 커플링

해설 합성수지관 접속재 종류
- 관 상호 간 : 1호, 2호, 3호, 4호(TS 커플링), 콤비네이션 커플링, 슬리브 접속법
- 관과 접속함 : 1호 커플링, 슬리브 접속, 2호 접속기(커넥터)
- 로크너트 : 박스에 금속관을 고정시킬 때 사용하는 부속품

합성수지관의 접속, 지지
㉠ 관 삽입 깊이 : 바깥지름(외경)의 1.2배 이상(단, 접착제 사용의 경우 0.8배)
㉡ 관 지지점 간 거리 : 1.5[m] 이하(새들 이용)

★★★
38 합성수지관 공사에 대한 설명 중 옳지 않은 것은?
07년/08년/09년 출제

① 습기가 많은 장소 또는 물기가 있는 장소에 시설하는 경우에는 방습 장치를 한다.
② 관 상호 간 및 박스와의 접속 시 관을 삽입하는 깊이를 관의 바깥지름의 1.2배 이상으로 한다.
③ 관의 지지점 간의 거리는 3[m] 이상으로 한다.
④ 합성수지관 안에는 전선에 접속점이 없도록 한다.

해설 합성수지관 공사 시 관의 지지점 간의 거리는 1.5[m] 이하로 하면서 새들을 이용하여 지지한다.

금속 몰드 공사
㉠ 두께 : 0.5[mm] 이상
㉡ 홈 폭, 깊이 : 5[cm] 이하
㉢ 제1종 몰드 전선수 : 10본 이하
㉣ 제2종 몰드 전선수 : 단면적 20[%]

★
39 금속 몰드 배선 공사를 할 때 동일 몰드 내에 넣는 전선수는 최대 몇 본 이하로 하여야 하는가?
08년 출제

① 3　② 5
③ 10　④ 12

해설 금속 몰드 배선 공사 시 동일 몰드 내에 넣는 전선수는 최대 10본 이하로 한다.

★
40 금속 몰드 공사에서 같은 몰드 내에 들어가는 전선은 피복 절연물을 포함하여 단면적의 총합이 몰드 내의 내면 단면적의 몇 [%] 이하로 하여야 하는가?
09년 출제

① 20　② 30
③ 40　④ 50

해설 전선의 피복을 포함한 총단면적은 몰드 및 덕트 내부 단면적의 20[%] 이하로 한다.

정답 37.① 38.③ 39.③ 40.①

출제분석 Advice

금속관 공사 접속재

㉠ 노멀 밴드 : 직각 굴곡부에서 관 상호 간을 접속
㉡ 유니버셜 엘보 : 직각 개소에서 관 상호 간을 접속(뚜껑이 있는 구조)

41 금속 몰드의 구성 부품에서 조인트 금속 부품이 아닌 것은? 08년 출제

① 노멀 밴드형
② L형
③ T형
④ 크로스형

해설 금속 몰드 공사 부속품
- 1종 금속 몰드 부속품 : 플랫 엘보, 인터널 엘보, 조인트 커플링
- 2종 금속 몰드 부속품 : L형, T형, 크로스(+)형
- 노멀 밴드 : 합성수지관 공사나 금속관 공사 시 직각으로 구부러지는 곳에서 관 상호 간을 접속하기 위한 접속 기구

박강 전선관

㉠ 두께 : 1.2[mm] 이상
㉡ 호칭 : 관 바깥지름(외경)의 크기에 가까운 홀수

42 박강 전선관의 표준 굵기[mm]가 아닌 것은? 06년 출제

① 16 ② 19
③ 25 ④ 39

해설 박강 전선관 : 두께 1.2[mm] 이상의 얇은 전선관으로 외경에 홀수로 규격을 정한다(19, 25, 31, 39, 51, 63, 75[mm]).

금속관 종류

㉠ 후강 전선관 : 두께 2.3[mm] 이상, 관 안지름 짝수
㉡ 박강 전선관 : 두께 1.2[mm] 이상, 관 바깥지름 홀수

43 다음 중 금속 전선관의 호칭을 맞게 기술한 것은? 06년 출제

① 박강, 후강 모두 안지름(내경)으로 [mm]로 나타낸다.
② 박강은 안지름(내경), 후강은 바깥지름(외경)으로 [mm]로 나타낸다.
③ 박강은 바깥지름(외경), 후강은 안지름(내경)으로 [mm]로 나타낸다.
④ 박강, 후강 모두 바깥지름(외경)으로 [mm]로 나타낸다.

해설 금속관의 호칭
- 후강 전선관 : 관 안지름의 크기에 가까운 짝수
- 박강 전선관 : 관 바깥지름의 크기에 가까운 홀수

후강 전선관

㉠ 두께 : 2.3[mm] 이상
㉡ 크기 : 관 안지름 짝수
㉢ 종류 : 16, 22, 28, 36, 42, 54, 70, 82, 92, 104[mm]
㉣ 후강 전선관에서 치수가 "0"으로 끝나는 것은 70[mm] 하나이다.

44 금속 전선관 공사에서 사용되는 후강 전선관의 규격이 아닌 것은? 13년/14년 출제

① 16
② 28
③ 36
④ 50

해설 후강 전선관의 종류 : 16, 22, 28, 36, 42, 54, 70, 82, 92, 104[mm]

정답 41.① 42.① 43.③ 44.④

45 금속관(규격품) 1본의 표준 길이[m]는?

① 약 3.3 ② 약 3.6
③ 약 3.5 ④ 약 4.4

해설 금속관 1본의 표준 길이는 3.6[m]이다.

금속관 콘크리트 매입
두께 1.2[mm] 이상

★★ 46 금속관 공사에서 금속관을 콘크리트에 매설할 경우 관의 두께는 몇 [mm] 이상의 것이어야 하는가? 11년/14년 출제

① 0.8[mm] ② 1.0[mm]
③ 1.2[mm] ④ 1.5[mm]

해설 금속관 공사에서 금속관을 콘크리트에 매설할 경우 관의 두께는 1.2[mm] 이상이어야 한다.

금속관 구부리기
㉠ 28[mm] 이하 가는 관 : 히키, 벤더
㉡ 28[mm] 이상 굵은 관 : 유압식 벤더
㉢ 곡선(곡률)반지름 : 6배 이상

★ 47 다음 그림과 같이 금속관을 구부릴 때 일반적으로 A와 B의 관계식은? 09년 출제

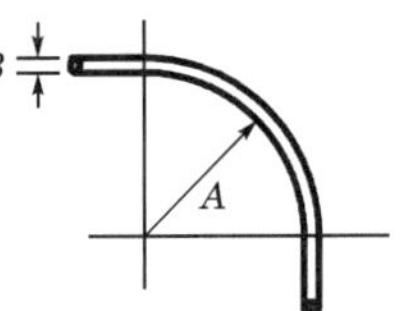

여기서, A : 구부려지는 금속관 안측의 반지름
B : 금속관 안지름

① $A = 2B$ ② $A \geq B$
③ $A = 5B$ ④ $A \geq 6B$

해설 금속 전선관의 곡선(곡률)반지름은 관 안지름의 6배 이상으로 한다.

★ 48 금속 전선관을 직각 구부리기 할 때 곡선(곡률)반지름 r은? (단, d는 금속 전선관의 안지름, D는 금속 전선관의 바깥지름이다.) 10년 출제

① $r = 6d + \frac{D}{2}$ ② $r = 6d + \frac{D}{4}$
③ $r = 2d + \frac{D}{6}$ ④ $r = 4d + \frac{D}{6}$

해설 금속 전선관의 직각 구부리기
곡선(곡률)반지름 $r = 6d + \frac{D}{2}$
여기서, d : 전선관 안지름, D : 전선관의 바깥지름

정답 45.② 46.③ 47.④ 48.①

출제분석 Advice

49 16[mm] 금속 전선관의 나사 내기를 할 때 반직각 구부리기를 한 곳의 나사는 몇 개 정도의 나사를 내는가? 10년 출제

① 3 ~ 4산 ② 5 ~ 6산
③ 8 ~ 10산 ④ 11 ~ 12산

해설 16[mm] 금속 전선관의 나사 내기를 할 때 오프셋 구부리기를 한 곳은 8 ~ 10 정도, 반 직각 구부리기를 한 곳은 3 ~ 4 정도의 나사를 낸다.

50 유니언 커플링의 사용 목적은? 06년 출제

① 안지름(내경)이 틀린 금속관 상호 접속
② 금속관 상호 접속용으로 관이 고정되어 있어서 관 자체를 돌릴 수 없을 때에 사용
③ 금속관의 박스와 접속
④ 배관의 직각 굴곡 부분에 사용

해설 유니언 커플링은 금속관이 고정되어 있어서 관을 돌릴 수 없는 경우 사용하는 금속관 상호 간 접속용 부속품이다.

금속관의 접속 부품
㉠ 커플링 : 금속관 상호 간 접속 시 사용
㉡ 유니언 커플링 : 고정 금속관 접속 시 사용
㉢ 로크너트 : 관과 박스 접속 시 박스 양쪽에 부착
㉣ 링 리듀서 : 박스 부착 시 녹아웃 지름이 큰 경우 사용

51 금속관 공사에서 관을 박스 내에 고정시킬 때 사용하는 것은? 07년/08년/10년 출제

① 부싱 ② 로크너트
③ 새들 ④ 커플링

해설 금속관 공사 시 관을 박스에 고정시킬 때 사용하는 것은 로크너트이다.

52 금속관을 아울렛 박스에 로크너트만으로 고정하기 어려울 때 보조적으로 사용되는 재료는? 06년/09년 출제

① 링 리듀서 ② 유니언 커플링
③ 접속기(커넥터) ④ 부싱

해설 금속관을 아울렛 박스에 접속할 때 박스 지름이 금속관보다 클 경우 박스 내외 양측에 부착 사용하는 보조 접속 기구를 링 리듀서라 한다.

53 링 리듀서의 용도는? 10년 출제

① 박스 내의 전선 접속에 사용
② 녹아웃 직경이 접속하는 금속관보다 큰 경우 사용
③ 녹아웃 구멍을 막는 데 사용
④ 로크너트를 고정하는 데 사용

해설 링 리듀서 : 녹아웃 지름이 금속관보다 클 경우 박스에 고정시키는 공구

금속관의 접속 부품
㉠ 로크너트 : 관과 박스 접속 시 박스 양쪽에 부착
㉡ 링 리듀서 : 박스 부착 시 녹아웃 지름이 큰 경우 사용

정답 49.① 50.② 51.② 52.① 53.②

절연 부싱
관 끝에서 전선 절연 피복 손상 방지

금속관 내 전선 삽입
㉠ 피시 테이프 : 1가닥 전선 삽입
㉡ 철망 그래프 : 여러 가닥 전선 삽입

★
54 **금속관 배관 공사에서 절연 부싱을 사용하는 이유는?** 06년 출제

① 박스 내에서 전선의 접속을 방지
② 관이 손상되는 것을 방지
③ 관 단에서 전선의 인입 및 교체 시 발생하는 전선의 손상 방지
④ 관의 입구에서 조영재의 접속을 방지

해설 절연 부싱은 관 끝에서 전선 인입이나 인출 시 전선의 피복 손상을 방지한다.

★★
55 **피시 테이프(fish tape)의 용도로 옳은 것은?** 06년/10년 출제

① 전선을 테이핑하기 위하여 사용된다.
② 전선관의 끝 마무리를 위해서 사용된다.
③ 배관에 전선을 넣을 때 사용된다.
④ 합성수지관을 구부릴 때 사용된다.

해설 금속관에 전선 넣기
- 피시 테이프 : 관 공사 시 전선 한 가닥을 그 끝에 묶어 잡아당겨서 관 안에 전선을 넣기 위한 폭 3.2 ~ 6.4[mm], 두께 0.8 ~ 1.5[mm] 정도의 평각 강철선이다.
- 철망 그래프 : 관 공사 시 여러 가닥의 전선을 한꺼번에 묶어 고정시킨 후 끌어 당겨서 관 안에 전선을 넣기 위한 것이다.

★
56 **금속관에 여러 가닥의 전선을 넣을 때 매우 편리하게 넣을 수 있는 방법으로 쓰이는 것은?** 08년 출제

① 비닐 전선
② 철망 그래프
③ 접지선
④ 호밍사

해설 철망 그래프 : 여러 가닥의 전선을 관에 넣을 때 사용

정답 54.③ 55.③ 56.②

★★
57 교류 전등 공사에서 금속관 내에 전선을 넣어 연결한 방법 중 옳은 것은?

06년/08년 출제

①
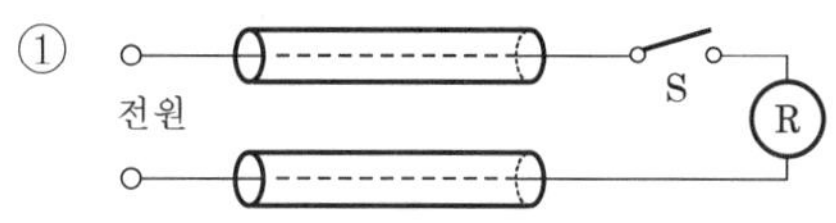

②
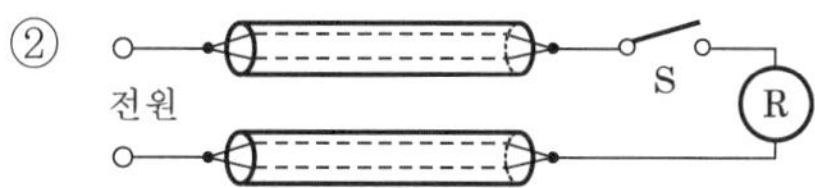

③
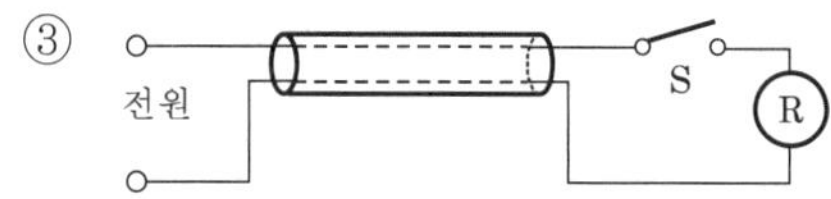

④
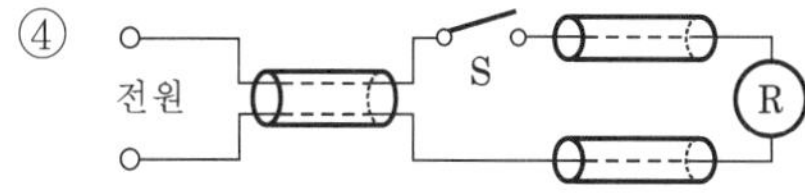

해설 교류 회로에서는 전선 1가닥만을 1개의 금속관에 넣어 시설하면 관 내에 흐르는 부하 전류에 의한 자기력선의 변화로 기전력이 유도되어 금속관을 가열시킬 우려가 있으므로 반드시 1회로의 전선 전부를 동일관 내에 시설하여 자기력선의 방향이 서로 반대가 되어 상쇄시키도록 하여 전자적 불평형을 방지한다.

출제분석 Advice

관 내 전선 단면적

㉠ 다른 굵기 : 32[%] 이하
㉡ 10[mm²] 이하 동일 굵기, 인입·인출이 쉬운 경우 : 48[%] 이하
㉢ 교류 1회를 동일관 내 삽입(전자적 불평형 방지)

★★★
58 저압 가공 인입선의 인입구에 사용하는 부속품은?

07년/08년/10년 출제

출제빈도

① 플로어 박스　② 링 리듀서
③ 엔트런스 캡　④ 노멀 밴드

해설 저압 가공 인입선의 인입구에 설치하여 관 내로 빗물이 침입하는 것을 방지하는 역할을 하는 것을 엔트런스 캡(우에사 캡)이라 한다.

관공사 부속품

㉠ 링 리듀서 : 박스 부착 시 녹아웃 지름이 큰 경우 사용
㉡ 엔트런스 캡 : 관 끝에서 빗물 침입 방지
㉢ 부싱 : 관 끝단에서 전선 절연 피복 보호
㉣ 노멀 밴드 : 직각 개소에서 관 상호 간 접속

59 서비스 캡이라고 하며 노출 배관에서 금속관 배관으로 할 때 관 단에 사용하는 재료는?

① 부싱　② 엔트런스 캡
③ 터미널 캡　④ 로크너트

해설 터미널 캡은 배관 공사 시 금속관이나 합성수지관으로부터 전선을 뽑아 전동기 단자 부근에 접속할 때 또는 노출 배관에서 금속 배관으로 변경 시 전선 보호를 위해 관 끝에 설치하는 것으로 서비스 캡이라고도 한다.

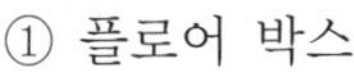

57.③　58.③　59.③

출제분석 Advice

관 공사 지지점 간 거리
㉠ 새들 이용해 지지
㉡ 금속관 : 2[m] 이하
㉢ 합성수지관 : 1.5[m] 이하

60 금속관을 조영재에 따라서 시설하는 경우 새들 또는 행거 등으로 견고하게 지지하고 그 간격을 몇 [m] 이하로 하는 것이 가장 바람직한가? 07년 출제

① 2
② 3
③ 4
④ 5

해설 금속관을 조영재에 따라서 시설하는 경우는 새들 또는 행거 등으로 견고하게 지지하고 그 간격을 2[m] 이하로 한다.

금속관 노출 공사
㉠ 전선 접속, 배관 분기 : 박스, 유니버셜 엘보
㉡ 노멀 밴드 : 노출, 매입 배관 시 직각 굴곡부에서 관 상호 간을 접속
㉢ 유니버셜 엘보 : 노출 배관 시 직각 개소에서 관 상호 간 접속

61 배관의 직각 굴곡 부분에 사용하는 것은? 07년 출제

① 로크너트
② 절연 부싱
③ 유니버셜 엘보
④ 노멀 밴드

해설 금속관 공사 배관 부속 설비
- 노멀 밴드 : 매입이나 노출 배관 시 직각으로 구부러지는 곳에서 사용한다.
- 유니버셜 엘보 : 노출 배관 시 직각으로 구부러지는 곳에서 사용한다.

금속관 노출 공사
㉠ 노멀 밴드 : 매입, 노출 공사 시 직각 개소에서 관 상호 간을 접속
㉡ 유니버셜 엘보 : 노출 공사 시 직각 개소에서 관 상호 간 접속

62 철근 콘크리트 건물에 노출 금속관 공사를 할 때 직각으로 굽히는 곳에 사용되는 금속관 재료는? 11년/13년 출제

① 엔트런스 캡
② 유니버셜 엘보
③ 4각 박스
④ 터미널 캡

해설 금속관 공사를 노출 공사로 할 경우 배관이 직각으로 구부러지는 곳에서 사용하는 접속 기구에는 노멀 밴드와 유니버셜 엘보가 있는데 그 차이점은 뚜껑이 있어 점검할 수 있는 구조가 유니버셜 엘보이고, 단순히 직각 형태로 구부러진 짧은 관 형태의 것이 노멀 밴드이다.

정답 60.① 61.④ 62.②

63 다음 중 금속 전선관 부속품이 아닌 것은? 13년 출제

① 로크너트　② 노멀 벤드
③ 커플링　④ 앵글 박스 커넥터

해설 앵글 박스 커넥터는 가요 전선관과 박스 접속 시 직각으로 구부러지는 곳에 사용하는 부속품이다.

64 금속관 공사 시 관을 접지하는 데 사용하는 것은? 08년 출제

① 노출 배관용 박스　② 엘보
③ 접지 클램프　④ 터미널 캡

해설 접지 클램프 : 금속관 공사 접지 시 관과 접지선을 고정시키기 위한 접속 기구이다.

65 제1종 금속제 가요 전선관의 두께는 최소 몇 [mm] 이상이어야 하는가? 12년 출제

① 0.8　② 1.2
③ 1.6　④ 2.0

해설 제1종 금속제 가요 전선관은 두께 0.8[mm] 이상의 연강대에 아연 도금을 한 다음, 이것을 반폭씩 겹쳐서 나선 모양으로 감아 만들어 자유로이 구부러지게 한 것이다.

66 제2종 가요 전선관의 굵기(관의 호칭)[mm]가 아닌 것은? 07년 출제

① 10　② 12
③ 16　④ 24

해설 제2종 가요 전선관의 종류 : 10, 12, 15, 17, 24, 30, 38, 50, 63, 76, 83, 101[mm]

67 다음 중 가요 전선관 공사로 적당하지 않은 것은? 13년 출제

① 옥내의 천장 은폐 배선으로 8각 박스에서 형광등 기구에 이르는 짧은 부분의 전선관 공사
② 프레스 공작 기계 등의 굴곡 개소가 많아 금속관 공사가 어려운 부분의 전선관 공사
③ 금속관에서 전동기 부하에 이르는 짧은 부분의 전선관 공사
④ 수·변전실에서 배전반에 이르는 부분의 전선관 공사

해설 수·변전실에서 배전반에 이르는 부분의 배선은 적당한 방호 장치를 하여야 하므로 금속관 공사를 실시한다.

출제분석 Advice

가요 전선관의 접속
㉠ 스트레이트 박스 커넥터 : 가요 전선관과 박스 접속
㉡ 앵글 박스 커넥터 : 직각 개소에서 가요 전선관과 박스 접속

금속관 접지 공사
㉠ 접지 클램프 : 관과 접지선을 고정시키는 것
㉡ 접지 공사 실시

가요 전선관의 종류
㉠ 제1종(플렉시블 콘딧) : 두께 0.8[mm] 이상
㉡ 제2종(플리커 튜브) : 파이버(절연물) 조합

제2종 가요 전선관에는 38, 50[mm]가 있고 다른 관에는 없다.

가요 전선관 시설 장소
㉠ 제1종 : 노출, 점검 가능 은폐 장소로 건조한 곳
㉡ 제2종 : 저압 옥내 배선 모든 장소 시설 가능
㉢ 외상 우려 있는 경우 방호 장치를 할 것(수·변전실에서 배전반 부분은 금속관 공사를 실시할 것)

정답 63.④ 64.③ 65.① 66.③ 67.④

68 가요 전선관 공사에 다음의 전선을 사용하였다. 맞게 사용한 것은?

① 알루미늄 35[mm^2]의 단선
② 절연 전선 16[mm^2]의 단선
③ 절연 전선 10[mm^2]의 단선
④ 알루미늄 25[mm^2]의 단선

해설 가요 전선관 배선 시 전선은 절연 전선(단, OW 제외)으로서 연선 사용이 원칙이지만, 단선의 경우 연동선은 단면적 10[mm^2] 이하, 알루미늄 전선은 단면적 16[mm^2] 이하까지는 가능하다.

가요 전선관의 시설 원칙
㉠ 절연 전선(단, OW 제외)
㉡ 연선(단, 10[mm^2] 이하 단선은 가능)
㉢ 관 내 전선 접속점 구성 불가(모든 관, 몰드, 덕트 동일)

★ 69 가요 전선관 공사에 대한 설명으로 잘못된 것은?

10년 출제

① 전선은 옥외용 비닐 절연 전선을 제외한 절연 전선을 사용한다.
② 일반적으로 전선은 연선을 사용한다.
③ 가요 전선관 안에는 전선의 접속점이 없도록 한다.
④ 사용 전압 400[V] 이하 저압의 경우에만 사용한다.

해설 가요 전선관 공사는 400[V] 초과 저압에서도 사용 가능하다.

가요 전선관 구부리기
㉠ 제1·2종 굽은부분 반지름(굴곡반경) : 관 안지름의 6배 이상
㉡ 제2종, 관 제거 쉬운 경우 굽은부분 반지름(굴곡반경) : 3배 이상

★★★ 70 제1종 가요 전선관을 구부릴 경우 곡선(곡률)반지름은 관 안지름의 몇 배 이상으로 하여야 하는가?

출제빈도

08년/09년/13년 출제

① 3　② 4
③ 5　④ 6

해설 가요 전선관 구부리기 곡선(곡률)반지름
- 1종 가요 전선관 : 관 안지름의 6배 이상
- 2종 가요 전선관으로 관 제거가 자유로운 경우 : 관 안지름의 3배 이상
- 2종 가요 전선관으로 관 제거가 어려운 경우 : 관 안지름의 6배 이상

★★ 71 노출 장소 또는 점검 가능한 장소에서 제2종 가요 전선관을 시설하고 제거하는 것이 자유로운 경우의 곡선(곡률)반지름은 안지름의 몇 배 이상으로 하여야 하는가?

09년/14년 출제

① 2배　② 3배
③ 4배　④ 6배

해설 제2종 가요 전선관 곡선반지름(곡률반경)
- 제거가 자유로운 경우 : 3배
- 제거가 어렵고 점검 불가능한 경우 : 6배

정답 68.③ 69.④ 70.④ 71.②

★★
72 가요 전선관 공사에서 가요 전선관의 상호 접속에 사용하는 것은? 06년/09년 출제

① 유니언 커플링
② 2호 커플링
③ 콤비네이션 커플링
④ 스플릿 커플링

해설 전선관 접속 부품
- 유니언 커플링 : 금속관이 고정되어 있어서 관을 돌릴 수 없는 경우 사용하는 금속관 상호 간 접속용 부속품
- 2호 커플링 : 합성수지 전선관 상호 간을 접속할 때 사용하는 접속 기구
- 콤비네이션 커플링 : 가요 전선관과 금속관 접속 시 사용하는 접속 기구

출제분석 Advice

가요 전선관의 접속
㉠ 스플릿 커플링 : 가요 전선관 상호 간 접속
㉡ 콤비네이션 커플링 : 가요 전선관과 금속관 접속
㉢ 스트레이트 박스 커넥터 : 가요 전선관과 박스 접속
㉣ 앵글 박스 커넥터 : 직각 개소에서 가요 전선관과 박스 접속

★★★
73 가요 전선관과 금속관의 상호 접속에 이용되는 것은? 06년/08년/10년 출제

출제빈도

① 앵글 박스 커넥터
② 플렉시블 커플링
③ 콤비네이션 커플링
④ 스트레이트 박스 커넥터

해설 가요 전선관 접속 부품
- 스플릿 커플링 : 가요 전선관 상호 간 접속 시 사용한다.
- 스트레이트 박스 커넥터 : 가요 전선관과 박스 접속 시 전선관이 곧바르게 직선상으로 나오는 경우 사용한다.
- 앵글 박스 커넥터 : 건물 모서리 등에서 가요 전선관과 박스 접속 시 전선관이 직각으로 구부러져 나오는 경우에 사용한다.

콤비네이션 커플링
가요 전선관과 금속관 상호 접속

★★
74 금속제 가요 전선관을 새들 등으로 지지하여 조영재의 측면에 수평 방향으로 시설하는 경우 지지점 간의 거리는 몇 [m] 이하로 하여야 하는가? 06년/14년 출제

① 1
② 1.2
③ 1.5
④ 2.0

해설 전선관 공사 시 지지점 간 거리
- 합성수지 전선관 : 1.5[m] 이하
- 금속관 : 2[m] 이하
- 가요 전선관 : 1[m] 이하
- 금속 덕트, 버스 덕트 : 3[m] 이하

가요 전선관 지지(새들)
㉠ 조영재 측면, 인축 우려 있는 곳 : 1[m] 이하
㉡ 기타 장소 : 2[m] 이하

정답 72.④ 73.③ 74.①

가요 전선관의 구부리기
㉠ 제1종, 2종(관 제거 어려운 경우) 굽은부분 반지름(굴곡반경) : 관 안지름의 6배 이상
㉡ 제2종 관 제거가 쉬운 경우 굽은부분 반지름(굴곡반경) : 3배 이상

75 가요 전선관에 대한 설명으로 잘못된 것은?
12년 출제

① 가요 전선관 상호 접속은 커플링으로 하여야 한다.
② 가요 전선관과 금속관 배선 등과 연결하는 경우 적당한 구조의 커플링으로 완벽하게 접속하여야 한다.
③ 가요 전선관을 조영재의 측면에 새들로 지지하는 경우 지지점 간 거리는 1[m] 이하이어야 한다.
④ 1종 가요 전선관을 구부리는 경우의 곡선(곡률)반지름은 관 안지름의 10배 이상으로 하여야 한다.

해설 가요 전선관 구부리기 곡선(곡률)반지름
- 1종 가요 전선관 : 관 안지름의 6배 이상이다.
- 2종 가요 전선관으로 관 제거가 자유로운 경우 : 관 안지름의 3배 이상이다.
- 2종 가요 전선관으로 관 제거가 어려운 경우 : 관 안지름의 6배 이상이다.
- 지지점 거리 : 1[m] 이하

76 그림과 같은 심벌의 명칭은?
08년 출제

① 금속 덕트
② 피더 버스 덕트
③ 버스 덕트
④ 플러그인 버스 덕트

MD

해설 금속 덕트 : Metal Duct

금속 덕트 공사
㉠ 규격 : 폭 5[cm]를 넘고, 두께 1.2[mm] 이상인 아연 도금이나 에나멜을 피복한 강판
㉡ 시설 장소 : 다수의 전선 수용 장소

77 금속 덕트 배선에 사용하는 금속 덕트의 철판 두께는 몇 [mm] 이상이어야 하는가?
13년 출제

① 0.8 ② 1.2
③ 1.5 ④ 1.8

해설 금속 덕트는 폭 5[cm]를 넘고 두께 1.2[mm] 이상인 강판 또는 동등 이상의 세기를 가지는 금속제로 제작하므로 산화 방지를 위해 아연 도금을 하거나 에나멜 등으로 피복하여 사용한다.

금속 덕트 공사의 시설 원칙
㉠ 절연 전선(단, OW 제외)
㉡ 덕트 내 전선 단면적 : 20[%] 이하(단, 제어 회로만 배선 시 50[%] 이하)
㉢ 지지점 간 거리 : 3[m] 이하(단, 수직 배선 6[m] 이하)
㉣ 덕트 끝부분은 폐쇄할 것

78 금속 덕트에 넣은 전선의 단면적(절연 피복의 단면적 포함)의 합계는 덕트 내부 단면적의 몇 [%] 이하로 하여야 하는가? (단, 전광 표시 장치 · 출퇴 표시등, 기타 이와 유사한 장치 또는 제어 회로 등의 배선만을 넣는 경우가 아니다.)
10년 출제

① 20 ② 40
③ 60 ④ 80

정답 75.④ 76.① 77.② 78.①

해설 금속 덕트에 넣은 전선의 단면적(절연 피복의 단면적 포함)의 합계는 덕트 내부 단면적의 20[%] 이하로 한다. 단, 전광 표시 장치·출퇴 표시등, 기타 이와 유사한 제어 회로 배선을 넣는 경우 50[%] 이하로 할 수 있다.

★
79 **금속 덕트에 전광 표시 장치·출퇴 표시등 또는 제어 회로 등의 배선에 사용하는 전선만을 넣을 경우 금속 덕트의 크기는 전선의 피복 절연물을 포함한 단면적의 총합계가 금속 덕트 내 단면적의 몇 [%] 이하가 되도록 선정하여야 하는가?**

09년 출제

① 20
② 30
③ 40
④ 50

해설 금속 덕트에 넣은 전선의 단면적(절연 피복의 단면적 포함)의 합계는 덕트 내부 단면적의 20[%] 이하로 한다. 단, 전광 표시 장치·출퇴 표시등, 기타 이와 유사한 제어 회로 배선만을 삽입하는 경우는 50[%] 이하로 할 수 있다.

금속 덕트 내 전선 단면적
20[%] 이하(단, 제어 회로만 배선 시 50[%] 이하)

★★
80 **금속 덕트 공사에 관한 사항이다. 다음 중 옳지 않은 것은?**

07년/09년 출제

① 덕트의 끝부분은 열어 놓을 것
② 덕트를 조영재에 붙이는 경우에는 덕트의 지지점 간의 거리를 3[m] 이하로 하고 견고하게 붙일 것
③ 덕트의 뚜껑은 쉽게 열리지 않도록 시설할 것
④ 덕트 상호 간은 견고하고 또한 전기적으로 완전하게 접속할 것

해설 덕트의 끝부분은 수분, 먼지 등의 침입 방지를 위하여 밀폐시켜야 한다.

금속 덕트 공사의 시설 원칙
㉠ 절연 전선(단, OW 제외)
㉡ 덕트 내 전선 단면적 : 20[%] 이하(단, 제어 회로만 배선 시 50[%] 이하)
㉢ 지지점 간 거리 : 3[m] 이하(단, 수직 배선 6[m] 이하)
㉣ 덕트 끝부분은 폐쇄

★
81 **금속 덕트 배선에서 금속 덕트를 조영재에 붙이는 경우 지지점 간의 거리는?**

10년 출제

① 0.3[m] 이하
② 0.6[m] 이하
③ 2.0[m] 이하
④ 3.0[m] 이하

해설 덕트 공사 지지점 간 거리
- 금속 덕트, 버스 덕트 공사 : 3[m] 이하로 할 것
- 라이팅 덕트 공사 : 2[m] 이하로 할 것

금속 덕트, 버스 덕트 공사 시 지지점 간 거리
㉠ 일반 장소 : 3[m] 이하
㉡ 취급자만 출입, 수직 배선인 경우 : 6[m] 이하

정답 79.④ 80.① 81.④

버스 덕트의 공사
㉠ 시설 장소 : 모양, 배치 변경이 빈번한 곳
㉡ 플러그인 버스 덕트 : 도중에 부하를 접속하는 구조의 것

82 버스 덕트 공사에서 도중에 부하를 접속할 수 있도록 제작한 덕트는? 06년 출제

① 피더 버스 덕트
② 플러그인 버스 덕트
③ 트롤리 버스 덕트
④ 이동 부하 버스 덕트

해설 버스 덕트의 종류
- 피더 버스 덕트 : 도중에 부하 접속을 할 수 없는 구조의 것
- 플러그인 버스 덕트 : 도중에 부하를 접속할 수 있는 플러그가 있는 구조의 것
- 트롤리 버스 덕트 : 도중에 이동 부하를 접속할 수 있는 구조의 것

플로어 덕트 공사
㉠ 두께 : 2[mm] 이상 아연 도금, 에나멜 피복 강판
㉡ 절연 전선(단, OW 제외)
㉢ 연선(단, 10[mm^2] 이하 단선 사용 가능)

83 플로어 덕트 공사에서 금속제 박스는 강판이 몇 [mm] 이상이 되는 것을 사용하여야 하는가? 11년 출제

① 2.0 ② 1.5
③ 1.2 ④ 1.0

해설 플로어 덕트 공사 시 플로어 덕트 및 박스, 기타 부속품은 2.0[mm] 이상의 강판으로 견고하게 제작되고, 아연 도금이나 에나멜 등으로 피복한 것을 사용한다.

84 플로어 덕트 공사에 의한 저압 옥내 배선에서 절연 전선으로 연선을 사용하지 않아도 되는 것은 전선의 굵기가 몇 [mm^2] 이하인 경우인가?

① 2.5[mm^2]
② 4[mm^2]
③ 6[mm^2]
④ 10[mm^2]

해설 저압 옥내 배선에서 플로어 덕트 공사 시 전선은 절연 전선으로 연선이 원칙이지만 단선을 사용하는 경우 단면적 10[mm^2] 이하까지는 사용할 수 있다.

플로어 덕트 공사
㉠ 두께 : 2[mm] 이상 아연 도금, 에나멜 피복 강판
㉡ 절연 전선(단, OW 제외)
㉢ 연선(단, 10[mm^2] 이하 단선 사용 가능)
㉣ 덕트 내 전선 단면적 다른 굵기 : 32[%] 이하(단, 10[mm^2] 이하 동일 굵기, 인입·인출이 쉬운 경우 48[%] 이하)

85 절연 전선을 동일 플로어 덕트 내에 넣을 경우 플로어 덕트 크기는 전선의 피복 절연물을 포함한 단면적의 총합계가 플로어 덕트 단면적의 몇 [%] 이하가 되도록 선정하여야 하는가? 11년 / 14년 출제

① 12 ② 22
③ 32 ④ 42

해설 절연 전선을 동일 플로어 덕트 내에 넣을 경우 전선 단면적은 전선 절연 피복물을 포함한 단면적의 총합계가 덕트 내 단면적의 32[%] 이하가 되도록 한다.

정답 82.② 83.① 84.④ 85.③

86 플로어 덕트 부속품 중 박스의 플러그 구멍을 메우는 것의 명칭은? 10년 출제

① 덕트 서포트
② 아이언 플러그
③ 덕트 플러그
④ 인서트 마커

해설 플로어 덕트 부속품 중 박스의 플러그 구멍을 메우는 것을 인서트 마커라 한다.

플로어 덕트 부속품
인서트 마커는 박스 플러그 구멍을 메우는 것이다.

87 셀룰러 덕트 공사 시 덕트 상호 간을 접속하는 것과 셀룰러 덕트 끝에 접속하는 부속품에 대한 설명으로 적합하지 않은 것은? 13년 출제

① 알루미늄판으로 특수 제작할 것
② 부속품의 판 두께는 1.6[mm] 이상일 것
③ 덕트 끝과 내면은 전선의 피복이 손상하지 않도록 매끈한 것일 것
④ 덕트의 내면과 외면은 녹을 방지하기 위하여 도금 또는 도장을 한 것일 것

해설 셀룰러 덕트 시설 원칙
- 전선은 절연 전선일 것(단, OW 제외)
- 전선은 연선일 것(단, 단선은 단면적 10[mm^2] 이하까지는 사용 가능)
- 셀룰러 덕트 및 부속품의 재료는 강판이나 이와 동등 이상일 것
- 덕트 끝과 내면은 전선의 피복이 손상하지 않도록 매끈한 것일 것
- 덕트의 내면과 외면은 녹을 방지하기 위하여 도금 또는 도장을 한 것일 것
- 덕트 부속품의 판 두께는 1.6[mm] 이상일 것

셀룰러 덕트
㉠ 덕트 및 부속품 재료는 강판 이상일 것
㉡ 덕트 끝과 내면은 매끈한 것일 것
㉢ 덕트는 부식 방지 시설을 할 것
㉣ 덕트 부속품의 판 두께는 1.6[mm] 이상일 것

88 라이팅 덕트 공사에 의한 저압 옥내 배선 시 덕트의 지지점 간의 거리는 몇 [m] 이하로 해야 하는가? 11년/14년 출제

① 1.0 ② 1.2
③ 2.0 ④ 3.0

해설 덕트 공사 지지점 간 거리
- 금속 덕트, 버스 덕트 공사 : 3[m] 이하로 할 것
- 라이팅 덕트 공사 : 2[m] 이하로 할 것

라이팅 덕트 공사 지지점 간 거리
2[m] 이하

89 케이블을 조영재에 지지하는 경우 이용되는 것으로 맞지 않는 것은? 09년 출제

① 새들 ② 클리트
③ 스테이플 ④ 터미널 캡

해설 터미널 캡은 저압 가공 인입선에서 금속관 공사로 옮겨지는 곳 또는 금속관으로부터 전선을 뽑아 전동기 단자 부근에 접속하는 곳 등에서 사용하는 전선 보호 설비이다.

케이블 공사
㉠ 케이블 지지 : 새들, 클리트, 스테이플
㉡ 지지점 간 거리 : 2[m] 이하(단, 수직 배선, 인촉 우려 없는 경우 6[m] 이하)

정답 86.④ 87.① 88.③ 89.④

케이블 굽은부분 반지름(굴곡 반경)
㉠ 다심 케이블 : 6배 이상
㉡ 단심 케이블 : 8배 이상

90 케이블을 구부리는 경우는 피복이 손상되지 않도록 하고, 그 굴곡부의 곡선반지름(곡률반경)은 원칙적으로 케이블이 단심의 경우 외경의 몇 배 이상이어야 하는가? 12년 출제

① 4 ② 6
③ 8 ④ 10

해설 케이블을 구부리는 경우 그 굽은부분 반지름(굴곡반경)은 케이블 바깥지름의 6배(단심인 것은 8배) 이상으로 한다.

91 콘크리트 직매용 케이블 배선에서 일반적으로 케이블을 구부릴 때는 피복이 손상되지 않도록 그 굽은부분 안쪽의 반지름(굴곡부 안쪽의 반경)은 케이블 외경의 몇 배 이상으로 하여야 하는가? (단, 단심인 경우이다.) 08년/14년 출제

① 4 ② 8
③ 10 ④ 14

해설 콘크리트 직매용 케이블 배선에서 일반적으로 케이블을 구부릴 때는 피복이 손상되지 않도록 그 굽은부분 안쪽의 반지름(굴곡부 안쪽의 반경)은 케이블 외경의 6배로 하지만 단심인 경우에는 케이블 외경의 8배 이상으로 한다.

캡타이어 케이블 공사
㉠ 굵기 : 2.5[mm^2] 이상
㉡ 케이블 지지 : 새들, 스테이플
㉢ 지지점 간 거리 : 1[m] 이하로 할 것

92 저압 옥내 배선 시설 시 캡타이어 케이블을 조영재의 아랫면 또는 옆면에 따라 붙이는 경우 전선의 지지점 간의 거리는 몇 [m] 이하로 하여야 하는가? 14년 출제

① 1 ② 1.5
③ 2 ④ 2.5

해설 캡타이어 케이블을 조영재의 옆면 또는 아랫면에 따라 붙이는 경우 전선의 지지점 간의 거리는 1[m] 이하로 하고 케이블이 손상될 우려가 없는 새들이나 스테이플 등으로 고정하여야 한다.

전선관 시스템 배선 방법
금속관, 합성수지관, 가요 전선관

신규문제
93 전선관 시스템에 시설하는 배선 방법이 아닌 것은?

① 합성수지관 배선 ② 금속 몰드 배선
③ 가요 전선관 배선 ④ 금속관 배선

해설 전선관 시스템 배선 방법 : 합성수지관 배선, 금속관 배선, 가요 전선관 배선

플로어 덕트 배선은 케이블 덕트 시스템 배선 방법이다.

신규문제
94 케이블 트렁킹 시스템에 시설하는 배선 방법이 아닌 것은?

① 합성수지 몰드 배선 ② 금속 몰드 배선
③ 금속 덕트 배선 ④ 플로어 덕트 배선

해설 케이블 트렁킹 시스템 배선 방법 : 합성수지 몰드 배선, 금속 몰드 배선, 금속 덕트 배선

정답 90.③ 91.② 92.① 93.② 94.④

신규문제

95 **케이블 덕트 시스템에 시설하는 배선 방법이 아닌 것은?**

① 플로어 덕트 배선 ② 셀룰러 덕트 배선
③ 버스 덕트 배선 ④ 금속 덕트 배선

해설 케이블 덕트 시스템 배선 방법 : 플로어 덕트 배선, 셀룰러 덕트 배선, 금속 덕트 배선

신규문제

96 **케이블 트레이 시스템에 시설하는 배선 방법으로 옳은 것은?**

① 케이블 배선 ② 케이블 트레이 배선
③ 애자 사용 배선 ④ 합성수지관 배선

해설 케이블 트레이 시스템 배선 방법 : 케이블 트레이 배선

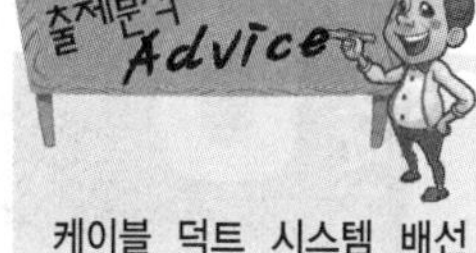

케이블 덕트 시스템 배선 방법
플로어 덕트, 셀룰러 덕트, 금속 덕트

정답 95.③ 96.②

저압 전로 보호

01 과전류 보호

과전류로 인하여 회로의 도체, 절연체, 접속부, 단자부 또는 도체를 감싸는 물체 등에 유해한 열적 및 기계적인 위험이 발생되지 않도록 그 회로의 과전류를 차단하는 보호 장치를 설치해야 한다.

1 과전류에 대한 보호

(1) 보호 장치의 종류

① 과부하 전류 및 단락 전류 겸용 보호 장치
② 과부하 전류 전용 보호 장치
③ 단락 전류 전용 보호 장치

(2) 과전류 차단기의 시설

과전류 차단기란 전로에 과부하나 단락 사고 발생 시 자동으로 전로를 차단하기 위한 장치로, 저압 전로에서는 퓨즈나 배선용 차단기(MCCB) 등을 시설하고, 고압 및 특고압 전로에서는 퓨즈 또는 계전기 등에 의하여 동작하는 차단기 등을 시설한다.

① 과전류 차단기의 시설 장소
㉠ 발전기나 전동기, 변압기 등과 같은 기계 기구를 보호하는 장소
㉡ 송전 선로나 배전 선로 등에서 보호를 요하는 장소
㉢ 인입구나 간선의 전원측 및 분기점 등 보호상, 보안상 필요한 장소

② 과전류 차단기의 시설 제한 장소
㉠ 접지 공사를 실시한 접지측 전선
㉡ 단상 3선식, 3상 4선식 등과 같은 다선식 전로의 중성선

과전류 차단기
㉠ 과전류=과부하 전류+단락 전류
㉡ 과전류 차단기 제한 장소
- 접지 공사 접지선
- 다선식 전로 중성선

과전류 차단기 시설 제한
모든 접지측 전선과 중성선

과전류 = 과부하 전류+단락 전류
- 과부하 전류 : 기기에 대하여는 그 정격 전류, 전선에 대하여는 그 허용 전류를 어느 정도 초과하여 계속되는 시간을 합하여 생각하였을 때, 기기 또는 전선의 손상 방지상 자동 차단을 필요로 하는 전류(기동 전류는 제외)
- 단락 전류 : 전로의 선간이 임피던스가 작은 상태로 접촉되었을 경우에 그 부분을 통하여 흐르는 큰 전류

자주 출제되는 Key Point

(3) 과부하 전류에 대한 보호

① 도체와 과부하 보호 장치 사이의 협조 : 과부하에 대해 케이블(전선)을 보호하는 장치의 동작 특성은 다음의 조건을 충족해야 한다.

$I_B \le I_n \le I_Z$

$I_2 \le 1.45 \times I_Z$

여기서, I_B : 회로의 설계 전류

I_Z : 케이블의 허용 전류

I_n : 보호 장치의 정격 전류

I_2 : 보호 장치가 규약 시간 이내에 유효하게 동작하는 것을 보장하는 전류

> 회로 설계 전류와 보호 장치의 협조
> ㉠ $I_2 \le 1.45 I_Z$
> ㉡ $I_B \le I_n \le I_Z$

② 과부하 보호 설계 조건도

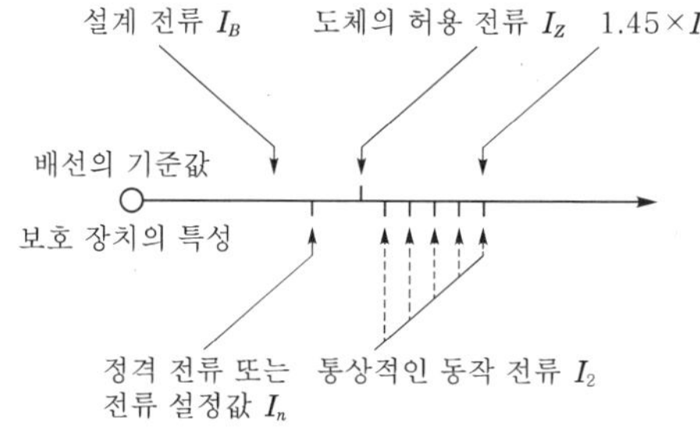

③ 과부하 보호 장치의 설치 위치

㉠ 설치 위치 : 과부하 보호 장치는 전로 중 도체의 단면적, 특성, 설치 방법, 구성의 변경으로 도체의 허용 전류값이 줄어드는 곳(이하 분기점이라 함)에 설치해야 한다.

> 과부하 보호 장치 시설
> 분기점에 시설

㉡ 설치 위치의 예외 : 분기점(O)점과 분기 회로의 과부하 보호 장치의 설치점 사이의 배선 부분에 다른 분기 회로나 콘센트 회로가 접속되어 있지 않고, 다음 중 하나를 충족하는 경우에는 변경이 있는 배선에 설치할 수 있다.

- 그림과 같이 분기 회로(S_2)의 과부하 보호 장치(P_2)의 전원측에 다른 분기 회로 또는 콘센트의 접속이 없고 분기 회로에 대한 단락 보호가 이루어지고 있는 경우, P_2는 분기 회로의 분기점(O)으로부터 부하측으로 거리에 구애받지 않고 이동하여 설치할 수 있다.

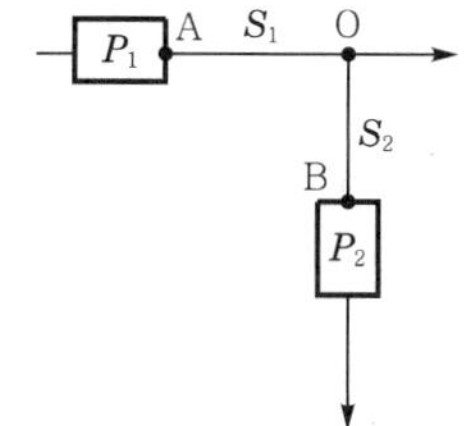

다른 분기 회로 없고 콘센트 접속 없는 경우 과부하 보호 장치 시설
분기점으로부터 3[m]까지 이동하여 설치

- 그림과 같이 분기 회로(S_2)의 보호 장치(P_2)는 P_2의 전원측에서 분기점(O) 사이에 다른 분기 회로 또는 콘센트의 접속이 없고, 단락의 위험과 화재 및 인체에 대한 위험성이 최소화되도록 시설된 경우, 분기 회로의 보호 장치(P_2)는 분기 회로의 분기점(O)으로부터 3[m]까지 이동하여 설치할 수 있다.

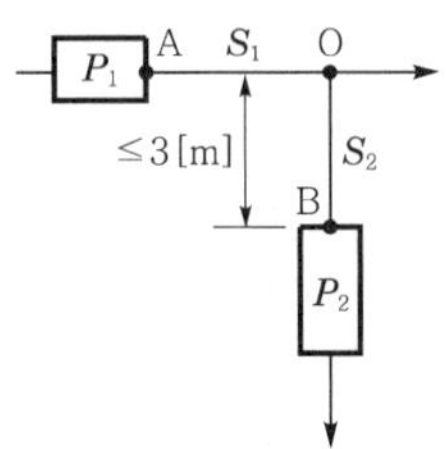

④ 과부하 보호 장치의 생략

㉠ 일반 사항
- 분기 회로의 전원측에 설치된 보호 장치에 의하여 분기 회로에서 발생하는 과부하에 대해 유효하게 보호되고 있는 분기 회로
- 규정에 따라 단락 보호가 되고 있으며, 분기점 이후의 분기 회로에 다른 분기 회로 및 콘센트가 접속되지 않는 분기 회로 중 부하에 설치된 과부하 보호 장치가 유효하게 동작하여 과부하 전류가 분기 회로에 전달되지 않도록 조치를 하는 경우
- 통신 회로용, 제어 회로용, 신호 회로용 및 이와 유사한 설비

㉡ IT 계통에서 과부하 보호 장치 설치 위치 변경 또는 생략
- 2차 고장이 발생할 때 즉시 작동하는 누전 차단기로 각 회로를 보호
- 지속적으로 감시되는 시스템의 경우 다음 중 어느 하나의 기능을 구비한 절연 감시 장치의 사용
  - 최초 고장이 발생한 경우 회로를 차단하는 기능
  - 고장을 나타내는 신호를 제공하는 기능. 이 고장은 운전 요구 사항 또는 2차 고장에 의한 위험을 인식하고 조치가 취해져야 한다.
- 중성선이 없는 IT 계통에서 각 회로에 누전 차단기가 설치된 경우에는 선도체 중의 어느 1개에는 생략 가능

㉢ 안전을 위해 과부하 보호 장치를 생략할 수 있는 경우
- 회전기의 여자 회로
- 전자석 크레인의 전원 회로
- 전류 변성기의 2차 회로
- 소방 설비의 전원 회로
- 안전 설비(주거 침입 경보, 가스 누출 경보 등)의 전원 회로

(4) 단락 전류에 대한 보호

① 단락 전류 보호 장치는 분기점(O)에 설치해야 한다. 단, 분기 회로의 단락 보호 장치 설치점(B)과 분기점(O) 사이에 다른 분기 회로 또는 콘센트의 접속이 없고 단락, 화재 및 인체에 대한 위험이 최소화될 경우 분기 회로의 단락 보호 장치 P_2는 분기점(O)으로부터 3[m]까지 이동하여 설치할 수 있다.

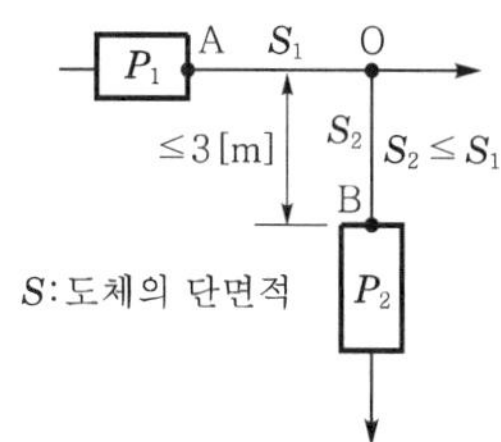

② 도체의 단면적이 줄어들거나 다른 변경이 이루어진 분기 회로의 시작점(O)과 이 분기 회로의 단락 보호 장치(P_2) 사이에 있는 도체가 전원측에 설치되는 보호 장치(P_1)에 의해 단락 보호가 되는 경우에 P_2의 설치 위치는 분기점(O)으로부터 거리 제한 없이 설치할 수 있다.

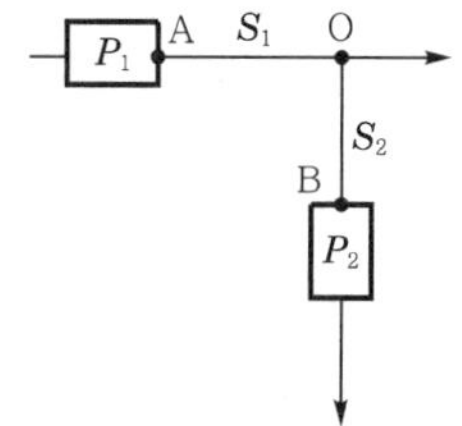

③ 단락 보호 장치의 생략 : 배선을 단락 위험이 최소화할 수 있는 방법과 가연성 물질 근처에 설치하지 않는 회로인 경우 생략할 수 있다.

㉠ 발전기, 변압기, 정류기, 축전지와 보호 장치가 설치된 제어반을 연결하는 도체

㉡ 전원 차단이 설비의 운전에 위험을 가져올 수 있는 회로

㉢ 특정 측정 회로

2 보호 장치

(1) 과전류 차단기

개폐기에 의하여 구분된 전로 안에 발생한 과부하나 단락 사고 등으로 인하여 대단히 큰 전류가 흐를 경우 회로를 자동적으로 차단하여 보호하는 장치로 퓨즈, 배선용 차단기 등이 있다.

자주 출제되는 Key Point

저압용 퓨즈
㉠ 4[A] 초과 16[A] 미만 : 정격에 1.5배 견디고 1.9배에 용단(60분)
㉡ 16[A] 이상 63[A] 이하 : 정격에 1.25배 견디고 1.6배 용단(60분)
㉢ 63[A] 초과 160[A] 이하 : 정격에 1.25배 견디고 1.6배 용단(120분)

저압용 퓨즈의 종류
㉠ 플러그 퓨즈 : 나사식
㉡ 텅스텐 퓨즈 : 전압계, 전류계 소손 방지용
㉢ 온도 퓨즈 : 주위 온도

배선용 차단기
㉠ 주택용 : 정격에 1.13배 견디고 1.45배 차단
㉡ 산업용 : 정격에 1.05배 견디고 1.3배 차단
㉢ 63[A] 이하 : 60분
63[A] 초과 : 120분

① **저압용 퓨즈(fuse)** : 과전류가 흐를 때 발생하는 줄열에 의하여 녹아 끊어짐으로써 회로를 자동 차단하여 보호하는 장치로 그 용단 특성 및 종류는 다음과 같다.

㉠ 퓨즈의 용단 특성 : 저압 전로에 사용하는 퓨즈는 다음 표에 적합한 것이어야 한다.

정격 전류의 구분	시간	정격 전류의 배수	
		불용단 전류	용단 전류
4[A] 초과 16[A] 미만	60분	1.5배	1.9배
16[A] 이상 63[A] 이하	60분	1.25배	1.6배
63[A] 초과 160[A] 이하	120분	1.25배	1.6배

㉡ 저압용 퓨즈의 종류

- 플러그 퓨즈(plug fuse) : 자기제 또는 특수 유리제의 나사식 통 안에 아연 재료로 된 퓨즈를 넣어 나사식으로 돌려 고정하는 구조의 퓨즈
- 텅스텐 퓨즈 : 유리관 내부에 가는 텅스텐 선을 봉입한 구조의 퓨즈로 0.2 ~ 2[A] 정도의 작은 전류에도 민감하게 반응하므로 주로 전압계, 전류계 등의 소손 방지용으로 이용하는 퓨즈
- 온도 퓨즈 : 퓨즈에 흐르는 과전류에 의해 용단되는 것이 아니고, 주위 온도에 의하여 용단되는 특성을 가진 퓨즈

② **배선용 차단기** : 전류가 비정상적으로 흐를 때 자동적으로 회로를 끊어서 전선 및 기계 기구를 보호하는 것으로 재사용이 가능하다.

㉠ 과전류 차단기로 저압 전로에 사용하는 산업용 배선용 차단기와 주택용 배선용 차단기는 다음 표에 적합한 것이어야 한다. 단, 일반인이 접촉할 우려가 있는 장소(세대 내 분전반 및 이와 유사한 장소)에는 주택용 배선용 차단기를 시설하여야 한다.

㉡ 배선용 차단기의 과전류 트립 동작 시간 및 특성

정격 전류의 구분	시간	정격 전류의 배수(모든 극에 통전)			
		산업용		주택용	
		부동작 전류	동작 전류	부동작 전류	동작 전류
63[A] 이하	60분	1.05배	1.3배	1.13배	1.45배
63[A] 초과	120분	1.05배	1.3배	1.13배	1.45배

㉢ 순시 트립에 따른 구분(주택용 배선용 차단기)

- B형 : $3I_n$ 초과 ~ $5I_n$ 이하
- C형 : $5I_n$ 초과 ~ $10I_n$ 이하
- D형 : $10I_n$ 초과 ~ $20I_n$ 이하

자주 출제되는 Key Point

고압용 퓨즈
㉠ 포장 퓨즈 : 정격의 1.3배에 견디고, 2배에 120분 내 용단될 것
㉡ 비포장 퓨즈 : 정격의 1.25배에 견디고, 2배에 2분 내 용단될 것

누전 차단기
사용 전압 50[V] 초과 시 설치

③ 고압용 퓨즈

㉠ 포장 퓨즈 : 정격 전류의 1.3배에 견디고, 2배 전류에는 120분 이내에 용단될 것

㉡ 비포장 퓨즈 : 정격 전류의 1.25배에 견디고, 2배 전류에는 2분 이내에 용단될 것

(2) 누전 차단기 설치

① 사람이 쉽게 접촉될 우려가 있는 장소에 시설하는 사용 전압이 50[V]를 초과하는 저압의 금속제 외함을 가지는 기계 기구에 전기를 공급하는 전로에 지락이 발생했을 때에 자동적으로 전로를 차단하는 누전 차단기 등을 설치할 것

② 주택의 전로 인입구는 전기용품 안전관리법의 적용을 받는 인체 보호용 누전 차단기를 시설할 것

02 간선 및 분기 회로의 보호

1 간선의 수용률

(1) 간선의 개념

간선이란 전기 사용 기계 기구에 전기를 공급하기 위한 전로 중에서 인입 개폐기나 변전실 배전반 등에서 전기 사용 기계 기구가 직접 접속되는 전로인 분기 회로에 설치한 분기 개폐기에 이르는 전로를 말한다.

(2) 간선의 허용 전류

① 전선은 저압 옥내 간선의 부분마다 그 부분을 통하여 공급되는 전기 사용 기계 기구의 정격 전류 합계 이상의 허용 전류를 가지는 것을 사용할 것

② 위 ①의 경우로서 수용률, 역률 등이 명확한 경우에는 이것으로 적당히 수정한 부하 전류치 이상의 허용 전류를 가지는 전선을 사용할 수 있다. 단, 전등 및 소형 전기 기계 기구의 용량 합계가 10[kVA]를 초과하는 것은 그 초과 용량에 대하여 다음 표의 수용률을 적용할 것

자주 출제되는 Key Point

간선 굵기 선정 시 수용률
㉠ 주택, 기숙사, 여관, 호텔, 병원, 창고 : 50[%]
㉡ 학교, 사무실, 은행 : 70[%]

분기 회로
㉠ 일반 배선 : 15[A] 분기 회로
㉡ 전선 : 2.5[mm^2] 이상

▌간선의 수용률▐

건축물의 종류	수용률[%]
주택, 기숙사, 여관, 호텔, 병원, 창고	50
학교, 사무실, 은행	70

2 분기 회로의 시설

분기 회로란 간선에서 분기하여 분기 과전류 차단기를 거쳐 전기 사용 기계 기구에 이르는 전로로 일반적인 가정용 옥내 배선 등과 같은 전기 배선 분기 회로는 15[A] 분기 회로를 사용하며, 전선의 최소 굵기는 2.5[mm^2] 이상이다.

① 분기 개폐기는 각 극에 시설할 것
② 분기 회로의 과전류 차단기에 플러그 퓨즈를 사용하는 등 절연 저항의 측정 등을 할 때에 그 저압 전로를 개폐할 수 있도록 하는 경우에는 분기 개폐기의 시설을 하지 아니하여도 된다.
③ 분기 회로의 과전류 차단기는 각 극에 시설할 것
④ 정격 전류가 50[A]를 초과하는 하나의 전기 사용 기계 기구(전동기 등을 제외)에 이르는 저압 전로
  ㉠ 저압 옥내 전로에 시설하는 분기 회로의 과전류 차단기는 그 정격 전류가 그 전기 사용 기계 기구의 정격 전류를 1.3배한 값을 넘지 않을 것(해당 값에 가장 가까운 상위의 표준 정격 선정)
  ㉡ 저압 전로에 그 전기 사용 기계 기구 이외의 부하를 접속시키지 않을 것

3 부하의 상정과 분기 회로수 결정

(1) 부하의 상정

배선을 설계하기 위한 전등 및 소형 전기 기계 기구의 부하 용량 상정은 다음 "①, ②에 표시하는 건축물의 종류 및 그 부분에 해당하는 표준 부하"에 "바닥 면적"을 곱한 후 부하의 용량을 상정하여 분기 회로수를 결정한다.

$$\text{설비 부하 용량} = PA + QB + C\,[\text{VA}]$$

여기서, P : 표 ①의 건축물 바닥 면적(단, Q부분 제외)[m^2]
Q : 표 ②의 건축물 부분의 바닥 면적[m^2]
A, B : 표 ①, ②의 표준 부하[VA/m^2]
C : 가산하여야 할 부하[VA]

① 건물의 종류에 대응한 표준 부하

건물의 종류	표준 부하[VA/m²]
공장, 공회당, 사원, 교회, 극장, 영화관, 연회장 등	10
기숙사, 여관, 호텔, 병원, 학교, 음식점, 다방, 대중목욕탕	20
사무실, 은행, 상점, 이발소, 미용원	30
주택, 아파트	40

※ 1. 건물이 음식점과 주택 부분 2종류인 경우는 각각 그에 따른 표준 부하를 사용할 것
2. 학교와 같이 건물의 일부분이 사용되는 경우에는 그 부분만을 적용할 것

② 건조물(주택, 아파트를 제외) 중 별도 계산할 부분의 표준 부하

건물의 종류	표준 부하[VA/m²]
복도, 계단, 세면장, 창고, 다락 등	5
강당, 관람석 등	10

(2) 분기 회로의 종류

분기 회로의 종류는 이것을 보호하는 분기 과전류 차단기의 정격 전류에 따르면서 모든 부하는 다음에 표시하는 분기 회로 중에 사용한다.

분기 회로의 종류	분기 과전류 차단기의 정격 전류
15[A] 분기 회로	15[A]
20[A] 배선용 차단기 분기 회로	20[A](배선용 차단기에 한함)
20[A] 분기 회로	20[A](퓨즈에 한함)
30[A] 분기 회로	30[A]
40[A] 분기 회로	40[A]
50[A] 분기 회로	50[A]
50[A]를 초과하는 분기 회로	배선의 허용 전류 이하

(3) 분기 회로수의 결정

사용 전압 220[V]의 15[A], 20[A](배선용 차단기에 한함) 분기 회로수는 "부하의 상정"에 따라 설비 부하 용량(전등 및 소형 전기 기계 기구에 한함)을 220×15[VA]로 나눈 값을 원칙으로 하면서 다음과 같은 사항에 따른다.

① 설비 부하 용량을 기준 용량으로 나눈 계산 결과에 단수가 발생하면 반드시 절상할 것

② 3[kW] 이상의 대형 전기 기계 기구에 대해서는 별도의 전용 분기 회로를 만들 것

자주 출제되는 Key Point

부하 상정 시 표준 부하
㉠ 공장, 사원, 교회, 극장 : 10[VA/m²]
㉡ 여관, 호텔, 병원, 음식점, 학교 : 20[VA/m²]
㉢ 사무실, 은행 : 30[VA/m²]
㉣ 주택, 아파트 : 40[VA/m²]

분기 회로의 종류
㉠ 15[A] 분기 회로
㉡ 20[A] 배선용 차단기 분기 회로
㉢ 20[A] 분기 회로
㉣ 30[A] 분기 회로
㉤ 40[A] 분기 회로
㉥ 50[A] 분기 회로
㉦ 50[A] 초과 분기 회로

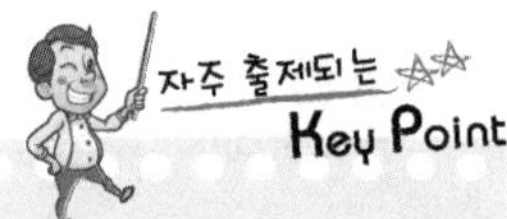

- 소형 전기 기계 기구 : 정격 소비 전력 3[kW] 미만의 가정용 전기 기계 기구
- 대형 전기 기계 기구 : 정격 소비 전력 3[kW] 이상의 가정용 전기 기계 기구

4 전동기의 보안

전동기 보안
㉠ 전동기 보호 장치 시설 : 용량 0.2[kW] 넘는 전동기
㉡ 보호 장치 : 퓨즈, 열동 계전기, 배선용 차단기

옥내에 시설하는 0.2[kW]를 넘는 전동기에는 전동기 과부하에 의한 소손 방지를 위하여 과부하 전류나 단락 전류와 같은 과전류가 발생하는 경우 그 소손 방지를 위해 전동기용 퓨즈, 열동 계전기, 전동기 보호용 배선용 차단기, 유도형 계전기, 정지형 계전기(전자식 계전기, 디지털 계전기 등) 등의 전동기용 과부하 보호 장치를 사용하여 자동적으로 회로를 차단하거나 과부하 시에 경보를 내는 장치를 사용하여야 하나 다음의 경우에는 예외로 할 수 있다.

(1) 전동기 과부하 보호 장치의 생략

① 전동기를 운전 중 상시 취급자가 감시할 수 있는 위치에 시설하는 경우
② 전동기의 구조나 부하의 성질로 보아 전동기가 손상될 수 있는 과전류가 생길 우려가 없는 경우
③ 단상 전동기로 그 전원측 전로에 시설하는 과전류 차단기의 정격 전류가 16[A](배선용 차단기는 20[A]) 이하인 경우

전동기 과부하 보호 장치
㉠ 금속 상자 개폐기 : 안전 장치 부착(안전 스위치)
㉡ 전자 개폐기(+열동 계전기) : 과부하 보호, 저전압 동작
㉢ 전동기용 퓨즈 : 과전류 발생 시 회로 차단

(2) 전동기 과부하 보호 장치의 종류

① **금속 상자 개폐기** : 전동기의 과전류 보호용 퓨즈가 부착된 보호 개폐기로 철제 외함 안에 나이프 스위치를 넣어 충전 부분을 덮은 다음, 조작을 안전하고 간편하게 하기 위하여 외부에서 핸들을 조작하여 개폐하는 스위치로 외함을 닫지 않으면 동작하지 않는 안전 장치가 부착되어 있으므로 안전 스위치(safety switch)라고도 한다.
② **마그넷 스위치(전자 개폐기)** : 전동기 등과 같은 기계 기구의 운전과 정지, 과부하 등으로부터 보호를 하며 저전압에도 동작하는 스위치로 전동기 운전 시 발생하는 과전류에 의한 소손 방지를 위하여 열동형 계전기와 조합하여 사용하는 스위치이다.
③ **전동기용 퓨즈** : 전동기 기동 전류와 같은 단시간의 과전류에는 동작하지 않고 사용 중 과전류에 의하여 회로를 차단하는 특성을 가진 퓨즈로 정격 전류는 2 ~ 16[A]까지 있고, 전동기의 과전류 보호용으로 사용한다.

자주 출제되는 Key Point

열동형

배선용 차단기나 열동 과전류 계전기 등에서 열팽창 계수가 다른 2개의 바이메탈이라는 금속 조각을 접촉한 다음 열을 가할 때 금속 조각이 휘어지는 성질을 이용한 것이다.

(3) 자동 스위치

① 플로트 스위치(float switch) : 물탱크 물의 양에 따라 동작하는 스위치로, 학교, 공장, 빌딩 등의 옥상에 설비되어 있는 급수 펌프에 설치된 전동기 운전용 마그넷 스위치와 조합하여 사용하는 스위치이다.

② 압력 스위치(pressure switch) : 액체 또는 기체의 압력이 높고 낮음에 따라 자동 조절되는 것으로 공기 압축기나 가스 탱크, 기름 탱크 등의 펌프용 전동기에 사용된다.

③ 수은 스위치(mercury switch) : 유리구에 봉입한 수은이 유리구의 기울어짐에 따라 접점이 자동으로 바꾸어지는 것으로, 생산 공장의 자동화에 널리 사용되고, 또 바이메탈과 조합하여 실내 난방 장치의 자동 온도 조절에도 사용된다.

자동 스위치
㉠ 플로트 스위치 : 물탱크 물의 양에 따라 동작
㉡ 압력 스위치 : 압력

자주 출제되는 기출 문제

ELB(누전 차단기)
㉠ 누설 전류 검출
㉡ 주택 옥내 전로 인입구 설치

★

01 **차단기에서 ELB의 용어는?** 08년 출제

① 유입 차단기
② 진공 차단기
③ 배선용 차단기
④ 누전 차단기

해설 차단기 약호
- ELB : 누전 차단기
- MCCB : 배선용 차단기
- OCB : 유입 차단기
- VCB : 진공 차단기

★★★

02 **다음 중 과전류 차단기를 설치하는 곳은?** 06년/08년/09년 출제

① 간선의 전원측 전선
② 접지 공사의 접지선
③ 접지 공사를 한 저압 가공 전선의 접지측 전선
④ 다선식 전로의 중성선

해설 과전류 차단기의 시설 제한 장소
- 모든 접지 공사의 접지선
- 다선식 전선로의 중성선
- 접지 공사를 실시한 저압 가공 전선로의 접지측 전선

신규문제

03 **다음 중 보호 장치의 종류가 아닌 것은?**

① 과부하 전류 및 단락 전류 겸용 보호 장치
② 누설 전류 전용 보호 장치
③ 과부하 전류 전용 보호 장치
④ 단락 전류 전용 보호 장치

정답 01.④ 02.① 03.②

해설 과전류를 차단하는 보호 장치
- 과부하 전류 및 단락 전류 겸용 보호 장치
- 과부하 전류 전용 보호 장치
- 단락 전류 전용 보호 장치

신규문제

04 과부하 보호 장치를 설치하는 위치로 적당한 곳은?

① 전로 중 도체의 단면적, 특성, 설치 방법, 구성의 변경으로 도체의 허용 전류값이 줄어드는 곳(분기점)에 설치해야 한다.

② 전로 중 도체의 단면적, 특성, 설치 방법, 구성의 변경으로 도체의 허용 전류값이 증가하는 곳에 설치해야 한다.

③ 전로 중 도체의 단면적, 특성, 설치 방법, 구성의 변경과 상관없이 도체의 허용 전류값이 증가했다가 줄어드는 곳(분기점)에 설치해야 한다.

④ 전로 중 도체의 단면적, 특성, 설치 방법, 구성의 변경과 상관없이 허용 전류값이 증가하는 곳(분기점)에 설치해야 한다.

해설 과부하 보호 장치의 설치 위치는 전로 중 도체의 단면적, 특성, 설치 방법, 구성의 변경으로 도체의 허용 전류값이 줄어드는 곳(분기점)에 설치해야 한다.

05 도면과 같은 단상 3선식의 옥내 배선에서 중성선과 양외선 간에 각각 20[A], 30[A]의 전등 부하가 걸렸을 때, 인입 개폐기의 X점에서 단자가 빠졌을 경우 발생하는 현상은?

11년 출제

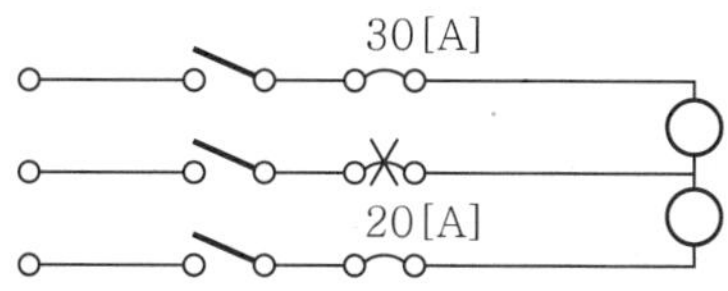

① 별 이상이 일어나지 않는다.

② 20[A] 부하의 단자 전압이 상승한다.

③ 30[A] 부하의 단자 전압이 상승한다.

④ 양쪽 부하에 전류가 흐르지 않는다.

해설
- 고장 전 : 전압 일정 시 전류는 저항에 반비례하여 흐르므로 30[A] 부하의 저항을 R_{30}, 20[A] 부하의 저항을 R_{20}이라 하면 전류비가 30 : 20이므로 저항비는 $R_{30} : R_{20} = 20 : 30$이 된다.
- 고장 후(중성선 단선) : 중성선 단선 후에는 부하 접속이 직렬이 되므로 각각의 부하에 걸리는 단자 전압은 저항에 비례 분배하여 인가되므로 $V_{R30} : V_{R20} = 20 : 30$이 된다. 따라서, 20[A] 부하에 걸리는 전압이 30[A] 부하에 걸리는 전압에 비하여 1.5배 상승한다.

저항과 전류 특성
㉠ 전압 일정 시 전류와 저항은 반비례한다.
㉡ 저항의 직렬 접속 시 전압은 비례 분배된다.

전류가 작은 쪽의 전동 부하 R이 더 크므로 X점에서 단자가 빠지면 30[A]와 20[A] 부하가 직렬이 되면서 20[A] 부하 단자 전압이 상승한다.

정답 04.① 05.②

06 다음 중 저압 개폐기를 생략하여도 좋은 개소는?

08년/11년 출제

① 부하 전류를 끊거나 흐르게 할 필요가 있는 개소
② 인입구, 기타 고장, 점검, 측정 수리 등에서 회로를 개방(개로) 할 필요가 있는 개소
③ 퓨즈의 전원측으로 분기 회로용 과전류 차단기 이후의 퓨즈가 플러그 퓨즈와 같이 퓨즈 교환 시에 충전부에 접촉될 우려가 없을 경우
④ 퓨즈의 전원측

해설 퓨즈의 전원측으로 분기 회로용 과전류 차단기 이후의 퓨즈가 플러그 퓨즈와 같이 퓨즈 교환 시에 충전부에 접촉될 우려가 없는 경우는 저압 개폐기를 생략할 수 있다.

텅스텐 퓨즈
전압계·전류계 소손 방지용 퓨즈

07 전압계, 전류계 등의 소손 방지용으로 계기 내에 장치하고 봉입하는 퓨즈는 어느 것인가?

06년 출제

① 통형 퓨즈 ② 판형 퓨즈
③ 온도 퓨즈 ④ 텅스텐 퓨즈

해설 텅스텐 퓨즈는 유리관 내에 가용체로 텅스텐을 봉입한 것으로, 작은 전류에 민감하게 반응하므로 전압계·전류계 등의 소손 방지용으로 사용된다.

개폐기 심벌
㉠ [S] : 개폐기
㉡ [B] : 배선용 차단기
㉢ [E] : 누전 차단기

08 배선용 차단기의 심벌은?

07년 출제

① [B] ② [E]
③ [BE] ④ [S]

해설 개폐기 심벌
- [B] : 배선용 차단기
- [E] : 누전 차단기
- [BE] : 과전류 소자붙이 누전 차단기
- [S] : 개폐기

신규문제

09 저압 전로에 사용하는 과전류 차단기용 퓨즈의 정격 전류가 10[A]라고 하면 정격 전류의 몇 배가 되었을 경우 용단되어야 하는가?

① 1.5 ② 1.25
③ 1.2 ④ 1.9

해설 저압 퓨즈의 용단 특성

정격 전류의 구분	시간	정격 전류의 배수	
		불용단 전류	용단 전류
4[A] 초과 16[A] 미만	60분	1.5배	1.9배
16[A] 이상 63[A] 이하	60분	1.25배	1.6배
63[A] 초과 160[A] 이하	120분	1.25배	1.6배

정답 06.③ 07.④ 08.① 09.④

신규문제

10 저압 전로에 사용하는 과전류 차단기용 퓨즈가 정격이 16[A]라고 하면 견뎌야 할 전류는 정격 전류의 몇 배인가?

① 1.5 ② 1.25 ③ 1.2 ④ 1.1

해설 저압 퓨즈의 용단 특성

정격 전류의 구분	시간	정격 전류의 배수	
		불용단 전류	용단 전류
4[A] 초과 16[A] 미만	60분	1.5배	1.9배
16[A] 이상 63[A] 이하	60분	1.25배	1.6배
63[A] 초과 160[A] 이하	120분	1.25배	1.6배

신규문제

11 주택용 배선용 차단기는 정격 전류가 63[A] 이하인 경우 정격 전류의 몇 [%]에 확실하게 동작되어야 하는가?

① 115 ② 125
③ 145 ④ 150

해설 배선용 차단기의 과전류 트립 동작 시간 및 특성

정격 전류의 구분	시간	정격 전류의 배수(모든 극에 통전)			
		산업용		주택용	
		부동작 전류	동작 전류	부동작 전류	동작 전류
63[A] 이하	60분	1.05배	1.3배	1.13배	1.45배
63[A] 초과	120분	1.05배	1.3배	1.13배	1.45배

배선용 차단기
㉠ 주택용 : 정격에 1.13배 견디고 1.45배 차단
㉡ 산업용 : 정격에 1.05배 견디고 1.3배 차단
㉢ 63[A] 이하 : 60분
63[A] 초과 : 120분

신규문제

12 정격 전류가 63[A]인 주택의 전로에 정격 전류의 1.45배의 전류가 흐를 때 주택에 사용하는 배선용 차단기는 몇 분 내에 자동적으로 동작하여야 하는가?

① 10분 이내 ② 30분 이내
③ 60분 이내 ④ 120분 이내

해설 과전류 차단기로 주택에 사용하는 63[A] 이하의 배선용 차단기는 정격 전류의 1.45배 전류가 흐를 때 60분 내에 자동으로 동작하여야 한다.

신규문제

13 정격 전류가 30[A]인 저압 전로의 과전류 차단기를 산업용 배선용 차단기로 사용하는 경우 정격 전류의 1.3배의 전류가 통과하였을 때 몇 분 이내에 자동적으로 동작하여야 하는가?

① 1분 ② 60분 ③ 2분 ④ 120분

해설 과전류 차단기로 저압 전로에 사용하는 63[A] 이하의 산업용 배선용 차단기는 정격 전류의 1.3배 전류가 흐를 때 60분 내에 자동으로 동작하여야 한다.

정답 10.② 11.③ 12.③ 13.②

고압용 퓨즈

㉠ 포장 퓨즈 : 정격의 1.3배에 견디고, 2배에 120분 내 용단될 것

㉡ 비포장 퓨즈 : 정격의 1.25배에 견디고, 2배에 2분 내 용단될 것

★

14 **과전류 차단기로 시설하는 퓨즈 중 고압 전로에 사용하는 포장 퓨즈는 정격 전류의 몇 배의 전류에 견디어야 하는가?** 06년 출제

① 1배 ② 1.25배 ③ 1.3배 ④ 3배

해설 고압 전로에 사용하는 포장 퓨즈는 정격 전류 1.3배에는 견디고, 2배의 전류에는 120분 이내에 용단되어야 한다.

15 **과전류 차단기로 시설하는 퓨즈 중 고압 전로에 사용하는 비포장 퓨즈는 정격 전류의 몇 배 전류에 의하여 몇 분 이내에 용단되어야 하는가?**

① 2배로 2분 ② 1.3배로 5분

③ 1.25배로 2분 ④ 1.1배로 120분

해설 고압 전로에 사용하는 비포장 퓨즈는 정격 전류 1.25배에는 견디고, 정격 전류 2배의 전류에는 2분 이내에 용단되어야 한다.

★★

16 **전로 이외에 흐르는 전류로서 전로의 절연체 내부 및 표면과 공간을 통하여 선간 또는 대지 사이를 흐르는 전류를 무엇이라 하는가?** 10년/11년 출제

① 지락 전류 ② 누설 전류 ③ 정격 전류 ④ 영상 전류

해설 전류의 특성

- 지락 전류 : 지락에 의하여 전로의 외부로 유출되어 화재, 인축의 감전 또는 전로나 기기의 손상 등 사고를 일으킬 우려가 있는 전류이다.
- 영상 전류 : 3상 전로에서 지락 사고 발생 등으로 인한 3상 불평형 발생 시 대지로 흐를 수 있는 동위상의 특성을 갖는 전류(유도 장해의 원인)이다.
- 누설 전류 : 전로 이외에 흐르는 전류로서, 전로의 절연체(전선의 피복 절연체, 애자, 부싱, 스페이서 및 기타 기기의 부분으로 사용하는 절연체 등)의 내부 및 표면과 공간을 통하여 선간 또는 대지 사이를 흐르는 전류이다.

★★★

17 **분기 회로(S_2)의 보호 장치(P_2)는 (P_2)의 전원측에서 분기점(O) 사이에 다른 분기 회로 또는 콘센트의 접속이 없고, 단락의 위험과 화재 및 인체에 대한 위험성이 최소화되도록 시설된 경우, 분기 회로의 보호 장치(P_2)는 분기 회로의 분기점(O)으로부터 x[m]까지 이동하여 설치할 수 있다. 이때 x[m]는?**

① 2

② 3

③ 1

④ 4

해설 전원측(P_2)에서 분기점(O) 사이에 다른 분기 회로 또는 콘센트의 접속이 없고, 단락의 위험과 화재 및 인체에 대한 위험성이 최소화되도록 시설된 경우, 분기 회로의 보호 장치(P_2)는 분기 회로의 분기점(O)으로부터 3[m]까지 이동하여 설치할 수 있다.

정답 14.③ 15.① 16.② 17.②

출제분석 Advice

★
18 **옥내 배선 공사에서 대지 전압 150[V]를 초과하고 300[V] 이하 저압 전로의 인입구에 반드시 시설해야 하는 지락 차단 장치는?**

① 퓨즈　② 커버 나이프 스위치
③ 배선용 차단기　④ 누전 차단기

해설 저압 전로의 인입구에는 누전 차단기를 시설해야 한다.

★
19 **누전 차단기의 설치 목적은 무엇인가?**

① 단락　② 단선　③ 지락　④ 과부하

해설 누전 차단기는 전로에 지락이 생겼을 경우에 부하 기기, 금속제 외함 등에 발생하는 고장 전압 또는 고장 전류를 검출하는 부분과 차단기 부분을 조합하여 자동적으로 전로를 차단하는 장치이다.

★★
20 **욕조나 샤워 시설이 있는 욕실 또는 화장실 등 인체가 물에 젖어 있는 상태에서 전기를 사용하는 장소에 콘센트 시설 방법 중 틀린 것은?**

① 콘센트는 접지극이 있는 방적형 콘센트를 사용하여 접지한다.
② 인체 감전 보호용 누전 차단기가 부착된 콘센트를 시설한다.
③ 절연 변압기(정격 용량 3[kVA] 이하인 것에 한한다)로 보호된 전로에 접속한다.
④ 인체 감전 보호용 누전 차단기는 정격 감도 전류 15[mA] 이하, 동작시간 0.03초 이하의 전압 동작형의 것에 한한다.

해설 인체가 물에 젖은 상태(화장실, 비데)의 전기 사용 장소 규정

인체 감전 보호용 누전 차단기 부착 콘센트	접지극이 있는 방적형 콘센트
	정격 감도 전류 15[mA] 이하, 동작시간 0.03초 이하의 전류동작형
정격 용량 3[kVA] 이하 절연 변압기로 보호된 전로	

★
21 **간선의 굵기 선정 시 전등 및 소형 전기 기계 기구의 용량 합계가 10[kVA]를 초과하는 경우 그 초과 용량에 대하여 학교, 사무실, 은행 등에서는 수용률 몇 [%]를 적용하는가?** 06년 출제

① 50　② 60　③ 70　④ 80

해설 간선 굵기 선정 시 수용률
- 학교, 사무실, 은행 : 70[%]
- 주택, 기숙사, 여관, 호텔, 병원, 창고 : 50[%]

★
22 **간선에서 분기하여 분기 과전류 차단기를 거쳐서 부하에 이르는 사이의 배선을 무엇이라 하는가?** 13년 출제

① 간선　② 인입선　③ 중성선　④ 분기 회로

분기 회로
간선에서 분기하여 부하에 이르는 전로

정답 18.④ 19.③ 20.④ 21.③ 22.④

분기 회로 보호 장치
㉠ 개폐기
㉡ 과전류 차단기

★
23 저압 옥내 간선으로부터 분기하는 곳에 설치하여야 하는 것은?
13년 출제

① 지락 차단기 ② 과전류 차단기
③ 누전 차단기 ④ 과전압 차단기

해설 분기 회로에는 분기 회로 보호용 개폐기 및 과전류 차단기를 설치한다.

신규문제
24 저압 옥내 분기 회로에 개폐기 및 과전류 차단기를 시설하는 경우 분기점과 설치점 사이의 배선 부분에 다른 분기 회로나 콘센트 회로가 접속되어 있지 않으면 분기점에서 몇 [m] 이하에 시설하여야 하는가?

① 3 ② 5
③ 8 ④ 12

해설 저압 옥내 분기 회로에 분기 회로 보호용 개폐기 및 과전류 차단기를 시설하는 경우 원칙상 간선에서 분기한 3[m] 이하의 곳에 설치한다.

★★
25 분기 회로 설계에서 표준 부하를 20[VA/m^2]로 하여야 하는 건물은?

① 교회, 영화관 ② 학교, 병원
③ 은행, 미용실 ④ 주택, 아파트

해설 건축물의 종류별 표준 부하

건물의 종류	표준 부하[VA/m^2]
공장, 공회당, 사원, 교회, 극장, 영화관, 연회장 등	10
기숙사, 여관, 호텔, 병원, 학교, 음식점, 다방, 대중목욕탕	20
사무실, 은행, 상점, 이발소, 미용원	30
주택, 아파트	40

표준부하
㉠ 극장, 공장 : 10[VA/m^2]
㉡ 학교, 호텔 : 20[VA/m^2]
㉢ 사무실, 은행 : 30[VA/m^2]
㉣ 주택, 아파트 : 40[VA/m^2]

신규문제
26 분기 회로 설계에서 표준 부하를 30[VA/m^2]로 하여야 하는 건물은?

① 교회 ② 학교
③ 은행 ④ 아파트

해설 건축물의 종류별 표준 부하

건물의 종류	표준 부하[VA/m^2]
공장, 공회당, 사원, 교회, 극장, 영화관, 연회장 등	10
기숙사, 여관, 호텔, 병원, 학교, 음식점, 다방, 대중목욕탕	20
사무실, 은행, 상점, 이발소, 미용원	30
주택, 아파트	40

정답 23.② 24.① 25.② 26.③

신규문제

27 주택, 아파트인 경우 표준 부하는 몇 [VA/m^2]인가?

① 10　　② 20
③ 30　　④ 40

해설 건물의 종류에 대응한 표준 부하

건물의 종류	표준 부하[VA/m^2]
공장, 공회당, 사원, 교회, 극장, 영화관, 연회장 등	10
기숙사, 여관, 호텔, 병원, 학교, 음식점, 다방, 대중목욕탕	20
사무실, 은행, 상점, 이발소, 미용원	30
주택, 아파트	40

28 전기 배선 분기 회로 중 가장 일반적으로 사용되는 것은?

① 15[A] 분기 회로　　② 20[A] 분기 회로
③ 30[A] 분기 회로　　④ 50[A] 분기 회로

해설 전기 배선 분기 회로 중 가장 일반적으로 사용되는 것은 15[A] 분기 회로나 20[A] 배선용 차단기 분기 회로이다.

★

29 전동기 과부하 보호 장치에 해당되지 않는 것은? 11년 출제

① 전동기용 퓨즈　　② 열동 계전기
③ 전동기 보호용 배선용 차단기　　④ 전동기 기동 장치

해설 전동기 과부하 보호 장치의 종류
- 전동기용 퓨즈
- 전동기 보호용 배선용 차단기
- 열동 계전기
- 유도형 계전기
- 정지형 계전기(전자식 계전기, 디지털 계전기 등)

전동기 과부하 보호 장치
㉠ 금속 상자 개폐기 : 안전 장치 부착(안전 스위치)
㉡ 전자 개폐기(+열동 계전기) : 과부하 보호, 저전압 동작
㉢ 전동기용 퓨즈 : 과전류 발생 시 회로 차단
㉣ 전동기 보호용 배선용 차단기

30 전원측 전로에 시설한 배선용 차단기의 정격 전류가 몇 [A] 이하의 것이면, 이 전로에 접속하는 단상 전동기에 과부하 보호 장치를 생략할 수 있는가?

① 15　　② 20
③ 30　　④ 50

해설 전원측 전로에 시설한 배선용 차단기 정격 전류가 20[A] 이하의 것이면, 이 전로에 접속하는 단상 전동기는 과부하 보호 장치를 생략할 수 있다.

정답 27.④ 28.① 29.④ 30.②

★★
31 옥내에 시설하는 전동기(0.2[kW] 이하는 제외)는 원칙적으로 과부하 보호 장치를 시설하도록 규정하고 있다. 다음 중 과부하 보호 장치를 생략할 수 없는 사항은 어느 것인가?

① 전동기 운전 중 취급자가 감시할 수 있는 위치에 시설하는 경우
② 전동기 정격 출력이 7.5[kW] 이하로서, 취급자가 감시할 수 있는 위치에 전동기에 흐르는 전류치를 표시하는 계기를 시설한 경우
③ 단상 전동기로 과부하 차단기 정격 전류가 15[A] 이하인 경우
④ 전동기의 부하 성질상 전동기 권선에 전동기가 소손할 정도의 과전류가 생길 우려가 없는 경우

해설 전동기 과부하 보호 장치의 생략
- 전동기 구조나 부하 특성상 전동기 소손 과전류가 발생할 우려가 없는 경우이다.
- 전동기 출력이 4[kW] 이하이고, 전동기 운전 상태를 취급자가 전류계 등으로 항상 감시할 수 있는 위치에 시설하는 경우이다.
- 단상 전동기로 전원측에서 분기한 15[A] 이하 과전류 차단기나 20[A] 이하 배선용 차단기를 시설한 경우이다.

32 다음 중 금속 상자 개폐기라고도 불리는 스위치는?

① 안전 스위치　　② 마그넷 스위치
③ 타임 스위치　　④ 부동 스위치

해설 금속 상자 개폐기는 전동기 과전류 보호용 퓨즈가 부착된 개폐기로, 외함을 닫지 않으면 동작하지 않으므로 안전 스위치라고도 한다.

★★
33 다음 중 과부하뿐만 아니라 정전 시 또는 저전압일 때 자동적으로 차단되어 전동기의 소손을 방지하는 스위치는? 06년 출제

① 안전 스위치　　② 마그넷 스위치
③ 자동 스위치　　④ 압력 스위치

해설 과부하뿐만 아니라 정전 발생의 경우 또는 저전압일 때 자동으로 전로를 차단하여 전동기 소손을 방지할 수 있는 스위치는 전자 개폐기(마그넷 스위치)이다.

전자 개폐기(마그넷 스위치)
㉠ 열동 계전기와 조합 사용
㉡ 과부하 보호, 저전압 동작

★
34 전자 개폐기에 부착하여 전동기의 소손 방지를 위하여 사용되는 것은? 10년 출제

① 퓨즈　　② 열동 계전기
③ 배선용 차단기　　④ 수은 계전기

해설 열동 계전기(THR)는 전자 개폐기에 부착하여 전동기의 소손 방지를 위하여 사용하며, 전동기 정격 전류의 약 3배 정도에서 동작하도록 조정한다.

열동 계전기(THR)
㉠ 전동기 과부하 운전 방지
㉡ 전자 접촉기(MC)와 조합 사용
㉢ 전동기 정격 전류 3배 정도에서 동작

정답 31.② 32.① 33.② 34.②

출제분석 Advice

35 2개 이상의 회로에서 선행 동작 우선 회로 또는 상대 동작 금지 회로인 동력 배선의 제어 회로는? 09년/10년 출제

① 자기 유지 회로 ② 인터록 회로
③ 동작 지연 회로 ④ 타이머 회로

해설 인터록 회로란 기기 보호와 조작자 안전을 목적으로 기기의 동작 상태를 나타내는 접점을 사용하여 상호 연관되는 기기의 동작을 서로 금지시키는 회로를 말하며, 보통 2개의 계전기를 이용한 인터록 회로에서 한쪽 계전기에 먼저 입력을 가하여 가한 입력에 대해 우선적으로 동작을 시작함과 동시에 상대편 계전기의 동작을 금지시키기 때문에 선행 동작 우선 회로 또는 상대 동작 금지 회로라고도 한다. 전동기 정·역전 운전의 경우 전동기 정·역전 운전 동시 투입 방지를 위해 인터록 회로를 구성한다.

36 전동기의 정·역 운전을 제어하는 회로에서 2개의 전자 개폐기의 작동이 동시에 일어나지 않도록 하는 회로는? 10년/15년 출제

① Y-△회로 ② 자기 유지 회로
③ 촌동 회로 ④ 인터록 회로

해설 인터록 회로
- 선행 입력에 대해 우선적 응답을 하는 동시에 상대 동작을 금지시키는 회로
- 전동기 정·역 운전, Y-△ 기동 회로 등에서 적용

37 동력 배선에서 경보를 표시하는 램프의 일반적인 색깔은? 10년 출제

① 흰색 ② 오렌지색
③ 빨간색 ④ 녹색

해설 동력 배선에서의 표시 램프 특성
- 전원 표시 : 흰색
- 운전 표시 : 빨간색
- 정지 표시 : 녹색
- 경보 표시 : 오렌지색

동력 배선 표시 램프
㉠ 운전 표시 : 빨간색
㉡ 정지 표시 : 녹색
㉢ 경보 표시 : 오렌지색

38 급·배수 회로 공사에서 수조의 유량을 자동 제어하는 데 사용되는 스위치는? 06년 출제

① 리밋 스위치 ② 플로트 스위치
③ 텀블러 스위치 ④ 타임 스위치

해설 폴로트 스위치(부동 스위치) : 급·배수 시 수조(물탱크)의 유량 조정을 자동적으로 조절하는 스위치

자동 스위치
㉠ 플로트 스위치 : 물탱크 물의 양에 따라 동작
㉡ 압력 스위치 : 압력

정답 35.② 36.④ 37.② 38.②

CHAPTER 05 전로의 절연 및 접지 공사

전로의 절연 제한 장소
㉠ 접지 공사 접지점
㉡ 시험용 변압기, 전기 울타리 전원 장치
㉢ 전기로, 전기 보일러

저압 전로의 절연 저항
㉠ SELV·PELV : 250[V], 0.5[MΩ] 이상
㉡ FELV, 500[V] 이하 : 500[V], 1.0[MΩ] 이상
㉢ 500[V] 초과 : 1,000[V], 1.0[MΩ] 이상

01 전로의 절연

(1) 전로의 절연 제외 장소

전로는 다음 경우를 제외하고는 대지로부터 반드시 절연하여야 한다.

① 접지 공사를 실시한 경우의 모든 접지점
② 시험용 변압기, 전기 울타리 전원 장치, X선 발생 장치 등과 같이 전로의 일부를 대지로부터 절연하지 않고 사용하는 것이 부득이 어려운 경우
③ 전기로, 전기 보일러, 전기 욕기, 전해조 등과 같이 대지로부터의 절연이 기술적으로 대단히 어려운 경우

(2) 전로의 절연 저항

$$\frac{\text{정격 전압}}{\text{누설 전류}}$$

① 사용 전압이 저압인 전로의 전선 상호 간 및 전로와 대지 사이의 절연 저항은 개폐기 또는 과전류 차단기로 구분할 수 있는 전로마다 다음 표에서 정한 값 이상이어야 한다.

전로의 사용 전압[V]	DC 시험 전압[V]	절연 저항[MΩ]
SELV 및 PELV	250	0.5
FELV, 500[V] 이하	500	1.0
500[V] 초과	1,000	1.0

[주] 용어 정의
- 특별 저압(extra low voltage) : 인체에 위험을 초래하지 않을 정도의 저압, 2차 공칭 전압 AC 50[V], DC 120[V] 이하
- SELV(Safety Extra Low Voltage) : 비접지 회로로 구성된 특별 저압
- PELV(Protective Extra Low Voltage) : 접지 회로로 구성된 특별 저압
- FELV : 1차와 2차가 전기적으로 절연되지 않은 회로로 구성된 특별 저압

② 측정 시 영향을 주거나 손상을 받을 수 있는 SPD 또는 기타 기기 등은 측정 전에 분리시켜야 하고, 부득이하게 분리가 어려운 경우에는 시험 전압을 250[V] DC로 낮추어 측정할 수 있지만 절연 저항값은 1[MΩ] 이상이어야 한다.

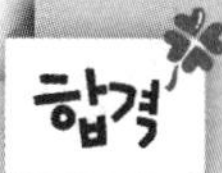

서지 보호 장치(SPD : Surge Protective Device)
과도 과전압을 제한하고 서지 전류를 분류하기 위한 장치이다.

③ 정전이 어려운 경우 등 절연 저항 측정이 곤란한 경우에는 누설 전류를 1[mA] 이하로 유지하여야 한다.

> 정전이 어려운 경우 등 절연 저항 측정이 곤란한 경우 누설 전류 측정
> 1[mA] 이하

(3) 절연 저항의 측정

절연 저항의 측정은 영구 자석과 교차 코일로 구성된 메거(megger)라는 측정 기구를 이용하여 측정한다.

02 절연 내력 시험 전압

(1) 절연 내력 시험

전로에서 정한 시험 전압을 전로와 대지 사이에 연속적으로 10분간 가하여 견딜 것

(2) 변압기, 기구의 전로

권선과 다른 권선 간, 철심 외함 간, 전로와 대지 간

최대 사용 전압	전로의 접지 방식	절연 내력 시험 전압비 (최저 시험 전압)
7[kV] 이하	비접지	1.5배(최저 500[V])
7[kV] 초과 25[kV] 이하	중성점 다중 접지	0.92배
7[kV] 초과 60[kV] 이하	중성점 접지	1.25배(최저 10.5[kV])
60[kV] 초과 170[kV] 이하	중성점 비접지식 전로	1.25배
	중성점 접지(성형 결선 또는 스콧 결선)로서 중성점 접지식 전로(전위 변성기를 사용하여 접지)	1.1배(최저 75[kV])
	중성점 직접 접지	0.72배
170[kV] 초과	중성점 직접 접지	0.64배(중성점에 피뢰기 시설한 경우 0.3배)
60[kV] 초과	정류기에 접속하는 권선, 교류 및 직류에 접속하는 기구	1.1배(직류, 교류 동일)
기타 권선		1.1배(최저 75[kV])

> 절연 내력 시험 전압비
> ㉠ 절연 내력 시험은 시험 전압을 10분간 가하여 견딜 것
> ㉡ 7[kV] 이하 : 1.5배
> ㉢ 중성점 직접 접지 : 60[kV] 초과 170[kV] 이하인 경우 최대 사용 전압의 0.72배

자주 출제되는 Key Point

(3) 회전기 및 정류기 시험 전압

<table>
<tr><th>기기</th><th>최대 사용 전압</th><th>절연 내력 시험 전압비
(최저 시험 전압)</th></tr>
<tr><td rowspan="3">발전기, 전동기, 조상기, 기타 회전기</td><td>7,000[V] 이하</td><td>1.5배(최저 500[V])</td></tr>
<tr><td>7,000[V] 초과</td><td>1.25배(최저 10.5[kV])</td></tr>
<tr><td colspan="2">⇨ 직류 시험 : 교류 시험 전압의 1.6배</td></tr>
<tr><td rowspan="2">정류기(충전 부분과 외함 간)</td><td>60[kV] 이하</td><td>직류의 1배(최저 500[V])</td></tr>
<tr><td>60[kV] 초과</td><td>1.1배</td></tr>
<tr><td colspan="2">회전 변류기</td><td>1배(최저 500[V])</td></tr>
<tr><td colspan="2">연료 전지, 태양 전지 모듈(충전 부분과 대지 간)</td><td>1.5배(최저 500[V])</td></tr>
</table>

03 접지 공사

접지 공사 목적
㉠ 이상 전압 발생 억제
㉡ 감전, 화재 사고 방지
㉢ 보호 계전기 동작 확보
㉣ 대지 전압 상승 억제

1 접지 공사의 목적

① 이상 전압의 억제
② 감전 및 화재 사고 방지
③ 보호 계전기의 동작 확보
④ 전로의 대지 전압 상승 방지

2 접지 시스템

접지 시스템(earthing system)이란 기기나 계통을 개별적 또는 공통으로 접지하기 위하여 필요한 접속 및 장치로 구성된 설비를 말한다.

(1) 접지 시스템의 구분

계통 접지, 보호 접지, 피뢰 시스템 접지

(2) 접지 시스템의 시설 종류

단독 접지, 공통 접지, 통합 접지

(3) 접지 시스템 구성 요소

접지극, 접지 도체, 보호 도체, 기타 설비(접지극은 접지 도체를 사용하여 주 접지 단자에 연결하여야 함)

① 접지 시스템 적합한 요구 사항

㉠ 전기 설비의 보호 요구 사항과 기능적 요구 사항을 충족하여야 한다.

㉡ 지락 전류와 보호 도체 전류를 대지에 전달해야 한다. 단, 열적, 열·기계적, 전기·기계 적응력 및 이런 전류로 인한 감전 위험이 없어야 한다.

② 접지 저항값의 충족 사항

㉠ 부식, 건조, 동결, 대지 환경 변화에 충족하여야 한다.

㉡ 인체 감전 보호를 위한 값과 전기 설비의 기계적 요구에 의한 값을 만족하여야 한다.

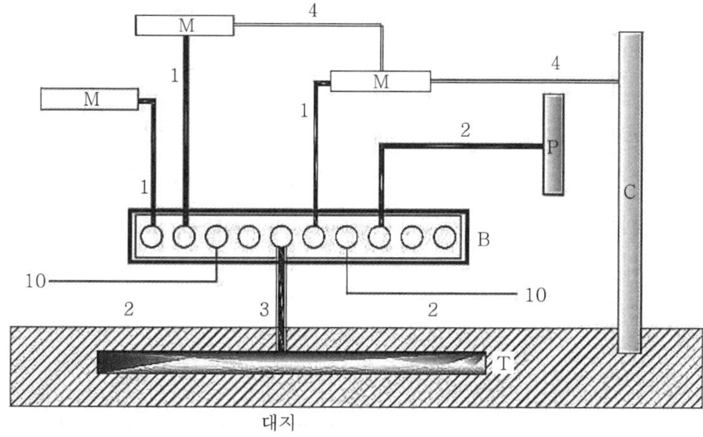

1 : 보호선(PE)
2 : 주등전위 본딩용 선
3 : 접지선
4 : 보조 등전위 본딩용 선
10 : 기타 기기(예 통신 설비)
B : 주접지 단자
M : 전기 기구의 노출 도전성 부분
C : 철골, 금속 덕트의 계통의 도전성 부분
P : 수도관, 가스관 등 금속 배관
T : 접지극

3 보호 도체 및 접지 도체

(1) 접지 도체

접지 도체의 최소 단면적
구리 6[mm²](단, 피뢰 시스템인 경우 : 16[mm²])

① 최소 단면적 : 구리 6[mm²], 철제 50[mm²](피뢰 시스템에 접속된 경우 : 구리 16[mm²], 철제 50[mm²])

② 고장 시 흐르는 전류를 안전하게 통할 수 있는 접지 도체의 굵기일 것

③ 접지 도체의 굵기

구분	접지 도체의 굵기
특고압·고압 전기 설비용	6[mm²] 이상의 연동선

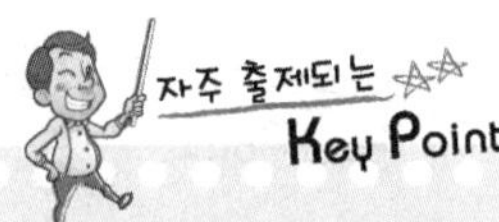

접지 도체 굵기
㉠ 특고압, 고압 : 6[mm^2] 이상 연동선
㉡ 중성점 접지 : 16[mm^2] 이상 연동선 단, 2초 이내 자동 차단 : 6[mm^2] 이상 또는

$$R = \frac{150 \cdot 300 \cdot 600}{I_g}$$

- I_g : 1선 지락 전류(최소 2[A])
- 150[V] : 보호 장치 시설하지 않음
- 300[V] : 보호 장치 동작 시한이 1초 넘고 2초 이내
- 600[V] : 보호 장치 1초 이내 동작

㉢ 저압 : 단면적이 0.75[mm^2] 이상의 다심 코드 또는 다심 캡타이어 케이블

구분	접지 도체의 굵기
중성점 접지용	16[mm^2] 이상의 연동선
	7[kV] 이하의 전로 또는 25[kV] 이하인 중성선 다중 접지식으로서, 전로에 지락이 생겼을 때 2초 이내에 자동적으로 이를 전로로부터 차단하는 장치가 되어 있는 경우 : 6[mm^2] 이상의 연동선
이동하여 사용하는 전기 기계 기구의 금속제 외함 등	특고압 · 고압 전기 설비용 접지 도체 및 중성점 접지용 접지 도체 : 클로로프렌 캡타이어 케이블(3종 및 4종) 또는 클로로설포네이트 폴리에틸렌 캡타이어 케이블(3종 및 4종)의 1개 도체 또는 다심 캡타이어 케이블의 차폐 또는 기타의 금속체로 단면적이 10[mm^2] 이상인 것
	저압 전기 설비용 접지 도체 : 다심 코드 또는 다심 캡타이어 케이블의 1개 도체의 단면적이 0.75[mm^2] 이상인 것(단, 기타 유연성이 있는 연동 연선은 1개 도체의 단면적이 1.5[mm^2] 이상인 것을 사용)

④ 접지 도체의 보호 : 접지 도체는 지하 0.75[m]부터 지표상 2[m]까지 부분은 합성수지관(두께 2[mm] 미만의 합성수지제 전선관 및 가연성 콤바인 덕트관 제외) 또는 이와 동등 이상의 절연 효과와 강도를 가지는 몰드로 덮어야 한다.

(2) 보호 도체의 최소 단면적

① 선도체 단면적 S[mm^2]에 따라 선정

선도체의 단면적 S ([mm^2])	보호 도체의 최소 단면적 ([mm^2])	보호 도체의 재질
$S \leq 16$	S	구리
$16 < S \leq 35$	16	
$S > 35$	$\frac{S}{2}$	

② 차단 시간 5초 이하의 경우

$$S = \frac{\sqrt{I^2 t}}{k}$$

여기서, S : 단면적[mm^2]
I : 보호 장치를 통해 흐를 수 있는 예상 고장 전류 실효값[A]
t : 자동 차단을 위한 보호 장치의 동작 시간[s]
k : 재질 및 온도에 따른 계수

(3) 보호 도체의 단면적(선도체와 동일 외함에 설치되지 않은 경우)

① 기계적 손상에 대해 보호되는 경우 구리 2.5[mm^2], 알루미늄 16[mm^2] 이상
② 기계적 손상에 대해 보호되지 않는 경우 구리 4[mm^2], 알루미늄 16[mm^2] 이상

자주 출제되는 Key Point

(4) 보호 도체로 사용 가능한 도체(하나 또는 복수로 구성)

① 다심 케이블의 도체
② 충전 도체와 같은 트렁킹에 수납된 절연 도체 또는 나도체
③ 고정된 절연 도체 또는 나도체
④ 금속 케이블 외장, 케이블 차폐, 케이블 외장, 전선 묶음(편조 전선), 동심 도체, 금속관(기계적・열적・화학적 손상 등이 없을 것)

(5) 보호 도체 또는 보호 본딩 도체로 사용해서는 안 되는 도체

① 금속 수도관, 가요성 금속 전선관, 가요성 금속 배관(단, 보호 도체의 목적으로 설계된 경우 제외)
② 가스・액체・가루(분말)와 같은 잠재적인 인화성 물질을 포함하는 금속관
③ 상시 기계적 응력을 받는 지지 구조물 일부
④ 지지선, 케이블 트레이 및 이와 비슷한 것

(6) 보호 도체와 계통 도체 겸용

보호 도체와 계통 도체를 겸용하는 겸용 도체라 함은 중성선과 겸용, 선도체와 겸용, 중간 도체와 겸용 등을 말하며 다음에 해당하는 계통의 기능에 대한 조건을 만족하여야 한다.

① 단면적은 구리(Cu) 10[mm^2] 또는 알루미늄(Al) 16[mm^2] 이상으로 한다.
② 중성선과 보호 도체의 겸용 도체는 전기 설비의 부하측으로 시설하여서는 안 된다.
③ 폭발성 분위기 장소는 보호 도체를 전용으로 하여야 한다.

보호 도체와 계통 도체 겸용
㉠ 구리 : 10[mm^2] 이상
㉡ 알루미늄 : 16[mm^2] 이상

(7) 보호 접지 및 기능 접지의 겸용 도체를 사용할 경우

보호 도체와 조건은 모두 같고 전자 통신 기기에 전원 공급을 위한 직류 귀환 도체는 겸용 도체(PEL 또는 PEM)로 사용이 가능하고, 기능 접지 도체와 보호 도체를 겸용할 수 있다.

(8) 감전 보호에 따른 보호 도체

과전류 보호 장치를 감전에 대한 보호용으로 사용하는 경우, 보호 도체는 충전 도체와 같은 배선 설비에 병합시키거나 근접한 경로로 설치하여야 한다.

(9) 접지 시스템

주접지 단자를 설치하고 등전위 본딩 도체, 접지 도체, 보호 도체, 기능성 접지 도체를 접속해야 한다.

4 접지극의 시설 및 접지 저항

(1) 접지극

① 콘크리트에 매입된 기초 접지극
② 토양에 매설된 기초 접지극
③ 토양에 수직 또는 수평으로 직접 매설된 금속 전극(봉, 전선, 테이프, 배관, 판 등)
④ 케이블의 금속 외장 및 그 밖에 금속 피복
⑤ 지중 금속 구조물(배관 등)
⑥ 대지에 매설된 철근 콘크리트의 용접된 금속 보강재(강화 콘크리트 제외)

(2) 접지극의 매설

① 접지극은 매설하는 토양을 오염시키지 않아야 하며, 가능한 다습한 부분에 설치한다.
② 접지극은 지표면으로부터 지하 0.75[m] 이상으로 하되 동결 깊이를 고려(감안)하여 매설 깊이를 정해야 한다.
③ 접지 도체를 철주, 기타의 금속체를 따라서 시설하는 경우에는 접지극을 철주의 밑면으로부터 0.3[m] 이상의 깊이에 매설하는 경우 이외에는 접지극을 지중에서 그 금속체로부터 1[m] 이상 이격하여 매설하여야 한다.

접지극 대신 사용
0.75[m] 이상 동결 깊이 고려(감안)
㉠ 금속제 수도관 : 3[Ω] 이하
㉡ 철골 : 2[Ω] 이하

(3) 수도관, 철골 등의 접지극 사용 가능한 전기 저항

① 지중에 매설된 금속제 수도관은 대지와의 전기 저항이 3[Ω] 이하
② 건축물, 구조물의 철골, 기타 금속제는 대지와의 전기 저항이 2[Ω] 이하

(4) 접지 저항 저감법

① 접지봉의 길이, 접지판의 면적과 같은 접지극의 크기를 크게 한다.
② 접지극의 매설 깊이(지표면하 0.75[m] 이상)를 깊게 한다.
③ 접지극을 상호 2[m] 이상 이격하여 **병렬** 접속한다.
④ 그물망(메시) 공법이나 매설 지지선 공법 등에 의한 접지극의 형상을 변경한다.
⑤ 접지 저항 저감제와 같은 화학적 재료를 사용하여 토지를 개량한다.

접지극의 종류 및 규격

- 동판 : 두께 0.7[mm] 이상, 단면적 900[cm^2] 편면(片面) 이상의 것
- 동봉, 동피복 강봉 : 지름 8[mm] 이상, 길이 0.9[m] 이상의 것
- 철관 : 바깥지름(외경) 25[mm] 이상, 길이 0.9[m] 이상 아연 도금 가스 철관 또는 후강 전선관일 것
- 철봉 : 지름 12[mm] 이상, 길이 0.9[m] 이상의 아연 도금한 것

5 기계 기구의 철대 및 외함의 접지

① 전로에 시설하는 기계 기구의 철대 및 금속제 외함(외함이 없는 변압기 또는 계기용 변성기는 철심)에는 접지 공사를 하여야 한다.

② 접지 공사의 생략

㉠ 사용 전압이 직류 300[V], 교류 대지 전압 150[V] 이하인 전기 기계 기구를 건조한 장소에 설치한 경우

㉡ 저압, 고압, 22.9[kV-Y] 계통 전로에 접속한 기계 기구를 목주 위 등에 시설한 경우

㉢ 저압용 기계 기구를 목주나 마루 위 등에 설치한 경우

㉣ 전기용품 안전관리법에 의한 2중 절연 기계 기구

㉤ 외함이 없는 계기용 변성기 등을 고무 절연물 등으로 덮은 경우

㉥ 철대 또는 외함이 주위의 적당한 절연대를 이용하여 시설한 경우

㉦ 2차 전압 300[V] 이하, 정격 용량 3[kVA] 이하인 절연 변압기를 사용하고 2차측을 비접지 방식으로 하는 경우

㉧ 동작 전류 30[mA] 이하, 동작 시간 0.03[sec] 이하인 인체 감전 보호 누전 차단기를 설치한 경우(단, 고감도형(습기·물기) 15[mA] 이하)

접지공사 생략(자주 출제)

㉠ 사용 전압이 직류 300[V], 교류 대지 전압 150[V] 이하인 전기 기계 기구를 건조한 장소에 설치한 경우

㉡ 저압, 고압, 22.9[kV-Y] 계통 전로에 접속한 기계 기구를 목주 위 등에 시설한 경우

㉢ 2차 전압 300[V] 이하, 정격 용량 3[kVA] 이하인 절연 변압기를 사용하고 2차측을 비접지 방식으로 하는 경우

자주 출제되는 기출 문제

저압 전로의 절연 저항

㉠ SELV, PELV : 250[V], 0.5[MΩ] 이상
㉡ FELV, 500[V] 이하 : 500[V], 1.0[MΩ] 이상
㉢ 500[V] 넘는 것 : 1,000[V], 1.0[MΩ] 이상
㉣ 정전이 어려운 경우 등 절연 저항 측정이 곤란한 경우의 누설 전류 측정 : 1[mA] 이하

신규문제

01 교류 380[V]를 사용하는 공장의 전선과 대지 사이의 절연 저항은 몇 [MΩ] 이상이어야 하는가?

① 0.1　　② 1.0
③ 0.5　　④ 100

해설 FELV, 500[V] 이하이면 1.0[MΩ] 이상이어야 한다.

신규문제

02 400[V] 이하 옥내 배선의 절연 저항 측정에 가장 알맞은 절연 저항계는?

① 250[V] 메거
② 500[V] 메거
③ 1,000[V] 메거
④ 1,500[V] 메거

해설 전압의 종류에 따른 절연 저항계의 사용
- FELV, 500[V] 이하 : 500[V]급 절연 저항계를 사용한다.
- 500[V] 초과 : 1,000[V]급 절연 저항계를 사용한다.

신규문제

03 절연 저항을 측정하는 데 정전이 어려워 측정이 곤란한 경우에는 누설 전류를 몇 [mA] 이하로 유지하여야 하는가?

① 1　　② 2
③ 5　　④ 10

해설 정전이 어려운 경우 등 절연 저항 측정이 곤란한 경우에는 누설 전류를 1[mA] 이하로 유지하여야 한다.

절연 내력 시험 전압(전동기)

㉠ 7,000[V] 이하 : 최대 사용 전압×1.5배(최저 시험 전압 : 500[V])
㉡ 7,000[V] 초과 : 최대 사용 전압×1.25배(최저 시험 전압 10,500[V])

★

04 최대 사용 전압이 220[V]인 3상 유도 전동기가 있다. 이것의 절연 내력 시험 전압은 몇 [V]로 하여야 하는가?

① 330　　② 500
③ 750　　④ 1,050

정답 01.② 02.② 03.① 04.②

해설 절연 내력 시험 전압

기기	절연 내력 시험 전압	
발전기, 전동기(권선과 대지 간)	7,000[V] 이하	1.5배(최저 500[V])
	7,000[V] 초과	1.25배(최저 10,500[V])

절연 내력 시험 전압은 $220 \times 1.5 = 330$[V]이지만 최저 시험 전압은 500[V]이다.

★
05 최대 사용 전압이 3.3[kV]인 차단기 전로의 절연 내력 시험 전압은 몇 [V]인가?

① 3,036　　② 4,125
③ 4,950　　④ 6,600

해설 기기 및 전로의 절연 내력 시험

종류	절연 내력 시험 전압(최저 시험 전압)	
비접지 기기의 전로	7,000[V] 이하	1.5배(500[V])
	7,000[V] 초과	1.25배(10,500[V])

절연 내력 시험 전압 $= 3,300 \times 1.5 = 4,950$[V]

절연 내력 시험 전압
㉠ 7,000[V] 이하(비접지) : 최대 사용 전압×1.5배 (최저 시험 전압 500[V])
㉡ 60[kV] 초과 170[kV] 이하(중성점 직접 접지) : 최대 사용 전압×0.72배

★★
06 최대 사용 전압이 70[kV]인 중성점 직접 접지식 전로의 절연 내력 시험 전압은 몇 [V]인가?

① 35,000　　② 42,000
③ 44,800　　④ 50,400

해설 절연 내력 시험 : 최대 사용 전압의 0.72배의 전압을 연속으로 10분간 가할 때 견딜 것

최대 사용 전압	전로의 접지 방식	절연 내력 시험 전압비(최저 시험 전압)
60[kV] 초과 170[kV] 이하	중성점 비접지식 전로	1.25배
	중성점 접지(성형 결선 또는 스콧 결선)로서, 중성점 접지식 전로(전위 변성기를 사용하여 접지)	1.1배(최저 75[kV])
	중성점 직접 접지	0.72배

절연 내력 시험 전압 $= 70,000 \times 0.72 = 50,400$[V]

신규문제
07 접지 시스템의 구성에서 접지극과 주접지 단자를 연결하는 도체는?

① 보호 도체　　② 주등전위 본딩용 도체
③ 접지 도체　　④ 보조 등전위 본딩용 도체

해설 접지극은 접지 도체를 사용하여 주접지 단자에 연결하여야 한다.

정답 05.③ 06.④ 07.③

접지 시스템
㉠ 접지 도체
㉡ 보호 도체
㉢ 등전위 본딩 도체
㉣ 기능성 접지 도체

신규문제
08 접지 시스템은 주접지 단자를 설치하고 다음의 도체를 설치해야 하는데 이 도체가 아닌 것은?

① 등전위 본딩 도체　　② 접지 도체
③ 보호 도체　　④ 나경동선 도체

해설 접지 시스템은 주접지 단자를 설치하고 등전위 본딩 도체, 접지 도체, 보호 도체, 기능성 접지 도체를 접속해야 한다.

신규문제
09 특고압·고압 전기 설비용 접지 도체는 단면적 몇 [mm^2] 이상의 연동선 또는 동등 이상의 단면적 및 강도를 가져야 하는가?

① 0.75　　② 4
③ 6　　④ 10

해설 특고압·고압 전기 설비용 접지 도체는 단면적 6[mm^2] 이상의 연동선 또는 동등 이상의 단면적 및 강도를 가져야 한다.

신규문제
10 중성점 접지용 접지 도체는 공칭 단면적 몇 [mm^2] 이상의 연동선 또는 동등 이상의 단면적 및 강도를 가져야 하는가?

① 4　　② 6
③ 10　　④ 16

해설 중성점 접지용 접지 도체는 공칭 단면적 16[mm^2] 이상의 연동선 또는 동등 이상의 단면적 및 세기를 가져야 한다.

피뢰 시스템
접지 도체 구리선 단면적 16[mm^2] 이상, 접지 저항 10[Ω] 이하

★★
11 피뢰 시스템에 접지 도체가 접속된 경우 접지 저항은 몇 [Ω] 이하이어야 하는가?

① 5　　② 10
③ 15　　④ 20

해설 피뢰 시스템에 접지 도체가 접속된 경우 접지 저항은 10[Ω] 이하이어야 한다.

★★
12 변압기의 중성점 접지 저항값은 다음 어느 값이 결정하는가?

① 변압기의 용량
② 고압 가공 전선로의 전선 연장
③ 변압기 1차측에 넣는 퓨즈 용량
④ 변압기 고압 또는 특고압측 전로의 1선 지락 전류의 암페어수

정답 08.④ 09.③ 10.④ 11.② 12.④

해설 변압기 중성점 접지 저항 : 사용 전압 35,000[V] 이하인 경우

$R = \dfrac{150(300,\ 600)}{I_g}[\Omega]$

- I_g : 1선 지락 전류
- 150 : 특별한 보호 장치가 없는 경우
- 300 : 혼촉 시 보호 장치 동작이 1초 넘고 2초 이내인 경우
- 600 : 혼촉 시 보호 장치 동작이 1초 이내인 경우

신규문제

13

변압기 고압측 전로의 1선 지락 전류가 5[A]이고, 저압측 전로와의 혼촉에 의한 사고 발생 시 고압측 전로를 자동적으로 차단하는 장치가 되어 있지 않은, 즉 일반적인 경우에는 변압기 저압측 중성점 접지 저항값의 최대값은 몇 [Ω]인가?

① 10　② 20
③ 30　④ 40

해설 변압기 중성점 접지 저항 : 사용 전압 35,000[V] 이하인 경우

$R = \dfrac{150(300,\ 600)}{I_g}[\Omega]$

- I_g : 1선 지락 전류
- 150 : 특별한 보호 장치가 없는 경우
- 300 : 혼촉 시 보호 장치 동작이 1초 넘고 2초 이내인 경우
- 600 : 혼촉 시 보호 장치 동작이 1초 이내인 경우

∴ 접지 저항 $R = \dfrac{150}{I_g} = \dfrac{150}{5} = 30[\Omega]$

신규문제

14

피뢰 시스템에 접지 도체가 접속된 경우 접지선의 굵기는 구리선인 경우 최소 몇 $[mm^2]$ 이상이어야 하는가?

① 6　② 10
③ 16　④ 22

해설 접지 도체가 피뢰 시스템에 접속된 경우 : 구리 $16[mm^2]$ 이상, 철제 $50[mm^2]$ 이상

신규문제

15

이동용 전기 기계 기구를 저압 전기 설비에 사용하는 경우 접지선의 굵기는 다심 코드를 사용하는 경우 1개의 단면적이 최소 몇 $[mm^2]$ 이상이어야 하는가?

① 0.75　② 1
③ 4　④ 6

해설 저압 전기 설비를 이동용 전기 기계 기구를 사용하는 경우 접지 도체의 굵기는 1개의 단면적이 $0.75[mm^2]$인 다심 코드 또는 캡타이어 케이블을 사용하여야 한다.

출제분석 Advice

중성점 접지 저항

$R = \dfrac{150 \cdot 300 \cdot 600}{I_g}[\Omega]$

㉠ I_g : 1선 지락 전류
㉡ 150[V] : 보호 장치 시설 안 함
㉢ 300[V] : 보호 장치 1초 넘고 2초 이내 동작
㉣ 600[V] : 보호 장치 1초 이내 동작

피뢰 시스템

접지 도체 구리선 단면적 $16[mm^2]$ 이상, 접지 저항 10[Ω] 이하

저압 접지선 굵기

다심 코드 및 다심 캡타이어 케이블 : $0.75[mm^2]$ 이상

정답 13.③ 14.③ 15.①

신규문제

16 다음 중 보호 도체로 하나 또는 복수로 구성해야 하는데 사용할 수 있는 도체가 아닌 것은?

① 다심 케이블의 도체
② 충전 도체와 같은 트렁킹에 수납된 절연 도체 또는 나도체
③ 고정된 절연 도체 또는 나도체
④ 가요성 금속 전선관

해설 보호 도체로 사용할 수 있는 도체
- 다심 케이블의 도체
- 충전 도체와 같은 트렁킹에 수납된 절연 도체 또는 나도체
- 고정된 절연 도체 또는 나도체
- 금속 케이블 외장, 케이블 차폐, 케이블 외장, 전선 묶음(편조 전선), 동심 도체, 금속관(기계적·열적·화학적 손상 등이 없을 것)

신규문제

겸용 도체
㉠ 구리 : 10[mm²] 이상
㉡ 알루미늄 : 16[mm²] 이상

17 보호 도체와 계통 도체를 겸용하는 겸용 도체는 중성선과 겸용, 선도체와 겸용, 중간 도체와 겸용을 말하며 단면적은 구리선을 사용하는 경우 최소 몇 $[mm^2]$ 이상이어야 하는가?

① 6　　② 10
③ 16　　④ 22

해설 겸용 도체의 최소 굵기 : 구리 $10[mm^2]$ 또는 알루미늄 $16[mm^2]$ 이상

★★★

접지극 매설 깊이
75[cm] 이상

18 출제빈도

접지 설비에 사용하는 접지선을 사람이 접촉할 우려가 있는 곳에 시설하는 경우에는 동결 깊이를 고려(감안)하여 지하 몇 [cm] 이상까지 매설하여야 하는가?

① 50　　② 100
③ 75　　④ 150

해설 접지극(전극)의 매설 깊이는 지하 75[cm] 이상 깊이에 매설하되 동결 깊이를 고려(감안)할 것

★★★

접지극 동봉 길이
0.9[m] 이상

19 

접지 공사에서 접지극으로 동봉을 사용하는 경우 최소 길이는 몇 [m]인가?

① 1　　② 1.2
③ 0.9　　④ 0.6

해설 접지극의 종류와 규격(동봉) : 지름 8[mm] 이상, 길이 0.9[m] 이상

정답 16.④ 17.② 18.③ 19.③

신규문제

20 다음 중 접지극으로 사용할 수 있는 것이 아닌 것은?

① 콘크리트에 매입된 기초 접지극

② 토양에 매설된 기초 접지극

③ 대지에 매설된 강화 콘크리트에 용접된 금속 보강재

④ 케이블의 금속 외장 및 그 밖의 금속 피복

해설 접지극으로 사용 가능한 시설물

- 콘크리트에 매입된 기초 접지극
- 토양에 매설된 기초 접지극
- 토양에 수직 또는 수평으로 직접 매설된 금속 전극(봉, 전선, 테이프, 배관, 판 등)
- 케이블의 금속 외장 및 그 밖의 금속 피복
- 지중 금속 구조물(배관 등)
- 대지에 매설된 철근 콘크리트의 용접된 금속 보강재(강화 콘크리트 제외)

★★

21 지중에 매설된 금속제 수도관은 전기 저항이 몇 [Ω] 이하인 경우 각종 접지 공사의 접지극으로 사용할 수 있는가?

① 1 ② 2

③ 3 ④ 4

해설 수도관, 철골 등의 접지극 사용 가능한 전기 저항

- 지중에 매설된 금속제 수도관은 대지와의 전기 저항이 3[Ω] 이하
- 건축물, 구조물의 철골, 기타 금속제는 대지와의 전기 저항이 2[Ω] 이하

접지극 대신 사용
㉠ 수도관 : 3[Ω] 이하
㉡ 철골 : 2[Ω] 이하

22 다음 중 접지 공사를 시설하는 데 접지극의 시설 방법으로 잘못된 것은?

① 접지극은 지중 금속 구조물(배관 등)을 사용하였다.

② 접지극은 동결 깊이를 고려(감안)하여 지표면으로부터 50[cm] 깊이에 매설하였다.

③ 지중에 매설된 수도관의 전기 저항값이 3[Ω] 이하이면 접지극으로 사용할 수 있다.

④ 접지극은 매설하는 토양을 오염시키지 않아야 한다.

해설 접지극의 시설 규정

- 접지극은 매설하는 토양을 오염시키지 않아야 하며, 가능한 다습한 부분에 설치한다.
- 접지극은 지표면으로부터 지하 75[cm] 이상으로 하되 동결 깊이를 고려(감안)하여 매설 깊이를 정해야 한다.
- 지중에 매설된 대지와의 전기 저항이 3[Ω] 이하인 금속제 수도관은 각종 접지 공사의 접지극으로 사용할 수 있다.

정답 20.③ 21.③ 22.②

접지 저항 저감 대책
㉠ 길이 증가
㉡ 면적 증가
㉢ 병렬 접속
㉣ 깊게 매설

23 접지 공사 시 접지 저항을 감소시키는 저감 대책이 아닌 것은?

① 접지봉의 길이를 증가시킨다.
② 접지판의 면적을 감소시킨다.
③ 접지극의 매설 깊이를 깊게 매설한다.
④ 접지 저항 저감제를 이용하여 토양의 고유 저항을 화학적으로 저감시킨다.

해설 접지 저항 저감 대책
- 접지봉의 연결 개수를 증가시킨다.
- 접지판의 면적을 증가시킨다.
- 접지극을 깊게 매설한다.
- 토양의 고유 저항을 화학적으로 저감시킨다.

접지극 간의 간격(이격 거리) 2[m] 이상

24 접지 공사 시 접지 저항을 감소시키는 저감 대책 중 접지극을 병렬로 접속해야 하며 접지극 간의 간격(이격거리)은 최소 몇 [m] 이상인가?

① 1 ② 2
③ 1.5 ④ 3

해설 접지 저항 저감 대책 중 접지극은 상호 2[m] 이상 이격하여 병렬 접속한다.

25 전로에 시설하는 기계 기구의 철대 및 금속제 외함에는 접지 공사를 해야 하는데 접지 공사를 생략할 수 있는 경우가 아닌 것은?

① 사용 전압이 교류 대지 전압 150[V] 이하인 전기 기구를 건조한 장소에 설치한 경우
② 전기용품 안전관리법에 의한 2중 절연 기계 기구
③ 철대 또는 외함이 주위의 적당한 절연대를 이용하여 시설한 경우
④ 정격 용량 5[kVA] 이하인 절연 변압기를 사용하고 2차측을 비접지 방식으로 하는 경우

해설 절연 변압기를 2차 전압 300[V] 이하, 정격 용량 3[kVA] 이하를 사용하고 2차측을 비접지 방식으로 한 경우 접지 공사를 생략할 수 있다.

정답 23.② 24.② 25.④

Craftsman Electricity

전선로 및 배전 공사

가공 전선로

1 전선로 일반

발전소, 변전소, 개폐소 상호 간 또는 이들과 수용가 간을 연결하는 전선 및 이를 지지, 보강하기 위한 전체 설비를 전선로라 한다.

(1) 전선로의 분류

① 가공 전선로　② 지중 전선로
③ 옥상 전선로　④ 옥측 전선로
⑤ 수상 전선로　⑥ 물밑 전선로
⑦ 터널 내 전선로

(2) 저압 전선로 등의 중성선 또는 접지측 전선의 식별

① 애자의 빛깔에 의하여 식별하는 경우는 파란색 표식를 한 애자를 접지측으로 사용할 것
② 전선 피복의 식별에 의하는 경우 파란색으로 사용할 것

중성선, 접지측 전선 식별
㉠ 애자 : 파란색 표식
㉡ 전선 피복 : 파란색

변전소

구외에서 전송된 전기를 변압기, 정류기 등을 통해 변성한 후 다시 구외로 전송하는 전기 설비 전체
- 전압의 변성
- 전력의 집중과 배분
- 전력 계통 보호

2 가공 전선로의 시설과 표준 지지물 간 거리

발전소 등에서 발전된 전력이나 변전소 등에서 변성된 전력을 철근 콘크리트 주나 철주, 철탑 같은 지지물을 통하여 수용가 등으로 전송하기 위한 가공 전선을 말한다.

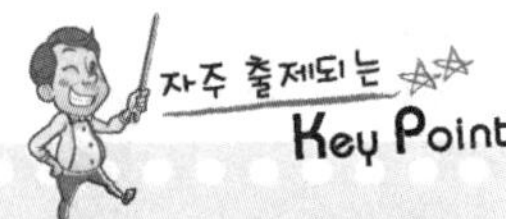

가공 전선로 전선 굵기
㉠ 400[V] 미만 : 2.6[mm] 이상(단, 나전선 3.2[mm] 이상)
㉡ 400[V] 이상, 고압
• 시가지 내 : 5[mm] 이상
• 시가지 외 : 4[mm] 이상
㉡ 특고압 : 22[mm^2] 이상

35[kV] 이하 가공 전선 높이
㉠ 도로 횡단 : 6[m] 이상
㉡ 철도 횡단 : 6.5[m] 이상
㉢ 기타 장소 : 5[m] 이상

가공 케이블 시설
㉠ 조가선(조가용선) : 22[mm^2] 이상 아연 도금 강선
㉡ 고압 행거 간격 : 50[cm] 이하

가공 전선로 표준 지지물 간 거리
㉠ 목주, A종 : 150[m]
㉡ B종 : 250[m]
㉢ 철탑 : 600[m]

(1) 가공 전선로의 시설

① 가공 전선로의 전선 굵기

㉠ 사용 전압 400[V] 미만
- 절연 전선 : 인장 강도 2.3[kN], 2.6[mm] 이상의 경동선
- 나전선(중성선) : 인장 강도 3.43[kN], 3.2[mm] 이상의 경동선

㉡ 사용 전압 400[V] 이상, 고압
- 시가지 내 : 인장 강도 8.01[kN], 5.0[mm] 이상의 경동선
- 시가지 외 : 인장 강도 5.26[kN], 4.0[mm] 이상의 경동선

㉢ 특고압 : 인장 강도 8.71[kN], 22[mm^2] 이상의 경동선

② 가공 전선의 높이

(단위 : [m])

구분	저압	고압	특고압(35[kV] 이하)
도로	6	6	6
철도	6.5	6.5	6.5
횡단보도교	3.5(절연 전선 3)	3.5	4
기타	5	5	5

③ 가공 케이블 시설

㉠ 조가선(조가용선 : 케이블을 매달아 시설하기 위한 강선)에 행거를 이용해 매달아 시설한다.

㉡ 고압인 경우 행거 간격이 50[cm] 이하이어야 한다(단, 금속제 테이프 이용 시 20[cm] 이하일 것).

㉢ 조가선(조가용선)은 인장 강도 5.93[kN] 이상, 단면적 22[mm^2] 이상의 아연도철 연선 이상이어야 한다.

㉣ 조가선(조가용선) 및 케이블 피복에는 접지 공사를 한다.

(2) 가공 전선로의 표준 지지물 간 거리(경간)

(단위 : [m])

구분	표준 지지물 간 거리(경간)	장경간	저·고압 보안 공사 22.9[kV-Y] 다중 접지	제1종 특고 보안 공사	제2·3종 특고 보안 공사
목주, A종	150	300	100	사용 불가	100
B종	250	500	150	150	200
철탑	600	1,200	400	400	400

※ 1. 장경간의 조건 : 고압의 경우 22[mm^2], 특고압의 경우 55[mm^2] 이상의 전선을 사용하는 경우의 값이다.
2. 보안 공사 : 전선로 공사 시 전선 및 지지물을 더 튼튼한 것으로 하고, 지지물 간 거리는 더 작게 하는 등 전선로 전선설치(가선) 공사 시 모든 시설 기준을 좀 더 강화시키는 것이다.

3 가공 지선의 시설 및 병행설치(병가), 공가

(1) 가공 지선

직격뢰로부터 가공 전선을 보호하기 위한 나전선이다.

① 고압 : 인장 강도 5.26[kN], 4.0[mm] 이상의 경동선

② 특고압 : 인장 강도 8.01[kN], 5.0[mm] 이상의 경동선

(2) 가공 전선의 병행설치(병가) 시설

동일 지지물에 별도의 완금을 설치하여 서로 다른 전선로를 동시에 시설하는 것이다.

① 고·저압의 병행설치(병가)

㉠ 고압측을 상부에 시설할 것

㉡ 간격(이격거리) : 50[cm] 이상(단, 고압측이 케이블인 경우는 30[cm] 이상)

② 특고압과 저·고압의 병행설치(병가)

㉠ 특고압측을 상부에 시설할 것

㉡ 간격(이격거리)

- 35[kV] 이하 : 1.2[m] 이상(단, 22.9[kV-Y]의 경우는 1.0[m] 이상)
- 35[kV] 넘고 100[kV] 미만 : 2[m] 이상

(3) 가공 전선의 공가 시설

동일 지지물에 가공 전선과 가공 약전류 전선을 별도의 완금을 설치하여 동시에 시설하는 것이다.

① 가공 전선을 상부에 시설할 것

② 공가 시설하는 전압은 35[kV] 이하일 것

③ 공가 시 간격(이격거리)

㉠ 저압 : 75[cm] 이상(단, 케이블인 경우 30[cm] 이상)

㉡ 고압 : 1.5[m] 이상(단, 케이블인 경우 50[cm] 이상)

㉢ 35[kV] 이하 특고압 : 2[m] 이상(단, 케이블인 경우 50[cm] 이상)

4 25[kV] 이하 중성선 다중 접지 배전 선로의 시설

중성선 다중 접지 방식은 3상 4선식 배전 선로에서 중성선을 300[m] 이하 간격으로 계속 접지하는 것으로 전로에 지락이 발생하였을 때 2초 이내에 자동적으로 이를 전로로부터 차단하는 장치가 되어 있는 경우에 한한다.

자주 출제되는 Key Point

가공 지선
㉠ 직격뢰로부터 전선로 보호
㉡ 고압 : 4.0[mm] 이상 나경동선 병행(병가)설치
㉢ 특고압 : 5.0[mm] 이상 나경동선 병행설치(병가)
㉣ 높은 전압 상부에 시설
㉤ 고·저압 병행설치(병가) 간격(이격거리) : 50[cm] 이상(단, 고압측이 케이블인 경우 30[cm] 이상)
㉥ 35[kV] 이하 : 1.2[m] 이상

공가
㉠ 가공 전선 상부 시설
㉡ 공가 시 간격(이격거리)
- 저압 : 75[cm] 이상
- 고압 : 1.5[m] 이상
- 특고압 : 2[m] 이상

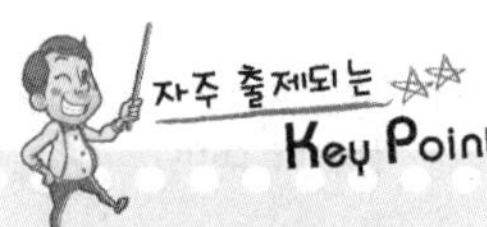

15[kV] 이하 중성선 다중 접지 방식
㉠ 접지선 : 6[mm^2] 이상
㉡ 접지점 간 거리 : 300[m] 이하
㉢ 각 접지점 전기 저항 : 300[Ω] 이하
㉣ 대지 간 합성 저항 : 30[Ω/km] 이하

25[kV] 이하 중성선 다중 접지 방식
㉠ 접지선 : 6[mm^2] 이상
㉡ 접지점 간 거리 : 300[m] 이하

(1) 전압 15[kV] 이하 중성선 다중 접지 방식 시설 원칙

① 중성선의 다중 접지 접지선은 6[mm^2] 이상일 것
② 중성선의 다중 접지 접지점 간 거리는 300[m] 이하일 것
③ 각 접지점의 대지와의 전기 저항은 300[Ω] 이하일 것
④ 1[km]마다의 중성선과 대지 간의 합성 저항값은 30[Ω/km] 이하일 것
⑤ 중성선은 저압 가공 전선로 규정에 준하여 시설할 것

(2) 전압 25[kV] 이하 중성선 다중 접지 방식 시설 원칙(22.9[kV])

① 중성선의 다중 접지 접지선은 6[mm^2] 이상일 것
② 중성선의 다중 접지 접지점 간 거리는 300[m] 이하일 것
③ 각 접지점의 대지와의 전기 저항은 300[Ω] 이하일 것
④ 1[km]마다의 중성선과 대지 간의 합성 저항값은 15[Ω/km] 이하일 것
⑤ 중성선은 저압 가공 전선로 규정에 준하여 시설할 것

가공 인입선
㉠ 전선 : 절연 전선, 케이블
㉡ 저압 : 2.6[mm] 이상(단, 지지물 간 거리 15[m] 이하는 2.0 [mm] 이상)
㉢ 고압 : 5.0[mm] 이상
㉣ 특고압 : 케이블

5 가공 인입선

가공 전선로의 지지물로부터 다른 지지물을 거치지 않고 직접 수용가의 붙임점에 이르는 가공 전선을 말한다.

(1) 선로 긍장

50[m] 이하일 것

(2) 전선

절연 전선, 다심형 전선, 케이블일 것

① 저압 : 인장 강도 2.3[kN] 이상, 2.6[mm] 이상의 절연 전선(단, 지지물 간 거리 15[m] 이하는 2.0[mm] 이상도 가능)
② 고압 : 인장 강도 8.01[kN] 이상, 5.0[mm] 이상의 고압 절연 전선, 케이블
③ 특고압 : 케이블(단, 10만[V] 이하)

가공 인입선 높이
㉠ 도로 횡단 : 저압 5[m], 고압 6[m] 이상
㉡ 철도 횡단 : 저압, 고압 모두 6.5[m] 이상
㉢ 횡단보도교 : 저압 3[m], 고압 3.5[m] 이상
㉣ 기타 장소 : 저압 4[m], 고압 5[m] 이상

(3) 전선의 높이

구분	저압	고압
도로 횡단	5[m] 이상	6[m] 이상
철도 횡단	6.5[m] 이상	6.5[m] 이상
횡단보도교	3[m] 이상	3.5[m] 이상
기타 장소	4[m] 이상	5[m] 이상

※ 고압 기타 장소에서 절연 전선으로서 하면에 위험 표시를 한 경우 3.5[m] 이상

자주 출제되는 Key Point

6 저압 이웃연결(연접) 인입선

한 수용가의 인입구에서 분기하여 지지물을 거치지 않고 다른 수용가의 인입구에 이르는 전선으로 반드시 저압에 한하여 시설할 수 있다.

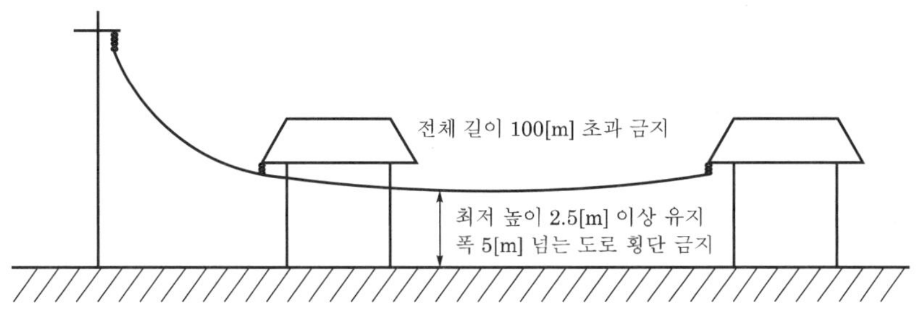

① 저압에 한하며 선로 긍장 100[m]를 넘지 않을 것
② 폭 5[m]를 넘는 도로를 횡단하지 않을 것
③ 옥내를 관통하지 않을 것

이웃연결(연접) 인입선 시설
㉠ 저압에 한함
㉡ 긍장 100[m] 초과 금지
㉢ 폭 5[m] 넘는 도로 횡단 금지
㉣ 옥내 관통 금지

02 가공 배전 선로의 구성

1 지지물

가공 전선로의 지지물에는 목주, 철근 콘크리트주가 주로 사용되며, 필요에 따라 철탑 및 철주를 사용한다.

(1) 목주

① 목주의 말구 지름 : 12[cm] 이상
② 목주의 지름 증가율 : $\frac{9}{1,000}$[mm] 이상

(2) 철근 콘크리트주

① A종 : 전체 길이가 16[m] 이하이면서 설계 하중 6.8[kN] 이하인 것
② B종 : A종 이외의 것
③ 철근 콘크리트주의 지름 증가율 : $\frac{1}{75}$[cm] 이상

(3) B종 철주, B종 철근 콘크리트주 또는 철탑의 사용 목적에 따른 분류

① 직선형 : 수평 각도 3° 이하 부분에서 사용하는 것

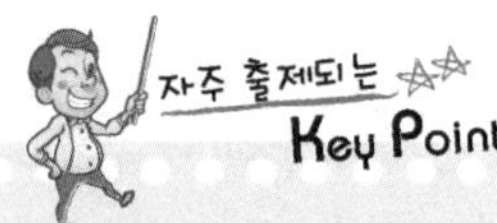

B종 지지물, 철탑 분류
㉠ 직선형 : 3° 이하 부분
㉡ 각도형 : 3° 초과 부분
㉢ 인류형 : 전가섭선 잡아당김(인류)
㉣ 내장형 : 지지물 간 거리 차 큰 곳
㉤ 보강형 : 전선로 보강

② 각도형 : 수평 각도 3° 초과 부분에서 사용하는 것
③ 잡아당김(인류)형 : 전가섭선을 잡아당기는(인류하는) 곳에서 사용하는 것
④ 내장형 : 지지물 간 거리 차가 큰 곳에 사용하는 것
⑤ 보강형 : 전선로의 직선 부분에서 그 보강을 위하여 사용하는 것

2 애자

애자는 전선과 대지 간 절연이나 전선을 지지물에 고정시키는 역할을 한다.

(1) 애자의 분류

① 사용 전압 : 저압용(흰색), 고압용, 특고압용(빨간색), 중성선 및 접지선용(파란색), 고압용, 중선선
② 사용 목적 : 핀 애자, 현수 애자, 인류 애자, 내장 애자, 가지 애자, 지지 애자, 새클 애자, 구형(지지선, 옥, 구슬) 애자

애자의 종류
㉠ 핀 애자 : 직선 전선로 지지
㉡ 현수 애자 : 철탑 등에서 전선을 분기 시 사용
㉢ 인류 애자 : 인입선을 수용가 붙임점에 고정, 지지
㉣ 내장 애자 : 전선을 인장하여 잡아당김(인류), 지지
㉤ 가지 애자 : 전선로의 방향 전환
㉥ 지지 애자 : 모선, 단로기 지지용
㉦ 새클 애자 : 저·고압 전로에서 전선 교차 시 사용
㉧ 구형 애자 : 지지선(지선) 중간에 설치하여 지지물과 대지 간 절연

(2) 애자의 종류

① 핀 애자 : 가공 전선로의 직선 부분을 지지하기 위한 애자
② 현수 애자 : 철탑 등에서 전선을 인류하거나 분기할 경우 사용하는 애자
③ 인류 애자 : 가공 전선이나 가공 인입선 등이 끝나는 부분에서 전선을 잡아당겨(인류하여) 조영재에 고정, 지지하기 위한 것으로 절연대가 실패 모양을 한 애자
④ 내장 애자 : 고압 가공 전선로 등에서 지지물로부터 전선의 장력 방향으로 인장하여 전선을 잡아당김(인류), 지지하기 위한 애자
⑤ 가지 애자 : 전선로를 다른 방향으로 돌리는 경우에 사용하는 애자
⑥ 지지 애자 : 발전소, 변전소 등에서 모선이나 단로기 등을 지지하기 위한 애자
⑦ 새클 애자 : 고압 또는 저압 선로에서 전선을 끌어당겨 교차할 때 사용하는 애자
⑧ 구형(옥, 구슬) 애자 : 지지선(지선) 중간에 설치하여 지지물과 대지 사이를 절연하는 동시에 지지선(지선)의 장력 하중을 담당하기 위한 애자

3 지지선(지선)

지지선(지선)이란 전선로의 안정성을 증가시키고 지지물의 강도를 보강하기 위하여 철탑을 제외한 지지물 등에 설치하는 금속선으로 전선로의 수평 장력이 가까운 곳에 설치한다.

자주 출제되는 Key Point

지지선의 종류
㉠ 보통 지선 : 전선로가 끝나는 부분
㉡ 수평 지선 : 도로, 하천을 횡단하는 부분(지선주)
㉢ Y지선 : 다수의 완금 시설, H주 등에서 사용
㉣ 궁지선 : 건물 인접으로 지지선 설치가 힘든 경우

(1) 지지선(지선)의 종류

① 보통 지선[인류 지선] : 전선로가 끝나는 부분에 설치하는 지지선(지선)

② 수평 지선 : 도로나 하천 등을 횡단하는 부분에서 지선주를 사용하여 설치하는 지지선

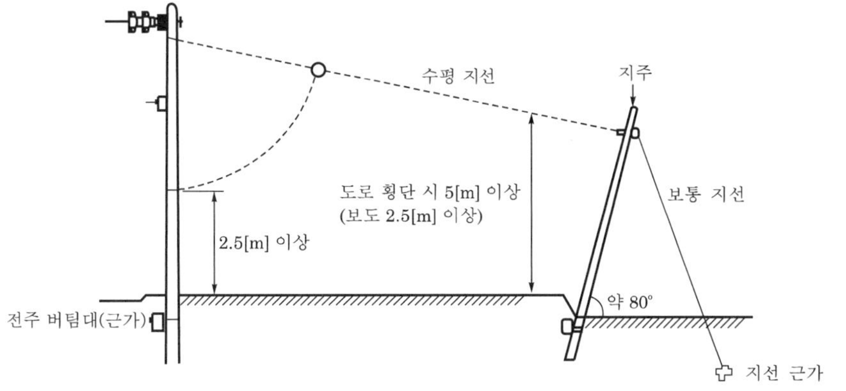

③ 공동 지선 : 장력이 거의 같고, 지지물 간 거리 차가 비교적 짧은 부분에서 양 지지물 간에 공동으로 수평이 되게 설치하는 지지선(지선)

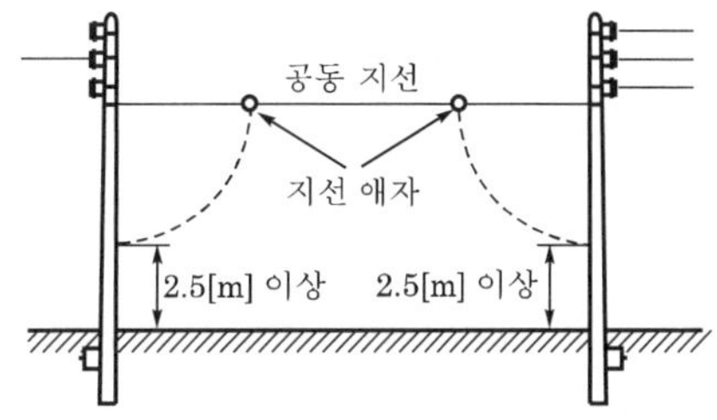

④ Y지선 : 여러 개의 완금을 시설하거나 수평 장력이 크게 작용하는 부분 또는 H주 등에 설치하는 지지선(지선)

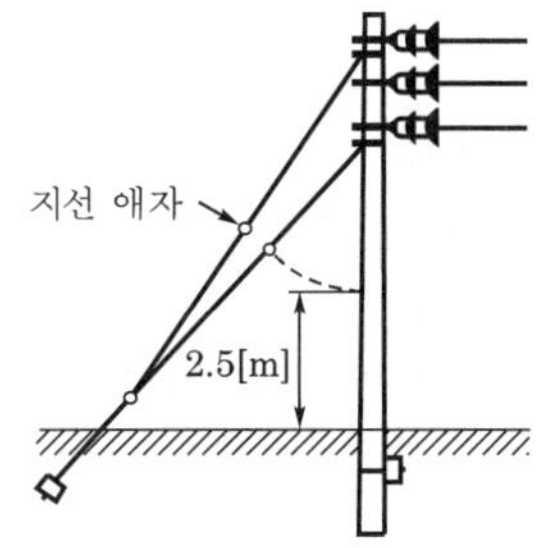

⑤ 궁지선 : 비교적 장력이 작으면서 건물 등이 인접하여 타 종류의 지지선(지선) 설치가 곤란한 장소 등에서 설치하는 지지선(지선)

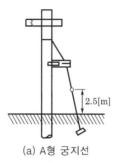

(a) A형 궁지선 (b) R형 궁지선

지지선(지선)의 구비 조건
㉠ 안전율 : 2.5 이상
㉡ 소선 : 2.6[mm] 이상
㉢ 소선 가닥수 : 3조 이상
㉣ 최저 인장 하중 : 4.31[kN] 이상일 것
㉤ 지중, 지표상 30[cm] 부분 : 지선봉(아연 도금)
㉥ 도로 횡단 시 지지선(지선) 높이 : 5[m] 이상

(2) 지지선(지선)의 구비 조건

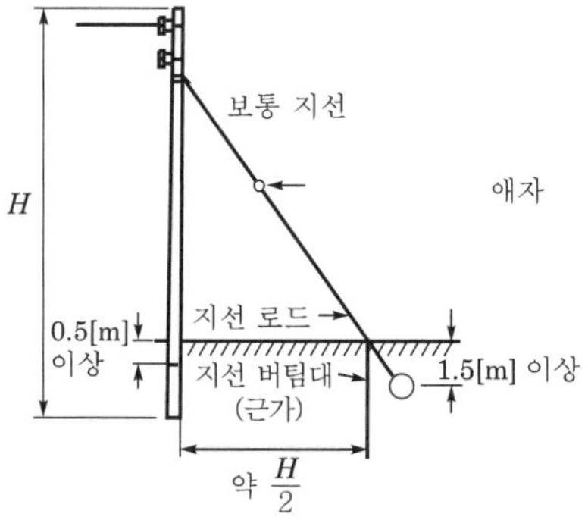

① 지지선(지선)의 안전율은 2.5 이상일 것
② 지지선(지선)의 구성은 2.6[mm] 이상 금속선을 3조 이상 꼬아서 시설할 것 (단, 인장 강도 0.68[kN] 이상인 아연 도금 강선은 2.0[mm] 이상도 가능)
③ 지지선(지선)의 최저 인장 하중은 4.31[kN] 이상일 것
④ 지중 및 지표상 30[cm]까지의 부분에는 아연 도금한 철봉을 사용할 것
⑤ 지지선(지선)의 높이는 도로 횡단의 경우 5[m] 이상을 유지할 것

지지선(지선) 설치 부속품
㉠ 지선 밴드 : 지지선(지선)을 지지물에 고정하는 것
㉡ 지선 근가(앵커) : 지지선(지선)을 지중에서 고정하는 콘크리트 블록
㉢ U볼트 : 지지물에 전주 버팀대(근가) 실시 시 고정하는 것

간간 참고 **보통 지선의 시설**

- 지선 밴드 : 지지선(지선)을 지지물에 고정하기 위한 철제 밴드
- 지선봉 : 지중 및 지표상 30 ~ 60[cm] 부분에서 지지선(지선)의 부식 방지를 위해 사용하는 아연 도금 철봉
- 지선 버팀대(앵커) : 지중에서 지지선(지선)의 끝을 고정하기 위한 콘크리트 블록 고정대
- U볼트 : 지중에서 지지물에 전주 버팀대(근가)를 실시할 때 지지물에 고정하기 위한 볼트

자주 출제되는 Key Point

4 배전용 기기

(1) 개폐기

① 단로기(DS : Disconnecting Switch) : 부하 전류 개폐 능력이 없으므로 부하 전류를 개폐하지 않는 장소에서 사용하는 개폐기로, 고압이나 특고압 수전 설비 계통에서는 수용가 인입구에서 차단기와 조합하여 사용하며, 설비 계통의 보수, 점검 시 차단기를 개방한 후 전로를 완전히 개방·분리하거나 그 접속을 변경할 때 사용한다.

② 선로 개폐기(LS : Line Switch) : 단로기와 마찬가지로 부하 전류 개폐 능력이 없으므로 부하 전류를 개폐하지 않는 장소에서 사용하는 개폐기로, 66[kV] 이상 특고압 수전 설비 계통에서는 수용가 인입구에서 차단기와 조합하여 사용하며 보안상 책임 분계점 등에서 선로의 보수·점검 시 차단기를 개방한 후 전로를 완전히 개방할 때 사용한다.

③ 부하 개폐기(LBS : Load Breaker Switch) : 정상적인 부하 전류는 개폐할 수 있지만 고장 전류는 차단할 수 없는 개폐기로 수·변전 설비 인입구 개폐기로 많이 사용하고 있으며, 3상 부하의 경우 전력 퓨즈 용단 시 결상 방지 목적으로 사용한다.

④ 자동 고장 구분 개폐기(ASS : Automatic Section Switch) : 과부하나 지락 사고 발생 시 고장 구간만을 신속·정확하게 차단 또는 개방하여 고장 구간을 분리하기 위한 개폐기로 22.9[kV] 특고압 수용가 인입구 등에 사용한다.

⑤ 리클로저(R/C : Recloser) : 배전 선로 보호용 차단기 겸 계전기로, 사고 발생 시 사고의 검출 및 신속한 고장 구간 자동 차단 기능이 있을 뿐만 아니라 재연결(재폐로)까지 할 수 있는 보호 장치로 섹셔널라이저와 조합하여 사용한다.

⑥ 섹셔널라이저(S/E : Sectionalizer) : 고장 전류 차단 능력은 없으면서 부하측에서 사고가 발생하면 사고 횟수를 감지하여 선로의 무전압 상태에서 선로를 개방·분리하기 위한 개폐기로, 반드시 후비 보호 장치인 리클로저와 조합하여 사용한다. 그 이유는 고장 전류 차단 능력이 없고, 부하 전류 개폐 능력만 갖기 때문에 리클로저 동작 시 그 차단 동작 횟수를 기억하여 정정된 횟수에 도달 시 자동으로 개방하여 리클로저가 완전 개방되기 전에 먼저 선로를 개방하여 리클로저의 완전 개방에 따른 보수를 절약할 수 있기 때문이다.

단로기(DS)
㉠ 부하 전류 개폐 능력이 없음
㉡ 차단기 개방 후 전로를 개방·분리 개폐기

선로 개폐기(LS)
㉠ 부하 전류 개폐 능력이 없음
㉡ 66[kV] 이상 수용가 인입구 개폐기로 사용

부하 개폐기(LBS)
㉠ 부하 전류 개폐 능력이 있음
㉡ 전력 퓨즈 용단 시 결상 방지 목적으로 사용

자동 고장 구분 개폐기(ASS)
㉠ 과부하, 지락 사고 시 고장 구간 개방·분리
㉡ 22.9[kV] 특고압 수용가 인입구 개폐기

리클로저(R/C)
㉠ 배전 선로 보호용 계전기(고장 검출) 겸 차단기
㉡ 섹셔널라이저와 조합 사용 자동 재연결(재폐로) 차단기

섹셔널라이저
㉠ 고장 전류 차단 능력이 없음
㉡ 무전압 상태에서 선로를 개방·분리하는 개폐기

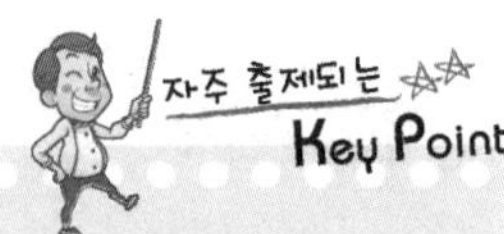

우리나라의 배전 방식

우리나라의 대표적인 배전 방식으로는 중성점 다중 접지 방식인 22.9[kV-Y] 계통으로 되어 있고, 이 배전선에 사고가 생기면 그 배전선 전체가 정전이 되지 않도록 선로 도중이나 분기선에 변전소의 차단기 → 리클로저 → 섹셔널라이저 → 라인 퓨즈 등의 보호 장치를 설치하여 상호 협조를 기함으로써 사고 구간을 국한하여 제거시킬 수 있다.

소호 매질에 따른 차단기
㉠ VCB(진공 차단기) : 진공 상태 이용
㉡ GCB(가스 차단기) : SF_6
㉢ OCB(유입 차단기) : 절연유 이용
㉣ ABB(공기 차단기) : 10기압 이상 압축 공기
㉤ MBB(자기 차단기) : 전자력 이용
㉥ ACB(기중 차단기) : 일반 대기 이용

SF_6 가스의 특성
㉠ 무색·무취·무독성·불연성
㉡ 소호 능력 : 공기 100 ~ 200배
㉢ 절연 내력 : 공기의 2.5 ~ 3.5배
㉣ 열전도율이 크다.
㉤ 절연유보다 가볍고, 공기보다 무겁다.

(2) 차단기 분류

선로에서의 부하 전류 개폐 및 과부하 전류나 단락 전류, 지락 전류 같은 모든 고장 전류를 차단하기 위한 개폐기로, 그 소호 매질에 따라 다음과 같이 분류할 수 있다.

① 진공 차단기(VCB : Vaccum Circuit Breaker) : 고진공 중에서 전자의 고속도 확산에 의해 차단한다.

② 가스 차단기(<u>GCB</u> : Gas Circuit Breaker) : 고성능 절연 특성을 가진 SF_6(육불화황)를 흡수해서 차단한다.
㉠ 무색·무취·무독성·불연성 가스이다.
㉡ 소호 능력이 공기보다 약 100 ~ 200배 뛰어나다.
㉢ 공기보다 절연 내력이 2.5 ~ 3.5배 정도 크다.
㉣ 열전도율이 공기보다 뛰어나다.
㉤ 절연유보다 $\frac{1}{140}$로 가볍고, 공기보다 5배 무겁다.

③ 유입 차단기(OCB : Oil Circuit Breaker) : 소호실에서 아크에 의한 절연유 분해 가스의 흡부력을 이용하여 차단한다.

④ 공기 차단기(ABB : Air Blast Circuit Breaker) : 10기압 이상의 압축된 공기를 아크에 불어넣어서 차단한다.

⑤ 자기 차단기(MBB : Magnetic Blast Circuit Breaker) : 대기 중에서 전자력을 이용하여 아크를 소호실 내로 유도해서 냉각 차단한다.

⑥ 기중 차단기(ACB : Air Circuit Breaker) : 대기 중에서 아크를 길게 하여 소호실에서 냉각 차단하므로 3.3[kV] 이하에서만 사용한다.

(3) 변압기의 보호 기구

변압기 1차측에 채용하여 변압기를 과부하 전류나 단락 전류로부터 보호하기 위한 퓨즈가 부착되어 있는 개폐기로 변압기 용량에 따라 다음과 같이 분류할 수 있다.

① 전력 퓨즈(PF : Power Fuse) : 6.6[kV] 이상의 고압 및 특고압 전로에서 전로 및 기기의 단락 보호용 퓨즈로 변압기 용량에 관계없이 채용 가능하다. 단, 변압기 용량 300[kVA] 이상에서는 반드시 채용한다.

② 고압 및 특고압 컷 아웃 스위치(COS : Cut-Out Switch) : 절연 내력이 높은 자기제의 개폐기에 퓨즈를 장착한 소형 단극 개폐기로, 배전용 변압기 1차측에 시설하여 변압기의 과부하 보호용으로 쓰이며, 25[kV] 이하 변압기 용량 300[kVA]까지만 그 채용이 가능하다.

(4) 피뢰기

낙뢰 시 발생하는 이상 전압으로부터 고압 전로 및 주상 변압기를 보호하기 위하여 설치하는 보호 장치이다.

① 피뢰기 접지 공사 : 접지 공사를 실시한다.

② 피뢰기의 설치 장소

㉠ 발전소, 변전소 또는 이에 준하는 곳의 인입구 및 인출구

㉡ 가공 전선로에 접속하는 특고압 배전용 변압기의 고압측 및 특고압측

㉢ 고압 및 특고압 가공 전선로로부터 공급을 받는 수용가의 인입구

㉣ 가공 전선로와 지중 전선로가 접속되는 곳

③ 피뢰기의 정격 전압 : 피뢰기 방전 후 피뢰기를 통해 흐르는 상용 주파수 전류인 속류를 차단하기 위한 최고 허용 교류 전압으로 다음과 같다.

전력 계통		피뢰기 정격 전압[kV]	
전압[kV]	중성점 접지 방식	변전소	배전 선로
345	유효 접지	288	-
154	유효 접지	144	-
66	PC 접지 또는 비접지	72	-
22	PC 접지 또는 비접지	24	-
22.9	3상 4선 다중 접지	21	18

(5) 피뢰 방식

① 돌침 방식 : 선단이 뾰족한 금속 도체를 옥상 등에 설치하여 뇌격을 흡인, 대지로 방전시키는 방식이다.

② 용마루 위 도체 방식 : 피보호 대상물의 수평 도체를 가설하여 근처에 접근한 뇌격을 흡인, 대지로 방전하는 방식으로, 수평 도체 방식이라고도 한다.

③ 케이지 방식 : 피보호물을 연속된 망상 도체나 금속판으로 싸는 방식이다.

④ 이온 방사형 피뢰 방식 : 돌침부에서 이온을 방사시켜 뇌운의 방전을 유도하는 방식이다.

자주 출제되는 Key Point

전력 퓨즈(PF)
㉠ 6.6[kV] 이상 전로 채용
㉡ 단락 전류 차단

컷 아웃 스위치(COS)
㉠ 25[kV] 이하 변압기 용량 300[kVA] 채용
㉡ 과부하 전류 차단

피뢰기(LA)
㉠ 낙뢰 내습 시 이상 전류를 대지로 방전하여 전로 및 기기류를 보호하는 장치
㉡ 설치 장소
• 발·변전소 인입구·인출구, 특고압 배전용 변압기의 고압 및 특고압측
• 고압, 특고압 가공 전로에서 수전받는 수용가 인입구, 가공과 지중 전선로가 접속되는 곳

피뢰 방식
㉠ 돌침 방식 : 옥상 등에 뾰쪽한 금속 도체를 설치하는 방식
㉡ 용마루 방식 : 피보호물에 수평 도체를 설치하는 방식
㉢ 케이지 방식 : 망상 도체를 이용하여 피보호물을 감싸는 방식
㉣ 이온 방사형 방식 : 돌침부에서 이온을 방사시켜 뇌운을 유도하는 방식

건주 공사
㉠ 건주 : 지지물을 땅 위에 세우는 것
㉡ 안전율 : 2 이상

건주 공사 시 매설 깊이
㉠ 목주 16[m] 이하, 설계 하중 6.8[kN] 이하의 철근 콘크리트 지지물
- 15[m] 이하 : 길이× $\frac{1}{6}$[m]
- 15[m] 초과 : 2.5[m] 이상

㉡ 지반 약한 곳 : 전주 버팀대(근가) 설치

장주 공사
㉠ 장주 : 지지물에 완철, 애자 등을 설치하는 것
㉡ 래크 장주 : 수직 배선

03 건주 및 장주 공사

(1) 건주

목주나 철근 콘크리트주와 같은 지지물을 땅에 세우는 것으로, 가공 전선로의 지지물에 하중이 가하여지는 경우 그 하중을 받는 지지물의 기초 안전율은 2.0 이상이어야 한다. 단, 다음 사항에 의하여 시설하는 경우 그러하지 아니한다.

① 건주 시 지지물의 매설 깊이

㉠ 전체 길이 16[m] 이하이고, 설계 하중 6.8[kN] 이하인 철근 콘크리트주, 목주

- 전체 길이 15[m] 이하인 경우 : 전체 길이× $\frac{1}{6}$ 이상 매설
- 전체 길이 15[m] 초과하는 경우 : 2.5[m] 이상 매설
- 지반이 약한 장소 : 지중 50[cm] 정도에 전주 버팀대(근가)를 실시

㉡ 전체 길이 16[m] 초과 20[m] 이하, 설계 하중 6.8[kN] 이하인 철근 콘크리트주를 논이나 지반이 약한 곳 이외의 장소 : 2.8[m] 이상 매설

㉢ 전체 길이 14[m] 이상 20[m] 이하, 설계 하중 6.8[kN] 초과 9.8[kN] 이하의 철근 콘크리트주를 논이나 지반이 약한 곳 이외의 장소

- 전체 길이 15[m] 이하인 경우 : 전체 길이× $\frac{1}{6}$ +0.3[m] 이상 매설
- 전체 길이 15[m] 초과하는 경우 : 2.5+0.3[m] 이상 매설

② 지지물 전주 버팀대(근가) 시설 : 지지물 전주 버팀대(근가) 시 지지물 길이에 따른 전주 버팀대(근가)의 표준 깊이 및 전주 버팀대(근가)의 길이는 다음과 같다.

(단위 : [m])

전주 길이	7	8	9	10	11	12	13	14	15	16 이상
표준 깊이	1.2	1.4	1.5	1.7	1.9	2.0	2.2	2.4	2.5	2.5 이상
전주 버팀대 (근가) 길이	1.0	1.0	1.2	1.2	1.5	1.5	1.5	1.8	1.8	1.8 이상

(2) 장주

지지물에 전선이나 개폐기 등을 고정시키기 위하여 완목이나 완금(완철), 애자 등을 시설하는 것을 장주라 한다.

① 장주의 종류

㉠ 보통 장주 : 지지물 중심으로 완금을 좌우 길이가 같도록 설치

㉡ 창출 장주 : 완금 설치 시 어느 한쪽으로 약간 치우쳐서 설치

㉢ 편출 장주 : 완금 설치 시 한쪽으로 완전히 치우쳐서 설치

㉣ 래크(rack) 장주 : 저압을 수직 배선할 경우 사용

② 완목, 완금(완철), 암타이 공사

㉠ 완목이나 완금을 목주에 붙일 경우 : 볼트 사용

㉡ 완목이나 완금을 철근 콘크리트주에 붙일 경우 : 암밴드 사용

㉢ 완목이나 완금의 상하 이동 방지를 위한 금속부속품(금구)류 : 암타이 사용

㉣ 암타이를 지지물에 붙일 경우 : 암타이 밴드 사용

▌가공 전선로의 완금 표준 길이▐

전압의 구분 / 전선의 조수	저압[mm]	고압[mm]	특고압[mm]
2조	900	1,400	1,800
3조	1,400	1,800	2,400

③ 발판 볼트의 시설

㉠ 개폐기, 변압기 등이 설치된 지지물이나 저압선이 전선설치(가선)된 지지물의 경우 지표상 1.8[m]부터 완금 하부 0.9[m]까지 부착한다.

㉡ 위의 ㉠항을 제외한 그 밖의 지지물의 경우는 지표상 3.6[m]부터 완금 하부 0.9[m]까지 부착한다.

④ 주상 변압기의 설치

㉠ 주상 변압기를 지지물 위에 설치하는 변압기의 고정은 행거 밴드(hanger band)를 사용하여 지지물에 설치한다.

㉡ 행거 밴드를 사용하기 곤란한 경우에는 변대를 만들어 변압기를 설치한다.

⑤ 배전 선로 공사용 활선 공구

㉠ 와이어 통(wire tong) : 핀 애자나 현수 애자를 사용한 전선설치(가선) 공사에서 활선을 움직이거나 작업권 밖으로 밀어낸다든가 혹은 보조 암(arm) 위에 안전한 장소로 전선을 옮길 때 사용하는 절연봉을 말한다.

㉡ 데드 엔드 커버 : 가공 배전 선로에서 활선 작업 시 작업자가 현수 애자 등에 접촉하여 발생하는 안전사고 예방을 위해 전선 작업 개소의 현수 애자와 인류 클램프[절연 덮개(커버) 포함] 등의 충전부를 방호하기 위한 절연 덮개(커버)를 말한다.

㉢ 전선 피박기 : 활선 상태에서 전선 피복을 벗기는 공구로 활선 피박기라고도 한다.

자주 출제되는 Key Point

장주 공사 부속품
㉠ 볼트 : 완금을 목주 고정
㉡ 암밴드 : 완금을 철근 콘크리트주에 고정
㉢ 암타이 : 완금의 상하 이동 방지용 지지대
㉣ 암타이 밴드 : 암타이를 지지물에 고정할 때 사용

발판 볼트 시설
㉠ 기기류가 설치된 경우 : 지표상 1.8[m]부터 설치
㉡ 전선로만 설치된 경우 : 지표상 3.6[m]부터 설치

배전 선로 활선 공구
㉠ 와이어 통 : 활선 이동 시 사용하는 절연봉
㉡ 데드 엔드 커버 : 현수 애자, 인류 클램프 등의 충전부 방호 절연 덮개(커버)
㉢ 전선 피박기 : 활선 피복을 벗기는 공구

04 지중 전선로

지중 전선로 케이블
㉠ CD 케이블 : 고압 사용
㉡ 개장 케이블 : 직접 매설식

(1) 전선

CD 케이블(고압용), 개장 케이블을 사용한다.

① CD 케이블 : 관로와 케이블 외장을 겸한 폴리에틸렌 덕트 안에 여러 케이블 심선을 삽입한 관이다.

② 개장 케이블 : 케이블 외장 위에 강대 또는 황동대를 나선상으로 감아 층을 입힌 구조의 케이블이다.

(2) 지중 전선로의 장단점

① 도시의 미관상 좋다.
② 기상 조건(뇌, 풍수해)에 의한 영향이 작다.
③ 통신선에 대한 유도 장해가 작다.
④ 전선로 통과지(경과지)의 확보가 용이하다.
⑤ 감전 우려가 작다.
⑥ 공사비가 비싸다.
⑦ 고장의 발견, 보수가 어렵다.

지중 전선로 부설 방식
㉠ 직매식 · 관로식 매설 깊이
- 차량 중량물 압력(○) : 1.0[m] 이상
- 차량, 중량물 압력(×) : 0.6[m] 이상

㉡ 암거식 : 터널 설치 후 케이블 수용

(3) 지중 전선로의 부설 방식

① 직접 매설식(직매식) : 콘크리트 트로프 등을 이용하여 케이블을 직접 매설하는 방식

② 관로식 : 철근 콘크리트관 등을 부설한 후 관 상호 간을 연결한 맨홀을 통하여 케이블을 인입하는 방식

③ 암거식 : 터널과 같은 콘크리트 구조물을 설치하여 다회선의 케이블을 수용하는 방식

(4) 지중 전선로의 시설 원칙

① 매설 깊이(직매식 · 관로식)
㉠ 차량이나 기타 중량물에 의한 압력을 받는 장소 : 1.0[m] 이상
㉡ 차량이나 기타 중량물에 의한 압력을 받지 않는 장소 : 0.6[m] 이상

② 관로식의 지중함 시설 : 지중함의 크기가 1[m^3] 이상인 경우의 가스 발산 통풍 장치를 시설할 것

③ 지중 전선과 가공 전선의 접속 시 지중 전선 노출 부분의 방호 범위 : 지표상 2[m]에서 지중 20[cm] 이상으로 할 것

배전 선로의 결선 방식

1 배전 선로의 전기 공급 방식

(1) 1선당 공급 전력비와 전선 중량비

전압 및 전류가 일정할 경우 단상 2선식을 기준으로 환산한 값

결선 방식		공급 전력	1선당 공급 전력	1선당 공급 전력비	전선 중량비
단상 2선식	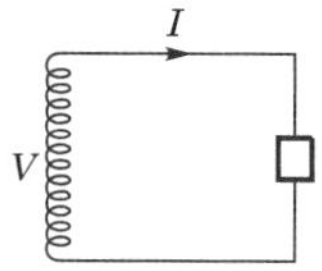	$P_1 = VI$	$\frac{1}{2}VI$	기준	기준
단상 3선식	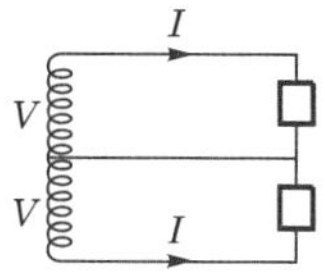	$P_2 = 2VI$	$\frac{2}{3}VI$	$\frac{\frac{2}{3}VI}{\frac{1}{2}VI} = \frac{4}{3} = 1.33$	$\frac{3}{8} = 37.5[\%]$
3상 3선식	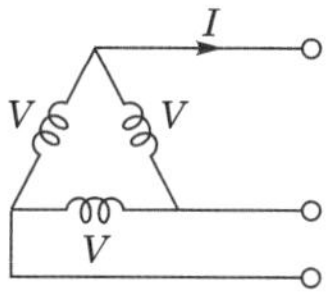	$P_3 = \sqrt{3}\,VI$	$\frac{\sqrt{3}}{3}VI$	$\frac{\frac{\sqrt{3}}{3}VI}{\frac{1}{2}VI} = 1.15$	$\frac{3}{4} = 75[\%]$
3상 4선식	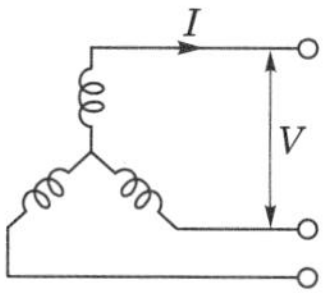	$P_4 = \sqrt{3}\,VI$	$\frac{\sqrt{3}}{4}VI$	$\frac{\frac{\sqrt{3}}{4}VI}{\frac{1}{2}VI} = \frac{\sqrt{3}}{2} = 0.866$	$\frac{1}{3} = 33.3[\%]$

단상 2선식 기준(100[%])
㉠ 전압・전류・손실・역률 일정
㉡ 1선당 공급 전력비 및 전선 중량비
- 단상 3선식 : 1.33, 37.5[%]
- 3상 3선식 : 1.15, 75[%]
- 3상 4선식 : 0.866, 33.3[%]

(2) 배전 선로의 표준 전압의 변동 한도

표준 전압	유지 전압	전압 조정 장치
110[V]	110[V]±6[V]	• 변압기의 탭 변환 • 승압기(단권 변압기) • 유도 전압 조정기
220[V]	220[V]±13[V]	
380[V]	380[V]±38[V]	

2 설비 불평형률

(1) 단상 3선식

단상 3선식은 중성선이 단선되면 부하 불평형이 발생하기 때문에 이를 방지하기 위하여 다음과 같은 시설 원칙으로 한다.

① 중성선에 시설하는 개폐기는 개폐 시 전압 불평형이 발생하는 것을 방지하기 위하여 3극이 동시에 개폐되는 것으로 시설한다.
② 중성선에는 부하 불평형에 의한 중성선 단선 시 부하 양측 단자 전압의 심한 불평형이 발생할 수 있으므로 중성선에는 과전류 차단기를 시설하지 않고 동선으로 직결한다.
③ 저압 수전의 단상 3선식에서 중성선과 각 전압측 전선 간의 부하는 평형이 되게 하는 것을 원칙으로 하지만, 부득이한 경우 발생하는 설비 불평형률은 40[%]까지 할 수 있다.
④ 계약 전력 5[kW] 정도 이하의 설비에서 소수의 전열 기구류를 사용할 경우 등 완전한 평형을 얻을 수 없을 경우에는 설비 불평형률 40[%]를 초과할 수 있다.
⑤ 설비 불평형률$=\dfrac{\text{중성선과 전압측 선간에 접속된 설비 용량의 차}}{\text{총 설비 용량의 }\frac{1}{2}}\times 100[\%]$
⑥ 계산 예

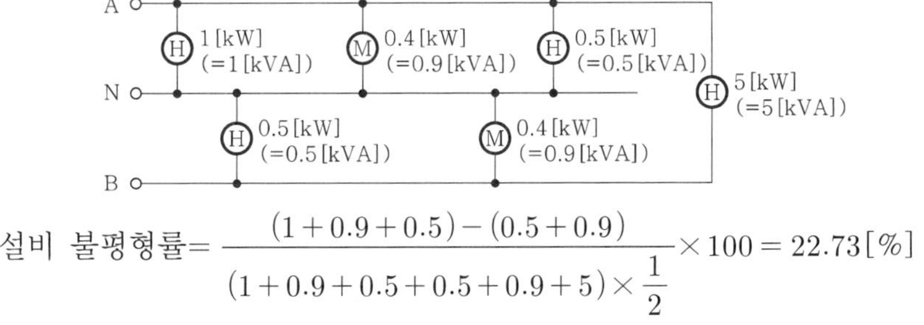

$$\text{설비 불평형률}=\frac{(1+0.9+0.5)-(0.5+0.9)}{(1+0.9+0.5+0.5+0.9+5)\times\frac{1}{2}}\times 100=22.73[\%]$$

불평형률
㉠ 단상 3선식 : 40[%] 이하
㉡ 3상 3선식, 3상 4선식 : 30[%] 이하

(2) 3상 3선식 · 4선식 선로의 설비 불평형률

설비 불평형률을 30[%] 이하로 하는 것을 원칙으로 한다.

(3) 설비 불평형률 30[%] 초과 가능한 경우

① 저압 수전에서 전용 변압기 등으로 수전하는 경우
② 고압 및 특고압 수전에서는 100[kVA] 이하의 단상 부하인 경우
③ 특고압 및 고압 수전에서는 단상 부하 용량의 최대와 최소 차가 100[kVA] 이하인 경우
④ 특고압 수전에서는 100[kVA] 이하의 단상 변압기 2대로 역V결선하는 경우
⑤ 3상 3선식 설비 불평형률

$$\text{설비 불평형률}=\frac{\text{각 선간에 접속된 총 설비 용량[VA]의 최대 최소의 차}}{\text{총 설비 용량[VA]의 }\frac{1}{3}}\times 100[\%]$$

자주 출제되는 기출 문제

출제분석 Advice

01 전선로의 종류가 아닌 것은? 06년/07년 출제

① 옥측 전선로
② 지중 전선로
③ 가공 전선로
④ 선간 전선로

해설 전선의 설치 장소에 의한 분류

- 가공 전선로
- 지중 전선로
- 옥상 전선로
- 옥측 전선로
- 수상 전선로
- 물밑 전선로
- 터널 내 전선로

02 변전소의 역할로 볼 수 없는 것은? 07년/08년 출제

① 전압의 변성
② 전력 생산
③ 전력의 집중과 배분
④ 전력 계통 보호

해설 전력 생산은 발전소에서 한다.

변전소
㉠ 전압 변성
㉡ 전력의 집중, 배분
㉢ 전력 계통 보호

03 저·고압 가공 전선이 도로를 횡단하는 경우 지표상 몇 [m] 이상으로 시설하여야 하는가? 10년/12년 출제

① 4
② 6
③ 8
④ 10

해설 저·고압 가공 전선이 도로를 횡단하는 경우 지표상 높이는 6[m] 이상으로 한다.

저압 가공 인입선의 높이
㉠ 도로 횡단 : 5[m] 이상
㉡ 철도 횡단 : 6.5[m] 이상
㉢ 횡단보도교 : 3[m] 이상
㉣ 기타 장소 : 4[m] 이상

04 가공 전선에 케이블을 사용하는 경우에는 케이블은 조가선(조가용선)에 행거를 사용하여 조가한다. 사용 전압이 고압일 경우 그 행거의 간격은? 12년/14년 출제

① 50[cm] 이하
② 50[cm] 이상
③ 75[cm] 이하
④ 75[cm] 이상

해설 가공 케이블의 조가선(조가용선 : 케이블을 매달아 시설하기 위한 강선)을 이용한 시설 기준

- 조가선(조가용선)에 행거를 이용하여 매달아 시설할 것(단, 고압인 경우 행거 간격 50[cm] 이하일 것)

가공 케이블 시설
㉠ 조가선(조가용선) : 22[mm^2] 이상 아연 도금 강선
㉡ 고압 행거 간격 : 50[cm] 이하

정답 01.④ 02.② 03.② 04.①

• 조가선(조가용선)은 인장 강도 5.93[kN] 이상, 단면적 22[mm^2] 이상의 아연 도금 철연선 이상일 것

병가
㉠ 높은 전압 상부에 시설
㉡ 고·저압 병행설치(병가) 간격(이격거리) : 50[cm] 이상(단, 고압측이 케이블인 경우 30[cm])

05 저압 가공 전선과 고압 가공 전선을 동일 지지물에 시설하는 경우 상호 간격(이격거리)은 몇 [cm] 이상이어야 하는가? 09년 출제

① 20 ② 30
③ 40 ④ 50

해설 저압 가공 전선과 고압 가공 전선을 동일 지지물에 시설하는 병행설치(병가)의 경우 상호 간 간격은 50[cm] 이상으로 한다. 단, 고압측에 케이블을 사용하는 경우 30[cm] 이상으로 할 수 있다.

특고압과 저·고압 병행설치(병가)
㉠ 35[kV] 이하 : 1.2[m] 이상
㉡ 35[kV] 넘고 60[kV] 이하 : 2[m] 이상

06 사용 전압이 35[kV] 이하인 특고압 가공 전선과 220[V] 가공 전선을 병행설치(병가)할 때 가공 선로 간의 간격(이격거리)은 몇 [m] 이상이어야 하는가? 13년 출제

① 0.5 ② 0.75
③ 1.2 ④ 1.5

해설 특고압과 저·고압 병행설치(병가) 시 간격(이격거리)
- 35[kV] 이하 : 1.2[m] 이상(단, 22.9[kV-Y]의 경우는 1[m] 이상)
- 35[kV]를 넘고 100[kV] 미만 : 2[m] 이상

가공 전선로의 표준 지지물 간 거리(경간)
㉠ 목주, A종 : 150[m]
㉡ B종 : 250[m]
㉢ 철탑 : 600[m]

07 고압 가공 전선로의 지지물로 철탑을 사용하려는 경우 지지물 간 거리(경간)는 몇 [m] 이하이어야 하는가? 09년 출제

① 150 ② 300
③ 500 ④ 600

해설 가공 전선로 지지물의 표준 지지물 간 거리(경간)
- 목주, A종 지지물 : 150[m]
- B종 지지물 : 250[m]
- 철탑 : 600[m]

08 고압 보안 공사할 때 고압 가공 전선로의 지지물 간 거리(경간)는 철탑의 경우 얼마 이하이어야 하는가? 12년 출제

① 100[m] ② 150[m]
③ 400[m] ④ 600[m]

해설 고압 보안 공사 시 표준 지지물 간 거리(경간)
- 목주, A종 지지물 : 100[m]
- B종 지지물 : 150[m]
- 철탑 : 400[m]

정답 05.④ 06.③ 07.④ 08.③

★
09 사용 전압 15[kV] 이하의 특고압 가공 전선로의 중성선의 접지선을 중성선으로부터 분리하였을 경우 1[km]마다의 중성선과 대지 사이의 합성 전기 저항값은 몇 [Ω] 이하로 하여야 하는가?

14년 출제

① 30　② 100
③ 150　④ 300

해설 사용 전압 15[kV] 이하 중성선 다중 접지 방식 시설 원칙
- 중성선의 다중 접지 접지선은 6[mm^2] 이상일 것
- 중성선의 다중 접지 접지점 간 거리는 300[m] 이하일 것
- 각 접지점의 대지와의 전기 저항은 300[Ω] 이하일 것
- 1[km]마다의 중성선과 대지 간의 합성 저항값은 30[Ω/km] 이하일 것
- 중성선은 저압 가공 전선로 규정에 준하여 시설할 것

출제분석 Advice

15[kV] 이하 중성선 다중 접지 방식
㉠ 접지선 : 6[mm^2] 이상
㉡ 접지점 간 거리 : 300[m] 이하
㉢ 각 접지점 전기 저항 : 300[Ω] 이하
㉣ 대지 간 합성 저항 : 30[Ω/km] 이하

★
10 저압 인입선의 접속점 선정으로 잘못된 것은?

12년 출제

① 인입선이 옥상을 가급적 통과하지 않도록 시설할 것
② 인입선은 약전류 전선로와 가까이 시설할 것
③ 인입선은 장력에 충분히 견딜 것
④ 가공 배전 선로에서 최단 거리로 인입선이 시설될 수 있을 것

해설 저압 인입선의 접속점 선정 시 고려 사항
- 가공 배전 선로에서 최단 거리로 인입선이 시설될 수 있을 것
- 인입선이 외상을 받을 우려가 없을 것
- 인입선이 가급적 옥상을 통과하지 않도록 할 것
- 인입선은 타전선로 또는 약전류 전선로와 충분히 이격할 것
- 인입선이 금속제 굴뚝, 안테나 및 이들의 지지선(지선) 또는 수목과 접근하지 않도록 시설할 것
- 인입선은 장력에 충분히 견딜 것

인입선 접속점의 선정
㉠ 최단 거리로 시설할 것
㉡ 약전류 전선 등과 충분히 이격할 것
㉢ 가급적 옥상을 통과하지 않도록 할 것

★
11 OW 전선을 사용하는 저압 구내 가공 인입 전선으로 전선의 길이가 15[m]를 초과하는 경우 그 전선의 지름은 몇 [mm] 이상을 사용하여야 하는가?

13년 출제

① 1.6　② 2.0
③ 2.6　④ 3.2

해설 가공 인입선을 OW 전선을 사용하여 인입하는 경우 그 최소 굵기는 2.6[mm] 이상이지만, 지지물 간 거리(경간)가 15[m] 이하인 경우 2.0[mm] 이상도 가능하다.

가공 인입선
㉠ 전선 : 절연 전선, 케이블
㉡ 저압 : 2.6[mm] 이상(단, 지지물 간 거리(경간) 15[m] 이하는 2.0 [mm] 이상)
㉢ 고압 : 5.0[mm] 이상
㉣ 특고압 : 케이블

★★★
12 일반적으로 저압 가공 인입선이 도로를 횡단하는 경우 노면상 높이는?

09년/10년/14년 출제

① 4[m] 이상　② 5[m] 이상
③ 6[m] 이상　④ 6.5[m] 이상

저압 가공 인입선의 높이
㉠ 도로 횡단 : 5[m] 이상
㉡ 철도 횡단 : 6.5[m] 이상
㉢ 횡단보도교 : 3[m] 이상
㉣ 기타 장소 : 4[m] 이상

정답 09.① 10.② 11.③ 12.②

해설 가공 인입선의 도로 횡단 시 지표상 높이
- 저압 인입선 : 5[m] 이상
- 고압 인입선 : 6[m] 이상

★★★
13 480[V] 가공 인입선이 철도를 횡단할 때 레일면상의 최저 높이는 약 몇 [m]인가?

출제빈도

12년/13년/14년 출제

① 4 ② 4.5
③ 5.5 ④ 6.5

해설 가공 인입선이 철도를 횡단할 경우 저·고압 모두 레일면상 최저 6.5[m] 이상 높이를 유지하여야 한다.

저압 가공 인입선의 횡단 보도교 높이
3[m] 이상

★
14 저압 가공 인입선이 횡단보도교 위에 시설되는 경우 노면상 몇 [m] 이상의 높이에 설치되어야 하는가?

13년 출제

① 3 ② 4
③ 5 ④ 6

해설 가공 인입선의 횡단보도교 위를 횡단 시 지표상 높이 : 저압 인입선의 경우 3[m] 이상이다.

★★★
15 가공 인입선 중 수용 장소의 인입선에서 분기하여 다른 수용 장소의 인입구에 이르는 전선을 무엇이라 하는가?

출제빈도

06년/07년/08년/15년 출제

① 소주 인입선 ② 이웃연결(연접) 인입선
③ 본주 인입선 ④ 인입 간선

해설 가공 인입선의 종류 : 인입 간선, 이웃연결(연접) 인입선, 본주 인입선, 소주 인입선
- 인입 간선 : 저압 또는 고압 배전 선로에서 수용가에 전기를 인입하는 것을 목적으로 분기된 주요 인입 전선로이다.
- 본주 인입선 : 인입 간선에서 분기한 본주에서 수용 장소 지지점에 이르는 전선로이다.
- 소주 인입선 : 본주에서 분기한 소주에서 수용가에 인입하는 전선로이다.

저압 이웃연결(연접) 인입선
직경 2.6[mm] 이상 경동선 [단, 지지물 간 거리(경간) 15[m] 이하인 경우 2.0[mm] 경동선 사용 가능]

★★
16 저압 이웃연결(연접) 인입선 시설에서 제한 사항이 아닌 것은?

09년/14년 출제

① 인입선의 분기점에서 100[m]를 초과하는 지역에 미치지 아니할 것
② 폭 5[m]를 넘는 도로를 횡단하지 말 것
③ 다른 수용가의 옥내를 관통하지 말 것
④ 직경 2.6[mm] 이하의 경동선을 사용하지 말 것

해설 저압 이웃연결(연접) 인입선은 2.6[mm] 이상 경동선 또는 이와 등등 이상일 것[단, 지지물 간 거리(경간) 15[m] 이하는 2.0[mm] 이상도 가능]

정답 13.④ 14.① 15.② 16.④

★★★
17 **저압 이웃연결(연접) 인입선의 시설 방법으로 틀린 것은?** 11년/13년/15년 출제

① 인입선에서 분기되는 점에서 150[m]를 넘지 않도록 할 것
② 일반적으로 인입선 접속점에서 인입구 장치까지의 배선은 중도에 접속점을 두지 않도록 할 것
③ 폭 5[m]를 넘는 도로를 횡단하지 않도록 할 것
④ 옥내를 통과하지 않도록 할 것

해설 저압 이웃연결(연접) 인입선의 시설 기준
- 저압에 한하며 선로 긍장 100[m]를 넘지 않을 것
- 폭 5[m]를 넘는 도로를 횡단하지 않을 것
- 옥내를 관통하지 않을 것

★
18 **가공 전선로의 지지물이 아닌 것은?** 08년 출제

① 목주 ② 지지선(지선)
③ 철근 콘크리트주 ④ 철탑

해설
- 지지물의 종류 : 목주, 철주, 철근 콘크리트주, 철탑
- 지지선(지선)의 설치 목적 : 지지물의 강도 보강에 의한 전선로의 안정성 증대

지지물의 종류
㉠ 목주
㉡ 철근 콘크리트주
㉢ 철주
㉣ 철탑[지지선(지선) 사용 불가]

★
19 **가공 배전 선로 시설에는 전선을 지지하고 각종 기기를 설치하기 위한 지지물이 필요하다. 이 지지물 중 가장 많이 사용되는 것은?** 14년 출제

① 철주 ② 철탑
③ 강관 전주 ④ 철근 콘크리트주

해설 가공 배전 선로에는 지지물로 철근 콘크리트주가 가장 많이 사용되고 있다.

★
20 **다음 철탑의 사용 목적에 의한 분류에서 서로 인접하는 지지물 간 거리(경간)의 길이가 크게 달라서 지나친 불평형 장력이 가해지는 경우 등에는 어떤 형의 철탑을 사용하여야 하는가?** 07년 출제

① 직선형 ② 각도형
③ 인류형 ④ 내장형

해설 B종 지지물 및 철탑의 사용 목적에 의한 분류
- 직선형 : 수평 각도 3° 이하 부분에서 사용하는 것이다.
- 각도형 : 수평 각도 3° 초과 부분에서 사용하는 것이다.
- 잡아당김(인류)형 : 전가섭선을 잡아당기는(인류하는) 곳에서 사용하는 것이다.
- 내장형 : 지지물 간 거리(경간) 차가 큰 곳에 사용하는 것이다.

B종 지지물, 철탑 분류
㉠ 직선형 : 3° 이하 부분
㉡ 각도형 : 3° 초과 부분
㉢ 잡아당김(인류)형 : 전가섭선 잡아당김(인류)
㉣ 내장형 : 지지물 간 거리(경간)차 큰 곳
㉤ 보강형 : 전선로 보강

정답 17.① 18.② 19.④ 20.④

출제분석 Advice

애자의 종류별 사용 목적
㉠ 핀 애자 : 직선 전선로 지지
㉡ 인류 애자 : 인입선을 수용가 붙임점에 고정·지지
㉢ 내장 애자 : 전선을 인장하여 지지
㉣ 구형 애자 : 지지선(지선) 중간 설치하여 지지물과 대지 간 절연

애자의 종류
㉠ 핀 애자 : 직선 전선로 지지
㉡ 현수 애자 : 철탑 등에서 전선을 분기 시 사용
㉢ 가지 애자 : 전선로의 방향 전환 시 사용
㉣ 지지 애자 : 모선, 단로기 지지용
㉤ 인류 애자 : 가공 인입선을 수용가 붙임점에 고정·지지하기 위한 애자
㉥ 새클 애자 : 저·고압 전로에서 전선 교차 시 사용

★
21 저압 전로의 접지측 전선을 식별하기 위하여 애자의 색상이나 애자에 접지측 전선임을 나타내는 표식을 할 수 있다. 그 표식으로 표현할 경우 애자에 어떤 색상의 표식을 하는가? 09년 출제

① 흰색 ② 파란색
③ 갈색 ④ 황갈색

해설 저압 전로의 접지측 전선을 식별하기 위하여 애자에 표식할 경우 파란색 표식을 한다.

★★★
22 지지선(지선)의 중간에 넣는 애자는? 06년/07년/08년/09년/10년/11년 출제

출제빈도

① 저압 핀 애자 ② 구형 애자
③ 인류 애자 ④ 내장 애자

해설 지지선(지선)의 중간에는 지지물에 고정된 상부 지지선(지선)과 지지선(지선) 버팀대(근가)에 고정된 하부 지지선(지선) 간의 절연 목적으로 애자를 사용하는데 그 명칭은 지선 애자, 구형 애자, 옥 애자, 구슬 애자 등으로 표현한다.

★★
23 전선로의 직선 부분을 지지하는 애자는? 12년/14년 출제

① 핀 애자 ② 지지 애자
③ 가지 애자 ④ 구형 애자

해설 애자의 종류별 용도
- 핀 애자 : 가공 전선로의 직선 부분을 지지하기 위한 애자
- 지지 애자 : 발전소, 변전소 등에서 모선이나 단로기 등을 지지하기 위한 애자
- 가지 애자 : 전선로를 다른 방향으로 돌리는 경우에 사용하는 애자
- 구형 애자 : 지지선(지선) 중간에 설치하여 지지물과 대지 사이를 절연하는 동시에 지지선(지선)의 장력 하중을 담당하기 위한 애자

★
24 주로 저압 가공 전선로 또는 인입선에 사용되는 애자로서 주로 앵글 베이스 스트랩과 스트랩 볼트 인류 바인드선(비닐 절연 바인드선)과 함께 사용하는 애자는? 13년 출제

① 고압 핀 애자 ② 저압 인류 애자
③ 저압 핀 애자 ④ 라인 포스트 애자

해설 애자의 종류별 용도
- 핀 애자 : 가공 전선로의 직선 부분을 지지하기 위한 애자
- 지지 애자(라인 포스트 애자) : 발전소, 변전소 등에서 모선이나 단로기 등을 지지하기 위한 애자
- 인류 애자 : 가공 전선이나 가공 인입선 등이 끝나는 부분에서 전선을 잡아당겨(인류하는) 조영재에 고정, 지지하기 위한 것으로 절연대가 실패 모양을 한 애자

정답 21.② 22.② 23.① 24.②

★
25 전선을 잡아 당기거나(인류하는) 곳이나 분기하는 곳에 사용하는 애자는? 08년 출제

① 구형 애자 ② 가지 애자
③ 새클 애자 ④ 현수 애자

해설 애자의 종류별 특성
- 가지 애자 : 전선로를 다른 방향으로 돌리는 경우에 사용
- 새클 애자 : 고압 또는 저압 선로에서 전선을 끌어당겨 교차할 때 사용
- 현수 애자 : 철탑 등에서 전선을 잡아당기거나(인류하거나) 분기할 경우 사용

★★
26 가공 전선로의 지지물에 지지선(지선)을 사용해서는 안 되는 곳은? 08년/11년 출제

① A종 철근 콘크리트주 ② 목주
③ A종 철주 ④ 철탑

해설 철탑은 지지선(지선)을 사용할 수가 없다. 단, 임시로 설치한 철탑에 한해서는 시설이 가능하다.

★
27 토지의 상황이나 기타 사유로 인하여 보통 지선을 사용할 수 없을 때 전주와 지주 간에 시설할 수 있는 지지선(지선)은? 14년 출제

① 보통 지선 ② 수평 지선
③ Y지선 ④ 궁지선

해설 수평 지선은 토지의 상황에 따라서 보통 지선을 시설할 수 없는 경우에 지선주를 사용하여 시설하는 지지선(지선)으로 교통에 지장이 없도록 도로를 횡단하여 시설하는 경우 또는 점포나 건조물의 출입구 등을 피하여 출입에 지장이 없도록 시설하는 경우에 한한다.

★
28 다단의 크로스암이 설치되고 또한 장력이 클 때와 H주일 때 보통 지선을 2단으로 부설하는 지지선(지선)은? 07년 출제

① 보통 지선 ② 공동 지선
③ 궁지선 ④ Y지선

해설 Y지선은 여러 개의 완금을 시설하거나 수평 장력이 크게 작용하는 부분 또는 H주 등에서 설치하는 지지선(지선)으로 2단으로 설치한 지지선(지선)의 모양이 Y자 형태라고 해서 Y지선이라고 한다.

★★
29 비교적 장력이 작고 타 종류의 지지선(지선)을 시설할 수 없는 경우에 적용되는 지지선(지선)은? 06년/09년 출제

① 공동 지선 ② 궁지선
③ 수평 지선 ④ Y지선

해설 궁지선은 비교적 장력이 작으면서 건물 등이 인접하여 타 종류의 지지선(지선) 설치가 곤란한 장소 등에서 설치하는 지지선(지선)으로, 그 설치 모양에 따라 A형과 R형이 있다.

정답 25.④ 26.④ 27.② 28.④ 29.②

출제분석 Advice

현수 애자
㉠ 철탑 위에서 주로 사용
㉡ 전선을 잡아당김(인류)·분기할 때 사용

철탑
㉠ 지지선(지선) 설치 불가
㉡ 임시용 철탑 설치 가능

지지선(지선)의 종류
㉠ 보통 지선 : 전선로가 끝나는 부분
㉡ 수평 지선 : 도로, 하천 횡단하는 부분(지선주)
㉢ Y지선 : 다수의 완금 시설, H주 등에서 사용
㉣ 궁지선 : 건물 인접으로 지선 설치가 힘든 경우

지지선(지선)의 구비 조건
㉠ 안전율 : 2.5 이상
㉡ 소선 : 2.6[mm] 이상
㉢ 소선 가닥수 : 3조 이상
㉣ 최저 인장 하중 : 4.31[kN] 이상
㉤ 지중·지표상 30[cm] 부분 : 지선봉(아연 도금)

★★
30 가공 전선로의 지지물에 시설하는 지지선(지선)의 안전율은 얼마 이상이어야 하는가? 07년/08년 출제

① 3.5　② 3.0
③ 2.5　④ 1.0

해설 지지선(지선)의 구비 조건
- 지지선(지선)의 안전율은 2.5 이상일 것
- 소선은 지름 2.6[mm] 이상의 금속선일 것
- 소선은 최소 3가닥 이상의 연선일 것
- 허용 인장 하중의 최저는 4.31[kN] 이상일 것
- 도로 횡단 시 지지선(지선)의 높이는 5[m] 이상일 것

★★
31 가공 전선로의 지지물에 시설하는 지지선(지선)에 연선을 사용할 경우 소선수는 몇 가닥 이상이어야 하는가? 10년/14년 출제

① 3가닥　② 5가닥
③ 7가닥　④ 9가닥

해설 지지선(지선)의 소선수는 최소 3가닥 이상으로 한다. 단, 3가닥을 사용할 경우 지지선(지선)의 최소 굵기는 지름 4.0[mm] 이상이고, 지름 2.6[mm] 이상의 금속선일 경우는 최소 7가닥을 사용하여야 한다.

★★★
32 가공 전선로의 지지물에 시설하는 지지선(지선)에서 맞지 않는 것은?

06년/08년/09년 출제

① 지지선(지선)의 안전율은 2.5 이상일 것
② 허용 인장 하중은 최저 4.31[kN] 이상으로 할 것
③ 소선의 지름이 1.6[mm] 이상의 동선을 사용한 것일 것
④ 지지선(지선)에 연선을 사용할 경우에는 소선 3가닥 이상의 연선일 것

해설 지지선(지선)의 구성은 2.6[mm] 이상 금속선을 3조 이상 꼬아서 시설한다. 단, 인장 강도 0.68[kN] 이상인 아연 도금 강선은 2.0[mm] 이상도 가능하다.

★
33 도로를 횡단하여 시설하는 지지선(지선)의 높이는 지표상 몇 [m] 이상이어야 하는가? 09년 출제

① 5　② 6
③ 8　④ 10

해설 도로를 횡단하여 시설하는 지지선(지선)의 높이는 지표상 5[m] 이상이어야 한다. 단, 교통에 지장이 없는 경우 4.5[m] 이상으로 할 수 있다.

정답 30.③ 31.① 32.③ 33.①

34 가공 전선로의 지지물에 시설하는 지지선(지선)은 지표상 몇 [cm]까지의 부분에 내식성이 있는 것 또는 아연 도금을 한 철봉을 사용하여야 하는가? 14년 출제

① 15 ② 20

③ 30 ④ 50

해설 가공 전선로의 지지물에 시설하는 지지선(지선)은 지중 및 지표상 30[cm] 부분까지는 내식성이 있는 것 또는 아연 도금 철봉(지선봉)을 사용하여야 한다.

35 지지선(지선)의 시설에서 가공 전선로의 직선 부분이란 수평 각도가 몇 도까지인가? 13년 출제

① 2 ② 3

③ 5 ④ 6

해설 고압 및 특고압 전로 사용하는 목주 및 A종 지지물은 전선로의 직선 부분(5도 이하의 수평 각도를 이루는 곳 포함)에서 지지물 간 거리(경간) 차가 큰 곳에 사용하는 경우 그 지지물 간 거리(경간) 차에 의하여 발생하는 불평균 장력에 의한 수평력에 견디는 지지선(지선)을 그 전선로 방향으로 양쪽에 시설한다.

36 변전소의 전력 기기를 시험하기 위하여 회로를 분리하거나 또는 계통의 접속을 바꾸거나 하는 경우에 사용되는 것은? 09년/15년 출제

① 나이프 스위치 ② 차단기

③ 퓨즈 ④ 단로기

해설 단로기는 부하 전류 개폐 능력이 없으므로 부하 전류를 개폐하지 않는 장소에서 사용하는 개폐기로, 고압이나 특고압 수전 설비 계통에서는 수용가 인입구에서 차단기와 조합하여 사용하며 설비 계통의 보수·점검 시 차단기를 개방한 후 전로를 완전히 개방·분리하거나 그 접속을 변경할 때 사용한다.

37 수·변전 설비의 인입구 개폐기로 많이 사용되고 있으며 전력 퓨즈의 용단 시 결상을 방지하는 목적으로 사용되는 개폐기는? 08년 출제

① 부하 개폐기

② 선로 개폐기

③ 자동 고장 구분 개폐기

④ 기중 부하 개폐기

해설 부하 개폐기(LBS : Load Breaker Switch)는 정상적인 부하 전류는 개폐할 수 있지만 고장 전류는 차단할 수 없는 개폐기로, 수·변전 설비 인입구 개폐기로 많이 사용하고 있으며, 3상 부하의 경우 전력 퓨즈 용단 시 결상 방지 목적으로 사용한다.

출제분석 Advice

지지선(지선)의 구비 조건
㉠ 안전율 : 2.5 이상
㉡ 소선 : 2.6[mm] 이상
㉢ 소선 가닥수 : 3조 이상
㉣ 최저 인장 하중 : 4.31[kN] 이상일 것
㉤ 지중, 지표상 30[cm] 부분 : 지선봉(아연 도금)
㉥ 도로 횡단 시 지선 높이 : 5[m] 이상

목주, A종 지지물의 지지선(지선) 설치
㉠ 수평 각도 5° 이하인 직선 부분에서 지지물 간 거리(경간) 차가 큰 곳
㉡ 전선로 방향 양쪽에 시설

단로기(DS)
㉠ 부하 전류 개폐 능력이 없음
㉡ 차단기 개방 후 전로를 개방·분리하는 개폐기

부하 개폐기(LBS)
㉠ 부하 전류 개폐 능력이 있음
㉡ 전력 퓨즈 용단 시 결상 방지 목적으로 사용

정답 34.③ 35.③ 36.④ 37.①

38 인입 개폐기가 아닌 것은? 14년 출제

① ASS ② LBS
③ LS ④ UPS

해설 UPS(Uninterruptible Power Supply)는 정전압 정주파수 전원 장치(CVCF)에 축전지를 결합한 장치로, 정전 시나 입력 전원의 이상 상태 발생 시 정상적인 전원을 부하측에 공급하기 위한 무정전 전원 공급 장치이다.
- ASS : 자동 고장 구분 개폐기
- LBS : 부하 개폐기
- LS : 선로 개폐기

39 선로의 도중에 설치하여 회로에 고장 전류가 흐르게 되면 자동적으로 고장 전류를 감지하여 스스로 차단하는 차단기의 일종으로 단상용과 3상용으로 구분되어 있는 것은? 06년 출제

① 리클로저 ② 섹셔널라이저
③ 선로용 퓨즈 ④ 자동 고장 구간 개폐기

해설 리클로저(R/C : Recloser)는 배전 선로 보호용 차단기 겸 계전기로, 사고 발생 시 사고의 검출 및 신속한 고장 구간 자동 차단 기능이 있을 뿐만 아니라 자동으로 재폐로까지 할 수 있는 자동 재연결(재폐로) 차단기로 섹셔널라이저와 조합하여 사용한다.

리클로저
㉠ 배전 선로 보호용 계전기(고장 검출) 겸 차단기
㉡ 섹셔널라이저와 조합 사용 자동 재연결(재폐로) 차단기

40 배전 선로 보호를 위하여 설치하는 보호 장치는? 09년 출제

① 기중 차단기 ② 진공 차단기
③ 자동 재연결(재폐로) 차단기 ④ 누전 차단기

해설 리클로저(R/C : Recloser)는 배전 선로 보호용 차단기 겸 계전기로, 사고 발생 시 사고의 검출 및 신속한 고장 구간 자동 차단 기능이 있을 뿐만 아니라 자동으로 재폐로까지 할 수 있는 자동 재연결(재폐로) 차단기로 섹셔널라이저와 조합하여 사용한다.

소호 매질에 따른 차단기
㉠ VCB(진공 차단기) : 진공 상태 이용
㉡ GCB(가스 차단기) : SF_6
㉢ OCB(유입 차단기) : 절연유 이용
㉣ ABB(공기 차단기) : 10기압 이상 압축 공기
㉤ MBB(자기 차단기) : 전자력 이용

41 다음 중 용어와 약호가 바르게 짝지어진 것은? 06년 출제

① 유입 차단기 – ABB ② 공기 차단기 – ACB
③ 가스 차단기 – GCB ④ 자기 차단기 – OCB

해설 차단기의 약호
- 진공 차단기 : VCB
- 유입 차단기 : OCB
- 자기 차단기 : MBB
- 가스 차단기 : GCB
- 공기 차단기 : ABB
- 기중 차단기 : ACB

정답 38.④ 39.① 40.③ 41.③

42 교류 차단기에 포함되지 않는 것은? 14년 출제

① GCB ② HSCB
③ VCB ④ ABB

해설 차단기의 약호
- 직류 고속도 차단기 : HSCB(High Speed Circuit Breaker)
- 진공 차단기 : VCB
- 가스 차단기 : GCB
- 유입 차단기 : OCB
- 공기 차단기 : ABB
- 자기 차단기 : MBB
- 기중 차단기 : ACB

차단기 약호
㉠ VCB : 진공 차단기
㉡ GCB : 가스 차단기
㉢ OCB : 유입 차단기
㉣ ABB : 공기 차단기
㉤ MBB : 자기 차단기
㉥ ACB : 기중 차단기

43 수·변전 설비에서 차단기의 종류 중 가스 차단기에 들어가는 가스의 종류는?

출제빈도

07년/10년/11년 출제

① CO_2 ② LPG
③ SF_6 ④ LNG

해설 가스 차단기(GCB)는 차단기 동작 시 발생하는 아크를 고성능 절연 특성을 가진 SF_6(육불화황)를 사용 흡수해서 제거한다.

44 가스 절연 개폐기나 가스 차단기에 사용되는 가스인 SF_6의 성질이 아닌 것은?

출제빈도

07년/08년/10년/13년 출제

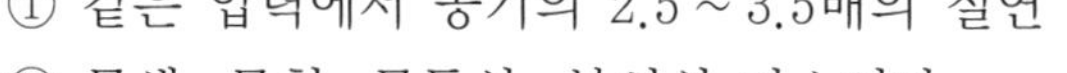
① 같은 압력에서 공기의 2.5 ~ 3.5배의 절연 내력이 있다.
② 무색, 무취, 무독성, 불연성 가스이다.
③ 가스 압력 3 ~ 4[kgf/cm^2]에서는 절연 내력은 절연유 이상이다.
④ 소호 능력은 공기보다 2.5배 정도 낮다.

해설 SF_6는 소호 능력이 공기보다 약 100 ~ 200배 정도 뛰어나다.

SF_6 가스의 특성
㉠ 소호 능력 : 공기의 100 ~ 200배
㉡ 절연 내력 : 공기의 2.5~3.5배

45 자연 공기 내에서 개방할 때 접촉자가 떨어지면서 자연 소호되는 방식을 가진 차단기로, 저압의 교류 또는 직류 차단기로 많이 사용되는 것은? 07년 출제

① 유입 차단기 ② 자기 차단기
③ 가스 차단기 ④ 기중 차단기

해설 기중 차단기(ACB)는 특별한 소호 매질 없이 일반 대기 중에서 아크를 길게 하여 소호실에서 냉각 차단하므로 저압의 교류나 직류 차단기로 사용한다.

ACB(기중 차단기)
㉠ 일반 대기 이용
㉡ 3.3[kV] 이하 채용

정답 42.② 43.③ 44.④ 45.④

주상 변압기의 보호 장치
㉠ 1차측 : 컷 아웃 스위치(COS)
㉡ 2차측 : 캐치 홀더(저압용 퓨즈)

★★
46 주상용 변압기의 1차측 보호 장치로 사용하는 것은?

10년/15년 출제

① 컷 아웃 스위치　② 유입 개폐기
③ 캐치 홀더　④ 리클로저

해설 주상용 변압기 보호 장치로 1차측은 컷 아웃 스위치(COS), 2차측에는 캐치 홀더를 설치한다.
- 컷 아웃 스위치(COS) : 변압기 1차측에 설치하여 과부하로부터 변압기를 보호한다.
- 캐치 홀더 : 변압기 2차측 비접지측 전선에 설치하여 수용가 인입구에 이르는 전로의 사고에 대한 보호이다.

컷 아웃 스위치(COS)
㉠ 25[kV] 이하 변압기 용량 300[kVA] 채용
㉡ 과부하 전류 차단

★
47 배전용 기구인 COS(컷 아웃 스위치)의 용도로 알맞은 것은?

10년 출제

① 배전용 변압기의 1차측에 시설하여 변압기의 과부하 보호용으로 쓰인다.
② 배전용 변압기의 2차측에 시설하여 변압기의 과부하 보호용으로 쓰인다.
③ 배전용 변압기의 1차측에 시설하여 배전 구역 전환용으로 쓰인다.
④ 배전용 변압기의 2차측에 시설하여 배전 구역 전환용으로 쓰인다.

해설 배전용 변압기 1차측 보호 장치
- 전력 퓨즈(PF) : 단락 사고 시 발생하는 단락 전류를 차단하여 변압기를 보호한다.
- 컷 아웃 스위치(COS) : 과부하 시 발생하는 과부하 전류로부터 변압기를 보호한다.

전력 퓨즈(PF)
단락 전류 차단

피뢰기(LA)
㉠ 낙뢰 내습 시 이상 전류를 대지로 방전하여 전로 및 기기류를 보호하는 장치
㉡ 설치 장소
- 발·변전소 인입구·인출구, 특고압 배전용 변압기의 고압 및 특고압측
- 고압, 특고압 가공 전로에서 수전받는 수용가 인입구, 가공과 지중 전선로가 접속되는 곳

★
48 고압이나 특고압 수전 설비의 인입구에 낙뢰나 혼촉 사고에 의한 이상 전압으로부터 선로와 기기를 보호할 목적으로 시설하는 것은?

10년 출제

① 단로기(DS)　② 배선용 차단기(MCCB)
③ 피뢰기(LA)　④ 누전 차단기(ELB)

해설 피뢰기(LA)는 낙뢰 또는 회로의 개폐 등에 기인하는 과전압의 파고치가 어떤 값을 초과할 경우 방전에 의해 과전압을 제한하여 전기 시설의 절연을 보호할 목적으로 설치한다.

★★
49 고압 또는 특고압 가공 전선로에서 공급을 받는 수용 장소의 인입구 또는 이와 근접한 곳에 시설해야 하는 것은?

08년/10년 출제

① 계기용 변성기　② 과전류 계전기
③ 접지 계전기　④ 피뢰기

해설 피뢰기의 설치 장소
- 발·변전소 또는 이에 준하는 곳의 인입구 및 인출구
- 고압 또는 특고압 가공 전선로에서 공급받는 수용가의 인입구
- 가공 전선로에 접속하는 특고압 배전용 변압기의 고압측 및 특고압측
- 가공 전선로와 지중 전선로가 접속되는 곳

정답 46.① 47.① 48.③ 49.④

출제분석 Advice

50

돌침부에서 이온 또는 펄스를 발생시켜 뇌운의 전하와 작용하도록 하여 멀리 있는 뇌운의 방전을 유도하여 보호 범위를 넓게 하는 방식은? 09년 출제

① 돌침 방식
② 용마루 위 도체 방식
③ 이온 방사형 피뢰 방식
④ 게이지 방식

해설 돌침부에서 이온 또는 펄스를 발생시켜 뇌운의 전하와 작용하도록 하여 멀리 있는 뇌운의 방전을 유도하여 보호 범위를 넓게 하는 방식을 이온 방사형 피뢰 방식이라고 한다.

51

가공 전선로의 지지물에 하중이 가하여지는 경우에 그 하중을 받는 지지물의 기초 안전율은 일반적으로 얼마 이상이어야 하는가? 10년 출제

① 1.5 ② 2.0
③ 2.5 ④ 4.0

해설 가공 전선로 지지물에 하중이 가하여지는 경우 그 하중을 받는 지지물의 기초 안전율은 2.0 이상으로 한다.

52

전주의 길이가 15[m] 이하인 경우 땅에 묻히는 깊이는 전장의 얼마인가? 11년 출제

① $\frac{1}{8}$ 이상 ② $\frac{1}{6}$ 이상
③ $\frac{1}{4}$ 이상 ④ $\frac{1}{3}$ 이상

해설 목주 및 A종 지지물의 건주 공사 시 매설 깊이

- 길이 15[m] 이하 : 길이$\times\frac{1}{6}$[m] 이상 매설할 것
- 길이 15[m] 초과 : 2.5[m] 이상 매설할 것

53

출제빈도

전주의 길이가 16[m]이고, 설계 하중이 6.8[kN] 이하인 지지물을 건주하는 경우에 땅에 묻히는 최소 깊이는 몇 [m]인가? 06년/09년/11년/13년 출제

① 1.5 ② 2
③ 2.5 ④ 3

해설 목주 및 A종 지지물의 건주 공사 시 매설 깊이

- 길이 15[m] 이하 : 길이$\times\frac{1}{6}$[m] 이상 매설할 것
- 길이 15[m] 초과 : 2.5[m] 이상 매설할 것

건주 공사 시 매설 깊이

㉠ 목주, 16[m] 이하, 설계 하중 6.8[kN] 이하 철근 콘크리트 지지물
- 15[m] 이하 : 길이$\times\frac{1}{6}$[m] 이상
- 15[m] 초과 : 2.5[m] 이상

㉡ 길이 20[m] 이하, 설계 하중 9.8[kN] 이하 철근 콘크리트 지지물
- 15[m] 이하 : +0.3[m] 가산
- 15[m] 초과 : +0.3[m] 가산

정답 50.③ 51.② 52.② 53.③

목주의 풍압 하중에 대한 지지물 강도
㉠ 저압 : 1.2배
㉡ 고압 : 1.3배

★
54 저압 가공 전선로의 지지물이 목주인 경우 풍압 하중의 몇 배에 견디는 강도를 가져야 하는가? 13년 출제

① 2.5 ② 2.0
③ 1.5 ④ 1.2

해설 가공 전선로에서 지지물이 목주인 경우 지지물의 강도는 저압인 경우 풍압 하중의 1.2배, 고압인 경우 풍압 하중의 1.3배의 하중에 견디는 것으로 한다.

★
55 철근 콘크리트주가 원형의 것인 경우 갑종 풍압 하중[Pa]은? (단, 수직 투영 면적 1[m^2]에 대한 풍압이다.) 10년 출제

① 588 ② 882
③ 1,039 ④ 1,412

해설 풍압 하중은 바람에 의해 단위 투영 면적당 가해지는 하중으로, 그 모양이 원형인 목주나 철근 콘크리트 지지물에 대한 갑종 풍압 하중은 588[Pa]이다.
- 갑종 풍압 하중 : 고온계로서 초속 30 ~ 40[m/sec]의 강풍이 분다는 가정하에서의 풍압 하중
- 단위 환산 : 1[kgf/m^2]=9.8[N/m^2]=9.8[Pa]

건주, 장주 공사
㉠ 건주 : 지지물을 땅 위에 세우는 작업
㉡ 장주 : 지지물 위에 완금, 애자 등을 설치하는 작업

★
56 지지물에 전선 그 밖의 기구를 고정시키기 위해 완목, 완금, 애자 등을 장치하는 것을 무엇이라 하는가? 06년 출제

① 장주 ② 건주
③ 터파기 ④ 전선설치(가선) 공사

해설
- 건주 : 지지물을 땅 위에 세우는 것이다.
- 장주 : 지지물에 전선 그 밖의 기구를 고정시키기 위해 완목, 완금, 애자 등을 장치하는 것이다.

★
57 저압 가공 배전 선로에서 전선을 수직으로 배열 지지하는 데 사용되는 장주용 자재명은? 06년 출제

① 경완철 ② 래크
③ LP 애자 ④ 현수 애자

해설 저압 가공 배전 선로를 수직으로 배열 지지하는 데 사용되는 자재는 래크이다.

장주 공사 부속품
㉠ 암밴드 : 완금을 철근 콘크리트주에 고정
㉡ 암타이 : 완금의 상하 이동 방지용 지지대
㉢ 암타이 밴드 : 암타이를 지지물에 고정할 때 사용

★★
58 철근 콘크리트주에 완금을 고정시키려면 어떤 밴드를 사용하는가? 07년/09년 출제

① 암밴드 ② 지지선(지선) 밴드
③ 래크 밴드 ④ 암타이 밴드

정답 54.④ 55.① 56.① 57.② 58.①

해설 장주 공사
- 완목이나 완금을 목주에 붙일 경우 : 볼트 사용
- 완목이나 완금을 철근 콘크리트주에 붙일 경우 : 암밴드 사용

★★
59 고압 가공 전선로의 전선의 조수가 3조일 때 완금의 길이[mm]는?

07년/09년 출제

① 1,200 ② 1,400
③ 1,800 ④ 2,400

해설 완금의 길이[mm]

구분	저압	고압	특고압
2조	900	1,400	1,800
3조	1,400	1,800	2,400

★★★
60 일반적으로 가공 전선로의 지지물에 취급자가 오르고 내리는 데 사용하는 발판 볼트 등은 지표상 몇 [m] 미만에 시설하여서는 안 되는가? 10년/11년/14년/15년 출제

(출제빈도)

① 0.75 ② 1.2
③ 1.8 ④ 2.0

해설 일반적으로 가공 전선로 지지물에 취급자가 오르고 내리는 데 사용하는 발판 볼트 등은 지표상 1.8[m]부터 완금 하부 0.9[m]까지 부착한다.

발판 볼트 시설
㉠ 기기류가 설치된 경우 : 지표상 1.8[m]부터 설치
㉡ 발판 볼트 간격 : 0.45[m]

★
61 배전 선로 기기 설치 공사에서 전주에 승주 시 발판 못 볼트는 지상 몇 [m] 지점에서 180° 방향에 몇 [m] 양쪽으로 설치하여야 하는가? 11년 출제

① 1.5, 0.3 ② 1.5, 0.45
③ 1.8, 0.3 ④ 1.8, 0.45

해설 일반적으로 가공 전선로 지지물에 취급자가 오르고 내리는 데 사용하는 발판 볼트 등은 지표상 1.8[m]부터 180° 방향에 0.45[m]씩 양쪽으로 완금 하부 0.9[m]까지 부착한다.

★★★
62 주상 변압기를 철근 콘크리트 전주에 설치할 때 사용되는 것은?

06년/08년/09년 출제

(출제빈도)

① 암밴드 ② 암타이 밴드
③ 앵커 ④ 행거 밴드

해설 주상 변압기를 지지물 위에 설치하는 방법은 변압기를 행거 밴드(hanger band)를 사용하여 지지물에 설치한다.

주상 변압기 전주 고정
행거 밴드를 지지물에 설치하여 주상 변압기를 매달아 설치

정답 59.③ 60.③ 61.④ 62.④

배전 선로 활선 공구
㉠ 와이어 통 : 활선 이동 시 사용하는 절연봉
㉡ 데드 엔드 커버 : 현수 애자, 인류 클램프 등의 충전부 방호 절연 덮개(커버)
㉢ 전선 피박기 : 활선 피복 벗기는 공구

★★★

63 배전 선로 공사에서 충전되어 있는 활선을 움직이거나 작업권 밖으로 밀어낼 때 또는 활선을 다른 장소로 옮길 때 사용하는 활선 공구는? 06년/07년/08년 출제

출제빈도

① 피박기 ② 활선 커버
③ 데드 엔드 커버 ④ 와이어 통

해설 배전 선로 공사 시 핀 애자나 현수 애자를 사용한 전선설치(가선) 공사에서 활선을 움직이거나 작업권 밖으로 밀어낸다든가 혹은 보조 암(arm) 위에 안전한 장소로 전선을 옮길 때 사용하는 절연봉을 와이어 통(wire tong)이라고 한다.

★

64 다음 중 내장주의 선로에서 활선 공법을 할 때 작업자가 현수 애자 등에 접촉되어 생기는 안전사고를 예방하기 위해 사용하는 것은? 07년 출제

① 활선 커버 ② 가스 개폐기
③ 데드 엔드 커버 ④ 프로텍터 차단기

해설 가공 배전 선로에서 활선 작업 시 작업자가 현수 애자 등에 접촉하여 발생하는 안전사고 예방을 위해 전선 작업 개소의 현수 애자와 인류 클램프[절연 덮개(커버) 포함] 등의 충전부를 방호하기 위한 절연 덮개(커버)를 데드 엔드 커버라 한다.

고압 지중 전선로 사용 케이블
㉠ CD 케이블
㉡ 개장 케이블

★

65 지중 전선로에 사용되는 케이블 중 고압용 케이블은? 13년 출제

① 콤바인 덕트(CD) 케이블 ② 폴리에틸렌 외장 케이블
③ 클로로프렌 외장 케이블 ④ 비닐 외장 케이블

해설 지중 전선로에서 CD 케이블이나 개장 케이블을 사용할 경우 케이블은 콘크리트제의 견고한 트로프, 기타 견고한 관이나 트로프 등에 넣어 시설한다.
- 콤바인 덕트(CD) 케이블 : 고압 이상의 지중 전선로에서 사용하는 케이블로, 관로와 케이블 외장을 겸한 폴리에틸렌 덕트 안에 여러 케이블 심선을 삽입한 관이다.
- 개장 케이블 : 케이블의 외장 위에 강대 또는 황동대를 그 폭의 3분의 1 이하의 길이에 상당하는 간격을 두고 나선상으로 감은 다음 그 간격의 중앙부를 가리도록 다시 한번 강대나 황동대로 감은 후 그 위에 방식층을 입힌 구조의 케이블이다.

전선 피박기
활선 상태에서 전선 피복을 벗기는 공구

★★

66 절연 전선으로 전선설치(가선)된 배전 선로에서 활선 상태인 경우 전선 피복을 벗기는 것은 매우 곤란한 작업이다. 이런 경우 활선 상태에서 전선 피복을 벗기는 공구는? 08년/11년 출제

① 전선 피박기 ② 애자 커버
③ 와이어 통 ④ 데드 엔드 커버

해설 전선 피박기는 활선 상태에서 전선 피복을 벗기는 공구로, 활선 피박기라고도 한다.

정답 63.④ 64.③ 65.① 66.①

67 다음 중 지중 전선로의 매설 방법이 아닌 것은? 07년 출제

① 관로식 ② 암거식
③ 직접 매설식 ④ 행거식

해설 지중 전선로의 매설 방식 : 직접 매설식, 관로식, 암거식

68 케이블을 직접 매설식에 의하여 차량, 기타 중량물의 압력을 받을 우려가 있는 장소에 시설하는 경우 매설 깊이는 몇 [m] 이상이어야 하는가? 10년/14년/15년 출제

① 0.6 ② 1.0
③ 1.2 ④ 1.6

해설 직접 매설식인 경우 케이블 매설 깊이
- 차량이나 기타 중량물의 압력을 받을 우려가 있는 장소 : 1.0[m] 이상
- 차량이나 기타 중량물의 압력을 받을 우려가 없는 장소 : 0.6[m] 이상

69 지중 배전 선로에서 케이블을 개폐기와 연결하는 몸체는? 11년 출제

① 스틱형 접속 단자 ② 엘보 커넥터
③ 절연 캡 ④ 접속 플러그

해설 지중 배전 선로에서 개폐기 운전에 필요한 자재
- 엘보 커넥터 : 케이블을 개폐기와 접속하는 설비
- 절연 캡 : 개폐기 부싱 절연 시 사용
- 접속 플러그 : 접지, 상 확인 작업 시 사용
- 스틱형 접속 단자 : 엘보 커넥터와 케이블 어댑터를 접속하는 설비

70 송전 방식에서 선간 전압, 선로 전류, 역률이 일정할 때 (단상 3선식/단상 2선식)의 전선 1선당의 전력비는 약 몇 [%]인가?

① 87.5 ② 115
③ 133 ④ 150

해설

결선 방식		공급 전력	1선당 공급 전력	1선당 공급 전력비
단상 2선식	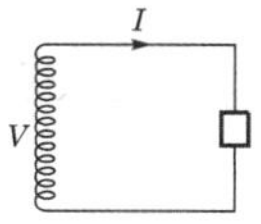 I V	$P_1 = VI$	$\frac{1}{2}VI$	기준
단상 3선식	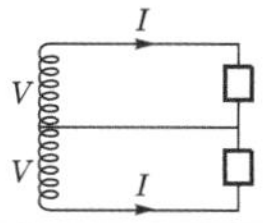 I V V I	$P_2 = 2VI$	$\frac{2}{3}VI = 0.67VI$	$\frac{\frac{2}{3}VI}{\frac{1}{2}VI} = \frac{4}{3} = 1.33$배

출제분석
Advice

지중 전선로의 매설 방식
㉠ 직접 매설식
㉡ 관로식
㉢ 암거식

직접 매설식 매설 깊이
㉠ 차량, 중량물 압력(○) : 1.0[m] 이상
㉡ 차량, 중량물 압력(×) : 0.6[m] 이상

엘보 커넥터
케이블을 개폐기와 접속하는 설비

정답 67.④ 68.② 69.② 70.③

71 송전 전력, 송전 거리, 전선로의 전력 손실이 일정하고 같은 재료의 전선을 사용한 경우 단상 2선식에 대한 3상 3선식의 1선당의 전력비는 얼마인가?

① 0.7 ② 1.0
③ 1.15 ④ 1.33

해설

결선 방식		공급 전력	1선당 공급 전력	1선당 공급 전력비
단상 2선식	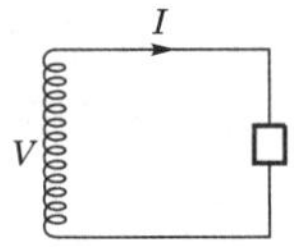 (회로도: V, I)	$P_1 = VI$	$\frac{1}{2}VI$	기준
3상 3선식	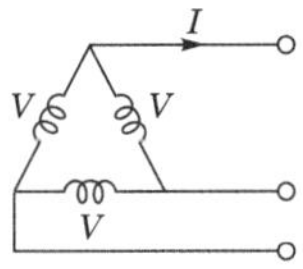 (회로도: V, V, V, I)	$P_3 = \sqrt{3}\,VI$	$\frac{\sqrt{3}}{3}VI = 0.57VI$	$\frac{\frac{\sqrt{3}}{3}VI}{\frac{1}{2}VI} = \frac{2\sqrt{3}}{3}$ = 1.15배 (115[%])

단상 2선식 기준(100[%])
㉠ 전압·전류·손실·역률 일정
㉡ 1선당 공급 전력비 및 전선 중량비
- 단상 3선식 : 1.33, 37.5[%]
- 3상 3선식 : 1.15, 75[%]
- 3상 4선식 : 0.866, 33.3[%]

72 송전 전력, 선간 전압, 부하 역률, 전력 손실 및 송전 거리를 동일하게 하였을 경우 단상 2선식에 대한 3상 3선식의 총 전선량(중량)비는 얼마인가?

① 0.75 ② 0.94
③ 1.15 ④ 1.33

해설 단상 2선식에 대한 3상 3선식의 전선 중량비 $\frac{3}{4} = 0.75$배

73 저압 수전 방식 중 단상 3선식은 평형이 되는 게 원칙이지만 부득이한 경우 설비 불평형률은 몇 [%] 이하로 유지해야 하는가?

① 10 ② 20
③ 30 ④ 40

해설 단상 3선식에서 중성선과 각 전압측 전선 간의 부하는 평형이 되게 하는 것을 원칙으로 하지만, 부득이한 경우 발생하는 설비 불평형률은 40[%]까지 할 수 있다.

불평형률
㉠ 단상 3선식 : 40[%] 이하
㉡ 3상 3선식, 3상 4선식 : 30[%] 이하

74 수전 방식 중 3상 4선식은 부득이한 경우 설비 불평형률은 몇 [%] 이하로 유지해야 하는가?

① 10 ② 20
③ 30 ④ 40

해설 3상 3선식, 4선식의 각 전압측 전선 간의 부하는 평형이 되게 하는 것을 원칙으로 하지만, 부득이한 경우 발생하는 설비 불평형률은 30[%]까지 할 수 있다.

정답 71.③ 72.① 73.④ 74.③

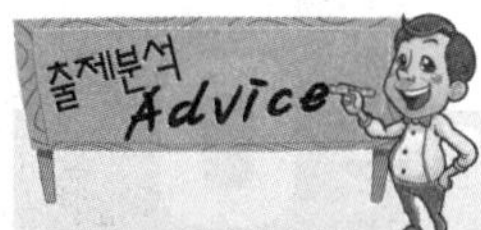

75 **다음 설비 불평형률에 대한 설명으로 틀린 것은?**

① 중성선에 시설하는 개폐기는 개폐 시 전압 불평형이 발생하는 것을 방지하기 위하여 3극이 동시에 개폐되는 것으로 시설한다.

② 중성선에는 부하 불평형에 의한 중성선 단선 시 부하 양측 단자 전압의 심한 불평형이 발생할 수 있으므로 중성선에는 과전류 차단기를 시설해야 한다.

③ 단상 3선식의 부하는 평형이 원칙으로 하지만, 부득이한 경우 발생하는 불평형률은 40[%] 이하로 할 수 있다.

④ 3상 4선식의 설비 불평형률은 30[%] 이하를 원칙으로 한다.

과전류 차단기 생략
㉠ 중성선
㉡ 접지측 전선
㉢ 접지선

해설 중성선에는 부하 불평형에 의한 중성선 단선 시 부하 양측 단자 전압의 심한 불평형이 발생할 수 있으므로 중성선에는 과전류 차단기를 시설하지 않고 동선으로 직결한다.

정답 75.②

배·분전반 및 특수 장소의 공사

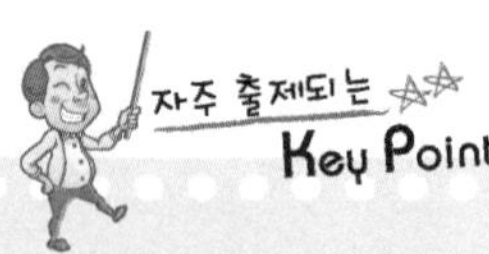

01 배전반 공사

배전반
전력 계통을 감시, 제어, 보호하기 위해 계측 장치와 보호 장치를 패널에 부착한 전기 설비

배전반이란 전력 계통의 감시, 제어, 보호 기능을 유지할 수 있도록 전력 계통의 전압, 전류, 전력 등을 측정하기 위한 계측 장치와 기기류의 조작 및 보호를 위한 제어 개폐기, 보호 계전기 등을 일정한 패널에 부착하여 변전실의 제반 기기류를 집중 제어하는 전기 설비를 말한다.

1 배전반의 구성 및 설치 장소

(1) 배전반의 구성

① 전력 계통 감시를 위한 측정 장치 : 전압계, 전류계, 전력계, 무효 전력계, 역률계 등

② 기기류 조작을 위한 제어 장치 : 차단기, 단로기, 전압 조정기

③ 기기류 보호를 위한 보호 장치 : 과전류 계전기, 비율 차동 계전기

④ 고장 상태 및 종류를 표시하는 고장 표시기 및 신호등(lamp)

⑤ 계기, 계전기 등의 보수를 위한 시험용 단자대

배전반 설치 장소
전기 회로 쉽게 조작, 점검 가능, 노출된 장소에 시설

(2) 배전반의 설치 장소

① 전기 회로를 쉽게 조작할 수 있는 장소

② 개폐기를 쉽게 조작할 수 있는 장소

③ 노출된 장소

④ 안정된 장소

2 배전반의 종류와 시설 원칙

(1) 배전반의 종류

① 라이브 프런트식 배전반 : 지시 계기류나 조작 개폐기, 계전기 등이 배전반 표면에 부착되어 있는 구조의 것

② 데드 프런트식 배전반 : 각종 기기류와 개폐기 조작 핸들만 배전반 표면에 나타나고, 모든 기기류 및 개폐기와 충전 부분은 배전반 표면에 노출되지 않는 구조의 것

폐쇄식 배전반(큐비클형)
㉠ 점유 면적 작고, 운전·보수가 쉬우며 안전하다.
㉡ 공장, 빌딩 전기실에 적합하다.
㉢ 저·고압 배전반 앞면 간격(이격거리) : 1.5[m] 이상

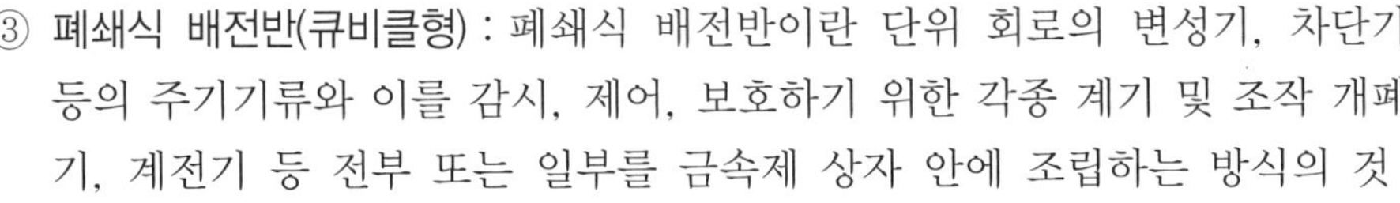

③ **폐쇄식 배전반(큐비클형)** : 폐쇄식 배전반이란 단위 회로의 변성기, 차단기 등의 주기기류와 이를 감시, 제어, 보호하기 위한 각종 계기 및 조작 개폐기, 계전기 등 전부 또는 일부를 금속제 상자 안에 조립하는 방식의 것

㉠ 배전반의 충전부가 노출되지 않으므로 안전하다.

㉡ 배전반의 소형화에 의한 점유 면적이 작아진다.

㉢ 배전반의 표준화에 의한 운전 및 증설, 보수가 쉽다.

㉣ 신뢰도가 높아 공장이나 빌딩 등의 전기실에 적합하다.

(2) 배전반의 시설 원칙

저 · 고압 배전반은 배전반 앞에서 계측기를 판독하기 위하여 앞면과 최소 1.5[m] 이상 유지하여야 한다.

3 변압기, 배전반 등의 간격(이격거리)

배전반, 변압기 등 수전 설비 주요 부분이 유지하여야 할 거리 기준은 다음 표에서 정한 값 이상일 것

위치별 / 기기별	앞면 또는 조작 · 계측면	뒷면 또는 점검면	열 상호 간 (점검하는 면)	기타의 면
특고압 배전반	1.7	0.8	1.4	−
고압 배전반	1.5	0.6	1.2	−
저압 배전반	1.5	0.6	1.2	−
변압기 등	0.6	0.6	1.2	0.3

※ 1. 앞면 또는 조작 · 계측면은 배전반 앞에서 계측기를 판독할 수 있거나 필요 조작을 할 수 있는 최소 거리

2. 뒷면 또는 점검면은 사람이 통행할 수 있는 최소 거리임. 무리 없이 편안히 통행하기 위하여 0.9[m] 이상이 좋음

4 변압기 종류 및 용량 결정

(1) 변압기의 종류

① **유입형 변압기** : 변압기 철심에 감은 코일을 절연유를 이용하여 절연한 A종 절연 변압기(절연물의 최고 허용 온도 105[℃])

② **몰드형 변압기** : 변압기 권선을 에폭시 수지에 의하여 고진공 침투시키고, 다시 그 주위를 기계적 강도가 큰 에폭시 수지로 몰딩한 변압기

자주 출제되는 Key Point

변압기의 종류

㉠ 유입형 : 절연유

㉡ 몰드형 : 에폭시 수지

㉢ 건식형 : 유리 섬유

절연물의 최고 허용 온도
㉠ A종 : 105[℃]
㉡ E종 : 120[℃]
㉢ B종 : 130[℃]
㉣ H종 : 180[℃]

수용률
㉠ 전력 소비 부하가 동시에 사용되는 정도
㉡ $\frac{\text{최대 수용 전력}}{\text{수용 설비 용량}} \times 100$

부등률
㉠ 최대 수용 전력의 발생 시기, 발생 시각의 분산 지표
㉡ $\frac{\text{각각의 최대 수용 전력의 합}}{\text{합성 최대 수용 전력}}$

부하율
㉠ $\frac{\text{평균 수용 전력}}{\text{최대 수용 전력}} \times 100$
㉡ 평균 수용 전력 $= \frac{\text{전력량}}{\text{기준 시간}}$

조상 설비
㉠ 조상 설비 : 무효 전력을 조정하는 설비
㉡ 전력용(진상용) 콘덴서 : 역률 개선

③ **건식형 변압기** : 변압기 코일을 유리 섬유 등의 내열성이 높은 절연물을 내열 니스 처리한 H종 절연 변압기(최고 허용 온도 180[℃])

깐깐 참고 **절연물의 최고 허용 온도**

절연종별	Y종	A종	E종	B종	F종	H종	C종
최고 허용 온도[℃]	90	105	120	130	155	180	180 초과

(2) 변압기의 용량 결정

① **수용률** : "전력 소비 부하가 동시에 사용되는 정도"로 수용가에 설비된 모든 수용 설비 용량의 합에 대한 실제 사용되고 있는 최대 수용 전력과의 비율을 나타낸 것

$$\text{수용률} = \frac{\text{최대 수용 전력[kW]}}{\text{수용 설비 용량[kW]}} \times 100[\%]$$

② **부등률** : "최대 수용 전력의 발생 시기나 발생 시각의 분산 지표"로 다수의 수용가가 존재할 때 어느 임의의 시점에서 동시에 사용되고 있는 합성 최대 수용 전력에 대한 각 수용가의 최대 수용 전력의 합에 대한 비율을 나타낸 것

$$\text{부등률} = \frac{\text{수용 설비 각각의 최대 수용 전력의 합[kW]}}{\text{합성 최대 수용 전력[kW]}} \geq 1$$

③ **부하율** : 어떤 임의의 수용가에서 "어느 일정 기간 중의 부하 변동의 정도"를 나타내는 것으로, 최대 수용 전력에 대한 그 기간 중 발생하는 평균 수용 전력과의 비율을 나타낸 것

㉠ $\text{부하율} = \frac{\text{평균 수용 전력}}{\text{최대 수용 전력}} \times 100[\%]$

㉡ $\text{평균 수용 전력} = \frac{\text{전력량[kWh]}}{\text{기준 시간[h]}}$

5 조상 설비(전력용 콘덴서)

조상 설비란 90° 앞선 전류나 90° 뒤진 전류를 조정하여 전력 계통에서 발생하는 무효 전력을 조정하는 설비로, 그 대표적인 설비로는 부하 역률을 개선하기 위한 전력용(진상용) 콘덴서가 있다.

자주 출제되는 Key Point

역률 개선의 필요성(역률 저하 시 문제점)
㉠ 전력 손실 증가
㉡ 전압 강하 증가
㉢ 전기 설비 용량(변압기 용량 등) 증가
㉣ 전기 요금 증가
㉤ 변압기 동손 증가

(1) 역률 개선의 필요성

부하 역률이 감소하면 전압에 비하여 90° 늦은 위상차를 갖는 지상 무효 전류가 증가하므로 다음과 같은 문제점이 발생한다.

① 전력 손실이 커진다.
② 전압 강하가 커진다.
③ 전기 설비 용량(변압기 용량)이 증가한다.
④ 전기 요금이 증가한다.
⑤ 변압기 동손이 증가한다.

(2) 역률 개선의 원리 및 콘덴서 용량

① 역률 개선 원리 : 부하와 병렬로 접속한 콘덴서에 흐르는 전류가 전압보다 90° 앞선 위상차를 갖는 진상 전류가 흐르게 되는 원리를 이용하여, 부하에 흐르는 90° 뒤진 위상차를 갖는 지상 전류를 감소시킴으로써 부하 임피던스에 의해 결정되는 전전류의 크기 및 위상차를 감소시켜 부하의 역률을 개선할 수 있다.

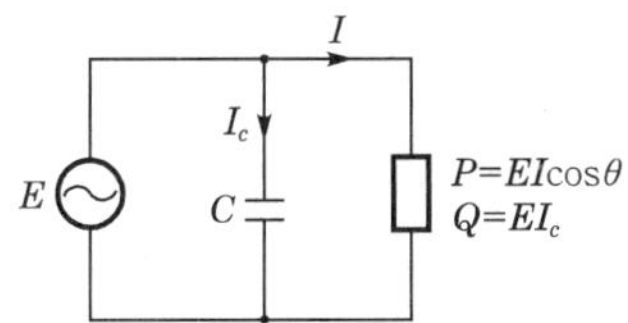

② 콘덴서 용량

$$Q = P(\tan\theta_1 - \tan\theta_2) = P\left(\frac{\sin\theta_1}{\cos\theta_1} - \frac{\sin\theta_2}{\cos\theta_2}\right)[\text{kVA}]$$

여기서, P : 부하 유효 전력[kW], $\cos\theta_1$: 개선 전 역률, $\cos\theta_2$: 개선 후 역률

역률 개선용 콘덴서 용량
$Q = P\left(\frac{\sin\theta_1}{\cos\theta_1} - \frac{\sin\theta_2}{\cos\theta_2}\right)$[kVA]
㉠ P : 부하 유효 전력[kW]
㉡ $\cos\theta_1$: 개선 전 역률
㉢ $\cos\theta_2$: 개선 후 역률

(3) 전력용 콘덴서의 설치 효과

부하의 역률 개선용 진상 콘덴서 설치에 의한 수용가의 역률은 한국 전력의 전기 공급 규정에 의하면 수용가 기기 역률은 90[%]를 초과하는 경우 95[%]까지는 매 1[%]에 대하여 기본 요금을 감하여 주고, 또 90[%]에 미달할 때에는 매 1[%]에 대하여 추가 징수하는 것으로 되어 있으나 그 외에 다음과 같은 효과가 있다.

① 전력 손실이 감소한다.
② 전압 강하가 작아진다.
③ 전기 설비 용량(변압기 용량)의 여유도가 증가한다.
④ 전력 요금이 감소한다.
⑤ 변압기 동손이 경감된다.

자주 출제되는 Key Point

부하 끝부분(말단)에 콘덴서 분산 설치 시의 특성
㉠ 역률 개선 효과가 크다.
㉡ 경제 부담이 증가한다.

수전 설비의 약호
㉠ 계기용 변류기 : CT
㉡ 계기용 변압기 : PT
㉢ 전력 수급용 계기용 변성기 : MOF(PCT)
㉣ 영상 변류기 : ZCT
㉤ 지락 계전기 : GR
㉥ 과전류 계전기 : OCR

(4) 콘덴서의 설치 방식별 특성

① 수전단 모선에서 일괄(공동) 설치하는 경우
- ㉠ 장점 : 유지·관리가 용이하며, 무효 전력에 신속한 대응이 가능하고 경제적이다.
- ㉡ 단점 : 역률 개선 효과가 콘덴서 설치를 기준으로 전원측이므로 선로 및 부하 기기의 역률 개선 효과가 낮다.

② 고압측과 부하에 일괄(공동) 및 개별 설치
- ㉠ 장점 : 일괄(공동) 설치 경우보다 역률 개선 효과가 크다.
- ㉡ 단점 : 일괄(공동) 설치 경우보다 설치비가 증가한다.

③ 부하 끝부분(말단)에 개별적으로 분산 설치하는 경우
- ㉠ 장점 : 역률 개선 효과가 가장 크다.
- ㉡ 단점 : 경제적 부담이 증가한다.

▎고압 및 특고압 수전 설비 기기의 명칭 및 약호, 용도▕

명칭	약호	심벌	용도 및 기능
전류계	A	Ⓐ	전류 측정용 계기
전압계	V	Ⓥ	전압 측정용 계기
케이블 헤드	CH		케이블과 절연 전선을 접속하기 위한 기구
전력 퓨즈	PF		설비 계통에서의 단락 전류에 대한 보호 및 차단기의 부족 차단 용량을 보완하기 위한 퓨즈
컷 아웃 스위치	COS		변압기 및 주요 기기의 1차측에 부착하여 과부하 전류로부터 변압기, 기기류를 보호하기 위한 퓨즈
계기용 변류기	CT		대전류를 소전류로 변성하여 측정 계기나 전기의 전류원으로 사용하기 위한 전류 변성기
계기용 변압기	PT	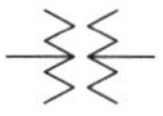	회로의 고전압을 저전압으로 변성하여 측정 계기나 계전기의 전압원으로 사용하기 위한 전압 변성기
영상 변류기	ZCT		지락 사고 시 발생하는 영상 전류를 검출하여 지락 계전기(GR)에 공급하기 위한 변성기
피뢰기	LA		뇌 또는 회로의 개폐로 인하여 발생하는 과전압을 제한하여 전기 설비의 절연을 보호하고 그 속류를 차단하는 보호 장치

명칭	약호	심벌	용도 및 기능
유입 개폐기	OS		부하 전류를 개폐하기 위한 개폐기(고장 전류의 차단 능력이 없다.)
단로기	DS		변전소의 전력 기기를 시험하기 위해서 무부하 상태의 전로를 개방 · 분리하기 위한 개폐기(부하 전류의 개폐 능력이 없다.)
차단기	CB		부하 전류 및 과부하, 단락, 지락 전류 등을 차단하여 전로의 기기 및 전선을 보호하기 위한 장치
지락 계전기	GR	GR	영상 변류기에서 검출한 지락 전류(영상 전류)가 흐를 때 여자되어 차단기를 동작시키기 위한 계전기
과전류 계전기	OCR	OCR	과부하나 단락 사고 시 발생하는 과전류가 흐를 때 여자되어 부하 설비 계통을 보호하기 위한 차단기를 개방 · 동작시키기 위한 보호 계전기로서 일정값 이상의 전류가 흘렀을 때 동작
트립 코일	TC		과부하 전류나 단락 전류, 지락 전류 같은 고장 전류 발생 시 여자되어 차단기를 개방시키기 위한 코일
전력량계	WH	WH	전력량 측정용 계기
진상용 콘덴서	SC		부하 설비 계통의 역률 개선용 콘덴서

02 분전반 공사

분전반이란 간선에서 각각의 전기 기계 기구로 배선하는 전선을 분기하는 곳에 배선용 차단기 등과 같은 분기 과전류 보호 장치나 분기 개폐기를 내열성, 난연성의 철제 캐비닛 안에 집합시킨 것을 말한다.

분전반 공사
㉠ 사용 전압이 다른 분기 회로 : 차단기 등에 전압 표시 명판을 붙여 놓을 것
㉡ 전압 강하
- 조명 설비 : 3[%] 이하
- 기타 설비 : 5[%] 이하

1 분전반의 시설 원칙 및 구비 조건

① 분전반의 이면에는 배선 및 기구를 배치하지 말 것
② 난연성 합성수지로 제작된 것은 두께 1.5[mm] 이상의 내아크일 것
③ 강판제인 경우 두께 1.2[mm] 이상일 것
④ 거터의 폭은 전선의 굵기에 알맞도록 충분히 할 것

⑤ 한 분전반에 사용 전압이 각각 다른 분기 회로가 있을 때 분기 회로를 쉽게 식별하기 위해 차단기나 차단기 가까운 곳에 각각의 전압을 표시하는 명판을 붙여 놓을 것

거터 스페이스

분전함 안에서 전선을 위아래로 자유롭게 구부리기 위해 비워두는 빈 공간으로 전선 굵기에 따른 그 치수는 다음과 같다.

전선의 굵기[mm^2]	거터 스페이스[mm]
35 이하	75 이상
100 이하	100 이상
250 이하	150 이상
400 이하	200 이상
600 이하	250 이상
1,000 이하	300 이상

분전반의 종류
나이프식, 텀블러식, 브레이크식

2 분전반의 종류

(1) 나이프식 분전반

두께 25[mm] 이상의 대리석판이나 베이클라이트판에 퓨즈가 부착된 나이프 스위치와 모선을 시설하여 철제 캐비닛 안에 장치한 구조의 것

① **정격 전류** : 15, 30, 60[A]

② **특징** : 감전 우려가 있으므로 조작용 손잡이만 노출되어 있다.

(2) 텀블러식 분전반

텀블러 스위치 등을 사용한 개폐기와 훅 퓨즈나 통형 퓨즈 등을 조합하여 철제 캐비닛 안에 시설한 구조의 것

① **정격 전류** : 15, 30, 60[A]

② **특징** : 텀블러 스위치의 노브를 이용하여 조작한다.

(3) 브레이크식 분전반

텀블러 스위치 등을 사용한 개폐기와 퓨즈가 없는 배선용 차단기를 조합하여 철제 캐비닛 안에 시설한 구조의 것

① **정격 전류** : 15 ~ 800[A]

② **특징** : 개폐기와 자동 차단기 2가지 역할을 동시에 할 수 있으므로 분전반 자체가 소형이 되면서 조작이 간편하고 안전하다.

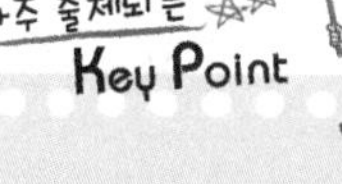

03 위험 장소의 공사

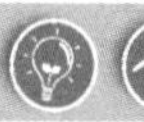

▌위험 장소에 따른 공사 방법▐

위험 장소의 구분	공사 방법
폭연성 먼지(분진), 화약류 가루(분말)	금속관 공사, 케이블 공사
가연성 먼지(분진 : 소맥분, 전분)	금속관 공사, 케이블 공사, 합성수지관 공사, 캡타이어 케이블 공사
가연성 가스, 인화성 액체 증기	금속관 공사, 케이블 공사
위험물(셀룰로이드, 성냥, 석유)	금속관 공사, 케이블 공사, 합성수지관 공사
화약류 저장 창고	금속관 공사, 케이블 공사
부식성 가스(산류, 알칼리류)	금속관 공사, 케이블 공사, 합성수지관 공사, 제2종 가요 전선관 공사, 애자 사용 공사, 캡타이어 케이블 공사
불연성 먼지(정미소, 제분소)	금속관 공사, 케이블 공사, 합성수지관 공사, 가요 전선관 공사, 애자 사용 공사, 금속 덕트 및 버스 덕트 공사, 캡타이어 케이블 공사
습기나 수분이 있는 곳	금속관 공사, 케이블 공사, 합성수지관 공사, 제2종 가요 전선관 공사, 애자 사용 공사, 캡타이어 케이블 공사
흥행장(극장, 영화관)	금속관 공사, 케이블 공사, 합성수지관 공사, 캡타이어 케이블 공사
터널, 갱도, 이와 유사한 곳	금속관 공사, 케이블 공사, 합성수지관 공사, 제2종 가요 전선관 공사, 애자 사용 공사

1 폭연성 먼지(분진)나 화약류의 가루(분말)가 있는 장소

마그네슘, 알루미늄, 티탄, 지르코늄 등과 같은 먼지가 쌓여 있는 상태에서 불이 붙었을 때 폭발할 우려가 있는 먼지(분진)나 화약류 등의 먼지(분진)가 있는 장소의 저압 옥내 배선(사용 전압 400[V] 이하)은 금속관 공사나 케이블 공사(캡타이어 케이블 제외) 등에 의하여 시설할 것

① 박강 전선관 이상으로 하면서 관 상호 간이나 관과 박스, 기타 부속품의 접속은 5턱 이상의 나사 조임으로 접속할 것

② 개장된 케이블이나 MI 케이블을 사용하는 경우 이외에는 강제 전선관과 같은 보호관 등에 넣어 시설하고 먼지(분진)가 내부에 침입하지 않도록 패킹을 설치할 것

③ 전동기에 접속하는 부분과 같이 가요성을 필요로 하는 부분의 배선에는 먼지(분진) 방폭형 플렉시블 피팅을 사용할 것

④ 이동 전선은 접속점이 없는 0.6/1[kV] EP 고무 절연 클로로프렌 캡타이어 케이블을 사용할 것

⑤ 콘센트 및 콘센트 플러그 등을 시설하지 않도록 할 것

폭연성 먼지(분진), 화약류 가루(분말)가 있는 장소의 공사
㉠ 금속관 공사, 케이블 공사
㉡ 관 상호 간, 관과 박스 접속은 5턱 이상 나사 조임으로 할 것

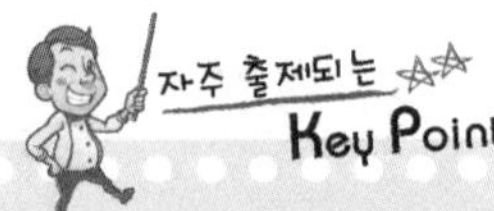

가연성 먼지(분진) 있는 장소의 공사
㉠ 금속관 공사, 케이블 공사, 합성수지관 공사, 캡타이어 케이블 공사
㉡ 합성수지관 두께 2[mm] 이상일 것

2 가연성 먼지(분진)가 있는 장소

소맥분, 전분, 유황 등 기타 가연성의 먼지로 공중에 떠다니는 상태에서 착화하였을 때 폭발할 우려가 있는 먼지(분진)가 있는 장소의 저압 옥내 배선은 두께 2[mm] 이상 합성수지관 공사 또는 금속관 공사, 케이블 공사 등에 의하여 시설할 것

① 합성수지관 및 기타 부속품은 쉽게 마모되거나 손상될 우려가 없도록 패킹을 사용하여 먼지(분진)가 관 내부로 침입하는 것을 방지할 것
② 박강 전선관 이상으로 하면서 관 상호 간이나 관과 박스, 기타 부속품의 접속은 5턱 이상의 나사 조임으로 접속할 것
③ 개장된 케이블이나 MI 케이블을 사용하는 경우 이외에는 강제 전선관과 같은 보호관 등에 넣어 시설하고 먼지(분진)가 내부에 침입하지 않도록 패킹을 설치할 것
④ 이동 전선은 접속점이 없는 0.6/1[kV] EP 고무 절연 클로로프렌 캡타이어 케이블을 사용할 것
⑤ 콘센트 및 콘센트 플러그는 분진 방폭형 보통 방진 구조의 것일 것

가연성 가스, 인화성 액체 증기가 있는 장소의 공사
㉠ 금속관 공사, 케이블 공사
㉡ 관 상호 간, 관과 박스 접속은 5턱 이상 나사 조임으로 할 것
㉢ 전선관 부속품은 내압 폭발방지(방폭) 구조, 압력 폭발방지(방폭) 구조로 할 것

3 가연성 가스나 인화성 액체 증기가 있는 장소

프로판가스, 에탄올, 메탄올 등의 인화성 가스나 액체 등을 다른 용기에 옮기거나 나누는 등의 작업을 하는 장소의 저압 옥내 배선은 금속관 공사, 케이블 공사(캡타이어 케이블 제외) 등에 의하여 시설할 것

① 후강 전선관 이상으로 하면서 관 상호 간이나 관과 박스, 기타 부속품의 접속은 5턱 이상의 나사 조임으로 접속할 것
② 개장 케이블이나 MI 케이블을 사용하는 경우 이외에는 강제 전선관 등과 같은 보호관에 넣어 시설하고 먼지(분진)가 내부에 침입하지 않도록 패킹을 시설할 것
③ 이동 전선은 접속점이 없는 0.6/1[kV] EP 고무 절연 클로로프렌 캡타이어 케이블을 사용할 것
④ 가연성 가스가 존재하는 곳에 시설하는 모든 기계 기구는 내압(耐壓) 폭발방지(방폭) 구조나 압력 폭발방지(방폭) 구조, 유입 폭발방지(방폭) 구조 또는 이와 동등 이상의 폭발방지(방폭) 성능을 가지는 구조의 것을 사용하면서 전기 기계 기구가 진동에 의하여 손상되지 않도록 접속 부분에 2중 너트나 스프링 와셔 등을 사용하여 진동을 방지할 것

4 위험물 등이 존재하는 장소

셀룰로이드, 성냥, 석유류 등 기타 가연성 위험 물질을 제조 또는 저장하는 장소의 배선은 두께 2[mm] 이상의 합성수지관 공사, 금속관 공사, 케이블 공사(캡타이어 케이블 제외)에 의하여 시설할 것

① 합성수지관 공사에 사용하는 합성수지관 및 박스, 기타 부속품은 손상될 우려가 없도록 시설할 것
② 금속관 공사에 사용하는 금속관은 박강 전선관 이상으로 할 것
③ 케이블 공사에 사용하는 케이블은 개장된 케이블이나 MI 케이블을 사용하는 경우 이외에는 강제 전선관과 같은 보호 장치에 넣어 시설할 것
④ 이동 전선은 접속점이 없는 0.6/1[kV] EP 고무 절연 클로로프렌 캡타이어 케이블을 사용할 것

위험물 존재 장소의 공사
㉠ 금속관 공사, 케이블 공사, 합성수지관 공사
㉡ 합성수지관 두께 2[mm] 이상일 것
㉢ 이동 전선은 0.6/1[kV] EP 고무 절연 클로로프렌 캡타이어 케이블일 것

5 화약고 등의 위험 장소

화약류 등을 저장하는 화약고에는 전기 설비를 시설하지 않는 것이 원칙이나 백열등이나 형광등과 같은 조명 설비나 이들에 전기를 공급하기 위한 전기 설비를 시설하는 경우는 다음 각 사항에 의하면서 금속관 공사나 케이블 공사 등에 의하여 시설할 것

① 전로의 대지 전압은 300[V] 이하로 할 것
② 전기 기계 기구는 전폐형의 것으로 보통 폭발방지(방폭) 구조의 것을 사용할 것
③ 금속관 배선의 경우 후강 전선관 또는 동등 이상의 강도가 있는 것을 사용할 것
④ 케이블 공사에 사용하는 케이블은 개장 케이블이나 MI 케이블을 사용하는 경우 이외에는 강제 전선관과 같은 보호 장치에 넣어 시설할 것
⑤ 화약류 저장소 안의 설비에 전기를 공급하는 전로에는 저장소 이외의 곳에서 취급자 이외 사람이 쉽게 조작할 수 없도록 전용의 개폐기 및 과전류 차단기를 각 극에 시설하고, 전로에 지기 발생 시 자동으로 차단하거나 경보하는 장치를 시설할 것
⑥ 개폐기 및 과전류 차단기에서 화약고의 인입구까지의 배선에는 케이블을 사용하고 또한 반드시 지중에 시설할 것

화약고 등의 위험 장소의 공사
㉠ 금속관 공사, 케이블 공사
㉡ 대지 전압 : 300[V] 이하
㉢ 개폐기, 과전류 차단기에서 화약고 인입구까지 케이블 사용, 지중에 시설할 것

6 부식성 가스 등이 존재하는 장소

산류, 알칼리류, 염소산칼륨, 표백분, 염료나 인조 비료 제조 공장, 구리 · 아연

부식성 가스 존재 장소의 공사
㉠ 금속관 공사, 케이블 공사, 합성수지관 공사, 제2종 가요 전선관 공사, 애자 사용 공사, 캡타이어 케이블 공사
㉡ 개폐기, 과전류 차단기, 콘센트 등은 시설 불가 (단, 전등은 가스 침입 방지 구조로 시설 가능)

등의 제련소, 전기 도금 공장, 개방형 축전지 등을 설치한 축전지실 등과 같은 부식성 가스 등이 존재하는 장소의 배선은 애자 사용 공사, 두께 2[mm] 이상의 합성수지관 공사, 금속관 공사, 제2종 금속제 가요 전선관 공사, 케이블 공사(캡타이어 케이블 포함) 등에 의하여 시설할 것

① 애자 사용 공사에 의한 경우 배선은 부식성 가스나 용액의 종류에 따라서 절연 전선(단, DV 전선 제외) 또는 이와 동일한 절연 효력 이상의 전선을 사용할 것
② 합성수지관 공사에 의한 경우 관 상호 간 또는 관과 부속품 등의 접속 부분은 기밀형으로 하여 관 내부에 부식성 가스나 용액 등이 침입하지 못하도록 할 것
③ 금속관이나 금속제 가요 전선관 공사에 의한 경우 전선관이나 2종 금속제 가요 전선관 및 그 부속품에는 방식성 도료를 칠하고 관 내부에 부식성 가스나 용액 등이 침입하지 못하도록 시설할 것
④ 케이블 공사 또는 캡타이어 케이블 공사에 의한 경우 배선은 부식성 가스나 용액에 의하여 외장이 손상입지 않도록 시설할 것
⑤ 이동 전선은 접속점이 없는 0.6/1[kV] EP 고무 절연 클로로프렌 캡타이어 케이블, 비닐 캡타이어 케이블 이외의 캡타이어 케이블을 사용하면서 필요에 따라 방식 도료를 칠하여 사용할 것
⑥ 부식성 가스 등이 존재하는 장소에서의 개폐기나 과전류 차단기, 콘센트 등의 시설은 하지 않는 것이 원칙이지만 부득이한 경우 내부에 부식성 가스 등이 침입할 우려가 없도록 할 것
⑦ 전등은 사용 가능하나 틀어 끼우는 글로브 등이 구비되어 부식성 가스와 용액의 침입을 방지할 수 있도록 할 것

불연성 먼지가 많은 장소의 공사
㉠ 금속관 공사, 케이블 공사, 합성수지관 공사, 가요 전선관 공사, 애자 사용 공사, 금속 덕트 및 버스 덕트 공사, 캡타이어 케이블 공사
㉡ 합성수지관 두께 2[mm] 이상일 것

7 불연성 먼지가 많은 장소

정미소, 제분소, 시멘트 공장 등과 같은 불연성 먼지가 많은 장소의 저압 옥내 배선은 애자 사용 공사, 두께 2[mm] 이상의 합성수지관 공사, 금속관 공사, 금속제 가요 전선관 공사, 금속 덕트 공사, 버스 덕트 공사, 케이블 공사(캡타이어 케이블 포함) 등에 의하여 시설할 것

① 이동 전선은 캡타이어 케이블을 사용할 것
② 개폐기나 과전류 차단기, 콘센트, 코드 접속기, 배전반, 분전반 등의 시설은 먼지가 침입할 수 없도록 견고한 외함이나 캐비닛에 넣어 시설할 것
③ 먼지가 부착될 우려가 있는 위치에 설치하는 조명 기구 및 전동기 등은 먼지로 인해 절연이 저하되거나 착화될 우려가 없도록 시설할 것

8 전시회, 쇼 및 공연장의 전기 설비

① **적용 범위와 사용 전압** : 전시회, 쇼 및 공연장, 기타 이들과 유사한 장소에 시설하는 저압 전기 설비에 적용하며 무대·무대 마루 밑·오케스트라 박스·영사실, 기타 사람이나 무대 도구가 접촉할 우려가 있는 곳에 시설하는 저압 옥내 배선, 전구선 또는 이동 전선의 사용 전압이 400[V] 이하이어야 한다.

② 배선용 케이블은 구리 단면적 1.5[mm^2] 이상, 정격 전압 450/750[V] 이하 염화 비닐 절연 케이블, 정격 전압 450/750[V] 이하 고무 절연 케이블이어야 한다.

③ 이동 전선(①번)은 0.6/1[kV] EP 고무 절연 클로로프렌 캡타이어 케이블 또는 0.6/1[kV] 비닐 절연 비닐 캡타이어 케이블을 사용해야 하며 보더라이트에 부속된 이동 전선은 0.6/1 [kV] EP 고무 절연 클로로프렌 캡타이어 케이블이어야 한다.

④ 무대 마루 밑에 시설하는 전구선은 300[V] 편조 고무 코드, 0.6/1[kV] EP 고무 절연 클로로프렌 캡타이어 케이블이어야 한다.

⑤ 전시회 등에 사용하는 건축물에 화재 경보기가 시설하여야 하며 기계적 손상의 위험이 있는 경우에는 외장 케이블 또는 적당한 방호 조치를 한 케이블을 시설하여야 한다.

⑥ 회로 내에 접속이 필요한 경우를 제외하고 케이블의 접속 개소는 없어야 한다.

9 터널, 갱도, 기타 이와 유사한 장소의 시설

① 사람이 상시 통행하는 터널 안의 배선은 그 사용 전압이 저압의 것에 한하여 금속관 공사, 제2종 금속제 가요 전선관 공사, 케이블 공사(캡타이어 케이블 제외), 합성수지관 공사 또는 단면적 2.5[mm^2] 이상의 연동선을 사용한 애자 사용 공사에 의하여 노면상 2.5[m] 이상의 높이에 시설할 것

② 광산, 기타 갱도 안의 배선은 저압이나 고압의 것에 한하여 케이블 공사를 실시할 것(단, 사용 전압 400[V] 미만의 경우에는 단면적 2.5[mm^2] 이상의 절연 전선(OW, DV 제외)을 사용한 애자 사용 공사도 가능)

③ 터널 등에 시설하는 이동 전선은 용접용 케이블이나 300[V] 편조 고무 코드·비닐 코드 또는 캡타이어 케이블을 사용할 것

④ 터널 등에 시설하는 사용 전압 400[V] 이하 저압 전구선은 단면적 0.75[mm^2] 이상의 300[V] 편조 고무 코드 또는 0.6/1[kV] EP 고무 절연 클로로프렌 캡타이어 케이블을 사용할 것

터널, 갱도 등의 장소의 공사
㉠ 금속관 공사, 케이블 공사, 합성수지관 공사, 제2종 가요 전선관 공사, 애자 사용 공사
㉡ 애자 사용 공사 : 2.5[mm^2] 이상 연동선을 노면상 2.5[m] 이상 높이에 시설할 것

저압 옥외 조명 시설
㉠ 대지 전압 : 300[V] 이하
㉡ 전선 : 2.5[mm^2] 이상 절연 전선
㉢ 애자 사용 공사, 금속관 공사, 합성수지관 공사, 케이블 공사

진열장
㉠ 사용 전압 : 400[V] 이하
㉡ 전선 : 0.75[mm^2] 이상 코드, 캡타이어 케이블
㉢ 전선 붙임점 간 거리 : 1[m] 이하

옥내 시설 저압 접촉 전선
㉠ 애자 사용 공사, 버스 덕트 공사, 절연 트롤리 공사
㉡ 전선 : 지름 6[mm] 이상 경동선으로 28[mm^2] 이상(단, 400[V] 이하는 지름 3.2[mm] 이상 경동선으로 8[mm^2] 이상)일 것
㉢ 전선 높이 : 3.5[m] 이상

10 기타 특수 장소의 시설

(1) 저압 옥외 조명 시설

저압 옥외 조명 시설에 전기를 공급하는 가공 전선 또는 지중 전선에서 분기하여 전등 또는 개폐기에 이르는 배선의 시설 원칙은 다음과 같다.

① 전로의 대지 전압은 300[V] 이하로 할 것
② 전선은 단면적 2.5[mm^2] 이상의 절연 전선(단, 애자 사용 배선 시 DV 제외)을 사용할 것
③ 배선 방법
㉠ 애자 사용 배선 : 지표상 1.8[m] 이상인 곳에 한함
㉡ 금속관 배선
㉢ 합성수지관 배선
㉣ 케이블 배선

(2) 진열장 안의 배선 공사 시설

건조한 곳에 시설하고 내부를 건조한 상태로 사용하는 진열장 안의 사용 전압이 400[V] 이하인 저압 옥내 배선은 외부에서 보기 쉬운 곳에 한하여 코드나 캡타이어 케이블을 조영재에 접촉하여 시설할 수 있다.

① 전선은 단면적 0.75[mm^2] 이상인 코드나 캡타이어 케이블일 것
② 전선은 건조한 목재・석재 등 기타 이와 유사한 절연성이 있는 조영재에 그 피복을 손상하지 아니하도록 적당한 기구로 붙일 것
③ 전선의 붙임점 간 거리는 1[m] 이하로 하고 배선에는 전구 또는 기구의 중량을 지지시키지 아니할 것

(3) 옥내에 시설하는 저압 접촉 전선 공사 시설

이동 기중기, 자동 청소기, 그 밖에 이동하며 사용하는 저압의 전기 기계 기구에 전기를 공급하기 위하여 사용하는 접촉 전선을 전개된 장소 또는 점검할 수 있는 은폐 장소에 한하여 애자 사용 공사, 버스 덕트 공사 또는 절연 트롤리 공사에 의한다.

① 전선의 바닥에서의 높이는 3.5[m] 이상으로 하고, 사람 접촉 우려가 없도록 할 것
② 전선은 인장 강도 11.2[kN] 이상의 것 또는 지름 6[mm] 이상의 경동선으로 단면적 28[mm^2] 이상일 것(단, 사용 전압 400[V] 이하인 경우는 인장 강도 3.44[kN] 이상의 것 또는 지름 3.2[mm] 이상의 경동선으로 단면적 8[mm^2] 이상일 것)

자주 출제되는 Key Point

③ 전선의 지지점 간 거리는 6[m] 이하일 것
④ 전선 상호 간 간격은 수평 배열의 경우 14[cm] 이상, 기타 경우는 20[cm] 이상일 것

(4) 전기 울타리 시설

① 전로의 사용 전압 250[V] 이하일 것
② 전선은 인장 강도 1.38[kN] 이상, 2[mm] 이상의 경동선일 것
③ 전선과 기둥과의 간격(이격거리)은 2.5[cm] 이상일 것
④ 전선과 다른 시설물 또는 수목과의 간격(이격거리)은 30[cm] 이상일 것
⑤ 전기 울타리 전원 장치의 외함 및 변압기 철심은 '접지 공사'를 실시할 것

전기 울타리
㉠ 사용 전압 : 250[V] 이하
㉡ 전선 : 2[mm] 이상 나경동선
㉢ 기둥과의 간격(이격거리) : 2.5[cm] 이상

(5) 교통 신호등의 시설

① 전로의 사용 전압은 300[V] 이하일 것
② 전선은 케이블이나 2.5[mm^2] 이상의 450/750[V] 일반용 단심 비닐 절연 전선을 사용할 것
③ 450/750[V] 일반용 단심 비닐 절연 전선을 사용하는 경우 인장 강도 3.70[kN]의 금속선 또는 지름 4[mm] 이상의 철선을 2조 이상을 꼰 금속선에 매달아 시설할 것
④ 인하선은 지표상 2.5[m] 이상 높이에 시설할 것
⑤ 제어 장치의 금속제 외함 : 접지 공사를 실시할 것

교통 신호등
㉠ 사용 전압 : 300[V] 이하
㉡ 전선 : 2.5[mm^2] 이상 단심 비닐 절연 전선
㉢ 제어 장치 외함 : 기준에 준하여 접지 공사 실시

(6) 전기 부식 방지 시설 기준

① 사용 전압은 직류 60[V] 이하일 것
② 양극은 지중에 매설하거나 수중에서 쉽게 접촉할 우려가 없는 곳에 시설할 것
③ 지중에 시설하는 양극의 매설 깊이는 75[cm] 이상일 것
④ 수중에 시설하는 양극과 그 주위 1[m] 안의 임의의 점과의 전위차는 10[V]를 넘지 않을 것
⑤ 지표 또는 수중에서 1[m] 간격의 임의의 2점 간의 전위차가 5[V]를 넘지 않을 것

전기 부식 방지 시설
㉠ 사용 전압 : 직류 60[V] 이하
㉡ 양극 매설 깊이 : 75[cm] 이상

자주 출제되는 ☆☆ 기출 문제

배·분전반의 설치 장소
개폐기 조작 등이 쉽고 취급자가 쉽게 볼 수 있는 안정된 장소일 것

폐쇄식 배전반(큐비클형)
㉠ 점유 면적이 작고, 운전·보수가 쉬우며 안전하다.
㉡ 공장, 빌딩 전기실에 적합하다.
㉢ 저·고압 배전반 앞면 간격(이격거리) : 1.5[m] 이상

배전반 앞면 간격(이격거리)
㉠ 저·고압 : 1.5[m] 이상
㉡ 특고압 : 1.7[m] 이상

★★★
01 **배전반 및 분전반의 설치 장소로 적합하지 못한 것은?** 06년/07년/14년/15년 출제

① 전기 회로를 쉽게 조작할 수 있는 장소
② 안정된 장소
③ 개폐기를 쉽게 조작할 수 있는 장소
④ 은폐된 장소

해설 배전반 및 분전반은 취급자가 쉽게 볼 수 있는 장소에 설치하여야 한다.

★★★
02 **점유 면적이 좁고 운전, 보수에 안전하므로 공장, 빌딩 등의 전기실에 많이 사용되며, 큐비클(cubicle)형이라고 불리는 배전반은?** 06년 출제

① 라이브 프런트식 배전반
② 데드 프런트식 배전반
③ 포스트형 배전반
④ 폐쇄식 배전반

해설 큐비클(폐쇄식 배전반)이란 차단기, 단로기 등의 전력용 개폐기, 계기용 변성기, 모선, 접속 도체 및 감시 제어가 필요한 모든 기기류 등을 접지된 금속함 속에 수납하여 설치한 것으로, 점유 면적이 좁고, 운전·보수에 안전한 특성이 있다.

★★
03 **수전 설비의 저압 배전반은 배전반 앞에서 계측기를 판독하기 위하여 앞면과 최소 몇 [m] 이상 유지하는 것을 원칙으로 하고 있는가?** 10년 출제

① 0.6
② 1.2
③ 1.5
④ 1.7

해설 수전 설비 배전반은 앞에서 계측기 판독 등을 위해 앞면과 적당한 거리를 이격시키는데 저·고압 배전반은 1.5[m] 이상, 특고압 배전반은 1.7[m] 이상을 유지하여야 한다.

★★
04 **코일 주위에 전기적 특성이 큰 에폭시 수지를 고진공으로 침투시키고, 다시 그 주위를 기계적 강도가 큰 에폭시 수지로 몰딩한 변압기는?** 10년 출제

① 건식 변압기
② 유입 변압기
③ 몰드 변압기
④ 타이 변압기

정답 01.④ 02.④ 03.③ 04.③

해설 몰드형 변압기는 변압기 권선을 에폭시 수지에 의하여 고진공으로 침투시키고, 다시 그 주위를 기계적 강도가 큰 에폭시 수지로 몰딩한 변압기로 유입형이나 건식형에 비하여 2배 정도 값이 비싸지만 난연성(화재 예방), 에너지 절약(저손실), 내습성, 보수 점검 면에서 유리한 변압기이다.

05 어느 수용가의 설비 용량이 각각 1[kW], 2[kW], 3[kW], 4[kW]인 부하 설비가 있다. 그 수용률이 60[%]인 경우 그 최대 수용 전력은 몇 [kW]인가? 09년 출제

① 3　　② 6
③ 30　　④ 60

해설 $\text{수용률} = \dfrac{\text{최대 수용 전력}}{\text{수용 설비 용량}}$에서

최대 수용 전력 = 수용률 × 수용 설비 용량

$= 0.6 \times (1+2+3+4) = 6[\text{kW}]$

수용률

$\dfrac{\text{최대 수용 전력}}{\text{수용 설비 용량}}$

06 $\dfrac{\text{부하의 평균 전력(1시간 평균)}}{\text{최대 수용 전력(1시간 평균)}} \times 100[\%]$의 관계를 가지고 있는 것은? 08년 출제

① 부하율　　② 부등률
③ 수용률　　④ 설비율

해설 부하율이란 어떤 임의의 수용가에서 어느 일정 기간 중의 부하 변동의 정도를 나타내는 것으로, 최대 수용 전력에 대한 그 기간 중 발생하는 평균 수용 전력과의 비율을 나타낸 것

- $\text{부하율} = \dfrac{\text{평균 수용 전력[kW]}}{\text{최대 수용 전력[kW]}} \times 100[\%]$
- $\text{평균 수용 전력} = \dfrac{\text{전력량[kWh]}}{\text{기준 시간[h]}}$

부하율과 평균 수용 전력

㉠ 부하율

$= \dfrac{\text{평균 수용 전력}}{\text{최대 수용 전력}} \times 100$

㉡ 평균 수용 전력

$= \dfrac{\text{전력량}}{\text{기준 시간}}$

07 무효 전력을 조정하는 전기 기계 기구는? 10년 출제

① 조상 설비　　② 개폐 설비
③ 차단 설비　　④ 보상 설비

해설 조상 설비란 90° 앞선 전류나 90° 뒤진 전류를 조정하여 전력 계통에서 발생하는 무효 전력을 조정하는 설비를 말한다.

조상 설비

㉠ 조상 설비 : 무효 전력을 조정하는 설비

㉡ 전력용(진상용) 콘덴서 : 역률 개선

08 수·변전 설비 중에서 동력 설비 회로의 역률을 개선할 목적으로 사용되는 것은? 14년 출제

① 전력 퓨즈　　② MOF
③ 지락 계전기　　④ 진상용 콘덴서

역률 개선용 조상 설비

㉠ 진상용(전력용) 콘덴서

㉡ 동기 조상기

정답 05.② 06.① 07.① 08.④

해설 수전 설비 기기류 기능
- 전력 퓨즈(PF) : 단락 전류 차단
- 전력 수급용 계기용 변성기(MOF) : 전력량계에 대한 전력 공급원
- 지락 계전기(GR) : 지락 사고 시 차단기 동작
- 진상용 콘덴서(SC) : 부하의 역률 개선

수·변전 설비 중에서 동력 설비 회로의 역률을 개선할 목적으로 사용되는 것은 전력용(진상용) 콘덴서(SC)이다.

역률 개선의 효과
㉠ 전력 손실 감소
㉡ 전압 강하 감소
㉢ 전기 설비 용량 감소
㉣ 전기 요금 감소

★
09 역률 개선의 효과로 볼 수 없는 것은? 10년 출제

① 감전 사고 감소
② 전력 손실 감소
③ 전압 강하 감소
④ 전기 설비 용량의 감소

해설 역률 개선 효과(현상)
- 전력 손실 감소
- 전압 강하 감소
- 전기 설비 용량(변압기 용량)의 감소
- 전기 요금 감소
- 변압기 동손 감소

★★
10 설치 면적과 설치 비용이 많이 들지만 가장 이상적이고 효과적인 진상용 콘덴서 설치 방법은? 11년 출제

① 수전단 모선에 설치
② 수전단 모선과 부하측에 분산하여 설치
③ 부하측에 분산하여 설치
④ 가장 큰 부하측에만 설치

해설 콘덴서의 설치 방식별 특성
- 수전단 모선에서 일괄(공동) 설치하는 경우
  - 장점 : 유지·관리가 용이하며, 무효 전력에 신속한 대응이 가능하고 경제적이다.
  - 단점 : 선로 및 부하 기기의 역률 개선 효과가 낮다.
- 고압측과 부하에 일괄(공동) 및 개별 설치
  - 장점 : 공동 설치 경우보다 역률 개선 효과가 크다.
  - 단점 : 공동 설치 경우보다 설치비가 증가한다.
- 부하 끝부분(말단)에 개별적으로 분산 설치하는 경우
  - 장점 : 역률 개선 효과가 가장 크다.
  - 단점 : 경제적 부담이 증가한다.

정답 09.① 10.③

11 전력용 콘덴서를 회로로부터 개방하였을 때 전하가 잔류함으로써 일어나는 위험의 방지와 재투입할 때 콘덴서에 걸리는 과전압의 방지를 위하여 무엇을 설치하는가?

11년 출제

① 직렬 리액터 ② 전력용 콘덴서
③ 방전 코일 ④ 피뢰기

해설 전력용 콘덴서의 구성
- 전력용(진상용) 콘덴서(SC) : 부하의 역률 개선
- 직렬 리액터(SR) : 고조파 제거에 의한 파형의 개선
- 방전 코일(DC) : 잔류 전하 방전에 의한 인체 접촉 시 감전 사고 예방

전력용 콘덴서의 구성
㉠ 전력용 콘덴서 : 역률 개선
㉡ 직렬 리액터 : 고조파 제거
㉢ 방전 코일 : 잔류 전하 방전(감전 사고 방지)

12 다음 중 교류 차단기의 단선도 심벌은?

10년 출제

① 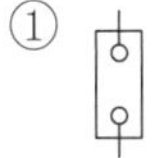
② 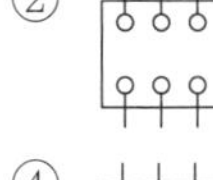
③ 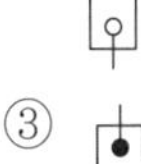
④ 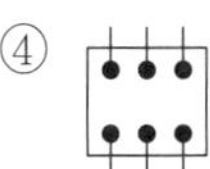

해설 차단기와 유입 개폐기 심벌
① 교류 차단기의 단선도 심벌 ② 교류 차단기의 복선도 심벌
③ 유입 개폐기의 단선도 심벌 ④ 유입 개폐기의 복선도 심벌

13 다음의 심벌 명칭은 무엇인가?

12년 출제

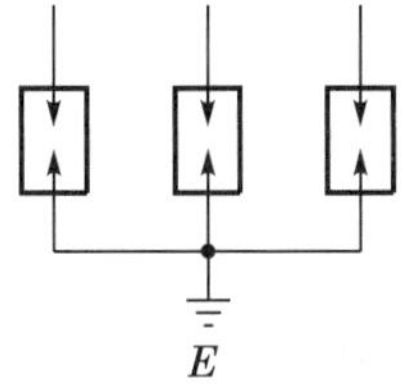

① 파워 퓨즈 ② 단로기
③ 피뢰기 ④ 고압 컷 아웃 스위치

14 아래 심벌이 나타내는 것은?

13년 출제

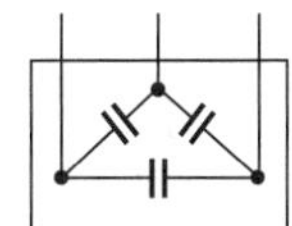

① 저항 ② 진상용 콘덴서
③ 유입 개폐기 ④ 변압기

정답 11.③ 12.① 13.③ 14.②

★★
15 다음 중 계기용 변류기의 약호는? 07년/14년 출제

① CB ② CT
③ DS ④ COS

해설 기기별 약호
- CB : 차단기
- CT : 계기용 변류기
- DS : 단로기
- COS : 컷 아웃 스위치

MOF(PCT)
㉠ 전력 수급용 계기용 변성기
㉡ 적산 전력계에 대한 전력 공급원

★
16 MOF는 무엇의 약호인가? 08년 출제

① 계기용 변압기
② 전력 수급용 계기용 변성기
③ 계기용 변류기
④ 시험용 변압기

해설 계기용 변성기 약호
- MOF : 전력 수급용 계기용 변성기
- PT : 계기용 변압기
- CT : 계기용 변류기

보호 계전기의 종류
㉠ OCR : 과전류 계전기
㉡ UCR : 부족 전류 계전기
㉢ OVR : 과전압 계전기
㉣ UVR : 부족 전압 계전기
㉤ GR : 지락 계전기

★★★
17 일정값 이상의 전류가 흘렀을 때 동작하는 계전기는? 06년/09년 출제

① OCR ② OVR
③ UVR ④ GR

해설 계전기의 약호
- OCR : 과전류 계전기
- OVR : 과전압 계전기
- UVR : 부족 전압 계전기
- GR : 지락 계전기

★★
18 수 · 변전 설비의 고압 회로에 걸리는 전압을 표시하기 위해 전압계를 시설할 때 고압 회로와 전압계 사이에 시설하는 것은? 13년 출제

① 관통형 변압기 ② 계기용 변류기
③ 계기용 변압기 ④ 권선형 변류기

해설 고전압을 저전압으로 변성하여 측정 계기나 보호 계전기에 전압을 공급하기 위한 전압 변성기를 계기용 변압기(PT)라 한다.

정답 15.② 16.② 17.① 18.③

출제분석 Advice

변류기 2차측 전류

$I_{Ⓐ}$ =1차 전류÷변류비[A]

19 변류비 100/5[A]의 변류기(CT)와 5[A]의 전류계를 사용하여 부하 전류를 측정한 경우 전류계의 지시가 4[A]이었다. 이때, 부하 전류는 몇 [A]인가? 09년 출제

① 30 ② 40

③ 60 ④ 80

해설 변류비 100/5[A]의 의미는 CT에 흐르는 부하 전류가 100[A]일 경우 CT 2차측에는 5[A]가 흐른다는 의미이다. 따라서, 전류계의 지시값 4[A]는 CT 1차측 부하 전류가 100/5으로 변성, 감소한 전류이다.

$100:5=x:4$에서 $x=\dfrac{100\times 4}{5}=80[\mathrm{A}]$

20 그림의 전자 계전기 구조는 어떤 형의 계전기인가? 13년 출제

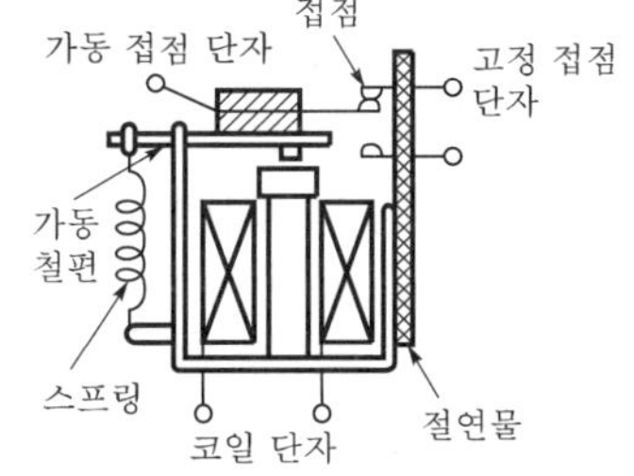

① 힌지형 ② 플런저형

③ 가동 코일형 ④ 스프링형

해설 계전기의 동작 특성

- 힌지형 : 코일에 흐르는 전류에 의해 발생한 자계로 고정 철심 및 가동 철편이 자화되어 상호 흡인력이 생기며 이 힘이 스프링의 반발력보다 커지면 동작한다.
- 플런저형 : 코일에 흐르는 전류에 의해 생긴 자계 내의 철심이 자화되어 자기적 평형 위치까지 흡인되도록 전자력을 이용한 것으로 흡인력이 철심 중량보다 크면 동작한다.
- 가동 철심형 : 코일이 감긴 고정 철심에 코일이 없는 가동 철심이 자기 흡인력 또는 자기 반발력에 의해 가동부가 움직여 접점을 개폐한다.
- 가동 코일형 : 영구 자석에 의한 자계와 그 자계 내에 설치되어 있는 가동 코일 전류와의 상호 작용에 의해 가동 코일이 회전한다.

21 자가용 전기 설비의 보호 계전기의 종류가 아닌 것은? 14년 출제

① 과전류 계전기 ② 과전압 계전기

③ 부족 전압 계전기 ④ 부족 전류 계전기

해설 자가용 전기 설비의 보호 계전기 : 과전류 계전기(OCR), 비율 차동 계전기(RDF), 과전압 계전기(OVR), 부족 전압 계전기(UVR), 지락 계전기(GR), 지락 과전압 계전기(OVGR), 지락 과전류 계전기(OCGR) 등이 있다.

자가용 발전 설비 계전기 종류

㉠ 과전류 계전기
㉡ 지락 계전기
㉢ 과전압 계전기
㉣ 부족 전압 계전기
㉤ 비율 차동 계전기

정답 19.④ 20.① 21.④

★★★
22 고장에 의하여 생긴 불평형의 전류차가 평형 전류의 어떤 비율 이상으로 되었을 때 동작하는 것으로, 변압기 내부 고장의 보호용으로 사용되는 계전기는?

출제빈도

10년 출제

① 과전류 계전기 ② 방향 계전기
③ 비율 차동 계전기 ④ 역상 계전기

해설 비율 차동 계전기는 발전기나 변압기 등의 내부 고장 발생 시 변압기 1·2차측에 설치한 CT 2차측 억제 코일에 흐르는 부하 전류의 불평형이 발생하여 동작 코일에 흐르는 불평형의 전류차가 일정 비율 이상일 경우에 동작하는 계전기이다.

분전반 시설 원칙
㉠ 두께 : 1.5[mm] 이상 난연성 합성수지, 1.2[mm] 이상 강판 제작일 것
㉡ 분전반 이면에는 배선 및 기구 배치 불가
㉢ 사용 전압 다른 분기 회로 : 차단기 등에 전압 표시 명판을 붙여 놓을 것

★
23 분전반에 대한 설명으로 틀린 것은?

12년 출제

① 배선과 기구는 모두 전면에 배치하였다.
② 두께 1.5[mm] 이상의 난연성 합성수지로 제작하였다.
③ 강판제의 분전함은 두께 1.2[mm] 이상의 강판으로 제작하였다.
④ 배선은 모두 분전반 이면으로 하였다.

해설 분전반 시설 시 배선 및 기구는 분전반 전면에 설치한다. 즉, 분전반 이면에는 배선 및 기구를 설치하지 않는다. 단, 쉽게 점검할 수 있는 구조이거나 분전반의 거터 내의 배선은 적용하지 않는다.

분전반 공사
㉠ 사용 전압이 다른 분기 회로 : 차단기 등에 전압 표시 명판을 붙여 놓을 것
㉡ 조명 설비 : 3[%] 이하
㉢ 기타 설비 : 5[%] 이하

★★
24 한 분전반에 사용 전압이 각각 다른 분기 회로가 있을 때 분기 회로를 쉽게 식별하기 위한 방법으로 가장 적합한 것은?

08년/09년 출제

① 차단기별로 분리해 놓는다.
② 차단기나 차단기 가까운 곳에 각각 전압을 표시하는 명판을 붙여 놓는다.
③ 왼쪽은 고압측, 오른쪽은 저압측으로 분류해 놓고 전압 표시는 하지 않는다.
④ 분전반을 철거하고 다른 분전반을 새로 설치한다.

해설 한 분전반에 사용 전압이 각각 다른 분기 회로가 있을 때 분기 회로를 쉽게 식별하기 위한 방법은 차단기나 차단기 가까운 곳에 각각의 전압을 표시하는 명판이나 색상 표식을 한다.

★
25 옥내 분전반의 설치에 관한 내용 중 틀린 것은?

13년 출제

① 분전반에서 분기 회로를 위한 배관의 상승 또는 하강이 용이한 곳에 설치한다.
② 분전반에 넣는 금속제의 함 및 이를 지지하는 구조물은 접지를 하여야 한다.
③ 각 층마다 하나 이상을 설치하나 회로수가 6 이하인 경우 2개층을 담당할 수 있다.
④ 분전반에서 최종 부하까지의 거리는 40[m] 이내로 하는 것이 좋다.

정답 22.③ 23.④ 24.② 25.④

해설 분전반에서 부하까지의 거리는 표준 전압에 대한 전압 강하가 2[%] 이하가 되는 범위 내에서 그 거리는 제한 없이 연장할 수 있다.

26 **다음 중 개폐기와 자동 차단기 2가지 역할을 동시에 하여 분전반 전체가 소형으로 되고, 또 조작이 안전하고 간편하여 누구나 쉽게 취급할 수 있는 분전반은?**

① 나이프식 분전반　　② 텀블러식 분전반
③ 브레이크식 분전반　　④ 거터 스페이스식 분전반

해설 브레이크식 분전반은 개폐기와 퓨즈가 없는 배선용 차단기를 조합하여 철제 캐비닛 안에 시설한 분전반으로, 개폐기와 자동 차단기 2가지 역할을 동시에 하여 분전반 전체가 소형으로 되고, 또 조작이 안전하고 간편하다.

★★
27 **티탄을 제조하는 공장으로 먼지가 쌓여진 상태에서 착화된 때에 폭발할 우려가 있는 곳에 저압 옥내 배선을 설치하고자 한다. 알맞은 공사 방법은?** 12년/15년 출제

① 합성수지 몰드 공사　　② 라이팅 덕트 공사
③ 금속 몰드 공사　　④ 금속관 공사

해설 폭연성 먼지(분진) 또는 화약류의 가루(분말)가 존재하는 곳의 저압 옥내 배선 공사는 금속관 공사나 개장 케이블, MI 케이블 공사에 의하여 시설한다.

폭연성 먼지(분진), 화약류 가루(분말) 있는 장소의 공사
㉠ 금속관 공사, 케이블 공사
㉡ 관 상호 간, 관과 박스 접속 시 5턱 이상 나사 조임으로 할 것

★★
28 **폭연성 먼지(분진)가 존재하는 곳의 저압 옥내 배선 공사 시 공사 방법으로 짝지어진 것은?** 15년 출제

① 금속관 공사, MI 케이블 공사, 개장된 케이블 공사
② CD 케이블 공사, MI 케이블 공사, 금속관 공사
③ CD 케이블 공사, MI 케이블 공사, 제1종 캡타이어 케이블 공사
④ 개장된 케이블 공사, CD 케이블 공사, 제1종 캡타이어 케이블 공사

해설 폭연성 먼지(분진), 화약류 가루(분말)가 있는 장소 공사 : 금속관 공사, 케이블 공사(MI 케이블, 개장 케이블)

★★★
29 출제빈도 **폭연성 먼지(분진)가 존재하는 곳의 금속관 공사에 있어서 관 상호 간 및 관과 박스, 기타의 부속품, 풀 박스 또는 전기 기계 기구와의 접속은 몇 턱 이상의 나사 조임으로 접속하여야 하는가?** 06년/07년/08년/10년/11년/13년/14년 출제

① 2턱　　② 3턱
③ 4턱　　④ 5턱

해설 폭연성 먼지(분진)가 존재하는 곳의 금속관 공사에 있어서 관 상호 간 및 관과 박스, 기타의 부속품, 풀 박스 또는 전기 기계 기구와의 접속은 5턱 이상의 나사 조임으로 접속하여야 한다.

폭연성 먼지(분진), 화약류 가루(분말) 있는 장소의 접속
관 상호 간, 관과 박스 접속 시 5턱 이상 나사 조임으로 할 것

정답 26.③ 27.④ 28.① 29.④

폭연성 먼지(분진)가 있는 장소의 전동기 배선 공사
㉠ 금속관 공사, 케이블 공사
㉡ 가요성 부분은 분진 방폭형 플렉시블 피팅 사용

★
30 폭연성 먼지(분진)가 존재하는 곳의 금속관 공사 시 전동기에 접속하는 부분에서 가요성을 필요로 하는 부분의 배선에는 폭발방지(방폭)형의 부속품 중 어떤 것을 사용하여야 하는가? 12년 출제

① 플렉시블 피팅
② 분진 플렉시블 피팅
③ 분진 방폭형 플렉시블 피팅
④ 안전 증가 플렉시블 피팅

해설 폭연성 먼지(분진)가 존재하는 곳의 금속관 공사 시 전동기에 접속하는 부분과 같이 가요성을 필요로 하는 부분의 배선에는 분진 방폭형 플렉시블 피팅을 사용한다.

★★★
31 출제빈도 가연성 먼지(분진 : 소맥분, 전분, 유황, 기타 가연성 먼지 등)로 인하여 폭발할 우려가 있는 저압 옥내 설비 공사로 적절하지 않은 것은? 09년/13년/14년/15년 출제

① 케이블 공사 ② 합성수지관 공사
③ 금속관 공사 ④ 플로어 덕트 공사

해설 가연성 먼지(분진 : 소맥분, 전분, 유황, 기타 가연성 먼지 등)로 인하여 폭발할 우려가 있는 저압 옥내 설비 공사는 금속관 공사, 케이블 공사, 두께 2[mm] 이상의 합성수지관 공사 등에 의하여 시설한다.

가연성 가스, 인화성 액체 증기가 있는 장소의 공사
㉠ 금속관 공사, 케이블 공사
㉡ 전선관 부속품은 내압 폭발방지(방폭) 구조, 압력 폭발방지(방폭) 구조로 할 것
㉢ 관 상호 간, 관과 박스 접속 시 5턱 이상 나사 조임으로 할 것

★★★
32 출제빈도 가연성 가스가 새거나 체류로 전기 설비가 발화원이 되어 폭발할 우려가 있는 곳에 저압 옥내 전기 설비의 시설 방법으로 가장 적합한 것은? 08년/10년/11년/12년 출제

① 애자 사용 공사 ② 가요 전선관 공사
③ 셀룰러 덕트 공사 ④ 금속관 공사

해설 가스 증기 위험 장소의 배선 방법은 금속관 공사, 케이블 공사 등으로 할 수 있다.

★
33 가스 증기 위험 장소의 배선 방법으로 적합하지 않은 것은? 09년 출제

① 옥내 배선은 금속관 배선 또는 합성수지관 배선으로 할 것
② 전선관 부속품 및 전선 접속함에는 내압 폭발방지(방폭) 구조의 것을 사용할 것
③ 금속관 배선으로 할 경우 관 상호 및 관과 박스는 5턱 이상의 나사 조임으로 견고하게 접속할 것
④ 금속관과 전동기의 접속 시 가요성을 필요로 하는 짧은 부분의 배선에는 안전 증가 폭발방지(방폭) 구조의 플렉시블 피팅을 사용할 것

해설 가스 증기 위험 장소의 배선 방법은 금속관 공사, 케이블 공사 등으로 할 수 있다.

정답 30.③ 31.④ 32.④ 33.①

★★★
34 셀룰로이드, 성냥, 석유류 등 기타 가연성 위험 물질을 제조 또는 저장하는 장소의 배선으로 잘못된 배선은? 00년/08년/09년/11년/13년/15년 출제

① 금속관 배선 ② 합성수지관 배선
③ 플로어 덕트 배선 ④ 케이블 배선

해설 셀룰로이드, 성냥, 석유류 등 기타 가연성 위험 물질을 제조 또는 저장하는 장소의 배선으로는 금속관 공사, 케이블 공사, 두께 2[mm] 이상의 합성수지관 공사 등으로 시설하여야 한다.

위험물 존재 장소의 배선
㉠ 금속관 공사, 케이블 공사, 합성수지관 공사
㉡ 합성수지관 두께 2[mm] 이상일 것
㉢ 이동 전선은 0.6/1[kV] EP 고무 절연 클로로프렌 캡타이어 케이블일 것

★★★
35 화약고 등의 위험 장소의 배선 공사에서 전로의 대지 전압은 몇 [V] 이하로 하도록 되어 있는가? 07년/09년/10년/11년/12년/15년 출제

① 300 ② 400
③ 500 ④ 600

해설 화약고 같은 위험 장소의 배선 공사 시 전로의 사용 전압은 400[V], 대지 전압은 300[V] 이하가 되도록 한다.

화약고 등의 위험 장소의 공사
㉠ 금속관 공사, 케이블 공사
㉡ 대지 전압 : 300[V] 이하
㉢ 개폐기, 과전류 차단기에서 화약고 인입구까지 지중 케이블에 시설할 것

★★★
36 화약류 저장 장소의 배선 공사 시 전용 개폐기에서 화약류 저장소의 인입구까지는 어떤 공사를 하여야 하는가? 06년/10년/15년 출제

① 케이블을 사용한 옥측 전선로
② 금속관을 사용한 지중 전선로
③ 케이블을 사용한 지중 전선로
④ 금속관을 사용한 옥측 전선로

해설 화약류 저장 장소의 배선 공사 시 전용 개폐기 및 과전류 차단기에서 화약류 저장소의 인입구까지의 배선에는 케이블을 사용한 지중 전선로로 한다.

화약고 등의 위험 장소의 공사
㉠ 금속관 공사, 케이블 공사
㉡ 개폐기, 과전류 차단기에서 화약고 인입구까지는 케이블 사용, 지중으로 시설할 것

★★
37 부식성 가스 등이 있는 장소에 시설할 수 없는 배선은? 10년/12년 출제

① 금속관 배선
② 제1종 금속제 가요 전선관 배선
③ 케이블 배선
④ 캡타이어 케이블 배선

해설 부식성 가스가 존재하는 장소의 전기 배선은 금속관 공사, 합성수지관 공사, 케이블 공사, 제2종 가요 전선관 공사, 애자 사용 공사, 캡타이어 케이블 공사에 의하여 시설한다.

부식성 가스 존재 장소의 공사
㉠ 금속관 공사, 케이블 공사, 합성수지관 공사, 제2종 가요 전선관 공사, 애자 사용 공사, 캡타이어 케이블 공사
㉡ 개폐기, 과전류 차단기, 콘센트 등은 시설 불가 (단, 전등은 가스 침입 방지 구조로 시설 가능)

정답 34.③ 35.① 36.③ 37.②

부식성 가스
㉠ 전등 시설 허용
㉡ 절연 전선 사용(DV, OW 제외)
㉢ 애자 사용 공사 시 나전선 가능

★★
38 부식성 가스 등이 있는 장소에서 시설이 허용되는 것은?
08년/09년 출제

① 과전류 차단기　　② 전등
③ 콘센트　　④ 개폐기

해설 부식성 가스 등이 있는 장소에서 전등은 사용 가능하나 틀어 끼우는 글로브 등이 구비되어 부식성 가스와 용액의 침입을 방지할 수 있도록 한다.

★★
39 부식성 가스 등이 있는 장소에 전기 설비를 시설하는 방법으로 적합하지 않은 것은?
10년/13년 출제

① 애자 사용 배선 시 부식성 가스의 종류에 따라 절연 전선인 DV 전선을 사용한다.
② 애자 사용 배선의 경우 사람이 쉽게 접촉될 우려가 없는 노출 장소에 한한다.
③ 애자 사용 배선 시 부득이 나전선을 사용하는 경우 조영재와의 간격(이격거리)을 4.5[cm] 이상으로 한다.
④ 애자 사용 배선 시 전선 절연물이 상해를 받는 장소는 나전선을 사용할 수 있으며, 이 경우 바닥 위 2.5[m] 이상 높이에 시설한다.

해설 부식성 가스 등이 있는 장소에서 애자 사용 공사에 의한 경우 배선은 부식성 가스나 용액의 종류에 따라서 절연 전선(단, DV 전선 제외) 또는 이와 동일한 절연 효력 이상의 전선을 사용한다.

불연성 먼지가 많은 장소의 배선 방법
㉠ 금속관 공사, 케이블 공사, 합성수지관 공사, 가요 전선관 공사, 애자 사용 공사, 금속 덕트 및 버스 덕트 공사, 캡타이어 케이블 공사
㉡ 합성수지관 두께 2[mm] 이상일 것

★★★
40 불연성 먼지가 많은 장소에 시설할 수 없는 저압 옥내 배선의 방법은?
출제빈도
06년/09년/14년 출제

① 금속관 배선　　② 두께가 1.2[mm]인 합성수지관 배선
③ 금속제 가요 전선관 배선　　④ 애자 사용 배선

해설 불연성 먼지가 많은 장소의 배선은 금속관 공사, 케이블 공사, 합성수지관 공사, 제2종 가요 전선관 공사, 애자 사용 공사, 금속 덕트 및 버스 덕트 공사, 캡타이어 케이블 공사에 의하여 시설한다. 단, 합성수지관 공사 시 관의 두께는 2[mm] 이상이어야 한다.

저압 옥내 시설 전선
㉠ 절연 전선(단, OW 제외) 2.5[mm^2] 이상 연동선, 1[mm^2] 이상 MI 케이블
㉡ 전구선, 이동 전선 : 0.75[mm^2] 이상 0.6/1[kV] EP 고무 절연 클로로프렌 캡타이어 케이블일 것

★
41 습기가 많은 장소 또는 물기가 있는 장소의 바닥 위에서 사람이 접촉될 우려가 있는 장소에 시설하는 사용 전압이 400[V] 이하인 전구선 및 이동 전선은 단면적이 최소 몇 [mm^2] 이상인 것을 사용하여야 하는가?
07년 출제

① 0.75　　② 1.25
③ 2.0　　④ 3.5

정답 38.② 39.① 40.② 41.①

해설 습기가 많은 장소 또는 물기가 있는 장소의 바닥 위에서 사람이 접촉될 우려가 있는 장소에 시설하는 사용 전압이 400[V] 이하인 전구선 및 이동 전선은 0.6/1[kV] EP 고무 절연 클로로프렌 캡타이어 케이블로서, 단면적 최소 0.75[mm^2] 이상인 것을 사용하여야 한다.

★★★

42 다음 중 금속관, 애자, 합성수지 및 케이블 공사가 모두 가능한 특수 장소를 옳게 나열한 것은?

출제빈도

13년 출제

㉠ 화약고 등의 위험 장소
㉡ 부식성 가스가 있는 장소
㉢ 위험물 등이 존재하는 장소
㉣ 불연성 먼지가 많은 장소
㉤ 습기가 많은 장소

① ㉠, ㉡, ㉢
② ㉡, ㉢, ㉣
③ ㉡, ㉣, ㉤
④ ㉠, ㉣, ㉤

해설 특수 장소의 배선 공사

위험 장소의 구분	공사 방법
위험물(셀룰로이드, 성냥, 석유)	금속관 공사, 케이블 공사, 합성수지관 공사
화약류 저장 창고	금속관 공사, 케이블 공사
부식성 가스(산류, 알칼리류)	금속관 공사, 케이블 공사, 합성수지관 공사, 제2종 가요 전선관 공사, 애자 사용 공사, 캡타이어 케이블 공사
불연성 먼지(정미소, 제분소)	금속관 공사, 케이블 공사, 합성수지관 공사, 가요 전선관 공사, 애자 사용 공사, 금속 덕트 및 버스 덕트 공사, 캡타이어 케이블 공사
습기나 수분이 있는 곳	금속관 공사, 케이블 공사, 합성수지관 공사, 제2종 가요 전선관 공사, 애자 사용 공사, 캡타이어 케이블 공사

화약류 저장 창고
㉠ 금속관 공사
㉡ 케이블 공사
* 애자 사용 공사는 화약고, 위험물 장소는 사용 금지이므로 ㉠, ㉢을 제외하면 답을 찾기 쉽다.

43 전시회나 쇼, 공연장 등의 전기 설비는 옥내 배선이나 이동 전선인 경우 사용 전압이 몇 [V] 이하이어야 하는가?

① 100
② 200
③ 300
④ 400

해설 전시회, 쇼 및 공연장, 기타 이들과 유사한 장소에 시설하는 저압 전기 설비에 적용하며 무대·무대 마루 밑·오케스트라 박스·영사실, 기타 사람이나 무대 도구가 접촉할 우려가 있는 곳에 시설하는 저압 옥내 배선, 전구선 또는 이동 전선의 사용 전압이 400[V] 이하이어야 한다.

전시회·쇼·공연당 사용 전압
400[V] 이하

정답 42.③ 43.④

전시회·쇼·공연장의 배선용 케이블
구리선 1.5[mm^2] 이상

신규문제

44 전시회나 쇼, 공연장 등의 전기 설비 시 배선용 케이블은 구리선인 경우 최소 단면적[mm^2]은 얼마인가?

① 0.75 ② 1.0
③ 1.5 ④ 2.5

해설 전시회, 쇼 및 공연장의 배선용 케이블 : 배선용 케이블은 구리 단면적 1.5[mm^2] 이상, 정격 전압 450/750[V] 이하 염화 비닐 절연 케이블, 정격 전압 450/750[V] 이하 고무 절연 케이블에 적합하여야 한다.

신규문제

45 전시회나 쇼, 공연장 등의 전기 설비는 이동 전선으로 사용할 수 있는 케이블은?

① 0.6/1[kV] EP 고무 절연 클로로프렌 캡타이어 케이블
② 0.8/1[kV] EP 고무 절연 클로로프렌 캡타이어 케이블
③ 0.6/1.5[kV] EP 고무 절연 클로로프렌 캡타이어 케이블
④ 0.8/1.5[kV] 비닐 절연 클로로프렌 캡타이어 케이블

해설 전시회, 쇼 및 공연장의 가능한 이동 전선
- 0.6/1[kV] EP 고무 절연 클로로프렌 캡타이어 케이블
- 0.6/1[kV] 비닐 절연 비닐 캡타이어 케이블

상시 통행하는 터널이 애자 사용 공사 시
㉠ 노면상 2.5[m] 이상 높이에 시설
㉡ 2.5[mm^2] 이상 연동선 사용

★

46 사람이 상시 통행하는 터널 안의 배선을 단면적 2.5[mm^2] 이상의 연동선을 사용한 애자 사용 공사로 배선하는 경우 노면상 최소 높이는 몇 [m] 이상 높이에 시설하여야 하는가?

① 1.5 ② 2.0
③ 2.5 ④ 3.5

해설 사람이 상시 통행하는 터널 안의 배선 공사 : 금속관, 제2종 가요 전선관, 케이블, 합성수지관, 단면적 2.5[mm^2] 이상의 연동선을 사용한 애자 사용 공사에 의하여 노면상 2.5[m] 이상의 높이에 시설할 것

저압 전구선 단면적
0.75[mm^2] 이상

★★

47 사람이 상시 통행하는 터널에 시설하는 400[V] 이하 저압 전구선은 단면적 몇 [mm^2] 이상의 300[V] 편조 고무 코드 또는 0.6/1[kV] EP 고무 절연 클로로프렌 캡타이어 케이블을 사용하여야 하는가?

① 0.75 ② 1.0
③ 1.5 ④ 2.5

해설 사람이 상시 통행하는 터널에 시설하는 400[V] 이하 저압 전구선은 단면적 0.75[mm^2] 이상의 300[V] 편조 고무 코드 또는 0.6/1[kV] EP 고무 절연 클로로프렌 캡타이어 케이블을 사용할 것

정답 44.③ 45.① 46.③ 47.①

48 광산이나 갱도 내 가스 또는 먼지의 발생에 의해서 폭발할 우려가 있는 장소의 전기 공사 방법 중 옳지 않은 것은? 08년 출제

① 금속관은 박강 전선관 또는 이와 동등 이상의 강도를 가지는 것일 것
② 전로는 갱도의 입구 가까운 곳에 전용의 개폐기를 시설할 것
③ 이동 전선은 캡타이어 케이블을 사용할 것
④ 애자 사용 배선에 의하는 경우 전선의 노면상 높이는 2[m] 이상일 것

해설 광산이나 갱도 내 가스 또는 먼지의 발생에 의해서 폭발할 우려가 있는 장소의 전기 공사 방법으로 애자 사용 공사를 할 경우 전선의 노면상 높이는 2.5[m] 이상으로 한다.

터널, 갱도 등 장소의 공사
㉠ 금속관 공사, 케이블 공사, 합성수지관 공사, 가요 전선관 공사, 애자 사용 공사
㉡ 애자 사용 공사 : 2.5[mm^2] 이상 연동선을 노면상 2.5[m] 이상 높이에 시설할 것
㉢ 이동 전선 : 0.6/1[kV] EP 고무 절연 클로로프렌 캡타이어 케이블

49 터널·갱도, 기타 이와 유사한 장소에서 사람이 상시 통행하는 터널 내의 배선 방법으로 적절하지 않은 것은? (단, 사용 전압은 저압이다.) 08년/09년 출제

① 라이팅 덕트 배선　② 금속제 가요 전선관 배선
③ 합성수지관 배선　④ 애자 사용 배선

해설 터널·갱도, 기타 이와 유사한 장소에서 사람이 상시 통행하는 터널 내의 배선 방법은 금속관 공사, 케이블 공사, 두께 2[mm] 이상의 합성수지관 공사, 금속제 가요 전선관 공사, 애자 사용 공사 배선에 의한다.

터널, 갱도 등의 장소
㉠ 금속관 공사, 케이블 공사, 합성수지관 공사, 가요 전선관 공사, 애자 사용 공사
㉡ 애자 사용 공사 : 2.5[mm^2] 이상 연동선을 노면상 2.5[m] 이상 높이에 시설할 것

50 저압 옥외 조명 시설에 전기를 공급하는 가공 전선 또는 지중 전선에서 분기하여 전등 또는 개폐기에 이르는 배선의 시설 시 공사 방법이 아닌 것은?

① 금속관　② 케이블
③ 합성수지관　④ 가요 전선관

해설 저압 옥외 조명 시설 배선 방법
- 애자 사용 배선 : 지표상 1.8[m] 이상인 곳에 한함
- 금속관 배선
- 합성수지관 배선
- 케이블 배선

51 저압 옥외 조명 시설에 전기를 공급하는 가공 전선 또는 지중 전선에서 분기하여 전등 또는 개폐기에 이르는 배선에 사용하는 절연 전선의 단면적은 몇 [mm^2] 이상이어야 하는가? 11년/14년 출제

① 2.0　② 2.5
③ 6　④ 16

분기 회로
㉠ 일반 배선 : 15[A] 분기 회로
㉡ 전선 : 2.5[mm^2] 이상

정답 48.④ 49.① 50.④ 51.②

해설 저압 옥외 조명 시설에 전기를 공급하는 가공 전선 또는 지중 전선에서 분기하여 전등 또는 개폐기에 이르는 배선의 시설 원칙은 다음과 같다.
- 전선은 단면적 2.5[mm^2] 이상의 절연 전선(단, 애자 사용 배선 시 DV 제외)을 사용할 것
- 배선 방법 : 애자 사용 배선, 금속관 배선, 합성수지관 배선, 케이블 배선

진열장 배선 케이블 단면적 0.75[mm^2] 이상인 코드나 캡타이어 케이블

신규문제
52 **진열장 안에 400[V] 이하인 저압 옥내 배선 시 외부에서 찾기 쉬운 곳에 사용하는 전선은 단면적이 몇 [mm^2] 이상의 코드 또는 캡타이어 케이블이어야 하는가?**

① 0.75 ② 1.25
③ 2 ④ 3.5

해설 진열장 안의 배선 공사 시설 기준
- 전선은 단면적 0.75[mm^2] 이상인 코드나 캡타이어 케이블일 것
- 전선은 건조한 목재·석재 등 기타 이와 유사한 절연성이 있는 조영재에 그 피복을 손상하지 아니하도록 적당한 기구로 붙일 것
- 전선의 붙임점 간 거리는 1[m] 이하로 하고 배선에는 전구 또는 기구의 중량을 지지시키지 아니할 것

저압 접촉 전선 높이 3.5[m] 이상

★★★
53 **저압 크레인 또는 호이스트 등의 트롤리선을 애자 사용 공사에 의하여 옥내의 노출 장소에 시설하는 경우 트롤리선의 바닥에서의 최소 높이는 몇 [m] 이상으로 설치하는가?** 14년 출제

① 2 ② 2.5
③ 3 ④ 3.5

해설 옥내에 시설하는 저압 접촉 전선(트롤리선) 공사 시설 원칙
- 전선의 바닥에서의 높이는 3.5[m] 이상으로 하고, 사람 접촉 우려가 없도록 할 것
- 이동 기중기, 자동 청소기, 그 밖에 이동하는 저압의 전기 기계 기구에 전기를 공급하기 위하여 사용하는 접촉 전선을 전개된 장소나 점검할 수 있는 은폐 장소에 한하여 애자 사용 공사, 버스 덕트 공사, 절연 트롤리 공사에 의하여 시설하며 전선을 바닥에서의 높이 3.5[m] 이상으로 하고, 사람 접촉 우려가 없도록 할 것

전기 울타리
㉠ 250[V] 이하
㉡ 2.0[mm] 이상 나경동선

★★
54 **목장의 전기 울타리에 사용하는 경동선의 지름은 최소 몇 [mm] 이상이어야 하는가?** 08년 출제

① 1.6 ② 2.0
③ 2.6 ④ 3.2

정답 52.① 53.④ 54.②

해설 전기 울타리에 사용하는 나경동선의 지름은 최소 2.0[mm] 이상이어야 한다.

★★
55 전기 울타리 시설 시 전로의 사용 전압은 얼마 이하인가?

① 150
② 250
③ 300
④ 400

해설 전기 울타리 전로의 사용 전압은 250[V] 이하일 것

신규문제
56 교통 신호등의 사용 전압이 몇 [V]를 초과하는 경우 자동적으로 전로를 차단하는 누전 차단기를 시설해야 하는가?

① 50
② 100
③ 150
④ 300

해설 교통 신호등의 사용 전압이 150[V] 초과하는 전로에 지락이 생겼을 경우 자동적으로 전로를 차단하는 누전 차단기를 시설할 것

교통 신호등
㉠ 사용 전압 150[V] 초과 시 누전 차단기 시설
㉡ 사용 전압 300[V] 이하

★
57 교통 신호등의 제어 장치로부터 신호등의 전구까지의 전로에 사용하는 전압은 몇 [V] 이하인가?

13년 출제

① 60
② 100
③ 300
④ 440

해설 교통 신호등의 시설
- 전로의 사용 전압은 300[V] 이하일 것
- 전선은 케이블이나 2.5[mm^2] 이상의 450/750[V] 일반용 단심 비닐 절연 전선을 사용할 것
- 450/750[V] 일반용 단심 비닐 절연 전선을 사용하는 경우 인장 강도 3.70[kN]의 금속선 또는 지름 4[mm] 이상의 철선을 2조 이상을 꼰 금속선에 매달아 시설할 것
- 인하선은 지표상 2.5[m] 이상 높이에 시설할 것

정답 55.② 56.③ 57.③

전기 부식 방지 시설
㉠ 사용 전압 : 직류 60[V] 이하
㉡ 양극 매설 깊이 : 75[cm] 이상

58 **지중 또는 수중에 시설되는 금속체의 부식을 방지하기 위한 전기 부식 방지용 회로의 사용 전압은?** 10년 출제

① 직류 60[V] 이하
② 교류 60[V] 이하
③ 직류 750[V] 이하
④ 교류 600[V] 이하

해설 지중 또는 수중에 시설되는 금속체의 부식을 방지하기 위한 전기 부식 방지용 회로의 최대 사용 전압은 직류 60[V] 이하로 한다.

59 **지중 또는 수중에 시설하는 양극과 피방식체 간의 전기 부식 방지 시설에 대한 설명으로 틀린 것은?** 11년 출제

① 사용 전압은 직류 60[V] 초과일 것
② 지중에 매설하는 양극은 75[cm] 이상의 깊이일 것
③ 수중에 시설하는 양극과 그 주위 1[m] 안의 임의의 점과의 전위차는 10[V]를 넘지 않을 것
④ 지표에서 1[m] 간격의 임의의 2점 간의 전위차가 5[V]를 넘지 않을 것

해설 전기 부식 방지 시설 기준
- 사용 전압은 직류 60[V] 이하일 것
- 양극은 지중에 매설하거나 수중에서 쉽게 접촉할 우려가 없는 곳에 시설할 것
- 지중에 시설하는 양극의 매설 깊이는 75[cm] 이상일 것
- 수중에 시설하는 양극과 그 주위 1[m] 안의 임의의 점과의 전위차는 10[V]를 넘지 않을 것
- 지표 또는 수중에서 1[m] 간격의 임의의 2점 간의 전위차가 5[V]를 넘지 않을 것

승강기 내 배선 사용 전압
최대 400[V] 이하

60 **엘리베이터 장치를 시설할 때 승강기 내에서 사용하는 전등 및 전기 기계 기구에 사용할 수 있는 최대 전압은?** 11년 출제

① 110[V] 이하
② 220[V] 이하
③ 400[V] 이하
④ 440[V] 초과

해설 엘리베이터, 덤웨이터 등의 승강로 안의 저압 옥내 배선 시 승강기 내에서 사용하는 전등 및 전기 기계 기구에 사용할 수 있는 사용 전압은 최대 400[V] 이하로 한다.

정답 58.① 59.① 60.③

★ **61 저압 옥외 전기 설비(옥측의 것을 포함)의 내염(耐鹽) 공사에 대한 설명이 잘못된 것은?** 08년 출제

① 바인드선은 철제의 것을 사용하지 말 것

② 계량기함 등은 금속제를 사용할 것

③ 철제류는 아연 도금 또는 방청 도장을 실시할 것

④ 나사못류는 동합금(놋쇠)제의 것 또는 아연 도금한 것을 사용할 것

해설 염(鹽)은 금속제를 녹슬게 하므로 계량기함은 합성수지제를 사용한다.

정답 61.②

전기 응용 시설 공사

01 조명 설계

1 조명 기초 용어

광속
F([lm], 루멘)

(1) 광속

광원에서 나오는 복사속을 눈으로 보아 빛으로 느끼는 크기를 나타낸 것으로, 기호는 F([lm], 루멘)이다.

조도
$E=\dfrac{F}{S}$[lx]

(2) 조도

광속이 투사된 피조면의 단위 면적당 입사 광속의 크기를 나타낸 것

$$E=\frac{F}{S}\,[\text{lx}]$$

여기서, S : 피조면의 면적[m^2], E : 조도([lx], 럭스)

[lx]=[lm/m^2], [Ph]=[lm/cm^2]

광속 발산도
$R=\dfrac{F}{S}$[rlx=lm/m^2]

(3) 광속 발산도

발광면의 단위 면적당 발산하는 광속 밀도

$$R=\frac{F}{S}\,[\text{rlx}=\text{lm/m}^2]$$

여기서, S : 광원의 발산 면적[m^2], R : 광속 발산도([rlx], 래드럭스)

광도
$I=\dfrac{F}{\omega}$[cd=lm/sr]

(4) 광도

광원의 어느 방향에 대한 단위 입체각당 발산 광속 밀도

$$I=\frac{F}{\omega}\,[\text{cd}=\text{lm/sr}]$$

여기서, ω : 입체각([sr], 스테라디안), I : 광도([cd], 칸델라), F : 광속([lm], 루멘)

휘도
$B=\dfrac{I(\theta)}{S(\theta)}$[nt]

(5) 휘도

광원을 어떠한 방향에서 바라볼 때 단위 투영 면적당 빛이 나는 정도

$$B=\frac{I(\theta)}{S(\theta)}\,[\text{nt}]$$

여기서, $I(\theta)$: 광원의 θ방향 광도, $S(\theta)$: θ방향에서 바라본 광원의 면적

B : 휘도([cd/m^2]=[nt], 니트)

[nt]=[cd/m^2], [Sb]=[cd/cm^2]

2 조명 방식

(1) 조명 설계 시 고려 사항

① 적당한 조도일 것
② 균등한 광속 발산도 분포일 것
③ 그림자를 고려할 것
④ 광색이 적당할 것
⑤ 눈부심을 방지할 것
⑥ 심리적 효과 및 미적 효과를 고려할 것
⑦ 경제성이 있을 것

(2) 기구 배치에 의한 조명 방식의 분류

① **전반 조명** : 조명 기구를 일정한 높이에 일정한 간격으로 배치하여 실내 전체를 균일하게 조명하는 방식
② **국부 조명** : 작업상 필요한 부분적(국부적)인 장소만 고조도로 조명하는 방식
③ 전반 국부 병용 조명

(3) 기구 배광에 의한 조명 방식의 분류

① **직접 조명** : 발산 광속 중 90~100[%]가 작업면을 직접 조명하는 기구
② **간접 조명** : 발산 광속 중 상향 광속이 90~100[%]가 되고, 하향 광속이 10[%] 정도로 하여 거의 대부분의 광속을 상방향으로 확산시키는 방식
③ **반직접 조명** : 발산 광속 중 상향 광속이 10~40[%]가 되고 하향 광속이 60~90[%] 정도로 하여 하향 광속은 작업면에 직사시키고, 상향 광속은 천장, 벽면 등에 반사되고 있는 반사광으로 작업면의 조도를 증가시키는 방식
④ **반간접 조명** : 광속 중 상향 광속이 60~90[%]가 되고 하향 광속이 10~40[%] 정도인 조명 방식
⑤ **전반 확산 조명** : 상향 광속과 하향 광속이 거의 동일하므로 하향 광속은 직접 작업면에 직사시키고, 상향 광속의 반사광으로 작업면의 조도를 증가시키는 방식

▎조명 기구의 배광에 의한 조명 방식▕

구분	하향 광속
직접 조명 방식	90~100[%]
반직접 조명 방식	60~90[%]
전반 확산 조명 방식	40~60[%]
간접 조명 방식	10[%] 이하
반간접 조명 방식	10~40[%]

자주 출제되는 Key Point

조명 설계 시 주의 사항
㉠ 조도 적당
㉡ 균등한 광속 발산도 유지
㉢ 그림자 고려
㉣ 광색이 적당할 것

기구 배치에 의한 조명 방식
㉠ 전반 조명 : 조명 기구를 일정 높이, 간격으로 배치하여 실내 전체를 균일하게 조명하는 방식
㉡ 국부 조명

조명 기구 배광에 의한 조명 방식 분류(하향 광속 비율)
㉠ 직접 조명 : 90~100[%]
㉡ 반직접 조명 : 60~90[%]
㉢ 전반 확산 조명 : 40~60[%]
㉣ 반간접 조명 : 10~40 [%]
㉤ 간접 조명 : 10[%]

3 건축화 조명

> 천장 설치 조명 방식
> 광천장 조명, 루버 조명, 코브 조명

(1) 천장에 설치하는 것

① 광천장 조명 : 천장면에 확산 투과재인 메탈 아크릴 수지판을 붙이고 천장 내부에 광원을 배치하여 조명하는 방식

② 루버 조명 : 천장면에 루버판을 부착하고 천장 내부에 광원을 배치하여 시야 범위 내에 광원이 노출되지 않게 조명하는 방식

③ 코브 조명 : 천장면에 플라스틱, 목재 등을 이용하여 활 모양으로 굽힌 곳에 램프를 감추고 간접 조명을 이용하여 그 반사광으로 채광하는 조명 방식

> 천장 매입 조명 방식
> ㉠ 광량 조명
> ㉡ 코퍼 조명
> ㉢ 다운라이트 조명 : 천장에 작은 구멍을 뚫어 그 속에 등기구를 매입시키는 방식

(2) 천장에 매입하는 것

① 광량 조명 : 일종의 라인 라이트 조명으로, 연속열 등기구를 천장에 매입하거나 들보에 설치하는 조명 방식

② 코퍼 조명 : 천장면을 여러 형태의 사각, 동그라미 등으로 오려내고 다양한 형태의 매입 기구를 취부하여 실내의 단조로움을 피하는 조명 방식

③ 다운라이트 조명 : 천장면에 작은 구멍을 뚫어 그 속에 여러 형태의 매입 기구를 개방형, 하면 루버형, 하면 확산형, 반사형 전구 등의 등기구를 매입하는 조명 방식

> 벽면 설치 조명 방식
> 코니스 조명, 밸런스 조명, 광벽 조명

(3) 벽면에 설치하는 것

① 코니스 조명 : 코너 조명과 같이 벽면 상방 모서리에 건축적으로 둘레턱을 만들어 그 내부에 등기구를 배치하여 조명하는 방식

② 밸런스 조명 : 벽면을 밝은 광원으로 조명하는 방식으로, 숨겨진 램프의 직사 광속이 하향 광속은 아래쪽 벽의 커튼을, 상향 광속은 천장면을 조명하므로 분위기 조성에 효과적인 조명 방식

③ 광벽 조명 : 지하실 또는 자연광이 들어오지 않는 실내에 조명하는 방식

4 소방 설비

> 자동 화재 탐지 설비 구성
> ㉠ 감지기
> ㉡ 수신기
> ㉢ 발신기
> ㉣ 중계기
> ㉤ 음향 장치

(1) 자동 화재 탐지 설비의 구성 요소

① 감지기 : 화재 시 열, 연기, 불꽃 또는 연소 생성물을 자동으로 감지하여 수신기에 발신하는 장치

② 수신기 : 감지기나 발신기에서 발하는 화재 신호를 직접 수신하거나 중계기를 통하여 수신하여 화재의 발생을 표시 및 경보하는 장치

③ 발신기 : 화재 발생 신호를 수신기에 수동으로 발신하는 장치

④ 중계기 : 감지기, 발신기 또는 전기적 접점 등의 작동에 따른 신호를 받아 이를 수신기의 제어반에 전송하는 장치

⑤ 음향 장치 등

(2) 감지기의 특성

① 차동식 스포트형 감지기 : 일정 장소에서의 열효과에 의하여 작동

② 차동식 분포형 감지기 : 넓은 범위에서의 열효과에 의하여 작동

③ 광전식 연기 감지기 : 광량의 변화로 작동

④ 이온화식 감지기 : 이온 전류가 변화하여 작동

자주 출제되는 Key Point

감지기 특성

㉠ 차동식 스포트형 : 일정 장소에서의 열효과 이용

㉡ 차동식 분포형 : 넓은 범위에서의 열효과 이용

㉢ 광전식 연기 감지기 : 광량 변화

㉣ 이온화식 감지기 : 이온 전류 변화

5 조명 기구의 배치

(1) 광원의 높이

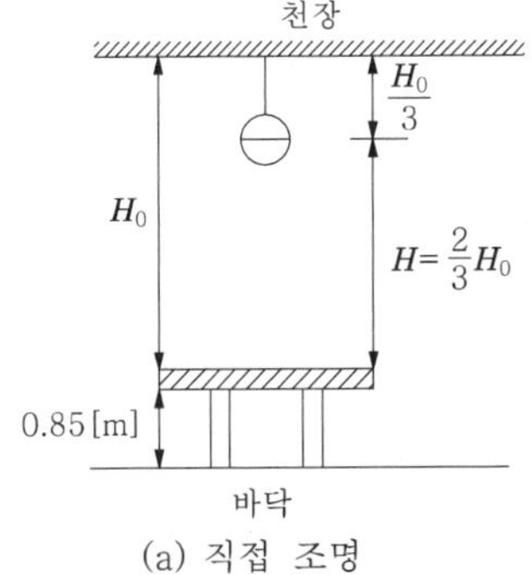

(a) 직접 조명

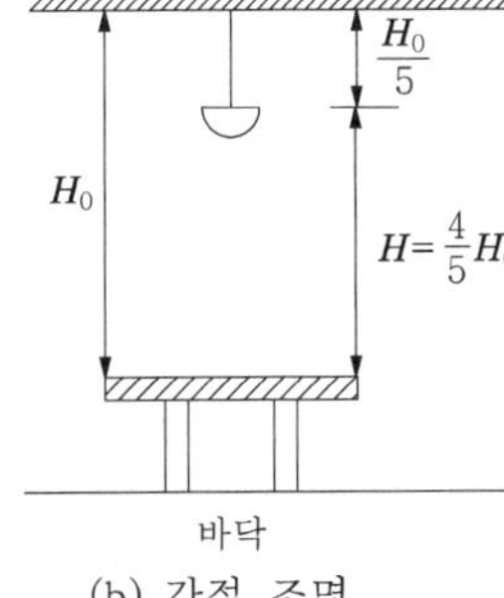

(b) 간접 조명

여기서, H_0 : 피조면(작업면)에서 천장까지의 높이

① 직접 조명 : $H=\frac{2}{3}H_0$[m]

② 간접 조명 : $H=\frac{4}{5}H_0$[m]

(2) 전반 조명 시 광원의 간격

① 광원 상호 간의 간격 : $S \leqq 1.5H_0$ [m]

여기서, H_0 : 피조면(작업면)에서 광원까지의 높이, S : 광원 상호 간격

② 벽과 광원 사이의 간격

㉠ 벽측을 사용하지 않을 경우 : $S_0 \leqq \frac{H_0}{2}$[m]

㉡ 벽측을 사용할 경우 : $S_0 \leqq \frac{H_0}{3}$[m]

전반 조명 시 광원 간격

㉠ 광원 간 간격 $S \leq 1.5H_0$[m]

㉡ 벽과 광원 간격 $S_0 \leq 0.5H_0$[m]

일반 배선
㉠ 천장 은폐 배선
———————
㉡ 바닥 은폐 배선
— — — — —
㉢ 노출 배선
··············

02 옥내 배선 그림 기호

1 일반 배선

명칭	그림 기호	적요
천장 은폐 배선 바닥 은폐 배선 노출 배선	——————— — — — - - - - - - - -	① 천장 은폐 배선 중 천장 속의 배선을 구별하는 경우는 천장 속의 배선에 —·—·— 를 사용하여도 좋다. ② 노출 배선 중 바닥면 노출 배선을 구별하는 경우는 바닥면 노출 배선에 —‐‐‐‐‐‐— 를 사용하여도 좋다. ③ 전선의 종류를 표시할 필요가 있는 경우는 기호를 기입한다. 예 600[V] 비닐 절연 전선 : IV ④ 배관은 다음과 같이 표시한다. (단, 시방서 등에 명백한 경우는 기입하지 않아도 좋다.) ㉠ 강제 전선관인 경우 —⫽— 1.6(19) ㉡ 경질 비닐 전선관인 경우 —⫽— 1.6(VE16) ㉢ 2종 금속제 가요 전선관인 경우 —⫽— 1.6($F_2$17) ㉣ 합성수지제 가요관인 경우 —⫽— 1.6(PF16) ㉤ 전선이 들어 있지 않은 경우 —e— (19) ⑤ 플로어 덕트의 표시는 다음과 같다. 예 — — — (F17) — — — (FC6) 정크션 박스를 표시하는 경우는 다음과 같다. - -◎- - 금속 덕트를 표시하는 경우는 다음과 같다. MD ⑥ 라이팅 덕트의 표시는 다음과 같다. □- - - - LD - - -□- - - LD □는 피드인 박스를 표시한다. 필요에 따라 전압, 극수, 용량을 기입한다. 예 □- - - - - - - - - - LD 125V 2P 15A ⑦ 접지선의 표시는 다음과 같다. 예 ——— E20
풀박스 및 접속 상자	⊠	① 재료의 종류, 치수를 표시한다. ② 박스의 대소 및 모양에 따라 표시한다.
VVF용 조인트 박스	⊘	단자 붙이임을 표시하는 경우는 t를 표기한다. ⊘t
점검구	◎	–

자주 출제되는 Key Point

2 버스 덕트

명칭	그림 기호	적요
버스 덕트	▬	필요에 따라 다음 사항을 표시한다. ① 피드 버스 덕트 : FBD ② 플러그인 버스 덕트 : PBD ③ 트롤리 버스 덕트 : TBD ④ 방수형인 경우 : WP ⑤ 전기 방식, 정격 전압, 정격 전류 ▬ 예 FBD 3ϕ 3W 300V 600A

버스 덕트
㉠ 피드 버스 덕트 : FBD
㉡ 플러그인 버스 덕트 : PBD
㉢ 트롤리 버스 덕트 : TBD
㉣ 방수형인 경우 : WP
㉤ 전기 방식, 정격 전압, 정격 전류

3 기기 심벌

명칭	그림 기호	적요
전동기	Ⓜ	필요에 따라 전기 방식, 전압, 용량을 표기한다. 예 Ⓜ 3ϕ 200V 3.7kV
콘덴서	⊞	전동기의 적요를 준용한다.
전열기	Ⓗ	전동기의 적요를 준용한다.
환기팬 (선풍기 포함)	∞	필요에 따라 종류 및 크기를 표기한다.
소형 변압기	Ⓣ	① 필요에 따라 용량, 2차 전압을 표기한다. ② 필요에 따라 벨 변압기는 B, 리모콘 변압기는 R, 네온 변압기는 N, 형광등용 안정기는 F, HID등(고효율 방전등)용 안정기는 H를 표기한다. $Ⓣ_B$ $Ⓣ_R$ $Ⓣ_N$ $Ⓣ_F$ $Ⓣ_H$ ③ 형광등용 안정기 및 HID등용 안정기로서 기구에 넣는 것은 표기하지 않는다.
축전기	⊣⊢	필요에 따라 종류, 용량, 전압 등을 표기한다.
발전기	Ⓖ	전동기의 적요를 준용한다.

소형 변압기
필요에 따라 벨 변압기는 B, 리모콘 변압기는 R, 네온 변압기는 N, 형광등용 안정기는 F, HID등(고효율 방전등)용 안정기는 H를 표기한다.

4 조명 기구

명칭	그림 기호	적요
일반용 조명, 백열등, HID등	○	① 벽붙이는 벽 옆을 칠한다. ◐ ② 실링, 직접 부착 Ⓒ(CL) ③ 옥외등은 ⊗로 하여도 좋다.

조명 기구 약호(명칭), 용량
㉠ 약호(명칭)
- F : 형광등
- H : 수은등
- M : 메탈할라이드등
- N : 나트륨등

㉡ 용량
- F40 : 형광등 40[W]
- H400 : 수은등 400[W]

콘센트
㉠ 방수형 : WP
㉡ 방폭형 : EX
㉢ 의료용 : H

5 콘센트

명칭	그림 기호	적요
콘센트		① 용량의 표시 방법은 다음과 같다. ㉠ 15[A]는 표기하지 않는다. ㉡ 20[A] 이상은 암페어수를 표기한다. 예 $_{20A}$ ② 2극 이상인 경우는 극수를 표기한다. 예 $_{2}$ ③ 3극 이상인 것은 극수를 표기한다. 예 $_{3P}$ ④ 종류를 표시하는 경우는 다음과 같다. ㉠ 빠짐 방지형 $_{LK}$ ㉡ 걸림형 $_{T}$ ㉢ 접지극붙이 $_{E}$ ㉣ 접지 단자붙이 $_{ET}$ ㉤ 누전 차단기붙이 $_{EL}$ ⑤ 방수형은 WP를 표기한다. $_{WP}$ ⑥ 방폭형은 EX를 표기한다. $_{EX}$
비상 콘센트 (소방법에 따르는 것)		–
점멸기	●	① 용량의 표시 방법은 다음과 같다. ㉠ 10[A]는 표기하지 않는다. ㉡ 15[A] 이상은 전류치를 표기한다. 예 ●$_{15A}$ ② 극수의 표시 방법은 다음과 같다. ㉠ 단극은 표기하지 않는다. ㉡ 2극 또는 3로, 4로는 각각 2P 또는 3, 4의 숫자를 표기한다. 예 ●$_{2P}$ ●$_{3}$ ●$_{4}$
조광기		용량을 표시하는 경우는 표기한다. 예 $_{15A}$
실렉터 스위치	⊗	① 점멸 회로수를 표기한다. 예 ⊗$_{9}$ ② 파일럿 램프붙이는 L을 표기한다. 예 ⊗$_{9L}$
개폐기	S	① 상자들이인 경우는 상자의 재질 등을 표기한다. ② 극수, 정격 전류, 퓨즈 정격 전류 등을 표기한다. 예 S 2P 300A f 15A

개폐기의 기호
㉠ 개폐기 : S
㉡ 배선용 차단기 : B
㉢ 누전 차단기 : E

자주 출제되는 Key Point

명칭	그림 기호	적요
배선용 차단기	B	① 상자들이인 경우는 상자의 재질 등을 표기한다. ② 극수, 정격 전류, 퓨즈 정격 전류 등을 표기한다. 예 B 3P 225AF 150A
누전 차단기	E	① 상자들이인 경우는 상자의 재질 등을 표기한다. ② 과전류 소자붙이는 극수, 프레임의 크기, 정격 전류, 정격 감도 전류 등을, 과전류 소자 없음은 극수, 정격 전류, 정격 감도 전류 등을 표기한다.
전자 개폐기용 누름 버튼	◉B	텀블러형 등인 경우도 이것을 사용한다. 파일럿 램프붙이인 경우는 L을 표기한다.
전류 제한기	Ⓛ	① 필요에 따라 전류를 표기한다. ② 상자들이인 경우는 그 뜻을 표기한다.
지진 감지기	(EQ)	필요에 따라 작동 특성을 표기한다. 예 (EQ) 100 170[cm/S^2] (EQ) 100−170[Gal]

6 배전반 · 분전반 · 제어반

명칭	그림 기호	적요
배전반, 분전반 및 제어반	▭	① 종류를 구별하는 경우는 다음과 같다. ㉠ 배전반 ㉡ 분전반 ㉢ 제어반 ② 직류용은 그 뜻을 표기한다.

배전반, 분전반, 제어반

㉠ 배전반 :

㉡ 분전반 :

㉢ 제어반 :

자주 출제되는 기출 문제

01 완전 확산면은 어느 방향에서 보아도 무엇이 동일한가?

① 광속 ② 휘도
③ 조도 ④ 광도

해설 휘도란 광원을 어떠한 방향에서 바라볼 때 단위 투영 면적당 빛이 나는 정도를 말하며 어느 방향에서나 휘도가 동일한 표면을 완전 확산면이라 한다.

02 조명 공학에서 사용되는 칸델라(cd)는 무엇의 단위인가?

① 광도 ② 조도
③ 광속 ④ 휘도

해설 광도
- 광원의 어느 방향에 대한 단위 입체각당 광속
- 광도 $I = \dfrac{\text{광속}}{\text{입체각}}$ [lm/sr=cd]

03 조명 기구의 용량 표시에 관한 사항이다. 다음 중 F40의 설명으로 알맞은 것은?

09년 출제

① 수은등 40[W] ② 나트륨등 40[W]
③ 메탈 할라이드등 40[W] ④ 형광등 40[W]

해설 등의 종류를 표시하는 경우는 용량 앞에 다음 기호를 붙인다.
- 수은등 : H
- 메탈 할라이드등 : M
- 나트륨등 : N
- 형광등 : F

가로등, 경기장, 공장 등에 시설하는 고압 방전등 효율 70[lm/W] 이상

04 가로등, 경기장, 공장, 아파트 단지 등의 일반 조명을 위하여 시설하는 고압 방전등의 효율은 몇 [lm/W] 이상의 것이어야 하는가?

13년 출제

① 30 ② 70
③ 90 ④ 120

해설 가로등, 경기장, 공장, 아파트 단지 등의 일반 조명을 위하여 시설하는 고압 방전등은 그 효율이 70[lm/W] 이상의 것이어야 한다.

정답 01.② 02.① 03.④ 04.②

출제분석 Advice

조명 설계 시 주의 사항
㉠ 조도가 적당할 것
㉡ 균등한 광속 발산도 유지
㉢ 그림자를 고려할 것
㉣ 광색이 적당할 것

05 우수한 조명의 조건이 되지 못하는 것은? 06년 출제

① 조도가 적당할 것 ② 균등한 광속 발산도 분포일 것
③ 그림자가 없을 것 ④ 광색이 적당할 것

해설 우수한 조명 조건
- 조도가 적당할 것
- 균등한 광속 발산도 분포일 것
- 눈부심을 방지할 것
- 적당한 그림자를 고려할 것
- 미적 효과가 좋을 것

06 조명 설계 시 고려해야 할 사항 중 틀린 것은? 14년 출제

① 적당한 조도일 것 ② 휘도 대비가 높을 것
③ 균등한 광속 발산도 분포일 것 ④ 적당한 그림자가 있을 것

해설 조명 설계 시 고려 사항
- 적당한 조도일 것
- 균등한 광속 발산도 분포일 것
- 적당한 그림자가 있을 것
- 광색이 적당할 것
- 눈부심을 방지할 것
- 심리적 효과 및 미적 효과를 고려할 것
- 경제성이 있을 것

조명 기구 배광에 의한 조명 방식의 분류(하향 광속 비율)
㉠ 직접 조명 : 90~100[%]
㉡ 반직접 조명 : 60~90[%]
㉢ 전반 확산 조명 : 40~60[%]
㉣ 반간접 조명 : 10~40[%]
㉤ 간접 조명 : 10[%]
㉥ 전반 확산 조명 : 상·하향 광속이 거의 동일한 방식

07 조명 기구의 배광에 의한 분류 중 40~60[%] 정도의 빛이 위쪽과 아래쪽으로 고루 향하고 가장 일반적인 용도를 가지고 있으며 상하좌우로 빛이 모두 나오므로 부드러운 조명이 되는 조명 방식은? 07년 출제

① 직접 조명 방식 ② 반직접 조명 방식
③ 전반 확산 조명 방식 ④ 반간접 조명 방식

해설 조명 기구의 배광에 의한 조명 방식

구분	하향 광속
직접 조명 방식	90[%]~100[%]
반직접 조명 방식	60~90[%]
전반 확산 조명 방식	40~60[%]
반간접 조명 방식	10~40[%]
간접 조명 방식	10[%] 이하

08 실내 전체를 균일하게 조명하는 방식으로, 광원을 일정한 간격으로 배치하며 공장, 학교, 사무실 등에서 채용되는 조명 방식은?

① 국부 조명 ② 전반 조명
③ 직접 조명 ④ 간접 조명

정답 05.③ 06.② 07.③ 08.②

해설 기구 배치에 의한 조명 방식의 분류

- 전반 확산 조명 : 조명 기구를 일정한 높이에 일정한 간격으로 배치하여 실내 전체를 균일하게 조명하는 방식
- 국부 조명 : 작업상 필요한 부분적(국부적)인 장소만 고조도로 조명하는 방식
- 직접 조명 : 작업면을 비추는 빛의 대부분이 광원에서 직접 조명이 되는 방식
- 간접 조명 : 작업면을 비추는 빛이 직접 조명과는 반대로 천장이나 벽에서 반사되는 방식

09 상향 광속과 하향 광속이 거의 동일한 조명 방식으로 하향 광속으로 직접 작업면에 직사하고 상부 방향으로 향한 빛이 천장과 상부의 벽을 부분 반사하여 작업면에 조도를 증가시키는 조명 방식은? 13년 출제

① 직접 조명 ② 반직접 조명
③ 반간접 조명 ④ 전반 확산 조명

해설 기구 배광에 의한 조명 방식의 분류

- 직접 조명 : 발산 광속 중 90~100[%]가 작업면을 직접 조명하는 기구
- 간접 조명 : 발산 광속 중 상향 광속이 90~100[%]가 되고 하향 광속이 10[%] 정도로 하여 거의 대부분의 광속을 상방향으로 확산시키는 방식
- 반직접 조명 : 발산 광속 중 상향 광속이 10~40[%]가 되고 하향 광속이 60~90[%] 정도로 하여 하향 광속은 작업면에 직사시키고, 상향 광속은 천장, 벽면 등에 반사되고 있는 반사광으로 작업면의 조도를 증가시키는 방식
- 반간접 조명 : 광속 중 상향 광속이 60~90[%]가 되고 하향 광속이 10~40[%] 정도인 조명 방식
- 전반 확산 조명 : 상향 광속과 하향 광속이 거의 동일하므로 하향 광속은 직접 작업면에 직사시키고, 상향 광속의 반사광으로 작업면의 조도를 증가시키는 방식

천장 매입 조명 방식
㉠ 광량 조명
㉡ 코퍼 조명
㉢ 다운라이트 조명 : 천장에 작은 구멍을 뚫어 그 속에 등기구를 매입시키는 방식

10 천장에 작은 구멍을 뚫어 그 속에 등기구를 매입시키는 방식으로, 건축의 공간을 유효하게 하는 조명 방식은? 11년 출제

① 코브 방식 ② 코퍼 방식
③ 밸런스 방식 ④ 다운라이트 방식

해설 조명 방식의 특성

- 코브 방식 : 천장면에 플라스틱, 목재 등을 이용하여 활 모양으로 굽힌 곳에 램프를 감추고 간접 조명을 이용하여 그 반사광으로 채광하는 조명 방식
- 코퍼 방식 : 천장면을 여러 형태의 사각, 동그라미 등으로 오려내고 다양한 형태의 매입 기구를 취부하여 실내의 단조로움을 피하는 조명 방식
- 밸런스 방식 : 벽면을 밝은 광원으로 조명하는 방식으로, 숨겨진 램프의 직사 광속이 하향 광속은 아래쪽 벽의 커튼을, 상향 광속은 천장면을 조명하므로 분위기 조성에 효과적인 조명 방식
- 다운라이트 방식 : 천장면에 작은 구멍을 뚫어 그 속에 여러 형태의 매입 기구를 개방형, 하면 루버형, 하면 확산형, 반사형 전구 등의 등기구를 매입하는 조명 방식

정답 09.④ 10.④

★
11 실내 전반 조명을 하고자 한다. 작업대로부터 광원의 높이가 2.4[m]인 위치에 조명 기구를 배치할 때 벽에서 한 기구 이상 떨어진 기구에서 기구 간의 거리는 일반적인 경우 최대 몇 [m]로 배치하여 설치하는가? (단, $S \leq 1.5h$를 사용하여 구하도록 한다.) 07년 출제

① 1.8 ② 2.4
③ 3.2 ④ 3.6

해설 전반 조명 시 등기구 간 거리
$S \leq 1.5h$
여기서, h : 광원에서 피조면까지의 거리
$\therefore\ S \leq 1.5h = 1.5 \times 2.4 = 3.6$[m]

전반 조명 시 광원 간격
㉠ 광원 간 간격
$S \leq 1.5H_0$[m]
㉡ 벽과 광원 간격
$S_0 \leq 0.5H_0$[m]

★★
12 자동 화재 탐지 설비는 화재의 발생을 초기에 자동적으로 탐지하여 소방 대상물의 관계자에게 화재의 발생을 통보해 주는 설비이다. 이러한 자동 화재 탐지 설비의 구성 요소가 아닌 것은? 09년/11년 출제

① 수신기 ② 비상 경보기
③ 발신기 ④ 중계기

해설 자동 화재 탐지 설비의 구성 요소
- 감지기 : 화재 시 발생하는 열, 연기, 불꽃 또는 연소 생성물을 자동으로 감지하여 수신기에 발신하는 장치
- 수신기 : 감지기나 발신기에서 발하는 화재 신호를 직접 수신하거나 중계기를 통하여 수신하여 화재의 발생을 표시 및 경보하는 장치
- 발신기 : 화재 발생 신호를 수신기에 수동으로 발신하는 장치
- 중계기 : 감지기, 발신기 또는 전기적 접점 등의 작동에 따른 신호를 받아 이를 수신기의 제어반에 전송하는 장치
- 음향 장치 등

자동 화재 탐지 설비 구성
㉠ 감지기
㉡ 수신기
㉢ 발신기
㉣ 중계기
㉤ 음향 장치

★
13 주위 온도가 일정 상승률 이상이 되는 경우에 작동하는 것으로서, 일정한 장소의 열에 의하여 작동하는 화재 감지기는? 13년 출제

① 차동식 스포트형 감지기 ② 차동식 분포형 감지기
③ 광전식 연기 감지기 ④ 이온화식 연기 감지기

해설 감지기의 특성
- 차동식 스포트형 감지기 : 일정 장소에서의 열 효과에 의하여 작동한다.
- 차동식 분포형 감지기 : 넓은 범위에서의 열 효과에 의하여 작동한다.
- 광전식 연기 감지기 : 광량의 변화로 작동한다.
- 이온화식 감지기 : 이온 전류가 변화하여 작동한다.

정답 11.④ 12.② 13.①

★★★
14 배선에 대한 다음 그림 기호의 명칭은?

출제빈도

———————

① 바닥 은폐 배선　　② 천장 은폐 배선
③ 노출 배선　　④ 지중 매설 배선

해설 배선 심벌
- — — — : 바닥 은폐 배선
- ——————— : 천장 은폐 배선
- - - - - - - - : 노출 배선
- —-——-—— : 지중 매설 배선

★★
15 다음 중 방수형 콘센트의 심벌은 어느 것인가?

콘센트 심벌, 명칭
㉠ ⓒ$_{WP}$: 방수형
㉡ ⓒ$_{EX}$: 방폭형

① ⓒ　　② ●
③ ⓒ$_{WP}$　　④ ⓒ$_{EX}$

해설 방수형 콘센트(water proof receptacle)는 콘센트 심벌 옆에 방수의 약자 WP를 붙여서 표시한다.

★★
16 다음의 그림 기호가 나타내는 것은?

비상 콘센트 심벌

① 비상 콘센트　　② 형광등
③ 점멸기　　④ 접지 저항 측정용 단자

해설 그림의 심벌은 소방법 화재안전기준에 따른 비상 콘센트이며 특정 소방대상물의 비상 콘센트 설비에는 자가 발전 설비, 비상 전원 수전 설비 또는 전기 저장 장치를 비상 전원으로 설치하여야 한다.

★★★
17 배전반을 나타내는 그림 기호는?

출제빈도

① 　　② ⊠
③ ⧓　　④ S

해설 ① 분전반
② 배전반
③ 제어반
④ 개폐기

정답 14.② 15.③ 16.① 17.②

18 배선용 차단기의 심벌은?

① B　　② E
③ BE　　④ S

해설 개폐기 심벌
- B : 배선용 차단기
- E : 누전 차단기
- BE : 과전류 소자붙이 누전 차단기
- S : 개폐기

★★★

19 EQ는 무엇을 나타내는 심벌인가?

출제빈도

① 지진 감지기　　② 변압기 용량
③ 누전 경보기　　④ 전류 제한기

해설 EQ는 지진 감지기(Earthquake Detector)로, 영어 문자를 따서 EQ라고 표기한다.

출제분석 Advice

심벌 및 명칭
㉠ B : 배선용 차단기
㉡ E : 누전 차단기
㉢ S : 개폐기
㉣ EQ : 지진 감지기

정답 18.① 19.①

memo

부록

과년도 출제문제

전기기능사 기출문제

Craftsman Electricity

2018년 제1회 CBT 기출복원문제

★ 표시 : 문제 중요도를 나타냄

본 기출문제는 수험생들의 기억을 바탕으로 작성한 것으로 내용 및 그림 등에서 실제 문제와 다소 차이가 있을 수 있습니다.

★★★

01 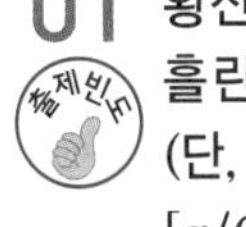 **황산구리 용액에 10[A]의 전류를 60분간 흘린 경우, 이때 석출되는 구리의 양은? (단, 구리의 전기 화학 당량은 0.3293×10^{-3}[g/C]이다.)**

① 5.93[g]　② 11.86[g]

③ 7.82[g]　④ 1.67[g]

해설 패러데이 법칙 : 전기 분해 시 전극에서 석출되는 물질의 양

$$W = kQ = kIt\,[\text{g}]$$
$$= 0.3293\times10^{-3}\times10\times60\times60$$
$$\fallingdotseq 11.86\,[\text{g}]$$

★

02 **전등 1개를 2개소에서 점멸하고자 할 때 필요한 3로 스위치는 최소 몇 개인가?**

① 1개　② 2개

③ 3개　④ 4개

★★★

03 **변압기 1차 전압 6,000[V], 2차 전압 200[V], 주파수 60[Hz]의 변압기가 있다. 이 변압기의 권수비는?**

① 30　② 40

③ 50　④ 60

해설 변압기 권수비

$$a = \frac{N_1}{N_2} = \frac{E_1}{E_2} = \frac{6,000}{200} = 30$$

신규문제

04 **분상 기동형 단상 유도 전동기의 기동 권선은?**

① 운전 권선보다 굵고 권선이 많다.

② 운전 권선보다 가늘고 권선이 많다.

③ 운전 권선보다 굵고 권선이 적다.

④ 운전 권선보다 가늘고 권선이 적다.

해설 분상 기동형 단상 유도 전동기의 권선

- 운전 권선(L만의 회로) : 굵은 권선으로 길게 하여 권선을 많이 감아서 L성분을 크게 한다.
- 기동 권선(R만의 회로) : 운전 권선보다 가늘고 권선을 적게 하여 저항값을 크게 한다.

★★

05 **비정현파를 여러 개의 정현파의 합으로 표시하는 식을 정의한 사람은?**

① 노튼　② 테브난

③ 푸리에　④ 패러데이

해설 푸리에 분석 : 비정현파를 여러 개의 정현파의 합으로 분석한 식

$f(t)$ =직류분+기본파+고조파

★★★

06 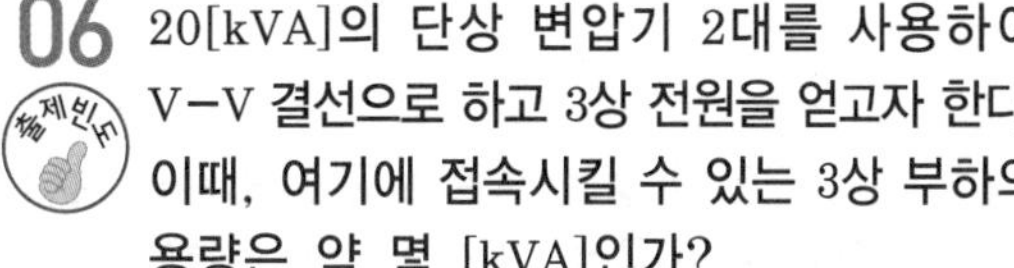

20[kVA]의 단상 변압기 2대를 사용하여 V-V 결선으로 하고 3상 전원을 얻고자 한다. 이때, 여기에 접속시킬 수 있는 3상 부하의 용량은 약 몇 [kVA]인가?

① 34.6　② 44.6

③ 54.6　④ 66.6

해설 V결선 용량 $P_V = \sqrt{3}P_1$

$$= \sqrt{3}\times20 = 34.6[\text{kVA}]$$

정답　01.②　02.②　03.①　04.④　05.③　06.①

★★
07 도체의 전기 저항에 대한 것으로 옳은 것은?

① 길이와 단면적에 비례한다.
② 길이와 단면적에 반비례한다.
③ 길이에 비례하고, 단면적에 반비례한다.
④ 길이에 반비례하고, 단면적에 비례한다.

해설 전기 저항 $R=\rho\frac{l}{A}$ 이므로 길이에 비례하고, 단면적에 반비례한다.

★
08 키르히호프의 법칙을 이용하여 방정식을 세우는 방법으로 잘못된 것은?

① 계산 결과 전류가 +로 표시된 것은 처음에 정한 방향과 반대 방향임을 나타낸다.
② 각 폐회로에서 키르히호프의 제2법칙을 적용한다.
③ 각 회로의 전류를 문자로 나타내고 방향을 가정한다.
④ 키르히호프의 제1법칙을 회로망의 임의의 점에 적용한다.

해설 처음에 정한 방향과 전류 방향이 같으면 "+"로, 처음에 정한 방향과 전류 방향이 반대이면 "−"로 표시한다.

★
09 수전 설비의 저압 배전반은 배전반 앞에서 계측기를 판독하기 위하여 앞면과 최소 몇 [m] 이상 유지하는 것을 원칙으로 하고 있는가?

① 2.5[m] ② 1.8[m]
③ 1.5[m] ④ 1.7[m]

★★★
10 전기 기기의 철심 재료로 규소 강판을 많이 사용하는 이유로 가장 적당한 것은?

출제빈도

① 히스테리시스손을 줄이기 위하여
② 맴돌이 전류를 없애기 위해
③ 풍손을 없애기 위해
④ 구리손을 줄이기 위해

해설
- 규소 강판 사용 : 히스테리시스손 감소
- 0.35~0.5[mm] 철심을 성층 : 와류손 감소

★★
11 가동 접속한 자기 인덕턴스 값이 $L_1=50$[mH], $L_2=70$[mH], 상호 인덕턴스 $M=60$[mH]일 때 합성 인덕턴스[mH]는? (단, 누설 자속이 없는 경우이다.)

① 120 ② 240
③ 200 ④ 100

해설 $L_{가동}=L_1+L_2+2M$
$=50+70+2\times60=240$[mH]

★
12 다음 중 동기 전동기가 아닌 것은?

① 크레인 ② 송풍기
③ 분쇄기 ④ 압연기

해설 동기 전동기는 동기 속도로 회전하는 전동기이므로 압연기, 제련소, 발전소 등에서 압축기, 운전 펌프 등에 적용된다.
크레인은 수시로 속도가 변동되는 기계이므로 동기 전동기로 적합하지 않다.

★
13 3상 동기 발전기의 자극 간의 전기각은 얼마인가?

① π ② 2π
③ $\frac{\pi}{2}$ ④ $\frac{\pi}{3}$

해설 3상 동기 발전기의 극간격 : π[rad]

★
14 정류자와 접촉하여 전기자 권선과 외부 회로를 연결하는 역할을 하는 것은?

① 계자 ② 전기자
③ 브러시 ④ 계자 철심

해설 브러시 : 교류 기전력을 직류로 변환시키는 정류자에 접촉하여 직류 기전력을 외부로 인출하는 역할을 한다.

정답 07.③ 08.① 09.③ 10.① 11.② 12.① 13.① 14.③

★
15 고압 전동기 철심의 강판 홈(slot)의 모양은?

① 반구형 ② 반폐형
③ 밀폐형 ④ 개방형

해설 • 저압 : 반폐형
• 고압 : 개방형

★★
16 다음 중 직선형 전동기는?

① 서보 모터 ② 기어 모터
③ 스테핑 모터 ④ 리니어 모터

해설 리니어 모터는 직선형의 구동력을 직접 발생시키므로 직선형 전동기라 하며, 회전형에 비하여 기계적인 변환 장치가 필요하지 않고 구조가 간단하며 손실과 소음이 없고 운전 속도도 제한을 받지 않는다.

★
17 다음 중 3상 유도 전동기는?

① 분상형
② 콘덴서형
③ 셰이딩 코일형
④ 권선형

해설 단상 유도 전동기의 종류 : 반발 기동형, 분상 기동형, 영구 콘덴서형, 셰이딩 코일형

★★★
18 일반적으로 과전류 차단기를 설치하여야 할 곳으로 틀린 것은?

출제빈도

① 접지측 전선
② 보호용, 인입선 등 분기선을 보호하는 곳
③ 송배전선의 보호용, 인입선 등 분기선을 보호하는 곳
④ 간선의 전원측 전선

해설 과전류 차단기 설치 제한 : 중성선, 접지측 전선, 접지선

★
19 변압기의 병렬 운전 조건이 아닌 것은?

① 주파수가 같을 것
② 위상이 같을 것
③ 극성이 같을 것
④ 변압기의 중량이 일치할 것

해설 변압기 병렬 운전 조건
• 위상이 같을 것
• 극성이 일치할 것
• 주파수가 같을 것

★★★
20 동기 발전기의 병렬 운전에 필요한 조건이 아닌 것은?

출제빈도

① 기전력의 주파수가 같을 것
② 기전력의 크기가 같을 것
③ 기전력의 임피던스가 같을 것
④ 기전력의 위상이 같을 것

해설 동기 발전기의 병렬 운전 조건
• 기전력의 크기가 같을 것
• 기전력의 파형이 같을 것
• 기전력의 주파수가 같을 것
• 기전력의 위상이 같을 것
• 상회전 방향이 같을 것(3상 동기 발전기)
* 용량, 임피던스, 극수와 무관하다.

★★
21 전원 전압 110[V], 전기자 전류가 10[A], 전기자 저항 1[Ω]인 직류 분권 전동기가 회전수 1,500[rpm]으로 회전하고 있다. 이 때, 발생하는 역기전력은 몇 [V]인가?

① 120
② 110
③ 100
④ 130

해설 전동기의 유도 기전력
$E = V - I_a R_a$
$= 110 - 10 \times 1 = 100[V]$

정답 15.④ 16.④ 17.④ 18.① 19.④ 20.③ 21.③

★★
22 단상 반파 정류 회로의 전원 전압 200[V], 부하 저항이 10[Ω]이면 부하 전류는 약 몇 [A]인가?

① 4 ② 9
③ 13 ④ 18

해설 단상 반파 직류 전압
$E_d = 0.45E = 0.45 \times 200 = 90[V]$
부하 전류 $I_d = \frac{E_d}{R} = \frac{90}{10} = 9[A]$

★
23 보호 계전기 시험을 하기 위한 유의 사항으로 틀린 것은?

① 계전기 위치를 파악한다.
② 임피던스 계전기는 미리 예열하지 않도록 주의한다.
③ 계전기 시험 회로 결선 시 교류, 직류를 파악한다.
④ 계전기 시험 장비의 허용 오차, 지시 범위를 확인한다.

해설 보호 계전기 시험 유의 사항
- 보호 계전기의 배치된 상태를 확인
- 임피던스 계전기는 미리 예열이 필요한지 확인
- 시험 회로 결선 시에 교류와 직류를 확인해야 하며 직류인 경우 극성을 확인
- 시험용 전원의 용량 계전기가 요구하는 정격 전압이 유지될 수 있도록 확인
- 계전기 시험 장비의 지시 범위의 적합성, 오차, 영점의 정확성 확인

★★★
24 전주 외등 설치 시 백열전등 및 형광등의 조명 기구를 전주에 부착하는 경우 부착한 점으로부터 돌출되는 수평 거리는 몇 [m] 이내로 하여야 하는가?

출제빈도

① 0.5
② 0.8
③ 1.0
④ 1.2

해설 전주 외등 : 대지 전압 300[V] 이하 백열전등이나 수은등 등을 배전 선로의 지지물 등에 시설하는 등
- 기구 인출선 도체 단면적 : 0.75[mm²] 이상
- 기구 부착 높이 : 하단에서 지표상 4.5[m] 이상 (단, 교통 지장이 없을 경우 3.0[m] 이상)
- 돌출 수평 거리 : 1.0[m] 이하

★
25 용량을 변화시킬 수 있는 콘덴서는?

① 바리콘
② 마일러 콘덴서
③ 전해 콘덴서
④ 세라믹 콘덴서

해설 가변 콘덴서는 바리콘, 트리머 등이 있다.

★★
26 자속 밀도 1[Wb/m²]은 몇 [gauss]인가?

① $4\pi \times 10^{-7}$ ② 10^{-6}
③ 10^4 ④ $\frac{4\pi}{10}$

해설 자속 밀도 환산
$$1[Wb/m^2] = \frac{10^8[max]}{10^4[cm^2]}$$
$$= 10^4[max/cm^2 = gauss]$$

★★
27 전동기의 제동에서 전동기가 가지는 운동 에너지를 전기 에너지로 변환시키고 이것을 전원에 환원시켜 전력을 회생시킴과 동시에 제동하는 방법은?

① 발전 제동(dynamic braking)
② 역전 제동(plugging braking)
③ 맴돌이 전류 제동(eddy current braking)
④ 회생 제동(regenerative braking)

해설 전동기의 제동에서 전동기가 가지는 운동 에너지를 전기 에너지로 변환시키고 이것을 전원에 환원시켜 전력을 회생시킴과 동시에 제동하는 방법은 회생 제동(regenerative braking)이다.

정답 22.② 23.② 24.③ 25.① 26.③ 27.④

★
28 1[Wb]의 자하량으로부터 발생하는 자기력선의 총수는?

① 6.33×10^4개 ② 7.96×10^5개
③ 8.855×10^3개 ④ 1.256×10^6개

해설 자기력선의 총수

$$N = \frac{m}{\mu_0} = \frac{1}{4\pi \times 10^{-7}} = 7.96 \times 10^5\text{개}$$

★
29 600[V] 이하의 저압 회로에 사용하는 비닐 절연 비닐 외장 케이블의 약칭으로 맞는 것은?

① EV ② VV
③ FP ④ CV

해설 ① EV : 폴리에틸렌 절연 비닐 외장 케이블
③ FP : 내화 케이블
④ CV : 가교폴리에틸렌 절연 비닐 외장 케이블

★
30 다음 전기력선의 성질 중 틀린 것은?

① 전기력선의 밀도는 전기장의 크기를 나타낸다.
② 같은 전기력선은 서로 끌어당긴다.
③ 전기력선은 서로 교차하지 않는다.
④ 전기력선은 도체의 표면에 수직이다.

해설 같은 전기력선은 서로 밀어내는 반발력이 작용한다.

★★
31 옥내 배선 공사에서 전개된 장소나 점검 가능한 은폐 장소에 시설하는 합성수지관의 최소 두께는 몇 [mm]인가?

① 1[mm] ② 1.2[mm]
③ 2[mm] ④ 2.3[mm]

해설 합성수지관 규격 및 시설 원칙
- 호칭 : 안지름(내경)에 짝수(14, 16, 22, 28, 36, 42, 54, 70, 82[mm])
- 두께 : 2[mm] 이상
- 연선 사용(단선일 경우 10[mm^2] 이하도 가능)
- 관 안에 전선의 접속점이 없을 것

★
32 단상 전력계 2대를 사용하여 2전력계법으로 3상 전력을 측정하고자 한다. 두 전력계의 지시값이 각각 P_1, P_2[W]이었다. 3상 전력 P[W]를 구하는 식으로 옳은 것은?

① $P = \sqrt{3}(P_1 \times P_2)$
② $P = P_1 - P_2$
③ $P = P_1 \times P_2$
④ $P = P_1 + P_2$

해설 2전력계법에 의한 유효 전력 : $P = P_1 + P_2$[W]

★★
33 저압 구내 가공 인입선으로 DV 전선 사용 시 전선의 길이가 15[m] 이하인 경우 사용할 수 있는 최소 굵기는 몇 [mm] 이상인가?

① 1.5 ② 2.0
③ 2.6 ④ 4.0

해설 가공 인입선을 DV 전선을 사용하여 인입하는 경우 그 최소 굵기는 2.6[mm] 이상이지만, 지지물 간 거리(경간)가 15[m] 이하인 경우 2.0[mm] 이상도 가능하다.

★★★
34 학교, 사무실, 은행 등의 간선 굵기 선정 시 수용률은 몇 [%]를 적용하는가?

출제빈도

① 50[%] ② 60[%]
③ 70[%] ④ 80[%]

해설 건축물에 따른 간선의 수용률

건축물의 종류	수용률[%]
주택, 기숙사, 여관, 호텔, 병원, 창고	50
학교, 사무실, 은행	70

★★
35 납축전지의 전해액으로 사용되는 것은?

① H_2SO_4 ② $2H_2O$
③ PbO_2 ④ $PbSO_4$

해설 납축전지
- 음극제 : 납
- 양극제 : 이산화납(PbO_2)
- 전해액 : 묽은 황산(H_2SO_4)

정답 28.② 29.② 30.② 31.③ 32.④ 33.② 34.③ 35.①

36 배선용 차단기의 심벌은?

① [B] ② [E]
③ [BE] ④ [S]

해설 개폐기 심벌
- [B] : 배선용 차단기
- [E] : 누전 차단기
- [BE] : 과전류 소자붙이 누전 차단기
- [S] : 개폐기

37 정현파 교류의 왜형률(distortion factor)은?

① 0 ② 0.1212
③ 0.2273 ④ 0.4834

해설 정현파 교류는 기본파만 존재하므로 고조파가 없다. 그러므로 왜형률이 0이다.

38 전기 공사에서 접지 저항을 측정할 때 사용하는 측정기는 무엇인가?

① 검류기 ② 변류기
③ 메거 ④ 어스테스터

해설
- 검류기 : 미소 전류 측정 계기
- 변류기 : 대전류를 소전류로 변환하는 계기
- 메거 : 절연 저항 측정기
- 어스테스터 : 접지 저항, 액체 저항 측정 계기

39 100[V] 교류 전원에 선풍기를 접속하고 입력과 전류를 측정하였더니 500[W], 7[A]였다. 이 선풍기의 역률은?

① 0.61 ② 0.71
③ 0.81 ④ 0.91

해설
- 유효 전력 $P = VI\cos\theta = P_a\cos\theta$[W]
- 역률 $\cos\theta = \dfrac{P}{VI} = \dfrac{500}{100\times 7} \fallingdotseq 0.714$

40 특고압·고압 전기 설비용 접지 도체는 단면적 몇 [mm²] 이상의 연동선 또는 동등 이상의 단면적 및 강도를 가져야 하는가?

① 0.75 ② 4
③ 6 ④ 10

해설 특고압·고압 전기 설비용 접지 도체는 단면적 6[mm²] 이상의 연동선 또는 동등 이상의 단면적 및 강도를 가져야 한다.

41 그림의 회로에서 소비되는 전력은 몇 [W]인가?

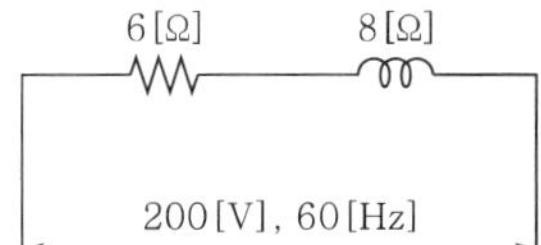

① 1,200 ② 2,400
③ 3,600 ④ 4,800

해설
- 합성 임피던스 $\dot{Z} = R + jX_L = 6 + j8$[Ω]
- 절대값 $Z = \sqrt{6^2 + 8^2} = 10$[Ω]
- 전류 $I = \dfrac{V}{Z} = \dfrac{200}{10} = 20$[A]
- 소비 전력 $P = I^2R = 20^2 \times 6 = 2{,}400$[W]

42 폭연성 먼지(분진)가 존재하는 곳의 저압 옥내 배선 공사 시 공사 방법으로 짝지어진 것은?

① 금속관 공사, MI 케이블 공사, 개장된 케이블 공사
② CD 케이블 공사, MI 케이블 공사, 금속관 공사
③ CD 케이블 공사, MI 케이블 공사, 제1종 캡타이어 케이블 공사
④ 개장된 케이블 공사, CD 케이블 공사, 제1종 캡타이어 케이블 공사

해설 폭연성 먼지(분진), 화약류 가루(분말)가 있는 장소 공사 : 금속관 공사, 케이블 공사(MI 케이블, 개장 케이블)

정답 36.① 37.① 38.④ 39.② 40.③ 41.② 42.①

★
43 플로어 덕트 공사에 의한 저압 옥내 배선에서 절연 전선으로 연선을 사용하지 않아도 되는 것은 전선의 굵기가 몇 [mm^2] 이하인 경우인가?

① 2.5[mm^2]
② 4[mm^2]
③ 6[mm^2]
④ 10[mm^2]

해설 저압 옥내 배선에서 플로어 덕트 공사 시 전선은 절연 전선으로 연선이 원칙이지만 단선을 사용하는 경우 단면적 10[mm^2] 이하까지는 사용할 수 있다.

★★
44 배관 공사 시 금속관이나 합성수지관으로부터 전선을 뽑아 전동기 단자 부근에 접속할 때 관 단에 사용하는 재료는?

① 부싱
② 엔트런스 캡
③ 터미널 캡
④ 로크너트

해설 터미널 캡은 배관 공사 시 금속관이나 합성수지관으로부터 전선을 뽑아 전동기 단자 부근에 접속할 때, 또는 노출 배관에서 금속 배관으로 변경 시 전선 보호를 위해 관 끝에 설치하는 것으로 서비스 캡이라고도 한다.

★
45 16[mm] 합성수지 전선관을 직각 구부리기를 할 경우 곡선(곡률) 반지름은 몇 [mm]인가? (단, 16[mm] 합성수지관의 안지름은 18[mm], 바깥지름은 22[mm]이다.)

① 119 ② 132
③ 187 ④ 220

해설 합성수지 전선관을 직각 구부리기 : 전선관의 안지름 d, 바깥지름이 D일 경우

곡선(곡률) 반지름 $r = 6d + \frac{D}{2} = 6 \times 18 + \frac{22}{2}$

$= 119[\text{mm}]$

★
46 사용 전압 400[V] 이하의 가공 전선로의 시설에서 절연 전선의 경우 최소 굵기는?

① 1.6[mm] ② 2.0[mm]
③ 2.6[mm] ④ 3.2[mm]

해설 400[V] 이하 전선
2.6[mm] 이상 경동선 사용

★
47 수정을 이용한 마이크로폰은 다음 중 어떤 원리를 이용한 것인가?

① 핀치 효과 ② 압전 효과
③ 펠티에 효과 ④ 톰슨 효과

해설
- 압전 효과 : 유전체 표면에 압력이나 인장력을 가하면 전기 분극이 발생하는 효과
- 응용 기기 : 수정 발진기, 마이크로폰, 초음파 발생기, crystal pick-up
- 압전 효과 발생 유전체 : 로셸염, 수정, 전기석, 티탄산바륨

★★
48 어떤 도체에 10[V]의 전위를 주었을 때 1[C]의 전하가 축적되었다면 이 도체의 정전 용량 C[F]은?

① 0.1[μF] ② 0.1[F]
③ 0.1[pF] ④ 10[F]

해설 전하량 $Q = CV[\text{C}]$

$C = \frac{Q}{V} = \frac{1}{10} = 0.1[\text{F}]$

★★★
49 출제빈도 두 코일이 있다. 한 코일에 매초 전류가 150[A]의 비율로 변할 때 다른 코일에 60[V]의 기전력이 발생하였다면, 두 코일의 상호 인덕턴스는 몇 [H]인가?

① 0.4 ② 2.5
③ 4.0 ④ 25

해설
- 상호 유도 전압 $e = M\frac{\Delta I}{\Delta t}$
- 상호 인덕턴스 $M = e \times \frac{\Delta t}{\Delta I} = 60 \times \frac{1}{150}$
  $= 0.4[\text{H}]$

정답 43.④ 44.③ 45.① 46.③ 47.② 48.② 49.①

★

50 다음 회로에서 B점의 전위가 100[V], D점의 전위가 60[V]라면 전류 I는 몇 [A]인가?

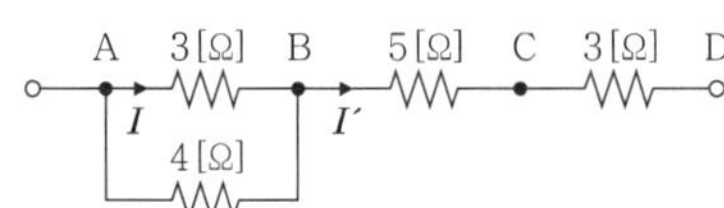

① $\frac{20}{7}$[A]　② $\frac{12}{7}$[A]

③ $\frac{22}{7}$[A]　④ $\frac{10}{7}$[A]

해설 $V_{BD} = V_B - V_D = 100 - 60 = 40$[V]

$I' = \frac{V_{BD}}{R_{BD}} = \frac{40}{5+3} = 5$[A]

$I = \frac{4}{3+4} I' = \frac{4}{3+4} \times 5 = \frac{20}{7}$[A]

★★★

51 계기용 변류기 2차측에 설치하여 부하의 과전류나 단락 사고를 검출하여 차단기에 차단 신호를 보내기 위하여 설치하는 것은 다음 중 어느 것인가?

출제빈도

① 과전류 계전기

② 과전압 계전기

③ 차동 계전기

④ 비율 차동 계전기

해설 과전류 계전기(OCR) : 일정 값 이상의 전류가 흘렀을 때 동작하는 계전기

★★

52 전선 접속 시 S형 슬리브 사용에 대한 설명으로 틀린 것은?

① 전선의 끝은 슬리브의 끝에서 조금 나오는 것은 바람직하지 않다.

② 슬리브는 전선의 굵기에 적합한 것을 선정한다.

③ 직선 접속 또는 분기 접속에서 2회 이상 꼬아 접속한다.

④ 단선과 연선 접속이 모두 가능하다.

해설 슬리브 접속은 2~3회 꼬아서 접속하는 것이 좋으며, 전선의 끝은 슬리브의 끝에서 조금 나오는 것이 바람직하다.

★

53 인입 개폐기가 아닌 것은?

① ASS　② LBS

③ LS　④ UPS

해설 배전용 인입 개폐기

- 자동 고장 구분 개폐기(ASS : Automatic Section Switch) : 과부하나 지락 사고 발생 시 고장 구간만을 신속, 정확하게 차단 또는 개방하여 고장 구간을 분리하기 위한 개폐기
- 부하 개폐기(LBS : Load Breaker Switch) : 정상적인 부하 전류는 개폐할 수 있지만 고장 전류는 차단할 수 없는 개폐기
- 선로 개폐기(LS : Line Switch) : 수용가 인입구에서 차단기와 조합하여 사용하며 보안상 책임 분계점 등에서 선로의 보수, 점검 시 차단기를 개방한 후 전로를 완전히 개방할 때 사용
- 단로기(DS : Disconnecting Switch) : 부하 전류 개폐 능력이 없으므로 수용가 인입구에서 차단기와 조합하여 사용하며 보수, 점검 시 차단기를 개방한 후 사용

* UPS(Uninterruptible Power Supply) : 무정전 전원 공급 장치

★

54 욕실 내에 방수형 콘센트를 시설하는 경우 바닥면상 설치 높이는?

① 30[cm]

② 60[cm]

③ 80[cm]

④ 150[cm]

해설 일반적인 옥내 장소에 시설 시 콘센트 설치 높이는 바닥면상 30[cm] 정도, 욕실 내에 시설 시 방수형의 것으로 바닥면상 80[cm] 이상으로 한다. 옥측의 우선 외 또는 옥외에 시설하는 경우 지상 1.5[m] 이상의 높이에 시설하고 방수함 속에 넣거나 방수형 콘센트를 사용한다.

정답 50.① 51.① 52.① 53.④ 54.③

★
55 전기자를 고정시키고 자극 N, S를 회전시키는 동기 발전기는?

① 회전 계자형
② 직렬 저항형
③ 회전 전기자형
④ 회전 정류자형

해설 동기 발전기는 전기자는 고정시키고, 계자를 회전시키는 회전 계자형을 사용하며, 계자를 여자시키기 위한 직류 여자기가 반드시 필요하다.

★★
56 $v=100\sqrt{2}\sin\left(120\pi t+\frac{\pi}{4}\right)$, $i=100\sin\left(120\pi t+\frac{\pi}{2}\right)$인 경우 전류는 전압보다 위상이 어떻게 되는가?

① $\frac{\pi}{2}$[rad]만큼 앞선다.
② $\frac{\pi}{2}$[rad]만큼 뒤진다.
③ $\frac{\pi}{4}$[rad]만큼 앞선다.
④ $\frac{\pi}{4}$[rad]만큼 뒤진다.

해설 위상각 0을 기준으로 할 때 전압은 $\frac{\pi}{4}(45°)$ 앞서 있고, 전류는 $\frac{\pi}{2}(90°)$ 앞서 있으므로 전류가 전압보다 위상차 $\frac{\pi}{4}(45°)$만큼 앞서 있다.

★
57 직류기의 주요 구성 요소에서 자속을 만드는 것은?

① 정류자 ② 계자
③ 회전자 ④ 전기자

해설 직류기의 구성 요소
- 계자 : 자속을 만드는 도체
- 전기자 : 계자에서 발생된 자속을 끊어 기전력을 유기시키는 도체
- 정류자 : 교류를 직류로 바꿔주는 도체

★
58 그림과 같은 비사인파의 제3고조파 주파수는? (단, $V=20$[V], $T=10$[ms]이다.)

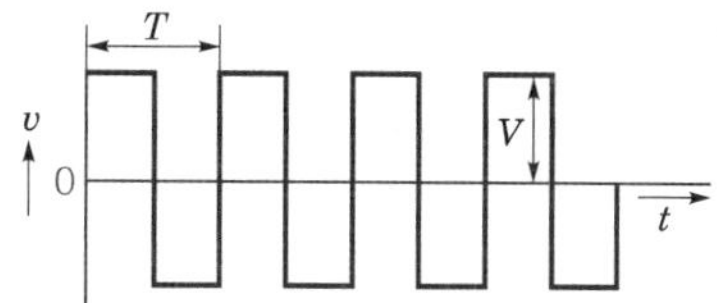

① 100[Hz] ② 200[Hz]
③ 300[Hz] ④ 400[Hz]

해설 기본파의 주파수 $f=\frac{1}{T}=\frac{1}{10\times10^{-3}}=100$[Hz]
3고조파이므로 기본파의 3배가 되어 300[Hz]이다.

★
59 그림의 단자 1-2에서 본 노튼 등가 회로의 개방단 컨덕턴스는 몇 [℧]인가?

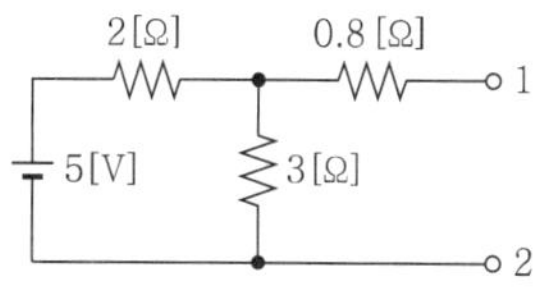

① 0.5 ② 1
③ 2 ④ 5.8

해설 노튼 정리에 의한 1, 2단자에서 본 회로는 전압원을 제거하고 1, 2단자에서 좌측을 바라봤을 때의 합성 저항은 0.8[Ω]은 직렬이고 2[Ω], 3[Ω]은 병렬 접속이므로 $R_0=0.8+\frac{2\times3}{2+3}=2$[Ω],
개방단 컨덕턴스 $G=\frac{1}{R_0}=\frac{1}{2}=0.5$[℧]이다.

★
60 $R-L$ 회로의 시정수 τ는?

① $\frac{L}{R}$ ② RL
③ $\frac{R}{L}$ ④ $\frac{R}{\sqrt{L}}$

해설 시정수(τ) : 스위치를 ON한 후 정상 전류의 63.2[%]까지 상승하는 데 걸리는 시간
$\tau=\frac{L}{R}$[sec]

정답 55.① 56.③ 57.② 58.③ 59.① 60.①

2018년 제2회 CBT 기출복원문제

★ 표시 : 문제 중요도를 나타냄

본 기출문제는 수험생들의 기억을 바탕으로 작성한 것으로 내용 및 그림 등에서 실제 문제와 다소 차이가 있을 수 있습니다.

★

01 그림과 같이 공기 중에 놓인 2×10^{-8}[C]의 전하에서 2[m] 떨어진 점 P와 1[m] 떨어진 점 Q와의 전위차는?

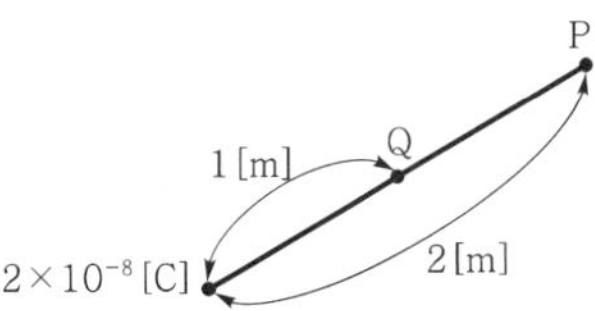

① 80[V] ② 90[V]
③ 100[V] ④ 110[V]

해설 전위 $V=9\times10^9\times\dfrac{Q}{r}$[V]

$V_Q=9\times10^9\times\dfrac{2\times10^{-8}}{1}=180$[V]

$V_P=9\times10^9\times\dfrac{2\times10^{-8}}{2}=90$[V]

그러므로 전위차는 $V=180-90=90$[V]

★

02 금속관 배관 공사에서 절연 부싱을 사용하는 이유는?

① 박스 내에서 전선의 접속을 방지
② 관이 손상되는 것을 방지
③ 관 단에서 전선의 인입 및 교체 시 발생하는 전선의 손상 방지
④ 관의 입구에서 조영재의 접속을 방지

해설 모든 관 공사 시 부싱은 관 끝단에 설치하여 전선의 피복 방지를 하기 위한 것을 뜻한다.

★★★

03 화약류 저장 장소의 배선 공사에서 전용 개폐기에서 화약류 저장소의 인입구까지는 어떤 공사를 하여야 하는가?

출제빈도

① 케이블을 사용한 옥측 전선로
② 금속관을 사용한 지중 전선로
③ 케이블을 사용한 지중 전선로
④ 금속관을 사용한 옥측 전선로

해설 화약류 저장소 위험 장소 공사
- 금속관, 케이블 공사
- 개폐기에서 화약고 인입구까지는 지중 케이블로 시설할 것
- 대지 전압 300[V] 이하

★★★

04 박스 안에서 가는 전선을 접속할 때 어떤 접속으로 하는가?

출제빈도

① 슬리브 접속
② 브리타니아 접속
③ 쥐꼬리 접속
④ 트위스트 접속 단선의 쥐꼬리 접속

해설 박스 안에서 굵기가 같은 가는 단선을 2, 3가닥 모아 서로 접속할 때 이용하는 접속법으로, 접속 방법은 접속한 부분에 테이프를 감는 방법과 박스용 커넥터를 끼워주는 방법이 있는데 박스용 커넥터를 사용할 때는 납땜이나 테이프 감기를 하지 않으므로 심선이 밖으로 나오지 않도록 주의한다.

정답 01.② 02.③ 03.③ 04.③

★★★
05 주택, 아파트인 경우 표준 부하는 몇 [VA/m^2] 인가?

① 10 ② 20
③ 30 ④ 40

해설 건물의 종류에 대응한 표준 부하

건물의 종류	표준 부하 [VA/m^2]
공장, 공회당, 사원, 교회, 극장, 영화관, 연회장 등	10
기숙사, 여관, 호텔, 병원, 학교, 음식점, 다방, 대중목욕탕	20
사무실, 은행, 상점, 이발소, 미용원	30
주택, 아파트	40

★★★
06 교류의 파형률이란?

① $\frac{\text{최대값}}{\text{실효값}}$ ② $\frac{\text{평균값}}{\text{실효값}}$
③ $\frac{\text{실효값}}{\text{평균값}}$ ④ $\frac{\text{실효값}}{\text{최대값}}$

해설
- 교류의 파형률 $=\frac{\text{실효값}}{\text{평균값}}$
- 교류의 파고율 $=\frac{\text{최대값}}{\text{실효값}}$

★
07 자기 소호 기능이 가장 좋은 소자는?

① SCR ② GTO
③ TRIAC ④ LASCR

해설 자기 소호란 회로를 ON/OFF 시킬 때 발생되는 불꽃(아크)이 발생되지 않는 것으로서, GTO가 가장 뛰어나다.

★★★
08 전지의 기전력 1.5[V], 내부 저항이 0.5[Ω], 20개를 직렬로 접속하고 부하 저항 5[Ω]을 접속한 경우 부하에 흐르는 전류[A]는?

① 2 ② 3
③ 4 ④ 5

해설 전지 n개 접속 시 부하에 흐르는 전류

$$I=\frac{nE}{nr+R}=\frac{20\times1.5}{20\times0.5+5}=\frac{30}{15}=2[\text{A}]$$

★★★
09 유도 전동기의 Y−△ 기동 시 기동 토크와 기동 전류는 전전압 기동 시의 몇 배가 되는가?

① $\frac{1}{\sqrt{3}}$ ② $\sqrt{3}$
③ $\frac{1}{3}$ ④ 3

해설 Y−△ 기동 시 기동 토크와 기동 전류는 전전압 기동 시 기동 전류와 기동 토크보다 $\frac{1}{3}$로 감소한다.

★
10 [Wb]는 다음 중 무엇인가?

① 전기 저항 ② 자기 저항
③ 기자력 ④ 자속

해설
- 전기 저항 : [Ω]
- 자기 저항 : [AT/Wb]
- 기자력 : [AT]
- 자속 : [Wb]

★★★
11 부흐홀츠 계전기는 다음 어느 것을 보호하는 장치인가?

① 발전기 ② 변압기
③ 전동기 ④ 유도 전동기

해설 부흐홀츠 계전기 : 변압기 내부 고장으로 인한 온도 상승 시 유증기를 검출하여 동작하는 계전기로서, 변압기와 콘서베이터를 연결하는 파이프 도중에 설치한다.

★★★
12 전등 한 개를 2개소에서 점멸하고자 할 때 옳은 배선은?

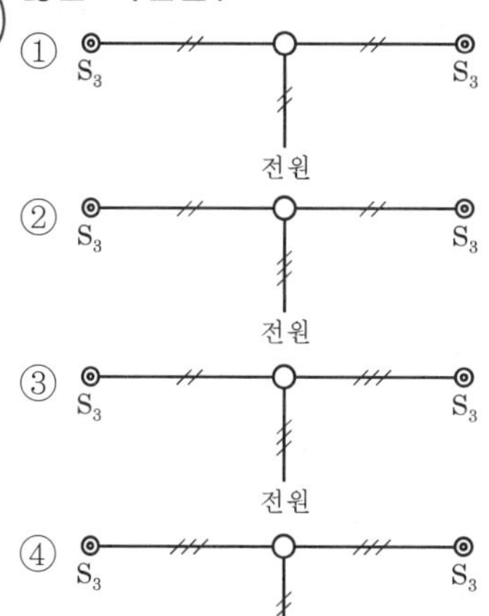

정답 05.④ 06.③ 07.② 08.① 09.③ 10.④ 11.② 12.④

해설 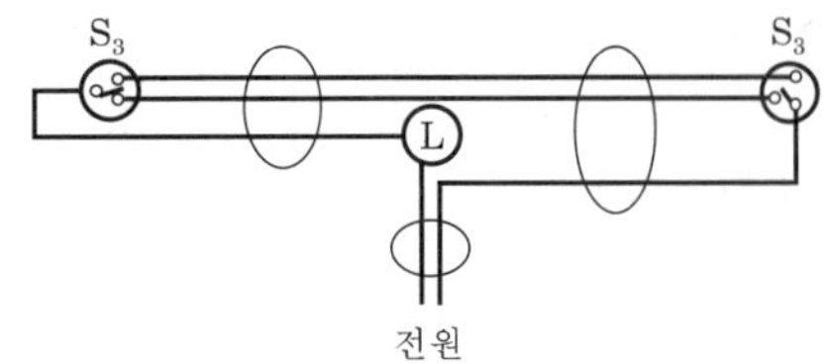

★★★
13 전선관과 박스에 고정시킬 때 사용되는 것은 어느 것인가?

① 새들 ② 부싱
③ 로크너트 ④ 클램프

해설 로크너트 2개를 이용하여 금속관을 박스에 고정시킬 때 사용한다.

★
14 다음 중 전기 용접기용 발전기로 가장 적당한 것은?

① 직류 분권형 발전기
② 차동 복권형 발전기
③ 가동 복권형 발전기
④ 직류 타여자식 발전기

해설 전기 용접 시 전류가 일정해야 하므로 수하 특성을 지니는 차동 복권 발전기를 사용한다.

★
15 분권 전동기에 대한 설명으로 옳지 않은 것은?

① 토크는 전기자 전류의 자승에 비례한다.
② 부하 전류에 따른 속도 변화가 거의 없다.
③ 계자 회로에 퓨즈를 넣어서는 안 된다.
④ 계자 권선과 전기자 권선이 전원에 병렬로 접속되어 있다.

해설 분권 전동기의 토크

$\tau = \frac{PZ}{2\pi a}\phi I_a = K\phi I_a$[N·m]이므로 전기자 전류(부하 전류)에 비례한다.

★★
16 환상 솔레노이드의 단면적 4×10^{-4}[m²], 자로의 길이 0.4[m], 비투자율 1,000, 코일의 권수가 1,000일 때 자기 인덕턴스[H]는?

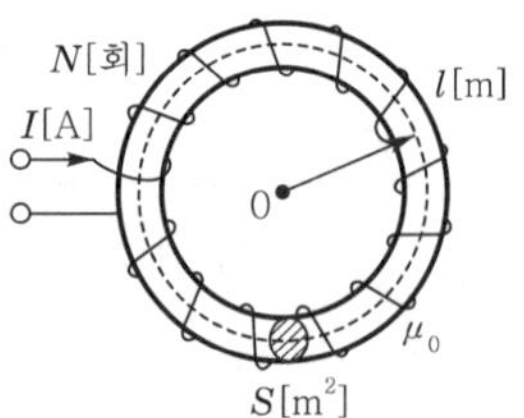

① 3.14 ② 1.26
③ 2 ④ 18

해설 환상 솔레노이드의 자기 인덕턴스

$$L = \frac{\mu_0 \mu_s S N^2}{l}$$
$$= \frac{4\pi\times10^{-7}\times1{,}000\times4\times10^{-4}\times1{,}000^2}{0.4}$$
$$\fallingdotseq 1.256\text{[H]}$$

★★★
17 절연 전선으로 전선설치(가선)된 배전 선로에서 활선 상태인 경우 전선의 피복을 벗기는 것은 매우 곤란한 작업이다. 이런 경우 활선 상태에서 전선의 피복을 벗기는 공구는?

① 데드 엔드 커버
② 애자 커버
③ 와이어 통
④ 전선 피박기

해설 배전 선로 공사용 활선 공구
- 와이어 통(wire tong) : 핀 애자나 현수 애자를 사용한 전선설치(가선) 공사에서 활선을 움직이거나 작업권 밖으로 밀어내거나 안전한 장소로 전선을 옮길 때 사용하는 절연봉이다.
- 데드 엔드 커버 : 가공 배전 선로에서 활선 작업 시 작업자가 현수 애자 등에 접촉하여 발생하는 안전 사고 예방을 위해 전선 작업 개소의 애자 등의 충전부를 방호하기 위한 절연 덮개(커버)이다.
- 전선 피박기 : 활선 상태에서 전선 피복을 벗기는 공구로 활선 피박기라고도 한다.

정답 13.③ 14.② 15.① 16.② 17.④

★

18 그림과 같은 회로에서 합성 저항은 몇 [Ω]인가?

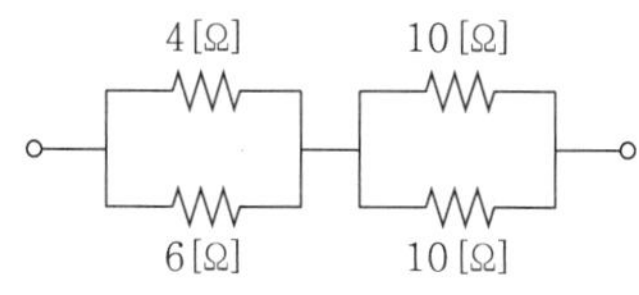

① 6.6 ② 7.4
③ 8.7 ④ 9.4

해설 합성 저항 $= \frac{4\times6}{4+6}+\frac{10}{2}=7.4[\Omega]$

★

19 다음 중 자기 저항의 단위에 해당되는 것은?

① [Ω] ② [Wb/AT]
③ [H/m] ④ [AT/Wb]

해설 자기 저항 $R_m = \frac{NI}{\phi}$[AT/Wb]

★

20 줄의 법칙에서 발생하는 열량의 계산식이 옳은 것은?

① $H = 0.024RI^2t$[cal]
② $H = 0.24RI^2t$[cal]
③ $H = 0.024RIt$[cal]
④ $H = 0.24RIt$[cal]

해설 줄의 법칙 : 전열기에서 발생하는 열량 계산
$H = 0.24Pt = 0.24VIt = 0.24I^2Rt$[cal]

★★

21 대칭 3상 교류 회로에서 각 상 간의 위상차는 얼마인가?

① $\frac{\pi}{3}$ ② $\frac{\sqrt{3}}{2}\pi$
③ $\frac{2\pi}{3}$ ④ $\frac{2}{\sqrt{3}}\pi$

해설 대칭 3상 교류에서의 각 상 간 위상차는 $\frac{2\pi}{3}$[rad]이다.

★★★

22 동기기의 전기자 권선법이 아닌 것은?

① 이층권 ② 전절권
③ 분포권 ④ 중권

해설 동기기의 전기자 권선법 : 고상권, 이층권, 중권, 단절권, 분포권

★★★

23 폭발성 먼지(분진)가 있는 위험 장소에 금속관 배선에 의할 경우 관 상호 및 관과 박스, 기타의 부속품이나 풀 박스 또는 전기 기계 기구는 몇 턱 이상의 나사 조임으로 접속하는가?

출제빈도

① 2턱 ② 3턱
③ 4턱 ④ 5턱

해설 폭연성 먼지(분진)가 존재하는 곳의 금속관 공사에 있어서 관 상호 및 관과 박스의 접속은 5턱 이상의 죔나사로 시공하여야 한다.

★★★

24 전주 외등을 전주에 부착하는 경우 전주 외등은 하단으로부터 몇 [m] 이상 높이에 시설하여야 하는가?

출제빈도

① 3.0 ② 3.5
③ 4.0 ④ 4.5

해설 전주 외등 : 대지 전압 300[V] 이하 백열전등이나 수은등 등을 배전 선로의 지지물 등에 시설하는 등

- 기구 인출선 도체 단면적 : 0.75[mm^2] 이상
- 기구 부착 높이 : 하단에서 지표상 4.5[m] 이상 (단, 교통 지장이 없을 경우 3.0[m] 이상)
- 돌출 수평 거리 : 1.0[m] 이하

★★★

25 보호를 요하는 회로의 전류가 어떤 일정한 값(정정값) 이상으로 흘렀을 때 동작하는 계전기는?

출제빈도

① 과전류 계전기
② 과전압 계전기
③ 부족 전압 계전기
④ 비율 차동 계전기

정답 18.② 19.④ 20.② 21.③ 22.② 23.④ 24.④ 25.①

해설 전류가 정정값 이상이 되면 동작하는 계전기는 과전류 계전기이다.

★★★
26 1대 용량이 250[kVA]인 변압기를 △결선 운전 중 1대가 고장이 발생하여 2대로 운전할 경우 부하에 공급할 수 있는 최대 용량[kVA]은?

① 250 ② 300
③ 500 ④ 433

해설 V결선 용량 $P_V = \sqrt{3} \times P_{\triangle 1}$
$= \sqrt{3} \times 250$
$= 433$[kVA]

★
27 5[Ω]의 저항 3개, 7[Ω]의 저항 5개, 100[Ω]의 저항 1개가 있다. 이들을 모두 직렬 접속할 때 합성 저항[Ω]은?

① 75 ② 50
③ 150 ④ 100

해설 $R_0 = 5 \times 3 + 7 \times 5 + 100 \times 1 = 150$[Ω]

★★★
28 화약류 저장소에서 백열전등이나 형광등 또는 이들에 전기를 공급하기 위한 전기 설비를 시설하는 경우 전로의 대지 전압은 몇 [V] 이하이어야 하는가?

① 150
② 200
③ 300
④ 400

해설 화약류 등을 저장하는 화약고에는 전기 설비를 시설하지 않는 것이 원칙이나 백열등이나 형광등과 같은 조명 설비나 이들에 전기를 공급하기 위한 전기 설비를 시설하는 경우는 금속관 공사나 케이블 공사 등에 의하여 시설해야 하며 전로의 대지 전압은 300[V] 이하로 할 것

★★★
29 평균값이 100[V]일 때 실효값은 얼마인가?

① 90 ② 111
③ 63.7 ④ 70.7

해설
평균값 $V_{av} = \frac{2}{\pi} V_m$[V]이므로

최대값 $V_m = V_{av} \times \frac{\pi}{2} = 100 \times \frac{\pi}{2}$[V]

실효값 $V = \frac{V_m}{\sqrt{2}} = \frac{\pi}{2\sqrt{2}} \times V_{av}$
$= \frac{\pi}{2\sqrt{2}} \times 100 = 111$[V]

* $V = 1.11 V_{av} = 1.11 \times 100 = 111$[V]

★
30 8극, 900[rpm]의 교류 발전기로 병렬 운전하는 극수 6의 동기 발전기의 회전수는?

① 675[rpm]
② 900[rpm]
③ 1,800[rpm]
④ 1,200[rpm]

해설
동기 속도 $N_s = \frac{120f}{P}$[rpm]이므로

주파수 $f = \frac{N_1 P}{120} = \frac{900 \times 8}{120} = 60$[Hz]이다.

$N_2 = \frac{120 \times 60}{6} = 1,200$[rpm]

★★
31 중성점 접지용 접지 도체는 공칭 단면적 몇 [mm^2] 이상의 연동선 또는 동등 이상의 단면적 및 강도를 가져야 하는가?

① 4
② 6
③ 10
④ 16

해설 중성점 접지용 접지 도체는 공칭 단면적 16[mm^2] 이상의 연동선 또는 동등 이상의 단면적 및 세기를 가져야 한다.

정답 26.④ 27.③ 28.③ 29.② 30.④ 31.④

★★★
32 출제빈도 **30[W] 전열기에 220[V], 주파수 60[Hz]인 전압을 인가한 경우 평균 전압[V]은?**

① 150 ② 198
③ 220 ④ 300

해설 전압의 최대값 $V_m = 220\sqrt{2}$ [V]

평균값 $V_{av} = \frac{2}{\pi} V_m = \frac{2}{\pi} \times 220\sqrt{2} = 198$ [V]

* $V_{av} = 0.9V = 0.9 \times 220 = 198$ [V]

★★
33 **$C_1 = 5[\mu F]$과 $C_2 = 10[\mu F]$인 콘덴서를 병렬로 접속한 다음 100[V] 전압을 가했을 때 C_2에 분배되는 전하량은 몇 [μC]인가?**

① 500 ② 1,000
③ 1,500 ④ 2,000

해설 병렬 접속 시 전하량
$Q_2 = C_2 V = 10 \times 100 = 1,000[\mu C]$

★★★
34 출제빈도 **두 금속을 접속하여 여기에 전류를 흘리면, 줄열 외에 그 접점에서 열의 발생 또는 흡수가 일어나는 현상은?**

① 줄 효과 ② 홀 효과
③ 제베크 효과 ④ 펠티에 효과

해설 펠티에 효과 : 두 금속을 접합하여 접합점에 전류를 흘려주면 열의 흡수 또는 방열이 발생하는 현상

신규문제
35 **전로에 시설하는 기계 기구의 철대 및 금속제 외함(외함이 없는 변압기 또는 계기용 변성기는 철심)에는 접지 공사를 하여야 한다. 다음 사항 중 접지 공사 생략이 불가능한 장소는?**

① 전기용품 안전관리법에 의한 2중 절연 기계 기구
② 철대 또는 외함이 주위의 적당한 절연대를 이용하여 시설한 경우
③ 사용 전압이 직류 300[V] 이하인 전기 기계 기구를 건조한 장소에 설치한 경우
④ 대지 전압 교류 220[V] 이하인 전기 기계 기구를 건조한 장소에 설치한 경우

해설 교류 대지 전압 150[V] 이하, 직류 사용 전압 300[V] 이하인 전기 기계 기구를 건조한 장소에 설치한 경우 접지 공사 생략이 가능하다.

★
36 **실효값 20[A], 주파수 $f = 60$[Hz], 0°인 전류의 순시값 i[A]를 수식으로 옳게 표현한 것은?**

① $i = 20\sin(60\pi t)$
② $i = 20\sin(120\pi t)$
③ $i = 20\sqrt{2}\sin(120\pi t)$
④ $i = 20\sqrt{2}\sin(60\pi t)$

해설 순시값 전류
$i(t) = \text{실효값} \times \sqrt{2}\sin(2\pi ft + \theta)$
$= 20\sqrt{2}\sin(120\pi t)$[A]

★
37 **다음 물질 중 강자성체로만 짝지어진 것은 어느 것인가?**

① 철, 니켈, 아연, 망간
② 구리, 비스무트, 코발트, 망간
③ 철, 니켈, 코발트
④ 철, 구리, 니켈, 아연

해설 강자성체 : 니켈, 코발트, 철, 망간

★
38 **막대자석의 자극의 세기가 m[Wb]이고, 길이가 l[m]인 경우 자기 모멘트[Wb · m]는 얼마인가?**

① $\frac{m}{l}$ ② ml
③ $\frac{l}{m}$ ④ $2ml$

해설 막대자석의 모멘트 $M = ml$[Wb · m]

정답 32.② 33.② 34.④ 35.④ 36.③ 37.③ 38.②

39 두 자극의 세기가 m_1, m_2[Wb], 거리가 r[m]인 작용하는 자기력의 크기[N]는 얼마인가?

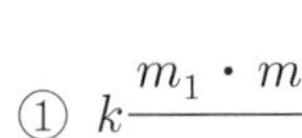

① $k\dfrac{m_1 \cdot m_2}{r}$　② $k\dfrac{r}{m_1 \cdot m_2}$

③ $k\dfrac{r^2}{m_1 \cdot m_2}$　④ $k\dfrac{m_1 \cdot m_2}{r^2}$

해설 쿨롱의 법칙 : 두 자극 사이에 작용하는 자력의 크기는 양 자극의 세기의 곱에 비례하며, 자극 간의 거리의 제곱에 비례한다.

쿨롱의 법칙 $F = k\dfrac{m_1 \cdot m_2}{r^2} = \dfrac{m_1 \cdot m_2}{4\pi\mu_0 r^2}$[N]

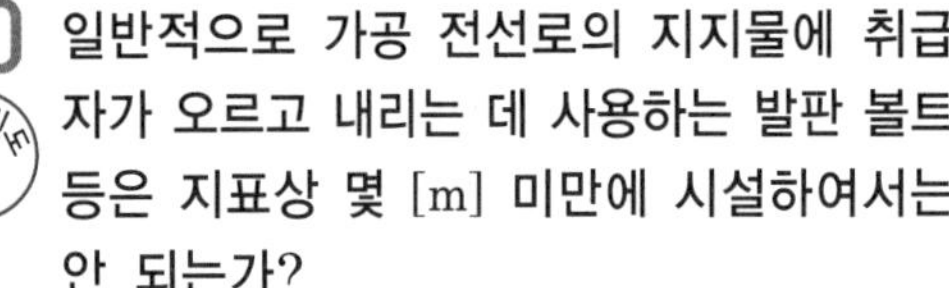

40 일반적으로 가공 전선로의 지지물에 취급자가 오르고 내리는 데 사용하는 발판 볼트 등은 지표상 몇 [m] 미만에 시설하여서는 안 되는가?

① 0.75[m]　② 1.2[m]

③ 1.8[m]　④ 2.0[m]

해설 지표상 1.8[m]부터 완금 하부 0.9[m]까지 발판 볼트를 설치한다.

41 양방향으로 전류를 흘릴 수 있는 양방향 소자는?

① TRIAC　② MOSFET

③ GTO　④ SCR

해설 사이리스터의 방향성

단방향성 사이리스터	SCR, GTO, SCS, LASCR
쌍방향성 사이리스터	SSS, TRIAC, DIAC

42 직류 전동기의 속도 제어 방법이 아닌 것은?

① 전압 제어　② 계자 제어

③ 저항 제어　④ 주파수 제어

해설 직류 전동기의 속도 제어법

- 저항 제어법
- 전압 제어법
- 계자 제어법

43 변압기 철심의 철의 함유율[%]은?

① 3~4　② 34~37

③ 67~70　④ 96~97

해설 변압기 철심은 와전류손 감소 방법으로 성층 철심을 사용하며 히스테리시스손을 줄이기 위해서 약 3~4[%]의 규소가 함유된 규소 강판을 사용한다. 그러므로 철의 함유율은 96~97[%]이다.

44 직류 직권 전동기의 특징에 대한 설명으로 틀린 것은?

① 기동 토크가 작다.

② 무부하 운전이나 벨트를 연결한 운전은 위험하다.

③ 계자 권선과 전기자 권선이 직렬로 접속되어 있다.

④ 부하 전류가 증가하면 속도가 크게 감소된다.

해설 직권 전동기는 기동 토크가 부하 전류의 제곱에 비례하므로 기동 토크가 크며, 속도의 제곱에 반비례하므로 기동 시 속도를 감소시켜서 큰 기동 토크를 얻을 수 있다.

45 전선의 굵기가 6[mm^2] 이하의 가는 단선의 전선 접속은 어떤 접속을 하여야 하는가?

① 브리타니아 접속

② 쥐꼬리 접속

③ 트위스트 접속

④ 슬리브 접속

해설 단선의 직선 접속

- 단면적 6[mm^2] 이하 : 트위스트 접속
- 단면적 10[mm^2] 이상 : 브리타니아 접속

정답 39.④ 40.③ 41.① 42.④ 43.④ 44.① 45.③

★★★

46 **전선의 굵기를 측정하는 공구는?**

① 권척

② 메거

③ 와이어 게이지

④ 와이어 스트리퍼

해설 ① 권척(줄자) : 관이나 전선의 길이 측정
② 메거 : 절연 저항 측정
③ 와이어 게이지 : 전선의 굵기(직경) 측정
④ 와이어 스트리퍼 : 절연 전선의 피복을 벗기는 공구

★★★

47 **정격 전류가 30[A]인 저압 전로의 과전류 차단기를 산업용 배선용 차단기로 사용하는 경우 정격 전류의 1.3배의 전류가 통과하였을 때 몇 분 이내에 자동적으로 동작하여야 하는가?**

① 1분

② 60분

③ 2분

④ 120분

해설 과전류 차단기로 저압 전로에 사용하는 63[A] 이하의 산업용 배선용 차단기는 정격 전류의 1.3배 전류가 흐를 때 60분 내에 자동으로 동작하여야 한다.

★★

48 **다음 중 지중 전선로의 매설 방법이 아닌 것은?**

① 관로식

② 암거식

③ 직접 매설식

④ 행거식

해설 지중 전선로의 종류 : 관로식, 암거식, 직접 매설식

★★★

49 **단락비가 큰 동기 발전기에 대한 설명 중 맞는 것은?**

① 안정도가 높다.

② 기기가 소형이다.

③ 전압 변동률이 크다.

④ 전기자 반작용이 크다.

해설 단락비가 큰 동기 발전기의 특징
- 동기 임피던스가 작다.
- 단락 전류가 크다.
- 전기자 반작용이 작다.
- 전압 변동률이 작다.

★

50 **전류를 계속 흐르게 하려면 전압을 연속적으로 만들어주는 어떤 힘이 필요하게 되는데, 이 힘을 무엇이라 하는가?**

① 자기력 ② 전자력

③ 기전력 ④ 전기장

해설 전기 회로에서 전위차를 일정하게 유지시켜 전류가 연속적으로 흐를 수 있도록 하는 힘을 기전력이라 한다.

★★★

51 **직류 발전기의 정격 전압 100[V], 무부하 전압 104[V]이다. 이 발전기의 전압 변동률 ε[%]은?**

① 1 ② 2

③ 3 ④ 4

해설

전압 변동률 $\varepsilon = \dfrac{V_0 - V_n}{V_n} \times 100$

$= \dfrac{104-100}{100} \times 100 = 4[\%]$

★★★

52 **공기 중에서 자속 밀도 2[Wb/m^2]의 평등 자장 속에 길이 60[cm]의 직선 도선을 자장의 방향과 30° 각으로 놓고 여기에 5[A]의 전류를 흐르게 하면 이 도선이 받는 힘은 몇 [N]인가?**

① 3 ② 5

③ 6 ④ 2

정답 46.③ 47.② 48.④ 49.① 50.③ 51.④ 52.①

해설 전자력의 세기

$F = IBl\sin\theta = 5\times0.6\times2\times\sin30° = 3$[N]

신규문제

53 **한국전기설비규정에 의한 중성점 접지용 접지 도체는 공칭 단면적 몇 [mm²] 이상의 연동선을 사용하여야 하는가? (단, 25[kV] 이하인 중성선 다중 접지식으로서 전로에 지락 발생 시 2초 이내에 자동적으로 이를 전로로부터 차단하는 장치가 되어 있는 경우이다.)**

① 16 ② 6

③ 2.5 ④ 10

해설 중성점 접지용 접지 도체는 공칭 단면적 16[mm²] 이상의 연동선을 사용하여야 한다. 단, 25[kV] 이하인 중성선 다중 접지식으로서 전로에 지락 발생 시 2초 이내에 자동적으로 이를 전로로부터 차단하는 장치가 되어 있는 경우는 6[mm²]를 사용하여야 한다.

54 **같은 저항 4개를 그림과 같이 연결하여 a－b 간에 일정 전압을 가했을 때 소비 전력이 가장 큰 것은 어느 것인가?**

① a R R R R b

② a R R R R b

③ 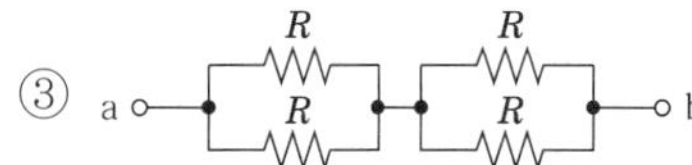

④ 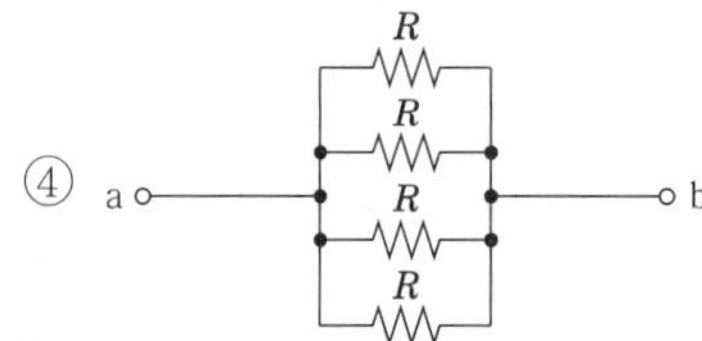

해설 각 회로에 소비되는 전력

① 합성 저항이 $4R$[Ω]이므로 $P_1 = \dfrac{V^2}{4R}$[W]

② 합성 저항 $R_0 = 2R + \dfrac{R}{2} = 2.5R$[Ω]이므로

$P_2 = \dfrac{V^2}{2.5R} = \dfrac{0.4V^2}{R}$[W]

③ 합성 저항 $R_0 = \dfrac{R}{2}\times2 = R$[Ω]이므로

$P_3 = \dfrac{V^2}{R}$[W]

④ 합성 저항 $R_0 = \dfrac{R}{4} = 0.25R$[Ω]이므로

$P_4 = \dfrac{V^2}{0.25R} = \dfrac{4V^2}{R}$[W]

* 소비 전력 $P = \dfrac{V^2}{R}$[W]이므로 합성 저항이 가장 작은 회로를 찾으면 된다.

55 **접지 공사에서 접지극에 동봉을 사용할 때 최소 길이는?**

① 1[m] ② 1.2[m]

③ 0.9[m] ④ 0.6[m]

해설 접지극의 종류와 규격

- 동봉 : 지름 8[mm] 이상, 길이 0.9[m] 이상
- 동판 : 두께 0.7[mm] 이상, 단면적 900[cm²] 이상

56 **메킹타이어로 슬리브 접속 시 슬리브를 최소 몇 회 이상 꼬아야 하는가?**

① 3.5회 ② 2회

③ 2.5회 ④ 3회

해설 슬리브 접속은 메킹타이어 슬리브를 써서 도선을 접속하는 방법으로, 나선 접속 시 사용하며 슬리브는 2~3회 정도 비틀어 꼬아서 접속한다.

57 **두 평행 도선 사이의 거리가 1[m]인 왕복 도선 사이에 단위 길이당 작용하는 힘의 세기가 18×10^{-7}[N]일 경우 전류의 세기[A]는?**

① 1 ② 2

③ 3 ④ 4

정답 53.② 54.④ 55.③ 56.② 57.③

해설 평행 도선 사이에 작용하는 힘의 세기

$F=\dfrac{2I_1I_2}{r}\times 10^{-7}$[N/m]

$F=\dfrac{2I^2}{1}\times 10^{-7}$[N/m]$=18\times 10^{-7}$[N/m]

$I^2=9$이므로 $I=3$[A]이다.

58 직류 전동기에서 전부하 속도가 1,200[rpm], 속도 변동률이 2[%]일 때 무부하 회전 속도는 몇 [rpm]인가?

① 1,154 ② 1,200
③ 1,224 ④ 1,248

해설
- 속도 변동률 $\varepsilon=\dfrac{N_0-N_n}{N_n}\times 100$[%]
- 무부하 속도 $N_0=N_n(1+\varepsilon)$
  $=1,200(1+0.02)$
  $=1,224$[rpm]

59 직권 전동기의 회전수를 $\dfrac{1}{3}$로 감소시키면 토크는 어떻게 되겠는가?

① $\dfrac{1}{9}$ ② $\dfrac{1}{3}$
③ 3 ④ 9

해설
직권 전동기는 $\tau\propto I^2\propto\dfrac{1}{N^2}$이므로

$\dfrac{1}{\left(\dfrac{1}{3}\right)^2}=9$

60 3상 100[kVA], 13,200/200[V] 부하의 저압측 유효분 전류는? (단, 역률은 0.8이다.)

① 130 ② 230
③ 260 ④ 288

해설
- 피상 전력 $P_a=\sqrt{3}\,VI$[VA]
- 전류 $I=\dfrac{P_a}{\sqrt{3}\,V}=\dfrac{100}{\sqrt{3}\times 0.2}\fallingdotseq 288$[A]
- 복소수 전류
  $\dot{I}=I\cos\theta+jI\sin\theta$
  $=288\times 0.8+j288\times 0.6$
  $=230+j173$[A]
  그러므로 유효분 전류는 230[A]이다.

정답 58.③ 59.④ 60.②

2018년 제3회 CBT 기출복원문제

★ 표시 : 문제 중요도를 나타냄

본 기출문제는 수험생들의 기억을 바탕으로 작성한 것으로 내용 및 그림 등에서 실제 문제와 다소 차이가 있을 수 있습니다.

★★★

01 동기기 운전 시 안정도 증진법이 아닌 것은?

① 단락비를 크게 한다.

② 회전부의 관성을 크게 한다.

③ 속응 여자 방식을 채용한다.

④ 역상 및 영상 임피던스를 작게 한다.

해설 동기기 안정도 향상 대책
- 단락비를 크게 할 것
- 동기 임피던스(동기 리액턴스)를 작게 할 것
- 속응 여자 방식을 채용할 것
- 관성 모멘트를 크게 할 것
- 속도조절기(조속기) 성능을 개선할 것

★

02 도체계에서 임의의 도체를 일정 전위(일반적으로 영전위)의 도체로 완전 포위하면 내부와 외부의 전계를 완전히 차단할 수 있는데 이를 무엇이라 하는가?

① 핀치 효과 ② 톰슨 효과

③ 정전 차폐 ④ 자기 차폐

해설 정전 차폐 : 도체가 정전 유도가 되지 않도록 도체 바깥을 포위하여 접지하는 것을 정전 차폐라 하며 완전 차폐가 가능하다.

★★

03 지지선(지선)의 중간에 넣는 애자의 명칭은?

① 구형 애자

② 곡핀 애자

③ 현수 애자

④ 핀 애자

해설 지지선(지선)의 중간에 사용하는 애자를 구형 애자, 지선 애자, 옥 애자, 구슬 애자라고 한다.

★★★

04 다음 중 과전류 차단기를 설치하는 곳은?

① 간선의 전원측 전선

② 접지 공사의 접지선

③ 접지 공사를 한 저압 가공 전선의 접지측 전선

④ 다선식 전선로의 중성선

해설 과전류 차단기의 시설 제한 장소
- 모든 접지 공사의 접지선
- 다선식 전선로의 중성선
- 접지 공사를 실시한 저압 가공 전선로의 접지측 전선

★★★

05 전주 외등을 전주에 부착하는 경우 전주 외등은 하단으로부터 몇 [m] 이상 높이에 시설하여야 하는가? (단, 교통에 지장이 없는 경우이다.)

① 3.0 ② 3.5

③ 4.0 ④ 4.5

해설 전주 외등 : 대지 전압 300[V] 이하 백열전등이나 수은등 등을 배전 선로의 지지물 등에 시설하는 등
- 기구 인출선 도체 단면적 : 0.75[mm^2] 이상
- 기구 부착 높이 : 하단에서 지표상 4.5[m] 이상 (단, 교통 지장이 없을 경우 3.0[m] 이상)
- 돌출 수평 거리 : 1.0[m] 이하

정답 01.④ 02.③ 03.① 04.① 05.①

★
06 6극 전기자 도체수 400, 매극 자속수 0.01[Wb], 회전수 600[rpm]인 파권 직류기의 유기 기전력은 몇 [V]인가?

① 120 ② 140
③ 160 ④ 180

해설 발전기 기전력 $e=\frac{PZ\Phi N}{60a}$[V], 파권이므로 직렬 도체수 $a=2$

$e=\frac{6\times400\times0.01\times600}{60\times2}=120$[V]

★★
07 유도 전동기 권선법 중 맞는 것은?

① 고정자 권선은 단층권, 분포권이다.
② 고정자 권선은 이층권, 집중권이다.
③ 고정자 권선은 단층권, 집중권이다.
④ 고정자 권선은 이층권, 분포권이다.

해설 고정자 권선은 중권, 이층권, 분포권, 단절권을 채용한다.

★★
08 변압기에서 퍼센트 저항 강하 3[%], 리액턴스 강하 4[%]일 때, 역률 0.8(지상)에서의 전압 변동률은?

① 2.4[%] ② 3.6[%]
③ 4.8[%] ④ 6[%]

해설 변압기의 전압 변동률

$\varepsilon=p\cos\theta+q\sin\theta$

$=3\times0.8+4\times0.6=4.8$[%]

★
09 슬립이 0.05이고, 전원 주파수가 60[Hz]인 유도 전동기의 회전자 회로의 주파수[Hz]는?

① 1[Hz] ② 2[Hz]
③ 3[Hz] ④ 4[Hz]

해설 회전자 회로의 주파수 f_2는

$f_2=sf=0.05\times60=3$[Hz]

여기서, f_2 : 회전자 기전력 주파수
f : 전원 주파수
s : 슬립

★★
10 30[W] 전열기에 220[V], 주파수 60[Hz]인 전압을 인가한 경우 부하에 나타나는 전압의 평균 전압[V]은 몇 [V]인가?

① 99 ② 198
③ 257.4 ④ 297

해설 전압의 최대값 $V_m=220\sqrt{2}$[V]

평균값 $V_{av}=\frac{2}{\pi}V_m=\frac{2}{\pi}\times220\sqrt{2}=198$[V]

* $V_{av}=0.9V=0.9\times220=198$[V]

★
11 220[V], 1.5[kW], 전구를 20시간 점등했다면 전력량[kWh]은?

① 15 ② 20
③ 30 ④ 60

해설 전력량 $W=Pt=1.5$[kW]$\times20$[h]$=30$[kWh]

★
12 다음 중 비정현파가 아닌 것은?

① 펄스파 ② 사각파
③ 삼각파 ④ 주기 사인파

해설 주기적인 사인파는 기본 정현파이므로 비정현파에 해당되지 않는다.

★
13 단위 시간당 5[Wb]의 자속이 통과하여 2[J]의 일을 하였다면 전류는 얼마인가?

① 0.25 ② 2.5
③ 0.4 ④ 4

해설 자속이 도체를 통과하면서 한 일 $W=\phi I$[J]

$I=\frac{W}{\phi}=\frac{2}{5}=0.4$[A]

★★★
14 접지 저항을 측정하는 방법은?

① 휘트스톤 브리지법
② 켈빈 더블 브리지법
③ 콜라우슈 브리지법
④ 테스터법

정답 06.① 07.④ 08.③ 09.③ 10.② 11.③ 12.④ 13.③ 14.③

해설 접지 저항 측정 : 접지 저항계, 콜라우슈 브리지법, 어스테스터기

★
15 코드나 케이블 등을 기계 기구의 단자 등에 접속할 때 몇 [mm²]가 넘으면 그림과 같은 터미널 러그(압착 단자)를 사용하여야 하는가?

① 10 ② 6
③ 4 ④ 8

해설 코드 또는 캡타이어 케이블과 전기 사용 기계 기구와의 접속
- 동전선과 전기 기계 기구 단자의 접속은 접속이 완전하고 헐거워질 우려가 없도록 해야 한다.
- 전선을 1본만 접속할 수 있는 구조는 2본 이상 접속하지 말 것
- 기구 단자가 누름나사형, 클램프형이거나 이와 유사한 구조가 아닌 경우는 단면적 10[mm²] 초과하는 단선 또는 단면적 6[mm²]를 초과하는 연선에 터미널 러그를 부착할 것
- 터미널 러그는 납땜으로 전선을 부착하고 접속점에 장력이 걸리지 않도록 할 것

★★★
16 단선의 굵기가 6[mm²] 이하인 전선을 직선 접속할 때 주로 사용하는 접속법은?

출제빈도

① 트위스트 접속
② 브리타니아 접속
③ 쥐꼬리 접속
④ T형 커넥터 접속

해설 트위스트 접속 : 6[mm²] 이하의 가는 전선 접속

★
17 박강 전선관의 표준 굵기가 아닌 것은?

① 19[mm] ② 16[mm]
③ 39[mm] ④ 25[mm]

해설 박강 전선관 : 두께 1.2[mm] 이상의 얇은 전선관
- 관의 호칭 : 관 바깥지름의 크기에 가까운 홀수
- 관의 종류(7종류) : 19, 25, 31, 39, 51, 63, 75[mm]

★
18 도체의 전기 저항에 영향을 주는 요소가 아닌 것은?

① 도체의 성분 ② 도체의 길이
③ 도체의 모양 ④ 도체의 단면적

해설 전기 저항 $R=\rho\frac{l}{S}[\Omega]$

여기서, 고유 저항 : $\rho[\Omega\cdot\text{m}]$
(도체의 성분에 따라 다르다.)
도체의 길이 : l[m]
도체의 단면적 : $S[\text{m}^2]$

★★
19 반파 정류 회로에서 변압기 2차 전압의 실효치를 E[V]라 하면 직류 전류 평균치는? (단, 정류기의 전압 강하는 무시한다.)

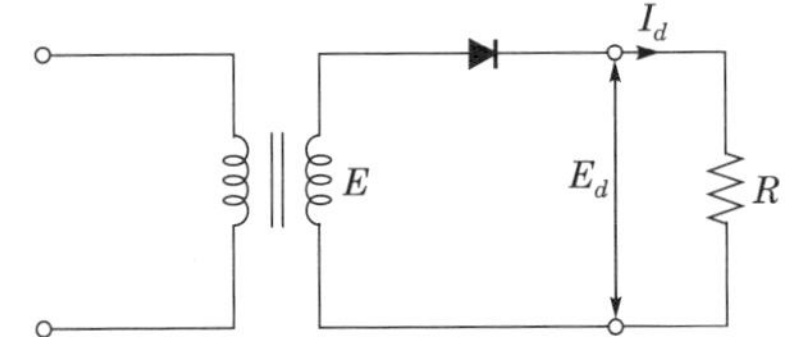

① $\frac{E}{R}$ ② $\frac{1}{2}\cdot\frac{E}{R}$
③ $\frac{2\sqrt{2}}{\pi}\cdot\frac{E}{R}$ ④ $\frac{\sqrt{2}}{\pi}\cdot\frac{E}{R}$

해설 단상 반파 정류 회로
- 직류 전압 $E_d=\frac{\sqrt{2}}{\pi}E=0.45E$[V]
- 직류 전류 $I_d=\frac{E_d}{R}=\frac{\sqrt{2}}{\pi}\frac{E}{R}$[A]

★★★
20 3상 교류 발전기의 기전력에 대하여 90° 늦은 전류가 통할 때의 반작용 기자력은?

출제빈도

① 자극축과 일치하고 감자 작용
② 자극축보다 90° 빠른 증자 작용
③ 자극축보다 90° 늦은 감자 작용
④ 자극축과 직교하는 교차 자화 작용

해설 발전기 전기자 반작용 기자력 : 발전기 기전력에 대하여 90° 뒤진 지상 전류가 흐르는 경우 전기자 반작용에 의한 기자력은 자극축과 일치하는 감자 작용이 발생한다.

정답 15.② 16.① 17.② 18.③ 19.④ 20.①

★
21 코일에 그림과 같은 방향으로 전류가 흘렀을 때 A부분의 자극 극성은?

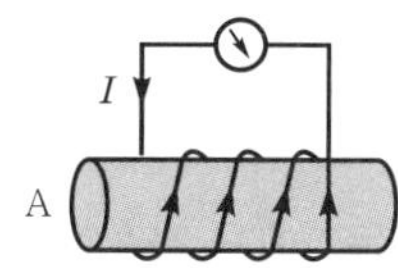

① S ② N
③ P ④ +

해설 그림에서 오른손을 솔레노이드 코일의 전류 방향에 따라 네 손가락을 감아쥐면 엄지손가락이 A부분을 가리키며 따라서 N극이 된다.

★
22 3상 유도 전동기의 회전 원리와 가장 관계가 깊은 것은?

① 옴의 법칙
② 키르히호프의 법칙
③ 플레밍의 오른손 법칙
④ 회전자계

해설 유도 전동기의 회전 원리 : 고정자 3상 권선에 흐르는 평형 3상 전류에 의해 발생한 회전 자계가 동기 속도 N_s로 회전할 때 아라고 원판 역할을 하는 회전자 도체가 자속을 끊어 기전력을 발생하여 전류가 흐르면 전동기는 시계 방향으로 회전하는 회전자계와 같은 방향으로 회전을 한다. 이때, 회전 자기장의 방향을 반대로 하려면 전원의 3선 가운데 2선을 바꾸어 전원에 다시 연결하면 회전 방향은 반대로 된다.

★★
23 동기 발전기의 병렬 운전 중에 기전력의 위상차가 생기면 흐르는 전류는?

① 무효 순환 전류
② 무효 횡류
③ 유효 횡류
④ 고조파 전류

해설 기전력의 위상차가 생기면 위상차를 같게 하기 위해 동기화 전류(유효 횡류)가 흘러 동기화력에 의해 위상이 일치화된다.

★
24 3상 유도 전동기의 최고 속도는 우리나라에서 몇 [rpm]인가?

① 3,600 ② 3,000
③ 1,800 ④ 1,500

해설 상용 주파수가 60[Hz]이고 2극이므로

$$N_s = \frac{120f}{P} = \frac{120 \times 60}{2} = 3,600[\text{rpm}]$$

★★★
25 종류가 다른 두 금속을 접합하여 폐회로를 만들고 두 접합점의 온도를 다르게 하면 이 폐회로에 기전력이 발생하여 전류가 흐르게 되는 현상을 지칭하는 것은?

출제빈도

① 줄의 법칙(Joule's law)
② 톰슨 효과(Thomson effect)
③ 펠티에 효과(Peltier effect)
④ 제베크 효과(Seebeck effect)

해설 서로 다른 금속을 접합 후 온도차에 의해 열기전력이 발생되어 열류가 흐르는 현상을 제베크 효과라고 한다.

★
26 저항과 코일이 직렬 연결된 회로에서 직류 220[V]를 인가하면 20[A]의 전류가 흐르고, 교류 220[V]를 인가하면 10[A]의 전류가 흐른다. 이 코일의 리액턴스[Ω]는?

① 약 19.05[Ω]
② 약 16.06[Ω]
③ 약 13.06[Ω]
④ 약 11.04[Ω]

해설
- 직류 전압을 인가한 경우

  저항 $R = \frac{V}{I} = \frac{220}{20} = 11[\Omega]$

- 교류 전압을 인가한 경우

  합성 임피던스 $Z = \frac{V}{I} = \frac{220}{10} = 22[\Omega]$

  $\dot{Z} = R + jX_L[\Omega]$의 절대값

  $Z = \sqrt{R^2 + X_L{}^2}\,[\Omega]$이므로

  $X = \sqrt{Z^2 - R^2} = \sqrt{22^2 - 11^2} = 19.05[\Omega]$

정답 21.② 22.④ 23.③ 24.① 25.④ 26.①

★

27 30[Ah]의 축전지를 3[A]로 사용하면 몇 시간 사용 가능한가?

① 1시간 ② 3시간
③ 10시간 ④ 20시간

해설 축전지의 용량 $= It$[Ah]이므로

시간 $t = \frac{30}{3} = 10$[h]

★★★

28 30[μF]과 40[μF]의 콘덴서를 병렬로 접속한 후 100[V]의 전압을 가했을 때 전전하량은 몇 [C]인가?

① 17×10^{-4} ② 34×10^{-4}
③ 56×10^{-4} ④ 70×10^{-4}

해설 합성 정전 용량 $C_0 = 30 + 40 = 70$[μF]

$Q = CV = 70 \times 10^{-6} \times 100 = 70 \times 10^{-4}$[C]

★

29 정전 용량 C[μF]의 콘덴서에 충전된 전하가 $q = \sqrt{2}\,Q\sin\omega t$[C]과 같이 변화하도록 하였다면, 이때 콘덴서에 흘러 들어가는 전류의 값은?

① $i = \sqrt{2}\,\omega Q\sin\omega t$
② $i = \sqrt{2}\,\omega Q\cos\omega t$
③ $i = \sqrt{2}\,\omega Q\sin(\omega t - 60°)$
④ $i = \sqrt{2}\,\omega Q\cos(\omega t - 60°)$

해설 콘덴서 소자는 전류가 전압(또는 전하량)보다 위상 90°가 앞서므로 전하량이 sin파라면 전류는 cos파 또는 $\sin(\omega t + 90°)$이어야 한다.

$i_c(t) = \frac{dq}{dt} = \frac{d}{dt}\sqrt{2}\,Q\sin\omega t$

$= \sqrt{2}\,\omega Q\cos\omega t$[A]

★★★

30 변압기유로 쓰이는 절연유에 요구되는 성질이 아닌 것은?

① 점도가 클 것
② 인화점이 높을 것
③ 절연 내력이 클 것
④ 응고점이 낮을 것

해설 변압기유의 구비 조건
- 절연 내력이 클 것
- 인화점이 높고 응고점이 낮을 것
- 점도가 낮을 것

★★★

31 직류 전동기에서 자속이 증가하면 회전수는?

① 감소한다. ② 정지한다.
③ 증가한다. ④ 변화없다.

해설 직류 전동기의 회전수 $N\downarrow = K\frac{V - I_aR_a}{\Phi\uparrow}$[rpm]

★★★

32 콘덴서의 정전 용량을 크게 하는 방법으로 옳지 않은 것은?

① 극판의 간격을 작게 한다.
② 극판 사이에 비유전율이 큰 유전체를 삽입한다.
③ 극판의 면적을 크게 한다.
④ 극판의 면적을 작게 한다.

해설 콘덴서의 정전 용량 $C = \frac{\varepsilon A}{d}$[F]이므로 극판의 간격 d[m]에 반비례하며 면적 A[m^2]에 비례하므로 면적을 크게 해야 한다.

★

33 직류기의 주요 구성 3요소가 아닌 것은?

① 전기자 ② 정류자
③ 계자 ④ 보극

해설 직류기의 구성 요소 : 전기자, 계자, 정류자

★★★

34 부흐홀츠 계전기의 설치 위치로 가장 적당한 곳은?

① 변압기 주탱크 내부
② 콘서베이터 내부
③ 변압기 고압측 부싱
④ 변압기 주탱크와 콘서베이터 사이

정답 27.③ 28.④ 29.② 30.① 31.① 32.④ 33.④ 34.④

해설 변압기 내부 고장으로 인한 온도 상승 시 유증기를 검출하여 동작하는 계전기로서, 변압기와 콘서베이터를 연결하는 파이프 도중에 설치한다.

★★★
35 보호를 요하는 회로의 전류가 어떤 일정한 값(정정값) 이상으로 흘렀을 때 동작하는 계전기는?

출제빈도

① 과전류 계전기
② 과전압 계전기
③ 차동 계전기
④ 비율 차동 계전기

해설 과전류 계전기(OCR) : 회로의 전류가 어떤 일정한 값(정정값) 이상으로 흘렀을 때 동작하는 계전기

★★
36 권선형 유도 전동기에서 토크를 일정하게 한 상태로 회전자 권선에 2차 저항을 2배로 하면 어떻게 되는가?

① 슬립이 2배로 된다.
② 변화가 없다.
③ 기동 전류가 커진다.
④ 기동 토크가 작아진다.

해설 권선형 유도 전동기는 2차 저항을 조정함으로써 최대 토크는 변하지 않는 상태에서 속도 조절이 가능하다.

★★
37 자속을 발생시키는 원천을 무엇이라 하는가?

① 기전력　② 전자력
③ 기자력　④ 정전력

해설 기자력(起磁力, magneto motive force) : 자속 Φ를 발생하게 하는 근원을 말하며 자기 회로에서 권수 N회인 코일에 전류 I[A]를 흘릴 때 발생하는 자속 Φ는 NI에 비례하여 발생하므로 다음과 같이 나타낼 수 있다.

$F = NI = R_m \Phi$[AT]

★
38 그림은 전력 제어 소자를 이용한 위상 제어 회로이다. 전동기의 속도를 제어하기 위하여 '가' 부분에 사용되는 소자는?

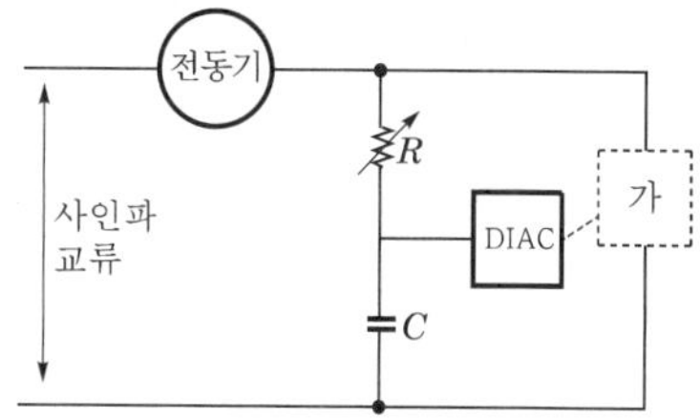

① 전력용 트랜지스터
② 제어 다이오드
③ 트라이액
④ 레귤레이터 78XX 시리즈

해설 트라이액(TRIAC)은 양방향성으로 교류를 제어하는 반도체 소자로서 적합한 특성을 갖추고 있다. 교류 전류 스위치로서 연속적으로 변화하는 교류 제어용으로 사용되며, DIAC과 항상 같이 사용된다.

★★★
39 기전력이 1.5[V], 내부 저항 0.1[Ω]인 전지 10개를 직렬로 연결하고 2[Ω]의 저항을 가진 전구에 연결할 때 전구에 흐르는 전류는 몇 [A]인가?

출제빈도

① 2　② 3
③ 4　④ 5

해설 $I = \dfrac{nE}{nr + R} = \dfrac{10 \times 1.5}{10 \times 0.1 + 2} = 5$[A]

★
40 전압계 및 전류계의 측정 범위를 넓히기 위하여 사용하는 배율기와 분류기의 접속 방법은?

① 배율기는 전압계와 병렬 접속, 분류기는 전류계와 직렬 접속
② 배율기는 전압계와 직렬 접속, 분류기는 전류계와 병렬 접속
③ 배율기 및 분류기 모두 전압계와 전류계에 직렬 접속
④ 배율기 및 분류기 모두 전압계와 전류계에 병렬 접속

정답 35.① 36.① 37.③ 38.③ 39.④ 40.②

해설 배율기는 전압계에 직렬로 접속, 분류기는 전류계에 병렬로 접속한다.

41 다음 중 금속관, 애자, 합성수지 및 케이블 공사가 모두 가능한 특수 장소를 옳게 나열한 것은?

㉠ 화약고 등의 위험 장소
㉡ 부식성 가스가 있는 장소
㉢ 위험물 등이 존재하는 장소
㉣ 불연성 먼지(분진)가 많은 장소
㉤ 습기가 많은 장소

① ㉠, ㉡, ㉢　② ㉠, ㉣, ㉤
③ ㉡, ㉢, ㉣　④ ㉡, ㉣, ㉤

해설 저압 옥내 배선의 시설 장소별 합성수지관, 금속관, 가요 전선관, 케이블 공사는 다음 시설 장소에 관계없이 모두 시설 가능하다.

구분		400[V] 이하	400[V] 초과
전개 장소	건조한 곳	애자 사용, 합성수지 몰드 금속 몰드, 금속 덕트 버스 덕트, 라이팅 덕트	애자 사용 금속 덕트 버스 덕트
	기타	애자 사용, 버스 덕트	애자 사용
점검 가능 은폐 장소	건조한 곳	애자 사용, 합성수지 몰드 금속 몰드, 금속 덕트 버스 덕트, 셀룰러 덕트	애자 사용 금속 덕트 버스 덕트
	기타	애자 사용	애자 사용
점검할 수 없는 은폐 장소 (건조한 곳)		플로어 덕트, 셀룰러 덕트	-

42 불연성 먼지가 많은 장소에 시설할 수 없는 저압 옥내 배선의 방법은?

① 금속관 배선
② 플로어 덕트 배선
③ 금속제 가요 전선관 배선
④ 애자 사용 배선

해설 불연성 먼지(정미소, 제분소) : 금속관 공사, 케이블 공사, 합성수지관 공사, 가요 전선관 공사, 애자 사용 공사, 금속 덕트 및 버스 덕트 공사, 캡타이어 케이블 공사

43 금속 덕트 배선에 사용하는 금속 덕트의 철판 두께는 몇 [mm] 이상이어야 하는가?

① 0.8　② 1.2
③ 1.5　④ 1.8

해설 금속 덕트 : 폭 5[cm]를 넘고 두께 1.2[mm] 이상인 강판 또는 동등 이상의 세기를 가지는 금속제로 제작하므로 사용하는 전선은 산화 방지를 위해 아연 도금을 하거나 에나멜 등으로 피복하여 사용한다.

44 배관 공사 시 금속관이나 합성수지관으로부터 전선을 뽑아 전동기 단자 부근에 접속할 때 전선 보호를 위해 관 끝에 설치하는 것은?

① 부싱
② 엔트런스 캡
③ 터미널 캡
④ 로크너트

해설 터미널 캡은 배관 공사 시 금속관이나 합성수지관으로부터 전선을 뽑아 전동기 단자 부근에 접속할 때, 또는 노출 배관에서 금속 배관으로 변경 시 전선 보호를 위해 관 끝에 설치하는 것으로 서비스 캡이라고도 한다.

45 가공 전선로의 지지물에서 다른 지지물을 거치지 아니하고 수용 장소의 인입선 접속점에 이르는 가공 전선을 무엇이라 하는가?

출제빈도

① 옥외 전선
② 이웃연결(연접) 인입선
③ 가공 인입선
④ 관등 회로

해설 가공 인입선 시설 원칙
- 선로 긍장 : 50[m] 이하
- 사용 전선 : 절연 전선, 다심형 전선, 케이블일 것
  - 저압 : 2.6[mm] 이상 절연 전선[단, 지지물 간 거리(경간) 15[m] 이하는 2.0[mm] 이상도 가능]
  - 고압 : 5.0[mm] 이상

정답 41.④ 42.② 43.② 44.③ 45.③

★★
46 최대 사용 전압이 70[kV]인 중성점 직접 접지식 전로의 절연 내력 시험 전압은 몇 [V]인가?

① 35,000[V] ② 42,000[V]
③ 44,800[V] ④ 50,400[V]

해설 절연 내력 시험 : 최대 사용 전압이 60[kV] 이상인 중성점 직접 접지식 전로의 절연 내력 시험은 최대 사용 전압의 0.72배의 전압을 연속으로 10분간 가할 때 견디는 것으로 하여야 한다.
시험 전압=70,000×0.72=50,400[V]

★
47 전위의 단위로 맞지 않는 것은?

① [V] ② [J/C]
③ [N · m/C] ④ [V/m]

해설
- 전위의 단위 : $V=\frac{W}{Q}$ [V=J/C=N · m/C]
- 전계의 단위 : [V/m]

★
48 소세력 회로의 전선을 조영재에 붙여 시설하는 경우에 틀린 것은?

① 전선은 금속제의 수관 · 가스관 또는 이와 유사한 것과 접촉하지 아니 하도록 시설할 것
② 전선은 코드 · 캡타이어 케이블 또는 케이블일 것
③ 전선이 손상을 받을 우려가 있는 곳에 시설하는 경우에는 적당한 방호 장치를 할 것
④ 전선의 굵기는 2.5[mm^2] 이상일 것

해설 소세력 회로의 배선(전선을 조영재에 붙여 시설하는 경우)
- 전선은 코드나 캡타이어 케이블 또는 케이블을 사용할 것
- 케이블 이외에는 공칭 단면적 1[mm^2] 이상의 연동선 또는 이와 동등 이상의 것일 것

★
49 전주에서 COS용 완철의 설치 위치는?

① 최하단 전력선용 완철에서 0.75[m] 하부에 설치한다.
② 최하단 전력선용 완철에서 0.3[m] 하부에 설치한다.
③ 최하단 전력선용 완철에서 1.2[m] 하부에 설치한다.
④ 최하단 전력선용 완철에서 1.0[m] 하부에 설치한다.

해설 COS용 완철 설치 규정
- 설치 위치 : 최하단 전력선용 완철에서 0.75[m] 하부에 설치한다.
- 설치 방향 : 선로 방향(전력선 완철과 직각 방향)으로 설치하고 COS는 건조물 측에 설치하는 것이 바람직하다(만약 설치하기 곤란한 장소 또는 도로 이외의 장소에서는 COS 조작 및 작업이 용이하도록 설치할 수 있음).

★★★
50 출제빈도 절연 전선으로 전선설치(가선)된 배전 선로에서 활선 상태인 경우 전선의 피복을 벗기는 것은 매우 곤란한 작업이다. 이런 경우 활선 상태에서 전선의 피복을 벗기는 공구는?

① 전선 피박기
② 애자 커버
③ 와이어 통
④ 데드 엔드 커버

해설 ① 전선 피박기 : 활선 상태에서 전선 피복을 벗기는 공구
② 애자 커버 : 애자 보호용 절연 커버
③ 와이어 통 : 충전되어 있는 활선을 움직이거나 작업권 밖으로 밀어낼 때 또는 활선을 다른 장소로 옮길 때 사용하는 활선 공구
④ 데드 엔드 커버 : 내장주의 선로에서 활선 공법을 할 때 작업자가 현수 애자 등에 접촉되어 생기는 안전 사고를 예방하기 위해 사용하는 것

정답 46.④ 47.④ 48.④ 49.① 50.①

★★★
51 일반적으로 절연체를 서로 마찰시키면 이들 물체는 전기를 띠게 된다. 이와 같은 현상은?

① 분극 ② 정전
③ 대전 ④ 코로나

해설 대전 : 절연체를 서로 마찰시키면 전자를 얻거나 잃어서 전기를 띠게 되는 현상

★
52 자극 가까이에 물체를 두었을 때 자화되지 않는 물체는?

① 상자성체 ② 반자성체
③ 강자성체 ④ 비자성체

해설 비자성체 : 강자성체 이외의 자성이 약해서 전혀 자성을 갖지 않는 물질로서 상자성체와 반자성체를 포함하며 자계에 힘을 받지 않는다.

★
53 하나의 콘센트에 두 개 이상의 플러그를 꽂아 사용할 수 있는 기구는?

① 코드 접속기
② 멀티 탭
③ 테이블 탭
④ 아이언 플러그

해설 접속 기구
- 멀티 탭 : 하나의 콘센트에 여러 개의 전기 기계 기구를 끼워 사용하는 것
- 테이블 탭(table tap) : 코드 길이가 짧을 때 연장 사용하는 것

★★★
54 직류 전동기에서 전부하 속도가 1,500[rpm], 속도 변동률이 3[%]일 때, 무부하 회전 속도는 몇 [rpm]인가?

① 1,455 ② 1,410
③ 1,545 ④ 1,590

해설
$$N_0 = N_n\left(1+\frac{\varepsilon}{100}\right)$$
$$N_0 = 1{,}500(1+0.03) = 1{,}545[\text{rpm}]$$

★★★
55 전기 기계의 철심을 성층하는 가장 적절한 이유는?

① 기계손을 작게 하기 위하여
② 표유 부하손을 작게 하기 위하여
③ 히스테리시스손을 작게 하기 위하여
④ 와류손을 작게 하기 위하여

해설 철심을 성층하는 이유는 와류손을 감소시키기 위함이다.

★
56 한쪽은 중성점을 접지할 수 있고, 다른 한쪽은 제3고조파에 의한 영향을 없애주는 장점을 가지고 있는 3상 결선 방식은?

① Y－Y ② △－△
③ Y－△ ④ V－V

해설 Y－△ 결선 방식
- 2차 권선의 선간 전압이 상전압과 같으므로 강압용에 적합하고, 높은 전압을 Y결선으로 하므로 절연이 유리하다.
- 제3고조파 전류가 △결선 내에서만 순환하고 외부에는 나타나지 않으므로 기전력의 왜곡 및 통신 장애의 발생이 없다.
- 30°의 위상 변위가 발생하므로 1대가 고장이 발생하면 전원 공급이 불가능해진다.

★★
57 심벌 (EQ)는 무엇을 의미하는가?

① 지진 감지기 ② 전하량기
③ 변압기 ④ 누전 경보기

해설 지진 감지기(Earthquake Detector)는 영문 약자를 따서 EQ로 표기한다.

★
58 용량이 커서 가격이 비싸며 극성이 있어서 직류용으로 사용하는 콘덴서는?

① 세라믹 콘덴서
② 탄탈 콘덴서
③ 마일러 콘덴서
④ 마이카 콘덴서

정답 51.③ 52.④ 53.② 54.③ 55.④ 56.③ 57.① 58.②

해설 직류용 콘덴서
- 전해 콘덴서 : 용량이 보통이며 누설이 있다.
- 탄탈 콘덴서 : 용량은 크지만 내압이 작다.

59 지지선(지선)의 안전율은 2.5 이상으로 하여야 한다. 이 경우 허용 최저 인장 하중[kN]은 얼마 이상으로 하여야 하는가?

① 4.31[kN]

② 6.8[kN]

③ 9.8[kN]

④ 0.68[kN]

해설 지지선(지선)의 시설 규정
- 안전율은 2.5 이상일 것
- 지지선(지선)의 허용 인장 하중은 4.31[kN] 이상일 것
- 소선 3가닥 이상의 아연도금 연선일 것

60 110/220[V] 단상 3선식 회로에서 110[V] 전구 Ⓡ, 110[V] 콘센트 Ⓒ, 220[V] 전동기 Ⓜ의 연결이 올바른 것은?

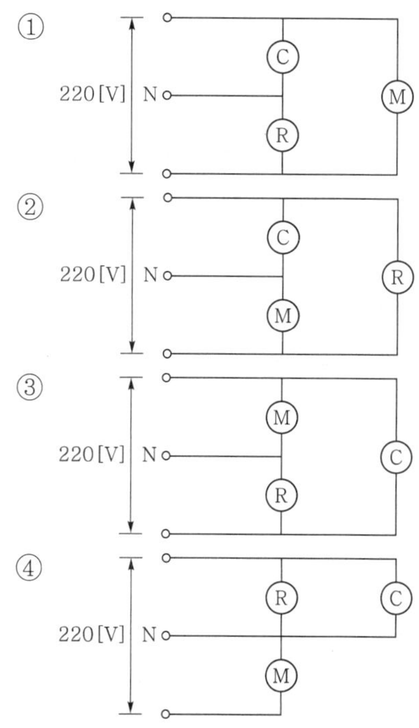

해설 전구와 콘센트는 110[V]를 사용하므로 전선과 중성선 사이에 연결해야 하고, 전동기 Ⓜ은 220[V]를 사용하므로 선간에 연결하여야 한다.

정답 59.① 60.①

2018년 제4회 CBT 기출복원문제

★ 표시 : 문제 중요도를 나타냄

본 기출문제는 수험생들의 기억을 바탕으로 작성한 것으로 내용 및 그림 등에서 실제 문제와 다소 차이가 있을 수 있습니다.

★★★

01 전주 외등을 전주에 부착하는 경우 전주 외등은 하단으로부터 몇 [m] 이상 높이에 시설하여야 하는가?

출제빈도

① 3.0 ② 3.5

③ 4.0 ④ 4.5

해설 전주 외등 : 대지 전압 300[V] 이하 백열전등이나 수은등 등을 배전 선로의 지지물 등에 시설하는 등

- 기구 인출선 도체 단면적 : 0.75[mm^2] 이상
- 기구 부착 높이 : 하단에서 지표상 4.5[m] 이상 (단, 교통 지장이 없을 경우 3.0[m] 이상)
- 돌출 수평 거리 : 1.0[m] 이하

★★★

02 전선의 굵기를 측정하는 공구는?

① 권척 ② 메거

③ 와이어 게이지 ④ 와이어 스트리퍼

해설 ① 권척(줄자) : 길이 측정 공구
② 메거 : 절연 저항 측정 공구
③ 와이어 게이지 : 전선의 굵기를 측정하는 공구
④ 와이어 스트리퍼 : 전선 피복을 벗기는 공구

★★

03 접지선의 절연 전선 색상은 특별한 경우를 제외하고는 어느 색으로 표시를 하여야 하는가?

① 빨간색 ② 노란색

③ 녹색-노란색 ④ 검은색

해설
- 전선의 색상은 다음 표(전선 식별)에 따른다.

상(문자)	색상
L_1	갈색
L_2	검은색
L_3	회색
N	파란색
보호 도체	녹색-노란색

- 색상 식별이 종단 및 연결 지점에서만 이루어지는 나도체 등에서는 전선 종단부에 색상이 반영구적으로 유지될 수 있는 도색, 밴드, 색 테이프 등의 방법으로 표시해야 한다.

★★

04 △ − △ 결선을 할 경우 선전류와 상전류의 위상차는 몇 [rad]인가?

① $\frac{\pi}{3}$ ② $\frac{\pi}{2}$

③ $\frac{\pi}{6}$ ④ $\frac{2\pi}{3}$

해설 △결선의 특징

$V_l = V_p$ [V]

$\dot{I}_l = \sqrt{3}\, I_p \angle -\frac{\pi}{6}$ [A]

선전류 I_l가 상전류 I_p보다 $\frac{\pi}{6}$[rad] 뒤진다.

★★★

05 20[kVA]의 단상 변압기 2대를 사용하여 V−V 결선으로 하고 3상 전원을 얻고자 한다. 이때, 여기에 접속시킬 수 있는 3상 부하의 용량은 약 몇 [kVA]인가?

출제빈도

① 34.6 ② 44.6

③ 54.6 ④ 66.6

정답 01.④ 02.③ 03.③ 04.③ 05.①

해설 V결선 용량 $P_V = \sqrt{3} P_1$
$= \sqrt{3} \times 20 = 34.6[\text{kVA}]$

★★★
06 **동선을 직선으로 접속할 경우 동선의 굵기가 10[mm²] 이상일 때 메킹타이어 슬리브 접속 시 슬리브를 최소 몇 회 이상 비틀림을 해야 하는가?**

출제빈도

① 3.5회 ② 2회
③ 2.5회 ④ 3회

해설 메킹타이어 슬리브에 의한 직선 접속
- 양쪽 비틀림
- 한쪽 비틀림

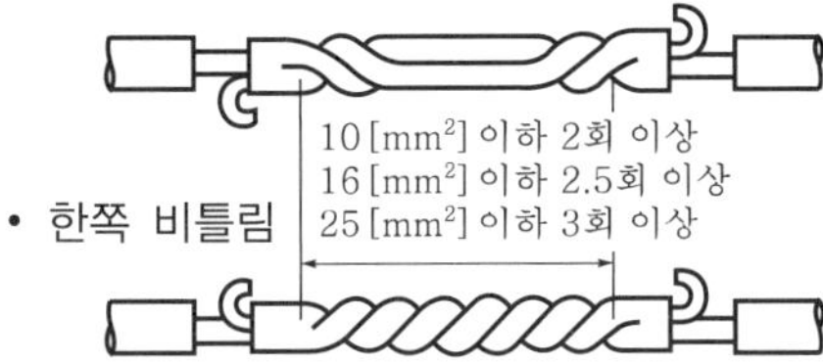

★★
07 **전기 설비 계통에서 설치 위치 선정에 사용하는 전동기는?**

① 스탠딩 모터 ② 서보 모터
③ 스테핑 모터 ④ 전기 동력계

해설 서보 모터 : 서보 기구는 피드백 제어에 의한 자동 제어 기구이므로 동작하는 기구의 운동 부분에 위치와 속도를 검출하는 센서가 부착되어 있어서 위치, 속도, 방위, 자세 등의 목표값을 수정하여 서보 모터를 제어하므로 설치 위치에 적당한 전동기이다.

★
08 **임피던스 강하가 5[%]인 발전기에서 단락 사고가 발생한 경우 단락 전류는 정격 전류의 몇 배인가?**

① 25 ② 50
③ 20 ④ 200

해설 단락 전류 $I_s = \frac{100}{\%Z} I_n$에서

$I_s = \frac{100}{\%Z} \times I_n = \frac{100}{5} \times I_n = 20 I_n$

★
09 **코일을 나선형으로 감으면 예상치 못한 현상들이 발생하게 된다. 설명이 틀린 것은?**

① 직류보다는 교류에서 전류가 더 잘 흐른다.
② 상호 유도 작용이 발생한다.
③ 전자석이 된다.
④ 공진 현상이 발생한다.

해설 코일에 교류를 인가한 경우 전류의 시간적인 변화로 인해 이를 방해하는 방향으로 기전력이 발생하므로 교류는 오히려 잘 흐르지 못한다.

★
10 **낙뢰, 수목 접촉, 일시적인 불꽃방전(섬락) 등 순간적인 사고로 계통에서 분리된 구간을 신속하게 계통에 투입시킴으로써 계통의 안정도를 향상시키고 정전 시간을 단축시키기 위해 사용되는 계전기는?**

① 차동 계전기
② 과전류 계전기
③ 거리 계전기
④ 재연결(재폐로) 계전기

해설 재연결(재폐로) 계전기 : 계통을 안정시키기 위해서 재연결(재폐로) 차단기와 조합하여 사용하며 송전 선로에 고장이 발생하면 고장을 일으킨 구간을 신속히 고속 차단하여 제거한 후 재투입시켜서 정전 구간을 단축시키는 계전기이다.

★★
11 **그림은 전력 제어 소자를 이용한 위상 제어 회로이다. 전동기의 속도를 제어하기 위하여 '가' 부분에 사용되는 소자는?**

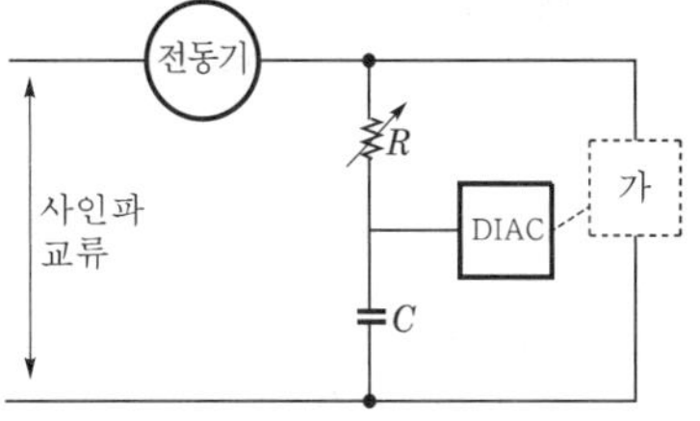

① 전력용 트랜지스터
② 제어 다이오드
③ 레귤레이터 78XX 시리즈
④ 트라이액

정답 06.② 07.② 08.③ 09.① 10.④ 11.④

해설 트라이액(Triode AC Switch, TRIAC) : SCR을 서로 반대로 하여 접속하여 만든 3단자 쌍방향성 사이리스터인 교류 스위치로서, 교류 전력을 제어하며 다이액(DIAC)과 함께 사용되는 소자로 극성에 무관한 펄스로 동작한다.

★★★
12 발전기나 변압기 내부 고장 보호에 쓰이는 계전기는?

출제빈도

① 접지 계전기
② 차동 계전기
③ 과전압 계전기
④ 역상 계전기

해설 발전기, 변압기 내부 고장 보호용 계전기는 차동 계전기, 비율 차동 계전기, 부흐홀츠 계전기가 있다.

★★★
13 전기 설비 기준에서 화약류 저장소에서 백열전등이나 형광등 또는 이들에 전기를 공급하기 위한 전기 설비를 시설하는 경우 전로의 대지 전압은 몇 [V] 이하이어야 하는가?

출제빈도

① 150[V] ② 200[V]
③ 300[V] ④ 400[V]

해설 화약류 저장소 : 금속관, 케이블 공사에 한할 것
- 전로 대지 전압은 300[V] 이하일 것
- 전기 기계 기구는 전폐형을 사용할 것
- 개폐기, 과전류 차단기는 지중 케이블 공사에 의할 것
- 개폐기, 과전류 차단기는 저장소 밖에 시설할 것

★
14 출력 10[kW], 효율 80[%]인 기기의 손실은 몇 [kW]인가?

① 2.5 ② 10
③ 20 ④ 5

해설
효율 $\eta = \frac{출력}{입력} \times 100[\%]$

입력 $P_i = \frac{출력}{\eta} = \frac{10}{0.8} = 12.5[kW]$

손실 P_l = 입력 − 출력 = 12.5 − 10 = 2.5[kW]

★★
15 다음 금속 몰드 공사 방법 중 설명이 틀린 것은?

① 지지점 거리는 1.5[m] 이하마다 한다.
② 규정에 준하여 접지 공사를 실시하였다.
③ 몰드 안에는 접속점이 없도록 한다.
④ 점검할 수 없는 은폐 장소에 시설하였다.

해설 금속 몰드 공사 시설 장소 : 외상을 받을 우려가 없는 전개된 건조한 장소나 점검할 수 있는 은폐 장소
- 몰드의 두께 : 0.5[mm] 이상의 연강판(베이스와 뚜껑으로 구성)
- 몰드 홈의 폭 및 깊이 : 5[cm] 이하로 할 것

★
16 피뢰 시스템에 접지 도체가 접속된 경우 접지선의 굵기는 구리선인 경우 최소 몇 [mm^2] 이상이어야 하는가?

① 6 ② 10
③ 16 ④ 22

해설 접지 도체가 피뢰 시스템에 접속된 경우 : 구리 16[mm^2] 이상, 철제 50[mm^2] 이상

★★★
17 다음 중 옴의 법칙을 바르게 설명한 것은?

① 전압은 저항에 반비례한다.
② 전압은 전류에 반비례한다.
③ 전압은 전류의 제곱에 비례한다.
④ 전압은 저항과 전류의 곱에 비례한다.

해설 $V = IR$[V]이므로 전압은 저항과 전류의 곱에 비례한다.

정답 12.② 13.③ 14.① 15.④ 16.③ 17.④

★★★
18 동기 전동기의 특징으로 틀린 것은?

① 별도의 기동기가 필요하다.
② 난조가 발생하기 쉽다.
③ 역률을 조정할 수 없다.
④ 동기 속도로 운전할 수 있다.

해설 동기 전동기의 특성

장점	단점
• 속도(N_s)가 일정하다. • 역률을 조정할 수 있다. • 효율이 좋다. • 공극이 크고 기계적으로 튼튼하다.	• 기동 토크가 작다. ($\tau_s=0$) • 속도 제어가 어렵다. • 직류 여자기가 필요하다. • 난조가 일어나기 쉽다.

★★★
19 역률이 좋아서 가정용 선풍기, 세탁기, 냉장고 등에 주로 사용되는 기동법은?

① 반발 기동형
② 분상 기동형
③ 셰이딩 코일형
④ 영구 콘덴서형

해설 영구 콘덴서형 단상 유도 전동기의 특징 : 콘덴서 기동형보다 용량이 적어서 기동 토크가 작으므로 선풍기, 세탁기, 냉장고, 오디오 플레이어 등에 널리 사용된다.

★
20 동기 발전기의 돌발 단락 전류를 주로 제한하는 것은?

① 누설 리액턴스 ② 역상 리액턴스
③ 동기 리액턴스 ④ 권선 저항

해설 동기기에서 저항은 누설 리액턴스에 비하여 작으며 전기자 반작용은 단락 전류가 흐른 뒤에 작용하므로 돌발 단락 전류를 제한하는 것은 누설 리액턴스이다.

★★★
21 농형 유도 전동기의 기동법이 아닌 것은?

① Y－Δ 기동법
② 2차 저항 기동법
③ 기동 보상기법
④ 전전압 기동법

해설 유도 전동기의 기동법
• 농형 유도 전동기의 기동법
　– 전전압 기동법
　– Y－Δ 기동법
　– 리액터 기동법
　– 1차 저항 기동법
　– 기동 보상기법
• 권선형 유도 전동기의 기동법 : 2차 저항 기동법(기동 저항기법)

★★
22 다음 중 자기력선의 성질로 맞는 것은?

① 자기력선에는 고무줄과 같은 장력이 존재한다.
② 자기력선은 고온이 되면 자력이 증가한다.
③ 자기력선은 자석 내부에서도 N극에서 S극으로 이동한다.
④ 자기력선은 자성체는 투과하고, 비자성체는 투과하지 못한다.

해설 자기력선의 성질
• 고무줄과 같은 장력이 존재한다.
• 고온이 되면 자력의 성질이 사라진다.
• 도체 내부에서는 S극에서 N극을 향한다.
• 자성체나 비자성체도 투과한다.

★★★
23 전기력선에 대한 설명으로 틀린 것은?

① 같은 전기력선은 흡인한다.
② 전기력선은 서로 교차하지 않는다.
③ 전기력선은 도체의 표면에 수직으로 출입한다.
④ 전기력선은 양전하의 표면에서 나와서 음전하의 표면에서 끝난다.

해설 전기력선의 성질 : 전기력선은 서로 반발하며 교차하지 않는다.

정답 18.③ 19.④ 20.① 21.② 22.① 23.①

24 납축전지의 전해액은?

① $PbSO_4$ ② $2H_2O$
③ PbO_2 ④ H_2SO_4

해설 납축전지의 전해액 : 묽은 황산(H_2SO_4)

25 비정현파를 발생시키는 요인이 아닌 것은?

① 옴의 법칙
② 히스테리시스 현상
③ 전기자 반작용
④ 자기 포화

해설 비정현파의 발생 요인
- 교류 발전기에서의 전기자 반작용에 의한 일그러짐
- 변압기에서의 철심의 자기 포화 및 히스테리시스 현상에 의한 여자 전류의 일그러짐
- 정류인 경우 다이오드의 비직선성에 의한 전류의 일그러짐

26 전기자 도체와 자속 밀도가 이루는 각이 직각이라면 발전기의 유도 기전력은?

① $\frac{vB}{l}$ ② $\frac{1}{vBl}$
③ vBl ④ $\frac{Bl}{v}$

해설 발전기의 유도 기전력 $e = vBl\sin\theta$[V]
직각이므로 $\sin\theta = \sin 90° = 1$
기전력 $e = vBl$[V]

27 자속이 통과하는 면적이 3[cm^2]인 도체에 3.6×10^{-4}[Wb]의 자속이 통과한다면 자속 밀도는 몇 [Wb/m^2]인가?

① 1.2 ② 10
③ 20 ④ 0.8

해설
자속 밀도 $B = \frac{\phi}{S} = \frac{3.6\times10^{-4}}{3\times10^{-4}} = 1.2[Wb/m^2]$

28 30[μF]과 40[μF]의 콘덴서를 병렬로 접속한 후 100[V]의 전압을 가했을 때 전전하량은 몇 [C]인가?

① 70×10^{-4} ② 17×10^{-4}
③ 56×10^{-4} ④ 34×10^{-4}

해설 합성 정전 용량 $C_0 = 30+40 = 70[\mu F]$
$Q = CV = 70\times10^{-6}\times100 = 70\times10^{-4}$[C]

29 주파수 60[Hz]인 최대값이 200[V], 위상 0°인 교류의 순시값으로 맞는 것은?

① $100\sin60\pi t$
② $200\sin120\pi t$
③ $200\sqrt{2}\sin120\pi t$
④ $200\sqrt{2}\sin60\pi t$

해설 순시값 $v(t) = $ 최대값 $\times\sin(\omega t+\theta)$
$= 200\sin 2\pi\times60t$
$= 200\sin120\pi t$[V]

30 일반적으로 가공 전선로의 지지물에 취급자가 오르고 내리는 데 사용하는 발판 볼트 등은 일반인의 승주를 방지하기 위하여 지표상 몇 [m] 미만에 시설하여서는 안 되는가?

① 0.75[m] ② 1.2[m]
③ 1.8[m] ④ 2.0[m]

해설 발판 볼트를 취급자가 오르내리기 위한 볼트로서 지지물의 지표상 1.8[m]부터 완금 하부 0.9[m]까지 발판 볼트를 설치한다.

31 자기 회로와 전기 회로의 대응 관계가 잘못된 것은?

① 기자력 – 기전력
② 자기 저항 – 전기 저항
③ 자속 – 전계
④ 투자율 – 도전율

해설 ③ 자속은 전류와 대응된다.

정답 24.④ 25.① 26.③ 27.① 28.① 29.② 30.③ 31.③

★

32 **전등 한 개를 2개소에서 점멸하고자 할 때 옳은 배선은?**

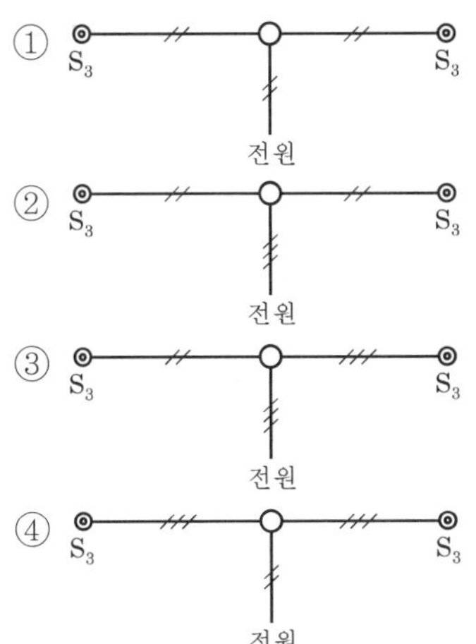

해설

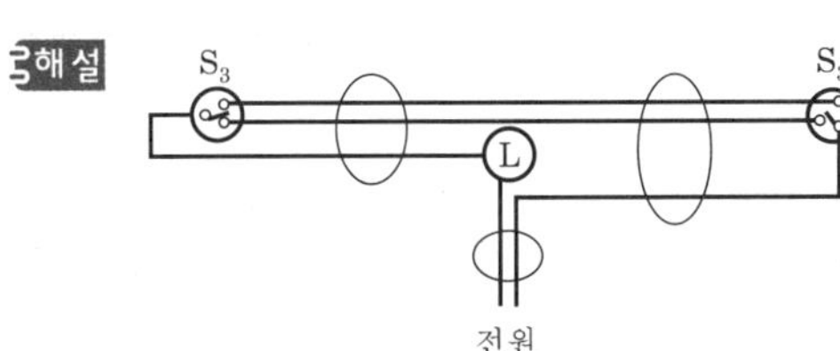

★★★

33 출제빈도 **전기설비 기술기준에 의하면 폭발성 먼지(분진)가 있는 위험 장소에 금속관 배선에 의할 경우 관 상호 및 관과 박스, 기타의 부속품이나 풀 박스 또는 전기 기계 기구는 몇 턱 이상의 나사 조임으로 접속하여야 하는가?**

① 2턱 ② 3턱
③ 4턱 ④ 5턱

해설 폭연성 먼지(분진)가 존재하는 곳의 금속관 공사에 있어서 관 상호 및 관과 박스의 접속은 5턱 이상의 죔나사로 시공하여야 한다.

★

34 **1.2[V], 20[Ah]의 축전지 5개를 직렬로 접속하면 전체 기전력은 6[V]이다. 전지의 용량은 몇 [Ah]이겠는가?**

① 100 ② 200
③ 50 ④ 20

해설 전지가 직렬로 접속된 경우 기전력은 전지의 개수만큼 증가하지만 전지의 용량은 일정하므로 20[Ah]이다.

★★★

35 출제빈도 **절연 전선으로 전선설치(가선)된 배전 선로에서 활선 상태인 경우 전선의 피복을 벗기는 것은 매우 곤란한 작업이다. 이런 경우 활선 상태에서 전선의 피복을 벗기는 공구는?**

① 데드 엔드 커버 ② 애자 커버
③ 와이어 통 ④ 전선 피박기

해설 배전 선로 공사용 활선 공구
- 와이어 통(wire tong) : 핀 애자나 현수 애자를 사용한 전선설치(가선) 공사에서 활선을 움직이거나 작업권 밖으로 밀어내거나 안전한 장소로 전선을 옮길 때 사용하는 절연봉
- 데드 엔드 커버 : 가공 배전 선로에서 활선 작업 시 작업자가 현수 애자 등에 접촉하여 발생하는 안전 사고 예방을 위해 전선 작업 개소의 애자 등의 충전부를 방호하기 위한 절연 덮개(커버)
- 전선 피박기 : 활선 상태에서 전선 피복을 벗기는 공구로 활선 피박기라고도 한다.

★★★

36 출제빈도 **금속 전선관을 박스에 고정시킬 때 사용되는 것은 어느 것인가?**

① 새들 ② 부싱
③ 로크너트 ④ 클램프

해설 ① 새들 : 관을 조영재에 부착할 경우 사용
② 부싱 : 관 끝에 전선 손상 방지를 위해 사용하는 기구
③ 로크너트 : 관과 박스의 접속 시 사용하는 기구
④ 클램프 : 관이나 케이블 등을 고정시키는 기구

★

37 **1[μF]의 콘덴서에 30[kV]의 전압을 가하여 30[Ω]의 저항을 통해 방전시키면 이때 발생하는 에너지[J]는 얼마인가?**

① 450 ② 900
③ 1,000 ④ 1,200

정답 32.④ 33.④ 34.④ 35.④ 36.③ 37.①

해설 콘덴서에 축적되는 에너지

$$W=\frac{1}{2}CV^2=\frac{1}{2}\times1\times10^{-6}\times(30\times10^3)^2$$
$$=450[J]$$

★★
38 사용 전압이 고압과 저압인 가공 전선을 병행설치(병가)할 때 저압 전선의 위치는 어디에 설치해야 하는가?

① 완금에 설치한다.
② 고압 전선의 하부에 설치한다.
③ 고압 전선의 상부에 설치한다.
④ 완금과 고압 전선 사이에 설치한다.

해설 저 · 고압선의 병행설치(병가)
- 저압 전선은 고압 전선의 하부에 설치한다.
- 간격(이격거리) : 50[cm] 이상일 것(단, 고압측이 케이블인 경우는 30[cm] 이하)

★★★
39 전압의 구분에서 고압에 대한 설명으로 가장 옳은 것은?

출제빈도

① 직류 1,000[V] 초과하고 7[kV] 이하의 전압
② 직류 1,500[V] 초과하고 5[kV] 이하의 전압
③ 교류 1,000[V] 초과하고 7[kV] 이하의 전압
④ 교류 1,000[V] 초과하고 5[kV] 이하의 전압

해설 고압의 구분 : AC 1,000[V] 초과, DC 1,500[V] 초과하고, AC, DC 모두 7[kV] 이하의 전압

★
40 회전자가 1초에 30회전을 하면 각속도는?

① 30π [rad/s]　② 60π [rad/s]
③ 90π [rad/s]　④ 120π [rad/s]

해설 각속도 $\omega=2\pi n=2\pi\times30=60\pi$[rad/s]

★★★
41 저압 전로에 사용하는 과전류 차단기용 퓨즈의 정격 전류가 10[A]라고 하면 정격 전류의 몇 배가 되었을 경우 용단되어야 하는가?

출제빈도

① 1.5　② 1.25
③ 1.2　④ 1.9

해설 저압 퓨즈의 용단 특성

정격 전류의 구분	시간	정격 전류의 배수	
		불용단 전류	용단 전류
4[A] 초과 16[A] 미만	60분	1.5배	1.9배
16[A] 이상 63[A] 이하	60분	1.25배	1.6배
63[A] 초과 160[A] 이하	120분	1.25배	1.6배

★★★
42 무부하 전압 103[V]인 직류 발전기의 정격 전압 100[V]인 경우 이 발전기의 전압 변동률[%]은?

① 2　② 3
③ 6　④ 9

해설 전압 변동률

$$\varepsilon=\frac{V_0-V_n}{V_n}\times100=\frac{103-100}{100}\times100=3[\%]$$

★
43 전위의 단위로 맞지 않는 것은?

① [V]　② [J/C]
③ [N · m/C]　④ [V/m]

해설
- 전위의 단위 : $V=\frac{W}{Q}$[V=J/C=N · m/C]
- 전계의 단위 : [V/m]

★★
44 전기장 중에 단위 전하를 놓았을 때 그것에 작용하는 힘은 어느 값과 같은가?

① 전기장의 세기　② 전하
③ 전위　④ 전위차

정답 38.② 39.③ 40.② 41.④ 42.② 43.④ 44.①

해설 전기장 중에 단위 전하를 놓았을 때 그것에 작용하는 힘은 전기장의 세기이다.

★
45 **전기자와 계자 권선이 병렬로만 접속되어 있는 발전기는?**

① 분권 ② 직권
③ 타여자 ④ 차동 복권

해설 분권 발전기 : 계자 권선과 전기자 회로가 병렬로 접속되어 있는 직류기

★★★
46 **전기 기기의 철심 재료로 규소 강판을 성층하여 사용하는 이유로 가장 적당한 것은?**

출제빈도

① 맴돌이 전류손을 줄이기 위해
② 히스테리시스손을 줄이기 위하여
③ 풍손을 없애기 위해
④ 구리손을 줄이기 위해

해설
- 규소 강판 사용 : 히스테리시스손 감소
- 0.35 ~ 0.5[mm] 성층 철심 사용 : 맴돌이 전류손 감소

★
47 **음전하와 양전하로 대전된 도체를 가느다란 전선으로 연결하면 양전하가 음전하를 끌어당겨 중화가 된다. 이때, 전선에 무엇이 흐르는가?**

① 전류 ② 전압
③ 전력 ④ 저항

해설 대전된 도체를 접속하면 전선에 전류가 흐르고 전하량이 합쳐지면서 중화가 된다.

★★
48 **점유 면적이 좁고 운전 · 보수에 안전하며 공장, 빌딩 등의 전기실에 많이 사용되는 배전반은 어떤 것인가?**

① 데드 프런트형 ② 수직형
③ 큐비클형 ④ 라이브 프런트형

해설 큐비클형 배전반(폐쇄식 배전반) : 점유 면적이 좁고 운전, 보수에 안전하므로 공장, 빌딩 등의 전기실에 널리 사용되는 배전반

★
49 **변류기 설치 시 2차측을 단락하는 이유는?**

① 변류비 유지
② 2차측 과전류 보호
③ 측정 오차 감소
④ 2차측 절연 보호

해설 변류기 2차측 개방 시 변류기 1차측의 부하 전류가 모두 여자 전류가 되어 변류기 2차측에 고전압이 유도되어 절연이 파괴될 수 있다.

★★
50 **정격 전압 100[V], 전기자 전류 50[A], 전기자 저항이 0.2[Ω]인 직류 발전기의 유기 기전력은 몇 [V]인가?**

① 100[V] ② 110[V]
③ 120[V] ④ 125[V]

해설 발전기의 유기 기전력
$E = V + I_a R_a = 100 + 50 \times 0.2 = 110[V]$

★★
51 **3상 유도 전동기의 회전 방향을 바꾸기 위한 방법으로 가장 옳은 것은?**

① 전동기에 가해지는 3개의 단자 중 어느 2개의 단자를 서로 바꾸어준다.
② Y − Δ 결선
③ 기동 보상기를 사용한다.
④ 전원 전압과 주파수를 바꾼다.

해설 3상의 3선 중 2선의 접속을 서로 바꿔준다.

★★★
52 **지중 전선로 시설 방식이 아닌 것은?**

① 행거식 ② 관로식
③ 직접 매설식 ④ 암거식

해설 지중 전선로의 부설 방식 : 직접 매설식, 관로식, 암거식

정답 45.① 46.① 47.① 48.③ 49.④ 50.② 51.① 52.①

★★
53 1[kWh]와 같은 값은?

① 3.6×10^3 [J]
② 3.6×10^6 [N/m^2]
③ 3.6×10^6 [J]
④ 3.6×10^3 [N/m^2]

해설 전력량 1[kWh]=3.6×10^6[J]

★★★
54 동기기의 전기자 권선법이 아닌 것은?

① 중권　② 이층권
③ 전층권　④ 분포권

해설 동기기의 전기자 권선법 : 고상권, 이층권, 중권, 단절권, 분포권

★★
55 동기기에서 제동 권선을 설치하는 이유로 옳은 것은?

① 역률 개선　② 난조 방지
③ 전압 조정　④ 출력 증가

해설 제동 권선의 설치 목적 : 난조 방지와 기동 토크 발생

★★
56 접지 공사에서 접지극에 동봉을 사용할 때 최소 길이는?

① 1[m]　② 1.2[m]
③ 0.9[m]　④ 0.6[m]

해설 접지극의 종류와 규격
- 동봉 : 지름 8[mm] 이상, 길이 0.9[m] 이상
- 동판 : 두께 0.7[mm] 이상, 단면적 900[cm^2] 이상

★★★
57 단선의 굵기가 6[mm^2] 이하인 전선을 직선 접속할 때 주로 사용하는 접속법은?

① 트위스트 접속
② 브리타니아 접속
③ 쥐꼬리 접속
④ T형 커넥터 접속

해설 트위스트 접속 : 6[mm^2] 이하의 가는 전선 접속

★
58 슬립이 0일 때 유도 전동기의 속도는?

① 동기 속도로 회전한다.
② 정지 상태가 된다.
③ 변화가 없다.
④ 동기 속도보다 빠르게 회전한다.

해설 회전 속도는 $N=(1-s)N_s=N_s$[rpm]이므로 동기 속도로 회전한다.

★
59 제1종 가요 전선관의 최소 두께는 얼마인가?

① 0.8
② 1
③ 1.2
④ 1.5

해설 가요 전선관 공사(2종)
- 전선은 절연 전선 이상일 것(단, 옥외용 비닐 절연 전선은 제외)
- 전선은 연선으로 사용하되 10[mm^2] 이하 단선 가능
- 1종 가요 전선관은 최소 0.8[mm] 이상 두께일 것

★★
60 두 개의 평행 도선에서 전류 방향이 동일한 방향일 경우 무슨 힘이 발생하는가?

① 서로 끌어당긴다.
② 서로 밀어낸다.
③ 서로 밀어냈다 끌어당긴다.
④ 힘이 작용하지 않는다.

해설 평행 도체 사이에 작용하는 힘(전자력)

$$F=\frac{2I_1I_2}{r}\times10^{-7}\text{[N/m]}$$

- 전류 방향 동일 : 흡인력
- 전류 방향 반대(왕복 도체) : 반발력

정답 53.③ 54.③ 55.② 56.③ 57.① 58.① 59.① 60.①

2019년 제1회 CBT 기출복원문제

★ 표시 : 문제 중요도를 나타냄

본 기출문제는 수험생들의 기억을 바탕으로 작성한 것으로 내용 및 그림 등에서 실제 문제와 다소 차이가 있을 수 있습니다.

★

01 UPS란 무엇인가?

① 정전 시 무정전 직류 전원 장치
② 상시 교류 전원 장치
③ 무정전 교류 전원 공급 장치
④ 상시 직류 전원 장치

해설 무정전 교류 전원 공급 장치(UPS : Uninterruptible Power Supply) : 선로에서 정전이나 순시 전압 강하 또는 입력 전원의 이상 상태 발생 시 부하에 대한 교류 입력 전원의 연속성을 확보할 수 있는 무정전 교류 전원 공급 장치이다.

★★

02 공심 솔레노이드 내부의 자기장의 세기가 100[AT/m]일 때 자속 밀도의 세기[Wb/m²]는?

① $2\pi\times10^{-5}$　② $4\pi\times10^{-5}$
③ $2\pi\times10^{-3}$　④ $4\pi\times10^{-1}$

해설 자속 밀도

$$B=\mu_0 H$$
$$=4\pi\times10^{-7}\times100=4\pi\times10^{-5}[\text{Wb/m}^2]$$

★

03 한국전기설비규정에 의하면 옥외 백열전등의 인하선으로서 지표상의 높이 2.5[m] 미만인 부분은 전선에 공칭 단면적 몇 [mm²] 이상의 연동선과 동등 이상의 세기 및 굵기의 절연 전선(옥외용 비닐 절연 전선을 제외)을 사용하는가?

① 0.75　② 1.5
③ 2.5　④ 2.0

해설 옥외 백열 전등의 인하선 시설 : 옥외 백열 전등의 인하선으로서 지표상의 높이 2.5[m] 미만의 부분은 공칭 단면적 2.5[mm²] 이상의 연동선과 동등 이상의 세기 및 굵기의 절연 전선을 사용한다(단, OW 제외).

★★

04 전압계 및 전류계의 측정 범위를 넓히기 위하여 사용하는 배율기와 분류기의 접속 방법은?

① 배율기는 전압계와 병렬 접속, 분류기는 전류계와 직렬 접속
② 배율기는 전압계와 직렬 접속, 분류기는 전류계와 병렬 접속
③ 배율기 및 분류기 모두 전압계와 전류계에 직렬 접속
④ 배율기 및 분류기 모두 전압계와 전류계에 병렬 접속

해설 배율기는 전압계와 직렬로 접속, 분류기는 전류계와 병렬로 접속한다.

★★

05 450/750[V] 일반용 단심 비닐 절연 전선의 약호는?

① NRI　② NF
③ NFI　④ NR

해설 전선의 약호

- NR : 450/750[V] 일반용 단심 비닐 절연 전선
- NRI : 기기 배선용 단심 비닐 절연 전선
- NF : 일반용 유연성 단심 비닐 절연 전선
- NFI : 기기 배선용 유연성 단심 비닐 절연 전선

정답 01.③ 02.② 03.③ 04.② 05.④

★★
06 $i = 200\sqrt{2}\sin\left(\omega t + \frac{\pi}{2}\right)$[A]를 복소수로 표시하면?

① 200
② $j200$
③ $200 \times j200$
④ $200\sqrt{2} \times j200\sqrt{2}$

해설 전류 $\dot{I} = 200\angle\frac{\pi}{2} = 200\left(\cos\frac{\pi}{2} + j\sin\frac{\pi}{2}\right)$
$= 200(0 + j) = j200$[A]

★
07 전선의 전기 저항 처음 값을 R_1이라 하고 이 전선의 반지름을 2배로 하면 전기 저항 R은 처음 값의 얼마이겠는가?

① $4R_1$ ② $2R_1$
③ $\frac{1}{2}R_1$ ④ $\frac{1}{4}R_1$

해설 전기 저항 $R = \rho\frac{l}{A} = \rho\frac{l}{\pi r^2}$[Ω]이므로 반지름이 2배 증가하면 단면적은 $r^2 = 4$배 증가하므로 단면적에 반비례하는 전기 저항은 $\frac{1}{4}$로 감소한다.

★
08 지지선(지선)의 안전율은 2.5 이상으로 하여야 한다. 이 경우 허용 최저 인장 하중[kN]은 얼마 이상으로 하여야 하는가?

① 4.31 ② 6.8
③ 9.8 ④ 0.68

해설 지지선(지선)의 시설 규정
- 안전율은 2.5 이상일 것
- 지지선(지선)의 허용 인장 하중은 4.31[kN] 이상일 것
- 소선 3가닥 이상의 아연 도금 연선일 것

★
09 코드 상호, 캡타이어 케이블 상호 접속 시 사용해야 하는 것은?

① 와이어 커넥터
② 케이블 타이
③ 코드 접속기
④ 테이블 탭

해설 코드 및 캡타이어 케이블 상호 접속 시에는 직접 접속이 불가능하고 전용의 접속 기구인 코드 접속기를 사용해야 한다.

★★
10 100[μF]의 콘덴서에 1,000[V]의 전압을 가하여 충전한 뒤 저항을 통하여 방전시키는 에너지[J]는?

① 25
② 50
③ 100
④ 10

해설 $W = \frac{1}{2}CV^2$
$= \frac{1}{2} \times 100 \times 10^{-6} \times 1{,}000^2$
$= 50$[J]

★★
11 한국전기설비규정에 의하여 애자 사용 공사를 건조한 장소에 시설하고자 한다. 사용 전압이 400[V] 초과인 경우 전선과 조영재 사이의 간격(이격거리)은 최소 몇 [cm] 이상이어야 하는가?

① 2.5 ② 4.5
③ 6.0 ④ 8.0

해설 애자 사용 공사 시 전선과 조영재 간 간격(이격거리)
- 400[V] 이하 : 2.5[cm] 이상
- 400[V] 초과 : 4.5[cm] 이상(단, 건조한 장소는 2.5[cm] 이상)

★★
12 자체 인덕턴스 4[H]의 코일에 18[J]의 에너지가 저장되어 있다. 이때, 코일에 흐르는 전류는 몇 [A]인가?

① 1 ② 2
③ 3 ④ 6

해설 에너지 $W = \frac{1}{2}LI^2$[J]에서

전류 $I = \sqrt{\frac{2W}{L}} = \sqrt{\frac{2 \times 18}{4}} = 3$[A]

정답 06.② 07.④ 08.① 09.③ 10.② 11.① 12.③

★★★

13 콘덴서의 정전 용량을 크게 하는 방법으로 옳지 않은 것은?

출제빈도

① 극판의 간격을 작게 한다.
② 극판 사이에 비유전율이 큰 유전체를 삽입한다.
③ 극판의 면적을 크게 한다.
④ 유전율을 작게 한다.

해설 콘덴서의 정전 용량 $C=\frac{\varepsilon A}{d}$[F]이므로 극판의 간격 d[m]에 반비례하며 면적 A[m^2], 유전율 ε[F/m]에 비례하므로 유전율을 크게 해야 한다.

★★

14 자속을 발생시키는 원천을 무엇이라 하는가?

① 기전력 ② 전자력
③ 정전력 ④ 기자력

해설 기자력(起磁力, magneto motive force) : 자속 ϕ를 발생하게 하는 근원을 말하며 자기 회로에서 권수 N회인 코일에 전류 I[A]를 흘릴 때 발생하는 자속 ϕ는 NI에 비례하여 발생하므로 다음과 같이 나타낼 수 있다.
$F=NI=R_m\phi$[AT]

★

15 6극 직렬권(파권) 발전기의 전기자 도체수 300, 매극 자속수 0.02[Wb], 회전수 900[rpm]일 때 유도 기전력은 몇 [V]인가?

① 300 ② 400
③ 270 ④ 120

해설 $e=\frac{PZ\phi N}{60a}$[V], 파권이므로 $a=2$

$$e=\frac{6\times 300\times 0.02\times 900}{60\times 2}=270\,[\text{V}]$$

★

16 다음의 심벌 명칭은 무엇인가?

① 파워 퓨즈
② 단로기
③ 피뢰기
④ 고압 컷아웃 스위치

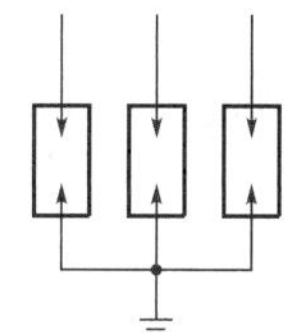

해설 그림은 피뢰기의 복선도로서 접지 공사를 한다.

★★

17 정전 용량 $C[\mu F]$의 콘덴서에 충전된 전하가 $q=\sqrt{2}\,Q\sin\omega t$[C]과 같이 변화하도록 하였다면, 이때 콘덴서에 흘러들어가는 전류의 값은?

① $i=\sqrt{2}\,\omega Q\sin\omega t$
② $i=\sqrt{2}\,\omega Q\cos\omega t$
③ $i=\sqrt{2}\,\omega Q\sin(\omega t-60°)$
④ $i=\sqrt{2}\,\omega Q\cos(\omega t-60°)$

해설 콘덴서에 흐르는 전류

$$i_C=\frac{dq}{dt}=\frac{d}{dt}\sqrt{2}\,Q\sin\omega t$$
$$=\sqrt{2}\,\omega Q\cos\omega t\,[\text{A}]$$
$$=\sqrt{2}\,\omega Q\sin(\omega t+90°)\,[\text{A}]$$

★

18 변압기 2차 저압 과전류 보호용으로 사용되는 배선용 차단기의 약호는?

① ELB ② PF
③ OCB ④ MCCB

해설 배선용 차단기(MCCB : Molded Case Circuit Breaker) : 정격 전류에서는 동작하지 않고 과부하나 단락 사고 시 과전류가 흘렀을 때 동작하는 차단기이다.

★★★

19 부호홀츠 계전기의 설치 위치로 가장 적당한 곳은?

출제빈도

① 변압기 주탱크 내부
② 콘서베이터 내부
③ 변압기 고압측 부싱
④ 변압기 주탱크와 콘서베이터 사이

해설 변압기 내부 고장으로 인한 온도 상승 시 유증기를 검출하여 동작하는 계전기로서 변압기와 콘서베이터를 연결하는 파이프 도중에 설치한다.

정답 13.④ 14.④ 15.③ 16.③ 17.② 18.④ 19.④

★★★
20 전지의 기전력이 1.5[V] 5개를 부하 저항 2.5[Ω]인 전구에 접속하였을 때 전구에 흐르는 전류는 몇 [A]인가? (단, 전지의 내부 저항은 0.5[Ω]이다.)

출제빈도

① 1.5 ② 2
③ 3 ④ 2.5

해설 $I = \dfrac{nE}{nr+R} = \dfrac{5\times1.5}{5\times0.5+2.5} = 1.5[\text{A}]$

★
21 직류 전동기의 전부하 속도가 1,200[rpm]이고 속도 변동률이 2[%]일 때, 무부하 회전 속도는 몇 [rpm]인가?

① 1,224 ② 1,236
③ 1,176 ④ 1,164

해설 속도 변동률 $\varepsilon = \dfrac{N_0 - N_n}{N_n}\times100[\%]$에서

무부하 속도 $N_0 = N_n\left(1+\dfrac{\varepsilon}{100}\right)$
$= 1{,}200(1+0.02)$
$= 1{,}224[\text{rpm}]$

★★
22 금속 전선관 공사에서 사용되는 후강 전선관의 규격이 아닌 것은?

① 22 ② 28
③ 36 ④ 48

해설 후강 전선관
- 관의 호칭 : 안지름(내경)의 크기에 가까운 짝수
- 관의 종류(10종류) : 16, 22, 28, 36, 42, 54, 70, 82, 92, 104[mm]

★★
23 분기 회로(S_2)의 보호 장치(P_2)는 (P_2)의 전원측에서 분기점(O) 사이에 다른 분기 회로 또는 콘센트의 접속이 없고, 단락의 위험과 화재 및 인체에 대한 위험성이 최소화되도록 시설된 경우, 분기 회로의 보호 장치(P_2)는 분기 회로의 분기점(O)으로부터 x[m]까지 이동하여 설치할 수 있다. 이때 x[m]는?

① 2
② 3
③ 1
④ 4

P_1 A O $S_1 \geq S_2$ x[m] B P_2

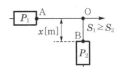

해설 전원측(P_2)에서 분기점(O) 사이에 다른 분기 회로 또는 콘센트의 접속이 없고, 단락의 위험과 화재 및 인체에 대한 위험성이 최소화되도록 시설된 경우, 분기 회로의 보호 장치(P_2)는 분기 회로의 분기점(O)으로부터 3[m]까지 이동하여 설치할 수 있다.

★
24 $R-L$ 직렬 회로에 직류 전압 100[V]를 가했더니 전류가 20[A]이었다. 교류 전압 100[V], $f=60$[Hz]를 인가한 경우 흐르는 전류가 10[A]였다면 유도성 리액턴스 X_L[Ω]은 얼마인가?

① 5 ② $5\sqrt{2}$
③ $5\sqrt{3}$ ④ 10

해설 직류 인가한 경우 $L=0$이므로

$R = \dfrac{V}{I} = \dfrac{100}{20} = 5[\Omega]$

교류를 인가한 경우 임피던스

$Z = \dfrac{V}{I} = \dfrac{100}{10} = 10 = \sqrt{R^2+{X_L}^2}\,[\Omega]$이므로

$X_L = \sqrt{Z^2-R^2} = \sqrt{10^2-5^2}$
$= \sqrt{75} = \sqrt{5^2\times3} = 5\sqrt{3}\,[\Omega]$

★
25 수·변전 설비의 고압 회로에 걸리는 전압을 표시하기 위해 전압계를 시설할 때 고압 회로와 전압계 사이에 시설하는 것은?

① 수전용 변압기
② 계기용 변류기
③ 계기용 변압기
④ 권선형 변류기

해설 고전압을 저전압으로 변성하여 측정 계기나 보호 계전기에 전압을 공급하기 위한 전압 변성기를 계기용 변압기(PT)라 한다.

정답 20.① 21.① 22.④ 23.② 24.③ 25.③

★★★
26 두 금속을 접속하여 여기에 온도차가 발생하면 그 접점에서 기전력이 발생하여 전류가 흐르는 현상은?

① 줄 효과　② 홀(hole) 효과
③ 제베크 효과　④ 펠티에 효과

해설 열전기 현상 : 제베크 효과는 두 금속 접합점에 온도차를 주면 전류가 흐르는 현상이다.

★★★
27 3상 유도 전동기의 회전 원리와 가장 관계가 깊은 것은?

① 회전 자계
② 옴의 법칙
③ 플레밍의 오른손 법칙
④ 키르히호프의 법칙

해설 유도 전동기의 회전 원리 : 고정자 3상 권선에 흐르는 평형 3상 전류에 의해 발생한 회전 자계가 동기 속도 N_s로 회전할 때 아라고 원판 역할을 하는 회전자 도체가 자속을 끊어 기전력이 발생하여 전류가 흐르면 전동기는 시계 방향으로 회전하는 회전 자계와 같은 방향으로 회전을 한다.

★★★
28 접지를 하는 목적으로 설명이 틀린 것은?

① 감전 방지
② 대지 전압 상승 방지
③ 전기 설비 용량 감소
④ 화재와 폭발 사고 방지

해설 접지의 목적
- 전선의 대지 전압의 저하
- 보호 계전기의 동작 확보
- 감전의 방지

★
29 $R-L-C$ 직렬 회로에서 임피던스 Z의 크기를 나타내는 식은?

① $R^2+{X_L}^2$
② $R^2-{X_C}^2$
③ $\sqrt{R^2+(X_L-X_C)^2}$
④ 0

해설 $R-L-C$ 직렬 회로의 임피던스

$$\dot{Z}=R+j(X_L-X_C)=R+j\left(\omega L-\frac{1}{\omega C}\right)[\Omega]$$

$$Z=\sqrt{R^2+(X_L-X_C)^2}\,[\Omega]$$

★★
30 사람이 상시 통행하는 터널 내 배선의 사용 전압이 저압일 때 공사 방법으로 틀린 것은?

① 금속관 공사
② 애자 사용 공사
③ 금속 몰드
④ 합성 수지관(두께 2[mm] 미만 및 난연성이 없는 것은 제외)

해설 금속관, 두께 2[mm] 이상의 합성 수지관, 금속제 가요전선관, 케이블, 애자 사용 배선 등에 준하여 시설한다. 금속 몰드 공사는 사용 전압 400[V] 이하, 건조하고 전개된 장소에 시설하는 공사이다.

★★★
31 전자 접촉기 2개를 이용하여 유도 전동기 1대를 정·역 운전하고 있는 시설에서 전자 접촉기 2개가 동시에 여자되어 상간 단락되는 것을 방지하기 위하여 구성하는 회로는?

① 자기 유지 회로
② 순차 제어 회로
③ Y－△ 기동 회로
④ 인터록 회로

해설 인터록 회로 : 선행 입력 우선 동작 회로로서 응답을 하는 동시에 다른 동작을 금지시키는 회로이다.

★★
32 쥐꼬리 접속 시 접속하려는 두 전선의 피복을 벗긴 후 심선을 교차시킬 때 펜치로 비트는 교차각은 몇 도가 되어야 하는가?

① 30°　② 90°
③ 120°　④ 180°

해설 펜치로 교차시킨 심선을 잡아당기면서 90°가 되도록 비틀어 2~3회 정도 꼰 후 끝을 잘라낸다.

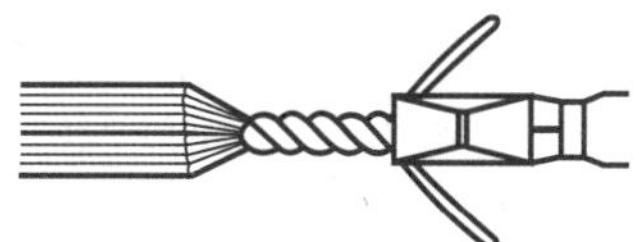

정답 26.③ 27.① 28.③ 29.③ 30.③ 31.④ 32.②

★★★

33 배전반 및 분전반과 연결된 배관을 변경하거나 이미 설치되어 있는 캐비닛에 구멍을 뚫을 때 필요한 공구는?

출제빈도

① 오스터 ② 녹아웃 펀치
③ 토치 램프 ④ 클리퍼

해설 전기 공사용 공구
- 오스터 : 금속관에 나사를 낼 때 사용하는 것
- 녹아웃 펀치 : 배전반이나 분전반 등의 금속제 캐비닛의 구멍을 확대하거나 철판의 구멍 뚫기에 사용하는 공구
- 토치 램프 : 합성 수지관 공사 시 가공부를 가열하기 위한 램프
- 클리퍼 : 단면적 25[mm^2] 이상인 굵은 전선 절단용 공구

★

34 자성체를 자석 가까이에 두었을 때 전혀 반응이 없는 자성체는?

① 비자성체 ② 반자성체
③ 강자성체 ④ 상자성체

해설 비자성체 : 자성을 갖지 않는 물질이므로 자성이 없으면 자계에 의해 힘을 받지 않는다.

★

35 실내 전반 조명을 하고자 한다. 작업대로부터 광원까지의 높이가 2.4[m]인 위치에 조명 기구를 배치할 때 벽에서 한 기구 이상 떨어진 기구에서 기구 간의 거리는 일반적인 경우 최대 몇 [m]로 배치하여 설치하는가?

① 1.8 ② 2.4
③ 3.2 ④ 3.6

해설 작업대로부터 광원까지의 높이가 H[m]인 경우 등간격은 $S \leq 1.5H$이므로 $S=1.5\times 2.4 = 3.6$[m]이다.

★

36 유도 전동기가 정지 상태일 때 슬립은?

① 2 ② 1
③ 0 ④ −1

해설 유도 전동기가 정지이며 회전 속도는 0이므로 $N=(1-s)N_s = N_s$[rpm]이므로 슬립은 1이어야 한다.

★

37 220[V] 단상의 부하에 전류가 전압보다 45° 뒤진 15[A]의 전류가 흘렀다. 소비 전력[W]은?

① 2,857 ② 3,300
③ 1,650 ④ 2,333

해설 $P = VI\cos\theta = 220\times 15 \times \cos 45° = 2,333$[W]

★★

38 단위 시간당 5[Wb]의 자속이 통과하여 2[J]의 일을 하였다면 전류는 얼마인가?

① 0.25 ② 2.5
③ 0.4 ④ 4

해설 자속이 통과하면서 한 일 $W=\phi I$[J]

$I = \frac{W}{\phi} = \frac{2}{5} = 0.4$[A]

★

39 경질 비닐관의 호칭으로 맞는 것은?

① 홀수에 관 바깥지름으로 표기한다.
② 짝수에 관 바깥지름으로 표기한다.
③ 홀수에 관 안지름으로 표기한다.
④ 짝수에 관 안지름으로 표기한다.

해설 경질 비닐관(합성 수지관)의 호칭 : 짝수, 관 안지름으로 표기(규격 : 14, 16, 22, 28, 36, 42, 54, 70, 82[mm])

★★

40 이동용 전기 기계 기구를 저압 전기 설비에 사용하는 경우 접지선의 굵기는 다심 코드를 사용하는 경우 1개의 단면적이 최소 몇 [mm^2] 이상이어야 하는가?

① 0.75 ② 1
③ 4 ④ 6

해설 저압 전기 설비를 이동용 전기 기계 기구를 사용하는 경우 접지 도체의 굵기는 1개의 단면적이 0.75[mm^2]인 다심 코드 또는 캡타이어 케이블을 사용하여야 한다.

정답 33.② 34.① 35.④ 36.② 37.④ 38.③ 39.④ 40.①

★★★
41 동기 발전기의 병렬 운전 중 기전력의 위상 차가 발생하면 어떤 현상이 나타나는가?

출제빈도

① 무효 횡류
② 유효 순환 전류
③ 무효 순환 전류
④ 고조파 전류

해설 동기 발전기 병렬 운전 조건 중 기전력의 크기가 같고 위상차가 존재할 때는 유효 순환 전류(동기화 전류)가 흘러 동기 화력에 의해 위상이 일치된다.

★★★
42 조명용 전등을 호텔 또는 여관 객실 입구에 설치할 경우 최대 몇 분 이내에 소등되는 타임 스위치를 시설하여야 하는가?

출제빈도

① 1 ② 2
③ 3 ④ 4

해설 타임 스위치 소등 시간
- 일반 주택 및 아파트 : 3분 이내 소등
- 숙박 업소 각 호실 : 1분 이내 소등

★
43 가정용 전기 세탁기를 욕실에 설치하는 경우 콘센트의 규격은?

① 접지극부 3극 15[A]
② 3극 15[A]
③ 접지극부 2극 15[A]
④ 2극 15[A]

해설 욕조나 샤워 시설이 있는 욕실 또는 화장실 등 인체가 물에 젖어 있는 상태에서 전기를 사용하는 장소에 콘센트를 시설하는 경우에는 다음에 따라 시설하여야 한다.
- 인체 감전 보호용 누전 차단기(정격 감도 전류 15[mA] 이하, 동작 시간 0.03초 이하의 전류 동작형)를 전로에 접속하거나, 그것이 부착된 콘센트를 시설하여야 한다.
- 콘센트는 접지극이 있는 2극 15[A] 방수형 콘센트를 사용하여 접지하여야 한다.

★
44 캡타이어 케이블을 공사하는 경우 지지점을 지지하는 공사 방법으로 틀린 것은?

① 캡타이어 케이블을 조영재에 따라 시설하는 경우는 그 지지점 간의 거리는 1.0[m] 이하로 한다.
② 서까래와 서까래의 사이에 캡타이어 케이블을 시설하는 경우 지지점 간격은 1.2[m] 이하로 해야 한다.
③ 은폐 배선에 있어 부득이한 경우는 지지하지 않아도 된다.
④ 캡타이어 케이블 상호 및 캡타이어 케이블과 박스, 기구와의 접속 개소와 지지점 간의 거리는 0.15[m]로 하는 것이 바람직하다.

해설 서까래와 서까래의 사이에 간격이 1.0[m]를 초과하는 곳에 캡타이어 케이블을 시설하는 경우 판 사이를 가로질러 이 판을 고정하거나 캡타이어 케이블을 메신저 와이어에 의해 조가하여야 한다. 메신저 와이어[조가선(조가용선)]는 가공 케이블을 매달아 지지할 때 사용하는 것이다.

★★★
45 동기 발전기에서 전기자 전류가 유도 기전력보다 90° 뒤진 전류가 흐르는 경우 나타나는 전기자 반작용은?

출제빈도

① 증자 작용 ② 감자 작용
③ 교차 자화 작용 ④ 직축 반작용

해설 발전기의 전기자 반작용
- 동상 전류 : 교차 자화 작용
- 뒤진 전류 : 감자 작용
- 앞선 전류 : 증자 작용

★★★
46 고압 가공 인입선이 도로를 횡단하는 경우 노면상 시설하여야 할 높이는 몇 [m] 이상인가?

출제빈도

① 8.5 ② 5
③ 6 ④ 6.5

정답 41.② 42.① 43.③ 44.② 45.② 46.③

해설 저 · 고압 인입선의 높이

장소 구분	저압[m]	고압[m]
도로 횡단	5[m] 이상	6[m] 이상
철도 횡단	6.5[m] 이상	6.5[m] 이상
횡단보도교	3[m] 이상	3.5[m] 이상
기타 장소	4[m] 이상	5[m] 이상

★★
47 **전원 주파수 60[Hz], 4극, 슬립 5[%]인 유도 전동기의 회전자의 주파수[Hz]는?**

① 4 ② 3
③ 5 ④ 6

해설 회전지 회로의 주파수 f_2는
$f_2 = sf = 0.05 \times 60 = 3$[Hz]
여기서, f_2 : 회전자 기전력 주파수
f : 전원 주파수

★
48 **변압기 결선에서 1차측은 중성점을 접지할 수 있고 2차측은 제3고조파에 의한 영향을 없애주는 장점을 가지고 있는 3상 결선 방식은?**

① V－V ② △－△
③ Y－Y ④ Y－△

해설 Y－△ 결선 방식
- 2차 권선의 선간 전압이 상전압과 같으므로 강압용에 적합하고, 높은 전압을 Y결선으로 하므로 절연이 유리하다.
- 제3고조파 전류가 △결선 내에서만 순환하고 외부에는 나타나지 않으므로 기전력의 왜곡 및 통신 장해의 발생이 없다.
- 30°의 위상 변위가 발생하므로 1대가 고장이 발생하면 전원 공급이 불가능해진다.

★★★
49 출제빈도 **황산구리 용액에 10[A]의 전류를 60분간 흘린 경우 이때 석출되는 구리의 양[g]은? (단, 구리의 전기 화학 당량은 0.3293×10^{-3}[g/C]이다.)**

① 약 11.86 ② 약 5.93
③ 약 7.82 ④ 약 1.67

해설 $W = kQ = kIt$
$= 0.3293 \times 10^{-3} \times 10 \times 60 \times 60$
$\fallingdotseq 11.86$[g]

★★
50 **전주의 길이가 16[m]이고, 설계 하중이 6.8[kN] 이하의 철근 콘크리트주를 시설할 때 땅에 묻히는 깊이는 몇 [m] 이상이어야 하는가?**

① 1.2 ② 1.4
③ 2.0 ④ 2.5

해설 목주 및 A종 지지물의 건주 공사 시 매설 깊이
- 길이 15[m] 이하 : 길이×$\frac{1}{6}$[m] 이상 매설할 것
- 길이 15[m] 초과 : 2.5[m] 이상 매설할 것

★
51 **다음 그림은 전선 피복을 벗기는 공구이다. 알맞은 것은?**

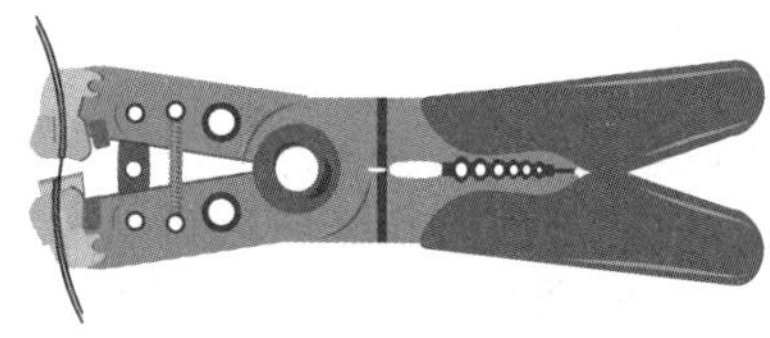

① 니퍼
② 펜치
③ 와이어 스트리퍼
④ 전선 눌러 붙임(압착) 공구

해설 와이어 스트리퍼 : 전선 피복을 벗기는 공구로서, 그림은 중간 부분을 벗길 수 있는 스트리퍼로 자동 와이어 스트리퍼이다.

★★
52 **전장의 단위로 맞는 것은?**

① [V]
② [J/C]
③ [N · m/C]
④ [V/m]

해설
- 전위의 단위 : $V = \frac{W}{Q}$[V=J/C=N · m/C]
- 전장의 단위 : [V/m]

정답 47.② 48.④ 49.① 50.④ 51.③ 52.④

★
53 다음 그림에서 ( ) 안의 극성은?

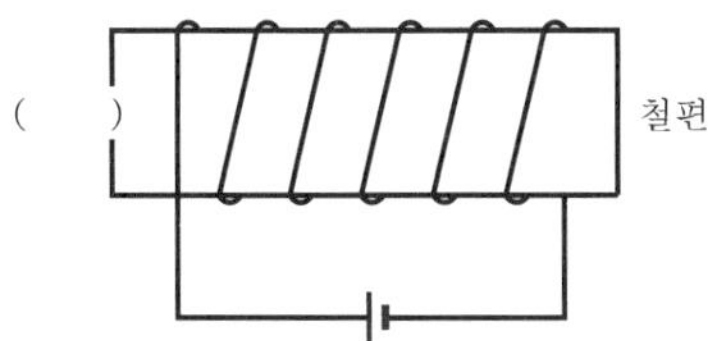

① N극
② S극
③ +극
④ 아무런 변화가 없다.

해설 그림에서 오른손을 솔레노이드 코일의 전류 방향에 따라 네 손가락을 감아쥐면 엄지 손가락이 N극 방향을 가리키므로 N극이 된다.

★★★
54 (출제빈도) 케이블을 구부리는 경우는 피복이 손상되지 않도록 하고, 그 굽은 부분(굴곡부)의 곡선반지름(곡률반경)은 원칙적으로 케이블이 단심인 경우 바깥지름(외경)의 몇 배 이상이어야 하는가?

① 4　② 6
③ 8　④ 10

해설 케이블의 곡선반지름(곡률반경)은 케이블 바깥지름의 6배 이상(단, 단심인 경우 8배 이상)

★
55 교류 전압이 $v=\sqrt{2}\,V\sin\left(\omega t-\frac{\pi}{3}\right)$[V], 교류 전류가 $i=\sqrt{2}\,I\sin\left(\omega t-\frac{\pi}{6}\right)$[A]인 경우 전압과 전류의 위상 관계는?

① 전압이 전류보다 60° 뒤진다.
② 전류가 전압보다 60° 앞선다.
③ 전압이 전류보다 90° 뒤진다.
④ 전류가 전압보다 30° 앞선다.

해설 위상차 $\theta=\frac{\pi}{3}-\frac{\pi}{6}=\frac{\pi}{6}$[rad] $=30°$이고 전류가 전압보다 30° 앞선다.

★
56 도체계에서 임의의 도체를 일정 전위(일반적으로 영전위)의 도체로 완전 포위하면 내부와 외부의 전계를 완전히 차단할 수 있는데 이를 무엇이라 하는가?

① 핀치 효과　② 톰슨 효과
③ 정전 차폐　④ 자기 차폐

해설 정전 차폐 : 도체가 정전 유도가 되지 않도록 도체 바깥을 포위하여 접지하는 것을 정전 차폐라 하며 완전 차폐가 가능하다.

★★★
57 (출제빈도) 변압기에서 퍼센트 저항 강하 3[%], 리액턴스 강하 4[%]일 때, 역률 0.8(지상)에서의 전압 변동률은?

① 2.4[%]　② 3.6[%]
③ 4.8[%]　④ 6[%]

해설 변압기의 전압 변동률
$\varepsilon=p\cos\theta+q\sin\theta=3\times0.8+4\times0.6=4.8$[%]
$\cos\theta=0.8\rightarrow\sin\theta=\sqrt{1-0.8^2}=0.6$

★
58 2극, 60[Hz]인 유도 전동기의 회전수는 몇 [rpm]인가?

① 4,800　② 3,600
③ 2,400　④ 1,800

해설 회전수 $N=\frac{120f}{P}=\frac{120\times60}{2}=3{,}600$[rpm]

★★
59 정격 전류가 30[A]인 저압 전로의 과전류 차단기를 산업용 배선용 차단기로 사용하는 경우 정격 전류의 1.3배의 전류가 통과하였을 때 몇 분 이내에 자동적으로 동작하여야 하는가?

① 1분　② 60분
③ 2분　④ 120분

해설 과전류 차단기로 저압 전로에 사용하는 63[A] 이하의 산업용 배선용 차단기는 정격 전류의 1.3배 전류가 흐를 때 60분 내에 자동으로 동작하여야 한다.

정답 53.① 54.③ 55.④ 56.③ 57.③ 58.② 59.②

★★
60 4극, 60[Hz], 200[kW]인 3상 유도 전동기가 있다. 전부하 슬립이 2.5[%]로 회전할 때 회전수는 몇 [rpm]인가?

① 1,700　② 1,800
③ 1,755　④ 1,875

해설 $N=(1-s)N_s$

$=(1-s)\dfrac{120f}{P}$

$=(1-0.025)\times\dfrac{120\times 60}{4}=1{,}755[\text{rpm}]$

정답 60.③

2019년 제2회 CBT 기출복원문제

★ 표시 : 문제 중요도를 나타냄

본 기출문제는 수험생들의 기억을 바탕으로 작성한 것으로 내용 및 그림 등에서 실제 문제와 다소 차이가 있을 수 있습니다.

★★★

01 무부하 전압 103[V]인 직류 발전기의 정격 전압 100[V]인 경우 이 발전기의 전압 변동률[%]은?

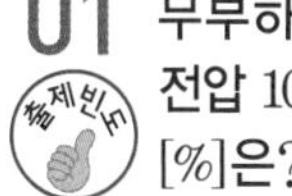

① 1 ② 3
③ 6 ④ 9

해설 전압 변동률

$$\varepsilon = \frac{V_0 - V_n}{V_n} \times 100 = \frac{103-100}{100} \times 100 = 3[\%]$$

★

02 교류 회로에 저항 $R[\Omega]$, 유도 리액턴스 $X_L[\Omega]$, 용량 리액턴스 $X_C[\Omega]$이 직렬로 접속되어 있을 때 합성 임피던스의 크기는?

① $R^2+(X_L-X_C)^2$

② $R^2+(X_L+X_C)^2$

③ $\sqrt{R^2+(X_L+X_C)^2}$

④ $\sqrt{R^2+(X_L-X_C)^2}$

해설 $R-L-C$ 직렬 회로의 합성 벡터 임피던스

$\dot{Z}=R+j(X_L-X_C)[\Omega]$

절대값(크기) $Z=\sqrt{R^2+(X_L-X_C)^2}[\Omega]$

★★★

03 동기기의 전기자 권선법이 아닌 것은?

① 2층권 ② 단절권
③ 중권 ④ 전층권

해설 동기기의 권선법은 고조파 제거로 좋은 파형을 얻기 위해 분포권, 단절권, 2층권 등을 사용한다.

★★

04 정전 흡인력은 인가한 전압의 몇 제곱에 비례하는가?

① 2 ② $\frac{1}{4}$
③ $\frac{1}{2}$ ④ 3

해설 정전 흡인력 $F=\frac{\varepsilon V^2}{2d^2}A[\text{N}]$

★

05 전선의 약호 중 "H"가 의미하는 것은?

① 전열용 절연 전선
② 네온 전선
③ 내열용 절연 전선
④ 경동선

해설 경동선(Hard-drawn copper wire)의 약호는 영문자 "H"를 사용하는데, 경동선이 거친 동선을 사용하므로 Hard의 첫 자를 따서 약호를 사용한다.

★★

06 자동 전기 설비 계통 등에서 기구 위치 선정에 사용되는 것은?

① 셰이딩 모터 ② 동기 전동기
③ 스테핑 모터 ④ 반동 전동기

해설 스테핑 모터는 펄스 신호에 의하여 회전하는 모터로서, 1펄스마다 수 도[°]에서 수십 도[°]의 각도만 회전이 가능하고 펄스 모터 또는 스텝 모터라고도 한다. 위치 제어가 가능하므로 자동 설비 계통에서 위치 선정에 사용된다.

정답 01.② 02.④ 03.④ 04.① 05.④ 06.③

★★
07 3상 100[kVA], 13,200/200[V] 부하의 저압측 유효분 전류는? (단, 역률은 0.8이다.)

① 130 ② 230
③ 260 ④ 288

해설 피상 전력 $P_a = \sqrt{3}\,VI$ [VA]

전류 $I = \dfrac{P_a}{\sqrt{3}\,V} = \dfrac{100}{\sqrt{3}\times 0.2} \fallingdotseq 288$[A]

복소수 전류 $\dot{I} = I\cos\theta + jI\sin\theta$
$= 288\times 0.8 + j288\times 0.6$
$= 230 + j173$[A]

∴ 유효분 전류=230[A]

★
08 두 개의 코일의 자기 인덕턴스가 80[mH], 50[mH]이고 상호 인덕턴스가 60[mH]일 때 누설이 없이 가동으로 접속한 경우 합성 인덕턴스[mH]는?

① 13 ② 250
③ 240 ④ 230

해설 가동 접속인 경우 상호 인덕턴스

$L_{가} = L_1 + L_2 + 2M$
$= 80 + 50 + 2\times 60 = 250$[mH]

★
09 변압기의 권수비가 60이고 2차 저항이 0.1[Ω]일 때 1차로 환산한 저항값[Ω]은 얼마인가?

① 30 ② 360
③ 300 ④ 250

해설 권수비 $a = \sqrt{\dfrac{R_1}{R_2}}$ 이므로

1차 저항 $R_1 = a^2 R_2 = 60^2 \times 0.1 = 360$[Ω]

★★
10 최대 사용 전압이 70[kV]인 중성점 직접 접지식 전로의 절연 내력 시험 전압은 몇 [V]인가?

① 35,000 ② 50,400
③ 44,800 ④ 42,000

해설 절연 내력 시험 : 최대 사용 전압이 60[kV] 이상인 중성점 직접 접지식 전로의 절연 내력 시험은 최대 사용 전압의 0.72배의 전압을 연속으로 10분간 가할 때 견디는 것으로 하여야 한다.

시험 전압=70,000×0.72=50,400[V]

★★★
11 출제빈도 가연성 먼지(분진)에 전기 설비가 발화원이 되어 폭발의 우려가 있는 곳에 시설하는 저압 옥내 배선 공사 방법이 아닌 것은?

① 애자 사용 공사
② 케이블 공사
③ 두께 2[mm] 이상 합성 수지관 공사
④ 금속관 공사

해설 가연성 먼지(분진 : 소맥분, 전분, 유황 기타 가연성 먼지 등)로 인하여 폭발할 우려가 있는 저압 옥내 설비 공사는 금속관 공사, 케이블 공사, 두께 2[mm] 이상의 합성 수지관 공사 등에 의하여 시설한다.

★
12 자기 회로의 자기 저항이 5,000[AT/Wb], 기자력이 50,000[AT]이라면 자속[Wb]은?

① 5 ② 10
③ 15 ④ 20

해설 자속 $\phi = \dfrac{F}{R_m} = \dfrac{50,000}{5,000} = 10$[Wb]

★★
13 전기자와 계자 권선이 병렬로만 접속되어 있는 발전기는?

① 직권 발전기
② 타여자 발전기
③ 분권 발전기
④ 차동 복권 발전기

해설 분권 발전기 : 계자 권선과 전기자 회로가 병렬로 접속되어 있는 직류기

정답 07.② 08.② 09.② 10.② 11.① 12.② 13.③

14 전하의 성질에 대한 설명 중 옳지 않은 것은?

① 대전체에 들어 있는 전하를 없애려면 접지시킨다.
② 같은 종류의 전하끼리는 흡인하고, 다른 종류의 전하끼리는 반발한다.
③ 전하는 가장 안정한 상태를 유지하려는 성질이 있다.
④ 비대전체에 대전체를 갖다 대면 비대전체에 전하가 유도되며 이를 정전 유도 현상이라 한다.

해설 같은 종류의 전하끼리는 서로 반발하고, 다른 종류의 전하끼리는 서로 흡인한다.

15 다이오드를 사용한 정류 회로에서 다이오드를 여러 개 직렬로 연결하여 사용하는 경우의 설명으로 가장 옳은 것은?

① 다이오드를 과전류로부터 보호할 수 있다.
② 낮은 전압 전류에 적합하다.
③ 부하 출력의 맥동률을 감소시킬 수 있다.
④ 다이오드를 과전압으로부터 보호할 수 있다.

해설 직렬 접속 시 전압 강하에 의해 과전압으로부터 보호할 수 있다.

16 공기 중에 $10[\mu C]$과 $20[\mu C]$를 $1[m]$ 간격으로 놓을 때 발생되는 정전력[N]은?

출제빈도

① 3.8　② 2.2
③ 1.8　④ 6.3

해설 쿨롱의 법칙 : 대전된 두 도체 사이에 작용하는 힘(정전력)이다.

$$F = \frac{Q_1 Q_2}{4\pi\varepsilon_0 r^2} = 9\times10^9 \times \frac{Q_1 Q_2}{r^2}$$

$$= 9\times10^9 \times \frac{10\times10^{-6}\times20\times10^{-6}}{1^2} = 1.8[N]$$

17 공심 솔레노이드에 자기장의 세기를 500[AT/m]를 가한 경우 자속 밀도$[Wb/m^2]$은?

① $2\pi\times10^{-1}$
② $\pi\times10^{-4}$
③ $2\pi\times10^{-4}$
④ $\pi\times10^{-1}$

해설 자속 밀도 $B = \mu_0 H$

$$= 4\pi\times10^{-7}\times500$$
$$= 2\pi\times10^{-4}[Wb/m^2]$$

18 동기 전동기에 대한 설명으로 틀린 것은?

① 역률을 조정할 수 없다.
② 효율이 좋다.
③ 난조가 일어나기 쉽다.
④ 직류 여자기가 필요하다.

해설 동기 전동기의 특성

장점	단점
속도(N_s)가 일정하다.	기동 토크가 작다($\tau_s = 0$).
역률을 조정할 수 있다.	속도 제어가 어렵다.
효율이 좋다.	직류 여자기가 필요하다.
공극이 크고 기계적으로 튼튼하다.	난조가 일어나기 쉽다.

* 동기 전동기는 역률을 1로 조정할 수 있다.

19 $1[\mu F]$의 콘덴서에 30[kV]의 전압을 가하여 $200[\Omega]$의 저항을 통해 방전시키면 이때 발생하는 에너지[J]는 얼마인가?

① 450
② 900
③ 1,000
④ 1,200

해설 콘덴서에 축적되는 에너지

$$W = \frac{1}{2}CV^2$$
$$= \frac{1}{2}\times1\times10^{-6}\times(30\times10^3)^2 = 450[J]$$

정답 14.② 15.④ 16.③ 17.③ 18.① 19.①

20 전지의 기전력이 1.5[V], 5개를 부하 저항 2.5[Ω]인 전구에 접속하였을 때 전구에 흐르는 전류는 몇 [A]인가? (단, 전지의 내부 저항은 0.5[Ω]이다.)

① 1.5 ② 2
③ 3 ④ 2.5

해설 $I = \dfrac{nE}{nr+R} = \dfrac{5\times 1.5}{5\times 0.5+2.5} = 1.5\,[\mathrm{A}]$

21 알칼리 축전기의 대표적인 축전지로 널리 사용되고 있는 2차 전지는?

① 망간 전지
② 산화은 전지
③ 페이퍼 전지
④ 니켈-카드뮴 전지

해설 니켈-카드뮴 전지 : 알칼리 축전기의 대표적인 축전지로 휴대용 이동 전화의 전원으로 사용되는 전지이다.

22 어떤 변압기에서 임피던스 강하가 5[%]인 변압기가 운전 중 단락되었을 때 그 단락 전류는 정격 전류의 몇 배인가?

① 5 ② 20
③ 50 ④ 200

해설 단락 전류 $I_s = \dfrac{100}{\%Z} I_n$에서

$$\frac{I_s}{I_n} = \frac{100}{\%Z} = \frac{100}{5} = 20$$

23 전기 기계에 있어 와전류손(eddy current loss)을 감소하기 위한 적합한 방법은?

① 냉각 압연한다.
② 보상 권선을 설치한다.
③ 교류 전원을 사용한다.
④ 규소 강판에 성층 철심을 사용한다.

해설 와전류손의 감소 방법으로 성층 철심을 사용한다. 히스테리시스손을 줄이기 위해서 약 4[%]의 규소가 함유된 규소 강판을 사용한다.

24 분권 발전기의 정격 전압이 100[V]이고 전기자 저항 0.2[Ω], 정격 전류가 50[A]인 경우 유도 기전력은 몇 [V]인가?

① 100 ② 110
③ 120 ④ 130

해설 유도 기전력 $E = V + I_a R_a$
$= 100 + 50 \times 0.2 = 110\,[\mathrm{V}]$

25 동기기에서 제동 권선을 설치하는 이유로 옳은 것은?

① 역률 개선 ② 난조 방지
③ 전압 조정 ④ 출력 증가

해설 제동 권선의 설치 목적 : 난조 방지와 기동 토크 발생을 위해서이다.

26 출력이 10[kW]이고 효율 80[%]일 때 손실은 몇 [kW]인가?

① 7.5 ② 10
③ 2.5 ④ 12.5

해설 $\eta = \dfrac{\text{출력}}{\text{입력}} \times 100\,[\%]$

입력 $P_i = \dfrac{10}{80} \times 100 = 12.5\,[\mathrm{kW}]$이므로

손실은 $12.5 - 10 = 2.5\,[\mathrm{kW}]$이다.

27 동기 발전기의 돌발 단락 전류를 주로 제한하는 것은?

① 역상 리액턴스
② 누설 리액턴스
③ 동기 리액턴스
④ 권선 저항

정답 20.① 21.④ 22.② 23.④ 24.② 25.② 26.③ 27.②

해설 동기기에서 저항은 누설 리액턴스에 비하여 작으며 전기자 반작용은 단락 전류가 흐른 뒤에 작용하므로 돌발 단락 전류를 제한하는 것은 누설 리액턴스이다.

★★★
28 **공기 중에서 5×10^{-4}[Wb]인 곳에서 10[cm] 떨어진 점에 3×10^{-4}[Wb]이 놓여 있을 경우 자기력의 세기[N]는?**

① 9.5×10^{-1}　② 9.5×10^{-2}
③ 9.5×10^{-3}　④ 9.5×10^{-4}

해설 두 자극 간에 작용하는 힘의 세기

$$F = 6.33\times10^4\times\frac{m_1\cdot m_2}{r^2}$$
$$= 6.33\times10^4\times\frac{5\times10^{-4}\times3\times10^{-4}}{0.1^2}$$
$$= 0.95 = 9.5\times10^{-1}[\text{N}]$$

★★★
29 **3상 유도 전동기의 회전 방향을 바꾸려면?**

① 전원의 전압과 주파수를 바꾸어준다.
② 전동기의 1차 권선에 있는 3개의 단자 중 어느 2개의 단자를 서로 바꾸어준다.
③ △-Y 결선으로 결선법을 바꾸어준다.
④ 기동 보상기를 사용하여 권선을 바꾸어준다.

해설 3상 유도 전동기는 회전 자계에 의해 회전하며 회전 자계의 방향을 반대로 하려면 전원의 3선 가운데 2선을 바꾸어 전원에 다시 연결하면 회전 방향은 반대로 된다.

★
30 **전선 접속 시 사용되는 슬리브(sleeve)의 종류가 아닌 것은?**

① E형　② S형
③ D형　④ P형

해설 전선 접속 시 사용되는 슬리브(sleeve)의 종류에는 S형, E형, P형 등이 있다.

★★★
31 **전선의 접속에 대한 설명으로 틀린 것은?**

① 접속 부분의 전기 저항을 20[%] 이상 증가되도록 한다.
② 접속 부분의 인장 강도를 80[%] 이상 유지되도록 한다.
③ 접속 부분에 전선 접속 기구를 사용한다.
④ 알루미늄 전선과 구리선의 접속 시 전기적인 부식이 생기지 않도록 한다.

해설 전선 접속 시 주의 사항
- 전선 접속 부분의 전기 저항을 증가시키지 말 것
- 전선 접속 부분의 인장 강도를 80[%] 이상 유지할 것

★★★
32 **피뢰 시스템에 접지 도체가 접속된 경우 접지선의 굵기는 구리선인 경우 최소 몇 [mm^2] 이상이어야 하는가?**

① 6　② 10
③ 16　④ 22

해설 접지 도체가 피뢰 시스템에 접속된 경우 : 구리 16[mm^2] 이상, 철제 50[mm^2] 이상

★★★
33 **배전반 및 분전반과 연결된 배관을 변경하거나 이미 설치되어 있는 캐비닛에 구멍을 뚫을 때 필요한 공구는?**

① 오스터　② 녹아웃 펀치
③ 토치 램프　④ 클리퍼

해설 전기 공사용 공구
- 오스터 : 금속관에 나사를 낼 때 사용하는 것
- 녹아웃 펀치 : 배전반이나 분전반 등의 금속제 캐비닛의 구멍을 확대하거나 철판의 구멍 뚫기에 사용하는 공구
- 토치 램프 : 합성 수지관 공사 시 가공부를 가열하기 위한 램프
- 클리퍼 : 전선 단면적 25[mm^2] 이상인 굵은 전선 절단용 공구

정답 28.① 29.② 30.③ 31.① 32.③ 33.②

★★★
34 **굵은 전선이나 케이블을 절단할 때 사용되는 공구는?**

출제빈도

① 플라이어 ② 펜치
③ 나이프 ④ 클리퍼

해설 클리퍼 : 전선 단면적 25[mm^2] 이상의 굵은 전선이나 볼트 절단 시 사용하는 공구

★
35 **전선의 접속법에서 두 개 이상의 전선을 병렬로 사용하는 경우의 시설 기준으로 틀린 것은?**

① 각 전선의 굵기는 구리인 경우 50[mm^2] 이상이어야 한다.
② 각 전선의 굵기는 알루미늄인 경우 70[mm^2] 이상이어야 한다.
③ 병렬로 사용하는 전선은 각각에 퓨즈를 설치할 것
④ 동극의 각 전선은 동일한 터미널 러그에 완전히 접속할 것

해설 병렬로 접속해서 각각 전선에 퓨즈를 설치한 경우 만약 한 선의 퓨즈가 용단될 때 다른 한 선으로 전류가 모두 흘러 위험해지므로 퓨즈를 설치하면 안 된다.

★★
36 **금속관 공사를 노출로 시공할 때 직각으로 구부러지는 곳에는 어떤 배선 기구를 사용하는가?**

① 유니언 커플링
② 아우트렛 박스
③ 픽스처 히키
④ 유니버설 엘보

해설 직각 배관 시 사용하는 기구
- 유니버설 엘보 : 노출 시 직각 배관
- 노멀 밴드 : 노출, 매입 공사 시 직각 배관

★★
37 **직류 발전기의 전기자 반작용의 영향에 대한 설명으로 틀린 것은?**

① 브러시 사이의 불꽃을 발생시킨다.
② 주자속이 찌그러지거나 감소된다.
③ 전기자 전류에 의한 자속이 주자속에 영향을 준다.
④ 회전 방향과 반대 방향으로 자기적 중성축이 이동된다.

해설 전기자 반작용 결과
- 주자속 감소
- 브러시 부근 불꽃 발생(정류 불량 원인)
- 편자 작용에 의해 회전 방향으로 중성축 이동

★
38 **자기 인덕턴스가 2[H]인 코일에 저장된 에너지가 25[J]이 되기 위해서는 전류를 몇 [A]를 흘려줘야 하겠는가?**

① 3 ② 4
③ 5 ④ 2

해설 코일에 축적되는 전자 에너지

$W=\frac{1}{2}LI^2$[J]에서 전류로 정리하면

$$I=\sqrt{\frac{2W}{L}}=\sqrt{\frac{2\times 25}{2}}=5[A]$$

★★★
39 **금속관 공사에서 녹아웃의 지름이 금속관의 지름보다 큰 경우에 사용하는 재료는?**

출제빈도

① 링 리듀서
② 부싱
③ 접속기(커넥터)
④ 로크 너트

해설 링 리듀서 : 금속관을 아우트렛 박스에 접속할 때 박스 지름이 금속관보다 클 경우 사용하는 보조 접속 기구

정답 34.④ 35.③ 36.④ 37.④ 38.③ 39.①

★★
40 **보호 도체와 계통 도체를 겸용하는 겸용 도체는 중선선과 겸용, 상도체와 겸용, 중간 도체와 겸용을 말하여 단면적은 구리선을 사용하는 경우 최소 몇 [mm^2] 이상이어야 하는가?**

① 6　② 10
③ 16　④ 22

해설 겸용 도체의 최소 굵기 : 구리 10[mm^2] 또는 알루미늄 16[mm^2] 이상

★
41 **AC 380[V] 전동기와 AC 220[V] 전등을 배선하는 부하를 접속하는 경우 적합한 결선은?**

① 3상 4선식
② 단상 3선식
③ 3상 3선식
④ 단상 2선식

해설 3상 4선식의 Y결선의 특징
- 두 가지 전압을 얻을 수 있다.
  선간 전압 $V_l = \sqrt{3} \times V_p$(상전압)[V]
  상전압이 220[V]인 경우
  선간 전압 $V_l = \sqrt{3} \times 220 = 380$[V]
- 접지가 용이하다.

★
42 **설치 면적과 설치 비용이 많이 들지만 가장 이상적이고 효과적인 진상용 콘덴서 설치 방법은?**

① 수전단 모선에 설치한다.
② 수전단 모선에 분산하여 설치한다.
③ 가장 큰 부하측에만 설치한다.
④ 부하측에 분산하여 설치한다.

해설 가장 효과적인 콘덴서 설치 방법은 부하측에 분산하여 설치한다.

★★★
43 **역률이 좋아 가정용 선풍기, 세탁기, 냉장고 등에 주로 사용되는 것은?**

① 분상 기동형
② 영구 콘덴서형
③ 반발 기동형
④ 셰이딩 코일형

해설 영구 콘덴서형 단상 유도 전동기의 특징 : 콘덴서 기동형보다 용량이 적어서 기동 토크가 작으므로 선풍기, 세탁기, 냉장고, 오디오 플레이어 등에 널리 사용된다.

★
44 **전기 저항이 작고, 부드러운 성질이 있어 구부리기가 용이하므로 주로 옥내 배선에 사용하는 구리선의 명칭은?**

① 경동선　② 연동선
③ 합성 연선　④ 중공 전선

해설 구리선의 종류
- 경동선 : 인장 강도가 뛰어나므로 주로 옥외 전선로에서 사용
- 연동선 : 부드럽고 가요성이 뛰어나므로 주로 옥내 배선에서 사용

★★
45 **낙뢰, 수목 접촉, 일시적인 불꽃방전(섬락) 등 순간적인 사고로 계통에서 분리된 구간을 신속히 계통에 재투입시킴으로써 계통의 안정도를 향상시키고 정전 시간을 단축시키기 위해 사용되는 계전기는?**

① 과전류 계전기
② 거리 계전기
③ 재연결(재폐로) 계전기
④ 차동 계전기

해설 재연결(재폐로) 계전기 : 계통을 안정시키기 위해서 재연결(재폐로) 차단기와 조합하여 사용하며, 송전 선로에 고장이 발생하면 고장을 일으킨 구간을 신속히 고속 차단하여 제거한 후 재투입시켜서 정전 구간을 단축시키는 계전기이다.

정답 40.② 41.① 42.④ 43.② 44.② 45.③

46 주택용 배선용 차단기는 정격 전류 63[A] 이하인 경우 정격 전류의 몇 [%]에 확실하게 동작되어야 하는가?

① 115　② 125
③ 145　④ 150

해설 배선용 차단기의 과전류 트립 동작 시간 및 특성

정격 전류	시간	정격 전류 배수 (모든 극에 통전)			
		산업용		주택용	
		부동작 전류	동작 전류	부동작 전류	동작 전류
63[A] 이하	60분	1.05배	1.3배	1.13배	1.45배
63[A] 초과	120분	1.05배	1.3배	1.13배	1.45배

47 전류의 순시값이 $i(t)=200\sqrt{2}\sin\left(\omega t+\frac{\pi}{2}\right)$ [A]인 경우 복소수 표기가 맞는 것은?

① $200\sqrt{2}+j200\sqrt{2}$
② $j200$
③ $100\sqrt{2}+j100\sqrt{2}$
④ 200

해설 전류의 복소수 표기법

$\dot{I}=I\cos\theta+jI\sin\theta$

$=200\cos\frac{\pi}{2}+j200\sin\frac{\pi}{2}=j200$[A]

48 두 개의 평행 도선이 그림과 같이 시설된 경우 무슨 힘이 발생하는가?

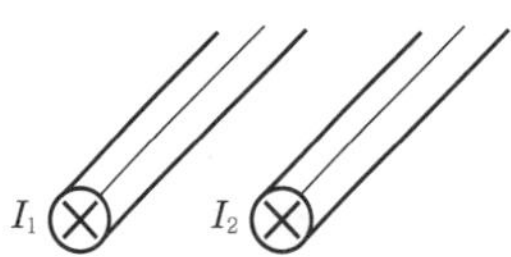

① 흡인력
② 반발력
③ 서로 밀어냈다가 끌어당긴다.
④ 힘이 작용하지 않는다.

해설 평행 도체 사이에 작용하는 힘(전자력)

$F=\frac{2I_1I_2}{r}\times10^{-7}$[N/m]

그림의 전류 방향은 ⊗이므로 지면을 뚫고 들어가는 방향으로서 전류 방향이 같으면 흡인력이 작용한다.

49 단상 부하에 220[V]를 인가하니 위상 45°가 뒤진 15[A]의 전류가 흘렀다면 유효 전력은 약 몇 [W]인가?

① 133　② 2,330
③ 3,330　④ 1,330

해설 단상 유효 전력

$P=VI\cos\theta=220\times15\times\cos45°=2{,}333$[W]

50 자기 인덕턴스에 대한 설명으로 틀린 것은?

① 코일의 권수에 비례한다.
② 자기장을 크게 하면 자기 인덕턴스는 증가한다.
③ 유전율에 비례한다.
④ 전류를 크게 하면 인덕턴스는 감소한다.

해설 자기 인덕턴스 $L=\frac{N\phi}{I}=\frac{\mu AN^2}{l}$[H]이므로 투자율에 비례하고 유전율과는 무관하다.

51 전극에서 석출되는 물질의 양이 W[g]이 있다. t[sec] 동안 I[A]를 흘려줬다면 물질의 양은 얼마인가? (단, k는 비례 상수이다.)

① $W=\frac{kI}{t}$　② $W=kIt$
③ $W=\frac{kt}{I}$　④ $W=\frac{1}{kIt}$

해설 패러데이 법칙 : 전극에서 석출되는 물질의 양은 통과한 전기량에 비례한다.

물질의 양 $W=kQ=kIt$[g] (k : 전기 화학 당량)

정답 46.③ 47.② 48.① 49.② 50.③ 51.②

★★★
52 동일한 저항 4개를 접속하여 얻을 수 있는 최대 저항값은 최소 저항값의 몇 배인가?

출제빈도

① 4 ② 16
③ 8 ④ 2

해설
- 최대 저항값 : 직렬 $R_{직} = 4R[\Omega]$
- 최소 저항값 : 병렬 $R_{병} = \frac{R}{4}[\Omega]$

$\therefore \frac{R_{직}}{R_{병}} = \frac{4R}{\frac{R}{4}} = 4^2 = 16$배

★
53 그림과 같은 직류 분권 발전기 등가 회로에서 부하 전류 I[A]는?

① 4
② 94
③ 106
④ 96

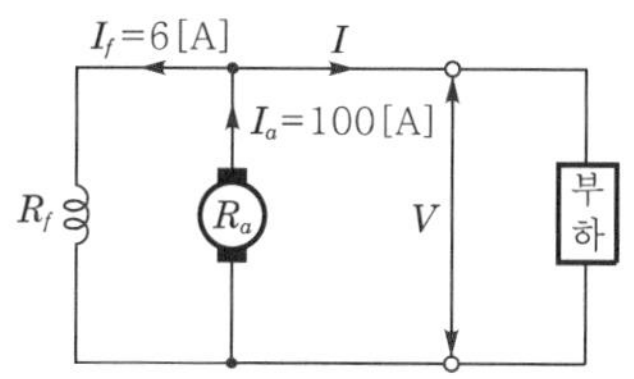

해설 $I = I_a - I_f = 100 - 6 = 94$[A]

★
54 다음 ( ) 안에 알맞은 내용은?

> 고압 및 특고압용 기계 기구의 시설에 있어 고압용 변압기는 시가지 외에 시설하는 경우 지표상 ( )[m] 높이에 시설하여야 한다.

① 5 ② 4.5
③ 4 ④ 3.5

해설 고압용 기계 기구 시설 시 지표상 높이
- 시가지 내 : 4.5[m] 이상
- 시가지 외 : 4[m] 이상

★★★
55 교류에서 파형률이란?

① $\frac{최대값}{실효값}$ ② $\frac{평균값}{실효값}$
③ $\frac{실효값}{최대값}$ ④ $\frac{실효값}{평균값}$

해설
- 교류의 파형률 $= \frac{실효값}{평균값}$
- 교류의 파고율 $= \frac{최대값}{실효값}$

★
56 한국전기설비규정에 고압 옥측 전선로를 시설할 경우 수관, 가스관 또는 이와 유사한 것과 접근하거나 교차하는 경우에는 고압 옥측 전선로의 전선과 이들 사이의 간격(이격거리)[cm]은?

① 15 ② 30
③ 60 ④ 45

해설 고압 옥측 전선로의 전선이 그 고압 옥측 전선로를 시설하는 조영물에 시설하는 특고압 옥측 전선, 저압 옥측 전선, 관등 회로의 배선, 약전류 전선 등이나 수관, 가스관 또는 이와 유사한 것과 접근하거나 교차하는 경우에는 고압 옥측 전선로의 전선과 이들 사이의 간격(이격거리)은 15[cm] 이상이어야 한다.

★★
57 다음 그림 기호의 배선 명칭은?

―――――――――――

① 노출 배선
② 천장 은폐 배선
③ 바닥 은폐 배선
④ 바닥면 노출 배선

해설 일반적인 전기 배선은 대부분은 천장 은폐 배선이므로 실선(———)을 사용한다.

★★★
58 하나의 수용 장소의 인입선 접속점에서 분기하여 지지물을 거치지 아니하고 다른 수용 장소의 인입선 접속점에 이르는 전선은?

출제빈도

① 이웃연결(연접) 인입선
② 구내 인입선
③ 가공 인입선
④ 옥측 배선

정답 52.② 53.② 54.③ 55.④ 56.① 57.② 58.①

해설 이웃연결(연접) 인입선 시설 원칙
- 분기점으로부터 100[m]를 초과하지 않을 것
- 중도에 접속점을 두지 않도록 할 것
- 폭 5[m]를 넘는 도로를 횡단하지 않도록 할 것
- 옥내를 통과하지 않도록 할 것

★
59 **저항 $R=3[\Omega]$, 자체 인덕턴스 $L=10.6[mH]$이 직렬로 연결된 회로에 주파수 60[Hz], 500[V]의 교류 전압을 인가한 경우의 전류 I[A]는?**

① 10 ② 15
③ 50 ④ 100

해설 유도성 리액턴스

$$X_L=2\pi fL$$
$$=2\times3.14\times60\times10.6\times10^{-3}=4[\Omega]$$
$$Z=\sqrt{R^2+{X_L}^2}=\sqrt{3^2+4^2}=5[\Omega]$$
$$I=\frac{V}{Z}=\frac{500}{5}=100[A]$$

★★
60 **교류 380[V]를 사용하는 공장의 전선과 대지 사이의 절연 저항은 몇 [MΩ] 이상이어야 하는가?**

① 0.1 ② 1.0
③ 0.5 ④ 100

해설 FELV, 500[V] 이하이면 1.0[MΩ] 이상이어야 한다.

정답 59.④ 60.②

2019년 제3회 CBT 기출복원문제

★ 표시 : 문제 중요도를 나타냄

본 기출문제는 수험생들의 기억을 바탕으로 작성한 것으로 내용 및 그림 등에서 실제 문제와 다소 차이가 있을 수 있습니다.

★★★

01 **전지의 기전력이 1.5[V], 5개를 부하 저항 2.5[Ω]인 전구에 접속하였을 때 전구에 흐르는 전류는 몇 [A]인가? (단, 전지의 내부 저항은 0.5[Ω]이다.)**

① 1.5　　② 2

③ 3　　④ 2.5

해설 전지 n개 직렬 접속 시 전류

$$I=\frac{nE}{nr+R}=\frac{5\times1.5}{5\times0.5+2.5}=1.5[\text{A}]$$

★★★

02 **전선의 접속에 대한 설명으로 틀린 것은?**

① 접속 부분의 전기 저항을 증가시켜서는 안 된다.

② 접속 부분의 인장 강도를 20[%] 이상 유지되도록 한다.

③ 접속 부분에 전선 접속 기구를 사용한다.

④ 알루미늄 전선과 구리선의 접속 시 전기적인 부식이 생기지 않도록 한다.

해설 전선 접속 시 접속 부분의 전선의 세기는 인장 강도를 접속 전의 80[%] 이상 유지해야 한다(20[%] 이상 감소되지 않도록 할 것).

★★★

03 **특고압·고압 전기 설비용 접지 도체는 단면적 몇 [mm^2] 이상의 연동선 또는 동등 이상의 단면적 및 강도를 가져야 하는가?**

① 0.75　　② 4

③ 6　　④ 10

해설 특고압·고압 전기 설비용 접지 도체는 단면적 6[mm^2] 이상의 연동선 또는 동등 이상의 단면적 및 강도를 가져야 한다.

★★★

04 **교류에서 파형률이란?**

① $\frac{\text{최대값}}{\text{실효값}}$　　② $\frac{\text{평균값}}{\text{실효값}}$

③ $\frac{\text{실효값}}{\text{최대값}}$　　④ $\frac{\text{실효값}}{\text{평균값}}$

해설 교류의 파형률$=\frac{\text{실효값}}{\text{평균값}}$

★

05 **다음 중 고압 지중 케이블이 아닌 것은?**

① 알루미늄피 케이블

② 비닐 절연 비닐 외장 케이블

③ 미네랄 인슈레이션 케이블

④ 클로로프렌 외장 케이블

해설 전압에 따른 지중 케이블의 종류

전압	사용 가능 케이블
저압	알루미늄피, 클로로프렌 외장, 비닐 외장, 폴리에틸렌 외장, 미네랄 인슈레이션(MI) 케이블
고압	알루미늄피, 클로로프렌 외장, 비닐 외장, 폴리에틸렌 외장, 콤바인 덕트(CD) 케이블

정답 01.① 02.② 03.③ 04.④ 05.③

★★★
06 속도를 광범위하게 조정할 수 있으므로 압연기나 엘리베이터 등에 사용되는 직류 전동기는?

① 직권 전동기
② 분권 전동기
③ 타여자 전동기
④ 가동 복권 전동기

해설 타여자 전동기 : 속도를 광범위하게 조정할 수 있으므로 압연기나 엘리베이터 등에 적합하다.

★★
07 다음 파형 중 비정현파가 아닌 것은?

① 펄스파
② 사각파
③ 삼각파
④ 사인 주기파

해설 주기적인 사인파는 기본 정현파이므로 비정현파에 해당되지 않는다.

★★★
08 30[W] 전열기에 220[V], 주파수 60[Hz]인 전압을 인가한 경우 평균 전압[V]은?

① 150 ② 198
③ 220 ④ 300

해설 전압의 최대값 $V_m = 220\sqrt{2}$ [V]

평균값 $V_{av} = \frac{2}{\pi} V_m = \frac{2}{\pi} \times 220\sqrt{2} = 198$ [V]

* 쉬운 풀이 : $V_{av} = 0.9V = 0.9 \times 220 = 198$ [V]

★★
09 단위 시간당 5[Wb]의 자속이 통과하여 2[J]의 일을 하였다면 전류는 얼마인가?

① 0.25 ② 2.5
③ 0.4 ④ 4

해설 자속이 도체를 통과하여 한 일 $W = \phi I$ [J]

$I = \frac{W}{\phi} = \frac{2}{5} = 0.4$ [A]

★
10 반도체 내에서 정공은 어떻게 생성되는가?

① 결합 전자의 이탈
② 접합 불량
③ 자유 전자의 이동
④ 확산 용량

해설 정공이란 결합 전자의 이탈로 생기는 빈자리를 말한다.

★★
11 30[Ah]의 축전지를 3[A]로 사용하면 몇 시간 사용 가능한가?

① 1시간 ② 3시간
③ 10시간 ④ 20시간

해설 축전지의 용량 $= It$[Ah]이므로

시간 $t = \frac{30}{3} = 10$ [h]

★★★
12 30[μF]과 40[μF]의 콘덴서를 병렬로 접속한 후 100[V]의 전압을 가했을 때 전 전하량은 몇 [C]인가?

① 17×10^{-4}
② 34×10^{-4}
③ 56×10^{-4}
④ 70×10^{-4}

해설 합성 정전 용량 $C_0 = 30 + 40 = 70$ [μF]

$Q = CV = 70 \times 10^{-6} \times 100 = 70 \times 10^{-4}$ [C]

★★★
13 정전 용량 C [μF]의 콘덴서에 충전된 전하가 $q = \sqrt{2} Q \sin\omega t$ [C]과 같이 변화하도록 하였다면 이때 콘덴서에 흘러들어가는 전류의 값은?

① $i = \sqrt{2}\omega Q \sin\omega t$
② $i = \sqrt{2}\omega Q \cos\omega t$
③ $i = \sqrt{2}\omega Q \sin(\omega t - 60°)$
④ $i = \sqrt{2}\omega Q \cos(\omega t - 60°)$

정답 06.③ 07.④ 08.② 09.③ 10.① 11.③ 12.④ 13.②

해설 콘덴서 소자에 흐르는 전류

$$i_C = \frac{dq}{dt} = \frac{d}{dt}(\sqrt{2}\,Q\sin\omega t)$$
$$= \sqrt{2}\,\omega Q\cos\omega t\,[\mathrm{A}]$$

★★★

14 **변압기유로 쓰이는 절연유에 요구되는 성질이 아닌 것은?**

출제빈도

① 응고점이 높을 것
② 점도가 낮을 것
③ 절연 내력이 클 것
④ 냉각 효과가 클 것

해설 변압기유의 구비 조건
- 절연 내력이 클 것
- 인화점이 높고 응고점이 낮을 것
- 점도가 낮을 것
- 냉각 효과가 클 것

★★★

15 **콘덴서의 정전 용량을 크게 하는 방법으로 옳지 않은 것은?**

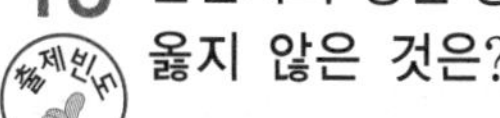

① 극판의 간격을 작게 한다.
② 극판 사이에 비유전율이 큰 유전체를 삽입한다.
③ 극판의 면적을 크게 한다.
④ 극판의 면적을 작게 한다.

해설 콘덴서의 정전 용량 $C = \frac{\varepsilon A}{d}$[F]이므로 극판의 간격 d[m]에 반비례하며 면적 $A[\mathrm{m}^2]$에 비례하므로 면적을 크게 해야 한다.

★★★

16 **자속을 발생시키는 원천을 무엇이라 하는가?**

출제빈도

① 기전력
② 전자력
③ 기자력
④ 정전력

해설 기자력(起磁力, magneto motive force) : 자속 Φ를 발생하게 하는 원천을 말하며 자기 회로에서 권수 N회인 코일에 전류 I[A]를 흘릴 때 발생하는 자속 Φ는 NI에 비례하여 발생하므로 다음과 같이 나타낼 수 있다.

$F = NI = R_m \Phi$[AT]

★★

17 **전압계 및 전류계의 측정 범위를 넓히기 위하여 사용하는 배율기와 분류기의 접속 방법은?**

① 배율기는 전압계와 병렬 접속, 분류기는 전류계와 직렬 접속
② 배율기는 전압계와 직렬 접속, 분류기는 전류계와 병렬 접속
③ 배율기 및 분류기 모두 전압계와 전류계에 직렬 접속
④ 배율기 및 분류기 모두 전압계와 전류계에 병렬 접속

해설 배율기는 전압계와 직렬로 접속, 분류기는 전류계와 병렬로 접속한다.

★★

18 **1[μF]의 콘덴서에 30[kV]의 전압을 가하여 200[Ω]의 저항을 통해 방전시키면 이때 발생하는 에너지[J]는 얼마인가?**

① 450 ② 900
③ 1,000 ④ 1,200

해설 콘덴서에 축적되는 에너지

$$W = \frac{1}{2}CV^2$$
$$= \frac{1}{2} \times 1 \times 10^{-6} \times (30 \times 10^3)^2$$
$$= 450\,[\mathrm{J}]$$

★

19 **다음 중 자석에 무반응인 물체는?**

① 상자성체 ② 반자성체
③ 강자성체 ④ 비자성체

정답 14.① 15.④ 16.③ 17.② 18.① 19.④

해설 비자성체 : 자성이 약하거나 전혀 자성을 갖지 않아서 자화가 되지 않는 물체

★★★
20 직류 전동기의 속도 제어법이 아닌 것은?

① 전압 제어법 ② 계자 제어법
③ 저항 제어법 ④ 공극 제어법

해설 직류 전동기 속도 제어
- 전압 제어
- 계자 제어
- 저항 제어

★★★
21 다음 중 부하 증가 시 속도 변동이 작은 전동기에 속하는 것은?

① 유도 전동기
② 직권 전동기
③ 교류 정류자 전동기
④ 분권 전동기

해설 속도 변동이 가장 작은 전동기는 분권 전동기, 타여자 전동기이며 속도 변동이 매우 작아서 정속도 전동기라고도 한다.

★★★
22 변압기 2대를 V결선했을 때의 이용률은 몇 [%]인가?

① 57.5 ② 70.7
③ 86.6 ④ 100

해설
$$\text{V결선의 이용률} = \frac{\text{V결선 출력}}{\text{2대 발생 출력}} \times 100 = \frac{\sqrt{3}}{2} \times 100 = 86.6[\%]$$

★
23 선택 지락 계전기(selective ground relay)의 용도는?

① 단일 회선에서 지락 전류의 방향의 선택
② 단일 회선에서 지락 사고 지속 시간 선택
③ 단일 회선에서 지락 전류의 대소의 선택
④ 다회선에서 지락 고장 회선의 선택

해설 선택 지락 계전기(SGR) : 다회선 송전 선로에서 지락이 발생된 회선만을 검출하여 선택해 차단할 수 있도록 동작하는 계전기

★
24 관을 시설하고 제거하는 것이 자유롭고 점검 가능한 은폐 장소에서 가요 전선관을 구부리는 경우 곡선반지름(곡률반경)은 2종 가요 전선관 안지름(내경)의 몇 배 이상으로 하여야 하는가?

① 10 ② 9
③ 6 ④ 3

해설 관을 시설하고 제거하는 것이 자유롭고 점검 가능한 은폐 장소에서 가요 전선관을 구부리는 경우 곡선반지름(곡률반경)은 제2종 가요 전선관 안지름(내경)의 3배 이상으로 하여야 한다.

★★★
25 일반적으로 학교 건물이나 은행 건물 등의 간선의 수용률은 얼마인가?

① 50[%] ② 60[%]
③ 70[%] ④ 80[%]

해설 일반적으로 학교 건물이나 은행 건물 등 간선의 수용률은 70[%]를 적용한다.

★
26 전선의 전기 저항 처음 값을 R_1이라 하고 이 전선의 반지름을 2배로 하면 전기 저항 R은 처음 값의 얼마이겠는가?

① $4R_1$ ② $2R_1$
③ $\frac{1}{2}R_1$ ④ $\frac{1}{4}R_1$

해설 전기 저항이 $R=\rho\frac{l}{A}=\rho\frac{l}{\pi r^2}[\Omega]$이므로 반지름이 2배 증가하면 단면적은 $r^2=4$배 증가하므로 단면적에 반비례하는 전기 저항은 $\frac{1}{4}$로 감소한다.

정답 20.④ 21.④ 22.③ 23.④ 24.④ 25.③ 26.④

★
27 **유도 전동기가 회전하고 있을 때 생기는 손실 중에서 구리손이란?**

① 브러시의 마찰손
② 베어링의 마찰손
③ 표유 부하손
④ 1차, 2차 권선의 저항손

해설 구리손(동손)은 저항에 의해서 발생하는 손실로서 1차, 2차 권선의 저항에 의해 발생한다.

2차 동손 $P_{c2} = sP_2 = \frac{s}{1-s}P_o$[W]

여기서, P_2 : 2차 입력
P_o : 출력
s : 슬립(slip)

★★
28 **3상 변압기의 병렬 운전 시 병렬 운전이 불가능한 결선 조합은?**

① △-△와 Y-Y
② △-△와 △-Y
③ △-Y와 △-Y
④ △-△와 △-△

해설 병렬 운전이 가능한 조합

병렬 운전 가능	병렬 운전 불가능
△-△와 △-△ Y-Y 와 Y-Y Y-△ 와 Y-△ △-Y 와 △-Y △-△ 와 Y-Y V-V 와 V-V	△-△와 △-Y Y-Y 와 △-Y

★★
29 **직류기의 주요 구성 요소에서 자속을 만드는 것은?**

① 정류자 ② 계자
③ 회전자 ④ 전기자

해설 계자는 자속을 만드는 도체이다.
• 전기자 : 계자에서 발생된 자속을 끊어 기전력을 유도시키는 도체
• 정류자 : 교류를 직류로 바꿔 주는 도체

★★
30 **변압기 결선에서 Y-Y 결선 특징이 아닌 것은?**

① 제3고조파 포함
② 중성점 접지 가능
③ V-V 결선 가능
④ 절연 용이

해설 Y-Y 결선은 중성점 접지가 가능하여 절연이 용이하지만 중성점 접지 시 접지선을 통해 제3고조파 전류가 흐를 수 있으므로 인접 통신선에 유도 장해가 발생하는 단점이 있다.

★★★
31 출제빈도
두 금속을 접합하여 이 접합점에 전류를 흘려주면 줄열 외에 그 접점에서 열의 발생 또는 흡수가 발생하는 현상을 무슨 효과라 하는가?

① 줄효과 ② 홀효과
③ 제베크 효과 ④ 펠티에 효과

해설 펠티에 효과 : 두 금속을 접합하여 접합점에 전류를 흘려주면 열의 발생 또는 흡수가 발생하는 현상

★★★
32 출제빈도
도체계에서 임의의 도체를 일정 전위(일반적으로 영전위)의 도체로 완전 포위하면 내부와 외부의 전계를 완전히 차단할 수 있는데 이를 무엇이라 하는가?

① 핀치 효과 ② 톰슨 효과
③ 정전 차폐 ④ 자기 차폐

해설 정전 차폐 : 도체가 정전 유도되지 않도록 도체 바깥을 포위하여 접지하는 것을 정전 차폐라 하며 완전 차폐가 가능하다.

★
33 **16[mm] 합성 수지 전선관을 직각 구부리기 할 경우 곡선(곡률) 반지름은 몇 [mm]인가? (단, 16[mm] 합성 수지관의 안지름은 18[mm], 바깥지름은 22[mm]이다.)**

① 119 ② 132
③ 187 ④ 220

정답 27.④ 28.② 29.② 30.③ 31.④ 32.③ 33.①

해설 합성 수지 전선관 직각 구부리기 : 전선관의 안지름 d, 바깥지름이 D일 경우

곡선(곡률) 반지름 $r = 6d + \frac{D}{2}$

$= 6 \times 18 + \frac{22}{2}$

$= 119[\text{mm}]$

★★
34 병렬 운전 중인 동기 임피던스 5[Ω]인 2대의 3상 동기 발전기의 유도 기전력에 200[V]의 전압차가 발생했다면 무효 순환 전류[A]는?

① 5 ② 10
③ 20 ④ 40

해설 무효 순환 전류 $I_c = \frac{\text{유도 기전력의 차}}{2Z_s}$

$= \frac{200}{2 \times 5}$

$= 20[\text{A}]$

★★
35 직류 발전기에서 정류자와 접촉하여 전기자 권선과 외부 회로를 연결하는 역할을 하는 일반적인 브러시는?

① 금속 브러시
② 탄소 브러시
③ 전해 브러시
④ 저항 브러시

해설 브러시 : 정류자에서 변환된 직류 기전력을 외부로 인출하기 위한 장치로서, 일반적으로 양호한 정류를 얻기 위하여 접촉 저항이 큰 탄소 브러시를 사용한다.

★★★
36 정격 전압 220[V]인 동기 발전기를 무부하로 운전하였더니 단자 전압이 253[V]가 되었다면 이 발전기의 전압 변동률은 몇 [%]인가?

출제빈도

① 10 ② 20
③ 13 ④ 15

해설

전압 변동률 $\varepsilon = \frac{V_0 - V_n}{V_n} \times 100$

$= \frac{253 - 220}{220} \times 100$

$= 15[\%]$

★★★
37 유도 전동기의 동기 속도가 1,200[rpm] 이고, 회전수가 1,176[rpm]일 때 슬립은?

출제빈도

① 0.06 ② 0.04
③ 0.02 ④ 0.01

해설

슬립 $s = \frac{N_s - N}{N_s} = \frac{1{,}200 - 1{,}176}{1{,}200} = 0.02$

★★
38 애자 사용 공사에 의한 저압 옥내 배선에서 일반적으로 전선 상호 간의 간격은 몇 [cm] 이상이어야 하는가?

① 2.5 ② 6
③ 25 ④ 60

해설 애자 사용 공사 시 전선 상호 간 간격(이격거리)
- 저압 : 6[cm] 이상
- 고압 : 8[cm] 이상

★★★
39 3상 유도 전동기의 1차 입력 60[kW], 1차 손실 1[kW], 슬립 3[%]일 때 기계적 출력 [kW]은?

출제빈도

① 75 ② 57
③ 95 ④ 100

해설 기계적 출력 $P_0 = (1-s) \cdot P_2$

$= (1-s) \cdot$ (1차 입력−1차 손실)

$= (1 - 0.03) \times (60 - 1)$

$\fallingdotseq 57[\text{kW}]$

★
40 3단자 사이리스터가 아닌 것은?

① SCS ② SCR
③ TRIAC ④ GTO

정답 34.③ 35.② 36.④ 37.③ 38.② 39.② 40.①

해설 SCS : 4단자 단방향성 사이리스터

단자수	종류
2단자	SSS
3단자	SCR, TRIAC, LASCR, GTO
4단자	SCS

★
41 **중성점 접지용 접지 도체는 공칭 단면적 몇 [mm²] 이상의 연동선 또는 동등 이상의 단면적 및 강도를 가져야 하는가?**

① 4
② 6
③ 10
④ 16

해설 중성점 접지용 접지 도체는 공칭 단면적 16[mm²] 이상의 연동선 또는 동등 이상의 단면적 및 세기를 가져야 한다.

★★★
42 **다음 중 과전류 차단기를 설치하는 곳은?**

① 간선의 전원측 전선
② 접지 공사의 접지선
③ 접지 공사를 한 저압 가공 전선의 접지측 전선
④ 다선식 전로의 중성선

해설 과전류 차단기의 시설 장소
- 발전기나 전동기, 변압기 등과 같은 기계 기구를 보호하는 장소
- 송전 선로나 배전 선로 등에서 보호를 요하는 장소
- 인입구나 간선의 전원측 및 분기점 등 보호상, 보안상 필요한 장소

★★
43 **접착력은 떨어지나 절연성, 내온성, 내유성이 좋아 연피 케이블의 접속에 사용되는 테이프는?**

① 고무 테이프
② 리노 테이프
③ 비닐 테이프
④ 자기 융착 테이프

해설 리노 테이프 : 절연성, 내온성, 내유성이 좋아 연피 케이블 접속에 사용되는 테이프이다.

★★
44 **다음 중 금속관 공사의 설명으로 잘못된 것은?**

① 교류 회로는 1회로의 전선 전부를 동일관 내에 넣는 것을 원칙으로 한다.
② 교류 회로에서 전선을 병렬로 사용하는 경우에는 관 내에 전자적 불평형이 생기지 않도록 시설한다.
③ 금속관 내에서는 절대로 전선 접속선을 만들지 않아야 한다.
④ 관의 두께는 콘크리트에 매입하는 경우 1[mm] 이상이어야 한다.

해설 콘크리트에 매입 시 금속관의 두께는 1.2[mm] 이상이어야 한다.

★
45 **다음 중 구리(동)전선의 종단 접속 방법이 아닌 것은?**

① 구리선 압착 단자에 의한 접속
② 종단 겹침용 슬리브에 의한 접속
③ C형 전선 접속기에 의한 접속
④ 비틀어 꽂는 형의 전선 접속기에 의한 접속

해설 구리(동)전선의 종단 접속
- 가는 단선(4[mm²] 이하)의 종단 접속
- 구리선 압착 단자에 의한 접속
- 비틀어 꽂는 형의 전선 접속기에 의한 접속
- 종단 겹침용 슬리브(E형)에 의한 접속
- 직선 겹침용 슬리브(P형)에 의한 접속
- 꽂음형 커넥터에 의한 접속

정답 41.④ 42.① 43.② 44.④ 45.③

★
46 다음은 3상 유도 전동기 고정자 권선의 결선도를 나타낸 것이다. 맞는 것은?

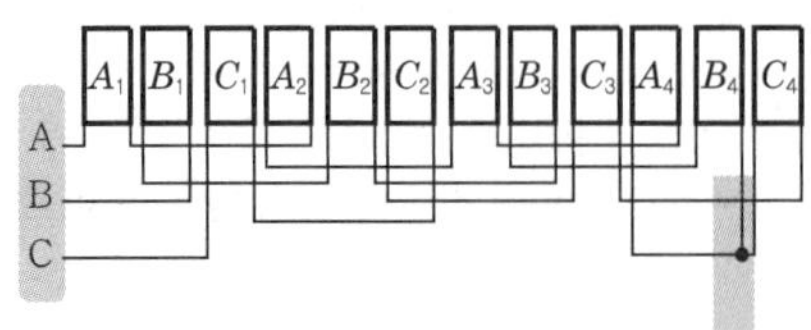

① 3상, 2극, Y결선
② 3상, 4극, Y결선
③ 3상, 2극, △결선
④ 3상, 4극, △결선

해설 그림의 결선도는 3상, 4극, Y결선에 해당한다.

★★
47 동기 와트 P_2, 출력 P_o, 슬립 s, 동기 속도 N_s, 회전 속도 N, 2차 동손 P_{c2}일 때 2차 효율 표기로 틀린 것은?

① $1-s$ ② $\dfrac{P_{c2}}{P}$
③ $\dfrac{P_o}{P_2}$ ④ $\dfrac{N}{N_s}$

해설
2차 효율 $\eta_2 = \dfrac{P_o}{P_2} = \dfrac{(1-s)P_2}{P_2}$
$= 1-s = \dfrac{N}{N_s}$

★★
48 가공 케이블 시설 시 조가선(조가용선)에 금속 테이프 등을 사용하여 케이블 외장을 견고하게 붙여 조가하는 경우 나선형으로 금속제 테이프를 감는 간격은 몇 [cm] 이하를 확보하여 감아야 하는가?

① 50 ② 30
③ 20 ④ 10

해설 조가선(조가용선)에 금속제 테이프를 감는 간격은 나선형으로 20[cm] 이하마다 감아야 한다.

★★
49 한국전기설비규정에 의하면 옥외 백열전등의 인하선으로서 지표상의 높이 2.5[m] 미만의 부분은 전선에 공칭 단면적 몇 [mm²] 이상의 연동선과 동등 이상의 세기 및 굵기의 절연 전선(옥외용 비닐 절연 전선을 제외)을 사용하는가?

① 0.75 ② 1.5
③ 2.5 ④ 2.0

해설 옥외 백열전등 인하선의 시설 : 옥외 백열전등의 인하선으로서 지표상의 높이 2.5[m] 미만의 부분은 전선에 공칭 단면적 2.5[mm²] 이상의 연동선과 동등 이상의 세기 및 굵기의 옥외용 비닐 절연 전선을 제외한 절연 전선을 사용한다.

★★★
50 출제빈도 전시회나 쇼, 공연장 등의 전기 설비는 옥내 배선이나 이동 전선인 경우 사용 전압이 몇 [V] 이하이어야 하는가?

① 100 ② 200
③ 300 ④ 400

해설 전시회, 쇼 및 공연장, 기타 이들과 유사한 장소에 시설하는 저압 전기 설비에 적용하며 무대·무대마루 밑·오케스트라 박스·영사실, 기타 사람이나 무대 도구가 접촉할 우려가 있는 곳에 시설하는 저압 옥내 배선, 전구선 또는 이동 전선의 사용 전압이 400[V] 이하이어야 한다.

★★★
51 금속관을 절단할 때 사용되는 공구는?

① 오스터 ② 녹 아웃 펀치
③ 파이프 커터 ④ 파이프 렌치

해설 금속관 절단 공구 : 파이프 커터, 파이프 바이스

★
52 3상 4극 60[MVA], 역률 0.8, 60[Hz], 22.9[kV] 수차 발전기의 전부하 손실이 1,600[kW]이면 전부하 효율[%]은?

① 90 ② 95
③ 97 ④ 99

정답 46.② 47.② 48.③ 49.③ 50.④ 51.③ 52.③

해설 전부하 효율 $\eta = \frac{출력}{출력+손실} \times 100$

수차 발전기의 출력 $P = P_a \cos\theta$

$= 60 \times 0.8$

$= 48[MW]$

손실 $P_l = 1{,}600[kW] = 1.6[MW]$

효율 $\eta = \frac{48}{48+1.6} \times 100 \fallingdotseq 97[\%]$

★

53 $R-L$ 직렬 회로에 직류 전압 100[V]를 가했더니 전류가 20[A] 흘렀다. 교류 전압 100[V], $f=60$[Hz]를 인가한 경우 흐르는 전류가 10[A]이었다면 유도성 리액턴스 X_L[Ω]은 얼마인가?

① 5　② $5\sqrt{2}$

③ $5\sqrt{3}$　④ 10

해설 직류를 인가한 경우 $L=0$이므로 저항 R만 고려하여 $V=IR$[V]식에 적용한다.

$R = \frac{V}{I} = \frac{100}{20} = 5[\Omega]$

교류를 인가한 경우 L이 동작하므로 임피던스 $Z = \sqrt{R^2 + X_L^{\ 2}}$ 이고 $V = IZ$[V]식을 적용한다.

$Z = \frac{V}{I} = \frac{100}{10} = 10 = \sqrt{R^2 + X_L^{\ 2}}$ [Ω]이므로

$X_L = \sqrt{Z^2 - R^2} = \sqrt{10^2 - 5^2}$

$= \sqrt{75} = \sqrt{5^2 \times 3}$

$= 5\sqrt{3}$ [Ω]

★★★

54 전동기의 정격 전류가 10[A], 20[A], 50[A]인 경우 전동기 전용 분기 회로에 있어서 허용 전류는 몇 [A]인가?

출제빈도

① 80　② 88

③ 100　④ 120

해설 전동기 전용 분기 회로의 허용 전류

전동기 정격 전류 50[A] 초과 : 1.1배

$I_a = 1.1 \times (10+20+50) = 88[A]$

★★

55 다음 중 단로기(DS)의 사용 목적으로 맞는 것은?

① 전압의 개폐

② 부하 전류의 차단

③ 단일 회선의 개폐

④ 고장 전류 차단

해설 단로기는 부하 전류, 고장 전류를 차단할 수 있는 능력이 없고 설비 계통의 보수, 점검 시 잠시 선로를 분리하는 설비이다. 그러므로 전압의 개폐는 가능하다.

★★★

56 일반적으로 가공 전선로의 지지물에 취급자가 오르내리는 데 사용하는 발판 볼트 등은 일반인의 승주를 방지하기 위하여 지표상 몇 [m] 미만에 시설하여서는 안 되는가?

출제빈도

① 0.75　② 1.2

③ 1.8　④ 2.0

해설 발판 볼트는 취급자가 오르내리기 위한 볼트로서 지지물의 지표상 1.8[m]부터 완금 하부 0.9[m]까지 발판 볼트를 설치한다.

★★

57 직류 전동기 속도 제어법에서 워드 레오너드 방식에 사용하는 발전기의 종류는?

① 타여자 발전기　② 분권 발전기

③ 직권 발전기　④ 복권 발전기

해설 워드 레오너드 방식은 타여자 발전기 출력 전압을 조정하는 방식으로 광범위한 속도 조정이 가능하다.

★

58 200[V], 30[W] 전등 10개를 20시간 사용하였다면 사용 전력량은 몇 [kWh]인가?

① 12　② 6

③ 3　④ 2

해설 전력량 $W = Pt$

$= 30 \times 10 \times 20$

$= 6{,}000[Wh]$

$= 6[kWh]$

정답 53.③ 54.② 55.① 56.③ 57.① 58.②

★

59 수·변전 설비의 고압 회로에 걸리는 전압을 표시하기 위해 전압계를 시설할 때 고압 회로와 전압계 사이에 시설하는 것은?

① 관통형 변압기
② 계기용 변류기
③ 계기용 변압기
④ 권선형 변류기

해설 고전압을 저전압으로 변성하여 측정 계기나 보호 계전기에 전압을 공급하기 위한 계기를 계기용 변압기(PT)라 한다.

★★

60 중성 상태의 도체에 (−)로 대전된 물체를 가까이 갖다 대면 그림과 같이 음과 양으로 전하가 분리되는 현상을 무엇이라 하는가?

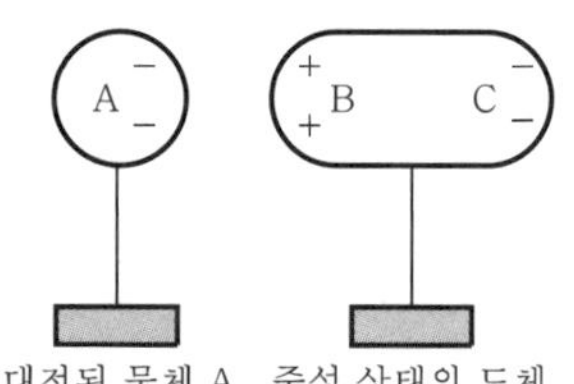

① 자기 차폐 ② 정전 유도
③ 홀효과 ④ 분극 현상

해설 정전 유도 현상 : 전기적으로 중성 상태인 도체에 음(−)으로 대전된 물체 A를 가까이 대면 A에 가까운 부분 B에는 양(+)의 전하가 나타나고, 그 반대쪽 C부분에는 음(−)의 전하가 나타나는 현상

정답 59.③ 60.②

2019년 제4회 CBT 기출복원문제

★ 표시 : 문제 중요도를 나타냄

본 기출문제는 수험생들의 기억을 바탕으로 작성한 것으로 내용 및 그림 등에서 실제 문제와 다소 차이가 있을 수 있습니다.

★

01 10[Ω]의 저항 5개를 접속하여 얻을 수 있는 가장 작은 저항값은?

① 2　② 4
③ 1　④ 5

해설 저항 n개 병렬 접속 시 합성 저항

$$R_0 = \frac{R_1}{n} = \frac{10}{5} = 2\,[\Omega]$$

★★

02 3상 100[kVA], 13,200/200[V] 부하의 저압측 유효분 전류는? (단, 역률은 0.8이다.)

① 130　② 230
③ 260　④ 173

해설 피상 전력 $P_a = \sqrt{3}\,VI[\text{VA}]$

전류 $I = \dfrac{P_a}{\sqrt{3}\,V} = \dfrac{100}{\sqrt{3}\times 0.2} \fallingdotseq 288[\text{A}]$

복소수 전류 $\dot{I} = I\cos\theta + jI\sin\theta$

$= 288\times 0.8 + j288\times 0.6$

$= 230 + j173[\text{A}]$

그러므로 유효분 전류는 230[A]이다.

★★

03 유도 전동기의 속도 제어법이 아닌 것은?

① 2차 저항　② 극수 제어
③ 일그너 제어　④ 주파수 제어

해설 일그너 방식은 직류 전동기의 속도 제어법 종류의 하나인 전압 제어 방식이다.

★★

04 직류 전동기를 기동할 때 전기자 전류를 가감하여 조정하는 가감 저항기를 사용하는 방법을 무엇이라 하는가?

① 자기 기동기　② 기동 저항기
③ 고주파 기동기　④ 저주파 기동기

해설 기동 전류를 제한하기 위한 장치를 기동 저항기라 한다.

★★

05 금속 덕트를 조영재에 붙이는 경우에는 지지점 간의 거리는 최대 몇 [m] 이하로 하여야 하는가?

① 1.5　② 2.0
③ 3.0　④ 3.5

해설 덕트의 지지점 간 거리는 3[m] 이하로 할 것 (단, 취급자 이외에는 출입할 수 없는 곳에서 수직으로 설치하는 경우 6[m] 이하까지도 가능)

★

06 직류 분권 전동기의 부하로 알맞은 것은?

① 전차　② 크레인
③ 권상기　④ 환기용 송풍기

해설 직류 분권 전동기는 회전 속도의 변동이 작아서 선박의 펌프나 환기용 송풍기 등에 사용된다.

★★

07 어드미턴스의 실수부는 무엇인가?

① 임피던스　② 리액턴스
③ 서셉턴스　④ 컨덕턴스

정답 01.① 02.② 03.③ 04.② 05.③ 06.④ 07.④

해설 어드미턴스의 실수부는 컨덕턴스, 허수부는 서셉턴스이다.

★
08 두 평행 도선 사이의 거리가 1[m]인 왕복 도선 사이에 단위 길이당 작용하는 힘(흡인력 또는 반발력)의 세기가 2×10^{-7}[N]일 경우 전류의 세기[A]는?

① 1 ② 2
③ 3 ④ 4

해설 평행 도선 사이에 작용하는 힘의 세기

$F=\dfrac{2I_1I_2}{r}\times10^{-7}$[N/m]로

$F=\dfrac{2I^2}{1}\times10^{-7}\text{[N/m]}=2\times10^{-7}\text{[N/m]}$

$\therefore\ I^2=1$이므로 $I=1$[A]

★★★
09 동기 발전기의 돌발 단락 전류를 주로 제한하는 것은?

① 누설 리액턴스 ② 동기 임피던스
③ 권선 저항 ④ 동기 리액턴스

해설 동기 발전기의 돌발 단락 전류를 제한하는 것은 누설 리액턴스이다.

★★
10 1[μF]의 콘덴서에 30[kV]의 전압을 가하여 30[Ω]의 저항을 통해 방전시키면 이때 발생하는 에너지[J]는 얼마인가?

① 450 ② 900
③ 1,000 ④ 1,200

해설 콘덴서에 축적되는 에너지

$W=\dfrac{1}{2}CV^2$

$=\dfrac{1}{2}\times1\times10^{-6}\times(30\times10^3)^2=450\text{[J]}$

★
11 3상 교류 회로의 선간 전압이 13,200[V], 선전류가 800[A], 역률 80[%] 부하의 소비 전력은 약 몇 [MW]인가?

① 4.88 ② 8.45
③ 14.63 ④ 25.34

해설 3상 교류 전력 $P=\sqrt{3}\,VI\cos\theta$[W]
$V=13.2$[kV], 전류 $I=0.8$[kA]를 대입시키면 단위 [MW]가 된다.
$P=\sqrt{3}\times13.2\times0.8\times0.8=14.63$[MW]

★★★
12 전지의 기전력이 1.5[V], 5개를 부하 저항 2.5[Ω]인 전구에 접속하였을 때 전구에 흐르는 전류는 몇 [A]인가? (단, 전지의 내부 저항은 0.5[Ω]이다.)

① 1.5 ② 2
③ 3 ④ 2.5

해설 $I=\dfrac{nE}{nr+R}=\dfrac{5\times1.5}{5\times0.5+2.5}=1.5\text{[A]}$

★★★
13 옥내 배선 공사 중 저압에 애자 사용 공사를 하는 경우 전선 상호 간의 간격은 얼마 이상으로 하여야 하는가?

① 2[cm] ② 4[cm]
③ 6[cm] ④ 8[cm]

해설 전선 상호 간 간격 : 6[cm] 이상

★★★
14 송전 방식에서 선간 전압, 선로 전류, 역률이 일정할 때 (단상 3선식/단상 2선식)의 전선 1선당의 전력비는 약 몇 [%]인가?

① 87.5 ② 115
③ 133 ④ 150

해설

결선 방식		공급 전력	1선당 공급 전력	1선당 공급 전력비
단상 2선식	I, V	$P_1=VI$	$\frac{1}{2}VI$	기준
단상 3선식	I, V, V, I	$P_2=2VI$	$\frac{2}{3}VI$ $=0.67VI$	$\dfrac{\frac{2}{3}VI}{\frac{1}{2}VI}=\frac{4}{3}$ $=1.33$배

정답 08.① 09.① 10.① 11.③ 12.① 13.③ 14.③

★★
15 대칭 3상 △ − △ 결선에서 선전류와 상전류와의 위상 관계는?

① $\frac{\pi}{3}$[rad] ② $\frac{\pi}{2}$[rad]

③ $\frac{\pi}{4}$[rad] ④ $\frac{\pi}{6}$[rad]

해설 △결선의 특징

$\dot{I}_l = \sqrt{3}\, I_p \angle -\frac{\pi}{6}$ [A]

선전류 I_l가 상전류 I_p보다 $\frac{\pi}{6}$[rad] 뒤지는 위상관계가 성립한다.

★★
16 1[cm]당 권수가 10인 무한 길이 솔레노이드에 1[A]의 전류가 흐르고 있을 때 솔레노이드 외부 자계의 세기[AT/m]는?

① 0 ② 5

③ 10 ④ 20

해설 솔레노이드에 의한 자계
- 내부 자계 : 평등 자계
- 외부 자계 : 0

★★★
17 (출제빈도) 진공 중에 10[μC]과 20[μC]의 점전하를 1[m]의 거리로 놓았을 때 작용하는 힘[N]은?

① 18×10^{-1}

② 2×10^{-2}

③ 9.8×10^{-9}

④ 98×10^{-9}

해설 쿨롱의 법칙

$$F = 9 \times 10^9 \times \frac{Q_1 Q_2}{r^2}$$
$$= 9 \times 10^9 \times \frac{10 \times 10^{-6} \times 20 \times 10^{-6}}{1^2}$$
$$= 18 \times 10^{-1}[\text{N}]$$

★★★
18 (출제빈도) 직류 발전기 중 중권 발전기의 전기자 권선에 균압환을 설치하는 이유는 무엇인가?

① 브러시 불꽃 방지

② 전기자 반작용

③ 파형 개선

④ 정류 개선

해설 중권 발전기는 브러시 부근에 불꽃을 방지하기 위하여 4극 이상의 중권 발전기에는 균압환을 설치한다.

★
19 $i = 200\sqrt{2}\sin\left(\omega t + \frac{\pi}{2}\right)$[A]를 복소수로 표시하면?

① 200

② $j200$

③ $200 + j200$

④ $200\sqrt{2} + j200\sqrt{2}$

해설

$$\text{전류 } \dot{I} = 200 \angle \frac{\pi}{2}$$
$$= 200\left(\cos\frac{\pi}{2} + j\sin\frac{\pi}{2}\right)$$
$$= 200(0 + j)$$
$$= j200[\text{A}]$$

★★★
20 (출제빈도) 자기 인덕턴스가 각각 L_1[H], L_2[H]인 두 개의 코일이 직렬로 가동 접속되었을 때 합성 인덕턴스는? (단, 자기력선에 의한 영향을 서로 받는 경우이다.)

① $L_1 + L_2 - M$

② $L_1 + L_2 - 2M$

③ $L_1 + L_2 + M$

④ $L_1 + L_2 + 2M$

해설 가동 접속 합성 인덕턴스

$L_0 = L_1 + L_2 + 2M$[H]

정답 15.④ 16.① 17.① 18.① 19.② 20.④

★★
21 고압 가공 인입선이 도로를 횡단하는 경우 노면상 시설하여야 할 높이는 몇 [m] 이상인가?

① 8.5　② 6.5
③ 6　④ 4.5

해설 저·고압 인입선의 높이

장소 구분	저압[m]	고압[m]
도로 횡단	5[m] 이상	6[m] 이상
철도 횡단	6.5[m] 이상	6.5[m] 이상
횡단 보도교	3[m] 이상	3.5[m] 이상
기타 장소	4[m] 이상	5[m] 이상

★
22 조명 기구를 배광에 따라 분류하는 경우 특정한 장소만을 고조도로 하기 위한 조명 기구는?

① 광천장 조명 기구
② 직접 조명 기구
③ 전반 확산 조명 기구
④ 반직접 조명 기구

해설 직접 조명 기구는 특정한 장소만을 하향 광속 90[%] 이상이 되도록 설계된 조명 기구이다.

★
23 3[kW] 전열기를 정격 상태에서 20분간 사용하였을 때 열량은 몇 [kcal]인가?

① 430　② 520
③ 610　④ 860

해설 전열기 열량 1[kWh]=860[kcal]

전체 열량 $H=860\times 3\times \frac{20}{60}=860$[kcal]

★★★
24 금속 전선관을 구부릴 때 금속관의 단면이 심하게 변형되지 않도록 구부려야 하며, 일반적으로 그 안측의 반지름은 관 안지름(내경)의 몇 배 이상이 되어야 하는가?

① 2배　② 4배
③ 6배　④ 8배

해설 금속관을 구부리는 경우 굽은부분 반지름(굴곡반경) : 관 안지름(내경)의 6배

★
25 주위 온도가 일정 상승률 이상이 되는 경우에 작동하는 것으로서 일정한 장소의 열에 의하여 작동하는 화재 감지기는?

① 차동식 스포트형 감지기
② 차동식 분포형 감지기
③ 광전식 연기 감지기
④ 이온화식 연기 감지기

해설 차동식 스포트형 감지기 : 주위 온도가 일정 상승률 이상이 될 경우 일정한 장소의 열에 의하여 작동하는 감지기로서, 화재 발생 시 온도 상승에 의해 열전대가 열기전력을 발생시켜서 릴레이가 동작하면 수신기에 화재 신고를 보내는 원리

★★
26 수·변전 설비의 고압 회로에 흐르는 전류를 표시하기 위해 전류계를 시설할 때 고압 회로와 전류계 사이에 시설하는 것은?

① 계기용 변압기
② 계기용 변류기
③ 관통형 변압기
④ 권선형 변류기

해설 계기용 변류기(CT) : 대전류를 소전류(5[A])로 변성하여 측정 계기나 전류계의 전류원으로 사용하기 위한 전류 변성기

★★★
27 다음 중 자기 저항의 단위에 해당되는 것은?

① [Ω]
② [Wb/AT]
③ [H/m]
④ [AT/Wb]

해설 기자력 $F=NI=R\phi$[AT]에서

자기 저항 $R=\frac{NI}{\phi}$[AT/Wb]

정답 21.③ 22.② 23.④ 24.③ 25.① 26.② 27.④

★★
28 **변압기의 부하 전류 및 전압이 일정하고 주파수만 낮아지면?**

① 동손이 감소한다.
② 동손이 증가한다.
③ 철손이 감소한다.
④ 철손이 증가한다.

해설 철손과 주파수는 반비례하므로 주파수가 낮아지면 철손이 증가한다.

★★★
29 **한국전기설비규정에 의하여 애자 사용 공사를 건조한 장소에 시설하고자 한다. 사용 전압이 400[V] 초과인 경우 전선과 조영재 사이의 간격(이격거리)은 최소 몇 [cm] 이상이어야 하는가?**

출제빈도

① 2.5　② 4.5
③ 6.0　④ 12

해설 애자 사용 공사 시 전선과 조영재 간 간격(이격거리)
• 400[V] 이하 : 2.5[cm] 이상
• 400[V] 초과 : 4.5[cm] 이상(단, 건조한 장소는 2.5[cm] 이상)

★★★
30 **3상 농형 유도 전동기의 Y-△ 기동 시의 기동 토크를 전전압 기동법과 비교했을 때 기동 토크는 전전압보다 몇 배가 되는가?**

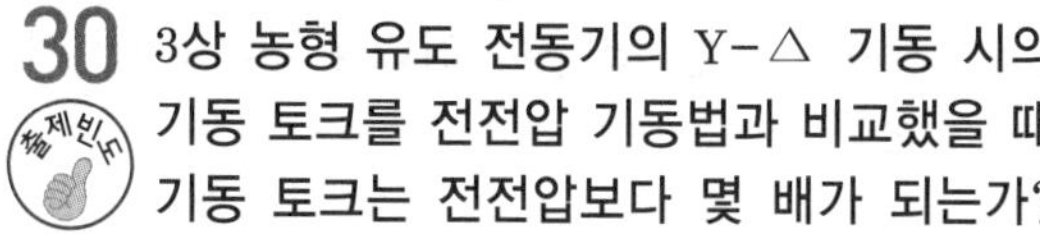

출제빈도

① 3　② $\frac{1}{3}$
③ $\frac{1}{\sqrt{3}}$　④ $\sqrt{3}$

해설 Y-△ 기동법은 기동 전류와 기동 토크가 전전압 기동법보다 $\frac{1}{3}$배로 감소한다.

★★★
31 **셀룰로이드, 성냥, 석유류 등 가연성 위험 물질을 제조 또는 저장하는 장소의 저압 옥내 배선 공사 방법이 틀린 것은?**

출제빈도

① 금속관은 박강 전선관 또는 이와 동등 이상의 전선관을 사용한다.
② 두께 2.0[mm] 미만의 합성수지제 전선관을 사용한다.
③ 배선은 금속관 배선, 합성수지관 배선(두께 2.0[mm] 이상) 또는 케이블 배선을 한다.
④ 합성수지관 배선에 사용하는 합성수지관 및 박스, 기타 부속품은 손상될 우려가 없도록 시설해야 한다.

해설 셀룰로이드, 성냥, 석유류 등 가연성 위험 물질을 제조 또는 저장하는 장소 : 금속관 공사, 케이블 공사, 두께 2.0[mm] 이상의 합성수지관 공사

★
32 **다음 설명 중 틀린 것은?**

① 리액턴스는 주파수의 함수이다.
② 콘덴서는 직렬로 연결할수록 용량이 커진다.
③ 저항은 병렬로 연결할수록 저항치가 작아진다.
④ 코일은 직렬로 연결할수록 인덕턴스가 커진다.

해설 콘덴서의 정전 용량은 병렬일 때 합이므로 커지고, 직렬로 연결하면 합성 정전 용량이 작아진다.

★★★
33 **유도 전동기의 동기 속도가 N_s, 회전 속도가 N일 때 슬립은?**

출제빈도

① $s = \frac{N_s - N}{N}$　② $s = \frac{N - N_s}{N}$
③ $s = \frac{N_s - N}{N_s}$　④ $s = \frac{N_s + N}{N_s}$

해설 유도 전동기의 슬립 $s = \frac{N_s - N}{N_s}$

정답 28.④ 29.① 30.② 31.② 32.② 33.③

34 [한국전기설비규정에 따른 삭제]

35 $R=5[\Omega]$, $L=30[\text{mH}]$인 $R-L$ 직렬 회로에 $V=200[\text{V}]$, $f=60[\text{Hz}]$인 교류 전압을 가할 때 전류의 크기는 약 몇 [A]인가?

① 8.67
② 11.42
③ 16.17
④ 21.25

해설 유도성 리액턴스
$X_L=2\pi fL=2\pi\times60\times30\times10^{-3}\fallingdotseq11.31[\Omega]$
합성 임피던스 $\dot{Z}=R+jX_L=5+j11.31[\Omega]$
임피던스 절대값
$Z=\sqrt{R^2+{X_L}^2}=\sqrt{5^2+11.31^2}\fallingdotseq12.37[\Omega]$
전류의 크기 $I=\dfrac{V}{Z}=\dfrac{200}{12.37}\fallingdotseq16.17[\text{A}]$

36 전선 접속 시 유의 사항으로 옳은 것은?

① 전선의 인장 하중이 20[%]가 감소하지 않도록 접속한다.
② 전선의 인장 하중이 10[%]가 감소하지 않도록 접속한다.
③ 전선의 인장 하중이 40[%]가 감소하지 않도록 접속한다.
④ 전선의 인장 하중이 5[%]가 감소하지 않도록 접속한다.

해설 전선 접속 부분의 인장 강도(하중)를 20[%] 이상 감소시키지 않아야 한다.

37 전기 설비를 보호하는 계전기 중 전류 계전기의 설명으로 틀린 것은?

① 과전류 계전기와 부족 전류 계전기가 있다.
② 부족 전류 계전기는 항상 시설하여야 한다.
③ 적절한 후비 보호 능력이 있어야 한다.
④ 차동 계전기는 불평형 전류차가 일정값 이상이 되면 동작하는 계전기이다.

해설 부족 전류 계전기(UCR) : 발전기나 변압기 계자 회로에 필요한 계전기로서 항상 시설하는 계전기는 아니다.

38 지지물에 전선 그 밖의 기구를 고정시키기 위해 완목, 완금, 애자 등을 장치하는 것을 무엇이라 하는가?

① 장주
② 건주
③ 터파기
④ 전선설치(가선) 공사

해설 장주 : 지지물에 전선 및 개폐기 등을 고정시키기 위해 완목, 완금, 애자 등을 시설하는 것

39 저압 수전 방식 중 단상 3선식은 평형이 되는 게 원칙이지만 부득이한 경우 설비 불평형률은 몇 [%] 이내로 유지해야 하는가?

① 10
② 20
③ 30
④ 40

해설 단상 3선식에서 중성선과 각 전압측 전선 간의 부하는 평형이 되게 하는 것을 원칙으로 하지만, 부득이한 경우 발생하는 설비 불평형률은 40[%]까지 할 수 있다.

정답 34.삭제 35.③ 36.① 37.② 38.① 39.④

★
40 $R-L$ 직렬 회로에 교류 전압 $v=V_m \sin\omega t$[V]를 가했을 때 회로의 위상차 θ를 나타낸 것은?

① $\theta=\tan^{-1}\dfrac{R}{\omega L}$

② $\theta=\tan^{-1}\dfrac{\omega L}{R}$

③ $\theta=\tan^{-1}\dfrac{1}{R\omega L}$

④ $\theta=\tan^{-1}\dfrac{R}{\sqrt{R^2+(\omega L)^2}}$

해설 $R-L$ 직렬 회로 합성 임피던스
$\dot{Z}=R+j\omega L[\Omega]$
I, V의 위상차 $\theta=\tan^{-1}\dfrac{\omega L}{R}$

★★★
41 부하 변동에 따라 속도 변동이 심해 전차, 권상기, 크레인 등에 이용되는 직류 전동기는?

출제빈도

① 직권
② 분권
③ 가동 복권
④ 차동 복권

해설 직권 전동기는 기동 토크가 크며, 큰 입력이 필요하지 않으므로 전차, 권상기, 크레인 등과 같이 기동 횟수가 빈번하고 토크의 변동이 심한 연속적인 부하에 적당하다.

★★★
42 피뢰 시스템에 접지 도체가 접속된 경우 접지 저항은 몇 [Ω] 이하이어야 하는가?

출제빈도

① 5
② 10
③ 15
④ 20

해설 피뢰 시스템에 접지 도체가 접속된 경우 접지 저항은 10[Ω] 이하이어야 한다.

★
43 6,600[V], 1,000[kVA] 3상 변압기의 저압측 전류 (㉠)와 역률 70[%]일 때 출력 (㉡)은?

① 67.8[A], 700[kW]
② 87.5[A], 700[kW]
③ 78.5[A], 600[kW]
④ 76.8[A], 600[kW]

해설 3상 피상 전력 $P_a=\sqrt{3}\,VI$[VA]이므로
전류 $I=\dfrac{P_a}{\sqrt{3}\,V}=\dfrac{1,000}{\sqrt{3}\times 6.6}=87.5$[A]
출력 $P=P_a\cos\theta=1,000\times 0.7=700$[kW]

★★
44 그림은 동기기의 위상 특성 곡선을 나타낸 것이다. 전기자 전류가 가장 작게 흐를 때의 역률은?

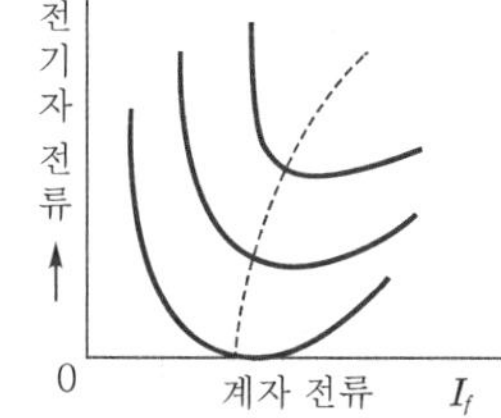

① 1
② 0.9
③ 0.8
④ 0

해설 V곡선에서 전기자 전류가 가장 작게 흐를 때는 V곡선의 최저점이고 역률은 1인 상태이다.

★
45 직류 전동기의 전압 강하를 보상하기 위한 승압용 발전기는?

① 가동 복권 발전기
② 직권 발전기
③ 분권 발전기
④ 차동 복권 발전기

정답 40.② 41.① 42.② 43.② 44.① 45.②

해설 직권 발전기는 직류 전동기의 전압 강하를 보상하기 위한 승압용 발전기이다.

★★
46 공기 중에서 1[Wb]의 자극으로부터 나오는 자력선의 총수는 몇 개인가?

① 6.33×10^4 ② 7.96×10^5
③ 8.855×10^3 ④ 1.256×10^6

해설 자력선의 총수 $N=\dfrac{m}{\mu_0}$

$$=\frac{1}{4\pi\times10^{-7}}=7.96\times10^5\text{개}$$

★★★
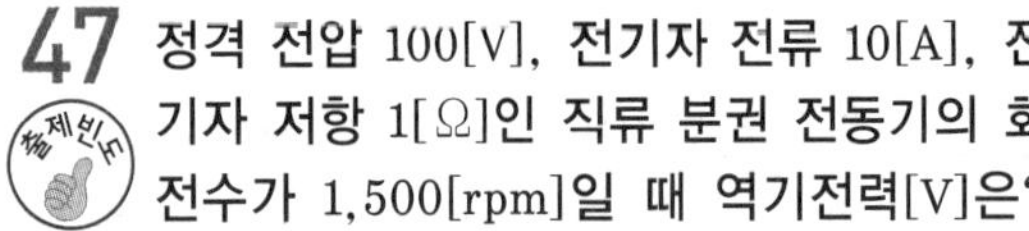

47 정격 전압 100[V], 전기자 전류 10[A], 전기자 저항 1[Ω]인 직류 분권 전동기의 회전수가 1,500[rpm]일 때 역기전력[V]은?

① 110 ② 100
③ 90 ④ 75

해설 직류 분권 전동기의 역기전력
$E=V-I_aR_a=100-10\times1=90[\text{V}]$

★
48 그림에서 a－b 간의 합성 저항은 c－d 간의 합성 저항의 몇 배인가?

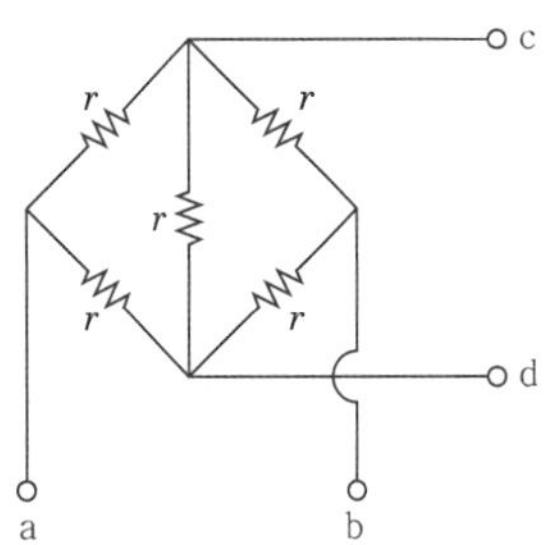

① 1배 ② 2배
③ 3배 ④ 4배

해설
- a–b 간의 합성 저항 : 휘트스톤 브리지 평형 조건을 만족하므로 중간에 병렬로 접속되어 있는 r을 무시한다.

$$r_{ab}=\frac{2r\times2r}{2r+2r}=r[\Omega]$$

- c–d 간의 합성 저항

$$r_{cd}=\frac{1}{\frac{1}{2r}+\frac{1}{r}+\frac{1}{2r}}=\frac{r}{2}[\Omega]$$

$\therefore\ r_{ab}=2r_{cd}[\Omega]$

★
49 변압기에 대한 설명 중 틀린 것은?

① 전압을 변성한다.
② 정격 출력은 1차측 단자를 기준으로 한다.
③ 전력을 발생하지 않는다.
④ 변압기의 정격 용량은 피상 전력으로 표시한다.

해설 변압기의 정격 출력은 2차측 단자를 기준으로 한다.

★
50 케이블 공사에 의한 저압 옥내 배선에서 캡타이어 케이블을 조영재의 아랫면 또는 옆면에 따라 붙이는 경우에는 전선의 지지점 간의 거리는 몇 [m] 이하이어야 하는가?

① 1.5 ② 1
③ 2 ④ 0.8

해설 캡타이어 케이블을 조영재에 따라 지지하는 경우 지지점 간의 거리는 1[m] 이하로 한다.

★
51 지름 2.6[mm], 길이 1,000[m]인 구리선의 전기 저항은 몇 [Ω]인가? (단, 구리선의 고유 저항은 1.69×10^{-8}[Ω·m]이다.)

① 2.1 ② 3.2
③ 8 ④ 12

해설 전선의 지름 $D=2.6[\text{mm}]=2.6\times10^{-3}[\text{m}]$
전선의 전기 저항

$$R=\rho\frac{l}{S}=\rho\frac{4l}{\pi D^2}$$

$$=1.69\times10^{-8}\times\frac{4\times1,000}{3.14\times(2.6\times10^{-3})^2}$$

$$=3.2[\Omega]$$

정답 46.② 47.③ 48.② 49.② 50.② 51.②

★★★
52 단상 반파 정류 회로에서 출력 전압은? (단, V는 실효값이다.)

출제빈도

① $0.45\,V$ ② $2\sqrt{2}\,V$
③ $\sqrt{2}\,V$ ④ $0.9\,V$

해설 단상 반파 정류 회로의 출력 전압은 직류분이므로 $V_d = \frac{\sqrt{2}}{\pi}V = 0.45\,V$[V]이다.

★
53 선간 전압 200[V]인 대칭 3상 Y결선 부하의 저항 $R=4$[Ω], 리액턴스 $X_L=3$[Ω]인 경우 부하에 흐르는 전류는 몇 [A]인가?

① 5 ② 20
③ 23.1 ④ 115.5

해설 부하에 걸리는 전압은 상전압이므로

$$V_P = \frac{\text{선간 전압}}{\sqrt{3}} = \frac{200}{\sqrt{3}}[\text{V}]$$

부하에 흐르는 전류

$$I = \frac{V_P}{Z_P} = \frac{\frac{200}{\sqrt{3}}}{\sqrt{4^2+3^2}} = \frac{40}{\sqrt{3}} = 23.1[\text{A}]$$

★
54 두 개의 평행한 도체가 진공 중(또는 공기 중)에 20[cm] 떨어져 있고, 100[A]의 같은 크기의 전류가 흐르고 있을 때 1[m]당 발생하는 힘의 크기[N]는?

① 0.1 ② 0.01
③ 10 ④ 1

해설 평행 도체 사이에 작용하는 힘의 세기

$$F = \frac{2I_1I_2}{r} \times 10^{-7}[\text{N/m}]$$
$$= \frac{2\times100\times100}{0.2} \times 10^{-7}$$
$$= 10^{-2} = 0.01[\text{N/m}]$$

★★★
55 기전력 120[V], 내부 저항(r)이 15[Ω]인 전원이 있다. 여기에 부하 저항(R)을 연결하여 얻을 수 있는 최대 전력[W]은? (단, 최대 전력 전달 조건은 $r=R$이다.)

출제빈도

① 100 ② 140
③ 200 ④ 240

해설 최대 전력 전달 조건 $r=R$[Ω]

최대 전력 $P_m = \frac{E^2}{4r} = \frac{120^2}{4\times15} = 240$[W]

★★
56 단상 전력계 2대를 사용하여 2전력계법으로 3상 전력을 측정하고자 한다. 두 전력계의 지시값이 각각 P_1, P_2[W]이었다. 3상 전력 P[W]를 구하는 식으로 옳은 것은?

① $P = P_1 + P_2$
② $P = \sqrt{3}(P_1 \times P_2)$
③ $P = P_1 \times P_2$
④ $P = P_1 - P_2$

해설 2전력계법에 의한 유효 전력 $P = P_1 + P_2$[W]

★
57 설치 면적과 설치 비용이 많이 들지만 가장 이상적이고 효과적인 진상용 콘덴서 설치 방법은?

① 수전단 모선에 설치
② 수전단 모선과 부하측에 분산하여 설치
③ 부하측에 분산하여 설치
④ 가장 큰 부하측에만 설치

해설 진상용 콘덴서의 역률을 개선하기 위한 가장 효과적인 방법은 부하측에 분산하여 설치한다.

★
58 권선형 유도 전동기에서 회전자 권선에 2차 저항기를 삽입하면 어떻게 되는가?

① 회전수가 커진다.
② 변화가 없다.
③ 기동 전류가 작아진다.
④ 기동 토크가 작아진다.

정답 52.① 53.③ 54.② 55.④ 56.① 57.③ 58.③

해설 비례 추이에 의하여 2차 저항기를 삽입하면 기동 전류는 작아지고 기동 토크는 커진다.

★★
59 **저압 개폐기를 생략하여도 무방한 개소는?**

① 부하 전류를 끊거나 흐르게 할 필요가 있는 장소
② 인입구, 기타 고장, 점검, 측정, 수리 등에서 개방(개로)할 필요가 있는 개소
③ 퓨즈의 전원측으로 분기 회로용 과전류 차단기 이후의 퓨즈가 플러그 퓨즈와 같이 퓨즈 교환 시에 충전부에 접촉될 우려가 없을 경우
④ 퓨즈에 근접하여 설치한 개폐기인 경우의 퓨즈 전원측

해설 저압 개폐기를 필요로 하는 개소
저압 개폐기는 저압 전로 중 다음의 개소 또는 따로 정하는 개소에 시설하여야 한다.

- 부하 전류를 끊거나 흐르게 할 필요가 있는 개소
- 인입구, 기타 고장, 점검, 측정, 수리 등에서 개방(개로)할 필요가 있는 개소
- 퓨즈의 전원측(이 경우 개폐기는 퓨즈에 근접하여 설치할 것). 단, 분기 회로용 과전류 차단기 이후의 퓨즈가 플러그 퓨즈와 같이 퓨즈 교환 시에 충전부에 접촉될 우려가 없을 경우는 이 개폐기를 생략할 수 있다.

★★
60 **200[V], 2[kW]의 전열선 2개를 같은 전압에서 직렬로 접속한 경우의 전력은 병렬로 접속한 경우의 전력보다 어떻게 되는가?**

① $\frac{1}{2}$배로 줄어든다.
② $\frac{1}{4}$배로 줄어든다.
③ 2배로 증가한다.
④ 4배로 증가한다.

해설 전열선(저항) 두 개를 직렬로 접속하면 합성 저항은 $2R$[Ω]이고 전압 V[V]를 걸어준 경우 소비 전력 $P_1 = \frac{V^2}{2R}$[W]이 된다.
전열선 두 개를 병렬로 접속하면 합성 저항은 $\frac{R}{2}$[Ω]이고 전압 V[V]를 걸어준 경우 소비 전력 $P_2 = \frac{V^2}{\frac{R}{2}} = 2\frac{V^2}{R}$[W]이 된다.
그러므로 직렬은 병렬의 $\frac{1}{4}$배이다.

정답 59.③ 60.②

2020년 제1회 CBT 기출복원문제

★ 표시 : 문제 중요도를 나타냄

본 기출문제는 수험생들의 기억을 바탕으로 작성한 것으로 내용 및 그림 등에서 실제 문제와 다소 차이가 있을 수 있습니다.

★★

01 그림과 같이 공기 중에 놓인 2×10^{-8}[C]의 전하에서 2[m] 떨어진 점 P와 1[m] 떨어진 점 Q와의 전위차는?

① 80[V]
② 90[V]
③ 100[V]
④ 110[V]

해설 전위 $V=9\times10^9\times\dfrac{Q}{r}$[V]

$V_Q=9\times10^9\times\dfrac{2\times10^{-8}}{1}=180$[V]

$V_P=9\times10^9\times\dfrac{2\times10^{-8}}{2}=90$[V]

그러므로 전위차 $V=180-90=90$[V]

★★

02 심벌 (EQ)는 무엇을 의미하는가?

① 지진 감지기 ② 전하량기
③ 변압기 ④ 누전 경보기

해설 지진 감지기(EarthQuake detector)는 영문 약자를 따서 EQ로 표기한다.

★★

03 똑같은 크기의 저항 5개를 가지고 얻을 수 있는 합성 저항 최대값은 최소값의 몇 배인가?

① 5배 ② 10배
③ 25배 ④ 20배

해설 최대 합성 저항은 직렬이고 최소 합성 저항은 병렬이므로 직렬은 병렬의 $n^2=5^2=25$배이다.

★★★

04 일반적으로 가공 전선로의 지지물에 취급자가 오르고 내리는 데 사용하는 발판 볼트 등은 지표상 몇 [m] 미만에 시설하여서는 안 되는가?

① 0.75 ② 1.2
③ 1.8 ④ 2.0

해설 지표상 1.8[m]로부터 완금 하부 0.9[m]까지 발판 볼트를 설치한다.

★★★

05 저압 옥내 배선에서 합성수지관 공사에 대한 설명 중 잘못된 것은?

① 합성수지관 안에는 전선에 접속점이 없도록 한다.
② 합성수지관을 새들 등으로 지지하는 경우는 그 지지점 간의 거리를 3[m] 이상으로 한다.
③ 합성수지관 상호 및 관과 박스는 접속 시에 삽입하는 깊이를 관 바깥지름의 1.2배 이상으로 한다.
④ 관 상호의 접속은 박스 또는 커플링(coupling) 등을 사용하고 직접 접속하지 않는다.

해설 합성수지관 공사의 지지점 간의 거리는 1.5[m] 이하이다.

정답 01.② 02.① 03.③ 04.③ 05.②

★★
06 지지물의 지지선(지선)에 연선을 사용하는 경우 소선 몇 가닥 이상의 연선을 사용하는가?

① 1 ② 2
③ 3 ④ 4

해설 지지선(지선)의 구성은 2.6[mm] 이상의 금속선을 3조 이상 꼬아서 시설할 것

★
07 다음 중 망간 건전지의 양극으로 무엇을 사용하는가?

① 아연판
② 구리판
③ 탄소 막대
④ 묽은 황산

해설 망간 건전지는 대표적인 1차 전지로서 음극은 아연, 양극은 탄소 막대를 사용한다.

★★★
08 다음 중 발전기의 유도 기전력의 방향을 알 수 있는 법칙은?

출제빈도

① 렌츠의 법칙
② 플레밍의 오른손 법칙
③ 플레밍의 왼손 법칙
④ 옴의 법칙

해설 플레밍의 오른손 법칙 : 발전기에서 유도되는 기전력의 방향을 알기 쉽게 정의한 법칙
- 엄지 : 도체의 운동 속도
- 검지 : 자속 밀도
- 중지 : 유도 기전력

★
09 지락 전류를 검출할 때 사용하는 계기는?

① ZCT ③ PT
② CT ④ OCR

해설 영상 변류기(ZCT) : 지락 사고 시 발생하는 영상 전류를 검출하여 지락 계전기에 공급하는 역할을 하는 전류 변성기

★★★
10 접지선의 절연 전선 색상은 특별한 경우를 제외하고는 어느 색으로 표시를 하여야 하는가?

출제빈도

① 빨간색
② 노란색
③ 녹색-노란색
④ 검은색

해설 ③ 접지선 색 : 녹색-노란색

★★★
11 접지 저항을 측정하는 방법은?

① 휘트스톤 브리지법
② 켈빈 더블 브리지법
③ 콜라우슈 브리지법
④ 테스터법

해설 접지 저항 및 전해액 저항 측정 : 콜라우슈 브리지법

★★
12 가요 전선관과 금속관의 상호 접속에 쓰이는 재료는?

① 스플릿 커플링
② 콤비네이션 커플링
③ 스트레이트 박스 커넥터
④ 앵글 박스 커넥터

해설
- 가요 전선관 상호 접속 : 스플릿 커플링
- 가요 전선관과 금속관 상호 접속 : 콤비네이션 커플링

★
13 4[Ω]의 저항에 200[V]의 전압을 인가할 때 소비되는 전력은?

① 20[W] ② 400[W]
③ 2.5[W] ④ 10[kW]

해설
소비 전력 $P=\frac{V^2}{R}=\frac{200^2}{4}$
$=10{,}000[\mathrm{W}]$
$=10[\mathrm{kW}]$

정답 06.③ 07.③ 08.② 09.① 10.③ 11.③ 12.② 13.④

★★★
14 30[W] 전열기에 220[V], 주파수 60[Hz]인 전압을 인가한 경우 평균 전압[V]은?

① 200
② 300
③ 311
④ 400

해설 전압의 최대값 $V_m = 220\sqrt{2}$ [V]

평균값 $V_{av} = \frac{2}{\pi} V_m = \frac{2}{\pi} \times 220\sqrt{2} = 200$ [V]

* 쉬운 풀기 : $V_{av} = 0.9V = 0.9 \times 220 \fallingdotseq 200$ [V]

★★★
15 발전기나 변압기 내부 고장 보호에 쓰이는 계전기는?

① 접지 계전기
② 차동 계전기
③ 과전압 계전기
④ 역상 계전기

해설 발전기, 변압기 내부 고장 보호용 계전기는 차동 계전기, 비율 차동 계전기, 부흐홀츠 계전기가 있다.

★★
16 변압기에서 자속에 대한 설명 중 맞는 것은?

① 전압에 비례하고 주파수에 반비례
② 전압에 반비례하고 주파수에 비례
③ 전압에 비례하고 주파수에 비례
④ 전압과 주파수에 무관

해설 $E_1 = 4.44fN_1\phi_m$[V]

$\phi_m = \frac{E_1}{4.44fN_1}$[Wb]이므로 전압에 비례하고 주파수에 반비례한다.

★
17 유전율의 단위는?

① [F/m] ② [V/m]
③ [C/m²] ④ [H/m]

해설 유전율의 단위는 [F/m]이다.

★★★
18 Y-Y 결선에서 선간 전압이 380[V]인 경우 상전압은 몇 [V]인가?

① 100
② 220
③ 200
④ 380

해설 Y결선 선간 전압 $V_l = \sqrt{3}\,V_p$[V]이므로

$V_p = \frac{V_l}{\sqrt{3}} = \frac{380}{\sqrt{3}} \fallingdotseq 220$[V]

★★
19 전기 기계의 효율 중 발전기의 규약 효율 η_G는 몇 [%]인가? (단, P는 입력, Q는 출력, L은 손실이다.)

① $\eta_G = \frac{P-L}{P} \times 100[\%]$

② $\eta_G = \frac{P-L}{P+L} \times 100[\%]$

③ $\eta_G = \frac{Q}{P} \times 100[\%]$

④ $\eta_G = \frac{Q}{Q+L} \times 100[\%]$

해설 효율 $\eta = \frac{\text{출력}}{\text{입력}} \times 100[\%]$로서 출력으로 표현한다.

발전기의 규약 효율 $\eta_G = \frac{\text{출력}}{\text{출력}+\text{손실}} \times 100[\%]$

★
20 측정이나 계산으로 구할 수 없는 손실로 부하 전류가 흐를 때 도체 또는 철심 내부에서 생기는 손실을 무엇이라 하는가?

① 표유 부하손
② 히스테리시스손
③ 구리손
④ 맴돌이 전류손

해설 표유 부하손(부하손) = 표류 부하손 : 누설 전류에 의해 발생하는 손실로 측정은 가능하나 계산에 의하여 구할 수 없는 손실

정답 14.① 15.② 16.① 17.① 18.② 19.④ 20.①

★★
21 가공 전선로의 지지물에 지지선(지선)을 사용해서는 안 되는 곳은?

① A종 철근 콘크리트주
② 목주
③ A종 철주
④ 철탑

해설 철탑에는 지지선(지선)을 사용할 필요가 없다.

★★★
22 200[V], 50[W] 전등 10개를 10시간 사용하였다면 사용 전력량은 몇 [kWh]인가?

출제빈도

① 5 ② 6
③ 7 ④ 10

해설 전력량 $W = Pt$
$= 50 \times 10 \times 10$
$= 5,000[\text{Wh}]$
$= 5[\text{kWh}]$

★★
23 대칭 3상 교류 회로에서 각 상 간의 위상차는 얼마인가?

① $\dfrac{\pi}{3}$ ② $\dfrac{\sqrt{3}}{2}\pi$
③ $\dfrac{2\pi}{3}$ ④ $\dfrac{2}{\sqrt{3}}\pi$

해설 대칭 3상 교류에서의 각 상 간 위상차는 $\dfrac{2\pi}{3}$[rad]이다.

★★
24 콘덴서 중 극성을 가지고 있는 콘덴서로서 교류 회로에 사용할 수 없는 것은?

① 마일러 콘덴서
② 마이카 콘덴서
③ 세라믹 콘덴서
④ 전해 콘덴서

해설 전해 콘덴서는 양극과 음극의 극성을 가지고 있어 직류 회로에서만 사용 가능하다.

★★★
25 동기 발전기의 병렬 운전 조건이 아닌 것은?

① 유도 기전력의 크기가 같을 것
② 동기 발전기의 용량이 같을 것
③ 유도 기전력의 위상이 같을 것
④ 유도 기전력의 주파수가 같을 것

해설 동기 발전기 병렬 운전 조건
- 기전력의 크기가 일치할 것
- 기전력의 위상이 일치할 것
- 기전력의 주파수가 일치할 것
- 기전력의 파형이 일치할 것

★★
26 배전반 및 분전반의 설치 장소로 적합하지 않은 곳은?

① 안정된 장소
② 밀폐된 장소
③ 개폐기를 쉽게 개폐할 수 있는 장소
④ 전기 회로를 쉽게 조작할 수 있는 장소

해설 배전반 및 분전반 설치 장소 : 전개된 노출 장소나 개폐기를 쉽게 조작 가능한 점검 장소가 적합하므로 밀폐된 장소는 적합하지 않다.

★
27 한국전기설비규정에 의한 고압가공 전선로 철탑의 지지물 간 거리(경간)는 몇 [m] 이하로 제한하고 있는가?

① 150 ② 250
③ 500 ④ 600

해설 가공 전선로의 철탑 지지물 간 거리(경간)

구분	표준 지지물 간 거리(경간)	장경간
철탑	600	1,200

★★★
28 100[kVA] 단상 변압기 2대를 V결선하여 3상 전력을 공급할 때의 출력은?

출제빈도

① 173.2[kVA] ② 86.6[kVA]
③ 17.3[kVA] ④ 346.8[kVA]

해설 $P_V = \sqrt{3}P_1 = 100\sqrt{3} \fallingdotseq 173.2[\text{kVA}]$

정답 21.④ 22.① 23.③ 24.④ 25.② 26.② 27.④ 28.①

★★
29 변압기 V결선의 특징으로 틀린 것은?

① 고장 시 응급 처치 방법으로 쓰인다.
② 단상 변압기 2대로 3상 전력을 공급한다.
③ 부하 증가가 예상되는 지역에 시설한다.
④ V결선 시 출력은 △결선 시 출력과 그 크기가 같다.

해설 V결선의 특징
△결선 운전 중 1대 고장 시 V결선으로 운전 가능하며 2대를 이용하여 3상 부하에 전원을 공급해 주는 방식이다. V결선 출력은 △결선 1대 용량의 $\sqrt{3}$ 배로서 출력이 감소한다.

★★
30 보호 계전기 시험을 하기 위한 유의 사항으로 틀린 것은?

① 계전기 위치를 파악한다.
② 임피던스 계전기는 미리 예열하지 않도록 주의한다.
③ 계전기 시험 회로 결선 시 교류, 직류를 파악한다.
④ 계전기 시험 장비의 허용 오차, 지시 범위를 확인한다.

해설 보호 계전기 시험 유의 사항
- 보호 계전기의 배치된 상태를 확인
- 임피던스 계전기는 미리 예열이 필요한지 확인
- 시험 회로 결선 시에 교류와 직류를 확인해야 하며 직류인 경우 극성을 확인
- 시험용 전원의 용량 계전기가 요구하는 정격 전압이 유지될 수 있도록 확인
- 계전기 시험 장비의 지시 범위의 적합성, 오차, 영점의 정확성 확인

★★★
31 다음 중 유도 전동기에서 비례 추이를 할 수 있는 것은?

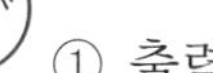

① 출력
② 2차 동손
③ 효율
④ 역률

해설 유도 전동기의 비례 추이
- 가능 : 1차 입력, 1차 전류, 2차 전류, 역률, 동기와트, 토크(1차측)
- 불가능 : 출력, 효율, 2차 동손, 부하(2차측)

★
32 설계 하중 6.8[kN] 이하인 철근 콘크리트 전주의 길이가 7[m]인 지지물을 건주하는 경우 땅에 묻히는 깊이[m]로 가장 옳은 것은?

① 1.2
② 1.0
③ 0.8
④ 0.6

해설 전체 길이 16[m] 이하이고, 설계 하중 6.8[kN] 이하인 경우 매설 깊이

전체 길이 $\times \frac{1}{6}$ 이상 $= 7 \times \frac{1}{6} \fallingdotseq 1.2$[m]

★★
33 자속 밀도 1[Wb/m²]은 몇 [gauss]인가?

① $4\pi \times 10^{-7}$
② 10^{-6}
③ 10^{4}
④ $\frac{4\pi}{10}$

해설 자속 밀도 환산

$$1[\text{Wb/m}^2] = \frac{10^8[\text{Max}]}{10^4[\text{cm}^2]} = 10^4[\text{max/cm}^2 = \text{gauss}]$$

★★
34 자체 인덕턴스가 40[mH]인 코일에 10[A]의 전류가 흐를 때 저장되는 에너지는 몇 [J]인가?

① 2 ② 3
③ 4 ④ 8

해설 코일에 축적되는 전자 에너지

$$W = \frac{1}{2}LI^2 = \frac{1}{2} \times 40 \times 10^{-3} \times 10^2 = 2[\text{J}]$$

정답 29.④ 30.② 31.④ 32.① 33.③ 34.①

★★★
35 금속 전선관의 종류에서 후강 전선관 규격 [mm]이 아닌 것은?

출제빈도

① 16
② 22
③ 30
④ 42

해설 후강 전선관의 종류 : 16, 22, 28, 36, 42, 54, 70, 82, 92, 104[mm]

★★
36 슬립이 0일 때 유도 전동기의 속도는?

① 동기 속도로 회전한다.
② 정지 상태가 된다.
③ 변화가 없다.
④ 동기 속도보다 빠르게 회전한다.

해설 슬립 $s=0$이면
회전 속도 $N=(1-s)N_s=N_s$[rpm]이므로
동기 속도로 회전한다.

★★
37 용량을 변화시킬 수 있는 콘덴서는?

① 바리콘
② 마일러 콘덴서
③ 전해 콘덴서
④ 세라믹 콘덴서

해설 가변 콘덴서에는 바리콘, 트리머 등이 있다.

★★★
38 3상 유도 전동기의 원선도를 그리는 데 필요하지 않은 것은?

출제빈도

① 저항 측정
② 무부하 시험
③ 구속 시험
④ 슬립 측정

해설
- 저항 측정 시험 : 1차 동손
- 무부하 시험 : 여자 전류, 철손
- 구속 시험(단락 시험) : 2차 동손

★★
39 동기 발전기에서 단락비가 크면 다음 중 작아지는 것은?

① 동기 임피던스와 전압 변동률
② 단락 전류
③ 공극
④ 기계의 크기

해설 단락비는 정격 전류에 대한 단락 전류의 비를 보는 것으로서 단락비가 크면 동기 임피던스와 전기자 반작용이 작다.

★
40 동기 전동기의 자기 기동법에서 계자 권선을 단락하는 이유는?

① 기동이 쉽다.
② 기동 권선으로 이용
③ 고전압 유도에 의한 절연 파괴 위험 방지
④ 전기자 반작용을 방지한다.

해설 동기 전동기의 자기 기동법에서 계자 권선을 단락하는 이유는 고전압 유도에 의한 절연 파괴 위험 방지에 있다.

★★★
41 절연 저항을 측정하는 데 정전이 어려워 측정이 곤란한 경우에는 누설 전류를 몇 [mA] 이하로 유지하여야 하는가?

출제빈도

① 1　② 2
③ 5　④ 10

해설 정전이 어려운 경우 등 절연 저항 측정이 곤란한 경우에는 누설 전류를 1[mA] 이하로 유지하여야 한다.

★
42 환상 솔레노이드에 감겨진 코일의 권회수를 3배로 늘리면 자체 인덕턴스는 몇 배로 되는가?

① 3　② 9
③ $\frac{1}{3}$　④ $\frac{1}{9}$

정답 35.③ 36.① 37.① 38.④ 39.① 40.③ 41.① 42.②

해설 환상 솔레노이드의 자기 인덕턴스

$L = \frac{\mu S N^2}{l}$[H] $\propto N^2$이므로 $3^2 = 9$배가 된다.

★
43 용량이 작은 변압기의 단락 보호용으로 주 보호 방식에 사용되는 계전기는?

① 차동 전류 계전 방식
② 과전류 계전 방식
③ 비율 차동 계전 방식
④ 기계적 계전 방식

해설 용량이 작을 경우 단락 보호용으로 과전류 계전기를 사용하여 보호한다.

★
44 SCR에서 Gate 단자의 반도체는 일반적으로 어떤 형을 사용하는가?

① N형　② P형
③ NP형　④ PN형

해설 SCR(Silicon Controlled Rectifier)은 일반적인 타입이 P-Gate 사이리스터이며 제어 전극인 게이트(G)가 캐소드(K)에 가까운 쪽의 P형 반도체 층에 부착되어 있는 3단자 단일 방향성 소자이다.

★
45 긴 직선 도선에 i의 전류가 흐를 때 이 도선으로부터 r만큼 떨어진 곳의 자장의 세기는?

① 전류 i에 반비례하고 r에 비례한다.
② 전류 i에 비례하고 r에 반비례한다.
③ 전류 i의 제곱에 반비례하고 r에 반비례한다.
④ 전류 i에 반비례하고 r의 제곱에 반비례한다.

해설 직선 도선 주위의 자장의 세기

$H = \frac{i}{2\pi r}$[AT/m]이므로, H는 전류 i에 비례하고 거리 r에 반비례한다.

★★★
46 전주 외등을 전주에 부착하는 경우 전주 외등은 하단으로부터 몇 [m] 이상 높이에 시설하여야 하는가? (단, 교통 지장이 없는 경우이다.)

출제빈도

① 3.0　② 3.5
③ 4.0　④ 4.5

해설 전주 외등 : 대지 전압 300[V] 이하 백열 전등이나 수은등을 배전 선로의 지지물 등에 시설하는 등
- 기구 인출선 도체 단면적 : 0.75[mm²] 이상
- 기구 부착 높이 : 하단에서 지표상 4.5[m] 이상 (단, 교통에 지장이 없을 경우 3.0[m] 이상)
- 돌출 수평 거리 : 1.0[m] 이하

★★
47 다음 ( ) 안의 말을 찾으시오.

> 두 자극 사이에 작용하는 자기력의 크기는 양 자극의 세기의 곱에 (㉠)하며, 자극 간의 거리의 제곱에 (㉡)한다.

① ㉠ 반비례, ㉡ 비례
② ㉠ 비례, ㉡ 반비례
③ ㉠ 반비례, ㉡ 반비례
④ ㉠ 비례, ㉡ 비례

해설 쿨롱의 법칙 : 두 자극 사이에 작용하는 자력의 크기는 양 자극의 세기의 곱에 비례하며, 자극 간의 거리의 제곱에 반비례한다.

쿨롱의 법칙 $F = \frac{m_1 \cdot m_2}{4\pi\mu_0 r^2}$[N]

★★★
48 다음 중 자기 소호 기능이 가장 좋은 소자는?

① SCR　② GTO
③ TRIAC　④ LASCR

해설 GTO(Gate Turn-Off thyristor)는 게이트 신호로 ON-OFF가 자유로우며 개폐 동작이 빠르고 주로 직류의 개폐에 사용되며 자기 소호 기능이 가장 좋다.

정답 43.② 44.② 45.② 46.① 47.② 48.②

★★
49 진성 반도체인 4가의 실리콘에 N형 반도체를 만들기 위하여 첨가하는 것은?

① 저마늄 ② 칼륨
③ 인듐 ④ 안티몬

해설 • N형 반도체 : 진성 반도체에 5가 원소를 첨가하여 전기 전도성을 높여주는 반도체
• 5가 원소 : 인, 비소, 안티몬

★★★
50 변압기유가 구비해야 할 조건 중 맞는 것은?

① 절연 내력이 작고 산화하지 않을 것
② 비열이 작아서 냉각 효과가 클 것
③ 인화점이 높고 응고점이 낮을 것
④ 절연 재료나 금속에 접촉할 때 화학 작용을 일으킬 것

해설 변압기유의 구비 조건
• 절연 내력이 클 것
• 인화점이 높고 응고점이 낮을 것
• 점도가 낮을 것

★
51 정격이 10,000[V], 500[A], 역률 90[%]의 3상 동기 발전기의 단락 전류 I_s[A]는? (단, 단락비는 1.3으로 하고 전기자 저항은 무시한다.)

① 450 ② 550
③ 650 ④ 750

해설
단락비 $K=\frac{I_s}{I_n}$이므로

단락 전류 $I_s = I_n \times$ 단락비
$= 500 \times 1.3$
$= 650$[A]

★★
52 큰 건물의 공장에서 콘크리트에 구멍을 뚫어 드라이브 핀을 고정하는 공구는?

① 스패너 ② 드라이브 이트 툴
③ 오스터 ④ 녹아웃 펀치

해설 드라이브 이트 : 화약의 폭발력을 이용하여 콘크리트에 구멍을 뚫는 공구

★★
53 전기 울타리 시설의 사용 전압은 얼마 이하인가?

① 150 ② 250
③ 300 ④ 400

해설 전기 울타리 사용 전압 : 250[V] 이하

★
54 트라이액(TRIAC)의 기호는?

①
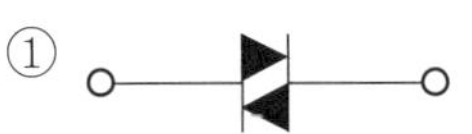

②
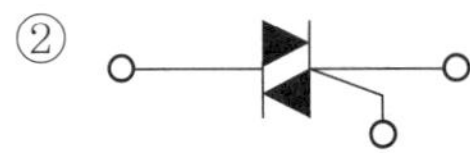

③
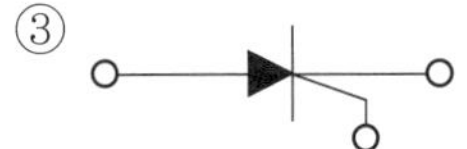

④
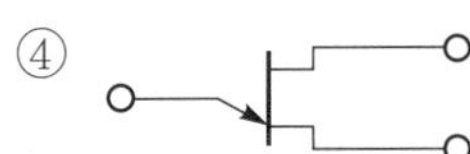

해설 TRIAC(트라이액)은 SCR 2개를 역병렬로 접속한 소자로서, 교류 회로에서 양방향 점호(on) 및 소호(off)를 이용하며 위상 제어가 가능하다.

★★★
55 단상 유도 전동기의 기동 방법 중 기동 토크가 가장 큰 것은?

출제빈도

① 반발 기동형 ② 분상 기동형
③ 반발 유도형 ④ 콘덴서 기동형

해설 단상 유도 전동기 토크 크기 순서
반발 기동형 > 반발 유도형 > 콘덴서 기동형 > 분상 기동형 > 셰이딩 코일형

★★★
56 일반적으로 학교 건물이나 은행 건물 등의 간선의 수용률[%]은 얼마인가?

출제빈도

① 50 ② 60
③ 70 ④ 80

정답 49.④ 50.③ 51.③ 52.② 53.② 54.② 55.① 56.③

해설 일반적으로 학교 건물이나 은행 건물 등 간선의 수용률은 70[%]를 적용한다.

★
57 고압 배전반에는 부하의 합계 용량이 몇 [kVA]를 넘는 경우 배전반에는 전류계, 전압계를 부착하는가?

① 100 ② 150
③ 200 ④ 300

해설 고압 및 특고압 배전반에는 부하의 합계 용량이 300[kVA]를 넘는 경우 전류계, 전압계를 부착한다.

★★★
58 전등 1개를 2개소에서 점멸하고자 할 때 옳은 배선은?

출제빈도

①
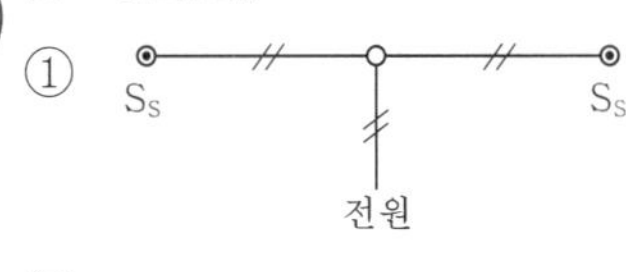

②
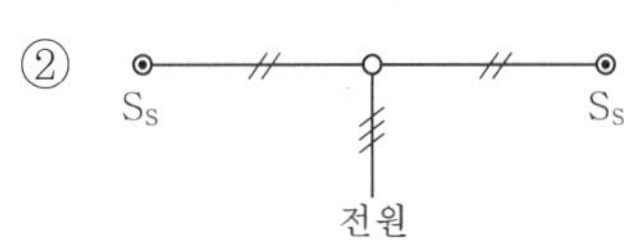

③
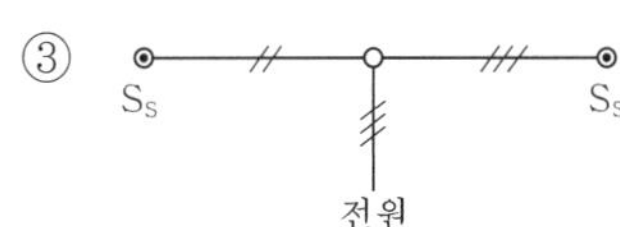

④
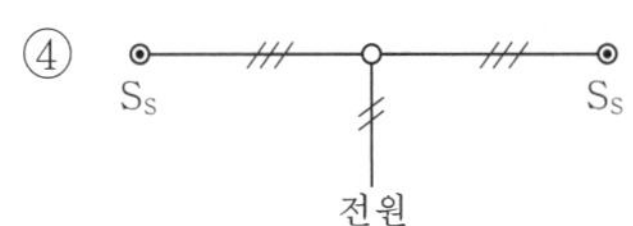

해설 3로 스위치 결선도

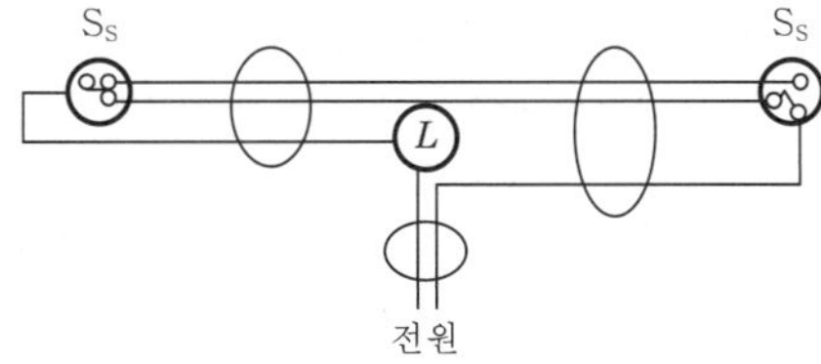

★★
59 코드 상호, 캡타이어 케이블 상호 접속 시 사용해야 하는 것은?

① 와이어 커넥터
② 케이블 타이
③ 코드 접속기
④ 테이블 탭

해설 코드 및 캡타이어 케이블 상호 접속 시에는 직접 접속이 불가능하고 전용의 접속 기구를 사용해야 한다.

★★
60 도체계에서 임의의 도체를 일정 전위(일반적으로 영전위)의 도체로 완전 포위하면 내부와 외부의 전계를 완전히 차단할 수 있는데 이를 무엇이라 하는가?

① 핀치 효과
② 톰슨 효과
③ 정전 차폐
④ 자기 차폐

해설 정전 차폐 : 도체가 정전 유도가 되지 않도록 도체 바깥을 포위하여 접지함으로써 정전 유도를 완전 차폐하는 것

정답 57.④ 58.④ 59.③ 60.③

2020년 제2회 CBT 기출복원문제

★ 표시 : 문제 중요도를 나타냄

본 기출문제는 수험생들의 기억을 바탕으로 작성한 것으로 내용 및 그림 등에서 실제 문제와 다소 차이가 있을 수 있습니다.

★
01 지지선(지선)의 안전율은 2.5 이상으로 하여야 한다. 이 경우 허용 최저 인장 하중은 몇 [kN] 이상으로 해야 하는가?

① 4.31 ② 6.8
③ 9.8 ④ 0.68

해설 지지선(지선) 시설 규정
- 안전율은 2.5 이상일 것
- 지지선(지선)의 허용 인장 하중은 4.31[kN] 이상일 것
- 소선 3가닥 이상의 아연 도금 연선일 것

★★
02 전선관의 종류에서 박강 전선관의 규격[mm]이 아닌 것은?

① 19 ② 25
③ 16 ④ 63

해설 박강 전선관 : 두께 1.2[mm] 이상의 얇은 전선관
- 호칭 : 관 바깥 지름의 크기에 가까운 홀수
- 종류(7종류) : 19, 25, 31, 39, 51, 63, 75[mm]

★★
03 그림과 같은 회로에서 합성 저항은 몇 [Ω]인가?

① 6.6
② 7.4
③ 8.7
④ 9.4

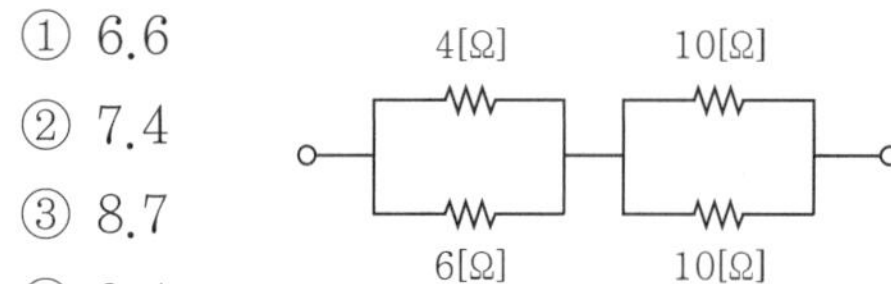

해설 합성 저항 $= \frac{4\times6}{4+6}+\frac{10\times10}{10+10}=7.4[\Omega]$

★★
04 교류 전동기를 기동할 때 그림과 같은 기동 특성을 가지는 전동기는? (단, 곡선 ㉠~㉤은 기동 단계에 대한 토크 특성 곡선이다.)

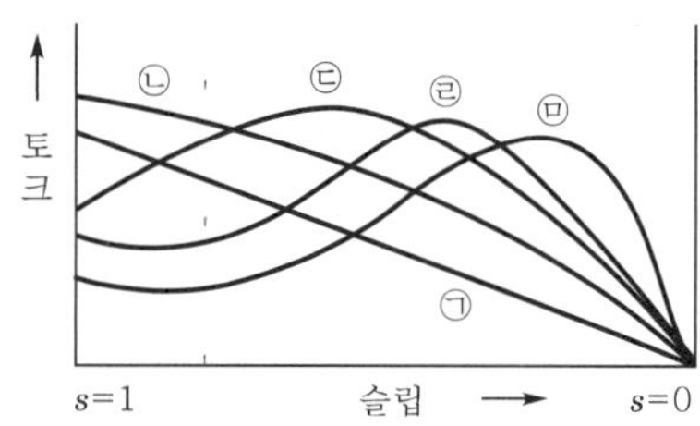

① 반발 유도 전동기
② 2중 농형 유도 전동기
③ 3상 분권 정류자 전동기
④ 3상 권선형 유도 전동기

해설 3상 권선형 유도 전동기의 토크 곡선 : 2차 입력과 토크는 정비례하므로 2차 입력식을 통해서 토크와 슬립의 관계를 파악할 수 있으며 2차 입력식에서 전동기 정지 상태, $s=1$에서 전동기가 기동하여 속도가 상승할 때 슬립 변화에 따른 토크 곡선을 얻을 수 있다.

★★★
05 30[W] 전열기에 220[V], 주파수 60[Hz]인 전압을 인가한 경우 평균 전압[V]은?

출제빈도

① 198 ② 150
③ 220 ④ 300

정답 01.① 02.③ 03.② 04.④ 05.①

해설 전압의 최대값 $V_m = 220\sqrt{2}$ [V]

평균값 $V_{av} = \frac{2}{\pi} V_m$

$= \frac{2}{\pi} \times 220\sqrt{2}$

$= 198$[V]

* 쉬운 풀이

$V_{av} = 0.9V$

$= 0.9 \times 220 = 198$[V]

06 다음 중 과전류 차단기를 설치하는 곳은?

① 접지 공사를 한 저압 가공 전선의 접지측 전선
② 접지 공사의 접지선
③ 전동기 간선의 전압측 전선
④ 다선식 전로의 중성선

해설 과전류 차단기의 시설 장소
- 발전기나 전동기, 변압기 등과 같은 기계 기구를 보호하는 장소
- 송전 선로나 배전 선로 등에서 보호를 요하는 장소
- 인입구나 간선의 전원측 및 분기점 등 보호 또는 보안상 필요한 장소

07 동기 발전기에서 전기자 전류가 유도 기전력보다 $\frac{\pi}{2}$[rad] 앞선 전류가 흐르는 경우 나타나는 전기자 반작용은?

① 교차 자화 작용
② 증자 작용
③ 감자 작용
④ 직축 반작용

해설 발전기의 전기자 반작용
- 동상 전류 : 교차 자화 작용
- 뒤진 전류 : 감자 작용
- 앞선 전류 : 증자 작용

08 직류 전동기의 규약 효율을 표시하는 식은?

① $\frac{출력}{출력+손실} \times 100[\%]$
② $\frac{출력}{입력} \times 100[\%]$
③ $\frac{입력-손실}{입력} \times 100[\%]$
④ $\frac{입력}{출력+손실} \times 100[\%]$

해설 직류기의 규약 효율(입력 기준)

$효율 = \frac{입력-손실}{입력} \times 100[\%]$

09 변압기유의 열화 방지와 관계가 가장 먼 것은?

① 불활성 질소 ② 콘서베이터
③ 브리더 ④ 부싱

해설 변압기유의 열화 방지 대책 : 브리더 설치, 콘서베이터 설치, 불활성 질소 봉입

10 절연 전선으로 전선설치(가선)된 배전 선로에서 활선 상태인 경우 전선의 피복을 벗기는 것은 매우 곤란한 작업이다. 이런 경우 활선 상태에서 전선의 피복을 벗기는 공구는?

① 데드 엔드 커버
② 애자 커버
③ 와이어 통
④ 전선 피박기

해설 배전 선로 공사용 활선 공구
- 와이어 통(wire tong) : 전선설치(가선) 공사에서 활선을 움직이거나 작업권 밖으로 밀어내서 안전한 장소로 전선을 옮길 때 사용하는 절연봉
- 데드 엔드 커버 : 배전 선로 활선 작업 시 작업자가 현수 애자 등에 접촉하여 발생하는 안전사고 예방을 위해 전선 작업 개소의 애자 등의 충전부를 방호하기 위한 절연 덮개(커버)
- 전선 피박기 : 활선 상태에서 전선 피복을 벗기는 공구로 활선 피박기라고도 함

정답 06.③ 07.② 08.③ 09.④ 10.④

★★★
11 1대 용량이 250[kVA]인 변압기를 △ 결선 운전 중 1대가 고장이 발생하여 2대로 운전할 경우 부하에 공급할 수 있는 최대 용량[kVA]은?

① 250　② 433
③ 500　④ 300

해설 V결선 용량

$P_V = \sqrt{3} \times P_{\Delta 1} = \sqrt{3} \times 250 ≒ 433[kVA]$

★★★
12 보호를 요하는 회로의 전류가 어떤 일정한 값(정정값) 이상으로 흘렀을 때 동작하는 계전기는?

① 과전류 계전기
② 과전압 계전기
③ 부족 전압 계전기
④ 비율 차동 계전기

해설 전류가 정정값 이상이 되면 동작하는 계전기는 과전류 계전기이다.

★★★
13 두 금속을 접속하여 여기에 전류를 흘리면, 줄열 외에 그 접점에서 열의 발생 또는 흡수가 일어나는 현상은?

① 줄 효과
② 홀 효과
③ 제베크 효과
④ 펠티에 효과

해설 펠티에 효과 : 두 금속을 접합하여 접합점에 전류를 흘려주면 열의 흡수 또는 방열이 발생하는 현상

★
14 병렬 운전 중인 동기 발전기의 유도 기전력이 2,000[V], 위상차 60°일 경우 유효 순환 전류[A]는 얼마인가? (단, 동기 임피던스는 5[Ω]이다.)

① 500　② 1,000
③ 20　④ 200

해설 유효 순환 전류(동기화 전류)

$$I_c = \frac{E}{Z_s}\sin\frac{\delta}{2} = \frac{2,000}{5} \times \sin\frac{60°}{2} = 200[A]$$

★★★
15 전주 외등을 전주에 부착하는 경우 전주 외등은 하단으로부터 몇 [m] 이상 높이에 시설하여야 하는가? (단, 교통에 지장이 없는 경우이다.)

① 3.0　② 3.5
③ 4.0　④ 4.5

해설 전주 외등 : 대지 전압 300[V] 이하 백열전등이나 수은등 등을 배전 선로의 지지물 등에 시설하는 등

- 기구 부착 높이 : 하단에서 지표상 4.5[m] 이상(단, 교통에 지장이 없을 경우 3.0[m] 이상)
- 돌출 수평 거리 : 1.0[m] 이하

★★★
16 5[Ω]의 저항 4개, 10[Ω]의 저항 3개, 100[Ω]의 저항 1개가 있다. 이들을 모두 직렬 접속할 때 합성 저항[Ω]은?

① 75　② 50
③ 150　④ 100

해설 $R_0 = 5 \times 4 + 10 \times 3 + 100 \times 1 = 150[\Omega]$

★★
17 450/750[V] 일반용 단심 비닐 절연 전선의 약호는?

① FI　② RI
③ NR　④ NF

해설
- NR : 450/750[V] 일반용 단심 비닐 절연 전선
- NF : 450/750[V] 일반용 유연성 단심 비닐 절연 전선

★★
18 불연성 먼지가 많은 장소에 시설할 수 없는 저압 옥내 배선의 방법은?

① 금속관 공사　② 애자 사용 공사
③ 케이블 공사　④ 플로어 덕트 공사

정답 11.② 12.① 13.④ 14.④ 15.① 16.③ 17.③ 18.④

해설 불연성 먼지(정미소, 제분소)가 많은 장소 : 금속관 공사, 케이블 공사, 합성 수지관 공사, 가요 전선관 공사, 애자 사용 공사, 금속 덕트 및 버스 덕트 공사, 캡타이어 케이블 공사
④ 플로어 덕트 공사는 400[V] 이하의 점검할 수 없는 은폐 장소에만 가능하다.

★★
19 **최대 사용 전압이 70[kV]인 중성점 직접 접지식 전로의 절연 내력 시험 전압은 몇 [V]인가?**

① 35,000 ② 42,000
③ 50,400 ④ 44,800

해설 절연 내력 시험 : 최대 사용 전압이 60[kV] 이상인 중성점 직접 접지식 전로의 절연 내력 시험은 최대 사용 전압의 0.72배의 전압을 연속으로 10분간 가할 때 견디는 것으로 하여야 한다.
시험 전압=70,000×0.72=50,400[V]

★★
20 **소세력 회로의 전선을 조영재에 붙여 시설하는 경우에 틀린 것은?**

① 전선이 손상을 받을 우려가 있는 곳에 시설하는 경우에는 적당한 방호 장치를 할 것
② 전선은 코드 · 캡타이어 케이블 또는 케이블일 것
③ 케이블 이외에는 공칭 단면적 2.5[mm^2] 이상의 연동선 또는 이와 동등 이상의 것을 사용할 것
④ 전선은 금속제의 수관 · 가스관 또는 이와 유사한 것과 접촉하지 아니하도록 시설할 것

해설 전선을 조영재에 붙여 시설하는 소세력 회로의 배선 공사
• 전선 : 코드, 캡타이어 케이블, 케이블 사용
• 케이블 이외에는 공칭 단면적 1[mm^2] 이상의 연동선 또는 이와 동등 이상의 것일 것

★★
21 **히스테리시스 곡선이 세로축과 만나는 점의 값은 무엇을 나타내는가?**

① 자속 밀도 ② 잔류 자기
③ 보자력 ④ 자기장

해설 히스테리시스 곡선
• 세로축(종축)과 만나는 점 : 잔류 자기
• 가로축(횡축)과 만나는 점 : 보자력

★★★
22 출제빈도 **금속관과 금속관을 접속할 때 커플링을 사용하는데 커플링을 접속할 때 사용되는 공구는?**

① 히키
② 녹아웃 펀치
③ 파이프 커터
④ 파이프 렌치

해설 • 파이프 커터, 파이프 바이스 : 금속관 절단 공구
• 오스터 : 금속관에 나사내는 공구
• 녹아웃 펀치 : 콘크리트 벽에 구멍을 뚫는 공구
• 파이프 렌치 : 금속관 접속 부분을 조이는 공구

★★★
23 출제빈도 **정격 전압이 100[V]인 직류 발전기가 있다. 무부하 전압 104[V]일 때 이 발전기의 전압 변동률[%]은?**

① 3 ② 4
③ 5 ④ 6

해설 전압 변동률 $\varepsilon = \frac{V_0 - V_n}{V_n} \times 100[\%]$
$= \frac{104 - 100}{100} \times 100 = 4[\%]$

★★★
24 출제빈도 **지지선(지선)의 중간에 넣는 애자의 명칭은?**

① 곡핀 애자 ② 구형 애자
③ 현수 애자 ④ 핀 애자

해설 지지선(지선)의 중간에 사용하는 애자를 구형 애자, 지선 애자, 옥 애자, 구슬 애자라고 한다.

정답 19.③ 20.③ 21.② 22.④ 23.② 24.②

★★
25 직류 분권 전동기를 운전하던 중 계자 저항을 증가시키면 회전 속도는?

① 감소한다. ② 정지한다.
③ 변화없다. ④ 증가한다.

해설 분권 전동기의 계자 저항을 증가시키면 자속이 감소하므로 회전 속도는 증가한다.

회전수 $N = K\dfrac{V - I_a R_a}{\Phi}$ [rpm]

계자 저항 $R_f \uparrow \propto$ 자속 $\Phi \downarrow \propto$ 회전수 $N \uparrow$

★★
26 코드나 케이블 등을 기계 기구의 단자 등에 접속할 때 몇 [mm^2]가 넘으면 그림과 같은 터미널 러그(압착 단자)를 사용해야 하는가?

① 6 ② 4
③ 8 ④ 10

해설 터미널 러그 : 코드 또는 캡타이어 케이블을 전기 사용 기계 기구에 접속하는 압착 단자
- 동전선과 전기 기계 기구 단자의 접속은 접속이 완전하고 헐거워질 우려가 없도록 해야 한다.
- 기구 단자가 누름나사형, 클램프형이거나 이와 유사한 구조가 아닌 경우는 단면적 6[mm^2]를 초과하는 연선에 터미널 러그를 부착할 것

★
27 COS를 설치하는 경우 완금의 설치 위치는 전력선용 완금으로부터 몇 [m] 위치에 설치해야 하는가?

① 0.75
② 0.45
③ 0.9
④ 1.0

해설 COS용 완철을 설치하는 경우 최하단 전력선용 완철에서 0.75[m] 하부에 설치한다.

★★
28 하나의 콘센트에 두 개 이상의 플러그를 꽂아 사용할 수 있는 기구는?

① 코드 접속기 ② 멀티 탭
③ 테이블 탭 ④ 아이언 플러그

해설 접속 기구
- 멀티 탭 : 하나의 콘센트에 여러 개의 전기 기계 기구를 끼워 사용하는 것
- 테이블 탭(table tap) : 코드 길이가 짧을 때 연장 사용하는 것

★★★
29 전기 기기의 철심 재료로 규소 강판을 성층하여 사용하는 이유로 가장 적당한 것은? (출제빈도)

① 동손 감소
② 히스테리시스손 감소
③ 맴돌이 전류손 감소
④ 풍손 감소

해설 규소 강판을 성층하여 사용하는 이유는 맴돌이 전류손을 감소시키기 위한 대책이다.

★★
30 역회전이 불가능한 단상 유도 전동기는 다음 중 어느 것인가?

① 분상 기동형 ② 셰이딩 코일형
③ 콘덴서 기동형 ④ 반발 기동형

해설 단상 유도 전동기의 하나인 셰이딩 코일형은 계자 사이에 철심을 넣은 전동기로서 철편 때문에 역회전이 불가능한 전동기이다.

★★★
31 실효값 20[A], 주파수 $f = 60$[Hz], 0°인 전류의 순시값 i[A]를 수식으로 옳게 표현한 것은? (출제빈도)

① $i = 20\sin(60\pi t)$
② $i = 20\sqrt{2}\sin(120\pi t)$
③ $i = 20\sin(120\pi t)$
④ $i = 20\sqrt{2}\sin(60\pi t)$

정답 25.④ 26.① 27.① 28.② 29.③ 30.② 31.②

해설 순시값 전류

$i(t) = \text{실효값} \times \sqrt{2}\sin(2\pi ft + \theta)$
$= \sqrt{2} I\sin(\omega t + \theta)$
$= 20\sqrt{2}\sin(120\pi t)$ [A]

★★
32 다음 중 자기 소호 기능이 가장 좋은 소자는?

① SCR ② GTO
③ TRIAC ④ LASCR

해설 GTO(Gate Turn-Off thyristor)는 게이트 신호로 ON-OFF가 자유로우며 개폐 동작이 빨라 주로 직류의 개폐에 사용되며 자기 소호 기능이 가장 좋다.

★★★
33 평균값이 100[V]일 때 실효값은 얼마인가?

① 90 ② 111
③ 63.7 ④ 70.7

해설

평균값 $V_{av} = \frac{2}{\pi} V_m$[V]이므로

최대값 $V_m = V_{av} \times \frac{\pi}{2} = 100 \times \frac{\pi}{2}$ [V]

실효값 $V = \frac{V_m}{\sqrt{2}} = \frac{\pi}{2\sqrt{2}} \times V_{av}$

$= \frac{\pi}{2\sqrt{2}} \times 100$

$= 111$ [V]

* 쉬운 풀이 : $V = 1.11 V_{av} = 1.11 \times 100 = 111$[V]

★★★
34 동기 발전기의 병렬 운전 중 기전력의 위상차가 발생하면 어떤 현상이 나타나는가?

① 무효 횡류
② 유효 순환 전류
③ 무효 순환 전류
④ 고조파 전류

해설 동기 발전기 병렬 운전 조건 중 기전력의 위상차가 발생하면 유효 순환 전류(동기화 전류)가 흐르며 동기화력을 발생시켜서 위상이 일치된다.

★★★
35 1차 전압 6,000[V], 2차 전압 200[V], 주파수 60[Hz]의 변압기가 있다. 이 변압기의 권수비는?

① 20 ② 30
③ 40 ④ 50

해설

변압기 권수비 $a = \frac{E_1}{E_2} = \frac{6,000}{200} = 30$

★★
36 전압 200[V]이고 $C_1 = 10[\mu F]$와 $C_2 = 5[\mu F]$인 콘덴서를 병렬로 접속하면 C_2에 분배되는 전하량은 몇 $[\mu C]$인가?

① 200
② 2,000
③ 500
④ 1,000

해설 C_2에 축적되는 전하량

$Q_2 = C_2 V = 5 \times 200 = 1,000[\mu C]$

★★★
37 동기 발전기의 병렬 운전 조건이 아닌 것은?

① 기전력의 크기가 같을 것
② 기전력의 위상이 같을 것
③ 기전력의 주파수가 같을 것
④ 기전력의 임피던스가 같을 것

해설 동기 발전기의 병렬 운전 조건

- 기전력의 크기가 일치할 것
- 기전력의 위상이 일치할 것
- 기전력의 주파수가 일치할 것
- 기전력의 파형이 일치할 것

★
38 전압비가 13,200/220[V]인 단상 변압기의 2차 전류가 120[A]일 때 변압기의 1차 전류는 얼마인가?

① 100 ② 20
③ 10 ④ 2

정답 32.② 33.② 34.② 35.② 36.④ 37.④ 38.④

해설 권수비 $a=\frac{N_1}{N_2}=\frac{V_1}{V_2}=\frac{I_2}{I_1}$에서

$a=\frac{V_1}{V_2}=\frac{13,200}{220}=60$이므로

$I_1=\frac{I_2}{a}=\frac{120}{60}=2[A]$

★★★

39 다음 중 접지 저항을 측정하기 위한 방법은?

① 전류계, 전압계
② 전력계
③ 휘트스톤 브리지법
④ 콜라우슈 브리지법

해설 접지 저항 측정 방법 : 접지 저항계, 콜라우슈 브리지법, 어스 테스터기

★

40 정격 전압 200[V], 60[Hz]인 전동기의 주파수를 50[Hz]로 사용하면 회전 속도는 어떻게 되는가?

① 0.833배로 감소한다.
② 1.1배로 증가한다.
③ 변화하지 않는다.
④ 1.2배로 증가한다.

해설 전동기의 회전수 $N=\frac{120f}{P}$[rpm]로서 주파수에 비례하므로 주파수가 60[Hz] → 50[Hz]로 $\frac{50}{60}=0.833$배로 감소하므로 회전 속도도 0.833배로 감소한다.

★★

41 같은 저항 4개를 그림과 같이 연결하여 a－b 간에 일정 전압을 가했을 때 소비 전력이 가장 큰 것은 어느 것인가?

① a ─ R ─ R ─ R ─ R ─ b

② a ─ R ─ R ─ (R ∥ R) ─ b

③

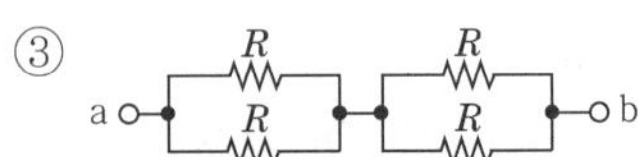

④

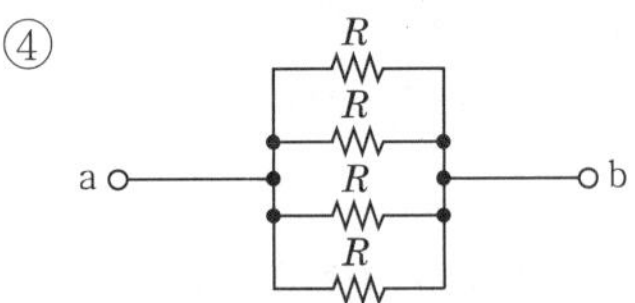

해설 각 회로에 소비되는 전력은 전압은 일정하고 합성 저항이 다르므로 $P=\frac{V^2}{R}$[W]식에 적용하며 R에 반비례하므로 소비 전력이 가장 크려면 합성 저항이 가장 작은 회로이므로 ④번이 답이 된다.

① 합성 저항 $R_0=4R[\Omega]$

② 합성 저항 $R_0=2R+\frac{R}{2}=2.5R[\Omega]$

③ 합성 저항 $R_0=\frac{R}{2}\times 2=R[\Omega]$

④ 합성 저항 $R_0=\frac{R}{4}=0.25R\,[\Omega]$

★★★

42 다음 물질 중 강자성체로만 짝지어진 것은?

① 니켈, 코발트, 철
② 구리, 비스무트, 코발트, 망간
③ 철, 구리, 니켈, 아연
④ 철, 니켈, 아연, 망간

해설 강자성체는 비투자율이 아주 큰 물질로서 철, 니켈, 코발트, 망간 등이 있다.

★★

43 두 평행 도선 사이의 거리가 1[m]인 왕복 도선 사이에 1[m]당 작용하는 힘의 세기가 18×10^{-7}[N/m]일 경우 전류의 세기[A]는?

① 1　　② 2
③ 3　　④ 4

해설 평행 도선 사이에 작용하는 힘의 세기

$F=\frac{2I_1I_2}{r}\times10^{-7}$[N/m]

$F=\frac{2I^2}{1}\times10^{-7}[N/m]=18\times10^{-7}$[N/m]

$I^2=9$이므로 $I=3[A]$

정답 39.④ 40.① 41.④ 42.① 43.③

★★
44 두 자극의 세기가 m_1, m_2[Wb], 거리가 r[m]인 작용하는 자기력의 크기[N]는 얼마인가?

① $k\frac{m_1 \cdot m_2}{r}$

② $k\frac{r}{m_1 \cdot m_2}$

③ $k\frac{m_1 \cdot m_2}{r^2}$

④ $k\frac{r^2}{m_1 \cdot m_2}$

해설 쿨롱의 법칙 : 두 자극 사이에 작용하는 자력의 크기는 양 자극의 세기의 곱에 비례하며, 자극 간의 거리의 제곱에 반비례한다.

쿨롱의 법칙 $F = k\frac{m_1 \cdot m_2}{r^2} = \frac{m_1 \cdot m_2}{4\pi\mu_0 r^2}$[N]

★★
45 전류를 계속 흐르게 하려면 전압을 연속적으로 만들어주는 어떤 힘이 필요하게 되는데, 이 힘을 무엇이라 하는가?

① 자기력
② 기전력
③ 전자력
④ 전기장

해설 전기 회로에서 전위차를 일정하게 유지시켜 전류가 연속적으로 흐를 수 있도록 하는 힘을 기전력이라 한다.

★★★
46 권선형 유도 전동기 기동 시 회전자측에 저항을 넣는 이유는?

출제빈도

① 기동 전류를 감소시키기 위해
② 기동 토크를 감소시키기 위해
③ 회전수를 감소시키기 위해
④ 기동 전류를 증가시키기 위해

해설 권선형 유도 전동기의 외부 저항을 접속하면 기동 전류는 감소하고 기동 토크는 증가하며 역률은 개선된다.

★★★
47 부흐홀츠 계전기의 설치 위치로 가장 적당한 곳은?

출제빈도

① 변압기 주탱크 내부
② 변압기 주탱크와 콘서베이터 사이
③ 변압기 고압측 부싱
④ 콘서베이터 내부

해설 변압기 내부 고장으로 인한 온도 상승 시 유증기를 검출하여 동작하는 계전기로서, 변압기와 콘서베이터를 연결하는 파이프 도중에 설치한다.

★★
48 3상 전파 정류 회로에서 출력 전압의 평균 전압값은? (단, V는 선간 전압의 실효값이다.)

① $0.45V$　② $0.9V$
③ $1.17V$　④ $1.35V$

해설 정류기의 직류 전압(평균값)의 크기
- 단상 반파 정류분 $E_d = 0.45V$
- 단상 전파 정류분 $E_d = 0.9V$
- 3상 반파 정류분 $E_d = 1.17V$
- 3상 전파 정류분 $E_d = 1.35V$

★★★
49 다음 중 금속관, 케이블, 합성수지관, 애자 사용 공사가 모두 가능한 특수 장소를 옳게 나열한 것은?

출제빈도

> ㉠ 화약류 등의 위험 장소
> ㉡ 부식성 가스가 있는 장소
> ㉢ 위험물 등이 존재하는 장소
> ㉣ 불연성 먼지가 많은 장소
> ㉤ 습기가 많은 장소

① ㉠, ㉢, ㉤　② ㉠, ㉡, ㉣
③ ㉡, ㉣, ㉤　④ ㉡, ㉢, ㉣

해설 금속관, 케이블 공사는 어느 장소든 모두 가능하지만 합성 수지관은 ㉠ 공사가 불가능하고, 애자 사용 공사는 ㉠, ㉢ 공사가 불가능하므로 모두 가능한 특수 장소는 ㉡, ㉣, ㉤이 된다.

정답 44.③ 45.② 46.① 47.② 48.④ 49.③

50 다음 중 자기 저항의 단위에 해당되는 것은?

① [Ω] ② [Wb/AT]
③ [H/m] ④ [AT/Wb]

해설 기자력 $F=NI=R\phi$[AT]
자기 저항 R은 자속의 통과를 방해하는 성분으로
$R=\dfrac{NI}{\phi}$[AT/Wb]

51 직류 직권 전동기에서 벨트를 걸고 운전하면 안 되는 이유는?

① 벨트가 마멸 보수가 곤란하므로
② 벨트가 벗겨지면 위험 속도에 도달하므로
③ 직결하지 않으면 속도 제어가 곤란하므로
④ 손실이 많아지므로

해설 직류 직권 전동기는 정격 전압하에서 무부하 특성을 지니므로, 벨트가 벗겨지면 속도는 급격히 상승하여 위험 속도에 도달할 수 있다.

52 가공 전선로의 지지물에서 다른 지지물을 거치지 아니하고 수용 장소의 인입선 접속점에 이르는 가공 전선을 무엇이라 하는가?

① 가공 전선
② 가공 인입선
③ 지지선(지선)
④ 이웃연결(연접) 인입선

해설 가공 전선로의 지지물에서 다른 지지물을 거치지 아니하고 수용 장소의 인입선 접속점에 이르는 가공 전선을 가공 인입선이라고 한다.

53 전류에 의해 만들어지는 자기장의 방향을 알기 쉽게 정의한 법칙은?

① 플레밍의 왼손 법칙
② 앙페르의 오른 나사 법칙
③ 렌츠의 자기 유도 법칙
④ 패러데이의 전자 유도 법칙

해설 앙페르의 오른 나사 법칙 : 전류에 의한 자기장(자기력선)의 방향을 알기 쉽게 정의한 법칙

54 110/220[V] 단상 3선식 회로에서 110[V] 전구 Ⓡ, 110[V] 콘센트 Ⓒ, 220[V] 전동기 Ⓜ의 연결이 올바른 것은?

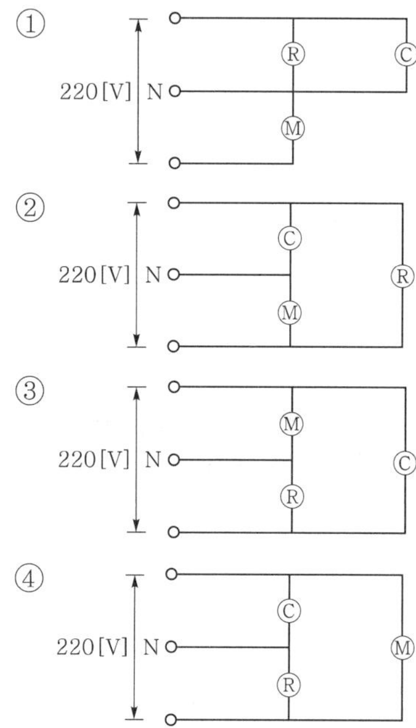

해설 전구와 콘센트는 110[V]를 사용하므로 전선과 중성선 사이에 연결해야 하고 전동기 Ⓜ은 220[V]를 사용하므로 선간에 연결해야 한다.

55 대칭 3상 교류 회로에서 각 상 간의 위상차는 얼마인가?

① $\dfrac{\pi}{3}$ ② $\dfrac{2\pi}{3}$
③ $\dfrac{3}{2}\pi$ ④ $\dfrac{2}{\sqrt{3}}\pi$

해설 대칭 3상 교류에서의 각 상 간 위상차는 $\dfrac{2\pi}{3}$[rad] $=120°$이다.

정답 50.④ 51.② 52.② 53.② 54.④ 55.②

★

56 8극, 주파수가 60[Hz]인 동기 발전기의 회전수는 몇 [rpm]인가?

① 600 ② 1,200

③ 900 ④ 1,800

해설 동기 발전기의 회전수

$N_s = \frac{120f}{P} = \frac{120 \times 60}{8} = 900[\text{rpm}]$

★★

57 배관 공사 시 금속관이나 합성 수지관으로부터 전선을 뽑아 전동기 단자 부근에 접속할 때 관 단에 사용하는 재료는?

① 부싱 ② 엔트런스 캡

③ 터미널 캡 ④ 로크 너트

해설 터미널 캡(서비스 캡) : 배관 공사 시 금속관이나 합성 수지관으로부터 전선을 뽑아 전동기 단자 부근에 접속할 때나 노출 배관에서 금속 배관으로 변경 시 전선 보호를 위해 관 끝에 설치하는 기구

★★★

58 전선의 굵기가 6[mm²] 이하의 가는 단선의 전선 접속은 어떤 접속을 하여야 하는가?

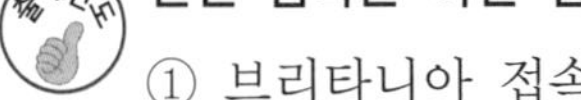

① 브리타니아 접속

② 트위스트 접속

③ 쥐꼬리 접속

④ 슬리브 접속

해설 단선의 직선 접속

- 단면적 6[mm²] 이하 : 트위스트 접속
- 단면적 10[mm²] 이상 : 브리타니아 접속

★★★

59 공기 중에서 자속 밀도 2[Wb/m²]의 평등 자장 속에 길이 60[cm]의 직선 도선을 자장의 방향과 30° 각으로 놓고 여기에 5[A]의 전류를 흐르게 하면 이 도선이 받는 힘은 몇 [N]인가?

① 2 ② 5

③ 6 ④ 3

해설 전자력 $F = IBl\sin\theta$

$= 5 \times 2 \times 0.6 \times \sin 30°$

$= 3[\text{N}]$

★★

60 막대 자석의 자극의 세기가 m[Wb]이고 길이가 l[m]인 경우 자기 모멘트[Wb·m]는 얼마인가?

① $\frac{m}{l}$ ② ml

③ $\frac{l}{m}$ ④ $2ml$

해설 막대 자석의 자기 모멘트 $M = ml$[Wb·m]

정답 56.③ 57.③ 58.② 59.④ 60.②

2020년 제3회 CBT 기출복원문제

★ 표시 : 문제 중요도를 나타냄

본 기출문제는 수험생들의 기억을 바탕으로 작성한 것으로 내용 및 그림 등에서 실제 문제와 다소 차이가 있을 수 있습니다.

★

01 코일에서 유도되는 기전력의 크기는 자속의 시간적인 변화율에 비례하는 유도 기전력의 크기를 정의한 법칙은?

① 렌츠의 법칙 ② 플레밍의 법칙
③ 패러데이의 법칙 ④ 줄의 법칙

해설 패러데이의 법칙은 유도 기전력의 크기를 정의한 법칙으로서 코일에서 유도되는 기전력의 크기는 자속의 시간적인 변화율에 비례한다.

★★

02 자기 인덕턴스가 각각 50[mH], 80[mH]이고 상호 인덕턴스가 60[mH]인 경우 두 코일 간에 누설 자속이 없는 경우 가동 접속 합성 인덕턴스값[mH]은?

① 120 ② 240
③ 250 ④ 300

해설 가동 접속 합성 인덕턴스(완전 결합 시 $k=1$)

$$L_0 = L_1 + L_2 + 2M$$
$$= 50 + 80 + 2 \times 60$$
$$= 250[\mathrm{mH}]$$

★★

03 전동기의 과전류, 결상 보호 등에 사용되며 단락 시간과 기동 시간을 정확히 구분하는 계전기는?

① 임피던스 계전기
② 전자식 과전류 계전기
③ 방향 단락 계전기
④ 부족 전압 계전기

해설 전자식 과전류 계전기(EOCR) : 설정된 전류값 이상의 전류가 흘렀을 때 EOCR 접점이 동작하여 회로를 차단시켜 보호하는 계전기로서 전동기의 과전류나 결상을 보호하는 계전기이다.

★★

04 납축전지의 전해액으로 사용되는 것은?

① 묽은 황산 ② 이산화납
③ 질산 ④ 황산구리

해설 납축전지

- 음극제 : 납
- 양극제 : 이산화납(PbO_2)
- 전해액 : 묽은 황산(H_2SO_4)

★★

05 전기자를 고정시키고 자극 N, S를 회전시키는 동기 발전기는?

① 회전 전기자형 ② 직렬 저항형
③ 회전 계자형 ④ 회전 정류자형

해설 회전 계자형 동기 발전기는 전기자를 고정시키고 계자를 회전시키는 회전 계자법을 사용하며, 계자를 여자시키기 위한 직류 여자기가 반드시 필요하다.

신규문제

06 한국전기설비규정에 의하면 정격 전류가 30[A]인 저압 전로의 과전류 차단기를 산업용 배선용 차단기로 사용하는 경우 39[A]의 전류가 통과하였을 때 몇 분 이내에 자동적으로 동작하여야 하는가?

① 60 ② 120
③ 2 ④ 4

정답 01.③ 02.③ 03.② 04.① 05.③ 06.①

해설 과전류 차단기로 저압 전로에 사용하는 63[A] 이하의 산업용 배선용 차단기는 정격 전류의 1.3배 전류가 흐를 때 60분 내에 자동으로 동작하여야 한다.

신규문제

07 특고압·고압 전기 설비용 접지 도체는 단면적 몇 [mm^2] 이상의 연동선 또는 동등 이상의 단면적 및 강도를 가져야 하는가?

① 0.75 ② 4
③ 6 ④ 10

해설 특고압·고압 전기 설비용 접지 도체는 단면적 6[mm^2] 이상의 연동선 또는 동등 이상의 단면적 및 강도를 가져야 한다.

★★

08 용량을 변화시킬 수 있는 콘덴서는?

① 세라믹 콘덴서 ② 마일러 콘덴서
③ 전해 콘덴서 ④ 바리콘 콘덴서

해설 가변 콘덴서 : 바리콘, 트리머

★★★

09 동기 발전기의 돌발 단락 전류를 주로 제한하는 것은?

출제빈도

① 권선 저항 ② 역상 리액턴스
③ 동기 리액턴스 ④ 누설 리액턴스

해설 전기자 반작용은 단락 전류가 흐른 뒤에 작용하므로 돌발 단락 전류를 제한하는 것은 누설 리액턴스이다.

★

10 트라이액(TRIAC)의 기호는?

①
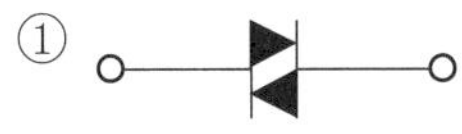

②
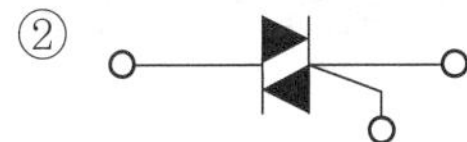

③
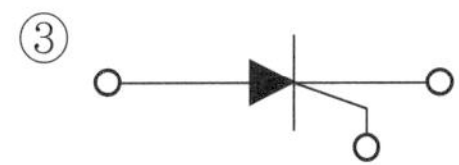

④
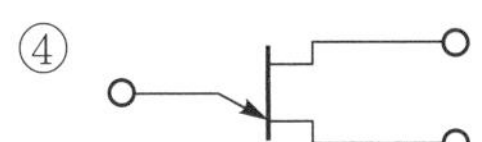

해설 TRIAC(트라이액)은 SCR 2개를 역병렬로 접속한 소자로서 교류 회로에서 양방향 점호(on) 및 소호(off)를 이용하며, 위상 제어가 가능하다.

★★★

11 저압 이웃연결(연접) 인입선을 시설하는 경우 다음 중 틀린 것은?

출제빈도

① 저압 이웃연결(연접) 인입선이 횡단보도를 횡단하는 경우 지면으로부터의 높이는 3.5[m] 이상 높이에 시설할 것
② 인입구에서 분기하여 100[m]를 초과하지 말 것
③ 도로 5[m]를 횡단하지 말 것
④ 옥내를 관통하지 말 것

해설 저압 이웃연결(연접) 인입선이 횡단보도를 횡단하는 경우 지면으로부터의 높이는 3[m] 이상 높이에 시설할 것

★

12 권선형 유도 전동기에서 토크를 일정하게 한 상태로 회전자 권선에 2차 저항을 2배로 하면 슬립은 몇 배가 되겠는가?

① $\sqrt{2}$ 배 ② 2배
③ $\sqrt{3}$ 배 ④ 4배

해설 권선형 유도 전동기는 2차 저항을 조정함으로써 최대 토크는 변하지 않는 상태에서 슬립으로 속도 조절이 가능하며 슬립과 2차 저항은 비례 관계가 성립하므로 2배가 된다.

★★★

13 황산구리 용액에 10[A]의 전류를 60분간 흘린 경우 이때 석출되는 구리의 양[g]은? (단, 구리의 전기 화학 당량은 0.3293×10^{-3} [g/C]이다.)

출제빈도

① 11.86 ② 7.82
③ 5.93 ④ 1.67

해설 전극에서 석출되는 물질의 양

$$W = kQ = kIt[g]$$
$$= 0.3293\times10^{-3}\times10\times60\times60$$
$$\fallingdotseq 11.86[g]$$

정답 07.③ 08.④ 09.④ 10.② 11.① 12.② 13.①

★★★

14 3상 동기기에 제동 권선을 설치하는 주된 목적은?

출제빈도

① 출력을 증가시키기 위해
② 난조를 방지하기 위해
③ 역률을 개선하기 위해
④ 효율을 증가시키기 위해

해설 동기 전동기에서 제동 권선은 기동 토크 발생 및 난조를 방지하기 위해 설치한다.

★★

15 전시회나 쇼, 공연장 등의 전기 설비는 옥내 배선이나 이동 전선인 경우 사용 전압이 몇 [V] 이하이어야 하는가?

① 100　② 200
③ 300　④ 400

해설 전시회, 쇼 및 공연장, 기타 이들과 유사한 장소에 시설하는 저압 전기 설비에 적용하며 무대·무대 마루 밑·오케스트라 박스·영사실, 기타 사람이나 무대 도구가 접촉할 우려가 있는 곳에 시설하는 저압 옥내 배선, 전구선 또는 이동 전선의 사용 전압이 400[V] 이하이어야 한다.

★★

16 그림과 같은 분상 기동형 단상 유도 전동기를 역회전시키기 위한 방법이 아닌 것은?

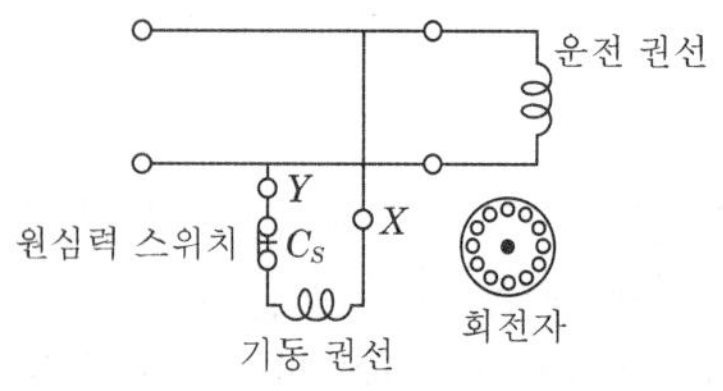

① 기동 권선이나 운전 권선의 어느 한 권선의 단자 접속을 반대로 한다.
② 원심력 스위치를 개방(개로) 또는 단락(폐로)한다.
③ 기동 권선의 단자 접속을 반대로 한다.
④ 운전 권선의 단자 접속을 반대로 한다.

해설 원심력 스위치는 전동기 기동 후 일정 속도에 올라오면 자동으로 개방이 되면서 기동 권선을 제거하는 역할을 하므로 개방하거나 단락(개로나 폐로)하여 역회전을 할 수 없다.

★★★

17 화약류 저장소의 배선 공사에 있어서 전용 개폐기에서 화약류 저장소의 인입구까지의 공사 방법으로 틀린 것은?

출제빈도

① 애자 사용 공사
② 대지 전압은 300[V] 이하이어야 한다.
③ 모든 접속은 전폐형으로 할 것
④ 케이블을 사용하여 지중에 시설할 것

해설 화약류 저장소 등의 위험 장소
- 금속관 공사, 케이블 공사
- 대지 전압 : 300[V] 이하
- 개폐기 및 과전류 차단기에서 화약고의 인입구까지의 배선에는 케이블을 사용하고 또한 반드시 지중에 시설할 것

★★

18 금속관 배관 공사에서 절연 부싱을 사용하는 이유는?

① 관의 입구에서 조영재의 접속을 방지
② 관 단에서 전선의 인입 및 교체 시 발생하는 전선의 손상 방지
③ 관이 손상되는 것을 방지
④ 박스 내에서 전선의 접속을 방지

해설 금속관 공사 시 부싱은 관 끝단에 설치하여 전선의 인입 및 교체 시 전선의 손상을 방지하기 위해 설치한다.

★★★

19 다음 중 변전소의 역할로 볼 수 없는 것은?

출제빈도

① 전력 생산
② 전압의 변성
③ 전력 계통 보호
④ 전력의 집중과 배분

해설 전력 생산은 발전소에서 만들어진다.

정답 14.② 15.④ 16.② 17.① 18.② 19.①

★★★

20 수용 장소의 인입선에서 분기하여 다른 수용 장소의 인입구에 이르는 전선을 무엇이라 하는가?

출제빈도

① 소주 인입선
② 이웃연결(연접) 인입선
③ 가공 인입선
④ 인입 간선

해설 이웃연결(연접) 인입선 : 수용 장소의 인입선에서 분기하여 다른 수용 장소의 인입구에 이르는 전선

★★

21 접지 설비에 사용하는 접지선을 사람이 접촉할 우려가 있는 곳에 시설하는 경우에는 동결 깊이를 고려(감안)하여 지하 몇 [cm] 이상까지 매설하여야 하는가?

① 50　　② 100
③ 75　　④ 150

해설 접지극(전극)의 매설 깊이는 지하 75[cm] 이상 깊이에 매설하되 동결 깊이를 고려(감안)할 것

★★

22 수정을 이용한 마이크로폰은 다음 중 어떤 원리를 이용한 것인가?

① 핀치 효과　　② 압전기 효과
③ 펠티에 효과　　④ 톰슨 효과

해설 압전기 효과
- 유전체 표면에 압력이나 인장력을 가하면 전기 분극이 발생하는 효과
- 응용 기기 : 수정 발진기, 마이크로폰, 초음파 발생기, Crystal pick-up

★

23 다음 두 코일이 있다. 한 코일에 매초 전류가 150[A]의 비율로 변할 때 다른 코일에 60[V]의 기전력이 발생하였다면, 두 코일의 상호 인덕턴스는 몇 [H]인가?

① 4.0　　② 2.5
③ 0.4　　④ 25

해설 상호 유도 전압 $e = M\dfrac{\Delta I}{\Delta t}$[V]

상호 인덕턴스 $M = e \times \dfrac{\Delta t}{\Delta I}$

$= 60 \times \dfrac{1}{150}$

$= 0.4$[H]

★

24 다음 회로에서 B점의 전위가 100[V], D점의 전위가 60[V]라면 전류 I는 몇 [A]인가?

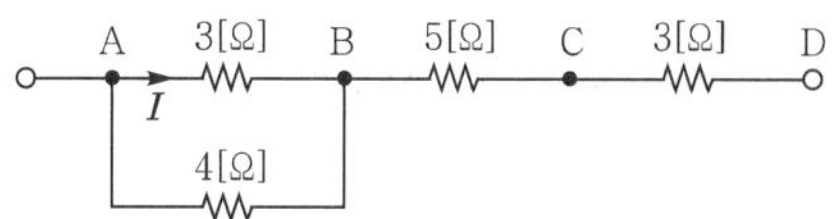

① $\dfrac{12}{7}$　　② $\dfrac{22}{7}$
③ $\dfrac{20}{7}$　　④ $\dfrac{10}{7}$

해설 $V_{BD} = V_B - V_D = 100 - 60 = 40$[V]

$I_{BD} = \dfrac{V_{BD}}{R_{BD}} = \dfrac{40}{5+3} = 5$[A]

$I = \dfrac{4}{3+4} I_{BD} = \dfrac{4}{3+4} \times 5 = \dfrac{20}{7}$[A]

★★

25 그림과 같이 공기 중에 놓인 4×10^{-8}[C]의 전하에서 4[m] 떨어진 점 P와 2[m] 떨어진 점 Q와의 전위차[V]는?

① 80
② 180
③ 90
④ 400

P
Q
2[m]
4×10^{-8}[C]
4[m]

해설 전위 $V = 9\times10^9 \times \dfrac{Q}{r}$[V]

$V_Q = 9\times10^9 \times \dfrac{4\times10^{-8}}{2} = 180$[V]

$V_P = 9\times10^9 \times \dfrac{4\times10^{-8}}{4} = 90$[V]

그러므로 전위차는 $V = 180 - 90 = 90$[V]

정답 20.② 21.③ 22.② 23.③ 24.③ 25.③

★★
26 피시 테이프(fish tape)의 용도로 옳은 것은?

① 전선을 테이핑하기 위하여 사용된다.
② 전선관의 끝마무리를 위해서 사용된다.
③ 배관에 전선을 넣을 때 사용된다.
④ 합성수지관을 구부릴 때 사용된다.

해설 피시 테이프 : 배관에 피시 테이프를 먼저 집어넣은 후 전선과 접속하여 끌어 당겨서 관에 전선을 넣을 때 사용하는 공구

★★★
27 다음 설명 중 잘못된 것은?

① 전위차가 높으면 높을수록 전류는 잘 흐른다.
② 양전하를 많이 가진 물질은 전위가 낮다.
③ 1초 동안에 1[C]의 전기량이 이동하면 전류는 1[A]이다.
④ 전류의 방향은 전자의 이동 방향과는 반대 방향으로 정한다.

해설 전위란 전기적인 위치 에너지로서, 전위차가 높을수록 전류가 잘 흐르며 양전하가 많을수록 전위가 높다.

★★★
28 키르히호프의 법칙을 이용하여 방정식을 세우는 방법으로 잘못된 것은?

① 키르히호프의 제1법칙을 회로망의 임의의 점에 적용한다.
② 계산 결과 전류가 +로 표시된 것은 처음에 정한 방향과 반대 방향임을 나타낸다.
③ 각 폐회로에서 키르히호프의 제2법칙을 적용한다.
④ 각 회로의 전류를 문자로 나타내고 방향을 가정한다.

해설 처음에 정한 방향과 전류 방향이 같으면 "+"로, 처음에 정한 방향과 전류 방향이 반대이면 "−"로 표시한다.

★★
29 1[Wb]의 자하량으로부터 발생하는 자기력선의 총수는?

① 6.33×10^4개
② 7.96×10^5개
③ 8.855×10^3개
④ 1.256×10^6개

해설 자기력선의 총수

$$N=\frac{m}{\mu_0}=\frac{1}{4\pi\times10^{-7}}=7.96\times10^5\text{개}$$

★★
30 옥내 배선에 시설하는 전등 1개를 3개소에서 점멸하고자 할 때 필요한 3로 스위치와 4로 스위치의 최소 개수는?

① 3로 스위치 2개, 4로 스위치 2개
② 3로 스위치 1개, 4로 스위치 1개
③ 3로 스위치 2개, 4로 스위치 1개
④ 3로 스위치 1개, 4로 스위치 2개

해설 전등 1개를 3개소에서 점멸하므로 스위치는 최소 3개가 필요하며 4로 스위치는 스위치 접점이 교대로 바뀌는 구조로서 3개소에서 전등 1개를 점멸 시 3로 스위치 2개와 조합하여 사용한다.

★
31 전기 울타리에 사용하는 경동선의 지름은 최소 몇 [mm] 이상이어야 하는가?

① 1.6　　② 2.0
③ 2.6　　④ 3.2

해설 전기 울타리의 시설
- 사용 전압 : 250[V] 이하
- 사용 전선 : 2[mm] 이상 나경동선

★★★
32 직류 발전기의 정격 전압 100[V], 무부하 전압 104[V]이다. 이 발전기의 전압 변동률 ε[%]은?

① 4　　② 3
③ 6　　④ 5

정답 26.③ 27.② 28.② 29.② 30.③ 31.② 32.①

해설 전압 변동률 $\varepsilon = \dfrac{V_0 - V_n}{V_n} \times 100[\%]$

$= \dfrac{104-100}{100} \times 100$

$= 4[\%]$

★

33 변압기의 권선법 중 형권은 주로 어디에 사용되는가?

① 중형 이상의 대용량 변압기
② 저전압 대용량 변압기
③ 중형 대전압 변압기
④ 소형 변압기

해설 형권 코일(formed coil) : 권선을 일정한 틀에 감아 절연시킨 후 정형화된 틀에 만들어서 조립하는 방법으로, 용량이 작은 가정용 변압기에 사용하는 권선법이다.

★★

34 피뢰 시스템에 접지 도체가 접속된 경우 접지 저항은 몇 [Ω] 이하이어야 하는가?

① 5 ② 10
③ 15 ④ 20

해설 피뢰 시스템에 접지 도체가 접속된 경우 접지 저항은 10[Ω] 이하이어야 한다.

★★★ 출제빈도

35 110/220[V] 단상 3선식 회로에서 110[V] 전구 Ⓡ, 110[V] 콘센트 Ⓒ, 220[V] 전동기 Ⓜ의 연결이 올바른 것은?

①
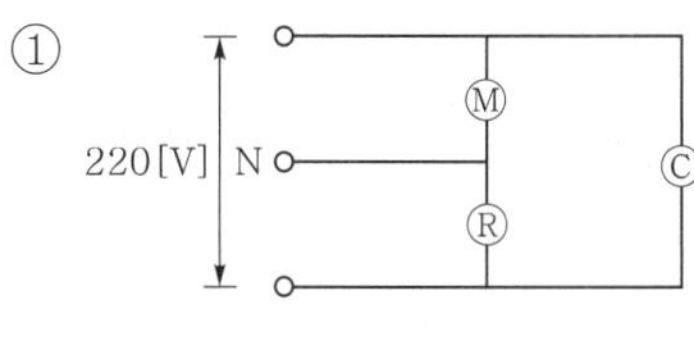

②
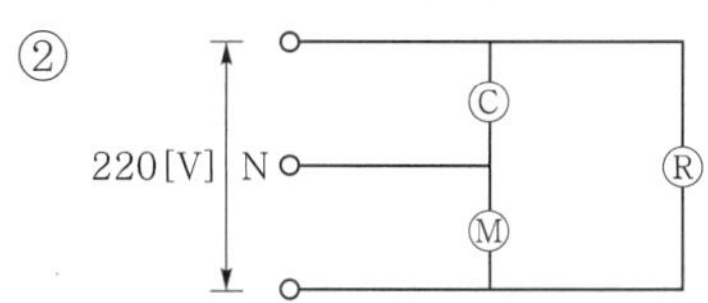

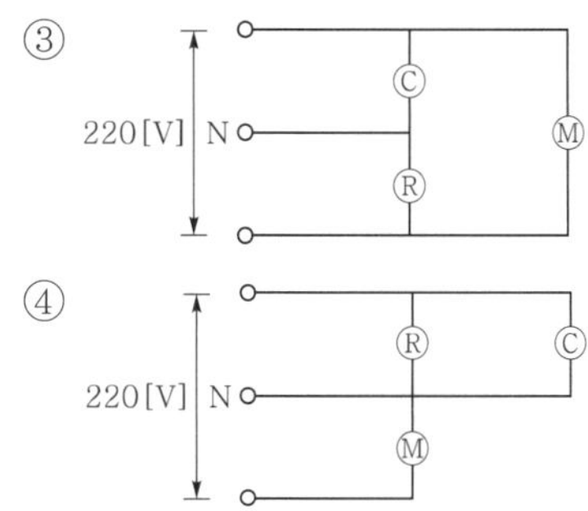

해설 전구와 콘센트는 110[V]를 사용하므로 전선과 중성선 사이에 연결해야 하고 전동기 Ⓜ은 220[V]를 사용하므로 선간에 연결하여야 한다.

★★

36 양방향으로 전류를 흘릴 수 있는 양방향 소자는?

① GTO ② MOSFET
③ TRIAC ④ SCR

해설 양방향성 사이리스터 : SSS, TRIAC, DIAC

★

37 3상 권선형 유도 전동기의 전부하 슬립이 4[%]인 경우 외부 저항은 2차 저항값의 몇 배인가?

① 4 ② 20
③ 24 ④ 25

해설 외부 저항 $R = \dfrac{1-s}{s} r_2$

$= \dfrac{1-0.04}{0.04} \times r_2 = 24r_2[\Omega]$

★★★ 출제빈도

38 100[kVA]의 단상 변압기 2대를 사용하여 V-V 결선으로 하고 3상 전원을 얻고자 한다. 이때, 여기에 접속시킬 수 있는 3상 부하의 용량은 약 몇 [kVA]인가?

① $100\sqrt{3}$ ② 100
③ 200 ④ $200\sqrt{3}$

해설 V결선 용량

$P_V = \sqrt{3}P_1 = \sqrt{3} \times 100 = 100\sqrt{3}$ [kVA]

정답 33.④ 34.② 35.③ 36.③ 37.③ 38.①

★★
39 접지 공사에서 접지극으로 동봉을 사용하는 경우 최소 길이는 몇 [m]인가?

① 1 ② 1.2
③ 0.9 ④ 0.6

해설 접지극의 종류와 규격
- 동봉 : 지름 8[mm] 이상, 길이 0.9[m] 이상

★★
40 직류 전동기에서 무부하 회전 속도가 1,200[rpm]이고 정격 회전 속도가 1,150[rpm]인 경우 속도 변동률은 몇 [%]인가?

① 4.25 ② 4.35
③ 4.5 ④ 5

해설
속도 변동률 $\varepsilon = \dfrac{N_0 - N_n}{N_n} \times 100[\%]$
$= \dfrac{1,200 - 1,150}{1,150} \times 100$
$\fallingdotseq 4.35[\%]$

★★★
41 변압기유로 쓰이는 절연유에 요구되는 성질이 아닌 것은?

출제빈도

① 인화점이 높을 것
② 절연 내력이 클 것
③ 점도가 클 것
④ 응고점이 낮을 것

해설 변압기유의 구비 조건
- 점도(끈적이는 정도)가 작을 것
- 절연 내력이 클 것
- 인화점이 높고 응고점이 낮을 것

★
42 금속관 공사의 장점이라고 볼 수 없는 것은?

① 전선관 접속이나 관과 박스를 접속 시 견고하고 완전하게 접속할 수 있다.
② 전선의 배선 및 배관 변경 시 용이하다.
③ 기계적 강도가 좋다.
④ 합성 수지관에 비해 내식성이 좋다.

해설 금속관은 합성 수지관에 비해 습기에 의한 부식이 잘 되어서 내식성이 나쁘다.

★★
43 $v = 100\sqrt{2}\sin\left(120\pi t + \dfrac{\pi}{4}\right)$, $i = 100\sin\left(120\pi t + \dfrac{\pi}{2}\right)$인 경우 전류는 전압보다 위상이 어떻게 되는가?

① 전류가 전압보다 $\dfrac{\pi}{2}$[rad]만큼 앞선다.
② 전류가 전압보다 $\dfrac{\pi}{2}$[rad]만큼 뒤진다.
③ 전류가 전압보다 $\dfrac{\pi}{4}$[rad]만큼 앞선다.
④ 전류가 전압보다 $\dfrac{\pi}{4}$[rad]만큼 뒤진다.

해설
위상각 0을 기준으로 할 때 전압은 $\dfrac{\pi}{4}(45°)$ 앞서 있고, 전류는 $\dfrac{\pi}{2}(90°)$ 앞서 있으므로 전류가 전압보다 위상차 $\dfrac{\pi}{4}(45°)$만큼 앞선다.

★★
44 어떤 도체에 10[V]의 전위를 주었을 때 1[C]의 전하가 축적되었다면 이 도체의 정전 용량[F]은?

① 1 ② 0.1
③ 10 ④ 0.01

해설 정전 용량 $C = \dfrac{Q}{V} = \dfrac{1}{10} = 0.1[F]$

★★★
45 자기력선의 성질 중 틀린 것은?

① 자기력선은 서로 교차한다.
② 자기력선은 자석의 N극에서 시작하여 S극에서 끝난다.
③ 자기력선은 서로 반발한다.
④ 자기력선은 도체에 수직으로 출입한다.

정답 39.③ 40.② 41.③ 42.④ 43.③ 44.② 45.①

해설 자기력선은 서로 반발하므로 교차하지 않으며 N극에서 시작하여 S극에서 끝난다.

★★★
46 도체의 전기 저항에 대한 것으로 옳은 것은?

출제빈도

① 길이와 단면적에 비례한다.
② 길이와 단면적에 반비례한다.
③ 길이에 반비례하고 단면적에 비례한다.
④ 길이에 비례하고 단면적에 반비례한다.

해설 전기 저항 $R = \rho\frac{l}{A}$ 이므로 길이에 비례하고 단면적에 반비례한다.

★★
47 측정이나 계산으로 구할 수 없는 손실로 부하 전류가 흐를 때 도체 또는 철심 내부에서 생기는 손실을 무엇이라 하는가?

① 표유 부하손　② 히스테리시스손
③ 구리손　④ 맴돌이 전류손

해설 표유 부하손(부하손) = 표류 부하손 : 누설 전류에 의해 발생하는 손실로 측정은 가능하나 계산에 의하여 구할 수 없는 손실

★★
48 권선 저항과 온도와의 관계는?

① 온도와는 무관하다.
② 온도가 상승하면 권선 저항은 감소한다.
③ 온도가 상승하면 권선 저항은 증가한다.
④ 온도가 상승하면 권선의 저항은 증가와 감소를 반복한다.

해설 권선 저항은 구리(도체)의 경우 정온도 특성을 가지므로 온도가 상승하면 권선 저항도 상승한다.

★★★
49 주택, 아파트인 경우 표준 부하는 몇 [VA/m²]인가?

출제빈도

① 10　② 20
③ 30　④ 40

해설 건물의 종류에 대응한 표준 부하

건물의 종류	표준 부하 [VA/m²]
공장, 공회당, 사원, 교회, 극장, 영화관, 연회장 등	10
기숙사, 여관, 호텔, 병원, 학교, 음식점, 다방, 대중목욕탕	20
사무실, 은행, 상점, 이발소, 미용원	30
주택, 아파트	40

★★
50 평균값이 100[V]인 경우 실효값[V]은?

① 100　② 111
③ 127　④ 200

해설 실효값 $V = 1.11\,V_{av} = 1.11 \times 100 = 111[\mathrm{V}]$

★
51 한쪽 방향으로 일정한 전류가 흐르는 경우 동작하는 계전기는?

① 비율 차동 계전기
② 부흐홀츠 계전기
③ 과전류 계전기
④ 과전압 계전기

해설 과전류 계전기 : 전류가 일정한 값 이상으로 흐르면 동작하는 계전기

★
52 △－Y 결선(delta-star connection)한 경우에 대한 설명으로 옳지 않은 것은?

① Y결선의 중성점을 접지할 수 있다.
② 제3고조파에 의한 장해가 작다.
③ 1차 선간 전압 및 2차 선간 전압의 위상차는 60°이다.
④ 1차 변전소의 승압용으로 사용된다.

해설 △－Y 결선의 특징
- 승압용으로 사용
- Y결선의 중성점을 접지할 수 있다.
- △결선은 제3고조파에 의한 장해가 작다.
- 1, 2차 전압 위상차 : $\frac{\pi}{6}[\mathrm{rad}] = 30°$ 발생

정답 46.④ 47.① 48.③ 49.④ 50.② 51.③ 52.③

53 전류에 의해 만들어지는 자기장의 방향을 알기 쉽게 정의한 법칙은?

① 앙페르의 오른 나사 법칙
② 플레밍의 왼손 법칙
③ 렌츠의 자기 유도 법칙
④ 패러데이의 전자 유도 법칙

해설 앙페르의 오른 나사 법칙 : 전류에 의한 자기장(자기력선)의 방향을 알기 쉽게 정의한 법칙

54 농형 유도 전동기의 기동법이 아닌 것은?

① Y－△ 기동법 ② 2차 저항 기동법
③ 기동 보상기법 ④ 전전압 기동법

해설
- 농형 유도 전동기의 기동법
  - 전전압 기동법
  - Y－△ 기동법
  - 리액터 기동법
  - 1차 저항 기동법
  - 기동 보상기법
- 권선형 유도 전동기의 기동법 : 2차 저항 기동법(기동 저항기법)

55 수전 방식 중 3상 4선식은 부득이한 경우 설비 불평형률은 몇 [%] 이내로 유지해야 하는가?

① 10 ② 20
③ 30 ④ 40

해설 3상 3선식, 4선식의 각 전압측 전선 간의 부하는 평형이 되게 하는 것을 원칙으로 하지만, 부득이한 경우 발생하는 설비 불평형률은 30[%]까지 할 수 있다.

56 동기 속도 1,800[rpm], 주파수 60[Hz]인 동기 발전기의 극수는 몇 극인가?

① 2 ② 4
③ 8 ④ 10

해설 동기 속도 $N_s = \dfrac{120f}{P}$ [rpm]

극수 $P = \dfrac{120f}{N_s} = \dfrac{120 \times 60}{1,800} = 4$극

57 두 개의 막대기와 눈금계, 저항, 도선을 연결하여 절환 스위치를 이용해 검류계의 지시값을 "0"으로 하여 접지 저항을 측정하는 방법은?

① 콜라우슈 브리지
② 켈빈 더블 브리지법
③ 접지 저항계
④ 휘트스톤 브리지

해설 휘트스톤 브리지는 검류계의 지시값을 "0"으로 하여 접지 저항을 측정하는 방법으로서, 지중 전선로의 고장점 검출 시 사용한다.

58 다음 그림과 같은 전선의 접속법은?

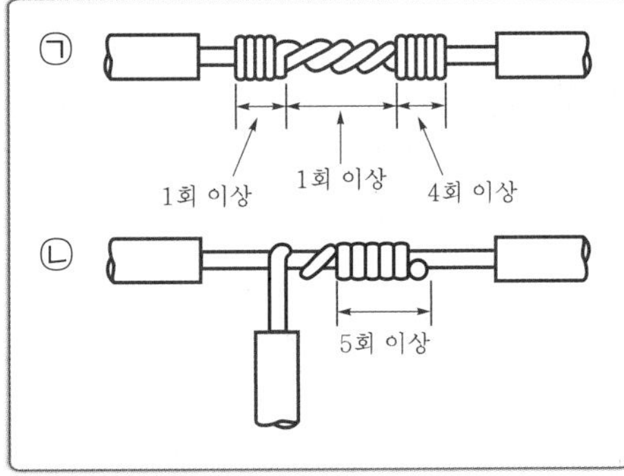

① ㉠ 직선 접속, ㉡ 분기 접속
② ㉠ 직선 접속, ㉡ 종단 접속
③ ㉠ 분기 접속, ㉡ 슬리브에 의한 접속
④ ㉠ 종단 접속, ㉡ 직선 접속

해설
- 단선의 트위스트 직선 접속
- 단선의 트위스트 분기 접속

59 비정현파를 여러 개의 정현파의 합으로 표시하는 식을 정의한 사람은?

① 푸리에(Fourier) ② 테브난(Thevenin)
③ 노튼(Norton) ④ 패러데이(Faraday)

정답 53.① 54.② 55.③ 56.② 57.③ 58.① 59.①

해설 푸리에 분석 : 비정현파를 여러 개의 정현파의 합으로 분석한 식

$f(t)$ = 직류분 + 기본파 + 고조파

60 애자 사용 공사의 저압 옥내 배선에서 전선 상호 간의 간격은 몇 [cm] 이상으로 하여야 하는가?

① 2 ② 4

③ 6 ④ 8

해설 저압 옥내 배선의 애자 사용 공사 시 전선 상호 간격은 6[cm] 이상 이격하여야 한다.

정답 60.③

2020년 제4회 CBT 기출복원문제

★ 표시 : 문제 중요도를 나타냄

본 기출문제는 수험생들의 기억을 바탕으로 작성한 것으로 내용 및 그림 등에서 실제 문제와 다소 차이가 있을 수 있습니다.

신규문제

01 절연 저항 측정 시 영향을 주거나 손상을 받을 수 있는 SPD 또는 기타 기기 등은 측정 전에 분리시켜야 하고, 부득이하게 분리가 어려운 경우에는 시험 전압을 몇 [V] 이하로 낮추어서 측정하여야 하는가?

① 100 ② 200
③ 250 ④ 300

해설 절연 측정 시 영향을 주거나 손상을 받을 수 있는 SPD 또는 기타 기기 등은 측정 전에 분리시켜야 하고, 부득이하게 분리가 어려운 경우에는 시험 전압을 250[V] DC로 낮추어 측정할 수 있다.

신규문제

02 다음 직류를 기준으로 저압에 속하는 범위는 최대 몇 [V] 이하인가?

① 600[V] 이하 ② 750[V] 이하
③ 1,000[V] 이하 ④ 1,500[V] 이하

해설 전압의 구분
- 저압 : AC 1,000[V] 이하, DC 1,500[V] 이하의 전압
- 고압 : AC 1,000[V] 초과, DC 1,500[V]를 초과하고, AC, DC 모두 7[kV] 이하의 전압
- 특고압 : AC, DC 모두 7[kV] 초과의 전압

★★★

03 두 개의 평행한 도체가 진공 중(또는 공기 중)에 20[cm] 떨어져 있고, 100[A]의 같은 크기의 전류가 흐르고 있을 때 1[m]당 발생하는 힘의 크기[N]는?

출제빈도

① 0.05 ② 0.01
③ 50 ④ 100

해설 평행 도체 사이에 작용하는 힘

$$F = \frac{2I_1I_2}{r} \times 10^{-7}$$
$$= \frac{2\times100\times100}{0.2} \times 10^{-7}$$
$$= 10^{-2} = 0.01[\text{N}]$$

★

04 급전선의 전압 강하를 목적으로 사용되는 발전기는?

① 분권 발전기
② 가동 복권 발전기
③ 타여자 발전기
④ 차동 복권 발전기

해설 가동 복권 발전기는 복권 발전기의 주권선은 분권 계자이고 기계에 필요한 기자력의 대부분을 공급하며, 직권 권선은 전기자 회로 및 전기자 반작용에 의한 전압 강하를 보상하기 위한 기자력을 공급한다.

★★

05 환상 솔레노이드의 내부 자장과 전류에 세기에 대한 설명으로 맞는 것은?

① 전류의 세기에 반비례한다.
② 전류의 세기에 비례한다.
③ 전류의 세기 제곱에 비례한다.
④ 전혀 관계가 없다.

해설 내부 자장의 세기 $H = \frac{NI}{2\pi r}$[AT/m]

정답 01.③ 02.④ 03.② 04.② 05.②

06 전주를 건주할 때 철근 콘크리트주의 길이가 7[m]이면 땅에 묻히는 깊이는 얼마인가? (단, 설계 하중이 6.81[kN] 이하이다.)

① 1.0 ② 1.2
③ 2.0 ④ 2.5

해설 매설 깊이 $H = 7 \times \frac{1}{6} \fallingdotseq 1.2[\text{m}]$

07 전기 설비를 보호하는 계전기 중 전류 계전기의 설명으로 틀린 것은?

① 부족 전류 계전기는 항상 시설하여야 한다.
② 과전류 계전기와 부족 전류 계전기가 있다.
③ 과전류 계전기는 전류가 일정값 이상이 흐르면 동작한다.
④ 배전 선로 보호, 후비 보호 능력이 있어야 한다.

해설 부족 전류 계전기(UCR) : 전류가 정정값 이하가 되었을 때 동작하는 계전기로서 전동기나 변압기의 여자 회로에만 설치하는 계전기로서 항상 시설하는 계전기는 아니다.

08 전시회나 쇼, 공연장 등의 전기 설비는 이동 전선으로 사용할 수 있는 케이블은?

① 0.6/1[kV] EP 고무 절연 클로로프렌 캡타이어 케이블
② 0.8/1[kV] EP 고무 절연 클로로프렌 캡타이어 케이블
③ 0.6/1.5[kV] EP 고무 절연 클로로프렌 캡타이어 케이블
④ 0.8/1.5[kV] 비닐 절연 클로로프렌 캡타이어 케이블

해설 전시회, 쇼 및 공연장에 가능한 이동 전선
- 0.6/1[kV] EP 고무 절연 클로로프렌 캡타이어 케이블
- 0.6/1[kV] 비닐 절연 비닐 캡타이어 케이블

09 분기 회로를 보호하기 위한 장치로서 보호 장치 및 차단기 역할을 하는 것은?

출제빈도

① 컷 아웃 스위치
② 단로기
③ 배선용 차단기
④ 누전 차단기

해설 분기 회로를 보호하는 장치는 과전류 차단기(퓨즈)와 배선용 차단기를 사용한다.

10 한국전기설비규정에 의하면 옥외 백열 전등의 인하선으로서 지표상의 높이 2.5[m] 미만의 부분은 전선에 공칭 단면적 몇 [mm^2] 이상의 연동선과 동등 이상의 세기 및 굵기의 절연 전선(옥외용 비닐 절연 전선을 제외)을 사용하는가?

① 0.75
② 2.0
③ 2.5
④ 1.5

해설 옥외 백열 전등 인하선의 시설 : 옥외 백열 전등의 인하선으로서 지표상의 높이 2.5[m] 미만의 부분은 전선에 공칭 단면적 2.5[mm^2] 이상의 연동선과 동등 이상의 세기 및 굵기의 옥외용 비닐 절연 전선을 제외한 절연 전선을 사용한다.

11 비투자율이 1인 환상 철심 중의 자장의 세기가 H[AT/m]이었다. 이때 비투자율이 10인 물질로 바꾸면 철심의 자속 밀도[Wb/m^2]는 몇 배가 되겠는가?

① $\frac{1}{10}$ ② $\frac{1}{10\sqrt{2}}$
③ $\frac{1}{10\sqrt{3}}$ ④ 10

해설 $B = \mu H = \mu_0 \mu_s H[\text{Wb/m}^2]$
비투자율이 1인 물질을 10인 물질로 바꾸면 자속 밀도는 10배 커진다.

정답 06.② 07.① 08.① 09.③ 10.③ 11.④

12 단면적 14.4[cm^2], 폭 3.2[cm], 1장의 두께가 0.35[mm]인 철심의 점적률이 90[%]가 되기 위한 철심은 몇 장이 필요한가?

① 162 ② 143
③ 46 ④ 92

해설 점적률 : 철심의 실제 단면적에 대한 자속이 통과하는 유효 단면적의 비율
철심이 n장일 경우 철심 단면적
$3.2\times0.35\times10^{-1}\times n$[cm^2]
점적률 $0.9=\dfrac{14.4}{3.2\times0.35\times0^{-1}\times n}$이므로
$n=3.2\times0.35\times10^{-1}\times0.9=142.86$이고 절상하면 143장이 된다.

13 주상 변압기의 냉각 방식은?

① 건식 자냉식 ② 유입 자냉식
③ 유입 예열식 ④ 유입 송유식

해설 유입 자냉식 : 절연유를 변압기 외함에 채우고 대류 작용으로 열을 외부로 발산시키는 방식이며, 주상 변압기에 채용한다.

신규문제
14 케이블 덕트 시스템에 시설하는 배선 방법이 아닌 것은?

① 플로어 덕트 배선
② 셀룰러 덕트 배선
③ 버스 덕트 배선
④ 금속 덕트 배선

해설 케이블 덕트 시스템 배선 방법 : 플로어 덕트 배선, 셀룰러 덕트 배선, 금속 덕트 배선

15 유도 전동기에서 슬립이 커지면 증가하는 것은?

① 2차 출력 ② 2차 효율
③ 2차 주파수 ④ 회전 속도

해설 슬립 s가 커지면
- 2차 주파수 $f_2=sf_1$[Hz] → 증가
- 2차 효율 $\eta_2=\dfrac{P_o}{P_2}=\dfrac{(1-s)P_2}{P_2}=1-s=\dfrac{N}{N_s}$ → 감소
- 2차 출력 $P_2=\dfrac{P_o}{1-s}$[W] → 감소
- 회전 속도 $N=(1-s)N_s$[rpm] → 감소

16 플로어 덕트 공사에 의한 저압 옥내 배선에서 절연 전선으로 연선을 사용하지 않아도 되는 것은 전선의 굵기가 몇 [mm^2] 이하인 경우인가?

① 2.5 ② 4
③ 6 ④ 10

해설 플로어 덕트(저압 옥내 배선에 포함)에 사용하는 전선의 최소 굵기는 2.5[mm^2] 이상의 연동 연선을 사용한다(단, 단선인 경우 10[mm^2] 이하까지 가능).

신규문제
17 저압 전로의 전선 상호간 및 전로와 대지 사이의 절연 저항의 값에 대한 설명으로 틀린 것은?

① 측정 시 SPD 또는 기타 기기 등은 측정 전 위험 사항이 아니므로 분리시키지 않아도 된다.
② 사용 전압이 SELV 및 PELV는 DC 250[V] 시험 전압으로 0.5[MΩ] 이상이어야 한다.
③ 사용 전압이 FELV 및 500[V] 이하는 DC 500[V] 시험 전압으로 1.0[MΩ] 이상이어야 한다.
④ 사용 전압이 500[V] 초과하는 경우 DC 1,000[V] 시험 전압으로 1.0[MΩ] 이상이어야 한다.

해설 전로의 절연 저항 : 사용 전압이 저압인 전로의 전선 상호간 및 전로와 대지 사이의 절연 저항은 개폐기 또는 과전류 차단기로 구분할 수 있는 전로마다 다음 표에서 정한 값 이상이어야 한다.

정답 12.② 13.② 14.③ 15.③ 16.④ 17.①

전로의 사용 전압 [V]	DC 시험 전압 [V]	절연 저항 [MΩ]
SELV 및 PELV	250	0.5
FEL[V], 500[V] 이하	500	1.0
500[V] 초과	1,000	1.0

[주] 용어 정의

- 특별 저압(extra low voltage) : 인체에 위험을 초래하지 않을 정도의 저압
  2차 공칭 전압 AC 50[V], DC 120[V] 이하
- SELV(Safety Extra Low Voltage) : 비접지 회로로 구성된 특별 저압
- PELV(Protective Extra Low Voltage) : 접지 회로로 구성된 특별 저압
- FELV : 1차와 2차가 전기적으로 절연되지 않은 회로로 구성된 특별 저압

측정 시 영향을 주거나 손상을 받을 수 있는 SPD 또는 기타 기기 등은 측정 전에 분리시켜야 하고, 부득이하게 분리가 어려운 경우에는 시험 전압을 250[V] DC로 낮추어 측정할 수 있지만 절연 저항값은 1[MΩ] 이상이어야 한다.

★★
18 접지 공사 시 접지 저항을 감소시키는 저감 대책이 아닌 것은?

① 접지봉의 길이를 증가시킨다.
② 접지판의 면적을 감소시킨다.
③ 접지극의 매설 깊이를 깊게 매설한다.
④ 접지 저항 저감제를 이용하여 토양의 고유 저항을 화학적으로 저감시킨다.

해설 접지 저항 저감 대책
① 접지봉의 연결 개수를 증가시킨다.
② 접지판의 면적을 증가시킨다.
③ 접지극을 깊게 매설한다.
④ 토양의 고유 저항을 화학적으로 저감시킨다.

★★★
19 다음 전기력선의 성질이 잘못된 것은?

① 전기력선은 서로 교차하지 않는다.
② 같은 전기력선은 서로 끌어당긴다.
③ 전기력선의 밀도는 전기장의 크기를 나타낸다.
④ 전기력선은 도체의 표면에 수직이다.

해설 같은 전기력선은 서로 밀어내는 반발력이 작용한다.

★★
20 200[V], 60[W] 전등 10개를 20시간 사용하였다면 사용 전력량은 몇 [kWh]인가?

① 24 ② 12
③ 10 ④ 11

해설 전력량 $W = Pt = 60 \times 10 \times 20$
$= 12{,}000[Wh]$
$= 12[kWh]$

★★
21 최대 사용 전압이 70[kV]인 중성점 직접 접지식 전로의 절연 내력 시험 전압은 몇 [V]인가?

① 35,000[V] ② 42,000[V]
③ 44,800[V] ④ 50,400[V]

해설 60[kV] 초과한 경우 전로의 절연 내력 시험 전압은 최대 사용 전압의 0.72배의 전압을 연속으로 10분간 가할 때 견딜 수 있어야 한다.
절연 내력 시험 전압=70,000×0.72=50,400[V]

★
22 동기 전동기의 특징으로 틀린 것은?

① 전 부하 효율이 양호하다.
② 부하의 역률을 조정할 수가 있다.
③ 공극이 좁으므로 기계적으로 튼튼하다.
④ 부하가 변하여도 같은 속도로 운전할 수 있다.

해설 동기 전동기의 특징
- 속도(N_s)가 일정하다.
- 역률을 조정할 수 있다.
- 효율이 좋다.
- 공극이 크고 기계적으로 튼튼하다.

★★
23 3상 유도 전동기의 원선도를 그리는 데 필요하지 않은 것은?

① 무부하 시험 ② 구속 시험
③ 2차 저항 측정 ④ 회전수 측정

정답 18.② 19.② 20.② 21.④ 22.③ 23.④

해설 원선도를 그리는 데 필요한 시험

- 저항 측정 시험 : 1차 동손
- 무부하 시험 : 여자 전류, 철손
- 구속 시험(단락 시험) : 2차 동손

★
24 자기 회로에서 자기 저항이 2,000[AT/Wb]이고 기자력이 50,000[AT]이라면 자속[Wb]은?

① 50 ② 20
③ 25 ④ 10

해설 자속 $\phi = \frac{F}{R_m} = \frac{50,000}{2,000} = 25[\text{Wb}]$

★★★
25 학교, 사무실, 은행 등의 간선 굵기 선정 시 수용률은 몇 [%]를 적용하는가?

출제빈도

① 50 ② 60
③ 70 ④ 80

해설 건축물에 따른 간선의 수용률

건축물의 종류	수용률[%]
주택, 기숙사, 여관, 호텔, 병원, 창고	50
학교, 사무실, 은행	70

★
26 사람이 상시 통행하는 터널 안의 배선을 단면적 2.5[mm²] 이상의 연동선을 사용한 애자 사용 공사로 배선하는 경우 노면상 최소 높이는 몇 [m] 이상 높이에 시설하여야 하는가?

① 1.5
② 2.0
③ 2.5
④ 3.5

해설 사람이 상시 통행하는 터널 안의 배선 공사 : 금속관, 제2종 가요 전선관, 케이블, 합성 수지관, 단면적 2.5[mm²] 이상의 연동선을 사용한 애자 사용 공사에 의하여 노면상 2.5[m] 이상의 높이에 시설할 것

★★★
27 일반적으로 가공 전선로의 지지물에 취급자가 오르고 내리는 데 사용하는 발판 볼트 등은 지표상 몇 [m] 미만에 시설하여서는 아니 되는가?

출제빈도

① 0.75 ② 1.2
③ 1.8 ④ 2.0

해설 지표상 1.8[m]부터 완금 하부 0.9[m]까지 발판 볼트를 설치한다.

★★
28 슬립 4[%]인 유도 전동기의 등가 부하 저항은 2차 저항의 몇 배인가?

① 25 ② 16
③ 24 ④ 20

해설 등가 부하 저항

$$R = \frac{1-s}{s} r_2 = \frac{1-0.04}{0.04} r_2 = 24 r_2 [\Omega]$$

★★★
29 화약류 저장 장소의 배선 공사에서 전용 개폐기에서 화약류 저장소의 인입구까지는 어떤 공사를 하여야 하는가?

출제빈도

① 케이블을 사용한 옥측 전선로
② 금속관을 사용한 지중 전선로
③ 금속관을 사용한 옥측 전선로
④ 케이블을 사용한 지중 전선로

해설 화약류 저장소 등의 위험 장소

- 금속관 공사, 케이블 공사
- 대지 전압 : 300[V] 이하
- 개폐기 및 과전류 차단기에서 화약고의 인입구까지의 배선에는 케이블을 사용하고 또한 반드시 지중에 시설할 것

★★
30 평형 3상 회로에서 1상의 소비 전력이 P[W]라면, 3상 회로 전체 소비 전력[W]은?

① $2P$ ② $\sqrt{2}P$
③ $3P$ ④ $\sqrt{3}P$

해설 3상 소비 전력 $P_3 = 3P$[W]

정답 24.③ 25.③ 26.③ 27.③ 28.③ 29.④ 30.③

★
31 그림의 정류 회로에서 실효값 220[V], 위상 점호각이 60°일 때 정류 전압은 약 몇 [V]인가? (단, 저항만의 부하이다.)

① 99
② 148
③ 110
④ 100

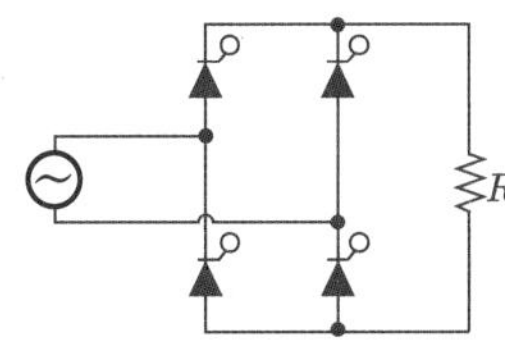

해설 단상 전파 정류 회로 : 직류분 전압

$$E_d = \frac{2\sqrt{2}}{\pi}E\left(\frac{1+\cos\alpha}{2}\right)$$
$$= \frac{2\sqrt{2}}{\pi}\times 220\times\left(\frac{1+\cos 60^\circ}{2}\right)$$
$$= 148[V]$$

★
32 코일에 흐르는 전류가 0.5[A], 축적되는 에너지가 0.2[J]이 되기 위한 자기 인덕턴스는 몇 [H]인가?

① 0.8 ② 1.6
③ 10 ④ 16

해설 코일에 축적되는 $W=\frac{1}{2}LI^2$[J]에서

$$L=\frac{2W}{I^2}=\frac{2\times 0.2}{0.5^2}=1.6[H]$$

★
33 그림의 회로에서 합성 임피던스는 몇 [Ω]인가?

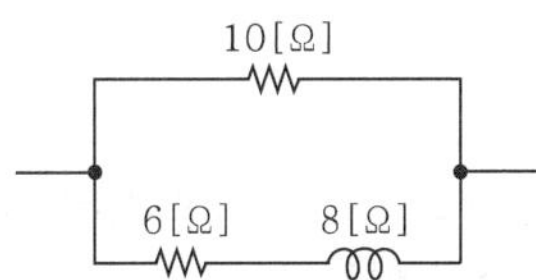

① $2+j5.5$ ② $3+j4.5$
③ $5+j2.5$ ④ $4+j3.5$

해설 합성 임피던스 $\dot{Z}=\frac{10(6+j8)}{10+6+j8}=\frac{10(6+j8)}{16+j8}$

$$\frac{10(6+j8)(16-j8)}{(16+j8)(16-j8)}=5+j2.5[\Omega]$$

★★
34 변압기에서 자속에 대한 설명 중 맞는 것은?

① 전압에 비례하고 주파수에 반비례
② 전압에 반비례하고 주파수에 비례
③ 전압에 비례하고 주파수에 비례
④ 전압과 주파수에 무관

해설 $E_1=4.44fN_1\phi_m=4.44fN_1B_mA$[V]

자속 $\phi_m=\frac{E_1}{4.44fN_1}$[Wb]이므로 전압에 비례하고 주파수에 반비례한다.

★★★
35 자속을 발생시키는 원천을 무엇이라 하는가?

① 기전력 ② 전자력
③ 기자력 ④ 정전력

해설 기자력(magneto motive force) : 자속 ϕ를 발생하게 하는 근원을 말하며 자기 회로에서 권수 N회인 코일에 전류 I[A]를 흘릴 때 발생하는 자속 ϕ는 NI에 비례하여 발생하므로 다음과 같이 나타낼 수 있다.
기자력 정의식 $F=NI=R_m\phi$[AT]

★
36 전시회나 쇼, 공연장 등의 전기 설비 시 배선용 케이블이 구리선인 경우 최소 단면적[mm^2]은 얼마인가?

① 0.75 ② 1.0
③ 1.5 ④ 2.5

해설 전시회, 쇼 및 공연장의 배선용 케이블 : 배선용 케이블은 구리 단면적 1.5[mm^2] 이상, 정격 전압 450/750[V] 이하 염화 비닐 절연 케이블(제1부 : 일반 요구 사항), 정격 전압 450/750[V] 이하 고무 절연 케이블(제1부 : 일반 요구 사항)에 적합하여야 한다.

신규문제
37 주택, 아파트인 경우 표준 부하는 몇 [VA/m^2]인가?

① 10 ② 20
③ 30 ④ 40

정답 31.② 32.② 33.③ 34.① 35.③ 36.③ 37.④

해설 건물의 종류에 대응한 표준 부하

건물의 종류	표준 부하[VA/m^2]
공장, 공회당, 사원, 교회, 극장, 영화관, 연회장	10
기숙사, 여관, 호텔, 병원, 학교, 음식점, 다방, 대중 목욕탕	20
사무실, 은행, 상점, 이발소, 미용원	30
주택, 아파트	40

★★
38 가요 전선관 공사에서 가요 전선관과 금속관의 상호 접속에 사용하는 것은?

① 유니언 커플링
② 2호 커플링
③ 스플릿 커플링
④ 콤비네이션 커플링

해설
- 가요 전선관 상호 접속 : 스플릿 커플링
- 가요 전선관과 다른 전선관 상호 접속 : 콤비네이션 커플링

★
39 코드 상호, 캡타이어 케이블 상호 접속 시 사용하여야 하는 것은?

① 와이어 커넥터
② 케이블 타이
③ 코드 접속기
④ 테이블 탭

해설 코드 및 캡타이어 케이블 상호 접속 시에는 직접 접속이 불가능하고 전용의 접속 기구(코드 접속기)를 사용해야 한다.

★
40 $R_1[\Omega]$, $R_2[\Omega]$, $R_3[\Omega]$의 저항 3개를 직렬 접속했을 때 R_2에 걸리는 전압[V]은?

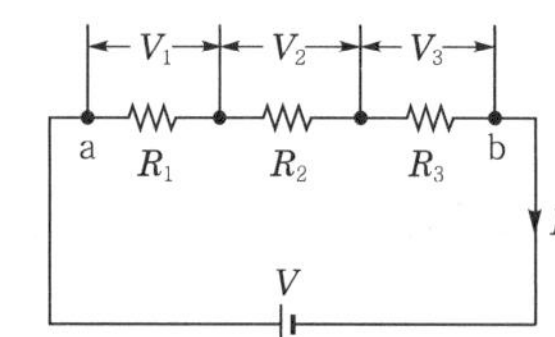

① $\dfrac{R_1R_3}{R_1+R_2+R_3}V$ ② $\dfrac{R_2}{R_1+R_2+R_3}V$

③ $\dfrac{1}{R_1+R_2+R_3}V$ ④ $\dfrac{R_3-R_1}{R_1+R_2+R_3}V$

해설 직렬 합성 저항 $R_o=R_1+R_2+R_3[\Omega]$

전류 $I=\dfrac{V}{R}=\dfrac{V}{R_1+R_2+R_3}$[A]

R_2에 걸리는 전압 $V_2=IR_2=\dfrac{R_2}{R_1+R_2+R_3}V$

★★★
41 전자 유도 현상에 의한 기전력의 방향을 정의한 법칙은?

출제빈도

① 렌츠의 법칙
② 플레밍의 법칙
③ 패러데이의 법칙
④ 줄의 법칙

해설 렌츠의 법칙은 전자 유도 현상에 의한 유도 기전력의 방향을 정의한 법칙으로서 “유도 기전력은 자신이 발생 원인이 되는 자속의 변화를 방해하려는 방향으로 발생한다.”는 법칙이다.

★
42 그림의 회로에서 교류 전압 $v(t)=100\sqrt{2}\sin\omega t$[V]를 인가했을 때 회로에 흐르는 전류는?

① 10
② 20
③ 25
④ 40

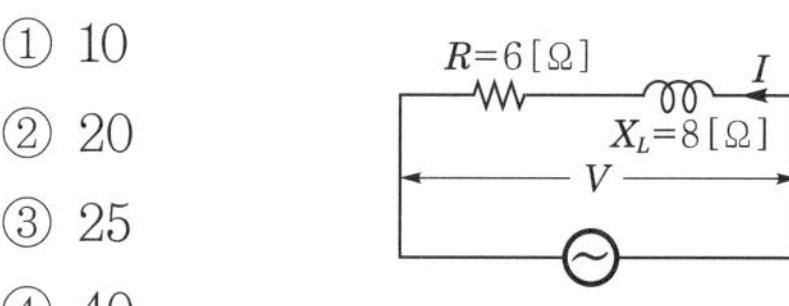

해설 전류 $I=\dfrac{V}{Z}=\dfrac{100}{\sqrt{6^2+8^2}}=10$[A]

★
43 수전 방식 중 3상 4선식은 부득이한 경우 설비 불평형률은 몇 [%] 이내로 유지해야 하는가?

① 10 ② 20
③ 30 ④ 40

해설 3상 3선식, 4선식의 각 전압측 전선 간의 부하는 평형이 되게 하는 것을 원칙으로 하지만, 부득이한 경우 발생하는 설비 불평형률은 30[%]까지 할 수 있다.

정답 38.④ 39.③ 40.② 41.① 42.① 43.③

★★★
44 자기 인덕턴스가 각각 L_1[H], L_2[H]인 두 개의 코일이 직렬로 가동 접속되었을 때 합성 인덕턴스는? (단, 자기력선에 의한 영향을 서로 받는 경우이다.)

출제빈도

① L_1+L_2-M ② L_1+L_2-2M
③ L_1+L_2+M ④ L_1+L_2+2M

해설 가동 결합 합성 인덕턴스 $L_{가}=L_1+L_2+2M$[H]

★★
45 고압 전로에 지락 사고가 생겼을 때, 지락 전류를 검출하는 데 사용하는 것은?

① CT ② MOF
③ ZCT ④ PT

해설
- CT : 대전류를 소전류로 변성
- ZCT : 지락 전류 검출
- MOF : 고전압, 대전류를 각각 저전압, 소전류로 변성하여 전력량계에 공급
- PT : 고전압을 저전압으로 변성

★
46 송전 방식에서 선간 전압, 선로 전류, 역률이 일정할 때 단상 3선식/단상 2선식의 전선 1선당의 전력비는 약 몇 [%]인가?

① 87.5 ② 115
③ 133 ④ 141.4

해설

결선 방식		공급 전력	1선당 공급전력	1선당 공급 전력비
단상 2선식	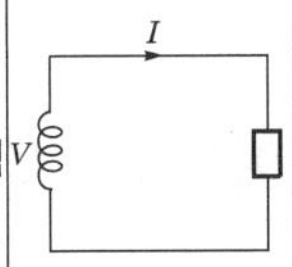	$P_1=VI$	$\frac{1}{2}VI$	기준
단상 3선식	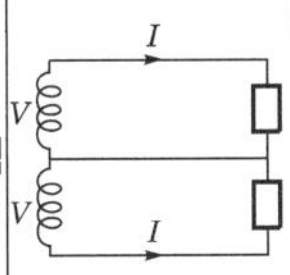	$P_2=2VI$	$\frac{2}{3}VI$ $=0.67VI$	$\frac{\frac{2}{3}VI}{\frac{1}{2}VI}=\frac{4}{3}$ $=1.33$ $=133$[%]

★★
47 옥내 배선 공사에서 절연 전선의 심선이 손상되지 않도록 피복을 벗길 때 사용하는 공구는?

① 와이어 스트리퍼 ② 플라이어
③ 압착 펜치 ④ 프레서 툴

해설 와이어 스트리퍼 : 절연 전선의 피복 절연물을 직각으로 벗기기 위한 자동 공구로 도체의 손상을 방지하기 위하여 정확한 크기의 구멍을 선택하여 피복 절연물을 벗겨야 한다.

★★★
48 직류 발전기에서 기전력에 대해 90° 늦은 전류가 흐를 때의 전기자 반작용은?

출제빈도

① 감자 작용 ② 증자 작용
③ 횡축 반작용 ④ 교차 자화 작용

해설 발전기 전기자 반작용
- R 부하 : 교차 자화 작용
- L 부하 : 감자 작용(90° 뒤진 전류)
- C 부하 : 증자 작용(90° 앞선 전류)

★★
49 복권 발전기의 병렬 운전을 안전하게 하기 위해서 두 발전기의 전기자와 직권 권선의 접속점에 연결해야 하는 것은?

① 집전환 ② 균압선
③ 안정 저항 ④ 브러시

해설 복권 발전기 운전 중 과복권 발전기로 운전 시 발전기 특성상 수하 특성을 지니지 않으므로 안정하게 운전하기 위해서는 균압선을 연결해야 한다.

★
50 부식성 가스 등이 있는 장소에서 시설이 허용되는 것은?

① 과전류 차단기 ② 전등
③ 콘센트 ④ 개폐기

해설 부식성 가스 등이 존재하는 장소에서의 개폐기나 과전류 차단기, 콘센트 등의 시설은 하지 않는 것이 원칙이고 전등은 사용 가능하며, 틀어 끼우는 글로브 등이 구비되어 부식성 가스와 용액의 침입을 방지할 수 있도록 할 것

정답 44.④ 45.③ 46.③ 47.① 48.① 49.② 50.②

신규문제

51 정격 전류가 60[A]인 주택의 전로에 정격 전류의 1.45배의 전류가 흐를 때 주택에 사용하는 배선용 차단기는 몇 분 내에 자동적으로 동작하여야 하는가?

① 10분 이내
② 30분 이내
③ 60분 이내
④ 120분 이내

해설 과전류 차단기로 주택에 사용하는 63[A] 이하의 배선용 차단기는 정격 전류의 1.45배 전류가 흐를 때 60분 내에 자동으로 동작하여야 한다.

★★

52 다음 파형 중 비정현파가 아닌 것은?

① 펄스파 ② 사각파
③ 삼각파 ④ 주기 사인파

해설 주기적인 사인파는 기본 정현파이므로 비정현파에 해당되지 않는다.

신규문제

53 3상 전선 구분 시 전선의 색상은 L1, L2, L3 순서대로 어떻게 되는가?

① 검은색, 빨간색, 파란색
② 검은색, 빨간색, 노란색
③ 갈색, 검은색, 회색
④ 검은색, 파란색, 녹색

해설 3상 전선 구분 시 전선의 색상은 L1, L2, L3 순서대로 갈색, 검은색, 회색으로 구분한다.

★

54 도체의 길이가 l[m], 고유 저항 ρ[Ω · m], 반지름이 r[m]인 도체의 전기 저항[Ω]은?

① $\rho\frac{l}{\pi r}$ ② $\rho\frac{rl}{\pi}$
③ $\rho\frac{l}{\pi r^2}$ ④ $\rho\frac{\pi l}{r}$

해설 전기 저항 $R=\rho\frac{l}{S}=\rho\frac{l}{\pi r^2}$[Ω]

★★★

55 두 개의 콘덴서가 병렬로 접속된 경우 합성 정전 용량[F]은?

출제빈도

① $\frac{1}{C_1}+\frac{1}{C_2}$ ② $\frac{C_1C_2}{C_1+C_2}$
③ C_1+C_2 ④ $\frac{1}{C_1+C_2}$

해설 병렬 합성 정전 용량 $C_0=C_1+C_2$[F]

★

56 저압 배선을 조명 설비로 배선하는 경우 인입구로부터 기기까지의 전압 강하는 몇 [%] 이하로 해야 하는가?

① 2
② 3
③ 4
④ 6

해설 인입구로부터 기기까지의 전압 강하는 조명 설비의 경우 3[%] 이하로 할 것(기타 설비의 경우 5[%] 이하로 할 것)

신규문제

57 보호 도체의 전선 색상은 무슨 색인가?

① 검은색
② 빨간색
③ 녹색－노란색
④ 녹색

해설 보호 도체의 전선 색상은 녹색－노란색으로 구분한다.

★★★

58 금속 전선관의 종류에서 후강 전선관 규격[mm]이 아닌 것은?

출제빈도

① 16
② 22
③ 28
④ 20

해설 후강 전선관의 종류 : 16, 22, 28, 36, 42, 54, 70, 82, 92, 104[mm]

정답 51.③ 52.④ 53.③ 54.③ 55.③ 56.② 57.③ 58.④

★★★

59 선택 지락 계전기(selective ground relay)의 용도는?

출제빈도

① 단일 회선에서 지락 전류의 방향의 선택
② 다회선에서 지락 고장 회선의 선택
③ 단일 회선에서 지락 전류의 대·소의 선택
④ 다회선에서 지락 사고 지속 시간 선택

해설 선택 지락 계전기(SGR) : 다회선 송전 선로에서 지락이 발생된 회선만을 검출하여 선택·차단할 수 있도록 동작하는 계전기

신규문제

60 전선관 시스템에 시설하는 배선 방법이 아닌 것은?

① 합성 수지관 배선
② 금속 몰드 배선
③ 가요 전선관 배선
④ 금속관 배선

해설 전선관 시스템 배선 방법 : 합성 수지관 배선, 금속관 배선, 가요 전선관 배선

정답 59.② 60.②

memo

2021년 제1회 CBT 기출복원문제

★ 표시 : 문제 중요도를 나타냄

본 기출문제는 수험생들의 기억을 바탕으로 작성한 것으로 내용 및 그림 등에서 실제 문제와 다소 차이가 있을 수 있습니다.

★★★ 출제빈도

01 **전기 기기의 철심 재료로 규소 강판을 성층해서 사용하는 이유로 가장 적당한 것은?**

① 기계손을 줄이기 위해
② 동손을 줄이기 위해
③ 풍손을 줄이기 위해
④ 히스테리시스손과 와류손을 줄이기 위하여

해설 철심 재료
- 규소 강판 : 히스테리시스손 감소
- 성층 철심 : 와류손 감소

★★

02 **일정한 주파수의 전원에서 운전하는 3상 유도 전동기의 전원 전압이 80[%]가 되었다면 토크는 약 몇 [%]가 되는가? (단, 회전수는 변하지 않는 상태로 한다.)**

① 55 ② 64
③ 76 ④ 80

해설 3상 유도 전동기에서 토크는 공급 전압의 제곱에 비례하므로 전압의 80[%]로 운전하면 토크는 $0.8^2=0.64$로 감소하므로 64[%]가 된다.

신규문제

03 **전로에 시설하는 기계 기구의 철대 및 금속제 외함(외함이 없는 변압기 또는 계기용 변성기는 철심)에는 접지 공사를 하여야 한다. 다음 사항 중 접지 공사 생략이 불가능한 장소는?**

① 전기용품 안전관리법에 의한 2중 절연 기계 기구
② 철대 또는 외함이 주위의 적당한 절연대를 이용하여 시설한 경우
③ 사용 전압이 직류 300[V] 이하인 전기 기계 기구를 건조한 장소에 설치한 경우
④ 대지 전압 교류 220[V] 이하인 전기 기계 기구를 건조한 장소에 설치한 경우

해설 교류 대지 전압 150[V] 이하, 직류 사용 전압 300[V] 이하인 전기 기계 기구를 건조한 장소에 설치한 경우 접지 공사 생략이 가능하다.

신규문제

04 **한국전기설비규정에 의한 중성점 접지용 접지 도체는 공칭 단면적 몇 $[mm^2]$ 이상의 연동선을 사용하여야 하는가? (단, 25[kV] 이하인 중성선 다중 접지식으로서 전로에 지락 발생 시 2초 이내에 자동적으로 이를 전로로부터 차단하는 장치가 되어 있는 경우이다.)**

① 16 ② 6
③ 2.5 ④ 10

해설 중성점 접지용 접지 도체는 공칭 단면적 $16[mm^2]$ 이상의 연동선을 사용하여야 한다. 단, 25[kV] 이하인 중성선 다중 접지식으로서 전로에 지락 발생 시 2초 이내에 자동적으로 이를 전로로부터 차단하는 장치가 되어 있는 경우는 $6[mm^2]$를 사용하여야 한다.

정답 01.④ 02.② 03.④ 04.②

신규문제

05 분상 기동형 단상 유도 전동기의 기동 권선은?

① 운전 권선보다 굵고 권선이 많다.
② 운전 권선보다 가늘고 권선이 많다.
③ 운전 권선보다 굵고 권선이 적다.
④ 운전 권선보다 가늘고 권선이 적다.

해설 분상 기동형 단상 유도 전동기의 권선

- 운전 권선(L만의 회로) : 굵은 권선으로 길게 하여, 권선을 많이 감아서 L성분을 크게 한다.
- 기동 권선(R만의 회로) : 운전 권선보다 가늘고, 권선을 적게 하여 저항값을 크게 한다.

신규문제

06 분기 회로(S_2)의 보호 장치(P_2)는 P_2의 전원측에서 분기점(O) 사이에 다른 분기 회로 또는 콘센트의 접속이 없고, 단락의 위험과 화재 및 인체에 대한 위험성이 최소화되도록 시설된 경우, 분기 회로의 보호 장치(P_2)는 분기 회로의 분기점(O)으로부터 몇 [m]까지 이동하여 설치할 수 있는가?

① 1
② 3
③ 2
④ 4

P_1 S_1 O S_2 B P_2

해설 전원측(P_2)에서 분기점(O) 사이에 다른 분기 회로 또는 콘센트의 접속이 없고, 단락의 위험과 화재 및 인체에 대한 위험성이 최소화 되도록 시설된 경우, 분기 회로의 보호 장치(P_2)는 분기 회로의 분기점(O)으로부터 3[m]까지 이동하여 설치할 수 있다.

신규문제

07 한국전기설비규정에 의하면 정격 전류가 30[A]인 저압 전로의 과전류 차단기를 산업용 배선용 차단기로 사용하는 경우 39[A]의 전류가 통과하였을 때 몇 분 이내에 자동적으로 동작하여야 하는가?

① 60 ② 120
③ 2 ④ 4

해설 과전류 차단기로 저압 전로에 사용하는 63[A] 이하의 산업용 배선용 차단기는 정격 전류의 1.3배 전류가 흐를 때 60분 내에 자동으로 동작하여야 한다.

신규문제

08 전력 계통에 접속되어 있는 변압기나 장거리 송전 시 정전 용량으로 인한 충전 특성 등을 보상하기 위한 기기는?

① 동기 무효전력보상장치(조상기)
② 유도 전동기
③ 동기 전동기
④ 유도 발전기

해설 동기 무효전력보상장치(조상기) : 전력 계통의 지상과 진상을 조정하여 역률을 개선해 주는 설비

- 과여자 : 진상 전류 발생(C로 작용)
- 부족 여자 : 지상 전류 발생(L로 작용)

★★

09 특고압 수변전 설비 약호가 잘못된 것은?

① LF – 전력 퓨즈
② DS – 단로기
③ LA – 피뢰기
④ CB – 차단기

해설 전력 퓨즈의 약호는 PF이다.

★★★

10 실효값 20[A], 주파수 $f=60$[Hz], 0°인 전류의 순시값 i[A]를 수식으로 옳게 표현한 것은?

출제빈도

① $i=20\sin(60\pi t)$
② $i=20\sqrt{2}\sin(120\pi t)$
③ $i=20\sin(120\pi t)$
④ $i=20\sqrt{2}\sin(60\pi t)$

해설 순시값 전류 $i(t)=$실효값$\times\sqrt{2}\sin(2\pi ft+\theta)$

$$=\sqrt{2}I\sin(\omega t+\theta)$$
$$=20\sqrt{2}\sin(120\pi t)\text{[A]}$$

정답 05.④ 06.② 07.① 08.① 09.① 10.②

★★
11 전압 200[V]이고 $C_1=10[\mu F]$와 $C_2=5[\mu F]$인 콘덴서를 병렬로 접속하면 C_2에 분배되는 전하량은 몇 $[\mu C]$인가?

① 100 ② 2,000
③ 500 ④ 1,000

해설 C_2에 축적되는 전하량은
$Q_2=C_2V=5\times200=1{,}000[\mu C]$

★★
12 변압기의 권수비가 60이고 2차 저항이 0.1[Ω]일 때 1차로 환산한 저항값[Ω]은 얼마인가?

① 30 ② 360
③ 300 ④ 250

해설
권수비 $a=\sqrt{\frac{R_1}{R_2}}$ 이므로
1차 저항 $R_1=a^2R_2=60^2\times0.1=360[\Omega]$

신규문제
13 유도 발전기의 장점이 아닌 것은?

① 동기 발전기에 비해 가격이 저렴하다.
② 조작이 쉽다.
③ 동기 발전기처럼 동기화할 필요가 없다.
④ 효율과 역률이 높다.

해설 유도 발전기는 유도 전동기를 동기 속도 이상으로 회전시켜서 전력을 얻어내는 발전기로서 동기기에 비해 조작이 쉽고 가격이 저렴하지만 효율과 역률이 낮다.

★★
14 직류기의 전기자 철심을 규소 강판을 사용하는 이유는?

① 가공하기 쉽다.
② 가격이 염가이다.
③ 동손 감소
④ 철손 감소

해설 철심을 규소 강판으로 성층하는 이유는 철손(히스테리시스손)을 감소하기 위함이다.

★★★
15 다음 중 자기 저항의 단위에 해당되는 것은?

① [Ω]
② [Wb/AT]
③ [H/m]
④ [AT/Wb]

해설 기자력 $F=NI=R\phi$[AT]에서
자기 저항 $R=\frac{NI}{\phi}$[AT/Wb]

★★★
16 변류기 개방 시 2차측을 단락하는 이유는?

① 변류비 유지
② 2차측 과전류 보호
③ 측정 오차 감소
④ 2차측 절연 보호

해설 변류기 2차측을 개방시키면 변류기 1차측의 부하 전류가 모두 여자 전류가 되어 변류기 2차측에 고전압이 유도되어 절연이 파괴될 수도 있으므로 반드시 단락시켜야 한다.

★★
17 전류를 계속 흐르게 하려면 전압을 연속적으로 만들어주는 어떤 힘이 필요하게 되는데, 이 힘을 무엇이라 하는가?

① 자기력
② 기전력
③ 전자력
④ 전기장

해설 기전력 : 전압을 연속적으로 만들어서 전류를 계속 흐르게 하는 원천

★★★
18 동기 발전기의 병렬 운전 조건 중 같지 않아도 되는 것은?

① 전류 ② 주파수
③ 위상 ④ 전압

해설 동기 발전기 병렬 운전 시 일치해야 하는 조건 : 기전력(전압)의 크기, 위상, 주파수, 파형

정답 11.④ 12.② 13.④ 14.④ 15.④ 16.④ 17.② 18.①

신규문제

19 **폭연성 먼지(분진)가 존재하는 곳의 금속관 공사 시 전동기에 접속하는 부분에서 가요성을 필요로 하는 부분의 배선에는 폭발 방지(방폭)형의 부속품 중 어떤 것을 사용하여야 하는가?**

① 유연성 구조
② 분진 방폭형 유연성 구조
③ 안정 증가형 유연성 구조
④ 안전 증가형 구조

해설 폭연성 먼지(분진)이 존재하는 장소 : 전동기에 가요성을 요하는 부분의 부속품은 분진 방폭형 유연성 구조이어야 한다.

★

20 **전기자 저항 0.2[Ω], 전기자 전류 100[A], 전압 120[V]인 분권 전동기의 출력[kW]은?**

① 20　② 15
③ 12　④ 10

해설 유기 기전력 $E=V-I_aR_a$
$=120-100\times0.2$
$=100[\mathrm{V}]$
소비 전력 $P=EI_a$
$=100\times100$
$=10{,}000[\mathrm{W}]$
$=10[\mathrm{kW}]$

신규문제

21 **사람이 상시 통행하는 터널 내 배선의 사용 전압이 저압일 때 배선 방법으로 틀린 것은?**

① 금속관
② 금속 몰드
③ 합성수지관(두께 2[mm] 이상)
④ 제2종 가요 전선관 배선

해설 사람이 상시 통행하는 터널 안의 배선 공사 : 금속관, 제2종 가요 전선관, 케이블, 합성수지관, 단면적 2.5[mm^2] 이상의 연동선을 사용한 애자 사용 공사에 의하여 노면상 2.5[m] 이상의 높이에 시설할 것

★★

22 **전류에 의해 만들어지는 자기장의 자기력선 방향을 간단하게 알아보는 법칙은?**

① 앙페르의 오른 나사의 법칙
② 렌츠의 자기 유도 법칙
③ 플레밍의 왼손 법칙
④ 패러데이의 전자 유도 법칙

해설 앙페르의 오른 나사의 법칙 : 전류에 의한 자기장의 방향을 알기 쉽게 정의한 법칙

★★★

23 **변압기유가 구비해야 할 조건으로 틀린 것은?**

① 절연 내력이 높을 것
② 인화점이 높을 것
③ 고온에도 산화되지 않을 것
④ 응고점이 높을 것

해설 변압기 절연유의 구비 조건
- 절연 내력이 클 것
- 인화점이 높을 것
- 응고점이 낮을 것
- 고온에도 산화되지 않을 것

★★

24 **한국전기설비규정에서 교통 신호등 회로의 사용 전압이 몇 [V]를 초과하는 경우에는 지락 발생 시 자동적으로 전로를 차단하는 장치를 시설하여야 하는가?**

① 100　② 50
③ 150　④ 200

해설 교통 신호등 회로의 사용 전압이 150[V]를 초과한 경우는 전로에 지락이 발생했을 때 자동적으로 전로를 차단하는 누전 차단기를 시설하여야 한다.

★★★

25 **동기기의 전기자 권선법이 아닌 것은?**

① 2층권　② 단절권
③ 중권　④ 전층권

해설 동기기의 전기자 권선법 : 2층권, 단절권, 중권, 분포권

정답 19.② 20.④ 21.② 22.① 23.④ 24.③ 25.④

★★★

26 다음 그림 중 크기가 같은 저항 4개를 연결하여 a−b 간에 일정 전압을 가했을 때 소비 전력이 가장 큰 것은 어느 것인가?

출제빈도

①
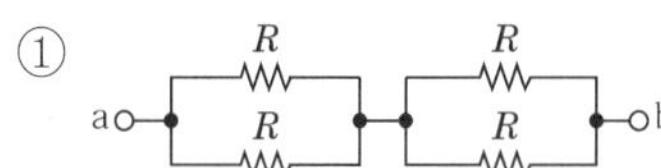

②
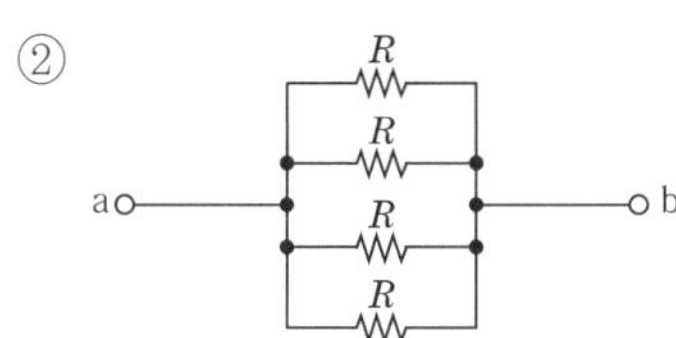

③ a R R R R b

④ a R R R R b

해설 각 회로에 소비되는 전력

① 합성 저항 $R_0 = \dfrac{R}{2} \times 2 = R[\Omega]$이므로

$$P_1 = \frac{V^2}{R}[\text{W}]$$

② 합성 저항 $R_0 = \dfrac{R}{4} = 0.25R[\Omega]$이므로

$$P_2 = \frac{V^2}{0.25R} = \frac{4V^2}{R}[\text{W}]$$

③ 합성 저항 $R_0 = 2R + \dfrac{R}{2} = 2.5R[\Omega]$이므로

$$P_3 = \frac{V^2}{2.5R} = \frac{0.4V^2}{R}[\text{W}]$$

④ 합성 저항이 $4R[\Omega]$이므로 $P_4 = \dfrac{V^2}{4R}[\text{W}]$

* 소비 전력 $P = \dfrac{V^2}{R}[\text{W}]$이므로 합성 저항이 가장 작은 회로를 찾으면 된다.

★★

27 동일 굵기의 단선을 쥐꼬리 접속하는 경우 두 전선의 피복을 벗긴 후 심선을 교차시켜서 펜치로 비틀면서 꼬아야 하는데 이때 심선의 교차각은 몇 도가 되도록 해야 하는가?

① 30°　　② 90°

③ 120°　　④ 180°

해설 쥐꼬리 접속은 전선 피복을 여유 있게 벗긴 후 심선을 90°가 되도록 교차시킨 후 펜치로 잡아 당기면서 비틀어 2~3회 정도 꼰 후 끝을 잘라낸다.

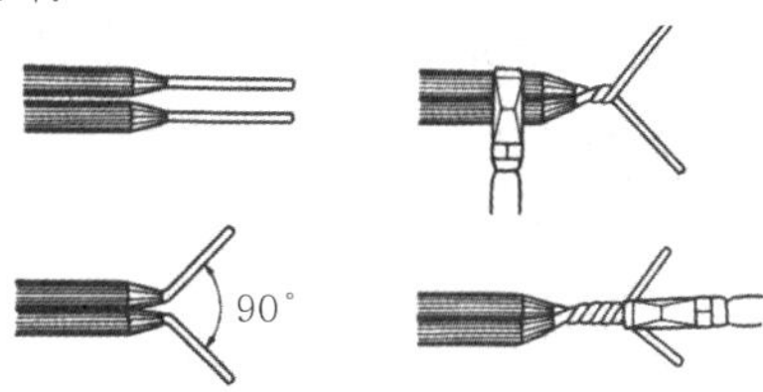

▌쥐꼬리 접속▐

★★

28 자동화 설비에서 기기의 위치 선정에 사용하는 전동기는?

① 전기 동력계　　② 스탠딩 모터

③ 스테핑 모터　　④ 반동 전동기

해설 스테핑 모터 : 출력을 이용하여 특수 기계의 속도, 거리, 방향 등의 위치를 정확하게 제어하는 기능이 있다.

★★

29 옥내 배선 공사에서 절연 전선의 심선이 손상되지 않도록 피복을 벗길 때 사용하는 공구는?

① 와이어 스트리퍼

② 플라이어

③ 압착 펜치

④ 프레셔 툴

해설 와이어 스트리퍼 : 절연 전선의 피복 절연물을 직각으로 벗기기 위한 자동 공구로 도체의 손상을 방지하기 위하여 정확한 크기의 구멍을 선택하여 피복 절연물을 벗겨야 한다.

★★★

30 250[kVA]의 단상 변압기 2대를 사용하여 V−V 결선으로 하고 3상 전원을 얻고자 할 때 최대로 얻을 수 있는 3상 부하의 용량은 약 몇 [kVA]인가?

출제빈도

① 500　　② 433

③ 200　　④ 100

정답 26.② 27.② 28.③ 29.① 30.②

해설 V결선 용량

$P_V = \sqrt{3}P_1 = \sqrt{3} \times 250 = 433[\text{kVA}]$

★★★

31 보호를 요하는 회로의 전류가 어떤 일정한 값(정정값) 이상으로 흘렀을 때 동작하는 계전기는?

(출제빈도)

① 과전류 계전기
② 과전압 계전기
③ 부족 전압 계전기
④ 비율 차동 계전기

해설 과전류 계전기 : 전류가 정정값 이상이 되면 동작하는 계전기

★★

32 그림과 같은 회로에서 합성 저항은 몇 [Ω]인가?

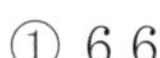

① 6.6
② 7.4
③ 8.7
④ 9.4

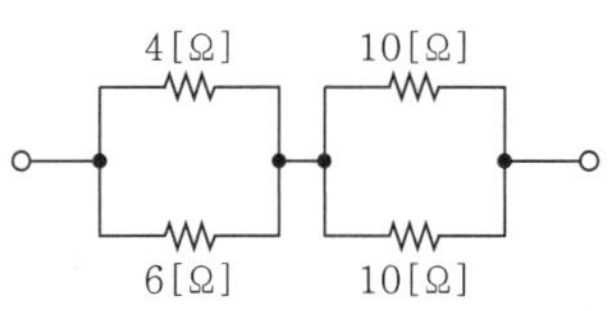

해설 합성 저항 $= \dfrac{4 \times 6}{4+6} + \dfrac{10}{2} = 7.4[\Omega]$

★

33 그림의 정류 회로에서 실효값 220[V], 위상 점호각이 60°일 때 정류 전압은 약 몇 [V]인가? (단, 저항만의 부하이다.)

① 99
② 148
③ 110
④ 100

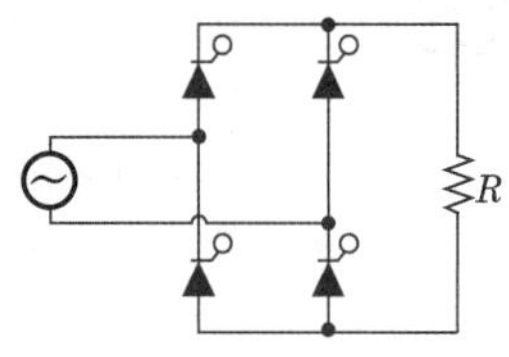

해설 단상 전파 정류 회로 : 직류분 전압

$$E_d = \frac{2\sqrt{2}}{\pi}E\left(\frac{1+\cos\alpha}{2}\right)$$
$$= \frac{2\sqrt{2}}{\pi} \times 220 \times \left(\frac{1+\cos 60^\circ}{2}\right)$$
$$= 148[\text{V}]$$

★

34 코일 주위에 전기적 특성이 큰 에폭시 수지를 고진공으로 침투시키고, 다시 그 주위를 기계적 강도가 큰 에폭시 수지로 몰딩한 변압기는?

① 건식 변압기 ② 몰드 변압기
③ 유입 변압기 ④ 타이 변압기

해설 몰드 변압기 : 전기적 특성이 큰 에폭시 수지를 코일 주위에 침투시키고 그 주위를 기계적 강도가 큰 에폭시 수지로 몰딩한 변압기

★★

35 노출 장소 또는 점검 가능한 장소에서 제2종 가요 전선관을 시설하고 제거하는 것이 자유로운 경우의 곡선(곡률) 반지름은 안지름의 몇 배 이상으로 하여야 하는가?

① 6 ② 3
③ 12 ④ 10

해설 제2종 가요관의 굽은부분 반지름(굴곡반경)은 가요 전선관을 시설하고 제거하는 것이 자유로운 경우, 곡선(곡률) 반지름은 3배 이상으로 한다.

★★

36 두 자극의 세기가 m_1, m_2[Wb], 거리가 r[m]일 때, 작용하는 자기력의 크기[N]는 얼마인가?

① $k\dfrac{m_1 \cdot m_2}{r}$

② $k\dfrac{r}{m_1 \cdot m_2}$

③ $k\dfrac{m_1 \cdot m_2}{r^2}$

④ $k\dfrac{r^2}{m_1 \cdot m_2}$

해설 쿨롱의 법칙 : 두 자극 사이에 작용하는 자력의 크기는 양 자극의 세기의 곱에 비례하며, 자극 간의 거리의 제곱에 비례한다.

쿨롱의 법칙 $F = k\dfrac{m_1 \cdot m_2}{r^2} = \dfrac{m_1 \cdot m_2}{4\pi\mu_0 r^2}$[N]

정답 31.① 32.② 33.② 34.② 35.② 36.③

★★★

37 구리 전선과 전기 기계 기구 단자를 접속하는 경우에 진동 등으로 인하여 헐거워질 염려가 있는 곳에는 어떤 것을 사용하여 접속하여야 하는가?

① 평와셔 2개를 끼운다.
② 스프링 와셔를 끼운다.
③ 코드 패스너를 끼운다.
④ 정 슬리브를 끼운다.

해설 진동 등으로 인하여 풀릴 우려가 있는 경우 스프링 와셔나 이중 너트를 사용한다.

★★★

38 평균값이 100[V]일 때 실효값은 얼마인가?

① 90 ② 111
③ 63.7 ④ 70.7

해설

평균값 $V_{av} = \frac{2}{\pi} V_m$[V]이므로

최대값 $V_m = V_{av} \times \frac{\pi}{2} = 100 \times \frac{\pi}{2}$[V]

실효값 $V = \frac{V_m}{\sqrt{2}} = \frac{\pi}{2\sqrt{2}} \times V_{av}$

$= \frac{\pi}{2\sqrt{2}} \times 100 = 111$[V]

* 쉬운 풀이 : $V = 1.11 V_{av} = 1.11 \times 100 = 111$[V]

★★

39 막대 자석의 자극의 세기가 m[Wb]이고 길이가 l[m]인 경우 자기 모멘트[Wb · m]는 얼마인가?

① ml
② $\frac{m}{l}$
③ $\frac{l}{m}$
④ $2ml$

해설 막대 자석의 자기 모멘트 $M = ml$[Wb · m]

★★

40 가공 인입선을 시설할 때 경동선의 최소 굵기는 몇 [mm]인가? [단, 지지물 간 거리(경간)가 15[m]를 초과한 경우이다.]

① 2.0 ② 2.6
③ 3.2 ④ 1.5

해설 가공 인입선의 사용 전선 : 2.6[mm] 이상 경동선 또는 이와 동등 이상일 것[단, 지지물 간 거리(경간) 15[m] 이하는 2.0[mm] 이상도 가능]

★★★

41 공기 중에서 자속 밀도 2[Wb/m^2]의 평등 자장 속에 길이 60[cm]의 직선 도선을 자장의 방향과 30°각으로 놓고 여기에 5[A]의 전류를 흐르게 하면 이 도선이 받는 힘은 몇 [N]인가?

① 2 ② 5
③ 6 ④ 3

해설 전자력 $F = IBl\sin\theta$

$= 5 \times 2 \times 0.6 \times \sin 30°$

$= 3$[N]

★★

42 히스테리시스 곡선이 세로축과 만나는 점의 값은 무엇을 나타내는가?

① 자속 밀도 ② 잔류 자기
③ 보자력 ④ 자기장

해설 히스테리시스 곡선
- 세로축(종축)과 만나는 점 : 잔류 자기
- 가로축(횡축)과 만나는 점 : 보자력

★★★

43 두 금속을 접속하여 여기에 전류를 흘리면, 줄열 외에 그 접점에서 열의 발생 또는 흡수가 일어나는 현상은?

① 줄 효과 ② 홀 효과
③ 제벡 효과 ④ 펠티에 효과

정답 37.② 38.② 39.① 40.② 41.④ 42.② 43.④

해설 펠티에 효과 : 두 금속을 접합하여 접합점에 전류를 흘려주면 열의 발생 또는 흡수가 발생하는 현상

★★★
44 다음 중 유도 전동기에서 비례 추이를 할 수 있는 것은?

① 출력 ② 2차 동손
③ 효율 ④ 역률

해설 유도 전동기에서 비례 추이할 수 있는 것은 1차측, 즉 1차 입력, 1차 전류, 2차 전류, 역률, 동기 와트, 토크 등이 있다.
참고로 비례 추이를 할 수 없는 것은 2차측, 즉 출력, 효율, 2차 동손, 부하 등이 있다.

★★★
45 동기 전동기 중 안정도 증진법으로 틀린 것은?

① 단락비를 크게 한다.
② 관성 모멘트를 증가시킨다.
③ 동기 임피던스를 증가시킨다.
④ 속응 여자 방식을 채용한다.

해설 안정도 향상 대책
- 단락비를 크게 한다.
- 동기 임피던스를 감소시킨다.
- 속응 여자 방식을 채용한다.
- 속도조절기(조속기) 성능을 개선시킨다.

★★★
46 대칭 3상 교류 회로에서 각 상 간의 위상차[rad]는 얼마인가?

① $\frac{\pi}{3}$ ② $\frac{2\pi}{3}$
③ $\frac{\sqrt{3}}{2}\pi$ ④ $\frac{2}{\sqrt{3}}\pi$

해설 대칭 3상 교류에서의 각 상 간 위상차는 $\frac{2\pi}{3}$[rad]이다.

★★★
47 8극, 60[Hz]인 유도 전동기의 회전수[rpm]는?

① 1,800
② 900
③ 3,600
④ 2,400

해설 $N_s = \frac{120f}{P} = \frac{120\times 60}{8} = 900$[rpm]

★★★
48 30[W] 전열기에 220[V], 주파수 60[Hz]인 전압을 인가한 경우 평균 전압[V]은?

① 243 ② 198
③ 211 ④ 311

해설 전압의 최대값 $V_m = 220\sqrt{2}$[V]
평균값 $V_{av} = \frac{2}{\pi}V_m = \frac{2}{\pi}\times 220\sqrt{2} = 198$[V]
* 쉬운 풀이 : $V_{av} = 0.9V = 0.9\times 220 = 198$[V]
┌ 실효값 : 평균값의 약 1.1배
└ 평균값 : 실효값의 약 0.9배

★★
49 3상 변압기를 병렬 운전하는 경우 불가능한 조합은?

① Δ－Y와 Δ－Δ
② Δ－Δ와 Y－Y
③ Δ－Y와 Δ－Y
④ Δ－Y와 Y－Δ

해설 3상 변압기군의 병렬 운전 조합

병렬 운전 가능	병렬 운전 불가능
Δ－Δ와 Δ－Δ	Δ－Δ와 Δ－Y
Y－Y와 Y－Y	Y－Y와 Δ－Y
Y－Δ와 Y－Δ	
Δ－Y와 Δ－Y	
Δ－Δ와 Y－Y	
V－V와 V－V	

정답 44.④ 45.③ 46.② 47.② 48.② 49.①

★★
50 조명등을 숙박 업소의 입구에 설치할 때 현관등은 최대 몇 분 이내에 소등되는 타임스위치를 시설하여야 하는가?

① 4 ② 3
③ 1 ④ 2

해설 현관등 타임 스위치
- 일반 주택 및 아파트 : 3분
- 숙박 업소 각 호실 : 1분

★
51 6[Ω], 8[Ω], 9[Ω]의 저항 3개를 직렬로 접속하여 5[A]의 전류를 흘려줬다면 이 회로의 전압은 몇 [V]인가?

① 117 ② 115
③ 100 ④ 90

해설 $V = IR = 5 \times (6+8+9) = 115[\text{V}]$

★★★
52 점유 면적이 좁고 운전, 보수에 안전하므로 공장, 빌딩 등의 전기실에 많이 사용되며, 큐비클(cubicle)형이라고 불리는 배전반은?

① 라이브 프런트식 배전반
② 폐쇄식 배전반
③ 포스트형 배전반
④ 데드 프런트식 배전반

해설 폐쇄식 배전반(큐비클형) : 단위 회로의 변성기, 차단기 등의 주기기류와 이를 감시, 제어, 보호하기 위한 각종 계기 및 조작 개폐기, 계전기 등 전부 또는 일부를 금속제 상자 안에 조립하는 방식

★★★
53 후강 전선관의 호칭을 맞게 설명한 것은?

출제빈도

① 안지름(내경)에 가까운 홀수로 표시한다.
② 바깥지름(외경)에 가까운 짝수로 표시한다.
③ 바깥지름(외경)에 가까운 홀수로 표시한다.
④ 안지름(내경)에 가까운 짝수로 표시한다.

해설 후강 전선관은 2.3[mm]의 두꺼운 전선관으로 안지름(내경)에 가까운 짝수로 호칭을 표기한다.

★★
54 한국전기설비규정에 의한 고압 가공 전선로 철탑의 지지물 간 거리(경간)는 몇 [m] 이하로 제한하고 있는가?

① 150 ② 250
③ 500 ④ 600

해설 고압 가공 전선로의 철탑의 표준 지지물 간 거리(경간) : 600[m]

★★★
55 두 평행 도선의 길이가 1[m], 거리가 1[m]인 왕복 도선 사이에 단위 길이당 작용하는 힘의 세기가 18×10^{-7}[N]일 경우 전류의 세기[A]는?

① 4 ② 3
③ 1 ④ 2

해설 평행 도선 사이에 작용하는 힘의 세기

$$F = \frac{2 I_1 I_2}{r} \times 10^{-7}[\text{N/m}]$$

$$F = \frac{2 I^2}{1} \times 10^{-7}[\text{N/m}] = 18 \times 10^{-7}[\text{N/m}]$$

$I^2 = 9$이므로 $I = 3[\text{A}]$

★★
56 다음 물질 중 강자성체로만 짝지어진 것은?

① 철, 구리, 니켈, 아연
② 구리, 비스무트, 코발트, 망간
③ 니켈, 코발트, 철
④ 철, 니켈, 아연, 망간

해설 강자성체는 비투자율이 아주 큰 물질로서 철, 니켈, 코발트, 망간 등이 있다.

★★★
57 직류 전동기의 속도 제어 방법이 아닌 것은?

① 전압 제어 ② 계자 제어
③ 저항 제어 ④ 주파수 제어

해설 직류 전동기의 속도 제어법
- 저항 제어법
- 전압 제어법
- 계자 제어법

정답 50.③ 51.② 52.② 53.④ 54.④ 55.② 56.③ 57.④

★★★

58 **셀룰로이드, 성냥, 석유류 등 기타 가연성 위험 물질을 제조 또는 저장하는 장소의 배선으로 틀린 것은?**

출제빈도

① 금속관 배선
② 케이블 배선
③ 플로어 덕트 배선
④ 합성수지관(CD관 제외) 배선

해설 가연성 먼지(분진), 위험물 제조 및 저장 장소의 배선 : 금속관, 케이블, 합성수지관 공사

★★

59 **금속관 배관 공사에서 절연 부싱을 사용하는 이유는?**

① 박스 내에서 전선의 접속을 방지
② 관이 손상되는 것을 방지
③ 관 끝부분(말단)에서 전선의 인입 및 교체 시 발생하는 전선의 손상 방지
④ 관의 입구에서 조영재의 접속을 방지

해설 관 공사 시 부싱은 관 끝부분(끝단)에 설치하며, 이는 전선의 피복 방지를 하기 위한 것을 뜻한다.

★★

60 **직류 전동기에서 전부하 속도가 1,200[rpm], 속도 변동률이 2[%]일 때, 무부하 회전 속도는 몇 [rpm]인가?**

① 1,154 ② 1,200
③ 1,224 ④ 1,248

해설

속도 변동률 $\varepsilon = \dfrac{N_0 - N_n}{N_n} \times 100[\%]$

무부하 속도 $N_0 = N_n(1+\varepsilon)$

$= 1{,}200(1+0.02)$

$= 1{,}224[\text{rpm}]$

정답 58.③ 59.③ 60.③

2021년 제2회 CBT 기출복원문제

★ 표시 : 문제 중요도를 나타냄

본 기출문제는 수험생들의 기억을 바탕으로 작성한 것으로 내용 및 그림 등에서 실제 문제와 다소 차이가 있을 수 있습니다.

★★

01 **전선의 공칭 단면적에 대한 설명으로 옳지 않은 것은?**

① 소선수와 소선의 지름으로 나타낸다.

② 단위는 [mm^2]로 표시한다.

③ 전선의 실제 단면적과 같다.

④ 연선의 굵기를 나타내는 것이다.

해설 전선의 공칭 단면적은 전선의 실제 단면적을 계산하여 더 큰 값을 적용하고 1.5, 2.5, 4, 6, 10, 16, 25, 35, 50 … 등으로 값이 정해져 있다.

신규문제

02 **과부하 보호 장치는 분기점(O)에 설치해야 하나, 분기점(O)점과 분기 회로의 과부하 보호 장치의 설치점 사이의 배선 부분에 다른 분기회로 또는 콘센트의 접속이 없고, 단락의 위험과 화재 및 인체에 대한 위험성이 최소화 되도록 시설된 경우 분기 회로(S_2)의 보호 장치(P_2)는 분기 회로의 분기점(O)으로부터 몇 [m]까지 이동하여 설치할 수 있는가?**

① 4

② 2

③ 3

④ 1

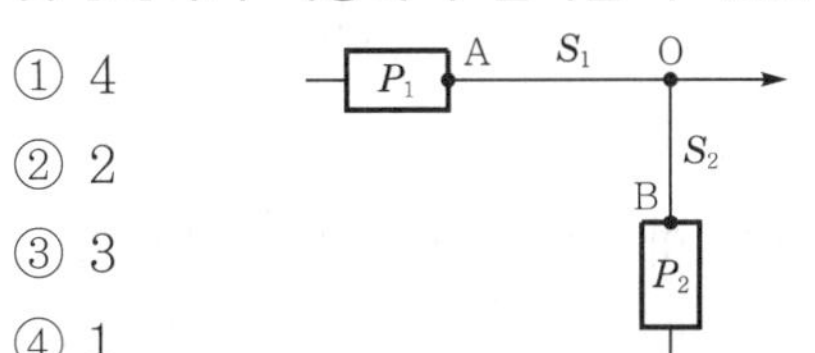

해설 전원측에서 분기점 사이에 다른 분기 회로 또는 콘센트의 접속이 없고, 단락의 위험과 화재 및 인체에 대한 위험성이 최소화되도록 시설된 경우, 분기 회로의 보호 장치(P_2)는 분기 회로의 분기점(O)으로부터 3[m]까지 이동하여 설치할 수 있다.

★

03 **환기형과 비환기형으로 구분되어 있으며 도중에 부하를 접속할 수 없는 덕트는?**

① 트롤리 버스 덕트

② 플러그인 버스 덕트

③ 피더 버스 덕트

④ 슬래브 버스 덕트

해설 피더 버스 덕트는 도중에 부하를 접속할 수 없다.

★

04 **전선의 명칭 중 FL은 무엇을 뜻하는가?**

① 네온 전선

② 비닐 코드

③ 형광 방전등

④ 비닐 절연 전선

해설 "FL"은 형광 방전등(fluorescent lamp)을 뜻한다.

★★★

05 **직류 전동기의 규약 효율을 표시하는 식은?**

① $\dfrac{출력}{출력+손실}\times 100[\%]$

② $\dfrac{출력}{입력}\times 100[\%]$

③ $\dfrac{입력-손실}{입력}\times 100[\%]$

④ $\dfrac{입력}{출력+손실}\times 100[\%]$

해설 직류 전동기의 규약 효율

$$\eta=\frac{입력-손실}{입력}\times 100[\%]$$

정답 01.③ 02.③ 03.③ 04.③ 05.③

06 슬립이 10[%], 극수 2극, 주파수 60[Hz]인 유도 전동기의 회전 속도[rpm]는?

① 3,800 ② 3,600
③ 3,240 ④ 1,800

해설
동기 속도 $N_s = \frac{120f}{P} = \frac{120 \times 60}{2} = 3{,}600[\text{rpm}]$
회전 속도 $N = (1-s)N_s = (1-0.1) \times 3{,}600 = 3{,}240[\text{rpm}]$

07 2극 3,600[rpm]인 동기 발전기와 병렬 운전하려는 12극 발전기의 회전수는 몇 [rpm]인가?

① 3,600 ② 1,200
③ 1,800 ④ 600

해설 동기 발전기의 병렬 운전 조건에서 주파수가 같아야 하므로

$f = \frac{N_{s1}P_1}{120} = \frac{3{,}600 \times 2}{120} = 60[\text{Hz}]$

$N_{s2} = \frac{120f}{P_2} = \frac{120 \times 60}{12} = 600[\text{rpm}]$

08 3상 유도 전동기의 회전 방향을 바꾸려면 어떻게 해야 하는가?

출제빈도

① 전원의 극수를 바꾼다.
② 3상 전원의 3선 중 두 선의 접속을 바꾼다.
③ 전원의 주파수를 바꾼다.
④ 기동 보상기를 이용한다.

해설 3상 유도 전동기는 회전 자계에 의해 회전하며 회전 자계의 방향을 반대로 하려면 전원의 3선 가운데 2선을 바꾸어 전원에 다시 연결하여 운전하면 회전 방향이 반대로 된다.

09 반도체 사이리스터에 의한 전동기의 속도 제어 중 주파수 제어는?

① 초퍼 제어
② 인버터 제어
③ 컨버터 제어
④ 브리지 정류 제어

해설 인버터 제어 : 전동기 전원의 주파수를 변환하여 속도를 제어하는 방식

10 1종 금속 몰드 배선 공사를 할 때 동일 몰드 내에 넣는 전선수는 최대 몇 본 이하로 하여야 하는가?

① 3 ② 5
③ 10 ④ 12

해설 1종 금속 몰드 배선 시 동일 몰드 내의 전선수는 10본 이하이다.

11 패러데이관에서 단위 전위차에 축적되는 에너지[J]는?

① $\frac{1}{2}$ ② 1
③ ED ④ $\frac{1}{2}ED$

해설 단위 전하 1[C]에서 나오는 전속관을 패러데이관이라 하며 그 양단에는 항상 1[C]의 전하가 있다. 단위 전위차는 1[V]이므로

보유 에너지 $W = \frac{1}{2}QV = \frac{1}{2} \times 1 \times 1 = \frac{1}{2}[\text{J}]$

12 어드미턴스의 실수부는 무엇인가?

① 컨덕턴스 ② 리액턴스
③ 서셉턴스 ④ 임피던스

해설 어드미턴스(Y[℧]) : 임피던스(Z[Ω])의 역수
- 실수부 : 컨덕턴스
- 허수부 : 서셉턴스

정답 06.③ 07.④ 08.② 09.② 10.③ 11.① 12.①

★★
13 **전자에 10[V]의 전위차를 인가한 경우 전자 에너지[J]는?**

① 1.6×10^{-16}　② 1.6×10^{-17}
③ 1.6×10^{-18}　④ 1.6×10^{-19}

해설 전자 에너지(전자 볼트)
$W=eV=1.6\times10^{-19}\times10=1.6\times10^{-18}$[J]

★★
14 **반지름 10[cm], 권수 100회인 원형 코일에 15[A]의 전류가 흐르면 코일 중심의 자장의 세기는 몇 [AT/m]인가?**

① 22,500　② 15,000
③ 7,500　④ 1,000

해설 원형 코일 중심 자계
$H=\frac{NI}{2r}=\frac{100\times15}{2\times0.1}=7{,}500$[AT/m]

★
15 **다음 중 계전기의 종류가 아닌 것은?**

① 과저항 계전기
② 지락 계전기
③ 과전류 계전기
④ 과전압 계전기

해설 거리에 비례하는 저항 계전기는 있지만 과저항 계전기는 존재하지 않는다.

★★★
16 **동기 전동기의 자기 기동법에서 계자 권선을 단락하는 이유는?**

출제빈도

① 기동이 쉽다.
② 기동 권선으로 이용한다.
③ 고전압 유도에 의한 절연 파괴 위험을 방지한다.
④ 전기자 반작용을 방지한다.

해설 동기 전동기의 자기 기동법에서 계자 권선을 단락하는 첫 번째 이유는 고전압 유도에 의한 절연 파괴 위험 방지이다.

★★★
17 **동기 발전기의 병렬 운전 조건 중 같지 않아도 되는 것은?**

① 전류　② 주파수
③ 위상　④ 전압

해설 동기 발전기 병렬 운전 시 일치할 조건 : 기전력(전압)의 크기, 위상, 주파수, 파형

★
18 **반도체 내에서 정공은 어떻게 생성되는가?**

① 자유 전자의 이동
② 접합 불량
③ 결합 전자의 이탈
④ 확산 용량

해설 정공이란 결합 전자의 이탈로 생기는 빈자리를 뜻한다.

★★
19 **변압기유의 열화 방지와 관계가 가장 먼 것은?**

① 부싱　② 콘서베이터
③ 불활성 질소　④ 브리더

해설 변압기유의 열화 방지 대책 : 브리더 설치, 콘서베이터 설치, 불활성 질소 봉입

★★
20 **후강 전선관의 종류는 몇 종인가?**

① 20종　② 10종
③ 5종　④ 3종

해설 후강 전선관의 종류 : 16, 22, 28, 36, 42, 54, 70, 82, 92, 104[mm]

★★
21 **100[V], 100[W] 전구와 100[V], 200[W] 전구를 직렬로 100[V]의 전원에 연결할 경우 어느 전구가 더 밝겠는가?**

① 두 전구의 밝기가 같다.
② 100[W]
③ 200[W]
④ 두 전구 모두 안 켜진다.

정답 13.③ 14.③ 15.① 16.③ 17.① 18.③ 19.① 20.② 21.②

해설
100[W]의 저항 $R_1 = \frac{V^2}{P_1} = \frac{100^2}{100} = 100[\Omega]$

200[W]의 저항 $R_2 = \frac{V^2}{P_2} = \frac{100^2}{200} = 50[\Omega]$

직렬 접속 시 전류가 일정하므로 소비 전력 $P = I^2R$[W] 식에 의해 저항값이 큰 부하일수록 소비 전력이 더 크게 발생하여 전구가 더 밝아지므로 100[W]의 전구가 더 밝다.

★★★
22 변압기유가 구비해야 할 조건으로 틀린 것은?

① 절연 내력이 높을 것
② 인화점이 높을 것
③ 고온에도 산화되지 않을 것
④ 응고점이 높을 것

해설 변압기 절연유의 구비 조건
- 절연 내력이 클 것
- 인화점이 높을 것
- 응고점이 낮을 것
- 고온에도 산화되지 않을 것

★★★
23 변압기 중성점에 접지 공사를 하는 이유는?

① 전류 변동의 방지
② 고저압 혼촉 방지
③ 전력 변동의 방지
④ 전압 변동의 방지

해설 변압기는 고압, 특고압을 저압으로 변성시키는 기기로서 고·저압 혼촉 사고를 방지하기 위하여 반드시 2차측 중성점에 접지 공사를 하여야 한다.

★
24 자극 가까이에 물체를 두었을 때 자화되지 않는 물체는?

① 상자성체　② 반자성체
③ 강자성체　④ 비자성체

해설 비자성체 : 자성이 약해서 전혀 자성을 갖지 않는 물질로서 상자성체와 반자성체를 포함하며 자계에 힘을 받지 않는다.

★
25 자기 회로에서 자로의 길이 31.4[cm], 자로의 단면적이 0.25[m²], 자성체의 비투자율 $\mu_s = 100$일 때 자성체의 자기 저항은 얼마인가?

① 5,000　② 10,000
③ 4,000　④ 2,500

해설
자기 저항 $R = \frac{l}{\mu_0 \mu_s A}$

$= \frac{31.4 \times 10^{-2}}{4\pi \times 10^{-7} \times 100 \times 0.25}$

$= 10,000$[AT/Wb]

★★
26 100회 감은 코일에 전류 0.5[A]가 0.1[sec] 동안 0.3[A]가 되었을 때 2×10^{-4}[V]의 기전력이 발생하였다면 코일의 자기 인덕턴스 [μH]는?

① 5　② 10
③ 200　④ 100

해설
코일에 유도되는 기전력 $e = -L\frac{\Delta I}{\Delta t}$[V]

$L = 2 \times 10^{-4} \times \frac{0.1}{0.5 - 0.3}$

$= 10^{-4}$[H] $= 100$[μH]

★★
27 다음 그림은 4극 직류 전동기의 자기 회로이다. 자기 저항이 가장 큰 곳은 어디인가?

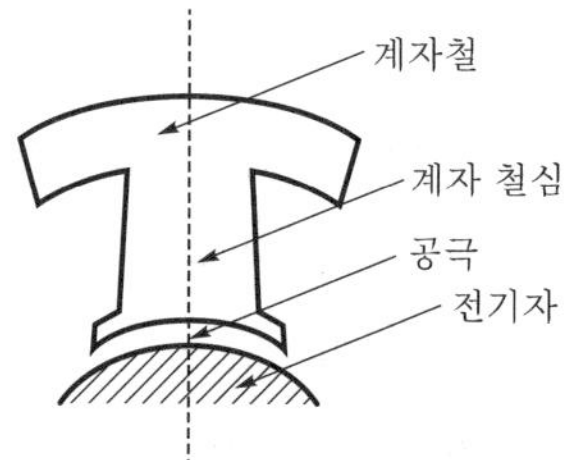

① 계자철　② 계자 철심
③ 전기자　④ 공극

해설
자기 저항은 $R = \frac{l}{\mu_0 \mu_s A}$[AT/Wb]로서 계자철, 계자 철심, 전기자 도체 등은 강자성체($\mu_s \gg 1$)를 사용하므로 자기 저항이 아주 작고 그에 비해 공극은 $\mu_s = 1$이므로 자기 저항이 가장 크다.

정답 22.④ 23.② 24.④ 25.② 26.④ 27.④

★
28 가우스의 정리에 의해 구할 수 있는 것은?

① 전계의 세기
② 전하 간의 힘
③ 전위
④ 전계 에너지

해설 가우스의 정리 : 전기력선의 총수를 계산하여 전계의 세기도 계산할 수 있는 법칙이다.

★★★
29 다음 파형 중 비정현파가 아닌 것은?

① 주기 사인파
② 사각파
③ 삼각파
④ 펄스파

해설 주기적인 사인파는 기본 정현파이므로 비정현파에 해당되지 않는다.

★★
30 평형 3상 회로에서 1상의 소비 전력이 P[W]라면, 3상 회로 전체 소비 전력[W]은?

① $2P$　② $\sqrt{2}P$
③ $3P$　④ $\sqrt{3}P$

해설 평형 3상 회로의 소비 전력은 1상값의 3배이므로 $3P$[W]이다.

★★
31 자기 히스테리시스 곡선의 횡축과 종축은 어느 것을 나타내는가?

① 자기장의 크기와 보자력
② 투자율과 자속 밀도
③ 투자율과 잔류 자기
④ 자기장의 크기와 자속 밀도

해설 히스테리시스 곡선에서 횡축(가로축)은 자기장의 세기, 종축(세로축)은 자속 밀도를 나타내며 횡축과 만나는 점을 보자력, 종축과 만나는 점을 잔류 자기라 한다.

★★★
32 다음 중 접지의 목적으로 알맞지 않은 것은?

① 기기의 이상 전압 상승 시 인체 감전 사고 방지
② 이상 전압 상승 억제
③ 전로의 대지 전압 감소 방지
④ 보호 계전기의 동작 확보

해설 접지 공사의 목적
- 감전 및 화재 사고 방지
- 이상 전압 상승 억제
- 전로의 대지 전위 상승 방지
- 보호 계전기의 동작 확보

★★
33 가공 인입선을 시설하는 경우 다음 내용 중 틀린 것은?

① DV 전선을 사용하며 2.6[mm] 이상의 전선을 사용하지 말 것
② 인입구에서 분기하여 100[m]를 초과하지 말 것
③ 도로 5[m]를 횡단하지 말 것
④ 옥내를 관통하지 말 것

해설 가공 인입선의 사용 전선은 2.6[mm] 이상 경동선이나 동등 이상의 세기를 가진 절연 전선(DV 전선 포함)을 사용한다[단, 지지물 간 거리(경간) 15[m] 이하는 2.0[mm] 이상도 가능].

★★★
34 가공 전선로의 지지물에서 다른 지지물을 거치지 아니하고 다른 수용 장소의 인입선 접속점에 이르는 가공 전선을 무엇이라 하는가?

① 가공 전선
② 가공 인입선
③ 지지선(지선)
④ 이웃연결(연접) 인입선

해설 가공 전선로의 지지물에서 다른 지지물을 거치지 아니하고 수용 장소의 인입선 접속점에 이르는 가공 전선을 가공 인입선이라고 한다.

정답 28.① 29.① 30.③ 31.④ 32.③ 33.① 34.②

35 가공 전선로의 인입구에 사용하며 금속관 공사에서 관 끝부분의 빗물 침입을 방지하는 데 적당한 것은?

① 엔트런스 캡 ② 엔드
③ 절연 부싱 ④ 터미널 캡

해설 엔트런스 캡(우에사 캡)은 금속관 공사 시 금속관에 빗물이 침입되는 것을 방지하기 위해 가공 전선로의 인입구에 사용한다.

36 조명을 비추면 눈으로 빛을 느끼는 밝기를 광속이라 한다. 이때 단위 면적당 입사 광속을 무엇이라고 하는가?

① 휘도 ② 조도
③ 광도 ④ 광속 발산도

해설 조명의 용어 정의
- 조도 : 단위 면적당 입사 광속
- 광도 : 광원의 어느 방향에 대한 단위 입체각당 발산 광속
- 휘도 : 광원을 어떠한 방향에서 바라볼 때 단위 투영 면적당 빛이 나는 정도
- 광속 발산도 : 발광면의 단위 면적당 발산하는 광속

37 비례 추이를 이용하여 속도 제어가 되는 전동기는?

① 3상 권선형 유도 전동기
② 동기 전동기
③ 직류 분권 전동기
④ 농형 유도 전동기

해설 2차 저항 제어법 : 비례 추이의 원리를 이용한 것으로 2차 회로에 외부 저항을 넣어 같은 토크에 대한 슬립 s를 변화시켜 속도를 제어하는 방식으로 3상 권선형 유도 전동기에서 사용하는 방식이다.

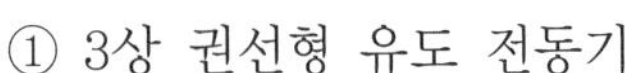

38 다음 그림의 (가)와 (나)의 전선 접속법은?

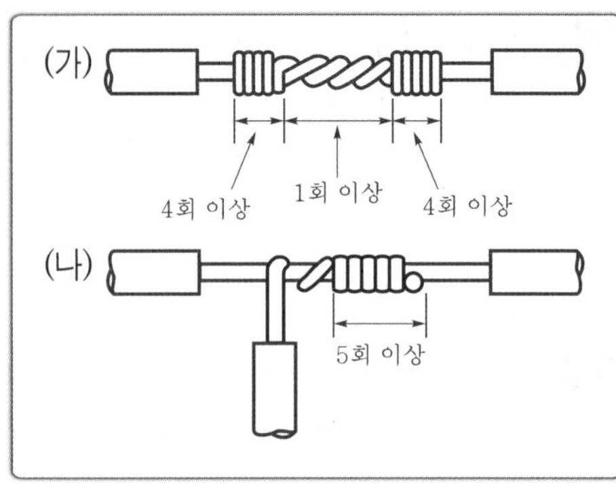

① 직선 접속, 분기 접속
② 직선 접속, 종단 접속
③ 분기 접속, 슬리브에 의한 접속
④ 종단 접속, 직선 접속

해설 그림의 전선 접속법
- (가) : 단선의 트위스트 직선 접속
- (나) : 단선의 트위스트 분기 접속

39 접지 도체 2개와 동판, 계기 도체를 연결하여 절환 스위치를 사용하여 검류계의 지시값을 0으로 만들고 접지 저항을 측정하는 방법은?

① 휘트스톤 브리지
② 켈빈 더블 브리지
③ 콜라우슈 브리지
④ 접지 저항계

해설 휘트스톤 브리지는 검류계의 지시값을 "0"으로 하여 접지 저항을 측정하는 방법으로서 지중 전선로의 고장점 검출 시 사용한다.

40 직류 직권 전동기에서 벨트를 걸고 운전하면 안 되는 이유는?

① 벨트의 마멸 보수가 곤란하므로
② 벨트가 벗겨지면 위험 속도에 도달하므로
③ 직결하지 않으면 속도 제어가 곤란하므로
④ 손실이 많아지므로

정답 35.① 36.② 37.① 38.① 39.① 40.②

해설 직류 직권 전동기는 정격 전압하에서 무부하 특성을 지니므로, 벨트가 벗겨지면 속도는 급격히 상승하여 위험 속도에 도달할 수 있다.

★
41 세 변의 저항 $R_a = R_b = R_c = 15[\Omega]$인 Y 결선 회로가 있다. 이것과 등가인 △결선 회로의 각 변의 저항은 몇 $[\Omega]$인가?

① 5 ② 10
③ 25 ④ 45

해설 Y결선 회로를 △결선으로 변환 시 각 변의 저항은 3배이므로 $R_\triangle = 3R_Y = 3 \times 15 = 45[\Omega]$

★★★
42 두 금속을 접속하여 여기에 전류를 흘리면, 줄열 외에 그 접점에서 열의 발생 또는 흡수가 일어나는 현상은?

출제빈도

① 줄 효과 ② 홀 효과
③ 제베크 효과 ④ 펠티에 효과

해설 펠티에 효과 : 두 금속을 접합하여 접합점에 전류를 흘려주면 열의 발생 또는 흡수가 발생하는 현상

★★
43 전기 울타리 시설의 사용 전압은 몇 [V] 이하인가?

① 150 ② 250
③ 300 ④ 400

해설 전기 울타리 사용 전압 : 250[V] 이하

★
44 자기 인덕턴스가 각각 L_1, L_2[H]인 두 원통 코일이 서로 직교하고 있다. 두 코일 간의 상호 인덕턴스는?

① $L_1 + L_2$ ② $L_1 L_2$
③ 0 ④ $\sqrt{L_1 L_2}$

해설 자속과 코일이 서로 평행이 되어 상호 인덕턴스는 존재하지 않는다.

★★
45 단자 전압 100[V], 전기자 전류 10[A], 전기자 저항 $1[\Omega]$, 회전수 1,500[rpm]인 직류 직권 전동기의 역기전력은 몇 [V]인가?

① 110 ② 80
③ 90 ④ 100

해설 전동기의 역기전력 $E = V - I_a R_a$
$= 100 - 10 \times 1 = 90[V]$

★
46 자로의 길이 l[m], 투자율 μ, 단면적 $A[m^2]$, 인 자기 회로의 자기 저항[AT/Wb]는?

① $\dfrac{\mu}{lA}$ ② $\dfrac{\mu l}{A}$
③ $\dfrac{\mu A}{l}$ ④ $\dfrac{l}{\mu A}$

해설 자기 회로의 자기 저항 $R = \dfrac{l}{\mu A} = \dfrac{NI}{\phi}[AT/Wb]$

★★★
47 변압기의 1차 전압이 3,300[V], 권선수가 15인 변압기의 2차측의 전압은 몇 [V]인가?

출제빈도

① 3,850 ② 330
③ 220 ④ 110

해설
권수비 $a = \dfrac{V_1}{V_2}$에서

2차 전압 $V_2 = \dfrac{V_1}{a} = \dfrac{3{,}300}{15} = 220[V]$

★
48 어떤 한 점에 전하량이 2×10^3[C]이 있다. 이 점으로부터 1[m]인 점의 전속 밀도 D_A [C/m²]와 2[m]인 점의 전속 밀도 D_B[C/m²]는 얼마인가?

① 159, 10 ② 10, 159
③ 159, 40 ④ 40, 159

해설 전속 밀도

$$D_A = \frac{Q}{4\pi {r_1}^2} = \frac{2 \times 10^3}{4\pi \times 1^2} \fallingdotseq 159[C/m^2]$$

$$D_B = \frac{Q}{4\pi {r_2}^2} = \frac{2 \times 10^3}{4\pi \times 2^2} \fallingdotseq 40[C/m^2]$$

정답 41.④ 42.④ 43.② 44.③ 45.③ 46.④ 47.③ 48.③

★★
49 동기 전동기의 용도로 적당하지 않은 것은?

① 송풍기　② 크레인
③ 압연기　④ 분쇄기

해설 동기 전동기는 동기 속도로 회전하는 전동기이므로 압연기, 제련소, 발전소 등에서 압축기, 운전 펌프 등에 적용되며, 크레인은 수시로 속도가 변동되는 기계이므로 적합하지 않다.

★★★
50 다음 중 전선의 접속 방법이 틀린 것은?

① 전선의 접속 부분은 기준 온도 이상이 상승하면 안 된다.
② 전선의 세기는 접속 전보다 20[%] 이상 감소시키지 않는다.
③ 전선 접속 부분의 전기 저항을 증가시키지 않아야 한다.
④ 접속 부분은 염화비닐 접착 테이프를 이용하여 반폭 이상 겹쳐서 1회 이상 감는다.

해설 전선의 접속부에 사용하는 테이프 및 튜브 등 도체의 절연에 사용되는 절연 피복은 전기용 접착 테이프에 적합한 것을 사용하고 반폭 이상 겹쳐서 2회 이상 감아야 한다.

★★
51 전동기가 과전류 결상, 구속 보호 등에 사용되며 단락 시간과 기동 시간을 정확히 구분하는 계전기는?

① 전자식 과전류 계전기
② 임피던스 계전기
③ 선택 고장 계전기
④ 부족 전압 계전기

해설 전자식 과전류 계전기(EOCR) : 설정된 전류값 이상의 전류가 흘렀을 때 EOCR 접점이 동작하여 회로를 차단시켜 보호하는 계전기로서 전동기의 과전류나 결상을 보호하는 계전기이다.

★★★
52 대칭 3상 △결선에서 선전류와 상전류와의 위상 관계는?

출제빈도

① 상전류가 $\frac{\pi}{3}$[rad] 앞선다.
② 상전류가 $\frac{\pi}{3}$[rad] 뒤진다.
③ 상전류가 $\frac{\pi}{6}$[rad] 앞선다.
④ 상전류가 $\frac{\pi}{6}$[rad] 뒤진다.

해설 △결선의 특징

$\dot{I}_l = \sqrt{3}\, I_p \angle -\frac{\pi}{6}$[A]

선전류 I_l가 상전류 I_P보다 $\frac{\pi}{6}$[rad] 뒤지므로 상전류가 선전류보다 $\frac{\pi}{6}$[rad] 앞선다.

★★
53 낮은 전압을 높은 전압으로 승압할 때 일반적으로 사용되는 변압기의 3상 결선 방식은?

① Y－△　② Y－Y
③ △－Y　④ △－△

해설 △－Y는 변전소에서 승압용으로 사용하며 1차와 2차 위상차는 30°이다.

★★★
54 두 평행 도선의 길이가 1[m], 거리가 1[m]인 왕복 도선 사이에 단위 길이당 작용하는 힘의 세기가 2×10^{-7}[N]일 경우 전류의 세기[A]는?

출제빈도

① 1　② 3
③ 4　④ 2

해설 평행 도선 사이에 작용하는 힘의 세기

$F = \frac{2I_1I_2}{r}\times10^{-7}$ [N/m]

$F = \frac{2I^2}{1}\times10^{-7}$ [N/m] $= 2\times10^{-7}$[N/m]

$I^2 = 1$이므로 $I = 1$[A]

정답 49.② 50.④ 51.① 52.③ 53.③ 54.①

55 부흐홀츠 계전기로 보호되는 기기는?

① 변압기　② 유도 전동기
③ 직류 발전기　④ 교류 발전기

해설 부흐홀츠 계전기 : 변압기의 절연유 열화 방지

56 DV 전선의 명칭은 무엇인가?

① 인입용 비닐 절연 전선
② 배선용 단심 비닐 절연 전선
③ 450/750V 일반용 단심 비닐 절연 전선
④ 옥외용 비닐 절연 전선

해설 DV : 인입용 비닐 절연 전선

57 주파수가 1[kHz]일 때 용량성 리액턴스가 50[Ω]이라면, 주파수가 50[Hz]인 경우 용량성 리액턴스는 몇 [Ω]인가?

① 500　② 50
③ 1,000　④ 750

해설 용량성 리액턴스는 주파수와 반비례한다.
주파수가 $\frac{50}{1,000}=\frac{1}{20}$로 감소하면 용량성 리액턴스는 20배로 증가하므로
$X_C=50\times 20=1,000[\Omega]$이 된다.

58 화약류 저장소에서 백열전등이나 형광등 또는 이들에 전기를 공급하기 위한 전기 설비를 시설하는 경우 전로의 대지 전압은 몇 [V] 이하인가?

출제빈도

① 100　② 200
③ 220　④ 300

해설 화약류 저장소 시설 규정
- 금속관, 케이블 공사
- 대지 전압 300[V] 이하
- 개폐기 및 과전류 차단기에서 화약고의 인입구까지의 배선에는 케이블을 사용하고 또한 반드시 지중에 시설할 것

59 저항 8[Ω], 유도 리액턴스 6[Ω]인 $R-L$ 직렬 회로에 교류 전압 200[V]를 인가한 경우 전류와 역률은 각각 얼마인가?

① 10[A], 60[%]
② 10[A], 80[%]
③ 20[A], 60[%]
④ 20[A], 80[%]

해설 임피던스 절대값
$Z=\sqrt{R^2+X_L{}^2}=\sqrt{8^2+6^2}=10[\Omega]$
전류 $I=\frac{V}{Z}=\frac{200}{10}=20[A]$
역률 $\cos\theta=\frac{R}{Z}=\frac{8}{10}\times 100=80[\%]$

60 권선형 유도 전동기에서 토크를 일정하게 한 상태로 회전자 권선에 2차 저항을 2배로 하면 슬립은 몇 배가 되겠는가?

① $\sqrt{2}$ 배　② 2배
③ $\sqrt{3}$ 배　④ 4배

해설 권선형 유도 전동기는 2차 저항을 조정함으로서 최대 토크는 변하지 않는 상태에서 슬립으로 속도 조절이 가능하며 슬립과 2차 저항은 비례 관계가 성립하므로 2배가 된다.

정답 55.① 56.① 57.③ 58.④ 59.④ 60.②

2021년 제3회 CBT 기출복원문제

★ 표시 : 문제 중요도를 나타냄

본 기출문제는 수험생들의 기억을 바탕으로 작성한 것으로 내용 및 그림 등에서 실제 문제와 다소 차이가 있을 수 있습니다.

★★
01 히스테리시스 곡선이 세로축과 만나는 점의 값은 무엇을 나타내는가?

① 자속 밀도 ② 보자력
③ 잔류 자기 ④ 자기장

해설 히스테리시스 곡선이 만나는 값
- 세로축(종축)과 만나는 점 : 잔류 자기
- 가로축(횡축)과 만나는 점 : 보자력

★★
02 일정한 주파수의 전원에서 운전하는 3상 유도 전동기의 전원 전압이 80[%]가 되었다면 토크는 약 몇 [%]가 되는가? (단, 회전수는 변하지 않는 상태로 한다.)

① 141 ② 120
③ 80 ④ 64

해설 3상 유도 전동기에서 토크는 공급 전압의 제곱에 비례하므로 전압의 80[%]로 운전하면 토크는 $0.8^2=0.64$로 감소하므로 64[%]가 된다.

★★★
03 (출제빈도) 접착제를 사용하여 합성수지관을 삽입해 접속할 경우 관의 삽입 깊이는 합성수지관 바깥지름(외경)의 최소 몇 배인가?

① 1.2 ② 0.8
③ 1.5 ④ 1.8

해설 합성수지관을 접속할 경우 삽입하는 관의 깊이는 접착제를 사용하는 경우 관 바깥지름(외경)의 0.8배이다.

★★★
04 (출제빈도) 크기가 같은 저항 4개를 그림과 같이 연결하여 a−b 간에 일정 전압을 가했을 때 소비 전력이 가장 큰 것은 어느 것인가?

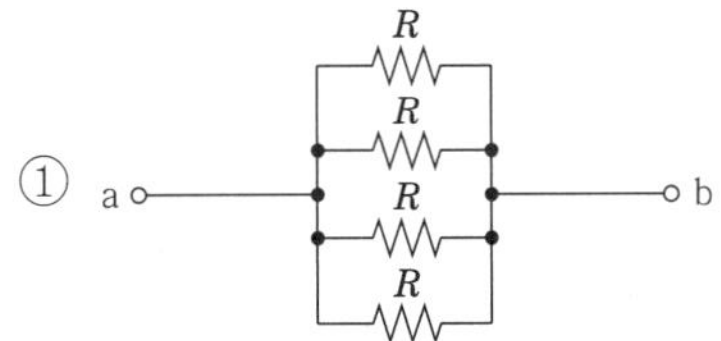

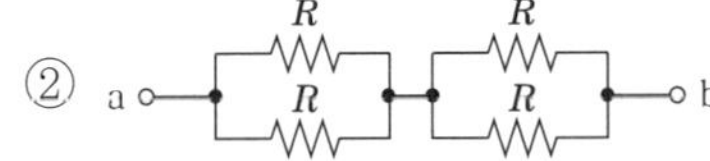

해설 각 회로에 소비되는 전력

① 합성 저항 $R_0=\dfrac{R}{4}=0.25R[\Omega]$이므로

$$P_1=\frac{V^2}{0.25R}=\frac{4V^2}{R}[\text{W}]$$

② 합성 저항 $R_0=\dfrac{R}{2}\times 2=R[\Omega]$이므로

$$P_2=\frac{V^2}{R}[\text{W}]$$

③ 합성 저항 $R_0=2R+\dfrac{R}{2}=2.5R[\Omega]$이므로

$$P_3=\frac{V^2}{2.5R}=\frac{0.4V^2}{R}[\text{W}]$$

④ 합성 저항이 $4R[\Omega]$이므로 $P_4=\dfrac{V^2}{4R}[\text{W}]$

※ 소비 전력 $P=\dfrac{V^2}{R}[\text{W}]$이므로 합성 저항이 가장 작은 회로를 찾으면 된다.

정답 01.③ 02.④ 03.② 04.①

★★★
05 출제빈도
공기 중에서 자속 밀도 2[Wb/m^2]의 평등 자장 속에 길이 60[cm]의 직선 도선을 자장의 방향과 30° 각으로 놓고 여기에 5[A]의 전류를 흐르게 하면 이 도선이 받는 힘은 몇 [N]인가?

① 3 ② 5
③ 6 ④ 2

해설 전자력의 세기 $F = IBl\sin\theta$
$= 5 \times 0.6 \times 2 \times \sin 30°$
$= 3[\mathrm{N}]$

★★
06 **특고압 전선로가 전선이 3조일 경우 크로스 완금의 표준 길이[mm]는?**

① 900 ② 1,200
③ 2,400 ④ 1,800

해설 전선로 완금 표준 길이[mm]

전선조	저압	고압	특고압
2조	900	1,400	1,800
3조	1,400	1,800	2,400

★
07 **전력 계통에 접속되어 있는 변압기나 장거리 송전 시 정전 용량으로 인한 충전 특성 등을 보상하기 위한 기기는?**

① 유도 전동기 ② 동기 조상기
③ 유도 발전기 ④ 동기 발전기

해설 정전 용량으로 인한 앞선 전류를 감소시키기 위해 여자 전류를 조정하여 뒤진 전류를 흘려 줄 수 있는 동기 무효전력보상장치(조상기)를 설치한다.

★
08 **디지털 계전기의 장점이 아닌 것은?**

① 진동의 영향을 받지 않는다.
② 신뢰성이 높다.
③ 광범위한 계산에 활용할 수 있다.
④ 자동 감시 기능을 갖는다.

해설 디지털 계전기 : 보호 기능이 우수하며 처리 속도가 빨라 광범위한 계산에 용이하지만 서지에 약하고 왜형파로 오동작 하기 쉬워서 신뢰도가 낮다.

★
09 **전선의 접속법에서 두 개 이상의 전선을 병렬로 사용하는 경우의 시설기준으로 틀린 것은?**

① 병렬로 사용하는 전선은 각각에 퓨즈를 설치할 것
② 교류 회로에서 병렬로 사용하는 전선은 금속관 안에 전자적 불평형이 생기지 않도록 시설할 것
③ 같은 극의 각 전선은 동일한 터미널 러그에 동일한 도체에 2개 이상의 리벳 또는 2개 이상의 나사로 완전하게 접속할 것
④ 병렬로 사용하는 각 전선의 굵기는 같은 도체, 같은 재료, 같은 길이 및 같은 굵기의 것을 사용할 것

해설 병렬로 접속해서 각각 전선에 퓨즈를 설치한 경우 만약 한 선의 퓨즈가 용단된 경우 다른 한 선으로 전류가 모두 흐르게 되어 과열될 우려가 있으므로 퓨즈를 설치하면 안 된다.

★★★
10 출제빈도
철근 콘크리트주의 길이가 12[m]인 경우 땅에 묻히는 깊이는 최소 몇 [m] 이상이어야 하는가? (단, 설계 하중이 6.8[kN] 이하이다.)

① 1.2 ② 1.5
③ 2 ④ 2.5

해설 목주 및 A종 지지물의 건주 공사 시 매설 깊이
: 전주 길이의 $\frac{1}{6}$
$L = 12 \times \frac{1}{6} = 2.0[\mathrm{m}]$

정답 05.① 06.③ 07.② 08.② 09.① 10.③

★★★
11 동기 발전기의 병렬 운전 조건 중 같지 않아도 되는 것은?

출제빈도

① 주파수 ② 위상
③ 전류 ④ 전압

해설 동기 발전기 병렬 운전 시 일치할 조건 : 기전력(전압)의 크기, 위상, 주파수, 파형

★★
12 다음 물질 중 강자성체로만 짝지어진 것은?

① 철, 니켈, 코발트
② 니켈, 코발트, 비스무트
③ 망간, 니켈, 아연
④ 구리, 니켈, 아연

해설 강자성체의 종류 : 니켈, 코발트, 철, 망간

★★★
13 배전반 및 분전반과 연결된 배관을 변경하거나 이미 설치되어 있는 캐비닛에 구멍을 뚫을 때 필요한 공구는?

출제빈도

① 오스터 ② 클리퍼
③ 토치 램프 ④ 녹아웃 펀치

해설 전기 공사용 공구
- 오스터 : 금속관에 나사를 낼 때 사용하는 것
- 클리퍼 : 단면적 25[mm^2] 이상인 굵은 전선 절단용 공구
- 토치 램프 : 합성수지관 공사 시 가공부를 가열하기 위한 램프
- 녹아웃 펀치 : 배전반이나 분전반 등의 금속제 캐비닛의 구멍을 확대하거나 철판의 구멍 뚫기에 사용하는 공구

★★
14 조명 중에서 발산 광속 중 하향 광속이 90~100[%] 정도로 하여 하향 광속이 작업면에 직사되는 조명 방식을 무엇이라 하는가?

① 직접 조명
② 반직접 조명
③ 전반 확산 조명
④ 반간접 조명

해설 기구 배광에 의한 조명 방식의 분류

구분	하향 광속
직접 조명 방식	90[%] 이상
반직접 조명 방식	60~90[%]
전반 조명 방식	40~60[%]
간접 조명 방식	10[%] 이하

★★★
15 250[kVA]의 단상 변압기 2대를 사용하여 V-V 결선으로 하고 3상 전원을 얻고자 할 때 최대로 얻을 수 있는 3상 부하의 용량은 약 몇 [kVA]인가?

출제빈도

① 433 ② 500
③ 200 ④ 100

해설 V결선 용량

$P_V = \sqrt{3}P_1 = \sqrt{3} \times 250 = 433$[kVA]

★★
16 막대 자석의 자극의 세기가 m[Wb]이고 길이가 l[m]인 경우 자기 모멘트[Wb · m]는 얼마인가?

① $\dfrac{m}{l}$ ② $\dfrac{l}{m}$
③ ml ④ $2ml$

해설 막대 자석의 모멘트 $M = ml$[Wb · m]

★★
17 자극의 세기가 m_1, m_2[Wb], 거리가 r[m]인 두 자극 사이에 작용하는 자기력의 크기[N]는 얼마인가?

① $k\dfrac{r^2}{m_1 \cdot m_2}$ ② $k\dfrac{m_1 \cdot m_2}{r^2}$
③ $k\dfrac{r}{m_1 \cdot m_2}$ ④ $k\dfrac{m_1 \cdot m_2}{r}$

해설 쿨롱의 법칙 : 두 자극 사이에 작용하는 자력의 크기는 양 자극의 세기의 곱에 비례하며, 자극 간의 거리의 제곱에 비례한다.

쿨롱의 법칙 $F = k\dfrac{m_1 \cdot m_2}{r^2} = \dfrac{m_1 \cdot m_2}{4\pi\mu_0 r^2}$[N]

정답 11.③ 12.① 13.④ 14.① 15.① 16.③ 17.②

★★
18 단상 전파 사이리스터 정류 회로에서 부하가 저항만 있는 경우 점호각이 60°일 때의 정류 전압은 몇 [V]인가? (단, 전원측 전압의 실효값은 100[V]이고, 직류측 전류는 연속이다.)

① 97.7　　② 86.4
③ 75.5　　④ 67.5

해설 단상 전파 사이리스터 정류 회로의 직류 전압

$$E_d = \frac{2\sqrt{2}}{\pi}E\left(\frac{1+\cos\alpha}{2}\right) = 0.9E\left(\frac{1+\cos\alpha}{2}\right)[\text{V}]$$

$$E_d = 0.9\times100\times\left(\frac{1+\cos60°}{2}\right) = 67.5[\text{V}]$$

★★
19 자기 저항의 단위는?

① Wb/AT
② AT/m
③ Ω/AT
④ AT/Wb

해설 자기 저항 $R_m = \frac{NI}{\phi}[\text{AT/Wb}]$

★★★
20 두 금속을 접속하여 여기에 전류를 흘리면, 줄열 외에 그 접점에서 열의 발생 또는 흡수가 일어나는 현상은?

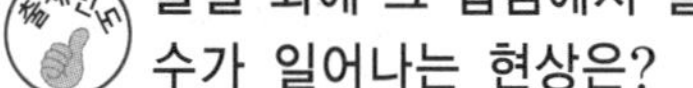

① 펠티에 효과　　② 홀 효과
③ 제베크 효과　　④ 줄 효과

해설 펠티에 효과 : 두 금속을 접합하여 접합점에 전류를 흘려주면 열의 발생 또는 흡수가 발생하는 현상

★★
21 DV 전선의 명칭은 무엇인가?

① 인입용 비닐 절연 전선
② 비닐 절연 전선
③ 단심 비닐 절연 전선
④ 옥외용 비닐 절연 전선

해설 DV : 인입용 비닐 절연 전선

★★★
22 한국전기설비규정에 의한 화약류 저장소에서 백열전등이나 형광등 또는 이들에 전기를 공급하기 위한 전기 설비를 시설하는 경우 전로의 대지 전압은 몇 [V] 이하인가?

① 100　　② 200
③ 300　　④ 400

해설 화약류 저장소 시설 규정
- 금속관, 케이블 공사
- 대지 전압 300[V] 이하

★★★
23 변압기유가 구비해야 할 조건으로 틀린 것은?

① 절연 내력이 높을 것
② 응고점이 높을 것
③ 고온에도 산화되지 않을 것
④ 냉각 효과가 클 것

해설 변압기 절연유의 구비 조건
- 절연 내력이 클 것
- 인화점이 높을 것
- 응고점이 낮을 것
- 고온에도 산화되지 않을 것

★
24 전력용 콘덴서를 회로로부터 개방하였을 때 전하가 잔류함으로써 일어나는 위험의 방지와 재투입할 때 콘덴서에 걸리는 과전압의 방지를 위하여 무엇을 설치하는가?

① 직렬 리액터　　② 전력용 콘덴서
③ 방전 코일　　④ 피뢰기

해설 잔류 전하를 방전시키기 위해 방전 코일을 설치한다.

★★
25 전류를 계속 흐르게 하려면 전압을 연속적으로 만들어주는 어떤 힘이 필요하게 되는데, 이 힘을 무엇이라 하는가?

① 자기력　　② 전자력
③ 기전력　　④ 전기장

정답 18.④ 19.④ 20.① 21.① 22.③ 23.② 24.③ 25.③

해설 기전력 : 전압을 연속적으로 만들어서 전류를 연속적으로 흐를 수 있도록 하는 원천

★★★
26 **보호를 요하는 회로의 전류가 어떤 일정한 값(정정값) 이상으로 흘렀을 때 동작하는 계전기는?**

출제빈도

① 과전류 계전기 ② 과전압 계전기
③ 차동 계전기 ④ 비율 차동 계전기

해설 과전류 계전기(OCR) : 회로의 전류가 어떤 일정한 값(정정값) 이상으로 흘렀을 때 동작하는 계전기

★★★
27 **지지선(지선)의 중간에 넣는 애자의 종류는?**

① 저압 핀 애자 ② 인류 애자
③ 구형 애자 ④ 내장 애자

해설 지지선(지선)의 중간에 사용하는 애자를 구형 애자, 지선 애자, 옥 애자, 구슬 애자라고 한다.

★
28 **주파수 60[Hz], 실효값이 20[A], 위상 0[°]인 교류 전류의 순시값으로 맞는 것은?**

① $20\sin(60\pi t)$
② $10\sqrt{2}\sin(120\pi t)$
③ $20\sqrt{2}\sin(120\pi t)$
④ $20\sqrt{2}\sin(60\pi t)$

해설 순시값 $i(t) = \text{최대값} \times \sin(2\pi f t)$
$= 20\sqrt{2}\sin(2\pi \times 60t)$
$= 20\sqrt{2}\sin(120\pi t)$[A]

★★★
29 **정현파의 평균값이 100[V]일 때 실효값은 얼마인가?**

출제빈도

① 100 ② 111
③ 63.7 ④ 70.7

해설
평균값 $V_{av} = \frac{2}{\pi}V_m$[V]이므로

최대값 $V_m = V_{av} \times \frac{\pi}{2} = 100 \times \frac{\pi}{2}$[V]

실효값 $V = \frac{V_m}{\sqrt{2}} = \frac{\pi}{2\sqrt{2}} \times V_{av}$
$= \frac{\pi}{2\sqrt{2}} \times 100 = 111$[V]

※ $V = 1.11\,V_{av} = 1.11 \times 100 = 111$[V]

★★★
30 **전기기기의 철심 재료로 규소 강판을 성층하여 사용하는 이유로 가장 적당한 것은?**

출제빈도

① 동손 감소 ② 철손 감소
③ 기계손 감소 ④ 풍손 감소

해설 규소 강판을 성층하여 사용하는 이유는 철손(맴돌이 전류손, 히스테리시스손)을 감소시키기 위한 대책이다.

★★
31 **전압 200[V]이고 $C_1 = 10[\mu F]$와 $C_2 = 5[\mu F]$인 콘덴서를 병렬로 접속하면 C_2에 분배되는 전하량은 몇 [μC]인가?**

① 100 ② 2,000
③ 500 ④ 1,000

해설 C_2에 축적되는 전하량
$Q_2 = C_2 V = 5 \times 200 = 1{,}000[\mu C]$

★
32 **정격 전압 200[V], 60[Hz]인 전동기의 주파수를 50[Hz]로 사용하면 회전 속도는 어떻게 되는가?**

① 0.833배로 감소한다.
② 1.1배로 증가한다.
③ 변화하지 않는다.
④ 1.2배로 증가한다.

해설
전동기의 회전수는 $N = \frac{120f}{P}$[rpm]에서 주파수에 비례한다.
주파수가 60[Hz]에서 50[Hz]로 감소한 경우 감소비율은 $\frac{50}{60} = 0.833$이므로 회전 속도도 0.833배로 감소한다.

정답 26.① 27.③ 28.③ 29.② 30.② 31.④ 32.①

★★
33 **분상 기동형 단상 유도 전동기의 기동 권선은?**

① 운전 권선보다 굵고 권선이 많다.
② 운전 권선보다 가늘고 권선이 적다.
③ 운전 권선보다 굵고 권선이 적다.
④ 운전 권선보다 가늘고 권선이 많다.

해설 분상 기동형 단상 유도 전동기의 권선
- 운전 권선(L만의 회로) : 굵은 권선으로 길게 하여 권선을 많이 감아서 L성분을 크게 한다.
- 기동 권선(R만의 회로) : 운전 권선보다 가늘고 권선을 적게 하여 저항값을 크게 한다.

★★
34 **변압기의 권수비가 60이고 2차 저항이 0.1[Ω]일 때 1차로 환산한 저항값[Ω]은 얼마인가?**

① 30　　② 360
③ 300　　④ 250

해설
권수비 $a=\sqrt{\dfrac{R_1}{R_2}}$ 이므로
1차 저항 $R_1=a^2R_2=60^2\times 0.1=360[\Omega]$

★★
35 **그림과 같은 회로에서 합성 저항은 몇 [Ω]인가?**

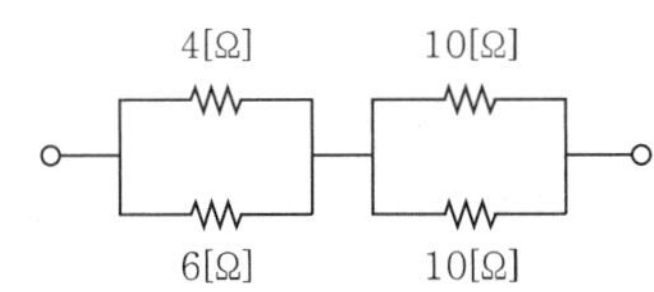

① 6.6　　② 7.4
③ 8.7　　④ 9.4

해설
합성 저항 $=\dfrac{4\times 6}{4+6}+\dfrac{10}{2}=7.4[\Omega]$

★★
36 **유도 발전기의 장점이 아닌 것은?**

① 동기 발전기에 비해 가격이 저렴하다.
② 효율과 역률이 높다.
③ 동기 발전기처럼 동기화할 필요가 없고 난조가 발생하지 않는다.
④ 조작이 간편하다.

해설 유도 발전기는 유도 전동기를 동기 속도 이상으로 회전시켜 전력을 얻어내는 발전기로서 동기기에 비해 조작이 쉽고 가격이 저렴하지만 효율과 역률이 낮다.

★★
37 **전기자 저항 0.2[Ω], 전기자 전류 100[A], 전압 120[V]인 분권 전동기의 출력[kW]은?**

① 20　　② 15
③ 12　　④ 10

해설
- 유기 기전력 $E=V-I_aR_a$
$=120-100\times 0.2=100[\mathrm{V}]$
- 출력 $P=EI_a=100\times 100$
$=10{,}000[\mathrm{W}]=10[\mathrm{kW}]$

★★★
38 **동기기의 전기자 권선법이 아닌 것은?**

① 2층권　　② 단절권
③ 중권　　④ 전층권

해설 동기기의 전기자 권선법 : 고상권, 2층권, 중권, 단절권, 분포권

★★★
39 **3상 변압기를 병렬 운전하는 경우 불가능한 조합은?**

출제빈도

① △−Y와 △−△
② △−△와 Y−Y
③ △−Y와 △−Y
④ Y−△와 Y−△

해설 3상 변압기군의 병렬 운전 조합

병렬 운전 가능	병렬 운전 불가능
△−△와 △−△ Y−Y와 Y−Y Y−△와 Y−△ △−Y와 △−Y △−△와 Y−Y V−V와 V−V	△−△와 △−Y Y−Y와 △−Y

정답 33.② 34.② 35.② 36.② 37.④ 38.④ 39.①

★

40 6[Ω], 8[Ω], 9[Ω]의 저항 3개를 직렬로 접속하여 5[A]의 전류를 흘려줬다면 이 회로의 전압은 몇 [V]인가?

① 117　　② 115
③ 100　　④ 90

해설 $V = IR = 5 \times (6+8+9) = 115[\text{V}]$

★★★

41 60[Hz], 8극인 유도 전동기의 회전수[rpm]는?

① 900　　② 1,200
③ 2,400　　④ 1,800

해설 $N_s = \dfrac{120f}{P} = \dfrac{120 \times 60}{8} = 900[\text{rpm}]$

★★★

42 두 평행 도선의 길이가 1[m], 거리가 1[m]인 왕복 도선 사이에 단위 길이당 작용하는 힘의 세기가 18×10^{-7}[N]일 경우 전류의 세기[A]는?

① 1　　② 2
③ 4　　④ 3

해설 평행 도선 사이에 작용하는 힘의 세기

$F = \dfrac{2 I_1 I_2}{r} \times 10^{-7}[\text{N/m}]$

$F = \dfrac{2 I^2}{1} \times 10^{-7}[\text{N/m}] = 18 \times 10^{-7}[\text{N/m}]$

$I^2 = 9$이므로 $I = 3[\text{A}]$

★★★

43 자동화 설비에서 기구 위치 선정에 사용하는 전동기는?

① 전기 동력계
② 스탠딩 모터
③ 스테핑 모터
④ 반동 전동기

해설 스테핑 모터 : 출력을 이용하여 특수 기계의 속도, 거리, 방향 등의 위치를 정확하게 제어하는 기능이 있다.

★★

44 서로 다른 굵기의 절연 전선을 금속 덕트에 넣는 경우 전선이 차지하는 단면적은 피복 절연물을 포함한 단면적의 총합계가 덕트 내 단면적의 몇 [%] 이하가 되도록 선정하여야 하는가?

① 20　　② 30
③ 50　　④ 40

해설 금속 덕트에 전선을 집어 넣는 경우 전선이 차지하는 단면적은 덕트 내 단면적의 20[%] 이하가 되도록 할 것(단, 제어 회로 등의 배선에 사용하는 전선만 넣는 경우 50[%] 이하로 한다.)

★★★

45 30[W] 가정용 선풍기에 220[V], 주파수 60[Hz]인 전압을 인가한 경우 평균 전압[V]은?

① 200　　② 211
③ 220　　④ 198

해설 평균값 $V_{av} = 0.9V = 0.9 \times 220 = 198[\text{V}]$

★★

46 정크션 박스 내에서 전선을 접속할 수 있는 것은?

① 코드 패스너
② 코드 놋트
③ 와이어 커넥터
④ 슬리브

해설 정크션 박스에서 전선을 접속하는 방법은 쥐꼬리 접속을 하여 와이어 커넥터로 돌려 끼워서 접속한다.

★★★

47 변류기 개방 시 2차측을 단락하는 이유는?

① 측정 오차 감소
② 2차측 과전류 보호
③ 2차측 절연 보호
④ 변류비 유지

해설 변류기 2차측을 개방하게 되면 변류기 1차측의 부하 전류가 모두 여자 전류가 되어 변류기 2차측에 고전압이 유도되어서 절연이 파괴될 수도 있으므로 반드시 단락시켜야 한다.

정답 40.② 41.① 42.④ 43.③ 44.① 45.④ 46.③ 47.③

★★
48 수전 설비의 저압 배전반은 배전반 앞에서 계측기를 판독하기 위하여 앞면과 최소 몇 [m] 이상 유지하는 것을 원칙으로 하고 있는가?

① 2.5[m]
② 1.8[m]
③ 1.5[m]
④ 1.7[m]

해설 수전 설비의 저압·고압 배전반은 계측기를 판독하기 위하여 앞면과 1.5[m] 이격해야 한다.

★★
49 450/750[V] 일반용 단심 비닐 절연 전선의 약호는?

① NR　　② NI
③ FRI　　④ FR

해설 NR : 450/750[V] 일반용 단심 비닐 절연 전선

★★
50 직류 전동기의 제어에 널리 응용되는 직류-직류 전압 제어 장치는?

① 사이클로 컨버터
② 인버터
③ 전파 정류 회로
④ 초퍼

해설 초퍼 회로 : 고정된 크기의 직류를 가변 직류로 변환하는 장치

★★★
51 전류에 의해 만들어지는 자기장의 방향을 알기 쉽게 정의한 법칙은?

① 플레밍의 왼손 법칙
② 앙페르의 오른 나사 법칙
③ 렌츠의 자기 유도 법칙
④ 패러데이의 전자 유도 법칙

해설 앙페르의 오른 나사 법칙 : 전류에 의한 자기장(또는 자기력선)의 방향을 알기 쉽게 정의한 법칙

★★
52 전선의 압착 단자 접속 시 사용되는 공구는?

① 와이어 스트리퍼
② 프레셔 툴
③ 클리퍼
④ 니퍼

해설 프레셔 툴 : 전선을 눌러 붙여(압착시켜) 접속시키는 공구

★★
53 3상 4선식 380/220[V] 전로에서 전원의 중성극에 접속된 전선을 무엇이라 하는가?

① 접지선
② 중성선
③ 전원선
④ 접지측 선

해설 중성선 : 공통 단자(중성극)에 접속된 전선

★★★
54 일반적으로 과전류 차단기를 설치하여야 할 곳으로 틀린 것은?

① 접지측 전선
② 보호용, 인입선 등 분기선을 보호하는 곳
③ 송배전선의 보호용, 인입선 등 분기선을 보호하는 곳
④ 간선의 전원측 전선

해설 접지측 전선에는 과전류 차단기를 설치하면 안 된다.

★★
55 전기 울타리에 사용하는 경동선의 지름은 최소 몇 [mm] 이상이어야 하는가?

① 1.6　　② 2.0
③ 2.6　　④ 3.2

해설 전기 울타리의 시설
- 사용 전압 : 250[V] 이하
- 사용 전선 : 2.0[mm] 이상 나경동선

정답 48.③ 49.① 50.④ 51.② 52.② 53.② 54.① 55.②

★★
56 가공 인입선을 시설할 때 경동선의 최소 굵기는 몇 [mm]인가? [단, 지지물 간 거리(경간)가 15[m]를 초과한 경우이다.]

① 2.0　② 2.6
③ 3.2　④ 1.5

해설 가공 인입선의 사용 전선 : 2.6[mm] 이상 경동선 또는 이와 동등 이상일 것[단, 지지물 간 거리(경간) 15[m] 이하는 2.0[mm] 이상도 가능]

★★★
57 3상 유도 전동기의 원선도를 그리는 데 필요하지 않은 것은?

출제빈도

① 저항 측정　② 무부하 시험
③ 슬립(slip) 측정　④ 구속 시험

해설 ① 저항 측정 시험 : 1차 동손
② 무부하 시험 : 여자 전류, 철손
④ 구속 시험(단락 시험) : 2차 동손

★★★
58 성냥, 석유류, 셀룰로이드 등 기타 가연성 위험 물질을 제조 또는 저장하는 장소의 배선으로 틀린 것은?

출제빈도

① 합성수지관(두께 2[mm] 미만 콤바인 덕트관 제외) 배선
② 플렉시블 배선
③ 케이블 배선
④ 금속관 배선

해설 가연성 먼지(분진), 위험물 장소의 배선 공사 : 금속관, 케이블, 합성수지관 공사

신규문제
59 교통 신호등 회로의 사용 전압이 몇 [V]를 초과하는 경우에는 지락 발생 시 자동적으로 전로를 차단하는 장치를 시설하여야 하는가?

① 100　② 50
③ 150　④ 200

해설 교통 신호등 회로의 사용 전압이 150[V]를 초과한 경우 전로에 지락이 발생했을 때 자동적으로 전로를 차단하는 누전 차단기를 시설하여야 한다.

★
60 진열장 안에 400[V] 이하인 저압 옥내 배선 시 외부에서 찾기 쉬운 곳에 사용하는 전선은 단면적이 몇 [mm^2] 이상의 코드 또는 캡타이어 케이블이어야 하는가?

① 0.75　② 1.5
③ 2.5　④ 4.0

해설 진열장 안에 시설하는 사용 전선은 0.75[mm^2] 이상의 코드, 캡타이어 케이블을 조영재에 접촉하여 시설하여야 한다.

정답 56.② 57.③ 58.② 59.③ 60.①

2021년 제4회 CBT 기출복원문제

★ 표시 : 문제 중요도를 나타냄

본 기출문제는 수험생들의 기억을 바탕으로 작성한 것으로 내용 및 그림 등에서 실제 문제와 다소 차이가 있을 수 있습니다.

★★★

01 일정한 주파수의 전원에서 운전하는 3상 유도 전동기의 전원 전압이 정격 전압의 80[%]가 되었다면 토크는 약 몇 [%]가 되는가? (단, 회전수는 변하지 않는 상태로 한다.)

① 141 ② 120
③ 80 ④ 64

해설 3상 유도 전동기에서 토크는 공급 전압의 제곱에 비례하므로 전압의 80[%]로 운전하면 토크는 $0.8^2=0.64$로 감소하므로 64[%]가 된다.

★★★

02 공기 중에서 자속 밀도 4[Wb/m^2]의 평등 자장 속에 길이 10[cm]의 직선 도선을 자장의 방향과 30°각으로 놓고 여기에 3[A]의 전류를 흐르게 하면 이 도선이 받는 힘은 몇 [N]인가?

① 0.2 ② 0.3
③ 0.6 ④ 1.2

해설 전자력의 세기 $F = IBl\sin\theta$
$= 3 \times 4 \times 0.1 \times \sin 30°$
$= 0.6$[N]

★

03 전력 계통에 접속되어 있는 변압기나 장거리 송전 시 정전 용량으로 인한 충전 특성 등을 보상하기 위한 기기는?

① 유도 전동기 ② 동기 조상기
③ 유도 발전기 ④ 동기 발전기

해설 정전 용량으로 인한 앞선 전류를 감소시키기 위해 여자 전류를 조정하여 뒤진 전류를 흘려 줄 수 있는 동기 무효전력보상장치(조상기)를 설치한다.

★★

04 디지털 계전기의 장점이 아닌 것은?

① 진동의 영향을 받지 않는다.
② 신뢰성이 높다.
③ 폭넓은 연산 기능을 갖는다.
④ 자동 점검 중에도 동작이 가능하다.

해설 디지털 계전기 : 보호 기능이 우수하며 처리 속도가 빨라서 광범위한 계산에 용이하지만 서지에 약하고 왜형파로 인해 오동작 하기 쉬워서 신뢰도가 낮다.

★★★

05 동기 발전기의 병렬 운전 조건 중 같지 않아도 되는 것은?

① 주파수 ② 위상
③ 전류 ④ 전압

해설 동기 발전기 병렬 운전 시 일치할 조건 : 기전력(전압)의 크기, 위상, 주파수, 파형

★★★

06 단상 전파 사이리스터 정류 회로에서 부하가 저항만 있는 경우 점호각이 60°일 때의 정류 전압은 몇 [V]인가? (단, 전원측 전압의 실효값은 100[V]이고, 직류측 전류는 연속이다.)

① 97.7 ② 86.4
③ 75.5 ④ 67.5

정답 01.④ 02.③ 03.② 04.② 05.③ 06.④

해설 단상 전파 사이리스터 정류 회로의 직류 전압

$$E_d=\frac{2\sqrt{2}}{\pi}E\left(\frac{1+\cos\alpha}{2}\right)=0.9E\left(\frac{1+\cos\alpha}{2}\right)[\text{V}]$$

$$E_d=0.9\times100\times\left(\frac{1+\cos60°}{2}\right)=67.5[\text{V}]$$

★★★

07 변압기유가 구비해야 할 조건으로 틀린 것은?

출제빈도

① 절연 내력이 높을 것
② 응고점이 높을 것
③ 고온에도 산화되지 않을 것
④ 냉각 효과가 클 것

해설 변압기 절연유의 구비 조건
- 절연 내력이 클 것
- 인화점이 높을 것
- 응고점이 낮을 것
- 고온에도 산화되지 않을 것

★★★

08 보호를 요하는 회로의 전류가 어떤 일정한 값(정정값) 이상으로 흘렀을 때 동작하는 계전기는?

출제빈도

① 과전류 계전기
② 과전압 계전기
③ 차동 계전기
④ 비율 차동 계전기

해설 과전류 계전기(OCR) : 회로의 전류가 어떤 일정한 값(정정값) 이상으로 흘렀을 때 동작하는 계전기

★★

09 △-Y결선(delta-star connection)한 경우에 대한 설명으로 옳지 않은 것은?

① 1차 선간 전압 및 2차 선간 전압의 위상차는 60°이다.
② 제3고조파에 의한 장해가 적다.
③ 1차 변전소의 승압용으로 사용된다.
④ Y결선의 중성점을 접지할 수 있다.

해설 △-Y 결선의 특성 : Y결선의 장점과 △결선의 장점을 모두 가지고 있는 결선으로 주로 △-Y는 승압용으로 사용하면서 다음과 같은 특성을 갖는다.
- Y결선 중성점을 접지할 수 있다.
- △결선에 의한 여자 전류의 제3고조파 통로가 형성되므로 제3고조파 장해가 적고, 기전력 파형이 사인파가 된다.
- 1, 2차 전압 및 전류 간에는 $\frac{\pi}{6}$[rad] 만큼의 위상차가 발생한다.

★★★

10 직류기의 전기자 철심을 규소 강판으로 성층하여 만드는 이유는?

출제빈도

① 브러시에서 발생하는 불꽃이 감소한다.
② 가격이 저렴하다.
③ 와류손과 히스테리시스손을 줄일 수 있다.
④ 기계손을 줄일 수 있다.

해설 철심을 규소 강판으로 성층하는 이유는 히스테리시스손과 맴돌이 전류손을 감소하기 위함이다.

★★

11 분상 기동형 단상 유도 전동기의 기동 권선은?

① 운전 권선보다 굵고 권선이 많다.
② 운전 권선보다 가늘고 권선이 적다.
③ 운전 권선보다 굵고 권선이 적다.
④ 운전 권선보다 가늘고 권선이 많다.

해설 분상 기동형 단상 유도 전동기의 권선
- 운전 권선(L만의 회로) : 굵은 권선으로 길게 하여 권선을 많이 감아 L성분을 크게 한다.
- 기동 권선(R만의 회로) : 운전 권선보다 가늘고 권선을 적게 하여 저항값을 크게 한다.

★★

12 변압기의 권수비가 60이고 2차 저항이 0.1[Ω]일 때 1차로 환산한 저항값[Ω]은 얼마인가?

① 30 ② 360
③ 300 ④ 250

정답 07.② 08.① 09.① 10.③ 11.② 12.②

해설 권수비 $a=\sqrt{\dfrac{R_1}{R_2}}$ 이므로

1차 저항 $R_1=a^2R_2=60^2\times 0.1=360[\Omega]$

★★
13 유도 발전기의 장점이 아닌 것은?

① 동기 발전기에 비해 가격이 저렴하다.
② 효율과 역률이 높다.
③ 동기 발전기처럼 동기화할 필요가 없고 난조가 발생하지 않는다.
④ 조작이 간편하다.

해설 유도 발전기는 유도 전동기를 동기 속도 이상으로 회전시켜 전력을 얻어내는 발전기로서 동기기에 비해 조작이 쉽고 가격이 저렴하지만 효율과 역률이 낮다.

★★
14 전기자 저항 0.2[Ω], 전기자 전류 100[A], 전압 120[V]인 분권 전동기의 발생 동력[kW]은?

① 20 ② 15
③ 12 ④ 10

해설 유기 기전력 $E=V-I_aR_a$
$=120-100\times 0.2$
$=100[\mathrm{V}]$

발생 동력 $P=EI_a$
$=100\times 100$
$=10{,}000[\mathrm{W}]=10[\mathrm{kW}]$

★★★
15 동기기의 전기자 권선법이 아닌 것은?

① 2층권 ② 단절권
③ 중권 ④ 전층권

해설 동기기의 전기자 권선법 : 고상권, 2층권, 중권, 단절권, 분포권

★★★
16 3상 변압기를 병렬 운전하는 경우 불가능한 조합은?

① △－Y와 △－△
② △－△와 Y－Y
③ △－Y와 △－Y
④ Y－△와 Y－△

해설 3상 변압기군의 병렬운전 조합

병렬 운전 가능	병렬 운전 불가능
△－△와 △－△ Y－Y와 Y－Y Y－△와 Y－△ △－Y와 △－Y △－△와 Y－Y V－V와 V－V	△－△와 △－Y Y－Y와 △－Y

★★
17 자동화 설비에서 기구 위치 선정에 사용하는 전동기는?

① 전기 동력계 ② 스탠딩 모터
③ 스테핑 모터 ④ 반동 전동기

해설 스테핑 모터 : 출력을 이용하여 특수 기계의 속도, 거리, 방향 등의 위치를 정확하게 제어하는 기능이 있다.

★★★
18 변류기 개방 시 2차측을 단락하는 이유는?

① 측정 오차 감소
② 2차측 과전류 보호
③ 2차측 절연 보호
④ 변류비 유지

해설 변류기 2차측을 개방하게 되면 변류기 1차측의 부하 전류가 모두 여자 전류가 되어 변류기 2차측에 고전압이 유도되어서 절연이 파괴될 수도 있으므로 반드시 단락시켜야 한다.

★★
19 직류 전동기의 제어에 널리 응용되는 직류－직류 전압 제어 장치는?

① 사이클로 컨버터 ② 인버터
③ 전파 정류 회로 ④ 초퍼

해설 초퍼 회로 : 고정된 크기의 직류를 가변 직류로 변환하는 장치

정답 13.② 14.④ 15.④ 16.① 17.③ 18.③ 19.④

★★★
20 3상 유도 전동기의 원선도를 그리는 데 필요하지 않은 것은?

① 저항 측정　② 무부하 시험
③ 슬립(slip) 측정　④ 구속 시험

해설 ① 저항 측정 시험 : 1차 동손
② 무부하 시험 : 여자 전류, 철손
④ 구속 시험(단락 시험) : 2차 동손

★★★
21 성냥, 석유류, 셀룰로이드 등 기타 가연성 위험 물질을 제조 또는 저장하는 장소의 배선으로 틀린 것은?

① 2.0[mm] 이상 합성수지관 공사(난연성 콤바인 덕트관 제외)
② 애자 공사
③ 케이블 공사
④ 금속관 공사

해설 가연성 먼지(분진), 위험물 장소의 배선 공사 : 금속관, 케이블, 합성수지관 공사

★
22 래크(rack) 배선을 사용하는 전선로는?

① 저압 지중 전선로
② 고압 가공 전선로
③ 저압 가공 전선로
④ 고압 지중 전선로

해설 래크(rack) 배선은 저압 가공 전선로에 완금없이 래크(애자)를 전주에 수직으로 설치하여 전선을 수직 배선하는 방식이다.

★★
23 자극의 세기 5[Wb]인 점에 자극을 놓았을 때 50[N]의 힘이 작용하였다. 이 자계의 세기는 몇 [AT/m]인가?

① 5　② 10
③ 15　④ 25

해설 힘과 자계 관계식 $F = mH$[N]에서

자계 $H = \frac{F}{m} = \frac{50}{5} = 10$[AT/m]

★
24 200[V]의 교류 전원에 전류가 450[A]이고 역률이 90[%]인 경우 소비 전력[kW]은?

① 90　② 45
③ 36　④ 81

해설 단상 교류 소비 전력

$P = VI\cos\theta$[W]
$= 200 \times 450 \times 0.9$
$= 81{,}000$[W] $= 81$[kW]

★★★
25 코드나 케이블 등을 기계 기구의 단자 등에 접속할 때 몇 [mm²]가 넘으면 그림과 같은 터미널 러그(압착 단자)를 사용하여야 하는가?

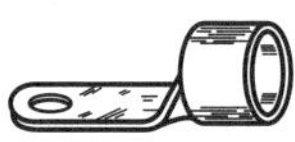

① 6　② 4
③ 8　④ 10

해설 코드 또는 캡타이어 케이블과 전기 기계 기구와의 접속
- 동전선과 전기 기계 기구 단자의 접속은 접속이 완전하고 헐거워질 우려가 없도록 해야 한다.
- 기구 단자가 누름나사형, 크램프형이거나 이와 유사한 구조가 아닌 경우는 단면적 10[mm²] 초과하는 단선 또는 단면적 6[mm²]를 초과하는 연선에 터미널 러그를 부착할 것
- 터미널 러그는 납땜으로 전선을 부착하고 접속점에 장력이 걸리지 않도록 할 것

★
26 자속 밀도 1[Wb/m²]은 몇 [gauss]인가?

① $4\pi \times 10^{-7}$　② 10^{-6}
③ 10^{4}　④ $\frac{4\pi}{10}$

해설 자속 밀도 환산

$1[\text{Wb/m}^2] = \frac{10^8[\text{Max}]}{10^4[\text{cm}^2]}$
$= 10^4$[max/cm² = gauss, 가우스]

정답 20.③ 21.② 22.③ 23.② 24.④ 25.① 26.③

신규문제

27 **KEC(한국전기설비규정)에 의한 저압 가공 전선의 굵기 및 종류에 대한 설명 중 틀린 것은?**

① 사용 전압이 400[V] 초과인 저압 가공 전선에는 인입용 비닐 절연 전선을 사용한다.
② 저압 가공 전선에 사용하는 나전선은 중성선 또는 다중 접지된 접지측 전선으로 사용하는 전선에 한한다.
③ 사용 전압이 400[V] 이하인 저압 가공 전선은 지름 2.6[mm] 이상의 경동선이어야 한다.
④ 사용 전압이 400[V] 초과인 저압 가공 전선으로 시가지 외에 시설하는 것은 4.0[mm] 이상의 경동선이어야 한다.

해설 전압별 가공 전선의 굵기

사용 전압	전선의 굵기
400[V] 이하	• 절연 전선 : 2.6[mm] 이상 경동선 • 나전선 : 3.2[mm] 이상 경동선
400[V] 초과	• 시가지 내 : 5.0[mm] 이상 경동선 • 시가지 외 : 4.0[mm] 이상 경동선
특고압	• 25[mm²] 이상 경동 연선

★★

28 **인입용 비닐 절연 전선을 나타내는 약호는?**

① OW ② NR
③ DV ④ NV

해설 전선의 약호
- OW : 옥외용 비닐 절연 전선
- NR : 450/750[V] 일반용 단심 비닐 절연 전선
- NV : 클로로프렌 절연 비닐 외장 케이블

★

29 **전기 저항이 작고, 부드러운 성질이 있어 구부리기가 용이하므로 주로 옥내 배선에 사용하는 구리선의 명칭은?**

① 경동선 ② 연동선
③ 합성 연선 ④ 중공 연선

해설 경동선은 인장 강도가 뛰어나므로 주로 옥외 전선로에서 사용하고, 연동선은 부드럽고 가요성이 뛰어나므로 주로 옥내 배선에서 사용한다.

★★★

30 **다음 중 동기 전동기의 안정도 증진법으로 틀린 것은?**

출제빈도

① 단락비를 크게 한다.
② 관성 효과 증대
③ 동기 임피던스 증대
④ 속응 여자 채용

해설 안정도 향상 대책
- 단락비를 크게 한다.
- 동기 임피던스를 감소시킨다.
- 속응 여자 방식을 채용한다.
- 속도조절기(조속기) 성능을 개선시킨다.

★★

31 **그림의 휘트스톤 브리지의 평형 조건은?**

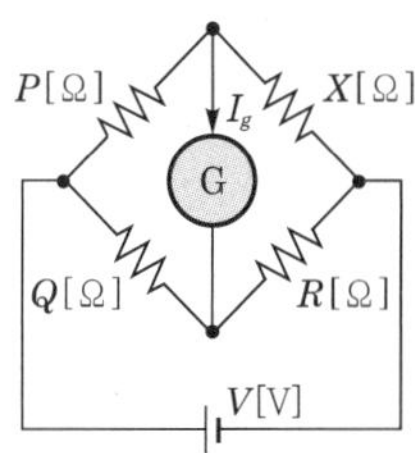

① $X=\frac{Q}{P}R$
② $X=\frac{P}{Q}R$
③ $X=\frac{Q}{R}P$
④ $X=\frac{P^2}{R}Q$

해설 휘트스톤 브리지 회로의 평형 조건

$P \cdot R = Q \cdot X$

$\therefore X=\frac{P}{Q}R$

★

32 **전원과 부하가 다같이 Y결선된 3상 평형 회로가 있다. 상전압이 200[V], 부하 임피던스가 $\dot{Z}=8+j6$[Ω]인 경우 상전류는 몇 [A]인가?**

① 20 ② $\frac{20}{\sqrt{3}}$
③ $20\sqrt{3}$ ④ $10\sqrt{3}$

정답 27.① 28.③ 29.② 30.③ 31.② 32.①

해설 한 상의 임피던스 $\dot{Z}=8+j6[\Omega] \rightarrow |Z|=10[\Omega]$

상전류 $I_p=\dfrac{V}{Z}=\dfrac{200}{10}=20[\text{A}]$

신규문제

33 반도체 재료로 갈륨 인(GaP)을 쓰며 탁상 시계, 탁상용 계산기 등에 사용되는 다이오드는?

① 제너 다이오드
② 광 다이오드
③ 발광 다이오드
④ 터널 다이오드

해설 발광 다이오드(LED) : 전류를 순방향으로 흘려주면 빛을 내는 반도체 소자로서 시계나 전광판, 디스플레이 등에 사용하는 다이오드이다.

★★★ 출제빈도

34 전선의 굵기가 6[mm^2] 이하인 가는 단선의 전선 접속은 어떤 접속으로 하여야 하는가?

① 브리타니아 접속
② 쥐꼬리 접속
③ 트위스트 접속
④ 슬리브 접속

해설 단선의 직선 접속
- 단면적 6[mm^2] 이하 : 트위스트 접속
- 단면적 10[mm^2] 이상 : 브리타니아 접속

★★★ 출제빈도

35 나전선 상호를 접속하는 경우 일반적으로 전선의 세기를 몇 [%] 이상 감소시키지 않아야 하는가?

① 2[%]
② 3[%]
③ 20[%]
④ 80[%]

해설 전선 접속 시 전선의 세기는 20[%] 이상 감소되지 않도록 하여야 한다.

★★★ 출제빈도

36 폭발성 먼지(분진)가 있는 위험 장소를 금속관 배선에 의할 경우 관 상호 및 관과 박스 기타의 부속품이나 풀 박스 또는 전기 기계 기구는 몇 턱 이상의 나사 조임으로 접속하여야 하는가?

① 2턱 ② 3턱
③ 4턱 ④ 5턱

해설 폭연성 먼지(분진)가 존재하는 곳의 금속관 공사에 있어서 관 상호 및 관과 박스의 접속은 5턱 이상의 죔나사로 시공하여야 한다.

★★★ 출제빈도

37 코일에서 유도되는 기전력의 크기는 자속의 시간적인 변화율에 비례한다는 유도 기전력의 크기를 정의한 법칙은?

① 렌츠의 법칙 ② 플레밍의 법칙
③ 패러데이의 법칙 ④ 줄의 법칙

해설 패러데이의 법칙은 유도 기전력의 크기를 정의한 법칙으로서 코일에서 유도 기전력의 크기는 자속의 시간적인 변화율에 비례한다.

★

38 저압 수전 방식 중 단상 3선식은 평형이 되는게 원칙이지만 부득이한 경우 설비 불평형률은 몇 [%] 이내로 유지해야 하는가?

① 10 ② 20
③ 30 ④ 40

해설 단상 3선식에서 중성선과 각 전압측 전선 간의 부하는 평형이 되게 하는 것을 원칙으로 하지만, 부득이한 경우 발생하는 설비 불평형률은 40[%]까지 할 수 있다.

★★★ 출제빈도

39 굵은 전선이나 케이블을 절단할 때 사용되는 공구는?

① 펜치 ② 클리퍼
③ 나이프 ④ 플라이어

해설 클리퍼 : 전선 단면적 25[mm^2] 이상의 굵은 전선이나 볼트 절단 시 사용하는 공구

정답 33.③ 34.③ 35.③ 36.④ 37.③ 38.④ 39.②

40 금속 덕트를 취급자 이외에는 출입할 수 없는 곳에서 수직으로 설치하는 경우 지지점 간의 거리는 최대 몇 [m] 이하로 하여야 하는가?

① 1.5　② 2.0
③ 3.0　④ 6.0

해설 덕트의 지지점 간 거리는 3[m] 이하로 할 것(단, 취급자 이외에는 출입할 수 없는 곳에서 수직으로 설치하는 경우 6[m] 이하까지도 가능)

41 다음 중 버스 덕트의 종류가 아닌 것은?

① 피더 버스 덕트
② 플러그인 버스 덕트
③ 케이블 버스 덕트
④ 탭붙이 버스 덕트

해설 버스 덕트의 종류

- 피더 버스 덕트 : 도중 부하 접속 불가능
- 플러그인 버스 덕트 : 도중에 부하 접속용으로 꽂음 플러그를 만든 것
- 탭붙이 버스 덕트 : 중간에 기기 또는 전선 등과 접속시키기 위한 탭붙이된 덕트
- 트랜스포지션 버스 덕트
- 익스팬션 버스 덕트

42 480[V] 가공 인입선이 철도를 횡단할 때 레일면상의 최저 높이는 약 몇 [m]인가?

① 4.0　② 4.5
③ 5.5　④ 6.5

해설 저압 가공 인입선의 높이

장소 구분	저압[m]
도로 횡단	5[m] 이상(단, 기술상 부득이하고 교통에 지장이 없는 경우 3[m] 이상)
철도 횡단	6.5[m] 이상
횡단보도교	3[m] 이상
기타 장소	4[m] 이상(단, 기술상 부득이하고 교통에 지장이 없는 경우 2.5[m] 이상)

43 2[μF], 3[μF], 5[μF]의 콘덴서 3개를 병렬로 접속했을 때의 합성 정전 용량은 몇 [F]인가?

① 1.5　② 4
③ 8　④ 10

해설 병렬 합성 정전 용량 $C_0 = 2+3+5 = 10[\mu F]$

44 그림과 같은 $R-C$ 병렬 회로에서 역률은?

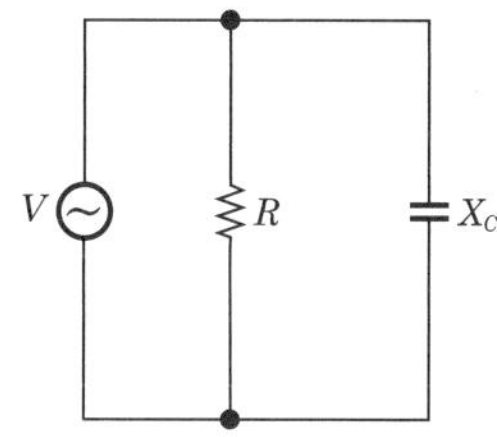

① $\dfrac{R}{\sqrt{R^2+{X_C}^2}}$

② $\dfrac{X_C}{\sqrt{R^2+{X_C}^2}}$

③ $\dfrac{X_C}{R^2+{X_C}^2}$

④ $\dfrac{RX_C}{\sqrt{R^2+{X_C}^2}}$

해설 $R-C$ 병렬 회로의 역률

$$\cos\theta = \frac{X_C}{\sqrt{R^2+{X_C}^2}}$$

45 수 · 변전 설비에서 계기용 변류기(CT)의 설치 목적은?

① 고전압을 저전압으로 변성
② 대전류를 소전류로 변성
③ 선로 전류 조정
④ 지락 전류 측정

해설 계기용 변류기(CT) : 대전류를 소전류(5[A])로 변성하여 측정 계기나 전기의 전류원으로 사용하기 위한 전류 변성기

정답 40.④ 41.③ 42.④ 43.④ 44.② 45.②

★★
46 전기 배선용 도면을 작성할 때 사용하는 매입 콘센트 도면 기호는?

① (기호) ② (기호)

③ (기호) ④ (기호)

해설 심벌 명칭
① 콘센트
② 점멸기
③ 전등
④ 점검구

★★
47 실내 전체를 균일하게 조명하는 방식으로 광원을 일정한 간격으로 배치하며 공장, 학교, 사무실 등에서 채용되는 조명 방식은?

① 국부 조명
② 전반 조명
③ 직접 조명
④ 간접 조명

해설 ① 국부 조명 : 필요한 범위를 높은 광속으로 유지(진열장)
② 전반 조명 : 실내 전체를 균등한 광속으로 유지(사무실)
③ 직접 조명 : 특정 부분만 광속의 90[%] 이상을 작업면에 투사시키는 방식
④ 간접 조명 : 광속의 90[%] 이상을 벽이나 천장에 투사시켜 간접적으로 빛을 얻는 방식

신규문제
48 다음 ( ) 안에 알맞은 낱말은?

> 뱅크(bank)란 전로에 접속된 변압기 또는 ( )의 결선상 단위를 말한다.

① 차단기 ② 콘덴서
③ 단로기 ④ 리액터

해설 뱅크(bank)란 전로에 접속된 변압기 또는 콘덴서의 결선상 단위를 말한다.

★★
49 그림과 같은 비사인파의 제3고조파 주파수는? (단, $V=20[V]$, $T=10[ms]$이다.)

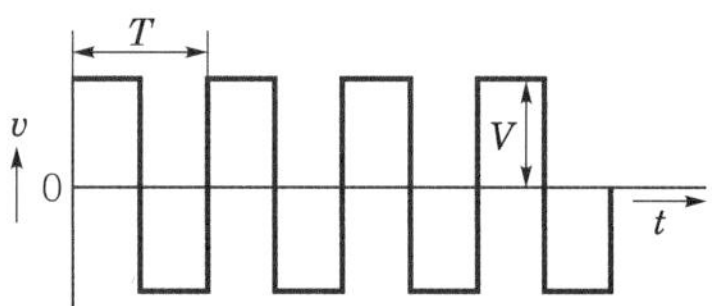

① 100[Hz]
② 200[Hz]
③ 300[Hz]
④ 400[Hz]

해설 기본파의 주파수 $f=\frac{1}{T}=\frac{1}{10\times10^{-3}}$
$=100[Hz]$
제3고조파 주파수는 기본파 주파수의 3배이므로 300[Hz]이다.

★
50 주파수가 1,000[Hz]일 때 용량성 리액턴스에 10[A]의 전류가 흘렀다면 주파수가 2,000[Hz]인 경우 전류는 몇 [A]인가?

① 5 ② 10
③ 20 ④ 40

해설 용량성 리액턴스$\left(X_C=\frac{1}{\omega C}=\frac{1}{2\pi fC}\right)$에 의한 전류
$I=\frac{V}{X_C}=2\pi fCV[A]$는 주파수에 비례하므로 주파수가 2배로 증가하면 전류도 2배가 된다.
전류 $I'=2\times10=20[A]$

★★
51 기전력 1.5[V], 내부 저항 0.2[Ω]인 전지 5개를 직렬로 접속하여 단락시켰을 때의 전류[A]는?

① 1.5 ② 2.5
③ 6.5 ④ 7.5

해설 $I=\frac{nE}{nr}=\frac{1.5\times5}{0.2\times5}=7.5[A]$

정답 46.① 47.② 48.② 49.③ 50.③ 51.④

★★★
52 전기 분해를 통하여 석출된 물질의 양은 통과한 전기량 및 화학당량과 어떤 관계가 있는가?

출제빈도

① 전기량과 화학당량에 비례한다.
② 전기량과 화학당량에 반비례한다.
③ 전기량에 비례하고 화학당량에 반비례한다.
④ 전기량에 반비례하고 화학당량에 비례한다.

해설 패러데이 법칙 : 전극에서 석출되는 물질의 양은 전기량과 화학당량에 비례한다.
$W=kQ=kIt$[g]

★★
53 (가), (나)에 들어갈 내용으로 알맞은 것은?

> 2차 전지의 대표적인 것으로 납축전지가 있다. 전해액으로 비중 약 (가) 정도의 (나)을 사용한다.

① (가) 1.15~1.21, (나) 묽은 황산
② (가) 1.25~1.36, (나) 질산
③ (가) 1.01~1.15, (나) 질산
④ (가) 1.23~1.26, (나) 묽은 황산

해설 납축전지의 재료
- 음극제 : 납
- 양극제 : 이산화납(PbO_2)
- 전해액 : 묽은 황산(H_2SO_4), 물과 섞어 사용하는 비중 1.2~1.3

★
54 m[Wb]의 점자극에서 r[m] 떨어진 점의 자장의 세기는 몇 [AT/m]인가?

① $\frac{m}{4\pi r}$ ② $\frac{m}{4\pi\mu_0\mu_s r}$
③ $\frac{m}{4\pi r^2}$ ④ $\frac{m}{4\pi\mu_0\mu_s r^2}$

해설 점자극에 의한 자계의 세기
$H=\frac{m}{4\pi\mu_0\mu_s r^2}$[AT/m]

★
55 다음 중 줄의 법칙을 응용한 전기기기가 아닌 것은?

① 백열전구 ② 열전대
③ 전기 다리미 ④ 전열기

해설 줄의 법칙은 전열기에서 발생하는 열량을 정의한 법칙이다. 전기 부하가 줄의 법칙을 응용한 기기이며 열전대는 재베크 효과를 이용하여 만들어진 서로 다른 두 금속의 조합을 의미한다. 백금-백금로듐, 크로멜-알루멜, 구리-콘스탄탄 등이 이에 해당한다.

★★★
56 가공 전선로의 지지물에 시설하는 지지선(지선)의 안전율은 얼마 이상이어야 하는가? (단, 허용 인장 하중은 4.31[kN] 이상)

출제빈도

① 2 ② 2.5
③ 3 ④ 3.5

해설 지지선(지선)의 시설 규정
- 안전율 2.5 이상일 것
- 허용 인장 하중 : 4.31[kN] 이상
- 소선 3가닥 이상의 아연 도금 연선을 사용할 것

★★
57 저항 2[Ω]과 3[Ω]을 병렬로 연결했을 때의 전류는 직렬로 연결했을 때 전류의 몇 배인가?

① 0.24 ② 3.16
③ 4.17 ④ 6

해설 직렬 접속 저항 $R_1=2+3=5$[Ω]
병렬 접속 저항 $R_2=\frac{2\times3}{2+3}=1.2$[Ω]
전류비$=\frac{R_1}{R_2}=\frac{5}{1.2}=4.17$

정답 52.① 53.④ 54.④ 55.② 56.② 57.③

★★★
58 전류에 의해 만들어지는 자기장의 방향을 알기 쉽게 정의한 법칙은?

출제빈도

① 앙페르의 오른 나사 법칙
② 플레밍의 왼손 법칙
③ 렌츠의 자기 유도 법칙
④ 패러데이의 전자 유도 법칙

해설 앙페르의 오른 나사 법칙 : 전류에 의한 자기장(자기력선)의 방향을 알기 쉽게 정의한 법칙

★★★
59 30[μF]과 40[μF]의 콘덴서를 병렬로 접속한 후 100[V]의 전압을 가했을 때 전체 전하량은 몇 [C]인가?

출제빈도

① 17×10^{-4}　② 34×10^{-4}
③ 56×10^{-4}　④ 70×10^{-4}

해설 합성 정전 용량 $C_0 = 30+40 = 70[\mu F]$
총 전하량 $Q = CV$
$= 70\times10^{-6}\times100$
$= 70\times10^{-4}[C]$

★★
60 도체계에서 임의의 도체를 일정 전위(일반적으로 영전위)의 도체로 완전 포위하면 내부와 외부의 전계를 완전히 차단할 수 있는데 이를 무엇이라 하는가?

① 핀치 효과　② 톰슨 효과
③ 정전 차폐　④ 자기 차폐

해설 정전 차폐 : 도체가 정전 유도가 되지 않도록 도체 바깥을 포위하여 접지하는 것을 정전 차폐라 하며 완전 차폐가 가능하다.

정답 58.① 59.④ 60.③

2022년 제1회 CBT 기출복원문제

★ 표시 : 문제 중요도를 나타냄

본 기출문제는 수험생들의 기억을 바탕으로 작성한 것으로 내용 및 그림 등에서 실제 문제와 다소 차이가 있을 수 있습니다.

★★

01 다음 중 계전기의 종류가 아닌 것은?

① 과전류 계전기
② 지락 계전기
③ 과전압 계전기
④ 고저항 계전기

해설 거리에 비례하는 저항 계전기는 있지만 고저항 계전기는 존재하지 않는다.

★★★

02 출제빈도 **분기 회로(S_2)의 보호 장치(P_2)는 P_2의 전원측에서 분기점(O) 사이에 다른 분기 회로 또는 콘센트의 접속이 없고, 단락의 위험과 화재 및 인체에 대한 위험성이 최소화되도록 시설된 경우, 분기 회로의 보호 장치(P_2)는 분기 회로의 분기점(O)으로부터 x[m]까지 이동하여 설치할 수 있다. x[m]는?**

① 2
② 3
③ 1
④ 4

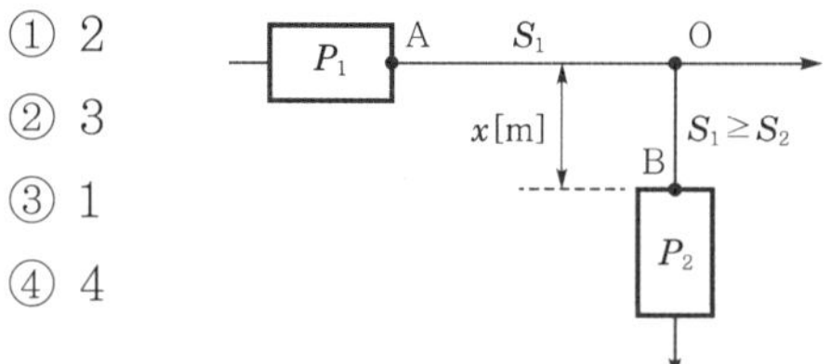

해설 전원측(P_2)에서 분기점(O) 사이에 다른 분기 회로 또는 콘센트의 접속이 없고, 단락의 위험과 화재 및 인체에 대한 위험성이 최소화되도록 시설된 경우, 분기 회로의 보호 장치(P_2)는 분기 회로의 분기점(O)으로부터 3[m]까지 이동하여 설치할 수 있다.

★★★

03 출제빈도 **전로에 시설하는 기계 기구의 철대 및 금속제 외함(외함이 없는 변압기 또는 계기용 변성기는 철심)에는 접지 공사를 하여야 한다. 다음 사항 중 접지 공사 생략이 불가능한 장소는?**

① 사용 전압이 직류 300[V] 이하인 전기 기계 기구를 건조한 장소에 설치한 경우
② 철대 또는 외함을 주위의 적당한 절연대를 이용하여 시설한 경우
③ 전기용품 안전관리법에 의한 2중 절연 기계 기구
④ 대지 전압 교류 220[V] 이하인 전기 기계 기구를 건조한 장소에 설치한 경우

해설 전로에 시설하는 기계 기구의 철대 및 금속제 외함(외함이 없는 변압기 또는 계기용 변성기는 철심)의 접지 공사 생략 가능한 경우

- 사용 전압이 직류 300[V], 교류 대지 전압 150[V] 이하인 전기 기계 기구를 건조한 장소에 설치한 경우
- 저압·고압, 22.9[kV-Y] 계통 전로에 접속한 기계 기구를 목주 위 등에 시설한 경우
- 저압용 기계 기구를 목주나 마루 위 등에 설치한 경우
- 전기용품 안전관리법에 의한 2중 절연 기계 기구

정답 01.④ 02.② 03.④

- 외함이 없는 계기용 변성기 등을 고무 절연물 등으로 덮은 경우
- 철대 또는 외함을 주위의 적당한 절연대를 이용하여 시설한 경우
- 2차 전압 300[V] 이하, 정격 용량 3[kVA] 이하인 절연 변압기를 사용하고 2차측을 비접지 방식으로 하는 경우
- 동작 전류 30[mA] 이하, 동작 시간 0.03[sec] 이하인 인체 감전 보호 누전 차단기를 설치한 경우

★
04 한국전기설비규정에 의한 중성점 접지용 접지 도체는 공칭 단면적 몇 [mm^2] 이상의 연동선을 사용하여야 하는가? (단, 25[kV] 이하인 중성선 다중 접지식으로서 전로에 지락 발생 시 2초 이내에 자동적으로 이를 전로로부터 차단하는 장치가 되어 있는 경우이다.)

① 16 ② 6
③ 2.5 ④ 10

해설 중성점 접지용 접지 도체는 공칭 단면적 16[mm^2] 이상의 연동선을 사용하여야 한다. 단, 25[kV] 이하인 중성선 다중 접지식으로서 전로에 지락 발생 시 2초 이내에 자동적으로 이를 전로로부터 차단하는 장치가 되어 있는 경우는 6[mm^2]를 사용하여도 된다.

★★★
05 (출제빈도) 한국전기설비규정에 의하면 정격 전류가 30[A]인 저압 전로에 39[A]의 전류가 흐를 때 배선용(산업용) 차단기로 사용하는 경우 몇 분 이내에 자동적으로 동작하여야 하는가?

① 120 ② 60
③ 2 ④ 4

해설 과전류 차단기로 저압 전로에 사용하는 63[A] 이하의 산업용 배선용 차단기는 정격 전류의 1.3배 전류가 흐를 때 60분 내에 자동으로 동작하여야 한다.

★★★
06 (출제빈도) 전주 외등을 전주에 부착하는 경우 전주 외등은 하단으로부터 몇 [m] 이상 높이에 시설하여야 하는가?

① 3.0 ② 3.5
③ 4.0 ④ 4.5

해설 전주 외등 : 대지 전압 300[V] 이하 백열전등이나 수은등을 배전 선로의 지지물 등에 시설하는 등
- 기구 부착 높이 : 하단에서 지표상 4.5[m] 이상(단, 교통 지장이 없을 경우 3.0[m] 이상)
- 돌출 수평 거리 : 1.0[m] 이하

★
07 특고압 수변전 설비 약호가 잘못된 것은?

① LF－전력 퓨즈 ② DS－단로기
③ LA－피뢰기 ④ CB－차단기

해설 전력 퓨즈 약호 : PF

★★★
08 (출제빈도) 실효값 20[A], 주파수 $f=60$[Hz], 0°인 전류의 순시값 i[A]를 수식으로 옳게 표현한 것은?

① $i=20\sin(60\pi t)$
② $i=20\sqrt{2}\sin(120\pi t)$
③ $i=20\sin(120\pi t)$
④ $i=20\sqrt{2}\sin(60\pi t)$

해설 순시값 전류 $i(t)=$실효값$\times\sqrt{2}\sin(2\pi ft+\theta)$
$=20\sqrt{2}\sin(120\pi t)$[A]

★★★
09 (출제빈도) 전압 200[V]이고 $C_1=10[\mu F]$와 $C_2=5[\mu F]$인 콘덴서를 병렬로 접속하면 C_2에 분배되는 전하량은 몇 [μC]인가?

① 100 ② 2,000
③ 500 ④ 1,000

해설 C_2에 축적되는 전하량
$Q_2=C_2V=5\times200=1,000[\mu C]$

정답 04.② 05.② 06.④ 07.① 08.② 09.④

★★★
10 변압기의 권수비가 60이고 2차 저항이 0.1[Ω]일 때 1차로 환산한 저항값[Ω]은 얼마인가?

출제빈도

① 30 ② 360
③ 300 ④ 250

해설
권수비 $a=\sqrt{\dfrac{R_1}{R_2}}$ 이므로
1차 저항 $R_1=a^2R_2=60^2\times 0.1=360[\Omega]$

★★
11 다음 중 자기 저항의 단위에 해당되는 것은?

① [AT/Wb] ② [Wb/AT]
③ [H/m] ④ [Ω]

해설 기자력 $F=NI=R\phi$[AT]에서
자기 저항 $R=\dfrac{NI}{\phi}$[AT/Wb]

★
12 사람이 상시 통행하는 터널 내 배선의 사용 전압이 저압일 때 배선 방법으로 틀린 것은?

① 금속 몰드
② 금속관
③ 두께 2[mm] 이상 합성수지관(콤바인 덕트관 제외)
④ 제2종 가요 전선관 배선

해설 사람이 상시 통행하는 터널 안의 배선 공사 : 금속관, 제2종 가요 전선관, 케이블, 합성수지관, 단면적 2.5[mm²] 이상의 연동선을 사용한 애자 사용 공사에 의하여 노면상 2.5[m] 이상의 높이에 시설할 것

★★★
13 전류를 계속 흐르게 하려면 전압을 연속적으로 만들어주는 어떤 힘이 필요하게 되는데, 이 힘을 무엇이라 하는가?

출제빈도

① 기자력 ② 전자력
③ 기전력 ④ 전기력

해설 기전력 : 전압을 연속적으로 만들어서 전류를 흐르게 하는 원천

★★
14 폭연성 먼지(분진)가 존재하는 곳의 금속관 공사 시 전동기에 접속하는 부분에서 가요성을 필요로 하는 부분의 배선에는 폭발방지(방폭)형의 부속품 중 어떤 것을 사용하여야 하는가?

① 유연성 부속
② 분진 방폭형 유연성 부속
③ 안정 증가형 유연성 부속
④ 안전 증가형 부속

해설 폭연성 먼지(분진)가 존재하는 장소 : 전동기에 가요성을 요하는 부분의 부속품은 분진 방폭형 유연성 구조이어야 한다.

★★
15 동기 발전기의 병렬 운전 중 기전력의 위상차가 발생하면 어떤 현상이 나타나는가?

① 무효 횡류
② 유효 순환 전류
③ 무효 순환 전류
④ 고조파 전류

해설 동기 발전기 병렬 운전 조건 중 기전력의 크기가 같고 위상차가 존재하는 경우 유효 순환 전류(동기화 전류)가 흘러 동기 화력에 의해 위상이 일치된다.

★★
16 병렬 운전 중인 동기 발전기의 유도 기전력이 2,000[V], 위상차 60°일 경우 유효 순환 전류는 얼마인가? (단, 동기 임피던스는 5[Ω]이다.)

① 500 ② 1,000
③ 20 ④ 200

해설 유효 순환 전류
$I_c=\dfrac{E_A}{Z_s}\sin\delta=\dfrac{2{,}000}{5}\sin\dfrac{60°}{2}=200[\mathrm{A}]$

정답 10.② 11.① 12.① 13.③ 14.② 15.② 16.④

★★★
17 동일 굵기의 단선을 쥐꼬리 접속하는 경우 두 전선의 피복을 벗긴 후 심선을 교차시켜서 펜치로 비틀면서 꼬아야 하는데 이때 심선의 교차각은 몇 도가 되도록 해야 하는가?

① 30° ② 90°
③ 120° ④ 180°

해설 쥐꼬리 접속은 전선 피복을 여유 있게 벗긴 후 심선을 90°가 되도록 교차시킨 후 펜치로 잡아 당기면서 비틀어 2~3회 정도 꼰 후 끝을 잘라 낸다.

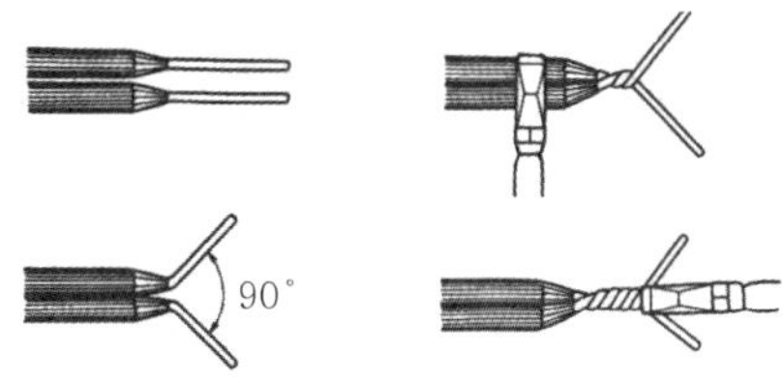

▌쥐꼬리 접속▐

★★
18 노출 장소 또는 점검 가능한 장소에서 제2종 가요 전선관을 시설하고 제거하는 것이 자유로운 경우의 곡선(곡률) 반지름은 안지름의 몇 배 이상으로 하여야 하는가?

① 6 ② 3
③ 12 ④ 10

해설 제2종 가요관의 굽은부분 반지름(굴곡반경)은 가요 전선관을 시설하고 제거하는 것이 자유로운 경우 곡선(곡률) 반지름은 3배 이상으로 한다.

★★
19 교통 신호등 회로의 사용 전압이 몇 [V]를 초과하는 경우에는 지락 발생 시 자동적으로 전로를 차단하는 장치를 시설하여야 하는가?

① 100 ② 50
③ 150 ④ 200

해설 교통 신호등 회로의 사용 전압이 150[V]를 초과한 경우 전로에 지락이 발생했을 때 자동적으로 전로를 차단하는 누전 차단기를 시설하여야 한다.

★★★
20 옥내 배선 공사에서 절연 전선의 심선이 손상되지 않도록 피복을 벗길 때 사용하는 공구는?

① 와이어 스트리퍼
② 플라이어
③ 압착 펜치
④ 프레셔 툴

해설 와이어 스트리퍼 : 절연 전선의 피복 절연물을 직각으로 벗기기 위한 자동 공구로 도체의 손상을 방지하기 위하여 정확한 크기의 구멍을 선택하여 피복 절연물을 벗겨야 한다.

★★
21 코일 주위에 전기적 특성이 큰 에폭시 수지를 고진공으로 침투시키고, 다시 그 주위를 기계적 강도가 큰 에폭시 수지로 몰딩한 변압기는?

① 건식 변압기
② 몰드 변압기
③ 유입 변압기
④ 타이 변압기

해설 몰드 변압기 : 코일 주위에 전기적 특성이 큰 에폭시 수지를 고진공으로 침투시키고, 다시 그 주위를 기계적 강도가 큰 에폭시 수지로 몰딩한 변압기

★★
22 저압 크레인 또는 호이스트 등의 트롤리선을 애자 사용 공사에 의하여 옥내의 노출 장소에 시설하는 경우 트롤리선의 바닥에서의 최소 높이는 몇 [m] 이상으로 설치하는가?

① 2 ② 2.5
③ 3.5 ④ 4.5

해설 저압 크레인 또는 호이스트 등의 트롤리선을 애자 사용 공사에 의하여 옥내의 노출 장소에 시설하는 경우 트롤리선의 바닥에서의 높이는 3.5[m] 이상으로 설치하여야 한다.

정답 17.② 18.② 19.③ 20.① 21.② 22.③

★★
23 다음 단상 유도 전동기에서 역률이 가장 좋은 것은?

① 콘덴서 기동형 ② 셰이딩 코일형
③ 반발 기동형 ④ 콘덴서 구동형

해설 콘덴서 기동형은 전동기 기동 시나 운전 시 항상 콘덴서를 기동 권선과 직렬로 접속시켜 기동하는 방식으로 구조가 간단하고 역률이 좋기 때문에 큰 기동 토크를 요하지 않고 속도를 조정할 필요가 있는 선풍기나 세탁기 등에서 이용한다.

★
24 저압 전선로 중 절연 부분의 전선과 대지 간 및 전선의 심선 상호 간의 절연 저항은 사용 전압에 대한 누설 전류가 최대 공급 전류의 얼마를 넘지 않도록 하여야 하는가?

① $\frac{1}{4,000}$ ② $\frac{1}{3,000}$
③ $\frac{1}{2,000}$ ④ $\frac{1}{1,000}$

해설 저압 전선로의 절연 저항은 사용 전압에 대한 누설 전류가 최대 공급 전류의 $\frac{1}{2,000}$을 넘지 않아야 한다.

★★
25 권선형 유도 전동기 기동 시 회전자측에 저항을 넣는 이유는?

① 기동 전류를 감소시키기 위해
② 기동 토크를 감소시키기 위해
③ 회전수를 감소시키기 위해
④ 기동 전류를 증가시키기 위해

해설 권선형 유도 전동기에 외부 저항을 접속하면 기동 전류는 감소하고, 기동 토크는 증가하며 역률은 개선된다.

★
26 연피 케이블 및 알루미늄피 케이블을 구부리는 경우 피복이 손상되지 않도록 하고, 그 굽은 부분(굴곡부)의 곡선반지름(곡률반경)은 원칙적으로 케이블 바깥지름(외경)의 몇 배 이상이어야 하는가?

① 8 ② 6
③ 12 ④ 10

해설 알루미늄피 케이블의 곡선반지름(곡률반경)은 케이블 바깥지름의 12배 이상이어야 한다.

★★
27 진동이 있는 기계 기구의 단자에 전선을 접속할 때 사용하는 것은?

① 압착 단자 ② 스프링 와셔
③ 코드 스패너 ④ 십자머리 볼트

해설 진동으로 인하여 단자가 풀릴 우려가 있는 곳에는 스프링 와셔나 이중 너트를 사용한다.

★★
28 단상 유도 전동기 중 회전자는 농형이고 자극의 일부에 홈을 만들어 단락된 코일을 끼워 넣어 기동하는 방식은?

① 분상 기동형 ② 셰이딩 코일형
③ 반발 유도형 ④ 반발 기동형

해설 셰이딩 코일형 : 회전자는 농형이고 고정자는 몇 개의 자극으로 이루어진 구조로 자극 일부에 슬롯을 만들어 단락된 셰이딩 코일을 끼워 넣어 기동하는 방식

★★★
29 자로의 길이 l[m], 투자율 μ, 단면적 A[m^2], 인 자기 회로의 자기 저항[AT/Wb]은?

출제빈도

① $\frac{\mu}{lA}$ ② $\frac{\mu l}{A}$
③ $\frac{l}{\mu A}$ ④ $\frac{\mu A}{l}$

해설 자기 회로의 자기 저항 $R=\frac{l}{\mu A}=\frac{NI}{\phi}$[AT/Wb]

★★★
30 250[kVA]의 단상 변압기 2대를 사용하여 V-V결선으로 하고 3상 전원을 얻고자 할 때 최대로 얻을 수 있는 3상 부하의 용량은 약 몇 [kVA]인가?

출제빈도

① 500 ② 433
③ 200 ④ 100

정답 23.① 24.③ 25.① 26.③ 27.② 28.② 29.③ 30.②

해설 V결선 용량
$P_V = \sqrt{3}P_1 = \sqrt{3} \times 250 = 433[\text{kVA}]$

★
31 일반적으로 전철이나 화학용과 같이 비교적 용량이 큰 수은 정류기용 변압기의 2차측 결선 방식으로 쓰이는 것은?

① 6상 2중 성형 ② 3상 반파
③ 3상 전파 ④ 3상 크로즈파

해설 용량이 큰 용량이 큰 수은 정류기용 변압기 2차측 결선 방법 : 6상 2중 성형, Fork결선

★★★
32 그림과 같은 회로에서 합성 저항은 몇 [Ω]인가?

① 6.6
② 7.4
③ 8.7
④ 9.4

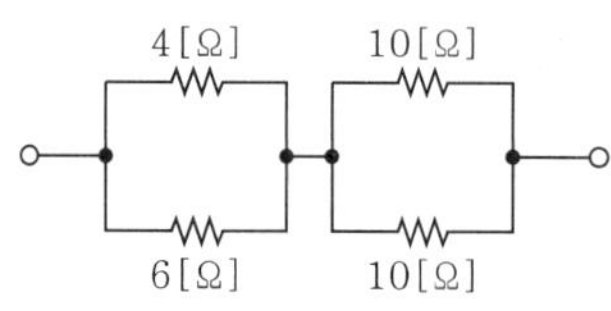

해설 합성 저항$= \frac{4 \times 6}{4+6} + \frac{10 \times 10}{10+10} = 7.4[\Omega]$

★
33 동기기의 손실에서 고정손에 해당되는 것은?

① 계자 권선의 저항손
② 전기자 권선의 저항손
③ 계자 철심의 철손
④ 브러시의 전기손

해설 고정손(무부하손) : 부하에 관계없이 항상 일정한 손실
- 철손(P_i) : 히스테리시스손, 와류손
- 기계손(P_m) : 마찰손, 풍손
- 브러시의 전기손

★
34 5.5[kW], 200[V] 유도 전동기의 전전압 기동 시의 기동 전류가 150[A]이었다. 여기에 Y-△ 기동 시 기동 전류는 몇 [A]가 되는가?

① 50 ② 70
③ 87 ④ 95

해설 Y-△ 기동 시 기동 전류는 $\frac{1}{3}$로 감소된다.

★
35 변압기의 임피던스 전압을 구하는 시험 방법은?

① 충격 전압 시험
② 부하 시험
③ 무부하 시험
④ 단락 시험

해설 임피던스 전압은 전부하 시 변압기 동손을 구하기 위한 시험으로 변압기 2차측을 단락시킨 상태에서 시험하는 단락 시험으로부터 구할 수 있다.

★★★
36 두 자극의 세기가 m_1, m_2[Wb], 거리가 r[m]일 때 작용하는 자기력의 크기[N]는 얼마인가?

① $k\frac{m_1 \cdot m_2}{r}$ ② $k\frac{r}{m_1 \cdot m_2}$
③ $k\frac{m_1 \cdot m_2}{r^2}$ ④ $k\frac{r^2}{m_1 \cdot m_2}$

해설 쿨롱의 법칙 : 두 자극 사이에 작용하는 자력의 크기는 양 자극의 세기의 곱에 비례하며, 자극 간의 거리의 제곱에 비례한다.

쿨롱의 법칙 $F = k\frac{m_1 \cdot m_2}{r^2} = \frac{m_1 \cdot m_2}{4\pi\mu_0 r^2}[\text{N}]$

★
37 가동 접속한 자기 인덕턴스 값이 $L_1 = 50$[mH], $L_2 = 70$[mH], 상호 인덕턴스 $M = 60$[mH]일 때 합성 인덕턴스[mH]는? (단, 누설 자속이 없는 경우이다.)

① 120 ② 240
③ 200 ④ 100

해설 가동 접속 합성 인덕턴스
$L_{가} = L_1 + L_2 + 2M$
$= 50 + 70 + 2 \times 60 = 240[\text{mH}]$

정답 31.① 32.② 33.③ 34.① 35.④ 36.③ 37.②

★★★
38 교류의 실효값이 220[V]일 때 평균값은 몇 [V]인가?

① 311　② 211
③ 198　④ 243

해설 평균값 $V_{av} = \frac{2}{\pi} V_m = 0.9\,V$이므로

$= 0.9 \times 220 = 198[V]$

※ $V_{av} = \frac{2}{\pi} V_m = 0.9\,V_{av}[V]$

★★
39 막대 자석의 자극의 세기가 m[Wb]이고, 길이가 l[m]인 경우 자기 모멘트[Wb·m]는 얼마인가?

① ml　② $\frac{m}{l}$
③ $\frac{l}{m}$　④ $2ml$

해설 막대 자석의 자기 모멘트 $M = ml$[Wb·m]

★
40 가공 인입선을 시설할 때 경동선의 최소 굵기는 몇 [mm]인가? [단, 지지물 간 거리(경간)가 15[m]를 초과한 경우이다.]

① 2.0　② 2.6
③ 3.2　④ 1.5

해설 가공 인입선의 사용 전선 : 2.6[mm] 이상 경동선 또는 이와 동등 이상일 것[단, 지지물 간 거리(경간) 15[m] 이하는 2.0[mm] 이상도 가능]

★★★
41 공기 중에서 자속 밀도 2[Wb/m^2]의 평등 자장 속에 길이 60[cm]의 직선 도선을 자장의 방향과 30° 각으로 놓고 여기에 5[A]의 전류를 흐르게 하면 이 도선이 받는 힘은 몇 [N]인가?

① 2　② 5
③ 6　④ 3

해설 전자력 $F = IBl\sin\theta$

$= 5 \times 2 \times 0.6 \times \sin 30° = 3[N]$

★★
42 히스테리시스 곡선이 세로축과 만나는 점의 값은 무엇을 나타내는가?

① 자속 밀도　② 잔류 자기
③ 보자력　④ 자기장

해설 히스테리시스 곡선
- 세로축(종축)과 만나는 점 : 잔류 자기
- 가로축(횡축)과 만나는 점 : 보자력

★★★
43 두 금속을 접속하여 여기에 전류를 흘리면, 줄열 외에 그 접점에서 열의 발생 또는 흡수가 일어나는 현상은?

① 줄 효과　② 홀 효과
③ 제벡 효과　④ 펠티에 효과

해설 펠티에 효과 : 두 금속을 접합하여 접합점에 전류를 흘려주면 열의 발생 또는 흡수가 발생하는 현상

★★
44 주파수 60[Hz]인 터빈 발전기의 최고 속도는 몇 [rpm]인가? (단, 극수는 2극이다.)

① 3,600　② 2,400
③ 1,800　④ 4,800

해설 주파수 60[Hz]이고, 극수가 2극일 때 최고 속도를 낼 수 있다.

$N_s = \frac{120f}{P} = \frac{120 \times 60}{2} = 3{,}600[rpm]$

★★★
45 변압기 내부 고장 발생 시 발생하는 기름의 흐름 변화를 검출하는 부흐홀츠 계전기의 설치 위치로 알맞은 것은?

① 변압기 본체
② 변압기의 고압측 부싱
③ 콘서베이터 내부
④ 변압기 본체와 콘서베이터 사이

정답 38.③ 39.① 40.② 41.④ 42.② 43.④ 44.① 45.④

해설 부흐홀츠 계전기는 내부 고장 발생 시 유증기를 검출하여 동작하는 계전기로 변압기 본체와 콘서베이터를 연결하는 파이프 도중에 설치한다.

★★★
46 전등 1개를 2개소에서 점멸하고자 할 때 필요한 3로 스위치는 최소 몇 개인가?

① 1개 ② 2개
③ 3개 ④ 4개

해설 3로 스위치 : 1개의 등을 2개소에서 점멸하고자 할 경우 3로 스위치는 2개가 필요하다.

★★
47 8극, 60[Hz]인 유도 전동기의 회전수[rpm]는?

① 1,800 ② 900
③ 3,600 ④ 2,400

해설 $N_s = \frac{120f}{P} = \frac{120 \times 60}{8} = 900[\text{rpm}]$

★★★
48 그림과 같은 전동기 제어 회로에서 전동기 M의 전류 방향으로 올바른 것은? (단, 전동기의 역률은 100[%]이고, 사이리스터의 점호각은 0°라고 본다.)

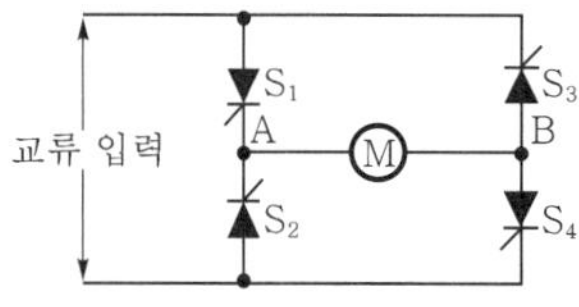

① 항상 "A"에서 "B"의 방향
② 입력의 반주기마다 "A"에서 "B"의 방향, "B"에서 "A"의 방향
③ 항상 "B"에서 "A"의 방향
④ S_1과 S_4, S_2와 S_3의 동작 상태에 따라 "A"에서 "B"의 방향, "B"에서 "A"의 방향

해설 그림의 전동기 제어 회로는 전파 정류 회로를 이용한 사이리스터 위상 제어 회로로서 S_1, S_2에 교류가 순방향 입력으로 들어가면 전류 방향은 항상 "A"에서 "B"를 향한다.

★
49 직류 발전기의 무부하 특성 곡선은 어떠한 관계를 의미하는가?

① 부하 전류와 무부하 단자 전압과의 관계
② 계자 전류와 부하 전류와의 관계
③ 계자 전류와 무부하 단자 전압과의 관계
④ 계자 전류와 회전력과의 관계

해설 직류 발전기의 무부하 특성 곡선은 계자 전류와 유기 기전력(무부하 단자 전압)의 관계를 나타낸 전압 특성 곡선이다.

★★★
50 조명등을 호텔 입구에 설치할 때 현관등은 최대 몇 분 이내에 소등되는 타임 스위치를 시설하여야 하는가?

① 4 ② 3
③ 1 ④ 2

해설 현관등 타임 스위치
- 일반 주택 및 아파트 : 3분
- 숙박업소 각 호실 : 1분

★★★
51 6[Ω], 8[Ω], 9[Ω]의 저항 3개를 직렬로 접속하여 5[A]의 전류를 흘려줬다면 이 회로의 전압은 몇 [V]인가?

① 117 ② 115
③ 100 ④ 90

해설 $V = IR = 5 \times (6+8+9) = 115[\text{V}]$

★★★
52 점유 면적이 좁고 운전, 보수에 안전하므로 공장, 빌딩 등의 전기실에 많이 사용되며, 큐비클(cubicle)형이라고 불리는 배전반은 무엇인가?

① 라이브 프런트식 배전반
② 폐쇄식 배전반
③ 포스트형 배전반
④ 데드 프런트식 배전반

해설 폐쇄식 배전반이란 단위 회로의 변성기, 차단기 등의 주기기류와 이를 감시, 제어, 보호하기 위한 각종 계기 및 조작 개폐기, 계전기 등 전부 또는 일부를 금속제 상자 안에 조립하는 방식

정답 46.② 47.② 48.① 49.③ 50.③ 51.② 52.②

★★
53 박강 전선관의 호칭을 맞게 설명한 것은?

① 안지름에 가까운 홀수로 표시한다.
② 바깥지름에 가까운 짝수로 표시한다.
③ 바깥지름에 가까운 홀수로 표시한다.
④ 안지름에 가까운 짝수로 표시한다.

해설 박강 전선관은 1.2[mm]의 얇은 전선관으로 바깥지름(외경)에 가까운 홀수로 호칭을 표기한다.

★
54 고압 가공 전선로 철탑의 표준 지지물 간 거리(경간)는 최대 몇 [m]로 제한하고 있는가?

① 600 ② 400
③ 250 ④ 100

해설 고압 가공 전선로의 철탑의 표준 지지물 간 거리(경간) : 600[m]

★★★
55 두 평행 도선의 길이가 1[m], 거리가 1[m]인 왕복 도선 사이에 단위 길이당 작용하는 힘의 세기가 18×10^{-7}[N]일 경우 전류의 세기[A]는?

① 4 ② 3
③ 1 ④ 2

해설 평행 도선 사이에 작용하는 힘의 세기

$$F=\frac{2I_1I_2}{r}\times10^{-7}[\text{N/m}]$$

$$F=\frac{2I^2}{1}\times10^{-7}[\text{N/m}]=18\times10^{-7}[\text{N/m}]$$

$I^2=9$이므로 $I=3$[A]

★★
56 주택의 옥내 저압 전로의 인입구에 감전 사고를 방지하기 위하여 반드시 시설해야 하는 장치는?

① 퓨즈
② 커버 나이프 스위치
③ 배선용 차단기
④ 누전 차단기

해설 대지 전압 150[V]를 초과하고 300[V] 이하인 주택의 옥내 저압 전로의 인입구에는 인체 감전 보호용 누전 차단기를 반드시 시설하여야 한다.

★★
57 직류를 교류로 변환하는 장치로서 초고속 전동기의 속도 제어용 전원이나 형광등의 고주파 점등에 이용되는 것은?

① 변류기
② 정류기
③ 인버터
④ 초퍼

해설 DC를 AC로 변환하는 장치는 인버터이다.

★★★
58 동기 전동기의 특징으로 틀린 것은?

① 부하의 역률을 조정할 수가 있다.
② 전 부하 효율이 양호하다.
③ 공극이 좁으므로 기계적으로 튼튼하다.
④ 부하가 변하여도 같은 속도로 운전할 수 있다.

해설 동기 전동기의 특징
- 속도(N_s)가 일정하다.
- 역률을 조정할 수 있다.
- 효율이 좋다.
- 공극이 크고 기계적으로 튼튼하다.

★★
59 정류자와 접촉하여 전기자 권선과 외부 회로를 연결하는 역할을 하는 것은?

① 계자
② 전기자
③ 브러시
④ 계자 철심

해설 브러시 : 교류 기전력을 직류로 변환시키는 정류자에 접촉하여 직류 기전력을 외부로 인출하는 역할

정답 53.③ 54.① 55.② 56.④ 57.③ 58.③ 59.③

★★★
60 크기가 같은 저항 4개를 그림과 같이 연결하여 a－b 간에 일정 전압을 가했을 때 소비전력이 가장 큰 것은 어느 것인가?

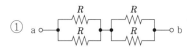

① a R R R R b

②

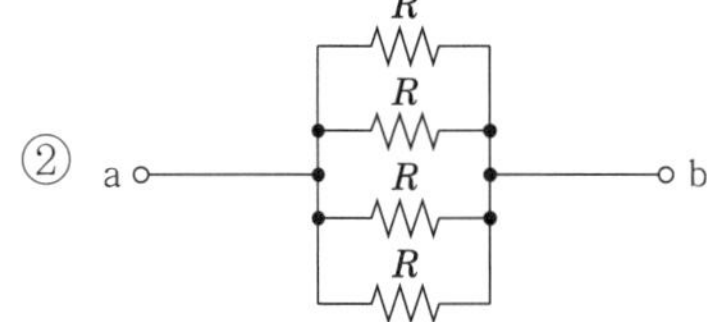

③ a R R R R b

④ a R R R R b

해설 각 회로에 소비되는 전력

① 합성 저항 $R_0 = \frac{R}{2} \times 2 = R[\Omega]$이므로

$P_1 = \frac{V^2}{R}$[W]

② 합성 저항 $R_0 = \frac{R}{4} = 0.25R[\Omega]$이므로

$P_2 = \frac{V^2}{0.25R} = \frac{4V^2}{R}$[W]

③ 합성 저항 $R_0 = 2R + \frac{R}{2} = 2.5R[\Omega]$이므로

$P_3 = \frac{V^2}{2.5R} = \frac{0.4V^2}{R}$[W]

④ 합성 저항이 $4R[\Omega]$이므로 $P_4 = \frac{V^2}{4R}$[W]

※ 소비 전력 $P = \frac{V^2}{R}$[W]이므로 합성 저항이 가장 작은 회로를 찾으면 된다.

정답 60.②

2022년 제2회 CBT 기출복원문제

★ 표시 : 문제 중요도를 나타냄

본 기출문제는 수험생들의 기억을 바탕으로 작성한 것으로 내용 및 그림 등에서 실제 문제와 다소 차이가 있을 수 있습니다.

★★★

01 출제빈도

전로에 시설하는 기계 기구의 철대 및 금속제 외함(외함이 없는 변압기 또는 계기용 변성기는 철심)에는 접지 공사를 하여야 한다. 다음 사항 중 접지 공사 생략이 불가능한 장소는?

① 사용 전압 직류 300[V], 대지 전압 교류 150[V] 초과하는 전기 기계 기구를 건조한 장소에 설치한 경우

② 철대 또는 외함을 주위의 적당한 절연대를 이용하여 시설한 경우

③ 전기용품 안전관리법에 의한 2중 절연 기계 기구

④ 저압용 기계 기구를 목주나 마루 위 등에 설치한 경우

해설 전로에 시설하는 기계 기구의 철대 및 금속제 외함(외함이 없는 변압기 또는 계기용 변성기는 철심)의 접지 공사 생략 가능 항목

- 사용 전압이 직류 300[V], 대지 전압이 교류 150[V] 이하인 전기 기계 기구를 건조한 장소에 설치한 경우
- 저압・고압, 22.9[kV-Y] 계통 전로에 접속한 기계 기구를 목주 위 등에 시설한 경우
- 저압용 기계 기구를 목주나 마루 위 등에 설치한 경우
- 전기용품 안전관리법에 의한 2중 절연 기계 기구
- 외함이 없는 계기용 변성기 등을 고무 절연물 등으로 덮은 경우
- 철대 또는 외함을 주위의 적당한 절연대를 이용하여 시설한 경우
- 2차 전압 300[V] 이하, 정격 용량 3[kVA] 이하인 절연 변압기를 사용하고 2차측을 비접지 방식으로 하는 경우
- 동작 전류 30[mA] 이하, 동작 시간 0.03[sec] 이하인 인체 감전 보호 누전 차단기를 설치한 경우

★

02 **전주 외등의 공사 방법으로 알맞지 않은 것은?**

① 합성수지관　② 금속관

③ 케이블　④ 금속 덕트

해설 전주 외등의 배선

- 전선 : 단면적 2.5[mm^2] 이상의 절연 전선
- 배선 방법 : 케이블 배선, 합성수지관 배선, 금속관 배선

★★

03 **다음 중 투자율의 단위에 해당되는 것은?**

① [H/m]　② [F/m]

③ [A/m]　④ [V/m]

해설 투자율 : μ[H/m]

② 유전율

③ 자계

④ 전계

★★★

04 

다음 그림은 전선 피복을 벗기는 공구이다. 명칭으로 알맞은 것은?

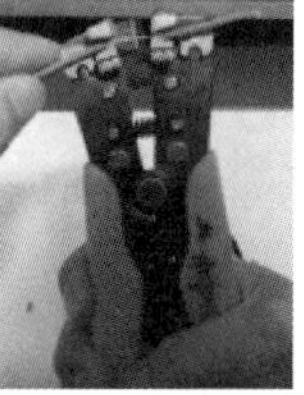

① 니퍼

② 펜치

③ 와이어 스트리퍼

④ 전선 눌러 붙임 (압착) 공구

정답 01.① 02.④ 03.① 04.③

해설 와이어 스트리퍼 : 전선 피복을 벗기는 공구로서, 그림은 중간 부분을 벗길 수 있는 스트리퍼로서 자동 와이어 스트리퍼이다.

★★★
05 100[kVA] 단상 변압기 2대를 V결선하여 3상 전력을 공급할 때의 출력은?

출제빈도

① 173.2[kVA] ② 86.6[kVA]
③ 17.3[kVA] ④ 346.8[kVA]

해설 $P_V = \sqrt{3}\,P_1 = 100\sqrt{3} \fallingdotseq 173.2$[kVA]

★★
06 동기기의 손실에서 고정손에 해당되는 것은?

① 계자 권선의 저항손
② 전기자 권선의 저항손
③ 계자 철심의 철손
④ 브러시의 전기손

해설 고정손(무부하손) : 부하에 관계없이 항상 일정한 손실
- 철손(P_i) : 히스테리시스손, 와류손
- 기계손(P_m) : 마찰손, 풍손
- 브러시의 전기손

★★
07 가공 인입선을 시설할 때 경동선의 최소 굵기는 몇 [mm]인가? [단, 지지물 간 거리(경간)가 15[m]를 초과한 경우이다.]

① 2.0 ② 2.6
③ 3.2 ④ 1.5

해설 가공 인입선의 사용 전선 : 2.6[mm] 이상 경동선 또는 이와 동등 이상일 것[단, 지지물 간 거리(경간) 15[m] 이하는 2.0[mm] 이상도 가능]

★★★
08 전등 1개를 2개소에서 점멸하고자 할 때 필요한 3로 스위치는 최소 몇 개인가?

출제빈도

① 1개 ② 2개
③ 3개 ④ 4개

해설 3로 스위치 : 1개의 등을 2개소에서 점멸하고자 할 경우 3로 스위치는 2개가 필요하다.

★★★
09 보호를 요하는 회로의 전류가 어떤 일정한 값(정정값) 이상으로 흘렀을 때 동작하는 계전기는?

출제빈도

① 과전류 계전기
② 과전압 계전기
③ 차동 계전기
④ 비율 차동 계전기

해설 과전류 계전기(OCR) : 회로의 전류가 어떤 일정한 값(정정값) 이상으로 흘렀을 때 동작하는 계전기

★★★
10 동기 발전기의 병렬 운전 조건 중 같지 않아도 되는 것은?

출제빈도

① 주파수 ② 위상
③ 전류 ④ 전압

해설 동기 발전기 병렬 운전 시 일치할 조건 : 기전력(전압)의 크기, 위상, 주파수, 파형

★★
11 일반적으로 과전류 차단기를 설치하여야 할 곳으로 틀린 것은?

① 접지측 전선
② 보호용, 인입선 등 분기선을 보호하는 곳
③ 송배전선의 보호용, 인입선 등 분기선을 보호하는 곳
④ 간선의 전원측 전선

해설 접지측 전선은 과전류 차단기를 설치하면 안 된다.

★
12 다음 중 반자성체에 해당하는 것은?

① 안티몬 ② 알루미늄
③ 코발트 ④ 니켈

해설 ② 상자성체
③ 강자성체
④ 강자성체

정답 05.① 06.③ 07.② 08.② 09.① 10.③ 11.① 12.①

★★★
13 부흐홀츠 계전기로 보호되는 기기는?

① 변압기 ② 유도 전동기
③ 직류 발전기 ④ 교류 발전기

해설 부흐홀츠 계전기 : 변압기의 절연유 열화 방지

★★
14 다음은 직권 전동기의 특징이다. 틀린 것은?

① 부하 전류가 증가할 때 속도가 크게 감소된다.
② 전동기 기동 시 기동 토크가 작다.
③ 무부하 운전이나 벨트를 연결한 운전은 위험하다.
④ 계자 권선과 전기자 권선이 직렬로 접속되어 있다.

해설 전동기는 기본적으로 토크와 속도는 반비례하고 전류와 토크는 비례한다. 전동기 기동 시 발생되는 전류는 유도 기전력이 발생되지 않아 정격 전류에 비해 큰 전류가 흐른다. 따라서 기동 토크가 크다.

★
15 매초 1[A]의 비율로 전류가 변하여 10[V]를 유도하는 코일의 인덕턴스는 몇 [H]인가?

① 0.01[H] ② 0.1[H]
③ 1.0[H] ④ 10[H]

해설
$$e = L\frac{di}{dt}$$
$$L = e\frac{dt}{di} = 10 \times \frac{1}{1} = 10[H]$$

★★
16 변압기 중성점에 접지 공사를 하는 이유는?

① 전류 변동의 방지
② 고저압 혼촉 방지
③ 전력 변동의 방지
④ 전압 변동의 방지

해설 변압기는 고압, 특고압을 저압으로 변성시키는 기기로서 고・저압 혼촉 사고를 방지하기 위하여 반드시 2차측 중성점에 접지 공사를 하여야 한다.

★
17 1[eV]는 몇 [J]인가?

① 1.602×10^{-19} ② 1×10^{-10}
③ 1 ④ 1.16×10^{4}

해설 전자 1개의 전기량 $e = 1.602 \times 10^{-19}$[C]이므로 $W = QV$[J]에서
$1[eV] = 1.602 \times 10^{-19}[C] \times 1[V]$
$= 1.602 \times 10^{-19}[J]$이다.

★
18 정격 전압에서 1[kW]의 전력을 소비하는 저항에 정격의 90[%] 전압을 가했을 때 전력은 몇 [W]가 되는가?

① 630[W] ② 780[W]
③ 810[W] ④ 900[W]

해설
$P = \frac{V^2}{R} = 1{,}000[W]$라 하면
$$P' = \frac{(0.9V)^2}{R} = 0.81\frac{V^2}{R} = 0.81P$$
$$= 0.81 \times 1{,}000[W] = 810[W]$$

★
19 다음 중 전력량 1[J]과 같은 것은?

① 1[kcal] ② 1[W・sec]
③ 1[kg・m] ④ 1[kWh]

해설 전력량 $W = Pt$[J]이므로 1[J]=1[W・sec]이다.

★
20 묽은 황산(H_2SO_4) 용액에 구리(Cu)와 아연(Zn)판을 넣으면 전지가 된다. 이때 양극(+)에 대한 설명으로 옳은 것은?

① 구리판이며 수소 기체가 발생한다.
② 구리판이며 산소 기체가 발생한다.
③ 아연판이며 수소 기체가 발생한다.
④ 아연판이며 산소 기체가 발생한다.

정답 13.① 14.② 15.④ 16.② 17.① 18.③ 19.② 20.①

해설 묽은 황산(H_2SO_4)은 2개의 양이온($2H^+$)과 1개의 음이온(SO_4^{--})으로 전리되고, 아연판(Zn)은 이온화 경향이 강하므로 아연 이온(Zn^{++})으로 되어 황산(H_2SO_4) 속으로 용해된다. 따라서, 아연판은 음으로 대전되고 용해된 아연 이온(Zn^{++})은 곧 SO_4^{--} 이온과 결합하여 황산아연($ZnSO_4$)의 형태로 황산 속에 존재한다. 한편 수소 이온 $2H^+$의 일부는 구리판에 부착하여 이것을 양으로 대전시킨다.

★
21 2극 3,600[rpm]인 동기 발전기와 병렬 운전하려는 12극 발전기의 회전수는 몇 [rpm]인가?

① 3,600 ② 1,200
③ 1,800 ④ 600

해설 동기 발전기의 병렬 운전 조건에서 주파수가 같아야 하므로 $f = \frac{N_{s1}P_1}{120} = \frac{3,600 \times 2}{120} = 60[\text{Hz}]$

$N_{s2} = \frac{120f}{P_2} = \frac{120 \times 60}{12} = 600[\text{rpm}]$

★★★
22 직류 전동기에서 전부하 속도가 1,200[rpm], 속도 변동률이 2[%]일 때, 무부하 회전 속도는 몇 [rpm]인가?

출제빈도

① 1,154 ② 1,200
③ 1,224 ④ 1,248

해설
- 속도 변동률 $\varepsilon = \frac{N_0 - N_n}{N_n} \times 100[\%]$
- 무부하 속도 $N_0 = N_n(1+\varepsilon)$
$= 1,200(1+0.02)$
$= 1,224[\text{rpm}]$

★★
23 가공 전선로의 인입구에 설치하거나 금속관이나 합성수지관으로부터 전선을 뽑아 전동기 단자 부근에 접속할 때 관 단에 사용하는 재료는?

① 부싱 ② 엔트런스 캡
③ 터미널 캡 ④ 로크 너트

해설 터미널 캡은 배관 공사 시 금속관이나 합성수지관으로부터 전선을 뽑아 전동기 단자 부근에 접속할 때, 또는 노출 배관에서 금속 배관으로 변경 시 전선 보호를 위해 관 끝에 설치하는 것으로 서비스 캡이라고도 한다.

★★
24 전자 유도 현상에 의한 기전력의 방향을 정의한 법칙은?

① 렌츠의 법칙
② 플레밍의 법칙
③ 패러데이의 법칙
④ 줄의 법칙

해설 렌츠의 법칙은 전자 유도 현상에 의한 유도 기전력의 방향을 정의한 법칙으로서 "유도 기전력은 자속의 변화를 방해하려는 방향으로 발생한다."는 법칙이다.

★
25 주택, 아파트인 경우 표준 부하는 몇 [VA/m²] 인가?

① 10 ② 20
③ 30 ④ 40

해설 건물의 종류에 대응한 표준 부하

건물의 종류	표준 부하[VA/m²]
공장, 공회당, 사원, 교회, 극장, 영화관, 연회장	10
기숙사, 여관, 호텔, 병원, 학교, 음식점, 다방, 대중 목욕탕	20
사무실, 은행, 상점, 이발소, 미용원	30
주택, 아파트	40

★
26 자체 인덕턴스 0.1[H]의 코일에 5[A]의 전류가 흐르고 있다. 축적되는 전자 에너지[J]는?

① 0.25 ② 0.5
③ 1.25 ④ 2.5

해설 $W = \frac{1}{2}LI^2 = \frac{1}{2} \times 0.1 \times 5^2 = 1.25[\text{J}]$

정답 21.④ 22.③ 23.③ 24.① 25.④ 26.③

★★
27 **도체의 전기 저항에 영향을 주는 요소가 아닌 것은?**

① 도체의 종류　② 도체의 길이
③ 도체의 모양　④ 도체의 단면적

해설 전기 저항 $R=\rho\dfrac{l}{S}[\Omega]$

여기서, 고유 저항 : $\rho[\Omega \cdot \mathrm{m}]$
(도체의 성분에 따라 다르다.)
도체의 길이 : $l\,[\mathrm{m}]$
도체의 단면적 : $S[\mathrm{m}^2]$

★
28 **건축물·구조물의 철골 기타의 금속제는 이를 비접지식 고압 전로에 시설하는 기계 기구의 철대 또는 금속제 외함 또는 저압 전로를 결합하는 변압기의 저압 전로의 접지 공사의 접지극으로 사용할 수 있다. 이 경우 대지와의 전기 저항값이 몇 [Ω] 이하이어야 하는가?**

① 1　② 2
③ 3　④ 4

해설 건축물·구조물의 철골 기타의 금속제는 이를 비접지식 고압 전로에 시설하는 기계 기구의 철대 또는 금속제 외함의 접지 공사 또는 비접지식 고압 전로와 저압 전로를 결합하는 변압기의 저압 전로의 접지 공사의 접지극으로 사용할 수 있다. 다만, 대지와의 사이에 전기 저항값이 2[Ω] 이하인 값을 유지하는 경우에 한한다.

★★★
29 **양방향으로 전류를 흘릴 수 있는 양방향 소자는?**

① GTO　② MOSFET
③ TRIAC　④ SCR

해설 양방향성 사이리스터 : SSS, TRIAC, DIAC

★★★
30 **다음 중 자기 소호 기능이 가장 좋은 소자는?**

① SCR　② GTO
③ TRIAC　④ LASCR

해설 GTO(gate turn-off thyristor)는 게이트 신호로 on-off가 자유로우며 개폐 동작이 빠르고 주로 직류의 개폐에 사용되며 자기 소호 기능이 가장 좋다.

★★
31 **정격 전압이 100[V]인 직류 발전기가 있다. 무부하 전압 104[V]일 때 이 발전기의 전압 변동률[%]은?**

① 3　② 4
③ 5　④ 6

해설 전압 변동률 $\varepsilon=\dfrac{V_0-V_n}{V_n}\times 100$

$=\dfrac{104-100}{100}\times 100=4[\%]$

★★★
32 **폭연성 먼지(분진)가 존재하는 곳의 저압 옥내 배선 공사 시 공사 방법으로 짝지어진 것은?**

① 금속관 공사, MI 케이블 공사, 개장된 케이블 공사
② CD 케이블 공사, MI 케이블 공사, 금속관 공사
③ CD 케이블 공사, MI 케이블 공사, 제1종 캡타이어 케이블 공사
④ 개장된 케이블 공사, CD 케이블 공사, 제1종 캡타이어 케이블 공사

해설 폭연성 먼지(분진), 화약류 가루(분말)가 있는 장소의 공사 : 금속관 공사, 케이블 공사(MI 케이블, 개장 케이블)

★
33 **플로어 덕트 공사에 의한 저압 옥내 배선에서 절연 전선으로 연선을 사용하지 않아도 되는 것은 전선의 굵기가 몇 [mm²] 이하인 경우인가?**

① 2.5[mm²]　② 4[mm²]
③ 6[mm²]　④ 10[mm²]

정답 27.③ 28.② 29.③ 30.② 31.② 32.① 33.④

해설 저압 옥내 배선에서 플로어 덕트 공사 시 전선은 절연 전선으로 연선이 원칙이지만 단선을 사용하는 경우 단면적 10[mm^2] 이하까지는 사용할 수 있다.

34 단락비가 큰 동기기의 설명으로 맞는 것은?

① 안정도가 높다.
② 기기가 소형이다.
③ 전압 변동률이 크다.
④ 전기자 반작용이 크다.

해설 단락비는 정격 전류에 대한 단락 전류의 비를 보는 것으로서 동기 임피던스와 전기자 반작용, 전압 변동률이 작으며 안정도가 높다.

35 비유전율이 큰 산화티탄 등을 유전체로 사용한 것으로 극성이 없으며 가격에 비해 성능이 우수하여 널리 사용되고 있는 콘덴서의 종류는?

① 마일러 콘덴서 ② 마이카 콘덴서
③ 전해 콘덴서 ④ 세라믹 콘덴서

해설 세라믹 콘덴서 : 유전율이 큰 산화티탄 등을 유전체로 하는 콘덴서로서 자기 콘덴서라고도 하며, 성능이 우수하고 용량이 크며, 소형으로 할 수 있는 특징이 있다.

36 3상, 100[kVA], 13,200/200[V] 변압기의 저압측 선전류의 유효분은 약 몇 [A]인가? (단, 역률은 80[%]이다.)

① 100 ② 173
③ 230 ④ 260

해설 $P_a = \sqrt{3}\,VI$[kVA]에서

$$\therefore\ I = \frac{P_a}{\sqrt{3}\,V_2} = \frac{100\times10^3}{200\sqrt{3}} = 288.68[A]$$

I의 유효분

$I_e = I\cos\theta = 288.68\times0.8 = 230.94[A]$

37 전원과 부하가 다같이 △ 결선된 3상 평형 회로가 있다. 상전압이 200[V], 부하 임피던스가 $\dot{Z} = 6 + j8[\Omega]$인 경우 선전류는 몇 [A]인가?

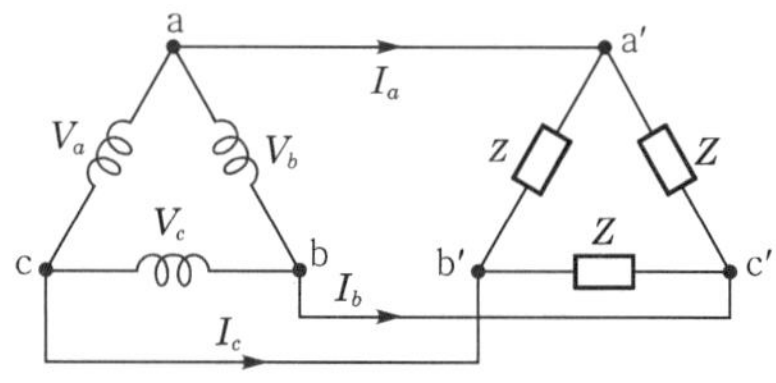

① 20 ② $\frac{20}{\sqrt{3}}$
③ $20\sqrt{3}$ ④ $10\sqrt{3}$

해설 선간 전압 $V_l = V_p = 200[V]$

한 상의 임피던스 $\dot{Z} = 6 + j8[\Omega] \rightarrow Z = 10[\Omega]$

상전류 $I_p = \frac{V}{Z} = \frac{200}{10} = 20[A]$

선전류 $I_l = \sqrt{3}\,I_p = \sqrt{3}\times20 = 20\sqrt{3}\,[A]$

38 직류 전동기의 속도 제어 방법이 아닌 것은?

① 전압 제어 ② 계자 제어
③ 저항 제어 ④ 주파수 제어

해설 직류 전동기의 속도 제어법
- 저항 제어법
- 전압 제어법
- 계자 제어법

39 직권 전동기의 회전수를 $\frac{1}{3}$로 감소시키면 토크는 어떻게 되겠는가?

① $\frac{1}{9}$ ② $\frac{1}{3}$
③ 3 ④ 9

해설 직권 전동기는 $\tau \propto I^2 \propto \frac{1}{N^2}$이므로

$$\frac{1}{\left(\frac{1}{3}\right)^2} = 9$$

정답 34.① 35.④ 36.③ 37.③ 38.④ 39.④

★
40 전선 접속 시 S형 슬리브 사용에 대한 설명으로 틀린 것은?

① 전선의 끝은 슬리브의 끝에서 나오지 않도록 한다.
② 슬리브는 전선의 굵기에 적합한 것을 선정한다.
③ 열린 쪽 홈의 측면을 고르게 눌러서 밀착시킨다.
④ S형 슬리브 접속은 연선, 단선 둘 다 가능하다.

해설 전선의 끝은 슬리브의 끝에서 조금 나오는 것이 바람직하다.

★★
41 동기 와트 P_2, 출력 P_0, 슬립 s, 동기 속도 N_s, 회전 속도 N, 2차 동손 P_{2c}일 때 2차 효율 표기로 틀린 것은?

① $1-s$ ② $\frac{P_{2c}}{P_2}$
③ $\frac{P_0}{P_2}$ ④ $\frac{N}{N_s}$

해설 2차 효율

$$\eta_2=\frac{P_0}{P_2}=\frac{(1-s)P_2}{P_2}=1-s=\frac{N}{N_s}$$

★
42 다음 중 유도 전동기의 속도 제어에 사용되는 인버터 장치의 약호는?

① CVCF ② VVVF
③ CVVF ④ VVCF

해설 VVVF : 가변 전압 가변 주파수 변환 장치

★★
43 KEC(한국전기설비규정)에 의한 400[V] 이하 가공 전선으로 절연 전선의 최소 굵기[mm]는?

① 1.6 ② 2.6
③ 3.2 ④ 4.0

해설 전압별 가공 전선의 굵기

사용 전압	전선의 굵기
400[V] 이하	• 절연 전선 : 2.6[mm] 이상 경동선 • 나전선 : 3.2[mm] 이상 경동선
400[V] 초과	• 시가지 내 : 5.0[mm] 이상 경동선 • 시가지 외 : 4.0[mm] 이상 경동선
특고압	• 25[mm^2] 이상 경동 연선

★
44 16[mm] 합성수지 전선관을 직각 구부리기를 할 경우 곡선(곡률) 반지름은 몇 [mm]인가? (단, 16[mm] 합성수지관의 안지름은 18[mm], 바깥지름은 22[mm]이다.)

① 119 ② 132
③ 187 ④ 220

해설 합성수지 전선관을 직각 구부리기 : 전선관의 안지름 d, 바깥지름이 D일 경우 곡선(곡률) 반지름

$$r=6d+\frac{D}{2}=6\times18+\frac{22}{2}=119[\text{mm}]$$

★
45 코일에 교류 전압 100[V], $f=60$[Hz]를 가했더니 지상 전류가 4[A]였다. 여기에 15[Ω]의 용량성 리액턴스 X_C[Ω]를 직렬로 연결한 후 진상 전류가 4[A]였다면 유도성 리액턴스 X_L[Ω]은 얼마인가?

① 5 ② 5.5
③ 7.5 ④ 15

해설

$$Z=\frac{V}{I}=\frac{100}{4}=25=\sqrt{R^2+X_L^{\ 2}}\,[\Omega]$$

$$Z'=\frac{V}{I'}=\frac{100}{4}=25=\sqrt{R^2+(15-X_L)^2}\,[\Omega]$$

$$R^2+X_L^{\ 2}=R^2+(15-X_L)^2$$

$$225-30X_L=0,\ X_L=\frac{225}{30}=7.5[\Omega]$$

★★
46 1[C]의 전하에 100[N]의 힘이 작용했다면 전기장의 세기[V/m]는?

① 10 ② 50
③ 100 ④ 0.01

정답 40.① 41.② 42.② 43.② 44.① 45.③ 46.③

해설 전기장의 세기 : 단위 전하에 작용하는 힘
힘과의 관계식 $F=QE$[N]식에서
전기장 $E=\dfrac{F}{Q}=\dfrac{100}{1}$[V/m]

★★
47 다음 중 배선용 차단기의 심벌로 옳은 것은?

① B　② E
③ BE　④ S

해설 ① : 배선용 차단기
② : 누전 차단기
④ : 개폐기

★★★
48 어떤 물질이 정상 상태보다 전자의 수가 많거나 적어져서 전기를 띠는 상태의 물질을 무엇이라 하는가?

출제빈도

① 전기량　② 전하
③ 대전　④ 기전력

해설 어떤 물질이 정상 상태보다 전자의 수가 많거나 적어져서 양 또는 음전하를 띠는 현상을 대전 현상이라 하는데, 이때 전기를 띠는 상태의 물질을 전하라고 한다.

★
49 그림과 같은 회로에서 전류 I[A]를 구하면?

① 1
② 2
③ 3
④ 4

15[V]　2[Ω]　I　4[Ω]　3[Ω]　1[Ω]　5[V]

해설 전류 $I=\dfrac{15-5}{2+3+1+4}=\dfrac{10}{10}=1$[A]

★
50 패러데이 전자 유도 법칙에서 유도 기전력에 관계되는 사항으로 옳은 것은?

① 자속의 시간적인 변화율에 비례한다.
② 권수에 반비례한다.
③ 자속에 비례한다.
④ 권수에 비례하고 자속에 반비례한다.

해설 유도 기전력 $e=N\dfrac{\Delta\Phi}{\Delta t}$[V]

★★
51 콘덴서만의 회로에 정현파형의 교류 전압을 인가하면 전류는 전압보다 위상이 어떠한가?

① 전류가 90° 앞선다.
② 전류가 30° 늦다.
③ 전류가 30° 앞선다.
④ 전류가 90° 늦다.

해설 C만의 회로에서는 전류가 전압보다 90° 앞서는 진상 전류가 흐른다.

★
52 저항 R_1, R_2의 병렬 회로에서 전전류가 I일 때 R_2에 흐르는 전류[A]는?

① $\dfrac{R_1+R_2}{R_1}I$　② $\dfrac{R_1+R_2}{R_2}I$
③ $\dfrac{R_1}{R_1+R_2}I$　④ $\dfrac{R_2}{R_1+R_2}I$

해설 R_1, R_2에 흐르는 전체 전류를 I라 하면 저항의 병렬 접속 시 각 저항에 흐르는 전류는 반비례 분배된다.
따라서, R_2에 흐르는 전류 $I_2=\dfrac{R_1}{R_1+R_2}I$[A]

★
53 유도 전동기에 기계적 부하를 걸었을 때 출력에 따라 속도, 토크, 효율, 슬립 등이 변화를 나타낸 출력 특성 곡선에서 슬립을 나타내는 곡선은?

① ㉠
② ㉡
③ ㉢
④ ㉣

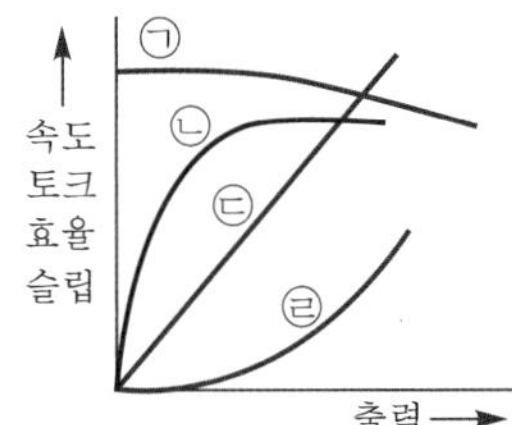

해설 ㉠ : 속도
㉡ : 효율
㉢ : 토크
㉣ : 슬립

정답 47.① 48.② 49.① 50.① 51.① 52.③ 53.④

★★
54 주파수가 60[Hz]인 3상 4극의 유도 전동기가 있다. 슬립이 4[%]일 때 이 전동기의 회전수는 몇 [rpm]인가?

① 1,800 ② 1,712
③ 1,728 ④ 1,652

해설 회전수 $N=(1-s)N_s$에서

$N_s=\dfrac{120f}{P}=\dfrac{120\times 60}{4}=1{,}800[\text{rpm}]$

$N=(1-0.04)\times 1{,}800=1{,}728[\text{rpm}]$

★
55 변압기 철심의 철의 함유율[%]은?

① 3~4
② 34~37
③ 67~70
④ 96~97

해설 변압기 철심은 와전류손 감소 방법으로 성층 철심을 사용하며 히스테리시스손을 줄이기 위해서 약 3~4[%]의 규소가 함유된 규소 강판을 사용한다. 그러므로 철의 함유율은 96~97[%]이다.

★★
56 합성수지관 공사에 대한 설명 중 옳지 않은 것은?

① 습기가 많은 장소 또는 물기가 있는 장소에 시설하는 경우에는 방습 장치를 한다.
② 관 상호 간 및 박스와는 관을 삽입하는 깊이를 관의 바깥지름의 1.2배 이상으로 한다.
③ 관의 지지점 간의 거리는 1.5[m] 이상으로 한다.
④ 합성수지관 두께는 1.2[mm] 이상으로 한다.

해설 합성수지관 두께는 2.0[mm] 이상으로 한다.

★★
57 다음 중 인입 개폐기가 아닌 것은?

① ASS ② LBS
③ LS ④ UPS

해설 UPS(Uninterruptible Power Supply)는 무정전 전원 공급 장치이다.

★
58 60[Hz], 20,000[kVA]의 발전기의 회전수가 1,200[rpm]이라면 이 발전기의 극수는 얼마인가?

① 6극 ② 8극
③ 12극 ④ 14극

해설 발전기의 회전수 $N=\dfrac{120f}{P}[\text{rpm}]$

극수 $P=\dfrac{120f}{N}=\dfrac{120\times 60}{1{,}200}=6$극

★
59 $R=3[\Omega]$, $\omega L=8[\Omega]$, $\dfrac{1}{\omega C}=4[\Omega]$인 RLC 직렬 회로의 임피던스는 몇 [Ω]인가?

① 5 ② 8.5
③ 12.4 ④ 15

해설 $\dot{Z}=R+j\left(\omega L-\dfrac{1}{\omega C}\right)=3+j(8-4)$

$=3+j4$

$Z=\sqrt{3^2+4^2}=5[\Omega]$

★★
60 전주에서 COS용 완철의 설치 위치는?

① 최하단 전력선용 완철에서 0.75[m] 하부에 설치한다.
② 최하단 전력선용 완철에서 0.3[m] 하부에 설치한다.
③ 최하단 전력선용 완철에서 1.2[m] 하부에 설치한다.
④ 최하단 전력선용 완철에서 1.0[m] 하부에 설치한다.

정답 54.③ 55.④ 56.④ 57.④ 58.① 59.① 60.①

해설 COS용 완철 설치 규정

- 설치 위치 : 최하단 전력선용 완철에서 0.75[m] 하부에 설치한다.
- 설치 방향 : 선로 방향(전력선 완철과 직각 방향)으로 설치하고 COS는 건조물측에 설치하는 것이 바람직하다(만약 설치하기 곤란한 장소 또는 도로 이외의 장소에서는 COS 조작 및 작업이 용이하도록 설치할 수 있음).

Craftsman Electricity

2022년 제3회 CBT 기출복원문제

★ 표시 : 문제 중요도를 나타냄

본 기출문제는 수험생들의 기억을 바탕으로 작성한 것으로 내용 및 그림 등에서 실제 문제와 다소 차이가 있을 수 있습니다.

★★★

01 **서로 다른 종류의 안티몬과 비스무트의 두 금속을 접속하여 여기에 전류를 통하면 줄열 외에 그 접점에서 열의 발생 또는 흡수가 일어난다. 이와 같은 현상은?**

출제빈도

① 제3금속의 법칙

② 제베크 효과

③ 페르미 효과

④ 펠티에 효과

해설 펠티에 효과 : 두 금속을 접합하여 접합점에 전류를 흘려주면 열의 발생 또는 흡수가 발생하는 현상

★★★

02 **다음 중 접지의 목적으로 알맞지 않은 것은?**

① 감전의 방지

② 전로의 대지 전압 상승

③ 보호 계전기의 동작 확보

④ 이상 전압의 억제

해설 이상 전압 발생의 억제 및 전로의 대지 전압 상승 억제, 보호 계전기의 동작 확보, 감전 및 화재 사고 방지를 위해 접지를 한다.

★

03 **패러데이관에서 단위 전위차에 축적되는 에너지[J]는?**

① $\frac{1}{2}$ ② 1

③ ED ④ $\frac{1}{2}ED$

해설 단위 전하 1[C]에서 나오는 전속관을 패러데이관이라 하며 그 양단에는 항상 1[C]의 전하가 있다. 단위 전위차는 1[V]이므로

보유 에너지 $W = \frac{1}{2}QV = \frac{1}{2} \times 1 \times 1 = \frac{1}{2}$[J]

★★

04 **어드미턴스의 실수부는 무엇인가?**

① 컨덕턴스 ② 리액턴스

③ 서셉턴스 ④ 임피던스

해설 어드미턴스(Y[℧]) : 임피던스(Z[Ω])의 역수
- 실수부 : 컨덕턴스
- 허수부 : 서셉턴스

★

05 **전자에 10[V]의 전위차를 인가한 경우 전자 에너지[J]는?**

① 1.6×10^{-16} ② 1.6×10^{-17}

③ 1.6×10^{-18} ④ 1.6×10^{-19}

해설 전자 에너지(전자 볼트)
$W = eV = 1.6 \times 10^{-19} \times 10 = 1.6 \times 10^{-18}$[J]

★★★

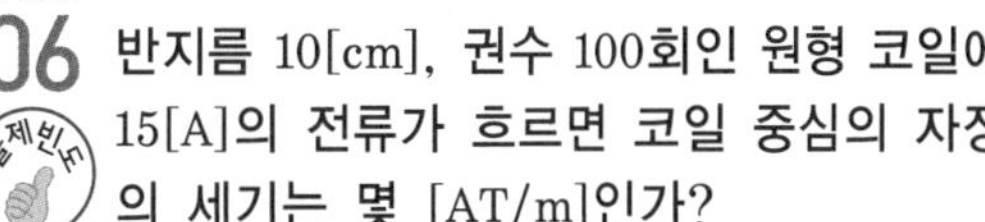

06 **반지름 10[cm], 권수 100회인 원형 코일에 15[A]의 전류가 흐르면 코일 중심의 자장의 세기는 몇 [AT/m]인가?**

출제빈도

① 22,500 ② 15,000

③ 7,500 ④ 1,000

정답 01.④ 02.② 03.① 04.① 05.③ 06.③

해설 원형 코일 중심 자계

$H=\frac{NI}{2r}=\frac{100\times15}{2\times0.1}=7{,}500\,[\mathrm{AT/m}]$

★★★

07 동기 전동기의 자기 기동법에서 계자 권선을 단락하는 이유는?

출제빈도

① 기동이 쉽다.

② 기동 권선으로 이용한다.

③ 고전압 유도에 의한 절연 파괴 위험을 방지한다.

④ 전기자 반작용을 방지한다.

해설 동기 전동기의 자기 기동법에서 계자 권선을 단락시키는 이유는 고전압 유도에 의한 절연 파괴 위험을 방지하기 위함이다.

★

08 100[V], 100[W] 전구와 100[V], 200[W] 전구를 직렬로 100[V]의 전원에 연결할 경우 어느 전구가 더 밝겠는가?

① 두 전구의 밝기가 같다.

② 100[W]

③ 200[W]

④ 두 전구 모두 안 켜진다.

해설 100[W]의 저항 $R_1=\frac{V^2}{P_1}=\frac{100^2}{100}=100\,[\Omega]$

200[W]의 저항 $R_2=\frac{V^2}{P_2}=\frac{100^2}{200}=50\,[\Omega]$

직렬 접속 시 전류가 일정하므로 저항값이 큰 부하일수록 소비 전력이 더 크게 발생하여 전구가 더 밝아지므로 100[W]의 전구가 더 밝다.

★★

09 자극 가까이에 물체를 두었을 때 자화되지 않는 물체는?

① 상자성체 ② 반자성체

③ 강자성체 ④ 비자성체

해설 비자성체 : 자성이 약해서 전혀 자성을 갖지 않는 물질로서 상자성체와 반자성체를 포함하며 자계에 힘을 받지 않는다.

★★

10 자기 회로에서 자로의 길이 31.4[cm], 자로의 단면적이 0.25[m^2], 자성체의 비투자율 $\mu_s=100$일 때 자성체의 자기 저항은 얼마인가?

① 5,000 ② 10,000

③ 4,000 ④ 2,500

해설 자기 저항 $R=\frac{l}{\mu_0\mu_s A}$

$=\frac{31.4\times10^{-2}}{4\pi\times10^{-7}\times100\times0.25}$

$=10{,}000\,[\mathrm{AT/Wb}]$

★

11 100회 감은 코일에 전류 0.5[A]가 0.1[sec] 동안 0.3[A]가 되었을 때 2×10^{-4}[V]의 기전력이 발생하였다면 코일의 자기 인덕턴스 [μH]는?

① 5 ② 10

③ 200 ④ 100

해설 코일에 유도되는 기전력 $e=-L\frac{\Delta I}{\Delta t}\,[\mathrm{V}]$

$L=2\times10^{-4}\times\frac{0.1}{0.5-0.3}=10^{-4}\,[\mathrm{H}]$

$=100\,[\mu\mathrm{H}]$

★★

12 가우스의 정리에 의해 구할 수 있는 것은?

① 전계의 세기 ② 전하 간의 힘

③ 전위 ④ 전계 에너지

해설 가우스의 정리 : 전기력선의 총수를 계산하여 전계의 세기도 계산할 수 있는 법칙이다.

★

13 자체 인덕턴스가 각각 L_1, L_2인 두 원통 코일이 서로 직교하고 있다. 두 코일 사이의 상호 인덕턴스[H]는?

① L_1+L_2 ② L_1L_2

③ 0 ④ $\sqrt{L_1L_2}$

정답 07.③ 08.② 09.④ 10.② 11.④ 12.① 13.③

해설 코일이 서로 직교(직각)하면 두 코일에서 발생하는 자속과 다른 코일이 서로 나란하므로 쇄교가 되지 않으므로 상호 인덕턴스는 0이 된다.

★★
14 자기 히스테리시스 곡선의 횡축과 종축은 어느 것을 나타내는가?

① 자기장의 크기와 보자력
② 투자율과 자속 밀도
③ 투자율과 잔류 자기
④ 자기장의 크기와 자속 밀도

해설 히스테리시스 곡선에서 횡축(가로축)은 자기장의 세기, 종축(세로축)은 자속 밀도를 나타내며 횡축과 만나는 점을 보자력, 종축과 만나는 점을 잔류 자기라 한다.

★★
15 가공 인입선을 시설하는 경우 다음 내용 중 틀린 것은?

① DV 전선을 사용하며 2.6[mm] 이상의 전선을 사용하지 말 것
② 인입구에서 분기하여 100[m]를 초과하지 말 것
③ 도로 5[m]를 횡단하지 말 것
④ 옥내를 관통하지 말 것

해설 가공 인입선의 사용 전선은 2.6[mm] 이상 경동선이나 동등 이상의 세기를 가진 절연 전선(DV 전선 포함)을 사용한다[단, 지지물 간 거리(경간) 15[m] 이하는 2.0[mm] 이상도 가능].

★★
16 평형 3상 교류 회로의 Y회로로부터 △회로로 등가 변환하기 위해서는 어떻게 하여야 하는가?

① 각 상의 임피던스를 3배로 한다.
② 각 상의 임피던스를 $\sqrt{3}$ 배로 한다.
③ 각 상의 임피던스를 $\frac{1}{\sqrt{3}}$로 한다.
④ 각 상의 임피던스를 $\frac{1}{3}$로 한다.

해설 Y→△로 등가 변환 시 각 상의 임피던스를 3배로 해주어야 한다.

★
17 공기 중에서 5[cm] 간격을 유지하고 있는 2개의 평행 도선에 각각 10[A]의 전류가 동일한 방향으로 흐를 때 도선 1[m]당 발생하는 힘의 크기[N]는?

① 4×10^{-4}　　② 2×10^{-5}
③ 4×10^{-5}　　④ 2×10^{-4}

해설 평행 도체 사이에 작용하는 힘의 세기

$$F=\frac{2I_1I_2}{r}\times10^{-7}=\frac{2\times10\times10}{0.05}\times10^{-7}=4\times10^{-4}[\mathrm{N/m}]$$

★★★
18 일정한 주파수의 전원에서 운전하는 3상 유도 전동기의 전원 전압이 80[%]가 되었다면 토크는 약 몇 [%]가 되는가? (단, 회전수는 변하지 않는 상태로 한다.)

출제빈도

① 55　　② 64
③ 76　　④ 82

해설 3상 유도 전동기에서 토크는 공급 전압의 제곱에 비례하므로 전압의 80[%]로 운전하면 토크는 $\tau_{80}=0.8^2=64[\%]$가 된다.

★★★
19 전기기기의 철심 재료로 규소 강판을 성층해서 사용하는 이유로 가장 적당한 것은?

출제빈도

① 기계손을 줄이기 위하여
② 동손을 줄이기 위하여
③ 풍손을 줄이기 위하여
④ 히스테리시스손과 와류손을 줄이기 위하여

해설 철손 감소 대책
- 성층 사용 : 와류손 감소
- 규소 강판 사용 : 히스테리시스손 감소

정답 14.④ 15.① 16.① 17.① 18.② 19.④

★★
20 **디지털 계전기의 장점이 아닌 것은?**

① 진동의 영향을 받지 않는다.
② 신뢰성이 높다.
③ 광범위한 계산에 활용할 수 있다.
④ 자동 감시 기능을 갖는다.

해설 디지털 계전기 : 보호 기능이 우수하며 처리 속도가 빨라 광범위한 계산에 용이하지만 서지에 약하고 왜형파로 오동작 하기 쉬워서 신뢰도가 낮다.

★★★
21 **변압기유가 구비해야 할 조건으로 틀린 것은?**

① 절연 내력이 높을 것
② 응고점이 높을 것
③ 고온에도 산화되지 않을 것
④ 냉각 효과가 클 것

해설 변압기 절연유의 구비 조건
- 절연 내력이 클 것
- 응고점이 낮을 것
- 인화점이 높을 것
- 고온에도 산화되지 않을 것

★★★
22 **동기 발전기의 병렬 운전에서 같지 않아도 되는 것은?**

① 위상 ② 주파수
③ 용량 ④ 전압

해설 동기 발전기의 병렬 운전 조건
- 기전력의 크기가 같을 것
- 기전력의 파형이 같을 것
- 기전력의 주파수가 같을 것
- 기전력의 위상이 같을 것
- 상회전 방향이 같을 것(3상 동기 발전기)

★★
23 **분상 기동형 단상 유도 전동기의 기동 권선은?**

① 운전 권선보다 굵고 권선이 많다.
② 운전 권선보다 가늘고 권선이 많다.
③ 운전 권선보다 굵고 권선이 적다.
④ 운전 권선보다 가늘고 권선이 적다.

해설 분상 기동형 단상 유도 전동기의 권선
- 운전 권선(L만의 회로) : 굵은 권선으로 길게 하여 권선을 많이 감아서 L성분을 크게 한다.
- 기동 권선(R만의 회로) : 운전 권선보다 가늘고 권선을 적게 하여 저항값을 크게 한다.

★★
24 **유도 발전기의 장점이 아닌 것은?**

① 동기 발전기에 비해 가격이 저렴하다.
② 조작이 쉽다.
③ 동기 발전기처럼 동기화할 필요가 없다.
④ 효율과 역률이 높다.

해설 유도 발전기는 유도 전동기를 동기 속도 이상으로 회전시켜서 전력을 얻어내는 발전기로서 동기기에 비해 조작이 쉽고 가격이 저렴하지만 효율과 역률이 낮다.

★★
25 **1차 권수 6,000, 2차 권수 200인 변압기의 전압비는?**

① 30 ② 60
③ 90 ④ 120

해설 변압기의 전압비(권수비)

$$a = \frac{N_1}{N_2} = \frac{6,000}{200} = 30$$

★★★
26 **동기기의 전기자 권선법이 아닌 것은?**

① 이층권 ② 단절권
③ 중권 ④ 전절권

해설 고조파 제거로 좋은 파형을 얻기 위해 단절권을 사용한다.

★★★
27 **3상 변압기의 병렬 운전 시 병렬 운전이 불가능한 결선 조합은?**

① △－△와 Y－Y ② △－△와 △－Y
③ △－Y와 △－Y ④ △－△와 △－△

정답 20.② 21.② 22.③ 23.④ 24.④ 25.① 26.④ 27.②

해설 병렬 운전이 가능한 조합

병렬 운전 가능	병렬 운전 불가능
△-△와 △-△ Y-Y와 Y-Y Y-△와 Y-△ △-Y와 △-Y △-△와 Y-Y V-V와 V-V	△-△와 △-Y Y-Y와 △-Y

★★
28 **변류기 개방 시 2차측을 단락하는 이유는?**

① 2차측 절연 보호
② 2차측 과전류 보호
③ 측정 오차 감소
④ 변류비 유지

해설 변류기 2차측을 개방하게 되면 변류기 1차측의 부하 전류가 모두 여자 전류가 되어 변류기 2차측에 고전압이 유도되어 절연이 파괴될 수도 있으므로 반드시 단락시켜야 한다.

★★
29 **유도 전동기에서 원선도 작성 시 필요하지 않은 시험은?**

① 무부하 시험
② 구속 시험
③ 저항 측정
④ 슬립 측정

해설 유도 전동기에서 원선도 작성 시 필요한 시험
- 저항 측정 시험 : 1차 동손
- 무부하 시험 : 여자 전류, 철손
- 구속 시험(단락 시험) : 2차 동손

★
30 **일반적으로 특고압 전로에 시설하는 피뢰기의 접지 공사 시 접지 저항[Ω]은?**

① 10　② 20
③ 30　④ 40

해설 피뢰기의 접지 저항 : 10[Ω]

★★
31 **성냥, 석유류 등 위험물 등이 있는 곳에서의 저압 옥내 배선 공사 방법이 아닌 것은?**

① 케이블 공사　② 합성수지관 공사
③ 금속관 공사　④ 애자 사용 공사

해설 셀룰로이드, 성냥, 석유류 등 가연성 위험 물질을 제조 또는 저장하는 장소 : 금속관 공사, 케이블 공사, 두께 2[mm] 이상의 합성수지관 공사

★
32 **고압 가공 인입선 공사 시 가공 인입선이 도로를 횡단하는 경우 지표면상에서 몇 [m] 이상 높이에 시설하여야 하는가?**

① 3　② 4
③ 5　④ 6

해설 저압·고압 가공 인입선의 높이

구 분	저 압	고 압
도로 횡단	5[m] 이상	6[m] 이상
철도 횡단	6.5[m] 이상	6.5[m] 이상
횡단보도교	3[m] 이상	3.5[m] 이상
기타 장소	4[m] 이상	5[m] 이상

★★★
33 출제빈도 **정격 전류가 30[A]인 저압 전로의 과전류 차단기를 산업용 배선용 차단기로 사용하는 경우 39[A]의 전류가 통과하였을 때 몇 분 이내에 자동적으로 동작하여야 하는가?**

① 1분　② 60분
③ 2분　④ 120분

해설 과전류 차단기로 저압 전로에 사용하는 63[A] 이하의 산업용 배선용 차단기는 정격 전류의 1.3배 전류가 흐를 때 60분 내에 자동으로 동작하여야 한다.

★★
34 **막대자석의 자극의 세기가 10[Wb]이고, 길이가 20[cm]인 경우 자기 모멘트[Wb·cm]는 얼마인가?**

① 20　② 100
③ 200　④ 90

정답 28.① 29.④ 30.① 31.④ 32.④ 33.② 34.③

해설 막대자석의 모멘트 $M = ml$

$$= 10 \times 20$$
$$= 200[\text{Wb} \cdot \text{cm}]$$

★★
35 특고압 수변전 설비 약호가 잘못된 것은?

① LF－전력 퓨즈
② DS－단로기
③ LA－피뢰기
④ CB－차단기

해설 전력 퓨즈는 약호가 PF이다.

★★
36 폭연성 먼지(분진)가 존재하는 곳의 금속관 공사 시 전동기에 접속하는 부분에서 가요성을 필요로 하는 부분의 배선에는 폭발방지(방폭)형의 부속품 중 어떤 것을 사용하여야 하는가?

① 유연성 구조
② 분진 방폭형 유연성 구조
③ 안정 증가형 유연성 구조
④ 안전 증가형 구조

해설 폭연성 먼지(분진)가 존재하는 장소 : 전동기에 가요성을 요하는 부분의 부속품은 분진 방폭형 유연성 구조이어야 한다.

★★★
37 동일 굵기의 단선을 쥐꼬리 접속하는 경우 두 전선의 피복을 벗긴 후 심선을 교차시켜서 펜치로 비틀면서 꼬아야 하는데 이때 심선의 교차각은 몇 도가 되도록 해야 하는가?

출제빈도

① 30°　② 90°
③ 120°　④ 180°

해설 쥐꼬리 접속은 전선 피복을 여유 있게 벗긴 후 심선을 90°가 되도록 교차시킨 후 펜치로 잡아당기면서 비틀어 2~3회 정도 꼰 후 끝을 잘라낸다.

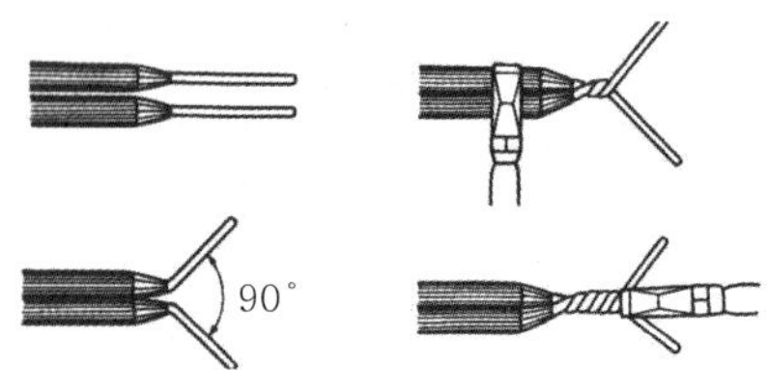

▌쥐꼬리 접속▐

★★
38 노출 장소 또는 점검 가능한 장소에서 제2종 가요 전선관을 시설하고 제거하는 것이 자유로운 경우의 곡선(곡률) 반지름은 안지름의 몇 배 이상으로 하여야 하는가?

① 6　② 3
③ 12　④ 10

해설 제2종 가요관의 곡선(곡률) 반지름은 가요 전선관을 시설하고 제거하는 것이 자유로운 경우 안지름의 3배 이상으로 한다.

★★
39 옥내 배선 공사에서 절연 전선의 피복을 벗길 때 사용하면 편리한 공구는?

① 드라이버　② 플라이어
③ 압착 펜치　④ 와이어 스트리퍼

해설 와이어 스트리퍼 : 절연 전선의 피복 절연물을 직각으로 벗기기 위한 자동 공구로, 도체의 손상을 방지하기 위하여 정확한 크기의 구멍을 선택하여 피복 절연물을 벗겨야 한다.

★★
40 코일 주위에 전기적 특성이 큰 에폭시 수지를 고진공으로 침투시키고, 다시 그 주위를 기계적 강도가 큰 에폭시 수지로 몰딩한 변압기는?

① 건식 변압기　② 몰드 변압기
③ 유입 변압기　④ 타이 변압기

해설 몰드 변압기 : 코일 주위에 전기적 특성이 큰 에폭시 수지를 고진공으로 침투시키고, 다시 그 주위를 기계적 강도가 큰 에폭시 수지로 몰딩한 변압기

정답 35.① 36.② 37.② 38.② 39.④ 40.②

★★
41 진동이 있는 기계 기구의 단자에 전선을 접속할 때 사용하는 것은?

① 압착 단자
② 스프링 와셔
③ 코드 스패너
④ 십자머리 볼트

해설 진동으로 인하여 단자가 풀릴 우려가 있는 곳에는 스프링 와셔나 이중 너트를 사용한다.

★
42 가공 인입선을 시설할 때 경동선의 최소 굵기는 몇 [mm]인가? [단, 지지물 간 거리(경간)가 15[m]를 초과한 경우이다.]

① 2.0　② 2.6
③ 3.2　④ 1.5

해설 가공 인입선의 사용 전선 : 2.6[mm] 이상 경동선 또는 이와 동등 이상일 것[단, 지지물 간 거리(경간) 15[m] 이하는 2.0[mm] 이상도 가능]

★★
43 조명등을 숙박업소의 입구에 설치할 때 현관등은 최대 몇 분 이내에 소등되는 타임스위치를 시설하여야 하는가?

① 4　② 3
③ 1　④ 2

해설 현관등 타임스위치
- 일반 주택 및 아파트 : 3분
- 숙박업소 각 호실 : 1분

★★★
44 (출제빈도) 점유 면적이 좁고 운전, 보수에 안전하므로 공장, 빌딩 등의 전기실에 많이 사용되며, 큐비클(cubicle)형이라고 불리는 배전반은?

① 라이브 프런트식 배전반
② 폐쇄식 배전반
③ 포스트형 배전반
④ 데드 프런트식 배전반

해설 폐쇄식 배전반이란 단위 회로의 변성기, 차단기 등의 주기기류와 이를 감시, 제어, 보호하기 위한 각종 계기 및 조작 개폐기, 계전기 등 전부 또는 일부를 금속제 상자 안에 조립하는 방식

★★
45 박강 전선관의 호칭을 맞게 설명한 것은?

① 안지름(내경)에 가까운 홀수로 표시한다.
② 바깥지름(외경)에 가까운 짝수로 표시한다.
③ 바깥지름(외경)에 가까운 홀수로 표시한다.
④ 안지름(내경)에 가까운 짝수로 표시한다.

해설 박강 전선관의 호칭 : 바깥지름(외경)에 가까운 홀수

★
46 한국전기설비규정에 의한 고압 가공 전선로 철탑의 경간은 몇 [m] 이하로 제한하고 있는가?

① 150　② 250
③ 500　④ 600

해설 고압 가공 전선로의 철탑의 표준 경간 : 600[m]

★★★
47 (출제빈도) 옥내 배선 공사에서 대지 전압 150[V]를 초과하고 300[V] 이하 저압 전로의 인입구에 인체 감전 사고를 방지하기 위하여 반드시 시설해야 하는 지락 차단 장치는?

① 퓨즈
② 커버나이프 스위치
③ 배선용 차단기
④ 누전 차단기

해설 옥내 전로의 대지 전압이 150[V]를 초과하고 300[V] 이하 저압 전로의 인입구에는 반드시 누전 차단기를 시설해야 한다.

정답 41.② 42.② 43.③ 44.② 45.③ 46.④ 47.④

48 보호를 요하는 회로의 전류가 어떤 일정한 값(정정값) 이상으로 흘렀을 때 동작하는 계전기는?

① 과전류 계전기
② 과전압 계전기
③ 차동 계전기
④ 비율 차동 계전기

해설 전류가 정정값 이상이 되면 동작하는 계전기는 과전류 계전기이다.

49 연피 케이블 및 알루미늄피 케이블을 구부리는 경우는 피복이 손상되지 않도록 하고, 그 굽은 부분(굴곡부)의 곡선반지름(곡률반경)은 원칙적으로 케이블 바깥지름(외경)의 몇 배 이상이어야 하는가?

① 8 ② 6
③ 12 ④ 10

해설 알루미늄피 케이블의 곡선반지름(곡률반경)은 케이블 바깥지름의 12배 이상이다.

50 직류 발전기의 정격 전압이 100[V], 무부하 전압이 104[V]이다. 이 발전기의 전압 변동률 ε[%]은?

① 1 ② 2
③ 3 ④ 4

해설

$$\text{전압 변동률 } \varepsilon = \frac{V_0 - V_n}{V_n} \times 100$$

$$= \frac{104-100}{100} \times 100 = 4[\%]$$

51 동기 전동기에서 난조를 방지하기 위하여 자극면에 설치하는 권선을 무엇이라 하는가?

① 제동 권선 ② 계자 권선
③ 전기자 권선 ④ 보상 권선

해설 동기 전동기에서 난조 방지와 기동 토크를 발생시키기 위하여 권선을 제동 권선을 설치한다.

52 투자율 μ의 단위는?

① [AT/m] ② [Wb/m^2]
③ [AT/Wb] ④ [H/m]

해설 투자율 μ의 단위는 [H/m]이다.

53 양방향으로 전류를 흘릴 수 있는 양방향 소자는?

① SCR ② GTO
③ TRIAC ④ MOSFET

해설 TRIAC(트라이액)은 SCR 2개를 역병렬로 접속한 소자로서 교류 회로에서 양방향 점호(ON) 및 소호(OFF)를 이용하며, 위상 제어가 가능하다.

54 패러데이의 전자 유도 법칙에서 유도 기전력이 발생되는 사항으로 옳은 것은?

① 자속의 시간 변화율에 비례한다.
② 권수에 반비례한다.
③ 자속에 비례한다.
④ 권수에 비례하고 자속에 반비례한다.

해설 패러데이의 법칙 : 코일에서 유도되는 기전력의 크기는 자속의 시간적인 변화율에 비례한다.

55 콘덴서만의 회로에 정현파형의 교류를 인가한 경우 전압과 전류의 위상 관계는?

① 전류가 90도 앞선다.
② 전류가 90도 뒤진다.
③ 전압이 90도 앞선다.
④ 동상이다.

해설 콘덴서만의 회로 : 전류가 전압보다 90° 앞선다(진상, 용량성).

정답 48.① 49.③ 50.④ 51.① 52.④ 53.③ 54.① 55.①

★★
56 도체의 전기 저항에 영향을 주는 요소가 아닌 것은?

① 도체의 성분　② 도체의 길이
③ 도체의 모양　④ 도체의 단면적

해설 전기 저항 $R=\rho\frac{l}{S}[\Omega]$

여기서, 고유 저항 $\rho[\Omega \cdot \text{m}]$
(도체의 성분에 따라 다르다.)
도체의 길이 $l[\text{m}]$
도체의 단면적 $S[\text{m}^2]$

★
57 다음 중 반자성체는?

① 안티몬　② 알루미늄
③ 코발트　④ 니켈

해설 반자성체($\mu_s < 1$) : 구리, 안티몬, 은, 비스무트

★★★
58 동기 발전기의 돌발 단락 전류를 주로 제한하는 것은?

출제빈도

① 누설 리액턴스
② 동기 임피던스
③ 권선 저항
④ 동기 리액턴스

해설 돌발 단락 전류 제한 : 누설 리액턴스

★
59 묽은 황산(H_2SO_4) 용액에 구리(Cu)와 아연(Zn)판을 넣으면 전지가 된다. 이때 양극(+)에 대한 설명으로 옳은 것은?

① 구리판이며 수소 기체가 발생한다.
② 구리판이며 산소 기체가 발생한다.
③ 아연판이며 수소 기체가 발생한다.
④ 아연판이며 산소 기체가 발생한다.

해설 전지의 음극과 양극
- 음극(아연판) : 아연 이온(Zn^{++})은 SO_4^{-} 이온과 결합하여 $ZnSO_4$ 형태로 존재
- 양극(구리판) : 수소 이온($2H^+$)은 구리판에 부착

★
60 저항 R_1, R_2의 병렬 회로에서 전전류가 I일 때 R_2에 흐르는 전류[A]는?

① $\frac{R_1+R_2}{R_1}I$　② $\frac{R_1+R_2}{R_2}I$
③ $\frac{R_1}{R_1+R_2}I$　④ $\frac{R_2}{R_1+R_2}I$

해설 R_2에 흐르는 전류는 저항에 반비례 분배되므로

$I_2=\frac{R_1}{R_1+R_2}I[\text{A}]$

정답 56.③ 57.① 58.① 59.① 60.③

2022년 제4회 CBT 기출복원문제

★ 표시 : 문제 중요도를 나타냄

본 기출문제는 수험생들의 기억을 바탕으로 작성한 것으로 내용 및 그림 등에서 실제 문제와 다소 차이가 있을 수 있습니다.

★★★

01 변압기 중성점에 접지 공사를 하는 이유는?

① 전류 변동의 방지
② 고・저압 혼촉 방지
③ 전력 변동의 방지
④ 전압 변동의 방지

해설 변압기는 고압, 특고압을 저압으로 변성시키는 기기로서 고・저압 혼촉 사고를 방지하기 위하여 반드시 2차측 중성점에 접지 공사를 하여야 한다.

★★

02 동기 전동기의 용도로 적합하지 않은 것은?

① 송풍기 ② 압축기
③ 크레인 ④ 분쇄기

해설 동기 전동기는 속도가 일정하므로 속도 조절이 빈번한 크레인은 적합하지 않다.

★★★

03 동기 전동기의 자기 기동법에서 계자 권선을 단락하는 이유는?

출제빈도

① 기동이 쉽다.
② 기동 권선으로 이용한다.
③ 고전압 유도에 의한 절연 파괴 위험 방지
④ 전기자 반작용을 방지한다.

해설 동기 전동기의 자기 기동법에서 계자 권선을 단락하는 첫 번째 이유는 고전압 유도에 의한 절연파괴 위험 방지이다.

★★

04 변압기의 1차 전압이 3,300[V], 권선수 15인 변압기의 2차측의 전압은 몇 [V]인가?

① 3,850 ② 330
③ 220 ④ 110

해설 권수비 $a = \dfrac{V_1}{V_2}$에서

2차 전압 $V_2 = \dfrac{V_1}{a} = \dfrac{3,300}{15} = 220[\mathrm{V}]$

★★★

05 3상 유도 전동기의 회전 방향을 바꾸려면 어떻게 해야 하는가?

출제빈도

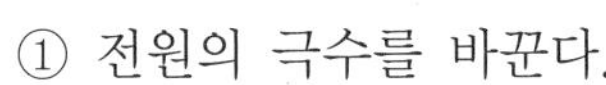

① 전원의 극수를 바꾼다.
② 3상 전원의 3선 중 두 선의 접속을 바꾼다.
③ 전원의 주파수를 바꾼다.
④ 기동 보상기를 이용한다.

해설 3상 유도 전동기는 회전 자계에 의해 회전하며 회전 자계의 방향을 반대로 하려면 전원의 3선 가운데 2선을 바꾸어 전원에 다시 연결하면 회전 방향은 반대로 된다.

★★

06 반도체 사이리스터에 의한 전동기의 속도 제어 중 주파수 제어는?

① 초퍼 제어 ② 인버터 제어
③ 컨버터 제어 ④ 브리지 정류 제어

해설 인버터 제어 : 전동기 전원의 주파수를 변환하여 속도를 제어하는 방식

정답 01.② 02.③ 03.③ 04.③ 05.② 06.②

★★
07 6극 72홈 표준 농형 3상 유도 전동기의 매극 매상당의 홈수는?

① 2　　② 3
③ 4　　④ 6

해설 매극 매상당 홈수$=\dfrac{\text{총 슬롯수}}{\text{극수}\times\text{상수}}=\dfrac{72}{6\times3}=4$

★★★
08 비례 추이를 이용하여 속도 제어가 되는 전동기는?

① 동기 전동기
② 농형 유도 전동기
③ 직류 분권 전동기
④ 3상 권선형 유도 전동기

해설 권선형 유도 전동기는 2차 저항을 조정함으로써 최대 토크는 변하지 않는 상태에서 속도 조절이 가능하다.

★★★
09 직류 전동기의 규약 효율을 표시하는 식은?

① $\dfrac{\text{출력}}{\text{출력}+\text{손실}}\times100[\%]$

② $\dfrac{\text{출력}}{\text{입력}}\times100[\%]$

③ $\dfrac{\text{입력}-\text{손실}}{\text{입력}}\times100[\%]$

④ $\dfrac{\text{입력}}{\text{출력}+\text{손실}}\times100[\%]$

해설 직류 전동기의 규약 효율

$\eta=\dfrac{\text{입력}-\text{손실}}{\text{입력}}\times100[\%]$

10 슬립이 10[%], 극수 2극, 주파수 60[Hz]인 유도 전동기의 회전 속도[rpm]는?

① 3,800　　② 3,600
③ 3,240　　④ 1,800

해설 동기 속도 $N_s=\dfrac{120f}{P}=\dfrac{120\times60}{2}=3{,}600[\text{rpm}]$

회전 속도 $N=(1-s)N_s$
$=(1-0.1)\times3{,}600$
$=3{,}240[\text{rpm}]$

★★★
11 2극 3,600[rpm]인 동기 발전기와 병렬 운전하려는 12극 발전기의 회전수는 몇 [rpm]인가?

① 3,600　　② 1,200
③ 1,800　　④ 600

해설 동기 발전기의 병렬 운전 조건에서 주파수가 같아야 하므로 $f=\dfrac{N_{s1}P_1}{120}=\dfrac{3{,}600\times2}{120}=60[\text{Hz}]$

$N_{s2}=\dfrac{120f}{P_2}=\dfrac{120\times60}{12}=600[\text{rpm}]$

★★
12 다음 중 계전기의 종류가 아닌 것은?

① 과저항 계전기　　② 지락 계전기
③ 과전류 계전기　　④ 과전압 계전기

해설 거리에 비례하는 저항 계전기는 있지만 과저항 계전기는 존재하지 않는다.

13 반도체 내에서 정공은 어떻게 생성되는가?

① 자유 전자의 이동
② 접합 불량
③ 결합 전자의 이탈
④ 확산 용량

해설 정공이란 결합 전자의 이탈로 생기는 빈자리를 뜻한다.

★★
14 변압기유의 열화 방지와 관계가 가장 먼 것은?

① 부싱　　② 콘서베이터
③ 불활성 질소　　④ 브리더

해설 변압기유의 열화 방지 대책 : 브리더 설치, 콘서베이터 설치, 불활성 질소 봉입

정답 07.③ 08.④ 09.③ 10.③ 11.④ 12.① 13.③ 14.①

15 변압기유가 구비해야 할 조건으로 틀린 것은?

① 절연 내력이 클 것
② 인화점이 높을 것
③ 고온에도 산화되지 않을 것
④ 응고점이 높을 것

해설 변압기 절연유의 구비 조건
- 절연 내력이 클 것
- 인화점이 높을 것
- 응고점이 낮을 것
- 고온에도 산화되지 않을 것

16 다음 그림은 4극 직류 전동기의 자기 회로이다. 자기 저항이 가장 큰 곳은 어디인가?

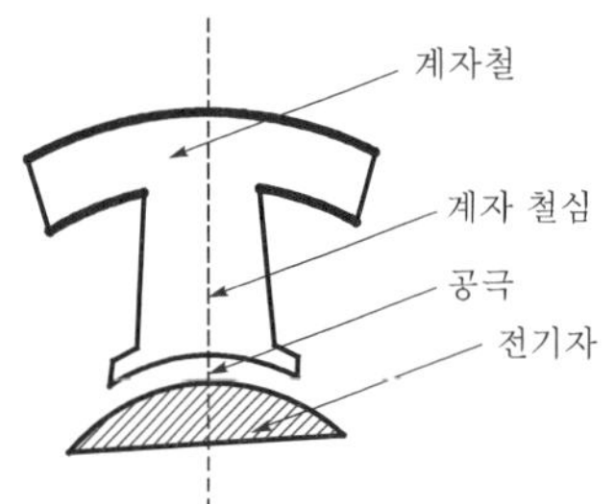

① 계자철 ② 계자 철심
③ 전기자 ④ 공극

해설 자기 저항은 $R=\dfrac{l}{\mu_0\mu_s A}$[AT/Wb]로서 계자철, 계자 철심, 전기자 도체 등은 강자성체($\mu_s \gg 1$)를 사용하므로 자기 저항이 아주 작고 그에 비해 공극은 $\mu_s=1$이므로 자기 저항이 가장 크다.

17 직류 직권 전동기에서 벨트를 걸고 운전하면 안 되는 이유는?

① 벨트가 마멸 보수가 곤란하므로
② 벨트가 벗겨지면 위험 속도에 도달하므로
③ 직결하지 않으면 속도 제어가 곤란하므로
④ 손실이 많아지므로

해설 직류 직권 전동기는 정격 전압하에서 무부하 특성을 지니므로, 벨트가 벗겨지면 속도는 급격히 상승하여 위험 속도에 도달할 수 있다.

18 단자 전압 100[V], 전기자 전류 10[A], 전기자 저항 1[Ω], 회전수 1,500[rpm]인 직류 직권 전동기의 역기전력은 몇 [V]인가?

① 110
② 80
③ 90
④ 100

해설 전동기의 역기전력 $E=V-I_aR_a$
$=100-(10\times1)$
$=90$[V]

19 다음 중 동기 발전기의 병렬 운전 조건이 아닌 것은?

① 기전력의 크기가 같을 것
② 기전력의 위상이 같을 것
③ 기전력의 주파수가 같을 것
④ 기전력의 용량이 같을 것

해설 기전력의 크기, 위상, 주파수, 파형 등이 같아야 한다.

20 낮은 전압을 높은 전압으로 승압할 때 일반적으로 사용되는 변압기의 3상 결선 방식은?

① Y−△
② Y−Y
③ △−Y
④ △−△

해설 △−Y는 변전소에서 승압용으로 사용하며 1차와 2차 위상차는 30°이다.

정답 15.④ 16.④ 17.② 18.③ 19.④ 20.③

★★★
21 일반적으로 과전류 차단기를 설치하여야 할 곳으로 틀린 것은?

출제빈도

① 접지측 전선
② 보호용, 인입선 등 분기선을 보호하는 곳
③ 송배전 선로의 분기선을 보호하는 곳
④ 간선의 전원측 전선

해설 접지측 전선은 과전류 차단기를 설치하면 안 된다.

★
22 그림과 같은 회로에서 전류 I[A]를 구하면?

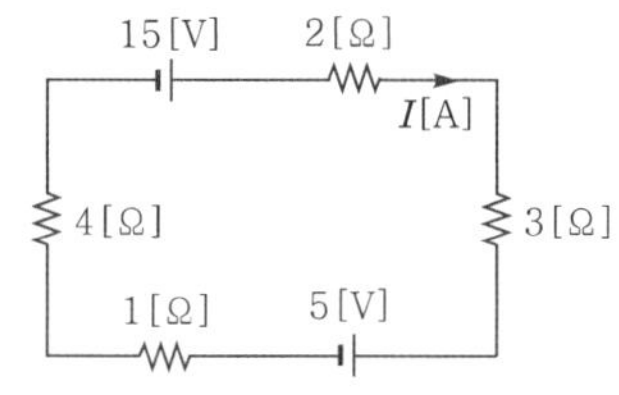

① 1 ② 2
③ 3 ④ 4

해설 전류 $I=\dfrac{15-5}{2+3+1+4}=\dfrac{10}{10}=1$[A]

23 어떤 물질이 정상 상태보다 전자의 수가 많거나 적어지면 전기를 띠는 상태가 되는데, 이 물질을 무엇이라 하는가?

① 전기량 ② 전하
③ 대전 ④ 기전력

해설 어떤 물질이 정상 상태보다 전자의 수가 많거나 적어져서 양 또는 음전하를 띠는 현상을 대전 현상이라 하는데, 이때 전기를 띠는 상태의 물질을 전하라고 한다.

24 패러데이 전자 유도 법칙에서 유도 기전력에 관계되는 사항으로 옳은 것은?

① 자속의 시간 변화율에 비례한다.
② 권수에 반비례한다.
③ 자속에 비례한다.
④ 권수에 비례하고 자속에 반비례한다.

해설 패러데이의 전자 유도 법칙에 의한 유도 기전력

$$e=N\frac{\Delta\Phi}{\Delta t}\text{[V]}$$

유도 기전력은 자속의 시간 변화율에 비례한다.

★★
25 콘덴서만의 회로에 정현 파형의 교류 전압을 인가하면 전류는 전압보다 위상이 어떠한가?

① 전류가 90° 앞선다.
② 전류가 30° 늦다.
③ 전류가 30° 앞선다.
④ 전류가 90° 늦다.

해설 C만의 회로에서는 전류가 전압보다 90° 앞서는 진상 전류가 흐른다.

26 저항 R_1, R_2의 병렬 회로에서 전 전류가 I일 때 R_2에 흐르는 전류는?

① $\dfrac{R_1+R_2}{R_1}I$

② $\dfrac{R_1+R_2}{R_2}I$

③ $\dfrac{R_1}{R_1+R_2}I$

④ $\dfrac{R_2}{R_1+R_2}I$

해설 R_1, R_2에 흐르는 전체 전류를 I라 하면, 저항의 병렬 접속 시 각 저항에 흐르는 전류는 반비례 분배된다.

따라서, R_2에 흐르는 전류 $I_2=\dfrac{R_1}{R_1+R_2}I$

★★
27 인입 개폐기가 아닌 것은?

① ASS ② LBS
③ LS ④ UPS

해설 UPS(Uninterruptible Power Supply)는 무정전 전원 공급 장치이다.

정답 21.① 22.① 23.② 24.① 25.① 26.③ 27.④

28 $R=3[\Omega]$, $\omega L=8[\Omega]$, $\frac{1}{\omega C}=4[\Omega]$인 RLC 직렬 회로의 임피던스는 몇 $[\Omega]$인가?

① 5　② 8.5
③ 12.4　④ 15

해설 $\dot{Z}=R+j\left(\omega L-\frac{1}{\omega C}\right)$
$=3+j(8-4)=3+j4$
$Z=\sqrt{3^2+4^2}=5[\Omega]$

★★★
29 전선 접속 시 S형 슬리브 사용에 대한 설명으로 틀린 것은?

출제빈도

① 전선의 끝이 슬리브의 끝에서 조금 나오는 것은 바람직하지 않다
② 슬리브는 전선의 굵기에 적합한 것을 선정한다.
③ 직선 접속 또는 분기 접속에서 2회 이상 꼬아 접속한다.
④ 단선과 연선 접속이 모두 가능하다.

해설 슬리브 접속은 2~3회 꼬아서 접속해야 하며 전선의 끝은 슬리브의 끝에서 조금 나오는 것이 바람직하다.

30 16[mm] 합성수지 전선관을 직각 구부리기를 할 경우 굽힘 반지름은 몇 [mm]인가? (단, 16[mm] 합성수지관의 안지름은 18[mm], 바깥 지름은 22[mm]이다.)

① 119　② 132
③ 187　④ 220

해설 합성수지 전선관을 직각 구부리기 : 전선관의 안지름 d, 바깥 지름이 D일 경우
굽힘 반지름 $R=6d+\frac{D}{2}$
$=6\times18+\frac{22}{2}$
$=119[\text{mm}]$

31 코일에 교류 전압 100[V], $f=60[\text{Hz}]$를 가했더니 지상 전류가 4[A]였다. 여기에 15[Ω]의 용량성 리액턴스 $X_C[\Omega]$을 직렬로 연결한 후 진상 전류가 4[A]였다면 유도성 리액턴스 $X_L[\Omega]$은 얼마인가?

① 5　② 5.5
③ 7.5　④ 15

해설 $Z=\frac{V}{I}=\frac{100}{4}=25=\sqrt{R^2+X_L{}^2}[\Omega]$
$Z'=\frac{V}{I'}=\frac{100}{4}=25=\sqrt{R^2+(15-X_L)^2}[\Omega]$
$R^2+X_L^2=R^2+(15-X_L)^2$
$225-30X_L=0$
$X_L=\frac{225}{30}=7.5[\Omega]$

32 1[C]의 전하에 100[N]의 힘이 작용했다면 전기장의 세기[V/m]는?

① 10　② 50
③ 100　④ 0.01

해설 전기장의 세기 : 단위 전하에 작용하는 힘
힘과의 관계식 $F=QE$[N]식에서
전기장 $E=\frac{F}{Q}$
$=\frac{100}{1}=100[\text{V/m}]$

★★
33 배선용 차단기의 심벌은?

① B
② E
③ BE
④ S

해설 ① : 배선용 차단기
② : 누전 차단기
④ : 개폐기

정답 28.① 29.① 30.① 31.③ 32.③ 33.①

34 KEC(한국전기설비규정)에 의한 400[V] 이하 가공 전선으로 절연 전선의 최소 굵기 [mm]는?

① 1.6 ② 2.6
③ 3.2 ④ 4.0

해설 전압별 가공 전선의 굵기

사용 전압	전선의 굵기
400[V] 이하	• 절연 전선 : 2.6[mm] 이상 경동선 • 나전선 : 3.2[mm] 이상 경동선
400[V] 초과	• 시가지 내 : 5.0[mm] 이상 경동선 • 시가지 외 : 4.0[mm] 이상 경동선
특고압	• 25[mm^2] 이상 경동 연선

35 전원과 부하가 다같이 △결선된 3상 평형 회로가 있다. 상전압이 200[V], 부하 임피던스가 $\dot{Z}=6+j8[\Omega]$인 경우 선전류는 몇 [A]인가?

① 20 ② $\dfrac{20}{\sqrt{3}}$
③ $20\sqrt{3}$ ④ $10\sqrt{3}$

해설 선간 전압 $V_l = V_p = 200[\text{V}]$
한 상의 임피던스 $\dot{Z}=6+j8[\Omega] \rightarrow Z=10[\Omega]$
상전류 $I_p = \dfrac{V}{Z} = \dfrac{200}{10} = 20[\text{A}]$
선전류 $I_l = \sqrt{3}\,I_p = \sqrt{3}\times 20 = 20\sqrt{3}\,[\text{A}]$

★★
36 비유전율이 큰 산화티탄 등을 유전체로 사용한 것으로 극성이 없으며 가격에 비해 성능이 우수하여 널리 사용되고 있는 콘덴서의 종류는?

① 마일러 콘덴서 ② 마이카 콘덴서
③ 전해 콘덴서 ④ 세라믹 콘덴서

해설 세라믹 콘덴서 : 비유전율이 큰 산화티탄 등을 유전체로 하는 콘덴서로서 자기 콘덴서라고도 하며, 성능이 우수하고 소형으로 할 수 있는 특징이 있다.

37 플로어 덕트 공사에 의한 저압 옥내 배선에서 절연 전선으로 연선을 사용하지 않아도 되는 것은 전선의 굵기가 몇 [mm^2] 이하인 경우인가?

① 2.5 ② 4
③ 6 ④ 10

해설 저압 옥내 배선에서 플로어 덕트 공사 시 전선은 절연 전선으로 연선이 원칙이지만 단선을 사용하는 경우 단면적 10[mm^2] 이하까지는 사용할 수 있다.

38 건축물 · 구조물의 철골 기타의 금속제는 이를 비접지식 고압 전로에 시설하는 기계 기구의 철대 또는 금속제 외함 또는 저압 전로를 결합하는 변압기의 저압 전로의 접지 공사의 접지극으로 사용할 수 있다. 이 경우 대지와의 전기 저항값이 몇 [Ω] 이하이어야 하는가?

① 1 ② 2
③ 3 ④ 4

해설 건축물의 철골 기타의 금속제는 대지와의 사이에 전기 저항값이 2[Ω] 이하인 경우 접지극으로 대용할 수 있다.

★★★
39 (출제빈도) 가공 전선로의 인입구에 설치하거나 금속관이나 합성수지관으로부터 전선을 뽑아 전동기 단자 부근에 접속할 때 관 단에 사용하는 재료는?

① 부싱 ② 엔트런스 캡
③ 터미널 캡 ④ 로크 너트

해설 터미널 캡은 배관 공사 시 금속관이나 합성수지관으로부터 전선을 뽑아 전동기 단자 부근에 접속할 때 또는 노출 배관에서 금속 배관으로 변경 시 전선 보호를 위해 관 끝에 설치하는 것으로 서비스 캡이라고도 한다.

정답 34.② 35.③ 36.④ 37.④ 38.② 39.③

40 도체의 전기 저항에 영향을 주는 요소가 아닌 것은?

① 도체의 종류
② 도체의 길이
③ 도체의 모양
④ 도체의 단면적

해설 전기 저항 $R=\rho\frac{l}{S}[\Omega]$

- 고유 저항 $\rho[\Omega \cdot m]$(도체의 재료에 따른 고유한 값)
- 도체의 길이 l[m]
- 도체의 단면적 $S[m^2]$

41 자체 인덕턴스 0.2[H]의 코일에 5[A]의 전류가 흐르고 있다. 축적되는 전자 에너지[J]는?

① 0.25
② 1.25
③ 2.5
④ 25

해설 $W=\frac{1}{2}LI^2=\frac{1}{2}\times 0.2\times 5^2=2.5[J]$

42 주택, 아파트인 경우 표준 부하는 몇 $[VA/m^2]$인가?

① 10 ② 20
③ 30 ④ 40

해설 건물의 종류에 대응한 표준 부하$[VA/m^2]$

건물의 종류	표준 부하
공장, 공회당, 사원, 교회, 극장, 영화관, 연회장	10
기숙사, 여관, 호텔, 병원, 학교, 음식점, 다방, 대중 목욕탕	20
사무실, 은행, 상점, 이발소, 미용원	30
주택, 아파트	40

43 묽은 황산(H_2SO_4) 용액에 구리(Cu)와 아연(Zn)판을 넣으면 전지가 된다. 이때 양극(+)에 대한 설명으로 옳은 것은?

① 구리판이며 수소 기체가 발생한다.
② 구리판이며 산소 기체가 발생한다.
③ 아연판이며 수소 기체가 발생한다.
④ 아연판이며 산소 기체가 발생한다.

해설 볼타 전지의 전해액과 극성

- 전해액 : 묽은 황산($H_2SO_4=2H^++SO_4^{--}$으로 전리)
- 음극제 : 아연이 Zn^{++}이 전해액에 용해($Zn^{++}+SO_4^{--}=ZnSO_4$)되어 음극으로 대전된다.
- 양극제 : 구리에 수소 이온 $2H^+$이 구리에 부착하여 양으로 대전되며 분극 현상이 발생한다.

44 정격 전압에서 1[kW]의 전력을 소비하는 저항에 정격의 90[%] 전압을 가했을 때, 전력은 몇 [W]가 되는가?

① 630
② 780
③ 810
④ 900

해설 $P=\frac{V^2}{R}=1,000[W]$라 하면,

$$P'=\frac{(0.9V)^2}{R}=0.81\frac{V^2}{R}=0.81P$$
$$=0.81\times 1,000[W]=810[W]$$

45 다음 중 전력량 1[W·s]와 같은 것은?

① 1[kcal]
② 1[J]
③ 1[kg·m]
④ 1[kWh]

해설 전력량 $W=Pt$[J]이므로 1[J]=1[W·s]

정답 40.③ 41.③ 42.④ 43.① 44.③ 45.②

46 전자 유도 현상에 의한 기전력의 방향을 정의한 법칙은?

① 렌츠의 법칙
② 플레밍의 법칙
③ 패러데이의 법칙
④ 줄의 법칙

해설 렌츠의 법칙은 전자 유도 현상에 의한 유도 기전력의 방향을 정의한 법칙으로서 "유도 기전력은 자신이 발생 원인이 되는 자속의 변화를 방해하려는 방향으로 발생한다."는 법칙이다.

47 1[eV]는 몇 [J]인가?

① 1.602×10^{-19}　② 1×10^{-10}
③ 1　④ 1.16×10^{4}

해설 전자 1개의 전기량 $e=1.602\times10^{-19}$[C]이므로 $W=QV$[J]에서

$1[eV]=1.602\times10^{-19}[C]\times1[V]$
$=1.602\times10^{-19}[J]$

★★
48 다음 중 반자성체는?

① 안티몬　② 알루미늄
③ 코발트　④ 니켈

해설 반자성체($\mu_s<1$) : 외부 자계와 반대 방향으로 자화되는 자성체로 구리, 안티몬, 비스무트, 아연 등이 있다.

★★★
49 가공 인입선을 시설할 때 경동선의 최소 굵기는 몇 [mm]인가? [단, 지지물 간 거리(경간)가 15[m]를 초과한 경우이다.]

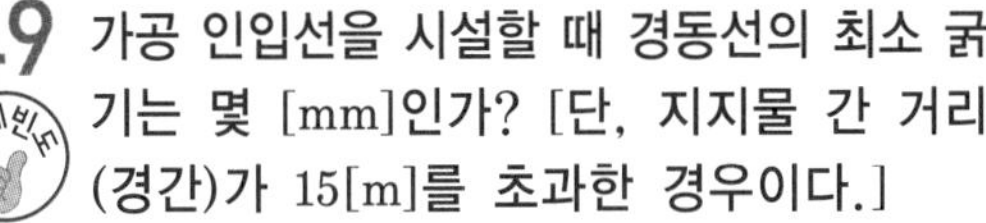

① 2.0　② 2.6
③ 3.2　④ 1.5

해설 가공 인입선의 사용 전선 : 2.6[mm] 이상 경동선 또는 이와 동등 이상일 것[단, 지지물 간 거리(경간) 15[m] 이하는 2.0[mm] 이상도 가능]

★★★
50 전등 1개를 2개소에서 점멸하고자 할 때 필요한 3로 스위치는 최소 몇 개인가?

① 1개　② 2개
③ 3개　④ 4개

해설 3로 스위치 : 1개의 등을 2개소에서 점멸하는 스위치로 2개가 필요하다.

51 전주 외등의 공사 방법으로 알맞지 않은 것은?

① 합성수지관　② 금속관
③ 케이블　④ 금속 덕트

해설 전주 외등의 배선
- 전선 : 단면적 2.5[mm^2] 이상의 절연 전선
- 배선 방법 : 케이블 배선, 합성수지관 배선, 금속관 배선

★★★
52 전로에 시설하는 기계 기구의 철대 및 금속제 외함(외함이 없는 변압기 또는 계기용변성기는 철심)에는 접지 공사를 하여야 한다. 다음 중 접지 공사의 생략이 불가능한 장소는?

① 직류 사용 전압 300[V], 교류 대지 전압 150[V] 초과하는 전기 기계 기구를 건조한 장소에 설치한 경우
② 철대 또는 외함이 주위의 적당한 절연대를 이용하여 시설한 경우
③ 전기용품 안전관리법에 의한 2중 절연 기계 기구
④ 저압용 기계 기구를 목주나 마루 위 등에 설치한 경우

해설 전로에 시설하는 기계 기구의 철대 및 금속제 외함(외함이 없는 변압기 또는 계기용 변성기는 철심)의 접지 공사 생략 가능 항목
- 사용 전압이 직류 300[V], 교류 대지 전압 150[V] 이하인 전기 기계 기구를 건조한 장소에 설치한 경우
- 저압, 고압, 22.9[kV-Y] 계통 전로에 접속한 기계 기구를 목주 위 등에 시설한 경우

정답 46.① 47.① 48.① 49.② 50.② 51.④ 52.①

- 저압용 기계 기구를 목주나 마루 위 등에 설치한 경우
- 전기용품 안전관리법에 의한 2중 절연 기계 기구
- 외함이 없는 계기용 변성기 등을 고무 절연물 등으로 덮은 경우
- 철대 또는 외함이 주위의 적당한 절연대를 이용하여 시설한 경우
- 2차 전압 300[V] 이하, 정격 용량 3[kVA] 이하인 절연 변압기를 사용하고 2차측을 비접지 방식으로 하는 경우
- 동작 전류 30[mA] 이하, 동작 시간 0.03[sec] 이하인 인체 감전 보호 누전 차단기를 설치한 경우

53 다음 중 투자율의 단위에 해당되는 것은?

① [H/m] ② [F/m]
③ [A/m] ④ [V/m]

해설 투자율의 단위 : μ[H/m]

★★
54 다음 그림은 전선 피복을 벗기는 공구이다. 알맞은 것은?

① 니퍼
② 펜치
③ 와이어 스트리퍼
④ 전선 눌러 붙임(압착) 공구

해설 와이어 스트리퍼 : 전선 피복을 벗기는 공구로서 그림은 중간 부분을 벗길 수 있는 스트리퍼로서 자동 와이어 스트리퍼이다.

★★
55 0.6/1[kV] 비닐 절연 비닐 외장 케이블의 약칭으로 맞는 것은?

① VV ② EV
③ FP ④ CV

해설 케이블의 약호
- VV : 비닐 절연 비닐 외장 케이블
- EV : 폴리에틸렌 절연 비닐 외장 케이블
- FP : 내화 케이블
- CV : 가교 폴리에틸렌 절연 비닐 외장 케이블

56 욕조나 샤워 시설이 있는 욕실 또는 화장실 등 인체가 물에 젖어 있는 상태에서 전기를 사용하는 장소에 콘센트를 시설하는 방법 중 틀린 것은?

① 콘센트는 접지극이 있는 방적형 콘센트를 사용하여 접지한다.
② 인체 감전 보호용 누전 차단기가 부착된 콘센트를 시설한다.
③ 절연 변압기(정격 용량 3[kVA] 이하인 것에 한한다.)로 보호된 전로에 접속한다.
④ 인체 감전 보호용 누전 차단기(정격 감도 전류 15[mA] 이하, 동작 시간 0.03초 이하의 전압 동작형의 것에 한한다.)로 보호된 전로에 접속한다.

해설 욕조나 샤워 시설이 있는 욕실 또는 화장실 등 인체가 물에 젖어 있는 상태에서 전기를 사용하는 장소에 콘센트를 시설하는 경우
- 인체 감전 보호용 누전 차단기(정격 감도 전류 15[mA] 이하, 동작 시간 0.03초 이하의 전류 동작형의 것) 또는 절연 변압기(정격 용량 3[kVA] 이하인 것)로 보호된 전로에 접속하거나, 인체 감전 보호용 누전 차단기가 부착된 콘센트를 시설하여야 한다.
- 콘센트는 접지극이 있는 방적형 콘센트를 사용하고 규정에 준하여 접지하여야 한다.

★★★
57 폭연성 먼지(분진)가 존재하는 곳의 저압 옥내 배선 공사 시 공사 방법으로 짝지어진 것은?

출제빈도

① CD케이블 공사, MI케이블 공사, 금속관 공사
② 금속관 공사, MI케이블 공사, 개장된 케이블 공사
③ CD케이블 공사, MI케이블 공사, 제1종 캡타이어 케이블 공사
④ 개장된 케이블 공사, CD케이블 공사, 제1종 캡타이어 케이블 공사

정답 53.① 54.③ 55.① 56.④ 57.②

해설 폭연성 먼지(분진), 화약류 가루(분말)가 존재하는 장소 공사 방법 : 금속관, 케이블(MI케이블, 개장 케이블)

58 옥내 배선 공사에서 전개된 장소나 점검 가능한 은폐 장소에 시설하는 합성수지관의 최소 두께는 몇 [mm]인가? [단, 합성수지제 휨(가요)전선관은 제외한다.]

① 1　② 1.2
③ 2　④ 2.3

해설 합성수지관 규격 및 시설 원칙
- 호칭 : 안지름(내경)에 짝수(14, 16, 22, 28, 36, 42, 54, 70, 82[mm])
- 두께 : 2[mm] 이상
- 연선 사용(단선일 경우 10[mm^2] 이하도 가능)
- 관 안에 전선의 접속점이 없을 것

★★
59 권수가 150인 코일에서 2초간 1[Wb]의 자속이 변화한다면 코일에 발생되는 유도 기전력의 크기는 몇 [V]인가?

① 50　② 75
③ 100　④ 150

해설 코일에 유도되는 기전력

$e = N\frac{d\phi}{dt} = 150 \times \frac{1}{2} = 75[V]$

60 60[Hz]의 동기 전동기가 2극일 때 동기 속도는 몇 [rpm]인가?

① 7,200　② 4,800
③ 3,600　④ 2,400

해설 동기 속도 $N_s = \frac{120f}{P} = \frac{120 \times 60}{2} = 3{,}600[rpm]$

정답 58.③ 59.② 60.③

memo

Craftsman Electricity

2023년 제1회 CBT 기출복원문제

★ 표시 : 문제 중요도를 나타냄

본 기출문제는 수험생들의 기억을 바탕으로 작성한 것으로 내용 및 그림 등에서 실제 문제와 다소 차이가 있을 수 있습니다.

★★

01 0.2[℧]의 컨덕턴스를 가진 저항체에 3[A]의 전류를 흘리려면 몇 [V]의 전압을 가하면 되겠는가?

① 12 ② 15

③ 20 ④ 30

해설 $V=IR=\frac{I}{G}=\frac{3}{0.2}=15[\mathrm{V}]$

★★

02 교류에서 전압 E[V], 전류 I[A], 역률각이 θ일 때 유효 전력 P[W]은?

① EI

② $EI\tan\theta$

③ $EI\sin\theta$

④ $EI\cos\theta$

해설 단상 유효전력
$P=EI\cos\theta[\mathrm{W}]$

★

03 기전력 1.2[V], 용량 20[Ah]인 전지를 직렬로 5개 연결한 경우의 기전력은 6[V]이다. 이때의 전지 용량은?

① 6

② 20

③ 12

④ 100

해설 전지 직렬 연결
전지의 용량은 1개값과 같은 20[Ah]이다.

★

04 상전압이 300[V]인 3상 반파 정류 회로의 직류 전압은 약 몇 [V]인가?

① 520 ② 350

③ 260 ④ 400

해설 $E_d=1.17E=1.17\times300\fallingdotseq350[\mathrm{V}]$

★

05 한국전기설비규정에 의한 전압의 구분에서 직류를 기준으로 고압에 속하는 범위로 옳은 것은?

① 1,000[V] 초과, 7,000[V] 이하의 전압

② 600[V] 초과, 7,000[V] 이하의 전압

③ 750[V] 초과, 7,000[V] 이하의 전압

④ 1,500[V] 초과, 7,000[V] 이하의 전압

해설 전압의 구분

	직 류	교 류
저압	1,500[V] 이하	1,000[V] 이하
고압	7,000[V] 이하	
특고압	7,000[V] 초과	

★

06 다음 금속 몰드 공사 방법에 대한 설명으로 틀린 것은?

① 몰드 안에는 접속점이 없도록 한다.

② 사용 전압은 400[V] 이하이어야 한다.

③ 점검할 수 없는 은폐 장소에 시설하였다.

④ 금속몰드의 길이가 4[m] 이하이면 접지 공사를 생략할 수 있다.

정답 01.② 02.④ 03.② 04.② 05.④ 06.③

해설 금속 몰드 공사의 방법

- 사용 전압 400[V] 이하
- 전개된 건조한 장소나 점검할 수 있는 은폐 장소
- 몰드 안에 전선의 접속점이 없을 것

★★★

07  **20[kVA]의 단상 변압기 2대를 사용하여 V-V 결선으로 하고 3상 전원을 얻고자 할 때 최대로 얻을 수 있는 3상 부하의 용량은 약 몇 [kVA]인가?**

① 20 ② 24
③ 28.8 ④ 34.6

해설 V결선 용량

$P_V = \sqrt{3}\,P_1 = \sqrt{3}\times 20 = 34.6[\text{kVA}]$

★★

08 **자기 회로의 자기 저항이 2,000[AT/Wb]이고 기자력이 50,000[AT]이라면 자속[Wb]은?**

① 10 ② 20
③ 25 ④ 30

해설 자속

$\Phi = \dfrac{F}{R_m} = \dfrac{50{,}000}{2{,}000} = 25[\text{Wb}]$

★★

09 **동기 발전기의 전기자 권선을 단절권으로 하면?**

① 고조파를 제거한다.
② 기전력을 높인다.
③ 절연이 잘 된다.
④ 역률이 좋아진다.

해설 단절권과 분포권을 사용하는 이유
고조파 제거로 인한 좋은 파형 개선

★★★

10 (출제빈도) **변압기 내부 고장 발생 시 발생하는 기름의 흐름 변화를 검출하는 부흐홀츠 계전기의 설치 위치로 알맞은 것은?**

① 변압기 본체
② 변압기의 고압측 부싱
③ 컨서베이터 내부
④ 변압기 본체와 콘서베이터 사이

해설 부흐홀츠 계전기는 내부 고장 발생 시 유증기를 검출하여 동작하는 계전기로 변압기 본체와 콘서베이터를 연결하는 파이프 도중에 설치한다.

★★★

11 (출제빈도) **1차 권수 6,000, 2차 권수 200인 변압기의 전압비는?**

① 10 ② 30
③ 60 ④ 90

해설 변압기 전압비

$a = \dfrac{N_1}{N_2} = \dfrac{6{,}000}{200} = 30$

★

12 **두 코일의 자체 인덕턴스를 L_1[H], L_2[H]라 하고 상호 인덕턴스를 M[H]이라 할 때, 두 코일을 자속이 동일한 방향과 역방향이 되도록 하여 직렬로 각각 연결하였을 경우, 합성 인덕턴스의 큰 쪽과 작은 쪽의 차는?**

① M ② $2M$
③ $4M$ ④ $8M$

해설 직렬 접속 시 합성 인덕턴스

$L_{가동} = L_1 + L_2 + 2M[\text{H}]$

$L_{차동} = L_1 + L_2 - 2M[\text{H}]$

$L_{가동} - L_{차동} = 4M[\text{H}]$

★

13 **그림의 A와 B 사이의 합성 저항은?**

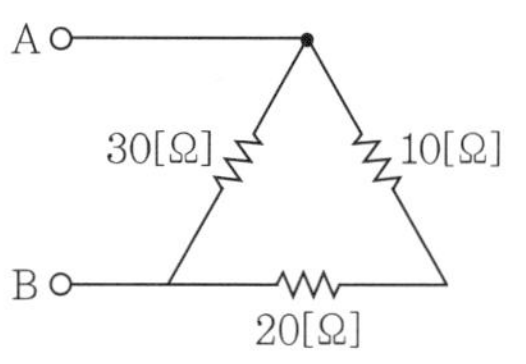

① 10 ② 15
③ 30 ④ 20

해설 $R_{AB} = \dfrac{30\times 30}{30+30} = 15[\Omega]$

정답 07.④ 08.③ 09.① 10.④ 11.② 12.③ 13.②

★★
14 그림의 회로 AB에서 본 합성저항은 몇 [Ω]인가?

① $\frac{r}{2}$
② r
③ $\frac{3}{2}r$
④ $2r$

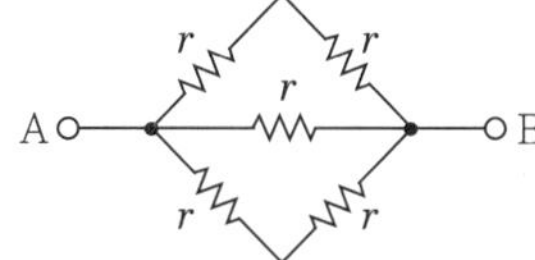

해설 그림에서 $2r$, r, $2r$[Ω]이 각각 병렬이므로

$$r_{AB} = \frac{1}{\frac{1}{2r}+\frac{1}{r}+\frac{1}{2r}} = \frac{1}{\frac{2}{r}} = \frac{r}{2}[\Omega]$$

★★★
15 비례 추이를 이용하여 속도 제어가 되는 전동기는?

출제빈도

① 직류 분권 전동기
② 동기 전동기
③ 농형 유도 전동기
④ 3상 권선형 유도 전동기

해설 3상 권선형 유도 전동기 속도 제어
비례 추이의 원리를 이용한 것으로 슬립 s를 변화시켜 속도를 제어하는 방식

★★
16 막대 자석의 자극의 세기가 m[Wb]이고 길이가 l[m]인 경우 자기 모멘트[Wb·m]는 얼마인가?

① ml　② $\frac{m}{l}$
③ $\frac{l}{m}$　④ $2ml$

해설 막대 자석의 자기 모멘트
$M = ml$[Wb·m]

★★
17 회전자 입력 10[kW], 슬립 3[%]인 3상 유도 전동기의 2차 동손은 몇 [W]인가?

① 200　② 300
③ 150　④ 400

해설 2차 동손
$P_{C2} = sP_2[\text{W}] = 0.03 \times 10 \times 10^3 = 300[\text{W}]$

★
18 직류 분권 전동기의 무부하 전압이 108[V], 전압 변동률이 8[%]인 경우 정격 전압은 몇 [V]인가?

① 100　② 95
③ 105　④ 85

해설
전압 변동률 $\varepsilon = \frac{V_0 - V_n}{V_n} \times 100$

$= \frac{108 - V_n}{V_n} \times 100 = 8[\%]$이므로

$\frac{108 - V_n}{V_n} = 0.08\,V_n$

$V_n = \frac{108}{1.08} = 100[\text{V}]$

★★★
19 점유 면적이 좁고 운전, 보수에 안전하므로 공장, 빌딩 등의 전기실에 많이 사용되며, 큐비클(cubicle)형이라고 불리는 배전반은?

출제빈도

① 라이브 프런트식 배전반
② 폐쇄식 배전반
③ 포우스트형 배전반
④ 데드 프런트식 배전반

해설 폐쇄식 배전반
각종 계기 및 조작 개폐기, 계전기 등 전부를 금속제 상자 안에 조립하는 방식

★
20 200[V], 10[kW] 3상 유도 전동기의 전류는 몇 [A]인가? (단, 유도 전동기의 효율과 역률은 0.85이다.)

① 10　② 20
③ 30　④ 40

해설 3상 소비 전력 $P = \sqrt{3}\,VI\cos\theta \times$ 효율

전류 $I = \frac{P}{\sqrt{3}\,V\cos\theta \times \text{효율}}$

$= \frac{10 \times 10^3}{\sqrt{3} \times 200 \times 0.85 \times 0.85} = 40[\text{A}]$

정답 14.① 15.④ 16.① 17.② 18.① 19.② 20.④

★★★

21 메킹 타이어로 슬리브 접속 시 연선의 단면적이 10[mm^2] 이하인 경우 슬리브를 최소 몇 회 이상 비틀림 해야 하는가?

① 3.5회 ② 2.5회

③ 2회 ④ 3회

해설 연선의 메킹 타이어 슬리브 접속 시 비틀림 횟수

- 10[mm^2] 이하 : 2회 이상
- 16[mm^2] 이하 : 2.5회 이상
- 25[mm^2] 이하 : 3회 이상

★★★

22 2대의 동기 발전기 A, B가 병렬 운전하고 있을 때 A기의 여자 전류를 증가시키면 어떻게 되는가?

① A기의 역률은 낮아지고 B기의 역률은 높아진다.

② A기의 역률은 높아지고 B기의 역률은 낮아진다.

③ A, B 양 발전기의 역률이 높아진다.

④ A, B 양 발전기의 역률이 낮아진다.

해설 여자 전류를 증가시키면 A기의 역률은 낮아지고 B기의 역률은 높아진다.

★★

23 공심 솔레노이드에 자기장의 세기를 4,000[AT/m]를 가한 경우 자속 밀도[Wb/m^2]는?

① $32\pi\times10^{-4}$ ② $3.2\pi\times10^{-4}$

③ $16\pi\times10^{-4}$ ④ $1.6\pi\times10^{-4}$

해설 자속밀도

$$B=\mu_0 H=4\pi\times10^{-7}\times4,000 =16\pi\times10^{-4}[\text{Wb/m}^2]$$

★★★

24 전주외등을 전주에 부착하는 경우 전주외등은 하단으로부터 몇 [m] 이상 높이에 시설하여야 하는가? (단, 전주외등의 사용전압은 150[V]를 초과한 경우이다.)

① 3.0 ② 3.5

③ 4.0 ④ 4.5

해설 전주외등

대지전압 300[V] 이하 백열전등이나 수은등을 배전선로의 지지물 등에 시설하는 등

- 기구 부착 높이 : 지표상 4.5[m] 이상(단, 교통 지장 없을 경우 3.0[m] 이상)
- 돌출 수평 거리 : 1.0[m] 이하

★★

25 전선관과 박스에 고정시킬 때 사용되는 것은 어느 것인가?

① 새들 ② 부싱

③ 로크 너트 ④ 클램프

해설 로크 너트

2개를 이용하여 금속관을 박스에 고정시킬 때 사용한다.

★★

26 다음 직류 전동기 중 정속도 전동기에 해당하는 것은?

① 가동 복권 전동기

② 직권 전동기

③ 분권 전동기

④ 차동 복권 전동기

해설 속도 변동이 가장 적은 전동기는 분권 전동기, 타여자 전동기이며 속도 변동이 매우 작아서 정속도 전동기라고도 한다.

★★★

27 직류 직권 전동기에서 벨트를 걸고 운전하면 안 되는 이유는?

① 벨트가 마멸 보수가 곤란하므로

② 벨트가 벗어지면 위험속도에 도달하므로

③ 직결하지 않으면 속도제어가 곤란하므로

④ 손실이 많아지므로

해설 직류 직권 전동기는 정격 전압 하에서 무부하 특성을 지니므로, 벨트가 벗겨지면 속도는 급격히 상승하여 위험 속도에 도달할 수 있다.

정답 21.③ 22.① 23.③ 24.④ 25.③ 26.③ 27.②

★
28 **한국전기설비규정에 의한 접지 도체의 전선 색상은 무슨 색인가?**

① 녹색 – 노란색　② 녹색
③ 녹색 – 빨간색　④ 검은색

해설 접지 도체 전선 색상
녹색 – 노란색

★★
29 **200[V], 50[Hz], 8극, 15[kW]의 3상 유도 전동기에서 전 부하 회전수가 720[rpm]이면 이 전동기의 2차 효율은 몇 [%]인가?**

① 86　② 96
③ 98　④ 100

해설 2차 효율 $\eta_2 = (1-s) \times 100[\%]$

동기 속도 $N_s = \dfrac{120f}{P} = \dfrac{120 \times 50}{8} = 750[\text{rpm}]$

슬립 $s = \dfrac{N_s - N}{N_s} = \dfrac{750-720}{750} = 0.04$

효율 $\eta = (1-0.04) \times 100[\%] = 96[\%]$

★★★
30 **전기 기기의 철심 재료로 규소 강판을 성층하여 사용하는 이유로 가장 적당한 것은?**

① 맴돌이 전류손 감소
② 풍손 감소
③ 기계손 감소
④ 히스테리시스손 감소

해설 규소 강판을 성층해서 사용하는 이유
맴돌이 전류손 감소 대책

★★★
31 **동기 전동기의 특징으로 틀린 것은?**

① 부하의 역률을 조정할 수가 있다.
② 전 부하 효율이 양호하다.
③ 부하가 변하여도 같은 속도로 운전할 수 있다.
④ 별도의 기동장치가 필요없으므로 가격이 싸다.

해설 동기 전동기의 특징
- 속도(N_s)가 일정하다.
- 역률을 조정할 수 있다.
- 효율이 좋다.
- 별도의 기동장치 필요(자기 기동법, 유도 전동기법)

★
32 **변압기의 무부하손에서 가장 큰 손실은?**

① 계자 권선의 저항손
② 전기자 권선의 저항손
③ 철손
④ 풍손

해설 무부하손
부하에 관계없이 항상 일정한 손실
- 철손(P_i) : 히스테리시스손, 와류손
- 기계손(P_m) : 마찰손, 풍손

기계손은 거의 발생하지 않으므로 철손이 가장 큰 손실이다.

★
33 **전류의 발열 작용에 의한 기구가 아닌 것은?**

① 고주파 가열기
② 전기 다리미
③ 전기 도금
④ 백열 전구

해설 전기 도금
전류의 화학 작용

★★
34 **사용전압이 고압과 저압인 가공 전선을 병행설치(병가)할 때 저압 전선의 위치는 어디에 설치해야 하는가?**

① 완금에 설치한다.
② 고압전선의 하부에 설치한다.
③ 고압전선의 상부에 설치한다.
④ 완금과 고압전선 사이에 설치한다.

해설 저·고압 가공 전선의 병행설치(병가)
- 저압 전선은 고압 전선의 하부에 설치
- 간격(이격거리) : 50[cm] 이상

정답 28.① 29.② 30.① 31.④ 32.③ 33.③ 34.②

★★★

35 가공 인입선을 시설할 때 경동선의 최소 굵기는 몇 [mm]인가? [단, 지지물 간 거리(경간)가 15[m]를 초과한 경우이다.]

출제빈도

① 2.0 ② 2.6
③ 3.2 ④ 1.5

해설 가공 인입선의 사용 전선
2.6[mm] 이상 경동선 또는 이와 동등 이상일 것 [단, 지지물 간 거리(경간) 15[m] 이하는 2.0[mm] 이상도 가능]

★

36 교류에서 피상 전력이 60[VA], 무효 전력이 36[Var]일 때 유효 전력[W]은?

① 12 ② 24
③ 48 ④ 96

해설 $P=\sqrt{{P_a}^2-{P_r}^2}=\sqrt{60^2-36^2}=48[W]$

★★★

37 코일이 접속되어 있을 경우, 결합계수가 1일 때 코일 간의 상호 인덕턴스는?

출제빈도

① $M<\sqrt{L_1 L_2}$ ② $M=L_1-L_2$
③ $M=\sqrt{L_1 L_2}$ ④ $M=L_1+L_2$

해설 상호 인덕턴스와 자기 인덕턴스 관계식
$M=k\sqrt{L_1 L_2}$ [H]에서
결합계수 $k=1$이므로
$M=\sqrt{L_1 L_2}$ [H]

★★

38 전선의 굵기를 측정하는 공구는?

① 권척
② 메거
③ 와이어 게이지
④ 와이어 스트리퍼

해설
- 권척(줄자) : 길이 측정 공구
- 메거 : 절연 저항 측정 공구
- 와이어 게이지 : 전선의 굵기를 측정하는 공구
- 와이어 스트리퍼 : 전선 피복을 벗기는 공구

★

39 접지극(수직 부설 동봉)으로 피뢰설비에 접속하는 접지극의 직경은 몇 [mm]인가?

① 8 ② 12
③ 20 ④ 25

해설 피뢰설비에 접속하는 동봉 규격
직경 8[mm], 길이 0.9[m] 이상

★

40 저항 $R=3[\Omega]$, 자체 인덕턴스 $L=10.6$[mH]가 직렬로 연결된 회로에 주파수 60[Hz], 500[V]의 교류 전압을 인가한 경우의 전류 I[A]는?

① 10 ② 40
③ 100 ④ 200

해설 유도성 리액턴스
$X_L=2\pi fL[\Omega]$
$X_L=2\times3.14\times60\times10.6\times10^{-3}=4[\Omega]$
$Z=\sqrt{R^2+{X_L}^2}=\sqrt{3^2+4^2}=5[\Omega]$
$I=\dfrac{V}{Z}=\dfrac{500}{5}=100[A]$

★★

41 정전 용량 6[μF], 3[μF]을 직렬로 접속한 경우 합성 정전 용량[μF]은?

① 2 ② 2.4
③ 1.2 ④ 12

해설 합성 용량
$C_0=\dfrac{C_1 C_2}{C_1+C_2}=\dfrac{6\times3}{6+3}=2[\mu F]$

★★

42 히스테리시스 곡선이 세로축과 만나는 점의 값은 무엇을 나타내는가?

① 자속 밀도 ② 잔류 자기
③ 보자력 ④ 자기장

해설 히스테리시스 곡선
- 세로축(종축)과 만나는 점 : 잔류 자기
- 가로축(횡축)과 만나는 점 : 보자력

정답 35.② 36.③ 37.③ 38.③ 39.① 40.③ 41.① 42.②

★★
43 폭발성 먼지(분진)가 있는 위험 장소에 금속관 배선에 의할 경우 관 상호 및 관과 박스 기타의 부속품이나 풀 박스 또는 전기 기계 기구는 몇 턱 이상의 나사 조임으로 접속하여야 하는가?

① 2턱 ② 3턱
③ 4턱 ④ 5턱

해설 폭연성 먼지(분진)가 존재하는 곳의 접속 시 5턱 이상의 죔 나사로 시공하여야 한다.

★★★
44 자기 회로와 전기 회로의 대응 관계가 잘못된 것은?

출제빈도

① 기자력 – 기전력
② 자기 저항 – 전기 저항
③ 자속 – 전계
④ 투자율 – 도전율

해설 전기 회로와 자기 회로 대응 관계

자기 회로	전기 회로
기자력	기전력
자속	전류
자계	전계
투자율	도전율

★★
45 온도 변화에도 용량의 변화가 없으며, 높은 주파수에서 사용하며 극성이 있고 콘덴서 자체에 +의 기호로 전극을 표시하며 비교적 가격이 비싸나 온도에 의한 용량 변화가 엄격한 회로, 어느 정도 주파수가 높은 회로 등에 사용되고 있는 콘덴서는?

① 탄탈 콘덴서
② 마일러 콘덴서
③ 세라믹 콘덴서
④ 바리콘

해설 탄탈 콘덴서는 탄탈 소자의 양 끝에 전극을 구성시킨 구조로서 온도나 직류 전압에 대한 정전 용량 특성의 변화가 적고 용량이 크며 극성이 있으므로 직류용으로 사용된다.

★★
46 1[C]의 전하에 100[N]의 힘이 작용했다면 전기장의 세기[V/m]는?

① 20
② 50
③ 100
④ 10

해설 전기장의 세기
단위 전하에 작용하는 힘
힘과의 관계식 $F=QE$[N]식에서
전기장 $E=\dfrac{F}{Q}=\dfrac{100}{1}$[V/m]

★★★
47 화약류 저장소에서 백열전등이나 형광등 또는 이들에 전기를 공급하기 위한 전기설비를 시설하는 경우 전로의 대지 전압은 몇 [V] 이하인가?

출제빈도

① 100 ② 200
③ 220 ④ 300

해설 화약류 저장소 시설 규정
• 금속관, 케이블 공사
• 대지 전압 300[V] 이하

★★★
48 그림의 $R-L$ 직렬 회로에서 전류는 몇 [A]인가?

출제빈도

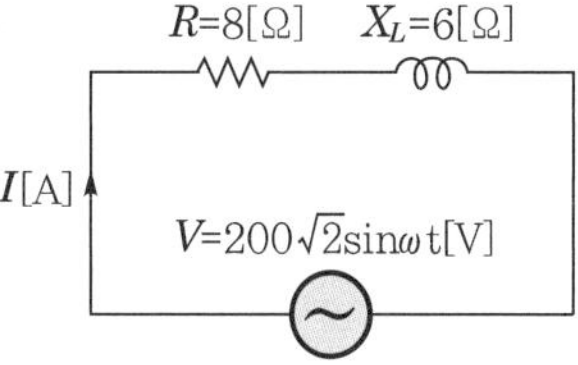

① 10 ② 20
③ 30 ④ 40

해설 합성 임피던스 $\dot{Z}=R+jX_L=8+j6[\Omega]$
절대값 $Z=\sqrt{8^2+6^2}=10[\Omega]$
전류 $I=\dfrac{V}{Z}=\dfrac{200}{10}=20$[A]

정답 43.④ 44.③ 45.① 46.③ 47.④ 48.②

★★
49 다이오드를 사용한 정류 회로에서 다이오드를 여러 개 직렬로 연결하여 사용하는 경우의 설명으로 가장 옳은 것은?

① 다이오드를 과전류로부터 보호할 수 있다.
② 다이오드를 과전압으로부터 보호할 수 있다.
③ 부하 출력의 맥동률을 감소시킬 수 있다.
④ 낮은 전압 전류에 적합하다.

해설 직렬 접속 시 전압 강하에 의해 과전압으로부터 보호할 수 있다.

★★
50 계자에서 발생한 자속을 전기자에 골고루 분포시켜주기 위한 것은?

① 공극 ② 브러쉬
③ 콘덴서 ④ 저항

해설 공극은 계자와 전기자 사이에 있어서 자속을 골고루 전기자에 공급해 주기 위해 만들어준다.

★★★
51 주파수 60[Hz]인 최대값이 200[V], 위상 0°인 교류의 순시값으로 맞는 것은?

출제빈도

① $100\sin 60\pi t$
② $200\sin 120\pi t$
③ $200\sqrt{2}\sin 120\pi t$
④ $200\sqrt{2}\sin 60\pi t$

해설 순시값 $v(t) = $최대값$\times \sin(\omega t+\theta)$
$= 200\sin 2\pi \times 60t$
$= 200\sin 120\pi t$[V]

★★
52 다음 중 지중 전선로의 매설 방법이 아닌 것은?

① 행거식 ② 암거식
③ 직접 매설식 ④ 관로식

해설 지중 전선로의 종류
관로식, 암거식, 직접 매설식

★★★
53 일반적으로 가공 전선로의 지지물에 취급자가 오르고 내리는 데 사용하는 발판 볼트 등은 지표상 몇 [m] 미만에 시설하여서는 아니 되는가?

출제빈도

① 0.75 ② 1.2
③ 1.8 ④ 2.0

해설 발판 볼트 시설 규정
지표상 1.8[m]부터 완금 하부 0.9[m]까지 발판 볼트를 설치한다.

★★
54 가공 전선로의 지지물을 지지선(지선)으로 보강하여서는 안 되는 것은?

① 목주
② A종 철근 콘크리트주
③ 철탑
④ B종 철근 콘크리트주

해설 철탑은 지지선(지선)을 사용하지 않는다.

★
55 $R-L-C$ 직렬 회로에서 임피던스 Z의 크기를 나타내는 식은?

① $R^2+(X_L-X_C)^2$
② $R^2+(X_L+X_C)^2$
③ $\sqrt{R^2+(X_L-X_C)^2}$
④ $\sqrt{R^2+(X_L+X_C)^2}$

해설 합성 임피던스 $\dot{Z}=R+j(X_L-X_C)$[Ω]
절대값 $Z=\sqrt{R^2+(X_L-X_C)^2}$[Ω]

★★★
56 일반적으로 절연체를 서로 마찰시키면 이들 물체는 전기를 띠게 된다. 이와 같은 현상은?

출제빈도

① 분극 ② 정전
③ 대전 ④ 코로나

해설 물체를 마찰시킬 때 생기는 전기를 마찰 전기라 하고 물체가 전기를 띠게 되는 현상을 대전이라 한다.

정답 49.② 50.① 51.② 52.① 53.③ 54.③ 55.③ 56.③

★★★
57 전등 한 개를 2개소에서 점멸하고자 할 때 옳은 배선은?

출제빈도

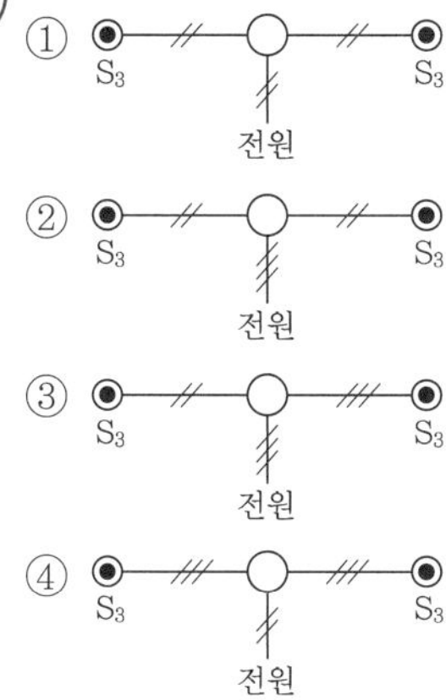

해설 3로 스위치
1개의 전등을 2개소에서 점멸하는 스위치로서 전원에서 전등으로 2가닥의 전선, 전등과 스위치 사이는 3가닥의 전선이 인입되는 결선도이다.

★
58 버스 덕트 공사에 의한 배선 또는 옥외 배선의 사용 전압이 저압인 경우의 시설 기준에 대한 설명으로 틀린 것은?

① 덕트의 내부는 먼지가 침입하지 않도록 할 것
② 물기가 있는 장소는 옥외용 버스덕트를 사용할 것
③ 습기가 많은 장소는 옥내용 버스덕트를 사용하고 덕트 내부에 물이 고이지 않도록 할 것
④ 덕트의 끝부분은 막을 것

해설 버스 덕트 배선
- 덕트의 내부는 먼지가 침입하지 않도록 할 것
- 습기가 많고 물기가 많은 장소는 옥외용 버스덕트를 사용하고 덕트 내부에 물이 고이지 않도록 할 것
- 덕트의 끝부분은 막을 것

★
59 저압 전로에 정격 전류 50[A]의 전류가 흐를 때 과전류 차단기로 배선 차단기(산업용)를 사용하는 경우 트립하는 전류는 정격 전류의 몇 배에서 트립되어야 하는가?

① 1.3 ② 1.13
③ 1.45 ④ 1.15

해설 산업용 배선 차단기의 과전류 트립 동작 시간

정격 전류	시간(분)	트립 동작 정격 전류 배수	
		부동작 전류	동작 전류
63[A] 이하	60	1.05배	1.3배
63[A] 초과	120	1.05배	1.3배

★
60 보호 장치의 종류 및 특성에서 과부하 전류 및 단락 전류 겸용 보호 장치를 설치하는 조건이 틀린 것은?

① 과부하 전류 및 단락 전류 모두를 보호하는 장치는 그 보호 장치 설치점에서 예상되는 단락 전류를 포함한 모든 과전류를 차단 및 투입할 수 있는 능력이 있어야 한다.
② 과부하 전류 전용 보호 장치의 차단 용량은 그 설치점에서의 예상 단락 전류값 이상으로 할 수 있다.
③ 단락 전류 전용 보호 장치는 예상 단락 전류를 차단할 수 있어야 한다.
④ 차단기인 경우에는 이 단락 전류를 투입할 수 있는 능력이 있어야 한다.

해설 보호 장치의 차단 용량
과부하 전류 전용 보호 장치의 차단 용량은 그 설치점에서의 예상 단락 전류값 미만으로 할 수 있다.

정답 57.④ 58.③ 59.① 60.②

2023년 제2회 CBT 기출복원문제

★ 표시 : 문제 중요도를 나타냄

본 기출문제는 수험생들의 기억을 바탕으로 작성한 것으로 내용 및 그림 등에서 실제 문제와 다소 차이가 있을 수 있습니다.

★

01 **무대 및 무대마루 밑, 공연장의 전로에는 전용 개폐기 및 과전류 차단기를 시설하여야 한다. 조명용 분기회로 및 정격 전류 32[A] 이하의 콘센트용 분기회로는 정격 감도 전류 몇 [mA] 이하의 누전차단기로 보호하여야 하는가?**

① 15 ② 25

③ 30 ④ 40

해설 전시회, 쇼, 공연장의 개폐기 및 과전류 차단기 무대·무대마루 밑·오케스트라 박스 및 영사실의 전로에는 전용 개폐기 및 과전류 차단기를 시설하여야 하며 비상 조명을 제외한 조명용 분기회로 및 정격 32[A] 이하의 콘센트용 분기회로는 정격 감도 전류 30[mA] 이하의 누전차단기로 보호하여야 한다.

★★

02 **교류에서 전압 E[V], 전류 I[A], 역률각이 θ일 때 유효전력 P[W]은?**

① EI ② $EI\tan\theta$

③ $EI\sin\theta$ ④ $EI\cos\theta$

해설 단상 유효전력

$P = EI\cos\theta$

★★

03 **저항의 크기가 같은 경우 △결선 시 소비 전력($P_\triangle$)과 Y 결선 소비 전력(P_Y)을 비교하면?**

① $P_\triangle = \sqrt{3}P_Y$ ② $P_\triangle = \dfrac{1}{\sqrt{3}}P_Y$

③ $P_\triangle = 3P_Y$ ④ $P_\triangle = \dfrac{1}{3}P_Y$

해설 저항이 같은 경우 △결선 소비 전력($P_\triangle$)과 Y결선 소비 전력(P_Y)은 $P_\triangle = 3P_Y$이 성립한다.

★★

04 **사람이 상시 통행하는 터널 내 배선의 사용 전압이 저압일 때 공사 방법으로 틀린 것은?**

① 금속관 공사

② 금속제 가요 전선관 공사

③ 금속 몰드

④ 합성수지관(두께 2[mm] 미만 및 난연성이 없는 것은 제외)

해설 금속관, 두께 2[mm] 이상의 합성수지관, 금속제 가요 전선관, 케이블, 애자 사용 배선 등에 준하여 시설

* 금속 몰드 공사 : 400[V] 이하, 건조하고 전개된 장소

★★★

05 **동기 발전기의 병렬 운전 조건 중 같지 않아도 되는 것은?**

출제빈도

① 주파수 ② 위상

③ 전압 ④ 용량

해설 병렬 운전 조건에서 용량, 전류, 임피던스는 일치하지 않아도 된다.

정답 01.③ 02.④ 03.③ 04.③ 05.④

★
06 다음 중 비선형 소자가 아닌 것은?

① 공진관 ② 코일
③ 저항 ④ 콘덴서

해설 저항은 전압과 전류가 직선 형태로 증가하는 선형소자에 해당된다.

★
07 다음 정전기 현상이 발생하는 경우가 아닌 것은?

① 액체가 관을 통과하는 경우
② 건전지의 (+)극에 (−)극을 접속한 경우
③ 물체를 접촉했다가 뗀 경우
④ 물체를 마찰시킨 경우

해설 건전지의 (+)극에 (−)극을 접속하면 전류가 흐르므로 정전기 현상이 아니다.

★★
08 정격이 10,000[V], 500[A], 역률 90[%]의 3상 동기 발전기의 단락 전류 I_s[A]는? (단, 단락비는 1.3으로 하고 전기자 저항은 무시한다.)

① 450 ② 550
③ 650 ④ 750

해설
단락비는 $K=\dfrac{I_s}{I_n}$ 이므로
단락 전류 $I_s=I_n\times$단락비
$=500\times1.3=650$[A]

★★★
09 직류 직권 전동기의 회전수(N)와 토크(τ)와의 관계는?

출제빈도

① $\tau\propto\dfrac{1}{N}$ ② $\tau\propto\dfrac{1}{N^2}$
③ $\tau\propto N$ ④ $\tau\propto N^{\frac{3}{2}}$

해설 직권 전동기의 토크
$\tau\propto\dfrac{1}{N^2}$

★★★
10 변압기에서 자속에 대한 설명 중 맞는 것은?

① 전압에 비례하고 주파수에 반비례
② 전압에 반비례하고 주파수에 비례
③ 전압에 비례하고 주파수에 비례
④ 전압과 주파수에 무관

해설 변압기의 유도 기전력 $E_1=4.44fN_1\phi_m$[V]에서 자속 $\phi_m=\dfrac{E_1}{4.44fN_1}$[V]이므로 전압에 비례하고 주파수에 반비례한다.

★★
11 똑같은 크기의 저항 5개를 가지고 얻을 수 있는 합성 저항 최대값은 최소값의 몇 배인가?

① 5 ② 10
③ 25 ④ 20

해설 최대 합성 저항은 직렬이고 최소 합성 저항은 병렬이므로 직렬은 병렬의 $n^2=5^2=25$배이다.

★★★
12 발전기나 변압기 내부 고장 보호에 쓰이는 계전기는?

출제빈도

① 접지 계전기 ② 차동 계전기
③ 과전압 계전기 ④ 역상 계전기

해설 발전기, 변압기 내부 고장 보호용 계전기는 차동 계전기, 비율 차동 계전기, 부흐홀츠 계전기가 있다.

★★
13 동기 발전기에서 단락비가 크면 다음 중 작아지는 것은?

① 동기 임피던스와 전압 변동률
② 단락 전류
③ 공극
④ 기계의 크기

해설 단락비가 큰 기기
- 단락비 : 정격 전류에 대한 단락 전류의 비
- 동기 임피던스가 작다.
- 전기자 반작용이 작다.

정답 06.③ 07.② 08.③ 09.② 10.① 11.③ 12.② 13.①

★★★
14 동기 전동기의 자기 기동법에서 계자 권선을 단락하는 이유는?

① 기동이 쉽다.
② 기동권선으로 이용한다.
③ 고전압 유도에 의한 절연 파괴 위험을 방지한다.
④ 전기자 반작용을 방지한다.

해설 동기 전동기의 자기 기동법에서 계자 권선을 단락하는 첫 번째 이유는 고전압 유도에 의한 절연 파괴 위험 방지이다.

★★
15 슬립이 0일 때 유도 전동기의 속도는?

① 동기 속도로 회전한다.
② 정지 상태가 된다.
③ 변화가 없다.
④ 동기 속도보다 빠르게 회전한다.

해설 회전 속도는 $N=(1-s)N_s=N_s$[rpm]이므로 동기 속도로 회전한다.

★★
16 SCR에서 Gate 단자의 반도체는 일반적으로 어떤 형을 사용하는가?

① N형 ② P형
③ NP형 ④ PN형

해설 SCR(Silicon Controlled Rectifier)은 일반적인 타입이 P-Gate 사이리스터이며 제어 전극인 게이트(G)가 캐소드(K)에 가까운 쪽의 P형 반도체 층에 부착되어 있는 3단자 단일 방향성 소자이다.

★★★
17 단상 유도 전동기의 기동 방법 중 기동 토크가 가장 큰 것은?

① 반발 기동형 ② 분상 기동형
③ 반발 유도형 ④ 콘덴서 기동형

해설 단상 유도 전동기 토크 크기 순서
반발 기동형>반발 유도형>콘덴서 기동형>분상 기동형>셰이딩 코일형

★★★
18 금속 전선관의 종류에서 후강 전선관 규격[mm]이 아닌 것은?

① 22
② 28
③ 36
④ 48

해설 후강 전선관의 종류
16, 22, 28, 36, 42, 54, 70, 82, 92, 104[mm]

★★★
19 점유 면적이 좁고 운전, 보수에 안전하므로 공장, 빌딩 등의 전기실에 많이 사용되며, 큐비클(cubicle)형이라고 불리는 배전반은?

① 라이브 프런트식 배전반
② 폐쇄식 배전반
③ 포우스트형 배전반
④ 데드 프런트식 배전반

해설 폐쇄식 배전반 : 각종 계기 및 조작 개폐기, 계전기 등 전부를 금속제 상자 안에 조립하는 방식

★★★
20 다음 중 유도 전동기에서 비례 추이를 할 수 있는 것은?

① 출력
② 2차 동손
③ 효율
④ 역률

해설 유도 전동기의 비례 추이
• 가능 : 1차 입력, 1차 전류, 2차 전류, 역률, 동기 와트, 토크(1차측)
• 불가능 : 출력, 효율, 2차 동손, 부하(2차측)

★★
21 450/750[V] 일반용 단심 비닐 절연 전선의 약호는?

① FI ② RI
③ NR ④ RI

해설 NR : 450/750[V] 일반용 단심 비닐 절연 전선

정답 14.③ 15.① 16.② 17.① 18.④ 19.② 20.④ 21.③

★★
22 히스테리시스 곡선이 세로축과 만나는 점의 값은 무엇을 나타내는가?

① 자속 밀도 ② 잔류 자기
③ 보자력 ④ 자기장

해설 히스테리시스 곡선이 만나는 점
- 세로축(종축)과 만나는 점 : 잔류 자기
- 가로축(횡축)과 만나는 점 : 보자력

★★
23 코일에 흐르는 전류가 0.5[A], 축적되는 에너지가 0.2[J]이 되기 위한 자기 인덕턴스는 몇 [H]인가?

① 0.8 ② 1.6
③ 10 ④ 16

해설 코일에 축적되는 $W=\frac{1}{2}LI^2$[J]에서

$$L=\frac{2W}{I^2}=\frac{2\times 0.2}{0.5^2}=1.6[\mathrm{H}]$$

★★★
24 조명등을 숙박 업소의 입구에 설치할 때 현관등은 최대 몇 분 이내에 소등되는 타임 스위치를 시설하여야 하는가?

출제빈도

① 4 ② 3
③ 1 ④ 2

해설 현관등 타임 스위치
- 일반 주택 및 아파트 : 3분
- 숙박 업소 각 호실 : 1분

★★
25 코일에 전류가 3[A]가 0.5[sec] 동안 6[A]가 되었을 때 60[V]의 기전력이 발생하였다면 코일의 자기 인덕턴스[H]는?

① 20 ② 30
③ 10 ④ 40

해설 코일에 유도되는 기전력 $e=-L\frac{\Delta I}{\Delta t}$[H]

$$L=60\times\frac{0.5}{6-3}=10[\mathrm{H}]$$

★★★
26 접지를 하는 목적으로 설명이 틀린 것은?

① 전기 설비 용량 감소
② 대지 전압 상승 방지
③ 감전 방지
④ 화재와 폭발 사고 방지

해설 접지의 목적
- 전선의 대지 전압의 저하
- 보호 계전기의 동작 확보
- 감전의 방지
- 화재와 폭발 사고 방지

★★★
27 고압 가공 인입선이 도로를 횡단하는 경우 노면상 시설하여야 할 높이는 몇 [m] 이상인가?

출제빈도

① 8.5 ② 6.5
③ 6 ④ 4.5

해설 고압 인입선의 최소 높이

구 분	고 압
도로 횡단	6[m] 이상
철도 횡단	6.5[m] 이상
횡단보도교	3.5[m] 이상
기타 장소	5[m] 이상

★
28 캡타이어 케이블을 공사하는 경우 지지점을 지지하는 공사 방법으로 틀린 것은?

① 캡타이어 케이블을 조영재에 따라 시설하는 경우는 그 지지점 간의 거리는 1.0[m] 이하로 한다.
② 서까래와 서까래의 사이에 캡타이어 케이블을 시설할 수 없는 경우 메신저 와이어로 접속한다.
③ 사람이 접촉할 우려가 없는 곳은 지지점 간격은 1.5[m] 이하로 해야 한다.
④ 캡타이어 케이블 상호 및 캡타이어 케이블과 박스, 기구와의 접속 개소와 지지점 간의 거리는 0.15[m]로 하는 것이 바람직하다.

정답 22.② 23.② 24.③ 25.③ 26.① 27.③ 28.③

해설 캡타이어 케이블 공사 방법
- 케이블 지지점 거리 : 1.0[m] 이하(단, 사람이 접촉할 우려가 없는 장소 : 6.0[m] 이하)
- 서까래와 서까래의 사이에 캡타이어 케이블을 시설할 수 없는 경우 메신저 와이어로 접속한다.

* 메신저 와이어[조가선(조가용선)] : 가공 케이블을 매달아 지지할 때 사용하는 철재

★★
29 가정용 전기 세탁기를 욕실에 설치하는 경우 콘센트의 규격은?

① 접지극부 3극 15[A]
② 3극 15[A]
③ 접지극부 2극 15[A]
④ 2극 15[A]

해설 인체가 물에 젖은 상태(화장실, 비데)의 전기 사용 장소 규정

인체 감전 보호용 누전 차단기 부착 콘센트	접지극이 있는 방적형 콘센트
	정격 감도 전류 15[mA] 이하, 동작 시간 0.03초 이하의 전류 동작형
정격 용량 3[kVA] 이하 절연 변압기로 보호된 전로	

- 가정용 전기 세탁기는 저압이므로 단상(2극)을 사용하며 물에 접촉할 우려가 있으므로 반드시 접지극부 2극 15[A] 콘센트가 적당하다.

★★★
30 합성 수지관을 상호 접속 시에 관을 삽입하는 깊이는 관 바깥지름의 몇 배 이상으로 하여야 하는가? (단, 접착제를 사용하지 않는 경우이다.)

출제빈도

① 0.8 ② 1.0
③ 1.2 ④ 2.0

해설 합성 수지관 접속 시 삽입 깊이 : 관 바깥지름의 1.2배(접착제 사용 시 0.8배)

★
31 실내 전반 조명을 하고자 한다. 작업대로부터 광원의 높이가 2.4[m]인 위치에 조명기구를 배치할 때 벽에서 한 기구 이상 떨어진 기구에서 기구 간의 거리는 일반적인 경우 최대 몇 [m]로 배치하여 설치하는가?

① 1.8 ② 2.4
③ 3.2 ④ 3.6

해설 실내 전반 조명의 등간격 $S \leq 1.5[H]$이므로, $S = 1.5 \times 2.4 = 3.6[m]$

★★
32 진공의 투자율 μ_0[H/m]는?

① 6.33×10^4
② 8.55×10^{-12}
③ $4\pi \times 10^{-7}$
④ 9×10^9

해설 진공의 투자율 $\mu_0 = 4\pi \times 10^{-7}$[H/m]

★★★
33 셀룰로이드, 성냥, 석유류 등 기타 가연성 위험 물질을 제조 또는 저장하는 장소의 배선으로 잘못된 배선은?

출제빈도

① 금속관 배선
② 합성 수지관 배선
③ 플로어 덕트 배선
④ 케이블 배선

해설 가연성 먼지(분진), 위험물 : 금속관, 케이블, 합성 수지관 공사

* 플로어 덕트 : 400[V] 이하, 점검할 수 없는 은폐 장소

★★
34 UPS란 무엇인가?

① 정전 시 무정전 직류 전원 장치
② 상시 교류 전원 장치
③ 무정전 교류 전원 장치
④ 상시 직류 전원 장치

해설 무정전 교류 전원 공급 장치(UPS : Uninterruptible Power Supply)
선로에서 정전이나 순시 전압 강하 또는 입력 전원의 이상 상태 발생 시 부하에 대한 교류 입력 전원의 연속성을 확보할 수 있는 전원 공급 장치

정답 29.③ 30.③ 31.④ 32.③ 33.③ 34.③

★★
35 **한국전기설비규정에 의하여 애자 사용 공사를 건조한 장소에 시설하고자 한다. 사용 전압이 400[V] 이하인 경우 전선과 조영재 사이의 간격(이격거리)은 최소 몇 [mm] 이상이어야 하는가?**

① 120
② 45
③ 25
④ 60

해설 애자 사용 공사 시 전선과 조영재 간 간격(이격거리)
- 400[V] 이하 : 25[mm] 이상
- 400[V] 초과 : 45[mm] 이상(단, 건조한 장소는 25[mm] 이상)

★★★
36 **변압기유로 쓰이는 절연유에 요구되는 성질이 아닌 것은?**

출제빈도

① 절연내력이 클 것
② 인화점이 높을 것
③ 응고점이 낮을 것
④ 점도가 클 것

해설 변압기유의 구비 조건
- 절연 내력이 클 것
- 인화점이 높고 응고점이 낮을 것
- 점도 낮을 것

★★
37 **절연 전선을 동일 금속 덕트 내에 넣을 경우 전선의 피복 절연물을 포함한 단면적의 총 합계가 금속 덕트 내 단면적의 몇 [%] 이하가 되도록 선정하여야 하는가? (단, 제어 회로 등의 배선에 사용하는 전선이 아니다.)**

① 30 ② 20
③ 32 ④ 48

해설 덕트 내 넣는 전선의 단면적은 덕트 내 단면적의 20[%] 이하가 되도록 할 것(단, 제어 회로 등의 배선에 사용하는 전선만 넣는 경우 50[%] 이하로 한다.)

★★★
38 **경질 비닐관의 호칭으로 맞는 것은?**

① 홀수에 안지름
② 짝수에 바깥지름
③ 홀수에 바깥지름
④ 짝수에 관 안지름

해설 경질 비닐관(합성 수지관)의 호칭 : 짝수, 관 안지름으로 표기
- 규격 : 14, 16, 22, 28, 36, 42, 54, 70, 82[mm]

★★★
39 **다음 그림은 전선 피복을 벗기는 공구이다. 알맞은 것은?**

출제빈도

① 니퍼
② 펜치
③ 와이어 스트리퍼
④ 전선 눌러 붙임(압착) 공구

해설 와이어 스트리퍼 : 전선 피복을 벗기는 공구로서 그림은 중간 부분을 벗길 수 있는 스트리퍼로서 자동 와이어 스트리퍼이다.

★★★
40 **황산구리 용액에 10[A]의 전류를 60분간 흘린 경우 이때 석출되는 구리의 양[g]은? (단, 구리의 전기 화학 당량은 0.3293×10^{-3}[g/C]이다.)**

출제빈도

① 11.86 ② 5.93
③ 7.82 ④ 1.67

해설 전극에서 석출되는 물질의 양

$$W = kQ = kIt\text{[g]}$$
$$= 0.3293\times10^{-3}\times10\times60\times60$$
$$\fallingdotseq 11.86\text{[g]}$$

정답 35.③ 36.④ 37.② 38.④ 39.③ 40.①

★★★
41 교류 전압이 $v=200\sin\left(\omega t+\frac{\pi}{6}\right)$[V], 교류 전류가 $i=20\sin\left(\omega t+\frac{\pi}{3}\right)$[A]인 경우 전압과 전류의 위상 관계는?

① v가 i보다 $\frac{\pi}{3}$ 뒤진다.

② v가 i보다 $\frac{\pi}{6}$ 앞선다.

③ i가 v보다 $\frac{\pi}{6}$ 앞선다.

④ i가 v보다 $\frac{\pi}{3}$ 뒤진다.

해설 위상차 $\theta=\frac{\pi}{3}-\frac{\pi}{6}=\frac{\pi}{6}$[rad] $=30°$이고 전류가 전압보다 $\frac{\pi}{6}$ 앞선다.

★★
42 SCR 2개를 역병렬로 접속한 그림과 같은 기호의 명칭은?

① SCR
② TRIAC
③ GTO
④ UJT

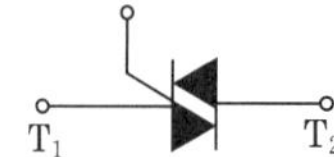

해설 TRIAC(트라이액)은 SCR 2개를 이용하여 역병렬로 접속한 소자로서 교류 회로에서 양방향 점호(ON) 및 소호(OFF)를 이용하며, 위상 제어가 가능하다.

★
43 4[μF]의 콘덴서에 4[kV]의 전압을 가하여 200[Ω]의 저항을 통해 방전시키면 이때 발생하는 에너지[J]는 얼마인가?

① 32　② 16
③ 8　④ 40

해설 콘덴서에 축적되는 에너지

$$W=\frac{1}{2}CV^2$$
$$=\frac{1}{2}\times 4\times 10^{-6}\times(4\times 10^3)^2=32[\text{J}]$$

★★★
44 선택 지락 계전기(selective ground relay)의 용도는?

① 단일 회선에서 지락 전류의 방향의 선택
② 단일 회선에서 지락 사고 지속 시간 선택
③ 단일 회선에서 지락 전류의 대소의 선택
④ 다회선에서 지락 고장 회선의 선택

해설 선택 지락 계전기(SGR) : 다회선 송전 선로에서 지락이 발생된 회선만을 검출하여 선택하여 차단할 수 있도록 동작하는 계전기

★★★
45 1[kWh]와 같은 값은?

① 3.6×10^6[J]
② 3.6×10^6[N/m^2]
③ 3.6×10^3[J]
④ 3.6×10^3[N/m^2]

해설 전력량 1[kWh] $=3.6\times 10^6$[J]

★★
46 최대 사용 전압이 3.3[kV]인 차단기 전로의 절연 내력 시험 전압은 몇 [V]인가?

① 3,036　② 4,125
③ 4,950　④ 6,600

해설 전로의 절연 내력 시험

종류		시험 전압	최저 시험 전압
비접지	7,000[V] 이하	× 1.5배	500[V]
	7,000[V] 초과	× 1.25배	10,500[V]

시험 전압 $3{,}300\times 1.5=4{,}950$[V]

★★
47 전기자 저항 0.1[Ω], 전기자 전류 104[A], 유도 기전력 110.4[V]인 직류 분권 발전기의 단자 전압은 몇 [V]인가?

① 98　② 100
③ 102　④ 105

해설 $V=E-I_aR_a=110.4-104\times 0.1=100$[V]

정답 41.③ 42.② 43.① 44.④ 45.① 46.③ 47.②

★

48 **다극 중권 직류 발전기의 전기자 권선에 균압 고리를 설치하는 이유는?**

① 브러시에서 순환 전류를 방지하기 위하여
② 전기자 반작용을 방지하기 위하여
③ 정류 기전력을 높이기 위하여
④ 전압 강하를 방지하기 위하여

해설 브러시에서 순환 전류(불꽃 발생)를 방지하기 위하여 4극 이상의 중권에 대해서는 균압환을 설치한다.

★★★

49 **저압 옥내 배선 공사 중 애자 사용 공사를 하는 경우 전선 상호 간의 간격은 몇 [mm] 이상 이격하여야 하는가?**

출제빈도

① 20　② 40
③ 60　④ 80

해설 애자 사용 공사 시 전선 상호 간 간격
• 저압 : 60[mm]
• 고압 : 80[mm]

★★★

50 **변압기 V결선의 특징으로 틀린 것은?**

① V결선 출력은 △결선 출력과 그 크기가 같다.
② 고장 시 응급처치 방법으로 쓰인다.
③ 단상 변압기 2대로 3상 전력을 공급한다.
④ 부하 증가가 예상되는 지역에 시설한다.

해설 V결선 출력은 △결선 시 출력보다 $\frac{1}{\sqrt{3}}$ 배로 감소한다.

★★

51 **온도 변화에도 용량의 변화가 적으며, 극성이 있고 콘덴서 자체에 +의 기호로 전극을 표시하며 비교적 가격이 비싸나 온도에 의한 용량변화가 엄격한 회로, 어느 정도 주파수가 높은 회로 등에 사용되고 있는 콘덴서는?**

① 탄탈 콘덴서　② 마일러 콘덴서
③ 세라믹 콘덴서　④ 바리콘

해설 탄탈 콘덴서는 탄탈 소자의 양 끝에 전극을 구성시킨 구조로서 온도나 직류 전압에 대한 정전용량 특성의 변화가 적고 용량이 크며 극성이 있으므로 직류용으로 사용된다.

★★★

52 **20[kVA]의 단상 변압기 2대를 사용하여 V-V 결선으로 하고 3상 전원을 얻고자 할 때 최대로 얻을 수 있는 3상 부하의 용량은 약 몇 [kVA]인가?**

출제빈도

① 20
② 24
③ 28.8
④ 34.6

해설 V 결선 용량
$P_V = \sqrt{3}P_1 = \sqrt{3} \times 20 = 34.6$[kVA]

★★

53 **2분 간에 876,000[J]의 일을 하였다. 그 전력[kW]은 얼마인가?**

① 7.3
② 730
③ 73
④ 438

해설 전력량 $W = Pt$[J]이므로
전력 $P = \frac{W}{t} = \frac{876,000}{2 \times 60} = 7,300 = 7.3$[kW]

★

54 **평균 반지름 r[m]의 환상 솔레노이드에 I[A]의 전류가 흐를 때, 내부 자계가 H[AT/m]이었다. 권수 N은?**

① $\frac{HI}{2\pi r}$　② $\frac{2\pi r}{HI}$
③ $\frac{2\pi rH}{I}$　④ $\frac{I}{2\pi rH}$

해설 내부 자계 $H = \frac{NI}{2\pi r}$ 이므로 권수 $N = \frac{2\pi rH}{I}$[T]

정답 48.① 49.③ 50.① 51.① 52.④ 53.① 54.③

★

55 $R-L-C$ 직렬 회로에서 직렬 공진 조건은?

① $\omega L-\dfrac{1}{\omega C}=0$ ② $\omega L+\dfrac{1}{\omega C}=1$

③ $\omega L-\dfrac{1}{\omega C}=1$ ④ $\omega L-\omega C=0$

해설 합성 임피던스 $\dot{Z}=R+j\left(\omega L-\dfrac{1}{\omega C}\right)[\Omega]$에서

직렬 공진 조건은 $\omega L-\dfrac{1}{\omega C}=0$이 된다.

★★★

56 양전하와 음전하를 가진 물체를 서로 접속하면 여기에 전하가 이동하게 되며 이들 물체는 전기를 띠게 된다. 이와 같은 현상을 무엇이라 하는가?

① 분극 ② 정전

③ 대전 ④ 코로나

해설 대전 : 절연체를 서로 마찰시키면 전자를 얻거나 잃어서 전기를 띠게 되는 현상

★★

57 기전력 1.5[V], 내부 저항 0.2[Ω]인 전지 5개를 직렬로 접속하여 단락시켰을 때의 전류[A]는?

① 15 ② 7.5

③ 5.5 ④ 30

해설 전자의 단락 전류 $I=\dfrac{E}{r}=\dfrac{1.5}{0.2}=7.5[\text{A}]$

★★★

58 3상 유도 전동기의 원선 도를 그리려면 등가 회로의 정수를 구할 때 몇 가지 시험이 필요하다. 이에 해당되지 않는 것은?

① 무부하 시험 ② 저항 측정

③ 회전수 측정 ④ 구속 시험

해설
- 저항 측정 시험 : 1차 동손
- 무부하 시험 : 여자 전류, 철손
- 구속 시험(단락 시험) : 2차 동손

★★★

59 전기 기계의 효율 중 발전기의 규약 효율 η_G는 몇 [%]인가? (단, P는 입력, Q는 출력, L는 손실이다.)

① $\eta_G=\dfrac{Q}{Q+L}\times 100[\%]$

② $\eta_G=\dfrac{P-L}{P+L}\times 100[\%]$

③ $\eta_G=\dfrac{Q}{P}\times 100[\%]$

④ $\eta_G=\dfrac{P-L}{P}\times 100[\%]$

해설 전기 에너지 기준으로 발전기에서는 출력이 기준이 된다.

$\eta_G=\dfrac{Q}{Q+L}\times 100[\%]$

★★★

60 공심 솔레노이드 내부의 자기장의 세기가 500[AT/m]일 때 자속 밀도의 세기[Wb/m^2]는?

출제빈도

① $2\pi\times 10^{-5}$ ② $4\pi\times 10^{-3}$

③ $2\pi\times 10^{-4}$ ④ $4\pi\times 10^{-4}$

해설 자속 밀도와 자기장 관계식

$B=\mu_0 H$

$=4\pi\times 10^{-7}\times 500=2\pi\times 10^{-4}[\text{Wb/m}^2]$

정답 55.① 56.③ 57.② 58.③ 59.① 60.③

2023년 제3회 CBT 기출복원문제

★ 표시 : 문제 중요도를 나타냄

본 기출문제는 수험생들의 기억을 바탕으로 작성한 것으로 내용 및 그림 등에서 실제 문제와 다소 차이가 있을 수 있습니다.

★

01 2[Ω], 4[Ω], 6[Ω]의 3개 저항을 병렬 접속했을 때 10[A]의 전류가 흐른다면 2[Ω]에 흐르는 전류는 몇 [A]인가?

① 2.45 ② 2
③ 5 ④ 5.45

해설 저항이 3개가 접속된 경우 컨덕턴스로 변환하여 계산하면 된다.

$$I=\frac{\frac{1}{2}}{\frac{1}{2}+\frac{1}{4}+\frac{1}{6}}\times 10=5.45[\text{A}]$$

★

02 합성 수지관 배관 시 관과 박스와의 접속 시에 지지점 간 거리는 고정시킨 박스로부터 몇 [mm] 이하에 새들로 지지하여야 하는가?

① 500 ② 300
③ 200 ④ 400

해설 합성 수지관 지지점 간 거리
- 관과 박스 접속 시 지지점 간 거리 : 30[cm] =300[mm]
- 관 상호 접속 시 지지점 간 거리 : 1.5[m] 이하

★★

03 다음 중 변압기의 원리는 어느 작용을 이용한 것인가?

① 발열 작용 ② 화학 작용
③ 자기 유도 작용 ④ 전자 유도 작용

해설 변압기의 원리 : 1차 코일에서 발생한 자속이 2차 코일과 쇄교하면서 발생되는 유도 기전력을 이용한 기기(전자 유도 작용)

★★★

04 3상 동기기에 제동 권선을 설치하는 주된 목적은?

① 출력 증가와 난조 방지
② 효율 증가와 기동 토크
③ 역률 개선과 기동 토크
④ 기동 토크와 난조 방지

해설 전동기의 제동 권선 목적 : 기동 토크 발생 및 난조 방지

★★★

05 박강 전선관의 표준 규격[mm]이 아닌 것은?

출제빈도

① 19 ② 31
③ 37 ④ 75

해설 박강 전선관 : 두께 1.2[mm] 이상의 얇은 전선관
- 관 호칭 : 관 바깥지름의 크기에 가까운 홀수
- 관 종류(7종류) : 19, 25, 31, 39, 51, 63, 75[mm]

★★★

06 자체 인덕턴스 L_1, L_2, 상호 인덕턴스 M인 두 코일의 결합 계수가 1이면 어떤 관계가 되는가?

출제빈도

① $L_1+L_2=M$ ② $L_1L_2=M$
③ $\sqrt{L_1L_2}=M$ ④ $L_1L_2=\sqrt{M}$

정답 01.④ 02.② 03.④ 04.④ 05.③ 06.③

해설 $M=k\sqrt{L_1 L_2}$[H]에서 $k=1$이므로
$\sqrt{L_1 L_2}=M$[H]

★
07 **동기 발전기의 무부하 포화 곡선에 대한 설명으로 옳은 것은?**

① 정격 전류 – 단자 전압
② 정격 전류 – 정격 전압
③ 계자 전류 – 정격 전압
④ 계자 전류 – 단자 전압

해설 무부하 포화 곡선 : 계자 전류 – 유기 기전력(단자 전압)을 나타낸 전압 특성 곡선

★★★
08 **점유 면적이 좁고 운전, 보수에 안전하므로 공장, 빌딩 등의 전기실에 많이 사용되며, 큐비클(cubicle)형이라고 불리는 배전반은?**

① 라이브 프런트식 배전반
② 폐쇄식 배전반
③ 포스트형 배전반
④ 데드 프런트식 배전반

해설 폐쇄식 배전반 : 각종 계기 및 조작 개폐기, 계전기 등 전부를 금속제 상자 안에 조립하는 방식

★★★
09 **동기 전동기의 자기 기동법에서 계자 권선을 단락하는 이유는?**

① 기동이 쉽다.
② 기동 권선으로 이용
③ 고전압 유도에 의한 절연 파괴 위험 방지
④ 전기자 반작용을 방지한다.

해설 동기 전동기의 자기 기동법은 계자 권선을 단락시켜서 고전압 유도에 의한 절연 파괴 위험을 방지하기 위함이다.

★★
10 **OW의 전선 명칭은?**

① 인입용 비닐 절연 전선
② 배선용 단심 비닐 절연 전선
③ 옥외용 비닐 절연 전선
④ 450/750V 일반용 단심 비닐 절연 전선

해설 OW : 옥외용 비닐 절연 전선

★★★
11 **그림과 같은 회로에서 합성 저항은 몇 [Ω]인가?**

① 6.6
② 7.4
③ 8.7
④ 9.4

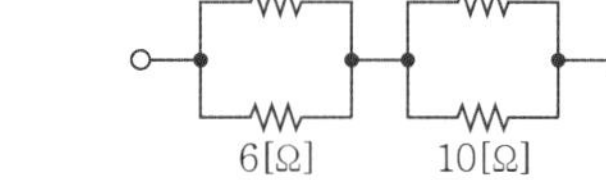

해설
$$합성\ 저항=\frac{4\times 6}{4+6}+\frac{10}{2}=7.4[\Omega]$$

★★★
12 **전선을 기구 단자에 접속할 때 진동 등의 영향으로 헐거워질 우려가 있는 경우에 사용하는 것은?**

① 스프링 와셔
② 코드 페스너
③ 십자머리 볼트
④ 압착 단자

해설 진동으로 인하여 단자가 풀릴 우려가 있는 곳은 스프링 와셔나 이중 너트를 사용하여 진동을 흡수하여 영향을 없앤다.

★★
13 **다음 중 변압기유의 열화 방지와 관계가 가장 먼 것은?**

① 부싱 ② 브리더
③ 질소 봉입 ④ 콘서베이터

해설 변압기유의 열화 방지 대책 : 브리더 설치, 콘서베이터 설치, 불활성 질소 봉입

정답 07.④ 08.② 09.③ 10.③ 11.② 12.① 13.①

★★
14 C[F]의 콘덴서에 축적되는 에너지 W[J]를 발생시키려면 전압[V]은?

① $\sqrt{\dfrac{W}{2C}}$　② $\sqrt{\dfrac{W}{C}}$

③ $\sqrt{\dfrac{2W}{C}}$　④ $\sqrt{\dfrac{2C}{W}}$

해설 콘덴서에 축적되는 에너지 $W=\dfrac{1}{2}CV^2$[J]에서

V로 정리하면 $V^2=\dfrac{2W}{C}$이므로

$V=\sqrt{\dfrac{2W}{C}}$[V]

★★★
15 홈수가 36인 표준 농형 3상 유도 전동기의 극수가 4극이라면 매극 매상당의 홈수는?

출제빈도

① 6　② 3

③ 2　④ 1

해설 $\alpha=\dfrac{\text{총 슬롯수}}{\text{상수}\times\text{극수}}=\dfrac{36}{3\times4}=3$

★★
16 반도체 내에서 정공은 어떻게 생성되는가?

① 결합 전자의 이탈

② 접합 불량

③ 자유 전자의 이동

④ 확산 용량

해설 정공 : 결합 전자의 이탈로 생기는 빈자리

★★
17 전원과 부하가 다같이 Y결선된 3상 평형 회로가 있다. 상전압이 200[V], 부하 임피던스가 $\dot{Z}=8+j6$[Ω]인 경우 상전류는 몇 [A]인가?

① 20　② $\dfrac{20}{\sqrt{3}}$

③ $20\sqrt{3}$　④ $10\sqrt{3}$

해설 한 상의 임피던스 $\dot{Z}=8+j6$[Ω]에서

절대값 $Z=10$[Ω]이므로

상전류 $I_p=\dfrac{V}{Z}=\dfrac{200}{10}=20$[A]

★★
18 콘크리트 직접매설(직매)용 케이블 배선에서 일반적으로 케이블을 구부릴 때는 피복이 손상되지 않도록 그 굽은 부분(굴곡부) 곡선반지름은 케이블 바깥지름(외경)의 몇 배 이상으로 하여야 하는가? (단, 단심이 아닌 경우이다.)

① 8　② 6

③ 10　④ 12

해설 케이블 구부릴 때 곡선반지름(곡률반경)

- 일반 케이블 : 바깥지름(외경)의 6배(단, 단심일 경우 8배이다.)
- 연피, 알루미늄피 케이블 : 바깥지름(외경)의 12배 이상

★★
19 공기 중에서 1[Wb]의 자극으로부터 나오는 자력선의 총수는 몇 개인가?

① 6.33×10^4　② 7.96×10^5

③ 8.855×10^3　④ 1.256×10^6

해설 자기력선의 총수

$N=\dfrac{m}{\mu_0}=\dfrac{1}{4\pi\times10^{-7}}=7.96\times10^5$개

★★★
20 녹아웃의 지름이 관의 지름보다 클 때에 관을 박스에 고정시키기 위해 사용되는 기구은?

출제빈도

① 터미널 캡　② 링 리듀서

③ 엔트런스 캡　④ 유니버설 엘보

해설 링 리듀서 : 금속관을 박스에 설치할 때 녹아웃 지름이 관의 지름보다 커서 로크 너트만으로는 고정할 수 없을 때 보조적으로 녹아웃 지름을 작게 하기 위해 사용하는 기구

정답 14.③ 15.② 16.① 17.① 18.② 19.② 20.②

★★
21 다음 중 동기 속도가 1,200[rpm]이고 회전수 1,176[rpm]인 유도 전동기의 슬립[%]은?

① 3 ② 2
③ 4 ④ 5

해설

$$s = \frac{N_s - N}{N_s} \times 100\,[\%]$$

$$= \frac{1{,}200 - 1{,}176}{1{,}200} \times 100 = 2\,[\%]$$

★★★
22 직권 전동기의 회전수를 $\frac{1}{3}$로 감소시키면 토크는 어떻게 되겠는가?

출제빈도

① $\frac{1}{9}$ ② $\frac{1}{3}$
③ 3 ④ 9

해설

직권 전동기의 특성은 $\tau \propto I^2 \propto \frac{1}{N^2}$ 이므로

$$\frac{1}{\left(\frac{1}{3}\right)^2} = 9$$

★★
23 철근 콘크리트주의 길이가 12[m]일 때 땅에 묻히는 표준 깊이는 몇 [m]이어야 하는가? (단, 설계 하중은 6.8[kN] 이하이다.)

① 2 ② 2.3
③ 2.5 ④ 3

해설 전장 16[m] 이하, 설계 하중 6.8[kN] 이하인 지지물 건주 시 전주 땅에 묻히는 깊이(지지물 기초 안전율 : 2 이상)

• 15[m] 이하 : 전체 길이$\times\frac{1}{6}$ 이상

매설 깊이 $H = 12 \times \frac{1}{6} = 2\,[\text{m}]$

★★
24 3상 기전력을 2개의 전력계 W_1, W_2로 측정해서 W_1의 지시값이 P_1, W_2의 지시값이 P_2라고 하면 3상 유효 전력은 어떻게 표현되는가?

① $P_1 - P_2$ ② $3(P_1 - P_2)$
③ $P_1 + P_2$ ④ $3(P_1 + P_2)$

해설 2전력계법에서 3상 유효 전력

$P = P_1 + P_2\,[\text{W}]$

★★
25 최소 동작값 이상의 구동 전기량이 주어지면 고장 전류의 크기에 관계없이 일정 시한으로 동작하는 계전기는?

① 반한시 계전기
② 정한시 계전기
③ 역한시 계전기
④ 반한시–정한시 계전기

해설 정한시 계전기 : 설정된 최소 동작 전류(전기량) 이상의 전류가 흐르면 고장 전류의 크기와 관계없이 정해진 시한 동작하는 계전기

★
26 다음 중 단선의 브리타니아 직선 접속에 사용되는 것은?

① 에나멜선 ② 파라핀선
③ 조인트선 ④ 바인드선

해설 조인트선 : 브리타니아 직선 접속 시 전선이 굵으므로 접촉면을 증가시키기 위해 첨선을 삽입한 후 사용하는 1.0～1.2[mm] 굵기의 나동선

★★★
27 진공 중에 3×10^{-5}[C], 8×10^{-5}[C]의 두 점전하가 2[m]의 간격을 두고 놓여 있다. 두 전하 사이에 작용하는 힘[N]은?

출제빈도

① 2.7 ② 10.8
③ 5.4 ④ 24

해설 쿨롱의 법칙

$$F = 9\times10^9 \times \frac{Q_1 \cdot Q_2}{r^2}\,[\text{N}]$$

$$= 9\times10^9 \times \frac{3\times10^{-5}\times8\times10^{-5}}{2^2} = 5.4\,[\text{N}]$$

정답 21.② 22.④ 23.① 24.③ 25.② 26.③ 27.③

★★
28 **수 · 변전 설비의 고압 회로에 걸리는 전압을 표시하기 위해 전압계를 시설할 때 고압 회로와 전압계 사이에 시설하는 것은?**

① 관통형 변압기 ② 계기용 변류기
③ 계기용 변압기 ④ 권선형 변류기

해설 계기용 변압기(PT) : 고압을 저압으로 변성하여 측정 계기나 보호 계전기에 전압을 공급하기 위한 계기

★★
29 **황산구리($CuSO_4$) 전해액에 2개의 구리판을 넣고 전원을 연결하였을 때 음극에서 나타나는 현상으로 옳은 것은?**

① 변화가 없다.
② 두터워진다.
③ 얇아진다.
④ 수소 가스가 발생한다.

해설 음극에서는 전자가 달라붙으므로 두터워지고 양극은 같은 두께로 얇아진다.

★★★
30 출제빈도 **양전하와 음전하를 가진 물체를 서로 접속하면 여기에 전하가 이동하게 되며 이들 물체는 전기를 띄게 된다. 이와 같은 현상을 무엇이라 하는가?**

① 분극 ② 정전
③ 대전 ④ 코로나

해설 대전 : 양전하와 음전하를 가진 물체를 서로 접속하면 여기에 전하가 이동하여 전기를 띄는 현상

★★★
31 출제빈도 **동기 발전기를 회전 계자형으로 하는 이유가 아닌 것은?**

① 고전압에 견딜 수 있게 전기자 권선을 절연하기가 쉽다.
② 전기자 단자에 발생한 고전압을 슬립링 없이 간단하게 외부 회로에 인가할 수 있다.
③ 전기자가 고정되어 있지 않아 제작비용이 저렴하다.
④ 기계적으로 튼튼하게 만드는 데 용이하다.

해설
- 회전 계자형 동기 발전기 : 전기자 권선 절연이 용이하고 구조가 간단하며 외부 인출이 쉽다.
- 고정자 : 전기자 도체
- 회전자 : 계자

★
32 **1차 권선과 2차 권선을 직렬로 접속하여 기전력을 얻어내는 방식의 변압기는?**

① 누설 변압기 ② 내철형 변압기
③ 단권 변압기 ④ 외철형 변압기

해설 단권 변압기 : 1차 권선과 2차 권선을 직렬로 접속하여 기전력을 얻어내는 방식

★
33 **4극 중권 직류 전동기의 전기자 도체수가 284, 자속 0.02[Wb], 부하 전류가 80[A]이고 토크가 72.4[N · m], 회전수가 900[rpm]일 때 출력은 약 몇 [W]인가?**

① 6,880 ② 6,840
③ 6,860 ④ 6,820

해설 직류 전동기의 토크

$\tau=\frac{PZ}{2\pi a}\phi I_a=9.55\frac{P_o}{N}$[N · m]에서

출력 $P_o=\frac{N\tau}{9.55}=\frac{900\times72.4}{9.55}=6{,}820$[W]

★★
34 **5.5[kW], 200[V] 유도 전동기의 전전압 기동 시의 기동 전류가 150[A]이었다. 여기에 Y-△ 기동 시 기동 전류는 몇 [A]가 되는가?**

① 150 ② 80
③ 30 ④ 50

해설 Y-△ 기동 시 기동 전류는 전전압 기동 시보다 $\frac{1}{3}$로 감소하므로 $150\times\frac{1}{3}=50$[A]이다.

정답 28.③ 29.② 30.③ 31.③ 32.③ 33.④ 34.④

35 옥내의 건조하고 전개된 장소에서 사용 전압이 400[V] 이상인 경우에는 시설할 수 없는 배선 공사는?

① 애자 사용 공사
② 금속 덕트 공사
③ 버스 덕트 공사
④ 금속 몰드 공사

해설 전개(노출), 건조한 곳의 사용 전압이 400[V] 이상인 장소의 옥내 배선 : "금속관 공사, 합성 수지관 공사, 가요 전선관 공사, 케이블 공사, 애자 사용 공사, 금속 덕트 공사, 버스 덕트 공사"에 의할 수 있다.

36 가연성 먼지(분진)에 전기 설비가 발화원이 되어 폭발의 우려가 있는 곳에 시설하는 저압 옥내 배선 공사 방법이 아닌 것은?

① 금속관 공사
② 케이블 공사
③ 애자 사용 공사
④ 두께 2[mm] 이상의 합성 수지관 공사

해설 가연성 먼지(분진 : 소맥분, 전분, 유황 기타 가연성 먼지 등)로 인하여 폭발할 우려가 있는 저압 옥내 설비 공사는 금속관 공사, 케이블 공사, 두께 2[mm] 이상의 합성 수지관 공사 등에 의하여 시설한다.

37 다음 중 나전선 상호 간 또는 나전선과 절연 전선 접속 시 접속 부분의 전선의 세기는 일반적으로 [%] 이상 감소하면 안 되는가?

① 20 ② 30
③ 60 ④ 80

해설 전선 접속 시 접속 부분의 전선의 세기는 20[%] 이상 감소하지 않도록 하여야 한다.

38 다음 중 옥내에 시설하는 저압 전로와 대지 사이의 절연 저항 측정에 사용되는 계기는?

① 콜라우슈 브리지
② 어스테스터
③ 메거
④ 마그넷 벨

해설 절연 저항 측정 : 메거

39 직류 발전기에서 전기자 권선에 유도되는 교류 기전력을 정류해서 직류로 만드는 부분으로 맞는 것은?

① 회전자 – 브러시
② 전기자 – 브러시
③ 슬립링 – 브러시
④ 정류자 – 브러시

해설 정류자 : 브러시와 접촉하여 교류를 정류하여 직류로 만드는 장치

40 큰 고장 전류가 흐르지 않는 경우 접지선의 굵기는 구리선인 경우 최소 몇 [mm^2] 이상이어야 하는가?

① 4 ② 6
③ 16 ④ 25

해설 큰 고장 전류가 접지 도체를 통하여 흐르지 않을 경우 접지 도체의 최소 단면적[mm^2]

도체	피뢰 시스템 접속되지 않은 경우	피뢰 시스템 접속
구리 소재	6	16
철제	50	

41 120[Ω]의 저항 4개를 접속하여 가장 최소로 얻을 수 있는 저항값은 몇 [Ω]인가?

① 30 ② 40
③ 20 ④ 50

해설 최소 저항값 : 병렬로 접속

$$R_o = \frac{120}{4} = 30[\Omega]$$

정답 35.④ 36.③ 37.① 38.③ 39.④ 40.② 41.①

★

42 정격 전류가 40[A]인 주택의 전로에 58[A]의 전류가 흘렀을 경우 주택에 사용하는 배선용 차단기는 몇 분 내에 자동적으로 동작하여야 하는가?

① 10　　② 30
③ 60　　④ 120

해설 주택용 배선용 차단기의 동작 특성

정격 전류	시간(분)	정격 전류 배수	
		부동작 전류	동작 전류
63[A] 이하	60	1.13배	1.45배
63[A] 초과	120	1.13배	1.45배

★

43 10[A], 100[W]의 전열기에 15[A]의 전류가 흘렀다면 이 전열기의 전력은 몇 [W]가 되겠는가?

① 115　　② 120
③ 200　　④ 225

해설 전류가 1.5배 증가하면 전력은 $P=I^2R$식을 적용하여 I^2배로 증가하므로 $P'=1.5^2\times100=225$[W]가 된다.

★★★

44 환상 솔레노이드의 내부 자장과 전류의 세기에 대한 설명으로 맞는 것은?

출제빈도

① 전류의 세기에 반비례한다.
② 전류의 세기에 비례한다.
③ 전류의 세기 제곱에 비례한다.
④ 전혀 관계가 없다.

해설 환상 솔레노이드 내부 자장 세기 $H=\dfrac{NI}{2\pi r}$[AT/m]이므로 전류의 세기에 비례한다.

★★

45 두 개의 평행한 도체가 진공 중(또는 공기 중)에 20[cm] 떨어져 있고, 100[A]의 같은 크기의 전류가 흐르고 있을 때 1[m]당 발생하는 힘의 크기[N]는?

① 20　　② 40
③ 0.01　　④ 0.1

해설 평행 도선 사이에 작용하는 힘의 세기

$$F=\frac{2I_1I_2}{r}\times10^{-7}$$
$$=\frac{2\times100\times100}{0.2}\times10^{-7}=0.01[\text{N/m}]$$

★

46 m[Wb]인 자극이 공기 중에서 r[m] 떨어져 있는 경우 자계의 세기[AT/m]는?

① $\dfrac{m}{4r}$　　② $\dfrac{m}{4\pi\mu_0\mu_s r^2}$

③ $\dfrac{m}{4\pi r^2}$　　④ $\dfrac{\mu_0\mu_s m}{4\pi r^2}$

해설 m[Wb]인 자극에 의한 자계

$$H=\frac{m}{4\pi\mu_0\mu_s r^2}[\text{AT/m}]$$

★★★

47 단상 전파 사이리스터 정류 회로에서 점호각이 60°일 때의 정류 전압은 몇 [V]인가? (단, 전원측 전압의 실효값은 100[V]이고, 유도성 부하이다.)

출제빈도

① 141　　② 100
③ 85　　④ 45

해설 단상 전파 사이리스터 정류 전압
$E_d=0.9E\cos\alpha=0.9\times100\times\cos60^\circ=45[\text{V}]$

★★★

48 교통 신호등 제어 장치의 2차측 배선의 제어 회로의 최대 사용 전압은 몇 [V] 이하이어야 하는가?

출제빈도

① 200　　② 150
③ 300　　④ 400

해설 교통 신호등 제어 장치의 2차측 배선 공사 방법
• 최대 사용 전압 : 300[V] 이하
• 전선 : 2.5[mm^2] 이상의 연동 연선
• 교통 신호등 회로의 사용 전압이 150[V]를 넘는 경우 누전 차단기를 시설할 것

정답 42.③ 43.④ 44.② 45.③ 46.② 47.④ 48.③

★★
49 3상 6,600[V], 1,000[kVA] 발전기의 전류 용량과 역률 70[%]에서의 출력[kW]은?

① 87.48, 1,000
② 151.52, 1,000
③ 87.48, 700
④ 151.52, 700

해설 3상 피상 전력 $P_a = \sqrt{3}\, VI$[VA]

전류 $I = \dfrac{1{,}000}{\sqrt{3}\times 6.6} = 87.48$[A]

출력 $P = 1{,}000 \times 0.7 = 700$[kW]

★★★
50 자속 밀도 1[Wb/m²]은 몇 [gauss]인가?

① $4\pi\times 10^{-7}$　② 10^{-6}
③ 10^{4}　④ $\dfrac{4\pi}{10}$

해설 자속 밀도 환산

$1[\text{Wb/m}^2] = \dfrac{10^8[\text{Max}]}{10^4[\text{cm}^2]}$

$= 10^4$[max/cm²=gauss, 가우스]

★★★
51 5[Wb]의 자속이 이동하여 2[J]의 일을 하였다면 통과한 전류[A]는?

① 0.1　② 0.2
③ 0.4　④ 0.5

해설 자속이 한 일 $W = \phi I$[J]이므로

전류 $I = \dfrac{W}{\phi} = \dfrac{2}{5} = 0.4$[A]

★★
52 캡타이어 케이블을 조영재에 시설하는 경우 그 지지점 간 거리는 몇 [m] 이하이어야 하는가?

① 1　② 1.5
③ 2.0　④ 2.5

해설 캡타이어 케이블을 조영재에 따라 시설하는 경우 지지점 간의 거리 : 1[m] 이하

★
53 동기 발전기의 전기자 전류가 무부하 유도 기전력보다 90° 앞선 전류가 흐르는 경우 나타나는 전기자 반작용은?

① 증자 작용　② 감자 작용
③ 교차 자화 작용　④ 직축 반작용

해설 발전기의 전기자 반작용
- 동상 전류 : 교차 자화 작용
- 뒤진 전류 : 감자 작용
- 앞선 전류 : 증자 작용

★★★
54 3상 유도 전동기의 운전 중 급속 정지가 필요할 때 사용하는 제동 방식은?

① 단상 제동　② 회생 제동
③ 발전 제동　④ 역상 제동

해설 역상 제동 : 전기자 회로의 극성을 반대로 접속하여 전동기를 급제동시키는 방식(전동기 급제동 목적)

★★
55 시정수와 과도 현상과의 관계에 대한 설명으로 옳은 것은?

① 시정수가 클수록 과도 현상은 짧아진다.
② 시정수가 짧을수록 과도 현상은 길어진다.
③ 시정수가 클수록 과도 현상은 길어진다.
④ 시정수와 관계가 없다.

해설 시정수(e^{-1}이 되는 시간)와 과도 현상과의 관계
- 시정수가 크면 과도 현상이 길어진다.
- 시정수가 작으면 과도 현상이 짧아진다.

★★★
56 30[μF]과 40[μF]의 콘덴서를 병렬로 접속한 후 100[V]의 전압을 가했을 때 전전하량은 몇 [C]인가?

① 17×10^{-4}　② 34×10^{-4}
③ 56×10^{-4}　④ 70×10^{-4}

정답 49.③ 50.③ 51.③ 52.① 53.① 54.④ 55.③ 56.④

해설 합성 정전 용량 $C_0 = 30 + 40 = 70[\mu F]$

$Q = CV = 70 \times 10^{-6} \times 100 = 70 \times 10^{-4}[C]$

★
57 비정현파의 종류에 속하는 사각파의 전개식에서 기본파의 진폭[V]은? (단, $V_m = 20[V]$, $T = [10m \cdot s]$)

① 25.47 ② 24.47
③ 23.47 ④ 26.47

해설 $V = \frac{4}{\pi} V_m = \frac{4}{\pi} \times 20 = 25.47[V]$

★★
58 3상 전원을 이용하여 2상 전압을 얻고자 할 때 사용하는 결선 방법은?

① Scott 결선 ② Fork 결선
③ 환상 결선 ④ 2중 3각 결선

해설 전원 3ϕ을 2ϕ으로 결선하는 방식
- 스코트(T) 결선 : 전기 철도
- 우드브리지 결선
- 메이어 결선

★
59 슬립이 일정한 경우 유도 전동기의 공급 전압이 $\frac{1}{2}$로 감소하면 토크는 처음에 비해 어떻게 되는가?

① 2배가 된다. ② 1배가 된다.
③ $\frac{1}{2}$로 줄어든다. ④ $\frac{1}{4}$로 줄어든다.

해설 유도 전동기의 토크와 공급 전압과의 관계 :
$\tau \propto V^2$이므로 $\left(\frac{1}{2}\right)^2 = \frac{1}{4}$로 감소한다.

★★★
60 변압기의 1차에 6,000[V]를 가할 때 2차 전압이 200[V]라면 이 변압기의 권수비는 몇인가?

출제빈도

① 3 ② 20
③ 30 ④ 200

해설 변압기의 권수비 $a = \frac{N_1}{N_2} = \frac{V_2}{V_1} = \frac{6,000}{200} = 30$

정답 57.① 58.① 59.④ 60.③

2023년 제4회 CBT 기출복원문제

★ 표시 : 문제 중요도를 나타냄

본 기출문제는 수험생들의 기억을 바탕으로 작성한 것으로 내용 및 그림 등에서 실제 문제와 다소 차이가 있을 수 있습니다.

★★★

01 도체계에서 임의의 도체를 일정 전위(일반적으로 영전위)의 도체로 완전 포위하면 내부와 외부의 전계를 완전히 차단할 수 있는 데 이를 무엇이라 하는가?

① 핀치 효과 ② 톰슨 효과
③ 정전 차폐 ④ 자기 차폐

해설 정전 차폐 : 도체가 정전 유도가 되지 않도록 도체 바깥을 포위하여 접지하는 것을 정전 차폐라 하며 완전 차폐가 가능하다.

★★★

02 그림은 동기기의 위상 특성 곡선을 나타낸 것이다. 전기자 전류가 가장 작게 흐를 때의 역률은?

① 0.9(지상)
② 0
③ 1
④ 0.9(진상)

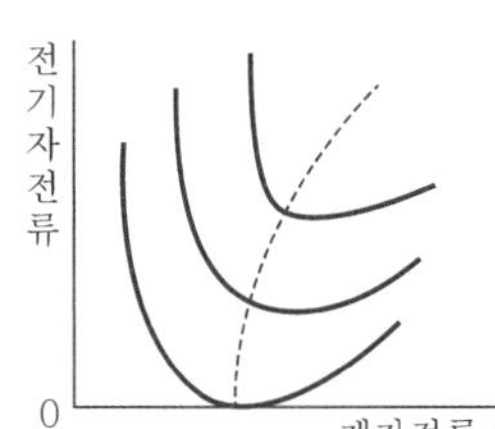

해설 V곡선에서 최저점이 역률이 1인 상태이다.

★★★

03 3상 동기기에 제동 권선을 설치하는 주된 목적은?

① 난조 방지 ② 효율 증가
③ 역률 개선 ④ 출력 증가

해설 제동 권선의 역할 : 난조 방지, 기동 토크 발생

★★★

04 변압기의 원리는 어느 작용을 이용한 것인가?

① 발열 작용
② 화학 작용
③ 자기 유도 작용
④ 전자 유도 작용

해설 변압기의 원리 : 전자 유도 작용

★★★

05 박강 전선관의 표준 굵기[mm]가 아닌 것은?

① 16 ② 19
③ 25 ④ 31

해설 박강 전선관 : 두께 1.2[mm] 이상의 얇은 전선관
- 관의 호칭 : 관 바깥지름의 크기에 가까운 홀수
- 관의 종류(7종류) : 19, 25, 31, 39, 51, 63, 75[mm]

★★

06 동기 발전기의 전기자 반작용 중에서 전기자 전류에 의한 자기장의 축이 항상 주자속의 축과 수직이 되면서 자극편 왼쪽에 있는 주자속은 증가시키고, 오른쪽에 있는 주 자속은 감소시켜 편자 작용을 하는 전기자 반작용은?

① 증자 작용 ② 교차 자화 작용
③ 직축 반작용 ④ 감자 작용

해설 교차 자화 작용(횡축 반작용) : 부하인 경우 동위상 특성의 전기자 전류에 의해 발생한 자속이 주자속과 직각으로 교차하는 현상

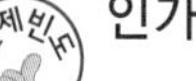

정답 01.③ 02.③ 03.① 04.④ 05.① 06.②

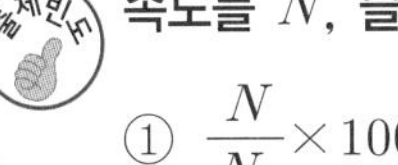

07 3상 유도 전동기의 동기 속도를 N_s, 회전 속도를 N, 슬립이 s인 경우 2차 효율[%]은?

① $\dfrac{N}{N_s}\times 100$

② $(s-1)\times 100$

③ $s^2\times 100$

④ $\dfrac{1}{s}(N_s-N)\times 100$

해설 2차 효율 $\eta_2=(1-s)\times 100=\dfrac{N}{N_s}\times 100[\%]$

08 3상 유도 전동기의 슬립이 4[%], 2차 동손이 0.4[kW]인 경우 2차 입력[kW]은?

① 12 ② 8

③ 6 ④ 10

해설 2차 동손 $P_{c2}=sP_2$이므로

2차 입력 $P_2=\dfrac{P_{c2}}{s}=\dfrac{0.4}{0.04}=10[\text{kW}]$

09 권선형 유도 전동기에서 회전자 권선에 2차 저항기를 삽입하면 어떻게 되는가?

① 회전수가 커진다.

② 변화가 없다.

③ 기동 전류가 작아진다.

④ 기동 토크가 작아진다.

해설 2차 저항기를 삽입하면 비례 추이에 의해 기동 전류는 작아지고 기동 토크는 커진다.

10 다음 그림은 직류 발전기의 분류 중 어느 것에 해당되는가?

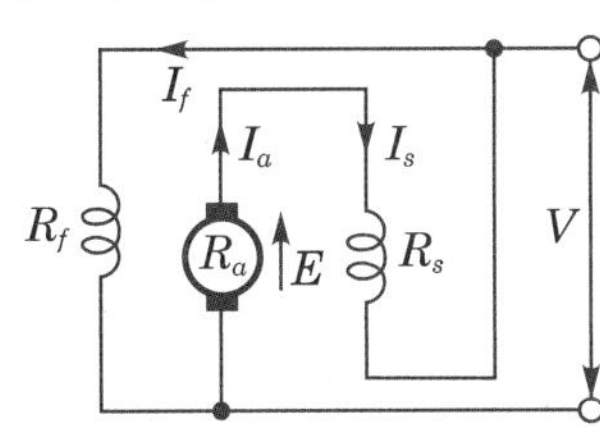

① 직권 발전기 ② 타여자 발전기

③ 복권 발전기 ④ 분권 발전기

해설 그림은 복권 발전기로서 복권 발전기는 전기자 도체와 직렬로 접속된 직권 계자가 있고 병렬로 접속된 분권 계자로 구성된다.

11 동기 임피던스 5[Ω]인 2대의 3상 동기 발전기의 유도 기전력에 100[V]의 전압 차이가 있다면 무효 순환 전류[A]는?

① 10 ② 15

③ 20 ④ 25

해설 동기 발전기의 병렬 운전 조건 중 기전력의 크기가 다른 경우 이를 같게 하기 위해 흐르는 전류

무효 횡류(무효 순환 전류)

$=\dfrac{E_s}{2Z_s}=\dfrac{100}{2\times 5}$

$=10[\text{A}]$

12 콘덴서의 정전 용량을 크게 하는 방법으로 옳지 않은 것은?

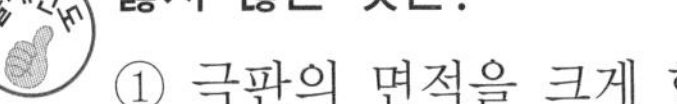

① 극판의 면적을 크게 한다.

② 극판 사이에 유전율이 큰 유전체를 삽입한다.

③ 극판 사이에 비유전율이 작은 유전체를 삽입한다.

④ 극판의 간격을 작게 한다.

해설 콘덴서의 정전 용량 $C=\dfrac{\varepsilon A}{d}[\text{F}]$이므로 극판의 간격 $d[\text{m}]$에 반비례한다.

13 주파수 50[Hz]인 철심의 단면적은 60[Hz]의 몇 배인가?

① 1.0 ② 0.8

③ 1.2 ④ 1.5

해설 $\dfrac{60}{50}=1.2$ (주파수와 면적은 반비례)

정답 07.① 08.④ 09.③ 10.③ 11.① 12.③ 13.③

★★★
14 전주 외등을 전주에 부착하는 경우 전주 외등은 하단으로부터 몇 [m] 이상 높이에 시설하여야 하는가? (단, 전주 외등은 1,500[V] 고압 수은등이다.)

출제빈도

① 3.0 ② 3.5
③ 4.0 ④ 4.5

해설 전주 외등 : 대지 전압 300[V] 이하 백열전등이나 수은등을 배전 선로의 지지물 등에 시설하는 등
- 기구인출선 도체 단면적 : 0.75[mm^2] 이상
- 기구 부착 높이 : 지표상 4.5[m] 이상 (단, 교통지장 없을 경우 3.0[m] 이상)
- 돌출 수평 거리 : 1.0[m] 이상

★★★
15 교류 회로에서 양방향 점호(ON) 및 소호(OFF)를 이용하며, 위상 제어를 할 수 있는 소자는?

출제빈도

① GTO ② TRIAC
③ SCR ④ IGBT

해설 TRIAC : SCR을 서로 반대로 하여 접속하여 만든 3단자, 양방향 교류 스위치로서 위상 제어가 가능하며 교류 전력을 제어하며 다이액(DIAC)과 함께 사용되는 소자

★
16 지지선(지선)의 안전율은 2.5 이상으로 하여야 한다. 이 경우 허용 최저 인장 하중 [kN]은 얼마 이상으로 하여야 하는가?

① 0.68 ② 6.8
③ 9.8 ④ 4.31

해설 지지선(지선)의 시설 규정
- 안전율은 2.5 이상일 것
- 지지선(지선)의 허용 인장 하중은 4.31[kN] 이상일 것
- 소선 3가닥 이상의 아연도금 연선일 것

★★
17 하나의 콘센트에 두 개 이상의 플러그를 꽂아 사용할 수 있는 기구는?

① 코드 접속기 ② 아이언 플러그
③ 테이블 탭 ④ 멀티 탭

해설 접속 기구
- 멀티 탭 : 하나의 콘센트에 여러 개의 전기 기계 기구를 끼워 사용하는 것으로 연장선이 없는 콘센트
- 테이블 탭(table tap) : 코드 길이가 짧을 때 연장 사용하는 콘센트

★★
18 자극 가까이에 물체를 두었을 때 전혀 자화되지 않는 물체는?

① 상자성체 ② 반자성체
③ 강자성체 ④ 비자성체

해설 비자성체 : 강자성체 이외의 자성이 약해서 전혀 자성을 갖지 않는 물질로서 상자성체와 반자성체를 포함하며 자계에 힘을 받지 않는다.

★★
19 소세력 회로의 전선을 조영재에 붙여 시설하는 경우에 틀린 것은?

① 전선은 금속제의 수관·가스관 또는 이와 유사한 것과 접촉하지 아니하도록 시설할 것
② 전선은 코드·캡타이어 케이블 또는 케이블일 것
③ 전선이 손상을 받을 우려가 있는 곳에 시설하는 경우에는 적당한 방호 장치를 할 것
④ 전선의 굵기는 2.5[mm^2] 이상일 것

해설 소세력 회로의 배선(전선을 조영재에 붙여 시설하는 경우)
- 전선은 코드나 캡타이어 케이블 또는 케이블을 사용할 것
- 케이블 이외에는 공칭 단면적 1[mm^2] 이상의 연동선 또는 이와 동등 이상의 것일 것

★★
20 전주에서 COS용 완철의 설치 위치는 최하단 전력선용 완철에서 몇 [m] 하부에 설치하는가?

① 0.75 ② 0.8
③ 0.9 ④ 0.95

정답 14.④ 15.② 16.④ 17.④ 18.④ 19.④ 20.①

해설 COS용 완철 설치 위치 : 최하단 전력선용 완철에서 0.75[m] 하부에 설치하며 COS 조작 및 작업이 용이하도록 설치한다.

★★★
21 출제빈도 **절연 전선으로 전선설치(가선)된 배전 선로에서 활선 상태인 경우 전선의 피복을 벗기는 것은 매우 곤란한 작업이다. 이런 경우 활선 상태에서 전선의 피복을 벗기는 공구는?**

① 전선 피박기　② 애자 커버
③ 와이어 통　④ 데드 엔드 커버

해설
- 전선 피박기 : 활선 상태에서 전선 피복을 벗기는 공구
- 와이어 통 : 충전되어 있는 활선을 움직이거나 작업권 밖으로 밀어낼 때 또는 활선을 다른 장소로 옮길 때 사용하는 활선 공구
- 데드 엔드 커버 : 내장주의 선로에서 활선 공법을 할 때 작업자가 현수 애자 등에 접촉되어 생기는 안전 사고를 예방하기 위해 사용하는 것

★★★
22 출제빈도 **최대 사용 전압이 70[kV]인 중성점 직접 접지식 전로의 절연 내력 시험 전압은 몇 [V]인가?**

① 35,000[V]　② 42,000[V]
③ 44,800[V]　④ 50,400[V]

해설 절연 내력 시험 : 최대 사용 전압이 60[kV] 이상인 중성점 직접 접지식 전로의 절연 내력 시험은 최대 사용 전압의 0.72배의 전압을 연속으로 10분 간 가할 때 견디는 것으로 하여야 한다.
시험전압=70,000×0.72=50,400[V]

★★★
23 출제빈도 **배관 공사 시 금속관이나 합성 수지관으로부터 전선을 뽑아 전동기 단자 부근에 접속할 때 설치하는 것은?**

① 부싱　② 엔트런스 캡
③ 터미널 캡　④ 로크 너트

해설 터미널 캡 : 배관 공사 시 금속관이나 합성 수지관으로부터 전선을 뽑아 전동기 단자 부근에 접속할 때, 또는 노출 배관에서 금속 배관으로 변경 시 관 단에 설치하는 재료(서비스 캡)

★★★
24 출제빈도 **직권 전동기의 회전수를 $\frac{1}{3}$로 감소시키면 토크는 어떻게 되겠는가?**

① $\frac{1}{9}$　② $\frac{1}{3}$
③ 3　④ 9

해설
직권 전동기는 $\tau \propto I^2 \propto \frac{1}{N^2}$이므로

$$\frac{1}{\left(\frac{1}{3}\right)^2}=9$$

★★★
25 출제빈도 **불연성 먼지가 많은 장소에 시설할 수 없는 저압 옥내 배선의 방법은?**

① 금속관 배선
② 플로어 덕트 배선
③ 금속제 가요 전선관 배선
④ 애자 사용 배선

해설 불연성 먼지(정미소, 제분소) : 금속관 공사, 케이블 공사, 합성 수지관 공사, 가요 전선관 공사, 애자 사용 공사, 금속 덕트 및 버스 덕트 공사, 캡타이어 케이블 공사

★★★
26 출제빈도 **다음 중 금속관, 케이블, 합성 수지관, 애자 사용 공사가 모두 가능한 특수 장소를 옳게 나열한 것은?**

> ㉠ 화약류 등의 위험 장소
> ㉡ 위험물 등이 존재하는 장소
> ㉢ 불연성 먼지가 많은 장소
> ㉣ 습기가 많은 장소

① ㉠, ㉣　② ㉡, ㉢
③ ㉢, ㉣　④ ㉠, ㉡

정답 21.① 22.④ 23.③ 24.④ 25.② 26.③

해설 금속관, 케이블 공사는 어느 장소든 가능하고 합성 수지관은 ㉠ 불가능, 애자 사용 공사는 ㉠, ㉡이 불가능하므로 ㉢, ㉣이 가능하다.

★★★
27 **자속을 발생시키는 원천을 무엇이라 하는가?**

① 기전력 ② 전자력
③ 기자력 ④ 정전력

해설 기자력(起磁力, magneto motive force) : 자속 Φ를 발생하게 하는 근원
기자력 $F = NI = R_m \Phi$[AT]

★★
28 **전압계 및 전류계의 측정 범위를 넓히기 위하여 사용하는 배율기와 분류기의 접속 방법은?**

① 배율기는 전압계와 병렬 접속, 분류기는 전류계와 직렬 접속
② 배율기는 전압계와 직렬 접속, 분류기는 전류계와 병렬 접속
③ 배율기 및 분류기 모두 전압계와 전류계에 직렬 접속
④ 배율기 및 분류기 모두 전압계와 전류계에 병렬 접속

해설
• 배율기는 전압 분배 기능이므로 직렬 접속
• 분류기는 전류 분배 기능이므로 병렬 접속

★★★
29 **30[μF]과 40[μF]의 콘덴서를 병렬로 접속한 후 100[V]의 전압을 가했을 때 전전하량은 몇 [C]인가?**

① 17×10^{-4} ② 34×10^{-4}
③ 56×10^{-4} ④ 70×10^{-4}

해설 합성 정전 용량 $C_0 = 30 + 40 = 70[\mu F]$
$Q = CV = 70 \times 10^{-6} \times 100 = 70 \times 10^{-4}$[C]

★
30 **저항과 코일이 직렬 연결된 회로에서 직류 100[V]를 인가하면 20[A]의 전류가 흐르고, 100[V], 60[Hz] 교류를 인가하면 10[A]의 전류가 흐른다. 이 코일의 리액턴스[Ω]는?**

① 5 ② $5\sqrt{3}$
③ 10 ④ $10\sqrt{3}$

해설 직류 인가한 경우 $L = 0$이므로
$R = \frac{V}{I} = \frac{100}{20} = 5$[Ω]
교류를 인가한 경우 임피던스
$Z = \frac{V}{I} = \frac{100}{10} = 10 = \sqrt{R^2 + {X_L}^2}$ [Ω]이므로
$X_L = \sqrt{Z^2 - R^2} = \sqrt{10^2 - 5^2}$
$= \sqrt{75} = \sqrt{5^2 \times 3} = 5\sqrt{3}$ [Ω]

★★
31 **종류가 다른 두 금속을 접합하여 폐회로를 만들고 두 접합점의 온도를 다르게 하면 이 폐회로에 전류가 흐르는 현상을 지칭하는 것은?**

① 줄의 법칙(Joule's law)
② 톰슨 효과(Thomson effect)
③ 펠티에 효과(Peltier effect)
④ 제베크 효과(Seebeck effect)

해설 서로 다른 금속을 접합 후 온도차에 의해 열기전력이 발생되어 열류가 흐르는 현상을 제벡(제베크) 효과라고 한다.

★
32 **30[Ah]의 축전지를 3[A]로 사용하면 몇 시간 사용 가능한가?**

① 1시간 ② 3시간
③ 10시간 ④ 20시간

해설 축전지의 용량 $= It$[Ah]이므로
시간 $t = \frac{30}{3} = 10$[h]

★★
33 **단선의 굵기가 6[mm^2] 이하인 전선을 직선 접속할 때 주로 사용하는 접속법은?**

① 트위스트 접속
② 브리타니아 접속
③ 쥐꼬리 접속
④ T형 커넥터 접속

해설 트위스트 접속 : 6[mm^2] 이하의 가는 전선 접속

정답 27.③ 28.② 29.④ 30.② 31.④ 32.③ 33.①

★★★
34 코드나 케이블 등을 기계 기구의 단자 등에 접속할 때 몇 $[mm^2]$가 넘으면 그림과 같은 터미널 러그(압착 단자)를 사용하여야 하는가?

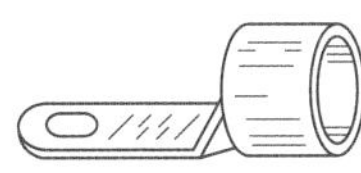

① 10　② 6
③ 4　④ 8

해설 코드나 케이블 등을 기계 기구의 단자 등에 접속할 때 단면적 $6[mm^2]$를 초과하는 연선에 터미널 러그를 부착할 것

★★★
35 5[Wb]의 자속이 이동하여 2[J]의 일을 하였다면 통과한 전류[A]는?

① 0.1　② 0.2
③ 0.4　④ 0.5

해설 자속이 한 일 $W=\phi I$[J]이므로
전류 $I=\dfrac{W}{\phi}=\dfrac{2}{5}=0.4$[A]

★★★
36 접지 저항을 측정하는 방법은?

① 휘트스톤 브리지법
② 캘빈 더블 브리지법
③ 콜라우슈 브리지법
④ 테스터법

해설 접지 저항 측정 : 접지 저항계, 콜라우슈 브리지법, 어스테스터기

★★★
37 30[W] 전열기에 220[V], 주파수 60[Hz]인 전압을 인가한 경우 부하에 나타나는 전압의 평균 전압은 몇 [V]인가?

① 99　② 198
③ 257.4　④ 297

해설 전압의 최대값 $V_m=220\sqrt{2}$[V]
평균값 $V_{av}=\dfrac{2}{\pi}V_m=\dfrac{2}{\pi}\times 220\sqrt{2}=198$[V]

* 쉬운 풀이 : $V_{av}=0.9V=0.9\times 220=198$[V]
- 실효값 $V=\dfrac{V_m}{\sqrt{2}}=0.707V_m=1.1V_{av}$[V]
- 평균값 $V_{av}=\dfrac{2}{\pi}V_m=0.637V_m=0.9V$[V]

★★★
38 다음 파형 중 비정현파가 아닌 것은?

① 펄스파　② 사각파
③ 삼각파　④ 주기 사인파

해설 주기적인 사인파는 기본 정현파이므로 비정현파에 해당되지 않는다.

★★
39 다음 중 과전류 차단기를 설치하는 곳은?

① 간선의 전원측 전선
② 접지 공사의 접지선
③ 접지 공사를 한 저압 가공 전선의 접지측 전선
④ 다선식 전로의 중성선

해설 과전류 차단기의 시설 제한 장소
- 모든 접지 공사의 접지선
- 다선식 전선로의 중성선
- 접지 공사를 실시한 저압 가공 전선로의 접지측 전선

★★★
40 지지선(지선)의 중간에 넣는 애자의 명칭은?

① 구형 애자　② 곡핀 애자
③ 현수 애자　④ 핀애자

해설 지지선(지선)의 중간에 사용하는 애자를 구형 애자, 지선 애자, 옥애자, 구슬 애자라고 한다.

★★★
41 공기 중에서 자속 밀도 $2[Wb/m^2]$의 평등 자장 속에 길이 60[cm]의 직선 도선을 자장의 방향과 30° 각으로 놓고 여기에 5[A]의 전류를 흐르게 하면 이 도선이 받는 힘은 몇 [N]인가?

① 2　② 5
③ 6　④ 3

정답 34.② 35.③ 36.③ 37.② 38.④ 39.① 40.① 41.④

해설 전자력 $F = IBl\sin\theta$
$= 5 \times 2 \times 0.6 \times \sin 30° = 3[\text{N}]$

★
42 전선의 전기 저항 처음 값을 R_1이라 하고 이 전선의 반지름을 2배로 하면 전기 저항 R은 처음 값의 얼마이겠는가?

① $4R_1$　② $2R_1$
③ $\frac{1}{2}R_1$　④ $\frac{1}{4}R_1$

해설
전기 저항 $R = \rho\frac{l}{A} = \rho\frac{l}{\pi r^2}[\Omega]$이므로 반지름이 2배 증가하면 단면적은 $r^2 = 4$배 증가하므로 단면적에 반비례하는 전기 저항은 $\frac{1}{4}$로 감소한다.

★★
43 일반용 단심 비닐 절연 전선의 약호는?

① NR　② NF
③ NFI　④ NRI

해설 전선의 약호
- NR : 450/750[V] 일반용 단심 비닐 절연 전선
- NRI : 기기 배선용 단심 비닐 절연 전선
- NF : 일반용 유연성 단심 비닐 절연 전선
- NFI : 기기 배선용 유연성 단심 비닐 절연 전선

★★★
44 (출제빈도) 전지의 기전력이 1.5[V] 5개를 부하 저항 2.5[Ω]인 전구에 접속하였을 때 전구에 흐르는 전류는 몇 [A]인가? (단, 전지의 내부 저항은 0.5[Ω]이다.)

① 1.5　② 2
③ 3　④ 2.5

해설 $I = \frac{nE}{nr+R} = \frac{5 \times 1.5}{5 \times 0.5 + 2.5} = 1.5[\text{A}]$

★★
45 금속관과 금속관을 접속할 때 커플링을 사용하는 데 커플링을 접속할 때 사용되는 공구는?

① 히키
② 녹아웃 펀치
③ 파이프 커터
④ 파이프 렌치

해설
- 파이프 커터, 파이프 바이스 : 금속관 절단 공구
- 오스터 : 금속관에 나사내는 공구
- 녹아웃 펀치 : 콘크리트 벽에 구멍을 뚫는 공구
- 파이프 렌치 : 금속관 접속 부분을 조이는 공구

★★
46 C[F]의 콘덴서에 W[J]의 에너지를 축적하기 위해서는 몇 [V]의 충전 전압이 필요한가?

① $\sqrt{\frac{W}{C}}$　② $\sqrt{\frac{2W}{C}}$
③ $\sqrt{\frac{W}{2C}}$　④ $\sqrt{\frac{2C}{W}}$

해설
콘덴서에 축적되는 에너지 $W = \frac{1}{2}CV^2[\text{J}]$에서

V로 정리하면 $V^2 = \frac{2W}{C}$이므로

$V = \sqrt{\frac{2W}{C}}[\text{V}]$

★★★
47 (출제빈도) 110/220[V]단상 3선식 회로에서 110[V] 전구 Ⓡ, 110[V] 콘센트 Ⓒ, 220[V] 전동기 Ⓜ의 연결이 올바른 것은?

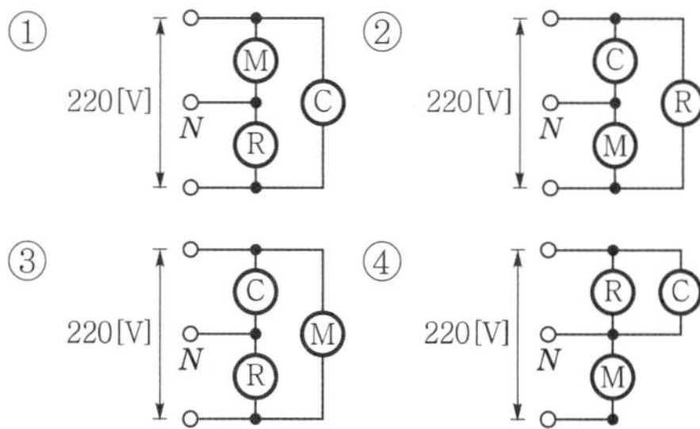

해설 전구와 콘센트는 110[V]를 사용하므로 전선과 중성선 사이에 연결해야 하고 전동기 Ⓜ은 220[V]를 사용하므로 선간에 연결하여야 한다.

정답 42.④ 43.① 44.① 45.④ 46.② 47.③

48 고장에 의하여 생긴 불평형의 전류차가 평형 전류의 어떤 비율 이상으로 되었을 때 동작하는 것으로, 변압기 내부 고장의 보호용으로 사용되는 계전기는?

① 과전류 계전기 ② 방향 계전기
③ 차동 계전기 ④ 역상 계전기

해설 전류의 차가 일정 비율 이상이 되어 동작하는 방식의 계전기는 비율 차동 계전기이다.

49 3상 유도 전동기의 운전 중 급속 정지가 필요할 때 사용하는 제동 방식은?

① 역상 제동 ② 회생 제동
③ 발전 제동 ④ 3상 제동

해설 역상 제동 : 전기자 회로의 극성을 반대로 접속하여 전동기를 급제동시키는 방식(전동기 급제동 목적)

50 변압기의 무부하손을 가장 많이 차지하는 것은?

① 표유 부하손 ② 풍손
③ 철손 ④ 동손

해설 고정손(무부하손) : 부하에 관계없이 항상 일정한 손실
- 철손 : 히스테리시스손, 와류손(가장 많이 차지)
- 기계손 : 마찰손, 풍손
- 브러시의 전기손

51 전기 기기의 철심 재료로 규소 강판을 많이 사용하는 이유로 가장 적당한 것은?

① 와류손과 히스테리시스손을 줄이기 위하여
② 맴돌이 전류를 없애기 위해
③ 풍손을 없애기 위해
④ 구리손을 줄이기 위해

해설
- 규소 강판 사용 : 히스테리시스손 감소
- 0.35-0.5[mm] 철심을 성층 : 와류손 감소

52 변전소의 전력기기를 시험하기 위하여 회로를 분리하거나 또는 계통의 접속을 바꾸거나 하는 경우에 사용되는 것은?

① 나이프 스위치 ② 차단기
③ 퓨즈 ④ 단로기

해설 단로기 : 기기 점검이나 보수 시 회로를 분리하거나 계통의 접속을 바꿀 때 사용하는 개폐기

53 전기장의 단위로 맞는 것은?

① [V] ② [J/C]
③ [N · m/C] ④ [V/m]

해설 [V=J/C=N · m/C]는 전위의 단위이며, [V/m]는 전장의 단위이다.

54 두 개의 평행한 도체가 진공 중(또는 공기 중)에 20[cm] 떨어져 있고, 100[A]의 같은 크기의 전류가 흐르고 있을 때 1[m]당 발생하는 힘의 크기[N]는?

① 0.05 ② 0.01
③ 50 ④ 100

해설 평행 도체 사이에 작용하는 힘의 세기

$$F = \frac{2I_1I_2}{r} \times 10^{-7} \text{[N/m]}$$
$$= \frac{2 \times 100 \times 100}{0.2} \times 10^{-7}$$
$$= 10^{-2} = 0.01 \text{[N/m]}$$

55 다음 그림에서 ( ) 안의 극성은?

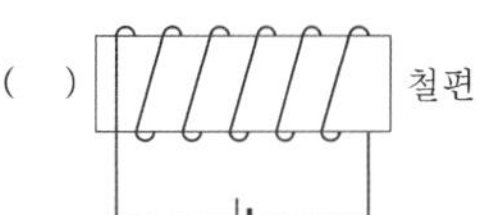

① N극과 S극이 교번한다.
② S극
③ N극
④ 극의 변화가 없다.

정답 48.③ 49.① 50.③ 51.① 52.④ 53.④ 54.② 55.③

해설 그림에서 오른손을 솔레노이드 코일의 전류 방향에 따라 네 손가락을 감아쥐면 엄지 손가락이 N극 방향을 가리키므로 N극이 된다.

★★
56 변압기 결선에서 Y-Y 결선 특징이 아닌 것은?

① 고조파 포함
② 중성점 접지 가능
③ V-V 결선 가능
④ 절연 용이

해설 Y-Y 결선의 특징
- 중성점 접지가 가능
- 절연이 용이
- 중성점 접지 시 접지선을 통해 제3고조파 전류가 흐를 수 있으므로 인접 통신선에 유도 장해가 발생한다.

★★★
57 (출제빈도) 긴 직선 도선에 i의 전류가 흐를 때 이 도선으로부터 r만큼 떨어진 곳의 자장의 세기는?

① 전류 i에 반비례하고 r에 비례한다.
② 전류 i에 비례하고 r에 반비례한다.
③ 전류 i의 제곱에 반비례하고 r에 반비례한다.
④ 전류 i에 반비례하고 r의 제곱에 반비례한다.

해설 직선 도선 주위의 자장의 세기

$H = \frac{I}{2\pi r}$[AT/m]이므로, H는 전류 i에 비례하고 거리 r에 반비례한다.

★★
58 전주를 건주할 때 철근 콘크리트주의 길이가 7[m]이면 땅에 묻히는 깊이는 얼마인가? (단, 설계 하중이 6.8[kN] 이하이다.)

① 1.0　② 1.2
③ 2.0　④ 2.5

해설 전장 16[m] 이하, 설계 하중 6.8[kN] 이하인 지지물 건주 시 전주의 땅에 묻히는 깊이(지지물 기초 안전율 : 2 이상)
- 15[m] 이하 : 전체 길이$\times \frac{1}{6}$ 이상

매설 깊이 $H = 7 \times \frac{1}{6} = 1.2$[m]

★★★
59 (출제빈도) 양전하와 음전하를 가진 물체를 서로 접속하면 여기에 전하가 이동하게 되며 이들 물체는 전기를 띠게 된다. 이와 같은 현상을 무엇이라 하는가?

① 분극
② 정전
③ 대전
④ 코로나

해설 대전 : 양전하와 음전하를 가진 물체를 서로 접속하면 여기에 전하가 이동하여 전기를 띄는 현상

★★★
60 (출제빈도) 정전 용량 $C[\mu F]$의 콘덴서에 충전된 전하가 $q = \sqrt{2}Q\sin\omega t$[C]와 같이 변화하도록 하였다면 이 때 콘덴서에 흘러 들어가는 전류의 값은?

① $i = \sqrt{2}\omega Q\sin\omega t$
② $i = \sqrt{2}\omega Q\cos\omega t$
③ $i = \sqrt{2}\omega Q\sin(\omega t - 60°)$
④ $i = \sqrt{2}\omega Q\cos(\omega t - 60°)$

해설 콘덴서 소자에 흐르는 전류

$$i_C = \frac{dq}{dt} = \frac{d}{dt}(\sqrt{2}Q\sin\omega t) = \sqrt{2}\omega Q\cos\omega t\,[\mathrm{A}]$$

[별해] C[F]의 회로는 위상 90°가 앞서므로 전하량이 sin파라면 전류는 파형이 $\cos\omega t$ 또는 $\sin(\omega t + 90°)$이어야 한다.

정답 56.③ 57.② 58.② 59.③ 60.②

2024년 제1회 CBT 기출복원문제

★ 표시 : 문제 중요도를 나타냄

본 기출문제는 수험생들의 기억을 바탕으로 작성한 것으로 내용 및 그림 등에서 실제 문제와 다소 차이가 있을 수 있습니다.

★★★

01 변압기의 원리는 어느 작용을 이용한 것인가?

① 발열 작용 ② 화학 작용
③ 자기 유도 작용 ④ 전자 유도 작용

해설 변압기의 원리 : 1차 코일에서 발생한 자속이 2차 코일과 쇄교하면서 발생되는 유도 기전력을 이용한 기기(전자 유도 작용)

★★

02 동기 발전기의 전기자 반작용 중에서 전기자 전류에 의한 자기장의 축이 항상 주자속의 축과 수직이 되면서 자극편 왼쪽에 있는 주자속은 증가시키고, 오른쪽에 있는 주자속은 감소시켜 편자 작용을 하는 전기자 반작용은?

① 증자 작용 ② 감자 작용
③ 교차 자화 작용 ④ 직축 반작용

해설 교차 자화 작용(횡축 반작용) : 부하인 경우 동위상 특성의 전기자 전류에 의해 발생한 자속이 주자속과 직각으로 교차하는 현상

★★

03 3상 유도 전동기의 슬립이 4[%], 2차 동손이 0.4[kW]인 경우 2차 입력[kW]은?

① 12 ② 8
③ 6 ④ 10

해설 2차 동손 $P_{c2} = sP_2$이므로

2차 입력 $P_2 = \frac{P_{c2}}{s} = \frac{0.4}{0.04} = 10$[kW]

★★

04 다음 그림은 직류 발전기의 분류 중 어느 것에 해당되는가?

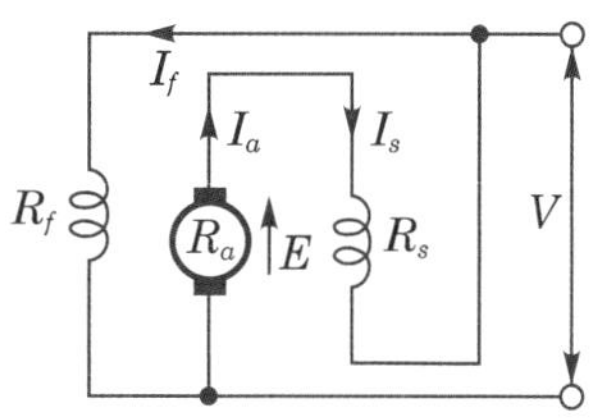

① 직권 발전기 ② 타여자 발전기
③ 복권 발전기 ④ 분권 발전기

해설 그림은 복권 발전기로서 내분권에 해당되며 전기자 도체와 직렬로 접속된 직권 계자가 있고 병렬로 접속된 분권 계자로 구성된다.

★

05 주파수 60[Hz]인 철심의 단면적은 50[Hz]의 몇 배인가?

① 1.0 ② 1.5
③ 1.2 ④ 0.833

해설 주파수와 철심의 단면적은 반비례하므로

$\frac{50}{60} = 0.833$배가 된다.

★★★

06 배관 공사 시 금속관이나 합성수지관으로부터 전선을 뽑아 전동기 단자 부근에 접속할 때 관 끝단에 사용하는 재료는?

출제빈도

① 부싱 ② 엔트런스 캡
③ 터미널 캡 ④ 로크너트

정답 01.④ 02.③ 03.④ 04.③ 05.④ 06.③

해설 터미널 캡 : 배관 공사 시 금속관이나 합성수지관으로부터 전선을 뽑아 전동기 단자 부근에 접속하거나 노출 배관에서 금속 배관으로 변경 시 전선 보호를 위해 관 끝에 설치하는 재료

★★★

07 전선의 굵기가 6[mm²] 이하의 가는 단선의 전선 접속은 어떤 접속을 하여야 하는가?

출제빈도

① 브리타니아 접속
② 쥐꼬리 접속
③ 트위스트 접속
④ 슬리브 접속

해설 단선의 직선 접속
- 단면적 6[mm²] 이하 : 트위스트 접속
- 단면적 10[mm²] 이상 : 브리타니아 접속

★★★

08 20[kVA]의 단상 변압기 2대를 사용하여 V−V결선으로 하고 3상 전원을 얻고자 한다. 이때 여기에 접속시킬 수 있는 3상 부하의 용량은 약 몇 [kVA]인가?

출제빈도

① 약 20
② 약 24
③ 약 28.8
④ 약 34.6

해설 V결선 용량
$P_V = \sqrt{3}\,P_1 = \sqrt{3} \times 20 \fallingdotseq 34.6$[kVA]

★★★

09 동기 발전기의 전기자 권선을 단절권으로 하면?

① 고조파를 제거한다.
② 기전력이 높아진다.
③ 절연이 잘 된다.
④ 역률이 좋아진다.

해설 단절권과 분포권을 사용하는 이유
고조파 제거로 인한 좋은 파형 개선

★★

10 전주외등에 기구를 설치하는 경우 기구는 지표면으로부터 몇 [m] 이상 높이에 시설하여야 하는가? (단, 기구전압은 150[V]를 초과한 고압인 경우이다.)

① 3.0 ② 3.5
③ 4.0 ④ 4.5

해설 전주외등
대지전압 300[V] 이하 백열전등이나 수은등을 배전 선로의 지지물에 시설하는 등
- 기구 부착 높이 : 지표상 4.5[m] 이상(단, 교통 지장 없을 경우 3.0[m] 이상)
- 돌출 수평 거리 : 1.0[m] 이하

11 수정을 이용한 마이크로폰은 다음 중 어떤 원리를 이용한 것인가?

① 핀치 효과 ② 압전 효과
③ 펠티에 효과 ④ 톰슨 효과

해설
- 압전 효과 : 유전체 표면에 압력이나 인장력을 가하면 전기 분극이 발생하는 효과
- 응용 기기 : 수정 발진기, 마이크로폰, 초음파 발생기, crystal pick-up

★★★

12 비례 추이를 이용하여 속도 제어가 되는 전동기는?

① 직류 분권 전동기
② 동기 전동기
③ 농형 유도 전동기
④ 3상 권선형 유도 전동기

해설 2차 저항 제어법 : 비례 추이의 원리를 이용한 것으로 2차 회로에 외부 저항을 넣어 같은 토크에 대한 슬립 s를 변화시켜 속도를 제어하는 방식으로 3상 권선형 유도 전동기에서 사용하는 방식이다.

★★★

13 전선의 굵기를 측정하는 공구는?

① 권척 ② 메거
③ 와이어 게이지 ④ 와이어 스트리퍼

정답 07.③ 08.④ 09.① 10.④ 11.② 12.④ 13.③

해설 ① 권척(줄자) : 길이 측정 공구
② 메거 : 절연 저항 측정 공구
③ 와이어 게이지 : 전선의 굵기를 측정하는 공구
④ 와이어 스트리퍼 : 전선 피복을 벗기는 공구

★★★
14 정전 용량 6[μF], 3[μF]을 직렬로 접속한 경우 합성 정전 용량[μF]은?

출제빈도

① 2 ② 2.4
③ 1.2 ④ 12

해설 직렬 합성 용량

$$C_0 = \frac{C_1 C_2}{C_1 + C_2} = \frac{6 \times 3}{6+3} = 2[\mu F]$$

★★
15 온도 변화에도 용량의 변화가 없으며, 높은 주파수에서 사용하며 극성이 있고 콘덴서 자체에 +의 기호로 전극을 표시하며 비교적 가격이 비싸나 온도에 의한 용량 변화가 엄격한 회로, 어느 정도 주파수가 높은 회로 등에 사용되고 있는 콘덴서는?

① 탄탈 콘덴서 ② 마일러 콘덴서
③ 세라믹 콘덴서 ④ 바리콘

해설 탄탈 콘덴서는 탄탈 소자의 양 끝에 전극을 구성시킨 구조로서 온도나 직류 전압에 대한 정전 용량 특성의 변화가 적고 용량이 크며 극성이 있으므로 직류용으로 사용된다.

16 저항 $R=3[\Omega]$, 자체 인덕턴스 $L=10.6[mH]$가 직렬로 연결된 회로에 주파수 60[Hz], 500[V]의 교류 전압을 인가한 경우의 전류 I[A]는?

① 10 ② 40
③ 100 ④ 200

해설 유도성 리액턴스 $X_L = 2\pi f L[\Omega]$

$$X_L = 2 \times 3.14 \times 60 \times 10.6 \times 10^{-3} = 4[\Omega]$$

$$Z = \sqrt{R^2 + X_L^{\ 2}} = \sqrt{3^2 + 4^2} = 5[\Omega]$$

$$I = \frac{V}{Z} = \frac{500}{5} = 100[A]$$

★★
17 버스 덕트 공사에 의한 배선 또는 옥외 배선의 사용 전압이 저압인 경우의 시설 기준에 대한 설명으로 틀린 것은?

① 덕트의 내부는 먼지가 침입하지 않도록 할 것
② 물기가 있는 장소는 옥외용 버스 덕트를 사용할 것
③ 습기가 많은 장소는 옥내용 버스 덕트를 사용하고 덕트 내부에 물이 고이지 않도록 할 것
④ 덕트의 끝부분은 막을 것

해설 버스 덕트 배선
- 덕트의 내부는 먼지가 침입하지 않도록 할 것
- 습기, 물기가 많은 장소는 옥외용 버스 덕트를 사용하고 덕트 내부에 물이 고이지 않도록 할 것
- 덕트의 끝부분은 막을 것

★★
18 사람이 상시 통행하는 터널 내 배선의 사용 전압이 저압일 때 공사 방법으로 틀린 것은?

① 금속관
② 금속제 가요 전선관
③ 금속 몰드
④ 합성수지관(두께 2[mm] 미만 및 난연성이 없는 것은 제외)

해설 사람이 상시 통행하는 터널 내 배선 공사 : 금속관, 케이블, 두께 2[mm] 이상 합성수지관, 금속제 가요 전선관, 애자 사용 공사 등에 준하여 시설

19 한국전기설비규정에 의하여 애자 사용 공사를 건조한 장소에 시설하고자 한다. 사용 전압이 400[V] 이하인 경우 전선과 조영재 사이의 간격(이격거리)은 최소 몇 [mm] 이상이어야 하는가?

① 120 ② 45
③ 25 ④ 60

정답 14.① 15.① 16.③ 17.③ 18.③ 19.③

해설 애자 사용 공사 시 전선과 조영재 간 간격
- 400[V] 이하 : 25[mm] 이상
- 400[V] 초과 : 45[mm] 이상(단, 건조한 장소는 25[mm] 이상)

★★★
20 양전하와 음전하를 가진 물체를 서로 접속하면 여기에 전하가 이동하게 되며 이들 물체는 전기를 띠게 된다. 이와 같은 현상을 무엇이라 하는가?

출제빈도

① 분극　　② 정전
③ 대전　　④ 코로나

해설 대전 : 절연체를 서로 마찰시키면 전자를 얻거나 잃어서 전기를 띄게 되는 현상

★★
21 환상 솔레노이드의 내부 자장과 전류의 세기에 대한 설명으로 맞는 것은?

① 전류의 세기에 반비례한다.
② 전류의 세기에 비례한다.
③ 전류의 세기 제곱에 비례한다.
④ 전혀 관계가 없다.

해설 환상 솔레노이드 내부 자장 세기 $H=\dfrac{NI}{2\pi r}$[AT/m] 이므로 전류의 세기에 비례한다.

★★★
22 전류에 의해 만들어지는 자기장의 자기력선 방향을 간단하게 알아보는 법칙은?

출제빈도

① 앙페르의 오른 나사의 법칙
② 렌츠의 자기 유도 법칙
③ 플레밍의 왼손 법칙
④ 패러데이의 전자 유도 법칙

해설 앙페르의 오른 나사의 법칙 : 전류에 의한 자기장(자기력선)의 방향을 알기 쉽게 정의한 법칙

★★
23 5[Wb]의 자속이 이동하여 2[J]의 일을 하였다면 통과한 전류[A]는?

① 0.1　　② 0.2
③ 0.4　　④ 0.5

해설 자속이 한 일 $W=\phi I$[J]이므로
전류 $I=\dfrac{W}{\phi}=\dfrac{2}{5}=0.4$[A]

24 6극, 파권, 직류 발전기의 전기자 도체수가 400, 유기 기전력이 120[V], 회전수 600[rpm]일 때 발전기의 1극당 자속수는 몇 [Wb]인가?

① 0.01　　② 0.02
③ 0.03　　④ 0.04

해설 발전기의 유기 기전력 $E=\dfrac{PZ\Phi N}{60a}$[V]이고 파권은 병렬 회로수가 2이므로
자속 $\Phi=\dfrac{60aE}{PZN}=\dfrac{60\times2\times120}{6\times400\times600}=0.01$[Wb]

★★
25 설치 면적과 설치 비용이 많이 들지만 가장 이상적이고 효과적인 진상용 콘덴서 설치 방법은?

① 수전단 모선측에 설치
② 부하측에 설치
③ 부하측에 분산하여 설치
④ 가장 큰 부하측에만 설치

해설 진상용 콘덴서(역률 개선용 콘덴서) 설치 시 가장 효과적인 방법은 부하측에 분산하여 설치하는 것이다.

★★★
26 3상 권선형 유도 전동기에서 2차측 저항을 2배로 증가시키면 그 최대 토크는 어떻게 되는가?

출제빈도

① $\dfrac{1}{2}$배로 된다.　　② 2배로 된다.
③ $\sqrt{2}$ 배로 된다.　　④ 변하지 않는다.

해설 3상 권선형 유도 전동기의 최대 토크는 2차 저항과 관계없이 항상 일정하다.

정답 20.③ 21.② 22.① 23.③ 24.① 25.③ 26.④

★★★

27 속도를 광범위하게 조정할 수 있으므로 압연기나 엘리베이터 등에 사용되는 직류 전동기는?

① 가동 복권 전동기
② 차동 복권 전동기
③ 직권 전동기
④ 타여자 전동기

해설 타여자 전동기의 특징
- 속도를 광범위하게 조정할 수 있다.
- 압연기나 엘리베이터 등에 적합하다.

28 시정수와 과도 현상과의 관계에 대한 설명으로 옳은 것은?

① 시정수가 클수록 과도 현상은 짧아진다.
② 시정수가 짧을수록 전압이 커진다.
③ 시정수가 클수록 과도 현상은 길어진다.
④ 시정수와 관계가 없다.

해설 시정수
- 정상값의 63.2[%]에 도달하는 데 걸리는 시간
- 시정수가 클수록 과도 현상이 길어진다.

★★★

29 전선의 접속에 대한 설명으로 틀린 것은?

① 접속 부분의 전기 저항을 증가시켜서는 안 된다.
② 접속 부분의 인장 강도를 80[%] 이상 감소시키지 않도록 한다.
③ 접속 부분에 전선 접속 기구를 사용한다.
④ 알루미늄 전선과 구리선의 접속 시 전기적인 부식이 생기지 않도록 한다.

해설 전선 접속 시 접속 부분의 인장 강도는 접속하기 전보다 80[%] 이상 유지해야 한다.

★★

30 그림과 같이 I[A]의 전류가 흐르고 있는 도체의 미소 부분 Δl의 전류에 의해 r[m] 떨어진 점 P의 자기장 ΔH[AT/m]는?

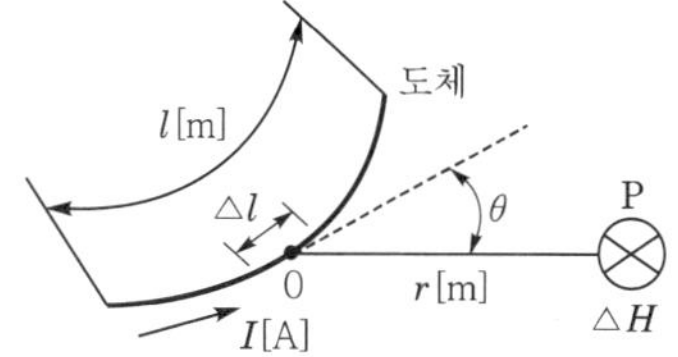

① $\Delta H = \dfrac{I^2 \Delta l \sin\theta}{4\pi r^2}$

② $\Delta H = \dfrac{I \Delta l^2 \sin\theta}{4\pi r}$

③ $\Delta H = \dfrac{I^2 \Delta l \sin\theta}{4\pi r}$

④ $\Delta H = \dfrac{I \Delta l \sin\theta}{4\pi r^2}$

해설 비오-사바르의 법칙 : 전류에 의한 자장의 세기를 정의한 법칙

★★

31 다음 중 전력 제어용 반도체 소자가 아닌 것은?

① IGBT　② GTO
③ LED　④ TRIAC

해설 전력 제어용 반도체 소자 : 전력 변환, 제어용으로 최적화된 장치의 반도체 소자(IGBT, GTO, SCR, TRIAC, SSS 등)
※ LED : 발광 다이오드

★★★

32 가공 인입선을 시설할 때 경동선의 최소 굵기는 몇 [mm]인가? [단, 지지물 간 거리(경간)는 15[m]를 초과한 경우이다.]

① 2.0　② 2.6
③ 3.2　④ 1.5

해설 가공 인입선으로 사용 가능한 전선 : 2.6[mm] 이상 경동선 또는 이와 동등 이상일 것(단, 지지물 간 거리 15[m] 이하는 2.0[mm] 이상도 가능)

정답 27.④ 28.③ 29.② 30.④ 31.③ 32.②

33 15[kW], 100[V] 3상 유도 전동기의 슬립이 4[%]일 때 2차 동손[kW]은?

① 0.4 ② 0.5
③ 0.6 ④ 0.8

해설 2차 동손 $P_{c2} = sP_2 = 0.04 \times 15 = 0.6$[kW]

34 변압기 V결선의 특징으로 틀린 것은?

① 고장 시 응급처치 방법으로 쓰인다.
② 단상 변압기 2대로 3상 전력을 공급한다.
③ 부하 증가가 예상되는 지역에 시설한다.
④ V결선 출력은 △결선 출력과 그 크기가 같다.

해설 V결선 출력은 △결선 시 출력보다 $\frac{1}{\sqrt{3}}$배로 감소한다.

35 다음 중 단선의 브리타니아 직선 접속에 사용되는 것은?

① 조인트선 ② 파라핀선
③ 바인드선 ④ 에나멜선

해설 브리타니아 직선 접속 : 10[mm^2] 이상의 굵은 단선 접속 시 피복을 벗긴 심선 사이에 첨선을 삽입하여 조인트선으로 감아서 접속하는 방법

36 슬립이 10[%], 극수 2극, 주파수 60[Hz]인 유도 전동기의 회전 속도[rpm]는?

① 3,800 ② 3,600
③ 3,240 ④ 1,800

해설 동기 속도

$$N_s = \frac{120f}{P} = \frac{120 \times 60}{2} = 3{,}600\text{[rpm]}$$

회전 속도 $N = (1-s)N_s$

$$= (1-0.1) \times 3{,}600 = 3{,}240\text{[rpm]}$$

37 변압기에서 퍼센트 저항 강하 3[%], 리액턴스 강하 4[%]일 때, 역률 0.8(지상)에서의 전압 변동률은?

① 2.4[%] ② 3.6[%]
③ 4.8[%] ④ 6[%]

해설 변압기의 전압 변동률

$\varepsilon = p\cos\theta + q\sin\theta$

$= 3 \times 0.8 + 4 \times 0.6 = 4.8$[%]

38 전선의 구비 조건이 아닌 것은?

① 비중이 클 것
② 가요성이 풍부할 것
③ 고유 저항이 작을 것
④ 기계적 강도가 클 것

해설 전선 구비 조건

- 비중이 작을 것(중량이 가벼울 것)
- 전기 저항(고유 저항)이 작을 것
- 가요성, 기계적 강도 및 내식성이 좋을 것

39 직류 발전기에서 계자가 하는 일은?

① 자속을 발생시킨다.
② 기전력을 발생시킨다.
③ 교류를 직류로 변환시킨다.
④ 기전력을 외부로 인출해준다.

해설 계자 : 자속을 발생시키는 역할

40 주상 변압기의 2차측 접지 공사는 어느 것에 의한 보호를 목적으로 하는가?

① 2차측 단락
② 1차측 접지
③ 2차측 접지
④ 1차측과 2차측의 혼촉

해설 주상 변압기의 2차측 접지 공사를 하는 목적
1차측과 2차측의 혼촉사고 방지

정답 33.③ 34.④ 35.① 36.③ 37.③ 38.① 39.① 40.④

★★★
41 조명용 백열전등을 호텔 또는 여관 객실의 입구에 설치할 때나 일반 주택 및 아파트 각 실의 현관에 설치할 때 사용되는 스위치는?

출제빈도

① 타임 스위치
② 누름버튼 스위치
③ 토글 스위치
④ 로터리 스위치

해설 현관등의 타임 스위치 소등 시간
• 주택 : 3분 이내
• 숙박업소 각 호실 : 1분 이내

42 최대 사용 전압이 220[V]인 3상 유도 전동기가 있다. 이것의 절연 내력 시험 전압은 몇 [V]로 하여야 하는가?

① 300 ② 330
③ 450 ④ 500

해설 전동기의 절연 내력 시험 전압
7,000[V] 이하 1.5배(최저 500[V])
$V = 220 \times 1.5 = 330$[V]이지만 최저값은 500[V]이다.

★★
43 셀룰로이드, 성냥, 석유류 등 기타 가연성 위험 물질을 제조 또는 저장하는 장소의 배선으로 잘못된 것은?

① 합성수지관 ② 플로어 덕트
③ 금속관 ④ 케이블

해설 가연성 분진, 위험물 제조 및 저장 장소의 배선
금속관, 케이블, 합성수지관

★★
44 코일의 자체 인덕턴스는 어느 것에 따라 변화하는가?

① 투자율 ② 유전율
③ 도전율 ④ 저항률

해설
자체 인덕턴스는 $L = \frac{\mu A N^2}{l}$[H]이므로 투자율에 비례한다.

★★
45 3상 유도 전동기의 1차 입력 60[kW], 1차 손실 1[kW], 슬립 3[%]일 때 기계적 출력[kW]은?

① 75 ② 57
③ 95 ④ 100

해설
$$P_o = (1-s)P_2 = (1-s)(\text{입력} - \text{손실})$$
$$= (1-0.03) \times (60-1)$$
$$= 57.23 \fallingdotseq 57[\text{kW}]$$

46 6극 중권의 직류 전동기가 있다. 자속이 0.06[Wb]이고 전기자 도체수 284, 부하 전류 60[A], 토크가 108.48[N · m], 회전수가 800[rpm]일 때 출력[W]은?

① 8,458.44
② 9,010.48
③ 9,087.33
④ 9,824.23

해설 직류 전동기의 토크
$$\tau = 9.55 \times \frac{P}{N}[\text{N} \cdot \text{m}]$$
$$\text{출력 } P = \frac{\tau N}{9.55} = \frac{108.48 \times 800}{9.55}$$
$$= 9{,}087.33[\text{W}]$$

★★
47 전기 분해를 통하여 석출된 물질의 양은 통과한 전기량 및 화학당량과 어떤 관계가 있는가?

① 전기량과 화학당량에 비례한다.
② 전기량과 화학당량에 반비례한다.
③ 전기량에 비례하고 화학당량에 반비례한다.
④ 전기량에 반비례하고 화학당량에 비례한다.

해설 패러데이 법칙
전극에서 석출되는 물질의 양은 전기량과 화학당량에 비례한다.
$W = kQ = kIt$[g]

정답 41.① 42.④ 43.② 44.① 45.② 46.③ 47.①

★★
48 변압기 2대를 V결선했을 때의 이용률은 몇 [%]인가?

① 57.5 ② 70.7
③ 86.6 ④ 100

해설
$$V\text{결선의 이용률} = \frac{V\text{결선 출력}}{2\text{대 전력}} \times 100 = \frac{\sqrt{3}}{2} \times 100 = 86.6[\%]$$

★
49 쿨롱의 법칙에서 2개의 점전하 사이에 작용하는 정전력의 크기는?

① 두 전하의 곱에 비례하고 거리에 반비례한다.
② 두 전하의 곱에 반비례하고 거리에 비례한다.
③ 두 전하의 곱에 비례하고 거리의 제곱에 비례한다.
④ 두 전하의 곱에 비례하고 거리의 제곱에 반비례한다.

해설 쿨롱의 법칙은 $F = \frac{Q_1 Q_2}{4\pi\varepsilon_0 r^2}$[N]이므로 두 전하의 곱에 비례하고 거리의 제곱에 반비례한다.

★★
50 전압의 순시값 $v(t) = 200\sqrt{2}\sin\left(\omega t + \frac{\pi}{2}\right)$[V]를 복소수로 표현하면?

① $200 + j200$
② 200
③ $j200$
④ $100 + j100$

해설 복소수
$$\dot{V} = 200\angle\frac{\pi}{2} = 200\angle 90°$$
$$= 200\cos 90° + j200\sin 90°$$
$$= j200[\text{V}]$$

51 1[cm]당 권선수가 10인 무한 길이 솔레노이드에 1[A]의 전류가 흐르고 있을 때 솔레노이드 외부 자계의 세기[AT/m]는?

① 0 ② 10
③ 100 ④ 1,000

해설 무한장 솔레노이드의 자계는 내부에만 형성되므로 외부 자계의 세기는 0이다.

★★
52 제어 회로용 배선을 금속 덕트에 넣는 경우 전선이 차지하는 단면적은 피복 절연물을 포함한 단면적의 총합계가 덕트 내 단면적의 몇 [%] 이하가 되도록 선정하여야 하는가?

① 20 ② 30
③ 50 ④ 40

해설 금속 덕트 내에 전선이 차지하는 단면적
- 덕트 내 단면적의 20[%] 이하
- 제어 회로 등의 배선만 사용하는 경우 50[%] 이하

★★★
53 (출제빈도) 기전력이 1.5[V]인 전지 5개를 부하저항 2.5[Ω]인 전구에 접속하였을 때 전구에 흐르는 전류는 몇 [A]인가? (단, 전지의 내부저항은 1[Ω]이다.)

① 1 ② 2.5
③ 3 ④ 3.5

해설
$$I = \frac{nE}{nr + R} = \frac{5 \times 1.5}{5 \times 1 + 2.5} = 1[\text{A}]$$

★★
54 지지물에 전선 그 밖의 기구를 고정시키기 위해 완목, 완금, 애자 등을 설치하는 것을 무엇이라 하는가?

① 장주 ② 건주
③ 터파기 ④ 가선 공사

해설 장주 : 지지물에 전선, 개폐기 등을 고정시키기 위해 완목, 완금, 애자 등을 설치하는 것

정답 48.③ 49.④ 50.③ 51.① 52.③ 53.① 54.①

★★★
55 어느 회로의 전류가 다음과 같을 때, 이 회로에 대한 전류의 실효값[A]은?

$$i=3+10\sqrt{2}\sin\left(\omega t-\frac{\pi}{6}\right)+5\sqrt{2}\sin\left(3\omega t-\frac{\pi}{3}\right)[\text{A}]$$

① 11.6 ② 23.2
③ 32.2 ④ 48.3

해설 비정현파의 실효값
$I=\sqrt{3^2+10^2+5^2}=11.6[\text{A}]$

★
56 그림과 같은 $R-C$ 병렬 회로에서 역률은?

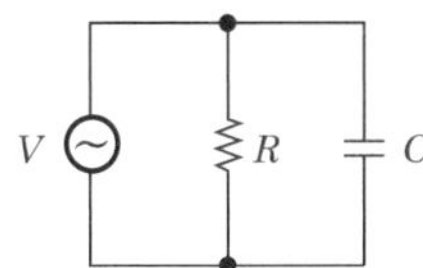

① $\dfrac{R}{\sqrt{R^2+{X_C}^2}}$ ② $\dfrac{X_C}{\sqrt{R^2+{X_C}^2}}$
③ $\dfrac{R\cdot X_C}{\sqrt{R^2+{X_C}^2}}$ ④ $\dfrac{X_C}{R^2+{X_C}^2}$

해설 $R-C$ 병렬 회로의 역률
$\cos\theta=\dfrac{X_C}{\sqrt{R^2+{X_C}^2}}$

★★
57 그림의 A와 B 사이의 합성 저항은?

① 10[Ω]
② 15[Ω]
③ 30[Ω]
④ 20[Ω]

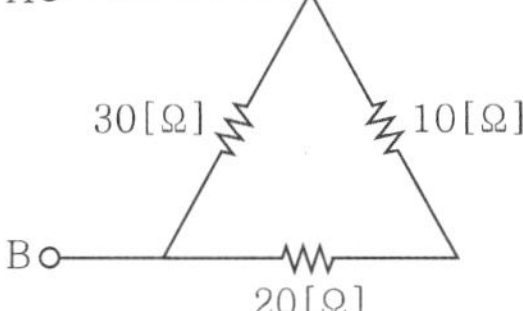

해설 $R_{AB}=\dfrac{1}{\dfrac{1}{30}+\dfrac{1}{10+20}}=15[\Omega]$

★★
58 0.1[℧]의 컨덕턴스를 가진 저항체에 3[A]의 전류를 흘리려면 몇 [V]의 전압을 가하면 되겠는가?

① 10 ② 20
③ 30 ④ 40

해설 $V=IR=\dfrac{I}{G}=\dfrac{3}{0.1}=30[\text{V}]$

★★★
59 유도 전동기의 속도 제어법이 아닌 것은?

① 2차 저항 ② 극수 제어
③ 일그너 제어 ④ 주파수 제어

해설 일그너 방식은 직류 전동기의 속도 제어법 중 전압 제어 방식의 하나이다.

60 100[V]용 100[W] 전구와 100[V]용 200[W] 전구를 직렬로 100[V]의 전원에 연결할 경우 어느 전구가 더 밝겠는가?

① 두 전구의 밝기가 같다.
② 100[W]
③ 200[W]
④ 두 전구 모두 안 켜진다.

해설
100[W]의 저항 $R_1=\dfrac{V^2}{P_1}=\dfrac{100^2}{100}=100[\Omega]$

200[W]의 저항 $R_2=\dfrac{V^2}{P_2}=\dfrac{100^2}{200}=50[\Omega]$

직렬 접속 시 전류가 일정하므로 저항값이 큰 부하일수록 소비 전력이 더 크게 발생하여 전구가 더 밝아지므로 100[W]의 전구가 더 밝다.

정답 55.① 56.② 57.② 58.③ 59.③ 60.②

Craftsman Electricity

2024년 제2회 CBT 기출복원문제

★ 표시 : 문제 중요도를 나타냄

본 기출문제는 수험생들의 기억을 바탕으로 작성한 것으로 내용 및 그림 등에서 실제 문제와 다소 차이가 있을 수 있습니다.

★★
01 **수 · 변전 설비에서 계기용 변류기(CT)의 설치 목적은?**

① 고전압을 저전압으로 변성
② 대전류를 소전류로 변성
③ 선로 전류 조정
④ 지락 전류 측정

해설 계기용 변류기(CT) : 대전류를 소전류(5[A])로 변성하여 측정 계기나 전기의 전류원으로 사용하기 위한 전류 변성기

★★★
02 **굵은 전선이나 케이블을 절단할 때 사용되는 공구는?**

출제빈도

① 펜치 ② 클리퍼
③ 나이프 ④ 플라이어

해설 클리퍼 : 전선 단면적 25[mm^2] 이상의 굵은 전선이나 볼트 절단 시 사용하는 공구

★★★
03 **전선의 구비 조건이 아닌 것은?**

① 비중이 클 것
② 가요성이 풍부할 것
③ 고유 저항이 작을 것
④ 기계적 강도가 클 것

해설 전선 구비 조건
- 비중이 작을 것(중량이 가벼울 것)
- 가요성, 기계적 강도 및 내식성이 좋을 것
- 전기 저항(고유 저항)이 작을 것

★★
04 **다음 중 반자성체는?**

① 니켈
② 코발트
③ 구리
④ 철

해설 반자성체 : 외부 자계와 반대 방향으로 자화되는 자성체(구리, 안티몬, 비스무트, 아연 등)

★★
05 **200[V], 60[Hz], 10[kW] 3상 유도 전동기의 전류는 몇 [A]인가? (단, 유도 전동기의 효율과 역률은 0.85이다.)**

① 10 ② 20
③ 30 ④ 40

해설 3상 소비 전력 $P=\sqrt{3}\,VI\cos\theta\times$효율

전류 $I=\dfrac{P}{\sqrt{3}\,V\cos\theta\times \text{효율}}$

$=\dfrac{10\times10^3}{\sqrt{3}\times200\times0.85\times0.85}=40[\text{A}]$

★★★
06 **직류 분권 전동기의 무부하 전압이 108[V], 전압 변동률이 8[%]인 경우 정격 전압은 몇 [V]인가?**

출제빈도

① 100
② 95
③ 105
④ 85

정답 01.② 02.② 03.① 04.③ 05.④ 06.①

해설 전압 변동률

$$\varepsilon = \frac{V_0 - V_n}{V_n} \times 100$$

$$= \frac{108 - V_n}{V_n} \times 100 = 8[\%]\text{이므로}$$

$$\frac{108 - V_n}{V_n} = 0.08$$

$$V_n = \frac{108}{1.08} = 100[\mathrm{V}]$$

★★★
07 전선의 굵기가 6[mm^2] 이하인 가는 단선의 전선 접속은 어떤 접속을 하여야 하는가?

출제빈도

① 브리타니아 접속
② 쥐꼬리 접속
③ 트위스트 접속
④ 슬리브 접속

해설 단선의 직선 접속
- 단면적 6[mm^2] 이하 : 트위스트 접속
- 단면적 10[mm^2] 이상 : 브리타니아 접속

★★★
08 20[kVA]의 단상 변압기 2대를 사용하여 V-V결선으로 하고 3상 전원을 얻고자 한다. 이때 여기에 접속시킬 수 있는 3상 부하의 용량은 약 몇 [kVA]인가?

출제빈도

① 약 20　② 약 24
③ 약 28.8　④ 약 34.6

해설 V결선 용량
$P_V = \sqrt{3}P_1 = \sqrt{3} \times 20 \fallingdotseq 34.6[\mathrm{kVA}]$

★★★
09 동기 발전기의 전기자 권선을 단절권으로 하면?

출제빈도

① 고조파를 제거한다.
② 기전력이 높아진다.
③ 절연이 잘 된다.
④ 역률이 좋아진다.

해설 권선법으로 단절권과 분포권을 사용하는 이유
고조파 제거로 인한 양호한 파형 개선

★★
10 2대의 동기 발전기 A, B가 병렬 운전하고 있을 때 A기의 여자 전류를 증가시키면 어떻게 되는가?

① A, B 양 발전기의 역률이 높아진다.
② A기의 역률은 높아지고 B기의 역률은 낮아진다.
③ A기의 역률은 낮아지고 B기의 역률은 높아진다.
④ A, B 양 발전기의 역률이 낮아진다.

해설 여자 전류를 증가시키면 A기의 역률은 낮아지고 B기의 역률은 높아진다.

★★★
11 회전자 입력 10[kW], 슬립 3[%]인 3상 유도 전동기의 2차 동손은 몇 [W]인가?

출제빈도

① 200　② 300
③ 150　④ 400

해설 2차 동손 $P_{c2} = sP_2$
$= 0.03 \times 10 \times 10^3 = 300[\mathrm{W}]$

★★★
12 비례 추이를 이용하여 속도 제어가 되는 전동기는?

① 직류 분권 전동기
② 동기 전동기
③ 농형 유도 전동기
④ 3상 권선형 유도 전동기

해설 3상 권선형 유도 전동기 속도 제어 : 비례 추이의 원리를 이용한 것으로 슬립 s를 변화시켜 속도를 제어하는 방식

★★
13 동기 전동기의 특징으로 틀린 것은?

① 부하의 역률을 조정할 수가 있다.
② 전부하 효율이 양호하다.
③ 부하가 변하여도 같은 속도로 운전할 수 있다.
④ 별도의 기동장치가 필요없으므로 가격이 싸다.

정답 07.③ 08.④ 09.① 10.③ 11.② 12.④ 13.④

해설 동기 전동기의 특징
- 속도(N_s)가 일정하다.
- 역률을 조정할 수 있다.
- 효율이 좋다.
- 별도의 기동장치 필요(자기 기동법, 유도 전동기법)

★★
14 **변압기의 무부하손에서 가장 큰 손실은?**

① 계자 권선의 저항손
② 전기자 권선의 저항손
③ 철손
④ 풍손

해설 무부하손
부하에 관계없이 항상 일정한 손실
- 철손(P_i) : 히스테리시스손, 와류손
- 기계손(P_m) : 마찰손, 풍손

★★★
15 출제빈도 **폭발성 먼지(분진)가 있는 위험 장소에 금속관 배선에 의할 경우 관 상호 및 관과 박스 기타의 부속품이나 풀 박스 또는 전기 기계 기구는 몇 턱 이상의 나사 조임으로 접속하여야 하는가?**

① 2턱　② 3턱
③ 4턱　④ 5턱

해설 폭연성 먼지가 존재하는 곳의 접속 시 5턱 이상의 죔 나사로 시공하여야 한다.

★★
16 **다이오드를 사용한 정류 회로에서 다이오드를 여러 개 직렬로 연결하여 사용하는 경우의 설명으로 가장 옳은 것은?**

① 다이오드를 과전류로부터 보호할 수 있다.
② 다이오드를 과전압으로부터 보호할 수 있다.
③ 부하 출력의 맥동률을 감소시킬 수 있다.
④ 낮은 전압 전류에 적합하다.

해설 다이오드 직렬 접속 시 전압 강하로 인하여 과전압으로부터 보호할 수 있다.

★★
17 **$R-L-C$ 직렬 회로에서 임피던스 Z의 크기를 나타내는 식은?**

① $R^2+(X_L-X_C)^2$
② $R^2+(X_L+X_C)^2$
③ $\sqrt{R^2+(X_L-X_C)^2}$
④ $\sqrt{R^2+(X_L+X_C)^2}$

해설 합성 임피던스 복소수 $\dot{Z}=R+j(X_L-X_C)[\Omega]$
절대값 $Z=\sqrt{R^2+(X_L-X_C)^2}\,[\Omega]$

★★
18 **가장 일반적인 저항기로 세라믹봉에 탄소계의 저항체를 구워 붙이고, 여기에 나선형으로 홈을 파서 원하는 저항값을 만든 저항기는?**

① 금속 피막 저항기
② 탄소 피막 저항기
③ 가변 저항기
④ 어레이 저항기

해설 탄소 피막 저항기 : 탄소 피막을 저항체로서 사용하는 것으로 피막을 나선형으로 홈을 파서 저항값을 높이며 동시에 원하는 값으로 조정이 가능하다. 겉표면에 색깔별로 마킹을 하여 저항값을 표시한다.

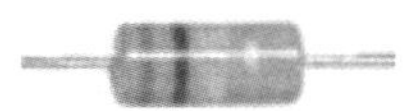

19 **권수 50회인 코일에 5[A]의 전류가 흘러서 10^{-3}[Wb]의 자속이 코일을 지난다고 하면, 이 코일의 자체 인덕턴스는 몇 [mH]인가?**

① 10　② 20
③ 40　④ 30

해설 $LI=N\Phi$

$$L=\frac{N\Phi}{I}=\frac{50\times10^{-3}}{5}=10[\text{mH}]$$

정답 14.③ 15.④ 16.② 17.③ 18.② 19.①

★★
20 **환상 솔레노이드의 단면적 $A = 4 \times 10^{-4}$ [m²], 자로의 길이 $l = 0.4$[m], 비투자율 1,000, 코일의 권수가 1,000일 때 자기 인덕턴스[H]는?**

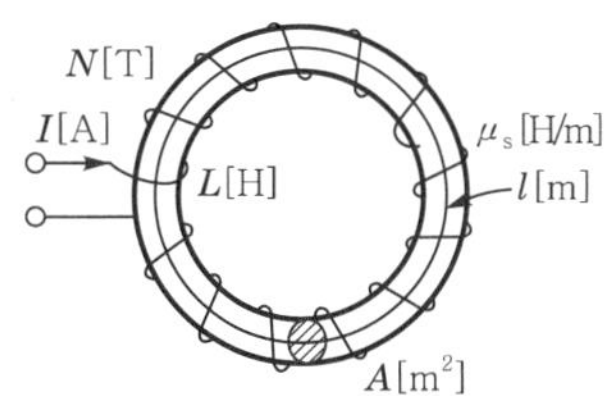

① 1.26 ② 12.6
③ 126 ④ 1,260

해설 자기 인덕턴스 식

$$L = \frac{\mu_0 \mu_s S N^2}{l}$$
$$= \frac{4\pi \times 10^{-7} \times 1{,}000 \times 4 \times 10^{-4} \times 1{,}000^2}{0.4}$$
$$\fallingdotseq 1.26[\text{H}]$$

★★
21 **3상 동기 발전기의 계자 간의 극간격은 얼마인가?**

① π ② 2π
③ $\frac{\pi}{2}$ ④ $\frac{\pi}{3}$

해설 극간격 : π[rad]

★★
22 **실내 전체를 균일하게 조명하는 방식으로 광원을 일정한 간격으로 배치하며 공장, 학교, 사무실 등에서 채용되는 조명 방식은?**

① 전반 조명 ② 국부 조명
③ 직접 조명 ④ 간접 조명

해설 조명의 종류
- 전반 조명 : 실내 전체를 균등한 광속으로 유지(사무실)
- 국부 조명 : 필요한 범위를 높은 광속으로 유지(진열장)
- 직접 조명 : 특정 부분만 광속의 90[%] 이상을 작업면에 투사시키는 방식
- 간접 조명 : 광속의 90[%] 이상을 벽이나 천장에 투사시켜 간접적으로 빛을 얻는 방식

★★
23 **다음에 ( ) 안에 알맞은 낱말은?**

> 뱅크(bank)란 전로에 접속된 변압기 또는 ( )의 결선상 단위를 말한다.

① 차단기 ② 콘덴서
③ 단로기 ④ 리액터

해설 뱅크(bank)란 전로에 접속된 변압기 또는 콘덴서의 결선상 단위를 말한다.

★★★
24 **기전력이 1.5[V]인 전지 20개를 내부 저항 0.5[Ω], 부하저항 5[Ω]인 부하에 접속하였을 때 부하에 흐르는 전류는 몇 [A]인가?**

① 1.5 ② 2
③ 3 ④ 2.5

해설 전지에 흐르는 전류

$$I = \frac{nE}{nr + R} = \frac{20 \times 1.5}{20 \times 0.5 + 5} = 2[\text{A}]$$

★★★
25 **코드나 케이블 등을 기계 기구의 단자 등에 접속할 때 몇 [mm²]가 넘으면 그림과 같은 터미널 러그(압착 단자)를 사용하여야 하는가?**

출제빈도

① 10
② 6
③ 4
④ 8

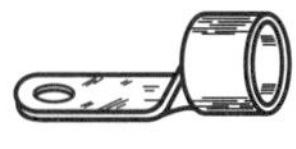

해설 코드나 케이블 등을 기계 기구의 단자 등에 접속할 때 단면적 6[mm²]를 초과하는 연선에 터미널 러그를 부착할 것

★★★
26 **전기 기기의 철심 재료로 규소 강판을 성층해서 사용하는 이유로 가장 적당한 것은?**

출제빈도

① 히스테리시스손을 줄이기 위하여
② 구리손을 줄이기 위해
③ 풍손을 없애기 위해
④ 맴돌이 전류손을 줄이기 위해서

정답 20.① 21.① 22.① 23.② 24.② 25.② 26.④

해설 전기 기기 철심 재료로 규소 강판을 성층해서 사용하는 이유 : 맴돌이 전류손 감소

★★
27 인입용 비닐 절연 전선의 약호(기호)는?

① VV ② DV
③ OW ④ NR

해설 전선 약호
- VV : 비닐 절연 비닐 외장 케이블
- DV : 인입용 비닐 절연 전선
- OW : 옥외용 비닐 절연 전선
- NR : 일반용 단심 비닐 절연 전선

28 전기 배선용 도면을 작성할 때 사용하는 매입용 콘센트 도면 기호는?

①
② 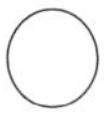
③ 
④

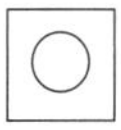

해설 ① 점멸기
② 전등(백열등)
③ 매입용 콘센트
④ 점검구

★★
29 전선 접속 시 전선의 인장 강도는 몇 [%] 이상 감소시키면 안 되는가?

① 10 ② 20
③ 30 ④ 80

해설 전선 접속 시 접속 부분의 인장 강도는 접속 전보다 80[%] 이상 유지해야 하므로 20[%] 이상 감소되지 않도록 하여야 한다.

30 가공 전선로의 지지물에 시설하는 지지선(지선)의 안전율은 얼마 이상이어야 하는가? (단, 허용 인장 하중은 4.31[kN] 이상)

① 2 ② 2.5
③ 3 ④ 3.5

해설 지지선의 시설 규정
- 구성 : 소선 3가닥 이상의 아연 도금 연선
- 안전율 : 2.5 이상
- 허용 인장 하중 : 4.31[kN] 이상

★★
31 한국전기설비규정에 의한 저압 가공 전선의 굵기 및 종류에 대한 설명 중 틀린 것은?

① 저압 가공 전선에 사용하는 나전선은 중성선 또는 다중 접지된 접지측 전선으로 사용하는 전선에 한한다.
② 사용 전압이 400[V] 이하인 저압 가공 전선은 지름 2.6[mm] 이상의 경동선이어야 한다.
③ 사용 전압이 400[V] 초과인 저압 가공 전선에는 인입용 비닐 절연 전선을 사용한다.
④ 사용 전압이 400[V] 초과인 저압 가공 전선으로 시가지 외에 시설하는 것은 4.0[mm] 이상의 경동선이어야 한다.

해설 저압, 고압 가공 전선의 굵기

사용 전압	전선의 굵기
400[V] 이하	• 절연전선 : 2.6[mm] 이상 경동선 • 나전선 : 3.2[mm] 이상 경동선
400[V] 초과	• 시가지 내 : 5.0[mm] 이상 경동선 • 시가지 외 : 4.0[mm] 이상 경동선 (400[V] 초과 시 인입용 비닐 절연 전선 사용할 수 없음)

32 다음 중 버스 덕트의 종류가 아닌 것은?

① 피더 버스 덕트
② 플러그인 버스 덕트
③ 케이블 버스 덕트
④ 탭붙이 버스 덕트

정답 27.② 28.③ 29.② 30.② 31.③ 32.③

해설 버스 덕트의 종류

명칭	특징
피더 버스	도중 부하 접속 불가능한 구조
플러그인	도중 부하 접속용으로 플러그 있는 구조
익스팬션	열에 의한 신축성을 흡수시킨 구조
탭붙이	중간에 기기나 전선을 접속시키기 위한 탭붙이 구조
트랜스포지션	도체 상호 위치를 덕트 내에서 교체시킨 덕트

★★
33 한국전기설비규정에 의하면 480[V] 가공 인입선이 철도를 횡단할 때 레일면상의 최저 높이는 약 몇 [m]인가?

① 4.0 ② 4.5
③ 5.5 ④ 6.5

해설 저압 가공 인입선의 최소 높이

장소 구분	노면상 높이[m]
도로 횡단	5(a : 3)
철도 횡단	6.5
횡단보도교	3
기타 장소	4(a : 2.5)

a : 기술상 부득이하고 교통에 지장이 없는 경우

★★★
34 공기 중에서 1[Wb]의 자극으로부터 나오는 자력선의 총수는 몇 개인가?

① 6.33×10^4
② 7.96×10^5
③ 8.855×10^3
④ 1.256×10^6

해설 자기력선의 총수

$$N = \frac{m}{\mu_0} = \frac{1}{4\pi \times 10^{-7}} = 7.96 \times 10^5 \text{개}$$

★★
35 전기 저항이 작고, 부드러운 성질이 있어 구부리기가 용이하므로 주로 옥내 배선에 사용하는 구리선의 명칭은?

① 연동선 ② 경동선
③ 합성 연선 ④ 중공 연선

해설 경동선은 인장 강도가 뛰어나므로 주로 옥외 전선로에서 사용하고, 연동선은 부드럽고 가요성이 뛰어나므로 주로 옥내 배선에서 사용한다.

★★
36 래크(Rack) 배선을 사용하는 전선로는?

① 저압 지중 전선로
② 저압 가공 전선로
③ 고압 가공 전선로
④ 고압 지중 전선로

해설 래크(Rack) 배선 : 저압 가공 전선로에 완금없이 래크(애자)를 수직으로 설치하여 전선을 수직 배선하는 방식

★★★
37 성냥, 석유류, 셀룰로이드 등 기타 가연성 위험 물질을 제조 또는 저장하는 장소의 배선으로 틀린 것은?

① 금속관 공사
② 애자 공사
③ 케이블 공사
④ 2.0[mm] 이상 합성수지관 공사(난연성 콤바인덕트관 제외)

해설 가연성 분진, 위험물 장소의 배선 공사 : 금속관, 케이블, 합성수지관(두께 2.0[mm] 이상) 공사

★★★
38 계자에서 발생한 자속을 전기자에 골고루 분포시켜주기 위한 것은?

출제빈도

① 공극
② 브러쉬
③ 콘덴서
④ 저항

해설 공극은 계자와 전기자 사이에 있어서 자속을 골고루 전기자에 공급해 주기 위해 만들어준다.

정답 33.④ 34.② 35.① 36.② 37.② 38.①

★★
39 두 개의 평행한 도체가 진공 중(또는 공기 중)에 20[cm] 떨어져 있고, 100[A]의 같은 크기의 전류가 흐르고 있을 때 1[m]당 발생하는 힘의 크기[N]는?

① 20 ② 40
③ 0.01 ④ 0.1

해설 평행 도선 사이에 작용하는 힘의 세기

$$F=\frac{2I_1I_2}{r}\times 10^{-7}$$
$$=\frac{2\times 100\times 100}{0.2}\times 10^{-7}=0.01[\text{N}]$$

★★
40 200[V], 50[Hz], 8극, 15[kW]의 3상 유도 전동기에서 전부하 회전수가 720[rpm]이면 이 전동기의 2차 효율은 몇 [%]인가?

① 98
② 86
③ 100
④ 96

해설 2차 효율 $\eta_2=(1-s)\times 100[\%]$

동기 속도 $N_s=\frac{120f}{P}=\frac{120\times 50}{8}=750[\text{rpm}]$

슬립 $s=\frac{N_s-N}{N_s}=\frac{750-720}{750}=0.04$

효율 $\eta=(1-0.04)\times 100=96[\%]$

41 다음 중 비유전율이 가장 작은 것은?

① 운모
② 고무
③ 규소수지
④ 공기

해설 비유전율
- 공기 : 1
- 고무 : 2.2 ~ 2.4
- 운모 : 5 ~ 9
- 규소수지 : 2.7 ~ 2.74

42 단면적 5[cm^2], 길이 1[m], 비투자율 10^3인 환상 철심에 500회의 권선을 감고 여기에 0.25[A]의 전류를 흐르게 한 경우 기자력[AT]은?

① 125 ② 12.5
③ 1,250 ④ 100

해설 기자력 $F=NI=500\times 0.25=125[\text{AT}]$

★
43 비유전율이 9인 유전체의 유전율은?

① 80×10^{-6}[F/m]
② 80×10^{-12}[F/m]
③ 1×10^{-12}[F/m]
④ 1×10^{-16}[F/m]

해설 유전체의 유전율

$\varepsilon=\varepsilon_0\varepsilon_s=8.855\times 10^{-12}\times 9=80\times 10^{-12}$[F/m]

★★★
44 직류 직권 전동기에서 벨트를 걸고 운전하면 안 되는 이유는?

출제빈도

① 벨트가 마멸 보수가 곤란하므로
② 벨트가 벗어지면 위험 속도에 도달하므로
③ 직결하지 않으면 속도 제어가 곤란하므로
④ 손실이 많아지므로

해설 직류 직권 전동기는 정격 전압 하에서 무부하 특성을 지니므로, 벨트가 벗겨지면 속도가 급격히 상승하여 위험 속도에 도달할 수 있다.

★★★
45 1차 권수 6,000, 2차 권수 200인 변압기의 전압비는?

출제빈도

① 10 ② 30
③ 60 ④ 90

해설 변압기 전압비 $a=\frac{N_1}{N_2}=\frac{6,000}{200}=30$

정답 39.③ 40.④ 41.④ 42.① 43.② 44.② 45.②

★★
46 전하의 성질에 대한 설명 중 옳지 않은 것은?

① 낙뢰는 구름과 지면 사이에 모인 전기가 한꺼번에 방전되는 현상이다.
② 같은 종류의 전하끼리는 흡인하고, 다른 종류의 전하끼리는 반발한다.
③ 전하는 가장 안정한 상태를 유지하려는 성질이 있다.
④ 대전체의 영향으로 비대전체에 전기가 유도된다.

해설 같은 종류의 전하끼리는 반발하고, 다른 종류의 전하끼리는 흡인한다.

47 $R-L$ 직렬 회로에서 전압과 전류의 위상차는?

① $\tan^{-1}\dfrac{R}{\omega L}$

② $\tan^{-1}\dfrac{\omega L}{R}$

③ $\tan^{-1}\dfrac{R}{\sqrt{R^2+\omega L^2}}$

④ $\tan^{-1}\dfrac{L}{R}$

해설 $R-L$ 직렬 회로의 전압, 전류의 위상차

$\theta=\tan^{-1}\dfrac{\omega L}{R}$

48 금속 덕트를 취급자 이외에는 출입할 수 없는 곳에서 수직으로 설치하는 경우 지지점 간의 거리는 최대 몇 [m] 이하로 하여야 하는가?

① 1.5　② 2.0
③ 3.0　④ 6.0

해설 금속 덕트 지지점 간 거리 : 3[m] 이하
(단, 취급자 이외에는 출입할 수 없는 곳에서 수직으로 설치하는 경우 6[m] 이하까지도 가능)

49 저압 수전 방식 중 단상 3선식은 평형이 되는 게 원칙이지만 부득이한 경우 설비 불평형률은 몇 [%] 이내로 유지해야 하는가?

① 10
② 20
③ 30
④ 40

해설 단상 3선식에서 중성선과 각 전압측 전선 간의 부하는 평형이 되게 하는 것을 원칙으로 하지만, 부득이한 경우 발생하는 설비 불평형률은 40[%]까지 할 수 있다.

★★
50 상전압이 300[V]인 3상 반파 정류 회로의 직류 전압은 약 몇 [V]인가?

① 520
② 350
③ 260
④ 400

해설 $E_d=1.17E=1.17\times300 \fallingdotseq 350[V]$

★★★
51 그림과 같이 공기 중에 놓인 2×10^{-8}[C]의 전하에서 2[m] 떨어진 점 P와 1[m] 떨어진 점 Q와의 전위차[V]는?

출제빈도

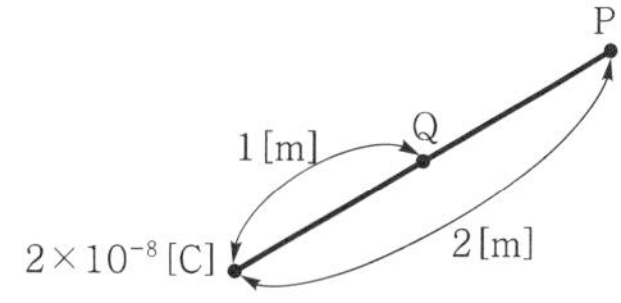

① 80　② 90
③ 100　④ 110

해설 전위 $V=9\times10^9\times\dfrac{Q}{r}[V]$

$V_Q=9\times10^9\times\dfrac{2\times10^{-8}}{1}=180[V]$

$V_P=9\times10^9\times\dfrac{2\times10^{-8}}{2}=90[V]$

그러므로 전위차는 $V=180-90=90[V]$

정답 46.② 47.② 48.④ 49.④ 50.② 51.②

★★★
52 그림의 회로에서 소비되는 전력은 몇 [W]인가?

출제빈도

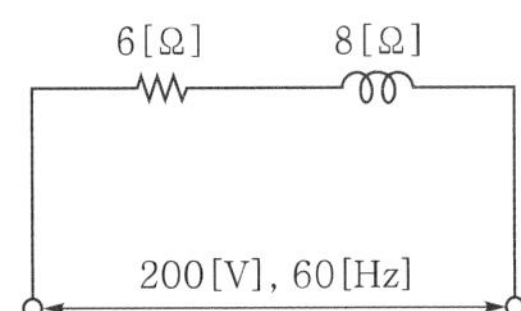

① 1,200　② 2,400
③ 3,600　④ 4,800

해설 전류 $I=\dfrac{V}{Z}=\dfrac{200}{\sqrt{6^2+8^2}}=20[A]$

소비 전력 $P=I^2R=20^2\times6=2{,}400[W]$

★★★
53 변압기 내부 고장 보호에 쓰이는 계전기는?

① 접지 계전기
② 부흐홀츠 계전기
③ 과전압 계전기
④ 역상 계전기

해설 변압기 내부 고장 보호에 사용되는 계전기는 차동, 비율 차동, 부흐홀츠 계전기 등이 있다.

★★
54 기본 정현파의 최대값이 200[V]인 경우 평균값은 약 몇 [V]인가?

① 약 141　② 약 137
③ 약 127　④ 약 121

해설 평균값 $V_{av}=\dfrac{2}{\pi}V_m=\dfrac{2}{\pi}\times200 ≒ 127[V]$

★★
55 [Wb]는 무엇의 단위를 나타내는가?

① 전기 저항　② 자극의 세기
③ 기자력　④ 자기 저항

해설 ① 전기 저항 －[Ω]
② 자극의 세기 －[Wb]
③ 기자력 －[AT]
④ 자기 저항 －[AT/Wb]

56 온도 15[℃], 용량 20[L]인 전열기로 300[kcal]의 열량을 발생시킨다면 물의 온도는 몇 [℃]까지 상승할 수 있는가?

① 10
② 20
③ 15
④ 30

해설 전열기의 발열량 $Q=Cm\theta$[kcal]이므로

온도차 $\theta=\dfrac{Q}{Cm}=\dfrac{300}{1\times20}=15$[℃]

그러므로 상승한 물의 온도 ＝15＋15＝30[℃]

57 $R-L-C$ 직렬 회로에서 저항이 3[Ω], 유도 리액턴스가 8[Ω], 용량 리액턴스가 4[Ω]인 경우 회로의 역률은?

① 0.6　② 0.8
③ 0.9　④ 1.0

해설 합성 임피던스

$\dot{Z}=R+j(X_L-X_C)$
$=3+j(8-4)=3+j4[Ω]$

$\cos\theta=\dfrac{R}{Z}=\dfrac{3}{\sqrt{3^2+4^2}}=\dfrac{3}{5}=0.6$

★★
58 온도의 변화에 아주 민감하여 전기 저항이 크게 변하는 반도체로서 전류가 오르는 것을 방지하거나 온도를 감지하는 센서로 사용하는 반도체는?

① 바리스터
② 서미스터
③ 터널 다이오드
④ 제너 다이오드

해설 서미스터 : 저항기의 일종으로 작은 온도의 변화로 전기 저항이 크게 변하는 반도체의 성질을 이용하여 회로의 온도를 감지하는 센서로 사용하는 반도체

정답 52.② 53.② 54.③ 55.② 56.④ 57.① 58.②

59 전류의 열작용에 대한 설명으로 옳은 것은?

① 줄열은 전류에 비례한다.
② 줄열은 전류의 제곱에 비례한다.
③ 줄열은 전류에 반비례한다.
④ 줄열은 전류의 제곱에 반비례한다.

해설 저항체에서 발생하는 전류에 의한 발열량
$H = 0.24 I^2 R t$[cal]

★★
60 다음 콘덴서에 대한 설명 중 맞는 것은?

① 콘덴서는 직렬로 접속하면 합성 용량이 커진다.
② 콘덴서는 직렬로 접속하면 합성 용량이 작아진다.
③ 콘덴서는 병렬로 접속하면 합성 용량이 작아진다.
④ 콘덴서는 용량이 같은 경우에만 직렬 접속이 가능하다.

해설 콘덴서의 정전 용량 합성값은 병렬일 때는 합이므로 값이 커지고, 직렬로 연결하면 정전 용량 합성값은 작아진다.

정답 59.② 60.②

2024년 제3회 CBT 기출복원문제

★ 표시 : 문제 중요도를 나타냄

본 기출문제는 수험생들의 기억을 바탕으로 작성한 것으로 내용 및 그림 등에서 실제 문제와 다소 차이가 있을 수 있습니다.

★★

01 래크(rack) 배선을 사용하는 전선로는?

① 저압 지중 전선로
② 저압 가공 전선로
③ 고압 가공 전선로
④ 고압 지중 전선로

해설 래크(rack) 배선 : 저압 가공 전선로에 완금없이 래크(애자)를 전주에 수직으로 설치하여 전선을 수직 배선하는 방식

★★

02 전기 분해에 의해서 석출되는 물질의 양은 전해액을 통과한 총 전기량에 비례하며, 그 물질의 화학 당량에 비례한다. 이것을 무슨 법칙이라 하는가?

① 줄의 법칙
② 플레밍의 법칙
③ 키르히호프의 법칙
④ 패러데이의 법칙

해설 패러데이의 전기 화학에 관한 법칙
$W = kQ$[g] (여기서, k : 전기 화학 당량[g/C], Q : 총 전기량[C])

★

03 변압기의 1차 권수비가 80, 2차 권수비가 320일 때 2차 전압이 100[V]라면 1차 전압은 몇 [V]인가?

① 100 ② 50
③ 25 ④ 10

해설 권수비 $a = \frac{N_1}{N_2} = \frac{V_1}{V_2} = \frac{I_2}{I_1}$ 에서

$a = \frac{N_1}{N_2} = \frac{80}{320} = \frac{1}{4} = 0.25$ 이므로

$V_1 = aV_2 = 0.25 \times 100 = 25$[V]

★

04 같은 전구를 직렬로 접속했을 때와 병렬로 접속했을 때 어느 것이 더 밝겠는가?

① 직렬이 2배 더 밝다.
② 직렬이 더 밝다.
③ 병렬이 더 밝다.
④ 밝기가 같다.

해설
직렬 소비 전력 $P = \frac{V^2}{2R}$[W]

병렬 소비 전력 $P = \frac{V^2}{\frac{R}{2}} = \frac{2V^2}{R}$[W]

★★

05 전류 10[A], 전압 100[V], 역률 0.6인 단상 부하의 전력은 몇 [W]인가?

① 800 ② 600
③ 1,000 ④ 1,200

해설 유효전력
$P = VI\cos\theta$
$= 100 \times 10 \times 0.6$
$= 600$[W]

정답 01.② 02.④ 03.③ 04.③ 05.②

06 두 개의 접지 막대기와 눈금계, 계기, 도선을 연결하고 절환 스위치를 이용하여 검류계의 지시값을 "0"으로 하여 접지 저항을 측정하는 방법은?

① 콜라우시 브리지
② 켈빈 더블 브리지법
③ 접지 저항계
④ 휘트스톤 브리지

해설 접지 저항계 : 두 개의 보조 접지 전극(접지 막대기)을 대지에 매입하고 다이얼을 조정하여 검류계의 지시값을 "0"으로 하여 계기의 지시값으로 접지 저항을 측정

07 전선의 굵기가 6[mm^2] 이하인 가는 단선의 전선 접속은 어떤 접속을 하여야 하는가?

① 브리타니아 접속
② 쥐꼬리 접속
③ 트위스트 접속
④ 슬리브 접속

해설 단선의 직선 접속
- 단면적 6[mm^2] 이하 : 트위스트 접속
- 단면적 10[mm^2] 이상 : 브리타니아 접속

08 20[kVA]의 단상 변압기 2대를 사용하여 V-V결선으로 하고 3상 전원을 얻고자 한다. 이때 여기에 접속시킬 수 있는 3상 부하의 용량은 약 몇 [kVA]인가?

① 20 ② 24
③ 28.8 ④ 34.6

해설 V결선 용량

$P_V = \sqrt{3}P_1 = \sqrt{3}\times 20 = 34.6[kVA]$

09 전기 저항이 작고, 부드러운 성질이 있어 구부리기가 용이하므로 주로 옥내 배선에 사용하는 구리선의 명칭은?

① 연동선 ② 경동선
③ 합성 연선 ④ 중공 연선

해설 경동선은 인장 강도가 뛰어나므로 주로 옥외 전선로에서 사용하고, 연동선은 부드럽고 가요성이 뛰어나므로 주로 옥내 배선에서 사용한다.

10 수·변전 설비에서 계기용 변류기(CT)의 설치 목적은?

① 고전압을 저전압으로 변성
② 지락 전류 측정
③ 선로 전류 조정
④ 대전류를 소전류로 변성

해설 계기용 변류기(CT) : 대전류를 소전류(5[A])로 변성하여 측정 계기나 전기의 전류원으로 사용하기 위한 전류 변성기

11 전선의 구비 조건이 아닌 것은?

① 비중이 클 것
② 가요성이 풍부할 것
③ 고유 저항이 작을 것
④ 기계적 강도가 클 것

해설 전선 구비 조건
- 비중이 작을 것(중량이 가벼울 것)
- 가요성, 기계적 강도 및 내식성이 좋을 것
- 전기 저항(고유 저항)이 작을 것

12 1차 전압 13,200[V], 2차 전압 220[V]인 단상 변압기의 1차에 6,000[V] 전압을 가하면 2차 전압은 몇 [V]인가?

① 100 ② 200
③ 50 ④ 250

해설 권수비 $a = \frac{N_1}{N_2} = \frac{V_1}{V_2} = \frac{I_2}{I_1}$ 에서

$a = \frac{V_1}{V_2} = \frac{13{,}200}{220} = 60$ 이므로

$V_2 = \frac{V_1}{a} = \frac{6{,}000}{60} = 100[V]$

정답 06.③ 07.③ 08.④ 09.① 10.④ 11.① 12.①

★

13 **4[μF]의 콘덴서에 4[kV]의 전압을 가하여 200[Ω]의 저항을 통해 방전시키면 이 때 발생하는 에너지[J]는 얼마인가?**

① 32 ② 16
③ 8 ④ 40

해설 콘덴서에 축적되는 에너지

$$W=\frac{1}{2}CV^2$$
$$=\frac{1}{2}\times4\times10^{-6}\times(4\times10^3)^2$$
$$=32[\text{J}]$$

★★★

14 **한 방향으로 일정값 이상의 전류가 흘렀을 때 동작하는 계전기는?**

출제빈도

① 선택 지락 계전기 ② 방향 단락 계전기
③ 차동 계전기 ④ 거리 계전기

해설 방향 단락 계전기 : 일정한 방향으로 일정한 값 이상의 고장 전류가 흐를 때 작동하는 계전기. 작동과 동시에 전력 조류가 반대로 된다.

★

15 **권수 50회의 코일에 5[A]의 전류가 흘러 10^{-3}[Wb]의 자속이 코일을 지난다고 하면, 이 코일의 자체 인덕턴스는 몇 [mH]인가?**

① 10 ② 20
③ 40 ④ 30

해설 $LI=N\Phi$

$$L=\frac{N\Phi}{I}=\frac{50\times10^{-3}}{5}=10[\text{mH}]$$

★★

16 **다이오드를 사용한 정류 회로에서 다이오드를 여러 개 직렬로 연결하여 사용하는 경우의 설명으로 가장 옳은 것은?**

① 다이오드를 과전류로부터 보호할 수 있다.
② 다이오드를 과전압으로부터 보호할 수 있다.
③ 부하 출력의 맥동률을 감소시킬 수 있다.
④ 낮은 전압 전류에 적합하다.

해설 다이오드 직렬 접속 시 전압 강하로 인하여 과전압으로부터 보호할 수 있다.

★★

17 **다음 중 전력 제어용 반도체 소자가 아닌 것은?**

① GTO
② TRIAC
③ LED
④ IGBT

해설 전력 제어용 반도체 소자 : 전력 변환, 제어용으로 최적화된 장치의 반도체 소자(IGBT, GTO, SCR, TRIAC, SSS 등)
• LED : 발광 다이오드

★★

18 **공심 솔레노이드에 자기장의 세기 4,000[AT/m]를 가한 경우 자속 밀도[Wb/m²]은?**

① $32\pi\times10^{-4}$ ② $3.2\pi\times10^{-4}$
③ $16\pi\times10^{-4}$ ④ $1.6\pi\times10^{-4}$

해설 자속 밀도

$$B=\mu_0H$$
$$=4\pi\times10^{-7}\times4{,}000$$
$$=16\pi\times10^{-4}[\text{Wb/m}^2]$$

★★★

19 **폭발성 먼지(분진)이 있는 위험 장소에 금속관 배선에 의할 경우 관 상호 및 관과 박스 기타의 부속품이나 풀 박스 또는 전기 기계 기구는 몇 턱 이상의 나사 조임으로 접속하여야 하는가?**

출제빈도

① 8턱 ② 7턱
③ 6턱 ④ 5턱

해설 폭연성 먼지(분진)이 존재하는 곳의 접속 시 5턱 이상의 죔 나사로 시공하여야 한다.

정답 13.① 14.② 15.① 16.② 17.③ 18.③ 19.④

20 다음에 ( ) 안에 알맞은 낱말은?

> 뱅크(Bank)란 전로에 접속된 변압기 또는 ( )의 결선상 단위를 말한다.

① 차단기 ② 콘덴서
③ 단로기 ④ 리액터

해설 뱅크(bank)란 전로에 접속된 변압기 또는 콘덴서의 결선상 단위를 말한다.

21 동기 발전기의 병렬 운전 중 기전력의 차가 발생하여 흐르는 전류는?

① 무효 순환 전류
② 유효 순환 전류
③ 동기화 전류
④ 뒤진 무효 전류

해설 동기 발전기에 유도 기전력의 차가 발생하면 무효 순환 전류가 흐른다.

22 실내 전체를 균일하게 조명하는 방식으로, 광원을 일정한 간격으로 배치하며 공장, 학교, 사무실 등에서 채용되는 조명 방식은?

① 전반 조명 ② 국부 조명
③ 직접 조명 ④ 간접 조명

해설 조명의 종류
- 전반 조명 : 실내 전체를 균등한 광속 유지(사무실)
- 국부 조명 : 필요한 범위만 높은 광속을 유지(진열장)
- 직접 조명 : 발산 광속 중 90% 이상을 작업면에 직접 조명하는 방식
- 간접 조명 : 광속의 90% 이상을 벽이나 천장에 투사시켜 간접적으로 빛을 얻는 방식

23 자기 인덕턴스가 각각 L_1, L_2[H]인 두 원통 코일이 서로 직교하고 있다. 두 코일 간의 상호 인덕턴스는?

① $L_1 + L_2$ ② $L_1 L_2$
③ 0 ④ $\sqrt{L_1 L_2}$

해설 자속과 코일이 서로 평행이 되어 상호 인덕턴스는 존재하지 않는다.

24 60[Hz]의 동기 전동기가 4극일 때 동기 속도는 몇 [rpm]인가?

출제빈도

① 3,600 ② 1,800
③ 900 ④ 2,400

해설 $N_s = \frac{120f}{P} = \frac{120 \times 60}{4} = 1,800[\text{rpm}]$

25 다음 그림에서 ( ) 안의 극성은?

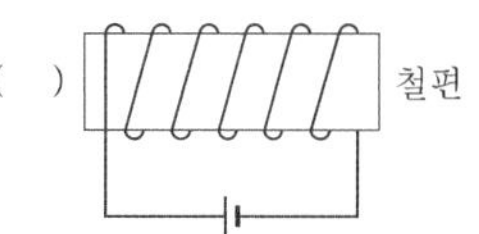

① N극과 S극이 교번한다.
② S극
③ N극
④ 극의 변화가 없다.

해설 그림에서 오른손을 솔레노이드 코일의 전류 방향에 따라 네 손가락을 감아쥐면 엄지 손가락이 N극 방향을 가리키므로 N극이 된다.

26 코드나 케이블 등을 기계 기구의 단자 등에 접속할 때 연선의 단면적이 몇 [mm^2]를 초과하면 그림과 같은 터미널 러그(압착 단자)를 사용하여야 하는가?

출제빈도

① 10
② 6
③ 4
④ 8

정답 20.② 21.① 22.① 23.③ 24.② 25.③ 26.②

해설 코드나 케이블 등을 기계 기구의 단자 등에 접속할 때 단면적 6[mm²]를 초과하는 연선에 터미널 러그를 부착할 것

★★
27 **두 코일의 자체 인덕턴스를 L_1[H], L_2[H]라 하고 상호 인덕턴스를 M[H]이라 할 때, 두 코일을 자속이 동일한 방향과 역방향이 되도록 하여 직렬로 각각 연결하였을 경우, 합성 인덕턴스의 큰 쪽과 작은 쪽의 차는?**

① M ② $2M$
③ $4M$ ④ $8M$

해설 직렬 접속 시 합성 인덕턴스의 차

$L_{가동} = L_1 + L_2 + 2M$[H]

$L_{차동} = L_1 + L_2 - 2M$[H]

$L_{가동} - L_{차동} = 4M$[H]

★
28 **다음 중 버스 덕트의 종류가 아닌 것은?**

① 피더 버스 덕트
② 플러그인 버스 덕트
③ 케이블 버스 덕트
④ 탭붙이 버스 덕트

해설 버스 덕트의 종류

명칭	특징
피더 버스	도중 부하 접속 불가능
플러그인	도중 부하 접속용으로 플러그 있는 구조
익스팬션	열에 의한 신축성을 흡수시킨 구조
탭붙이	기기나 전선을 접속하기 위한 탭붙이 구조
트랜스포지션	도체 상호 위치를 덕트 내에서 교체시킨 덕트

★★★
29 **인입용 비닐 절연 전선의 약호(기호)는?**

① VV ② DV
③ OW ④ NR

해설 전선의 명칭
- VV : 비닐 절연 비닐 외장 케이블
- DV : 인입용 비닐 절연 전선
- OW : 옥외용 비닐 절연 전선
- NR : 일반용 단심 비닐 절연 전선

★★
30 **한국전기설비규정에 의하면 480[V] 가공 인입선이 철도를 횡단할 때 레일면상의 최저 높이는 약 몇 [m]인가?**

① 4 ② 4.5
③ 5.5 ④ 6.5

해설 저압 가공 인입선의 최소 높이[m]

장소 구분	노면상 높이
도로 횡단	5(a : 3)
철도 횡단	6.5
횡단 보도교	3
기타 장소	4(a : 2.5)

a : 기술상 부득이하고 교통에 지장이 없는 경우

★★
31 **낮은 전압을 높은 전압으로 승압할 때 일반적으로 사용되는 변압기의 3상 결선 방식은?**

① Δ－Δ ② Δ－Y
③ Y－Y ④ Y－Δ

해설 Δ－Y결선
- 승압용으로 사용
- 1차와 2차 간 위상차는 30°

★★
32 **전선 접속 시 전선의 인장 강도는 몇 [%] 이상 감소시키면 안 되는가?**

① 10 ② 20
③ 30 ④ 80

해설 전선 접속 시 접속 부분의 인장 강도는 접속 전보다 80[%] 이상 유지해야 하므로 20[%] 이상 감소되지 않도록 하여야 한다.

정답 27.③ 28.③ 29.② 30.④ 31.② 32.②

★★★
33 슬립이 0일 때 유도 전동기의 속도는?

① 동기 속도로 회전한다.
② 정지 상태가 된다.
③ 변화가 없다.
④ 동기 속도보다 빠르게 회전한다.

해설 회전 속도 $N=(1-s)N_s=N_s$[rpm]이므로 동기 속도로 회전한다.

★
34 전압 200[V]이고 $C_1=10[\mu F]$와 $C_2=5[\mu F]$인 콘덴서를 병렬로 접속하면 C_2에 분배되는 전압은 몇 [V]인가?

① 1,000 ② 2,000
③ 200 ④ 100

해설 병렬은 전압이 일정하므로 200[V]가 걸린다.

★★★
35 가공 전선로의 지지물에 시설하는 지지선(지선)의 안전율은 얼마 이상이어야 하는가? (단, 허용 인장 하중은 4.31[kN] 이상)

① 2 ② 2.5
③ 3 ④ 3.5

해설 지지선(지선)의 시설 규정
- 구성 : 소선 3가닥 이상의 아연 도금 연선 사용
- 안전율 : 2.5 이상
- 허용 인장 하중 : 4.31[kN] 이상

★★
36 전기 배선용 도면을 작성할 때 사용하는 매입용 콘센트의 도면 기호는?

① ②
③ ④

해설 ① 점멸기
② 전등(백열등)
③ 매입용 콘센트
④ 점검구

★★★
37 분권 전동기에 대한 설명으로 틀린 것은?

① 토크는 전기자 전류의 자승에 비례한다.
② 부하 전류에 따른 속도 변화가 거의 없다.
③ 계자 회로에 퓨즈를 넣어서는 안 된다.
④ 계자 권선과 전기자 권선이 전원에 병렬로 접속되어 있다.

해설 분권 전동기의 특징
- 토크식 $\tau=K\phi I_a$[N·m]이므로 전기자 전류에 비례한다.
- 부하 전류에 따른 속도 변화가 거의 없다.
- 계자 회로에 퓨즈를 넣어서는 안 된다.
- 계자 권선과 전기자 권선이 전원에 병렬로 접속되어 있다.

★★★
38 계자에서 발생한 자속을 전기자에 골고루 분포시켜주기 위한 것은?

① 공극
② 브러쉬
③ 콘덴서
④ 저항

해설 공극은 계자와 전기자 사이에 있어서 자속을 골고루 전기자에 공급해 주기 위해 만들어준다.

★★
39 3상 유도 전동기의 동기 속도를 N_s, 회전 속도를 N, 슬립이 s인 경우 2차 효율[%]은?

① $\frac{1}{s}(N_s-N)\times 100$
② $(s-1)\times 100$
③ $\frac{N}{N_s}\times 100$
④ $s^2\times 100$

해설 2차 효율

$$\eta_2=(1-s)\times 100=\frac{N}{N_s}\times 100[\%]$$

정답 33.① 34.③ 35.② 36.③ 37.① 38.① 39.③

★★★
40 성냥, 석유류, 셀룰로이드 등 기타 가연성 위험 물질을 제조 또는 저장하는 장소의 배선으로 틀린 것은?

① 금속관 공사
② 애자 공사
③ 케이블 공사
④ 합성수지관(2.6[mm] 이상 난연성 콤바인덕트관 제외) 공사

해설 가연성 분진, 위험물 장소의 배선 공사 : 금속관, 케이블, 합성수지관(두께 2.0[mm] 이상) 공사

★
41 그림과 같이 I[A]의 전류가 흐르고 있는 도체의 미소 부분 $\triangle l$의 전류에 의해 r[m] 떨어진 점 P의 자기장 $\triangle H$[AT/m]는?

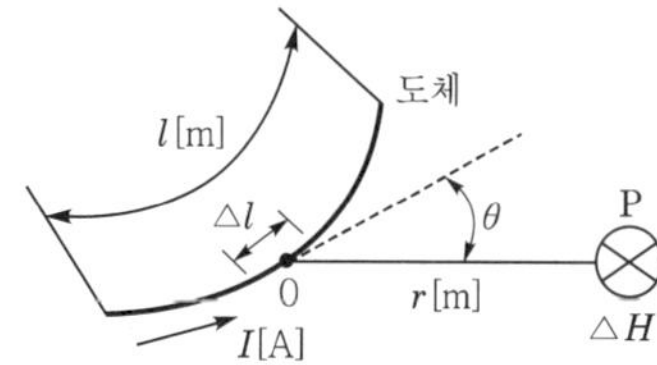

① $\triangle H = \dfrac{I^2 \triangle l \sin\theta}{4\pi r^2}$

② $\triangle H = \dfrac{I \triangle l^2 \sin\theta}{4\pi r}$

③ $\triangle H = \dfrac{I^2 \triangle l \sin\theta}{4\pi r}$

④ $\triangle H = \dfrac{I \triangle l \sin\theta}{4\pi r^2}$

해설 비오-사바르의 법칙 : 전류에 의한 자장의 세기
$\triangle H = \dfrac{I \triangle l \sin\theta}{4\pi r^2}$[AT/m]

★★★
42 자기 회로와 전기 회로의 대응 관계가 잘못된 것은?

① 기전력 – 자속 밀도
② 전기 저항 – 자기 저항
③ 전류 – 자속
④ 도전율 – 투자율

해설 자기 회로와 전기 회로 대응관계

전기 회로	자기 회로
기전력	기자력
전류	자속
전기 저항	자기 저항
도전율	투자율

★★★
43 변압기 내부 고장 발생 시 발생하는 기름의 흐름 변화를 검출하는 부흐홀츠 계전기의 설치 위치로 알맞은 것은?

① 변압기 본체와 콘서베이터 사이
② 변압기의 고압측 부싱
③ 콘서베이터 내부
④ 변압기 본체

해설 부흐홀츠 계전기는 내부 고장 발생 시 유증기를 검출하여 동작하는 계전기로 변압기 본체와 콘서베이터를 연결하는 파이프 도중에 설치한다.

★
44 10[Ω]의 저항 5개를 접속하여 가장 최소로 얻을 수 있는 저항값은 몇 [Ω]인가?

① 2　② 5
③ 10　④ 50

해설 최소값 : 병렬로 접속 $R_0 = \dfrac{10}{5} = 2$[Ω]

★★★
45 3상 유도 전동기의 원선도를 그리는 데 필요하지 않은 것은?

① 저항 측정
② 무부하 시험
③ 구속 시험
④ 슬립 측정

해설
- 저항 측정 시험 : 1차 동손
- 무부하 시험 : 여자 전류, 철손
- 구속 시험(단락 시험) : 2차 동손

정답 40.② 41.④ 42.① 43.① 44.① 45.④

★
46 저압 수전 방식 중 단상 3선식은 평형이 되는게 원칙이지만 부득이한 경우 설비 불평형률은 몇 [%] 이내로 유지해야 하는가?

① 10 ② 20
③ 30 ④ 40

해설 단상 3선식에서 중성선과 각 전압측 전선 간의 부하는 평형이 되게 하는 것을 원칙으로 하지만, 부득이한 경우 발생하는 설비 불평형률은 40[%]까지 할 수 있다.

★★
47 세 변의 저항 $R_a = R_b = R_c = 15[\Omega]$인 Y 결선 회로가 있다. 이것과 등가인 △ 결선 회로의 각 변의 저항[Ω]은?

① $\frac{15}{\sqrt{3}}$ ② 45
③ $15\sqrt{3}$ ④ 15

해설 Y결선을 등가인 △결선으로 변환 시 각 변의 저항은 3배가 되므로 45[Ω]이 된다.

★★
48 금속 덕트를 취급자 이외에는 출입할 수 없는 곳에서 수직으로 설치하는 경우 지지점 간의 거리는 최대 몇 [m] 이하로 하여야 하는가?

① 1.5
② 2.0
③ 3.0
④ 6.0

해설 금속 덕트 지지점 간 거리 : 3[m] 이하로 할 것 (단, 취급자 이외에는 출입할 수 없는 곳에서 수직으로 설치하는 경우 6[m] 이하까지도 가능)

★
49 2극 3,600[rpm]인 동기 발전기와 병렬 운전하려는 8극 발전기의 회전수[rpm]는?

① 3,600 ② 900
③ 2,400 ④ 1,800

해설 병렬 운전 시 주파수가 같아야 한다.

$f = \frac{N_s P}{120} = \frac{3,600 \times 2}{120} = 60[\text{Hz}]$

$N_s = \frac{120f}{P} = \frac{120 \times 60}{8} = 900[\text{rpm}]$

★
50 RL 직렬 회로에서 전압과 전류의 위상차는?

① $\tan^{-1}\frac{R}{\omega L}$

② $\tan^{-1}\frac{\omega L}{R}$

③ $\tan^{-1}\frac{R}{\sqrt{R^2+\omega L^2}}$

④ $\tan^{-1}\frac{L}{R}$

해설 RL 직렬 회로의 전압, 전류의 위상차

$\theta = \tan^{-1}\frac{\omega L}{R}$

★★★
51 단상 유도 전동기의 기동 방법 중 기동 토크가 가장 큰 것은?

① 콘덴서 기동형
② 분상 기동형
③ 반발 유도형
④ 반발 기동형

해설 단상 유도 전동기 기동 토크 크기 순서
반발 기동형 > 반발 유도형 > 콘덴서 기동형 > 분상 기동형 > 셰이딩 코일형

★★
52 전기자 저항 0.1[Ω], 전기자 전류 104[A], 유도 기전력 110.4[V]인 직류 분권 발전기의 단자 전압은 몇 [V]인가?

① 98 ② 100
③ 102 ④ 105

해설 $V = E - I_a R_a$

$= 110.4 - 104 \times 0.1 = 100[\text{V}]$

정답 46.④ 47.② 48.④ 49.② 50.② 51.④ 52.②

53 복소수 $A = a + jb$인 경우 절대값과 위상은 얼마인가?

① $\sqrt{a^2 - b^2}$, $\theta = \tan^{-1}\frac{a}{b}$

② $a^2 - b^2$, $\theta = \tan^{-1}\frac{a}{b}$

③ $\sqrt{a^2 + b^2}$, $\theta = \tan^{-1}\frac{b}{a}$

④ $a^2 + b^2$, $\theta = \tan^{-1}\frac{a}{b}$

해설
- 복소수의 절대값 $A = \sqrt{a^2 + b^2}$
- 위상 $\theta = \tan^{-1}\frac{b}{a}$

54 220[V], 1.5[kW] 전구를 20시간 점등했다면 전력량[kWh]은?

① 15 ② 20
③ 30 ④ 60

해설 전력량
$W = Pt = 1.5[\text{kW}] \times 20[\text{h}] = 30[\text{kWh}]$

55 자체 인덕턴스 0.1[H]의 코일에 5[A]의 전류가 흐르고 있다. 축적되는 전자 에너지[J]는?

① 0.25 ② 0.5
③ 1.25 ④ 2.5

해설 $W = \frac{1}{2}LI^2 = \frac{1}{2} \times 0.1 \times 5^2 = 1.25[\text{J}]$

56 진공 중에 4×10^{-5}[C], 8×10^{-5}[C]의 두 점전하가 2[m]의 간격을 두고 놓여 있다. 두 전하 사이에 작용하는 힘[N]은?

① 5.4 ② 7.2
③ 10.8 ④ 2.7

해설
쿨롱의 법칙 $F = 9\times10^9 \times \frac{Q_1 \cdot Q_2}{r^2}[\text{N}]$

$= 9\times10^9 \times \frac{4\times10^{-5}\times8\times10^{-5}}{2^2}$

$= 7.2[\text{N}]$

57 다음은 3상 유도 전동기 고정자 권선의 결선도를 나타낸 것이다. 맞는 것은?

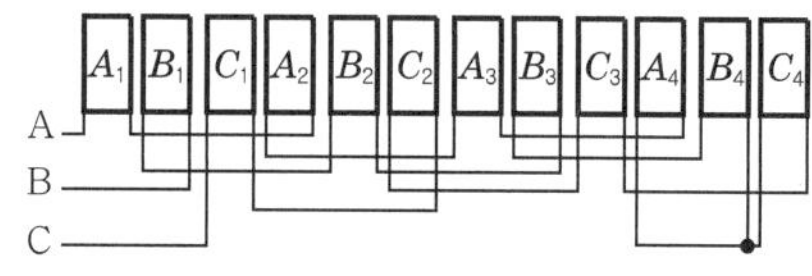

① 3상, 2극, Y결선
② 3상, 4극, △결선
③ 3상, 2극, △결선
④ 3상, 4극, Y결선

해설 주어진 그림은 상이 A, B, C인 3상, 4극, Y결선의 결선도이다.

58 그림에서 저항 R이 접속되고, 여기에 3상 평형 전압 V[V]가 인가되어 있다. 지금 ×표의 곳에서 1선이 단선되었다고 하면 소비 전력은 몇 배로 되는가?

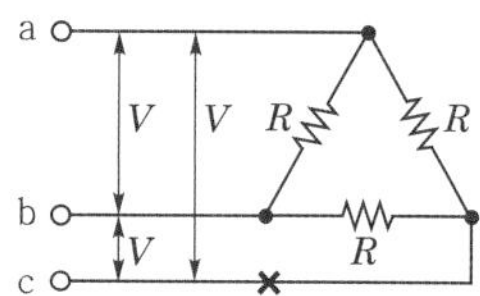

① $\frac{3}{2}$ ② $\frac{1}{2}$

③ $\frac{1}{4}$ ④ $\frac{\sqrt{3}}{2}$

해설
단선 전 소비 전력 : $P_1 = 3\frac{V^2}{R}[\text{W}]$

단선 후 소비 전력 : $P_2 = \frac{V^2}{R} + \frac{V^2}{2R} = \frac{3}{2}\frac{V^2}{R}[\text{W}]$

그러므로 단선 후 $\frac{1}{2}$로 소비 전력이 감소한다.

정답 53.③ 54.③ 55.③ 56.② 57.④ 58.②

59 교통 신호등 제어 장치의 2차측 배선의 제어 회로의 최대 사용 전압은 몇 [V] 이하이어야 하는가?

① 200 ② 150
③ 300 ④ 400

해설 교통 신호등 제어 장치의 2차측 배선 공사 방법
- 최대 사용 전압 : 300[V] 이하
- 전선 : 2.5[mm^2] 이상의 연동 연선
- 교통 신호등 회로의 사용 전압이 150[V]를 넘는 경우 누전 차단기를 시설할 것

60 한국전기설비규정에 의한 저압 가공 전선의 굵기 및 종류에 대한 설명 중 틀린 것은?

① 저압 가공 전선에 사용하는 나전선은 중성선 또는 다중 접지된 접지측 전선으로 사용하는 전선에 한한다.
② 사용 전압이 400[V] 이하인 저압 가공 전선은 지름 2.6[mm] 이상의 경동선이어야 한다.
③ 사용 전압이 400[V] 초과인 저압 가공 전선에는 인입용 비닐 절연 전선을 사용한다.
④ 사용 전압이 400[V] 초과인 저압 가공 전선으로 시가지 외에 시설하는 것은 4.0[mm] 이상의 경동선이어야 한다.

해설 저압, 고압 가공 전선의 사용 전선

사용 전압	전선의 굵기
400[V] 이하	• 절연 전선 : 2.6[mm] 이상 경동선 • 나전선 : 3.2[mm] 이상 경동선
400[V] 초과	• 시가지 내 : 5.0[mm] 이상 경동선 • 시가지 외 : 4.0[mm] 이상 경동선 (※ 400[V] 초과 시 인입용 비닐 절연 전선을 사용할 수 없다.)

정답 59.③ 60.③

2024년 제4회 CBT 기출복원문제

★ 표시 : 문제 중요도를 나타냄

본 기출문제는 수험생들의 기억을 바탕으로 작성한 것으로 내용 및 그림 등에서 실제 문제와 다소 차이가 있을 수 있습니다.

★★

01 지지선(지선)의 중간에 넣는 애자의 명칭은?

① 구형 애자 ② 곡핀 애자
③ 현수 애자 ④ 핀 애자

해설 지지선(지선)의 중간에 사용하는 애자 : 구형 애자, 지선 애자, 옥 애자, 구슬 애자

02 전력선 반송 보호 계전 방식의 이점을 설명한 것으로 맞지 않는 것은?

① 다른 방식에 비해 장치가 간단하다.
② 고장 구간의 고속도 동시 차단이 가능하다.
③ 고장 구간을 선택할 수 있다.
④ 동작을 예민하게 할 수 있다.

해설 전력선 반송 보호 계전 방식 : 송전선의 양 끝단에 설치된 계전기들 사이 신호를 주고받아 송전선을 반송전화나 원격제어, 원격측정 등의 통신선으로서 이용하는 방식

- 고장 구간의 고속도 동시 차단이 가능하다.
- 고장 구간의 선택이 확실하다.
- 동작을 예민하게 할 수 있다.
- 장치가 복잡하고 고장 확률이 높으므로 보수 점검에 주의하여야 한다.

03 점 자극 사이에 작용하는 힘의 세기가 F_1[N]이었다. 이때 거리를 2배로 증가시키면 작용하는 힘 F[N]은 F_1[N]의 몇 배인가?

① $4F_1$ ② $0.5F_1$
③ $0.25F_1$ ④ $2F_1$

해설 쿨롱의 법칙 $F_1 = k\dfrac{m_1 \cdot m_2}{r^2} = \dfrac{m_1 \cdot m_2}{4\pi\mu_0 r^2}$[N]에서

거리 제곱에 반비례하므로

$F = \dfrac{1}{2^2}F_1 = \dfrac{1}{4}F_1 = 0.25F_1$[N]

★★★

04 220[V], 3[kW], 전구를 20시간 점등했다면 전력량[kWh]은?

출제빈도

① 15 ② 20
③ 30 ④ 60

해설 전력량 $W = Pt = 3[\text{kW}] \times 20[\text{h}] = 60[\text{kWh}]$

★★★

05 주파수가 60[Hz]인 3상 4극의 유도 전동기가 있다. 슬립이 4[%]일 때 이 전동기의 회전수는 몇 [rpm]인가?

출제빈도

① 1,800 ② 1,712
③ 1,728 ④ 1,652

해설 회전수 $N = (1-s)N_s$에서

$N_s = \dfrac{120f}{P} = \dfrac{120 \times 60}{4} = 1{,}800$[rpm]

$N = (1-0.04) \times 1{,}800 = 1{,}728$[rpm]

★★

06 최대 사용 전압이 70[kV]인 중성점 직접 접지식 전로의 절연 내력 시험 전압은 몇 [V]인가?

① 35,000 ② 42,000
③ 44,800 ④ 50,400

정답 01.① 02.① 03.③ 04.④ 05.③ 06.④

해설 절연 내력 시험 : 최대 사용 전압이 60[kV] 이상인 중성점 직접 접지식 전로의 절연 내력 시험은 최대 사용 전압의 0.72배의 전압을 연속으로 10분간 가할 때 견디는 것으로 하여야 한다.
시험전압 $=70{,}000\times 0.72=50{,}400$[V]

★★★

07 30[W] 전열기에 220[V], 주파수 60[Hz]인 전압을 인가한 경우 평균 전압[V]은?

① 150 ② 198
③ 211 ④ 311

해설 전압의 최대값 $V_m=220\sqrt{2}$[V]

평균값 $V_{av}=\dfrac{2}{\pi}V_m=\dfrac{2}{\pi}\times 220\sqrt{2}=198$[V]

＊쉬운 풀이 : $V_{av}=0.9V=0.9\times 220=198$[V]

★★

08 직류 전동기의 속도 제어 방법이 아닌 것은?

① 전압 제어 ② 계자 제어
③ 저항 제어 ④ 2차 제어

해설 직류 전동기의 속도 제어법 : 전압 제어, 계자 제어, 저항 제어

★★★

09 450/750[V] 일반용 단심 비닐 절연 전선의 약호는?

① IV ② NR
③ FI ④ RI

해설 전선의 약호
- NR : 450/750[V] 일반용 단심 비닐 절연 전선
- NRI : 기기 배선용 단심 비닐 절연 전선
- NF : 일반용 유연성 단심 비닐 절연 전선
- NFI : 기기 배선용 유연성 단심 비닐 절연 전선

★★

10 다음 중 접지 저항을 측정하기 위한 방법은?

① 전류계, 전압계
② 전력계
③ 휘트스톤 브리지법
④ 콜라우슈 브리지법

해설 접지 저항 측정 방법 : 접지 저항계, 콜라우슈 브리지법, 어스테스터기

★★

11 다음 중 과전류 차단기를 설치하는 곳은?

① 전등의 전원측 전선
② 접지 공사의 접지선
③ 접지 공사를 한 저압 가공 전선의 접지측 전선
④ 다선식 전로의 중성선

해설 과전류 차단기의 시설 제한 장소
- 모든 접지 공사의 접지선
- 다선식 전선로의 중성선
- 접지 공사를 실시한 저압 가공 전선로의 접지측 전선

★★★

12 다음 그림에서 ( ) 안의 극성은?

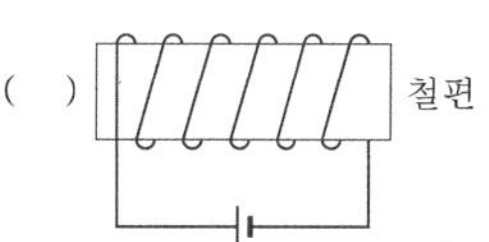

① N극과 S극이 교번한다.
② S극
③ N극
④ 극의 변화가 없다.

해설 그림에서 오른손을 솔레노이드 코일의 전류 방향에 따라 네 손가락을 감아쥐면 엄지 손가락이 N극 방향을 가리키므로 N극이 된다.

★★★

13 전선의 굵기가 6[mm^2] 이하의 가는 단선의 전선 접속은 어떤 접속을 하여야 하는가?

① 브리타니아 접속
② 쥐꼬리 접속
③ 트위스트 접속
④ 슬리브 접속

해설 단선의 직선 접속
- 단면적 6[mm^2] 이하 : 트위스트 접속
- 단면적 10[mm^2] 이상 : 브리타니아 접속

정답 07.② 08.④ 09.② 10.④ 11.① 12.③ 13.③

★★
14 **역률이 90° 뒤진 전류가 흐를 때 전기자 반작용은?**

① 감자 작용을 한다.
② 증자 작용을 한다.
③ 교차 자화 작용을 한다.
④ 자기 여자 작용을 한다.

해설 전기자 반작용
- 감자 작용 : 뒤진 전류
- 증자 작용 : 앞선 전류

★★★
15 **부흐홀츠 계전기로 보호되는 기기는?**

① 교류 발전기
② 유도 전동기
③ 직류 발전기
④ 변압기

해설 부흐홀츠 계전기 : 변압기의 절연유 열화 방지

★★
16 **양방향으로 전류를 흘릴 수 있는 양방향 소자는?**

① MOSFET ② TRIAC
③ SCR ④ GTO

해설 양방향성 사이리스터 : SSS, TRIAC, DIAC

★★★
17 **직류를 교류로 변환하는 장치로서 초고속 전동기의 속도 제어용 전원이나 초고주파 형광등의 점등용으로 사용하는 장치는?**

① 인버터 ② 변성기
③ 컨버터 ④ 변류기

해설 인버터 : DC를 AC로 변환하는 역변환 장치
- 전동기의 속도를 효율적으로 제어
- 초고주파 형광등의 점등용

★★★
18 **재질이 구리(동)인 전선의 종단 접속의 방법이 아닌 것은?**

① 비틀어 꽂는 형의 전선 접속기에 의한 접속
② 구리선 압착 단자에 의한 접속
③ 직선 맞대기용 슬리브에 의한 압착 접속
④ 종단 겹침용 슬리브에 의한 접속

해설 구리(동)전선의 종단 접속
- 구리선 압착 단자에 의한 접속
- 비틀어 꽂는 형의 전선 접속기에 의한 접속
- 종단 겹침용 슬리브(E형)에 의한 접속
- 직선 겹침용 슬리브(P형)에 의한 접속
- 꽂음형 커넥터에 의한 접속

★★★
19 **단위 시간당 5[Wb]의 자속이 통과하여 2[J]의 일을 하였다면 전류[A]는 얼마인가?**

① 0.25 ② 2.5
③ 0.4 ④ 4

해설 자속이 통과하면서 한 일 $W=\phi I$[J]

$I=\frac{W}{\phi}=\frac{2}{5}=0.4$[A]

★★★
20 **가공 전선로의 지지물에서 다른 지지물을 거치지 아니하고 수용 장소의 인입선 접속점에 이르는 가공 전선을 무엇이라 하는가?**

① 옥외 전선
② 이웃 연결(연접) 인입선
③ 가공 인입선
④ 관등회로

해설 가공 인입선
- 가공 전선로의 지지물에서 다른 지지물을 거치지 아니하고 수용 장소의 인입선 접속점에 이르는 가공 전선
- 사용 전선 : 절연 전선, 다심형 전선, 케이블일 것
  - 저압 : 2.6[mm] 이상 절연 전선[단, 지지물 간 거리(경간) 15[m] 이하는 2.0[mm] 이상도 가능]
  - 고압 : 5.0[mm] 이상

정답 14.① 15.④ 16.② 17.① 18.③ 19.③ 20.③

★★★
21 활선 상태에서 전선의 피복을 벗기는 공구는?

출제빈도

① 전선 피박기 ② 애자 커버
③ 와이어 통 ④ 데드 엔드 커버

해설 ① 전선 피박기 : 활선 상태에서 전선 피복을 벗기는 공구
② 애자 커버 : 애자 보호용 절연 커버
③ 와이어 통 : 충전되어 있는 활선을 움직이거나 작업권 밖으로 밀어낼 때 또는 활선을 다른 장소로 옮길 때 사용하는 활선 공구
④ 데드 엔드 커버 : 잡아당김(인류) 또는 내장주의 선로에서 활선 공법을 할 때 작업자가 현수 애자 등에 접촉되어 생기는 안전 사고를 예방하기 위해 사용하는 것

★★
22 회로의 전압, 전류를 측정할 때 전압계와 전류계의 접속 방법은?

① 전압계 – 직렬, 전류계 – 직렬
② 전압계 – 직렬, 전류계 – 병렬
③ 전압계 – 병렬, 전류계 – 직렬
④ 전압계 – 병렬, 전류계 – 병렬

해설 • 전압계 : 병렬 접속
• 전류계 : 직렬 접속

23 변압기 철심의 철의 함유율[%]은?

① 50 ~ 60 ② 75 ~ 86
③ 80 ~ 90 ④ 95 ~ 97

해설 변압기 철심은 와전류손 감소 방법으로 성층 철심을 사용하며 히스테리시스손을 줄이기 위해서 약 3 ~ 4[%]의 규소가 함유된 규소 강판을 사용한다. 그러므로 철의 함유율은 95 ~ 97[%]이다.

★★★
24 콘덴서의 정전 용량을 크게 하는 방법으로 옳지 않은 것은?

출제빈도

① 극판의 면적을 크게 한다.
② 극판 사이에 유전율이 큰 유전체를 삽입한다.
③ 극판의 간격을 작게 한다.
④ 극판 사이에 비유전율이 작은 유전체를 삽입한다.

해설 콘덴서의 정전 용량 $C=\frac{\varepsilon A}{d}$[F]이므로 극판의 간격 d[m]에 반비례한다.

★★★
25 전기 기계 기구를 전주에 부착하는 경우 전주외등은 하단으로부터 몇 [m] 이상 높이에 시설하여야 하는가? (단, 전기 기계 기구는 1,500[V]를 초과하는 고압 수은등이다.)

출제빈도

① 3.0 ② 3.5
③ 4.0 ④ 4.5

해설 전주외등
대지 전압 300[V] 이하 백열전등이나 수은등을 배전 선로의 지지물 등에 시설하는 등
• 기구인출선 도체 단면적 : 0.75[mm^2] 이상
• 기구 부착 높이 : 지표상 4.5[m] 이상(단, 교통 지장 없을 경우 3.0[m] 이상)
• 돌출 수평 거리 : 1.0[m] 이상

★★★
26 소세력 회로의 전선을 조영재에 붙여 시설하는 경우에 대한 설명으로 틀린 것은?

출제빈도

① 전선은 금속제의 수관 · 가스관 또는 이와 유사한 것과 접촉하지 아니하도록 시설할 것
② 전선은 코드 · 캡타이어 케이블 또는 케이블일 것
③ 전선이 손상을 받을 우려가 있는 곳에 시설하는 경우에는 적당한 방호장치를 할 것
④ 전선의 굵기는 2.5[mm^2] 이상일 것

해설 소세력 회로의 배선(전선을 조영재에 붙여 시설하는 경우)
• 전선은 코드나 캡타이어 케이블 또는 케이블을 사용할 것
• 케이블 이외에는 공칭 단면적 1[mm^2] 이상의 연동선 또는 이와 동등 이상의 것일 것

정답 21.① 22.③ 23.④ 24.④ 25.④ 26.④

27 COS용 완철의 설치 위치는 최하단 전력선용 완철에서 몇 [m] 하부에 설치하는가?

① 0.75 ② 1.8
③ 0.9 ④ 0.5

해설 COS용 완철 설치 위치 : 최하단 전력선용 완철에서 0.75[m] 하부에 설치하며 COS 조작 및 작업이 용이하도록 설치한다.

28 하나의 콘센트에 수많은 전기 기계 기구를 연결하여 사용할 수 있는 기구는?

① 코드 접속기 ② 아이언 플러그
③ 테이블 탭 ④ 멀티 탭

해설 접속 기구
- 멀티 탭 : 하나의 콘센트에 여러 개의 전기 기계 기구를 끼워 사용하는 것으로 연장선이 없는 콘센트
- 테이블 탭(table tap) : 코드 길이가 짧을 때 연장 사용하는 콘센트

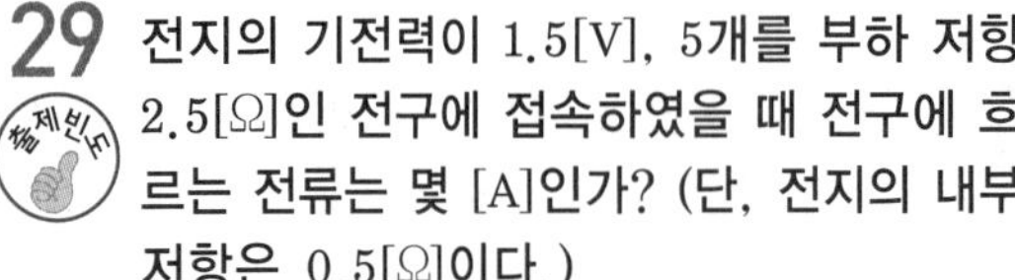

29 전지의 기전력이 1.5[V], 5개를 부하 저항 2.5[Ω]인 전구에 접속하였을 때 전구에 흐르는 전류는 몇 [A]인가? (단, 전지의 내부 저항은 0.5[Ω]이다.)

① 1.5 ② 2
③ 3 ④ 2.5

해설 $I = \dfrac{nE}{nr+R} = \dfrac{5 \times 1.5}{5 \times 0.5 + 2.5} = 1.5\,[\mathrm{A}]$

30 다음 중 자기 저항의 단위에 해당되는 것은?

① [AT/Wb] ② [Wb/AT]
③ [H/m] ④ [Ω]

해설 기자력 $F = NI = R\phi\,[\mathrm{AT}]$에서
자기 저항 $R = \dfrac{NI}{\phi}\,[\mathrm{AT/Wb}]$

31 두 금속을 접합하여 여기에 온도차가 발생하면 그 접점에서 기전력이 발생하여 전류가 흐르는 현상은?

① 줄 효과 ② 홀(hole) 효과
③ 제베크 효과 ④ 펠티에 효과

해설 제베크 효과 : 두 금속을 접합하여 접합점에 온도차가 발생하면 그 접점에서 기전력이 발생하여 전류가 흐르는 현상

32 $R-L$ 직렬 회로에 직류 전압 100[V]를 가했더니 전류가 20[A]이었다. 교류 전압 100[V], $f=60$[Hz]를 인가한 경우 흐르는 전류가 10[A]였다면 유도성 리액턴스 X_L[Ω]은 얼마인가?

① 5 ② $5\sqrt{2}$
③ $5\sqrt{3}$ ④ 10

해설 직류 인가한 경우 $L=0$이므로
$R = \dfrac{V}{I} = \dfrac{100}{20} = 5\,[\Omega]$
교류를 인가한 경우 임피던스
$Z = \dfrac{V}{I} = \dfrac{100}{10} = 10 = \sqrt{R^2 + {X_L}^2}\,[\Omega]$이므로
$X_L = \sqrt{Z^2 - R^2} = \sqrt{10^2 - 5^2}$
$= \sqrt{75} = \sqrt{5^2 \times 3} = 5\sqrt{3}\,[\Omega]$

33 배관 공사 시 금속관이나 합성 수지관으로부터 전선을 뽑아 전동기 단자 부근에 접속할 때 관 단에 사용하는 재료는?

① 부싱 ② 엔트런스 캡
③ 터미널 캡 ④ 로크 너트

해설 터미널 캡은 배관 공사 시 금속관이나 합성 수지관으로부터 전선을 뽑아 전동기 단자 부근에 접속할 때, 또는 노출 배관에서 금속 배관으로 변경 시 전선 보호를 위해 관 끝에 설치하는 것으로 서비스 캡이라고도 한다.

정답 27.① 28.④ 29.① 30.① 31.③ 32.③ 33.③

★★
34 전력 계통에 접속되어 있는 변압기나 장거리 송전 시 정전 용량으로 인한 충전 특성 등을 보상하기 위한 기기는?

① 유도 전동기
② 동기 조상기
③ 유도 발전기
④ 동기 발전기

해설 정전 용량으로 인한 앞선 전류를 감소시키기 위해 여자 전류를 조정하여 뒤진 전류를 흘려 줄 수 있는 동기 조상기를 설치한다.

★★★
35 정전 용량 $C[\mu F]$의 콘덴서에 충전된 전하가 $q=\sqrt{2}Q\sin\omega t$[C]와 같이 변화하도록 하였다면 이 때 콘덴서에 흘러 들어가는 전류의 값은?

출제빈도

① $i=\sqrt{2}\omega Q\sin\omega t$[A]
② $i=\sqrt{2}\omega Q\cos\omega t$[A]
③ $i=\sqrt{2}\omega Q\sin(\omega t-60°)$[A]
④ $i=\sqrt{2}\omega Q\cos(\omega t-60°)$[A]

해설 콘덴서 소자에 흐르는 전류

$$i_C=\frac{dq}{dt}=\frac{d}{dt}(\sqrt{2}Q\sin\omega t)$$
$$=\sqrt{2}\omega Q\cos\omega t[\text{A}]$$

[별해] C[F]의 회로는 위상 90°가 앞서므로 전하량이 sin파라면 전류는 파형이 $\cos\omega t$ 또는 $\sin(\omega t+90°)$이어야 한다.

★★★
36 직권 전동기의 회전수를 $\frac{1}{3}$로 감소시키면 토크는 어떻게 되겠는가?

출제빈도

① $\frac{1}{9}$　② $\frac{1}{3}$
③ 3　④ 9

해설 직권 전동기는 $\tau\propto I^2\propto\frac{1}{N^2}$이므로 $\frac{1}{\left(\frac{1}{3}\right)^2}=9$

★★
37 30[Ah]의 축전지를 3[A]로 사용하면 몇 시간 사용 가능한가?

① 1시간　② 3시간
③ 10시간　④ 20시간

해설 축전지의 용량$=It$[Ah]이므로

시간 $t=\frac{30}{3}=10$[h]

★★
38 다음 중 유도 전동기의 속도 제어에 사용되는 인버터 장치의 약호는?

① CVCF　② VVVF
③ CVVF　④ VVCF

해설 VVVF : 가변 전압 가변 주파수 변환 장치

★★★
39 동기 와트 P_2, 출력 P_o, 슬립 s, 동기 속도 N_s, 회전 속도 N, 2차 동손 P_{c2}일 때 2차 효율 표기로 틀린 것은?

출제빈도

① $1-s$　② $\frac{P_{c2}}{P_2}$
③ $\frac{P_o}{P_2}$　④ $\frac{N}{N_s}$

해설 2차 효율 $\eta_2=\frac{P_o}{P_2}=\frac{(1-s)P_2}{P_2}=1-s=\frac{N}{N_s}$

★★
40 가공 전선로의 지지물에 시설하는 지지선(지선)의 안전율이 2.5일 때 최저 허용 인장 하중은 얼마 이상이어야 하는가?

① 4.01　② 5.5
③ 4.31　④ 3.5

해설 지지선(지선)의 시설 규정
- 구성 : 소선 3가닥 이상의 아연 도금 연선
- 안전율 : 2.5 이상
- 허용 인장 하중 : 4.31[kN] 이상

정답 34.② 35.② 36.④ 37.③ 38.② 39.② 40.③

★★★
41 불연성 먼지가 많은 장소에 시설할 수 없는 저압 옥내 배선의 방법은?

① 금속관 공사
② 애자 사용 공사
③ 케이블 공사
④ 플로어 덕트 공사

해설 불연성 먼지(정미소, 제분소) 공사 방법 : 금속관 공사, 케이블 공사, 합성 수지관 공사, 가요 전선관 공사, 애자 사용 공사, 금속 덕트 및 버스 덕트 공사

★★★
42 직류 발전기의 정격 전압 100[V], 무부하 전압 104[V]이다. 이 발전기의 전압 변동률 ε[%]은?

① 4　② 3
③ 6　④ 5

해설 전압 변동률

$$\varepsilon = \frac{V_0 - V_n}{V_n} \times 100 = \frac{104-100}{100} \times 100 = 4[\%]$$

★★
43 직류 직권 전동기의 특징에 대한 설명으로 틀린 것은?

① 부하 전류가 증가할 때 속도가 크게 감소한다.
② 전동기 기동 시 기동 토크가 작다.
③ 무부하 운전이나 벨트를 연결한 운전은 위험하다.
④ 계자 권선과 전기자 권선이 직렬로 접속되어 있다.

해설 전동기는 기본적으로 토크와 속도는 반비례하고, 전류와 토크는 비례한다. 전동기 기동 시 발생되는 전류는 유도 기전력이 발생되지 않아 정격 전류에 비해 큰 전류가 흐른다. 따라서 기동 토크가 크다.

★★
44 가동 접속한 자기 인덕턴스 값이 $L_1 = 50$[mH], $L_2 = 70$[mH], 상호 인덕턴스 $M = 60$[mH]일 때 합성 인덕턴스[mH]는? (단, 누설 자속이 없는 경우이다.)

① 120　② 240
③ 200　④ 100

해설 $L_{가동} = L_1 + L_2 + 2M$
$= 50 + 70 + 2 \times 60$
$= 240$[mH]

★★★
45 다음 파형 중 비정현파가 아닌 것은?

① 사인 주기파　② 사각파
③ 삼각파　④ 펄스파

해설 주기적인 사인파는 기본 정현파이므로 비정현파에 해당되지 않는다.

★★
46 도체계에서 A도체를 일정 전위(일반적으로 영전위)의 B도체로 완전 포위하면 A도체의 내부와 외부의 전계를 완전히 차단할 수 있는데 이를 무엇이라 하는가?

① 핀치 효과　② 톰슨 효과
③ 정전 차폐　④ 자기 차폐

해설 정전 차폐 : 도체가 정전 유도되지 않도록 도체 바깥을 포위하여 접지하는 것을 정전 차폐라 하며 완전 차폐가 가능하다.

★★
47 슬립이 0.05이고 전원 주파수가 60[Hz]인 유도 전동기의 회전자 회로의 주파수[Hz]는?

① 1　② 2
③ 3　④ 4

해설 회전자 회로의 주파수
$f_2 = sf = 0.05 \times 60 = 3$[Hz]
f_2 : 회전자 기전력 주파수
f : 전원 주파수

정답 41.④ 42.① 43.② 44.② 45.① 46.③ 47.③

★★★
48 박강 전선관의 표준 굵기[mm]가 아닌 것은?

① 19　② 25
③ 16　④ 31

해설 박강 전선관 : 두께 1.2[mm] 이상의 얇은 전선관
- 관의 호칭 : 관 바깥지름의 크기에 가까운 홀수
- 종류 : 19, 25, 31, 39, 51, 63, 75[mm]

★★★
49 자속을 발생시키는 원천을 무엇이라 하는가?

① 기전력　② 전자력
③ 기자력　④ 정전력

해설 기자력(起磁力, magneto motive force)
자속 Φ를 발생하게 하는 근원
- 기자력식 $F = NI = R_m\Phi$[AT]

★★★
50 30[μF]과 40[μF]의 콘덴서를 병렬로 접속한 후 100[V]의 전압을 가했을 때 전전하량은 몇 [C]인가?

① 1.7×10^{-3}　② 3.4×10^{-3}
③ 5.6×10^{-4}　④ 7.0×10^{-3}

해설 합성 정전 용량 $C_0 = 30 + 40 = 70[\mu\text{F}]$
$Q = CV = 70\times10^{-6}\times100 = 7.0\times10^{-3}$[C]

★★★
51 다음 중 애자, 금속관, 케이블, 합성 수지관 공사가 모두 가능한 특수 장소를 옳게 나열한 것은?

> ㉠ 화약류 등의 위험 장소
> ㉡ 위험물 등이 존재하는 장소
> ㉢ 불연성 먼지가 많은 장소
> ㉣ 습기가 많은 장소

① ㉠, ㉣　② ㉡, ㉢
③ ㉢, ㉣　④ ㉠, ㉡

해설 금속관, 케이블 공사는 어느 장소든 가능하고 합성 수지관은 ㉠ 불가능, 애자 사용 공사는 ㉠, ㉡이 불가능하므로 ㉢, ㉣이 가능하다.

52 1[m]당 권선수가 100인 무한장 솔레노이드에 10[A]의 전류가 흐르고 있을 때 솔레노이드 내부 자계의 세기[AT/m]는?

① 1,000　② 100
③ 10　④ 0

해설 무한장 솔레노이드의 내부 자계의 세기
$H = \frac{NI}{l} = n_o I = 100\times10 = 1{,}000$[AT/m]

★★★
53 교류의 파형률이란?

① $\frac{\text{최대값}}{\text{실효값}}$　② $\frac{\text{평균값}}{\text{실효값}}$
③ $\frac{\text{실효값}}{\text{평균값}}$　④ $\frac{\text{실효값}}{\text{최대값}}$

해설 파형률과 파고율
- 교류의 파형률 $= \frac{\text{실효값}}{\text{평균값}}$
- 교류의 파고율 $= \frac{\text{최대값}}{\text{실효값}}$

★★★
54 100[kVA]의 단상 변압기 2대를 사용하여 V-V 결선으로 하고 3상 전원을 얻고자 한다. 이때, 여기에 접속시킬 수 있는 3상 부하의 용량은 몇 [kVA]인가?

① $100\sqrt{3}$　② 100
③ 200　④ $200\sqrt{3}$

해설 V결선 용량
$P_V = \sqrt{3}P_1 = \sqrt{3}\times100 = 100\sqrt{3}$[kVA]

★★
55 직류 전동기에서 자속이 증가하면 회전수는?

① 감소한다.　② 정지한다.
③ 증가한다.　④ 변화없다.

해설 유기 기전력 $E = K\Phi N$[V]이므로
직류 전동기의 회전수 $N = K\frac{V - I_a R_a}{\Phi}$[rpm]이 되므로 자속에 반비례한다.

정답 48.③ 49.③ 50.④ 51.③ 52.① 53.③ 54.① 55.①

★★★
56 동기 발전기의 병렬 운전 조건이 아닌 것은?

① 기전력의 크기가 같을 것
② 기전력의 위상이 같을 것
③ 기전력의 주파수가 같을 것
④ 기전력의 임피던스가 같을 것

해설 동기 발전기 병렬 운전 시 일치해야 하는 조건
- 기전력의 크기
- 기전력의 위상
- 기전력의 주파수
- 기전력의 파형

★★★
57 1차 전압 3,300[V], 2차 전압 110[V], 주파수 60[Hz]의 변압기가 있다. 이 변압기의 권수비는?

① 20　　② 30
③ 40　　④ 50

해설
변압기 권수비 $a=\dfrac{V_1}{V_2}=\dfrac{3{,}300}{110}=30$

★★
58 유도 전동기에 기계적 부하를 걸었을 때 출력에 따라 속도, 토크, 효율, 슬립 등의 변화를 나타낸 출력 특성 곡선에서 슬립을 나타내는 곡선은?

① ㉠
② ㉡
③ ㉢
④ ㉣

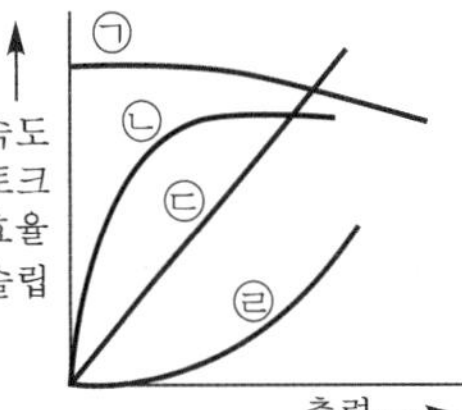

해설 ㉠ : 속도
㉡ : 효율
㉢ : 토크
㉣ : 슬립

★★★
59 110/220[V] 단상 3선식 회로에서 110[V] 전구 Ⓡ, 110[V] 콘센트 Ⓒ, 220[V] 전동기 Ⓜ의 연결이 올바른 것은?

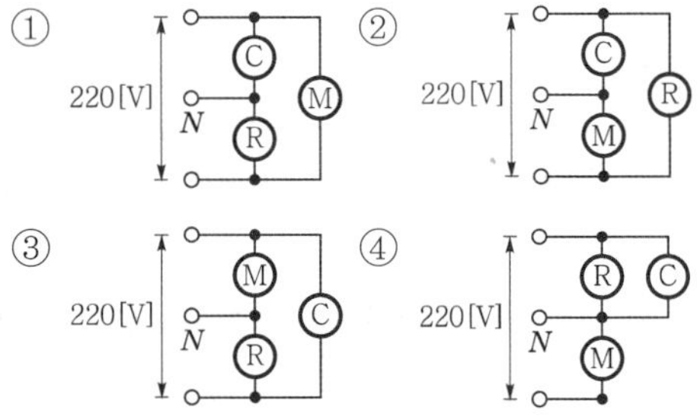

해설 전구와 콘센트는 110[V]를 사용하므로 전선과 중성선 사이에 연결해야 하고 전동기 Ⓜ은 220[V]를 사용하므로 선간에 연결하여야 한다.

★★
60 동기기의 손실에서 고정손에 해당되는 것은?

① 계자 권선의 저항손
② 전기자 권선의 저항손
③ 계자 철심의 철손
④ 브러시의 전기손

해설 고정손(무부하손) : 부하에 관계없이 항상 일정한 손실
- 철손(P_i) : 히스테리시스손, 와류손
- 기계손(P_m) : 마찰손, 풍손
- 브러시의 전기손
- 계자 권선의 저항손(동손)

정답 56.④ 57.② 58.④ 59.① 60.③

초보자를 위한 전기기초 입문

岩本 洋 지음 / 4 · 6배판형 / 232쪽 / 23,000원

이 책은 전자의 행동으로서 전자의 흐름 · 전자와 전위차 · 전기저항 · 전기 에너지 · 교류 등을 들어 전자 현상을 물에 비유하여 전기에 입문하는 초보자도 쉽게 이해할 수 있도록 설명하였다.

기초 회로이론

백주기 지음 / 4 · 6배판형 / 428쪽 / 26,000원

본 교재는 기본서로서 수동 소자로 구성된 기초 회로이론을 바탕으로 가장 기본적인 이론을 엮었다. 또한 IT 분야의 자격증 취득을 위해 준비하는 학생들에게 가장 기본이 되는 이론을 소개함으로써 자격시험 대비에 도움이 되도록 하였다.

기초 회로이론 및 실습

백주기 지음 / 4 · 6배판형 / 404쪽 / 26,000원

본 교재는 기본을 중요시하여 수동 소자로 구성된 기초 회로이론을 토대로 가장 기본적인 이론과 실험으로 구성하였다. 또한 사진과 그림을 수록하여 이론을 보다 쉽게 이해할 수 있도록 하였고 각 장마다 예제와 상세한 풀이 과정으로 이론 확인 및 응용이 가능하도록 하였다.

공학도를 위한 전기/전자/제어/통신 기초회로실험

백주기 지음 / 4 · 6배판형 / 648쪽 / 30,000원

본 교재는 전기, 전자, 제어, 통신 공학도들에게 가장 기본이 되면서 중요시되는 회로실험을 기초부터 다져 나갈 수 있도록 기본에 중점을 두어 내용을 구성하였으며, 각 실험에서 중심이 되는 기본 회로이론을 자세하게 설명한 후 실험을 진행할 수 있도록 하였다.

기초 전기공학

김갑송 지음 / 4 · 6배판형 / 452쪽 / 24,000원

이 책은 전기란 무엇이고 전기가 어떻게 발생하는지부터 전자의 흐름, 전자와 전위차, 전기저항, 전기에너지, 교류 등을 전기에 입문하는 초보자도 누구나 쉽게 이해할 수 있도록 설명하였다.

기초 전기전자공학

장지근 외 지음 / 4 · 6배판형 / 248쪽 / 23,000원

이 책에서는 필수적이고 기초적인 이론에 중점을 두어 전기, 전자공학 및 이와 관련된 분야의 기초를 습득하고자 하는 사람들이 쉽게 공부할 수 있도록 구성하였다.

BM (주)도서출판 성안당
04032 서울시 마포구 양화로 127 첨단빌딩 3층(출판기획 R&D센터) TEL_02.3142.0036
10881 경기도 파주시 문발로 112 파주 출판 문화도시(제작 및 물류) TEL_도서:031.950.6300 | 동영상:031.950.6332

[참!쉬움 합격이 참 쉽다!] 전기기능사

2013. 1. 30. 초 판 1쇄 발행
2025. 3. 19. 15차 개정증보 15판 2쇄 발행

지은이 | 전기자격시험연구회
펴낸이 | 이종춘
펴낸곳 | BM (주)도서출판 성안당
주소 | 04032 서울시 마포구 양화로 127 첨단빌딩 3층(출판기획 R&D 센터)
10881 경기도 파주시 문발로 112 파주 출판 문화도시(제작 및 물류)
전화 | 02) 3142-0036
031) 950-6300
팩스 | 031) 955-0510
등록 | 1973. 2. 1. 제406-2005-000046호
출판사 홈페이지 | **www.cyber.co.kr**
ISBN | 978-89-315-1349-3 (13560)
정가 | 35,000원

이 책을 만든 사람들
기획 | 최옥현
진행 | 박경희
교정·교열 | 김원갑
전산편집 | 전채영, 이다은
표지 디자인 | 임흥순
홍보 | 김계향, 임진성, 김주승, 최정민
국제부 | 이선민, 조혜란
마케팅 | 구본철, 차정욱, 오영일, 나진호, 강호묵
마케팅 지원 | 장상범
제작 | 김유석